U0814136

Abnormal Psychology
(18th Edition)

变态心理学

心·理·通·识

（第18版）

（上册）

[美] 吉尔·胡利（Jill M. Hooley）
[美] 詹姆斯·布彻（James N. Butcher） 著
[美] 马修·诺克（Matthew K. Nock）
/
陈良梅 潘晓曦 译
戴尊孝 审校

中信出版集团 | 北京

图书在版编目（CIP）数据

变态心理学 / (美) 吉尔 · 胡利, (美) 詹姆斯 · 布彻, (美) 马修 · 诺克著 ; 陈良梅, 潘晓曦译. -- 北京 : 中信出版社, 2021.7

书名原文: Abnormal Psychology

ISBN 978-7-5217-2670-1

Ⅰ. ①变… Ⅱ. ①吉… ②詹… ③马… ④陈… ⑤潘… Ⅲ. ①变态心理学—通俗读物 Ⅳ. ①B846-49

中国版本图书馆CIP数据核字(2021)第016390号

Authorized translation from the English language edition, entitled Abnormal Psychology , 18th Edition by HOOLEY, JILL M.; HOOLEY, JILL M; BUTCHER, JAMES N.; NOCK, MATTHEW; BUTCHER, JAMES; NOCK, MATTHEW K., published by Pearson Education, Inc, Copyright © 2020.

All rights reserved. No part of this book may be reproduced or transmitted in any form or by any means, electronic or mechanical, including photocopying, recording or by any information storage retrieval system, without permission from Pearson Education, Inc.

CHINESE SIMPLIFIED language edition published by CITIC PRESS CORPORATION Copyright © 2021.

本书封面贴有 Pearson Education（培生教育出版集团）防伪标签，无标签者不得销售。

本书仅限中国大陆地区发行销售

变态心理学（上下）

著　　者：［美］吉尔 · 胡利 ［美］詹姆斯 · 布彻 ［美］马修 · 诺克

译　　者：陈良梅　潘晓曦

出版发行：中信出版集团股份有限公司

（北京市朝阳区惠新东街甲4号富盛大厦2座　邮编　100029）

承 印 者：北京诚信伟业印刷有限公司

开　　本：787mm × 1092mm　1/16　　印　张：61.75　　字　数：1200千字

版　　次：2021年7月第1版　　印　次：2021年7月第1次印刷

京权图字：01-2020-3016

书　　号：ISBN 978-7-5217-2670-1

定　　价：198.00元

版权所有 · 侵权必究

如有印刷、装订问题，本公司负责调换。

服务热线：400-600-8099

投稿邮箱：author@citicpub.com

作者简介

吉尔 · M. 胡利（ Jill M. Hooley ） 哈佛大学

吉尔 · 胡利是哈佛大学的心理学教授。在校内，她既是实验精神病理学和临床心理学项目的负责人，也是心理学系的系主任。胡利博士出生于英国，早年获得利物浦大学心理学学士学位，后在剑桥大学进行研究工作。之后，她在牛津大学莫德林学院取得了博士学位。来到美国后，胡利博士在纽约州立大学石溪分校接受了临床心理学方面的专门培训，之后一直在哈佛大学任教至今。

胡利博士多年来从事精神分裂症和抑郁症等重性精神疾病病理学方面的研究，对预测患者复发的心理社会因素尤为关注。她还集中研究了非自杀性自伤（割伤皮肤或烧伤）以及情绪调节等课题，尤其关注易患抑郁症或有边缘型人格障碍的群体。她的研究得到了美国国家心理健康研究所和边缘型人格障碍研究基金会的资助。

2000 年，胡利博士获得了“亚伦 · T. 贝克精神病理学研究杰出奖”。她也是美国精神病理学研究协会的前主席。胡利博士在 2012 年至 2016 年期间担任《临床心理科学》杂志的副主编。她还在《家庭心理学》《人格障碍：理论、研究与治疗》等期刊编辑委员会中任职。2015 年，胡利博士获得了美国精神病理学研究协会颁发的“约瑟夫·祖宾精神病理学研究终身成就奖”。

胡利博士在哈佛大学教授心理学导论、变态心理学、精神分裂症、情绪障碍、临床心理学、精神诊断和心理治疗等研究生和本科生的课程。此外，她还从事临床工作，专门治疗抑郁症、焦虑症和人格障碍患者。这体现了她对“科学家–实践者”模式[①]的投入。

① “科学家–实践者”模式于 1949 年在美国科罗拉多大学波尔德校区召开的心理学会议上确立，主张科学基础与应用相结合，现为美国绝大多数临床心理学博士项目所遵循的一种培训模式。——编者注

詹姆斯·N. 布彻（James N. Butcher） 明尼苏达大学名誉教授

詹姆斯·N. 布彻出生于美国西弗吉尼亚州。他 17 岁时应征入伍，在美国空降步兵部队服役 3 年，朝鲜战争期间还在韩国完成了为期 1 年的服役。兵役结束后，他进入吉尔福德学院学习，并获得心理学学士学位。1962 年，他获得北卡罗来纳大学教堂山分校的实验心理学硕士学位和临床心理学博士学位。1990 年，他获得比利时布鲁塞尔自由大学的荣誉博士学位，2005 年获意大利佛罗伦萨大学的荣誉博士学位。他目前是明尼苏达大学心理学系的名誉教授。他曾担任该校临床心理学项目副主任和主任长达 19 年。他是明尼苏达大学出版社明尼苏达多项人格测验（MMPI）咨询委员会的成员，该委员会于 1989 年修订了 MMPI。

他曾是《心理评估》杂志的编辑，该杂志是美国心理学会的一份学术期刊。在他的职业生涯中，他积极参与开发了灾难响应项目，以处理航空事故后的人员心理问题。他为明尼阿波利斯–圣保罗机场建立了一个危机干预灾难响应模型，组织并监督了密歇根州底特律西北航空 255 航班和毛伊岛阿罗哈航空公司灾难后人员的心理服务。他是人格评估协会的成员。在变态心理学、跨文化心理学、人格评估等心理学领域发表著作 60 余部，发表文章 250 余篇。

马修·K. 诺克（Matthew K. Nock） 哈佛大学

马修·诺克出生于美国新泽西州，并于波士顿大学获得学士学位（1995 年），之后获得了两个硕士学位（2000 年，2001 年）以及耶鲁大学的博士学位（2003 年）。他还完成了贝尔维医院和纽约大学儿童研究中心的临床实习（2003 年）。诺克博士于 2003 年进入哈佛大学任教，目前担任心理学系教授。

从大学本科时起，诺克博士便开始对人们为什么会故意伤害自己这个问题进行研究。他的研究方向跨越多个学科，使用了一系列研究方法（如流行病学调查、基于实验室的实验和临床的研究）来更好地认识这些行为，研究它们如何发展，又该如何预测、如何预防。他的工作由美国国立卫生研究院、美国国防部和数家私人基金会资助。诺克博士的研究成果发表为 250 多篇科学论文及专著章节，并获得了美国心理学会、美国行为和认知治疗协会以及美国自杀学协会的认可。2011 年，他获得了麦克阿瑟“天才奖”，以表彰他在研究人类自杀和自我伤害行为方面所取得的卓越成就。

在哈佛大学，诺克博士教授多门跨领域的课程，包括精神病理学、统计学、心理学研究方法、文化多样性。他获得了许多教学和指导奖，包括罗斯林·艾布拉姆森教学奖和佩特拉·沙塔克奖。

目　录

上册

第 6 章 惊恐、焦虑、强迫及相关障碍

第 7 章 心境障碍与自杀

下册

第 10 章 人格障碍

第 12 章 性功能失调、性别烦躁和性欲倒错障碍

第 14 章 神经认知障碍

DSM-5 修订指南

在 DSM-Ⅳ-TR 到 DSM-5 的修订过程中，许多内容发生了变化。下文总结了部分至关重要的修订内容。本书“对 DSM-5 的批判性思考”专栏对其中许多更改也进行了强调。

- 为了更好地反映人类的生命发展过程，DSM 的章节按照生命的发展顺序编排。在生命早期表现出的障碍（例如，神经发育障碍和精神分裂症等障碍）先于在生命后期发生的障碍。
- 在进行精神障碍的诊断时不再使用多轴系统，并不再对轴Ⅰ和轴Ⅱ的障碍进行区分。
- DSM-5 在考虑心理健康问题时更多关注性别的差异。
- 临床医师在评估患者的心理健康问题时，必须了解他们的文化背景。DSM-5 中包含结构式访谈，关注患者的文化背景以及解决问题的独特方法。
- 术语“智力障碍”一词替代了“精神发育迟滞”。
- 自闭症、阿斯伯格综合征及其他形式的广泛性发育障碍合并到自闭症谱系障碍。阿斯伯格综合征的诊断标准已从 DSM 中移除。
- 注意缺陷障碍的诊断标准中，起病年龄的描述有所改变（从“症状在 7 岁之前就已存在”改为“症状在 12 岁之前就已存在”）。
- 新增一项诊断类别，称为“破坏性心境失调障碍”，用于诊断 18 岁以内的某一类儿童，他们表现出持续的易激惹以及频繁的极端且不受控的行为。
- 精神分裂症的亚型已被删除。
- 在精神分裂症的诊断标准中，移除了赋予古怪妄想的特定意义。
- 双相障碍以及其他相关障碍在 DSM-5 中有专门的章节进行描述，不再与抑郁症放在同一章节中。
- 经前期烦躁障碍现在从 DSM-Ⅳ-TR 的附录中移除，变为 DSM-5 的一项正式诊断类别。
- DSM-5 新增了持续性抑郁障碍的诊断类别，该类别包含心境恶劣和慢性重性抑郁障碍。
- 在诊断重度抑郁症时，不再排除丧亲之痛。
- 恐怖症的诊断标准有所改变，不再要求患者意识到自己的焦虑是不合理的。
- 惊恐障碍和场所恐怖症不再相关联，两者在 DSM-5 中是独立的诊断类别。

- 强迫症不再被归类为焦虑症。DSM-5 新增了一个章节，涵盖了强迫及相关障碍。
- 新的强迫及相关障碍的类别中包括了囤积障碍和抓痕（皮肤搔抓）障碍。
- 创伤后应激障碍不再被认为是一种焦虑障碍，它被列在一个新的章节中，涵盖了创伤及应激相关的障碍。
- DSM-5 中创伤后应激障碍的诊断标准明显不同于 DSM-Ⅳ-TR，对创伤事件的定义有所改变，使其更加明确。DSM-Ⅳ-TR 中的三种主要症状在 DSM-5 中改为四种。
- 分离性漫游症在 DSM-Ⅳ-TR 中是独立的障碍，在 DSM-5 中改为分离性遗忘症的一种形式，不再是一个独立的诊断类别。
- DSM-Ⅳ-TR 的疑病症、躯体形式障碍和疼痛障碍的诊断在 DSM-5 中有所改变，纳入了躯体症状障碍的新诊断类别中。
- 暴食障碍从 DSM-Ⅳ-TR 的附录中移除，变为 DSM-5 的一项正式诊断类别。
- 神经性贪食症的诊断标准中，暴食和催吐行为的发作频率有所下调。
- 在神经性厌食症的诊断标准中，闭经一项被移除。
- DSM-Ⅳ-TR 中痴呆和遗忘症归入一项新的诊断类别：重度神经认知障碍。
- DSM-5 新增了轻度神经认知障碍的诊断类别。
- 虽然人格障碍的诊断标准没有改变，但在 DSM-5 中新增了一种研究模型，可以对未来的人格障碍研究提供指导。
- DSM-5 将 DSM-Ⅳ-TR 中的物质相关障碍由一组改为两组：物质使用障碍和物质所致障碍。
- DSM-5 新增了赌博障碍，并将其纳入物质相关的成瘾障碍类别。
- 在 DSM-5 的第三部分中，首次纳入了许多被认为需要进一步研究的障碍。这些障碍包括轻微精神病综合征、非自杀性自伤障碍、网络游戏障碍及咖啡因使用障碍。

序言

感谢阅读第 18 版《变态心理学》！我们很高兴为你带来这个新的修订版。《变态心理学》作为心理学教材的重要组成部分，拥有光荣而卓越的传统。自从 1948 年詹姆斯·科尔曼撰写第一版以来，本书一直被认为是该领域最全面的教材。本书在不断的修订中发生了许多的变化，我们这个新版本的情况也是如此。长久以来，詹姆斯·布彻对本书的修订给予了宝贵的指导，并且至今仍在参与撰写工作。不过，目前的这个版本以及未来的版本中，哈佛大学的吉尔·胡利教授和马修·诺克教授是主要作者。吉尔和马修都致力于追求卓越，为学生提供最为全面的变态心理学知识。

本书的每一位作者都是著名的学者、经验丰富的教师以及执业的临床医生。他们为本书带来了不同领域的专业知识和不同的研究视角。请不要因为我们二人在哈佛任教而小看我们！我们对于变态心理学充满了热情，并致力于使我们的教材尽可能地为海外学生所接受。我们强调研究的重要性，并且将研究结果转化成对所有心理障碍患者切实有效的临床帮助。

心理障碍有许多不同的类型，每种类型都是在各种因素相互作用下形成的，可以从多个不同的角度来研究。我们使用生物-心理-社会取向来对行为异常发生的复杂环境背景进行解释。在本书中，我们描述了广泛的生物、心理和社会因素的共同作用所导致的心理障碍及其发展。此外，我们还讨论了针对这些不同因素的治疗方法。

为了便于理解，我们以连贯的、合乎逻辑的方式描述每种障碍的内容。我们关注三个重要的方面：（1）临床描述：我们在其中描述了该障碍的症状及其相关特征；（2）障碍形成的相关因素；（3）治疗方法：在每种情况下，我们都会检查生物因素和心理社会因素（即心理和人际关系）方面的证据、社会文化（文化和亚文化以及更广泛的社会环境）所带来的影响。同时希望学生能够注意，每个诊断的背后都是一个真实的人。为了强调这一点，我们尝试尽可能把案例材料整合到每一章中。本书着重于治疗，每章都会在特定障碍的背景下讨论治疗方法。此外，我们还新增了一个独立的章节，专门讨论治疗中的问题，这能使学生对治疗的方法有更加深入的理解。

因为我们对于异常的人类行为有着强烈的好奇心，并且为之着迷，所以我们希望通过新版的教材，为学生打开一扇学科之门，使他们对变态心理学有更准确的理解。我们试图用一种清晰而引人入胜的方式，使学生对最核心的心理障碍有全面的、最前沿的认识。希望这个新的版本能够传达我们对这个学科的兴奋和热情。

你为什么需要这个新版本？

你正在阅读的这本书是《变态心理学》的第 18 版。为什么需要修订？为什么旧版本不够好？如果变态心理学这个领域止步不前、永不改变，那么旧版肯定没有问题，但是在变态心理学这个学科领域中，新的研究不断出现。作为本书作者，我们必须把新研究中所涉及的心理障碍病因、评估、治疗等方面的变化及新的思考方式都及时、准确地在这本教材里进行介绍。尽管一些想法和诊断概念已经存在多年，但思维的变化是经常发生的，一个关键的例子是免疫精神病学领域的发展。遗传学、脑成像、行为观察和分类等领域的进步，以及社会、政府政策和法律法规等方面的变化，也给变态心理学这门学科增加了新的知识，并且促进了精神障碍治疗手段的更新。我们每次修订《变态心理学》的时候，都会感慨变态心理学的学科领域是多么充满活力和生机（虽然及时跟上所有的新研究是一件非常困难的事情）。这个版本反映了最前沿的研究成果，并以新颖而有趣的表现形式来提升学生的学习兴趣。

本版的更新和修订

与往常一样，我们这次做了很多更新！ 这意味着数以百计的新研究和引用、数十幅新图片等等。我们还将继续精简整本书中的材料，尽可能缩短章节的长度，同时保留学生应该知道的所有关键信息。

在这个版本中，第 2 章、第 4 章、第 12 章和第 17 章有较大幅度的更新和修订。当然其他章节也有部分更新，并且所有章节在修订的过程中都增添了新的内容。举例来说，在第 4 章中，我们介绍了一些测量和理解人类行为的新方法，例如：运用智能手机和可穿戴生物传感器等新工具，对人类的行为进行测量。这些方法正在广泛地被心理学家所使用。在第 7 章中，我们介绍了心理学家如何使用脑成像技术来判断哪些人具有自杀倾向。在第 11 章中，我们提供了关于一些消遣性毒品（如摇头丸）效果的最新信息。第 12 章有重大修订，包括性功能失调、性别烦躁和性欲倒错障碍的最新内容。在第 17 章中，我们讨论了戈德华特守则，该守则禁止精神卫生专业人员对他们尚未正式评估的人的心理健康状况进行评论。我们先介绍到这里，以免透漏过多。但以上介绍足以说明，第 18 版中有许多令人兴奋的新内容！

本书保留了上一版中受欢迎的特色内容。为帮助教师更好地教学、帮助学生更好地理解，我们继续提供专栏，以突出 DSM-5 中关键的新增内容。我们还以通俗易懂的方式描述了美国国家精神卫生研究所的研究领域标准，这个标准在目前的变态心理学研究领域中发挥着非常重要的作用。每个章节的末尾也会对学习目标进行小结。大部分章节会从一个案例开始，该案例将会说明本章中所要解决的精神健康问题。此外，我们还添加了许多新的参考资料和插图。简而言之，本书去除了那些已经过时的材料，增加了新近研究的成果，并且指出了新的发展方向。这些修订和更新对于增进学生的理解来说非常重要，尤为难得的是，这些改变都是在不增加课程长度的情况下完成的！我们衷心希望你能喜欢这个最新版本。

特色专栏和教学栏目

除了内容丰富的研究及通俗易懂的编排，本书还提供了极具趣味的特色专栏和教学栏目，目的是提高学生的学习兴趣，帮助他们理解内容。我们希望通过鼓励学生对批判性思维的有效运用，引导他们深入思考他们正在学习的主题。

特色专栏

兴趣专栏：这部分包括“研究进展”“思想的进步”“实践中的发展”“我们周围的世界”，详细阐述有趣的主题，注重将研究应用于日常生活和时事，并介绍了最新的研究方法、技术以及成果。

批判性思考：DSM-5 所做的许多修订都存在争议。一个名为“对 DSM-5 的批判性思考”的专栏向学生介绍了修订后的 DSM，并鼓励他们批判性地思考这些变化的内容。

未解决的问题：每一章的最后都展示了在心理障碍学科领域，我们已经走了多远，以及我们还有哪些方面尚未探明。这里涉及的主题提供了对该领域未来的一些洞察，并让学生接触一些具有争议的内容。

教学栏目

学习目标：每章都从学习目标开始。这一部分将会引导读者理解每章的具体内容。学习目标也会在每章的末尾再次出现并得到总结，这为学生提供了一种很好的学习和复习方式。在这一版中，我们对许多章节的内容进行了重组，并尽可能简化了材料。所有改变都旨在改善文风和增强教学效果。

案例研究：本书的各个章节都收录了各种障碍的案例，有的是简短的摘录，有的是详细的分析。对案例的研究，能够将患者的真实生活部分还原，使我们感受到他们是一个个真实的人，而不是枯燥的数据和文字；同时还提醒读者，心理异常会影响到患者生活的方方面面，案例中的患者虽然来自不同的社会背景，却与我们有着诸多共同之处。

DSM-5 专栏：这些专栏包括所讨论的障碍在 DSM-5 中的最新诊断标准。它们以方便直观的形式提供了一种有用的学习工具，可以反映当前的诊断实践，并有助于学生了解现实生活中的障碍。

研究特写：这部分主要用于阐明研究方法，旨在让学生更清楚地了解变态心理学领域的一些重要概念。

本章小结：每一章的末尾都有本章小结，它围绕学习目标来组织基本要点。这些小结使用纲目表，而不是正式段落，这使得学生可以更轻松地浏览信息。

第 1 章

变态心理学：绪论

学习目标

1.1 解释我们如何定义异常及如何对精神障碍进行分类

1.2 分类的优点和缺点

1.3 解释文化如何影响对异常的定义，并描述两种不同的文化所持有的障碍

1.4 区分发病率和患病率，识别最常见、最流行的精神障碍

1.5 讨论为什么变态心理学研究几乎可以在任何环境下进行

1.6 描述用于收集精神障碍信息的三种不同方法

1.7 解释控制组（或对照组）对充分验证假设的必要性

1.8 讨论为什么相关研究设计是有价值的，即使它们不能做出因果推断

1.9 解释实验设计的主要特征

变态心理学（异常心理学）是研究精神障碍的性质、成因和治疗的一门学科。变态心理学领域的话题内容时常出现在我们的生活中，你只需阅读报纸杂志、浏览网页，或者看一场电影，就能接触到心理医生和心理学研究者日常处理的一些问题。很多时候，一些名人会因为吸毒、酗酒、自杀未遂、饮食失调或其他心理问题出现在新闻中。大量的传记中也描写了精神分裂症、抑郁症、恐怖症和惊恐障碍患者与疾病抗争的个人经历，电影和电视节目也在不同程度上展现了人类的异常行为，还有一些关于母亲杀害孩子的悲惨新闻，其中涉及抑郁症、精神分裂症或产后抑郁等。

异常心理现象也出现在我们的周围。在任何一所大学校园里漫步，你都可能看到一些传单，上面介绍了为患有进食障碍、抑郁症或其他心理疾病的人提供支持的团体。你甚至会认识一些有患病经历的人，可能会有一个吸食可卡因的堂兄，也可能有一个患贪食症的室友，或是患阿尔茨海默病的祖父母。也许你母亲的同事因为抑郁症住院了，也许你有一个不敢出门的邻居，也许你在健身房里刚刚认识一个人——尽管他已经很瘦了，但仍然在紧张地进行锻炼。你甚至可能遇到一个头戴铝箔帽、衣冠不整的路人冲着周围的人群大喊：“离我远点儿！”

异常心理现象引起了我们的兴趣和关注，它迫使我们提出问题。为了进一步了解这门学科，让我们看看以下两个临床案例。

案例

莫妮卡是一名 24 岁的法律系学生，她聪明伶俐、衣着整洁、举止优雅、魅力十足。从表面上看，人们不会认为她的生活中有什么问题，但实际上莫妮卡从 14 岁就开始喝酒，而且还吸食大麻。尽管她称自己只是一个“社交型饮酒者”，但只要和朋友出去，她就会喝 4 ～ 5 杯烈酒；当她夜晚一个人在公寓里的时候，也会喝上几杯。因为宿醉，她时常会错过早上的课，甚至有好几次因喝酒而昏迷不醒。尽管莫妮卡否认自己酗酒，但她也承认家人和朋友非常担心她，他们建议她寻求帮助。然而，莫妮卡说：“我并不认为自己是一个酒鬼，因为我早上从不喝酒。”就在一周前，她决定不再吸食大麻，因为她担心自己对毒品成瘾。可是，她发现自己无法戒断，又开始复吸了。

案例

斯科特出生于一个富裕的家庭。他出生时没有任何问题，童年时的发育也很正常。他上了一所著名的大学，还获得了数学学位。但不久之后，他突然离开家人，还放弃了攻读研究生的计划。随后他去了旧金山，在某处租了一套破旧的公寓，并且对周围的人越来越怀疑，还对大脑移植技术产生了古怪的想法。圣诞节前不久，他收到了一个朋友寄来的包裹。据他后来回忆说，当他打开包裹时，感觉到“头爆炸了”。他开始听到一些声音——尽管周围并没有人。这些声音开始告诉他应该做什么，不该做什么。后来，他父母来看望他，他也不愿意跟他们回家，甚至拒绝寻求任何帮助。不久之后，他便离开了旧金山，像个无家可归的人一样四处流浪，几经周折才回到了东海岸。在那段流浪的日子里，他几乎每天都能听到那些并不存在的声音——有时候甚至会听到多达五六种不同的声音。后来，斯科特的家人终于找到了他，并说服他开始治疗。治疗期间，斯科特多次住院，并服用了许多不同的药物，但他仍然有精神障碍的症状。他脑海中的声音从未完全消失，而且在相当大的程度上支配着他的行为。现在，49 岁的斯科特住在疗养院里，在一所大学的图书馆里做着兼职工作。

当你读莫妮卡和斯科特的故事时，也许会发现自己一边阅读，一边提出了疑问。例如，因为莫妮卡早上并不喝酒，你可能想问问她是否真的属于严重酗酒。是的，她的确是。这个问题涉及某人在接受特定诊断之前必须符合的标准，而她达到了。或许你会问莫尼卡的其他家人是否也有酗酒问题，是的，她有些家人也有酗酒问题。这个问题涉及**家族聚集性**，即某种障碍是否具有家族遗传性。

你可能会好奇斯科特到底怎么了，为什么他会听到那些声音。你可能已经想到了有关他症状发作时的年龄以及诱发因素等问题。事实是，斯科特患有精神分裂症，这种障碍通常发生在一个人的青春期晚期或成年早期。此外，正如斯科特的案例中所表明的，患有精神分裂症的人在突然发病之前一般看不出有什么异常。

这些描述真实人物的案例表明，由于精神障碍的影响，人们的生活可能会发生巨大的不幸。每当读到案例中患者所面临的困境时，我们会自然地对这些在病痛中挣扎的人产生同情。但是，除了同情，想要帮助像莫妮卡和斯科特这样的患者，临床医生和研究者还必须拥有专业素质和技能。我们要想增强对精神障碍的了解，就要学会提出各种有价值的问题，这样才有能力去帮助患者和他们的家庭。这些问题即以研究为基础的方法的核心，该方法旨在通过科学探究和细致观察来理解变态心理学。

能够提出有价值的问题是成为一名心理学家需要具备的重要条件。心理学是一个令人着迷的领域，而变态心理学又是这个领域中最有趣的部分（尽管我们肯定有所偏爱）。虽然不是所有接受过变态心理学训练的人都会从事研究工作，但他们仍然非常依赖自己的专业素养和技能，既要具备提出问题的能力，又要具备将信息连贯而有逻辑地综合起来的能力。例如，临床医生初次见到一位来访者或患者时，即会对其进行提问，试图了解与其相关的信息。除了这些信息，临床医生也会依据目前最新的研究成果来选择最佳的治疗方法，20 年前、10 年前甚至 5 年前最好的治疗方法也不一定是今天最好的。社会在进步，知识在不断积累和更新，新的研究成果在不断地出现，而这一切都是推动变态心理学领域发展的引擎。

在这一章中，我们介绍变态心理学的研究领域，以及成为该领域的工作者所需要参与的各种培训活动。需要说明的是，我们这个领域中的某些问题可能比你想象的更加复杂和具有争议。我们还提供了异常行为的人群在总体人口中所占比例的基础信息。

本章第二部分为研究性的内容，我们将尽可能向你解释如何研究人类的异常行为。研究是变态心理学学科发展的核心，你对如何进行研究了解得越多，就会越明白研究结果的作用和意义。

1.1 什么是异常？

解释我们如何定义异常及如何对精神障碍进行分类

你可能会惊奇地发现，我们对于异常或障碍的定义目前仍然没有达成共识。我们并非没有定义，当然有，但是我们还在不断地寻找一个真正令多数人都满意的定义（Lilienfeld et al., 2017; Stein et al., 2010）。

1.1.1 异常的指标

为什么定义精神障碍这么困难？一个重要的原因是：没有任何一种单一的行为能确定一个人的异常。不过，我们的生活中也确实存在着一些明显异常的指标（Lilienfeld et al., 2017; Stein et al., 2010）。我们知道，任何单一指标都不足以定义或判断异常。一个人在以下诸方面遇到的问题越多，他 / 她就越有可能患上某种形式的精神障碍：

1. 主观痛苦：如果人们感觉到心理上的痛苦，我们倾向于认为这是异常的表现。抑郁症患者和焦虑症患者都主诉有明显的内心痛苦。但如果是一个处于躁狂期的患者呢？这类患者可能不会感觉到任何痛苦。事实上，多数这类患者不愿意吃药，因为他们不想失去躁狂时亢奋的快感。也许明天的考试会令你忧心，但我们很难将这种主观痛苦定性为异常表现。虽然在很多情况下主观痛苦是异常的一个症状，但它既不是我们界定异常的充分条件（所谓充分条件，是指如果有此行为，则一定是异常），也不是必要条件（所谓必要条件，是指如果是异常，则一定有此行为）。

2. 适应不良：适应不良的行为通常是异常的一个指标。厌食症患者可能会大幅度限制食物的摄入量，导致自己非常瘦弱，以至于需要住院治疗。抑郁症患者可能会远离朋友和家人，连续几周甚至几个月无法工作。适应不良的行为不仅影响人们的幸福感，还会影响人们对生活的感受，甚至导致人们丧失工作及与人交往的能力。但并非所有的障碍都会产生适应不良。比如骗子和职业杀手，他们都明显具有反社会型人格障碍——前者可能会巧舌如簧地骗走人们毕生的积蓄，后者则会拿他人的生命来换取报酬。这种行为适应不良吗？对他们来说并没有，因为这是他们谋生的方式；而我们则认为他们是异常的，因为不论怎样，他们的行为对社会来说都是适应不良的。

3. 统计偏差：“异常”一词的字面意思就是“异于常态”。但是，简单地把统计上罕见的行为看作异常行为，并不是我们对异常行为的正确定义方式。比如，统计数据显示，天才就很罕见，我们却不认为他们异常。反过来讲，某些数据在统计上常见也并不说明它们就是正常的。比如，普通感冒就很常见，但它仍然被视为一种疾病，而在统计上很罕见的智力障碍也被认为是异常。这告诉我们，在定义异常时，我们会做出价值判断。如果某件事在统计上罕见且不符合期望（如智力功能严重受损），我们更可能认为它是异常的；如果某件事在统计上罕见但符合期望（比如天资聪颖），我们则认为它是正常的。

4. 违反社会准则：所有文化都存在规则。其中一部分是正式的法律，另一部分形成了行为规范或道德标准。虽然有些社会规则在一定程度上是武断的，但是，当某些人不能遵守这些由法律、传统或道德所形成的规则时，我们可能会认为他们的行为是异常的。例如，当一位母亲溺死她的孩子时，人们立即意识到这是异常行为。对宾夕法尼亚州的阿米什人来说，开汽车或观看电视节目是极不正常的行为，但我们都知道，这两项活动其实是宾夕法尼亚州绝大多数居民的日常行为。

图 1.1　和大多数有成就的运动员一样，维纳斯·威廉姆斯和塞雷娜·威廉姆斯的体能在数据和统计意义上都异于常人，但是心理学家并不认为她们的行为是异常的

当然，对这些行为的判定很大程度上取决于违规的程度和频率。如前所述，当一种行为既违

反了社会标准，又在统计上罕见，那么这种行为最有可能被认为是异常行为（或称作变态行为）。许多人都有过违章停车的经历，这种不遵守规则的情况在统计上非常普遍，以至于我们经常不认为这是异常的。然而，对于母亲溺死婴孩，人们会立刻意识到这是异常行为。

5. 社交不适：并非所有的规则都是明确的，也不是所有对规则的违反都会困扰我们，但是如果一个人违反了某一不成文的社会规则，周围的人就可能感到不适或不安。想象一下，你坐在一辆乘客稀少的公共汽车上，大多数的座位都空着，某人上车后却直接坐在了你的身旁，你会有什么感觉？这个人的行为不正常吗？为什么呢？这个人其实没有违反任何正式的规则。他买了车票，理论上可以坐在任何他喜欢的地方，但是你却会产生社交不适感，你可能会想：为什么这个人有那么多空位置不坐，非要坐在我的旁边？他有什么企图吗？这时，你可能会认为这是一种行为异常。换言之，社交不适是我们识别异常的另一种潜在方式。但同样，这些行为其实在很大程度上取决于实际环境。比如，如果上车的人是你认识的，那么要是他 / 她没有坐在你旁边才会显得奇怪。

6. 不合理性和不可预测性：在社会传统和一定的文化背景下，我们会预测人们的行为方式。虽然有时候稍微打破传统会给生活增添情趣，但是在某些时刻，我们很可能认为某种特定的不符合传统的行为是异常的。比如，坐在你旁边的人突然无缘无故地大叫，你可能会认为这种行为是异常的，因为它不可预测，对你来说是一种惊吓。精神分裂症患者的言语和行为常常是混乱且不合理的，这样的行为也可能是双相障碍躁狂期的一个症状。然而，也许最关键的因素是我们对一个人是否有能力控制自己行为的评估。如果我们提前知道了室友将要在校园莎士比亚戏剧《李尔王》中扮演李尔王，当他在宿舍里排练，听他背诵剧本，或者看到他做出戏剧中那些夸张的动作时，我们不会认为有什么不妥；但是，如果换一个场景，我们突然发现室友躺在了地板上，乱扑乱撞，还大声背诵莎士比亚的剧本，在不知道缘由的情况下，我们很可能会给医院打电话求助。

7. 危险性：对自己或他人构成危险的人被认为是心理异常的，这似乎相当合理。事实上，如果患者明确威胁要伤害自己或他人，治疗师需要将有自杀倾向的患者送进医院，或者报警以帮助受到威胁的人。但是，和其他异常因素一样，如果我们把危险当作异常的唯一特征，就会遇到问题。战斗中的士兵有精神疾病吗？那些开车技术极差的司机呢？这两类人都有对他人构成危险的可能性，但我们并不会认为他们患有精神疾病。还有一类是极限运动爱好者或有危险嗜好的人（如喜欢自由潜水、蹦极、赛车或饲养毒蛇作为宠物等），这类人常常会对自己构成一定的危险，但我们也不会视这些人为精神病患者。反之，我们也不能假定被诊断为精神障碍的人就一定具有危险性。虽然某些精神病患者曾犯下严重的罪行，但是没有精神障碍迹象的人也可能犯罪。事实上，研究表明，对患有精神疾病的人来说，危险的发生多数属于意外，而并不是某种规律（Corrigan & Watson, 2005）。

图 1.2　危险对于界定精神疾病有多重要？如果我们对自己或他人构成威胁，这是否意味着我们患有精神疾病？

最后值得特别说明的是，异常行为的界定总是涉及整个社会的判断，基于价值观和社会期望，这意味着文化在评判中起到了非常重要的作用。此外，由于人类社会在不断演化，对某些行为的评判会随着时间的推移而有所改变，10 年之内被认为是异常或反常的行为，有可能在 10 年或 20 年之后就被世人认可了。同性恋曾被归类为一种精神障碍，但是现在这一状况已经得以改变（于 1974 年从正式的分类系统中删除）。在肚脐或鼻孔上穿洞曾经被普遍认为是十分反常的行为，当时的人怀疑这类人有精神健康问题。然而，时至今日，这样的装饰甚至已经成为某种时尚，由于太常见而很少再引人注意。两种态度之间，仅仅经过了一代人的时光。此外，你还能想到哪些行为现在已经被认为属于正常范围，但在以往的历史中被认为是异常的？

当你思考这些问题时，参阅专栏“我们周围的世界”中所描述的那个人。他的确是一个与众不同的人，但是他的行为是否属于异常呢？你认为大家会取得共识吗？

我们周围的世界

极端慷慨还是病态行为？

泽尔·克拉文斯基是一个俄裔美国人，他的父母是来自俄罗斯的移民。他从小在费城一个工薪阶层的社区里长大，学习成绩优秀，常常获奖，异常聪明的他甚至在 12 岁时就开始购买股票了。虽然他表现出的能力远超周围的孩子，但据他们家族的一位朋友回忆说，他的父母“拒绝给予他任何赞扬”。克拉文斯基最终获得了两个博士学位，并开始投资房地产。到了 45 岁，他已结婚生子，资产总额接近 4 500 万美元。

尽管克拉文斯基拥有商业上的天赋，很能赚钱，但他的生活却非常节俭——他开一辆旧车，几乎从不给孩子零花钱，住在一所简朴的房子里。然而，随着他的财富日渐增长，他开始关注慈善事业，在和朋友的交谈中他表示，想把所有的资产都捐给慈善机构。随后，他和妻子向疾病控制中心基金会捐赠了两份价值620万美元的礼物。从那以后，他的注意力就完全转向了慈善公益活动。他和妻子向费城的一所残疾人学校捐赠了一栋公寓楼；第二年，克拉文斯基夫妇又向俄亥俄州立大学捐赠了价值约3 000万美元的不动产。

克拉文斯基捐赠的动机是帮助他人。据他的一位朋友说，“他把钱赠予他人是因为他有钱，而别人需要钱”。但这个过程却改变了他的思想，更多地投入慈善事业成了他决心要完成的人生目标。就在克拉文斯基给妻儿留了一些信托资金后，他的个人资产仅剩一栋住宅（这房子还欠着银行的巨额抵押贷款）、两辆小型货车，还有总价约8万美元的股票加现金。这时候他基本上已捐赠了所有财产。

虽然没有了财产，克拉文斯基却并没有因此停下捐赠的脚步。他产生了捐赠器官的想法。为此他还多方咨询并阅读了相关文献。当了解到自己只有一个肾也能生活时，他就决心将自己的一个肾捐出去。他认为和肾脏移植需求者的未来生活相比，自己捐献肾脏的代价根本不算什么。但他没想到，一贯支持他慈善事业的妻子并不同意——虽然善良的妻子长期以来和他一起把他们大量的财产赠予了慈善机构，可当涉及丈夫的肾脏时，她再也无法忍受，明确反对了他的计划。

妻子的反对使克拉文斯基陷入了痛苦，不能继续捐赠对他来说几乎是无法忍受的。数日后，他打电话给爱因斯坦医学中心，与一位器官移植协调员沟通。然后，他又先后约见了一位外科医生和一位精神科医生。克拉文斯基告诉精神科医生，妻子不支持他捐肾的愿望使他陷入了困扰。当医生告诉他，这并不是一件他必须要做的事情时，他回应道：“我必须要做，你或许不能理解，但它就像食物、水和空气一样，对我来说是必需品！”

三个月后的一天凌晨，克拉文斯基独自离开了家，驱车赶往医院。经历了3个小时的手术后，他终于献出了自己的右肾。到了手术后第二天，他才打电话通知妻子。尽管他捐肾的行为使自己的家陷入一片混乱，但他立即又开始了新的构想：“当我躺在医院时，脑子里想的全都是我其余正常的器官。我感觉到必须要继续捐赠，我渴望能做得再多一些，这是一种多么令人兴奋的感觉啊！”等到他办理出院手续时，他已经在考虑捐献自己的另一个肾脏了。

手术后的几个月里，克拉文斯基经历了思想上的迷失。他陷入了深深的矛盾之中：他有着停不下来的捐赠愿望，然而除了仅有的器官，他已身无长物。有时，他甚至想把自己的生命用来捐献："如果我把整个身体捐献出去，我的器官就可以救回好几个人。"但同时他也意识到，如果就这样牺牲掉自己的生命，那么爱他的家人将会有多么痛苦。

捐肾几年后，克拉文斯基仍然时不时想要捐赠更多的器官。然而，为了妻子和孩子，最终他还是无奈地放弃了。目前他又重回房地产业，并给自己的家人买了一套更大的房子。（I. Parker, 2004）

泽尔·克拉文斯基是一个具有强烈道德责任感并且十分勇敢的人吗？抑或他的行为不正常，表明他患有精神障碍？请阐述一下你是如何理解的。

1.1.2　DSM-5 和精神障碍的定义

在美国，作为定义不同类型精神障碍的公认标准的，是美国精神医学学会（American Psychiatric Association，APA）的《精神障碍诊断与统计手册》（*Diagnostic and Statistical Manual of Mental Disorders*），即众所周知的 DSM。它时常会修订和更新，目前的版本名为 DSM-5，于 2013 年发布，有 947 页长，共包含 541 个诊断类别（Blashfield et al., 2014）。最新修订的 DSM 存在许多争议，在"对 DSM-5 的批判性思考"专栏中，我们解释了更多关于 DSM 的内容，并讨论了为什么需要修订。

虽然 DSM 被广泛使用，但它并不是唯一的精神病学分类系统。世界卫生组织（WHO）编制了一份《国际疾病分类》（*International Classification of Diseases*），它的第 11 版（ICD-11）刚刚出版，其中第 5 章涵盖了精神和行为障碍（WHO, 2018）。尽管 ICD-11 与 DSM-5 有许多相似之处，但两者也有所不同。例如，类似的疾病具有不同的名称。美国以外的许多国家使用 ICD-11。由于美国是世界卫生组织的成员国之一，ICD 代码（标注在 DSM 的各种诊断旁）也会在美国的医院中使用。

在 DSM-5 中，精神障碍被定义为一种综合征或症状类型，其特征表现为个体的认知、情绪调节或行为方面具有临床意义的功能不良，它反映了精神功能潜在的心理、生物或发展过程中的异常。精神障碍通常和社交、职业或其他重要活动中显著的痛苦或伤残相关，而且，这种综合征或症状类型不是对常见应激源或丧痛（例如所爱之人的死亡）的一种可预期的、文化认同的（心理）反应。同样重要的是，无论是行为偏离正常，还是个人与社会之间存在矛盾冲突，都不能称为精神障碍。

DSM-5 中精神疾病的定义基于不同的 DSM-5 工作组及其他来源的表述（Broome & Bortolotti, 2010; First & Wakefield, 2010; Stein et al., 2010）。虽然这个定义仍然不能满足所有人，但它使我们更接近一个完善的表述。请记住，对异常或精神障碍的任何定义都肯定是有些武断的。与其将 DSM 视为一个成品，还不如将其视为一个正在进行的工作，并定期对其进行更新和修正。虽然 DSM 的早期版本曾经使用罗马数字来指代每个特定的版本（例如，DSM-IV），但是现在使用阿拉伯数字来代替罗马数字（5 代替 V），以方便将来的更新（例如，DSM-5.1、DSM-5.2）。

对 DSM-5 的批判性思考

什么是 DSM？为何要修订？

《精神障碍诊断与统计手册》（DSM）提供了诊断精神障碍所需的所有信息（描述、症状列表）。它为临床医生提供了每种精神障碍的特定诊断标准，这就为该群体创造了一种专业性的通用语言，使得一个特定的诊断对每个临床医生的意义都是一样的。此外，它还提供了关于确诊必须符合的症状数量和症状类型的描述性内容，有助于确保诊断的准确性和一致性（效度）。DSM 对研究也很重要。如果患者能够得到可靠的诊断，就可以对比情况相似的患者之间的不同治疗方案。虽然 DSM 不包含治疗的内容，但临床医生可以根据一个准确的诊断标准，为患者选择最合适的治疗方案。

自 DSM-I 于 1952 年首次发布以来，DSM 经过了多次修订。修订非常重要，这让我们对于精神障碍的认识能够不断纳入新的科学研究成果。DSM-5 的修订过程以新的研究结果为指导，并尽可能保持与上一版（DSM-IV）的连续性。另一项指导原则是，不限制修订内容所改变的程度。你会发现，这二者之间确有矛盾的地方。在变化和连续性之间寻找适当的平衡点，这给修订工作带来了巨大的挑战，也引发了很大的争议。作为修订过程的一部分，我们邀请了特定精神障碍方面的专家加入相关的 DSM-5 工作组，并提出具体的修改建议。在某些情况下，辩论过于激烈，以至于有专家从所在的工作小组中辞职！一方面，虽然 DSM-5 已经出版，但并不意味着每个人都满意其中的一些变化；另一方面，最新版本中的许多修改还是具有重大意义的。在接下来的章节里，我们将重点介绍 DSM-5 的关键变化。我们还会试图帮助你批判性地思考具体修改意见背后的原因，并解释它们为什么会被接受。

1.2　分类和诊断

分类的优点和缺点

既然定义异常是如此困难和具有争议，我们为什么还要下定义呢？原因很简单，大多数的学科都有自己的体系和分类（例如化学有元素周期表，生物学中活的有机体被分为界、类、属等）。从最基本的方面讲，分类系统为我们提供了一套命名系统，这为临床医生和研究者提供了一种通用的语言，以及复杂临床特征的简称。如果缺少一套可以描述特定临床特征的共同术语，临床医生只能详尽地描述每个患者，才能提供患者症状的概述，这样会产生冗余信息。一旦有了相关的专业术语（例如大家对“精神分裂症”一词有着相同的理解和共识），那么跨越专业界限的沟通就会变得更加有效和便利。

分类系统的另一个优点，是让我们能以更有效的方式来建构信息。分类系统塑造了信息组织的方式。例如，多数分类系统会将一定程度上相关的诊断放在一起。在 DSM-5 中，焦虑障碍的章节包括了有恐惧和焦虑症状的所有障碍（如惊恐障碍、特定恐怖症和场所恐怖症）。

在分类系统中组织信息可以帮助我们研究不同类型的障碍。分类系统能使原本杂乱的信息变得有序，这样能促进研究的发展。它会给我们提供更多的信息，帮助我们去寻找各种障碍的成因和更好的治疗方法。例如，前面我们给出的案例中，莫妮卡有酒精和药物依赖，斯科特有精神分裂症。通过分类来搞清楚患者的障碍属于哪种类型是非常必要的，因为适合二者的治疗方法截然不同。

分类系统的最后一个重要效果更加世俗。正如有人指出的那样，精神障碍的分类具有社会和政治意义（Keeley et al., 2015; Kirk & Kutchins, 1992）。简单地说，分类系统划分出了精神卫生专业人员解决问题的范围。而且，在纯粹实用的层面上，分类定义了哪些情况属于精神障碍，由此可以确认保险公司的赔付范围。

1.2.1　分类的缺点

分类系统也的确存在一些缺点或者潜在的缺陷。因为分类的本质是对信息的概括和简化，所以必然会导致部分信息的缺失。如果我们了解到某个具有特定类型障碍的患者的特定历史、人格特征、个性以及家庭关系（例如，通过阅读案例摘要），我们自然会比仅仅知道这个患者的诊断（例如，精神分裂症）能获得更多的信息。换言之，由于我们通过分类把问题简化，会不可避免地失去一些细节。

尽管世俗的观念随着时代的进步有所改善，但被诊断为患有精神障碍的人，可能还是会遭遇世俗偏见所带来的歧视，即污名化。当然，这并非诊断系统本身的过错。即使是在当今社会，精神障碍的患者也往往会对自身病情保密，而糖尿病等身体疾病的患者则更容易坦率地承认自己生病了。在某种程度上，患者可能是害怕，承认自己患有精神疾病即会遭到社会和职业方面的各种歧视（这种害怕或许是真实的，也可能是出于想象）。可能很多人都曾经用“疯子”“精神病”“神经病”来描述某人，这类歧视性用语会对精神障碍的患者产生严重的伤害。在一项研究中，有 96% 的精神分裂症患者声称在他们的生活中有过被污名化的经历（Jenkins & Carpenter-Song, 2008）。尽管目前精神卫生领域在学术上有了很大的进步，但社会大众对精神疾病的认识水平往往还是非常低（Thornicroft et al., 2007）。

被污名化会阻碍患者寻求精神卫生方面的帮助，对年轻人、男性、少数民族及有色人种来说尤其如此（Clement et al., 2015）。此外，对寻求治疗或帮助的另外两类人——军事人员和精神卫生专业人员（很有讽刺意味）来说，被污名化的负面影响会更加严重。

与污名化相关的一个问题是：刻板化。我们生长在特定的文化环境中，可能会产生关于他人的种概括性看法（例如，戴眼镜的人更聪明，纽约人很粗鲁）。因为我们可能听说过某些精神障碍会伴随异常行为，所以当我们遇到某个被诊断为精神障碍的人时，往往会自动做出错误的推断，认为他一定会有那些异常行为。这类对精神障碍患者的刻板印象也时常表现在电影电视的创作中。如果你看过恐怖电影，就会发现常见的主题是杀人狂。对 2000 年至 2012 年拍摄的 55 部恐怖电影的分析表明，精神障碍患者经常被刻画成杀人凶手（Goodwin, 2014）。刻板化也体现在下面这个案例中“像你这样的人不会回去工作”的观点中。

案例

我患有双相障碍，病史超过 35 年。前 15 年还算平静，至少看起来是这样。我毕业于一所常春藤联盟大学，毕业后开始了自己的事业，并参与了当地的政治生活。我已婚，是两个男孩的父亲。这些年以来，我有情绪波动的症状，而且这种症状还随着年龄的增长变得越来越严重。后来，由于病重的缘故，我从无法工作、婚姻破裂、生意失败，最终到了无家可归的地步。

在这些日子里，我对世俗偏见所带来的刻板印象有着极为深刻的体会。就在 38 岁那年，我因为企图自杀而在精神病医院接受治疗。出院后，我才发现自己已经没有地方可住，积蓄也已花光，唯一的财产是一辆已经开了 4 年的旧车。于是我联系了当地的精神卫生部门，请求他们给予我治疗上的救助，然而却被告知，如果想获得援助，必须先卖掉我的车，然后把钱花在治疗上。我问，等我恢复到能找到工作的时候，应该怎样去上班，他们却告诉我说："不用再担心工作的问题了，像你这样的人是不会回去工作的。"①

而**标签化**可能会使污名永久化。一个人的自我概念可能会受到诸如精神分裂症、抑郁症或是其他精神障碍诊断的影响。一旦某人因为某些症状而被诊断为患有某种精神障碍，那么人们往往会对其贴上标签，即使此人后来痊愈，这样的"诊断标签"还是难以去除。

需要特别说明的是，诊断分类系统并不是把人进行分类，只是对人们所患有的障碍进行分类。而污名与其说是"诊断标签"的结果，不如说是源自患者本身异常的行为。所以在某些情况下，诊断也可能反而会减少这类歧视，因为它至少为某人原本无法解释的行为提供了部分解释（Ruscio, 2004）。

但是，我们需要牢记，疾病的背后是一个真实的人，这一点非常重要。面对患者，我们应该使用礼貌且适当的语言。以前，精神卫生专业人员经常用"精神分裂症"或"躁狂抑郁症"来描述患者。但是，现在我们普遍认识到，使用以人为本的语言，将他们称为"精神分裂症患者"或"双相障碍患者"更为准确（也更加尊重患者）。简而言之，是用"患者"来称呼，而不是用诊断的名称。

1.2.2　如何减少对精神障碍患者的偏见

对精神障碍患者的负面反应很常见，而且可能在全世界范围内都相当普遍。亚瑟和他的同事在 2010 年组织了专题研究组，调查了牙买加当地居民关于污名化的概念。参与者居住在不同的乡村或城市。调查发现，无论他们的性别和受教育程度有多么不同，大多数的参与者都对患有精神障碍的人抱有相当程度的偏见。一位中薪阶层的男性说："从某种意义上讲，我们会把他们看成二等公民，远离他们，排斥他们。我们不会对他们好。"（Arthur et al., 2010, p. 263）对精神障碍患者的恐惧也较为普遍。一位来自农村的中等收入男子这样描述："路上有个疯女人，名叫……甚至警察都害怕她，她敢朝警察扔石块，样子非常非常

① McNulty JP; Mental Illness, Society, Stigma, and Research, Schizophrenia Bulletin 2004; 30(3): 573–575, doi:10.1093/oxfordjournals.schbul.a007101. 由牛津大学出版社代表马里兰精神病学研究中心授权。

可怕。”（p.261）此外，即使有些人抱有更友好的态度，他们仍深怀恐惧。有人说：“即使你有同情心，你也会感到害怕。”（p.262）简而言之，这项研究的结果表明，对精神障碍患者的污名化、刻板化、标签化等歧视行为并非局限于工业化国家。尽管我们非常希望情况不是这样，但偏见还是普遍存在。这也说明了开展反污名化运动的必要性。

长期以来，我们以为可以通过宣传教育，让人们认识到精神障碍其实只是一种脑部疾病，以此来解决有关歧视的问题。然而，非常遗憾的是，情况并没有因此而有所改善。虽然现在已经有越来越多的人开始了解到精神障碍有着神经生物学上的成因，但这种认识上的提高并没有使偏见变少。在 2010 年的一项研究中，佩斯科索利多和他的同事在某个社区进行调研，请社区的居民阅读了一些描述精神障碍症状的短文，有些人读了关于精神分裂症患者的短文，另一些人则读了关于临床抑郁症或酒精依赖的人的短文。重要的是，这些短文中并没有使用诊断标签，只是提供了普通的描述性内容。尽管如此，这些参与者中的大多数都表示了不愿与文中所述的人一起工作，甚至也不想和他们来往，更不愿意和他们有任何形式的婚姻关系，患者的被拒程度竟然与 10 年之前毫无二致。然而，就在这 10 年之间，有更多的人接受了神经生物学对精神障碍成因的解释。因此，这项研究表明，虽然人们知道了精神障碍是由脑部疾病引发的，但他们的偏见却并不会因此有所减少。对所有希望通过相关科学知识的普及来消除污名化的人士而言，这是一个令人失望的结果。

与被污名化的群体有更多接触似乎会降低污名化的程度（Corrigan et al., 2014; Couture & Penn, 2003）。然而，这种接触对普通人而言可能存在一些困难。仅仅想象与一个有精神障碍的人互动，就可能导致痛苦和不愉快的身体反应。在 2005 年的一项研究中，格雷夫斯和他的同事招募了一些心理学专业的大学生作为实验参与者。格雷夫斯把受试者分成了几个小组，让他们想象与某个特定的人互动，这个人的形象会出现在幻灯片上。当幻灯片开始展示时，每组受试者都会得到一份此人的小传脚本。在有的脚本中，目标人物被描写成精神分裂症患者，而且还专门说明他“现在已经好多了”，其他的脚本则并没有提及任何精神或心理方面的障碍。参与这项研究的学生表示，当他们想象与精神分裂症患者沟通交流时，相对于与普通人，他们的压力更大，眉毛位置的肌肉也会更加紧张。心率变化也表明，他们在想象与患者互动时要比想象与普通人互动更加不悦。最终的实验结果显示，多数情况下，对患者抱有的偏见程度越高，对幻灯片的心理及生理反应就越强烈。这些研究表明，大多数人可能会倾向于避开患有精神障碍的人，因为在多数人的想象中，与精神障碍患者的接触会产生心理及生理上不愉快的体验。

1.3 文化和异常

解释文化如何影响对异常的定义，并描述两种不同的文化所特有的障碍

我们在思考如何定义异常与正常时，除了考虑不断变化的价值观和社会准则，也不能不考虑文化因素。不同的文化之间具有很大的差异，这一点在 DSM-5 对障碍的定义中也得到了明确的认定。在某一特定的文化中，有着许多该文化环境下共有的信仰和行为，它们被广泛接受并且成为风俗习惯。例如，基督教国家中的多数人认为“13”是一个不吉利的数字，这一现象的起源可能与《圣经》中“最后的晚餐”有关，他们中的许多人会在 13 号又是星期五的这天格外小心翼翼，一些酒店和公寓大楼没有 13 层，医院里常常没有编号为“13”的病床。

图 1.3 某些印第安人部落的语言中没有“抑郁”一词，来自这些文化群体的人在描述自己的抑郁症状时，倾向于使用描述身体症状而不是情绪症状的词汇

相比之下，日本人并不担心 13 这个数字，但他们试图避免数字“4”。这是因为在日语中，“4”的发音与“死”的发音相近（Tseng, 2001, pp. 105–106）。

而在不同文化里，人们会用各种不同的词汇表达心理的痛苦。例如，在某些印第安人、阿拉斯加原住民和东南亚文化群体中，没有形容“抑郁”的词（Manson, 1995）。当然，这并不意味着这些文化群体的人不会体验到临床意义上的抑郁。正如下面这个案例要说明的，精神障碍的表现可能和该文化的禁忌相关。

案例

现年 71 岁的 GH 是印第安西南部落的一位老人，他的孙女把他送到了当地一家印第安卫生服务医院。GH 先生在普通门诊医生的询问下自述了多项症状。他大多数主诉都和非特定部位的疼痛有关。当医生要求他指出具体疼痛的部位时，GH 指着他的胸口，然后指了指腹部、膝盖，最后是他的手，他声称“都痛”。他用印第安语提到了一个词，翻译过来就是“全身生病”。据他的孙女说，他最近“有些不对劲”，尤其是在过去的三四个月里，有很多活动 GH 先生已经不再参加了，而这些活动在以前对他来说是非常重要的，正是依靠这些活动，他才能够在大家庭和宗族中一直扮演着中心人物的角色。对于这些行为上和情绪上的变化，他不愿意多谈。当被进一步询问时，GH 先生承认他有入睡困难，每晚睡眠断断续续，却总是在黎明的第一缕晨曦中醒来。他也承认，最近几个月一直没有胃口，但否认了有体重减轻的现象，尽管他的衣服穿在身上显得松松垮垮。注意力不能集中和记忆力衰退的问题最终也表现了出来。当被问及为什么近几个月不参加家庭和宗族的活动时，GH 先生解释说“太累了，全身都痛”，而且“怕让大家失望”。医生进一步追问，他却没有了回应。突然他又说：“您要知道，我的羊最近不太好。它们的毛粗糙了，它们变瘦了。羊群只是漫无目的地闲逛，就连母羊也似乎不再爱护羊羔了。”身体检查和实验室化验的结果都很正常。GH 先生为关节炎开了两盒日常使用的对乙酰氨基酚。虽然 GH 声称自己“正在戒酒”，但是他又说在过去的 23 年里没有喝过酒。并且他否认曾经患有抑郁症或其他精神类疾病。（Manson, 1995, p. 488）

就像 GH 的案例中所呈现的，文化会对抑郁等精神障碍的临床表现造成影响，这一现象在世界各地都有发现（Draguns & Tanaka-Matsumi, 2003）。例如，在中国，抑郁症患者的典型表现是关注躯体问题（疲劳、头晕、头痛），而不会说自己感到难过或情绪低落（Kleinman, 1986; Parker et al., 2001）。这种对躯体疼痛而非情绪痛苦的关注在 GH 先生的案例中也很明显。

尽管人们逐渐意识到文化影响精神障碍的表现方式，但我们对异常心理的文化解读与表达仍然知之甚少（Arrindell, 2003）。绝大多数精神病学文献都来自欧美国家，即西欧、北美、澳大利亚和新西兰（Patel & Kim, 2007; Patel & Sumathipala, 2001）。用英语之外的语言发表的研究往往会被忽视，这进一步加剧了研究结果代表性偏低的问题（Draguns, 2001）。

如前所述，虽然文化因素可能会影响精神障碍的临床表现，而这种情况看起来在全世界都普遍存在，但是，某些类型的心理病理现象似乎具有高度的文化特异性。有些精神障碍只会在世界的某些地区出现，并且与该地区文化相关的事物有着高度的关联性。对人恐惧症就是一个很好的例子。这是一种文化特异性综合征，属于焦虑障碍的一种，在日本很常见。患有这种障碍的人担心自己的身体或是身体缺陷会侵犯到他人，或使他人窘迫以及感觉不适，因而感到羞耻或持续的恐惧。通常，患此障碍的人害怕脸红，而且非常担心自己的眼神、表情或体味会遭人厌烦（Levine & Gaw, 1995）。

研究人员在拉丁美洲裔，特别是居住于加勒比地区的人群中，发现了另一种源自文化的痛苦表现，即“神经发作”（Lizardi et al., 2009; Lopez & Guarnaccia, 2005）。这是一种临床症状，似乎不符合任何特定的 DSM 诊断类别。该症状通常由离婚或丧亲等压力事件引发，包括哭泣、颤抖以及无法控制的尖叫，还可能伴随失控感。有时患者可能会在身体或语言上变得咄咄逼人。另一种情况是，患者可能会昏厥或癫痫样发作。一旦发作结束，患者可以迅速恢复正常状态，几乎没有对症状发作时的记忆。

正如前面的两个例子讲到的，异常行为通常具有偏离患者所处社会的规范的特性。在某种文化中（例如，在许多印第安部落），听到死去亲人的声音可能被认为是正常的，但在另一种文化环境中，这却被认为是异常。尽管如此，某些非传统的动作和行为几乎被普遍认为是由精神障碍所造成的。

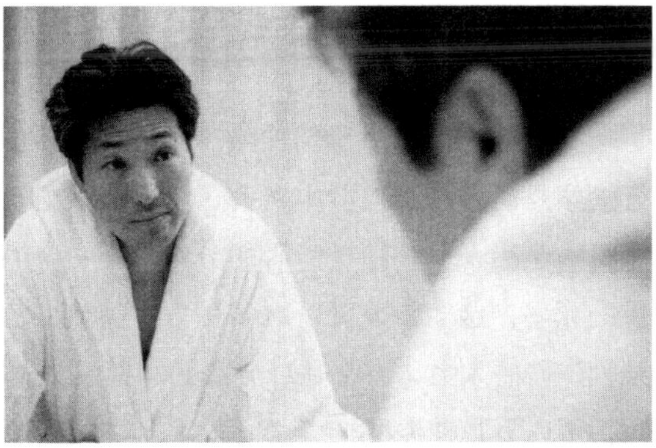
图 1.4　有些疾病具有高度的文化特异性。例如，对人恐惧症是一种在日本很常见的障碍，它的特征是害怕自己的目光、面部表情或体味会遭人厌烦

多年以前，人类学家简·墨菲（1976）分别对非洲的约鲁巴人以及生活在白令海中某一岛屿上使用尤皮克语的因纽特人进行了研究，考察他们对异常行为的看法。这两个部落都有表示“异常”或“疯狂”的词汇。此外，在这两种文化中被认为是异常的一些行为，我们中的多数人可能也会认同，包括：听见不存在的声音、对着天空发笑、在公共场所排便、喝尿、相信别人不信的事情。请你思考一下，为什么这些行为被普遍认为是异常的？我们能确定这些是异常的行为吗？

1.4　精神障碍有多常见

区分发病率和患病率，识别最常见、最流行的精神障碍

如今，有多少人患有符合诊断标准的精神障碍，他们又是什么样的呢？从很多方面来看，这都是一个重要的问题。首先，这些信息在规划和建立精神卫生服务机构时，是必不可少的。精神卫生规划人员需要准确了解特定区域、州（省）或整个国家心理健康问题的特点和程度，这样才能确定如何最有效地分配资源，诸如研究项目的资金或是社区精神卫生中心提供的服务等。例如，一个治疗中心有很多神经性厌食症（这是一种临床上非常严重但少见的问题）的临床医生，而对于更为常见的焦虑症或抑郁症却没有相应的专家，那么这样的配置实际上是难以发挥作用的。

其次，对不同人群的精神障碍发生频率做出评估，可以为精神障碍的病因提供有价值的线索。例如，来自英国的数据显示，少数种族患精神分裂症的可能性是普通白人的 3 倍（Kirkbridge et al., 2006）。与英国其他地区相比，伦敦东南部的精神分裂症发病率也很高，这促使研究者探究其原因。致病的因素可能有：社会阶层造成的贫困、饮食、传染性疾病或环境的污染。

1.4.1 患病率和发病率

在我们进一步讨论精神障碍的发病范围之前，我们必须明确精神障碍的统计方法。**流行病学**是研究特定人群中疾病、障碍以及健康相关行为分布情况的学科。精神卫生方面的流行病学用来调查精神障碍的分布情况。流行病学调查的一个关键部分是确定精神障碍发生的频率，这个频率可以由多种方法得到。患病率是指在某一特定时间点或时间段内罹患某种障碍的人数，通常是百分率（即某一人群中患有障碍人数的百分比）。此外，患病率还包括了以下几种类型。

时点患病率是指在特定时间点上某种障碍患者在特定地区人口中的比例。例如，如果我们进行一项研究，统计某年 1 月 1 日重度抑郁症的患病人数，当我们得到这些人数时，我们就知道了那一天重度抑郁症的时点患病率。如果某些人在当年 11 月或 12 月罹患抑郁症，但在次年 1 月 1 日前痊愈，那么这些个案就不会被我们计入时点患病率的数据之中。同样，次年 1 月 2 日罹患抑郁症的人也不会被计入。

如果我们想要得到**一年患病率**的数据，则需要计入一整年中任何时间点上罹患抑郁症的人数。可以想象，这个患病率比时点患病率要高，因为它涵盖的时间更长，还包括了那些在时点患病率评估之前就已经康复的人，以及评估之后才患病的人。

最后，我们可能想知道，有多少人在一生中任意时段罹患过某种障碍（即使他们现在已经康复），这可以让我们了解某种疾病的**终生患病率**。因为它涵盖了人的整个生命周期，既包括了目前患病的人，也包括曾经患病现已康复的人，所以终生患病率的估计值往往会比其他类型的患病率要高。

另外一个需要了解的术语是**发病率**，它指的是在给定时段内（通常为一年）出现新增病例的数量。发病率数值一般会低于患病率数值，因为发病率的数值排除了先前已有的病例。换句话说，如果评估精神分裂症的一年发病率，我们不会计入那些在给定日期之前就罹患精神分裂症的人（即使他们仍在患病），因为他们不算精神分裂症的新增病例。而如果一个人在给定日期之前是健康的，但在我们计数的一年内患病，那么他将包含在我们的发病率估计值中。

1.4.2 精神障碍的患病率估计

现在你已经了解了一些基本术语，让我们看看一些重要疾病的一年患病率。就美国成年人群体的精神障碍患病率而言，最全面的数据来源是美国国家共病再调查（NCS-R）。它使用一系列复杂的研究方法对全美成年人口进行了抽样调查（Kessler et al., 2004;Kessler, Berglund, Borges, et al., 2005; Kessler, Merikangas,& Wang, 2007）。表 1.1 显示了从 NCS-R 研究中评估的 DSM-IV 精神障碍的一年患病率和终生患病率的估计值。

表 1.1　美国成人精神障碍患病率

障碍	一年患病率（%）	终生患病率（%）
焦虑障碍	18.1	28.8
心境障碍	9.5	20.8
物质滥用障碍	3.8	14.6
任意某种障碍	26.2	46.4

由于 DSM-5 修订完成后的时间不长，而且开展流行病学研究的成本很高，所以目前还没有 DSM-5 修订后的终生患病率数据。表 1.1 显示，任意某种障碍的 DSM-IV 的终生患病率为 46.4%。这意味着在接受调查的美国人中，几乎有一半人在他们人生的某个阶段受到过精神障碍的影响（Kessler, Berglund, Demler, et al.,2005）。虽然这个数字看起来好像很高，但它实际上有可能被低估了。因为 NCS-R 的评估中没有进食障碍、精神分裂症、自闭症等类型，也没有对大多数人进行人格障碍的测量。从表 1.1 可以看出，精神障碍中患病率最高的是焦虑障碍。最常见的个体障碍是重度抑郁症、酒精滥用和特定恐怖症（例如，害怕小动物、昆虫、飞行以及恐高等等），社交恐怖症（例如，害怕在公共场合讲话）也非常普遍（见表 1.2）。

表 1.2　美国最常见的个体精神障碍

障碍	一年患病率（%）	终生患病率（%）
重度抑郁症	6.7	16.6
酒精滥用	3.1	13.2
特定恐怖症	8.7	12.5
社交恐怖症	6.8	12.1
品行障碍	1.0	9.5

尽管精神障碍的终生患病率和一年患病率看起来很高，但需要记住的是，在某些情况下，障碍的持续时间可能相对较短（例如，抑郁症只在失恋后持续几周）。同样，许多符合某些特定障碍标准的人不一定会受到严重的影响。例如，在 NCS-R 的调查中，被诊断为患有特定恐怖症的人，几乎一半（48%）被评估为轻度，只有 22% 的恐怖症患者被评估为重度（Kessler, Chiu, et al., 2005）。符合诊断标准和受到该障碍的严重损害，两者不一定相同。NCS-R 的另一项数据显示，在严重精神障碍的群体中，成年人的一年患病率估计值为 5.8%，青少年为 8.0%（Kessler et al., 2012）。

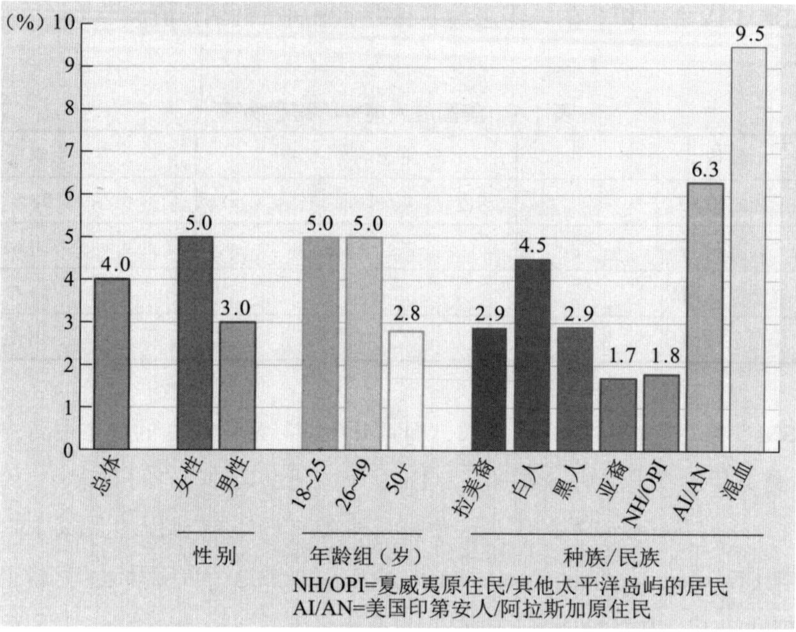

图 1.5　2015 年美国成年人的严重精神障碍患病率

妇女、18~25 岁、26~49 岁以及一些少数民族群体的严重精神障碍患病率较高（SAMHSA）。

NCS-R 的数据存在一个问题：这些数据距今已有十多年的历史了。幸运的是，我们还有另一项每年都进行的全美药物使用与健康调查（NSDUH）。虽然这项调查的数据不包括特定障碍，但它能让我们获得一些最新的信息。从图 1.5 中可以看出，最新的估计显示，美国成年人中严重精神障碍（不包括物质使用障碍）的一年患病率为 4.0%。这与 NCS-R 的估计值 5.8% 相差不远。你也可以从图中发现，严重精神障碍患病率在某些组的数值比其他组高。

图 1.6　障碍并不总是单独出现，过度饮酒的人也可能同时患有抑郁症或焦障碍虑，这一现象称为共病

在 NCS-R 研究中，有一项最新的发现：已确诊的障碍经常伴随共病（Kessler, Chiu, et al., 2005）。**共病**这一术语是指同一人患有两种或两种以上的障碍。在患有严重精神障碍的人群中，共病率尤其高。NCS-R 的数据显示，被评估为重度的患者中，约有半数的人患有两种或两种以上的障碍（NCS-R 的评估分为轻度、中度和重度三级）。例如，某人患有酒精滥用，同时也患有抑郁症或焦虑障碍。相比重度患者而言，轻度患者只有 7% 的共病率。这表明，共病的现象更可能出现在严重精神障碍患者的身上。如果是病情轻微的患者，共病现象则极少发生。

1.4.3　全球疾病负担

精神障碍和物质使用障碍时常会导致伤残。在世界范围内，它们占全球疾病负担[①]的 7% 以上，这比艾滋病、结核病、糖尿病或交通事故所造成的疾病负担还要沉重。由于精神障碍非常普遍，焦虑症、抑郁症和物质使用障碍加起来占用了 1.84 亿失能调整生命年（DALY），一个 DALY 代表了因病致残所损失的一年“健康”生活。抑郁症已经成为全球最大的疾病负担，占到了失能调整生命年的 40% 以上（见图 1.7）。仅仅是由于精神障碍人群无法正常工作（暂时或永久性的）所带来的经济损失就十分严重。据世界卫生组织估计，未来的 20 年里，精神障碍将在全球范围内造成 16 万亿美元的损失（约占 2010 年全球 GDP 的 25%）。这已经是一个惊人的数字了，但它还不包括患者的治疗费用和家庭花费成本（Whiteford et al., 2013）。所有数据都表明，我们需要找到更好的办法来加强精神卫生服务，尤其是对发展中国家而言。而且，如果遭遇战争或自然灾害，情况还会恶化。

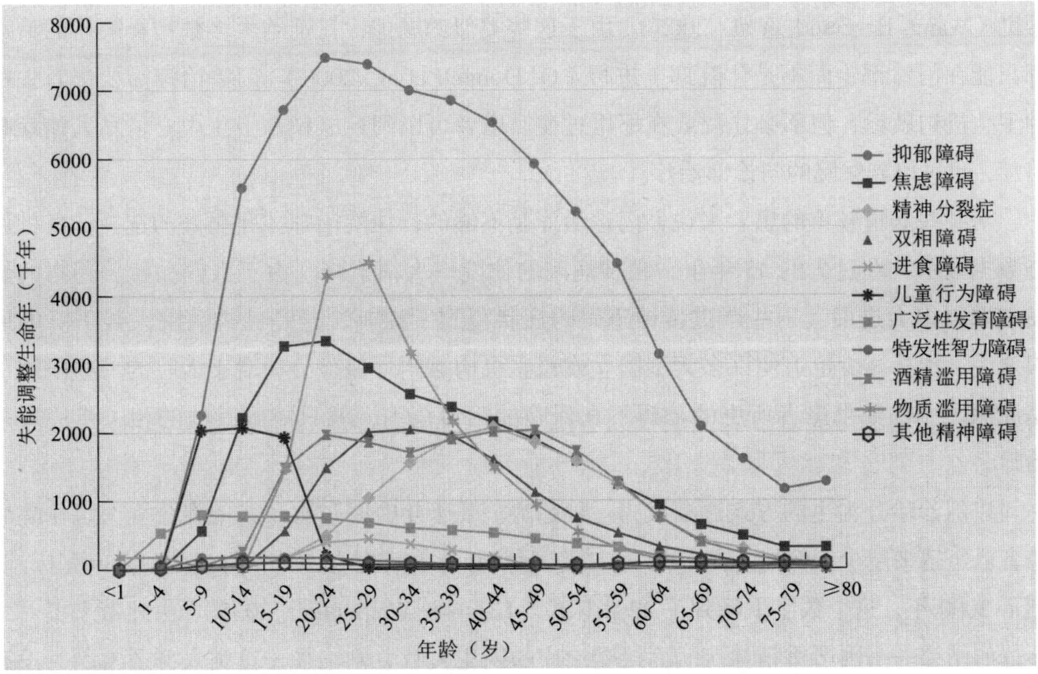

图 1.7　不同精神障碍在一生中所造成的疾病负担

以上为各种精神障碍和物质使用障碍的失能调整生命年，按年龄显示。失能调整生命年代表全世界范围内因这种疾病而失去或严重影响健康寿命的总年数。抑郁症在总年数中占有最大比例，这是因为抑郁症是一种比较常见的障碍。

① 疾病负担是由疾病、伤残和过早死亡造成的对整个社会经济及健康的压力。——译者注

1.4.4 治疗

治疗精神障碍的方法有很多种，这些疗法并不是对每个患者都有效。疗法分为药物治疗和各种形式的心理治疗。在本书介绍特定障碍的章节里，我们也会对该障碍的治疗方法进行专门介绍。此外，在第 16 章中，我们将更广泛地讨论不同的治疗方法，并详细描述这些方法针对不同类型障碍的运用。然而，值得注意的是，并非所有罹患精神障碍的人都得到了治疗。在有些情况下，很多人会否认自己的问题，或尽量把问题最小化。另一些人则试图自己解决，希望在不寻求精神卫生专业人员帮助的情况下自愈。如前所述，污名化是一个影响因素，会使一部分患者不愿意主动寻求帮助（Clement et al., 2015）。即使他们意识到问题严重，也会消耗很长的时间来做出决定。有接近半数的抑郁症患者会因为犹豫不决而推迟治疗时间 6~8 年。对焦虑症患者来说，这种犹豫现象会表现得更加严重，推迟治疗的时间从 9 年到 23 年不等（Wang, Berglund, et al., 2005）！

有一些患者甚至会请他们的家庭医生给自己治疗，而不愿意寻求精神卫生专业人员的帮助（Wang, Berglund, et al., 2005）。由于这些类似的顾虑，目前绝大多数精神障碍的治疗都只能在门诊部（而不是住院部）进行（O' Donnell et al., 2000）。门诊治疗需要患者去精神卫生机构就诊，但不必住院或在那里过夜。患者可以到社区精神卫生中心请私人治疗师治疗，也可以到医院的门诊部治疗。

对某些病情较重的患者来说，门诊治疗是不够的，住院治疗才是更好的选择。各种调查数据显示，在过去的 45 年里，精神病院的住院率大幅下降。由于人们在相关药物的研发上取得很大进展，一些严重精神障碍的症状得到了控制，这是精神病院人数下降的原因之一。预算减少也迫使许多大型国立或州立机构关闭。保险公司对于入院的一些限制也是原因之一。如果患者所患的障碍不在保险的赔付范围，就只能到其他的相关机构寻求治疗。

以门诊治疗为主的方式逐渐成为一种趋势。几十年时间过去了，能在公立医院住院的患者已经越来越少。例如，在 1955 年，美国每 10 万人就拥有公立精神病院的 339 张床位；到了 2000 年，这个数字下降到了 22 张床位（Lamb & Weinberger, 2005）。由此带来了一个不好的结果——因严重精神疾病而接受治疗的囚犯人数急剧增加（这类人群通常因为没有钱和医疗保险而无法得到治疗，他们或许会通过犯罪的方式来引起执法人员的关注）。总而言之，远离传统住院治疗（这被称为“非住院化”）的运动产生了许多意想不到的后果，尤其是对社会中的那些弱势群体影响更大。在第 2 章我们将进一步讨论非住院化所带来的问题。

1.4.5　精神卫生专业人员

当患者住院时，可能面临多种临床治疗方式，这就需要不同类型的专业人员组成精神卫生治疗团队。其中，精神科医生可能会开具处方药物，观察患者的病程并监测药物的副作用；临床心理专家每周可能和患者会面数次，以便提供针对性的心理治疗；临床社会工作者可以帮助患者解决家庭相关问题，而精神科护士可以每天与患者联系，提供护理，帮助患者更好地适应医院环境。在住院期间，专业团队会根据患者的病情和康复程度来设计治疗的强度。

门诊患者也能得到专业团队的服务。然而，门诊团队中精神卫生专家的人数很少。有些时候，门诊患者会从精神科医生那里接受所有的治疗，包括开具处方药物以及心理治疗。有些时候，门诊患者只接受精神科医生的处方药物，然后定期去看心理医生或是去临床社会工作者那里进行治疗。在其他情况下，门诊患者（我们也称作“来访者”）根据自身病情的类型与程度，会去看心理咨询师、精神分析师或专门治疗物质依赖的咨询师。

1.5　变态心理学的研究方法

讨论为什么变态心理学研究几乎可以在任何环境下进行

从 NCS-R 研究中可以明显看出，精神障碍影响着许多人的生活。为了尽可能多地了解这些问题，我们需要进行研究。研究可以帮助我们了解各种障碍的特点，包括：该障碍有什么样的症状，患病率是多少，是**急性**（持续时间短）还是**慢性**（持续时间长），以及与哪些缺陷相关，等等。

研究也能使我们进一步了解障碍的**病理**。最后，研究结果可以帮助我们给予患者最好的治疗。本书的作者都是临床实践方面的专家。同时我们还查阅了大量的文献，力求为患者提供最新、最有效的治疗方案。

初涉变态心理学领域的学生往往认为，我们所需的答案可以通过研究以往的案例来获得。然而，当我们分析这些个案并由此进行推论时，我们很可能会犯下错误。其中一个常见的误区是，我们往往更多地关注那些可以验证自己观点的数据。例如，斯马特医生可能认为喝牛奶会导致精神分裂症。当我们问及他为什么持有这种观点时，他可能会说，这是因为他治疗过的每一位精神分裂症患者都曾在某个时段喝过牛奶。考虑到这位斯马特医生曾经治疗过大量精神分裂症患者，对治疗这种障碍有着丰富的经验，我们可能会相信他是对的。然而，又有一位诺索夫斯特医生决定进行一项研究。他对比了两组人，其中一组患有精神分裂症，另一组为普通人。当诺索夫斯特医生询问所有这些人关于喝牛奶的习惯时，他发现每个人都有过喝牛奶的经历，而这两组人根本没有什么差异。正如这个简单的例子所揭示的，研究可以防止我们被思维中自然产生的偏差所误导。简而言之，研究可以使研究者避免他们在观点和推理上的偏见（Raulin & Lilienfeld, 2015）。

变态心理学的研究不只是在实验室里进行，也可以在诊所、医院、学校、监狱，甚至在非常无序的环境中开展。例如，对无家可归者的研究就可以在街头进行。环境因素并不能决定研究项目是否可以开展。正如卡兹丁（1998）所提出的观点："方法论不只是对实践和过程的汇编，更是一种解决问题、思考和获取知识的途径。"

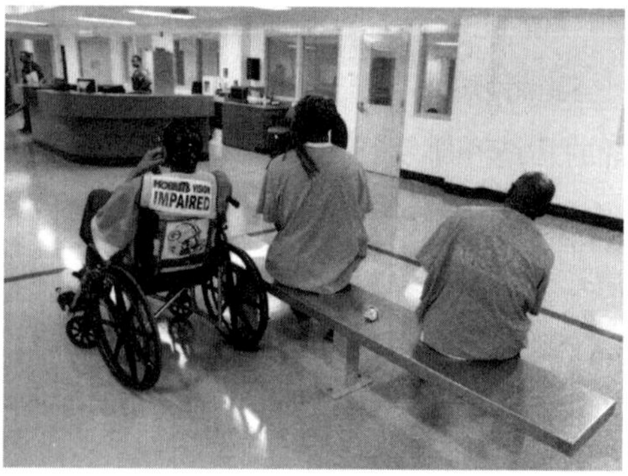

图 1.8　变态心理学的研究除了可以在实验室进行之外，也可以在其他各种环境中进行，包括诊所、医院、学校或监狱

同时，随着新技术的出现（如脑成像技术和新的统计程序等），方法论也在不断地发展和演变。在接下来的几节中，我们将介绍一些基本的研究概念，以便帮助你像个临床科学家一样批判性地思考。为了进一步地提供帮助，在一些章节中，我们使用了"研究特写"专栏来提醒你注意某些关键术语，这些术语对理解心理学研究至关重要。

1.6　信息的来源

描述用于收集精神障碍信息的三种不同方法

作为人类，我们经常会把注意力放在周围的人身上。如果请你描述一下你最好的朋友，或是你的父亲，甚至是教你变态心理学课程的教授，你肯定有很多话要说。和几乎所有其他学科一样，心理学知识的基础也来源于观察。事实上，大量精神障碍的知识来源于早期的个案研究，在这些案例里，研究人员对特定的个体进行了非常详细的描述。

1.6.1　个案研究

德国精神病学家埃米尔·克雷珀林（1856—1926）和瑞士精神病学家欧根·布洛伊勒（1857—1939）等敏锐的临床医生为当代研究者提供了大量翔实的案例，使我们只要阅读这些个案的内容，就可以轻松辨认出精神分裂症、躁狂抑郁症等障碍类型。爱罗斯·阿尔茨海默（1864—1915）曾经记述了一个患者不同寻常的临床症状，后来这种疾病就被命名为"阿尔茨海默病"。西格蒙德·弗洛伊德（1856—1939）是精神分析学派的创始人，先后发表了多篇鲜活有趣的临床案例，描述了我们现在称为"恐怖症"（"小汉斯"案例）和强迫症（"鼠人"案例）的精神障碍。这些案例即使在今天读起来也非常有意思。

当一位训练有素的临床专家使用**个案研究**法时，他可能会有很多收获。但是我们需要注意到，由于这些案例是由前人记述的，作者在当时会对实际的信息有所筛选，决定哪些内容需要保留，哪些可以被忽略。所以这些案例本身可能会受到**偏见**的影响。而个案研究的内容通常只与被描述的个体有关，个案中的相关信息存在缺陷，这样的研究结论往往缺乏可**推广性**。也就是说，我们很难用它们推导出其他案例的结论，即使其他案例涉及类似的患者。如果研究中只有一个观察者和一个被试，并且该观察者是在相对缺乏控制的环境下进行观察，并以故事性的方式记录和描述，那么我们所下的结论就会非常局限，甚至还会有错误的可能。尽管如此，个案研究仍是一种了解临床资料的绝佳途径。它可以为特定的理论提供一些有限的支持，或是提供一些反证来挑战某些流行的观点和假设。重要的是，个案研究可以成为一些创造性想法的来源，帮助未来的研究寻找新的契机。同时它还能为那些不寻常的、罕见的、难以进行系统性研究的临床症状提供洞见。

1.6.2　自陈数据

如果我们想要更严谨地研究人类的行为，应该怎么做呢？一种方法是设计好相关问题，然后通过某种调查的形式，从目标人群那里获得他们的回答。这些回答的内容称为**自陈数据**。常见的做法是使用调查问卷和面对面的访谈。在访谈中，研究者当面提出一系列问题，然后记录下被访谈者说了些什么。

让人们报告他们的主观经验，似乎是一个获取信息的好办法，但这个方法也具有一定的局限性。自陈数据有时会对调查的结果产生误导，因为人们可能并不擅长记录自己的主观状态或经历。例如，在面谈时，一个孩子可能会说他“有 20 个最好的朋友”，但当我们观察他时，可能会发现他总是一个人在玩。由于人有时候会说谎，对问题可能产生曲解，或是希望自己的表现符合大众预期（或者不愿符合大众预期），自陈数据并不总是非常准确和真实的。这一点，对于尝试过网络交友的人显而易见。如果你让三个人先说出他们的体重，然后再请他们站到体重计上，可以想象，他们声称的体重会是他们的真实体重吗？如果存在差异，又是为什么呢？

1.6.3　观察法

另一个收集信息的方式不用询问他人，而是使用某种形式的观察测量方法。一种是**直接观察**。例如，如果我们研究具有攻击行为的儿童，则先要对攻击行为进行定义，并训练观察者对这些行为进行计数，如攻击型儿童对其玩伴所表现出的撞、咬、推、拳打脚踢等行为。

还有一种是相对间接的方法，如仪器测量。我们可以测量攻击型儿童的生理变量（如心率），也可以选择采集应激激素（如皮质醇）在他们体内变化的信息。具体方法是让被观测的儿童把唾液吐到一个塑料容器里（唾液中含有皮质醇），然后我们将唾液样本送到实验室进行检测分析。这些测量的结果也是一种类型的观察数据。有时候，我们无法直接得到研究的结果，或是需要对某些结论进行验证时，这类间接的观察数据作为与信息相关的变量，可以为我们提供帮助。

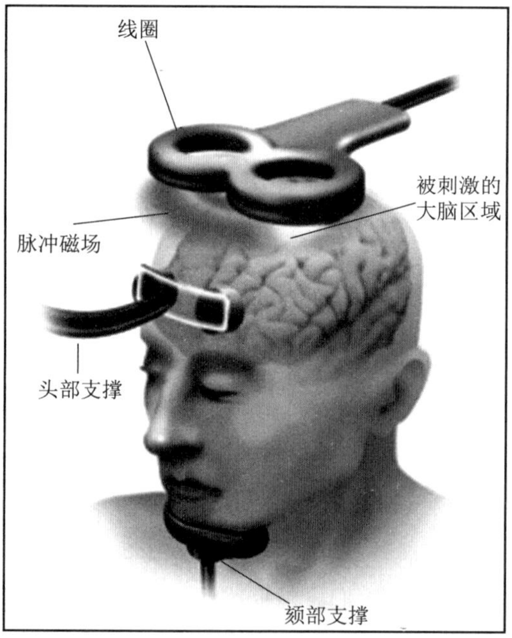

图 1.9　研究者利用经颅磁刺激等技术来研究大脑是如何工作的。TMS 在头部表面产生一个磁场，通过这个磁场刺激大脑的皮下组织。研究者可以评估和测量这种脑刺激产生的行为结果

随着科技进步，借助新技术的运用，我们现在已经发展出了各种方法来研究人类的行为、情绪和认知。然而，对这部分内容的研究在不久之前还被认为是难以企及的。例如，功能性磁共振成像技术（fMRI）这样的脑成像技术现在经常被用来研究人类大脑的运作，我们可以研究在记忆任务中大脑不同部位的血流情况，甚至还可以通过相关测量的数据判断大脑的哪些区域影响人的想象力。经颅磁刺激技术（TMS，如图 1.9 所示）可以在人的头部生成一个磁场，刺激脑的皮下组织（Eldaief et al., 2013）。接受 TMS 的人坐在椅子上即可，这种方法无创无痛。使用经颅磁刺激，我们甚至可以先让大脑的某个区域“离线”几秒钟，然后测量行为结果。简而言之，我们现在可以收集很多过去无法获取的观测数据。

许多临床研究都会同时使用自陈数据和观察法。此外，需要注意的是，当我们谈到观察行为时，我们的意思远不止简单地观察人们的行为。实际上，观察行为指的是对特定个体（如健康人、抑郁症患者、焦虑症患者、精神分裂症患者等等）的行为和习惯进行仔细的审视。如果我们要研究抑郁症患者的社会行为，可以让经过专门训练的观察者记录患者微笑或是与他人眼神交流的频率，也可以让患者填写自陈问卷来评估其社会技能水平。如果我们认为抑郁症患者的社交活动可能与其抑郁程度相关，我们可能会让患者填写评估抑郁严重程度的自陈问卷，甚至可能会测量患者血液、尿液或脑脊液（在大脑中流动的澄清液体，可以通过腰椎穿刺获得）中某些物质的含量。我们还可以通过脑成像技术直接研究

抑郁症患者的大脑。所有这些来源于不同渠道的信息，为我们提供了具有潜在价值的数据，而这些信息和数据对于心理学研究有着非常重要的意义。

1.7　形成假设和验证假设

解释控制组（或对照组）对充分验证假设的必要性

研究就是提出问题以及寻找问题的答案。为了对人类行为做出合理的解释，研究者需要能够提出假设。**假设**是为了解释、预测或探索某事而进行的一种活动。我们在日常生活中也会对问题做出“为什么”的猜测，而科学假设与我们常见的猜测之间的区别在于，科学家会试图验证他们的假设，通过设计验证的方法来进行研究，以更全面地理解事情是如何发生的，以及为什么会发生。也就是说，假设是对研究中我们预期会发生的事情做出可检验的陈述。

诸如个案研究这种故事性资料，对于帮助我们提出假设非常有价值，但是对于假设的验证并不十分适用。假设也源自不常见或意想不到的研究发现。例如，做过隆胸手术的女性自杀率往往会高于一般人群（Sarwer et al., 2007）。为什么会存在这种现象？可能的解释包括：希望隆胸的女性患有精神障碍的概率更高，对手术后的生活有不切实际的美好期望，可能导致抑郁情绪的各种术后并发症，术前对自己身体形象的不满意等。

假设是至关重要的，因为假设有时能决定特定临床问题的治疗方案。我们对于患者症状成因的假设，自然会影响到治疗时的干预形式。例如，我们面对这样一个人，他每天洗手 60~100 次，皮肤和皮下组织因此严重损伤（这是一个强迫障碍的案例）。如果我们假设这一行为是某一神经回路传导出现问题导致的，那么我们可能会试图找出哪些回路功能失调，并对其进行修复（一般是使用药物）。

如果是另一种假设——我们认为过度洗手是对清除脑海中那些罪恶的、难以接受的想法的一种象征，那么我们则会试图解释和挖掘出引发此人道德感过强并且过度内疚的原因，从而对其进行治疗。最后，如果我们假设他的洗手仅仅是不良的条件反射或习得的结果，我们可以设计一个方法来消除这个问题行为。换言之，我们对障碍成因的不同假设，在很大程度上决定了我们研究和治疗障碍时所使用的方法。

1.7.1　抽样和推广

有时候，我们也许能从某一特定障碍的个案研究中获得重要线索，但是这种方法提供的信息依然不足以让我们得出定论。变态心理学的研究是希望对异常行为有更多的理解，并在可能的情况下对异常行为进行干预（也就是用可预测的方法来改变异常行为）。例如，爱德华可能在超市里搭讪女性，还试图舔她们的脚，因为在他童年试穿母亲鞋子时，母亲总会给予他更多的关注。而乔治虽然有着和爱德华相同的行为，但是原因却可能完全不同。我们需要研究更多有相同问题的个体，进而发现我们的哪一个观察或假设具有科学信度。我们研究的人数越多，就会对自己的发现越有信心。

我们的研究应该包括什么样的人呢？一般来说，我们要研究的群体应该有相似的异常行为。例如，如果我们想要研究罹患惊恐障碍的人，那么，首先我们应该确定这种障碍的诊断标准（DSM 目前就提供了一套这样的标准），然后要找到符合这些标准的人。在理想状态下，我们应该研究世界上所有符合我们标准的人，因为这些人构成了我们关注领域的总体人群。当然，这不可能做到，所以我们只能尽量从这个潜在人群中找到具有代表性的个体，这种方法称为**抽样**。也就是说，我们会试图选择能够代表惊恐障碍患者总体人群的那些个体作为样本（如同选出的陪审团成员要能代表所有合格选民一样）。

理想状态下，我们希望我们的样本（研究组）能够反映潜在的总体人群的所有重要信息（例如，障碍的严重程度和持续时间，以及人口统计数据，如年龄、性别、婚姻状况等）。如果我们想要完美抽样，那么我们的研究样本应该从惊恐障碍的总体人群中随机选取，也就是说，要确保该障碍总体人群中的每个人都有相同的概率被我们选取。这一程序能够自动校正样本选取过程中可能出现的偏差。然而，这样的完美抽样在实践中不可能做到。我们只能在现实的限制下（比如有些人不愿意参加实验研究）尽力做到最好。

由于寻找研究的参与者有时候比较困难，研究者只能使用“方便样本”。也就是说，这时的研究对象是那些方便找到并愿意参与研究的人，让他们在研究中替代原先的目标样本。你也许已经注意到了，很多的研究是以大学生作为样本的。这是因为大学生是合适的研究对象吗？还是有其他的因素在起作用？

一个更方便的办法是用亚马逊的网络平台（Mechanical Turk）来招募参与者。该平台是一个线上劳动服务市场，它可以连接“需求方”和“劳务工作者”，前者以少量的报酬换取后者的帮助，以完成调查，或完成其他与研究相关的任务。尽管这会使研究者工作起来更加容易，但天下没有免费的午餐（在多数情况下），正如你可能预想到的，在网络平台上雇用的人员不会刚好就是我们目标群体的代表性样本。比如，你的祖母会在网络平台上成为劳务工作者吗？几乎可以肯定是不会的。与一般人群相比，劳务工作者往往更年轻、受教育程度更高、就业不足、宗教信仰更少、思想更自由。在美国，黑人和拉丁美洲裔以及欧洲裔人士在网络劳务工作者群体中所占的比例比他们占总人口的比例要高出很多（Chandler & Shapiro, 2016）。

1.7.2　内部效度和外部效度

在实际的研究中，我们拥有的样本越具有代表性，研究结果就越可能推广到更大范围的人群。我们把研究结果所能够推广的程度称为**外部效度**。例如，一项研究的样本包含所有年龄、性别、收入和教育水平，那么就比仅使用女大学生作为样本更能代表总体人群（而将具有更大的外部效度）。当我们发现某一特定障碍的群体有着相同的典型特征时，也许就能推断出他们所共有的特殊症状可能与障碍本身有关（例如，抑郁症患者的家族病史或某种低水平的神经递质）。当然这是基于一种假设，即没有患这种障碍的人群一般并不具有我们所讨论的这些特征。

而**内部效度**则有所不同，它涉及特定研究结果能在多大程度上推广到其他的样本、环境或年代，反映了特定研究结果的可信度。换句话说，内部效度的大小取决于一项研究在方法上是否严谨、过程中有没有漏洞、信息的来源有无错误、能否得出有效的结论等。例如，假设研究者想知道参与者以为自己即将遭受电击时的心率变化。想象一下，如果你看见刚刚完成实验的参与者，在等候区与其他正在做准备的人聊天，那么你还能对研究结果有信心吗？如果后者事先知道了实验中其实并不存在电击，实验的结果还会有效吗？如果这些信息被提前泄露，显然会对研究造成损害，使其内部效度变得很低。一些参与者（事先没有得到信息的）将会预期在实验中受到电击，而另一些参与者因为在研究者不知情的状况下已经获取了泄露的信息，所以不会有相同的预期。

1.7.3　实验组和对照组

为了验证假设，研究者会使用**对照组**（有时称作**控制组**）。这组人并没有患正在研究中的障碍，但在其他方面都与**实验组**（那些患有该障碍的人）相匹配。所谓相匹配，是指这两组人的年龄、性别比例、教育程度和其他人口统计学变量都相似。通常，对特定的标准而言，对照组属于心理健康的人或是“正常的”人。然后，我们就可以在感兴趣的变量上对这两组进行比较了。

为了进一步说明实验组和对照组的概念，让我们回到前文中精神分裂症与牛奶的例子。斯马特医生的假设是，喝牛奶会导致精神分裂症。然而，当一组精神分裂症患者（实验组）与一组普通人（对照组）进行比较时，很明显，两组之间在饮用牛奶的问题上没有差异。

通过刚才介绍的分组研究方法，研究者已经对大量的精神障碍有了很多了解。此外，我们还可以对这种方法加以拓展，不但可以用健康人员构成的对照组与患者进行比较，还可以请其他障碍类型的患者组成对照组，这样就可以比较两组不同障碍的患者了。

例如，卡廷和墨菲（1990）研究了精神分裂症患者实验组、抑郁症患者或躁狂症患者、健康人员对照组。他们对三组人进行了社交知识问卷测试。问卷内容包括一系列有关社交的多项选择题，例如："如果您觉得您的朋友在您这里待的时间过长，您将如何礼貌地告诉他?"答案选项有"咖啡已经没有了""你还是走吧，我受够了，你待得太久了"。你可能已经发现，这两个选项其实都是错误的，这个题目比较恰当的回答应该是："对不起，我还约了一个朋友。"以往的文献显示，精神分裂症患者会有社交技能缺陷，该研究结果和以往文献一致。精神分裂症患者在这项测试中的确比普通人的得分要低很多，和抑郁症患者或躁狂症患者相比也非常差。这一研究发现，使研究者排除了所有精神障碍患者都缺乏社交知识的可能。

1.8 相关研究设计

讨论为什么相关研究设计是有价值的，即使它们不能做出因果推断

变态心理学研究者的主要目标是了解不同障碍的成因。然而，由于伦理和某些现实条件的限制，我们往往不能直接做到这一点。比如我们很想了解到底是什么导致了抑郁。我们可以假设受试者承受了巨大的压力或早年失去父母这些因素，但是非常遗憾，我们并没有一台时间机器可以穿越到过去，然后看看究竟发生了些什么。

在这种情况下，研究者只好使用替代方法，也就是我们所谓的**相关研究**设计。相关研究设计不像真正的实验研究（后面详述），相关研究并不操纵任何变量，研究者只是选取符合他们假设的人群（例如，近期经历过应激事件的人，或在成长期失去父母的人），然后对两组人的各项特征进行比较（刚才的例子中就包括了对抑郁程度的比较）。

我们研究特定心理异常的人与没有异常的人之间的差别，都会使用这种相关研究设计（参见图 1.10）。从本质上讲，我们利用了这样一个事实，即这个世界通过自然和社会演化创造了不同的人（有特定障碍的人、有创伤经历的人、中过彩票的人等），而我们可以对他们进行研究。运用这种研究设计，我们就能明确哪些因素与抑郁、酗酒、暴饮暴食或其他痛苦的心理状态有关（对于这种研究方法的更全面描述见 Kazdin, 2016a）。

1.8.1 衡量相关性

相关研究不操纵事实，而是考察事实本身，相关变量也是由现象观察得来。如果这些相关变量是以一种正向的、相应的方式一起变化，我们就称之为**正相关**（见图 1.11），如

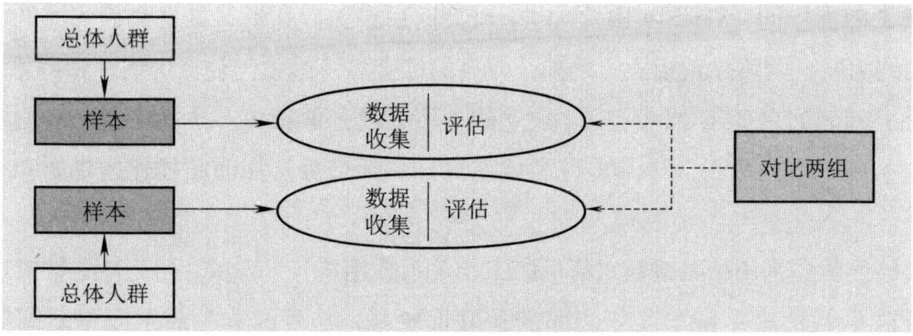

图 1.10　相关研究设计

在相关研究中，研究人员从两个不同的样本或组中收集数据，然后进行比较。

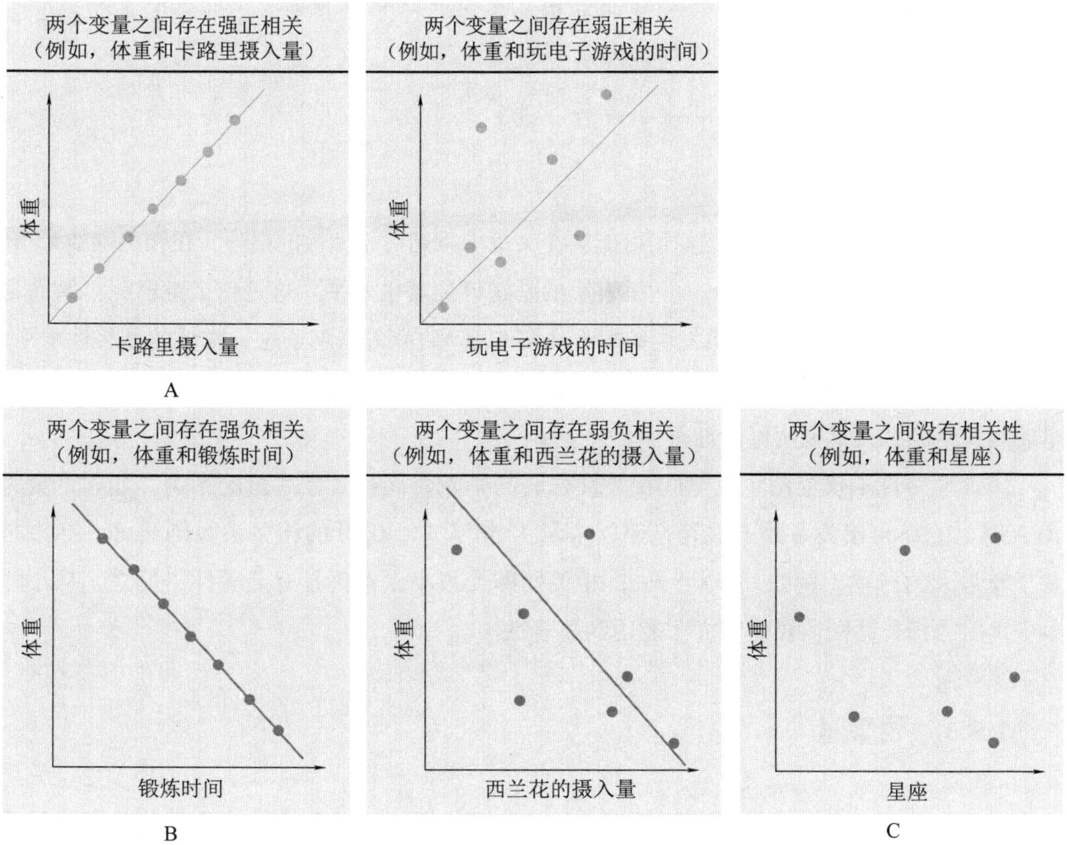

图 1.11　正相关、负相关、零相关关系的数据散点图

点表示给定的人在两个兴趣变量上的得分。（A）强正相关（r=+1.0）意味着第一个变量的高分与第二个变量的高分相关联，形成一条向前倾斜的直线。例如，我们会预期体重和每天卡路里的摄入量之间存在正相关。（B）当存在很强的负相关关系（r= -1.0）时，第一个变量的高分与第二个变量的低分相关联，形成一条向后倾斜的直线。一个例子是体重和每天锻炼的时间之间的关系。（C）当不存在相关性（r=0）时，第一个变量的分数与第二个变量的分数无关。这里的一个例子可能涉及体重和星座。

前面的例子中提到的女性隆胸手术与自杀风险增加相关。相反，如果我们关注的变量之间存在相反的关联，则称作**负相关**（例如，较高的社会经济地位与较低的精神障碍患病风险）。还有一种可能，如果变量之间是完全独立的，那么就是**零相关**。也就是说，我们即使知道了一个变量的状态或水平，也不能可靠地预测另一个变量，如前面描述的牛奶和精神分裂症的例子。

相关性的强弱是用**相关系数**来衡量的，相关系数用符号 r 表示。相关性的数值从 0 到 1，一个接近 1 的数值表示两个变量之间的关联性更强。+ 号或 – 号表示变量之间关联的方向。例如，正相关（+）意味着一个变量数值上升时，另一个变量数值也会上升，比如学生花在学习上的时间和平均绩点之间的关系。负相关（–）则意味着，当一个变量的数值上升时，另一个变量的数值反而会下降，比如学生花在聚会上的时间和平均绩点之间的关系。

1.8.2 统计显著性

如果你阅读一篇研究文献，你很可能会在文章中看到对相关性的报告。在相关性的旁边，你通常会看到一个标注：$p<0.05$。这里表示的是**统计显著性**水平。这是什么意思呢？简而言之，它的意思是相关性完全随机发生的概率小于 5%。研究者采纳了这一常规的显著性水平，并认为 $p<0.05$ 的相关性具有统计显著性，值得关注。当然，这并不说明所讨论的结果就不是偶然发生的，只是说明可能性很小。

统计显著性不仅受两个变量间相关性强弱的影响，而且受样本量的影响。如样本量为 20 人时，0.30 的相关系数不显著，但样本量为 50 人时，0.30 的相关系数则显著。如果是基于非常大的样本（例如，1 000 人），相关性即使很小，也仍具有显著性。反之，从小样本中得出的相关性则需要非常大才能达到显著性。

1.8.3 效果量

当我们想要比较不同研究的结果时，统计显著性受样本量的影响这一缺陷常常会使我们陷入困惑。例如，格林博士在她的研究中发现两个变量具有显著的相关性，但布鲁博士的另外一项研究却表明这两个变量的相关性不显著。类似的情况在科学文献中很常见，而且还经常引发哪一结果“正确”的争论。但如果格林博士的样本量大于布鲁博士，那么相同大小的相关性在格林博士的研究中会表现得显著，而在布鲁博士的研究中则表现不出统计显著性。为了避免类似问题，也为了方便不同研究结果之间的对比（不同研究的样本量也不相同），研究者需要报告另一个统计数据，我们称之为**效果量**。这个数据可以反映在不受样本量影响的情况下两个变量之间的相关性。如果效果量为零，说明变量之间没有关联。因为它与样本量无关，所以当我们想要比较不同研究结果的相关性强弱时，效果量可以作为一个有效的量化标准，具有很大的价值。回到刚才格林博士和布鲁博士的问题，如果两项研究的效果量相同，我们就可以得出结论：虽然一个研究的结果是显著的，而另一个不是，但他们确实有相似的发现。

1.8.4　元分析

在以前，研究者如果要总结某一特定领域的研究成果，通常会进行文献检索并撰写综述。但是在需要得出结论时，他们会严重依赖统计显著性水平，关注发现两个变量之间有显著相关性的研究是否比没有发现的研究更多（例如吸烟和健康的关联）。然而，目前统计学为我们提供了一个更好的方法，那就是**元分析**。这是一种全新的统计方法，它计算并整合了众多研究的效果量。在元分析中，每个单独的研究都相当于传统研究中参与实验的一个被试。由于使用了效果量，元分析相比文献综述更加客观严谨。现在已经有越来越多的研究者采用这一方法来总结研究的成果。

1.8.5　相关性与因果关系

当谈到相关性时，有一点需要特别注意：具有相关性并不说明存在因果关系。如果两个变量是相关的，我们也不一定知道它们为什么相关。而且不论相关性有多大，都不能确定为因果关系。有许多变态心理学的研究表明，两件（或两件以上的）事情会有规律地同时发生，例如贫穷和精神发展迟滞，或者抑郁和早期经历的应激源，但这些都不能确定一个因素必然会导致另一个因素。

例如，冰激凌的消费量和溺水之间似乎存在正相关，但这能否说明吃冰激凌会令人丧失游泳能力而溺水？还是说那些想要淹死自己的人喜欢在下水前吃上一个甜筒冰激凌？这两种因果解释显然都很荒谬。更有可能的情况是某个未知的第三变量导致了这两个事件的发生。这就是所谓**第三变量问题**。在这个例子中，第三变量是什么呢？如果经过思考，你可能会意识到一个可信的第三变量：炎热的夏季气候。冰激凌的消费量在夏季会增加，溺水的人数也是如此，因为夏天游泳的人比其他时候要多。冰激凌消费量和溺水之间的相关是一种虚假的相关，因为这两个变量都与天气有关。

在变态心理学当中也有这样的例子。人们曾经认为手淫会导致精神错乱，这种假设无疑源自这样一个事实：在历史上，人们会在精神病院看到患者在众目睽睽之下手淫。当然，我们现在已经知道，并不是手淫导致精神错乱，而是由于正常人是在私下手淫而非公共场所。换句话说，将精神错乱和手淫联系起来的关键是世俗偏见。

尽管相关研究无法确定因果关系，但它们可以帮助我们进行推理，为进一步研究提出有价值的问题。相关研究经常会启发研究人员提出因果假设（例如，身高增加可能导致体重增加，但体重增加不一定导致身高增加），产生可以进一步研究的问题，并且偶尔可以提供证实或反证某些特定假设的关键数据。由于客观条件的限制，我们目前对精神障碍的了解大多来自相关研究。我们虽然不能操纵研究中的许多变量，但这并不代表我们不能从这些方法中获益。

1.8.6 回溯性和前瞻性策略

相关研究设计可以用来研究不同患者群体之间当下的差异（也就是即时性的）。例如，如果我们使用脑成像技术来观察精神分裂症患者和健康对照组的某一部分脑结构的大小，我们运用的就是这种方法。但想要了解患者在罹患某种特定障碍之前的状况，我们可以采用**回溯性研究**策略。换句话说，我们可以尽量收集患者早期生活的信息，寻找那些可能和罹患障碍相关的因素。有时候，我们的原始资料可能只有患者和患者家属的回忆、日记或其他的一些记录，所以这种研究方法的一大缺陷是，人的记忆可能是错误的或选择性的。

试图重现患者过去的经历会存在困难，而且从精神障碍的患者那里获取的信息也很难保证客观和准确。除此之外，这种方法还可能使调查人员过多地关注那些他们假设的因素，这样可能会产生一些连他们自己都没有意识到的偏见。

例如，20 世纪 80 年代出现了很多文献报道，发现早期性虐待与各种心理疾病存在关联。此后，许多心理治疗师开始向他们的患者暗示：他们曾经也可能受到过虐待。对某些过于热心的治疗师来说，他们认为患者之所以不记得曾经有过的虐待，是因虐待的经历太过痛苦而被“压抑”。在有些案例中，患者本来可能只有一些常见问题，诸如睡眠困难或易受惊吓，但这些也被治疗师当成受过早期性虐待的证据。随着时间的推移，很多患者也逐渐开始相信，他们确实曾经受到过虐待，并且正是这样的经历导致了自己现在的精神障碍。但是我们都清楚，事实上很多患者根本没有受到过虐待。这个例子显示了治疗师试图根据一个人现在的情况重新解释他过去的经历（或过去的行为）时的固有隐患。这说明，坚持正确的科学原则，无论是在临床领域还是在实验室的研究中，都至关重要。

另一种方法是使用**前瞻性研究**策略。这种研究方法关注那些比一般人更可能罹患精神障碍的个体，在其出现症状之前就开始研究他们。如果能在患者发病前就追踪并测量各种可能的影响因素，那么我们对于障碍成因的假设就更有说服力了。如果这种假设能准确预测某一人群的未来异常行为，就说明我们离建立这种异常行为的因果模型更近了一步。一项采用**纵向设计**的研究通过长期追踪，试图确定患者发病前的致病因素。例如，研究一些精神分裂症女性患者的子女，对他们展开从婴儿期到成年期的长期追踪研究。通过定期收集数据，研究者可以对后来患上精神分裂症的子女和正常的子女进行数据比较，以便从中找到致病的因素。另一个纵向设计的研究中，研究者发现，与同龄人相比，在 15 岁时有过自杀想法的人更可能在 30 岁左右出现精神障碍并且有自杀倾向（Reinherz et al., 2006）。

研究进展

重复研究的重要性

本章重点介绍了变态心理学的研究，并描述了几种研究的方法，这些方法可以帮助我们获取新的研究结果并创造新的知识。我们希望你能意识到，建立真实可靠的知识基础是学术进步的前提。但是，我们如何知道我们的研究结果是否可靠呢？有一个办法能增加我们的信心，那就是这些研究结果可以被别的科学家重复。近些年来，人们已经开始关注多个领域研究成果的可重复性，尤其是社会心理学领域（Open Science Collaboration, 2015; Spellman, 2015）。因此，这个问题目前越来越受到重视（Asendorpf et al.,2016）。

假如一项研究被另一组研究者用完全相同的方法重做，却没有得到相同的结果，会是为什么呢？假定研究本身是严谨的，有可能是第一次研究的结果属于偶然，显著性水平 $p<0.05$ 的结果具有 5% 的概率会偶然发生。如果是这种情况，第二次研究不会重复第一次研究的结果。（注意到这点，你会发现，之所以没有重复相同的结果，也可能是因为第二次研究结果是偶然情况。如果真是这样，那么说明第一次研究结果仍然是对的。）我们对某一研究结果重复的次数越多，就越能增加这个结果准确的可能性。

如果某一研究结果无法被重复，还有一个比较糟糕的可能原因，那就是研究中的造假现象。科学家也不是完人，某些人可能会编造数据、修改实验参数或是报告其实没有进行过的研究，以此应付论文发表的压力。曾经有个著名的案例，一位荷兰的心理学家被调查委员会发现有 50 多份出版物显示出造假的迹象(Levelt Committee, 2012)！

从总体上看，公然造假的现象还是比较罕见的。其他可疑的研究，例如只报告特定子组参与者的数据，或在特定指标达到统计显著性时终止数据采集，无疑更为常见（ Ioannidis et al., 2014)。但是，有一点非常明确：重复是防止被误导的最好保险。

然而不幸的消息是，多数研究者一般不喜欢重复别人的研究。没有科学家因重复性研究而获得荣誉。这些研究也难以发表，这是因为学术期刊的编辑更倾向于发表新的发现（ Schmidt, 2016)。然而，重复却是学术进步的基础。展望未来，我们期望期刊出版方能对此现状做出改变，对重复性研究给予更多的激励。

1.9 实验法

解释实验设计的主要特征

如前文所述，即使我们发现变量之间有很强的正相关或负相关，相关研究也不能得出任何带有方向性的结论（是变量 A 导致了变量 B，还是变量 B 导致了变量 A ?)，这就是所谓效应的方向性问题。为了解决方向性问题，得出能指示因果关系的结论，我们必须采用**实验研究**的方法。在这种情况下，科学家控制某一个因素以外的所有因素，这个因素可能会对我们关注的结果或变量产生影响。然后，科学家主动操纵（或影响）这个因素。这个因素称为**自变量**，而我们关注的结果则称为**因变量**。如果因变量随着被操纵因素的变化而变化，被操纵因素就会被认为是这个结果的原因（见图 1.12)。

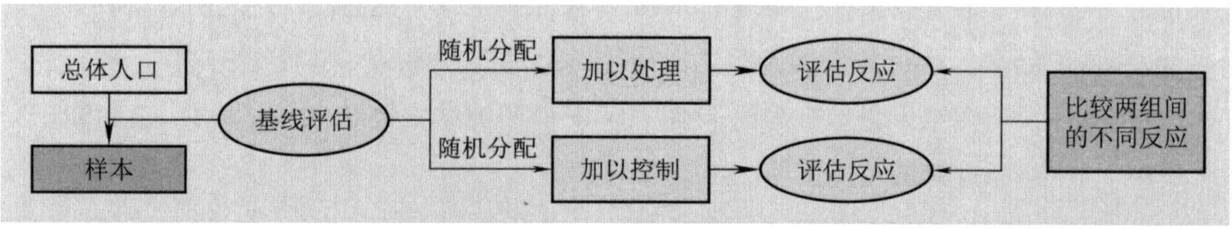

图 1.12　实验研究设计

在实验研究中，研究人员先评估参与者的基线数据，然后将他们随机分配到不同的组（如实验组和对照组）。在实验或处理完成之后，研究人员会收集两组的数据进行比较。

在多年以前的罗马尼亚，被父母遗弃的儿童一般会在孤儿院里生活，而不是被收养。为了研究孤儿院和其他形式的抚养对儿童认知水平的影响，研究者随机选取了 136 名在婴儿期被送进孤儿院的儿童，他们中的一部分继续留在孤儿院里生活，一部分则被送到了新的收养家庭（Nelson et al., 2007）。这些养父母都是由研究者招募的。另外，研究人员还挑选了一些与亲生父母生活的儿童样本作为对照组。所有这些儿童都会在 30、42、54 个月大的时候接受认知水平测试。在这项研究中，自变量是儿童的抚养环境（孤儿院或者收养家庭），因变量是认知水平的高低。

你也许会好奇，在收养家庭里生活的孩子会比留在孤儿院的孩子认知水平高吗？是的，答案非常肯定。在 42 个月和 54 个月的测试中，收养家庭的儿童认知水平得分都显著高于留在孤儿院的孩子。因此，可以得出这样的结论：在收养家庭中生活对这些儿童的智力发展起到了促进作用。令人遗憾的是，这两组儿童的认知水平都远低于与亲生父母生活的儿童。因此，这项特别的研究告诉我们，尽管收养对于被遗弃的儿童有所帮助，但和与亲生父母一起生活的儿童相比，他们仍然处于不利的位置。这项杰出的研究推动了罗马尼亚政府政策的改变——该国政府启动了家庭收养体系。相关政策规定，禁止把两岁以下的儿童寄养在孤儿院等慈善机构。

1.9.1　治疗效果的研究

变态心理学的研究者感兴趣的是，哪种治疗方法对特定的障碍有效。对治疗进行研究时，实验法必不可少，它的研究方式既简单又直接。这种研究中，实验组的患者接受治疗，而相匹配的另一组患者则不接受治疗。如果实验组对比非治疗组有明显的改善，我们就有信心认为这种疗法有效。然而，虽然研究者在设计实验时不断微调他们的实验程序，以求找出引发治疗变化的机制，而且在这方面越来越纯熟，但我们可能还是不知道一种治疗方式为什么会有效（Kazdin & Nock, 2003; Kleim et al., 2013; Ramseyer et al., 2014）。

在有关治疗的研究中，除了治疗方面，让两组患者（治疗组和非治疗组）尽可能在其他方面相匹配也是很重要的。要做到这点，通常的做法是将患者**随机分配**到治疗组或非治疗组。一旦证明治疗有效，就可以将治疗方法应用到控制组（即非治疗组），使每位患者都得到改善。

然而，有时出于道德或其他原因，这种“等候名单”控制组策略被认为是不可取的。仅仅为了评估一种新的治疗方式，而让控制组的患者放弃原本拥有的治疗机会，这样很不公平，而且也可能错过最佳的治疗时机。因此，进行某项研究时，研究人员需要对有可能出现的潜在损害和利益采取严格的保障措施。

为了解决这些问题，我们需要另一种实验设计，将两种（或多种）治疗方式在不同的但具有可比性的组中进行比较，这种研究方式称为“标准治疗对照组研究”。通常，用于控制组的治疗是已被证明有效的，被分配到控制组的患者不用担心错过治疗机会。这时候，我们关注的问题是，接受新疗法的患者是否能比对照组的患者有更大的改善。这种比较结果的研究方法目前正被广泛推广和运用（Kendall et al., 2004）。

对照研究为什么如此重要？我们将通过一项以大学生作为样本的研究来说明。你可能知道，磁铁制品常常被推销给患有慢性手部疼痛的人。这种疾病称为“重复性压力损伤”（RSI），通常由于使用电脑时间过长而引发。但磁铁真的能减轻 RSI 疼痛吗？尽管有使用者说有效，但真正回答这个问题的唯一方法是对照研究。

研究者（Pope & McNally, 2002）将患有 RSI 的大学生随机分为三组。要求第一组的学生佩戴含有磁铁的腕带 30 分钟（治疗组）。第二组也佩戴了外观看起来一样的腕带 30 分钟。但被试和主试都不知道，这组的腕带其实并不含有磁铁（安慰剂组）。第三组的参与者不做任何治疗（非治疗组）。

这就是典型的**双盲研究**。换句话说，被试和主试都不知道谁用的是真正的磁铁。使用去掉磁铁的腕带被称为**安慰剂疗法**。安慰剂疗法的原理是，有部分患者会在以为自己接受了某种治疗的情况下，仅靠主观上的信念就可能产生效果。非治疗的控制组可以让研究者看到当他们不提供治疗（或提供假的治疗）时会发生些什么。

在实验中，所有的被试先进行了 4 分钟的打字测试。这个测试考察他们在没有干预的情况下单位时间内能输入的单词数量。当参与者佩戴磁铁腕带或假腕带 30 分钟以后（对非治疗组的参与者来说，他们只需要等待 30 分钟），所有参与者都完成了第二次 4 分钟打字测试。此外，研究人员还要求治疗组和安慰剂组的参与者用 8 分制来评估他们的疼痛缓解程度（从“没有改善”到“完全缓解”）。

结果如何呢？对于非治疗组而言，正如我们所料，他们报告的疼痛程度没有任何明显变化。这也不奇怪，因为根本没有对他们进行任何干预。他们在第二次测试（后测）中比第一次测试（前测）平均只多打了 4 个单词。

戴磁铁的参与者会比非治疗组更好吗？答案很肯定。那些佩戴真磁铁的人报告说他们的疼痛减轻了，在第二次打字的测试中比第一次平均多打了 19 个单词！换句话说，在自陈数据（疼痛改善评分）和行为数据（打字速度）方面，他们明显优于非治疗组。

不过，在你想要冲出去购买磁性腕带之前，让我们看看那些佩戴假腕带的人吧。你也许会惊讶地发现，他们和佩戴真磁铁的治疗组一样，也表示疼痛有所改善。事实上，在行为测试中，安慰剂组的被试在第二次测试中打出的单词数量甚至超过了治疗组（平均多出 26 个单词）。因此，在自陈数据和行为数据方面，戴假腕带的组和戴真磁铁的组改善得一样好！因此，基于这项研究的发现，我们可以得出结论：磁铁疗法是通过安慰剂效应起作用的，磁铁本身并不具有真正的临床效果。如果你相信磁铁对你的 RSI 有帮助，实际上，你不会因磁铁而得到任何临床改善。简而言之，这就是为什么我们需要对照研究实验。

1.9.2　单被试实验设计

实验研究必须通过操纵不同组的变量才能检验假设吗？答案很简单：不是。在前文中，我们已经谈到了个案研究的重要性，它可以作为观念和假设的来源。此外，个案研究还可以在科学框架内用于对治疗技术进行开发和测试。这种方法称为**单被试实验设计**（Kazdin, 2016b）。这种实验设计的一个核心特征是，对同一个人进行长时间的持续跟踪研究。先记录该被试干预前的行为或表现，随后对其进行特定的干预（治疗），然后再对先后的行为或表现进行比较。例如，沃伦斯坦和诺克（2007）的一项单被试设计研究显示，采用加强运动量这一干预手段，显著降低了一位 26 岁的女性患者自我击打及头部撞击等自伤行为的频率。

ABAB 设计是一种基本的单被试实验设计类型。不同的字母表示干预的不同阶段。第一个 A 阶段是基线状态。这时候，我们只收集被试的数据。随后，在第一个 B 阶段，我们对其进行干预（治疗）。这时被试的行为可能会在一定程度上有所改变。但即使有改变，我们也不能证明是由我们的干预引起的，可能还有其他因素与我们引入的干预同时发生，所以干预和行为改变之间的任何联系都可能是虚假的。为了确定干预真的有效，我们会停止干预，看看会发生什么。这就是第二个 A 阶段（ABA 点）。最后，为了证明在第一次 B 阶段观察到的行为改变是可以重复的，我们再次进行干预，然后看看会发生什么。为了进一步说明 ABAB 设计，让我们看看下面的案例（Rapp et al., 2000）。

案例

克丽丝是一位 19 岁的姑娘，她患有严重的智力障碍。从 3 岁起，她就一直扯自己的头发，这种异常行为被称为“拔毛障碍”。克丽丝拔头发的情况非常严重，以致她的头皮上有一块直径约 2.5 英寸[①]的区域完全秃了。

研究者使用了 ABAB 实验设计（见图 1.13）来验证某种治疗方式能否减少克丽丝的拔毛行为。在每个阶段，研究者用摄像机观察克丽丝独自在房间里看电视的情形。在基线阶段（A 阶段），观察人员测量了克丽丝触摸或玩弄头发的时间百分比（42.5%）以及拔头发的时间百分比（7.6%）。

---

① 1 英寸 ≈2.54 厘米。——编者注

在治疗阶段（B 阶段），当克丽丝坐下来看电视时，在她的手腕上绑一个 2.5 磅[①]的重物。当她腕部绑着重物时，她玩弄和拉扯头发的行为次数减到了 0。当然，这说明克丽丝的行为改变，可能是由于她手腕上绑了一个重物。为了验证这一点，在第二个 A 阶段（ABA 点），克丽丝手腕上的重物被拿走。她马上又开始摸她的头发（55.9%），而且她拔头发的时间还增加了（4%）。

在第二个 B 阶段（ABAB），当克丽丝的手腕上再次被绑上重物时，她玩弄和拉扯头发的行为再次减少，至少可以保持一段时间。尽管还需要辅助治疗（Rapp et al., 2000），但克丽丝拔头发的行为最终完全消失了。在这个案例中，我们最希望说明的是，ABAB 实验设计允许研究者使用实验技术和方法，系统地探索对拔毛障碍患者有益的治疗方式。

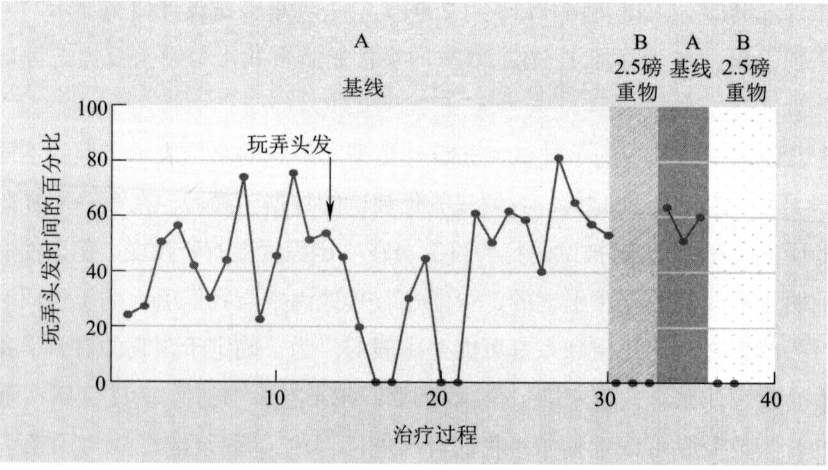

图 1.13　一个 ABAB 的实验设计：克丽丝的治疗

在 A 阶段收集基线数据，在 B 阶段引入一种治疗方式，然后停止这种治疗（第二个 A 阶段），之后再恢复（第二个 B 阶段）。在这个例子中，给克丽丝手腕绑上重物时，她玩弄头发的频率降低了；当停止治疗时，她玩弄头发的频率回到预处理（基线）水平；当治疗被重新引入时，玩弄头发的频率再次下降。

1.9.3　动物研究

我们运用实验法的另一途径是动物实验。虽然在动物实验中伦理问题同样重要，但我们可以使用动物被试做那些不能在人身上完成的实验（例如把它们分配到控制组，或让它们由不同的“母亲”抚养）。

当然，这些研究都源自一个重要的假设：从动物研究得到的发现可以应用（类比）到人

① 1 磅 ≈0.45 千克。——编者注

图 1.14 在不能对人类进行某些实验的情况下，动物研究允许行为科学家在可控的条件下操纵那些以人类为研究对象时无法操纵的变量，然而这类研究的结果在实验室外的真实环境中并不一定成立

类身上。这种实验通常称为**模拟研究**，由于我们真正感兴趣的还是人类心理，所以模拟研究的研究对象并非真的事物，而只是它的类比。模拟研究也可以用于人类（例如，当我们试图通过健康的个体来研究抑郁症，我们会使用某些技术诱发被试产生轻微、短暂的忧伤情绪）。

目前有一种抑郁症的模型被称为“无望型抑郁”，这种模型就源于早期的动物研究（Seligman, 1975）。对狗的实验室研究表明，当这些狗反复接受痛苦、不能预知又无法逃避的电击时，会逐渐失去逃跑和躲避的反应能力。即便随后的电击方式有了规律，这些狗还是坐着忍受痛苦。这个发现使塞利格曼和他的同事认为，人类的抑郁（塞利格曼认为与狗的无助型反应相类似）是对无法控制的应激事件的反应，在这类事件中，个体会感到自己对周围环境无能为力，因此无助、被动和抑郁。事实上，这项动物研究的发现推动了当时称为“习得性无助”理论的建立（Abramson et al., 1978），这个理论现称作“抑郁的无望理论”（Abramson et al., 1989; Haeffel et al., 2017）。尽管这些抑郁症的理论并不完美，但保持更广阔的视野对我们是有益的。我们需要认识到，虽然轻易把动物研究的发现推广到人类的心理研究模式中可能会引发问题，但是这个习得性无助模型引出了更多的后续研究，帮助我们提高和发展了对抑郁症的认识。

未解决的问题

我们都会患精神疾病吗？不断拓展的精神障碍领域

正如我们所见，精神障碍的概念本身缺乏一个真正客观的界定。保险人所患障碍包含在 DSM 中是保险公司理赔的前提条件。出于以上两个原因，就精神卫生专业人员的经济利益而言，需要把越来越多的行为划入精神障碍的范畴。照目前的趋势发展，DSM 会逐步在外界的压力下，将更多不受欢迎的社会行为纳入其中。

随着新障碍的纳入，DSM 的内容多年来一直在增加。但是，关注精神障碍的界定才能保护社会大众的权益。如果不能做到这一点，最终可能会导致，除了那些最平淡、最保守、最传统的行为，人类的大量行为都会被视为某种精神障碍的表现。例如，当 DSM-5 问世时，某些团体游说将“冷漠综合征”和“父母疏离综合征”列为新的障碍。但不愿与父母相处，或与父母间的关系存在问题，真的是一种障碍吗？当然，这些提议最终被否决。

然而，DSM-5 接受的一些新增障碍仍会让一些人大跌眼镜，例如“咖啡因使用障碍”和“网络游戏障碍”。这些新增障碍已经添加到了 DSM-5 的一个特别章节中，该章节专门针对仍需进一步研究的障碍。虽然这并不意味着已经把新增障碍算作正式的精神障碍，但无疑这是第一步。你怎么看待这个问题？会不会有一天我们所有人都可能因为多喝了咖啡或是多玩了游戏而被诊断为患有精神障碍？我们离这一天有多远呢？

本章小结

1.1 解释我们如何定义异常及如何对精神障碍进行分类

- 我们对异常现象仍然难以做出精确定义。在界定异常时，可以提供帮助的因素包括：主观痛苦、适应不良、统计偏差、违反社会准则、社交不适、不合理性和不可预测性、危险性。
- DSM 采用类似于医学分类的分类系统。各种障碍被认为是独立的临床实体，但这种视角并非适于所有的临床障碍。
- 尽管 DSM 手册并不完美，但它的确给我们提供了操作标准，帮助临床工作者以及研究者界定和研究那些影响人们生活的特殊而重要的问题。它远非“成品”，但是要开展这个领域的正规研究，就必须熟知 DSM 手册。

1.2 分类的优点和缺点

- 分类系统提供了一种通用的语言以及便于交流的缩写用语。它还允许我们以有效的方式建构信息，并为我们提供了一个组织框架。这有助于研究和治疗。此外，分类定义了病态的领域。从实用的角度来说，它确定了保险公司的理赔范围，并定义了需要精神卫生专业人员治疗的范围。

- 当我们对患者的障碍进行分类时，我们就会丢失患者详细的个人信息。分类还会加深污名化、刻板化和标签化，尽管我们知道这些问题不是由分类系统本身引起的。害怕被消极看待或歧视可能会导致一些人避免寻求治疗。

1.3　解释文化如何影响对异常的定义，并描述两种不同的文化所特有的障碍

- 在某些情况下，文化塑造了精神障碍的表现形式。文化还提供了一个背景，我们必须在此背景下评估某一特定行为是否正常。
- 某些障碍似乎具有高度的文化特异性。对人恐惧症是一种焦虑症，在日本很常见，它主要表现为担心自己的身体、身体部位或身体功能会冒犯他人或让他人感到尴尬和不舒服。神经发作是另一种源自文化的痛苦表现。它存在于拉丁美洲裔人群中，尤其是来自加勒比地区的人群。它的临床表现在 DSM 中没有明确的对应项，其症状包括哭泣、颤抖、昏厥、无法控制的尖叫和失控的感觉。

1.4　区分发病率和患病率，识别最常见、最流行的精神障碍

- 流行病学涉及对障碍的分布和发生频率的研究。发病率是指一定时期内的新增病例数。患病率是指某一特定时期内人口中的病例总数。
- 将近 50% 的人在他们的一生中会经历某种形式的精神障碍。心境障碍和焦虑障碍尤其常见。

1.5　讨论为什么变态心理学研究几乎可以在任何环境下进行

- 仅从过去的案例研究中学习和推断通常会导致错误的想法，因为我们往往会把注意力集中在能证实我们观点的数据上。
- 研究可以防止我们被思维上的偏差所误导。研究可以在诊所、医院、学校、监狱或者大街上进行。一个给定的研究项目是否可以进行不取决于环境，重要的是研究者的方法。

1.6　描述用于收集精神障碍信息的三种不同方法

- 关于精神障碍的信息可以通过个案研究、自陈数据和观察法收集。
- 个案研究可以是新思路的宝贵来源，也可以启发新的研究。个案研究还可以为那些太过罕见而无法进行系统研究的临床症状提供洞见。
- 自陈数据允许我们以更严谨的方式研究行为。这类研究通常会让研究参与者填写各种类型的问卷或对参与者进行访谈。
- 当我们以不直接询问的方式收集信息时，我们使用的是某种形式的观察法。我们用何种方法收集信息取决于我们试图理解什么。

1.7　解释控制组（或对照组）对充分验证假设的必要性

- 要有一个对照组或控制组，否则研究者无法充分验证他们的假设。对照组需要在主

要方面（年龄、教育水平、男女比例等）与实验组相匹配。对照组可以是普通人，也可以是患有不同障碍的人。

- 只有研究者使用合适的控制组或对照组时，他们才能在感兴趣的变量上对两组进行比较，看看是否存在显著差异。

1.8 讨论为什么相关研究设计是有价值的，即使它们不能做出因果推断

- 相关研究检验一些因素之间是否关联，使我们能够确定与某些障碍相关的因素。
- 两个变量相关并不意味着它们之间存在因果关系。无论相关性有多大，相关性都不等于因果关系。

1.9 解释实验设计的主要特征

- 实验研究中研究者会操纵一个变量（自变量），并观察这种操纵对另一个变量（因变量）产生的影响。
- 因为是实验者在改变实验条件，所以实验研究设计允许做出因果推断。
- 虽然大多数实验是对群体进行研究，但单被试实验设计（如 ABAB 设计）也可用于对单个案例的研究结果进行因果推断。

第2章

关于异常行为的历史观点

学习目标

2.1 远古时期人类对精神障碍的认识

2.2 科学思维对变态心理学观点的影响及早期精神病院的兴起

2.3 人道主义改革的历史发展

2.4 社会态度的变化对精神障碍的思考和治疗方式的影响

2.5 现代变态心理学的观点与发展

案例

在大学生活的第三年，詹妮弗经历了一些离奇的事情。她还在上高中的时候，就有一种极端的悲伤情绪围绕着她，这种情绪会在几个月的时间内反复发作，似乎随时会给她带来强烈的焦虑。而现在这种状况开始不断恶化，詹妮弗的悲伤和焦虑情绪变得越来越重。随后又发生了更加离奇的事情，她逐渐对日常的活动失去了兴趣，比如上课或和朋友出去玩，甚至是洗澡。而更令人担忧的是，她开始对周围人产生极端偏执的怀疑。原先关系融洽的老师和朋友，在她看来似乎都企图要害她，虽然她还不确定具体的行动会是怎样。同时，她也想不明白这些人为什么要伤害她。她经常能用眼角的余光发现有人在她的卧室或浴室里，但只要她仔细去看，这些人就不见了。这样的状况持续一个月后，她开始听见有某种声音在和自己说话，并告诉她说，老师和朋友要伤害她的企图是真的。詹妮弗被这一切吓坏了，但她又不敢告诉任何人，因为害怕被她告知的人也参与了这场阴谋。在她大三的这段日子里，这类事件频繁出现，而且还变得越来越严重。后来詹妮弗的室友发现她一直待在房间里，语无伦次地讲述那些关于伤害她的阴谋。室友最终选择了报警，虽然詹妮弗本人不情愿，但她还是被送进了医院。

当你学习完本书时，你将会搞清楚詹妮弗所罹患的精神障碍可能是什么，并且了解目前对该障碍成因的解释及有效的治疗方法。从有文字记载的历史以来，人们就有过类似詹妮弗这样的经历。但随着历史的进步，人们对其病因和最佳治疗方法的看法已经产生了巨大的改变。

2.1　精神障碍的最初观点

远古时期人类对精神障碍的认识

虽然在大约 300 万年以前或更早，就已经有人类在地球上活动的痕迹，但有文字记载的历史只有几千年。因此，我们对人类祖先的了解非常有限。有两部大约于公元前 16 世纪写就的埃及莎草纸文献，它们是迄今为止关于疾病和行为障碍能找到的最古老的记载，为我们了解早期的相关治疗提供了一些线索（Okasha & Okasha, 2000）。埃德温 · 史密斯莎草纸文献（以 19 世纪其发现者的名字命名）详细记录了当时对伤口的治疗和其他外科手术。这些记载，很可能是历史上第一次用文字对大脑进行的描述，而且清楚地表明，大脑是心理活动的场所。另一部埃伯斯莎草纸文献则提出了不同的治疗观点。它记载了内科医学和人的循环系统，但还是更多地依靠咒语和巫术来解释和治疗病因不详的疾病。从这两部最早的文献出发，让我们顺着历史的脉络，来看看当时的人如何理解或解释人类的异常行为。

2.1.1　鬼神论和魔法论

历史早期文献对人类异常行为的描写显示，无论中国人、埃及人，还是希伯来人和希腊人，通常都会把那些异常的行为归因于妖魔或神灵的附体，患者的不同症状决定了附体的是神灵还是妖魔。如果患者的言语或行为表现出宗教或神秘意味，那么他通常会被认为是神灵附体。这样的人会受到周围人极大的敬畏与尊重，因为人们相信这类人拥有了超自然的力量。

图 2.1　早期的精神障碍疗法包括颅骨钻孔术，这幅《治疗愚蠢》的名画由荷兰画家希罗尼穆斯 · 波希于 1494 年完成，表现了当时的手术场景。如你所料，今天人们都知道颅骨钻孔术并不是一种有效的疗法

然而，大多数的异常行为会被认为是妖魔的作用，尤其是当一个人表现出亢奋或过于活跃且有悖宗教教义的言行时。例如，古希伯来人就把这种异常行为看作上帝的愤怒和惩罚。《圣经》中摩西曾说：“上帝会用疯狂来惩罚你。”很明显，这种惩罚暗示了上帝不再庇护此人，并将他抛弃，任其陷入魔鬼之手。在这种理解下，所谓治疗的主要方法就是驱魔。驱魔包括各种驱除邪灵的技术。这些技术花样繁多，通常包括巫术、祷告、符咒、喧闹和颅骨钻孔术，其中颅骨钻孔术是在人的头部钻孔，

以释放里面的妖魔。

2.1.2 希波克拉底的早期医学观点

大约公元前 400 年，古希腊人对精神障碍的认识发生了巨大转变，从“精神障碍源于超自然的力量”转变为“精神障碍是人身体出现的问题”（这一观点延续至今）。古希腊著名医生希波克拉底（前 460—前 377）被后世誉为“现代医学之父”，他的观点被普遍认为是这种转变的重要原因。希波克拉底不认为是神灵和魔鬼附体导致了病情的发展，他坚持认为精神障碍和其他疾病一样，有其自然的原因并存在正确的疗法。他认为大脑是智力活动的核心器官，精神障碍是由大脑病变所引起的。他还强调了遗传和易感性的重要性，并指出头部创伤可能导致感知和运动障碍。

希波克拉底把精神疾病分为三大类：躁狂、忧郁和谵妄（脑膜炎），并对每一类的具体症状进行了详细的临床描述。他完全依靠临床观察，根据患者每天的临床表现进行记录，描述得非常精确。

梅尔等人（Maher & Maher, 1994）指出，早期解释人格或气质的经典理论是体液说，这一学说和希波克拉底及后来古罗马时期的希腊医生盖伦有关。古希腊人认为世界上的所有物质都由四种元素组成，分别是：土、气、火、水，而它们又是由热、冷、干、湿四种属性构成。这些元素的组合形成了人体内的四种基本体液：血液、黏液、黄胆汁和黑胆汁。这些体液在不同人的体内以不同的比例存在，而人的气质和性格是由哪种体液占据主导地位所决定的。由这一观点衍生出了最早又最持久的一种人类行为分类：多血质（乐观、勇敢）、黏液质（冷静、犹豫）、胆汁质（烦躁、易怒）和抑郁质（忧郁、深思）。

图 2.2　希波克拉底（前 460—前 377）认为精神疾病是自然原因和大脑病变的结果，这种观点在当时是革命性的

希波克拉底认为梦对了解患者的人格非常重要。从这个概念上讲，他可以算作现代心理动力学疗法的先驱。希波克拉底提倡的疗法远远超越了当时盛行的驱魔疗法。例如，他对抑郁症的治疗方法（见《思想的进步》）是：规律而平静的生活、行为节制、素食、禁欲、锻炼，必要时放血。他还意识到环境的重要性，常常让患者搬家。

希波克拉底强调疾病的自然原因，重视临床观察，认为大脑病变是精神障碍的根源。这些观点在当时都具有非常大的革命性。然而，由于时代的限制，希波克拉底也和同时期的人一样，对生理学知之甚少，这也导致了一些错误的观点。例如，他认为癔症（没有器质性病变的身体疾病）是女性所特有的，病因是由于渴望生孩子，子宫会在身体的不同部位游走。对于这种疾病，他认为结婚是最好的治疗方式。

2.1.3　早期哲学家对异常行为的探索

古希腊哲学家柏拉图（前 429—前 347）研究了有过犯罪行为且精神异常的人，在讨论该如何处置这些人时，他认为，这些人显然不能对自己的行为负责，他们不应该和正常人一样受到惩罚。柏拉图还主张把精神病患者安排进社区里照顾。

柏拉图认为心理现象是整个有机体的反应，反映了有机体的内在状态和自然欲望。在他的著作《理想国》中，柏拉图强调了人在智力及其他能力上的个体差异，还论述了社会文化对思想和行为的影响。关于治疗，他认为应该对那些在想法上违背了普遍社会准则的人提供住院治疗。在医院里，患者会定期获得类似心理辅导的交谈，以帮助他们恢复心理健康（Still & Dryden, 2003）。然而，尽管柏拉图有这些先进的思想，他仍和同时期的人一样，认为精神障碍是由某种神秘力量所诱发的。

亚里士多德（前 384—前 322）是柏拉图的学生，他被后世誉为古希腊哲学的“集大成者”。亚里士多德有大量关于精神障碍的著作，其中他对意识的描述为心理学做出了巨大贡献。他认为“思考”可以使人消除痛苦，并且帮助人获得快乐。亚里士多德赞同希波克拉底关于胆汁失调的理论，比如他认为体液中浓度过高的黄胆汁会产生情欲、语言流畅性和自杀冲动。

盖伦（130—200）是古罗马时期最具影响力的一位希腊医学大师兼哲学家。他在动物解剖的基础上对神经系统的解剖学做出了许多原创性的贡献（当时还不允许对人的尸体进行解剖）。盖伦的很多著作涉及心理学领域，从这些论述中我们发现，他使用了一些科学方法。盖伦把心理疾病的成因分为生理和心理两大类。他列举的原因包括头部创伤、饮酒过度、惊吓、恐惧、青春期、月经紊乱、经济上的衰退和失恋。

图 2.3　盖伦（130—200）认为，心理疾病可能有生理上的原因（如头部创伤），也可能有心理上的原因，如失恋

思想的进步

抑郁症的历史与发展

虽然现代的精神卫生研究在精神障碍的定义、描述、分类、确定病因和治疗等各方面都取得了长足发展，但我们依然不应该小看古人对我们了解这些障碍所做出的贡献。事实上，今天得到大量研究和临床关注的一些精神卫生问题，在几千年前就已经被古人认识并描述了。近期的一项对 1873 年至 1906 年间爱丁堡精神病院住院患者的存世信件的研究发现，19 世纪的精神卫生问题与我们现在所面临的十分相似（Beveridge, 1997），而其中最为相似的就是抑郁症。

抑郁症在历史上被称作“忧郁症”。也许没有其他精神障碍能像抑郁症那样受到早期学者的普遍重视，在两千多年以来的西方文明史中，哲学家、医生、作家、画家和宗教领袖从未停止过对抑郁症的探究。此外，古埃及现存的文献中也有类似对抑郁症的描述（Okasha & Okasha, 2000）。在这些描述中，患者的情况可能被视为某种生理病态、宗教状态，或人性的懦弱，但是，见于记载的症状和行为都明确无误地指向了精神障碍。

拉登（2000）出版了一本有关抑郁症的书目概要集，时间跨度 2400 年，以下是这本有趣的概要集的要点介绍：

- 从古希腊和古罗马时代的亚里士多德和盖伦开始，人们就对抑郁症的性质进行了探究，并对其进行了清晰的描述。
- 即使在中世纪，宗教迫害极大阻碍了学术和研究的发展，尤其是到了晚期，在那个西班牙宗教裁判所疯狂迫害科学家的黑暗时代，也仍有几位学者对抑郁症的研究做出了贡献。希尔德加德（1098—1179）是位修女，她写过一篇关于抑郁症成因和治疗的论文，被誉为“第一个发表论文的女医生”。希尔德加德修女改进了希腊人对抑郁症的观点，指出抑郁症在性别上有不同的表现形式。德国医生约翰·韦尔（1515—1588）对抑郁症做出了精辟的说明，并观察了抑郁症易感人群的特征，尽管有时这些临床观察的结果被说成是魔鬼附体——或许只是为了避免宗教裁判所迫害而不得不做出的让步。
- 早在抑郁症的科学观点提出之前，法国医生菲利普·皮内尔（1745—1826）

就排除了魔鬼附体说和古希腊体液说。他认为抑郁症只是一种疾病，为人道地治疗精神障碍患者做出了至关重要的贡献。他还研究了抑郁症的成因，并且通过改进精神障碍的分类，增进了当时人们对于精神障碍的学术理解。

• 埃米尔·克雷珀林（1856—1926）被认为是现代精神病学的奠基人。他的分类方法在当代的医学著作中仍被沿用，他对诊断分类系统的发展具有开创性的影响。他还把躁狂抑郁症归为抑郁症的主要类型，为我们理解抑郁症做出了贡献。

尽管我们对抑郁症的真正了解和有效治疗是出现在过去 30 年间的，但我们仍需满怀感激地向那些在黑暗中探索的前辈先贤致以最崇高的敬意，正是他们在艰难险阻中的努力奋斗指引着我们的前行！

2.1.4　早期中国人对异常行为的观点

中国是最早出现医学并将医学和精神障碍治疗发展成熟的古国之一（Soong, 2006）。下面这段话源自中国的一部古代医书，据说是黄帝在公元前 2674 年所著：

> 狂始生，先自悲也……狂始发，少卧不饥，自高贤也，自辩智也，自尊贵也，善骂詈，日夜不休……好歌乐，妄行不休……目妄见，耳妄闻……善见鬼神。（Tseng, 1973, p. 570）

即使在那么古老的年代，中国医学就已认为疾病不是由超自然的原因所导致的。例如，在中国人的“阴阳”观念中，人体就像宇宙一样，被分为积极和消极的两种力量，它们既相互补充，又相互矛盾。如果这两种力量平衡，结果就是身心健康；如果失衡，则会导致疾病。因此，治疗的重点是恢复平衡（Tseng, 1973, p. 570）。

中国医学在公元 2 世纪就已达到相对成熟的水平。被称为“中国希波克拉底”的张仲景在公元 200 年前后写了两部著名的医学著作。和希波克拉底一样，张仲景对身体和精神障碍的看法基于临床观察，他认为器官病变是主要病因，他还认为紧张的心理状态会导致器官的病变。在治疗方法方面，他和希波克拉底一样，既使用药物，也让患者通过适当的活动来恢复情绪的平衡。

与西方国家一样，中国人后来对精神障碍的看法也发生了退步，他们认为超自然力量才是致病原因。从2世纪下半叶到9世纪初，精神障碍被认为是鬼魂和妖魔在作祟，或是由于邪灵附体所致。然而，中国的“黑暗时期”既没有西方那样严重（就对待精神障碍患者而言），也不像西方那样持久。在随后的几百年里，中国人对精神障碍的看法又恢复到了生物学和身体本身的角度，并且强调心理和社会的因素。在过去的50年间，中国在精神卫生服务各个方面都取得了进步，并吸收了许多西方精神病学的思想（Zhang & Lu, 2006）。

2.1.5 中世纪时期对异常行为的观点

中世纪时期（大约公元500年到公元1500年），希腊医学中较为科学的部分流传到中东的伊斯兰国家并保存了下来。公元792年，巴格达建成了第一所精神病院，随后在大马士革和阿勒颇也有精神病院相继建立（Polvan, 1969）。在这些医院里，患者可以获得人道的治疗。当时伊斯兰医学界的杰出代表人物是波斯的阿维森纳（约980—1037），被誉为“医学王子”（Campbell, 1926）。他的著作《阿维森纳医典》对后世的医学发展具有十分广泛的影响。在著作中，阿维森纳经常提到癔症、癫痫、躁狂反应和忧郁症。下面的个案研究虽然描述得不够细致，但依然可以感受到阿维森纳在治疗方式上的独特。

图2.4　古代伊斯兰的波斯医生阿维森纳（约980—1037）用当时西方医学从业者所不知的人道方式来治疗精神疾病

案例

以前有位王子患了忧郁症，并且幻想自己是一头牛。他会像牛一样哞哞叫，惹得每个人都很烦，他时常会大叫：“快杀了我，拿我的肉做成好吃的炖牛肉！”后来，他开始不吃食物了。

阿维森纳被请来为王子治疗。首先，他传信给王子，让他打起精神来，因为屠夫就要来宰杀他了，于是王子很高兴。过了一会儿，阿维森纳手里拿着一把刀，走进病房说：“这头牛在哪里？”王子马上像牛一样叫着，以示意他的位置。阿维森纳下令把王子的手脚绑起来放在地上，然后摸了摸他的身体说：“这牛太瘦了，还不到宰杀的时候，先把他养肥些。”然后下属给王子送来了合适的食物，这回他急切地吃了起来。几日后他渐渐恢复了体力，也不再妄想，最终完全康复了。（Browne, 1921, pp. 88–89）

相比中东伊斯兰国家的阿维森纳时期和后来的启蒙运动时期，中世纪欧洲在对心理疾病的治疗问题上，既缺乏科学的认识，也缺少对患者的人道关怀。当时的精神障碍患者主要由神职人员负责管理。修道院成了收容和禁闭的场所。中世纪早期，对精神障碍患者的所谓“治疗”包括祈祷、圣水、圣药、牧师的气息或唾液、触摸遗骸、参观圣地或进行温和的驱魔仪式。在一些宗教场所，驱魔仪式是用“抚头顶祝福”的形式来完成的。当时人们把这些方式和对盖伦疗法的一些片面理解含混地结合起来，因而产生了下面这样的记载：“对于罹患恶魔病的人，当魔鬼附在他身上，或者用疾病从内部控制他时，使用羽扇豆、主教草、天仙子和大蒜，搅拌后加入麦芽酒和圣水，给患者饮用。”（Cockayne, 1864—1866）

长久以来，人们以为在中世纪有不少的精神障碍患者被指控为女巫，因此会受到惩罚甚至可能被杀害（Zilboorg & Henry, 1941）。但最近有更多的研究对这种说法的准确性提出了质疑。例如，舍内曼（1984）在一篇论文中说：“被指控为女巫的人一般并非精神病患者，而是说话刻薄、脾气暴躁的穷女人。”他的结论是：“实际上，巫术从来没有被搜捕女巫的人、普通民众或现代历史学家认为是某种鬼神附体。”（p.306）说“从来没有”也许夸大其词了，因为确有精神病患者被当作女巫而遭受惩罚。另外，我们将在下一节中看到，为什么一些医生和思想家要花大力气揭露二者间关联的谬误。人们混淆巫术和精神病的部分原因是他们无法确定是否真有恶魔附体。即便是开明学者罗伯特·伯顿（1576—1640）也未能免俗，在他的经典著作《忧郁的解剖》（1621）中，他也认为恶魔附体可能是精神障碍的成因。他还把这种所谓的恶魔附体分成两类：如果身体被恶魔附体，便是精神失常；如果灵魂被恶魔附体，就是女巫。久而久之，这两类附体间的区别可能会在历史学家的眼中变得模糊。在这些历史学家的影响下，后人会误以为在中世纪的观点中巫术和精神疾病有着很强的联系，而实际情况并非如此。

随着巫术与精神疾病之间关系的变化，一个更大的问题产生了，那就是我们如何更加准确地解读历史事件。

2.2 16 世纪至 17 世纪对异常行为的观点

科学思维对变态心理学观点的影响及早期精神病院的兴起

中世纪后期和文艺复兴早期，以科学为本的探索又重新展开，一场重视人文关怀的运动开始了，这就是著名的人文主义运动（这一运动至今仍在进行）。从此，阻碍我们理解和治疗精神障碍的迷信思想开始受到了挑战。

2.2.1 科学质疑在欧洲的复兴

帕拉塞尔苏斯（Paracelsus，1490—1541）是一位瑞士医生，他是抨击鬼神附体迷信思想的先驱者之一。帕拉塞尔苏斯坚持认为躁狂症并非妖魔附体，而是一种疾病，应该按疾病来治疗。他还推断了人类的本能和精神之间的冲突，提出心理因素导致精神疾病的观点。他主张用“身体内磁力”来治疗精神障碍，这就是后来被称为催眠的方法。虽然他反对妖魔论，但他对异常行为的看法受所谓天体作用的影响［英语的“疯子”一词（lunatic）来源于拉丁语 luna，意思是“月亮”］，他坚信月亮对人脑有着超自然的影响。

还有一位是对抑郁症做出过精辟说明的德国医生兼作家约翰·韦尔（1515—1588）。韦尔用拉丁语笔名“约翰纳斯·韦尔斯”进行写作。在他的著作《恶魔的诡计》中，他对那些因行为怪异而被诬指为使用巫术的人深表同情，并指出这些被囚禁、折磨甚至烧死的人其实是患有精神障碍的无辜者。

图2.5　约翰·韦尔是一位德国医生，他不接受当时的普遍看法，即奇怪的行为是巫术的结果。他认为这是精神疾病的结果。他因此受到当时同行的嘲笑，还被称为“怪人·韦尔斯”

韦尔还是首批专门研究和治疗精神障碍的医生之一。他广博的阅历和先进的思想使他被后世誉为“现代精神病理学的创始人”。然而不幸的是，由于他的思想太过超前，他不但遭到了当时同行的嘲笑，而且还被视为异教徒和怪人。20 世纪前，他的著作一直被教会列为禁书。

然而，甚至连神职人员也开始怀疑当时的做法。例如，圣文森特·德·保罗（1576—1660）冒着生命危险宣称：“精神病与身体的疾病没有什么不同，基督教会需要慈悲的权威人士来保护患者，需要技术娴熟的专业人员来减轻患者精神和肉体的痛苦。”（Castiglioni, 1924）其后的 200 年间，在这些学者的不懈努力下，妖魔论和迷信学说日趋式微。科学的倡导者为临床观察和理性推理的逐渐回归铺平了道路，这两者最终发展为今天我们所见到的现代实验法和临床法。

2.2.2 早期精神病收容院的建立

从 16 世纪起，欧洲人开始把精神病患者送进精神病收容院，这些机构是专门为隔离那些生活不能自理的精神病患者而设立的。虽然对异常行为的探究在不断进步，但大多数早期的精神病收容机构，通常被蔑称为“疯人院”。这种机构并不是真正意义上的医院，而是看管所谓“疯子”的场所。不幸的现实是，这些住进早期精神病收容院的人会在极度肮脏和残酷的环境中生活，直到去世。

1547 年，英国国王亨利八世正式把伦敦的圣玛丽伯利恒修道院改为精神病收容院，但很快它就被当地人称为“伯利恒疯人院”，该机构因其恶劣条件和残忍做法而恶名远扬。相对暴力的患者被当众展览，院方还以一便士的价格收取门票，而症状较轻的患者则被迫于伦敦街头乞讨。类似的收容院也被其他国家纷纷效仿，包括墨西哥（1566）、法国（1641）、俄罗斯（1764）。1784 年，同样臭名昭著的疯人塔在维也纳建立。这座建筑曾是老维也纳的一处名胜，是一座装饰华丽的圆塔，里面有许多方形的房间。医生和看守住在正方形的房间里，而患者则被关在外侧的房间及圆塔外部。和伦敦的做法相似，院方也收取少量的费用来公开展览其中的患者。这些早期的精神病院主要是监禁患者的收容所，患者的待遇比普通囚犯更差。他们过着笼中野兽般的日子，而不像人类的生活。

在美国，费城的宾夕法尼亚医院于 1756 年在本杰明 · 富兰克林的领导下建立，为精神病患者提供一些小房间或病房。位于弗吉尼亚州威廉斯堡市的公立医院建于 1768 年，是美国第一家专门收治精神病患者的医院。然而，美国精神病患者的待遇也并不比欧洲好多少。佐外林 1985 年对公立医院治疗方法的综述表明，当时的治疗观点是让患者停止发疯而恢复理性。因此，治疗的手段是带有攻击性的，旨在“恢复身体和大脑的物理平衡”。这些治疗手段虽然以当时的科学观点作为基础，但目的却是恐吓患者，具体包括水疗法、放血、酷热、电击以及限制自由。例如：某个有暴力倾向的患者可能被置入冰水，无精打采的患者则可能被放进热水中，还有些患者可能会被放血，以排出他们体内所谓“有害”的液体。

图 2.6　位于弗吉尼亚州威廉斯堡市的公立医院建于 1768 年，是美国第一家专门收治精神病患者的医院

2.3　人道主义改革

人道主义改革的历史发展

经过大约 200 年惨无人道的治疗史，西方精神病收容院终于迎来了重大改革。欧美几

位著名医生提出了对患者人道治疗的新观念。

2.3.1 皮内尔的实验和杜克在英国的成就

1784 年，法国大革命第一阶段后不久，菲利普 · 皮内尔医生（Philippe Pinel, 1745—1826）被任命为巴黎比塞特医院的院长[①]。他提出，作为一项实验，解开锁在部分患者身上的铁链，以验证他的观点——精神病患者应该得到善待与关心。这时，他承担着巨大的风险，如果实验失败，皮内尔很可能因涉嫌政治阴谋而被送上断头台。非常幸运的是，这次实验取得了巨大成功。锁链被去掉，患者住进了阳光充足的房间，还能在医院场地上锻炼。这些患者终于迎来了期望中的善待，他们中的有些人已经在地牢里锁链加身 30 多年。皮内尔的实验产生了奇迹般的效果，以往的喧闹、污浊和虐待被宁静、秩序所取代。

图 2.7　这幅油画描绘的是菲利普　皮内尔在比塞特医院释放被关押的患者。皮内尔的实验既是一项伟大的改革，也是在治疗精神障碍的人道主义方向上迈出的重要一步

几乎就在法国的皮内尔改革比塞特医院的同时，英国贵格会教徒威廉 · 杜克（William Tuke, 1732—1822）建立了后来人们称为“约克静修所”的精神疗养院。那是一座舒适的乡间别墅，精神病患者在那里生活、工作和休息，到处都弥漫着友好的宗教气氛。约克静修所显示出以杜克为代表的贵格会教徒与当时盛行的残忍、愚昧、冷漠的观念之间的斗争已经达到高潮。贵格会教徒坚信善意和包容能帮助精神病患者康复，而这一信念在那个时代将精神病治疗推向了重人道的方向。

随着皮内尔实验成功的消息传到英国，以杜克为代表的贵格会信念逐渐得到了托马斯 · 瓦克利（Thomas Wakley）和塞缪尔 · 希契（Samuel Hitch）等英国医生的支持。1841 年，希契把经过培训的护士安排到格洛斯特精神病收容院的病房，还专门培训了管理人员来监督护士。这些措施在当时是革命性的创新，不仅在很大程度上改善了患者的处境，还改变了社会大众对精神障碍患者的态度。1842 年，在瓦克利的游说下，《精神疾病调查法案》在英国获得通过，该法案要求每 4 个月对精神病院和病房进行检查，以保障患者得到适当

① 这一段原文时间有误，实际上法国大革命 1789 年才爆发，皮内尔于 1792 年结婚，同年担任了比塞特医院院长，该医院就是当时俗称的“巴黎男子疯人院”。——译者注

的饮食并且不受监禁。

1845 年，英国又通过了《国家精神病收容院法案》，该法案要求每个郡都为所谓的“乞丐和疯子”提供收容机构（Scull, 1996）。英国当时的殖民地牙买加的首府金斯敦发生了一件令人发指的虐待精神病患者事件。一位曾经在金斯敦收容机构住院的患者写了一篇文章来披露该收容院工作人员的暴行。这些人用所谓“罐装”来控制和惩罚精神病患者。在这个过程中，“疯子”通常被护士和其他患者关在浴缸里，直到他们濒临死亡（Swartz, 2010）。这个事件引发了对殖民地精神病院设施和操作的检查，并进一步促使英国政府出台了新的政策，要求当地收容机构对精神病患者提供更加人道的治疗方式。这个政策还扩展到了英国其他的殖民地（澳大利亚、加拿大、印度、西印度群岛、南非等）。

2.3.2　美国的拉什和道德疗法

皮内尔和杜克人道主义实验的成功，彻底改变了整个西方世界对精神病患者的治疗方式。在美国，这一变革体现在本杰明 · 拉什（Benjamin Rush, 1745—1813）的工作中，他既是美国精神病学的创始人，也是美国《独立宣言》的起草者之一。1783 年，拉什在宾夕法尼亚医院工作期间，倡导对精神病患者进行人道的治疗。他于 1812 年撰写了美国第一部系统的精神病学专著《精神疾病的医学调查与观察》，并且他还是第一个开设精神病学课程的美国人（Gentile & Miller, 2009）。然而，即便是他，也不能完全摆脱时代的限制。他的医学理论包含了占星术的一些迷信内容，所推行的主要治疗方法是放血，以及使用一种他发明的叫作“镇静椅”的设备，这种设备通过绑住患者的四肢和限制头部活动来抑制有暴力倾向的患者，与其说是治疗，不如称为折磨。尽管拉什的观点存在这些局限性，但我们还是认为他是新旧时代过渡的重要人物。

图 2.8　本杰明 · 拉什发明了“镇静椅”，这是 1811 年弗吉尼亚州威廉斯堡市公立医院里一幅画的复制品。这把椅子原本是用于治疗的，但看起来更像是折磨人

在人道主义改革的初期，有一种关注患者的社会、个体和职业需求的疗法得到了普及，那就是道德疗法。这种疗法在很大程度上源自皮内尔和杜克的成就，在 18 世纪末的欧洲和 19 世纪初的美国得以推广。相对于患者的身体或精神症状，精神病收容院实施的道德疗法更强调患者的品行发展以及所谓的人格恢复。这

可能是由于当时几乎没有有效的疗法。治疗通常是通过体力劳动和语言交流来试图让身体或精神疾病康复。在当时几乎没有抗精神疾病药物的情况下，道德疗法取得了令人惊讶的有效性。例如，在伦敦，沃尔福德（1878）报告说，到 1876 年为止的 100 年间，著名的精神病收容院贝德莱姆医院的“治愈率”为 45.7%。

2.3.3 迪克斯和精神卫生运动

多萝西娅·迪克斯（Dorothea Dix, 1802—1887）出生于美国的新英格兰地区，是一位活跃的社会改革家。她用了几十年的时间，为穷人和监狱中“被遗忘”的囚徒以及精神病患者争取他们应有的权益。迪克斯本人就是在贫困艰难的环境中成长的，成年后她推动了精神病患者的人道治疗方式。她年轻时当过教师，后来由于结核病的反复发作而提前退休。1841 年，她开始在一个女子监狱教书。通过这次接触，她了解到监狱、养老院和精神病收容院的悲惨状况。

图 2.9　多萝西娅·迪克斯（1802—1887）是一位活跃的社会改革家，她在改变公众对精神病患者的态度方面取得了巨大的成就

由于迪克斯的亲身经历，她在 1841 年至 1881 年的 40 年间发起了一场充满热忱的运动，激发群众和立法机构为改善精神病患者所遭受的非人待遇而采取行动。在她的不懈努力下，精神卫生运动在美国兴起，她所倡导的人道主义治疗方式在社会大众中取得了共识。她还通过募捐筹集了数百万美元的资金用以建造医院，有 20 个州直接响应了她的呼吁。她一共建立了 32 家精神病医院，这是一个令人震惊的记录，因为当时的精神卫生领域仍然充斥着无知和迷信。在南北战争时期，60 岁的迪克斯组织了医护队为北方军队提供医疗服务，而南方军队也有部分伤员得到了她的人道主义救助。正是这些壮举成就了她事业的巅峰。

2.4　19 世纪和 20 世纪对精神障碍的成因和治疗的观点

社会态度的变化对精神障碍的思考和治疗方式的影响

如前所述，人道主义改革促使医生对异常行为者的治疗方式发生了重大转变。到了 19 世纪和 20 世纪，治疗方式又有了改变。其中一些改变是由医生带来的，而另一些则是患者自己创造的。

2.4.1　19 世纪对精神疾病的观点和日渐增长的专家影响力

在 19 世纪初期，由于道德疗法在治疗“疯子”方面卓有成效，管理精神病院的人基本都是业余工作者。医学专业人士或精神科医生在当时被称为“疏离治疗家”，因为他们治疗的是“被疏离的人”，也就是精神失常的人。这些专业人士在照顾精神障碍患者和管理精神病院方面并没有起到很大的作用，此外当时也缺乏有效的治疗方式（医生也意识到放血、通便或使用“镇静椅”等疗法实际上没有什么明显的效果）。直到 19 世纪的后半叶，精神病学家才逐步开始管理精神病院，并把传统的道德疗法融入他们原来以生理治疗为主的治疗方案。

随着时间的推移，精神病学家的社会地位和社会影响力日渐增长。作为道德疗法的拥护者，他们大力宣扬维多利亚时代的道德观对精神健康的重要性，然而，由于当时的人对精神障碍的理解十分模糊，抑郁症甚至被认为是神经衰弱导致的。当时的精神病学家认为，情绪问题是由能量的过度消耗或体力的过度透支引发的。精神衰退被认为是由于耗尽了宝贵的神经力量而导致心力枯竭或“神经混乱”的一种症状。他们认为，这种疾病的个体感受是心境低落、精力不足，并伴随一定的生理症状，而成因是文明开化所带来的“生活方式”问题。他们还认为这些疾病或症状是可以确诊并治愈的。

2.4.2　20 世纪的精神病院

20 世纪初期，虽然精神病收容院在数量上持续增长，但只有一部分患者的病情得到了改善，而另一些患者的情况可能变得更糟了（见“我们周围的世界”专栏）。在这一时期，普通人对精神疾病患者的看法有了重大进步。在美国，迪克斯的精神卫生运动获得了成功。之后的克利福德·比尔斯（Clifford Beers, 1876—1943）继续了这项开创性的工作。比尔斯毕业于耶鲁大学，他的著作《自觉之心》（*A Mind That Found Itself*）出版于 1908 年。在这本书中，他讲述了自己与精神疾病的斗争和在三个收容机构中所遭受的非人待遇。虽然这时的精神病收容院早已废除了铁链和其他折磨人的器具，但约束衣仍然被广泛用于让亢奋躁狂的患者“安静”下来。比尔斯不幸经历过这种所谓的“治疗”，他在书中生动地描述了双臂束缚导致的疼痛对一个情绪激动的

图 2.10　毕业于耶鲁大学的克利福德·比尔斯在几家精神病收容院受到虐待后，写了一本关于自己经历的书，揭露了患者所受虐待的性质和程度，推动了人道治疗方式的进程

精神障碍患者意味着什么。当比尔斯后来在一位善良的护理人员家里康复后，他发起了一场运动，让人们意识到这些做法既不人道也毫无治疗效果。这场运动得到了很多有影响力的人士的支持，包括著名的心理学家威廉·詹姆斯和有着“美国精神病学泰斗”之称的阿道夫·迈耶。

20 世纪初的精神病院主要收治患有严重精神疾病的人，如精神分裂症、抑郁症、器质性精神障碍、三期梅毒、麻痹性痴呆、严重酗酒等。到 1940 年，美国的精神病院收治了 40 多万患者，其中约 90% 的患者住在大型的州立医院，其余患者则被私立医院收治。在这一时期，患者的住院时间很长，许多精神病患者需要住院很多年。

1946 年，重大的变革出现了。这一年，玛丽·简·沃德出版了一本颇具影响力的书《蛇穴》，该书和两年后拍摄的同名电影大受欢迎。这部作品引起了社会大众对精神病患者凄惨境况的关注，人们开始考虑在社区而不是拥挤不堪的精神病收容院为患者提供护理。同年，美国国家精神卫生研究所成立，并通过精神病院住院医生实习期和之后的临床心理培训项目，为推动相关研究和培训提供积极支持。与此同时，美国国会通过了希尔-伯顿法案，促进了社区精神卫生医院的建立。该法案与 1963 年通过的《社区精神卫生法》共同创建了一个影响深远的计划，包括建立接待门诊患者的精神病诊所、在普通综合医院设立精神科的住院部、开展社区咨询和康复计划等。

在随后的 50 年代和 60 年代，精神病院的改革受到了更多专业和非专业人士的极大关注。社会学家欧文·戈夫曼（1961）出版了具有影响力的著作《精神病收容院》，使大量专业人士开始关注改善精神病院的条件。这本书进一步揭露了对精神病患者不人道的治疗方式，并详细描述了精神病院的忽视和虐待行为。20 世纪后 50 年的科学进步大大促进了精神病院环境的改善。其中，最大的助力来自有效药物疗法的成功研发，例如，使用抗精神病药物和心境稳定剂来分别治疗精神病患者和双相障碍患者。

20 世纪后半叶的几十年间，因观念的转变，人们开始大量关闭精神病医院，并将精神病患者送回社区，以便提供更加综合和人道的治疗。州和县的公立精神病医院的住院人数也显著减少，从 1950 年的 50 多万人减少到 80 年代末的 10 万人左右。这个被称为**去机构化**的运动虽然是出于善意，但在客观上却给许多精神障碍患者和社区造成了巨大的困难。

去机构化政策的本意是人们认为在大型精神病医院之外，可以更人道（同时更经济）地治疗患者。但许多专业人士担心精神病院正在成为精神病患者的永久庇护所，患者在其中“逃避”日常生活的压力，开始扮演慢性病患者的角色，并以此为借口让别人永久照顾他们。当时的专家希望新药物可以帮助以前的患者在医院之外过上更好的生活。在最近的一篇关于去机构化对出院患者影响的综述中，库尼托（2013）发现，尽管患者的许多症状和社会行为没有改变，但他们出院后在生活技能和生活质量方面都有所提高。然而，也有大量的出院患者不能适应社区生活。现在，权威人士频繁地提到慢性精神病患者被抛弃到严酷的生存环境之中，而社区无法成功治疗精神病患者的证据比比皆是，比如在大城市流落街头的无家可归者中，有很多是精神病患者。此外，随着住院率的下降，监狱中精神病犯人的数量正在大量增加（Harcourt, 2011），这使许多专家认为，我们的社会正在改变对待重性精神障碍患者的方式——监禁而不是治疗他们。去机构化所造成的问题可能是：社区精神卫生机构的治疗和服务能力毕竟非常有限，而社会又没有找到切实可行的办法来弥补这一不足（见本章末尾“未解决的问题”专栏）。

我们周围的世界

被束缚的精神病患者

可能由于精神疾病的治疗资源有限，在某些国家，用锁链束缚精神病患者是很常见的。韦斯特迈耶和克罗尔（1978）对老挝 27 个村庄的精神病患者使用约束物的情况进行了流行病学调查。研究发现，那些对他人有攻击性或被认为对自身构成危险的精神病患者有时会被锁链拴在柱子上。照片中这名老挝妇女患有精神疾病，据说她每天被迫清扫站台 6~7 个小时。她被限制在一个佛寺里，以防止她在丛林中乱跑（Westermeyer, 2001）。

老挝的一名被锁住的患者

位于阿富汗东部的穆罕默德 · 阿里 · 沙阿圣地有一处精神病收容院，那里的患者每天只有一块面包、一根生辣椒和一些水作为食物。他们需要连续接受 21 天的治疗，他们的家属每月需要支付 20 英镑的费用。这个机构里的许多患者被拴在一起，作为控制他们行为的一种手段。

而在另一些国家，寺庙为精神障碍患者提供住所，虽然寺庙所能提供的照料一般来说非常有限。例如，印度金奈附近的埃尔瓦迪有 15 个私人机构，其中很多没有电、自来水、厕所和床这些最基础的必需品。2000 年，埃尔瓦迪精神病院有 6 人死于饮用水污染所致的疾病，这使政府对当地精神病收容机构的条件进行了调查。后来，埃尔瓦迪精神病院的一个棕榈草棚又发生了火灾，草棚里住着的精神病患者中，许多人被铁链拴在沉重的石头或柱子上，致使其中 25 人死亡，5 人受伤。火灾发生时，收容机构里共有 46 人，只有 16 人侥幸逃脱。

时至今日，到底是哪些社会因素导致了捆绑精神障碍患者的社会现象依然存在？18 世纪的菲利普·皮内尔和 20 世纪初的克利福德·比尔斯这些前辈将如何看待我们当代这些虐待患者的恶性事件？

2.5 现代观点的出现

现代变态心理学的观点与发展

19 世纪下半叶，当精神卫生运动在美国社会产生广泛影响时，世界各地对异常行为的研究也有了重大的发现，这些科学的观点建立在实验的基础上，并运用于治疗中。接下来我们将介绍 19 世纪和 20 世纪变态心理学研究的四大课题，这些课题的研究改变了以往对异常行为的理解和治疗方式：（1）生物学发现；（2）精神障碍分类系统的建立与发展；（3）对异常行为成因的科学解释；（4）实验心理学的研究与发展。

2.5.1 生物学发现：确立大脑和精神障碍之间的关联

精神障碍的研究在解剖学和生物学的基础上取得了进展。生物医学方面的一个重大突破是发现了导致麻痹性痴呆的器质性因素——梅毒对大脑的影响。麻痹性痴呆是当时最严重的精神疾病之一，它会产生瘫痪、精神错乱和癫痫等症状，通常患者会在发病后 2~5 年内因大脑病变而死亡。冰冻三尺非一日之寒，这项研究是很多专家和研究者花费近百年时间共同努力的成果。

麻痹性痴呆和梅毒

发现麻痹性痴呆的治疗方法是一个漫长的过程，而它的起点要归功于法国医生拜尔（A. L. J. Bayle，1799—1858）。1825 年他通过研究麻痹性痴呆患者的各种症状，发现这是一种特殊类型的精神疾病。拜尔还对麻痹性痴呆的症状进行了完整而准确的描述，这些分析和描述为后来科学家的进一步研究奠定了基础。几十年后，维也纳精神病学家理查德·冯·克拉夫特·埃宾（Richard von Kraff–Ebing）于 1897 年进行了一项重要的实验，他给麻痹性痴呆患者接种了取自梅毒脓疮的脓汁，结果发现患者没有出现二期梅毒症状，这说明这些患者之前一定感染过梅毒。这个实验建立了梅毒（生理疾病）和麻痹性痴呆（精神疾病）之间的关联。1906 年，奥古斯特 · 冯 · 沃瑟曼（August von Wassermann）发明了用验血来检测梅毒的方法，这种检测可以在更严重的感染之前就发现患者血液中是否存在致命的梅毒螺旋体。

到了 1917 年，奥地利的朱利斯 · 冯 · 瓦格纳–乔拉格（Julius von Wagner-Jauregg）在发现伴随疟疾的高烧可以杀死梅毒螺旋体后，发明了疟疾发热疗法来治疗梅毒和麻痹性痴呆。他用一名患疟疾士兵的血液感染了 9 名麻痹性痴呆患者，结果 3 名患者的症状明显好转，另外 3 人完全康复（还有 3 人没有改善）。到 1925 年，美国已有多家医院开始将这种新的疗法用于治疗麻痹性痴呆。虽然疟疾发热疗法临床运用的时间很短（如今，治疗梅毒最简单有效的方法是使用青霉素），但它却代表了人类首次明确地征服了一种精神障碍。变态心理学领域经历了漫长的发展，人们对异常行为的认识从迷信转为大脑病变会导致特定障碍的科学证明。这一突破给医学界带来了无限希望，让人们相信还有许多其他的精神障碍甚至所有的精神障碍都能找到器质性的原因（参见“研究进展”专栏）。

研究进展

寻找治疗精神障碍的药物

几百年来，医生们一直在寻找治疗精神障碍的药物。最早关于药物治疗精神障碍的论述出自古罗马时期的医生盖伦的著作，他描述了各种药物的配制以及对精神病患者药物治疗的临床应用。他主要使用泻药和催吐剂，希望通过清除患者体内的致病物质来治疗异常行为。另一位先驱是中世纪著名而又极具争议的化学家帕拉塞尔苏斯，他试着用各种化学物质来治疗人类疾病，甚至还使用了一种被称为“干尸粉”的东西（干尸磨碎后的颗粒）和水银等其他威力更大的物质。

抗精神病药物发展的崭新阶段始于 20 世纪 50 年代，法国两位精神病学家让 · 迪莱和皮埃尔 · 丹尼克发现，氯丙嗪这种原本用于疟疾和麻醉的药物可以减轻精神病症状。其他几名研究者也对这种药物进行了实验研究，结果一致表明该药能有效治疗精神病患者，还能减少患者的焦虑或暴力倾向。抗精神病药物的神奇效果迅速在精神病学领域中显现出来。在美国，此前精神病医院的收治率一直在不断增长。由于抗精神病药物的广泛运用，住院患者开始稳定在 56 万人，到 1964 年下降到 49 万人，而到了 1971 年的时候，已经下降到 30 万人。

虽然氯丙嗪非常有效，历史性地增强了人们治疗精神错乱和暴力倾向的能力，但同时它也有严重的副作用。20 世纪 70 年代研发了新药物，如氯氮平，不但副作用更小，而且更加有效。后来人们了解到，早期的药物例如氯丙嗪（被称为“第一代”或“典型”抗精神病药）通过阻断多巴胺受体而产生药效，新药物如氯氮平（被称为“第二代”或“非典型”抗精神病药）通过阻断多巴胺和5-羟色胺受体产生药效。鉴于二代药物比一代更具优越性，二代药物在今天得到了更广泛的应用。

尽管抗精神病药物的研发在临床实践和研究领域被视为一大进步，但它们并非对所有患者都有效，而且还伴随着严重的副作用。时至今日，在精神障碍的药物研发方面还没有其他重大发现。在氯丙嗪之后，还没有研发出针对精神障碍治疗的具有新靶点（针对多巴胺活动以外的药物靶点）的药物（Carpenter & Davis, 2009）。我们现在已经知道，精神障碍是一种相当复杂的疾病，似乎有多种不同的病因（你将在第 13 章学习到）。我们希望，随着研究的不断发展，在不久的将来能开发出更有效的药物或治疗方式。

大脑病变被视为病因

随着 18 世纪早期实验科学的出现，解剖学、生理学、神经学、化学和普通医学的知识快速发展。科学家们开始逐渐意识到器官的病变才是导致疾病的真正原因。这个认识上的进步为人们接下来的推测奠定了基础，这一假设即：精神障碍是由大脑病变引起的疾病。1757 年，阿尔布雷克特 · 冯 · 哈勒尔（Albrecht von Haller，1708—1777）在他的《人体生理学》一书中强调了大脑在心理活动中的重要性，提倡通过尸体解剖来研究精神病患者的大脑。但真正首次系统地阐述了这一观点的是德国精神病学家威廉 · 格里辛格（Wilhelm Griesinger, 1817—1868），他在 1845 年出版的教科书《精神疾病的病理与治疗》中坚称所有的精神障碍都可以从大脑病变的角度来解释。其后的爱罗斯 · 阿尔茨海默等研究者建立了脑动脉硬化和老年性精神障碍的脑病理学。20 世纪，研究发现了中毒性精神障碍（由铅等有毒物质引起的障碍）、某些类型的精神发育迟缓等问题是大脑的器质性病变引起的。

虽然在 1700 年至 2000 年这 300 年间，我们对精神障碍的理解有了惊人的进步，但不幸的是，在这个过程中也出现了一些严重的失误。例如，20 世纪初，美国新泽西州的精神病学家亨利 · 科顿（Henry Cotton）提出了一种理论，认为精神分裂症等精神疾病可以通过消除所谓的“感染部位”而得到治愈。为了达到目的，他使用外科手术摘除患者的某些器官，如牙齿、扁桃体、结肠、睾丸或卵巢（Scull, 2005）。在 20 世纪 20 年代至 40 年代，美国精神病学家沃尔特 · 弗里曼（Walter Freeman）简化了葡萄牙精神病学家埃加斯 · 莫尼斯（Egas Moniz）所提出的方法，用一种所谓“脑叶切除术”的外科手术来治疗严重的精神障碍。简化后的手术更加粗糙简便，医生只需把冰锥从患者的眼窝插入，就可以切断脑组织，这一过程甚至不需要手术室，在门诊即可完成。即使是当时，就已经有很多专业人士对这种方式提出质疑。现在我们都知道，这些所谓的治疗手术不仅没有效果，而且非常有害。

2.5.2　分类系统的建立与发展

在对不同异常行为进行分类的过程中，德国精神病学家埃米尔·克雷珀林（Emil Kraepelin, 1856—1926）发挥了极其关键的作用。克雷珀林指出，如果某些特定的症状经常同时出现，那就可以被识别为特定的精神障碍类型。他还细致地描述了这些障碍类型的特征，并创建了一个分类的方案，而这个方案就是我们目前正在使用的 DSM 诊断系统的雏形。可以想象，整合所有临床资料来构建这个体系是一个多么艰巨的任务，建立分类系统是对精神病理学领域的伟大贡献。

图 2.11　埃米尔·克雷珀林是一位德国精神病学家，他根据普遍的症状模式将疾病进行分组，创立了针对数百种精神障碍的分组方法，构建了早期的分类系统。克雷珀林还论证了精神障碍在遗传、病程和结果中表现出的特定模式

克雷珀林认为每种类型的精神障碍都与其他类型截然不同，并且认为每种障碍的病程都如同麻疹一样是预先确定并可以预测的。因此，即使我们还无法控制某些类型的障碍，但其结果也大致可以预测到。他的这些主张引起了人们的兴趣。

2.5.3　精神障碍的心理学基础

尽管 20 世纪初，精神卫生领域的科学家强调生物学研究，但是对精神障碍心理因素的探索也在同时进行。著名的西格蒙德·弗洛伊德（1856—1939）迈出了重要的第一步，时至今日，他的很多观点仍然被频繁引用。通过 50 年的观察、治疗和写作，弗洛伊德创建了一个精神病理学的综合理论，强调无意识动机的内在驱动力，这就是**精神分析学**（也称为“心理动力学”）。他用来研究和治疗患者的方法被称为**精神分析疗法**。追溯精神分析学的起源，会把我们带到一个出人意料的领域，那就是关于催眠术的研究。催眠术是一种让人在引导下进入放松状态，进而容易接受暗示的方法。这种技术在 18 世纪末至 19 世纪初的法国被广泛使用。

催眠术（梅斯梅尔术）

对于精神障碍心理因素的探索始于奥地利医生弗朗茨·安东·梅斯梅尔（Franz Anton Mesmer, 1734—1815），他发展了帕拉塞尔苏斯关于天体会对人产生影响的观点。梅斯梅尔认为，行星影响着人体中普遍存在的一种带磁力的体液，这种体液在人体中的分布情况决定了人是否健康。在寻找治疗精神障碍的方法时，他得出结论：所有人都拥有带磁力的体液，每个人的磁力还会影响其他人的磁性体液分布。

梅斯梅尔试图在维也纳和其他城市推行他的观点，但直到1778年他才在巴黎获得了认可。他在巴黎开了一家诊所，用“动物磁力”来治疗各种疾病。在一个黑暗的房间里，患者们围坐在一个装有各种化学物质的大盆周围，盆里伸出带有磁性的铁棒与患者的患病部位接触。在音乐的伴奏下，梅斯梅尔像舞台上的魔术师一样，穿着淡紫色的长袍出现，他一边在患者之间穿梭，一边用手或所谓的“魔杖”触碰每个人。据梅斯梅尔宣称，这种方式可以消除癔症性感觉缺失和瘫痪。

后来，科学界成立了一个委员会来调查这种疗法——当时的许多人都对这种疗法产生了质疑。包括美国科学家本杰明·富兰克林在内的委员会进行了一系列巧妙的对照实验（据说这是有史以来第一次心理学实验；Dingfelder, 2010），他们让一组人接触他们以为磁化了的物体（其实只有一半是磁化的），让另一组人接触他们以为没有磁化过的物体（其实有一半是磁化过的）。结果发现，那些相信自己接触到磁化物的人，无论所接触的东西是否真的被磁化，他们的症状都会有所改善。这说明他们的改善是由于心理暗示（催眠），而并非动物磁力。梅斯梅尔因此名誉扫地，很快被迫离开了巴黎。但是，他的方法和治疗效果在之后的很多年里都是科学家争论的焦点。事实上，催眠术在19世纪初的情况，就如同精神分析学在20世纪初一样，两者都是颇具争议的话题。而对精神分析疗法的争议又使人们重新对催眠术产生了兴趣。

精神分析的开端

虽然催眠术被揭穿了，但这次事件也同时说明了心理因素的确可以影响甚至“治疗”异常行为。因此，到了19世纪末，很多人逐渐认识到精神障碍是由心理和（或）生理因素导致的。尚待解决的一个重要问题是：精神障碍中的心理因素究竟是如何发展的？第一个系统而全面回答这个问题的人是弗洛伊德，他在当时是一位风华正茂、才华横溢的神经病学学者，在维也纳大学担任神经病学讲师。1885年，他来到法国，跟随一些在工作中使用过催眠术的医生学习，对他们使用催眠术来治疗癔症留下了深刻的印象。等到离开法国时，他深信强大的心理过程可能隐藏在意识之下。

回到维也纳之后，弗洛伊德与另一位医生约瑟夫·布罗伊尔（Josef Breuer, 1842—1925）合作，布罗伊尔在催眠治疗时使用了一项有趣的新方法。与之前的催眠治疗不同，弗洛伊德和布罗伊尔指导患者在催眠状态下自由地谈论自己的问题。患者一般会表现出很大的情绪波动，当他们从催眠状态苏醒时，能够感受到极大的情绪释放。这一过程被称为**宣泄**。事实证明，这一简单的创新意义非常重大，不仅可以帮助患者释放情绪压力，还可以帮助心理治疗师了解某些症状可能的源头。而患者醒来时，却不能发现他们的问题与癔症症状之间的关联。

正是这种方法引导他们发现了**无意识**，即一个人的思维中包含的本人尚未意识到的部分。由此他们相信，无意识对决定一个人的行为起到了关键作用。1893 年，弗洛伊德和布罗伊尔联合发表了题为《论癔症现象的心理机制》的论文，这是研究意识和无意识心理动力学的重要里程碑。此外，弗洛伊德还发现，通过鼓励患者不必顾忌逻辑和规矩地诉说心声，能帮助他们克服内心的障碍而回忆起一切，并自由地谈论自己的问题。

有两种方法让弗洛伊德得以探究患者意识和无意识的思维过程。一种方法是**自由联想**，让患者自由地谈论自己，从而提供关于他们的感受以及动机的信息。第二种方法是**释梦**，让患者记录并描述他们的梦境。这些技术可以帮助心理分析师和患者自己更好地理解情绪问题。弗洛伊德此后一生都致力于发展和阐述精神分析原理。1909 年，著名心理学家，也是克拉克大学校长 G. 斯坦利 · 霍尔（G. Stanley Hall, 1844—1924）邀请弗洛伊德在克拉克大学做了一系列的讲座，他的观点由此被正式引入美国科学界。这些讲座在当时引起了巨大的反响，促成了精神分析学的概念在美国科学界和公众中的普及。

2.5.4　心理学研究传统的发展：实验心理学

当代心理学中的不少科学思想都源于威廉 · 冯特（Wilhelm Wundt, 1832—1920）和威廉 · 詹姆斯（William James, 1842—1910）早期对心理过程的精准、客观的研究。虽然这些实验心理学家的早期工作并没有直接影响当时的临床实践，也没有对当时人理解异常行为产生大的影响，但他们在工作中形成的传统却在几十年后明显地影响了心理学理论的形成，还把严谨的治学态度和工作作风带入了临床领域。

1879 年，冯特在德国莱比锡大学建立了第一个实验心理学实验室。冯特和他的同事在研究关于记忆和感觉的心理因素时，设计了很多基础的实验方法和策略。他对早期异常行为实证研究的心理学家产生了直接影响，例如，威廉 · 詹姆斯、斯坦利 · 霍尔以及冯特的学生 J. 麦肯恩 · 卡特尔（Benjamin, 2014）。这些心理学家遵循冯特的实验方法，还将他的一些研究策略拓展到了临床领域。如卡特尔就把其老师的实验方法带回了美国，还使用这些方法来测量思维过程中的个体差异。卡特尔与冯特的其他学生相继在美国各地建立了研究实验室。

图 2.12　1909 年在美国马萨诸塞州伍斯特市克拉克大学的一次著名会议上，精神分析学被引入北美。与会者有（后排左起）A.A. 布里尔、欧内斯特 · 琼斯、桑多尔 · 费伦齐、（前排左起）西格蒙德 · 弗洛伊德、G. 斯坦利 · 霍尔和卡尔 · 荣格

然而直到 1896 年，冯特的另一个学生莱特纳 · 威特默（Lightner Witmer，1867—1956）才把基础研究和应用实践结合起来，在宾夕法尼亚大学创立了美国的第一个心理诊所。威特默诊所主要针对有心理缺陷的儿童，既展开研究也实施治疗。威特默被认为是临床心理学的创始人（McReynolds, 1996, 1997），在他的影响下，很多人进入了这个新的行业。其中一个非常重要的诊所是威廉 · 希利（1869—1963）于 1909 年创立的芝加哥青少年精神病研究所（后来被称为“青少年研究所”）。他第一个把青少年犯罪看作城市化进程的副作用，而不仅仅是内在的心理问题。希利也是最早一批认识到环境或社会文化是一种致病因素的学者。

到了 20 世纪的第一个十年，心理学实验室和诊所蓬勃发展，专家开展了大量的研究，也收获了很多成果（Goodwin, 2011）。在现代心理学的发展过程中，如同科学发现的广泛传播一样，研究结果的收集和呈现也尤为重要。这一时期涌现出很多刊登研究成果和理论发现的专业期刊，随着时间的推移，期刊的数量不断增长。美国心理学会出版了多种期刊，其中很多包含了异常行为和人格功能的研究内容。这种实验心理学的研究方法一直沿用至今。随着科学家和临床医生的有效方法在过去的一个世纪中不断增加（例如，基因检测、脑成像、脑刺激等），我们对异常行为的理解也在不断进步。在下一章，我们将更深入地探讨当代关于异常行为成因的观点。

在本章中，我们讨论了变态心理学领域发展的几个重要趋势，并讲述了历史上许多个人的贡献，正是他们塑造了我们目前的观点。关于他们对变态心理学领域的主要贡献，参见表 2.1。当我们希望获得异常行为及其成因的统一观点时，现有的大量信息反而可能引起混淆和争议。我们也许早已抛弃了迷信观点，但我们进入了一个更复杂的领域，那就是从生物学、心理学和社会文化的角度确定自然因素对异常行为的影响。

表 2.1　变态心理学历史上的主要人物

希波克拉底

古代

希波克拉底（前 460—前 377），古希腊医生，他认为精神疾病是由自然原因和大脑病理所致，而不是鬼神附体导致的。

柏拉图（前 429—前 347），古希腊哲学家，他认为精神病患者应该得到人道的治疗，而且精神病患者不应该为他们的行为负责。

亚里士多德（前 384—前 322），古希腊哲学家，柏拉图的学生，相信希波克拉底的理论，即当身体不平衡时，身体内的各种因素（体液）会导致精神失常。亚里士多德不认为心理因素是导致精神疾病的原因。

盖伦（130—200），古罗马时期的希腊医生，他对我们了解神经系统做出了很大的贡献。盖伦将精神障碍的成因分为生理和心理两大类。

盖伦

（续表）

中世纪

阿维森纳（约 980—1037），古代波斯医生。在他生活的时代，西方治疗精神疾病的方法并不人道，他提出了对精神障碍患者进行人道治疗的原则。

希尔德加德（1098—1179），一位杰出的女性，被称为“莱茵河上的西比尔”，她利用天然物质的治疗作用治愈疾病，并撰写了有关天然物质史和植物药用价值的论文。

阿维森纳

16 世纪到 18 世纪

帕拉塞尔苏斯（1490—1541），瑞士医生，认为精神疾病是由精神方面的原因导致的，不认为异常行为是出于超自然因素。

约翰 · 韦尔（1515—1588），德国医生，反对鬼神论，并因其进步的观点而被同伴和教会排斥。

罗伯特 · 伯顿（1576—1640），牛津学者，1621 年发表了关于抑郁症的经典论文《忧郁的解剖》。

威廉 · 杜克（1732—1822），英国贵格会教徒，建立了约克静修所，使精神疾病患者生活在人道的环境中。

菲利普 · 皮内尔（1745—1826），法国医生，在法国比塞特医院和萨尔佩特里埃里医院开创了道德管理疗法，以人道的方式治疗精神疾病患者。

本杰明 · 拉什（1745—1813），美国医生，创立了美国精神病学，在皮内尔的人道治疗方法的基础上使用道德管理治疗精神病人。

本杰明 · 拉什

19 世纪和 20 世纪初期

多萝西娅 · 迪克斯（1802—1887），美国教师，她在美国发起了精神卫生运动，该运动主要关注医院中精神疾病患者的身体健康。

克利福德 · 比尔斯（1876—1943），美国人，因其在精神机构住院治疗的切身经历，发起了一场改变公众对精神疾病患者态度的运动。

弗朗茨 · 安东 · 梅斯梅尔（1734—1815），奥地利医生，将催眠作为一种治疗手段进行了早期研究。

埃米尔 · 克雷珀林（1856—1926），德国精神病学家，开发了第一个精神疾病诊断系统。

西格蒙德 · 弗洛伊德（1856—1939），精神分析学派的创始人。

威廉 · 冯特（1832—1920），德国科学家，1879 年建立了第一个实验心理学实验室，并在之后对异常行为的实证研究产生了影响。

J. 麦肯恩 · 卡特尔（1860—1944），美国心理学家，采用冯特的方法，研究心理过程中的个体差异。

莱特纳 · 威特默（1867—1956），美国心理学家，建立了美国第一家心理诊所，聚焦于儿童的精神缺陷问题，1907 年创办了《心理诊所》杂志。

威廉 · 希利（1869—1963），美国心理学家，建立了芝加哥青少年精神病研究所，提出精神疾病是由环境或社会文化因素引起的观点。

多萝西娅 · 迪克斯

西格蒙德 · 弗洛伊德

未解决的问题

去机构化

在过去的60年里，美国的精神病患者住院人数大幅减少。1955年至2015年，州立精神病院的住院人数下降了近95%（Lutterman, 2015）。去机构化被认为是住院人数急剧下降的重要原因，对于这个变化，无论是在专业领域还是社会公众中，都存在相当大的争议。一些权威人士认为，精神病院住院人数的减少表现了社会希望以前受限制的人回归社区的一种积极态度，他们坚持认为，与那些仍在住院的人相比，回归社区的患者表现出了显著的改善（Newton et al., 2000; Reinharz et al., 2000）。然而，反对者认为，慢性精神病患者被“遗弃”到一种严峻的环境中（Grob, 2008），对许多所谓“回归者”而言，这意味着无家可归、暴力迫害（Walsh et al., 2003）甚至是自杀（Goldney, 2003）。许多人抱怨受到游荡在其社区街道的“回归者”的骚扰和惊吓。为了解决这些问题，部分专业人士和社区成员进行了游说，呼吁人们关注去机构化带来的这些社会问题（Rosenberg & Rosenberg, 2006）。

近年来，在许多因素的影响下，精神病医院的入院和出院模式改变了。抗精神病药物已经使许多原本需要隔离的患者有可能在社区里正常生活，但也并非所有问题都可以通过药物来解决。研究表明，即使是长期住院的患者也可能通过去机构化来实现更好的改善（Kunitoh, 2013）。此外，社会为了给回归社区的慢性精神病患者提供更好的社区护理，可以制订新的社区计划。这一设想支持了最新的治疗理念和减少精神病收容机构的愿望。因此从理论上讲，关闭公立精神病院似乎是可行的。理想预期是开设许多以社区为基础的精神卫生中心，为出院后的患者提供持续服务。这些患者将获得福利基金（据估算，比公立大型精神病院的成本要低）和药物治疗以维持他们的稳定状况，直到他们痊愈。很多患者将回家与家人团聚，其余的人会被安置在更小的类似于家庭环境的寄宿机构或疗养院。

然而，意想不到的情况是，大城市社区的流浪者收容机构经常成为原来住院患者的“临时替代”居所（Haugland et al., 1997）。离开精神病院的人往往无家可归，而新建的寄宿机构和护理设施又经常不能达标，社区的精神卫生服务中心时常由于人员和资金准备不足而不能为这些患者提供所需的服务。尤其在20世纪80年代，国家重点资金的转移使这些问题更加恶化（Humphreys & Rappaport, 1993）。一些研究表明，去机构化不但造成了大量出院患者难以适应新的环境，还增加了他们的自杀率（Yoon & Bruckner, 2009）。

对去机构化影响的研究既有正面发现，也有负面发现。有报告称，缩短住院时间有积极的作用（Honkonen et al., 2003; Rauktis, 2001）；另一些数据表明，去机构化似乎与精神病患者杀人风险的增加无关（Simpson et al., 2004）。然而，也有人研究了出院患者的情况，并指出去机构化在总体上是失败的（Chan et al., 2001; Leff, 2001）。

最近的迹象显示，由于无法为社区里有需求的患者提供足够的护理，精神病院的住院人数可能正在增长（Marcotty, 2004）。英国也出现了类似的情况（Priebe & Turner, 2003）。

去机构化造成的问题全貌尚不清楚，主要原因是对精神病院的出院患者几乎没有严格的随访。这样的调查研究很难进行，因为患者住的地方不固定，很难长期追踪。当然，并非所有的流浪者都是原先住院的精神障碍患者，但去机构化运动确实增加了流浪和入狱的精神障碍患者的数量（Whitaker, 2009; Lurigio, 2013; Markowitz, 2006; Harcourt, 2011）。我们如何才能既为某些精神障碍患者（例如，那些有严重自杀风险的患者）提供必要的医院治疗，又帮助到那些希望返回社区生活的患者？我们如何才能更好地帮助那些离开医院的患者适应社区生活，从而将其流浪和入狱的风险降到最低？尽管我们从异常行为的历史中学到了很多，但仍有很多问题（比如以上提到的这些问题）有待解决。

本章小结

2.1　远古时期人类对精神障碍的认识

- 在过去的几百年间，理解异常行为的过程并非一帆风顺，取得的结论也莫衷一是。前进的脚步也有停下的时候，而且离奇的观点经常将研究者和学者引上歧途。
- 占主导地位的社会、经济和宗教观点对人们如何看待异常行为影响深远。
- 远古时期，人们用迷信观点来解释精神障碍，之后如埃及和希腊等地发展出了医学的观念，其中的许多观点由罗马医生进一步发展和完善。
- 公元 5 世纪末古罗马衰落。其后的 1000 多年里，对精神障碍的普遍认识被迷信的观点主导。在 15 世纪和 16 世纪，人们（甚至包括当时的学者）普遍认为一些受精神疾病困扰的人是被魔鬼附体了。

2.2 科学思维对变态心理学观点的影响及早期精神病院的兴起

- 人类对异常行为的理解取得了很大的进步。在中世纪后期和文艺复兴初期，科学质疑的精神在欧洲重现，几位著名的医生公开反对不人道的治疗。当时的研究从迷信和“魔法”走向理性和科学。
- 16 世纪末，人们认识到需要对精神疾病患者进行特殊治疗，世界各地建立了各种各样的精神病收容院。然而，收治患者造成了他们与社会的隔绝，还存在虐待行为。直到 18 世纪，人们才开始努力为患者提供更好的生活条件和人道待遇，尽管这些改善只是局部而非普遍现象。

2.3 人道主义改革的历史发展

- 19 世纪和 20 世纪出现了科学和人道主义的进步。法国的菲利普·皮内尔、英国的威廉·杜克、美国的本杰明·拉什和多萝西娅·迪克斯等人的工作为现代变态心理学的重要发展奠定了基础。
- 人们逐渐接受了一个观点，即精神疾病患者是遭受病痛折磨的人，他们需要并且也应该得到专业人士的关注。生物医学的方法成功运用于治疗精神疾病，对异常行为的科学研究已经发展到了对生物学成因、心理学成因和社会文化成因的研究。

2.4 社会态度的变化对精神障碍的思考和治疗方式的影响

- 精神病收容院的改革一直持续到 20 世纪，但在 20 世纪的后 40 年里，出现了一场关闭精神病院、让患者回归社区的“去机构化”运动。这一运动在 21 世纪初仍具争议。

2.5 现代变态心理学的观点与发展

- 19 世纪，生物学领域的重大技术发现和科学进步增进了对精神疾病患者的理解和治疗。一项重大的生物医学突破发现了导致麻痹性痴呆的器质性因素——梅毒螺旋体引发的大脑病变。
- 从 18 世纪早期开始，解剖学、生理学、神经学、化学和普通医学的知识迅速增长，这些进步让人们认识到如何从生理或器质性角度去解释身体的疾病。
- 克雷珀林的精神障碍分类系统对生物学观点的早期发展起了主导作用。克雷珀林的工作有助于确立大脑的器质性病变在精神障碍中的重要性，他还做出了相关贡献来巩固这个观点。
- 催眠术和随后西格蒙德·弗洛伊德著作的出现，让人们迈出了了解精神障碍心理因素的第一步。在 50 年的观察、治疗和写作中，弗洛伊德发展了一种精神病理学理论，称为“精神分析学”，强调无意识动机的内在动力。在过去的半个世纪里，其他一些临床学者对弗洛伊德的理论进行了修订，从而形成了新的心理动力学观点。

- 对心理因素和人类行为的科学研究始于 19 世纪末 20 世纪初，随着研究和干预异常行为的诊所的发展，实验心理学逐渐发展为临床心理学。
- 了解精神病理学观点的历史发展，包括进步的观点和错误的观点，有助于我们理解异常行为的现代观点是怎样产生的。

第3章

致病因素及相关理论

学习目标

3.1 区分异常行为的风险因素与成因

3.2 列举心理学家用来理解异常行为成因的不同观点

3.3 描述生物学观点对异常行为的解释及异常行为的生物学因素

3.4 描述变态心理学中最主要的心理学观点

3.5 描述可能导致异常行为的社会因素

3.6 解释文化差异如何影响人们对异常行为的认识

我们在上一章中已经了解，人类对异常行为成因的探索可以追溯到远古时期。从古时候开始，那些观察到异常行为的人就试图从成因入手来解决问题，许多人认为异常行为是神或魔鬼的杰作。希波克拉底提出了一套疾病模型，认为四种体液的不平衡会导致异常行为，每种体液都与特定的行为有关。后来，精神分裂症和自闭症等障碍被认为是由不良的养育方式或接种疫苗所引起的。

每当人们尝试解释异常行为的成因时，都会提出理论或模型。今天，我们仍然对异常行为的成因感到困惑，对成因的猜测不断产生新的模型。自 1900 年以来，很多重要的思想流派已经提出了精细的理论模型来解释异常行为的起因，并提出了干预的建议。在本章中，我们将讨论这些理论中最具影响力的观点，并且重点描述不同理论对致病因素的理解。在此之前，我们需要先讨论一下所谓“成因”在异常行为研究中的含义。

3.1 异常行为的成因和风险因素

区分异常行为的风险因素与成因

变态心理学研究的核心问题是：到底是什么导致人类的异常行为？如果我们知道了特定障碍的成因，就可能预防这些行为的发生或治疗已经出现的行为。如果我们能清楚地了解疾病的成因，而不像目前研究中那样通过一系列症状来理解疾病，我们就能更好地对其进行分类和诊断。

虽然寻找异常行为的成因是一个很好的目标，但由于人类行为是如此复杂，要达到这个目标是极其困难的。即使是最简单的行为，诸如说话或写字，也都经过了成千上万次神经元的传导，还包括了无数种先前的社会经验和习惯。试图从因果关系的角度去探究一个人的生活是非常困难的，无论研究对象是正常人、适应性强的人，还是患有严重精神障碍的人。

临床心理学的主要目标之一和一般的科学相同，那就是理解目标变量与其他变量间的关系。正如我们在第 1 章中提到的，可以通过观察和测量两个变量（事件）同时发生（共变或相关）的程度来了解变量之间的关系。在尝试了解各种精神病理问题的成因时，重要的第一步是观察与结果（例如障碍的发生）相关的变量。当变量 X 与目标变量 Y 的结果相关联时，我们称 X 与该结果**相关**。例如，童年早期经历的身体虐待（X）与后来患抑郁症的风险增加（Y）有关，因此虐待可能与抑郁症相关。但仅仅知道两个事件相关并不代表是其中的一个事件导致了另一事件的发生（Kraemer et al., 1997, and Figure 3.1）。当且仅当 X 发生在 Y 之前，我们才能推断出 X 是 Y 的一个**风险因素**。也就是说，X 是一个因素或特征，与发展结果 Y 的风险增加相关。下一个问题是 X 是否可以改变。如果可以，那么 X 就被认为是结果 Y 的一个**可变风险因素**。如果不能，则认为 X 是结果 Y 的一个**固定标记**，如童年早期经历过虐待就属于这类因素。因果关系的关键问题是改变 X 是否会导致 Y 的改变。如果不是，那么 X 将被视为变量 Y 的**可变标记**。当且仅当改变 X 会导致 Y 的改变时，我们才认为 X 可能是结果 Y 的一个**致病风险因素**。许多相关因素和风险因素看起来都像目标结果的成因，但为了确认这一点，我们必须进行研究来检验这些关联。

3.1.1　必要因素、充分因素和促成因素

需要注意的是，异常行为在**病原学**上有着不同类型的成因或因果模式。这一点很重要，因此我们要了解它们的区别。如果一个因素或特征 X 是罹患某种障碍 Y 的一个必要特征，我们就把 X 称为 Y 的**必要因素**。例如，麻痹性痴呆（Y）（一种大脑退化性病变障碍）的患者之前肯定感染过梅毒（X），否则不会罹患这种障碍。或者更确切地说，如果 Y 出现，那么 X 一定在 Y 之前出现过。另一个例子是亨廷顿病，这是一种罕见的大脑退化障碍，只有当患者拥有特定的基因（IT15，或称亨廷顿病基因——见第 14 章）时才会发生。但仅有必要因素是不足以导致疾病的，还需要其他因素的参与。虽然目前大多数的精神障碍看似不存在必要因素，但这方面的研究还在继续进行。

精神障碍的**充分因素**是指保证障碍一定发生的条件。例如，目前的一个理论假设了无助感（X）是抑郁（Y）的一个充分因素（Abramson et al., 1995, 1989）。更确切地说，如果 X 发生了，那么 Y 也会相应发生。根据这个理论，如果你对自己的未来绝望到了一定地步，那么你就会变得抑郁。然而，一个充分因素可能不是必要因素。阿伯拉姆森和他的同事（1989）研究发现，绝望并非抑郁的必要因素，其他原因同样可以导致抑郁。最后，在精神病理学中研究最多的因素是**促成因素**。一个促成因素会增加某种障碍发生的可能性，但对这种障碍的发生既不是必要因素，也不是充分因素。更确切地说，如果 X 发生，那么 Y

发生的概率增加。例如，父母的拒绝可能会增加子女日后处理人际关系时的困难，也可能增加子女成年后在人际关系中遭拒绝而引发抑郁的可能。这个例子说明，父母的拒绝是个体成年后社交困难的促成因素，但它既不是必要因素，也不是充分因素（Abramson et al., 1989, 1995）。

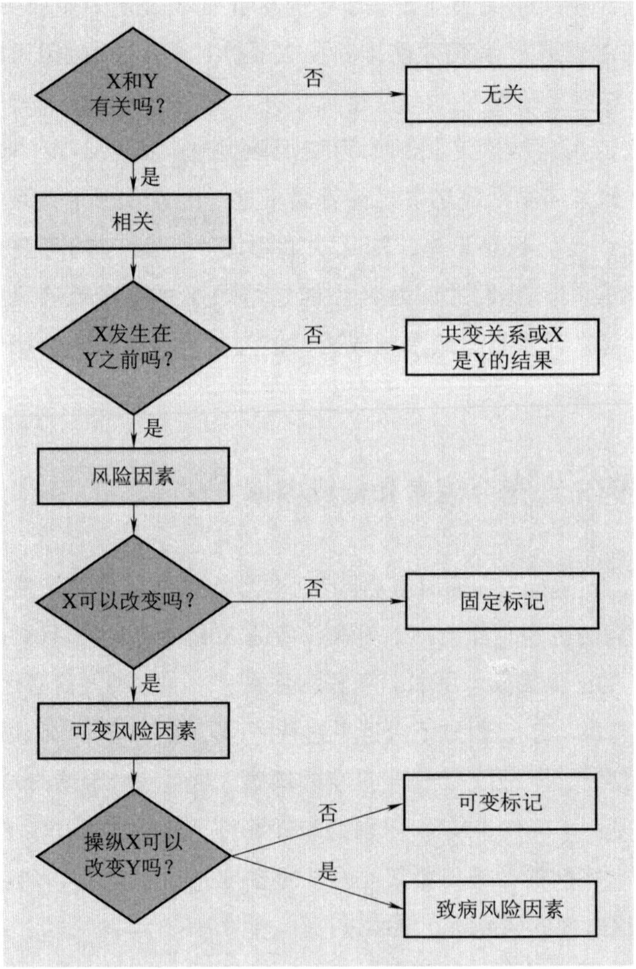

图 3.1　从相关到因果关系

几乎所有的科学领域都对理解变量之间的关系感兴趣。它们是相关的吗？这个变量变化会导致那个变量变化吗？克雷默和他的同事（1997）创建了这个图表，旨在帮助我们确定潜在的因果因素。从左上角的菱形框开始用它，然后向下移动，这个图表将帮助我们理解变量之间的关系。

除了区分导致异常行为的必要因素、充分因素和促成因素，我们还必须考虑到这些因素起作用的时间点。某些发生在童年早期的因素可能很多年都不会表现出它们的影响，这种因素被称为“远端风险因素”。例如，某人在童年早期失去至亲，或者在儿童期或青少年期遭受了家长的虐待或忽视，有可能是该个体后来罹患抑郁症或具有反社会行为的远端风险因素。相对而言，有的因素会在障碍症状发生前不久出现，这些因素则被称为“近端风险因素”。多数情况下，不论是儿童还是成年人，导致障碍发生的更多是近端因素。例如，在学习或工作中遇到了很大的挫折，在和同学或配偶相处中出现了严重的困难，都可能是导致抑郁发生的近端因素。在其他情况下，近端因素也可能是生理上的变化，比如大脑左半球某些区域的受损可能导致抑郁症状。

图 3.2　生活中消极的事件可能会增加罹患精神障碍的风险，但这些事件本身可能不是患精神障碍的必要或充分因素。卡特里娜飓风造成的破坏就是一个例子。在受飓风影响的人群中，有许多人（但并非所有人）在飓风后的几年里出现了精神障碍的症状，而且出现的概率高于一般人群

还有一种因素，称为“强化性促成因素”，这种因素会加强已有的异常行为。例如，当某人生病时，可以获得亲友更多的照顾与同情，同时还能减轻那些他不想承担的责任。这样的情况给患者带来了部分愉悦感，这些愉悦感可能成为阻碍他康复的因素。另一个例子是抑郁症患者的某些行为可能让亲友疏远他，这样会给患者带来疏离感，这种疏离感可能成为加强他现有症状的因素（Joiner & Timmons, 2009）。

就许多精神疾病的必要因素和充分因素而言，我们至今依然缺乏了解，对此的探求仍是当下很多研究的目标。但是，我们对绝大多数精神疾病的促进因素已有很好的认知。本章后面的内容将会讨论一些远端因素，它们在童年早期出现，但会增加个体成年后对某些障碍的易感性。近端因素似乎直接导致障碍发生，还有一些其他因素会使障碍持续出现。有的因素既是某个阶段的近端因素，也可能成为以后生活中对另一障碍的易感性的远端因素，这使得致病因素的情况更加复杂。例如，父母逝世可以是子女悲伤情绪的一个近端因素，这种悲伤情绪可能持续几个月到一年；同时，这也可能成为一个远端因素，增加子女长大后因为应激事件而抑郁的风险。

3.1.2　异常行为的反馈与双向性

在科学研究中，确定因果关系的通常做法是证实一个状况 X（成因）是否引发了状况 Y（结果）。例如，当血液中的酒精含量达到一定程度时，就会引发酒精中毒。当引发结果的成因多于一个时，通常会用“因果模式”这个术语来解释，例如，引发结果 Y 的成因有 A、

B、C 等。无论哪种情况都可以用一个简单的线性模型来解释成因，其中给定的变量或变量组要么即时导致结果，要么延时导致结果。但在行为科学中许多变量相互作用，使我们常常难以区分原因和结果。这是因为结果可以作为反馈，反过来影响原因。换句话说，我们必须考虑反馈作用和双向影响。

思考下面的例子，它说明因果关系概念必须考虑反馈的双向性这一复杂因素。

案例

一个男孩与他父母的互动不良，经常会把同龄人的举动误解为敌意。于是他发展出一套防御策略，例如拒绝小朋友的示好，他把这种友好态度看成对他的怜悯。这个男孩的这些敏感表现也慢慢让周围的人对他产生防备、敌意和排斥，从而证实和强化了这个男孩扭曲的预期。这个男孩和他的同龄人之间产生问题的原因是什么？是因为他和父母互动不良吗？是他有误解他人意图的倾向吗？或者是他太过敏感？还是因为朋友们后来对他的态度？这些似乎都起了作用，然而，要想厘清这些因素的作用，理解它们是否导致及如何导致了这个男孩的问题，是一项极具挑战性的任务。欢迎来到精神病理学研究的世界！

3.1.3 素质–应激模型

科学家们通过因果模型来区分不同类型的致病因素，理解各种变量如何在共同的作用下产生他们关注的结果。目前认为，对许多障碍而言，本来具有该障碍易感性的人只有在经历应激源后才会形成该障碍，描述这种状况的模型被称为异常行为的**素质–应激模型**（Ingram & Luxton, 2005; Meehl, 1962; Monroe & Simons, 1991）。易患某种障碍的倾向称为**素质**或**易感性**，它取决于生理、心理或社会文化因素。**应激**是指个体在应对繁重或超出其个人承受能力的事件时所做出的反应。关于应激，我们将在第 5 章中详细介绍。当个体经历了行为、生理和认知适应不良的长期或短期事件时，就会表现出应激（Schneiderman et al., 2005）。

如果将这些模型术语用前面描述的致病因素类型来阐释，那么，素质是由远端必要因素或远端促成因素导致的，但通常不足以直接引发疾病。与此对应的是，应激源相当于一个近端因素，这个近端因素可能是促成因素也可能是必要因素。一般情况下，应激源也同样不足以直接引发疾病。需要注意的是，有时形成素质的因素本身就是强大的应激源，例如，当一个儿童经历丧亲之痛时，他可能因此形成增加未来患抑郁症概率的素质。

在素质和应激的同时作用下，研究者提出了几种不同的模型系统来解释个体罹患障碍的成因（Ingram & Luxton, 2005）。在加法模型中，素质和应激只是简单地相加合并。因此在这个模型中，一个没有易感性或易感性很低的人在经历较大应激源时仍然可能发生障碍，而一个易感性高的人只需较小的应激源就可能患上障碍。而在交互模型中，必须有一定程度的易感性，应激源才能起作用。在统计学上，这种情况称为“两个变量间的交互作用”，其中一个变量（例如应激）是否导致结果（例如障碍）受到第三个变量（例如易感性）水平的影响。比如在易感性水平不足的情况下（例如，没有抑郁症的遗传倾向），应激水平与罹患某种障碍的可能性之间没有关联，相反，对易感性达到了一定程度的人来说，障碍发生的概率随着应激水平的增加而增加。在这种情况下可能需要更复杂的因果模型来解释，因为个体的易感性发展具有连续性，水平有可能变化。图 3.3 展示了素质-应激模型中的加法模型和交互模型。

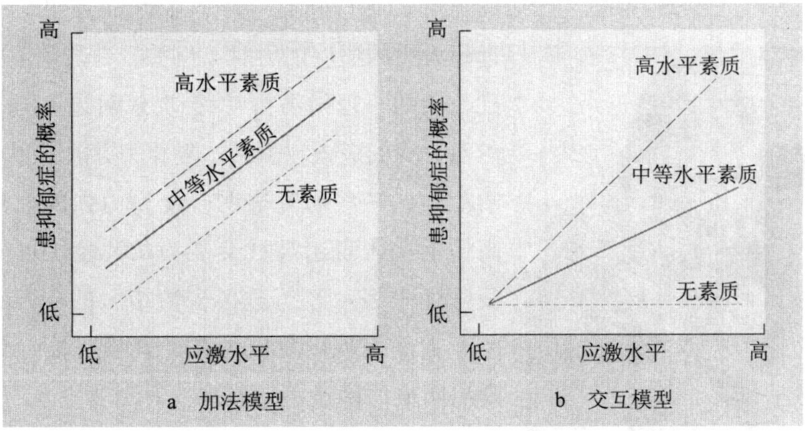

图 3.3 素质-应激模型

与增加负面结果可能性的风险因素相反，**保护因素**则降低了产生负面结果的可能性（Kraemer et al., 1997）。保护因素可以改善个体在应对环境压力时的反应模式，降低那些具有某些风险因素的人出现负面结果的概率。童年时期的重要保护因素是拥有一个良好的家庭环境——父母中至少有一方给予孩子关爱和支持，使得孩子和父母之间形成良好的依恋关系（Masten & Coatsworth, 1998）。

然而，保护因素也可能在相反的情况下产生。事实上，有时成功应对压力情境的经历可以增强个体的自信和自尊，从而在客观上起到保护的作用。因此，有些应激源可以增强个体的应对能力，这种“锻炼效应”或“抗体效应”也是一种对个体的保护因素，要注意的是，这种“锻炼”只能发生在中度应激水平下，太轻微或过于极端的应激源都无益于提高个体的应对能力（Barlow, 2002; Hetherington, 1991; Rutter, 1987）。另一些保护因素与个体的经历无关，而是个体的品质和特性。例如，情绪智力得分高的青少年即使童年期有过被虐待的经历，长大后也可能不会出现负面结果（Cha & Nock, 2009）。

保护因素往往（但不总是）会使人具有复原力，复原力是一种成功适应恶劣环境的能力。例如，某个儿童在其父母药物成瘾和对其虐待的情况下依然能保持良好的学业水平。换而言之，复原力被用来描述这种现象：一些人尽管经历了可能带来严重后遗症的逆境，但结果相对较好（Rutter, 2007, p. 205）。复原力也被称为逆境商数。越来越多的证据表明，如果一个儿童的基本适应系统（如智力、认知发展、成就动机、自我管理能力、良好的教养和应对压力的能力）能正常运转并表现良好，那么这个儿童受恶劣环境影响的可能性最小（Masten, 2001; Sapienza & Masten, 2011）。如果这个适应系统中的一个或多个元素初期就缺失或很弱（例如，低智商或应对压力的功能异常）（Lester et al., 2006），或者当严重的应激源破坏了系统中的一个或多个元素时（例如，父母去世），或者应激源的程度远超人类的适应能力时（例如，在战争或在家庭中受到长期的心理创伤），就会出现问题（Ungar, 2015）。然而，我们应该注意到，复原力并非一种全有或全无的能力，一些研究表明，复原力强的儿童（那些在高压下仍表现出高社交能力的儿童）可能也会在自我陈述中表示经历过很多情绪上的痛苦。而且，在一个方面表现出复原力强的儿童可能在其他方面表现出明显的困难。

图 3.4　对一个在逆境中成长的儿童而言，如果他身边的一些成年人（如祖父母）能提供支持和关爱，那么他在以后的生活中可能会免受心理问题的困扰。鼓励孩子学习、探索、提出问题和尝试新的体验，同时提供一个安全的、支持性的环境，是保护性关系的一个重要方面

综上所述，我们可以将异常行为的成因分为两种：一种源于生理特征或个人的早期经验，即素质、易感性或患病的倾向；另一种则与个人近期生活中所面临的压力有关，即应激源。通常情况下，素质和应激本身都不足以导致障碍或疾病的出现，但二者的结合常常会引发个体的异常行为。此外，我们还可以研究保护因素，这些因素可能源自特定类型的经历，也可能来自个体的某些特质；这些因素可以提高面对易感性和应激时的复原力。下面的案例会说明其中的一些概念。

案例

梅琳达和特蕾西是一对同卵双生姐妹，她们的父母在她们 1 岁时死于车祸。她们的母亲和外祖母都有复发性抑郁症的病史。姐妹俩分别被两个充满爱心又没有抑郁症病史的中产阶级家庭收养。梅琳达的养父母为她提供了一个充满关爱和支持的环境，并供她读完了大学。而特蕾西的养父母在收养她之后不久便离婚了，特蕾西由养母抚养，她的养母因严重的酒精依赖而无法工作。特蕾西的生长环境逐渐恶化，这迫使她换了四次学校。由于酗酒等问题，特蕾西的养母无法给特蕾西提供一个稳定良好的成长环境，有时候喝醉酒还会无缘无故惩罚她。特蕾西非常艰难地读完高中，并依靠自己的努力从州立大学毕业。特蕾西和梅琳达大学毕业后都结了婚，但到了 27 岁时，她们的婚姻都于同年以离婚告终。虽然梅琳达在离婚后的六个星期出现了一些抑郁症状，但程度并不严重而且很快恢复了。相比之下，特蕾西患上了严重的抑郁症，病程持续了一年多。

在这个例子中，特蕾西和梅琳达有着相同的基因，因此对抑郁症也有相同的遗传素质。她们都经历过相同的远端应激源（父母早逝），27 岁时经历过相同的近端应激源（离婚）。然而，梅琳达在成长过程中有许多特蕾西没有的保护因素（梅琳达的家庭充满关爱和支持，并有良好的经济条件；特蕾西的家庭则缺乏爱和支持，而且养母也不能提供足够的经济条件）。因此，梅琳达在面对离婚时表现出较强的复原力，而特蕾西就要差一些。

这个案例说明，我们必须在多因素发展模型的宏观框架下考虑素质-应激模型。具体地说，儿童在发展过程中可能面临各种风险因素，这些因素不断积累并相互作用，最终增加了儿童的易感性。这些风险因素还与各种保护因素以及应激源相互作用，并最终决定了个体在童年、青春期或成年期表现出适应性的发展，还是表现出异常行为和精神障碍。还需要注意的是，要理解什么是异常，就必须先对正常人的生理、心理及社会文化层面有一个良好的理解。这一直是快速崛起的**发展精神病理学**领域所关注的问题。发展精神病理学的研究重点是，将个体在生命全程各阶段的行与发展过程中正常和预期的变化进行对比，以此来界定异常。例如，3~5 岁的儿童对黑暗的强烈恐惧被认为是正常的，因为多数儿童在进入青春期早期前都至少对一种特定事物感到恐惧。然而，在高中或大学依然对黑暗感到强烈恐惧并导致个体的痛苦及回避行为时，这种恐惧便是异常的，是一种恐惧症。

3.2　理解异常行为成因的不同视角

列举心理学家用来解释异常行为成因的不同观点

在行为科学中，对同一事物往往有多种不同的解释，这常常让学生们感到困惑。例如：是什么导致了抑郁症？单就这一问题就有多个研究的角度。一种方法是从生物学的观点来研究基因、神经生物学和激素反应等是如何影响精神病理机制的。另一种方法是从心理学的观点出发，理解人的思想、情感和行为是如何对精神疾病产生影响的。还有一种方法是从社会文化的观点来理解社会因素和文化因素如何影响异常行为以及我们看待异常行为的方式。当然，这些不同的观点经常又会重叠，这就需要一个综合的方法，对各种精神疾病的起源做出更全面的理解。因此，现在许多研究者意识到了整合性观点的重要性，这就是我们目前的**生理–心理–社会观点**，它认为生理、心理和社会因素之间相互影响，并在病理表现和治疗过程中发挥作用，而这些因素所处的文化环境又会影响到人们对正常与异常行为的看法。

综上所述，我们首先要了解这三者的内容，指出不同观点的关键思想并对其有效性进行评估。我们还将介绍各种模型所认为的不同成因。

3.3　生物学观点

描述生物学观点对异常行为的解释及异常行为的生物学因素

正如我们在第 2 章中对麻痹性痴呆与梅毒间关系的讨论，传统的生物学观点将精神障碍视为疾病，而精神障碍的主要症状是认知、情绪或行为的异常，传统的生物学观点因此认为，精神障碍是中枢神经系统、自主神经系统或内分泌系统的紊乱和失调，以及遗传或某些病理过程所引发的。以往支持这个观点的科学家希望能找到单一的生物学解释，但到了今天，多数学者意识到，对于精神障碍这一复杂问题的解释不能是单一的。因此，虽然他们坚持生物学的观点，但也承认心理和社会文化因素起着重要作用。

生物学的观点认为，生理或器质性的障碍与脑组织的损伤有关，这些障碍属于神经系统疾病，它们是由生理组织病变引发的大脑功能受损造成的，通常表现为心理或行为上的偏差。例如，大脑某些区域受损会导致记忆丧失，中风则会造成大脑左半球的损伤而引发抑郁症。

然而，大多数精神障碍并不是神经损伤引起的，例如：大脑中神经递质系统的异常可以导致精神障碍，但不会对大脑造成损伤。此外，离奇的妄想或其他异常的精神状态（例如幻觉），绝不能简单地归因为大脑损伤。即使可以在患者脑部找到相应受损的组织，但通常也无从解释这些损伤是如何导致思维怪诞和行为异常的。以自称是拿破仑的精神分裂症患者或麻痹性痴呆患者为例，这种妄想内容一定是在多个神经结构的某种功能性整合的过程中附带产生的，其中部分神经结构是由患者的人格加上过去学习或经验中的一些素材（例如，知道拿破仑的故事）构成的。

我们将重点关注四种和异常行为发展相关的生物因素：（1）基因易感性；（2）大脑功能失调和神经可塑性；（3）大脑和中枢神经系统的神经递质和激素失调；（4）气质。上述每一类因素都包含了一组影响我们身体机能和行为的因素，这些因素不是彼此独立的，而是交互作用的。此外，不同的因素在不同个体身上发挥的作用也大小不一。

3.3.1 基因易感性

基因是一长串排列在细胞核中染色体上的 DNA 分子（脱氧核糖核酸）。**染色体**是细胞核中包含基因信息的一种链状结构。每个基因以两种或两种以上被称为“等位基因”的可互换形式存在。虽然基因不能完全决定个体是否罹患精神障碍，但已有大量的证据表明，大多数精神障碍受到一定程度的基因影响（Plomin et al., 2013; Rutter, 2006a）。其中，诸如气质特质的遗传影响，在新生儿期或儿童期就会显现，比如有些孩子天生就比较害羞或焦虑，而另一些孩子则比较外向（Fox et al., 2010; Kagan & Fox, 2006）。然而，某些遗传缺陷会一直到青春期或成年期才显现出来，那时大多数的精神障碍才第一次发生。

我们每个正常人的细胞都有 23 对染色体（总共 46 条），这些染色体携带着遗传信息。每对染色体中，都有两个基因的副本，分别来自我们的父亲和母亲。这 23 对染色体中有 22 对是常染色体，它们通过生物化学的作用决定了个体的一般解剖学特征和其他生理特征。剩下的一对，即性染色体，决定了个体的性别。就人类胚胎而言，母亲总是提供一条 X 染色体，如果父亲提供的性染色体是 X 染色体，那么后代就是女性（XX）；如果父亲提供的是 Y 染色体，那么后代就是男性（XY）。参见图 3.5。

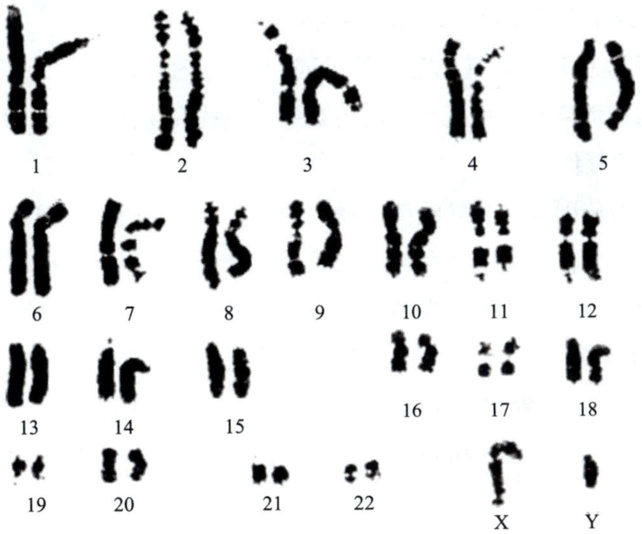

图 3.5 人类染色体对

正常男性有 23 对染色体，包括 X 染色体和 Y 染色体。

发育遗传学的研究表明，染色体结构或数量异常会引起多种畸形和障碍。例如，唐氏综合征是一种智力障碍，此病患者在 21 号染色体上出现了三体现象（有 3 条 21 号染色体，而不是正常的 2 条，见第 15 章）。对于该病而言，额外的染色体是导致障碍的主要原因。异常也可能发生在性染色体上，导致各种并发症，如不明确的性特征，这也可能使个体发展出异常行为。

然而大多数的精神障碍并不是染色体异常造成的，而是染色体上某些异常基因或多个自然形成的等位基因（这一现象称为“基因多态性”）共同作用的结果。每个变异基因通常都只是或多或少地增加了对某种障碍的易感性，但当大量变异基因出现时，个体就可能罹患某种障碍。这就是多基因的过程。虽然科学家发现了所谓造成特定障碍的“某个基因”，但其实精神障碍几乎总是由多个基因的缺陷共同导致的，这意味着精神障碍属于**多基因遗传**（Kendler, 2005; Plomin et al., 2013）。换句话说，有基因缺陷的人通常继承了多对基因或多个基因位点上的多个等位基因，这些基因以相加或交互的方式共同作用，增大了易感性。遗传的异常因素可能会导致中枢神经系统的结构异常，或者大脑化学反应和大脑激素平衡调节的异常，还可能导致自主神经系统反应的过度或不足，从而影响自主神经系统对许多情绪反应的调节。

在变态心理学领域，遗传的影响很少以简单直接的方式呈现出来。这是因为行为不像某些身体特征（如眼睛的颜色），并不完全由基因决定，而是生物体与环境交互作用的产物。换句话说，基因只能间接地影响行为。基因表达通常不是 DNA 编码信息的简单结果，而是可能受到内部（如子宫内）和外部环境影响的复杂过程的最终产物。事实上，某些相同的基因可以根据环境或压力的变化，做出激活或抑制的不同表达。

个体的全部基因总和称为**基因型**，除了同卵双生子，人与人之间不会有相同的基因组成。由基因型与环境交互作用而形成的可观察的结构和功能特征称为个体的**表现型**。

基因型与环境的互作

一般情况下，遗传因素并非导致精神障碍的必要或充分因素，但它可能会产生易感性或素质，只有当一个人在生活中遭遇重大应激源的时候才会进而发展成精神障碍（如前面描述的素质–应激模型），这被称为**基因型–环境互作**。一个典型的例子是苯丙酮尿症（PKU）引发的精神障碍（见第 15 章）。具有 PKU 遗传缺陷的儿童不能代谢苯丙氨酸（一种氨基酸），如果这些儿童食用富含苯丙氨酸的食物，那么无法代谢的物质的积累会造成大脑损伤（Plomin et al., 2013; Rutter, 2006b）。如果及时改变幼儿的饮食结构，就可以预防这种症状。

可是，多数基因型与环境的互作并不像上面描述的例子那样简单。不仅要研究很多遗传风险因素，还要考虑大量不同的环境类型，而且从统计学上讲，每项研究都需要很多参与者来进行实验。因此，这些互作经常很难识别。考虑到了解这种互作可能有助于解释抑郁症的风险因素，在 2003 年的一项被认为具有里程碑意义的研究中，研究者对大约 850 名参与者进行了从 3 岁到成年的追踪研究。他们发现了基因型与环境互作的证据，即某一特定基因位点上的几个等位基因参与了神经递质 5-羟色胺的转运。这些等位基因可能导致个体在 20 多岁时患上重性抑郁症，但只有在与应激源相互作用时才会真正致病（Caspi et al., 2003）。也就是说，如果一个携带 2 个短等位基因的个体在同一时期经历了 4 个或更多的重大应激事件，那么在相同条件下，该个体患抑郁症的概率是 2 个长等位基因携带者的 2 倍。这项研究发表后，这一结果在后续的一些研究中得到了重复，但在更多的研究中没有得到重复（Uher & McGuffin, 2010; Karg et al., 2011）。最近，来自 70 多个不同机构的研究者联合起来，将 31 个数据库的数据整合起来检验基因型-环境互作是否真的存在（Culverhouse et al., 2017）。研究者发现，重大应激事件和后来的抑郁症之间有很强的相关性，但 5-羟色胺转运基因和抑郁症之间的相关不显著，也未能表现出基因型与环境的互作。对于不一致的研究结果，可能的解释是，确实没有基因型-环境的互作，较小样本的研究中观察到的结果是偶然的，或者仅在特殊类型的应激源条件下才有显著相关，而在所有类型的应激事件被整体考察时则不然。我们将在第 5 章对此进行更详细的阐述。

基因型与环境的相关

有证据表明，基因实际上可以影响儿童对环境的选择，从而在重要方面影响其表现型。例如，具有攻击性遗传倾向的儿童可能会因他的行为模式在早期遭到同伴排斥。这一点可能会导致他在以后的学习生活中与类似的有攻击性的同龄人交往，从而增加他在青少年期形成不良行为模式的概率。当基因型以这种方式塑造儿童的环境时，我们将这种现象称为**基因型–环境相关**（Plomin et al., 2013; Rutter, 2006a, 2007）。研究者发现了个体基因型塑造环境的三种途径（Jang et al., 2005; Plomin et al., 2013）：

第一，由于父母和孩子的遗传性相似，孩子的基因型可能对环境产生所谓的“被动效应”。例如，高智商的父母经常为其子女营造一个信息丰富的环境，这样的环境更有利于高智商遗传基因的表达。反之，表现出反社会行为的父母往往不能创造出和谐的家庭环境，从而增加子女患某些精神障碍的概率（Rutter, 2006b; 见第 10 章）。

第二，儿童的基因型可能引起社会或环境的特定反馈，这就是所谓的“激活效应”。例如，活泼开朗的婴儿从外界获得的积极反馈比腼腆内向的婴儿更多（Lytton, 1980）。同样，具有音乐天赋的儿童常常被学校挑选出来，获得更多专门学习音乐的机会（Plomin et al., 2013）。

第三，儿童的基因型还可能主动对环境产生作用，这通常称为“主动效应”。这种效应表现为儿童可能会积极寻求或创建适合自己的环境。例如，外向型儿童可能会主动寻求他人的陪伴，从而提高社交能力（Baumrind, 1991; Plomin et al., 2013）。

研究遗传影响的方法

尽管目前我们在精神障碍的遗传因素研究中取得了一些进步，但仍然无法精确判断出哪些遗传缺陷会引发特定的精神障碍。我们所掌握的大部分关于遗传因素如何影响精神障碍的信息，并非来自对患病个体基因的研究，而是来自对其直系亲属的研究。**行为遗传学**专门研究精神障碍的遗传性问题，它在传统上主要采用三种研究方法：（1）家族史或系谱研究；（2）双生子研究；（3）领养研究。近年来又增加了两种新的研究方法：连锁分析和关联研究。

家族史研究要求研究者观察每个先证者或指示病例（家族中首位就诊或发现的患病个体）的直系亲属，以分析发病率是否与遗传关系的程度呈正相关。此外，家族史研究还将普通人群中该障碍的发病率（作为对照组）与指示病例的亲属中该障碍的发病率进行比较。这种方法的主要局限性是，基因相似度越高的人通常生活环境也越相似，这使得研究者难以区分遗传和环境的影响。

图 3.6 图中这对同卵双生子来自布沙尔大学对分开抚养的双生子进行的研究项目，他们正与该项目的联合主管南希·西格尔博士合影留念。马克·纽曼（左）和格里·利维（右）出生时就被分开，由不同的养父母抚养。成年后两人都成为新泽西州不同城市的消防员。在一次消防员的大会上，有人把其中一人误认成他的兄弟，两人才因此相遇。他们的谢顶形状非常相似，身高都是 1.93 米。他们都喜欢百威啤酒，都习惯把小拇指放在啤酒罐下面，也都喜欢中餐和意大利餐。两人都吸烟，但最近有一人戒烟了。他们都喜欢打猎和钓鱼，并且都有带刀的习惯。分开抚养的同卵双生子这种惊人的相似之处在许多其他同卵双生子中也有发现（Segal, 2005）

双生子研究是探究基因对异常行为影响的另一种方法。同卵双生子拥有相同的遗传基因，因为他们是由同一个受精卵发育而来的。因此，如果某特定的障碍或特征完全由遗传决定，那么同卵双生子共有该障碍或特征的百分比（**同病率**）应该是 100%。也就是说，如果一对同卵双生子中的一个罹患了某种障碍，那么另一个必然也会患病。但事实上，没有任何一种精神障碍的同卵双生子同病率能达到这个程度，所以我们可以由此得出结论，没有任何精神障碍是完全由遗传因素决定的。可我们又同时发现，同卵双生子在某些重性精神障碍中确有相对较高的同病率。研究者发现了同卵双生子和异卵双生子的同病率差异，这对于异常行为的遗传性研究意义重大。异卵双生子是由两个不同的受精卵发育而来，因此他们之间的基因相似度和同父同母的一般兄弟姐妹没有不同。如果某种障碍具有很强的遗传性，那么我们可以推断异卵双生子比同卵双生子的同病率更低。通过比较两种双生子之间同病率的数据，可以获得某种障碍或症状受遗传影响的证据。就我们目前发现的大多数障碍而言，异卵双生子的同病率都普遍低于同卵双生子。

另一些研究认为，某种障碍的同卵双生子同病率比异卵双生子更高，并非该障碍受遗传影响的确凿证据，而是因为同卵双生子总是比异卵双生子受到父母和其他人更加趋同的对待（Bouchard & Propping, 1993; Torgersen, 1993）。虽然又有后续研究表明，基因相似度对双生子的影响比父母的教养方式更为重要（Plomin et al., 2013），所以对精神障碍遗传性最理想的研究，应该让样本在截然不同的环境中长大，但是在实际的研究中，找到在不同环境成长的同卵双生子样本极其困难（整个美国可能也就几百对），所以这样的研究很少。

领养研究是探究遗传影响的第三种方法。该研究设计的原理是，被领养的儿童虽然与其亲生父母（或其他的血缘亲属）没有共同的家庭环境，但具有相似的基因。领养研究的开展方式有很多，其中一种方式是比较出生后不久即被领养的儿童的亲生父母。这些儿童中有一部分患有特定的障碍，如果存在遗传因素的影响，那么患病儿童的亲生父母患病的比例应该高于正常儿童的亲生父母。还有一种方式是对比亲生父母患病的领养儿童和亲生父母正常的领养儿童的患病比例。如果存在遗传因素的影响，那么亲生父母患病的儿童患病的比例会更高。

尽管上述三种研究方法都可能存在缺陷，但如果对于特定障碍的研究在结合了这三种思路的前提下依然得出一致的结果，我们就能对遗传是否影响该障碍得出确切而有力的结论。以下“思想的进步”专栏，列举了关于基因与精神障碍之间关系的错误观念。

思想的进步

天赋、教养和精神障碍：老话题的新视角

人们在遗传因素对人类行为、特质以及精神障碍的影响方面存在着许多错误观念和刻板印象，其中大部分来自某些过时的观点，也就是把心理特征的发展机械地分为“先天”和“后天”两个截然不同的部分，而不是视两者为持续相互作用的因素。其实，正如我们在基因型–环境的相关和互作的例子中看到的那样：“在绝大多数情况下，心理特征和精神障碍在起源上都是多因素的，这意味着某些因素会组合起来相互作用，几种遗传因素共同促进易感性的形成，多个环境因素也会对障碍的形成起到作用。”（Rutter, 2006a, p. 29）以下是最常见的几种错误观念（Plomin et al., 2013; Rutter, 2006a）。

错误观念一：强大的遗传效应意味着环境影响不重要。**事实**：即使某种特质或障碍明显受遗传的影响，环境因素仍会对这种特质或障碍的最终表现形式产生重大影响。例如，身高在很大程度上是由基因决定的，但是后天的营养因素仍然对个体的实际身高有很大的影响。1900 年至 1960 年间，在伦敦长大的男孩平均身高增加了约 10 厘米，这归功于饮食改善（Tizard, 1975）。

错误观念二：基因会对发展的潜力产生限制。**事实**：一个人的潜能会随着环境的改变而改变，如同上述身高问题的例子。另一个例子是，如果贫穷家庭的儿童被较为富裕的家庭收养，他们的平均智商比那些贫困环境中成长的孩子要高出 12 分（Capron & Duyme, 1989; Duyme et al., 2004）。

错误观念三：遗传效应对于研究环境影响毫无价值。**事实**：正好相反，遗传效应为人们了解环境对人格和精神疾病的影响提供了重要帮助。例如，由于同卵双生子具有相同的基因，所以不到 100% 的同病率清楚地说明了环境影响的重要性（Bouchard & Loehlin, 2001; Rutter, 2006a）。

错误观念四：遗传影响会随着年龄的增长而消退。**事实**：尽管很多人认为基因的影响在生命初期应该最大，而随着年龄的增长，环境的影响会逐步变强，但这个观念并不正确（Plomin, 1986; Rutter, 2006a）。在婴儿期，异卵双生子在身高、体重、智商等多个方面几乎和同卵双生子一样相似，但随着时间的推移，异卵双生子开始比同卵双生子表现出更大的差异。不管出于什么原因，至少到童年中期甚至成年早期前，遗传因素对许多心理特征的影响随着年龄的增长而增加。此外，还有其他一些基因影响要到很晚的时期才会出现，例如亨廷顿病。我们将在第 14 章中论述这个问题。

错误观念五：在家族中传递的障碍一定是遗传性的，而没有在家族中传递的障碍则不是遗传性的。**事实**：许多实际情况恰恰与这一错误观念相反。例如，青春期发生的违法倾向易于在家庭中传递，但这似乎主要是受相似的生活环境影响，而并非遗传的影响（Plomin et al., 2013; Rutter, 2006a）。另一个例子是自闭症，这是一种相对罕见的疾病，它好像不会在家族中传递（只有 3% 的兄弟姐妹患有这种疾病），但它其实是一种受遗传影响很大的障碍（Plomin et al., 2013; Rutter, 2006a）。

区分遗传影响和环境影响

由于上述三种研究方法都在一定程度上将遗传与环境分离开来，所以它们也检验了环境因素的影响，并区分了“共享”和“非共享”环境对个体发展的影响。共享环境影响是会使同一家庭中的所有儿童更加相似的影响，无论是发生在家庭内部（如家庭不和睦及贫困），还是发生在外部环境中（如高质量的学校或宁静的社区）。而非共享环境影响则是会使同一家庭中的所有儿童产生差异的影响。这类影响包括在学校的独特经历，以及在家庭中的独特成长体验，比如父母对待某个孩子的方式与其他孩子不同。非共享影响的另一个例子是，当父母争吵并表现敌意时，一些孩子会卷入冲突，另一些孩子却能置身事外。对许多重要心理特征和精神障碍而言，非共享环境的影响似乎更大，即特殊经历对儿童行为的影响可能比共享环境的影响更大（Plomin et al., 2013; Rutter, 2006a）。

连锁分析和关联研究

近几十年来，研究者通过分子遗传学研究来寻找特定的基因异常和精神障碍之间的关联。这类研究包括**连锁分析**和**关联研究**。之前描述的方法尝试对不同障碍受遗传影响的程度进行定量估计，而连锁分析和关联研究则试图确定导致精神障碍的实际基因位点。这项工作令人兴奋不已，因为一旦确定了变异基因的实际基因位点，就能为改进疾病的治疗形式和早期预防提供全新的线索。

连锁分析研究运用染色体上已知其遗传表征（如眼睛的颜色或血型）的基因位点，来寻找导致精神障碍的异常基因。例如，研究者可以对精神分裂症进行大规模的谱系研究，考察患者之前几代的所有已知亲属中患精神分裂症的病例，同时记录一些特征，诸如每个人的眼睛颜色和诊断情况。选择眼睛的颜色是因为它有在特定染色体上的已知遗传标记。如果研究者发现一个家族谱系中，精神分裂症病史与眼睛颜色有关，他们就可以做出推论：影响精神分裂症的基因可能分布在决定眼睛颜色的基因附近，与其在同一条染色体上。换言之，在这种情况下，研究者会预期全部罹患精神分裂症的家族成员眼睛颜色相同。

过去的 20 年间发表的许多连锁分析研究提供了相关的证据，例如：双相障碍基因在 11 号染色体上的位置，以及精神分裂症基因在 22 号、6 号、8 号和 1 号染色体上的特定位置。遗憾的是，这些结果在其他研究中都没能得到重复。因此，目前大多数研究结果还没有定论。这种情况的部分原因可能是，精神障碍往往受到多条染色体上多个基因的共同影响。迄今为止，这些连锁分析技术在研究单基因致病的脑损伤障碍方面最为成功，诸如亨廷顿病等（Plomin et al., 2013），但对更复杂的疾病来说，它们并没有太多的帮助，诸如精神分裂症（Henriksen, Nordgaard, & Jansson, 2017）。

关联研究会先找来两组人作为被试，一组患有某种障碍，另一组没有。然后，研究者会比较两组被试特定染色体上的特定遗传标记（例如眼睛颜色或血型）呈现的频率。如果一个或多个已知的遗传标记在疾病组出现的频率显著高于正常组，那么研究者可以推断，与这种障碍相关的一个或多个基因分布在同一染色体上。理想情况下，寻找特定障碍的候选基因是从一些已知的基因开始，而这些基因与该障碍破坏某些机能的生化过程有关（Moffitt et al., 2005）。例如，多巴胺某些功能方面的遗传标记在多动症儿童中出现的频率明显高于一般儿童。这使得研究者推断，一些与多动症有关的基因位于多巴胺功能的遗传标记（标记基因）附近（Thapar et al., 2006）。对于大多数已知受多基因影响的精神障碍，在确定特定单独基因对其的细微影响方面，关联研究比连锁分析更加有效。

综上所述，使用连锁分析和关联研究为我们发展出新的治疗方法或预防方案带来了巨大的希望。但是由于后续研究难以产生可重复的结果，目前这个方向尚待探索。

3.3.2 大脑功能失调和神经可塑性

明显可见的脑组织损伤虽然会给个体带来严重的后果，却很少成为精神障碍的主要原因。过去几十年的技术进步帮助我们认识到，脑功能的细微缺陷和许多精神障碍密切相关，其中的一部分进步归功于使用新的神经成像技术来研究大脑的功能和结构（详见第 4 章）。研究表明，遗传因素影响了大脑的发育，因此在发育过程中各种脑组织的生长都是相关的（Hibar et al., 2015）。然而，大脑发育的基因程序并不是我们曾经以为的那样一成不变的（Gottesman & Hanson, 2005; Thompson & Nelson, 2001）。相反，在生长过程中，脑组织和脑机能可以做出改变以应对产前或产后所经历的压力、饮食、疾病、药物和胚胎成熟等变化，大脑的灵活性使得神经回路具有相当大的可塑性。现有的神经回路可以改变，也可能生成新的神经回路（Wamsley & Fishell, 2017）。在不同的情况下，这种可塑性可能对个体有益，也可能有害。

产前经验对胚胎发育的积极影响的一个例子来自一个实验。实验中，生活在复杂环境中的怀孕大鼠的后代比普通怀孕大鼠的后代在发育早期受脑损伤的负面影响更小（Kolb et al., 2003）。另一项实验模拟了产前经历的负面影响，在实验中，怀孕的猴子暴露在不可预测的响亮噪声中，它后来产下的小猴会感到紧张不安，并表现出神经化学异常（特别是血液中儿茶酚胺水平过高; Schneider, 1992）。许多产后环境事件也会影响婴儿期的大脑发育。例如，新生儿的后天经验对其出生后新神经连接（或突触）的形成有显著影响（Rosenzweig et al., 2002）。在刺激丰富的环境中长大的大鼠相比隔离饲养的大鼠，大脑皮层某些部位的细胞更重、更厚，每个神经元的突触也更多。同样的变化也发生在年龄较大的动物身上，但变化幅度相对较小。体育锻炼，诸如跑步，也被证明对大脑有益（产生新的脑细胞; Stranahan et al., 2007）。人在一生中都会有一定的神经可塑性（所以读完这一章后，马上站起来跑步吧）。

对神经和行为可塑性的研究，以及前面提到的对基因型–环境的相关的研究，能很好地解释发展精神病理学家为何要持续关注**发展系统方法**（Masten, 2006; Spencer et al., 2009），该方法认为基因活动影响神经活动，神经活动影响行为，行为又会影响环境，而且这些影响还是双向的。图 3.7 说明了影响的双向性，并且显示了我们环境（物理环境、社会环境、文化环境）的各个方面如何影响我们的行为，而行为又影响我们的神经活动，甚至还能影响到基因（Gottesman & Hanson, 2005; Gottlieb & Halpern, 2002; Masten, 2006）。

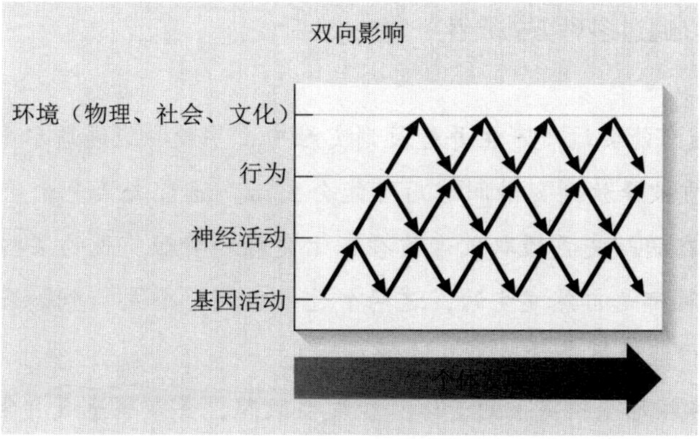

图 3.7　精神生物学的发展系统观

3.3.3　神经递质和激素的失衡

为了使大脑正常运转，神经元或激活的神经细胞必须彼此有效地交流，这种交流的过程是通过神经冲动的传递来完成的。神经冲动会从一个神经元（神经细胞）的胞体或树突向下传递到轴突。虽然每个神经元只有一个轴突，但轴突的末端有称为“轴突末梢”的分支。神经递质被释放到叫作**突触**的地方，突触是一个神经元（突触前神经元）的轴突末梢和另一个神经元（突触后神经元）的树突或胞体之间的一个充满液体的微小空间。神经元间的这些传递是由神经递质完成的，**神经递质**是神经冲动发生时由突触前神经元释放到突触内的化学物质。释放到突触的神经递质作用于接收神经元的树突（或胞体）的突触后膜，树突具有特殊受体，神经递质在此可以传递信息。神经递质可以刺激突触后神经元产生神经冲动或抑制神经冲动。这两类信息都很重要。

神经递质被释放到突触中后，并不会无限期地停留（否则，接收神经元在没有真正的神经冲动时仍会继续放电）。有时神经递质很快就被一种酶分解，比如单胺氧化酶，有时它们可以通过再摄取机制重新返回轴突末端的储存囊泡，即重吸收过程，神经递质被重新吸收或被高效地吸回轴突末端。单胺氧化酶也存在于突触前端，并能分解那里多余的神经递质。

神经递质有很多种，有些会增加突触后神经元“激活”（兴奋）的可能性，而另一些则会抑制神经冲动。神经信息能否成功地传递到突触后神经元，还取决于突触内某些神经递质的浓度。

神经递质失调

尽管目前多数研究者认为大脑中神经递质失调只是多数障碍的部分成因，但这种失调会导致异常行为的观点是当今生物学流派的基本观念之一。有时心理压力会导致神经递质失调。这种失调可以通过多种方式产生：

- 神经递质可能会过度产生并释放到突触中，导致神经递质水平的功能性过剩。
- 神经递质被释放到突触间隙后可能会失活。通常失活是由于神经递质在释放后被突触前膜所在的轴突再摄取或者被存在于突触和突触前膜的某些酶降解。神经递质的再摄取和降解都是自然发生的，这两个过程中的一个或两个如果出现故障，就会导致突触间隙的神经递质含量过高或过低。
- 突触后神经元（树突）的受体可能发生故障，异常敏感或异常不敏感。

对特定神经递质敏感的神经元往往会聚集在一起，形成大脑不同部位之间的神经通路，即化学回路。接下来我们将会看到，不同类型的精神障碍通常被认为是由不同类型的神经递质失调所引起的（Lambert & Kinsley, 2005; Thompson, 2000）。治疗各种障碍的药物通常是通过纠正这些失调来起作用的。例如，广泛使用的抗抑郁药百忧解和左洛复被用来减缓神经递质 5-羟色胺的再摄取，从而延长 5-羟色胺在突触内的停留时间（见第 7 章和第 16 章）。

虽然迄今为止，科学家已经识别了 100 多种神经递质，但在精神病理学领域，对其中 5 种神经递质的研究最为广泛：（1）去甲肾上腺素；（2）多巴胺；（3）5-羟色胺；（4）谷氨酸盐；（5）γ-氨基丁酸（简称为“GABA”）（Carlson, 2007; Lambert & Kinsley, 2005; Thompson, 2000）。前三种都属于“单胺类”的神经递质，因为它们都是由一种氨基酸合成的。当我们遭遇危险或紧急压力时，去甲肾上腺素能促使我们的身体做出敏捷反应、集中注意力以及保持警觉（见第 5 章和第 6 章）。多巴胺具有使人愉悦以及影响肌肉系统的机能，多巴胺还与精神分裂症（见第 13 章）以及成瘾障碍（见第 11 章）有关。目前发现 5-羟色胺对我们思考和处理环境信息的方式以及行为和情绪都有重要影响，它似乎在焦虑障碍、抑郁症等情绪障碍以及自杀倾向中扮演了重要角色（见第 6 章和第 7 章）。在第 13 章中，我们将讨论兴奋性神经递质谷氨酸盐，它与精神分裂症有关。我们在第 6 章将会讨论 γ-氨基丁酸（GABA），它能抑制其他神经递质的活动，与减轻焦虑及其他高唤醒水平的情绪密切相关。

在后面的章节中，我们将更详细地讨论和精神障碍有关的神经递质。

由于许多精神疾病都与神经递质的失调或受体敏感性的改变有关，所以许多药物都以突触作为靶点。例如，某些药物用于增加或减少突触间隙中相关神经递质的浓度。它们可以阻断或延迟再摄取过程，也可以改变受体位点的敏感性，或者通过影响降解神经递质的酶来达到这一目的。促进神经递质作用于突触后神经元的药物称为“兴奋剂”，抑制神经递质作用于突触后神经元的药物称为“拮抗剂”。

激素失调

一些精神疾病也与激素失调有关。**激素**是由我们体内一系列内分泌腺分泌的化学物质。每种内分泌腺都在血液中产生和释放各自的激素，这些激素在我们大脑和身体的不同部位流动并直接作用于靶细胞，从而影响各种各样的活动，如战斗或逃跑反应、性反应、身体生长以及许多其他的身体表现。我们的中枢神经系统通过下丘脑对垂体的作用与内分泌系统联系起来（称为“神经内分泌系统”）。垂体是人体内分泌腺的核心，它通过产生多种激素来调节或控制其他内分泌腺（见图 3.8）。

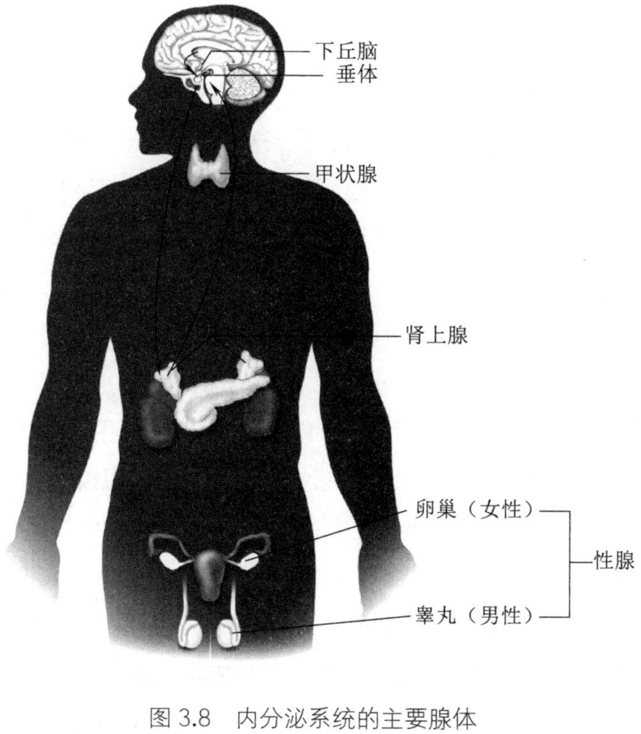

图 3.8 内分泌系统的主要腺体

内分泌系统的主要腺体直接向血液中释放激素。图中显示了下丘脑-垂体-肾上腺轴（箭头方向）。下丘脑和垂体紧密相连，并周期性地向垂体（主腺体）发送激素信号，垂体又向肾上腺（肾脏上方）发送另一种激素，使其释放肾上腺素和应激激素皮质醇。

一系列重要的相互作用发生在**下丘脑-垂体-肾上腺（HPA）轴**。这个轴的激活包括以下步骤：

1. 下丘脑分泌促肾上腺皮质激素释放激素（CRH）到垂体。

2. 垂体对 CRH 的反应是释放促肾上腺皮质激素（ACTH），刺激肾上腺皮质（位于肾脏顶部）产生肾上腺素和应激激素**皮质醇**，这些激素被释放到身体的循环系统中。皮质醇能调动身体应对压力。

3. 皮质醇反过来向下丘脑和垂体提供负反馈，抑制它们对 CRH 和 ACTH 的释放，从而减少肾上腺素和皮质醇的释放。这个负反馈系统的工作原理类似恒温器对温度的调节。

我们将会在下面阐述，这一负反馈系统的功能障碍与各种精神障碍有关，诸如抑郁症和创伤后应激障碍。

性激素是由性腺产生的，性激素的不平衡也会导致异常行为。此外，性激素对神经系统发育的影响，也体现在男性和女性行为表现的差异上（Hayward, 2003; Hines, 2004）。

3.3.4 气质

气质是指儿童的反应性和自我调节的特征，这被认为是一种稳定的心理特征。当我们说到婴儿的气质独特时，是指他们对各种刺激表现出情绪反应和唤起反应的差异，以及参与、回避和处理各种情境时表现出的不同倾向（Rothbart, Derryberry, & Hershey, 2000）。有些婴儿会被轻微的声音吓到，或者在阳光照射到他们脸上时大哭，其他婴儿似乎对这些刺激并不敏感。这些行为受到遗传因素影响更多一些，当然，产前和产后的环境因素也在起作用（Goldsmith, 2003; Rothbart, Derryberry, & Hershey, 2000）。

个体早期的气质被认为是我们个性发展的基础。从个体出生 2~3 个月开始，大约可以从先后出现的 5 个方面划分其气质类型：恐惧感、易怒 / 沮丧、积极情感、活动水平和注意力持久性/意志控制。这些特性可能与成年人人格的三个重要维度有关：（1）神经质或消极情绪；（2）外向性或积极情绪；（3）约束（尽责和宜人性）（Rothbart & Bates, 2006; Watson & Harkness, 1994）。婴儿恐惧和易怒的维度与成年人的神经质维度相对应，但性别差异不大（Else-Quest et al., 2006）。婴儿的积极情感维度似乎与成年人的外向性维度相关，其注意力持久性/意志控制的维度则与成年人的约束维度相关。一项定量研究得出的结论是，平均而言，男孩比女孩表现出略高的活动水平和强烈快感，而多数女孩似乎能更好地控制冲动和集中注意力（Else-Quest et al., 2006）。从 1 岁到童年中期，孩子的气质发展会在多个方面表现出相对的稳定性，但也并非不能改变（Kagan, 2003）。

正如我们在对基因型–环境的相关的讨论中所看到的，婴幼儿的气质对其各方面的发展过程有着深远的影响。例如，恐惧型气质的儿童如果在引发恐惧的情境中形成了经典条件反射，之后该个体可能会习得避免进入类似的情境。研究表明，这些儿童将来更可能对社交情境产生恐惧（Fox et al., 2010; Kagan, 2003）。此外，积极情感水平和活动水平都高的儿童更可能表现出强烈的主动性，而恐惧和悲伤的儿童不太可能表现出主动性（Posner & Rothbart, 2007）。

图 3.9　气质不会随时间而改变，而会保持一致，这导致我们在相似的情境下会有相似的反应

消极情绪水平高的孩子更难获得父母的支持，不同父母对这种孩子的教育方式也有差异。相对而言，经济水平越低的家庭，对这类儿童的支持越少。富裕家庭在面对孩子较高水平的负面情绪时，似乎更善于调整养育的方式（Paulussen-Hoogeboom et al., 2007）。

综上所述，既然气质对儿童未来的发展造成了深远的影响，也很可能为儿童将来的各种精神疾病埋下隐患。例如，卡根、福克斯和他们的同事就把那些在陌生环境里容易恐惧的儿童称为“行为退缩型”。这一特征具有显著的遗传成分（Kagan, 2003），而且如果这一行为模式固定下来，该个体将可能在童年后期或成年期罹患焦虑障碍（Fox et al., 2010; Kagan, 2003）。相反，如果 2 岁的儿童高度不受约束，对任何事情都不害怕，他可能很难从父母或社会那里习得应有的道德规范（Frick, Cornell, Bodin, et al., 2003; Rothbart, Ahadi, & Evans, 2000），在 13 岁后就可能表现出更多的攻击性和某些违法行为（Schwartz et al., 1996）。

3.3.5　生物学观点的影响

生物科学的不断发展和进步对人类理解自身行为产生了深远的影响。我们已经认识到，在正常或异常行为的形成和发展中，由遗传决定的生物化学因素和先天特征都起到了非常重要的作用。然而，正如 20 多年前戈伦斯坦（1992）和其他一些研究者所言，人们对生物学研究进展的认识存在一些普遍的偏差。戈伦斯坦指出，一些著名生物学研究者的看法是有问题的，这些学者认为正常人和患病个体之间一定存在生理上的差异，例如，认为在患有精神分裂症的个体和正常个体之间找到生物学上的差异，才算证明精神分裂症是一种疾病（Andreasen, 1984）。但是，所有的行为特点（例如，内向或外向、寻求高水平或低水平的刺激）都有内在的生物学特征，我们并没有把这些特征都视为疾病。因此，决定什么是精神疾病或障碍的最终依据仍然是主观判断行为本身是否对其功能造成影响——它是否导致临床显著的痛苦或功能障碍。但生物学观点并不关注这些问题，因为无论是正常的行为还是异常的行为，都有其生物学基础。

戈伦斯坦还指出，心理活动变化总是以中枢神经系统的活动作为中介的，因为我们所有的思想、情感和行为都会被转化为大脑中神经元活动的形式。然而我们仍需注意，生物学本身并不能塑造我们的思想、情感和行为，相反，这些认知和行为是大脑通过与我们环境中的社会事件的互动而发生的。如前所述，我们必须从多个角度来理解异常或正常行为。

研究特写
中介

中介（或中介变量）是介于另外两个变量之间的变量，有助于解释这两个变量之间的关系。你可以把它想象成一个中间变量，因此有了这个名字。

在更广泛的意义上，我们需要时刻谨记，精神障碍和个体的人格及其经历的生活事件密切相关。我们将在接下来的内容中研究那些强调心理因素和社会文化因素的观点，进而了解最困难的挑战是如何将这些不同的观点整合到一起，最终形成一个“生物—心理—社会”的综合型精神病理学理论框架。

3.4 心理学观点

描述变态心理学中最主要的心理学观点

目前对异常行为的心理学解释相比生物学解释要多很多。心理学的解释能帮助我们更好地理解人类，我们不仅是生物有机体，还是拥有动机、欲望、感知和思维的人。在本节中，我们将深入探讨三种关于人类本性和行为的心理学观点：心理动力学观点、行为主义观点和认知行为观点。这三种观点各不相同，有时甚至彼此矛盾，但它们在很多方面也能相互补充。它们都强调早期经验对个人心理发展过程的重要性，以及发展过程如何受到社会因素的影响。除了这三种最主要的心理学观点，还有另外两种，分别是人本主义和存在主义观点，我们将在专栏中介绍。

3.4.1　心理动力学观点

我们曾经在第 2 章介绍过，西格蒙德 · 弗洛伊德创立了精神分析学派，认为无意识过程对正常或异常行为起到了决定性的作用。这里的关键概念是无意识。按照弗洛伊德的观点，意识只是人类心理活动的一小部分，如同海面上的冰山，而无意识部分才是心理活动的主角，就像冰山被海水淹没的庞大主体一样，占有更大的比重。在无意识的深层部分是创伤性记忆、被禁止的欲望以及其他被压抑的经验，也就是说，这些部分不会被我们意识到。然而无意识内容会不断地寻求表达，并出现在幻想、梦境、口误以及催眠状态下。这些无意识内容可能引发非理性和适应不良的行为，除非通过精神分析等方式使无意识内容被整合到意识层面（见第 16 章）。在这里我们会对经典精神分析理论的原理有一个大致介绍，然后我们将讨论一些后续的心理动力学观点，也就是第二代理论，这些理论在一些重要方面起源于弗洛伊德最初的精神分析理论，但也在很大程度上偏离了它。

弗洛伊德精神分析理论的基本原理

为了解释人类行为，弗洛伊德提出：个体的行为是人格的三个关键部分相互作用的结果，这三部分称为“本我”“自我”“超我”。

人格结构：本我、自我和超我　弗洛伊德认为，**本我**（id）是本能驱力的来源，也是婴儿期最早出现的人格结构。这种驱力源自遗传，一般表现为两种相对立的类型：（1）生本能，这是一种具有建设性的驱力，主要与性有关，由**力比多**（libido）构成，力比多是生命的基本情感和精神能量；（2）死本能，这是一种破坏性的驱力，驱向攻击、破坏行为和最终的死亡。弗洛伊德使用“性”这个概念广泛地解释了人类几乎所有的快感——从进食到绘画产生的愉悦感都可以用“性”来概括。本我遵循**快乐原则**，表现为完全自私和以快乐为导向的行为，只关心本能需求的即时满足，而不顾及现实和道德标准的约束。虽然本我可以产生心理意象和满足愿望的幻想，即**初级过程思维**，但它并不会为满足本能需求采取实际行动。

根据弗洛伊德的理论，人在出生的头几个月便发展出人格结构的第二层次——**自我**（ego）。自我会在本我的需求和外部的现实规则之间进行调解。例如，在如厕训练的过程中，儿童会学习控制自己的身体机能，以满足父母和社会的期望，而这正是发展中的自我担任了调节本我的生理需求（排便）与现实规则（必须在合适时间和地点排便）之间关系的角色。自我的基本功能之一就是在保证个体安全和健康的前提下满足本我的需求。这个角色需要运用理性和其他智力资源来应对外部世界，并抑制本我的部分需求。自我的这种适应性措施称为**次级过程思维**。自我遵循的是**现实原则**。

弗洛伊德认为本我的需求，尤其是性驱力和攻击驱力，本身就与社会规范和禁忌相冲突。他还认为，儿童在成长过程中会逐渐学习来自父母和社会的是非准则，于是人格的第三部分就逐渐从自我中发展出来，即**超我**（superego）。超我是社会禁忌和道德规范内化的产物，超我能够辨别是非对错，也就是我们通常说的良心。随着发展，超我成为一个内部控制系统，负责抑制那些尚未被压抑的本我需求。

弗洛伊德认为，本我、自我和超我三者间的相互作用决定了个体的行为。由于这三个子系统追求的目标不一致，人们常常会产生**内心冲突**。这些内心冲突如果不能及时有效地解决，就会导致精神障碍。

焦虑、防御机制和无意识 焦虑是一种被泛化的恐惧感和担忧感，这一概念在精神分析理论体系中非常重要，因为弗洛伊德认为焦虑在大多数精神疾病中起着关键作用。他认为，焦虑有时会直接表现出来，有时则会被压抑，然后转换成另一种外显症状，比如失明或瘫痪（见第 8 章）。

焦虑是身体的自然预警系统，它预示着危险迫在眉睫并促使我们采取应对行动。事实上，当人类祖先看到快速逼近的老虎时，正是焦虑让他们存活下来，得以繁衍后代，并将这种特质遗传给了我们。可是如果在没有真正危险的情境下，严重的焦虑还是持续出现，那便不会有益处，甚至是病态的。弗洛伊德认为，通常情况下，自我可以通过理性的方式应对客观存在的焦虑，但如果焦虑仅存在于无意识的层面，由于自我无法意识到它的存在，便很难通过理性的方式来缓解。这时自我会启用一些非理性的保护措施，即所谓的**自我防御机制**，表 3.1 描述了其中主要的几种。这些防御机制可以帮助个体克服或缓解焦虑，但它只能帮助个体把痛苦的想法逐出意识（比如我们“忘记”看牙医了），而不能从根本上解决问题。尽管某些防御机制相对带来了较好的适应性，但总体上会导致个体对现实的扭曲认知。

表 3.1 自我防御机制

自我防御机制	举例
置换 将被压抑的情感（通常是敌意）发泄在危险性较小的事物上，而不是引起这种情感的事物本身	在工作时被上级骚扰的女性与丈夫发生争吵
固着 以不合理或夸张的方式依附于某人，或是情感发展停留在儿童或青少年时期	一个未婚的中年男人依然依靠母亲为自己提供生活所需
投射 将自己不被接受的动机或特征归于他人	强奸犯认为是受害者穿着暴露，才引发了他的犯罪
合理化 用牵强的解释来掩饰或隐藏自己不高尚的行为动机	一个狂热的种族主义者从《圣经》中引用模棱两可的段落来解释自己对少数民族的敌对态度
反向形成 通过做出夸张的、看似相反的行为来阻止不可接受的欲望被意识到和被表达	一个受到自己同性恋倾向困扰的男子发起一场积极反对同性恋酒吧的社区运动
退行 退回到早期的发展水平，包括不成熟和不负责任的行为	一个自尊受到打击的男性退回到孩子般的“炫耀”行为，对年轻女子展示他的生殖器

（续表）

自我防御机制	举例
压抑 阻止痛苦或危险的思想进入意识	一位母亲压抑住偶尔冒出的杀掉自己2岁孩子的念头，不让这个念头进入意识中
升华 将受挫的性驱力转入替代性的活动	一个性欲受挫的艺术家画了很多情色作品

性心理发展阶段　弗洛伊德除了提出人格结构的理论，还提出了**性心理发展阶段论**，描述人类从婴儿期到青春期的性心理发展。每个阶段都有一种力比多（性）快感的主导模式：

1. **口唇期**（Oral stage）：从出生持续到 2 岁，口腔是主要的性感区域——婴儿最大的快感来源是吮吸，而吮吸是喂养所必需的过程。

2. **肛门期**（Anal stage）：从 2 岁到 3 岁，幼儿一般在这个时期进行如厕训练，无论是忍住大小便还是排泄，肛门都是快感的主要来源。

3. **性器期**（Phallic stage）：从 3 岁到 5 岁或 6 岁，对自己生殖器的抚弄提供了主要的快感来源。

4. **潜伏期**（Latency period）：从 6 岁到 12 岁，随着儿童专注于发展技能和其他活动，性驱力的重要性下降。

5. **生殖期**（Genital stage）：青春期以后，最重要的快感来自性关系。

弗洛伊德认为，在每一个性心理发展阶段，快感获得适当满足非常重要，否则个体就会停滞或固着在某个阶段。例如，口唇期没有得到足够满足的婴儿，成年后可能形成过度进食或其他形式刺激口唇的问题，如咬指甲、吸烟或饮酒。

心理动力学的新观点

经典的精神分析理论重点关注本我，将其作为能量的来源，探索其能量被引导或转化的各种方式。弗洛伊德也很关注超我和良知的作用，但对于自我的重要性关注较少。后继的心理动力学理论家们从三个不同的方向发展了弗洛伊德的一些基本观点。

自我心理学　第一种方向由弗洛伊德的女儿安娜·弗洛伊德（Anna Freud, 1895—1982）提出，她更关注的是自我如何发挥作为人格“执行者”的功能。她和其他一些有影响力的第二代心理动力学家对自我防的御机制进行了提炼和阐述，并把自我置于非常关键的位置，认为其在人格发展中发挥了重要的组织作用（Freud, 1946）。按照她的观点，当个体的自我不能充分控制或延迟本我的冲动满足，或者本我、自我和超我三者产生矛盾时，如果个体不能充分利用防御机制，就会产生精神疾病。该流派被称为**自我心理学**。

客体关系理论　第二种方向的观点是**客体关系理论**，由弗洛伊德的一些追随者在 20 世纪三四十年代发展出来。这里的客体是指个体以外的人、事物或观念。虽然客体关系理论有多种不同的观点，但它们都共同关注个体与真实或想象的人、事物、观念（即内部或外部客体）间的互动，强调人与内外客体间的关系。该理论假定，幼儿会对生长环境中的重要对象产生无意识表征，这里的重要对象通常是父母或照料他的人。通过内投射的过程，儿童象征性地将重要对象的人格（通过意象和记忆）融入自己的日常生活。例如，一个儿童可能会把严厉的父亲形象内化，变为严厉的自我批评。

人际观点　第三种方向所关注的重点是行为的社会因素。它认为人类是社会性的存在，而这样的存在很大程度上是由个体与他人的人际关系所构成的。**人际观点**理论由此推断，很多精神障碍源于个体处理人际环境时所遭受的挫折。这是人际观点的核心，它由阿尔弗雷德·阿德勒（1870—1937）创立于 1911 年，也正是这一年，他与老师弗洛伊德因观点不合而分道扬镳。阿德勒强调行为的决定因素是社会与文化力量而非个体的内在本能。在他看来，个体的主要动机是归属感与参与感。

依恋理论　最后是约翰·鲍尔比的**依恋理论**，该理论的很多方面都源自人际观点和客体关系理论，后来在儿童心理学、儿童精神病学、成人精神病理学中都具有重大影响。鲍尔比的理论借鉴了弗洛伊德和其他精神分析学派的观点，强调早期经验的重要性。他尤其强调父母的关爱对发展安全型依恋关系的重要性，这种早期的依恋关系将成为个体整个童年、青春期和成年期精神健康的基础。鲍尔比和其他流派的不同之处在于，他认为婴儿在塑造自身发展的过程中发挥着更大的自主性（Carlson & Sroufe, 1995; Rutter et al., 2009; Sroufe et al., 2000）。

心理动力学观点的影响

弗洛伊德开创的精神分析理论，在历史上第一次系统地说明了心理发展对精神障碍所产生的影响。他的两大贡献尤其需要强调：

一、弗洛伊德创建的一些理论和治疗方法，在 100 多年后的今天仍在使用：1. 在我们的意识之外有一些心理因素影响我们的行为；2. 儿童早期经历可对正常和异常人格的发展产生重要且持久的影响。

二、他阐述并证明了，很多异常精神现象是为了解决某些困难问题而出现的。这一观点也同样适用于正常行为，这一认知消除了许多围绕精神障碍的疑惑和恐惧。

多年以来，精神分析的观点受到了来自许多方面的抨击。对传统精神分析理论的两类重要批评在于它不能用科学方法来解释异常行为。第一，精神分析学派获取信息的主要途径是个体对自身经验的主观报告，而多数人认为以这种方式得出的结论具有局限性。第二，传统精神分析的很多解释性假说和有效性缺乏科学证据的支持。此外，还有一些方面也受到了批评，比如对性驱力的过分强调、对女性的贬低、对基本人性的悲观、对潜意识作用的夸大，以及没有考虑到个人成长和自我实现的动机等。（有关人本主义和存在主义心理学观点的内容，请参阅“思想的进步”专栏。）

思想的进步
人本主义和存在主义心理学

人本主义和存在主义观点在 20 世纪 50 年代发展起来，部分原因是他们的创始人认为心理动力学理论没有考虑到个体的选择自由或自由意志。

人本主义

人本主义认为人性是“本善”的。它不太关注无意识和童年经验，而是强调当下的意识过程，更强调人天生具有负责的自我指导能力。人本主义心理学家认为，许多探究致病因素的实证研究过于片面，无法揭示人类行为的复杂性。人本主义观点关注的是行为的抽象过程，如爱、希望、创造力、价值观、意义、个人成长和自我实现。虽然这些抽象的过程不容易进行实证研究，但这种心理学观点的某些基本主题和原则还是可以检验的，包括将自我看作一个统一的整体，以及对价值和个人成长的关注。

人本主义心理学家将自我看作一个统一的整体，强调个体性的重要。在人本主义心理学家中，卡尔·罗杰斯（Carl Rogers, 1902—1987）开创性地研究了心理治疗过程的本质，对自我概念进行了最系统的描述。他提出的一系列观点（Rogers, 1951, 1959）可以概括为：

- 每个个体都拥有“主我”“客我”和“自我”为中心的内在体验世界。
- 个体最基本的奋斗目标是维护、提升和实现自我，个体的内在倾向是在正常环境中保持健康和完整。
- 自我感受到威胁时会产生防御，包括感知和行为方面的加强并引入自我防御机制。

人本主义心理学家认为，价值观的选择过程指导着我们的行为，是实现有意义的、充实的生活的关键。我们每个人都必须根据自己的经验发展自己的价值观和自我认同感，而不是盲目地接受别人的价值观，否则，我们就会否认自己的经验，与自己的感觉脱节。只有如此，我们才能自我实现，即实现个体的全部潜力。

根据这一观点，精神障碍本质上是个体生理和心理健康成长的自然倾向受到阻碍或扭曲的结果。第 16 章将描述人本主义方法的心理治疗。

存在主义

存在主义与人本主义的观点有相似之处，也强调个体的独特性、对价值观和意义的追求、自我决定和自我实现的自由。区别是，存在主义对人性的看法没有人本主义那么乐观，它更多地强调人性的非理性倾向和自我实现的困难——尤其是在泯灭人性的现代官僚主义社会环境之下。简而言之，存在主义者眼中的生存更像是一种与世界的“对峙”。存在主义思想家在尝试理解和解决人类最深层的问题时，特别关注个体的内心体验。存在主义观点有以下几个基本主题：

- **存在及本质**：我们的存在是先天决定的，但我们如何面对这种存在，即我们的本质，则由自己决定。我们的本质是由我们自己的选择所创造的，因为我们的选择反映了指导我们人生的价值观。
- **意义和价值观**：追求生活的意义是人类的一种基本倾向，我们会寻找自己满意的价值观并以此指导人生历程。
- **存在焦虑和虚无感**：不存在或虚无的最终形式是死亡，这是所有人类个体不可避免的归宿。意识到这一点及由此带来的影响可能会导致存在焦虑，而这种焦虑通常表现为虚无感，但它又同时促使我们对生活是否有意义进行深刻的反思。

基于上述种种认识，存在主义心理学家更关注建立良好的价值观，以及如何达到与自由和尊严相匹配的心智成熟水平。他们认为如果逃避这些核心问题就会导致堕落、无意义和浪费生命。因此，存在主义者认为如果无法建设性地处理由存在焦虑所带来的虚无感，就可能导致异常行为的发生。

3.4.2 行为主义观点

行为主义观点兴起于 20 世纪初期，尽管当时精神分析学派主宰了对异常行为的解释，但实验心理学发展出了另一个新的学派——行为主义。行为主义诞生之初便崭露头角，并挑战精神分析在学术上的主导地位。行为主义心理学家认为，对主观经验的研究（如自由联想和梦的解析）无法提供可靠的科学数据，因为这样的观察不能被其他研究者验证。在他们看来，只有研究直接可观察的行为，以及控制这些行为的刺激和强化条件，才能作为理解人类行为的基础。虽然这些观点是由实验室研究而不是临床实践发展而来的，但它对适应不良行为的解释力度和治疗效果很快就显现出来。

行为主义取向的核心理念是：大多数人类行为是后天**习得**的。因此，行为主义又被称为“学习理论”。行为主义研究的主要方向是习得如何发生，它更关注各种类型的反应模式是如何在环境条件（刺激）的影响下获得、修正或消除的，包括适应性的和非适应性的反应模式。

经典条件反射

行为主义对异常行为的观点以及相应的治疗方法都受到条件反射实验的影响。这个条件反射实验后来被命名为**经典条件反射**——这是一种学习形式，其中中性刺激与会自然引发无条件行为的无条件刺激重复配对出现。多次重复配对出现之后，中性刺激变成条件刺激，引起条件反应。经典条件反射的研究始于俄国生理学家伊凡·巴甫洛夫（Ivan Pavlov, 1849—1936）的发现。他发现，食物和其他刺激成对出现一段时间后，狗对非食物的其他刺激（如铃声）也会产生唾液分泌。例如，虽然食物会自然地引起唾液分泌，但只要在呈现食物之前稳定地给予刺激，将其作为呈现食物的信号，那么一段时间后，该刺激本身也能引起唾液分泌（Pavlov, 1927）。在这个实验中，食物是无条件刺激，唾液分泌是无条件反应，标志着食物出现并最终引发唾液分泌的刺激信号（如铃声或喂食者）是条件刺激。当条件刺激能单独引发唾液分泌时，条件反射就形成了。同样的习得过程也发生在中性刺激与痛苦或引发恐惧的刺激（如轻微的电击或响亮的噪声）成对呈现时。如图 3.10 所示，在这种情况下，条件反应是恐惧。

经典条件反射的特点是，以前的中性刺激通过与无条件刺激的重复配对诱发了生物的适应性反应（Bouton, 2007;Domjan, 2009）。然而，我们现在也知道，这个经典条件反射的过程并不是过去所认为的那样是无意义或自动的。动物（包括人类）似乎会主动预测中性刺激所带来的生理事件，而这个信息帮助他们有所预测或准备。也就是说，他们是通过通常被称为“刺激-结果预期”的过程习得反应的。事实上，只有中性刺激提供了无条件刺激即将发生的可靠信息时，才能引起条件反射（Hall, 1994;Rescorla, 1988）。例如，如果无条件刺激发生的频率与中性刺激发生的频率相同，但中性刺激没有在无条件刺激之前出现，那么条件反射就不会发生，因为中性刺激没有提供无条件刺激即将发生的可靠预测。

条件反射形成前:

条件刺激（中性）(光) ---------- 对光的定向反应

无条件刺激 (疼痛刺激) ---------- 无条件反应 (疼痛和恐惧)

条件反射形成中:

条件刺激（光）
+
无条件刺激（疼痛刺激） ---------- 条件反射(恐惧)

条件反射形成后:

条件刺激（单独出现）(光) ---------- 条件反射（恐惧）

图 3.10　经典条件反射

在条件反射形成之前，条件刺激是中性的，不能引起恐惧。但是，反复在条件刺激后呈现一个能引发个体疼痛、恐惧或痛苦的无条件刺激，条件刺激就会逐渐获得引起恐惧条件反射的能力。如果在条件反射形成的过程中，条件刺激经常在没有无条件刺激的情况下出现，那么条件反射就不会形成，因为这时条件刺激并不是无条件刺激发生的可靠预测。

经典条件反射一旦形成，就会维持较长的时间，甚至经过多年也不会遗忘。但是，如果条件刺激在没有无条件刺激的情况下反复多次出现，形成的条件反射也会逐渐消失。这个过程称为**消退**，它与遗忘的概念有区别，因为这种反射可能在未来某个时间重现（巴甫洛夫称之为**自发恢复**）。此外，在某一环境中消退的条件反射，也有可能在其他环境中微弱地显现（Bouton et al., 2006）。因此在治疗中，很多在治疗室里消退的恐惧反应也可能在其他的情境中再次出现（Craske & Mystkowski, 2006; Mystkowski & Mineka, 2007）。我们将在后面的内容中讲到，这种消退和自发恢复的规律对于许多行为主义治疗方式有重要的启发作用。

经典条件反射在变态心理学中很重要，因为许多生理和情绪反应都可以形成条件反射，包括与恐惧、焦虑、性唤起相关的反应，以及物质滥用引起的反应。例如，如果让一个人感到恐惧的刺激（如可怕的梦或幻想）经常在黑暗中发生，那么他便会习得对黑暗的恐惧；如果一个人曾经被蛇咬过，那么他便可能习得对蛇的恐惧（Mineka & Zinbarg, 2006）；如果一个年轻男子头几次的性经历对象都是穿着某种独特服装（如黑色渔网袜）且有魅力的女性，那么以后他仅仅看到渔网袜也可能性唤起。

巴甫洛夫对经典条件反射的发现，引起了美国年轻心理学家华生（John B. Watson, 1878—1958）的兴趣，当时他正在寻找研究人类行为的客观方法。华生认为如果心理学要成为一门真正的科学，就必须放弃研究内在感觉和其他“心理”事件等主观性的内容，而专注于能够在客观上观察到的东西。所以华生将心理学的研究重点从主观性的概念和术语转向显性行为，并将这种客观方法称为**行为主义**。

华生认为行为主义拥有巨大潜能，他很快就向同行和好奇的公众声称，通过条件反射，他可以将每个健康的婴儿训练成任意类型的成年人。他还向同时期的精神分析学和生物学取向的心理学家们提出了挑战，指出异常行为是由早期的不幸和无意的条件反射所导致的，可以通过新的条件反射加以纠正。当代的行为主义心理学家仍然接受华生学说的许多基本原则，只是他们的言论更加谨慎。

操作性条件反射

在巴甫洛夫和华生研究经典条件反射的同时，另外两位美国心理学家桑代克（E. L. Thorndike, 1874—1949）和斯金纳（B.F. Skinner, 1904—1990）正在探索另一种不同的条件反射，即行为结果影响行为重现的条件反射——**操作性条件反射**（或称工具性条件反射）。个体在这个过程中习得如何达到理想目标，这个理想目标可能是获取奖励，也可能是逃避惩罚。操作性条件反射的基本概念是**强化**，它指的是给予令人愉快的刺激，或者消除令人厌恶的刺激。新的反应如果得到强化，会被习得且往往会重现。虽然过去人们认为，操作性条件反射只是简单地加强每次发生的刺激-反应联结，但现在人们认识到，这是动物或人习得的一种反应-结果预期（Domjan, 2005）。个体如果对结果有足够的动机（例如，饥饿感），就会做出已经习得的反应（例如，打开冰箱）以获得预期的结果。

操作性条件反射建立的初期可能需要较高的强化率，但之后较低的强化率就可以维持反应。事实上，当强化刺激是间歇性的或者随机出现时（即强化刺激并不总是伴随反应的出现），操作性条件反射反而可能特别持久。例如赌博中似乎只需要偶然的奖励就能维持高比例的赌博行为。当然，如果个体在很长的时间内没有得到强化，那么无论是经典的还是操作性的条件反射，都会逐渐消退。

如果个体对令其厌恶的情境产生条件反射，并习得了如何做出操作性反应回避该情境，那就会产生一个特殊的问题。例如，一个男孩曾经在游泳池里溺水，他可能会因此产生对水的恐惧和条件性回避反应，这种反应让他总是避开所有水域。当他看到池塘、湖泊或游泳池时就会感到焦虑，并且焦虑感会加强他的回避反应，而这种回避反应又会令他丧失通过接触水来减轻对水的恐惧的机会，因此这种情况下的回避反应很难消除。我们将在后面的内容里看到，条件性回避反应与许多异常行为有着十分重要的关联。

随着我们不断长大，操作性条件反射会成为一种重要的区分机制，让我们趋利避害，从而获得能够应对现实社会的行为。然而不幸的是，我们所学的不一定真的有益。一些刺激可能带来短期的快感（如香烟或酒精），但实际上可能伤害我们的长远利益。我们也可能习得一些消极的应对模式来应付眼前问题（如习得性无助、欺凌或其他不负责任的行为），而这些对长远的发展来说都是适应不良的。

泛化与分化

在经典条件反射和操作性条件反射中，当一种行为反应被一个或一系列刺激引起，那么它也可能被与条件刺激相似的其他刺激引发，这个现象被称为**泛化**。例如，一个害怕蜜蜂的人可能会把这种恐惧泛化成害怕所有和蜜蜂相似的昆虫。与泛化相反的是**分化**，当个体学会区分相似的刺激并做出不同的反应时，就会出现分化。例如，由于红草莓好吃，而绿草莓味道不好，所以如果一个人同时吃过两种草莓，他就会产生条件反射的分化。

泛化和分化的概念对适应不良行为有许多影响。尽管泛化使我们能够利用过去的经验来评估新情况，但我们也经常会做出不恰当的泛化反应，就像一个问题少年无法区分来自同龄人的友好的玩笑和敌意的玩笑。有些时候，由于个体无法做出恰当的分化（例如，一个偏执的人与他人交往时基于刻板印象判断他人，而非把对方视为独特的个体），就可能导致适应不良行为。

观察学习

人类和其他灵长类动物都有**观察学习**的能力，即只需要通过观察进行学习，而不用亲自经历过无条件刺激（经典条件反射）或强化（操作性条件反射），就能习得一种行为。例如，儿童可能仅仅通过观察父母或同伴就习得对某些物体或情境的恐惧，虽然他们最初并不害怕这些物体或情境。这种情况下，儿童会间接感受到来自父母或同伴的恐惧，而这种替代性学习会让中性刺激与恐惧产生关联（Mineka & Oehlberg, 2008）。心理学家班杜拉（b. 1925）在 20 世纪 60 年代做了一系列经典的实验，实验中，儿童在观察榜样因攻击玩偶而获得奖励后，也对巨大的假人娃娃做出相同的攻击行为（Bandura, 1969）。尽管这些儿童本身从来没有因为这些攻击行为而得到直接的强化，但当他们有机会与假人娃娃接触时，却还是表现出攻击行为。经典条件反射和操作性条件反射都可以通过观察形成，这在很大程度上增加了人们习得适应性和非适应性行为的机会。

行为主义观点的影响

由于精神分析学派坚定支持者的反对，直到 20 世纪六七十年代，行为主义观点才逐渐成为解释和治疗异常行为的主要方法。至此，行为主义理论家们对当时盛行的精神分析教条的冲击早已如火如荼，并且已经收集了行为治疗技术有效性的重要证据（Salter, 1949; Wolpe, 1958）。

行为主义观点仅使用实验室研究得出的几个基本概念，试图解释几乎所有行为模式的习得、改变和消退。它认为适应不良行为出现的根本原因是：（1）未能习得必要的适应行为或能力，例如建立令人满意的人际关系；（2）习得了无效的或适应不良的行为反应。因此，适应不良行为是错误学习的结果，其定义为特定的可观察的不理想反应。

对行为主义治疗师来说，治疗的重点是改变特定的行为和情绪反应，消除适应不良反应，重新学习适应性反应。例如：长时间暴露在令来访者恐惧的物体或情境中可以有效地治疗恐惧和恐怖症，这是一种从经典条件反射的消退原理中衍生出来的方法；对有变态性癖好的来访者，可以通过把相关性吸引图片与难闻的气味或其他不愉快的刺激相联系来进行治疗。使用操作性条件反射的一些经典研究还表明，通过对慢性精神疾病患者使用代币制（当他们做出适应性行为时，让他们换取想要的奖励，例如糖果、看电视的时间、允许外出等），可以帮助他们重新学会生活技能，如自己穿衣服和吃饭等。

行为疗法以其精确性和客观性、研究的丰富性和改变特定行为的有效性等特点而闻名于世。一个行为主义治疗师首先会明确哪些行为需要改变以及如何改变，然后通过评估拟定目标的达成程度来衡量治疗的有效性。但行为疗法也因只关注症状而受到了其他流派的批评。很多行为治疗师认为这种批评是不公平的，因为成功消除症状对个体生活的各个方面都有非常积极的影响（Lenz & Demal, 2000）。还有的人认为行为疗法过于简化人类行为，无法解释人类行为的复杂性。当然，这种批评至少在一定程度上源于对行为疗法的误解（Bouton, 2007; Mineka & Oehlberg, 2008）。虽然行为主义观点存在局限性，但它对当代关于人性、行为的看法，以及精神病理学领域，仍然有巨大的影响。

3.4.3　认知行为观点

从 20 世纪 50 年代开始，一些心理学家（包括部分行为主义心理学家）开始关注认知过程及其对行为的影响。认知心理学研究的是基础的信息加工机制（如注意力和记忆），以及高级的心理过程（如思考、计划和决策）。当代心理学更强调理解正常人认知过程的各个方面，而这种对认知的强调最初是为了反对早期行为主义对人的机械认识，比如行为主义不重视内部心理过程，对心理过程影响情绪以及行为的重要性缺乏认识。

心理学家班杜拉发展了认知行为理论，并将研究重点放到了学习的认知层面上。他强调人是通过内部的象征过程，也就是认知，来调节自身行为的，即通过内部强化来学习。根据班杜拉的观点，我们会为执行复杂的任务做准备，例如，我们通过想象不执行这些任务带来的后果，驱动自己在秋天把汽车开到修理厂去检查防冻液，因为我们可以“预见”自己在冬季因缺少防冻液而被困在路上。我们并不总是需要外部强化来改变我们的行为模式，我们的认知能力让我们可以主动解决许多问题。他甚至还说，人类有“自我引导的能力”（1974, p.861）。班杜拉后来发展出自我效能理论，这个理论认为个体可以达到自己预期的目标（1986, 1997）。他假设认知行为疗法在很大程度上是通过提升自我效能起作用的。

其他认知行为心理学家比班杜拉更进一步，他们有的甚至抛弃了学习理论的框架，几乎只关注认知过程及其对行为的影响。当前的认知观点或**认知行为**观点对于异常行为的关注重点是，思维及信息加工是如何变得扭曲并导致适应不良的情绪和行为的。构成这种观点的核心概念是图式，它最初由认知心理学家让·皮亚杰创建，另一位认知理论的先驱亚伦·贝克借鉴并改编了这个概念。**图式**指的是已有知识结构的潜在表征，它能引导我们当前信息加工的过程，并经常导致注意、记忆和理解过程的扭曲。人们基于自己的气质、能力和经验，会发展出不同的图式。

图式和认知扭曲

我们用自己形成的图式（自我图式或对世界的图式等）来指导我们的生活，也可以说，我们凭借自己对世界的理解生活在复杂的世界中。我们都有关于他人的图式（例如，预期他人是懒惰的或非常重视职业发展的），也有关于社会角色的图式（例如，寡妇应该是什么样子的）和关于事件的图式（例如，在丧失等特定情境下会出现怎样的情况；Bodenhausen & Morales, 2013;Clark, Beck, & Alford,1999）。**自我图式**包括人们对自己的各种观点，比如我们是谁，我们可能成为什么样的人，以及什么对我们很重要，等等。自我图式还包括我们认为自己在社会环境中应该扮演什么角色，比如女人、男人、学生、父母、医生、美国人等。虽然大多数人并不清楚自己的所有特质，但至少对自己的一部分特质具有清晰认识。

图 3.11　我们的自我图式

我们是谁，我们可能成为什么样的人，对我们来说什么是重要的，这些都影响着我们对目标的选择和实现目标的信心。直到 30 多岁，李安还是一个失业的全职爸爸，但他最终实现了拍电影的梦想，还创作并导演了许多著名的获奖影片，如《理智与情感》《卧虎藏龙》《少年派的奇幻漂流》。这可能是因为在他的自我图式中，他认为自己是一个电影人，而这使他长期追求他的梦想。

我们形成了关于自我和世界的图式，这一点对我们做出有效、有组织的行为的能力至关重要，因为图式能帮助我们识别错综复杂信息中的重要部分。然而，图式同时也是心理弱点的来源，因为我们的一些图式可能是不准确或扭曲的。此外，我们的某些根深蒂固的错误图式很难改变，这是由于人们通常不能完全意识到自己的图式。换言之，尽管我们的日常决策和行为很大程度上是由这些参照系（图式）决定的，但我们可能没有意识到我们的决策和行为是基于怎样的假设，甚至都没有意识到自己做出了假设。我们往往以为自己看到了事物的本来面目，而不再考虑真实世界可能是另一番模样，或者存在其他的正确方式。

我们倾向于不断把新的经验纳入现有的认知框架，

即使这会导致新信息被重新解释或歪曲。这一过程称为同化。换句话说，我们可能会坚持现有的假设，拒绝或歪曲与之矛盾的新信息。顺应是指修改我们现有的认知框架，从而纳入不符合之前图式的新信息。当自我图式中的重要假设受到挑战时，这一过程会非常困难并且具有颠覆性。当然，顺应也是认知行为治疗的一个基本目标，这一点不但在认知疗法和认知行为疗法中明确地体现出来，而且也在目前所有的其他疗法中有所体现。

根据贝克的理论（1967; Beck et al., 2005），不同的精神疾病有着不同错误的图式，这些图式源于早期不良的学习经验。它会导致认知的扭曲，而这种扭曲又是焦虑、抑郁和人格障碍等精神疾病的特征。除了研究与各种精神障碍相关的图式，认知行为取向的心理学家还研究了不同障碍的患者表现出的几种信息加工模式，这项研究阐明了可能导致或维持某些障碍的某些机制。例如，抑郁症患者倾向于记忆负面的信息，而不是积极或中性的信息，这种偏见很可能会加重或维持一个人的抑郁状态（Joormann, 2009; Mathews & MacLeod, 2005）。

图 3.12 亚伦·贝克最早对抑郁、焦虑和人格障碍做出了认知层面的理论解释，他还发展出了能够有效治疗这些障碍的认知行为疗法

信息加工的另一个重要特征是，在我们的意识之外，存在大量被无意识加工的信息。请注意，这里“无意识”一词并非弗洛伊德所说的无意识概念，弗洛伊德认为原始的情感冲突在这一层面酝酿。认知心理学家口中的“无意识心理活动”一词，只是用来描述人们在不自觉的情况下发生的心理过程。例如，焦虑的人会把注意力集中到具有威胁性的信息上，即使这些信息只作用于他的阈下意识，也就是说，他自己没有意识到这些信息（Mathews & MacLeod, 2005）。另一个相关的例子发生在内隐记忆的现象中，即一个人的行为显示出自己记得以前学过的某些内容，即使他不能有意识地记住该内容。例如，如果有人问你十年前的家庭电话号码，你可能已经记不起来了（没有外显记忆），但如果你拿起一部电话，你就可能拨出正确的号码（完整的内隐记忆）。

归因、归因风格和精神障碍

归因理论对认知行为疗法具有重要的贡献（Gotlib & Abramson, 1999）。简单地说，归因就是把发生的事情归结为某种原因的过程。我们可能将行为归因于外部事件，如奖励或惩罚（“他为了钱才这么做”），也可能归因于内部因素，即我们自己或他人的性格特征（“他这么做是因为他慷慨”）。归因可以帮助我们解释和预测自己或他人的行为。考试不及格的学生可能将失败归因于缺乏智力（某种个人特质）或者考试题目含糊不清（环境因素）。

研究归因的心理学家一直对各种精神疾病与独特的不良归因风格之间的关系感兴趣。归因风格是个体将原因归结于消极事件或积极事件的一种倾向，例如，抑郁症患者倾向于把不好的事情归因于内部、稳定、整体的因素（“我考试不及格是因为我太笨”，而非“我考试不及格是因为老师评分不公平”）。无论归因有多么不准确，它都是我们世界观的重要组成部分，并且可能对我们的心理健康产生重大影响（Abramson et al., 1978; Mineka et al., 2002）。而有趣的是，没有抑郁倾向的人往往有一种所谓的自我服务偏见，他们更有可能对积极事件做出内部、稳定、整体的归因（Mezulis et al., 2004）。

认知疗法

贝克被普遍认为是认知疗法的创始人，他在针对各种精神疾病的认知行为疗法的发展过程中产生了巨大的影响。在贝克的带领下，认知行为理论家和临床医生将注意力从外显的行为本身转移到潜在的认知上。贝克的基本观点是，我们对于事件的理解和解释决定了我们的情绪反应。例如，假设你坐在客厅里，忽然听到隔壁的餐厅传来碰撞声。这时你想起自己刚刚才把餐厅的窗户打开，于是你得出结论，一定是风把你最喜欢的花瓶从桌上吹翻了。你的情绪反应将会怎样呢？也许你会因自己忘记关窗使花瓶破碎而生气。相反，如果你认为那是窃贼潜入的声音，你的情绪反应又会如何？你很可能会感到害怕。因此，虽然客观上隔壁房间传来了碰撞声，但你的情绪反应却是由你的主观理解所决定的。此外，某些具有明显危险图式的人更容易在类似情境中做出窃贼的假设，这让他们处于焦虑和担忧中。

图 3.13　认知观点认为，影响我们情感和行为的不是事件本身，而是我们对事件的归因。例如，如果你晚上独自在家，听到一种奇怪的声音，你可能会认为这是风引起的，不用管它。但是，如果你认为这是由盗贼入侵引起的，你可能会拿起刀和电话，就像经典电影《惊声尖叫》中的德鲁·巴里摩尔扮演的角色

由此可见，认知行为疗法的主题是如何改变扭曲和适应不良的认知图式，这些不良的图式可能导致各种障碍以及与它们相关的情绪。例如，认知行为治疗师会关注来访者的自我陈述，即来访者对自身经历的归因。如果一个人将生活中发生的事件解释为自我价值的一种消极反映，那么该个体就很可能产生抑郁，而那些将心跳加速解释为心脏病发作的人，则可能容易惊恐发作。认知行为治疗师会使用各种技术手段来改变来访者的消极认知偏差（Barlow, 2008; Beck et al., 2004; Hollon et al., 2006）。这些治疗方法与心理动力学疗法形成了鲜明对比，心理动力学理论认为人的各种问题都是由人格结构的内部冲突造

成的（如未解决的俄狄浦斯情结），而且往往不把治疗的重点放在个体的特定问题和诉求上。我们将在后面的章节中讲述更多关于认知行为疗法的内容。

认知行为观点的影响

认知行为观点对当代临床心理学具有深远的影响。许多研究者和临床医生已经找到了支持“改变人们对自己和他人的认知可以重塑行为”的证据，但是许多传统的行为主义者依然对这种观点表示怀疑。斯金纳（1990）在他最后的重要著作中，仍然坚持纯粹的行为主义观点。他对认知行为观点脱离了操作性条件反射的原则提出质疑。他提醒读者，认知是不可观察的，因此不能作为实证研究的可靠依据。虽然斯金纳故去了，但这一争论却并未终止。事实上，行为疗法的另一位创始人沃尔普（1988, 1993）在 1997 年去世之前，也一直对认知观点持有强烈的批评态度。近些年来，随着认知行为疗法对精神分裂症、焦虑症、抑郁症、人格障碍等多种精神障碍的疗效得到越来越多的证据支持（Barlow, 2008; Butler et al., 2006; Tolin, 2010），这些批评似乎有所减少。由于近年来关于情绪对认知和行为的影响的认知信息加工研究不断累积（Joormann & Quinn, 2014; Ochsner et al., 2012），认知行为疗法本身也取得了巨大进步。这是因为新的研究不再依赖于自陈报告技术，而自陈报告曾经是认知行为疗法的核心，这一点尤其容易受到类似于斯金纳和沃尔普等学者的批评。

3.4.4　如何看待不同的观点

对人类行为进行解释的每一种心理学观点（心理动力学派、行为主义学派和认知行为学派）都有助于我们对精神疾病的理解，但没有哪一种单一观点能够完全解释人类复杂的适应不良行为。由于各种观点关注行为的要素不同，因此每一种观点都是从有限的观察和研究中得出概括性的结论。例如，在试图解释诸如酒精依赖等复杂的障碍时，传统的心理动力学观点关注的是人们试图通过饮酒来减少的心理冲突和焦虑。后来由心理动力学衍生出的人际关系观点认为，酒精依赖是个体过去和当下的人际关系所导致的。行为观点则认为这是错误习得了减少压力的不良习惯（饮酒），而这种习惯可能会加剧或维持酒精依赖。认知行为观点关注的是适应不良的思维，包括在解决问题和信息加工方面的缺陷，比如个体非理性地认为需要酒精来减轻压力。

因此，我们采用哪种观点非常重要：它会影响到我们如何理解适应不良行为，寻找什么样的证据，以及用什么方式来解释这些证据。各种各样的心理致病因素都与适应不良行为的起因有关，其中不同的观点对致病因素如何发挥作用提供了对立或互补的解释（参见图 3.14）。

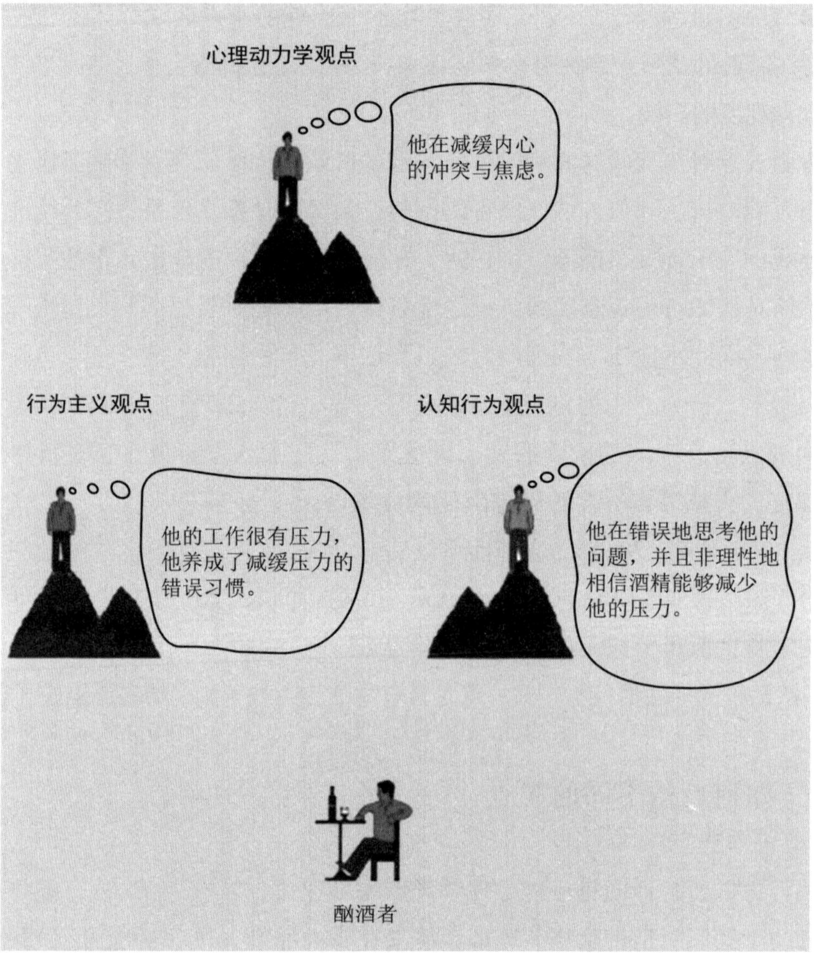

图 3.14　对酒精依赖的三种主要心理学观点

3.5　社会观点

描述可能导致异常行为的社会因素

生命之初，我们就具有从经验中学习的巨大潜能。从经验中学到的内容可以帮助我们更好地面对挑战，也可以让我们在面对未来的应激事件时拥有较好的复原力。然而遗憾的是，我们的经验对将来的生活并不一定能起到积极作用，而我们童年早期则可能受到不可控因素的深刻影响。一些案例表明，生活中的事件是否可预见和可控，对儿童的生活非常重要。关于这个问题，不同的自我解读可能会给儿童的生活带来巨大的差异。遭遇多个失控和不可预见的可怕事件，很可能使个体受到焦虑和负面情感的影响，这是许多诸如焦虑症和抑郁症等精神障碍的核心问题（Barlow, 2002; Mineka & Zinbarg, 2006）。

我们需要注意的是，当个体遭遇相同频率和强度的负面结果时，如果负面结果是可预见或可控的，那么个体面临的压力会相对较小，出现焦虑症或抑郁症等精神障碍的可能性也会小很多。

在这一节，我们会讲述那些使人易患或可能引发障碍的社会因素。这些社会因素通常由不可预测和无法控制的消极事件组成，它会从心理上对人产生负面影响，可能使个体在应对消极事件时缺乏足够的心理应对能力。本节内容中我们将关注几种不同类型的社会因素，它们对个体的社会情绪发展具有重大消极影响：（1）早期剥夺或创伤；（2）不良的教养方式；（3）婚姻不和谐与离异；（4）社会经济地位低下和失业；（5）不良的同伴关系；（6）偏见和歧视。

3.5.1　早期剥夺或创伤

儿童通常从父母或监护人那里获取所需的资源，如果这种资源遭到剥夺，那么会对儿童造成深远的甚至是不可逆的心理创伤。这些资源包括了食物、住所、关爱和保护等各个方面。对这些资源的剥夺有几种不同的形式。最严重的剥夺现象通常表现在被遗弃的儿童和孤儿身上，他们可能被送进收容机构（如孤儿院），也可能被安置在不完整和不适宜的寄养家庭。然而，这种情况有时也可能发生在完整和常规的家庭，出于各种原因（例如，由于精神障碍），父母可能无法养育儿童或不愿对儿童提供密切的关注。

机构化

一般情况下，和普通家庭相比，收容机构中长大的儿童缺乏温暖的身体接触，所接受的智力、情绪和社会刺激较少，同时也缺少积极学习方面的鼓励和帮助。据估计，目前全世界有多达 800 万儿童生活在孤儿院中（Bos et al., 2011）。在以前英美两国的收容机构还很普遍的时候，对收容机构的研究表明，大多数早期进入收容机构且经历了长时间环境和社会剥夺的儿童（尤其是那些被收容达半年以上的），会出现长期的预后不良（Beckett et al., 2006; Kreppner et al., 2007; Wiik et al., 2011）。许多在收容机构中度过婴儿期或童年早期的孩子会表现出较为严重的情绪、行为和学习问题，并可能产生不良的依恋关系，从而增加了罹患精神疾病的风险（Bos et al., 2011; Ellis et al., 2004; Smyke et al., 2007）。

上述问题似乎部分是由大脑发育迟缓所导致的（McLaughlin et al., 2010）。事实上，从小在收容机构中长大的儿童在大脑灰质和白质体积上都显著小于一般儿童。在近些年的研究中，研究者将罗马尼亚孤儿院的儿童与普通家庭的（从未机构化的）儿童进行比较。其中，在孤儿院长大的儿童被随机分配为两组，一组继续生活在孤儿院，一组进行寄养干预。有趣的发现是，被分配到寄养实验组的儿童与继续生活在孤儿院的儿童相比，灰质总体积并

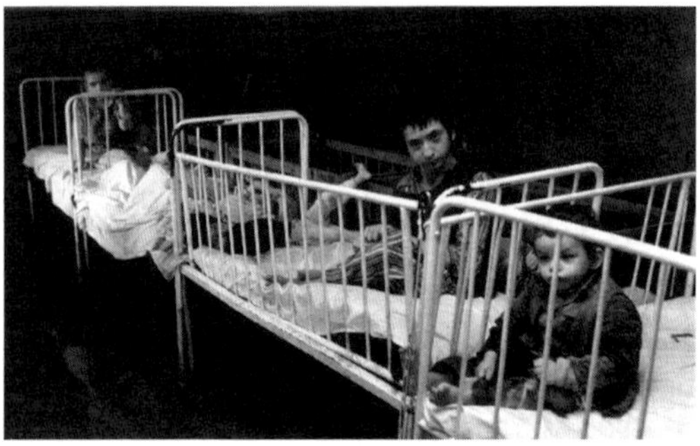

图 3.15　图片中的这些罗马尼亚孤儿大部分时间都在婴儿床上度过。由于缺乏身体接触、社会刺激和支持，许多在婴幼儿期被机构收容的儿童出现严重的情绪、行为和学习问题。他们患精神障碍的风险也更高

没有显著差异，因此，机构化的经历与较低的总灰质体积有关，并且难以逆转（Sheridan et al., 2012；见图 3.16）。然而，寄养条件下的儿童白质体积的减少程度较小，他们的白质体积甚至与普通家庭的儿童没有显著差异。这表明机构化的某些影响是永久性的，但通过干预，早期剥夺的一些影响至少可以部分逆转。

幸运的是，这一系列研究的结果对罗马尼亚和很多国家的公共政策产生了重大影响。很多国家和社会认识到有必要将这些儿童安置在寄养或收养家庭，而不是收容机构（Johnson, 2000）。随着相关政策的改善，如今西方社会对儿童收容的研究已不像过去那么紧迫和充分了。然而，令人遗憾的是，在东欧的一些国家和世界的某些地区，开明的政策并没有得以执行。在那些地方，收容机构儿童的现状依然堪忧（Johnson, 2000）。一般来说，早期机构化与长期的负面影响相关，收容机构中的儿童越早被收养，就活得越好。

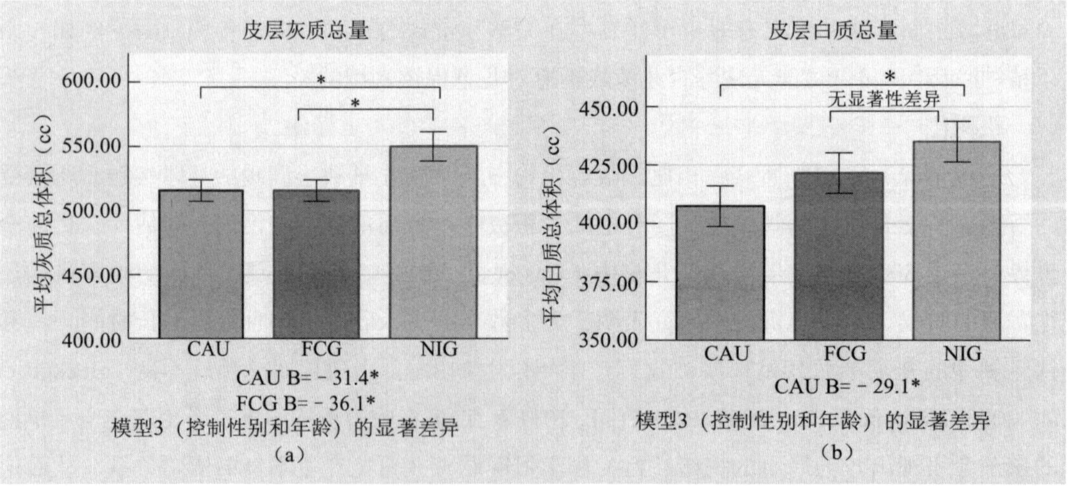

图 3.16　机构化儿童大脑发育迟缓

（a）谢里丹和同事（2012）的研究表明，经历环境和社会剥夺（如罗马尼亚孤儿院这种情况）的儿童，不论他们后来是否被安置到刺激更丰富的寄养干预环境中（寄养实验组简称“FCG”，继续生活在孤儿院的组简称“CAU”），其灰质总体积都少于普通家庭的儿童（简称“NIG”）。（b）谢里丹和同事的同一项研究表明，虽然寄养干预没有抵消早期剥夺的影响，但它似乎确实降低了与早期剥夺有关的白质总体积的减少程度。

家庭的忽视和虐待

多数遭受父母剥夺的婴儿并没有与父母分开，而是继续遭受不良的对待。在美国，每年有近 400 万例虐待儿童的报告，其中约 20% 被确认。这意味着每 1 000 名儿童中就有 9 名受害者，当然还不包括无数未报告的案件。这些虐待案例中大多数（78%）是受到忽视，而身体虐待（18%）和性虐待（9%）较为少见（U.S. Department of Health and Human Services, 2013）。

尽管一些研究表明，尤其在婴儿期，严重的忽视可能比虐待更糟，但父母的直接虐待（身体虐待或性虐待或二者兼有）会让儿童在情绪、智力和身体发展等多方面遭受严重的负面影响。受虐待的儿童往往会有攻击性倾向（口头或行为上），严重的会发展到恃强凌弱的程度，有时甚至会对同伴的友好行为表现出愤怒和攻击性（Cicchetti & Toth, 2005）。研究者还发现，受虐待的儿童可能会在语言、行为、情绪和社会功能等多个方面存在重大问题，这包括了品行障碍、抑郁症和焦虑障碍。而且这些儿童很难与同伴建立良好关系，同伴也可能经常会回避或排斥他们（Collishaw, Pickles, et al., 2007;Shonk & Cicchetti, 2001）。这可能是因为虐待会对儿童正在发育的神经系统造成长期的负面影响（Gunnar & Quevedo, 2007; Watts-English et al., 2006）。例如，一项重要的研究对 20 世纪 60 年代出生在怀特岛的一些人进行了为期 30 年的追踪，其中约 2/3 的人有童年遭受虐待的报告。这些人在青春期和成年期的精神障碍发病率都高于其他未报告遭受虐待的人。最近的另一项定量研究也显示了相似的结果（Wegman & Stetler, 2009）。

受到虐待和忽视的婴幼儿也很可能发展出非典型的依恋模式，通常是一种混乱的依恋模式（Barnett et al.,1999），其特征是对看护者会做出缺乏安全感、杂乱无章且前后矛盾的行为。这类儿童对看护者有时候表现出茫然和冷漠，有时候先对看护者表现出亲近，但很快又拒绝并避开。这样的行为模式多数会持续至 13 岁，在这之后，他们往往预期别人也会以类似的消极态度对待他们，并且难以发展出新的健康的人际关系。由于不安全感和消极预期，他们可能会选择性地避免建立新的关系（Shields et al., 2001）。

这些早期忽视与虐待的影响可能会持续到青春期和成年期。例如，受虐待或被忽视的儿童成年后的受教育、就业和收入的平均水平都较低（Currie & Widom, 2010）。儿童遭受的身体虐待更有可能使他们（尤其是男孩）在青春期和成年期实施家庭暴力或其他暴力（Cicchetti & Toth, 1995b; Serbin & Karp, 2004）。因此，很大一部分忽视或虐待子女的父母本身就是他们父母忽视或虐待的受害者。他们早期被忽视或虐待的历史会对他们的图式及自我图式产生负面影响，因而无法将良好的育儿模式内化（Serbin & Karp, 2004; Shields et al., 2001）。

需要注意的是，当看护环境有所改善时，那些曾经遭受不良对待的儿童——无论是遭受虐待还是遭受剥夺——至少在一定程度上能获得改善（Cicchetti & Toth, 1995a; Emery & Laumann-Billings, 1998）。此外，对于那些早年遭受不良对待但在成年后表现较好的人来说，他们在成长过程中往往会有一个或多个保护因素，例如，童年时期与某些成年人保持的良好关系、拥有较高的智商、有优秀的学业表现和学校经历或者外表的吸引力。

分离

鲍尔比（1960, 1973）分析了 2~5 岁儿童因长时间住院而与父母分离的创伤性影响。首先，这种分离会带来短期或急性的影响，包括与父母分离期间的极度绝望，以及与父母重聚时的疏离感。鲍尔比认为即使对具有安全型依恋的婴儿来说，对长时间分离做出这样的反应也是正常的，但是，他也发现经历过多次分离的孩子可能产生不安全型依恋。他还指出，过早与父母一方或双方分离可能产生长期的影响，例如，这种分离很可能导致成年后对压力源的易感性升高，使人更有可能抑郁（Bowlby, 1980）或出现其他的心理问题（Canetti et al., 2000; Carlson et al., 2003）。与其他早期创伤经历一样，分离对儿童的长期影响在很大程度上取决于父母或别的亲人是否能给予足够的支持和安慰，当然这也需要儿童至少与父母（或别的亲人）中的一位形成安全的依恋关系（Canetti et al., 2000）。然而，许多经历过父母一方亡故的儿童却没有表现出明显的长期影响（Canetti et al., 2000）。

3.5.2 不良的教养方式

在儿童成长的过程中，即使在没有剥夺、忽视或创伤的情况下，教养过程中的诸多偏差也会对孩子未来的抗压能力产生深远影响，从而增加其精神疾病易感性。因此，尽管各种心理学观点之间有很大差异，但关于精神疾病成因的解释大都集中于儿童在早期社会互动中获得的行为倾向，早期社会互动主要是指个体与父母或其他抚养者之间的互动（Parke, 2004; Sroufe et al., 2000）。

值得注意的是，亲子关系总是双向的。和任何持续性的关系一样，关系中一方的行为都会影响到另一方。例如，焦虑、易怒和冲动的孩子可能更加难以照料，这些特点可能使父母焦虑、易怒和冲动，而父母的态度又可能反过来加剧孩子行为的恶化（Crouter & Booth, 2003; Rutter, 2006a）。

父母的精神疾病

如果父母患有精神疾病（包括精神分裂症、抑郁症、反社会型人格障碍和物质滥用问题），他们的子女会存在各种发展障碍的风险（除非同时存在保护因素；Brennan et al., 2003;

Masten, 2007）。虽然这个领域的大多数研究都关注母亲，但有充分的证据表明，如果父亲患有精神疾病，那么也会在很大程度上促使子女在儿童期和青少年期出现各种问题，尤其是抑郁症、品行障碍、犯罪和注意障碍（Boyce et al., 2006; Phares et al., 2002）。尽管这些影响无疑与遗传有关，但多数研究者认为，遗传因素并不能完全解释父母的精神疾病对子女的不良影响（Hammen, 2009; Sher et al., 2005）。

图 3.17　不良的教养方式会对孩子未来应对生活挑战的能力产生深远影响，使他们更容易受到各种精神疾病的威胁

酗酒者的子女虽然多数不会出现发展障碍，但与其他儿童相比，这些儿童出现逃学、物质滥用情况的比例更高，辍学的可能性更大，焦虑和抑郁的程度也更高，自尊水平则更低（Leonard & Eiden, 2007; Marmorstein et al., 2009）。此外，父母患有严重抑郁症的儿童患抑郁症和其他精神障碍的风险更高（Burt et al., 2005; Hammen, 2009），这部分是由于抑郁症导致父母缺乏抚养技巧，诸如忽视孩子的许多需求（Field et al., 2006）、过度批评，以及对孩子管教不力等（Rogosch et al., 2004）。毫无疑问，患有抑郁症的母亲和没有患抑郁症的母亲相比，前者的孩子更可能生活在高压力的环境中（Hammen, 2009）。

教养方式：温暖和控制

研究者一直对父母的教养方式（包括处罚的方式）如何影响儿童的行为很感兴趣。教养方式反映了父母的态度和价值观，表现了父母对子女在各个方面发展的期望（Williams et al., 2009）。现在一般认为有四种类型的教养方式似乎与儿童不同的发展结果有关：（1）权威型；（2）专制型；（3）放纵型 / 溺爱型；（4）忽视型。这些类型由两个维度决定，即父母的温暖程度（支持、鼓励、关爱/羞辱、拒绝、敌意）和控制程度（管教监督/放任自流；Manzeske & Stright, 2009; Morris, 2001）。参见图 3.18。父母的控制包括行为控制（奖励和惩罚）和心理控制（如表达赞成和反对，或引发内疚感）。

权威型教养　权威型教养方式的父母一般非常温暖，还会谨慎仔细地设定对某些特定行为的明确标准和限制，同时允许孩子在一定的范围内拥有很大程度的自由。他们能敏锐地发现孩子的需求，同时仍然执行既定的规则。这种教养方式下成长的儿童能发展出最积极的早期社会能力，他们大多数精力充沛、待人友好，而且还能很好地应对周边环境和他人（Baumrind, 1993; Simons et al., 2005）。这些儿童通常拥有安全型依恋，表现出较高的幸福感和良好的学业水平（Berk, 2003; Slicker & Thornberry, 2002）。一项追踪性的纵向研究表明，青春期后期，他们很少会出现情感障碍（如焦虑症和抑郁症）或行为问题（Williams et al., 2009)。权威型教养方式似乎也会加强儿童在高压环境中的心理韧性(Salem-Pickartz & Donnelly, 2007)。

专制型教养 专制型教养方式的父母控制欲很强，但一般缺乏亲切感。这些父母往往显得冷漠和苛刻，倾向于使用惩罚的方式让孩子听话。这种教养下成长的孩子倾向于与人发生冲突、易怒和喜怒无常(Baumrind, 1993; Siegler et al., 2003)。进入青春期后，这些孩子的社交和认知技能一般低于权威型教养下成长的孩子，尤其男孩可能会表现得更差一些。当男孩有一个专制型的父亲时(尤其是那些具有高度敌意的男孩)，更容易出现吸毒或其他犯罪行为(Bronte-Tinkew et al., 2006; Hoeve et al., 2009)。如果这些专制型的父母还过度使用严重的体罚来执行严苛的纪律(而不是取消表扬和奖励)，就很可能导致孩子攻击性行为的增加(Berk, 2003)。

表 3.2 教养方式

权威型	专制型
父母对孩子很热情，对孩子的控制也很温和，对孩子的某些行为非常谨慎地设定明确的限制 研究表明：孩子往往是友好的，并显示出应对他人与环境的一般能力的发展	父母对孩子的温暖程度低，控制程度强，对孩子冷淡，要求苛刻 研究表明：孩子倾向于与人发生冲突、易怒和喜怒无常，进入青春期后，他们身上会体现出更多负面结果，男孩在社交和认知技能方面表现得尤其差
放纵型/溺爱型	**忽视型**
父母对孩子温暖慈爱，但缺乏控制和管教 研究表明：孩子容易冲动和好斗。过度溺爱的孩子的特点是娇生惯养、自私、缺乏耐心、不体谅他人、难以满足	忽视型教养风格的父母温暖和控制程度都低 研究表明：孩子往往喜怒无常、低自尊，在童年后期会出现行为问题，他们也有同伴关系和学业表现方面的问题

放纵型 / 溺爱型教养 放纵型 / 溺爱型教养方式的父母温暖、慈爱，但缺乏管教和控制。这种教养方式与儿童和青少年的冲动和攻击行为有关(Baumrind, 1967; Hetherington & Parke, 1993)。被溺爱的孩子会被宠坏，常表现出自私、缺乏耐心、不体谅他人和难以满足的特点(Baumrind, 1971, 1975)。进入青春期时，他们一般学业水平低下，表现出更多反社会倾向的行为(Steinberg et al., 2006)。当"现实"迫使他们重新评估对自己和世界的假设时，他们可能会出现困惑和适应困难。

忽视型教养 在温暖和控制两个维度上都很低的父母表现出忽视型教养方式。他们往往心不在焉，对自己的孩子缺乏支持和要求。这种漠不关心的教养方式与儿童早期紊乱的依恋关系有关（Egeland & Sroufe, 1981; Karavasilis et al., 2003）。这种疏离的教养方式培养出的孩子常常在童年后期表现出情绪化、低自尊和各种行为问题。他们在同伴关系和学业水平方面也往往表现不佳（Hetherington & Parke, 1993; also Berk, 2003）。

图 3.18　健康的教养方式是，为儿童提供温暖并明确地规定和限制特定类型的行为，同时允许儿童在一定范围内拥有相当大的自由。在这种环境中长大的孩子往往精力充沛、待人友好，并表现出与他人良好相处的能力

3.5.3　婚姻不和谐与离异

亲子关系模式不良（如父母拒绝）很少会达到严重的程度，除非整个家庭氛围都存在异常。因此，不良的家庭结构是增加个体易感性的重要风险因素。下面我们将分别讨论婚姻关系不和谐的家庭和因离婚、分居而破裂的家庭。

婚姻不和谐

虽然所有的夫妻都会争吵，但如果争吵走向极端，婚姻的不和谐会对成年人及其子女产生破坏性的心理影响（Amato, 2006; Amato & Booth, 2001; Parke, 2004）。严重的婚姻不和谐很可能让子女接触到我们前面讨论过的一种或多种应激源：遭受虐待或忽视、与患有严重精神障碍的父母一起生活、专制型或忽视型的教养方式，或是父母中的一方对配偶的虐待。即使是不太严重的婚姻不和谐也会对许多孩子产生负面影响。例如，与婚姻冲突较少的家庭的儿童相比，具有高强度公开冲突的家庭的儿童对待同伴和父母都表现出更大的攻击倾向（Cummings et al., 2004; Du Rocher Schudlich, et al., 2004）。报告父母婚姻冲突程度高的大学生在自己的恋爱关系中也表现出较高的冲突，而这又与他们自己的恋爱关系质量较差有关（Cui & Fincham, 2010）。有趣的是，如果父母中的一方或双方表现出慈爱，常常给予子女赞扬和认可，很少对子女表现出拒绝，那么其子女受婚姻冲突的负面影响会比较少（Katz & Gottman, 1997）。近来的纵向研究表明，严重的婚姻不和谐对子女的破坏性影响会持续到其成年期，子女自己的婚姻也可能是不和谐的（无论父母是否离婚）。这种婚姻不和谐代际传递的部分原因可能是，子女在观察自己父母的婚姻互动中学习了消极互动的方式（Amato, 2006;Amato & Booth, 2001）。

离异家庭

全世界近 20% 的婚姻以离婚告终，美国的离婚率尤其高，达到了 40%（Breslau et al., 2011）。据估计，大约有 20% 的 18 岁以下儿童生活在单亲家庭中，包括父母未婚或是离异的家庭。

离婚对成年人的影响 对成年人来说，维持一段不幸福的婚姻非常困难，但结束一段婚姻也会产生巨大的身心压力。负面影响一般是暂时的，多数人能在2~3年内逐渐适应，但也有人一直无法完全恢复（Amato, 2000; Hetherington, 2003a）。而在精神障碍患者中，离婚和分居的比例较高，尽管具体**因果关系的方向**尚不明确。然而我们也需要意识到，离婚实际上会使部分人受益（Amato, 2000, 2010）。有证据显示，女性比男性更有可能在离婚中受益（Hetherington, 2003a）。也有证据表明，离婚前处于痛苦状态的人比离婚前状态一般的人更有可能表现出幸福感增加（Amato & Hohmann-Marriott, 2007）。此外，离婚后适应良好与较高收入、稳定的恋爱关系、再婚、离婚前对离婚有相对好的态度、发起离婚等因素呈正相关（Amato, 2000）。

离婚对孩子的影响 离婚会对子女产生创伤性影响。父母冲突使儿童产生的两面讨好行为会加剧儿童的不安全感和被拒绝感。离异家庭中的儿童和家庭完整的儿童相比，犯罪和其他心理问题（如焦虑症和抑郁症）更多（Strohschein, 2005）。然而，研究结果也同时表明，一般情况下这些儿童的问题在其父母离婚之前就已经有了一定程度的表现（Amato, 2010; Strohschein, 2005）。此外，父母离婚对儿童的负面影响可能持续到他们成年。平均而言，与普通家庭相比，离异家庭的年轻人受教育程度、收入水平和生活满意度都更低，而接受政府福利救济和未婚生育的可能性更大（Chase-Lansdale et al., 1995; Hetherington et al., 1998）。离异家庭的儿童长大后也更可能离婚（Amato & DeBoer, 2001; Hetherington, 2003b）。有证据显示，离婚的影响甚至会持续到第三代。一项对大约700名祖父母及其孙辈的研究发现，祖父母辈的离婚与孙辈受教育程度较低、婚姻不和谐和父母关系冷淡相关（Amato & Cheadle, 2005）。

可是，也有许多儿童对父母的离婚适应良好。在1950年至1990年间的一项定量研究中，研究者对13 000名儿童进行了92项关于父母离异与儿童健康发展的调查。结果发现离婚对儿童的平均负面影响其实是比较微弱的，即使是持续到成年期的负面影响也较为温和（Amato & Keith, 1991b）。研究发现，从1950年到1980年（主要是1970年以后），离婚的负面影响似乎越来越小，可能是因为当时社会对于离婚的接受程度的提高（Amato & Keith,1991a；Amato & Keith, 1991b）。近来对20世纪90年代发表的67项相关研究进行的综述发现，自1990年以后，离婚的负面影响没有继续下降（Amato, 2001）。

对儿童来说，在父母冲突及纠纷不断的家庭环境中生长所面临的不良影响，可能比离婚带来的更多（Amato, 2010;Amato & Keith, 1991b）。人们曾经以为，父母的成功再婚可能为儿童提供一个良好的环境，使离婚对儿童的负面影响尽量减小。然而非常遗憾的是，多数与继父母生活的儿童状况并不比单亲家庭的儿童更好，而这种情况在女孩身上表现得尤为明显（Amato & Keith, 1991a,1991b）。其他的研究也表明，相比由亲生父母抚养的儿童，和继父母一起生活的儿童（尤其是非常年幼的儿童）遭受身体虐待（受伤甚至死亡）的风险更高（Daly & Wilson, 1988, 1996）。

研究特写

因果关系的方向

请回忆：在相关研究或观察研究中，两个变量间的关联并不能让我们推断出因果关系的方向。例如，离婚可能引发心理问题；另一方面，有心理障碍的人也更有可能面临婚姻问题，导致最终离婚。

3.5.4 社会经济地位低下和失业

在一般的社会中，社会经济地位越低，精神障碍的发生率会越高（WHO, 2014），但这种负相关的程度因精神障碍的类型而异。例如：反社会型人格障碍的患病率与社会经济地位密切相关，低收入阶层的患病率是高收入阶层的 3 倍；而抑郁症在低收入阶层的患病率只是高收入阶层的 1.5 倍（Kessler & Zhao, 1999; Monroe et al., 2009）。

这种普遍的负相关背后有许多因素。其中一个因素是，患病本身使一些人经济地位降低，并可能自此保持较低的经济水平，有时是因为他们缺乏经济和人脉资源来重新创造财富，有时是源自社会对他们的偏见和污名化（Caracci & Mezzich, 2001）。另一个因素是，一般生活比较贫困的人在生活中遇到的压力要比富裕的人更多、更严重，而他们应对这些压力的资源也相对更少（Twenge & Campbell, 2002）。

家境贫穷的儿童和青少年心理问题也常常更多。近来一项针对美国青少年的大规模研究调查了不同社会经济地位的家庭，研究发现了家庭的社会经济地位与青少年精神障碍患病率之间新的关系，简单说就是青少年对自己家境贫富的主观判断比家庭实际收入与高患病率的关系更密切（McLaughlin, Costello, et al., 2012）。这个发现给我们带来的希望是，因为对社会经济地位的主观认知比实际情况更具可塑性，那么通过干预和改变这些青少年的认知就可能改善他们的心理问题。

研究者多次发现，失业（伴随着经济困难、自我贬低和情感痛苦）与精神疾病易感性的增强相关（Grzywacz & Dooley, 2003;Thomas et al., 2007）。尤其在高失业率期间，抑郁症、婚姻问题和躯体诉述的发生率都会上升，但它们通常在就业率回升时恢复正常（Murphy & Athanasou, 1999）。即使将失业前的精神健康状况纳入考量，这些效应也依然存在。

20 世纪 90 年代以来的经济危机导致的主要后果不仅是失业，也包括企业重组和裁员对中上阶层的影响，他们中的许多人发现自己只能干技能水平和报酬都低于过去的工作，或者只能找到兼职工作，收入甚至不够维持生活。几项针对失业和就业不足群体的大规模研究发现，抑郁症的发病率与失业人口的比例很接近（Dooley & Prause, 2004; Grzywacz & Dooley, 2003）。

3.5.5 不良的同伴关系

对儿童而言，理解和融入社会是一项挑战，其中重要的是学习如何处理与同伴间的关系。当然，多数儿童和青少年能够自主地发展出健康且具有适应性的同伴关系。然而部分人可能面临一些问题，比如成为欺凌者、成为排斥或攻击的受害者。不幸的是，同伴关系中的这些问题与心理障碍易感性的增加有关。

欺凌

几项研究发现，欺凌者的主动攻击（主动发起的攻击行为）和反应性攻击（应对冲突时的过激反应）的频率都很高（Salmivalli, 2010; Salmivalli & Nieminen, 2002）。虽然部分欺凌者这么做是因为缺乏社交技巧，但也有一些欺凌者对社会行为有更复杂的理解，这使他们能够操纵和组织同伴（通常出于地位目标），暗中欺负他人（Salmivalli, 2010）。研究发现，虽然多数儿童表示对欺凌行为持有否定态度，但当真实的欺凌行为发生在校园时，大多数学生并不会干涉欺凌行为或对受害者表示支持（甚至还有 20%~30% 的学生实际上鼓励欺凌者；Salmivalli, 2010; Salmivalli & Voeten, 2004）。当然，也有一小部分人（约 20%）站在受害者一边，可能帮助受害者或为他辩护。这些来自同学的帮助对被欺负的学生非常重要，即使口头的辩护也能帮助受害者减少痛苦和提高自尊水平。

近些年来，一种新的并且特别恶劣的欺凌形式在很多学校出现，那就是网络欺凌，包括在互联网发布冒犯、骚扰或恐吓信息，或在网络散布关于同学的谣言。据估计，多达 1/3 至 1/2 的青少年曾经经历过网络欺凌（Vaillancourt et al., 2017）。网络欺凌对受害者的心理可能产生非常严重的后果，包括抑郁、焦虑、自卑感甚至产生自杀的想法（Fisher et al., 2016）。

幸运的是，事情也有好的一面。虽然处理同伴关系可能有一定困难，但也可以成为学习重要经验的来源，这些经验对个体的成年期或一生都有益处。对一个有能力的儿童来说，在校期间的成败或得失为其提供了很好的训练，让他学会处理与现实世界的关系以及认识自我，包括认识自身的能力及其限制、优点与缺点、受欢迎与不受欢迎的特质。儿童与朋友之间的亲密关系正是从这一频繁参与社会活动的时期开始萌芽的。假如一切顺利，个体在进入青春期时就已具备相当多的社会知识和技能，这些知识和技能加起来构成了个体的社交能力，而这些资源又可以形成强有力的保护因素，使个体免受父母拒绝、挫折感、低落感、绝望感以及精神障碍所带来的伤害（Masten, 2007; Sentse et al., 2010）。

图 3.19　网络欺凌已经成为一种新的、严重的欺凌形式。15 岁的高中生阿曼达·托德在网上屡次受到欺凌，导致她出现焦虑、抑郁、吸毒等问题，最终不幸自杀

受欢迎和被拒绝的原因

是什么因素决定哪些儿童受人欢迎，哪些儿童遭人排斥呢？一般来说，受欢迎的儿童似乎有两种类型：普通型和反社会型。普通型受欢迎的儿童常以友好、自信并且合作的方式与同伴交流。他们与那些不太受欢迎的同伴相比，一般都是好学生（Zettergreen, 2003）。而反社会型受欢迎的儿童（通常是男孩）往往有着“硬汉”的形象，他们可能拥有运动技能，但学业水平一般较差，且往往有着高度的攻击性并且蔑视权威（Berk, 2003）。

研究者更多关注的是为何有些儿童总是被同伴排斥，以及排斥带来的后果。有两类儿童时常遭遇排斥，即过于激进（具有攻击性）和过于内向的儿童（Ladd, 2006）。攻击型儿童在与同伴交往时采取过分要求或攻击性的方式。他们常常易怒，并且还会把同伴的玩笑理解为敌意的表现，因此可能使冲突升级（Dodge, 2006; Reijntjes et al., 2011）。一项追踪研究显示，个体在八年级时将同学的正常行为解释成敌意表现的倾向，可以预测他们在十一年级时的反社会行为水平（Lansford et al., 2006）。这类儿童也倾向于对他人的敌意表现出严厉和不宽容的态度（Crick & Dodge, 1994）。这种情况尤其可能在受过父母虐待的儿童中发生，他们因遭受看护者的虐待而产生了适应不良的预期。他们可能由于害怕再次遭受虐待，所以在社交场合表现出过度的激动、焦虑和愤怒。这些源自家庭的经验，用在与同伴交往的情境中就显得很不协调（Cicchetti & Toth, 2005; Shields et al., 2001）。此外，如果个体在幼儿园时期表现出对同伴情绪（如恐惧和悲伤）的较差理解能力，那么该个体成长至三年级时会有很大概率对同伴做出攻击行为（Dodge et al., 2002）。

遭受长期排斥的另一类儿童并没有攻击性，而是对同伴非常被动和屈从，这通常是因为社交焦虑和对被嘲笑或攻击的恐惧（Schwartz et al., 1993）。在这种被人孤立的情况下，儿童可能遭受更多同伴的排斥，因此造成越来越严重的结果。这一恶性循环的过程又致使儿童丧失了进一步学习社交行为和人际交流规则的机会。就同伴关系而言，这些规则会随着儿童年龄的增长而变得越来越复杂和微妙（Ladd, 2006）。多次社交失败或沦为欺凌的受害者是常见结果，而这又会对个体的自信及自尊进一步产生破坏性影响，有时会导致孤独、抑郁和焦虑，尤其是在小学期间（Burks et al., 1995; Ladd, 2006）。

综上所述，儿童如果不能在发展期建立良好的同伴关系，就会丧失重要的基础社交经验，就更可能在青春期和成年时期出现问题，包括辍学、抑郁、自杀以及犯罪倾向等（Heilbron & Prinstein, 2010）。但我们需要注意的是，同伴关系问题可能是某些精神障碍的早期症状，这些障碍有遗传因素，但只有到了青春期或成年时期才会表现出来。同伴关系问题可能反映了遗传的素质，但它本身也是应激源，让潜在的易感性更有可能发展为精神障碍。

3.5.6 源于性别、种族、民族的偏见和歧视

我们社会中的许多人可能遭受源于性别、种族（以肤色等身体特征为标准对个体做出的分类）或民族（拥有共同文化、历史和家园的社会群体）的偏见（基于个人特征的预判）和歧视（基于群体成员身份的不公正对待）。偏见和歧视可能发生在任何地方，诸如街头、校园、商店或工作场所。例如，两种常见的发生在工作场所的歧视类型是:（1）就业歧视，不雇用某一群体的成员（如女性或某些种族的人）;（2）待遇歧视，某些类型的人虽然有工作，但是薪水和晋升的机会更少（Eagly & Carli, 2007; Eagly & Karau, 2002）。这种区别对待除了对经济产生明显的影响，也可能导致更高的压力水平，并对人的心理健康产生消极影响。

一些实验室研究对偏见和歧视如何“深入肌肤之下”增加产生负面健康结果的可能性进行了测试。研究发现，感受到种族歧视可能会导致个体的愤怒并且加强他的心血管反应性（Mendes et al., 2008）。歧视还会增加个体的冒险行为，这一效应部分由心血管反应性的增强所导致（或解释）（Jamieson et al., 2013）。此外，感受到歧视的女性一般幸福感水平也较低（Ryff et al., 2003）。

3.5.7 社会观点的影响

随着各种心理学研究成果的不断发表，我们也更多地理解了社会文化对个体精神卫生的影响。我们的研究从以前几乎只关注个体的心理，已经发展到了更广泛地关注环境因素如何影响精神障碍的发生。这个领域的研究成果已经促成了旨在改善滋生适应不良行为和精神障碍的社会环境的项目，以及旨在建设用于早期发现和治疗、长期预防精神障碍的社区设施的项目。在本书第 17 章，我们将讨论临床设施及其他项目（公立的和私立的）给患

者带来的帮助，而这些都得益于社会观点的进步。

3.6　文化观念

解释文化差异如何影响人们对异常行为的认识

理解异常行为还需考虑到行为所发生的文化背景。由于文化差异，世界各地对正常与异常行为的界定不尽相同。社会学和人类学的研究表明，个体的人格发展既受到社会制度、规范、价值观和观念的影响，也受到直系亲属和其他群体的影响。社会学和人类学还阐述了各种社会文化条件与精神障碍间的关系（例如，某个社会中的特定应激源和这个社会的典型精神障碍有关）。进一步的研究还表明，人们的某些认知及情感体验似乎在所有文化中是一致的，而其他部分则在不同文化背景的人身上有不同的表现（Chaio, 2015）。

这个视角更多关注文化因素对精神障碍的定义和表现产生哪些影响。它们之间的关系非常复杂。跨文化研究可以帮助我们了解人类行为和情绪发展的多种可能，并且对正常或异常行为的成因做出初步假设，以便后期在实验室研究中对这些假设进行科学严谨的验证（Canino & Alegria, 2008）。

许多研究支持这样一种观点，即诸多的心理问题（无论是成年人的还是儿童的）都普遍存在于大多数被研究过的文化之中（Butcher, 2005; Kessler & Ustun, 2008）。当然，对这些问题的详细研究并不简单，因为需要跨越语言和文化的隔阂来完成对目标人群的心理测验，并验证它们在其他文化中的有效性。一个这类研究的例子显示，当测验被翻译成不同语言时，需要进行调整，以便适应不同的文化背景。此外，研究者还需要注意文化特异性因素对各种精神障碍的影响，比如焦虑症和抑郁症（Sue & Chang, 2003; Weisz, Weiss, et al., 2006）。

虽然精神障碍会有一些普遍的症状和症状模式，但社会文化因素仍然会影响它的形成、表现形式、程度和病程。例如，重度抑郁症的患病率在世界不同文化中存在很大差异。在对 10 个国家进行的一项研究中，日本的患病率为 3%，美国为 17%（Andrade et al., 2004）。在不同国家，几种严重精神障碍的预后或治疗效果也可能出现差异。一些国际研究发现，精神分裂症在发达国家比在发展中国家病程发展更为严重（Kulhara & Chakrabarti, 2001）。

另一个例子是，克莱曼（Kleinman, 1986, 1988）比较了中国人与西方人的压力应对方式。他发现在西方社会中，抑郁是个人应对压力的一种常见反应，而在中国，抑郁的报告率则相对较低（Kleinman, 2004）。与西方社会不同的是，压力对中国人的影响更可能表现为生理问题，例如疲劳、虚弱或其他不适。此外，克莱曼和古德（1985）调查了不同文化中的抑郁状况。调查显示，西方社会中抑郁的重要因素（例如通常表现出的强烈内疚感）在许多其他文化中并不存在。他们还指出，悲伤、绝望、忧愁、对周围的人和事缺乏兴趣等抑郁（或焦虑）的症状，在不同的社会文化中有着迥然不同的含义。佛教徒认为，在世俗生活和人际关系中寻求快乐是一切痛苦的根源，因此想要获得解脱，首先需要自我克制。而对伊朗的什叶派穆斯林来说，悲伤是一种必要的宗教体验，他们认为人的悲伤表现了在这个不公正的世界上正派生活的悲剧性结果，有能力充分体验悲伤才是具有品格和认知深度的教徒。

除了个体对症状的表达或报告方面存在的差异，精神问题的文化差异还可能源于各个文化所认同的理想行为模式不同。例如，本章“我们周围的世界”专栏讨论了日本文化和西方文化中理想依恋关系和异常依恋关系的差异。对行为正常与否的判定，既取决于观察者不同的文化背景，也取决于行为在何种文化背景下发生。

一方面，某些症状似乎在世界各地的文化中共同存在，但另一方面，文化因素又对这些症状的出现或表达具有强烈影响。我们如何解决这个问题呢？最新的 DSM 更新了有关文化的内容，阐述了过去和现在文化对于精神障碍的不同影响（Lewis-Fernandez et al., 2014）。简单来说，它建议心理学工作者注意区分三种关于痛苦的概念：第一，DSM-5 使用“文化综合征”一词来表示通常伴随特定文化背景出现的某些临床症状。第二，“痛苦的文化习语”是指在某些文化影响下对痛苦特有的表达方式（例如，有些地区会用“情绪低落”来替代“抑郁”）。第三，“文化解释”是指不同文化背景下人们对障碍症状或成因的不同解释（例如，认为悲观或应激事件是抑郁症的原因）。通过这些具体的概念（综合征、习语和解释），研究者和临床医师可以更好地理解不同文化中异常行为的差异。

我们周围的世界

文化与依恋关系

研究表明，人们对理想或是不良的亲子依恋关系在看法上存在显著的文化差异。因此，对于哪种依恋关系会增加罹患精神疾病的风险，有着不同的观点。目前已经发现，日本和西方文化对于良好依恋关系的定义具有相当大的差异（Rothbaum, Weisz, et al., 2000, 2001）。在西方社会，人们认为母亲应该对孩子发出的信号（如饥饿或不适的信号）做出敏感的反应，这样才能建立安全的依恋关系，这种关系允许孩子逐渐探索环境，并发展出一定的自主性。在美国，一项研究发现，教师也更倾向于对学生的明确需求做出反应，从而培养孩子的独立性和自我表达（Rothbaum et al., 2006）。这样的儿童（相对于不安全型依恋的儿童）产生焦虑和抑郁的情况较少，也能更好地应对消极情绪和发展亲密的同伴关系。

然而，日本的父母会尽量预测孩子的所有需求，避免孩子体验到饥饿或不适的压力，并培养孩子的依赖性（Rothbaum, Weisz, et al., 2000, 2001）。日本教师也更喜欢预测学生的需求，并且希望得到学生的依靠和信赖（Rothbaum et al., 2006）。因此，日本社会认为依赖母亲（和老师）的儿童才是安全型依恋，独立的儿童反而被认为是不安全型依恋。此外，由于日本人重视社会和谐，那些依靠组织或他人、克制情绪、间接或委婉地表达感受、自我批评和谦逊的儿童被认为是有能力的。这一点与西方文化截然不同。在西方社会中，儿童需要表现出探索和自主性，愿意公开、强烈地表达感受或不同意见，才是有能力的表现，这样的儿童通常也有积极的自我认知（Rothbaum, Weisz, et al., 2000）。

考虑到两种文化的这些差异，美国人和日本人会对儿童的行为问题采取不同的临床干预也就不足为奇了。例如，美国心理治疗师经常帮助来访者发展自己的独立性，并认为向他人（包括父母）表达消极情绪也是可以的。相比之下，日本治疗师更有可能鼓励来访者感激他人（尤其是他们的父母），并倡导对他人的奉献（Rothbaum, Weisz, et al., 2000, 2001）。

文化形成的社会期望与儿童行为间的不匹配，会导致儿童的行为被视为异常。根据目前所学的知识，你认为在什么样的情况下这些行为可能被看成是病态的？

未解决的问题

异常行为的理论观点及成因

本章所描述的观点是为心理学家研究异常行为提供的理论框架。作为一系列假设性指导原则，每个观点都强调其自身立场的重要性与完整性，排除了其他解释。例如，大多数心理动力学取向的临床医师会重视弗洛伊德或新心理动力学派的传统著作和观念，而忽略其他对立的观点。他们通常坚持使用心理动力学疗法，而不会采用暴露疗法等其他流派的治疗方式。

坚持一种理论观点的优势

坚持一种完整的系统化理论观点的优势是：确保心理治疗的实践或研究取向连续统一。一旦掌握了该理论的方法体系，心理治疗师或研究者就可以据以解决复杂的人类问题。但这样做也有其明显的弱点，由于排除了其他可能的解释，研究者会忽视其他可能重要的因素。事实上每种理论都有局限性，目前还没有任何单一理论能够解决所有的异常问题。

因此出现了两种趋势。第一种是试图通过扩展或修改原有理论模型中的一些元素，对理论进行完善。这种情况很多，包括阿德勒等人对弗洛伊德理论的修正，以及最近认知行为疗法对行为疗法的修正。但是早期许多弗洛伊德学派的理论家并不接受新心理动力学的扩展，一些坚持经典行为主义的治疗师时至今日也不接受认知行为心理学家所提出的修正。因此，新的理论观点不断增加并和老的观点共存，这些观点都有自己独立的主张，而无法与先前或其他的理论流派融为一体。

折中的取向

第二种趋势是选择采用两种或多种不同流派的一部分，形成一种更加广泛和折中的理论取向。在临床实践中，许多治疗师采取这种折中的方案。也就是说，他们从不同理论中吸取对他们有用的部分观点，并加以综合。例如，一个使用折中方案的心理治疗师可能会使用心理动力学理论来解释焦虑的成因，同时应用行为取向的治疗技术来缓解患者的焦虑症状；另一位临床医师可能会把认知行为取向和人际取向的技术综合起来使用。然而，纯粹的理论家（提倡单一观点的人）对折中方案保持质疑和批评，声称折中方案是缺乏完整性的“怪胎”，并且缺乏实践和理论基础的一致性。这种批评也许很有道理，但折中方案在许多心理治疗师和临床医生的实际运用中似乎确实有效。

那些采用折中方案的人通常对各种理论间的相互排斥之处不加理会，尽管这样并不影响实际工作，但因为不能解决基础理论上的矛盾，所以折中方案在理论层面无法取得进展。因此，折中取向仍然不能帮助我们达到最终的目标，即在整合多种理论的基础上形成一个统一、全面且自洽的新理论，真实地反映我们对异常行为的实际观察。

生物-心理-社会的综合取向

目前，从综合统一的角度对理论进行整合的唯一尝试是**生物-心理-社会观点**。这个观点反映了这样一种信念：大多数精神障碍是由生物、心理和社会文化方面的诸多因素共同作用的结果。此外，对于具体的个体而言，形成精神障碍的成因可能是独特的，或者至少不会和其他相同障碍的患者一样。例如，某些青少年犯罪的问题，原因可能是他们拥有反社会倾向的基因，也可能是他们居住在黑帮较多的地区，受到了不良环境的影响。因此，尽管我们不能准确地预测个体的异常行为，并且常常留下一些“无法解释的”影响因素，我们仍然希望对异常行为的诸多原因做出科学的综合性解释。

本章小结

3.1　区分异常行为的风险因素与成因

- 在考虑异常行为的成因时，重要的是区分必要因素、充分因素和促成因素，以及远端和近端风险因素。
- 异常或适应不良行为的发生通常是个体的易感性（素质）和某些应激源共同作用的结果。
- 保护因素非常重要，可以形成复原力，使一些同时具有素质和应激源的人免于罹患精神障碍。

3.2　列举心理学家用来理解异常行为成因的不同观点

- 本章讨论生物学、心理学、社会和文化的观点，每个观点都强调一种特殊类型的致病因素。
- 我们的最终目标是整合出一个综合的生物-心理-社会观点。

3.3　描述生物学观点对异常行为的解释及异常行为的生物学因素

- 在考察生物层面的易感性时，我们需要考虑遗传、大脑功能、神经可塑性、大脑或中枢神经系统其他部分的神经递质和激素失调，以及不同气质的特征。
- 遗传缺陷可以通过多种机制影响精神障碍的发展，包括影响表现型的方式（基因型与环境的相关）以及影响个体对环境的易感性的方式（基因型与环境的互作）。
- 研究精神障碍受遗传和环境的影响程度的方法包括家族史研究、双生子研究和领养研究。近年来，连锁分析和关联研究提供了关于导致精神障碍的基因的基因位点的知识。

- 神经可塑性的研究表明，大脑发育的遗传程序并不像人们曾经认为的那样固定，现有的神经回路通常可以根据经验而改变。
- 许多不同的神经递质和激素失调导致精神障碍的出现，因为它们会对大脑和躯体的相关区域产生影响。
- 气质受遗传因素影响较大。气质指婴儿对环境反应和自我调节的方式，它是我们成年人格形成的基础，还能影响我们对不同障碍的易感性。

3.4 描述变态心理学中最主要的心理学观点

- 自 19 世纪末以来，对异常行为的研究形成了三种主要的心理学观点：心理动力学观点、行为观点和认知行为观点。
- 关于异常行为最早的心理学观点是弗洛伊德的精神分析理论。多年来，这一观点一直关注本能驱力（本我）及其控制的问题。
- 后来发展出了心理动力学理论的新观点，这些理论在很大程度上不同于弗洛伊德的经典心理动力学观念。
- 安娜·弗洛伊德的自我心理学关注的是自我在正常和异常行为中扮演的重要角色，尤其关注自我防御机制。
- 人际观点的创始人反对弗洛伊德强调动机和行为的内在决定因素，而是强调塑造行为的社会和文化力量。
- 依恋理论起源于人际观点和客体关系理论，认为早期的依恋关系体验对后来的儿童期、青少年期和成人期的心理发展奠定了重要基础。
- 精神分析及其治疗方法被称为“心理动力学”，它关注内部的、往往无意识的动力。
- 行为主义观点关注学习在人类行为中的作用，将适应不良行为归因于错误习得。
- 学习的主要形式是经典条件反射和操作性（工具性）条件反射。每一种方式的效果都可以根据泛化和分化的原则加以修改。观察学习也很重要。
- 支持行为观点的心理学家试图通过消除适应不良行为或者提供训练以培养新的更具有适应性的行为，来改善适应不良行为。
- 认知行为观点结合人类认知的复杂性以及认知如何被扭曲等内容，来解释精神疾病的原因。
- 图式和自我图式对处理信息的方式、归因风格和价值观的形成发挥着核心作用。个体归因的效率、准确性和一致性似乎能提供重要保护，防止精神崩溃的发生。
- 从认知行为取向发展而来的治疗方法是改变适应不良思维，提高个体解决问题和实现目标的能力。

3.5　描述可能导致异常行为的社会因素

- 促发心理层面的易感性的心理社会因素主要有：早期剥夺或创伤、不良的教养方式、婚姻不和谐与离异、社会经济地位低下和失业、不良的同伴关系、偏见和歧视。

3.6　解释文化差异如何影响人们对异常行为的认识

- 文化观点关注的是文化变量对精神障碍的影响。
- 虽然许多严重的精神障碍相当普遍，但同一障碍的表达形式和患病率在不同的文化背景下存在很大差异。
- 生物-心理-社会取向很有前景，但在许多方面，它仅仅描述了三种风险因素之间存在相互作用，而不能清晰阐述三者是如何相互作用的。

第 4 章

临床诊断与评估

学习目标

4.1 解释信度、效度和标准化

4.2 确定评估的基本要素

4.3 描述影响评估过程的三个重要因素

4.4 描述心理评估的访谈过程、临床观察和测验

4.5 描述身体评估和神经学评估的方法

4.6 临床医生如何在治疗计划中整合评估数据和优化决策

4.7 解释异常行为的几种分类方法

案例

49岁的离异女士安德里亚，是一家公司的管理人员，这家公司的办公室位于偏僻的街区。她工作的职责之一是每天早晨6点打开办公室的门，帮助同事做当日工作的准备。但她常常感到一个人早上开门不太安全，曾多次向上级管理部门反映办公室周边缺乏安保的情况。一天清晨，当她准备开门时，一个歹徒猛击了她的头部，使她当场昏迷，然后又打断了她的鼻梁，用刀划破了她的脸和脖子，还刺伤了她的大腿。后来歹徒准备进一步对她实施性侵时，被远处街道出现的车灯照到，这才带着她的钱包逃走。

安德里亚在遇袭后住院8天，身体多处受伤。她的症状包括头骨和鼻子骨折、身体多处刺伤和面颈部划伤、头晕、平衡受损、手腕疼痛、记忆力减退、极度焦虑，以及创伤后应激症状。安德里亚在受伤以后，由于不敢再回去工作，因此向公司申请了工伤补偿，但遭到所在公司的拒绝，于是她提起了工伤索赔的诉讼。

在安德里亚的案例中，必须对她的生理和心理进行全面评估，以便提供索赔相关的证据。其中的**心理评估**是指临床心理医生通过心理测验、观察和访谈，总结病人的症状和问题的过程。**临床诊断**是临床心理医生根据明确定义的诊断系统（如DSM-5）对患者症状进行评估和分类的过程。

在本章中，我们将介绍一些常用的评估程序，包括临床访谈、行为观察、基于投射测验和客观心理测验的人格评估。我们还会探讨身体、神经心理学和神经学方面的评估方法。最后，我们将介绍临床诊断和DSM-5。

但在此之前，你需要先理解三个评估的基本概念。

4.1　评估的三个基本概念

解释信度、效度和标准化

在理解临床评估和心理测验的有效性时，有三个重要的基本概念，分别是信度、效度和标准化。

4.1.1　信度

信度是指每次测量相同的事物时产生相同结果的程度，所以它衡量的是一致性。比如你在一小时内称了两次体重，如果体重秤两次给出的数据差异较大，你就会认为这个秤不可信。同样的道理也表现在评估中，信度良好的人格测量方法应该在两次不同的测量中给出相似的结果，因为人格特质通常是稳定的，而且一般不会随时间的推移而改变。对于智商的测量也是如此，这里介绍的信度类型是**重测信度**，重测信度说明了今天的测量结果是否与几天前相似。

在分类系统中，信度反映了不同的临床医生在诊断上达成一致的程度，这些诊断被用来总结特定患者的症状，这就是我们所谓的**评分者一致性信度**。如果某位患者由三个不同的临床医生诊断，而他们却给出了三个不同的诊断，这说明了评分者一致性信度很低。在这个例子中，低信度可能是由于三个医生培训或经验上的差异，也可能是因为与患者相处的时间长短不同，或者是诊断的方法不同。

4.1.2　效度

分类系统或心理测验也必须是有效的。**效度**是指对一个测验测量其本应测量的内容的准确性、真实性的评估。换而言之，效度衡量的是某种测量工具在多大程度上可以测量到需要检测的东西。例如，一项有效度的学生智商测验应该告诉我们，受测者有多大可能性在学校取得好成绩。

在对异常行为的评估中，高效度的诊断不但能够筛选出符合某种分类的评估对象，把他们的临床信息精确传递给我们，还能帮助我们预测其障碍未来发展的进程。例如，某人经诊断患有精神分裂症，我们因此可以推断该患者在解读他人的社交线索方面也可能存在问题[①]，尽管解读社交线索并不是诊断精神分裂症时需要考虑的因素，但我们还是可以通过

① 社交线索是人们在社会交往中通过表情或肢体语言传递的信号。这样的信号属于间接表达，因此具有暗示性。——译者注

高效度的诊断提前预测到一些具体的症状。精神分裂症的诊断还意味着这种障碍可能有长期的、间歇性的病程。相反，抑郁症的病程则可能较短，而且完全康复的概率也很大。

一般来说，效度以信度为前提。如果临床心理医生就来访者的异常行为无法达成一致的分类，那么此时就没有必要考虑诊断分类的效度问题了。换句话说，如果不能确诊障碍的类型，那么诊断就无法告诉我们任何关于当前被评估者的有用信息了。但是，信度高并不能保证效度也高。例如，对个体习惯和偏爱使用哪只手（称为“利手性”或“优势手”，分为左手型、右手型或混合型）的测量信度就很高，但利手性既无法准确预测个体的精神卫生状况，也无法评估人们在其他行为上的差异。也就是说，利手不是精神卫生状况的有效指标（尽管在某些情况下，比如在杂技的表演中，利手性可能是一个有效的指标）。同样，将个体的行为诊断为某一类精神障碍的信度，也只有在这个类型障碍的效度已通过研究证明之后才有价值。

4.1.3 标准化

标准化的心理测验是以一致或“标准”方式进行施测、评分和评估的过程。标准化考试通常被认为要比非标准化考试更加公平，因为标准化考试始终如一地以同样的方式考核所有参加考试的人。许多心理测验都是标准化的，这样的好处是受测者可以把自己测验的数据与参考人群（通常称为“常模”）进行比较。例如，将一个特定个体的测验分数放入大样本常模分布中，就可以得出该个体的分数在常模分布（**T 分布**）的位置（是偏低还是偏高，或者是处于平均值）。

4.2 评估的性质和目标

确定评估的基本要素

评估是一个持续的过程。治疗中各个阶段的评估都可能至关重要（而不仅仅是治疗前），比如，它有助于我们及时了解患者在治疗中的变化，还可以对某一阶段的疗效进行评估。在最初的临床评估中，临床心理医生需要识别来访者问题的主要维度，并预测在各种治疗条件下可能的结果。心理医生需要在初始阶段做出关键决策，诸如提供什么类型的疗法，来访者是否严重到需要住院治疗，治疗过程需要在多大程度上让来访者的家属参与或协助等等。而在某些紧急情况下，这些判断甚至需要在缺乏关键信息的条件下迅速做出。正如我们将会在后面的内容中看到的那样，在治疗前的诊断和评估过程中会使用到各种心理测量工具，用来最大限度地提高评估效果（Harwood & Beutler, 2009）。

治疗前评估的另一个不太明显但非常重要的作用是建立来访者各种心理功能的基线水平，并以此来检验治疗的效果。例如，坎普豪斯、雷诺兹和德弗三人合作的一项研究（2014）表明，筛查与评估是对有情绪和行为障碍风险的儿童进行早期预防及干预的重要方法。通过筛查与评估可以筛选出具有情绪和行为障碍风险的儿童，这些测验的标准可以作为治疗计划的一部分,用来衡量治疗是否成功。只有当来访者的行为改善达到治疗前预定的标准时，治疗和干预才能结束。对治疗前后的评估结果进行比较，是检验各种疗法治疗效果的一种基本方法，而这个方法也经常使用在对各种疗法的研究中。

作为临床心理医生，需要了解来访者的哪些信息呢？首先，要识别来访者的**表面问题**（主要症状和行为），并了解这些症状和行为是由于环境应激源引发的情境问题（比如离婚或失业），还是一种更为普遍和长期的异常表现，或者是两者的结合。是否有证据表明来访者最近的认知功能存在退化迹象？来访者目前描述的问题持续了多长时间？来访者是否尝试处理过这些问题？如果有的话，要了解来访者之前寻求过哪些帮助，有没有在处理过程中弄巧成拙的情况，是否使用了人际和环境资源来应对当前问题，这些问题对来访者的职业或社会功能有没有产生不良影响，来访者的症状和行为是否符合 DSM-5 中的某种诊断模式。在多数情况下，正式的诊断是必要的，来访者只有得到正式的诊断才能向保险公司提出保险申请。因此，我们需要尽可能清晰地了解其问题的本质以及具体的诊断分类（请参阅本章末尾的“异常行为的分类”一节）。

就多数临床目标而言，正式的诊断本身远没有清晰地了解个人资料来得重要，这些资料包括个人成长史、智力功能、人格特征、环境压力和资源等。也就是说，临床心理医生在给出诊断之前需要对个体进行充分的评估。比如说，来访者与他人互动时有什么特点？进食或饮酒是否过度？在社交技能方面是否存在明显的缺陷？行为是否恰当？有没有表现出明显的反应迟钝或不合作的态度？来访者的哪些行为表现是适宜的？如果我们想了解来访者的就诊动机，那么上述种种都是需要注意的关键方面。

评估应包括对任何相关的长期的人格特征的描述。对于某些特定的情境（比如涉及权威人士的情境），来访者是否表现出某些异常的反应模式？是否存在某些异常的人格特质或行为模式，使来访者表现出适应不良行为？来访者在与他人相处时是否能够接受他人的帮助？是否能够产生真诚的情感并能为他人的幸福而承担相应的责任？这些都是评估涉及的核心问题。

社会环境的评估也很重要。环境通常会给来访者什么样的要求？在来访者的生活环境中有些什么样的支持性资源，又存在哪些特殊的应激源？例如，当配偶患有阿尔茨海默病时，负责照料的一方极有可能出现明显的心理问题，尤其是在缺乏其他帮助的情况下，因为对阿尔茨海默病患者的护理非常不容易。

个人资料的这些信息都需要进行汇总和整合，形象地说，就是将它们勾勒成一幅连贯的、有意义的图景。一些临床医生将这种图景称为一个“动态公式”，因为它不仅描述了个体当前的情况，还包括了对个体以往适应不良行为成因的假设。动态公式也包括临床心理医生对来访者未来行为的预测。诸如在不治疗的情况下，改善或恶化的可能性有多大？应该最先改善哪些行为？哪些治疗方法可能最有效？某种特定的治疗可能给来访者带来多大程度的改善？

图 4.1　某些职业需要就业前评估，例如飞行员、核电站操作员、警察和空中交通管制员等。你认为这些职位的评估需要注意哪些重要因素？

在可能的情况下，治疗方案最好由临床心理医生和来访者共同协商制订，得到来访者的知情同意。然而在特殊的情况下，医生的决定并不一定需要来访者的参与，甚至在某些极端的情况下不需要咨询来访者的家属。此外，如前文所述，评估的性质和全面性会因为问题类型和治疗机构的不同而有所差异。例如，在自杀预防中心通过电话进行的评估（Stolberg & Bongar, 2009）与临床心理医生为了制订治疗计划而对前来就诊的一般来访者所做的临床评估（Perry, 2009）有着明显不同。

4.3　影响评估的重要因素

描述影响评估过程的三个重要因素

有些因素可能对评估过程产生重大影响。这些因素包括文化的作用、临床医生的专业取向、临床医生与来访者之间的信任和融洽关系。

4.3.1　文化背景的影响

在很多情况下，心理健康工作者需要为来自不同种族、民族和文化背景的来访者进行心理评估。例如，在临床和法庭环境中，心理学家都可能被要求对一些英语水平有限，不太了解美国价值观、社会文化和法律的人士进行心理评估。在这种情况下，心理学家需要了解跨文化评估中存在的问题（一般简称为“**文化能力**”），并且使用的测量工具应该是针对不同文化背景的受测者进行过调适和验证的（Butcher et al., 2015）。

为了公平、成功地评估和治疗来自不同背景的人，美国心理学会制定的道德准则建议（2002），心理学家应考虑各种测验因素、应试能力以及被评估者的其他特征，如可能影响其判断或降低其反应准确性的情境、语言、文化差异。因此，跨文化使用测量工具的心理学家必须牢记与不同文化、不同语言的受测者相关的问题和因素，从而确保所采用的测验适合不同文化，以及潜在的偏见因素不会干扰评估过程中的批判性思维。

在使用西方国家开发的测验时，施测者需要考虑受测者的语言、社会经济地位、种族和性别。例如，来自非英语国家的受测者可能缺乏英语语言技能，这将影响到他们的测验数据。当使用测验工具的翻译版本时，译者需要注意可能出现的文化差异。因此，心理学家需要了解关于现有测量工具使用情况的研究，以便评估翻译版本是否在新的文化背景下测量了相同的变量。最后需要提醒的是，施测者需要关注测量工具本身对不同群体的影响和公正性，比如，判断不同群体间是否存在表现差异。

4.3.2　专业取向的影响

临床医生如何进行评估往往取决于他们的基本治疗取向。例如，生物学取向的医生（通常是精神科医生或其他临床医生）可能会偏重于寻找异常行为潜在的生物学因素。心理动力学或精神分析取向的临床医生可能选择非结构式人格评估技术，比如罗夏墨迹或主题统觉测验（本章后文介绍），来识别来访者的内在心理冲突，或者直接进行基于假设的尝试性治疗，以期待这些冲突在治疗的过程中自然地呈现出来。行为主义取向的临床医生会试图探索环境事件或强化刺激与异常行为之间的联系，可能使用行为观察和自我监控等技术来识别来访者习得的适应不良的模式。而对一个认知取向的临床医生来说，重点则可能放在来访者的不良思维模式对行为模式的影响上。

以上这些例子只代表不同取向的一般性倾向，并不意味着具有特定取向的临床医生将局限于特定的评估方法，或者是某些评估方法就局限于特定的理论取向。我们这里强调不同取向的一般性倾向，只是说明这样一个事实：某些类型的评估要比其他类型的评估更有利于发现特定的致病因素，或者有助于发现那些有关症状行为的信息，这些信息对于在给定的概念框架内解释和治疗精神障碍至关重要。

4.3.3　建立信任和融洽的关系

为了保障心理评估的有效进行，以及对来访者的行为和症状有更加清晰的理解，临床医生必须和来访者相处融洽。在临床评估中，这意味着来访者必须感到测验有助于医生更全面地了解他的问题，并且清楚临床医生将如何使用这些测验的结果，以及如何将这些信息整合到临床评估当中去。因此，临床医生应该细致地解释评估过程，并且说明收集到的信息将如何帮助来访者更清晰地了解他当前所面临的问题。

来访者需要得到保证，他在测验中透露的信息会得到恰当的使用，并且会严格保密，这些信息只会提供给临床医生或相关人士。有关保密性的另一个重要方面是，只有在来访者签署了适当的公布文件后，测验结果才能透露给第三方。但是有些时候，来访者实际上是被第三方送来评估的（例如，被司法机关委托进行评估的嫌疑人）。此时的评估关系可能是紧张的，发展良好融洽的关系存在困难。当然，在司法机关委托的评估中，受测者接受评估时所表现的行为可能与他们主动接受评估的情况大相径庭。在某些情况下，他们也许会尽可能表现出健康，而有时会有相反的表现。

在临床环境中接受测验的人通常积极性很高，乐于知道测验的结果。为来访者提供测验反馈也是治疗过程中一个很重要的环节（Harwood & Beutler, 2009）。有趣的是，当来访者得到有关测验结果的适当反馈时，仅仅是对自己的问题有了更全面的了解，就往往能够让他们的症状有所改善。也就是说，测验反馈过程本身就能成为一种有效的临床干预方法（Finn & Kamphuis, 2006）。将没有得到心理测验反馈的人与得到反馈的人进行比较，研究者发现，后一组受测者对自己的问题有了更清晰的了解，他们之前报告的症状有了明显好转，而且自尊水平也有所提高。

4.4 心理评估的方法

描述心理评估的访谈过程、临床观察和测验

在心理评估的初期，临床医生尽可能多地收集关于来访者的信息，然后将这些信息整合成一个有意义的解释模型，形成一些对来访者问题成因的假设，假设将在以后的评估进程中得到证实或被推翻。一般情况下，心理评估会从较为全面的方法开始，例如临床访谈，随后可能会使用某些具体的评估任务或测验工具。

4.4.1 临床访谈

临床访谈是评估初期非常关键的环节，通常是临床医生或心理工作者和来访者面对面的交流互动，医生在互动中收集关于来访者各个方面的信息，诸如处境、行为和人格等（Berthold & Ellinger, 2009; Craig, 2009; Sharp et al., 2013）。访谈可以由一组简单的问题构成，也可能由复杂而具体的问题构成（Kici & Westhoff, 2004）。访谈可以是比较开放的——医生根据来访者对前一个问题的回答来选择提出下一个问题；也可以是高度控制、结构化的，从而确保某些设定好的问题一定会被涉及。后一种模式中，访谈者可以从一些结构式、标准化、信度已得到研究证实的访谈形式中挑选。

结构式访谈

结构式评估访谈遵循一种预先确定的模式。所有的问题都是预先设定好的，提问者需要按照严格的次序进行提问，不能偏离既定的问题列表与顺序。每个问题的结构都是为了使回答能够量化而设计的。例如，在评估抑郁的症状时，访谈者可能会问："在过去的一年里，你有没有出现过睡眠问题，即是否有过入睡困难、难以熟睡或醒得太早的时候？"答案会被编为"是""否"或"偶尔有"。

完全结构式访谈的一个优点是，它既可以被临床医生使用，也可以被那些没有接受过正式临床培训的人士（非专业访谈者）使用。结构式访谈被广泛运用于流行病学的研究中，因为流行病学的研究通常是大样本研究，基于对成本的控制需要大量非专业的访谈者，其访谈目标是在各个社区环境中试图确定各种疾病的流行强度。在此情况下，遵循特定的格式提问可能是优势之处，因为它能确保每个被评估的人都以相同的顺序被问到完全相同的问题。

为什么这一点如此重要？一个原因是结构式访谈大幅度提高了评估的信度。表 4.1 说明了这一点。在此表的访谈中，孩子的父母被问到相同的问题，但用词上有细微的差别。

研究数据表明，结构式访谈形式产生的结果比非结构式或随机应变的访谈形式产生的结果信度更高。然而，许多临床医生仍然更喜欢自由发挥，依据自己的主观想法去探寻对来访者有价值的提问。临床医生似乎普遍对自己的方法和判断的准确性过于自信（Taylor & Meux, 1997）。虽然有规律就有例外，但是在大多数情况下，明智的方法是进行一次能够让访谈者综合评估症状和其他问题的精心构造的结构式访谈。通过使用结构式的评估形式，临床医生可以确保关键问题不会被遗漏。

表 4.1 访谈中的问题

想象一下，访谈中的一个问题应该使用（a）中的表述方式，但是访谈者却使用了（b）中的方式：

访谈者：（a）她在上课时经常坐不住吗？
访谈者：（b）她在课堂的座位上经常出现问题吗？

父母可能会对第一种提问回答"是"，但对第二种提问却回答"否"。虽然这位家长明确知道自己的女儿上课时每隔几分钟就会离开座位，但他 / 她并不认为这个行为一定是个"问题"。在提问时，这种措辞上的微妙变化很常见，很容易让人得到完全相反的答案

半结构式访谈

在临床（尤其是临床研究）评估中更常见的是**半结构式评估访谈**。这种访谈形式要求访谈者以特定的顺序和方式提问，然后根据来访者的答案灵活机动地提出后续问题，以便获得更多有效的信息。

因为在半结构式访谈中，提问者不再是简单地提出预设的问题（像结构式访谈那样），而是能够通过进一步追问，更好地评估来访者是否有异常症状，因此它所得到的诊断的效度往往比结构式访谈更高（Nock et al., 2007）。然而，半结构式访谈也有其局限性，那就是对访谈者的专业要求较高，需要经过培训的专业人员才能胜任，而且完成半结构式访谈本身也需要耗费更长的时间。心理学家在决定采用哪种类型的访谈时需要考虑诸多因素。例如，当某位心理学家进行万人规模的流行病学研究时，可能更喜欢结构式访谈；而私人诊所的临床治疗师在每次评估来访者时，则更可能选择半结构式访谈。

非结构式访谈

非结构式评估访谈通常是主观的，而不事先预设问题。访谈开始时，一般先进行常规性的交流，再根据来访者的具体情况进行提问。访谈内容可能受到访谈者工作习惯以及理论取向的影响。针对不同的来访者，访谈者可能会做出不同的提问，并且根据来访者对先前问题的回答，主观地决定后续的问题。由于这种提问方式是以一种自由发挥和计划外的形式进行的，因此有可能会遗漏对 DSM-5 诊断而言的重要信息。例如，当对一个患有重性抑郁症的病人进行临床访谈时，临床医生可能会忘记询问来访者是否曾经有过这样的时刻：自己感觉非常好，或者非常高兴，以至于其他人认为他们不是平常的自己（该问题能够判断来访者属于重度抑郁症还是双相障碍）。在非结构式访谈中得到的回答往往难以量化或难以和其他访谈的回答进行比较。因此，在精神卫生研究中已经很少使用非结构式访谈。

图 4.2　在评估访谈中，临床医生会收集患者的处境、行为和人格等各个方面的信息。访谈可能是开放式的，也可能是结构式的

来访者可能感觉非结构式访谈对他们的需求或症状比结构式访谈更贴切。然而，事实并非如此。一个组织良好的结构式或半结构式访谈对来访者来说更有价值，因为提出的问题更全面。此外，如果会谈由熟练掌握提问内容的访谈者来主持，那么结构式或半结构式的访谈也会进行得自然和贴切。但是，假如访谈者缺乏技巧，结构式访谈可能会显得生硬和过于正式。结构式访谈确实比非结构式访谈要花费更长的时间，而且可能包括一些看起来无关紧要的问题。来访者可能对这些看似无关紧要的问题感到沮丧。

4.4.2　对行为的临床观察

直接观察患者的行为特征是临床评估中最传统也最有用的评估工具之一（Hartmann et al., 2004）。直接观察的主要目的是，通过观察、记录个体在不同情境下的表现和行为，来了解他的心理功能状况。在临床观察中，临床医生会客观地描述患者的表现和行为，包括个人卫生、情绪反应，以及任何表现出的诸如抑郁、焦虑或攻击性等症状。在理想情况下，临床观察发生在自然情境中（比如观察儿童在教室或家里的行为），但实践中，临床观察更可能发生在医院、诊所等医疗机构里（Leichtman, 2009）。例如，一般在入院时会对来访者的行为做一个简述，而更详细的描述可以通过在病房里进行定期观察来完成。

研究者和从业者有时会选择在人为控制的情境下观察患者的行为反应，而不是在自然情境中观察。这类经过设计的模拟情境包括**角色扮演**、事件重现、家庭互动作业以及出声思维过程等，研究者通过观察受测者的行为反应来收集他们的适应性策略信息（Haynes et al., 2009）。

临床医生除了自己进行观察，还可以给患者提供指导，教他们进行**自我监控**，即患者对自己进行观察并客观地报告他们在各种情境下的行为、想法和感受。这种方法的意义在于帮助临床医生确定来访者在哪些情况下表现出适应不良行为。许多研究表明，这种方法本身就具有治疗作用。有时候，临床医生会要求来访者填写相对正式的自陈报告，或一份关于他们在各种情境下的应对方式清单。许多测量工具已经在专业文献中正式出版，专业人员也可以通过商业渠道获得它们。这些方法认为，人是自身信息的最好提供者。设想一下，假如问题得当，患者也愿意敞开自己的内心，那么这将对制订治疗计划产生多么大的帮助。

在临床观察或自陈报告中运用**评定量表**，有助于组织信息以及提高评估的信度和效度（Aiken, 1996; Garb, 2007）。也就是说，正式的量表结构可以让观察者的主观影响降到最低。最有价值的评定量表不仅能够评定患者是否存在某一特质或行为，而且还能够评定特质或行为的程度。评定量表不仅可以作为初步评估的一部分，还可以用来检查治疗的进程和效果。

在临床实践和精神病学研究中应用最广泛的工具之一是**简明精神病评定量表**（Brief Psychiatric Rating Scale），简称“BPRS”，这是一个量化的结构式表格，能够评定精神病性质的症状是否存在及其严重程度。简明精神病评定量表最初有 16 个维度的分量表（Overall & Gorham, 1962）。经过多年的扩展，BPRS 的目前版本已经包括了 24 个分量表，用来评估诸如焦虑、抑郁、情绪退缩、罪恶感、敌意、多疑、夸大等症状（Lukoff et al., 1986）。这些项目可以在半结构式访谈中运用（Ventura et al., 1993）。表 4.2 提供了一个用于评估焦虑的问题示例，以及严重等级的界定标准。

BPRS 在临床研究中也是极其有用的工具（Davidson et al., 2004），尤其是在评估症状随时间的变化方面非常有效（Leucht, 2014）。但是在临床实践中，它却很少用于做出治疗或诊断决策。还有一种与之类似但更具针对性的工具是汉密尔顿抑郁量表（Hamilton Rating Scale for Depression），简称“HRSD”。HRSD几乎已经成了用于识别抑郁症患者的标准量表，它同样也可用于评估治疗抑郁症的效果（Beevers & Miller, 2004; Brown et al., 2007）。

表 4.2　简明精神病评定量表：焦虑

注意：考虑报告中的忧虑、紧张、恐惧、惊恐或担忧。只给个人的陈述部分打分。该量表只评估个体的主观焦虑，他人观察到的焦虑在其他评估中打分

调查问题：

你是否在一段时间内（提及时间范围）心里充满了担忧？你是否感到紧张或忧虑？（你的担心具体是什么？）

你在担心什么事情？你的财务状况如何？你对未来有什么打算？

当你感到紧张时，你的手掌会出汗吗？你的心脏跳动会加速吗？（或会呼吸短促、颤抖、窒息吗？）

（如果个体报告有焦虑感，则继续问以下问题）症状（使用该个体的描述）持续多长时间了？它是否影响了你的日常活动及工作？

评分：

1 分 没有

2 分 非常轻微：报告有由于担心或偶尔的忧虑引起的不适，这种状况出现的频率多于一般人群

3 分 轻度：经常担心，但很容易将注意力转移到其他事情上

4 分 中度：大部分时间焦虑，不能很容易地将注意力转移到其他事情上，没有或偶尔伴有自主神经（躯体）症状的焦虑，但没有功能性病变

5 分 中度严重：焦虑期较为频繁（但不是每天），伴有由焦虑或担忧引发的自主神经症状或功能受损

6 分 严重：有自主神经症状的焦虑伴随着个体的日常生活，但不持续一整天，或者由焦虑或持续的担忧引起许多功能性区域受损

7 分 极度严重：有自主神经症状的焦虑持续一整天，或者由焦虑或持续的担忧引起大部分功能区域受损

4.4.3　心理测验

访谈和行为观察都是相对直接地了解个体想法、态度和问题的方法，而心理测验是一种相对间接评估心理特征的手段。科学的心理测验（不同于杂志或网上的一些心理测验）是一套获取行为样本的标准化程序或测试（American Psychological Association, 2014; Kolen & Hendrickson, 2013）。该类测验会对受测者对标准化刺激的反应与具有可比人口统计学特征的人的反应进行比较（可比的人口统计学特征是通过常模或大样本的测验得分分布确定的）。临床医生通过对比，可以得出受测者在某些心理特质上的得分与对照组（通常是心理健康的群体）的差异。临床应用的心理测验有两大类：智力测验和人格测验（分为投射型

人格测验与客观型人格测验）。此外，许多测验程序可以由计算机执行，也可以由计算机计算得分并进行解释。

智力测验

临床医生可以选择各种不同的智力量表进行测验。韦氏儿童智力量表修订版（WISC-IV）（Weiss et al., 2006）和最新版的斯坦福–比奈智力量表（Kamphaus & Kroncke, 2004）被广泛用于临床评估，以测量儿童的智力水平（Wasserman, 2003）。最常用的成人智力测验可能是韦氏成人智力量表修订版（WAIS-IV）（Lichtenberger & Kaufman, 2009; Weiss et al., 2013）。它由语言量表和操作量表两部分构成，包括 15 个分测验。以下对其中两个分测验的简要描述可以说明韦氏成人智力量表修订版所测量的不同智力功能。

- 词汇（口头）：这项分测验由一组词组成，通过口头将每个词呈现给受测者，要求受测者给这个词下个定义。这项任务的目的是评估词汇知识，词汇知识已被证明与一般智力水平存在高度相关性。
- 数字广度（操作）：在这项短时记忆测试中，施测者先说出一串数字，然后要求受测者按数字呈现的顺序进行复述，以及按照相反的顺序复述（Lichtenberger & Kaufman, 2009）。

对单独个体进行的智力测验，比如 WISC-IV、WAIS-IV 和斯坦福–比奈测验，通常需要花费 2~3 个小时进行测验、评分和解释。在许多临床实践中，并没有足够的时间或资金来完成这些测验。还有一种情况，即这些测验并非总是必需的，尤其是有充分理由预期受测者的得分肯定在正常范围时。然而，如果临床医生认为患者的精神问题与智力或脑损伤有关，那么智力测验便会成为评估中的关键。

投射型人格测验

研究者设计了多种测验用来测量个体的人格特征。这些**人格测验**通常可以分为投射型测验和客观型测验。投射型人格测验是非结构化的，因为它使用各种模棱两可的刺激，如墨迹或模糊的图片，而非详细明确的问题，并且受测者的回答也是开放性的，不限于“正确”“错误”或者“不知道”。

一些学者相信，通过受测者对这些模棱两可的材料的解读，可以揭示他们的个人关注点、内心冲突、动机、应对技巧以及其他人格特征。使用投射技术的一个基本假设是，当个体在试图从非确定的、非结构化的刺激中寻求意义时，会将自己的问题、动机和愿望“投射”到情境中。这种反应类似于儿童时期的一个游戏，即把天空中云的不同形态想象成不同物体。不同的是在投射测验中，所呈现的刺激是固定的，而且对所有人来说都是相同的。

因此可以总结出大多数人对测验材料做出的一般反应以及反应的大致范围，从而可以用来客观地识别受测者反应中的偏差。总的来说，投射测验常被用于探索受测者从不确定的环境当中组织信息和感知信息的方式。最常用的投射测验是罗夏墨迹测验、主题统觉测验（TAT）和句子完成测验。

罗夏墨迹测验　罗夏墨迹测验是以瑞士精神病学家赫尔曼·罗夏（Hermann Rorschach，1884—1922）的名字命名的。虽然罗夏墨迹测验是在一个多世纪前发展起来的，但它目前仍被用来评估有精神健康问题的患者。测验使用了 10 幅墨迹图，受测者在接受以下指示语后依次做出反应（Exner, 2003）：

> 人们可以在这些墨迹图中看到许多不同的东西，现在请告诉我您看到了什么？它让您想到了什么？这对您来说意味着什么？

以下摘录自某受测者对其中一幅墨迹图的回答：

> 这看起来像两个暴露生殖器的男人。他们刚刚打了一架，血都溅到了墙上。他们手里拿着刀或是锋利的工具，切开了一具尸体。他们已经取出了肺部和其他脏器。尸体被肢解，只剩下骨盆。他们在为谁能完成最后的肢解而搏斗……如同两只猛扑下来的秃鹫……

无论是对这一张还是其他任何一张墨迹图来说，这样极端暴力的解释内容都是不寻常的。虽然负责任的诊断者不会根据单一的测验结果得出结论，但就该案例中的受测者而言，他对墨迹图的解释和对他的其他评估结果是一致的，这位受测者最终被诊断为具有强烈敌意的反社会人格。

然而由于测验中受测者对墨迹图的主观性解释，罗夏墨迹测验结果的信度可能并不高。例如，不同施测者可能会对“着了火的房子”这句话的象征意义有分歧。一个施测者可能会把这种特殊的反应解释为巨大的焦虑感，而另一个施测者可能会把它解释为受测者有纵火的冲动。如今的精神卫生机构使用的临床诊断通常要对特定的行为进行描述，而罗夏墨迹测验主要描述的是深层的人格动力。一些研究者对该测验的有效性提出了质疑（Garb et al., 1998; Hunsley & Bailey, 1999）。罗夏墨迹测验被证明对受测者的诊断“过度病态化”，也就是说，即使这个受测者是从社会上随机抽取的普通人，测验也可能显示其精神异常。罗夏墨迹提供的有效信息在多大程度上优于其他更经济的工具所提供的有效信息，这一点还没有得到研究证实。基于这些原因，罗夏墨迹在临床评估中的使用近年来有所减少（Butcher et al., 2013; Piotrowski et al., 1998）。即便如此，罗夏墨迹测验依然是人格评估中最常使用的工具之一（Choca, 2012, for an introduction）。

主题统觉测验 **主题统觉测验**（Thematic Apperception Test, TAT）是由哈佛心理诊所的C.D. 摩根和亨利 · 默里于 1935 年发明的，至今仍运用于临床实践（Rossini & Moretti, 1997）和人格研究（Teglasi, 2010）中。TAT 使用了一系列简单的图片，有些图片具有高度的象征意义，另一些则非常抽象。TAT 要求受测者根据看到的图片编一个故事。图片的内容大多描述了各种情境中的人，但对具体的动机和行为却表现得非常模糊，所以受测者可以将他们内心的冲突和倾向投射到对图片的解读上（Morgan, 2002）。

研究者根据不同的主题设计了不同的评分和解释模型，用以评估受测者对图片解读的各个方面，比如，个体需求的表达（Atkinson, 1992）、个体对现实的感知（Arnold, 1962）、个体的幻想（Klinger, 1979）。使用这些系统会花费较多时间，而且没有证据表明它们对于临床实践有重大贡献。因此，临床医生通常只是对患者的表述内容如何反映其潜在特质、动机和关注点做出定性和主观的判断。这种解释往往既依赖“科学”，也依赖“艺术”，因此这种非正式的解释过程中也很可能存在偏误。

来访者的问题可能通过主题统觉测验的故事反映出来，比如下面这个例子中来访者对图片（一个男孩盯着他面前桌子上的小提琴）的描述。这位来访者名叫戴维，是一名 15 岁的男孩，他的父母由于他退学和学业不佳的表现，把他送到了诊所。

案例

戴维在测验过程中总体上是配合的，不过也没有表现出太多的情绪和热情。当施测者向他呈现图片时，他停顿了超过一分钟，仔细地端详着那张图片。

“我想这是一把……呃……冲锋枪……是的，是一把冲锋枪。那家伙盯着它看。也许是他过生日的时候收到的礼物，或者是从哪里偷来的吧。”（停顿了一下，施测者提醒他要根据这张图片编一个故事。）

“好吧。这个男孩，我叫他卡尔，他在车库里发现了这把枪，一把汤普森 M1 式冲锋枪。[①] 他把它放在房间里用来保护自己。有一天，他决定把它带到学校去，想让那些平时对谁都嚣张跋扈的运动员安静下来。

① 照片中的男孩盯着面前的小提琴看，却被案例中的戴维识别成了冲锋枪，不过这把小提琴在黑白的光影下，的确有点像盛行于 20 世纪 30 年代美国黑帮的汤普森冲锋枪。——译者注

当他走进更衣室的时候，一流运动员阿莫斯刚好从他身边经过，于是他随手就把阿莫斯给干掉了。从那以后，再也没人敢来惹他，因为这些家伙都知道卡尔有一把冲锋枪。”

从这个故事可以推断，戴维在他的生活中经历了很多的挫折和愤怒。这种愤怒的程度反映在他对画面中的小提琴的理解上，小提琴被看成是杀人的武器冲锋枪。临床医生的结论是，戴维感到的威胁不仅存在于学校，甚至在自己的家中，他都需要“保护”。

这个案例展示了 TAT 图片故事如何为临床医生提供关于来访者内心冲突和担忧的信息，以及来访者如何处理这些问题的线索。

主题统觉测验也受到了一些批评（Lilienfeld et al., 2001）。批评主要有以下三点：第一，TAT 的图片刺激长期以来没有更新。这些开发于 20 世纪 30 年代的图片对很多现在的受测者而言似乎已经过时，他们常常难以辨认图片中的人物。来访者通常会在故事开头说：“这些看起来像是我在老电影中看到的东西。”第二，TAT 可能需要大量的时间来施测和解释。第三，和罗夏墨迹测验类似，TAT 施测者的解释是主观的。这都限制了测验的信度和效度。

句子完成测验　还有一种在人格评估中常用的投射技术，即**句子完成测验**（Fernald & Fernald, 2010）。已有的句子完成测验包括儿童版、青少年版和成人版。这些测验给出句子的开头，要求受测者把句子补充完整，例如：

1. 我期望 ______________________________
2. 我的母亲 ______________________________
3. 性 ______________________________
4. 我厌恶 ______________________________
5. 人们 ______________________________

句子完成测验与自由联想有关，在这个过程中，受测者被要求自由地做出反应。施测者希望通过受测者给出的答案，找到他们的问题、态度和症状的线索。然而，施测者对受测者反应的解释一般来说也会比较主观，因此信度较低。尽管测验刺激（句子的开头）是标准化的，但解释通常以一种开放的方式进行，而且也没有常模群体与之进行比较。

总体来说，在许多临床评估中，投射测验仍占有重要的一席之地，尤其是需要综合了解来访者的心理动力学功能时，这就有必要请受过专业训练的从业者来实施这种心理评估。投射测验最大的优势在于其非结构化的本质以及对个体人格独特性的关注，但这同时也是其薄弱之处，因为这致使解释变得主观、信度低并且难以验证。此外，投射测验还需要花费大量的时间，需要施测者拥有丰富的解释经验，然而这两者在很多临床评估中都是稀缺的。

客观型人格测验

客观型人格测验是结构式的，也就是说，客观型人格测验使用问卷、自陈量表或**评定量表**，问题或项目的措辞都是经过仔细编排的，各种可能的回答都罗列出来作为选项。因此，客观测验比投射测验更具可控性，也更易于进行客观的量化。量化可以提高它的精确性，这反过来又提高了测验结果的信度。

目前有大量的人格测验方法供临床评估和人格评估使用。例如，NEO-PI 量表（神经质-外向性-经验开放性人格量表）提供了关于人格主要维度的信息，并广泛用于评估正常人群的人格因素（Costa & Widiger, 2002）。此外，研究者还开发了许多客观评估工具来诊断临床问题，比如另一种自陈量表——非适应性和适应性人格量表（SNAP: Clark et al., 2014），它包含 390 个项目，从健康的人格维度和适应不良的病态人格维度两个方面来测量人格。

明尼苏达多相人格调查表 **明尼苏达多相人格调查表**（Minnesota Multiphasic Personality Inventory, MMPI）是人格评估的主要结构化量表之一，我们在这里重点介绍它，因为在很多方面，该量表是这类测验工具的原型和标准。

MMPI 在 1943 年由斯塔克 · 哈撒韦和 J.C. 麦金利提出并投入使用。它是当今美国在临床、法医评估和精神病理学研究中使用最广泛的人格测验（Archer et al., 2006; Butcher et al., 2015; Lally, 2003）。MMPI 的修订版中，1989 年修订的 MMPI-2 用于成年人（Butcher, 2011; Butcher et al., 2001; Friedman et al., 2015），用于青少年的 MMPI-A（Williams & Butcher, 2011）于 1992 年出版。原有的 10 份临床量表保留在修订版中。MMPI 的修订版已经在许多临床研究中得到验证（Greene, 2011）。MMPI-2 也是研究生临床心理学课程中最常教授的人格评估工具（Ready & Veague, 2014）。

MMPI 的效度和临床量表　最初的 MMPI 是一份由 550 个项目组成的自陈问卷，涵盖了从躯体问题、心理状态到道德和社会态度等各种主题。通常，受测者需要用“是”或“否”来回答所有的题目。MMPI 最初的施测对象是大规模的正常人群（称为“明尼苏达常模”）和有各种不同心理问题的人。研究者对不同群体的回答进行了逐项分析，然后把能够可靠地区分不同群体的项目收编到问卷中。在此基础上，研究者建构了 10 个临床量表，每个量表都由一组患相同精神疾病的患者与正常群体的答案正相反的项目组成。这种起源于 MMPI 的巧妙筛选项目的评估方法被称为**经验效标法**，它同时也是该量表的主要功能所在。需要特别说明的是，MMPI 对于每个项目的答案“是”或“否”背后的意义并没有任何主观的预判。测验结果的意义完全取决于受测者的答案与某类特定人群的回答是否一致。如果受测者选择“是”或“否”的反应模式与患某一特定障碍的人群非常接近，那么我们就可以合理地推断，该受测者与这一类群体拥有精神病理学上相似的显著特征。也就是说，该受测者“心理上”很可能是这一群体的一员（见表 4.3 中的 MMPI-2 概要）。

表 4.3　MMPI-2 量表

效度量表	
未回答量表（?）	测量未回答的项目总数
诈病量表（F）	测量在测题的第一部分中倾向于谎称或夸大心理问题，或是胡乱答题的倾向
稀有回答量表（FB）	测量在测题快结束时是否倾向于假报告或夸大心理问题
稀有回答量表（Fp）	测量精神科住院患者在进行测验时夸大心理问题的倾向
说谎量表（L）	测量是否倾向于过分夸大自己的优点或试图呈现一个整体良好的形象
校正量表（K）	测量是否倾向于不现实地高估自己
最高自我表现量表（S）	测量一些人以过度积极或极致的方式展现自己的倾向。S量表包含五个分量表，描述了一个人过度积极的表现方式
同向答题矛盾量表（VRIN）	测量是否倾向于前后不一致或随机地回答项目
反向答题矛盾量表（TRIN）	测量是否倾向于前后不一致地以“是”或“否”的方式回答题目（高分表明对项目不加区别地予以肯定回答，低分相反）
临床量表	
量表1　疑病（Hs）	测量是否对身体状况过分担忧或过分关注
量表2　抑郁（D）	测量是否存在抑郁症状
量表3　歇斯底里（Hy）	测量是否存在歇斯底里的人格特征，比如倾向于太过美好地看待世界，而在遇到压力时又容易出现躯体问题
量表4　病态人格（Pd）	测量是否存在反社会倾向
量表5　男子气-女子气（Mf）	测量是否存在性别角色倒错
量表6　偏执狂（Pa）	测量是否存在多疑、妄想的观念
量表7　精神衰弱（Pt）	测量是否存在焦虑、强迫性行为
量表8　精神分裂（Sc）	测量是否在思维、情感和社会行为上的怪异表现
量表9　轻躁狂（Ma）	测量是否存在不切实际的高涨情绪状态和冲动的倾向
量表0　社会内向（Si）	测量是否存在社会焦虑、退缩和过度控制
特别量表	
量表APS　成瘾倾向量表	评估其人格特征与接受物质滥用治疗的个体的吻合程度
量表AAS　成瘾确认量表	评估其与已经确认有物质滥用问题的个体的吻合程度
量表MAC-R　麦氏酗酒量表	测量是否易于对各种物质成瘾的经验性量表
量表MDS　婚姻困扰量表	评估是否感知到婚姻关系中的困难
敌意量表（Ho）	针对敌意和控制愤怒问题
创伤后应激量表（Pk）	评估在经历创伤后应激问题的人群中出现的一些症状和态度

以上 10 种临床量表可以测量 10 种相应的心理异常倾向。将这些量表的原始数据与相应常模群体的数据进行比较，可以得出很多关键临床维度上的信息，其结果被绘制在标准 MMPI 剖面图上。通过将不同量表上的得分用折线连接起来，临床医生能够建构一个剖面图，可以直观地显示患者在每个分量表上的表现与正常人群有多大差异。举例来说，精神分裂症的患者在精神分裂症量表中的回答都与正常人群的回答具有显著差异。在这个量表上得分偏高（相对于常模）的人士，虽然不一定患有精神分裂症，但很可能表现出精神分裂症临床上的某些典型特征。比如，在这个量表上得分高的人可能不善于社交，也许性格孤僻，或者有某种独特的思维过程。他们可能在一定程度上脱离现实，在严重的情况下，甚至会产生幻觉。

为了检测患者是否根据直觉如实地回答问题，MMPI 还包括许多效度量表。例如，其中一种量表可以通过个体在回答问卷中表现出的极高道德水平来检测个体是否在说谎，还有几种量表可以检测到个体是否在装病。在这些分量表的任何一项显示极端的分数都可能使测验无效。除了效度量表和 10 个临床量表，还有一些特别量表，用于检测物质滥用、婚姻困扰和创伤后应激障碍等问题。

MMPI 在临床上的应用范围十分广泛，经常作为测量工具来评估患者的人格特征和临床症状，但最常见的可能是用它辅助临床诊断。正如前面提到的，临床医生把受测者的剖面图与已知患者群体的剖面图进行比较。如果受测者的剖面图与已知患病群体的剖面图相符，那么这组患病群体的相关信息就可以为研究中的个体提供更广泛的描述性诊断。

客观型人格测验的优点和局限性　自陈量表（如 MMPI）与其他类型的人格测验相比有许多优势。它们成本低、信度高、客观性强，还可以通过计算机进行评分和解释（如果需要，甚至可以用计算机施测），但是，这种自陈量表的测验方式还是受到了专业人士的一些批评。他们认为自陈量表过于刻板，无法准确描述人类心理问题的复杂性。而且，由于这些测验需要受测者阅读和理解文本材料，因此文盲或思维混乱的患者无法接受测验。还有一点是，完成自陈量表需要受测者的合作，而受测者也可能故意给出虚假答案，企图获得某些想要的测验结果（MMPI-2 的效度量表就是为了应对这一问题）。

由于自陈量表的评分是格式化的，而且效度较高，所以这种用科学方法构建起来的人格问卷特别适合进行自动化的解释。MMPI 配合计算机技术的运用可以快速有效地完成初步评估，从而在诊断的早期为临床医生提供所需的数据。这个技术还可以在涉及法律诉讼的情况下提供有价值的信息。例如，在安德里亚（本章开头那位遇袭的女士）的案例中，她所在的公司要求对她进行心理评估，以确定她要求工伤索赔的合法性。而作为评估的核心部分，相关人员用 MMPI-2 量表对她进行了测量，她的 MMPI-2 临床量表结果显示出明显的心理健康问题，D（抑郁）、Hs（疑病）、Pt（焦虑）量表得分较高，创伤后应激障碍量表的得分也显著高于常模。这些数值都表明了安德里亚正在经历与应激生活事件相关的精神症状。（有关临床医生在心理评估中使用科学技术的新方法，请参阅“研究进展”专栏。）

研究进展

使用智能手机和可穿戴式生物传感器进行心理评估

从历史上看，每当心理学家想要了解人类的思维、感受和行为时，他们要么要求受测者完成纸笔自陈测验（如本节中介绍的MMPI），要么将他们带入实验室，客观测量他们对不同情境和刺激的反应（例如本节中的投射测验或将在下一节介绍的脑成像技术）。对于MMPI这样的自陈量表，其主要的局限是它依赖于个体如何记忆过去的思维、感觉和行为。由于各种原因，这些报告可能不够精确。实验法也有局限性，它们通常需要人工设置一些与现实生活并不相似的模拟场景，而心理学家真正想要的却是成为人们真实生活的“旁观者”，也就是在不干扰他们日常生活的情况下评估他们的行为。

幸运的是，科技的进步为心理学家提供了他们需要的工具。随着智能手机的发展和普及，心理学家现在可以在一天的特定时间向人们发送简短的问题，来了解他们当时的想法、感受和行为。我们正在探究这种新方式不同于传统纸笔测验的地方。例如，一项研究使用智能手机评估和监测人们的抑郁症状，该研究表明，当研究者在一个月里每天3次通过手机调查抑郁症的症状时，人们报告的抑郁程度比他们每30天使用一次纸笔测验时的程度更显著，自杀念头也更频繁（Torous et al.,2015）。

智能手机和可穿戴式生物传感器还可以自动收集个人的日常生活信息，这有助于研究者更好地了解他们的心理功能。例如，这些设备可以客观地收集个体活动水平的准确信息（来自GPS和手机运动计数器）、社交信息（来自他们的电话和短信数据）、睡眠和觉醒模式（来自他们的手机或腕带传感器的生理觉醒数据）。最近的一项研究运用这种方法考察了大学生的睡眠习惯，并发现睡眠不规律的学生（比如偶尔通宵不睡）学业水平更差，而睡眠规律的大学生（有更稳定的日常睡眠时间）有着更好的学业成绩（Phillips et al., 2017）。在过去的几年里，使用这些新技术的研究急剧增加（见下页图）。随着新技术的日益发展，心理学家们将继续开发新的方法来了解精神病理学，以便更好地评估和治疗精神问题（Kleiman & Nock, 2017）。

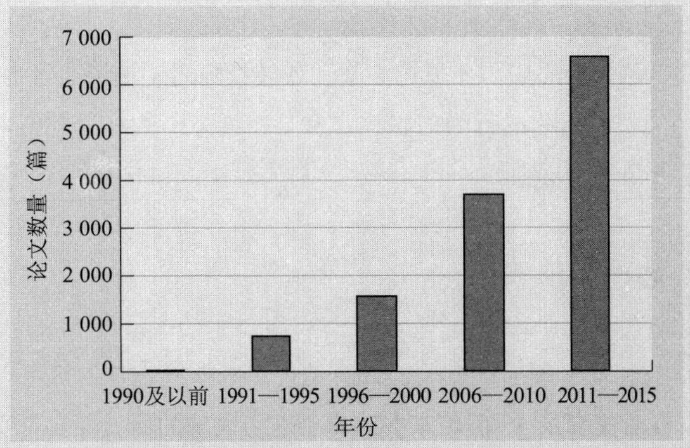

近年来，使用智能手机或生物传感器等实时监测方法的科学论文急剧增加

现在我们回到本章开头的安德里亚的案例中，她所服务的公司的心理顾问根据一项有争议的心理量表，建议公司不接受安德里亚的索赔。然而在此案进入审理阶段后，安德里亚的律师依靠医学证据和 MMPI-2 提供的数据，有力地支持了她的索赔诉求。鉴于安德里亚在工作期间遇袭并且遭受到严重的身体伤害和心理创伤，陪审团最终判决她所在公司赔付她高额的工伤赔偿金。

4.5　生理机能评估

描述身体评估和神经学评估的方法

在有些情况下，也需要对患者的心理问题进行生理上的医学评估，以排除这些心理问题是由生理机能异常引发的。医学评估通常包括一般性的身体检查和脑部专项检查，后者是评估大脑结构完整性（解剖）和功能完整性（生理）的特殊检查（Swartz, 2014）。

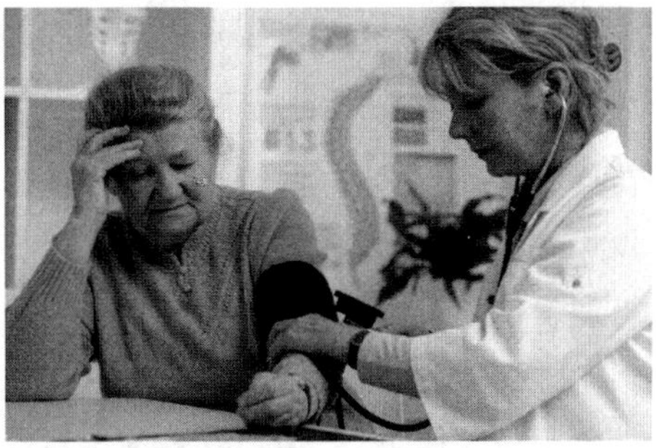

图 4.3　对于诊断精神障碍来说，首先要排除躯体疾病的因素，一些躯体疾病产生的症状与心理疾病相似

4.5.1　身体检查

当生理症状成为临床表现的一部分时，临床心理医生须建议来访者转诊，进行医学评估，也就是

我们大多数人在体检时经历过的各种程序。一般来说，包括个人病史回顾以及身体各个主要系统的检查（LeBlond et al., 2004; Swartz, 2014）。对临床表现上有生理问题的精神障碍来说，体检非常重要，例如惊恐障碍（见第 6 章）或转换障碍（见第 8 章）。此外，有些由生理因素（例如激素失调）引起的行为症状也常常与精神障碍的症状类似。因此，在开始心理干预之前，医学评估非常必要。

4.5.2 神经心理学检查

心理疾病经常与大脑生理异常有关，目前的很多医学检查技术都可以准确地识别大脑的器质性异常（将在后文介绍）。但在某些障碍中，由大脑的器质性异常引发的行为和心理异常已经足够明显，却仍然无法通过仪器扫描或其他方法检测出来。因此心理学家们转而测量个体是否存在由器质性病变引发的行为变化和心理功能变化，即运用**神经心理学评估**技术来检测一个人的大脑是否正常运作。这项评估技术运用多种测量工具来测量个体的认知、知觉和运动表现。这种方法可以提供有关脑损伤程度和位置的重要线索（Horton, 2008; Lezak et al., 2012; Reitan & Wolfson, 1993）。

从神经心理学评估中获得的信息不但可以对个体的认知强项和弱项提供有价值的洞见，还可以为治疗建议提供信息并指导教育和职业规划。然而，神经心理学评估数据不能直接用于精神障碍的诊断。这是因为在同样的神经心理学测验中，不同类型的精神障碍患者在表现上往往会有很大程度的重叠。例如，重度抑郁症患者和精神分裂症患者可能都表现出注意力和记忆力损伤。即使是对于痴呆症患者，除了神经心理学评估所提供的数据，也还需要有其他来源的信息才可以做出诊断。

典型的情况下，神经心理学评估会使用成套测验，也就是使用多种测验，每项测验评估某一特定能力，有时也用多项测验评估某一特定领域的能力。评估的能力领域包括记忆力、注意力、推理能力、加工速度、判断能力、问题解决能力，以及空间和语言功能等（Harvey, 2012）。在其他情况下，神经心理学家将根据来访者的病史和其他信息，进行高度个性化的系列测验。

需要注意的关键是，神经心理学测验是基于个体表现的、标准化的，个体的表现会和标准表现相对比。也就是说，一个人在特定测验中的数据将与常模对比。这让施测者可以判断该个体的表现是否达到了与他们的年龄、性别、种族和教育程度相应的预期水平。

霍尔斯特德-雷坦神经心理成套测验（简称 HR 成套测验）就是标准化的综合评估工具之一。它由多个分测验组成，有多个变量，通过这些变量可以计算出“损伤指数”（Preiss & Preiss, 2013; Reitan & Wolfson, 1993）。此外，它还提供了受测者在几种技能方面的具体信息。然而，HR 成套测验的施测非常耗时和昂贵（图 4.4 介绍了 HR 成套测验中的轨迹生成测验）。

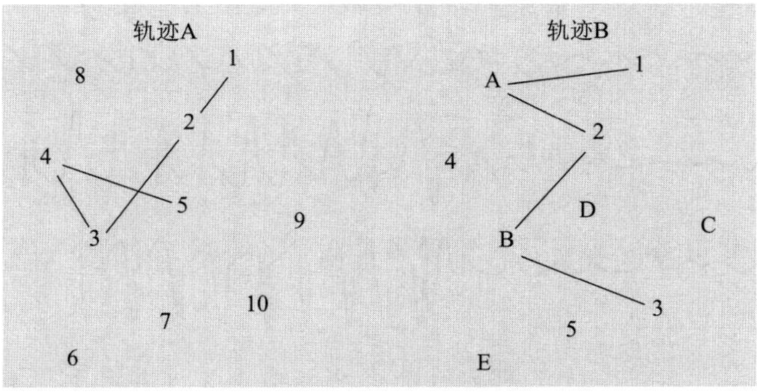

图 4.4　轨迹生成测验

轨迹生成测验就像一个连点成线游戏，它涉及视觉注意力和任务转换。在测验 A 中，受测者必须尽快把数字连接起来。在测验 B 中，任务要求连线必须在数字和字母之间交替。该测验提供了有关加工速度、思维灵活性和执行功能的信息。因此，它可以检测认知障碍和大脑损伤。

4.5.3　神经学评估方法

神经心理学评估提供了一种间接评估大脑的方法。我们还可以通过**脑电图（EEG）**进一步了解大脑活动。脑细胞活跃时会产生局部电流，使用脑电图技术，我们就可以通过特殊的传感器（电极）测量和记录大脑中的电活动。这些电极被放置在头皮的各个位置，它们接收来自头部表面的潜在电信号，然后将这些信号放大并传送到计算机，这样就可以得到大脑电活动的视觉图像（Yamada & Meng, 2011）。脑电图是一种无痛无创的方法（尽管电极凝胶可能会弄乱你的头发）。

EEG 的优点是具有良好的即时性，这意味着大脑的变化（比如刺激呈现时可能产生的变化）几乎可以在刺激发生后立即记录下来。如果研究者想了解大脑在不同情况下的反应，比如在预测到奖励和获得奖励时的反应（Pornpattananangkul et al., 2017），便可以使用 EEG。在临床检查中，受测者的大脑活动模式如果与正常人存在显著的差异，说明受测者可能存在脑功能异常，比如由脑瘤或其他病变引起的大脑功能异常，在这种情况下，受测者的脑电波会减慢。EEG 也是诊断癫痫的重要手段之一。癫痫发作在脑电图上表现为尖状脑电波。图 4.5 呈现了正常和异常脑电活动的波形。除了脑电图，还可以通过其他技术来获得更精确的脑部信息。

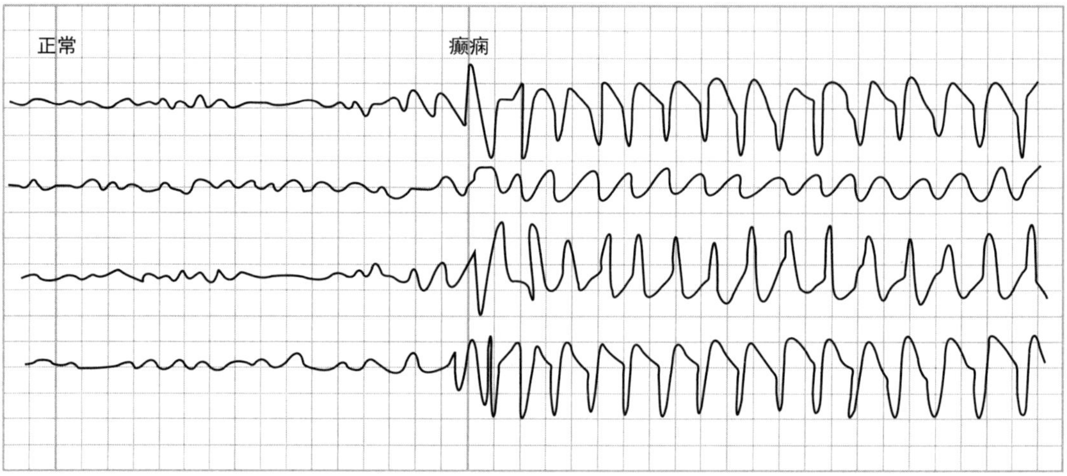

图 4.5 EEG 中显示的正常和异常脑电活动

正常的脑电波是均匀而有规律的。癫痫发作时，脑电波有明显改变。

CT 扫描

计算机断层扫描（computed tomography，CT）是一种放射性技术，经常用于临床检查。在 CT 扫描过程中，病人被置入 CT 扫描仪，然后仪器从多个角度对其进行 X 射线扫描，以提供比传统 X 射线扫描更详细的信息。CT 扫描的信息可以用来检测骨伤、肿瘤，或包括大脑在内的各个器官的问题。但由于 CT 扫描使用的是 X 射线，所以具有一定的辐射风险（Mishra & Singh, 2010）。在检查骨头或钙化组织时，CT 成像提供了最清晰的图像，而对于软组织，如血管组织、心脏、肺和脑组织等，图像的细节则比较少。有时为了使图像更加清晰，需要把造影剂注射到人体内。由于 CT 技术的这些局限，对脑成像而言，目前更常用的是 MRI 和 PET 等其他技术（Mier & Mier, 2015）。

MRI

目前主要用来提供大脑图像的是**磁共振成像**（magnetic resonance imaging, MRI）技术。MRI 是一种无痛无创的技术，它的主要优点是没有辐射，可以安全地运用于广泛的人群。磁共振成像仪的主体部分是一个中空的圆柱体，圆柱体里包含一个强磁体。磁体强度以特斯拉（T）为单位，目前使用的多数 MRI 仪器强度为 3T（Infantolino et al., 2018）。磁体会一直处于通电状态，除特殊情况外从不断电。它产生的磁场是地球磁场的 4.6 万 ~12 万倍（3T 磁体大约是地球磁场的 6 万倍），因此，在进入扫描检查室时必须格外小心。金属物品不能靠近磁体，否则会被仪器的巨大磁力吸入。

MRI 仪器的原理是通过人体各器官中不同水含量所引起的磁场变化进行测量。水含有氢原子，氢原子的原子核中含有一个质子（H+），因此氢原子具有磁性。当把人置于强磁场中时，磁场能使人体的氢原子运动。这时如果引入第二个瞬态电磁脉冲，可以使氢原子再次运动。磁共振成像仪创造了这种运动并用其生成了 MRI 信号。

因为磁共振成像使用的是强磁场，所以体内有金属（如金属假肢）的人无法被安全扫描。患有幽闭恐惧症或肥胖的人也可能难以待在扫描仪的狭小空间里。但总的来说，磁共振的好处很多。

MRI 的主要优点是具有良好的空间分辨率，可以生成清晰而详细的图像，而且能够很好地识别软组织中的细微差异。结构性磁共振成像（sMRI）技术所生成的图像可以清楚地描绘大脑结构，这些图像可以告诉我们有关脑部病理或脑体积的信息，这对于临床医生和研究者非常重要。例如，MRI 研究显示，与健康人相比，精神分裂症患者的脑组织体积有所减少 (Shenton et al., 2001)。在精神分裂症患病风险高的年轻人中，各种大脑结构的体积也有所减少（Brent et al., 2013）。

但是，sMRI 不能提供神经元活动的信息，所以我们需要**功能性磁共振成像**（fMRI）。fMRI 能告诉我们大脑如何工作（Bandettini, 2007; Ulmer & Jansen, 2010）。其原理是，血液流动与大脑功能有关。当脑细胞活跃运作时，它们需要葡萄糖来提供能量，这些葡萄糖通过血液运输而来。而氧合血和脱氧血具有不同的磁性，所以通过观察氧合血和脱氧血之间磁信号的差异，我们可以看到大脑的哪些区域更活跃。我们还可以比较患有各种障碍的人与没有患该障碍的人大脑活动时的差异。例如，fMRI 的研究者发现，被诊断为重度抑郁症的人在接受奖励刺激后，腹侧纹状体（大脑中与奖励有关的区域）的活动会少于一般人群（Pizzagalli et al., 2009）。

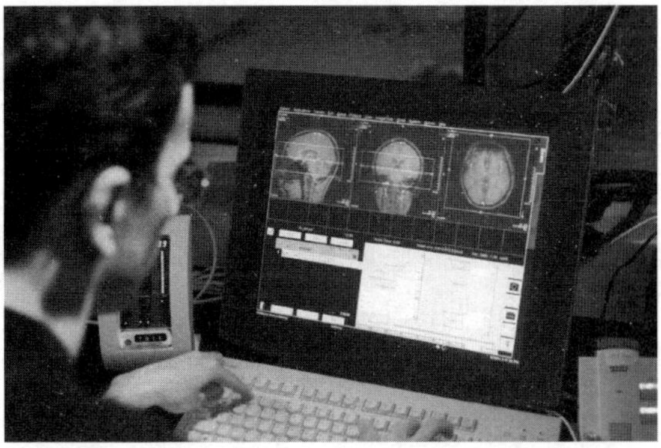

图 4.6　sMRI 给临床医生提供了清晰的大脑结构图像，fMRI 允许研究者在各种不同的条件下观察大脑活动

功能性磁共振成像的局限性在于，与脑电图等方法相比，它的时间分辨率相对较低。这意味着它在检测神经活动的变化方面不是很快。前文中，我们提到脑电图几乎可以即时地捕捉到大脑活动的变化。因为 fMRI 依赖于血流和血容量的变化，而这些变化发生的速度较慢（想想电和管道中的水之间的速度差异），所以 fMRI 信号的峰值变化发生在刺激发生几秒之后。因此，fMRI 越来越多地与脑电图等其他检查方法结合起来使用，以达到两全其美的效果。

最后，不要误以为 fMRI 可以告诉我们大脑的具体受损区域。认为脑区中存在管理记忆、妄想等心理功能的实体区域是十分天真的想法。相反，我们现在了解到，许多精神障碍与大脑的连接问题或者脑区间的协作问题有关。尽管如此，fMRI 仍可以帮助我们识别可能与特定精神问题相关的脑区（Infantolino et al., 2018）。在后文中，我们还会介绍很多涉及 fMRI 的研究。

PET 扫描：一种测量新陈代谢状况的成像技术

另一种技术是**正电子发射断层扫描**（positron emission tomography,PET）。PET 和 fMRI 相似，它也能告诉我们不同条件下大脑活动的模式，不过，PET 需要给受测者体内注射放射性物质作为示踪剂。经过一段时间（约 30 分钟）的等待，当示踪剂进入受测者体内的特定分子时，扫描就能开始了。通过使用示踪剂，我们可以在成像过程中检测和显示血流（通过标记水）或代谢（通过标记葡萄糖）。

从受测者的角度来看，PET 明显的缺点在于需要注射放射性物质。由于放射性同位素进入血液所需的等待时间，PET 扫描时间可能相对 MRI 更长。生产放射性同位素也并非易事，因为它们的半衰期短，衰变速度很快。所以，放射性同位素也必须在离 PET 扫描仪很近的地方生产（在名为“回旋加速器”的粒子加速器中产生）。

尽管存在上述种种缺陷，PET 成像技术还是在临床上得到了广泛应用。PET 并不善于检测大脑活动中的快速变化，但它能够追踪诸如葡萄糖之类的天然化合物在大脑或其他组织中新陈代谢的情况，可以对某个组织的运行功能进行评估（Meyer et al., 2012）。通过揭示各个组织的不同代谢活动，PET 可以帮助医生诊断多种疾病，包括癌症和痴呆。研究者可以利用其他类型的 PET 示踪剂，检测不同神经递质受体位点的活动，揭示各种障碍引起的异常，如抑郁症、精神分裂症和阿尔茨海默病等（Mier & Mier, 2015）。

我们所讨论的这些成像方法，都在随着技术进步而不断完善。就目前而言，由于 MRI 具有高空间分辨率（非常清晰）且还不需要注射造影剂和放射性示踪剂，所以是当前研究者首选的脑成像技术。

4.6 整合评估数据和优化决策

临床医生如何在治疗计划中整合评估数据和优化决策

一旦收集了来访者的评估数据，临床工作者就需要解释这些数据的意义，将其纳入用于治疗计划的统一工作模型中。在诊所或医院中，数据评估通常由跨学科的临床小组通过会诊的形式来完成，小组成员可能包括临床心理学家、精神科医生、社会工作者和其他精神卫生专业人员。通过汇总收集到的信息，他们可以看到各自的发现是否能够相互补充，并且形成最终的临床描述，也可以看到各自的发现是否存在差异，以决定是否需要进一步的评估。

在初步评估时收集并整合的数据能让小组对患者的暂定诊断分类达成一致。在任何情况下，团队每个成员的发现和对治疗的建议，都被记录在患者的病例档案中，以便使患者了解选择特定治疗方案的原因以及临床评估的内容。

图 4.7　在诊所或医院中，数据评估通常由跨学科专业人员组成的小组通过会诊的形式来完成，比如：小组可能包括一名临床心理学家、一名精神科医生、一名社会工作者、一名精神科护士。专业人员可决定患有精神障碍的患者是否住院治疗，或者犯罪嫌疑人是否具有受审能力。由于这些决定可能对患者的生活产生巨大影响，充分意识到评估的局限性对于评估小组成员来说至关重要

在治疗过程中收集的新评估数据可以对治疗的有效性提供反馈，并有助于对正在进行的治疗计划进行必要的修正。正如我们所说过的，临床评估数据也常用于评估治疗的进展，以及比较不同疗法的有效性。

根据评估数据做出的决定可能对来访者产生深远影响。专业人员可决定重性抑郁症的患者是否住院治疗，或者被告是否能够到法庭受审。由于评估可能会对他人的生活产生重大影响，因此准确地进行评估和有效决策非常重要。所以，在衡量测量结果的有效性时，要考虑以下几个因素：

1. 测量工具或临床医生可能存在的文化偏差：一些心理测验可能无法从少数群体中获得有效的患者信息（Gray-Little, 2009; Wen-Shing & Streltzer, 2008）。来自某个社会文化背景的临床医生可能很难客观评估来自另一个社会文化背景的患者。根据格林等研究者（2003）以及萨帕塔-索拉等研究者（2009）的研究结果，MMPI-2 可以放心地用于少数民族中。

2. 临床医生的理论取向：评估不可避免地受到临床医生的假设、观点和理论取向的影响。例如，一位精神分析取向的医生和一位行为取向的医生可能会以完全不同的方式评估相同的行为。精神分析取向的医生倾向于将行为视为潜在动机的反映，而行为取向的医生则倾向于认为行为由先前或直接的刺激引起，因此他们可能会提出非常不同的治疗建议。

3. 对于外部环境重视不足：许多临床医生过分强调患者出现的问题由人格特征所导致，而没有足够重视应激源和其他环境因素的影响。某些评估技术过分关注来访者的人格特质，忽视潜在的环境因素。

4. 某些测量工具缺乏效度检验：目前使用的一部分心理评估程序还没有得到足够的效度检验。例如，与许多人格量表不同，广泛应用于行为观察和行为自我报告的程序以及投射技术尚未经过严格的心理测量学效度检验。

5. 不准确的数据或不充分的评估：一些评估数据（以及基于这些数据做出的任何诊断或治疗方案）可能是不准确的，或者小组领导者（通常是精神病学家）可能选择性地忽略了某些测量数据而选择了其他信息。在根据群体数据或平均值为个人做出预测时，总会涉

及一些风险。不准确的数据或过早的结论不仅可能导致对于来访者问题的误判，而且还可能妨碍医生进一步获取来访者的信息，从而导致严重的后果。

4.7 异常行为的分类

解释异常行为的几种分类方法

分类在任何学科中都很重要，无论我们研究的是化学元素、植物，还是人类。通过一个大家都认可的分类系统，我们就可以清楚彼此交流的内容而不至于产生歧义。例如，有人对你说："我看见一只狗在街上跑。"虽然你并没有真正看到狗，但脑海中也会产生狗的形象，这是基于你对动物分类的了解。虽然狗的品种多样，大小、颜色、口鼻长度等各方面也存在很大差异，但我们还是能轻松完成对"狗性"的识别。这种"狗性"就是心理学家所说的"认知原型"或"模式"的一个例子。

在变态心理学领域，分类主要是为了描述各种子分类下的适应不良行为。就像界定异常行为一样，建立分类系统是我们厘清此类行为的性质、原因和相应疗法的第一步。分类使大家能够按照相互认同、相对准确的方式来讨论某些特定的异常行为。例如，如果我们要研究进食障碍的成因，首先必须清晰地界定所要研究的行为本身，否则，我们就无法为进一步研究进食障碍筛选和招募异常进食模式的人群。需要诊断分类还有其他的原因，如收集关于各种障碍常见程度的统计数据，或满足医疗保险公司的要求（必须有正式的诊断才会理赔），如第 1 章所描述。

我们需要注意的是，正如对异常行为的界定过程一样，所有的分类都是人类自己发明的概念，分类在本质上就是根据人们的观察进行归纳。任何分类系统都需要不断地完善，随着新知识的出现而修正和更新。同样重要的是，正式的分类只有通过准确的心理或临床评估才能成立，而这些评估技术正在不断地进步。

4.7.1 分类方法

目前，异常行为的基本分类方法有三种：分类法、维度法和原型法（Widiger & Boyd, 2009）。

分类法

分类法是试图将行为分为不同的类别。这种方法的基本假设有两点：第一，人类的行为可以分为健康的和有障碍的；第二，在对障碍行为的广泛分类中存在各种具体的、非重叠的亚类或亚型障碍，亚类或亚型在显现的症状和所识别的障碍的基本组织上具有高度的类

（大类）内相似性。这正是 DSM 分类系统使用的方法。

创建类别是为了更有秩序并简化复杂性。这些类别也符合人们的直觉。门捷列夫在元素周期表中对元素的排序代表了化学的一大进步。同样，林奈对动物和植物创造的统一分类系统也推动了生物学的发展。我们自然也想要创建一个分类系统，将众多的异常行为组织起来。

然而，创建一个可行的精神病学分类系统比想象中要困难。第一个问题是我们应该依据什么来分类。创建的分类系统真的能辨别和区分各种精神障碍吗？既然没有精神病理学意义上的血液检查，也不存在异常行为的 X 光检查，我们又怎么能相信我们对于不同障碍的识别和分类是准确的呢？

另一个问题是应该创建多少类别。是应该尽可能将精神障碍分为多种多样数量庞大的不同类别，还是应该尽量减少类别的数量，把（我们假定）同质的障碍合并为同一类别？尽管对于具体障碍的后续研究可以帮助我们解决这个问题，但在我们有确凿的证据之前，创建的类别往往已经先验地认定为正确。换句话说，由于这些类别本身过早具体化（Hyman, 2010），我们失去了对分类系统进一步研究或修正的机会。

另一个问题涉及**共病**现象，也就是同一个体可能同时患有两种或两种以上的障碍。当然，个体有可能有两种或多种不同的障碍，但是共病现象出奇地普遍。这表明，至少在某些情况下，共病反映了我们的分类系统可能存在问题。在理想情况下，我们的分类系统应该为我们提供代表不同症状并且几乎没有重叠的类别。但是，高水平的共病现象表明，我们可能给同一潜在精神障碍的不同表现贴上了多种标签。还有一个问题是分类法不能很好地描述障碍的严重程度，轻度、中度和重度的障碍都被归为了一类。

尽管有着上述种种顾虑和局限，分类法在精神病理学和心理学中的运用已经超过了一百年。以 DSM 为例的分类法系统对我们如何识别、概念化、调查以及治疗精神障碍产生了巨大的帮助和影响。虽然如此，但有迹象表明，我们目前可能正处于快要进行范式转变的阶段。维度法（后文介绍）正在被越来越多的人所接受。美国国家精神卫生研究所也发起了一项名为“研究领域标准”（RDoC）的倡议。

思想的进步
研究领域标准

研究领域标准（The Research Domain Criteria, RDoC) 倡议是由美国国家精神

卫生研究所发起的，可以被视为精神病理学研究领域的一次范式革新。RDoC 与 DSM 不同，它采用了跨诊断的方法，为我们提供了一种全新视角。这意味着传统的诊断类别（如重度抑郁症、精神分裂症）不再是人们关注的重点。RDoC 关注的是与精神病理学相关的"心理中介结构"，并为其提供生物学解释（Kozak & Cuthbert, 2016）。"心理中介结构"的一个例子是奖赏动机。当奖赏动机水平过高时，可能会导致赌博、物质滥用或暴饮暴食。反之，低奖赏动机水平则可能导致快感缺乏和失落感，这种现象常见于抑郁症或精神分裂症患者。我们对于厌食症等进食障碍的理解也与低奖赏动机水平有关。

RDoC 观点认为，传统意义上所谓精神障碍的症状，其实是某些大脑神经回路功能失调的临床表现。因此，RDoC 研究关注的重点是大脑神经回路。基因是其中最基本的分析单位，建立在基因基础上更复杂的其他分析单位（分子、细胞、神经回路、生理机能、行为和自陈报告数据）也逐渐纳入其中（Lilienfeld & Treadway, 2016）。分析的结果会以矩阵或表格的形式呈现（见下页），表中每一列的内容是朝复杂性方向组织的各个分析单位（基因、分子、神经回路、生理机能等），每一行则是传统精神病理学相关的各种概念（注意、依恋、唤起等）。单个研究者可能只关注整个列表中的一个格子（例如，参与奖励习得的大脑回路）。

美国国家精神卫生研究所正在大力资助 RDoC 项目的研究，希望它能为精神疾病的诊断、治疗和预防带来新方向，而且由于 RDoC 研究涉及精神病理学的关键因素，所以研究本身至少能够加强我们对于神经回路的理解。然而，也有不少人对 RDoC 持批评态度，一是因为 RDoC 目前对于心理社会学变量（社会、发展或文化因素）的重视程度远远低于生物学变量（Berenbaum, 2013）；二是批评者们担心 RDoC 矩阵走上 DSM 的老路——过早具体化，这样会限制 RDoC 对其他主题的新研究。在目前这样的早期阶段，我们还无法确知 RDoC 研究到底能不能对分类系统和临床诊断的改善有所帮助，因此，DSM 现在并没有被取代的风险，而且，退一步讲，即使未来 DSM 不再作为诊断标准使用，而仅仅被看成是对于精神障碍症状与特点的一种生动细致的描述，那也对临床工作者和研究者具有非常明确的价值。

RDoC 矩阵

矩阵中的横向罗列了分析单位，并且按照它们的复杂性排列，纵向则是与精神病理学相关的各种概念。

领域 / 结构	分析单位						
	基因	分子	细胞	神经回路	生理机能	行为	自陈报告
负价系统							
急性威胁（“恐惧”）							
潜在威胁（“焦虑”）							
持续性威胁							
丧失							
挫折性非奖赏反馈							
正价系统							
方法动机							
最初对奖励的反应性							
对奖励的持续反应性							
奖励习得							
习惯							
认知系统							
注意							
知觉							
工作记忆							
陈述性记忆							
语言行为							
（经过努力的）认知控制							
社会加工系统							
限制；心智理论							
社会支配							
面部表情识别							
依恋 / 分离恐惧							
自我表征区							
唤起 / 调解（多种）系统							
唤起与调解（多种）							
静息状态的活动							

维度法

分类法的基本假设是，各种不同的类别实际上存在于自然界中。这对植物和动物的分类来说可能没有问题，但是对精神障碍而言却并不总是合适的。有证据显示，精神分裂症和精神分裂症谱系障碍（将在第 13 章介绍）中的许多病症可能是独立的（Lenzenweger & Korfine, 1992）。精神病理学在很多方面是多维的，换言之，人在某种特定特征（如焦虑、消极情绪）的程度上自然而然地有所不同。而在维度法的分类中，个体的某些典型行为是在多个可定义的维度上不同强度的表现，这些维度有心境、情绪稳定性、攻击性、思维和沟通的清晰度、社会内向程度等。

维度法的优点之一是它保存了多个维度的信息。我们创建简单的类别（如障碍与非障碍）时，这些信息将不可避免地丢失。但从另一角度看，维度法也具有明显的局限性。如果需要充分考虑某个体在各种广泛维度中所处的具体位置（例如，如果某人在消极心境上的得分位于第九十百分位，情绪稳定性位于第二十百分位，冲动性位于第十百分位），那么对该个体多维度信息的综述将显得非常复杂，使人难以对该个体的行为和功能进行有效的沟通和描述。除此以外，即使对各种特征进行了多维度的测量（类似医学检查中的血压测量），也仍然需要设定临界点来区分正常或异常（超过临界点说明该个体患有高血压，未达到则说明血压正常）。

虽然维度法存在上述的一些问题，但它有一个引人注意的特点，那就是临界点可以用来定义功能障碍的程度。它的好处在于可以直接根据患者的患病程度来提供治疗方案。让我们回到血压的例子，了解患者的血压属于高血压、临界高血压还是正常血压的范围，可以让我们针对不同情况施加不同的干预或者不干预。患者心理特征的剖面图也可能被用来判断使用哪种方式及频率的治疗是合适的，对重度焦虑与轻度焦虑采取的疗法可能全然不同。

DSM-5 修订者中的多数专家认为，采用多维视角将有益于我们对精神障碍的思考，尤其是在人格障碍方面（将在第 10 章详细讨论）。事实上，在 DSM-5 的修订中也提出了人格障碍的维度模型。虽然出于对其临床可行性的担忧，该模型最终并没有被正式采用，但为了鼓励进一步的研究，这个维度模型目前收录于 DSM-5 的一个特殊章节中。

原型法

原型是一个概念，指“完美案例”或“理论上理想的案例”（Jablensky, 2005）。原型法（原型匹配法）提供了一个标准，可以据其对个体进行比较，以便将该个体划分到特定的类别。DSM-I 和 DSM-II 都运用了原型法，它们对精神障碍的描述比较模糊且基于印象，依靠临床医生来判断患者是否符合描述。和早期版本相比，当前的 DSM-5 虽然也算是一种依靠典型标准的分类诊断系统，但它更清晰和精确地描述了每种疾病或障碍特有的具体症状以及对于症状的定义。目前，任何没有使用结构化或半结构化临床访谈的临床医生的诊断，或者出于任何原因没有完整进行临床评估的诊断，都在很大程度上使用了原型匹配法（当你根据你学到的变态心理学知识来诊断朋友的时候，你也在做同样的事情）。

当然，原型匹配法也有优点。其一是符合人们习惯的思维方式，其二是有助于提供患者患病程度的视角。例如，一些专家（Westen, Shedler, & Bradley, 2006）建议 DSM 应该提供对每种人格障碍典型案例的叙述性描述，而不是像现在这样仅仅罗列出诊断标准。临床医生只需要在一个 5 分制量表上对患者和原型之间的总体相似性或“匹配度”进行评分即可。评分为 4 分或 5 分，意味着患者与原型有足够的相似程度，即可以判断为患有这种障碍。评为 3 分，意味着该患者具有该障碍的某些特征。评分为 1 分（默认值），则意味着与原型没有相似之处。

最近的研究显示，精心构建的心境障碍和焦虑障碍的原型描述表现良好，原型评分量表（1~5 分）比 DSM 诊断更能预测患者的适应性功能（DeFife et al., 2013）。这项研究支持了原型法的可行性和潜在价值。当然，在这项研究中，临床原型是根据 DSM 分类诊断中的症状创建的。换句话说，表现良好的原型也同时反映了 DSM 分类描述的精确性。然而，从相反方向着手的办法也有——可以通过结合分类法和维度法的优点来优化原型量表。可以从大样本中收集维度数据，然后对这些数据进行统计分析，通过自下向上（而不是自上而下）的策略来识别具有临床价值的原型。换句话说，我们可以使用数据来为趋向于聚集出现的临床特征分组，这有可能揭示新的临床原型或对已确定的综合征提供新的补充证据。虽然这是历史上临床医生在仔细评估和观察患者（诊断类别也是因此诞生的）时曾经使用过的方法，但是结合新的维度测量和统计方法之后，这种传统的分类方式可以得到完善。而改善后，我们将可能得到一种更准确且偏差更少的原型匹配法。

4.7.2　精神障碍的正式诊断分类

如你所知，目前正在使用的精神障碍分类系统主要有两种：美国精神医学学会出版的《精神障碍诊断与统计手册》（DSM-5）和世界卫生组织出版的《国际疾病分类系统》（ICD-11）。ICD-11（于 2018 年发布）广泛应用于欧洲和许多其他国家，而 DSM 系统是美国的标准指南。这两种分类系统有许多共同之处，它们所涵盖的疾病和障碍也有大量的重叠。但是，ICD-11 所运用的是临床原型（类似 DSM 的早期版本），因此，在做出诊断时可能需要更多的临床判断。

临床症状在这两种系统中的分组方式存在一些差异，这使得 DSM 的有些分类与 ICD-11 不同。本书在讨论什么是精神障碍时，将集中讨论 DSM 系统。DSM 阐述了当前公认的精神障碍及其亚型，并为每种亚型提供了一套美国和一些其他国家的诊断标准。如前文所述，该系统试图寻求各种疾病彼此之间的清晰边界。但实际上，它给出的各种精神障碍间的界限依然比较模糊，各障碍间存在大量重叠。

定义公认障碍类别的标准主要由症状和体征两方面组成。“症状”一般指患者对问题的主观描述（“我一直感到悲伤”），而“体征”是指客观和可见的指标。例如，哭泣是一种体征，因为它可以被人观察；又比如断腿是一种体征，而疼痛则是一种症状。临床医生必须遵循特定障碍的诊断标准，发现符合 DSM 描述的症状和体征，才能给出具体的诊断（Black & Andreasen, 2014）。

DSM 的发展

DSM 目前已更新至第五版（DSM-5）。正如我们前文介绍的（参见第 1 章），它于 2013 年出版，修订过程中有相当多的辩论和争议。该系统历经 60 多年的发展，对于精神障碍有着越来越精确的识别和描述（Lilienfeld et al., 2017）。该手册第一版（DSM-I）于 1952 年问世，深受当时流行的精神分析取向观念的影响。它提供了对于各种障碍的简短（几句话）描述。1968 年出版的 DSM-II 尽管新增了更多对症状和体征的描述，但分类系统的编制方法依然与上一版类似。随着时间的推移，临床工作者发现早期的这两个版本都存在同样的缺陷：对各种障碍类别的描述都是叙事性的，里面的术语模棱两可，精神卫生专业人士对其理解无法达成一致，而这会严重影响诊断的信度。也就是说，当时的两位专业人员运用 DSM 诊断同一患者时，有可能得出完全不同的两种诊断结果。

1980 年出版的 DSM-III 带来了具有里程碑意义的进步，也代表了思维和诊断方法的根本变化。该版本提供了标准化的诊断标准，并为所有诊断引入了判定规则。这是为了尽可能地从诊断过程中去除主观因素。一般情况下，患者必须表现出指定列表中一定数量的症状或体征，医生才能确诊。这一版的 DSM 也是非理论的，除了创伤后应激障碍被认为是由创伤性应激源引起的，此外再没有对病因学做出任何假设，与精神分析或其他理论取向相关的概念也被大量删除。这使得新系统更容易被临床医生和临床研究者广泛接受。这些特征和创新在 1987 年 DSM-III-TR 和 1994 年 DSM-IV 的修订中得以保留。这些修订反映了诊断判定规则中的一些变化。第四版还包含了一个附录，提供了关于文化特异性症状的信息。

多年来发生的一个重大变化是，从 DSM-I 到 DSM-5，公认的精神障碍数量大幅增加。这是由于增加了许多新的类别，原有的类别也分出了更多详细的亚型。如今的 DSM 分类系统比以往任何时候都更全面和详细。DSM-5 中的多数诊断类别还包含亚型和标注，这些亚型和标注让诊断专家能够进一步细化诊断，以便对患者进行更具体的分组。

DSM-5 中的主要争议源于对几种障碍的诊断标准放宽了。这种变化以及越来越多的新增诊断，使人们担心正常行为被过度医疗化，我们在第 1 章末尾讨论了这个问题（见第 1

章专栏《未解决的问题：我们都会患精神疾病吗?》)。此外，在本书的许多章节中，我们会关注 DSM-5 的变化，并在《对 DSM-5 的批判性思考》专栏中讨论可能带来的影响。

DSM-5 中的文化因素

美国是一个高度多样化的社会，由来自多种语言和文化背景的人组成。正如前文中讨论的那样，如今越来越多的精神卫生从业者对来自不同文化背景的来访者进行诊断性评估，这些来访者的英语水平可能有限。他们的种族和文化背景、英语理解水平、宗教背景和对美国的适应程度可能导致临床医生对其精神症状做出错误的评估。那些没有适应他们的生活环境的人在测验和访谈中会比他们在实际情况中表现出更多的心理问题（Okazaki et al., 2009）。为了减少对诊断决策过程的负面影响，临床医生有必要对来访者的背景进行仔细评估（包括他们可能在访谈中表现出的价值观和态度）。

DSM-5 提供了一个结构化的访谈，聚焦于患者解决问题的方法。文化概念化访谈包含 16 个问题，从业者使用这些问题了解来访者的文化背景，以及文化因素对来访者精神卫生可能产生的影响。访谈会询问患者对目前自身问题的看法，他们认为周围人会怎样看待他们的问题，以及他们的文化背景会如何影响他们的调整过程。此外，访谈还会询问患者以前寻求治疗的经历。访谈过程中，需要尽可能不带偏见地全面获取来访者的想法。

标签化与污名化

DSM 系统中典型的精神病学诊断在精神卫生工作者中并没有达成共识（MacCulloch, 2010; Sarbin, 1997）。正如第 1 章所指出的，常见的批评是，精神病学诊断以消极的方式给个体贴上了标签，并导致污名化。

当然，即使是专业人士，也很容易将标签化视为对个体的准确而完整的描述，而非对其目前行为的描述。当一个人被贴上“抑郁症”或“双相障碍”的标签时，人们可能会对这个人做出不准确的假设。事实上，一个诊断标签会让我们难以客观地观察个体的行为，也很难避免对其行为有先入为主的预期。这些预期甚至可能影响临床疗法的选择。例如，当患者被诊断为“持续性抑郁障碍”时，临床医生可能不会进一步询问患者的生活状况，而立即开具抗抑郁药物的处方（Tucker, 1998）；而使用“边缘型人格障碍”这样的标签可能会使治疗人员对患者的预后不太乐观（Markham, 2003）。

一旦某人被贴上标签，他就可能接受一个重新定义的角色，并做出符合对该角色期望的行为（“我只是个物质滥用者，我还不如吸毒呢——反正每个人都认为我吸毒。而且我这种成瘾者应该是无法控制自己的，所以积极参与治疗对我而言几乎没有意义”）。出于种种原因，被贴上这样的标签经常是有害的。

需要注意，这里反映了一个常见的误解。诊断标签并不能描述个体，它描述的仅仅是个体所患的障碍。研究表明，污名化并非来自诊断标签本身，而是来自最初被贴上这种标签的行为（Link & Cullen, 1990; Ruscio, 2004）。例如，儿童在开始与同龄人玩耍的30分钟内，就可能对患有注意缺陷/多动障碍的同龄人做出负面反应（Milich et al., 1992）。甚至亲密的家庭成员也会对患有精神分裂症、抑郁症或其他类型障碍的亲属表现出批评和敌意（Hooley, 2007）。也有证据表明，准确的精神病学诊断有时可以减少污名化，因为诊断对不良的行为提供了一个解释（Ruscio, 2004）。换句话说，尽管精神卫生专业人员在诊断和使用标签时应该谨慎，但在必要时也必须提供诊断。

在本章的结尾，我们最后说明一下语言与标签。多年来，找精神卫生专家看病的人都被称为“患者”，这个传统术语与医学疾病和被动态度密切相关，表示患病的个体耐心地等待医生的治疗。今天，许多精神卫生专业人士，尤其是那些在非医学环境中接受培训的人，更喜欢使用“来访者”这个词，因为它意味着个体更积极地参与其中，意味着个体对自己的康复负有更多的责任。我们在本书中会交替使用这些术语。

未解决的问题

DSM-5：新版本变得更好了吗？

生活总是不断变化的，由于新的研究发现或者临床实践的需求变化，《精神障碍诊断与统计手册》中复杂的诊断标准可能会变得过时或不充分。如第1章所指出的，我们需要定期更新诊断标准，使其更有效，更为专业人员所接受。在DSM-5的修订过程中，尽管有的类别被修改，有的移动了位置，有的甚至被删除，但DSM-IV-TR版本中明确且具有广泛接受度的部分被保留了下来。此外，DSM-5还增加了一些新的诊断标准。这些改变引起了巨大的争议，一些评论家表达了他们对各种变化的担忧（见第1章《对DSM-5的批判性思考》专栏及Alarcón et al., 2009; Batstra & Frances, 2012a, 2012b; Jones, 2012; Kornstein, 2010）。

早期诊断手册中讨论得最多的问题之一是人格障碍的分类，人格障碍的分类采用的是类别法而不是维度法。虽然有专家提出了一种新的人格障碍模型，但遭到了习惯旧系统的保守临床工作者的反对。换句话说，即使有了可能提高诊断信度和效度的新方法，也不见得被多数专业人士所接受。

人格障碍并不是唯一需要重新思考的诊断类别。其他的类别也存在类似情况，例如创伤后应激障碍在许多方面定义不够清晰，在有的方面定义过于狭窄或宽泛（详见第5章）。例如，早期的诊断手册规定个体需要满足“直接经历创伤性事件”

这一标准才能诊断为创伤后应激障碍。但是，在 DSM-IV 中，由于担心一些可能患有创伤后应激障碍的人因没有被确诊而失去申请理赔的机会，因此在一定程度上放宽了诊断标准。

可不幸的是，这一改变使一些并没有直接经历过创伤，也许只是在电视上看到过诸如 2001 年世贸中心恐怖袭击等创伤事件的人，也有可能被诊断为创伤后应激障碍。在 DSM-5 中，诊断标准再次变得严格，以保障诊断的准确性。

对 DSM-5 的另一项争议是，根据其新的诊断标准，一些可能正在经历“正常”悲伤的丧亲者有可能被诊断为重性抑郁障碍（Frances, 2010）。这可能源于过度医疗化的社会现象，也可能因为某些制药公司“迅速而贪婪地”抓住一切可能的机会向失去亲友的健康人群推销他们的药品（Frances, 2010）。

大多数精神卫生专业人员并不认为 DSM 中的精神障碍诊断标准是固定的系统，而是将其看作为适应新的研究和实践发展而不断发展的可行标准。但是改变是困难的。DSM 的定期修订从来都不是平稳演变的过程，但最终确定的系统还是有价值的概念化指南，它提供了一种专业性的通用语言，专业领域的学生、从业者和研究者可以使用这种语言就精神障碍进行清晰的沟通。正如弗朗西斯和威第治对 DSM 的评价（2012），“DSM 系统既是不完善的，但又是不可或缺的”（p. 111）。

本章小结

4.1　解释信度、效度和标准化

- 信度是衡量一致性的指标。在评估中，我们关注当我们用同一个测验在短时间内对同一个体重复施测时，是否会得到相似结果。这便是重测信度。
- 另一种信度是评分者一致性信度。它反映了评估中临床医生在对特定患者的诊断方面的一致性。
- 效度即测验是否测量到了应该测量的东西，达成了其设计目的。例如，为了保证效度，学生的智力测验应该告诉我们，受测者有多大可能性在学业或学术方面取得好成绩。但是智力测验并不能有效衡量受测者的歌唱能力。在临床评估中，高效度的测验还能告诉我们目前受测者的许多额外信息，或帮助我们预测受测者未来的病程发展。

- 标准化测验是以统一或“标准”方式施测、评分和解释的测验。这样的测验因每个参与者都受到相同的对待，所以要比非标准化的测验更加公平。

4.2 确定评估的基本要素

- 临床评估是精神卫生专业人员最重要、最复杂的职责之一。来访者的心理问题能在多大程度上得到恰当的诊断和治疗，取决于心理评估的充分性。
- 心理评估的目标包括识别和描述个体的症状、确定问题的进程和严重程度、评估个人背景中潜在的致病因素，以及挖掘有助于治疗的来访者自身资源。
- 临床评估的关键要素包括获取与当前问题有关的信息、个体的人格特征及其生活的社会环境。

4.3 描述影响评估过程的三个重要因素

- 进行评估的心理学家需要敏感地关注文化因素。同样重要的是，对不同文化背景的来访者施测时要使用经过调适和验证的测验。
- 临床医生的理论取向也起一定的作用。理论取向可能影响对患者的提问、对患者病情的关注点，或对患者症状的理解。
- 来访者与临床评估人员间的信任水平以及关系的融洽程度十分重要，可能会影响来访者透露更多信息的意愿。

4.4 描述心理评估的访谈过程、临床观察和测验

- 应用最广泛、最有效的心理评估方法是临床访谈和行为观察。访谈评估有两种基本形式：结构式访谈和非结构式访谈。临床观察包括临床医生对患者外貌和行为的客观描述，包括其可能出现的情绪反应和其他精神症状。
- 心理测验包括收集标准化刺激下的行为样本，测验结果可以与常模进行比较。例如智力测验和人格测验。
- 有两种不同的人格测验方法：（1）投射测验，如罗夏墨迹测验和 TAT 测验，通过向受测者呈现非结构化的刺激，使受测者针对这些刺激“投射”出意义或结构，从而揭示其“隐藏”的心理动机、感受等；（2）客观测验，也就是要求受测者阅读和回答每一项陈述或问题的人格测验。
- 客观型人格测验，如 MMPI-A 和 MMPI-2，是一种能快速测量大群体的经济有效的人格测验方法。

4.5 描述身体评估和神经学评估的方法

- 由于许多心理问题都有生理因素，或是心理问题的潜在致病因素，或是症状模式，因此，需要在心理评估中加入医学检查。
- 如果发现个体存在器质性脑损伤，就需要对其进行神经学检查，如 EEG、CT、PET、

MRI 或 fMRI 等，检查该个体的脑损伤部位以及损伤程度。

- 对于疑似有器质性脑损伤的患者，医生可能会建议进行成套的神经心理学测验，从而确定潜在的脑部异常是否影响了患者的认知和行为，以及影响的程度。

4.6　临床医生如何在治疗计划中整合评估数据和优化决策

- 临床工作者需要解释评估数据，并将其整合到一个工作模型中，用于设计治疗方案。
- 在诊所或医院中，评估数据通常由跨学科的临床小组以会诊的形式来完成。通过整合所有收集到的信息，该小组可以看到这些发现是否相互补充，并形成最终的临床描述和治疗建议。由于评估结果可能对来访者的生活产生重大影响，所以在衡量测验结果的有效性时，必须要注意一些因素。

4.7　解释异常行为的几种分类方法

- 目前异常行为的三种基本分类方法是：分类法、维度法和原型法。它们都有各自的优势和局限性。
- 目前使用的两大精神疾病分类系统分别是：美国精神医学学会出版的《精神障碍诊断与统计手册》（DSM-5），世界卫生组织出版的《国际疾病分类》（ICD-11）。
- DSM 主要使用的分类方法是分类法。

第 5 章

应激与身心健康

学习目标

5.1 解释令人对应激更加敏感的因素，以及令人难以应对的应激源

5.2 身体应对应激时的反应

5.3 解释应激如何导致免疫系统失调

5.4 描述情绪在身体健康中的作用，识别有益和有害情绪

5.5 介绍用于减轻应激反应和治疗应激相关障碍的心理干预方法

5.6 识别适应障碍、创伤后应激障碍和急性应激障碍之间的异同

5.7 描述创伤后应激障碍的临床特点及风险因素

5.8 介绍创伤后应激障碍的预防与治疗

由于截止日期临近、紧张的人际关系、经济压力和日常琐事，生活给我们带来了沉重的负担，使我们处于压力或应激之下。如果这种压力或应激持续下去，会影响我们的身体及心理健康。有时，甚至休闲活动也会带来压力。例如，美国职业橄榄球超级碗冠军赛结束后两周内，失利球队所在的城市的心脏病发作及死亡的人数会增加（Kloner et al., 2011）。观看一场紧张的橄榄球比赛也会使患急性心血管疾病的风险增加一倍以上（Wilbert-Lampen et al., 2008）。压力或应激对你有什么影响？它会让你焦虑吗？会让你偏头痛吗？

健康心理学研究的是应激和其他心理因素对人们的生理健康所产生的影响。健康心理学是**行为医学**的一个分支。针对躯体疾病的行为医学关注那些可能使个体出现生理问题的心理因素，这些因素可能包括生活中的应激事件、某些人格特质、特定的应对方式以及某种社会支持的缺乏。行为医学也关注应激对身体的影响，包括免疫、内分泌、肠胃和心血管系统。

应激不仅影响到人的身体，也会影响到人的思维。正如我们在第 3 章中讨论过的，应激可能使具有易感性的个体出现精神障碍。这种作用在素质-应激模型中得到了确认。此外，当面临极端创伤性应激事件时，健康个体原本具有的应对资源可能遭到破坏，从而导致精神障碍，如以下案例所示的**创伤后应激障碍**（posttraumatic stress disorder，PTSD）。

案例

詹妮弗在驻伊拉克美军野战医院做了一段时间的护士之后患上了创伤后应激障碍。野战医院驻扎在沙漠中，她的日常工作是在约摄氏 49 度的高温下轮班工作 12~14 小时。睡眠成了稀有品，灾难则是家常便饭。日复一日，年轻士兵残破的躯体不断被抬入医院。然而对于詹妮弗产生巨大影响的却是一次特别的事件：

“那一天夜里，我正在值班。医院收到消息，一辆执勤的掩护车辆被简易爆炸装置击中，有三名伤员和一名阵亡士兵的遗体已经送达。两名医务人员正在太平间里处理遗体。死去的士兵躺在一张简易床上，空气中弥漫着肉烧焦的味道。我盯着遗体看，试图寻找一些不同之处，过了一会儿，我才意识到，原来死者的胸部以上包括头部完全没有了。大约一小时后我们才收到了他的头颅。”（Feczer & Bjorklund, 2009）

在本章中，我们将讲述应激在生理和心理疾病中所起的作用。我们还将讨论身体和心理上的问题，因为身心是紧密相连的，而且应激对二者都有影响。尽管与应激相关的问题有很多，但我们特别关注与应激相关的重性生理疾病与精神障碍。在生理疾病中，我们会着重介绍心脏病。而对于精神障碍，则主要关注 PTSD。

5.1 什么是应激？

解释令人对应激更加敏感的因素，以及令人难以应对的应激源

假如我们所有的需求都能得到满足，那么生活将会变得非常简单。然而在现实中，追求满足的道路上却充满阻碍，这些阻碍可能包括了一些人或事物。一个有前途的职业运动员可能会因伤提前结束运动生涯，我们的钱有可能不够用，我们也可能在表白时遭到拒绝……生活中种种不顺心的事需要我们去适应。最近的一项对 14 万名大学新生的调查发现，约 1/3 的学生经常为他们不得不做的一些事情感到压力（Eagan et al.,2015）。而对那些被认为是性少数群体[①]的学生来说，报告有情绪应激的比例更高。

当我们面临的挑战超出了我们的应对资源和能力时，我们会产生一种不适应的心理状态，这种心理状态通常被称为**应激**（Shalev, 2009）。为了避免混淆，我们将把外部要求称为**应激源**，把它们在机体内产生的影响称为**应激**或压力，把处理应激的努力称为**应对策略**。同样重要的是，应激在本质上是一种交互和动态的构念，因为它表现了有机体和环境之间发生的相互作用（Monroe, 2008）。

所有需要应对和适应的改变都可以被视为潜在的应激源。在加拿大内科医生和内分泌专家汉斯·谢耶（1956, 1976）有关应激的著作出版前，“应激”还只是工程师所使用的一个术语。谢耶使用这个词来描述生物体在努力应对和适应不断变化的环境条件时所经历的困难和压力。他的观点为当前与应激相关的研究奠定了基础。谢耶还指出，应激不仅可能发生在消极的情况下（如参加考试），也可能发生在积极的情况下（如婚礼）。这两种应激都会对个体的资源和应对技能施以重压，尽管消极的应激（如悲痛）通常会造成更多的伤害。应激有多种表现形式——不仅可以是一次灾难，而且可能发展成一种持续的力量，超出一

① 指性别认同、性取向或性行为与周围主流社会的大多数异性恋者不同的群体。——译者注

般人的掌控能力。

5.1.1 应激与 DSM

应激和精神障碍之间的关系非常重要，应激的作用因此在诊断标准中得到了承认。这一点在 PTSD 的诊断中表现得最为明显。PTSD 是一种严重的障碍，我们稍后将详细讨论。PTSD 在 DSM-IV-TR 中被归类为焦虑障碍。然而，DSM-5 引入了一个新的诊断类别，称为"创伤及应激相关障碍"，PTSD 也包括在其中。这个新类别还包括了适应障碍和急性应激障碍。这些障碍的共同点在于对可识别的应激源做出反应时出现了心理和行为上的失调模式。这些障碍之间的关键区别包括失调的严重程度、应激源的性质和障碍出现的时间范围。

5.1.2 个体遭遇应激源的预测因素

每个人都面临着自己必须适应的独特需求模式。这是因为人们对于相似情况的感知和解释有所不同，而且在客观上，也不会有完全相同的应激源模式。某些个体在应激条件下也可能比其他个体更容易产生长期问题。这在一定程度上可能与应对技巧和是否存在特定资源有关。例如，儿童特别容易受到战争和恐怖主义等重大应激源的影响（Petrovic, 2004）。研究表明，父母患抑郁症的青少年对应激事件更敏感。与那些父母未患抑郁症的青少年相比，他们在经历生活应激事件后，更有可能出现抑郁症状（Bouma et al., 2008）。

以下个体特征被认为能够提高个体处理生活应激事件的能力：更乐观的态度、更强的心理控制或掌控能力、更高的自尊水平和更好的社会支持（Declercq et al., 2007; Taylor & Stanton, 2007）。这些因素与面对生活应激事件时痛苦程度的减少以及更好的健康水平有关。而双生子研究中的一些证据表明，应对方式的差异还可能与潜在的基因差异有关（Jang et al., 2007）。

一般而言，现在人们普遍认为，我们的基因构成多少都会影响我们对于应激的敏感度。研究者正在探索哪些基因会影响我们的应激反应程度（Alexander et al., 2009; Armbruster 2012）。应激研究的一项重大进展是发现了 5-HTTLPR 基因的一种特定基因型，研究者认为该基因型与面对生活应激事件时产生的抑郁倾向有关。卡斯皮及其同事（2003）发现，当人们经历了四次或更多的生活应激事件时，携带两种短形该基因（s/s 基因型）的个体比携带两种长形该基因（l/l 基因型）的个体更容易罹患抑郁症。然而，正如我们在第 3 章中指出的那样，这个特别的发现目前很有争议，因为它在一些研究中得到了重现（Karg et al., 2011），而在其他研究中却没有（Culverhouse et al., 2017）。为什么会出现这样的情况呢？生活事件的性质差异可能是一个因素。一项研究表明，s 基因型（一个或两个 s 等位基因）和生活事件的类型有着显著的交互作用：人际交往的生活事件（如涉及丧失或拒绝）与 s 基因型有关，而非人际交往的生活事件则与其无关（Vrshek-Schallhorn et al., 2013）。虽然这一发现本身还需要验证，但它强调需要更详细地考虑生活事件的不同性质。

我们早年所经历的应激次数可能增加我们日后的应激敏感度（Gillespie & Nemeroff, 2007; Lupien et al., 2009）。应激的影响可能是累加的，每一次的应激经历都会加强系统的反应能力。来自动物研究的证据表明，暴露在单一的应激体验中可以增强对未来应激事件的反应能力（Johnson, O'Connor, et al.,2002）。当大鼠被置于一个有压力的新环境中时（被放置在一个平台上），先前尾巴被电击过的大鼠比没被电击过的大鼠产生了更多的应激激素皮质醇。与应激相关的其他生物学反应在被电击过的大鼠身上也更明显。这些结果表明，先前的应激经历可能会使我们变得更敏感，让我们对后来的应激经历有更多的反应。应激承受力是指个体承受应激而不受到严重损害的能力。

应激经历也可以通过改变我们思考或评估发生在我们身上的事的方式，创造出一个能够自我维持的循环。研究表明，对应激情境的主观体验可能与个体的认知有关，或是因认知而加剧（Nixon & Bryant, 2005）。这或许可以解释为什么有抑郁症病史的人，比其他人更容易经历负面事件（Havermans et al., 2007）。例如，如果你已经感到沮丧或焦虑，就可能把朋友取消电影约会的行为归因为她不想与你相处了。尽管实际另有原因，但感觉不好时，你可能会倾向于对发生的事件做出消极判断，而不能进行平和理性的思考。你能举出一个曾经发生在你身上的相似例子吗？

5.1.3　应激源的特点

为什么钥匙放错位置要比婚姻不幸或丢掉工作带来的应激小很多？一般来说，我们都会直观地判断为什么一个应激源比另一个更严重，其关键因素包括：（1）应激源的严重性；（2）应激源的时效性（持续多久）；（3）发生的时机；（4）对生活产生多大的影响；（5）人们对它的预期；（6）它的可控性。

应激源涉及生活中的各个重要方面，诸如亲人去世、离婚、失业、严重的疾病或消极的社会交往，对大多数人来说，这些往往都具有高度的应激性（Aldwin, 2007; Newsom et al., 2008）。此外，虐待和情感忽视、生活贫困等应激源作用的时效越长，其影响就越严重。同时遭遇多个应激源也会产生严重的影响。比如一名男子遭到解雇，他的妻子重病在床，又听说儿子因贩毒被捕，如果这一切同时发生，那么他所面临的应激比这些事一件一件分别发生时更为严重。当个体对即时的创伤性情境卷入度更高时，应激的症状也会加剧。比如得知朋友的叔叔在车祸中受伤而产生的应激反应，不会比自己在车祸中受伤而产生的应激反应更强烈。

广泛的研究表明，经历无法预料的事件（未制订可行预案）可能会让个体处于严重的应激之下。一场毁灭性的房屋火灾所带来的破坏并非所有人都能应对。同理，如果患者在手术前被给予了现实的预期，他便更容易从手术的应激中恢复。在一项研究中，研究者给即将接受髋关节置换术的患者在手术前一天播放了一部 12 分钟的短片。该影片从患者的角度描述了整个手术过程。相比未观看影片的对照组，观影患者在手术当天与术后的焦虑程度都较低，需要的止痛剂也较少（Doering et al., 2000）。

然而，我们无法减少不可控的应激源带来的消极影响。一般而言，相比可预测或可控的（或二者兼有）同样大小的应激源，那些不可预测及不可控的应激事件更可能让人或动物遭受创伤（Evans & Stecker, 2004; Maier & Watkins, 2010）。

我们多数人可能偶尔经历过特别剧烈的应激事件。**危机**一词是指个体或群体面临的应激源可能超过或已经超过他们适应能力的时候。危机往往由超高强度的应激事件引发，由于应激源太过强大，以至于人们通常的应对技巧不起作用。应激与危机的区别在于：危机的创伤性情境会击垮人们的应对系统，而应激却不一定令人精神崩溃。

5.1.4 测量生活应激

生活的改变，即使是积极的，如升职或结婚，也会对我们提出新的要求，因此可能产生应激。而生活的变化越快，我们所经历的应激可能也越大。

研究生活变化的主要方法是对生活应激事件进行测量。许多年前，霍尔姆斯和拉赫（1967）开发了《社会再适应量表》。这是一份测量生活常见应激事件的自陈报告清单（Chung et al., 2010; Cooper & Dewe, 2007）。该量表还有一个专门用来评估大学生的版本，如表 5.1 所示。

虽然清单法易于使用，但因其局限性而发展出了基于访谈法的量表，如《生活事件与困难量表》（LEDS; Brown & Harris, 1978）。LEDS 的一个优点是，它包含了一个广泛的手册，其中提供了急性和慢性应激形式的评级规则。LEDS 系统的设计还考虑到生活事件所发生的环境，在对个体事件进行评分时也考虑到了个体的独特环境。举例来说，如果一位有着幸福婚姻生活的女性，在良好的财务情况下得知自己怀孕，那么她所面临的情况就非常不同于那些未婚先孕而又不得不告诉父母的少女。虽然基于访谈法的量表更加耗时，施测成本也更高，但这种方法被普遍认为具有比清单法更高的信度，并且也是该领域研究的首选方法（Monroe, 2008; Harkness & Monroe, 2016）。

表 5.1　大学生活应激清单

把去年发生在你身上的下列事件的“应激得分”数字复制到最后一列，然后求和。

生活事件	应激得分	你的得分
被强奸	100	
发现自己是 HIV 阳性	100	
被指控犯有强奸罪	98	
亲密的朋友去世	97	
亲密的家庭成员去世	96	
染上性病（艾滋病除外）	94	
担心自己怀孕	91	
期末考试周	90	
担心伴侣怀孕	90	
参加考试前睡过头了	89	
一门课不及格	89	
你的男友或女友对你不忠	85	
结束一段稳定的恋爱关系	85	
亲密的朋友或家庭成员罹患重病	85	
经济困难	84	
写一篇重要的学期论文	83	
在考试中被抓到作弊	83	
酒驾	82	
在学校或工作中感觉精力透支	82	
两场考试在同一天	80	
对你的男友或女友不忠	77	
结婚	76	
酗酒和吸毒带来的负面后果	75	
最好的朋友出现抑郁或自杀倾向	73	
与父母有矛盾	73	
在全班面前演讲	72	
缺乏睡眠	69	
住房状况的变化（搬迁）	69	
在公共场合比赛或表演	69	
打架	66	
与室友有矛盾	66	
换工作（求职、换新工作、工作中的困扰）	65	
宣布未来的重大计划	65	
你讨厌的一门课	62	
酗酒或吸毒	61	
与教授有正面冲突	60	
迎接新学期	58	
第一次约会	57	
报到	55	
维持稳定的亲密关系	55	
往返于学习或上班的地方，或者二者兼有	54	
同辈压力	53	
第一次离开家	53	
生病	52	
对你外表的担忧	52	
获得 A+	51	
喜欢一门有难度的课	48	
结交新朋友并与其相处	47	
兄弟会或姐妹会	47	
上课睡觉	40	
参加体育活动（如足球比赛）	20	
总计		

把所有得分加起来，即可得出你过去一年生活应激的总分。在大学生的大样本中，平均得分为 1247 分，范围为 182~2571 分（Renner & Mackin, 1998）。你的应激得分分布在哪里？

5.1.5 复原力

在经历了创伤性事件后，一些人在接下来的几周或几个月里表现良好，几乎没有任何症状。这种健康的心理和生理功能被称为**复原力**。你可能会惊讶地发现，复原力其实并不罕见。事实上，复原力是遭受损失或创伤后最常见的反应（Bonanno et al., 2011; Quale & Schanke, 2010）。

为什么有些人比其他人有更好的复原力呢？研究表明，没有单一因素可以增强复原力。相反，复原力与各种不同的特征和资源有关。增强复原力的特征和因素包括身为男性、年长、拥有良好的教育水平以及更多的经济资源。早些年有研究表明，在美国“9·11”恐怖袭击之后，非裔和一些拉美裔群体的情况与白人相比要差很多，他们的复原力水平也低于白人。然而，种族和民族的变量经常与社会阶层的变量发生混淆。当控制社会阶层变量时，统计数据显示，种族和民族不再是复原力下降的预测因素。

乐观积极的人也拥有更好的复原力。研究表明，那些在谈论最近的损失时仍表现出积极情绪的人，在失去亲人后一般也能更好地适应（Bonanno et al., 2011）。相反，那些负面情绪较多的人，可能进行更多的思维反刍[①]，试图从发生的事件中寻找意义，而他们经历创伤事件后的表现也会更糟。

积极和消极情绪的重要性在一项研究中得到了很好的说明。该研究的对象是一家专业康复医院的 80 名患者（Quale & Schanke, 2010）。他们大多由于事故住院，并有多处外伤或严重的脊髓损伤。在受伤后的几个月里，表现出最好复原力的，是那些刚进医院接受访谈时就表现出乐观态度的患者。除此之外，一般来说积极情绪高且消极情绪低，也预示着患者在治疗期间会有更好的复原力。

最后要提的是，那些非常自信的人，以及那些用积极眼光看待自己的人，在面对创伤事件时往往也能够更好地应对。尽管与这种风格的人相处有时会令人不快，但这种自我提升风格可能让人在危机时刻表现出更多的沉着冷静。例如，一项前瞻性研究（Gupta & Bonanno, 2010）的结果表明，在四年的大学生活中，具有这种自我提升风格的大学生比其他人处理紧急或意外问题的能力更强。

5.2 应激与身体健康

身体应对应激时的反应

因适应应激而产生的生物性代价被称为**非稳态负荷**（Oken et al., 2015）。当我们放松、没

---

① 反复回忆和思考糟糕的经历。——译者注

有压力时，非稳态负荷可以保持较低的水平。如果感觉到压力，我们的非稳态负荷就会升高。虽然在目前阶段，把特定的应激源与某些医疗问题联系起来的研究并不成功，但应激正在成为我们理解身体疾病发展及其过程的重要主题。例如，有过敏症的人的抵抗力可能因情绪紧张而进一步降低。同样的情况是，被病毒感染时，情绪压力可能会影响人体免疫系统的抵抗力。还有一些尤其容易受到应激影响的疾病，如偏头痛（Milde-Busch et al., 2011）和类风湿性关节炎（Cutolo & Straub, 2006）。

在身体健康问题不严重的情况下，应激增加了我们对感冒的易感性（Cohen, 2005）。更危险的是，应激也会增加心脏病发作的风险。研究者证明，在较大规模地震后的几天或几周内，死于冠心病的人数会上升（Leor et al., 1996）。如图 5.1 所示，1994 年洛杉矶北岭大地震后，冠心病引起的猝死人数从每天平均 4.6 人（地震前几天）上升到地震当天的 24 人（Kloner et al., 1997）。在日本阪神大地震之后，死于心脏病发作的人数也有所增加（Kario & Ohashi, 1997）。

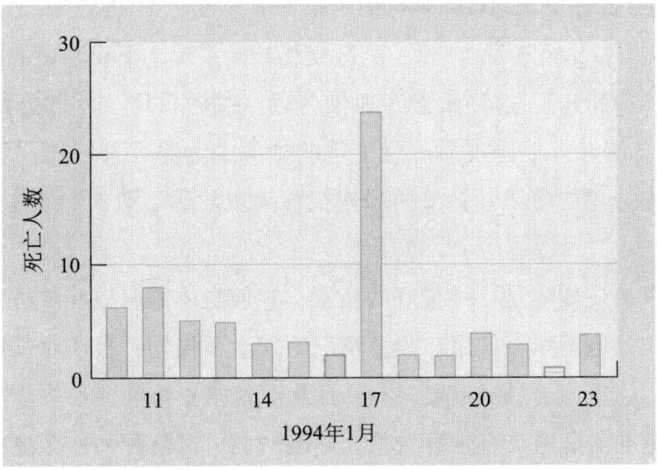

图 5.1　地震与死于心脏病的人数

1994 年 1 月 17 日，加利福尼亚北岭地震当天，死于心脏病的人数急剧上升。

日常形式的应激也会增加患心脏病和死亡的风险（Matthews & Gump, 2002; Smith & Ruiz, 2002）。工作压力就是一个很好的例子。这里的关键因素似乎是工作要求过高和缺乏对决策的控制，这两种类型的工作压力都会增加未来患心脏病的风险。此外，当其他的负面健康行为（如吸烟）条件得到控制时，这种联系也依然存在（Peter & Siegrist, 2000）。有趣的是，对工作的人来说，大多数心脏病发作都发生在周一。周末后重返工作岗位的压力被认为是其中的一个原因（Kloner, 2006）。

要求有冠状动脉疾病的患者就指定的主题发表 5 分钟演讲，就足以使大约 20% 的患者的心脏功能发生可检测到的变化（Sheps et al., 2002）。此外，对这种应激形式反应最强烈的患者在未来 5~6 年内死亡的可能性几乎是反应较弱的患者的 3 倍。我们都知道，精神压力会使血压和肾上腺素升高，也可能减少心肌供氧（Yeung et al., 1991），然而，舍普斯的研究结果表明，在应激并不极端或严重的情况下，依然可能导致严重的后果。

5.2.1 应激反应

为了理解为什么应激会导致生理和心理问题，我们需要知道当我们经历应激时身体内部发生了什么。当面对应激源的威胁时，身体会经历一系列的生化反应。这里涉及两个不同的系统。交感-肾上腺髓质（SAM）系统（Gunnar & Quevedo, 2007）的作用是调动资源，为战斗或逃跑做好准备。应激反应始于下丘脑，下丘脑刺激交感神经系统（SNS），导致肾上腺的内部（肾上腺髓质）分泌肾上腺素和去甲肾上腺素。当这些物质进入血液时，它们会加快心率，还能让身体更快地代谢葡萄糖。第二个参与应激反应的系统是下丘脑-垂体-肾上腺（HPA）系统（参见第 3 章）。除了刺激交感神经系统，下丘脑还会释放“促肾上腺皮质激素释放激素”（CRH）。这种激素经血液传输，刺激垂体。垂体分泌促肾上腺皮质激素（ACTH），它会诱导肾上腺皮质（肾上腺的外部）分泌一种叫作“糖皮质激素”的应激激素。在人体内分泌的应激性糖皮质激素被称为**皮质醇**。图 5.2 说明了这一系列的生化反应。

在紧急情况下，皮质醇是一种很好的激素，它使身体做好战斗或逃跑的准备。它还能抑制先天免疫反应，这意味着如果在紧急情况下发生了损伤，身体对损伤的炎症反应就会延迟。换句话说，逃生比治愈更重要，存活比组织修复更重要。如果你需要逃离刚刚袭击你的熊，做好逃跑准备显然具有生存价值。这同时也可以解释为什么注射可的松有时被用于减轻关节炎的疼痛。

但皮质醇也有一个缺点。如果皮质醇反应不被切断，就可能损害脑细胞，尤其是海马（Sapolsky, 2000）。从根本上说，应激对你的大脑有害，它甚至可能阻碍生长（压力大的婴儿不会以正常的方式增重，也不会“茁壮成长”）。因此，大脑有受体来检测皮质醇。当受体被激活时，它们会发出一个反馈信号，用于抑制参与应激反应的腺体活动。但如果应激源仍然存在，那么 HPA 轴还会保持活跃，皮质醇也会继续释放。虽然身体对短期内产生的皮质醇具有适应性，但长期过度活跃的 HPA 轴以及血液中高水平的皮质醇会损害健康。

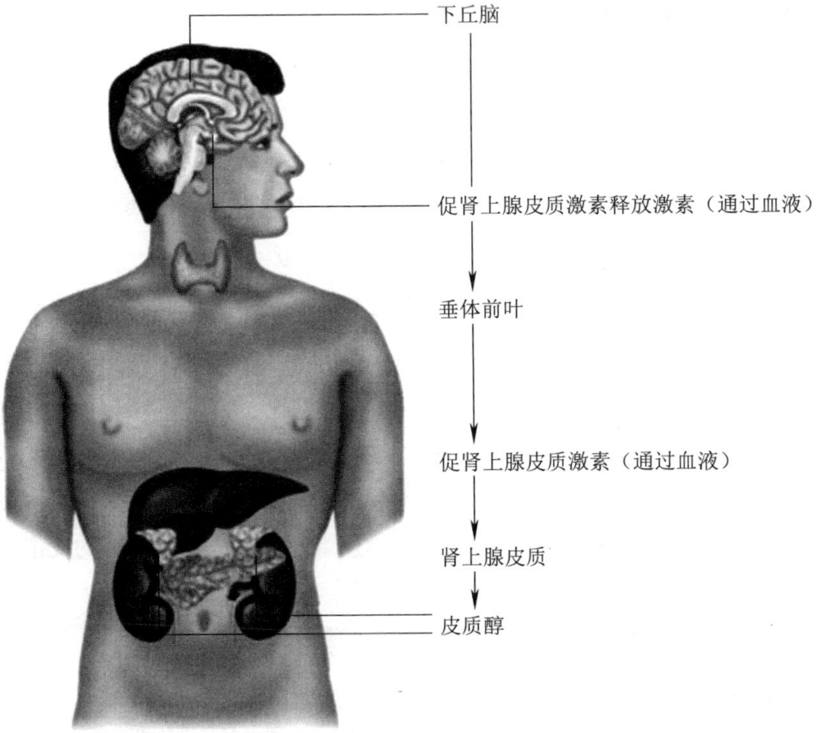

图 5.2　下丘脑－垂体－肾上腺轴
长期的压力会导致肾上腺激素皮质醇的分泌，皮质醇会升高血糖，促进新陈代谢。这些变化有助于身体维持长时间的活动，但以降低免疫系统的活动为代价。

5.2.2　身心联系

与神经系统活动没有直接关系的一些疾病（如感冒）与应激之间也存在联系。这表明，应激可能会损害免疫功能，从而在整体上增加人们对疾病的易感性。**心理神经免疫学**是研究神经系统和免疫系统之间相互作用的学科。尽管人们曾经认为免疫系统本质上是“封闭的”，只对外来物质的挑战做出反应，但现在我们知道事实并非如此。其实我们才刚刚开始理解神经系统和免疫系统的交流方式（Louveau et al., 2015）。

越来越多的证据显示，大脑影响免疫系统，免疫系统也影响大脑。换句话说，个体的行为和心理状态会影响免疫功能，免疫系统也可以通过血液中的神经递质水平来影响个体当前的精神状态和行为倾向，而这些又影响着大脑的状态。例如，我们前文讲过的糖皮质激素可以引起应激性免疫抑制。从短期来看，这是具有适应性的（先逃跑，后痊愈）。然而，长期的压力可能会给免疫系统带来问题。为了理解为什么会这样，我们需要简要描述一下免疫系统的基本运作原理。

5.2.3 了解免疫系统

免疫系统保护身体免受病毒或细菌的侵害。在许多方面，它可以被比作一支警察部队。如果它太弱，就不能有效地发挥作用，身体就会受到入侵的病毒和细菌的伤害。相反，如果免疫系统过于强大而缺乏选择性，它就会转而攻击人体自身的健康细胞。这种情况可能会导致自身免疫性疾病，例如类风湿性关节炎和红斑狼疮。

免疫系统的第一道防线是白细胞。这些白细胞（或淋巴细胞）在骨髓中产生，然后储存在身体的各个部位，如脾脏和淋巴结。白细胞有两种重要类型。其中一种被称为 B 细胞（因为它在骨髓中成熟）[①]，它产生特定的抗体，这些抗体被设计用来对特定的抗原做出反应。抗原是病毒和细菌等异物，以及肿瘤和癌细胞等内部入侵者。白细胞的第二种重要类型是 T 细胞（因为它在胸腺中成熟，胸腺是一种重要的内分泌腺）[②]。当免疫系统受到刺激时，B 细胞和 T 细胞被激活并迅速繁殖，形成各种形式的反击（见图 5.3）。如果这种情况没有发生，你将不可避免地死于感染。

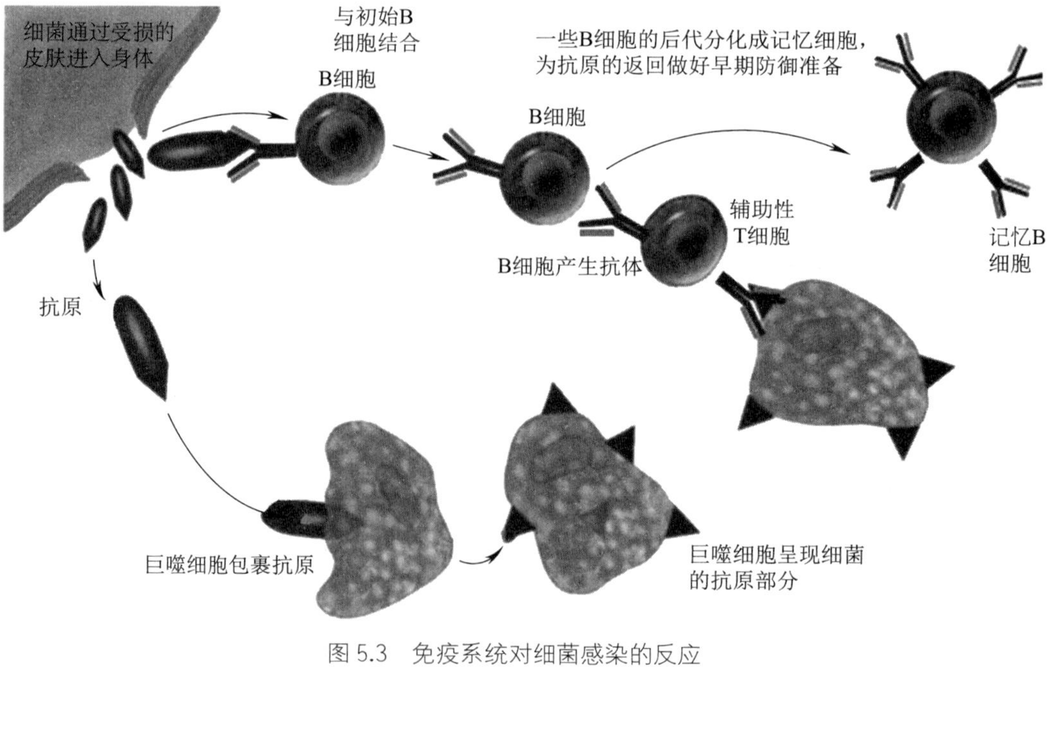

图 5.3 免疫系统对细菌感染的反应

① “骨”（bone）的英文首字母是 B。——译者注

② “胸腺”（thymus）的英文首字母为 T。——译者注

T 细胞以非活性的形式在血液和淋巴系统中循环。每个 T 细胞表面都有识别特定类型抗原的受体。然而，T 细胞不能自己独立识别抗原，只有当被称为“巨噬细胞”的免疫细胞（这个词的意思是“大口吃东西的细胞”）检测到抗原并开始吞噬和消化它们时，T 细胞才会被激活。为了激活 T 细胞，巨噬细胞会释放一种叫作“白细胞介素-1”的化学物质。在巨噬细胞的帮助下，T 细胞被激活并开始破坏抗原（Maier et al., 1994）。

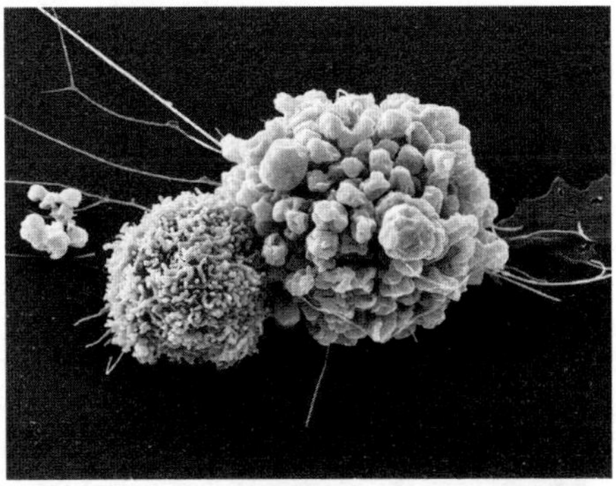

图 5.4　自然杀伤细胞（NK）是一种白细胞，它能识别并摧毁肿瘤和被病毒感染的细胞，以此保持我们的健康。这张照片中，一个 NK 细胞正在检查另一个细胞是否有疾病迹象。左边是 NK 细胞，它正在检查右边的细胞，这是一个肿瘤细胞。NK 细胞是预先武装好的，随时可以杀死对方。它可以释放有毒的蛋白质到它所依附的细胞中

B 细胞的结构与 T 细胞不同。当 B 细胞识别出抗原时，它会开始分裂并产生在血液中循环的抗体。这个过程是由 T 细胞释放的细胞因子（如白细胞介素-1）促进的。抗体的产生需要 5 天或更长时间（Maier et al., 1994）。然而，如果抗原在未来再次出现，免疫系统的反应会快得多，因为免疫系统对入侵者有“记忆”。

B 细胞和 T 细胞的抗损伤活性由系统其他特殊成分提供支持和增强，最显著的是自然杀伤细胞、巨噬细胞和粒细胞。免疫系统对抗原入侵的反应是错综复杂的，需要许多部分完整运行。

5.3　应激与免疫系统功能

解释应激如何导致免疫系统失调

可能使你惊讶的是，应激会使伤口的愈合速度下降 24%~40%（Gouin & Kiecolt-Glaser, 2011）。这是因为应激与免疫系统的抑制有关（Segerstrom & Miller, 2004）。一项研究在两种不同的情况下对 11 名牙科专业学生志愿者的上腭进行了穿刺活检。第一次活检在 8 月中旬，当时学校正在放暑假。第二次在 6 周后，也就是大考前 3 天。平均而言，在紧张时期，伤口愈合的速度比放假时慢 40%（Marucha et al., 1998）。事实上，在该研究中，每一位在考试前进行穿刺活检的志愿者的伤口愈合时间都比暑假组的更长（见图 5.5）。

虽然短期的应激（比如我们参加考试时的应激）会损害免疫系统，但更持久的应激源，如失业或是与家人、朋友存在人际关系问题，才是免疫抑制程度最高的情况。失业者的免疫功能水平显著低于在职人员。不过好消息是，失业者如果找到了一份工作，免疫功能就可以恢复正常（Cohen et al., 2007）。

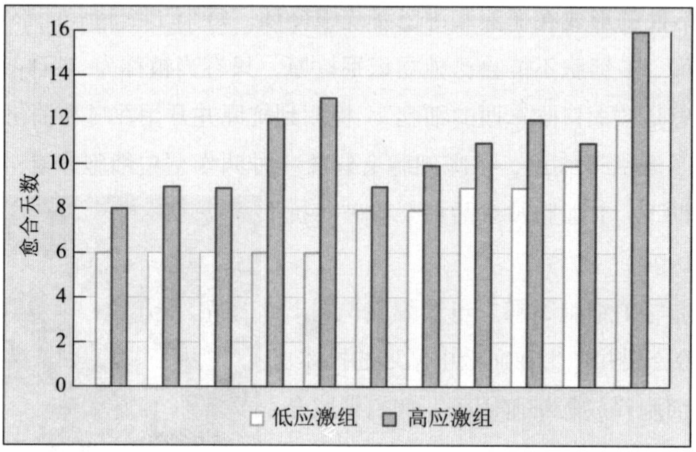

图 5.5 伤口愈合与应激

11 名被试的康复时间分别为暑假（低应激）和考试前（高应激）两个时间段。

5.3.1 应激和细胞因子

你现在知道了，应激会导致免疫系统失调，减缓愈合速度，使我们更容易生病。但这是怎么发生的呢？要理解这一过程，你需要先了解一些有关**细胞因子**的知识。细胞因子是一种小的蛋白质分子，是免疫系统的重要组成部分。细胞因子作为化学信使，允许免疫细胞相互沟通。你可能听说过干扰素，它就是一种细胞因子，常用于治疗癌症、多发性硬化症和丙型肝炎患者。

细胞因子之所以很特别，是因为除了与免疫系统沟通，它们还有更广泛的作用。重要的是，它们能够影响大脑。研究者过去认为免疫系统是一个独立的实体。我们现在知道，大脑会和身体协同工作来协调对疾病的反应。例如，当你生病时，你往往会感到疲倦、食欲不振，需要更多的睡眠，这是生病时典型的状态，我们都很熟悉。然而，你可能不知道的是，这种不舒服的感觉至少部分由特定细胞因子的影响造成。这些细胞因子作用于大脑，这就是我们感觉不适的原因之一（Dantzer & Kelley, 2007）。虽然令人不舒服，但这种感觉却是高度适应性的，它使我们暂停日常生活，多休息，照顾自己，直到我们康复。

不仅大脑受免疫系统产物（如细胞因子）的影响，而且大脑与免疫系统之间的密切沟通也意味着大脑有能力影响免疫过程。在一项令人兴奋的新研究中，研究者发现了一条以前不为人知的“高速通道”，它可以让大脑直接连接周围免疫系统，而且这条“通道”可以让免疫细胞进出（Louveau et al., 2015）。考虑到这一点，本章下面将要讨论的一些发现（例如，抑郁症和身体疾病之间的联系，乐观态度和社会支持对健康的好处）会更有意义。

然而，免疫系统层面的慢性问题可能导致行为改变，甚至引发精神问题。例如，正如我们之前提到的，癌症患者有时需要使用细胞因子激活他们的免疫系统来进行治疗。由此产生的副作用是，几乎所有的患者都感到疲劳，并产生睡眠和食欲问题。此外，还有大约30%~50% 的患者会经历抑郁情绪、焦虑和认知问题——这些问题需要通过抗抑郁药物来缓解（Dantzer & Kelley, 2007; Musselman et al., 2001）。简而言之，细胞因子研究有着很大的潜力，可以帮助我们理解行为医学的核心——身心健康之间的关系。

细胞因子在介导炎症和免疫反应中发挥着重要作用（Kronfol & Remick, 2000）。它们可分为两大类：促炎细胞因子和抗炎细胞因子。促炎细胞因子，如白细胞介素-1（IL-1）、白细胞介素-6（IL-6）和肿瘤坏死因子（TNF），通过增强免疫反应，帮助我们应对免疫系统受到的挑战。相反，抗炎细胞因子，如白细胞介素-4（IL-4）、白细胞介素-10（IL-10）和白细胞介素-13（IL-13）会降低或抑制免疫系统的反应，有时它们通过阻止其他细胞因子的合成来达到这一目的。

在应激条件下，促炎细胞因子的产生会被破坏，这会影响伤口的愈合。为了证明这一点，基科特-格拉泽和同事（2005）招募了一组已婚夫妻作为样本，他们在医院的研究所进行了 24 小时的实验。在实验中，研究者给这些夫妻每人的手臂上都打了一个水泡。此后，他们被要求参与以家庭和睦为主题的支持性讨论。在讨论之后的不同时间点，研究者从水泡中取出液体并分析其中的细胞因子。实验后的大约两个月，研究者再次召集了这些夫妻，进行了程序基本相同的实验，只是讨论的主题变为挑起婚姻冲突。

结果如何呢？与对家庭和睦的支持性讨论相比，后来的冲突讨论后他们水泡伤口愈合的平均时间延长了 1 天。换句话说，冲突造成的应激减缓了伤口的愈合。这与我们之前介绍的牙科学生研究的结果相似。基科特-格拉泽的研究也揭示了为什么伤口愈合延迟。无论夫妻双方讨论的内容如何，水泡中促炎细胞因子（IL-1、IL-6 和 TNF）的产生量都增加了（反映了愈合过程的开始），但冲突讨论后细胞因子的产生量低于支持性讨论后的产生量。

5.3.2　慢性应激和炎症

如果短期应激（比如考试）对健康不利，那么长期应激是否更糟呢？答案是肯定的。越来越多的证据显示，炎症（促炎细胞因子水平的增加）在长期处于应激情境下的个体体内会加重。这是因为长期的应激似乎干扰了身体抑制细胞因子产生的能力。

在正常情况下，白细胞介素-1 等细胞因子刺激 HPA 轴（见图 5.2），导致皮质醇升高。皮质醇（你会想起它是一种应激激素）被认为可以调节（抑制）细胞因子的产生。换句话说，细胞因子的产生引发了一个负反馈循环，可以防止过度或夸张的免疫或炎症反应。然而，慢性的应激似乎会损害身体终止免疫系统反应的能力，其结果就是使个体产生炎症。

慢性炎症是一系列健康问题和疾病的风险因素，包括心血管疾病、2 型糖尿病、哮喘、骨质疏松症、类风湿性关节炎和其他许多疾病（Ershler & Keller, 2000; Jaremka et al., 2013）。这也是为什么当医生想评估个体患心脏病的风险时，需要检测血液中是否存在 C-反应蛋白（CRP），即一种由肝脏细胞合成、对抗感染或组织损伤的分子。

慢性应激可以有多种形式。一项相关研究表明，照顾患阿尔茨海默病家人的女性的白细胞介素-6 的水平要高于预期搬迁应激的女性和没有面对上述两种应激源的对照组女性（Lutgendorf et al.,1999）。尽管照料组的女性比其他两组要年轻 6~9 岁，而且 IL-6 水平已知会随着年龄增长而增加，但研究者还是发现了这种差异。其他研究还将歧视（另一种慢性应激形式）和非洲裔美国人的 CRP 水平的升高联系了起来（见专栏《我们周围的世界》）。

我们周围的世界

非洲裔美国人面临的种族歧视与心血管健康问题

歧视的经历经常与一些健康问题有关，包括血压升高和心血管疾病。但是这种联系是如何产生的呢？这里的一个重要的中介很可能是 C-反应蛋白（CRP）。

CRP 是肝脏细胞合成的一种蛋白质，血液中高水平的 CRP 表明体内存在广泛的炎症。在一项特别的研究中，路易斯和同事（2010）研究了 296 位平均年龄高达 73 岁的非洲裔美国人，检测了这些参与者血液样本中的 CRP 水平，还让他们完成了一份问卷，询问关于日常生活中遭遇歧视的经历。调查问卷的内容包括不受尊重、餐馆或商店提供的服务不佳、被侮辱或骚扰的经历。

研究结果显示，日常歧视与 CRP 之间存在显著的相关性，被歧视的经历越多，CRP 水平越高。即使考虑到吸烟、高血压、抑郁症和其他健康因素，这种相关性仍然存在。尽管还有很多问题需要了解，但是这些初步发现已经非常令人惊讶了。这些发现提供了一个线索，表明被歧视的经历可能在老年非洲裔美国人的心血管健康问题上发挥着非常重要的影响。

被歧视会产生什么样的应激呢？你经历过被歧视的应激吗？如果有，它对你产生了哪些影响？

研究特写
相关研究

与实验研究（以某种方式操纵变量并观察会发生什么）不同，在相关研究中，研究者观察或评估不同群体的特征，在不操纵其所处环境的情况下，尽可能多地了解他们。

5.3.3 应激与过早衰老

到目前为止，我们的大部分讨论是关于常见的急性应激（如考试、意见不合）和慢性应激（歧视、失业、照顾患病配偶）。但是那些发生在童年的严重的慢性应激呢？研究者开始探索这个问题，结果非常令人担忧。童年时期经历的创伤性应激似乎能增加日后过早死亡的风险。

在这类研究中，布朗和他的同事（2009）收集了超过 17 000 名在 1995 至 1997 年间就诊于初级保健诊所的成年患者资料，这些资料记录了患者童年的不良经历。这些信息包括个体 18 岁之前遭受的情感虐待、身体虐待或性虐待，家庭暴力，家庭成员入狱，父母分居或离婚等内容。大约 10 年之后，研究者追踪了在此期间死亡的人，结果令人震惊。那些在童年时期报告过 6 次或 6 次以上不良事件的人的死亡时间，远远早于根据标准估算的预期寿命（事实上，几乎提前了 20 年）。死亡的前两大主因是心脏病（或中风）和癌症。

当然，解释从这样的研究中所获取的数据是复杂的。然而，最近一项使用前瞻性纵向设计的研究报告称，与没有任何不良童年经历的男性相比，有 2 次或 2 次以上不良童年经历的男性过早死亡的风险增加了 57%。对女性来说，相应的死亡风险增加了 80%。而且，用成年期的生活方式等其他因素并不能很好地解释这些过早的死亡现象（Kelly-Irving et al.,2013）。

这意味着什么呢？尽管我们目前还不能确定，但有理由怀疑，早期的生活应激可能会导致人体生物学上的变化而加速衰老，使人们更有可能死于与年龄增长相关的各种疾病（如癌症、心脏病）。但这又是怎么发生的呢？可能的答案之一是端粒。

端粒是染色体的保护性末端部位，你可以把它想象成一条鞋带的尾部。端粒会随着年龄的增长而逐渐缩短。如果它们太短，细胞就不能正常分裂，患病的风险就会随之增加。

应激可能提前缩短端粒的长度。在第一个这类研究中，埃佩尔和她的同事（2004）比较了两组母亲的血细胞端粒长度：一组母亲照顾患有慢性疾病的孩子，而另一组母亲的孩子健康。母亲照顾生病孩子的时间越长，端粒变短得越快。在两组母亲中，端粒长度也与她们所承受的压力相关。这些差异并非微不足道，压力最大的母亲端粒缩短的程度相当于10 年的衰老！

这个领域的研究正在迅速发展，已经有部分的成果。我们知道端粒长度是由一种被称为“端粒酶”的酶来维持的，而应激激素皮质醇可以降低这种酶的活性（Price et al., 2013）。换句话说，我们开始理解应激是如何产生这一系列变化的，如果不加以控制，这些变化会损害免疫系统，造成炎症，并缩短端粒的长度。我们还了解到，饮用过多含糖的苏打水也可能使端粒缩短（Leung et al., 2014），悲观情绪可能加快端粒缩短的速度（O' Donovan et al., 2009），冥想则可能保持端粒酶的活性（Jacobs et al., 2011）。而且，你也需要知道，锻炼似乎可以作为一种缓冲器，抵御应激对端粒产生的负面影响（Puterman et al.,2010）。从本质上讲，科学研究正在为我们说明，为什么需要保持一种快乐、健康、更加放松的生活方式。

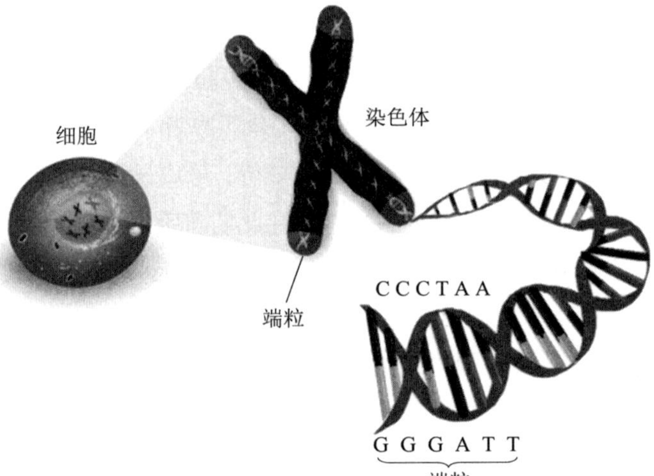

图 5.6　端粒

端粒是染色体的保护性末端，它会随着年龄的增长而缩短，过短的端粒增加了患病的风险。应激也会缩短端粒。端粒的长度是由端粒酶维持的，应激激素皮质醇会降低端粒酶的活性。如果你需要一个理由来减轻生活中的压力，那么现在你有了一个很好的理由！

5.4　情绪与身体健康

描述情绪在身体健康中的作用，识别有益和有害情绪

我们已经描述了应激是如何导致免疫系统失衡，从而损害身体健康的。除了应激，消极情绪也同样对身体健康造成威胁。因为我们的大脑影响着免疫系统，而心理因素也时刻影响着我们的大脑。你对问题的看法以及应对方式，甚至是你的气质，都可能影响着你的身体健康。

5.4.1　人格

对心理因素与心脏病的关系的探索可以追溯到对 A 型行为模式的识别（Friedman & Rosenman, 1959）。A 型行为模式的特征是过度的竞争驱力、对工作的极端投入、缺乏耐心或有时间紧迫感，以及敌意。我们可能认识很多这样的人，日常生活中经常会用到“A 型人格”这个词。

一项历时 8 年半的追踪研究发现，在 35~59 岁的健康男性中，冠状动脉疾病风险增加 2 倍，以及心脏病发作的风险增加 8 倍，都与 A 型人格相关（Rosenman et al., 1975）。随后一项名为“弗雷明汉心脏研究”的大型研究不仅证实了早期（“西部协作组研究计划”）的研究结果，而且还把范围扩展到了女性（Kannel et al., 1987）。后来随着这类研究的不断深入，越来越多的证据显示，A 型人格的敌意成分（包括愤怒、轻视、鄙视、愤世嫉俗和不信任）与冠状动脉疾病恶化的关系最为密切（Chida & Steptoe, 2009; Wong et al., 2013）。

一项更晚近的研究成果确定了“忧伤型”或“D 型”人格类型（Denollet et al.,2000）。D 型人格群体倾向于感受负面情绪，该类型者常常感到不安和焦虑。在 5 年的随访期内，在慢性情绪困扰量表中得分较高（代表 D 型人格）的男性冠心病患者比非 D 型人格的男性更有可能发生致命或非致命的心脏病发作（Denollet et al., 2000）。D 型人格测验得分高的人（见表 5.2），在心脏手术后出问题的风险也会增加（Tully et al., 2011）。

表 5.2　D 型人格量表

与 D 型人格相关的社交和情绪问题会增加你患心脏病的概率。阅读每句话，圈出适当的数字来表示你的答案。答案没有对错之分，重要的是你自己的印象。

①进行测验，圈出你的答案

	不同意	比较不同意	两可	比较同意	完全同意
1.当我遇到陌生人时，我很容易与之接触	4	3	2	1	0
2.我常对一些不重要的事大惊小怪	0	1	2	3	4
3.我常和陌生人说话	4	3	2	1	0
4.我常感到不快乐	0	1	2	3	4
5.我常被激怒	0	1	2	3	4
6.我在社交活动中感到拘束	0	1	2	3	4

（续表）

	不同意	比较不同意	两可	比较同意	完全同意
7.我对事物持悲观态度	0	1	2	3	4
8.我发现很难开口交谈	0	1	2	3	4
9.我时常心情不好	0	1	2	3	4
10.我是一个封闭的人	0	1	2	3	4
11.我宁愿与人保持距离	0	1	2	3	4
12.我发现自己常常在担心什么	0	1	2	3	4
13.我时常情绪低落	0	1	2	3	4
14.当社交时，我时常找不到合适的话题	0	1	2	3	4

②计算你的分数

消极情感题目：2、4、5、7、9、12、13，得分：__________

社交抑制题目：1、3、6、8、10、11、14，得分：__________

③总分

如果你的消极情感指数是 10 或更高，且你的社交抑制指数是 10 或更高，那么你就是 D 型人格。

5.4.2 抑郁症

抑郁症和应激相似，也与免疫功能紊乱有关（Kiecolt-Glaser et al., 2002）。抑郁症和免疫系统抑制之间的关系可能有一部分与引发抑郁情绪的特定事件无关。换句话说，抑郁状态本身产生的负面状况，可能超过了引发抑郁情绪的应激源所带来的负面影响。

抑郁症也是心脏病的一个因素。心脏病患者罹患抑郁症的可能性大约是健康人的 3 倍（Chesney, 1996; Shapiro, 1996）。患有心脏病的患者，也可能会同时患有抑郁症，这也许还不能令你感到特别惊讶。然而，相对于患有其他严重疾病（如癌症等）的患者，抑郁症在心脏病患者中更为常见（Miller & Blackwell, 2006）。除此之外，心脏病发作后出现严重抑郁症状的患者在未来 5 年内死亡的可能性是未出现严重抑郁症状患者的 3 倍（Glassman, 2007; Lesperance et al., 2002）。还有研究表明，快感缺乏症状（抑郁症的一种以严重丧失快乐和兴趣为主要特征的症状）可能特别能预测心脏病发作后更高的死亡风险（Davidson et al., 2010）。

抑郁症似乎也是冠心病的一个风险因素。最近一项涉及近 90 万名参与者的前瞻性研究的元分析表明，患有抑郁症与将来罹患心脏病或心脏病发作的风险增加 30% 有关（Gan et al., 2014）。即使考虑到生活方式等其他的潜在变量，抑郁症与心脏病之间的联系也依然存在。

研究特写
风险因素

风险因素是一个变量，它增加了特定（通常是负面的）结果在稍后发生的可能性。例如，肥胖是心脏病的一个风险因素，完美主义是进食障碍的一个风险因素。

为什么抑郁症和心脏病有如此紧密的联系呢？目前认为，这是身心联系的另一个例子。如前所述，应激被认为可以激活免疫系统，触发白细胞产生促炎细胞因子，如白细胞介素-1、白细胞介素-6 和肿瘤坏死因子。长期接触这些促炎细胞因子可能会导致大脑发生变化，从而表现出抑郁症的症状。抑郁症可能与应激相互作用，从而进一步增强由应激自然触发的炎症反应，如同火上浇油（Fagundes et al., 2013）。促炎细胞因子不仅会损伤大脑，还会刺激血管斑块的生长，这些斑块不但会堵塞血管，还可能破裂，由此导致心血管疾病的发生。换句话说，如图 5.7 所示，心脏病和抑郁症之间的联系是由炎症和炎症细胞因子造成的（Miller & Blackwell, 2006; Robles et al., 2005）。

新的研究还发现，即使控制了其他健康方面和生活方式的变量，抑郁症患者的端粒也比未患抑郁症的对照组更短（Verhoeven et al., 2014）。在费尔赫芬与同事的研究中，抑郁症患者端粒的缩短程度相当于普通人 4~6 年的衰老。此外，还存在剂量-反应关系，这意味着患抑郁症的时间越长、越严重，患者的端粒就会越短。当然，由于这项研究属于横断研究，存在一些局限性，因为缺乏纵向研究的数据，所以我们还不能肯定抑郁症导致了端粒的缩短。尽管如此，这项研究还是可以给予我们一些启发：抑郁症可能是一种影响身体磨损程度的情绪状态，可以加速我们的衰老。而我们的身体越衰老，就越可能出现各种严重的健康问题。

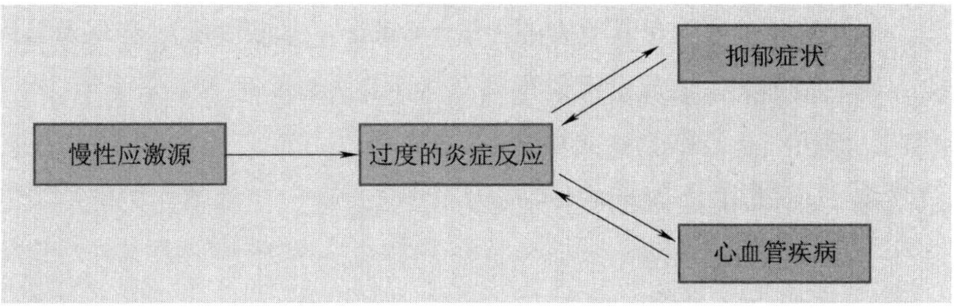

图 5.7　应激、炎症、抑郁症和心脏病

该模型介绍了炎症反应如何介导慢性应激源、抑郁症状和心血管疾病之间的关系。应激源会激活免疫系统，导致持续性炎症反应。随着身体长期接触炎症分子产物，人们可能会出现抑郁症状，并罹患心血管疾病。

5.4.3 焦虑

抑郁症并非唯一与冠心病有关的精神障碍。研究表明，恐怖性焦虑障碍与心脏性猝死风险的增加有关。在一项经典的早期研究中（1994），河内、科蒂兹和同事调查了近 34 000 名男性专业人士，他们是惊恐障碍、场所恐怖症和广泛性焦虑障碍的患者。在为期 2 年的随访研究中，焦虑程度最高的男性心脏性猝死的发生率是正常人的 6 倍。这一发现还在另一项研究中得到了验证，该研究对大约 2 300 名男性进行了调查，这些人参与了一项针对衰老的规范性研究（Kawachi, Sparrow, et al., 1994, 1995）。同时，对研究初期没有患心脏病的女性进行的前瞻性研究也表明，恐怖性焦虑障碍与较高的心脏性猝死风险有关（Albert et al., 2005）。

5.4.4 社交孤立与社会支持的缺乏

我们的社交孤立感也会对心血管疾病产生影响，社会因素与冠心病密切相关。动物研究表明，单独饲养的猴子的动脉粥样硬化程度（血管中的脂肪沉积，最终会造成阻塞）是群居猴子的 4 倍（Shively et al.,1989）。孤独也会增加患心脏病的风险，孤独与社会支持缺乏或抑郁不同，个体的社交网络规模与孤独并没有密切的关系。一项研究对 3 000 名没有心血管问题的人进行了超过 19 年的跟踪调查，在两次独立的评估中，报告孤独程度较高的女性在后来几年内患心脏病的概率要比其他人高 76%。当其他变量如年龄、吸烟、体育活动和抑郁症被统计在内时，这种联系也依然存在。有一点比较特别，研究者在男性中并没有发现孤独和心血管疾病之间的联系（Thurston & Kubzansky, 2009）。这有可能是因为女性比男性更容易感觉到孤独。

有类似的证据表明，感受到情感支持会对冠心病患者产生影响。在一项对心脏病患者的研究中，那些报告自己拥有的情感支持水平低的人心脏病再次发作的可能性几乎是其他人的 3 倍（Berkman et al., 1992）。在另一项研究中，如果冠心病患者未婚或者无人倾诉，那么在接下来的 5 年里，他们的死亡风险是其他人的 3 倍（Williams et al.,1992）。科尼及其同事（2001）也得出了类似结论，婚姻关系的质量可以预测充血性心力衰竭患者未来 4 年的生存率。虽然目前还不能确定，但可能是婚姻紧张或缺乏社会支持引发了免疫系统的炎症反应，从而导致抑郁症和心脏问题；也有可能是抑郁症本身引发了炎症反应，而抑郁症又与人际关系有关。

5.4.5 积极的情绪

避免诸如抑郁、焦虑和愤怒等消极情绪可能特别重要，因为消极情绪与不良的健康状况有关（Kiecolt-Glaser et al., 2002）。另一方面，乐观的人生态度以及积极的情绪，很可能有益于身体健康（Rasmussen et al., 2009）。

也许你听说过**积极心理学**。这个心理学流派关注人类的个性与相关资源，比如幽默、感恩和同情心，这些特质可能对我们的身心健康有直接帮助。维特列特及其同事（2001）的一项研究对此进行了说明。研究者要求大学生选择他们经历过的人际攻击（如拒绝、背叛和人身攻击），然后让他们想象自己面对这些攻击时采取宽容或不宽容的态度，同时收集他们的自陈报告、心率、血压和面部肌肉张力等数据。在宽容的条件下，学生们被要求设想给予对方宽恕或同情；在不宽容的条件下，他们被要求继续感受伤痛和恨意。

研究结果表明，在宽容的条件下，参与者确实表现出了同理心和宽恕；而当要求他们思维反刍和采取不宽恕的态度时，参与者报告感到了消极、愤怒、悲伤和失控的情绪，并且皱眉肌的张力也更大。更重要的是，他们心率加快，血压上升，皮肤电（衡量交感神经系统的唤醒程度）也显示出了更高的唤醒程度。更加令人惊奇的是，在实验结束之后，研究人员要求参与者放松下来，但他们却难以做到。换句话说，沉湎于过去伤痛所引发的高水平生理唤醒很难终止。

这些发现意味着什么呢？可能短暂的愤怒情绪并不会对我们造成真正的伤害，但那些倾向于对往事耿耿于怀的人更可能对自己造成伤害。从某种程度上说，持续的愤怒情绪以及心血管反应可能对心脏与免疫系统产生不良影响，心怀怨念有损我们自身的健康。事实上，最近的研究显示，宽容度得分较高的大学年龄段群体，生理和心理的症状都更少（Toussaint et al., 2015）。该研究说明，宽恕缓解了应激对心理问题的影响，但在生理健康方面还未发现关联。虽然我们刚刚描述的是横断研究，但纵向研究也表明，更多的宽容可以预测个体更少的健康问题。但反过来，更少的健康问题并不能预测个体的宽容度（Seawell et al., 2014）。换而言之，更可能是宽容对健康产生了积极影响，而不是健康的人显得更宽容。如果真的是这样，我们便能得出有效的结论：原谅那些冒犯我们的人可以降低自身的应激水平，提高我们的身心健康程度，虽然有时候做到这一点并不容易。

了解了积极和消极情绪对身体健康的重要性，来看看以下的案例。

案例

M 是一位 44 岁的内科医生。他的父母是来自意大利的移民，他在家中排行老二，从小就非常努力，决心为自己和家人创造一个好的生活环境。他事业心强，工作经常加班加点，并且热心帮助他所医治的肿瘤患者，患者们也都很喜欢他。但是，他的工作却常常给他带来压力。尤其是当那些晚期肿瘤患者一个一个在他眼前逝去时，他感受到了巨大的悲伤。

在家里，M 医生是忠诚的丈夫以及三个孩子的父亲，却不是一个容易相处的人。他发现自己很难放松下来，而且情绪也非常不稳定。他时常生气，在感觉又度过了糟糕的一天时，他尤其容易冲家里人大喊大叫，这些不良情绪经常是由于他感觉不到领导与同事的赏识所引起的。虽然妻子理解他“只是需要发泄一下”，但他恶劣的情绪却渐渐对家庭造成了伤害。孩子们长时间与他疏远，妻子也在生活中显得越来越不快乐。

有一天正工作的时候，M 突然感觉到不舒服——出汗、胸闷、呼吸困难。非常幸运的是他当时就在医院里，于是得到了及时的抢救。这次心脏病突发，情况十分危险，他几乎是与死神擦肩而过。

这次发作之后，M 看起来非常沮丧，他甚至难以接受自己作为一名医生却有了严重心脏病的事实。心脏科医生告诉他，他需要减肥，还要遵循相应的饮食习惯。虽然他一直处于对心脏病再次发作的恐惧中，但每次从意大利甜品店带回糕点时却总是无法控制自己的食欲，于是减肥计划难以执行。还有一个问题是，由于他自己也是医生，所以别的医生在告诫他时也不便多说。他又开始了工作，家人们都小心翼翼，不敢说任何可能刺激他的话。妻子也经常鼓励他听取心脏科医生的建议。然而，M 医生的态度却是，既然早晚都要死，还不如在死前好好享受一下。

5.4.6 情绪调节的重要性

如果敌意、抑郁和焦虑都是罹患心血管疾病的预测因子，那么控制情绪对我们有帮助吗？研究结果显示，的确如此。一项对没有心脏病病史人群的研究发现，在接下来的 10~15 年里，那些最不能控制情绪的人罹患心血管疾病更多（Haukkala et al., 2010）。而另一项对 1 122 名男性进行的 13 年跟踪调查同样显示，那些善于调节情绪的男性患心血管疾病最少（Kubzansky et al., 2011）。

为什么会这样呢？希尔兹等人最近的研究（2016）为我们提供了相关的生物学机制。在一项涉及 37 名健康女性的实验研究中，研究者发现，在观看一段令人产生情绪应激的视频时，那些之前在实验室测验中认知控制能力得分高的人的促炎细胞因子增量没有其他人那么明显。我们前文讲过，心理应激会引发促炎细胞因子的产生。然而，研究者发现，认知控制方面的个体差异缓和了这种关联，认知控制能力强的人更容易忽略那些分散他们注意力的信号（这项研究的部分结果如图 5.8 所示）。综上所述，自我调节能力可能十分重要——不仅对我们的心理健康有益，而且对我们的生理健康也是如此。虽然调节情绪有时并不容易，但学习如何控制情绪还是非常值得的。

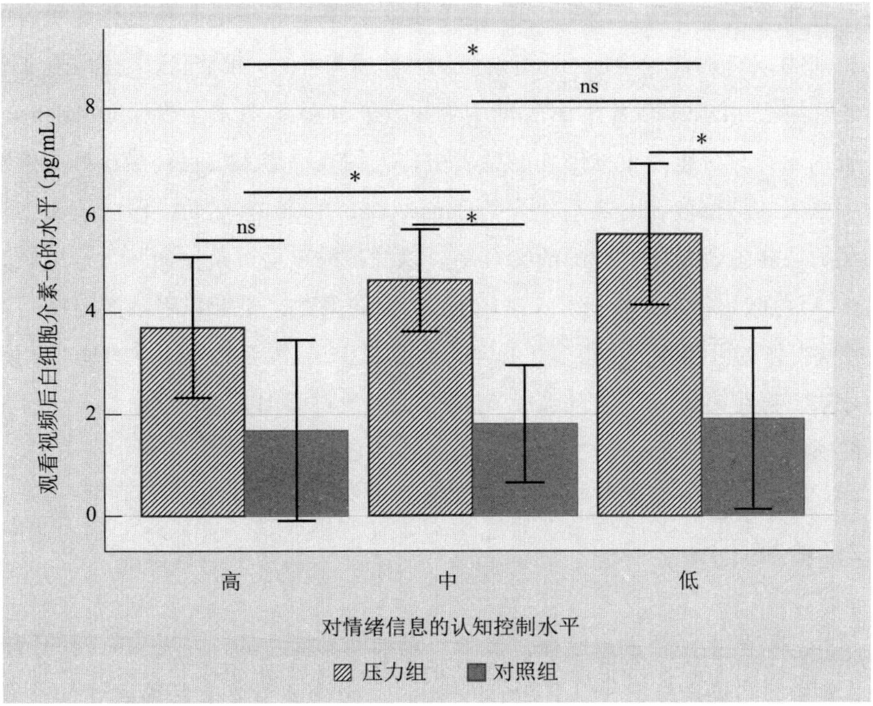

图 5.8 认知控制缓和了促炎细胞因子对急性应激的反应

与认知控制水平一般或更差的参与者相比，那些对情绪信息表现出更好认知控制的参与者，在被随机分配观看应激性视频时，促炎细胞因子（白细胞介素-6）的反应不那么明显。

注：ns = 差异不显著；* = 差异显著

5.5 与应激相关的躯体障碍及治疗

介绍用于减轻应激反应和治疗应激相关障碍的心理干预方法

正如前文所述，环境应激源往往与生理疾病的发展密切相关。然而不幸的是，一旦疾病发生，仅仅消除应激源可能不足以使患者恢复健康。这不但强调了预防的价值，还强调了应激管理的重要性。

5.5.1 生理干预

如果患了严重的生理疾病，当然应该首先治疗疾病本身。对冠心病患者而言，这类治疗可能包括外科手术以及降低胆固醇或减少血栓的药物。可是，鉴于抑郁症与冠心病风险之间存在的密切联系，控制共病患者的抑郁症状也至关重要。然而十几年前的情况是，大多数临床共病患者的抑郁症并没有得到有效的治疗，因此增加了很多不必要的心脏病发作死亡风险。而且即使除抑郁症之外没有更重要的风险因素来预测心脏病发作后患者的死亡率（Welin et al., 2000），当时的医生也不治疗心脏病发作后患者的抑郁症状。因为医生们认为这种抑郁情绪是患者经历心脏病发作后正常的暂时性应激反应，往往不予治疗（Glassman, 2005）。

在心脏病发作时身患严重抑郁症的患者中，大约有一半人没有接受过有关抑郁症的治疗，还有一些人的抑郁症在一年后复发（Hance et al., 1996）。然而，研究表明，给心肌梗死和抑郁症的共病患者服用抗抑郁药物每年可以挽救成千上万条生命。在一项研究中，接受选择性 5-羟色胺再摄取抑制剂（SSRI 类）治疗的患者，比未服用该类药物的患者死亡或再次心脏病发作的可能性都小很多（Taylor et al., 2005）。需要特别注意的是，在该研究中，认知行为疗法（将在第 16 章详细介绍）与降低患者死亡率无关，尽管认知行为疗法的确有助于缓解抑郁症（Berkman et al., 2003; Glassman, 2005）。

5.5.2 心理干预

面对压力，我们如何帮助自己保持健康？正如前文提及的，发展出有效的情绪调节技能可能大有裨益。有证据显示，以下几个具体的办法可能对我们有帮助。

情感表露

敞开心扉并就生活问题进行系统的表达性写作，似乎对许多类型的患者有效（Frattaroli, 2006; Pennebaker, 1997），它甚至还可以加速伤口的愈合。在近期的一项研究中，健康老年人（平均年龄 79 岁）被要求连续 3 天每天写作 20 分钟。一组人写下了他们最具创伤性、应激感受强烈的生活经历，并且探讨了他们最私密、最深入的思想情感；另一组只是简单地写下了第二天的计划。两周之后，所有参与者的手臂都接受了穿刺活检，那些写下详细生活事件的参与者，伤口愈合明显更快（Koschwanez et al., 2013）。这项研究可能非常重要，因为我们知道，随着年龄增长，伤口的愈合速度会逐渐减慢。那么，对即将接受手术的老年人来说，这种简单的干预措施可能具有重大的实际价值。

对那些被诊断为患有自身免疫性疾病（如红斑狼疮和类风湿性关节炎）的人来说，表达性写作似乎也提供了一些帮助（在 3 个月的随访评估中疲劳感有所减少）（Danoff-Burg et al., 2006）。然而，也有研究结果显示，表达性写作似乎不能改善恶性肿瘤患者的睡眠问题、抑郁症状及整体生活质量（Lepore et al., 2015）。还有一些证据表明，表达性写作甚至可能阻碍分居者的情感恢复（Sbarra et al., 2013）。换句话说，研究结果往往喜忧参半，而表达性写作也不是万灵丹。

在涉及情感表露的研究中，患者在最初的写作阶段往往反而增加了情感痛苦，但随后他们的状况通常会有所改善。然而，情感表露可以给部分患者带来临床帮助的机制目前尚不明确。可能的原因之一是患者可以获得情绪上的宣泄。另一种可能是，写作令人有机会重新思考自己的问题，或者减少对这些问题的恐惧，即所谓的重构。但是，根据不同问题的性质及发生的时间，表达性写作有时也可能引发患者的思维反刍（“他究竟为什么离开我”），而不是重构（“那是一段糟糕的关系，我一个人过得更好”）。如果是这样，那么一件令人沮丧的生活事件发生后，过早的表达性写作可能让事情变得更糟，而不是改善。对于那些较为久远的事件，情绪宣泄和重新思考都很可能起到提高免疫功能和降低应激激素水平的作用。随着研究的不断深入，我们未来将更好地理解表达性写作的有益因素（调节变量），以及它的作用机制（中介变量）。

生物反馈

生物反馈程序旨在让患者更加了解自己的心率、肌肉紧张程度以及血压。这个方法需要把患者与监测设备连接起来，当患者做出预期反应时（例如，降低血压或减少面部肌肉的紧张），设备会向患者提供一个反馈（如声音）。一段时间后，患者会更有意识地注意自己的身体反应，并能在必要时做出相应的调整。

生物反馈似乎有助于治疗某些疾病，如头痛（Nestoriuc et al., 2008）。在大约 11 次治疗后，患者报告症状有所改善，而且头痛的频率也下降了。此外，这种治疗效果会随不断的治疗而持续。这种方法对儿童和青少年特别有效，对长期头痛的成年人也有一定程度的帮助。

放松与冥想

研究者研究了各种放松技术对某些应激相关疾病的影响，结果各不相同，但总体上令人鼓舞。例如，有证据表明，放松技术有助于改善原发性高血压患者的症状（Blumenthal et al., 2002），放松训练也可以减轻紧张性头痛患者的症状（Holroyd, 2002）。然而，总的来说，接受生物反馈治疗的头痛患者似乎比只接受放松疗法的患者状况更好，而当这两种治疗方法结合使用时，临床效果最佳（Nestoriuc et al., 2008）。

目前人们最感兴趣的还是冥想。施耐德与同事（2005）已经证明，每天练习一项所谓“超越冥想”的活动，可能有助于降低血压。在这项研究中，194 名非裔慢性高血压患者被随机分配为接受超越冥想训练、渐进式肌肉放松训练（包括以系统的方式收紧和放松身体各处肌肉）或接收改变不良生活方式的一般信息。那些每天进行两次 20 分钟超越冥想的患者，压力缓解的程度明显高于另外两组。

认知行为疗法

认知行为疗法（CBT）被证明在治疗头痛以及其他类型的疼痛方面有效（Martin, Forsyth, & Reece, 2007）。在减轻儿童的反复腹痛时，CBT 导向的家庭疗法比常规儿科护理的效果更加明显（Robins et al., 2005）。一些 CBT 技术也被用于治疗风湿性关节炎患者。与接受标准医疗护理的患者相比，接受 CBT 治疗的患者在身体、社会和心理功能方面都表现得更好（Evers et al., 2002）。

最后，我们注意到，有意识地放慢生活节奏，更多地享受生活，似乎也是一个有益身心健康的处方。迈耶·弗里德曼是 A 型人格与心脏病之间联系的发现者之一，他认为自己也是 A 型人格。弗里德曼于 55 岁时心脏病发作，然后他根据自己的研究，有意识地改变了生活方式。为了更多地发掘自己的耐心和创造力，他还阅读了三遍普鲁斯特的七卷本《追忆似水年华》。他不断训练自己放松心情，缓慢而温和地享受生活，最终以 90 岁的高龄辞世。当面对生活和疾病的压力时，弗里德曼为我们留下了他从容笃定的微笑（Wargo, 2007）。

5.6 应激与心理健康

识别适应障碍、创伤后应激障碍和急性应激障碍之间的异同

到目前为止，我们一直在重点描述应激本身，强调它在躯体障碍中起到的作用。但是，正如我们在本章中反复指出的，当我们经历应激时，不仅在生理上，而且在心理上也会遭受创伤。所以在接下来的内容中，我们将讨论那些超出我们应对能力的应激源所带来的心理问题。具体地说，我们将描述 DSM 收录的三种障碍：**适应障碍**、**创伤后应激障碍**和**急性应激障碍**。这些障碍都由应激引起，但它们之间又有重要的区别。在适应障碍中，应激源为生活中常见的经历，患者所遭受的心理创伤的性质与程度也远没有另外两种严重。而创伤后应激障碍和急性应激障碍的患者都曾经历严重的创伤性应激源。这种经历可能会导致短期（急性应激障碍）或长期的严重的消耗性心理问题（创伤后应激障碍）。还需要记住的一点是，虽然应激是一个**必要因素**（这意味着必须存在该因素才可能罹患障碍），但它并非**充分因素**，不是每个经历应激的人都会患与应激相关的精神障碍。

5.6.1 适应障碍

适应障碍是个体对于常见应激源（如离婚、丧亲之痛、失业）适应不良的心理反应，会导致临床上显著的行为或情绪症状。患者遭遇的应激源可能是单一的，比如去上大学，也可能是多个，比如生意失败的同时面临婚姻问题。当个体承受的严重应激超过其应对能力时，便可能被诊断为适应障碍（Strain & Newcorn, 2007）。但症状必须在应激后的 3 个月之内出现，才符合诊断标准。除此以外，个体感受到的痛苦程度高于预期，或个体不能正常生活和工作，也是一项诊断标准。

在适应障碍中，当应激源消退或个体适应应激源时，症状会减轻或消失。如果症状持续超过 6 个月，患者通常会被诊断为其他精神障碍。适应障碍可能是临床医生对患者做出的最温和与污名化程度最低的诊断。

5.6.2　由失业引起的适应障碍

工作相关的问题会给工作者带来巨大的压力（Lennon & Limonic, 2010），但是失业带来的压力更大。在最近的经济衰退中，上百万的美国人不得不面对长期的失业问题。下文案例中的托尼就是其中的一员。

案例

托尼每天早上五点半起床。煮好咖啡后，他会把笔记本电脑、电话和记事本放在餐桌上，开始等待电话响起。他已经失去运输销售经理的工作 16 个月了，在失业后的日子里，他每天都在投递简历和求职信，但这些雪片般的信件寄出后如同石沉大海，什么反馈也没有。托尼说："最难过的时刻是一天快要结束的时候。下午四点半，我做完了所有能做的事，但是电话仍然没响，什么消息也没有。"他常常问自己究竟做错了什么，使他丢掉了工作。托尼经常怀念他以前上班的那些日子。他试图保持乐观："当早上起床的时候，我总是想，也许今天就可以找到工作。"（Based on Kwoh, 2010）

在美国经济衰退时期，失业率在 2010 年 1 月达到了 10.6% 的峰值。虽然从那以后的情况有所改善，但几乎在每个社区，都可以发现一些失业多年的工人，而他们的失业救济金也即将到期。对少数族裔的年轻男性来说，失业是特别严重的问题，他们中的许多人几乎没有就业前景，将生活在长期的经济困难中。而黑人的失业率更高，是白人的两倍（Bureau of Labor Statistics, 2013）。

管理与失业有关的压力需要个体具有很强的应对能力，尤其是那些以前工资水平较高的人。有些人可以找到保持专注与动力的方法（比如托尼的例子），尽管有时做起来会很艰难。然而，对另一部分人来说，失业很可能会产生严重的长期影响。最令人不安的发现是，失业，特别是长时间的失业，会增加自杀的风险（Borges et al., 2010; Classen & Dunn, 2011）。失业也会影响其他的家庭成员，尤其是孩子。父母失业的儿童普遍学业水平下降，其中甚至有 15% 的儿童面临留级的可能（Stevens & Schaller, 2009）。

5.6.3　创伤后应激障碍

在 DSM-5 中，创伤后应激障碍被移出了焦虑障碍的类别，它与其他一些障碍被归入了一个新的诊断类别，称为“创伤及应激相关障碍”。我们刚刚介绍的适应障碍和急性应激障碍（见下一节）也是这个新诊断类别的一部分，这是因为应激的经历是罹患该类别下所有障碍的核心因素。

创伤后应激障碍的诊断在 1980 年首次被收录进 DSM（参见后面的《创伤后应激障碍诊断标准》专栏，以了解当前的临床标准）。此时的精神病学开始注意到，许多在越南服役的军人退伍后，由于情感上遭受了创伤，无法恢复正常的生活。将创伤后应激障碍纳入诊断系统的提议最初遭到了反对，反对的一个重要理由是，把有着清晰明确成因（创伤）的障碍纳入诊断系统与 DSM 的理论性质不相符。尽管如此，人们还是一致认为，任何威胁生命的、超出日常经验范围的、恐怖的应激性事件，都可能形成与越战老兵类似的心理症状。换句话说，在 PTSD 被纳入 DSM 时，PTSD 被视为对非常应激源的正常反应（McNally, 2008）。而在《对 DSM-5 的批判性思考》专栏中，我们描述了 PTSD 诊断标准的修订是如何随着时间的推移而演变的。

创伤性应激源包括军事战斗、强奸、被关在集中营、经历自然灾害（例如海啸、地震或飓风等）。经历了这些可怕的事件后，人们很容易出现应激症状。对大多数人来说，应激症状会随着时间的推移而减轻。罗特鲍姆和福阿（1993）的研究指出，95% 的妇女被强奸后两周内的状态符合 PTSD 诊断标准，一个月后，这个数字下降到 63.3%，三个月后，有 45.9% 的女性被诊断为 PTSD。这说明应激症状在一般情况下会随时间推移逐渐好转。

然而，就创伤后应激障碍而言，即使创伤事件过去，危险过去，应激症状也没有减轻。这说明 PTSD 是一种难以自然恢复的障碍。对创伤事件形成的记忆，会导致创伤事件被非自愿地重复体验，而且体验到的情感强度与最初经历到的相同（McNally, 2015）。虽然能够记住潜在的、威胁生命的经历对我们的整体生存来说是高度适应性的，但是长时间的、强烈的、侵入性的记忆会导致极端的应激症状。这就是为什么 PTSD 被认为是一种精神障碍。

对 DSM-5 的批判性思考

PTSD 诊断标准的修订

当创伤后应激障碍首次被纳入 DSM 时，诊断标准是个体经历了“超出人类通常经验范围”并且会导致“几乎任何经历者都出现明显痛苦症状”的创伤事件，提供的例子包括强奸、地震、酷刑和军事战斗。换句话说，重点是应激源本身的性质，而不是受害者的情绪反应（Breslau & Kessler, 2001; McNally, 2008;

Shalev, 2009）。

DSM-IV 发生了重大变化，不仅拓宽了可用于诊断 PTSD 的经验范围，而且还要求患者的反应包括“强烈的恐惧、无助或恐怖”。符合诊断条件的事件包括得知亲密朋友或亲属死亡（突然和意外的死亡），被诊断出患有危及生命的疾病，或者其他人经历过的创伤事件。简而言之，强调的重点从应激源的特征转变为受害者的经历。在 DSM-IV 中，创伤后应激障碍并非被视为对异常应激源的正常反应，而是被视为对一种极端形式的应激的异常反应（McNally, 2008）。

这些变化的影响并非微不足道。更多类型的应激源被允许纳入 DSM-IV 的诊断标准中，对社区居民的调查显示，绝大多数人（89.6%）报告说，他们经历的创伤事件（鉴于所需的情绪反应水平和其他存在的症状）可能使他们符合 PTSD 的诊断（Breslau & Kessler, 2001）。在大多数情况下，创伤事件是得知所爱的人突然意外死亡。此外，在报告经历创伤事件的个体中，女性的情绪反应比男性更可能达到 PTSD 的诊断标准。因此，不仅创伤事件的定义被拓宽了，而且女性的情绪反应也更可能被诊断为 PTSD（Pratchett et al., 2010）。

在 DSM-5 中，PTSD 的诊断标准更加严格。创伤事件现在必须由个体直接经历，要么亲身经历事件本身，要么目睹他人的创伤事件过程，而不能是通过电子媒体的间接体验（有人观看一场可怕事件的视频，也可能产生不良的情绪体验）。和以前一样，个体可以通过得知另一人的死亡来经历创伤，但有一条标准：死者必须是亲密的朋友或亲属，而且他们的死亡必须是由于暴力或意外事件。另一个变化是剔除了个体以特定方式做出应激反应的要求（恐惧、无助或恐怖），因为这混淆了反应与事件本身（McNally, 2009），而且也使女性更有可能被诊断为 PTSD。定义创伤经历十分困难。尽管如此，我们相信对 DSM 标准所做的修订在总体上是种进步。新版的修订使诊断标准更严格，这意味着符合 PTSD 诊断的群体更有可能仍然限于那些真正经历过创伤事件的人。如前所述，对于那些仅在电脑或电视上观看创伤事件并对观看内容感到不适的人来说，他们将不会被诊断为创伤后应激障碍。

5.6.4　急性应激障碍

PTSD 的诊断标准要求症状至少持续一个月。这意味着，在刚刚描述的研究中，那些被强奸后症状持续时间在两周以内的女性不会被诊断为 PTSD，而是诊断为急性应激障碍。急性应激障碍是对经历创伤事件后不久出现症状并持续三天至一个月的诊断类别。这种诊断的意义在于，有症状的人不必再等待整整一个月，而可以在出现症状后及时获得治疗（Cardena & Carlson, 2011）。此外，如果症状持续超过4周，诊断可由急性应激障碍改为PTSD。有研究表明，在创伤事件后不久患急性应激障碍的人，患PTSD的风险确实会增加（Kleim et al., 2007）。这从另一方面说明了早期干预的重要性。

个体遭受创伤后也可能罹患其他障碍。布莱恩特及其同事（2010）对大量在事故中受伤的患者进行了前瞻性研究。这些患者在受伤时接受了评估，然后，分别在事故后3个月和一年接受了随访。研究者发现，受伤一年后，有31%的患者报告患有精神障碍，而其中的22%报告患上了新的精神障碍。最常见的是抑郁症（9%）、广泛性焦虑障碍（9%）和PTSD（6%）。

5.7 创伤后应激障碍：特征及风险因素

描述创伤后应激障碍的临床特点及风险因素

在创伤后应激障碍中，创伤事件导致的病理性记忆，被认为是该障碍的典型症状（McNally, 2013）。这些记忆通常是简短的体验片段，涉及最大情绪冲击来临之前发生的事件，例如，“持刀站在窗前的凶手”（Hackmann et al., 2004）。PTSD的临床症状见《DSM-5诊断标准》专栏。需要注意的是，DSM-5共识别出20种PTSD症状。这些症状可分为以下四类：

1. 侵入性：通过噩梦、非自愿的侵入性图像、痛苦记忆和触景生情等形式引起的生理反应使个体反复体验创伤事件。（“非自愿”是关键词，在DSM-IV中，对创伤事件的反复回忆也被认为是侵入性症状。但DSM-5修订为非自愿的记忆，将其与个体的主动回忆进行了区别。）

2. 回避：努力回避与创伤事件相关的想法、感受及话题，或回避可能引起痛苦回忆的事物和环境。

3. 认知和心境的消极变化：这些症状包括诸如脱离的感觉，以及诸如羞愧、愤怒、歪曲地对自己或他人进行指责等消极情绪状态。

4. 唤醒和反应性：警惕性提高，受惊时会过度反应，做出具有攻击性和鲁莽的行为。

下面的案例描述了这些症状。

案例

A先生是一名已婚会计师，有两个孩子，30岁出头。一天夜里，当他外出办事时，遭到一群年轻人的袭击。这伙人把他绑架到车上，开车把他带到一条废弃的乡村公路。

他们将 A 先生从车里扔到地上，一群人围上来殴打他。在抢走 A 先生的钱包后，他们还不断地辱骂和嘲笑他与他的家人（通过钱包里的证件，歹徒知道了他的姓名、职业，以及他妻子和孩子的名字），并威胁要去他的家里伤害他的家人。后来，在对他进行了几个小时的虐待后，歹徒们把他绑在了一棵树上。一名男性用枪指着他的头，做出要射击的样子。A 先生马上开始苦苦哀求，乞求饶他一命。随后持枪的家伙便扣动了扳机。枪并没有响，原来是把空枪。但在扣动扳机的那一刻，A 先生大小便失禁了，身体瘫软并散发出臭味。在这群恶棍的嘲笑声中，有两人走过来解开了他的绳索，把他丢到了路上。

A 先生艰难地走到附近的一处加油站，并报了警。本文的一位作者被请去为他进行了检查，此后治疗断断续续持续了两年。他被诊断为 PTSD。很明显，A 先生经历了一次超出普通人正常经验范围的事件，而且还以各种方式重复经历：非自愿的侵入性记忆、频繁的噩梦、闪回，以至于当他看到一群强壮的青年时常常表现出过度恐惧。他开始在生活的其他方面表现出麻木和迟钝：他逐渐与家人疏离，对工作失去了兴趣，并感到自己将不久于人世。他还出现了一些生理唤醒增强的症状，例如：睡眠质量差、注意力难以集中、容易受惊。每次当 A 先生详细讲述自己被绑架的经历时，他就会再一次体验当时的心理创伤。

此后，A 先生接受了另一位精神科医生两年的治疗，包括每周进行两次个人心理治疗以及使用抗抑郁药物。治疗的重点是他对被绑架期间自己行为感到的羞耻感和罪恶感。他希望自己当时能够再坚强一些，应该将生死置之度外，而不该向那群坏蛋哀求乞活。在治疗师的帮助下，他逐渐认识到，他在被绑架期间的行为是正常的表现，是可以理解的，如果其他人经历相同的情况，也会做出类似的反应。包括他想复仇的想法也是可以理解的。他慢慢接受了所发生的一切。当治疗结束时，A 先生已经几乎没有了任何症状，除了看到一群年轻男子时，他还是会有些紧张焦虑。但最重要的是，他与妻子和孩子的关系又重新变得温暖而亲密，他对自己的工作又充满了信心。

5.7.1　PTSD 在普通人群中的患病率

根据美国国家共病再调查（NCS-R）的数据估计，在美国，PTSD 的终生患病率为 6.8%（Kessler, Berglund, Demler, et al., 2005）。然而，这个数字没有显示 PTSD 患病率的性别差异。NCS-R 数据显示，女性 PTSD 的终生患病率更高。在美国人的一生中，9.7% 的女性和 3.6% 的男性会罹患该障碍。

男性和女性 PTSD 患病率的差异很有趣，尤其因为研究表明，男性更容易经历创伤事件（Tolin & Foa, 2006）。一些专家认为，性别差异反映了这样一个情况，即女性更有可能接触到某些特定类型的创伤经历，比如强奸，而这些经历本身可能更具创伤性（Cortina & Kubiak, 2006）。然而，即使是在创伤事件的类型得到控制的情况下，女性的 PTSD 患病率仍然更高，并且往往表现出更严重的症状（Tolin & Foa, 2006）。这表明，女性可能在经历创伤事件后患上 PTSD 的风险更高。

5.7.2 经历创伤事件后罹患 PTSD 的概率

自然或人为造成的灾难并不罕见，每年都会有无数可能导致 PTSD 的创伤事件发生。例如，全世界每年会发生 900 多次里氏 5 级以上的地震（Naeem et al., 2011），海啸会摧毁沿海的村庄，飓风与洪水吞噬着人类的生命和财产。当然，有些地区会相对比较安全。在世界范围内，自然灾害、战争和有组织暴力较少的区域，PTSD 的患病率也往往较低。

DSM-5 诊断标准

创伤后应激障碍

注：下述诊断标准适用于成年人、青少年和 6 岁以上儿童。

A. 以下述 1 种（或多种）方式接触于实际的或被威胁的死亡、严重的创伤或性暴力：

1. 直接经历创伤事件。
2. 亲眼目睹发生在他人身上的创伤事件。
3. 获悉亲密的家庭成员或亲密的朋友身上发生了创伤事件，在实际的或被威胁死亡的案例中，创伤事件必须是暴力的或事故。
4. 反复经历或极端接触于创伤事件的令人作呕的细节中（例如，急救员收集人体遗骸；警察反复接触虐待儿童的细节）。

注：诊断标准 A4 不适用于通过电子媒体、电视、电影或图片的接触，除非此接触与工作相关。

B. 在创伤事件发生后，存在以下 1 个（或多个）与创伤事件有关的侵入性症状：

1. 创伤事件反复的、非自愿的和侵入性的痛苦记忆。

注：6 岁以上儿童，可能通过反复玩与创伤事件有关的主题或某方面内容来表达。

2. 反复做内容和 / 或情感与创伤事件相关的痛苦的梦。

注：儿童可能做可怕但不认识内容的梦。

3. 分离性反应（例如闪回），个体的感觉或举动好像创伤事件重复出现（这种反应可能连续出现，最极端的表现是对目前的环境完全丧失意识）。

注：儿童可能在游戏中重演特定的创伤。

4. 接触于象征或类似创伤事件某方面的内在或外在线索时，产生强烈或持久的心理痛苦。

5. 对象征或类似创伤事件某方面的内在或外在线索，产生显著的生理反应。

C. 创伤事件后开始持续地回避与创伤事件有关的刺激，具有以下 1 项或 2 项情况：

1. 回避或尽量回避关于创伤事件或与其高度密切相关的痛苦记忆、思想或感觉。

2. 回避或尽量回避能够唤起关于创伤事件或与其高度相关的痛苦记忆、思想或感觉的外部提示（人、地点、对话、活动、物体、情景）。

D. 与创伤事件有关的认知和心境方面的负性改变，在创伤事件发生后开始或加重，具有以下 2 项（或更多）情况：

1. 无法记住创伤事件的某个重要方面（通常是由于分离性遗忘症，而不是诸如脑损伤、酒精、毒品等其他因素所致）。

2. 对自己、他人或世界持续性放大的负性信念和预期（例如，"我很坏""没有人可以信任""世界是绝对危险的""我的整个神经系统永久性地毁坏了"）。

3. 由于对创伤事件的原因或结果持续性的认知歪曲，导致个体责备自己或他人。

4. 持续性的负性情绪状态（例如，害怕、恐惧、愤怒、内疚、羞愧）。

5. 显著地减少对重要活动的兴趣或参与。

6. 与他人脱离或疏远的感觉。

7. 持续地不能体验到正性情绪（例如，不能体验快乐、满足或爱的感觉）。

E. 与创伤事件有关的警觉或反应性有显著的改变，在创伤事件发生后开始或加重，具有以下 2 项（或更多）情况：

1. 激惹的行为和愤怒的爆发（在很少或没有挑衅的情况下），典型表现为对人或物体的言语或身体攻击。

2. 不计后果或自我毁灭的行为。

3. 过度警觉。

4. 过分的惊跳反应。

5. 注意力有问题。

6. 睡眠障碍（例如，难以入睡或难以保持睡眠，或休息不充分的睡眠）。

F. 这种障碍的持续时间（诊断标准 B、C、D、E）超过 1 个月。

G. 这种障碍引起临床上明显的痛苦，或导致社交、职业或其他重要功能方面的损害。

H. 这种障碍不能归因于某种物质（例如，药物或酒精）的生理效应或其他躯体疾病。

不同的研究对 PTSD 患病率的估计存在很大的差异（Sundin et al., 2010），原因之一是患 PTSD 的概率似乎因所经历的事件类型而有所不同。更具体地说，由人为原因导致的创伤事件（如强奸）比意外或自然发生的事件（如事故和自然灾害）更容易导致创伤后应激障碍（Charuvastra & Cloitre, 2008）。沙耶夫和弗里德曼比较了中东地区同一社区在车祸和恐怖袭击之后 PTSD 的患病率。在该研究中，研究者分别在事件发生的 1 周和 4 个月后对幸存者进行了访谈。虽然这两类创伤事件的幸存者在 1 周后的症状相同，但 4 个月后再次访谈时，恐怖袭击幸存者患 PTSD 的概率要比车祸幸存者高很多。人为恶意的创伤事件可能让幸存者更加难以接受，这意味着人们遵守规则并合法生活的社会安全感遭到了破坏。

罹患 PTSD 的另一个重要因素是直接接触创伤事件的程度。研究者内里亚、南迪和加利亚（2008）在回顾了 25 年以来所有发表的灾难研究论文后估计，直接暴露于灾难中的成年人的 PTSD 患病率在 30%~40%，而救援人员患 PTSD 的概率较低（5%~10%），这可能因为救援人员并没有直接接触创伤事件。尽管如此，这些数据强调了救援人员也存在患 PTSD 的风险。研究者还指出，灾难会让大量经受过创伤的人生活在警觉中。

最后，我们应该指出，不同研究中 PTSD 患病率的差异可能与对 PTSD 的定义和评估方式的不同有关。基于问卷的估值往往高于基于临床访谈的估值。例如，在对参加了伊拉克战争的荷兰老兵的研究中，问卷评估得出的 PTSD 患病率为 21%，而采用结构式访谈的诊断中，只有 4% 的退伍军人符合 PTSD 的诊断标准（Engelhard et al., 2007）。使用问卷调查法时患病率高的原因可能包括：对问卷项目含义的误解；症状轻微，几乎对功能没有损害；

症状并非由创伤事件引起，而是更早或之后形成的。

战争中的创伤

军人在战斗中不断面临受伤及死亡的威胁，个体通常的应对方式显得相对无效。战场的不可预测性、随时可能发生的无法控制的意外情况、目睹战友的死亡、杀戮敌人所产生的压力，这些都会给军人带来持续的恐惧。尤其在多次死里逃生之后，个体在和平时期建立的安全感遭到了彻底破坏。而进一步加剧士兵总体压力的其他因素还有：与家人的分离、个人自由的减少、睡眠不足、恶劣的气候、极端的环境、生病风险的增加等。

许多曾经卷入战争的人，在战争结束后数月甚至数年之内会经历破坏性的心理困扰（Garakani et al., 2004）。在第一次世界大战期间，对战斗情境的创伤性反应被称为“炮弹休克”，这一术语由英国病理学家弗雷德里克·莫特上校（1919）提出，他认为这些反应是由微小的脑出血引起的器质性症状。然而，人们逐渐认识到，只有很少一部分病例存在躯体损伤，绝大多数受害者遭受的是整体战争环境的伤害。这种由战争环境带来的身体疲劳、随时的死亡或伤残威胁，对军人造成了强烈的心理冲击。在第二次世界大战期间，对战争的创伤性反应被称为“运转疲劳”和“战争神经症”，后来在朝鲜战争和越南战争中被称为“作战疲劳”或“作战耗竭”。这些术语都不太恰当，因为这些术语似乎暗示着身体疲劳比战争中的心理创伤对个体的影响更严重。

据估计，在二战期间，有 10% 的参战美军出现了作战耗竭。然而，由于许多士兵在军营援助站获得了支持性治疗，几小时后又重返战场，因此实际的发病率尚不明确。近年来对二战中有关精神疾病的伤亡档案评估得出了结论，这种方法虽然可以让战斗疲劳的士兵快速重返战场，却不能保持他们的战斗水平。这种支持性治疗只能在一定程度上改善他们的情绪，并需要调整其职责——这些士兵即使回到战场也只能分配到非战斗的岗位。这种做法在整体上减少了人力损失（Jones et al., 2007）。早年的研究指出，二战中造成人员损失的最大原因其实就是作战耗竭（Bloch, 1969）。

驻伊拉克和阿富汗美军的心理问题

美国国防部的数据显示，自 2001 年以来的十几年间，美国向伊拉克和阿富汗地区一共派遣了大约 270 万名军事人员。在驻扎期间，有很多人经历了创伤事件，他们持续在高度危险的环境中作业。在一项研究中，绝大多数的驻伊拉克陆军士兵和海军陆战队队员（92%）报告他们遭到过袭击或伏击，有 86% 的人报告他们看到过战友死亡或严重受伤（Hoge et al., 2004）。还需要注意的是，有些部队多次被部署到这样的危险地区（Thomas et al., 2010）。毫无疑问，多次部署对这些部队成员造成了心理损伤。

对军人来说，驻扎后的心理问题是值得关注的主要问题之一。最近的一项元分析报告显示，驻伊拉克的退伍军人中 PTSD 的患病率为 12.9%，在阿富汗服役的军人中 PTSD 的患病率为 7.1%（Hines et al., 2014）。驻伊拉克的退伍军人与越南战争（12%~16%; Thompson et al., 2006）及海湾战争（12%; Kang et al., 2003）退伍军人的 PTSD 患病率相当，但比在伊拉克或阿富汗服役的英军的 PTSD 患病率（4.8%）要高（Iversen et al., 2009）。除了创伤后应激障碍，抑郁症、攻击性和驻扎期间酒精滥用等问题的发生率也比较高（Seal et al., 2009; Thomas et al., 2010）。

正如我们所预料的那样，战斗岗位的军事人员患 PTSD 的比例（12.4%）往往高于后勤部队的军人（4.9%），而陆军及海军陆战队的人员患病比例（分别为 13% 和 10%）也明显高于海军（7%）和空军（3%）（Hines et al., 2014）。有证据表明，某些特定岗位的军人可能在退伍后会出现一些症状。除了创伤后应激障碍，临床医生还发现一些退伍军人有强迫性检查的行为，这可能由于他们在部队驻扎期间需要经常检查各种车辆或炸弹。

军方也在努力应对另一个严重的问题，即士兵自杀。2015 年的数据显示，有 266 名军事人员自杀，而有自杀企图的人则更多（Department of Defense, Suicide and Event Report, 2016），这些自杀大多是用枪击的方式。美军中的自杀率尤其高。在下面的案例中，克莱的悲剧提醒我们，战争的创伤是多么具有破坏性和隐蔽性。

案例

28 岁的克莱英俊而友好。作为一名前海军下士，他在伊拉克作战时负伤并获得紫心勋章，伤愈后参加了阿富汗的战斗。服役结束后，克莱开始参与智利和海地的人道主义公益活动。他还在华盛顿进行游说和演讲，要求改善退伍军人的伤残补偿程序，并被选为一则公益广告的演员，该广告旨在告诉所有的退伍军人，他们并不孤单。但我们所见到的克莱只是他的表面，他的微笑与热忱只是掩饰内心情感痛苦的面具。克莱患有创伤后应激障碍和抑郁症，他还有作为幸存者的内疚感。他常常自问为什么很多战友都在战斗中牺牲了，而自己却活了下来。在早春的一天，克莱锁上了自己的房门，开枪自杀。他的死不但给家人和朋友带来了无尽的悲痛与生活的空白，还鞭策军方继续努力寻找有效的办法，以解决现役和预备役军事人员的自杀问题（Helfling, 2011）。

5.7.3 创伤后应激障碍的致病风险因素

创伤后应激障碍的致病风险因素是什么呢？该领域的研究一直存在争议（McNally, 2008）。争议主要来自两个方面：首先，PTSD 的概念本身明确表示它是由经历创伤引起的，我们为什么还要进一步研究病因呢？其次，如果某些个体在面对严重应激时比其他个体更容易罹患 PTSD，这难道不会使这些个体被污名化吗？他们不但会遭受创伤，还会面临被指责的风险，这将导致他们受到双重伤害。

但从另一方面看，由于经历过创伤事件的多数人并没有患 PTSD，这表明确实某些人可能比其他人更容易患病。因此，为了预防以及更好地治疗 PTSD，我们需要了解更多有关 PTSD 致病风险因素的知识。

正如前文提到的，创伤性应激源的性质及对其的直接体验程度可以解释人们在应激反应上的差异（Dohrenwend et al., 2013）。例如，战争中的伤亡总人数与心理受创伤的人数密切相关（Jones & Wessley, 2002）。研究发现，在执行任务期间杀戮或对杀戮行为负责任的军人更容易患上创伤后应激障碍（Maguen et al., 2010）。

如果应激源足够强烈，那么一般人在经历创伤事件后都可能出现短期或长期的心理问题。但是为什么某些人的心理崩溃点和其他人不同呢？在接下来的内容中，我们将重点讨论一些风险因素。

5.7.4　个人风险因素

在我们讨论关于创伤后应激障碍的风险因素时，需要注意两点：第一，当个体暴露于创伤事件时，既有经历创伤的风险，也存在罹患 PTSD 的风险（McNally, 2013）。第二，就个体经历创伤事件的可能性而言，风险程度因人而异。某些职业（如士兵或消防员）比其他职业（如图书管理员）风险更高。更可能经历创伤事件的因素还包括：男性、未受过大学教育、童年有行为问题、有精神疾病家族史、在神经质（容易受消极影响）和外向性量表中得分高（Breslau et al., 1991, 1995）。非洲裔人士遭遇创伤事件的概率高于白人。

对经历过创伤事件的个体来说，什么因素会增加他们患 PTSD 的风险呢？正如我们前文提到的，身为女性是一个风险因素。此外，研究者发现个体的其他风险因素还有：神经质量表中得分较高，先前存在抑郁或焦虑倾向，有抑郁、焦虑和物质滥用问题的家族史（McNally, 2015; Wilk et al., 2010）。一项对军人的前瞻性纵向研究显示，部署前测量出心理问题的人员在部署后患 PTSD 的风险更高（Sandweiss et al., 2011）。这项研究说明了部署前心理健康筛查的重要性，以及有必要为那些敏感、易受伤害的军人提供额外的资源和帮助。

低水平的社会支持也被认为是风险因素之一。然而，这里存在一个问题，对于社会支持水平的评估通常是在人们患上 PTSD 之后才进行的，这使得研究者难以区分两者间的因果关系。究竟是因为 PTSD 的患者疏远他人，从而使他们得到的社会支持减少，还是缺乏足够的社会支持才使他们更容易罹患 PTSD？这两种可能性都有。人们在经历创伤后对自己应激症状的评价，也是影响因素之一。如果认为自己的症状是个人软弱的表现，或认为其他人会因此而歧视他们，那么，即使在统计上排除了初期症状的差异性，这些人患 PTSD

的风险也相对更高（Dunmore et al., 2001）。

一些新的证据显示，对未来可能发生的创伤事件充满恐惧的人，日后患 PTSD 的风险会更高。贝恩特森和鲁宾（2015）对即将前往阿富汗的丹麦士兵进行了一项名为“创伤前应激反应”的测量。测量中，研究者询问了丹麦士兵对未来可能发生的应激经历的想象，请他们描述可能出现的应激场景，观察他们是否有强烈的生理反应。部署前的测量成功预测了这些士兵在阿富汗服役期间以及退役后的创伤后应激障碍症状水平，即使考虑了战争暴露以及基线创伤后应激障碍症状等因素也是如此。这一发现可能非常重要。它颠覆了我们先前对 PTSD 的认识，即 PTSD 是一种只与过去经历相关的障碍。而研究结果显示了心理想象的重要性，这表明创伤前和创伤后的应激反应可能具有很多共同之处。

在另一方面，哪些因素能对罹患 PTSD 起到保护和缓冲的作用呢？拥有良好的认知水平似乎很重要。布雷斯劳、露西娅和阿尔瓦拉多（2006）收集了底特律及周边地区 6 岁儿童的智商数据。当这些个体 17 岁时，研究者对他们进行了访谈，并对他们就创伤经历和创伤后应激障碍两个方面进行了评估。那些 6 岁时智商超过 115 的儿童在 17 岁之前经历创伤事件的可能性更小。此外，如果他们接触过创伤事件，他们患 PTSD 的风险也更低。这些研究结果表明，儿童拥有较高的智商水平可能具有保护作用，因为智商处于平均或低于平均水平的儿童患 PTSD 的风险水平都更高。

对越战退伍军人的研究也有类似发现。克莱门等人（2007）收集了大量双生子军人的信息，并在他们去越南服役前获得了这些人的部队资格测试（一种认知能力测试）得分。该研究选择在服役期经历了创伤事件的男性双生子。与在资格测试中得分位于整体的后 1/4 的男性双生子相比，得分位于整体的前 1/4 的男性双生子患 PTSD 的风险降低了 48%。

为什么较高的认知能力可以成为保护因素呢？一种可能的解释是，认知能力高的人或许可以更好地理性认识所经历的创伤事件，从中找到一些意义，再将这些意义转化成某种形式的叙述。在本章前文，我们介绍了系统记叙痛苦事件的治疗方法（Pennebaker, 1997）。也许拥有较高认知能力的人可以将创伤经历自然地融入他们的生活叙事中，这种方式具有适应性并且可以对个体的情绪产生保护作用。

5.7.5 生物学因素

鉴于 PTSD 是一种应激障碍，你可能认为该障碍的患者应该有高水平的应激激素，如皮质醇。然而，研究发现似乎并非如此（Pittman et al., 2012; Young & Breslau, 2004）。虽然在施加了实验性应激（如创伤提醒和认知挑战）的条件下，PTSD 患者确实表现出高水平的皮质醇反应（de Kloet et al., 2006），但是他们的皮质醇基线水平与健康对照组往往没有显著差异（Meewisse et al., 2007）。

性别有可能是一个重要的因素。患有 PTSD 的女性和健康的女性相比，拥有更高的皮质醇基线水平，但在男性的研究中没有发现这样的差异。另一个有趣的发现是，经历过身体或性虐待的 PTSD 患者的皮质醇水平往往反而较低。换句话说，创伤的类型可能是另一个重要因素（Meewisse et al., 2007）。尽管这一领域的许多发现常常令人困惑，但研究者仍在不断探索 PTSD 的生物学机制。

另一个研究热点是基因与环境的相互作用。我们曾经在第 3 章介绍过，如果在同一时期经历了 4 个或更多的重大应激事件，具有特定形态的某种基因（5-HTTLPR，或 5- 羟色胺转运体基因）的人似乎更容易患抑郁症。现在的数据表明，这也可能是形成 PTSD 的一个风险因素。基尔帕特里克及其同事于 2004 年收集了佛罗里达州飓风后 6~9 个月受灾人群的资料（2007），共研究了 589 名成年人的 DNA 数据并对他们进行了访谈。样本中飓风后 PTSD 的患病率为 3.2%。研究发现，较多的灾害体验与低水平的社会支持是患 PTSD 的风险因素。但是，那些 5- 羟色胺转运体基因为高风险基因型（s/s）的人，如果也有较多灾害体验和低水平社会支持，那么他们患 PTSD 的风险尤其高。在样本中拥有该基因型的人群里，PTSD 的患病率为 14.8%，为普通人群的 4.5 倍。s/s 基因型的人暴露于灾害环境且所获社会支持程度较低时，更容易罹患抑郁症。这些研究表明，拥有 s/s 型的 5- 羟色胺转运体基因会增加对 PTSD 和抑郁症的易感性。这种基因型的人可能特别容易受创伤性应激源的影响，特别是在他们获得的社会支持水平较低的情况下。

最近一项研究揭示了其中的原因。迪斯纳及其同事的报告指出（2013），驻扎在伊拉克的美军中，携带两个短等位基因（s/s 基因型）的士兵更有可能增加对负性刺激（即恐惧和悲剧性场景）的注视时间。即使控制了其他相关因素（如 PTSD 症状和抑郁症），这种注视偏差仍然存在。研究结果表明，具有 s/s 型 5- 羟色胺转运体基因的人可能对某些环境下的经历特别敏感，如作战区域发生的应激事件。由此产生的后果是，他们会对负性刺激更加关注。换句话说，某种基因型和某些环境经历之间的相互作用，可能促使该基因携带者的注意力系统对负性刺激产生了认知偏差。虽然这种特性对战争环境下的个体来说是适应性的，但它很可能使个体在后期发展出心理问题。

我们对 PTSD 患者的大脑了解多少呢？研究表明，PTSD 患者的海马体积似乎变小了（Pittman et al., 2012）。海马是大脑中与记忆相关的区域，也是大脑中对应激做出反应的区域。在一项具有里程碑意义的研究中，吉尔伯特森及其同事测量了一些退伍军人的海马体积，其中一部分军人是 PTSD 患者（Gilbertson et al., 2002）。结果显示，PTSD 组的海马比对照组要小。然而，这项研究之所以如此重要，是因为研究中所有的参与者都是同卵双生子。当研究者观察患PTSD退伍军人的双生子兄弟时，他们惊奇地发现，这些未患PTSD的人的海马也很小，和他们患病的兄弟一样。对照组的情况也是如此，那些没有患PTSD的退伍军人和他们的双生子兄弟（并未参军或没有参加过战斗）的海马大小相似，而且他们双生子兄弟的海马体积更大。这些发现表明，由于我们尚不了解的原因，更小的海马可能增加了经历创伤事件的个体的PTSD易感性。当然，另一种可能是，创伤在一定程度上减小了海马的体积。一项元分析显示，经历过创伤但没有患PTSD的人比没有经历过创伤的人海马体积更小（Woon et al., 2010）。换句话说，既可能是拥有小海马的人易患PTSD，也可能是创伤事件导致当事人的海马缩小。

该领域研究中存在的一个问题是，许多与PTSD相关的大脑异常（包括海马体积缩小）也出现在抑郁症患者身上。由于PTSD和抑郁症有着高度的共病率，因此研究者很难确定哪些大脑异常是PTSD所特有的，哪些是源于抑郁症的（Kroes et al., 2011）。但是，如果假设PTSD的大脑异常是完全独特的，与其他障碍不同，这可能有些天真了。我们知道应激在抑郁症与PTSD的发展中都扮演着重要的角色，我们也知道应激（通过皮质醇）对大脑区域（如海马）有负面影响，这些区域对健康的情绪功能很重要，那么，当一些精神障碍患者也受到应激影响时，为什么我们不应该预期他们之间会有相似的脑区异常呢？

5.7.6　社会文化因素

对少数族裔的人来说，患PTSD的风险似乎更高。迪格兰德及其同事（2011）研究了3 271名2001年“9·11”事件中从世贸中心大楼撤出的市民。在恐怖袭击发生后的2~3年，15%的人被评估为患有PTSD。与白人相比，非洲裔与西班牙裔的幸存者患PTSD的可能性更大，这与本章前文关于复原力的讨论相呼应，也就是说，人群总体的PTSD发病率，与他们的受教育水平和收入水平成反比。

正如前文所述，消极和缺乏支持的社会环境也增加了士兵对创伤后应激的易感性（Charuvastra & Cloitre, 2008）。例如，研究者莫鲍姆（1977）对一些在第四次中东战争中服役的以色列男性军人进行了研究，这些人员都在作战中因心理问题而丧失了战斗力。莫鲍姆通过一年的跟踪调查发现，这些士兵不但继续表现出极度焦虑、抑郁和诸多的身体不适，而且他们的症状似乎随着时间的推移恶化了。根据莫鲍姆的推测，这些人的症状之所以进一步加剧，可能是因为他们缺乏社会的包容与接纳。对以色列这样高度重视军事力量的国家来说，战士在战斗中心理崩溃是相当大的耻辱。正是由于这个原因，许多人不但在社区里抬不起头来，而且还为他们自己在战争中的表现感到羞愧，而这些情绪都加剧了士兵们已经存在的应激反应。

社会文化也影响了军人在战斗方面的适应性，其中的重要因素有：他们参加的战争是否具有正义性，他们是否清楚并且认可战争的性质和目标（Hoge et al., 2004）。此外，对自己所在作战部队的认同程度，以及领导的指挥水平也会造成影响（Jones & Wessley, 2007）。

目前的军事心理学家运用了很多干预措施来减轻军人面临的心理问题。这些鼓舞士气和增强凝聚力的技术手段是在二战、朝鲜战争和越南战争期间逐步发展起来的，并且已经被实践证明有效——它们减少了阿富汗和伊拉克战区驻军的心理创伤（Ritchie, 2007）。一个实用的干预措施是，为作战后的部队迅速配备控制战地应激的专业人员，以便为军人提供及时的咨询服务。而且为了鼓舞士气，军方还为长期作战的部队提供了“安全”区，让士兵们可以休整，该区域设有空调、邮政和美食等。而在伊拉克和阿富汗，鼓舞士气最有效的方法是，让士兵们能够在军营中使用互联网。

5.7.7　创伤后应激的长期影响

正如我们前面谈到的，经历作战耗竭的士兵可能会在一段时间内持续出现创伤后应激症状（Shalev, 2009; Solomon & Mikulincer, 2007）。此外，在有些情况下，那些在部署期间表现出色的优秀士兵在退伍后也可能经历迟发性的 PTSD。对有些经历过战火硝烟的士兵而言,适应退伍后的平民生活十分困难。这涉及与杀戮相关的罪恶感以及对阵亡战友的内疚感，这些都影响着退伍士兵的心理健康。

然而，人们对于迟发性 PTSD 的性质和程度存在一些争议（McNally, 2015）。首先，迟发性 PTSD 的定义不太明确，比应激事件不久后出现的 PTSD 更难以诊断（Andrews et al., 2007）。其次，除了越战退伍军人，迟发性 PTSD 的病例也极其罕见。在针对普通人群的研究中，只发现了一例迟发性 PTSD（Breslau et al., 1991）。而越战退伍军人的迟发性应激综合征报告，也往往难以明确地和战斗应激联系起来，因为这些人还可能存在其他的适应问题。一些权威人士质疑这种延迟反应是否应该被诊断为 PTSD，其中的一部分专家认为应该将这些反应归纳为另一种障碍类型。例如，适应不良的人有可能错误地将他们目前的问题归因于过去的事件（如战斗经历）。

另一个令人不安的发现是，虽然有些人在积极地寻求治疗，但调查发现，与战争相关的迟发性 PTSD 男性患者中，有 7% 的人从未去过越南，有的人甚至根本没有服役经历（Frueh et al., 2005）。引起这种现象的可能原因是，媒体对延迟性 PTSD 的广泛宣传，以及由战争引起的 PTSD 患者能够获得更多的经济补偿。基于一组劳工经济学家对一个大型联邦数据库的分析，越战退伍军人中 PTSD 伤残索赔申请的大幅增加，更多是出于经济需求，而不是出于精神障碍治疗需求（Agrist et al., 2010）。

5.8 应激障碍的预防与治疗

介绍创伤后应激障碍的预防与治疗

多年以前，美国政府几乎没有采取任何措施来帮助那些从战场归来、有所谓“炮弹休克”反应或其他形式心理创伤的士兵。但是，今天我们有很多方法来预防和减少这样的负面心理影响。

5.8.1 预防

预防 PTSD 的方法之一是，尽量减少可能发生的创伤事件。比如说，虽然我们无法避免自然灾害，但我们可以努力减少青少年接触武器的机会，从而减少校园暴力和枪击事件的发生。此外，在法律和社会政策中做出相应的调整也可能减少创伤性事件发生的概率。

另一个方法是，我们可以提前让人们做好应对应激源的准备，通过向他们提供相关的知识和应对技能，来防止他们形成对应激的适应不良反应。如前所述，这种方法在那些准备接受大型手术的患者身上运用时，可以有效减轻他们对手术的应激反应。其他的研究也支持了这一观点，在被逮捕并经受折磨的政治活动人士中，那些接受过预防训练的人表现出了更好的复原力（Başoğlu et al., 1997）。对士兵、消防人员和其他可能接触创伤事件的职业人士进行应对极端应激源的专业培训，也可以帮助他们增强复原力。一项 PTSD 研究调查了参加世贸中心恐怖袭击后救援和恢复工作的人员，调查结果也印证了这一点（Perrin, DiGrande et al., 2007）。在救援与恢复工作中，来自不同职业的人士在 PTSD 患病率上存在显著差异，警察的患病率较低（6.2%），而那些从事的职业与救援和恢复工作完全无关的志愿者（如金融或房地产职业）PTSD 患病率最高（21.2%）。

目前，认知行为疗法已经被广泛应用于帮助人们应对潜在的应激情境或困难事件（Brewin & Holmes, 2003）。这种预防策略通常被称为“应激预防训练”，它通过改善人们对应激事件的认识与预期，使他们做好应对威胁的心理准备。然而，尽管这些方法很有帮助，但对那些既无法预测又无法控制的严重灾难来说，提前做好心理准备几乎不太可能。

考虑到这一点，我们可以做些什么来帮助那些经历了突发性创伤事件的人呢？我们又该如何降低人们患 PTSD 的风险呢？有趣的发现是，玩俄罗斯方块可能会带来一些帮助（见《我们周围的世界》专栏）。

5.8.2　应激障碍的治疗

正如我们先前所讨论的，许多人在经历创伤事件后会出现一些症状，然后在没有任何专业帮助的情况下逐渐恢复。世贸中心遭到恐怖袭击之后，因为预计会有无数人寻求心理援助，大量的灾后咨询师涌入了纽约市。然而，由于寻求专业帮助的人相对较少，美国为这次免费咨询所准备的数百万美元预算基本没有动用（McNally et al., 2003）。在朋友和家人的帮助下，随着时间的推移，多数经受创伤的人会自然康复。

热线电话

国家或地区的热线电话能够为经历严重应激和有自杀倾向的人提供帮助。此外，还有专门为强奸和性侵受害者以及需要逃离险境的人准备的特殊热线。这样的热线很多是由当地志愿者运营的，这项服务中最重要的是志愿者所具备的技能和知识水平（Finn et al., 2010）。研究还表明，当电话接听人员向求助者表现出同情和尊重时，会让热线服务起到最积极的帮助作用（Mishara et al.,2007）。

危机干预

危机干预是为了应对特殊的应激情境而采取的干预措施，如灾难或严重的家庭问题（Brown et al., 2013; Callahan, 2009; Krippner et al., 2012）。短期危机干预主要解决个人或家庭当下的问题（Scott & Stradling, 2006）。虽然躯体问题也需要紧急治疗，但危机干预主要关心的是个体或家庭成员的心理问题。危机干预的核心假设是，个体在创伤前的心理功能是良好的。因此，治疗的重点是帮助患者度过眼前的危机，而并非“重塑”他们的人格。

在这种危机中，治疗师通常会积极帮助个体对问题进行梳理，为个体提供安慰、建议、所需的信息和其他支持。单次行为疗法已被证明可以帮助经历地震创伤的受害者减少恐惧并增加掌控感（Başoğlu et al., 2007）。虽然表面上人们在单次行为疗法后，并没有表现出太多的好转，但他们学习了重要的相关知识与技能，可以帮助他们在接下来的几周或几个月里更好地掌控自己的生活。

我们周围的世界

创伤事件后玩俄罗斯方块会减少闪回现象吗？

闪回现象，即非自愿的侵入性记忆，是 PTSD 的一个标志性特征。闪回通常涉及视觉体验，而在这种视觉体验中，经历过创伤事件的人会在情感上重新体验事件的过程。因此，闪回现象可能非常有害。我们有什么办法能够避免闪回呢？

在一项巧妙而富有创意的实验中，霍尔姆斯及其同事（2009）请参与者观看了 12 分钟展现受伤和死亡场景的短片。30 分钟后，研究者让实验组的参与者玩 10 分钟的俄罗斯方块游戏，而对照组只是安静地坐着。然后，所有参与者用日记记录他们在接下来一周中出现的闪回次数。与对照组的参与者相比，玩俄罗斯方块的参与者报告的非自愿闪回次数明显更少（实验组为 4.6 次，对照组为 12.8 次）。

为何会出现这样的结果呢？可能的解释是，记忆的形成涉及一个神经生物学过程，在这一过程的早期阶段（前 6 小时），记忆的巩固过程容易被打断，而且大脑的容量也是有限的。因为俄罗斯方块游戏是一种视觉空间任务，所以在经历创伤后不久玩俄罗斯方块，可能有助于破坏创伤性视觉记忆的巩固。换句话说，俄罗斯方块的视觉画面与大脑中影片的视觉画面的早期记忆相互竞争，使得影片的视觉记忆不那么强烈。

霍尔姆斯等人的后续研究表明，仅仅使观看了创伤性影片的参与者分散注意力，并不能降低之后闪回的频率（Holmes et al., 2010）。事实上，那些被分配到言语任务组（玩“Pub Quiz”，一种常见的电脑言语游戏）的参与者的闪回次数甚至比另外两组（玩俄罗斯方块和什么都不做）还高。

现在，一项新的研究拓展了这个发现的实用性。为了防止创伤后应激反应，经历了创伤性紧急剖腹产手术的妇女被要求在分娩后 6 小时内玩 15 分钟俄罗斯方块。结果表明，与接受常规护理的产妇相比，玩俄罗斯方块的产妇在接下来的一周中报告的侵入性记忆明显更少（Horsch et al., 2017）。该研究结果支持了这样一种观点，即如果能在创伤后及早进行干预，俄罗斯方块这样的简单视觉空间任务可能成为一种“认知疫苗”。此外，在观看创伤性影片的研究中，玩俄罗斯方块的人依然能够回忆起和对照组一样多的影片细节。换句话说，尽管实验组的侵入性闪回较少，但他们对影片的真实记忆却是完整的。从法律的角度来看，这很重要，因为经历创伤的受害者很可能需要依靠自己的回忆在法庭上做证。

在研究者进行的第二项研究中，控制条件是玩“Pub Quiz”问答游戏，这是一个言语类电脑游戏。研究者进行第二次研究的目的是什么？为什么将言语游戏作为控制条件是一个好的选择呢？

心理疏泄

一些专家认为，心理疏泄法能够帮助和加速创伤后个体的心理恢复（Day, 2007）。该方法的核心策略是让经历创伤的受害者得到情感上的支持，并鼓励他们谈论危机期间的经历（Dattilio & Freeman, 2007）。心理疏泄的讨论过程通常是非常结构化的，而且对创伤后的常见反应也有标准化的处理流程。研究者认为，应该对灾难的受害者开展这种咨询，以预防受害者形成 PTSD（Conlon & Fahy, 2001）。事实上，一个提供疏泄服务的小行业已经形成，灾后现场经常挤满了善意的服务者。但是，他们中的很多人却并没有或很少接受过专业的精神卫生培训。

心理疏泄的一种形式是危机事件应激晤谈（critical incident stress debriefing; McNally et al., 2003），简称“CISD”。单次 CISD 持续 3~4 小时，通常在危机事件或创伤发生后 2~10 天内以小组的形式进行。

目前，心理疏泄法在业内备受争议。文献综述普遍不能支持该方法的临床有效性（Bisson et al., 2009; Devilly et al., 2006; McNally et al., 2003）。尽管那些经历过疏泄会谈的创伤受害者通常对这些援助表示满意，但没有任何一项严谨的研究表明它确实能减少 PTSD 的症状，或者能够加速受害者症状的康复（Adler et al., 2008）。

我们显然不该让经历创伤的幸存者独自面对伤痛。如前所述，缺乏社会支持是罹患 PTSD 的一个风险因素。此外，提供社会支持可能有助于症状恢复。也许最合适的危机干预方法并非那些在创伤幸存者还没有准备好时，就促使他们疏泄情绪的方法。相反，合适的方法应该是在明确了解个体的需求之后，再适时采取相应的措施。正如福阿提出的建议（McNally et al., 2003），在创伤之后，幸存者应该遵循自己的自然倾向，与他们想要沟通的人交流（或不做交流）。与此相关的要求是，治疗师应该跟随幸存者的交谈节奏，积极倾听，并且适时给予他们支持，但不要引导或逼迫幸存者提供超出他们意愿的信息。关怀、友善和常识都能帮助创伤幸存者在康复的道路上走得更远。

药物治疗

正如我们所见，经历过创伤情境的患者通常报告有强烈的焦虑或抑郁、麻木、非自愿的侵入性记忆和入睡困难等症状。为了解决这些问题，他们通常会接受抗抑郁药物的治疗。有时治疗师也使用一些治疗精神分裂症的抗精神病药物（Bartzokis et al., 2005; David et al., 2004）。然而不幸的现实是，有关这些药物有效性的证据还很少。与安慰剂相比，抗抑郁药物（特别是 5- 羟色胺再摄取抑制剂，如氟西汀、帕罗西汀和文拉法辛）的疗效并不明显。而且，也没有证据显示其他药物有显著的疗效（Hoskins et al., 2015）。

认知行为疗法

如果你一遍又一遍地看恐怖电影，会发生什么呢？随着时间的推移，恐惧感会逐渐下降，电影对你造成的惊吓也会减少。目前用于治疗 PTSD 的行为取向疗法是**延迟暴露**（Cloitre, 2009），它的运作原理与反复观看恐怖片的情况类似。患者被要求一遍又一遍地生动叙述经历过的创伤事件，直到他们的情绪反应逐渐减少。治疗过程包括将患者重复或长时间暴露于恐惧刺激，这些刺激客观上是无害的，但患者因创伤经历而对其产生恐惧，会做出回避行为。这一暴露过程既可以在现实中完成，也可以在想象中完成（Foa & Rauch, 2004; Powers et al., 2010）。延迟暴露还可以结合其他行为取向的技术（Taylor, 2010），例如，放松训练也可以用来帮助人们缓解创伤事件后的焦虑症状。

由于延迟暴露疗法需要说服患者直面他们所恐惧的创伤性记忆，因此这种临床干预中的治疗关系非常重要（Charuvastra & Cloitre, 2008），治疗师必须获得患者的充分信任，才能实施暴露疗法。在临床工作中，治疗师需要提供一个安全、温暖、具有支持性的环境来帮助患者的心理改善，尤其是那些遭受了创伤并且难以与他人建立信任的患者，他们更需要有才能、理解力强、富有爱心的治疗师。

延迟暴露疗法是治疗 PTSD 的有效方法（Doane et al., 2010; Powers et al., 2010）。在一项针对女性军人的研究中，与那些接受了 10 次 90 分钟仅仅讨论当前生活问题的疗法的对照组相比，10 次 90 分钟的延迟暴露疗法会显著减轻她们的 PTSD 症状，并且还能使一些原来符合 PTSD 诊断标准的女性不再被诊断为 PTSD（Schnurr et al., 2007）。然而，延迟暴露疗法存在的一个问题是，与其他的疗法相比，延迟暴露疗法有较高的治疗退出率。显而易见的原因是，要主动并且多次直接面对创伤性记忆，对患者而言十分困难。还有另一个受关注的问题是，延迟暴露的治疗效果能持续多久？在刚刚介绍的研究中，虽然延迟暴露疗法的短期效果显著，但长期效果却低于预期。

由于 PTSD 的疗法尚需进一步完善，很多其他方法也正在研究和开发之中。埃勒斯及其同事（2005）提出了一种基于认知模型的 PTSD 疗法。该疗法的核心假设是，慢性 PTSD 患者对他们的创伤以及后遗症的解释非常消极，其解释的消极程度往往超出了一般人对这些创伤事件的评价，而且患者的解释还带有非常独特的个人负面意义。当患者陷入负面解释所带来的消极情绪时，就会产生严重的危机感，从而加剧他们的创伤后应激障碍，并且使病程变得持续而漫长。例如，一个公交车司机因为要求某乘客买票而遭到该乘客野蛮殴打。这是一个忠于职守的司机因其提出的合理要求而被无理伤害的应激事件。但是，受害者却可能做出极其消极的错误解释，他可能认为，该乘客之所以敢于打他，是因为他软弱的外在形象，而他当时表现出来的恐惧与退缩都是因为自己不够勇敢。他还可能认为，事件发生后周围的人会小看他，甚至会嘲笑他缺乏男子汉的勇气，以至于他认为自己是一个糟糕的父亲，因为他的孩子也可能会在心里瞧不起他（Ehlers & Clark, 2008）。PTSD 的认知疗法旨在修正患者对创伤本身及其后果的过度负面解释，减少患者在回忆创伤事件时所产生的懊恼、悔恨与恐惧情绪，并消除他们错误的认知和行为方式。

有证据显示，这种疗法非常有效。三项不同的研究表明，接受认知疗法的患者与被分配到等候名单的对照组患者相比，康复率明显更高，范围在 71%~89%。而且，治疗退出率也很低。事实上，唯一放弃治疗的患者是一位移居国外的妇女（Ehlers & Clark, 2008）。除此以外，在治疗结束后，治疗的效果仍然可以继续保持。进一步的证据还表明，症状的改善是由于患者改变了对创伤事件的负面解释，正如研究者使用的认知模型中所预测的那样（Kleim et al., 2013）。

另一种令人满意的治疗方法是虚拟现实暴露疗法（见《我们周围的世界》专栏）。还有初步的证据显示，我们之前描述过的表达性写作可能也是有帮助的（Sloan et al., 2013）。

5.8.3 创伤与身体健康

如果应激和身体健康之间存在重要的联系，那么心理创伤在我们的身体健康中究竟扮演着什么样的角色呢？在问这个问题的时候，我们绕了一大圈，再次回到了身心联系的重要性上。虽然这类问题最近才开始引起实证研究的兴趣，但研究结果却引起了人们的关注。例如，在 HIV 阳性的男性和女性样本中，早期的创伤经历（发生于多年之前，通常是儿童时期）是他们死于 HIV 或其他原因的强预测因素（Leserman et al., 2007）。近年的一项研究选取了曾在被关押期间经历过酷刑的女性政治犯作为样本。研究者在她们被释放的 10 年或 20 年后对她们进行了评估，其中 PTSD 和心血管疾病患者的比例都很高（Ghaddar et al., 2014）。换句话说，创伤事件不仅损伤了人的大脑，还会损害人的整个身体。尽管它的形成机制目前还需要进一步的探索（回想一下我们之前描述的关于应激和端粒的研究），但这些发现再次为我们强调了应激与创伤在生理和心理健康中所扮演的重要角色。现在你已经读完了本章，快去放松一下吧！

我们周围的世界

运用虚拟现实暴露疗法对军人的 PTSD 进行治疗

大量军事人员在部署后的 6 个月内开始出现 PTSD 症状（Milliken et al., 2007）。然而，由于污名化，许多军人并不愿意主动寻求帮助。正如一名海军陆战队队员解释的那样，“我可不希望在我的军事档案中写着我患有精神疾病”（Halpern,

2008）。

这方面的一个重要进展是运用计算机模拟和虚拟现实技术进行的暴露疗法。尽管这种想法很早就存在，但技术的进步使得人们可以运用虚拟现实程序定制个性化的场景，以尽可能地反映士兵个人经历过的创伤情境。通过点击鼠标，治疗师可以添加诸如地面震动、战场的硝烟气味、敌人 AK-47 的枪声等与创伤现场相关的线索。治疗通常是短期的（4 周），包括 4~6 次 90 分钟的单独治疗。第一阶段的任务是获取足够多的创伤细节（事件当天的时间、天气状况，发生地点，现场的声音、气味等），使虚拟现实体验尽可能真实。随着治疗的进展，新的线索可以被逐步添加到程序之中，以便为军人提供进一步的暴露体验。

早期的文献显示，虚拟现实暴露疗法能够大幅度减轻 PTSD 的症状并改善功能受损情况（Gerardi et al., 2008; Reger & Gahm, 2008）。更重要的是，虚拟现实疗法被多数军人所接受，比传统谈话形式的治疗更受欢迎（Wilson et al., 2008）。正如一名士兵所说的那样，虚拟现实“听起来很酷”（Halpern, 2008）。鉴于目前被诊断为 PTSD 的退伍军人越来越多，任何一种疗法，只要能得到士兵们的好评，并且能够缓解症状，都应该被推广。

为什么虚拟现实疗法成了许多军事人员可以接受的治疗形式？为什么你会认为这种方法有助于减轻症状？它的工作原理是什么？

未解决的问题

为什么对创伤的研究如此具有争议？

与心理学其他领域的研究主题不同，创伤应激的研究领域充满着既热情又极具分裂性的争论。例如，尽管研究者通常都会试图找出导致障碍（例如抑郁症或进食障碍）形成的风险因素，但“在 PTSD 中可能存在个人化的风险因素（除经历创伤事件之外）”这一观点，多年以来一直属于禁忌话题。这个观点之所以令人难以接受，是因为它被认为是在“责怪受害者”。有的人担心，对易感性因素的研究可能会给美国联邦政府提供借口，使政府拒绝为越战老兵提供相应的治疗与福利。换句话说，他们考虑更多的是社会伦理道德而非科学本身。

当然，PTSD 个体易感性的研究领域目前充满了活力。虽然如此，但如果有学者提出了某些业内专家不希望看到的观点，他们仍然会受到攻击（Satel, 2007）。一个例子是对美国越战老兵再适应研究（NVVRS）数据的重新分析。重新分析指出，最初报道的 PTSD 患病率数据可能被高估了。业内的一些人士并没有仔细阅读具体的研究方法或统计分析，而是直接攻击研究者，几乎就是在指责他说谎（Satel, 2007）。

这并不是个案。有学者发表了一项元分析，指出儿童期的性虐待与后来的精神障碍之间只有微弱的联系（Rind et al., 1998），这引起了轩然大波——创伤领域的专家们表示了强烈抗议，美国心理学会也努力使自己与作者的结论保持距离，最终美国国会介入，对这篇文献进行了正式的谴责（Lilienfeld, 2002）。而在另一个案例中，一些学者被指责为“最小化或完全否认了人类的痛苦”（Marshall, 2006, p. 629），因为他们将“9·11”恐怖袭击后短暂的应激反应称为“正常的情绪反应”（McNally, 2013）。

科学的精神是追求真理。而且，正如麦克纳利（2013）所指出的，为创伤受害者辩护的最好方法，是通过不受意识形态影响的科学调查来完成的。如果连科学假设都要受道德伦理的批评与限制，那么无人可以得到好的治疗。为创伤受害者辩护无疑是出于善意的，但是，如果是由道德伦理来决定哪些科学发现可以接受，哪些不能接受，那么，我们将要输掉的，可能是整个人类的未来！

本章小结

5.1　解释令人对应激更加敏感的因素，以及令人难以应对的应激源

- 当我们面临的身体或心理的挑战超过了我们的应对能力或资源时，我们就会经历应激。应激既可能来自消极情境，也可能来自积极情境。
- 我们如何应对应激与我们的应对技能和资源有关。因此，儿童可能特别容易受到伤害，拥有 5-HTTLPR 基因的 s/s 基因型的个体似乎也对应激更敏感。过去的应激经历也可能使我们以后对应激更敏感。相比之下，乐观的人有更好的复原力、更好的社会支持，对自己的生活也有更强的掌控感，总体上能更好地应对生活应激事件。
- 衡量应激程度的关键因素包括应激源有多严重，持续时间有多长，什么时间发生，

对我们生活的影响有多大，意外性有多大，以及我们对它的控制能力有多强。

5.2　身体应对应激时的反应

- 应激会损害我们的身心健康。
- 当我们感到应激时，自主神经系统会以多种方式做出反应。下丘脑刺激交感神经系统，肾上腺素和去甲肾上腺素等激素从肾上腺髓质释放出来。这些激素在血液中循环，让身体做好战斗或逃跑的准备。我们的心率加快，身体代谢葡萄糖的速度加快，以提供必要的能量。
- 应激也会激活下丘脑-垂体-肾上腺（HPA）系统，这刺激肾上腺皮质产生应激激素，如皮质醇。高水平的皮质醇可能在短期内是有益的，但从长期来看对健康有害。

5.3　解释应激如何导致免疫系统失调

- 应激会损害免疫功能，减缓伤口愈合。心理神经免疫学是研究神经系统与免疫系统相互作用的新兴学科。
- 在免疫系统中，被称为“B 细胞”和“T 细胞”的特殊白细胞会对病毒和细菌等抗原产生反应。它们的保护活性由自然杀伤细胞、粒细胞和巨噬细胞等辅助支持和增强。
- 免疫系统的激活会刺激细胞因子的产生。细胞因子可以被视为允许大脑和免疫系统相互沟通的化学信使。细胞因子可分为两大类：促炎细胞因子和抗炎细胞因子。促炎细胞因子通过引起炎症反应来帮助免疫系统应对挑战，而抗炎细胞因子会降低或抑制免疫系统的反应。
- 长期的应激似乎会干扰身体抑制细胞因子产生的能力，导致炎症。

5.4　描述情绪在身体健康中的作用，识别有益和有害情绪

- 大脑可以影响免疫系统，而心理因素影响着大脑，因此心理因素对于我们的身体健康十分重要。
- 消极的情绪状态，例如抑郁、敌意、愤怒、焦虑或孤独感，都与心血管疾病的发展有关，这可能是由于消极情绪会成为应激的来源。
- 对生活有一个更乐观的态度，或者更宽容，可能对健康有益。

5.5　介绍用于减轻应激反应和治疗应激相关障碍的心理干预方法

- 表达性写作。让人们写下内心深处最具创伤性的应激经历，可以加速伤口愈合。对那些患有与应激相关的疾病的人来说，这可能是一个有价值的方法。这种方法之所以有效，可能是因为它允许人们发泄，也允许人们以不同的方式思考自己的问题（重新构建）。
- 生物反馈是另一种解决应激相关问题（如头痛）的方法，即通过监测设备帮助人们更清楚地了解自己的心率、肌肉紧张程度或血压。

- 另一种广泛使用的疗法是放松训练，它可以与生物反馈等其他方法相结合。
- 冥想和其他有助于非批判性意识的减压方法，现在正引起人们的研究兴趣。
- 认知行为疗法也被广泛使用，它可以帮助人们减轻头痛或胃痛，也可以帮助人们应对应激。

5.6　识别适应障碍、创伤后应激障碍和急性应激障碍之间的异同

- 适应障碍是一种比 PTSD 或急性应激障碍的症状轻很多的障碍类别。虽然这些障碍都由应激引起，但引起适应障碍的是更为常见的生活应激事件，如失业或婚姻问题。创伤后应激障碍和急性应激障碍的应激源更严重且更具创伤性。
- 创伤后应激障碍和急性应激障碍具有相似的症状，它们之间的关键区别在于症状的持续时间。仅当症状持续超过一个月才能被诊断为 PTSD，如果症状最近才出现，持续时间不超过一个月，则诊断为急性应激障碍。同时，由于随着时间的推移，应激症状可能会自然恢复，因此并不是所有被诊断为急性应激障碍的人都会患 PTSD。

5.7　描述创伤后应激障碍的临床特点及风险因素

- 在创伤后应激障碍中，经历创伤事件会产生病态记忆。这种记忆不会随时间而减弱，而会非自愿地侵入意识。当出现记忆侵入意识的情况时，即使不再有任何危险，人也会重新体验创伤事件并感受到强烈的情感冲击。
- 创伤后应激障碍有多种症状，包括：侵入性记忆，反复做内容或情感与创伤事件相关的痛苦的梦，回避与创伤有关的刺激，对创伤事件持有消极认知，对创伤事件的记忆受损，以及唤醒程度或反应性增强。
- 许多因素影响个体对应激情境的反应。应激的影响不仅取决于它的严重程度，也取决于个体先前存在的易感性。复原力是最常见的保护因素。
- 虽然经历创伤性事件后出现心理症状是很常见的，但这些症状往往会随着时间的推移而消失。大多数经历过创伤性事件的人不会患上创伤后应激障碍。PTSD 在普通人群中的患病率为 6.8%。
- 增加个体经历创伤事件风险的因素有：某些职业（如消防员），男性，未受过大学教育，童年有行为问题，有精神疾病家族史，外向性和神经质的高水平。
- 增加患 PTSD 风险的因素包括：女性，社会支持水平低，神经质水平高，有抑郁、焦虑和物质滥用家族史，以及先前存在焦虑和抑郁问题。倾向于怀疑和担心未来可能发生创伤事件的想法或想象也被认为是风险因素。
- 患创伤后应激障碍的女性比没有该障碍的女性有更高的皮质醇基线水平，但男性 PTSD 患者却不是这样。在应激情境下，男性 PTSD 患者会表现出极高的皮质醇反应，但皮质醇基线水平不高。

- 在经历创伤事件时，5-HTTLPR 基因的 s/s 基因型可能会增加 PTSD 易感性。海马体积更小，也是一种生物易感性因素。

5.8 介绍创伤后应激障碍的预防与治疗

- 药物有时用于治疗创伤后应激障碍，尽管它们不是很有效。一些 5-羟色胺再摄取抑制剂类药物的疗效并不明显。
- 心理治疗包括延迟暴露疗法和认知疗法。一种有前景的新方法是使用虚拟现实的暴露疗法。

第6章

惊恐、焦虑、强迫及相关障碍

学习目标

6.1 区分恐惧和焦虑

6.2 描述焦虑障碍的基本特征

6.3 解释特定恐怖症的临床特征

6.4 探讨社交焦虑障碍的临床特征

6.5 描述惊恐障碍的临床特征

6.6 解释广泛性焦虑障碍的临床表现

6.7 描述强迫症的临床特征和治疗方法

6.8 总结一些文化差异造成焦虑的例子

案例

杰妮是一名21岁的大学生。虽然她在学校的表现良好，但在过去的一年里，她一直担心自己会因表现差而被学校开除。当老师和同学试图安慰她时，她又怀疑他们只是在说表面的客气话。此外，她还担心自己的母亲生病。虽然杰妮也意识到她的这些担忧可能根本没有必要（她有支持她的朋友，她母亲的健康状况也良好，而且根据她的成绩，她是学校的优秀学生），但她仍然需要努力控制自己的恐惧情绪。杰妮有睡眠困难，经常感到不安，肌肉也会经常感到紧张。当朋友们建议她练习瑜伽放松一下时，杰妮又担心这样做会影响学业，使她变成班上成绩最差的人。“我知道这样的担心没有意义，”她说，“但我总是这样，甚至常常为自己的过度担心而担心！”

恐惧是对当前危险的一种警觉反应，而**焦虑**是一种对未来潜在危险的广泛性的恐惧。DSM已经确定了一组病症，称为“焦虑障碍”，它们具有临床显著的焦虑或恐惧症状。约29%的美国人在人生的某个阶段会受到焦虑障碍的影响，该障碍也是女性群体中最常见的精神障碍，而在男性群体中则为次位（Kessler, Berglund, Delmar, et al., 2005）。在任意的一年中，约18%的美国成年人会罹患至少一种焦虑障碍（Kessler, Chiu, et al., 2005）。焦虑障碍会给患者和社会造成影响，产生一些经济和医疗问题。在所有精神障碍之中，焦虑障碍的发病年龄最早（Kessler, Aguilar-Gaxiola, et al., 2009），并与哮喘、慢性疼痛、高血压、关节炎、心血管疾病和肠易激综合征等疾病的患病率增加呈正相关（Roy-Byrne et al., 2008）。焦虑障碍患者还可能频繁前往医院寻求治疗（Chavira et al., 2009）。

在本章中，我们首先讨论恐惧和焦虑作为一种情绪和认知状态时的特征，这两种情绪对于人的适应性具有非常重要的作用，但有时人们似乎太容易受其困扰。之后，我们会讨论焦虑障碍，介绍强迫症以及在新的强迫症类别下的其他相关障碍。

6.1 恐惧与焦虑的反应模式

区分恐惧和焦虑

关于恐惧和焦虑这两种情绪之间的区别，人们从来没有达成完全一致的看法。从历史上看，区分恐惧和焦虑反应模式最常见的方法，是确定有没有一个大多数人认同的危险来源。当危险来源显而易见时，这种害怕的情绪体验就被称为恐惧（例如，“我怕蛇”），而焦虑一般并没有明确的危险来源（例如，“我担心父母的健康”）。

6.1.1 恐惧

近年来，许多著名的研究者提出了一个恐惧和焦虑反应模式之间更为基础的差别（Barlow, 2002; Bouton, 2005; Sah, 2017）。根据这些专家的观点，恐惧是一种基本情绪（许多动物都有），它会激活自主神经系统中“战斗或逃跑”的反应。这是对任何迫在眉睫的威胁的近乎即时的反应，比如被危险的捕食者盯上或被人用枪瞄准。

恐惧是一种动物本能，也是一种适应性的警觉反应，可以帮助我们迅速逃离迫在眉睫的危险情境。然而，如果恐惧反应发生在没有任何明显外部危险的情况下，我们则认为个体产生了自发的或无线索的**惊恐发作**。惊恐发作不同于一般恐惧，它不仅包括一般恐惧状态下的反应，而且还常伴有极度恐惧或末日临近的主观体验，包括死亡临近、混乱和失控的感觉。惊恐发作有三个组成成分：

1. 认知 / 主观成分（例如，“我害怕 / 我快要死了”）
2. 生理成分（例如，心率加快、呼吸急促）
3. 行为成分（例如，强烈的逃避或逃跑冲动）

这三个组成成分之间的组合并不紧密（Lang, 1985），换句话说，惊恐发作也可能只表现出其中的一种或两种，比如某人可能在没有太多主观成分的情况下，表现出恐惧或惊恐的生理和行为迹象。

6.1.2 焦虑

与恐惧和惊恐相比，焦虑的反应模式是不愉快情绪和不愉快认知的混合体。它更多地指向未来，并且比恐惧更具弥散性（Barlow, 2002）。与恐惧一样，它不仅有认知 / 主观成分，也有生理和行为成分。在认知/主观层面上，焦虑包括消极情绪、对未来潜在威胁或危险的担忧，以及一种无法预测未来威胁或无法控制未来威胁的感觉。在生理层面上，焦虑往往会造成一种紧张和慢性的过度唤起状态，这可能反映了个体对危险的评估，以及为处理可能发生的危险所做的准备（“可能会发生可怕的事情，如果真的发生，我最好提前做好准备”）。虽然没有像恐惧那样激活“战斗或逃跑”反应，但焦虑会让人在预期的危险发生之前为“战斗或逃跑”做好准备。在行为层面上，焦虑是一种避免遭遇潜在危险情境的强烈倾向，但不会像恐惧和惊恐那样有立即逃离的冲动（Barlow, 2002）。焦虑在描述和功能上都与恐惧或惊恐有所区别，对这一观点的支持来自对惊恐和焦虑主观报告的统计分析以及大量的神经生物学证据（Bouton, 2005; Davis, 2006;Table 6.1 Components of Fear and Anxiety Grillon, 2008）。表 6.1 对比了恐惧和焦虑的组成成分。

表 6.1　恐惧和焦虑的组成成分

组成成分	恐惧	焦虑
1. 认知 / 主观	“我有危险！”	“我担心会有不好的事情发生。”
2. 生理	心跳加快，出汗	紧张，慢性过度唤起
3. 行为	有逃跑冲动	广泛回避

焦虑的适应性价值是帮助我们做出应对潜在威胁的计划和准备。轻度到中度的焦虑实际上能提升学习和表现。例如，对你下次考试的表现感到些许焦虑可能是有帮助的。虽然短期的轻度或中度焦虑通常是适应性的，但如果焦虑长期持续并且程度严重，反而会对个体的适应性造成消极影响。这样的情况，可以被诊断为焦虑障碍。

虽然许多危险的情况会无条件地引发恐惧或焦虑，但仍有不少恐惧和焦虑实际上源于后天习得。多年的人类实验和动物实验已经证明，基本的恐惧和焦虑反应模式是高度可控的（Fanselow & Ponnusamy, 2008; Lipp, 2006）。也就是说，中性新奇刺激（条件刺激）反复与令人厌恶的事件（如各种生理或心理创伤）接连出现，会使个体习得一种引起恐惧或焦虑的能力（条件反应）。这种条件反射是一个完全正常且具有适应性的过程，它让我们学习预测即将到来的可怕事件。然而，后面我们将了解到，这种正常的适应过程在某些情况下也会导致临床上明显的恐惧和焦虑症状。

例如，一个叫安吉拉的女孩有时会看到或听到她的父亲在晚上对她的母亲进行躯体虐待。当这种事件发生了几次之后，每当安吉拉在傍晚听到父亲的汽车在家门口停下的声音时，她就会开始焦虑。在类似的情况下，许多中性刺激可能会成为某些威胁和不愉快事件即将发生的线索，从而引发恐惧或焦虑。我们的思维和脑海中的画面也可以成为条件刺激，引起恐惧或焦虑的反应模式。例如，安吉拉可能一想到她父亲的样子就感到焦虑。

6.2　焦虑障碍概述

描述焦虑障碍的基本特征

焦虑障碍最核心、最明显的特征是不现实的、非理性的恐惧或焦虑，它们会导致显著的痛苦和 / 或功能受损。DSM-5 中的焦虑障碍包括：

1. 特定恐怖症
2. 社交焦虑障碍（社交恐怖症）
3. 惊恐障碍
4. 场所恐怖症
5. 广泛性焦虑障碍

对患有不同类型焦虑障碍的患者来说，他们经历的恐惧或惊恐、焦虑症状的程度，以及他们最担心的事物或情境，都不相同。例如，有特定恐怖症或社交焦虑障碍的人不仅在遇到他们害怕的事物或情境时会经历恐惧或惊恐反应，甚至在他们感到害怕的情境有可能出现时，也会出现恐惧或惊恐反应。患有惊恐障碍的人会经历频繁的惊恐发作和强烈的焦虑，这种焦虑可能源于担心自己的症状再次发作。患有场所恐怖症的人会尽力回避各种公共场合或者开阔场地，从宽阔的街道、桥梁到拥挤的购物中心。相比之下，患有广泛性焦虑障碍的人（例如本章开篇案例中的杰妮）大多经历一种普遍的弥散性焦虑感，并对许多可能发生的潜在负面事件感到担忧。他们中有些人可能偶尔会有惊恐发作的症状。重要的是，许多患一种焦虑障碍的人，会同时或在别的时期患上另一种（或一种以上）其他类型的焦虑障碍和/或罹患抑郁症（Brown & Barlow, 2009; Kessler, Berglund, Demler, et al., 2005）。

考虑到不同焦虑障碍的这些共同特点，它们的基本病因之间有一些重要的相似之处也就不足为奇了。在生物学层面的致病因素中，我们将看到遗传因素对每一种障碍都起到了作用，而且至少有部分遗传易感性是非特异性的，在焦虑障碍中普遍存在（Shimada-Sugimoto et al., 2015）。在成年人中，常见的遗传易感性至少在心理层面上表现为一种重要的人格特质，即神经质——一种体验消极情绪状态的倾向，这是焦虑障碍和心境障碍的常见风险因素（Klein et al., 2009; Sauer-Zavala et al., 2017）。在大多数焦虑障碍中，参与最多的脑区通常是边缘系统（通常称为“情感大脑”）以及大脑皮层的某些部位，而最核心的神经递质是γ-氨基丁酸（GABA）、去甲肾上腺素和5-羟色胺（见第3章）。

在心理层面常见的致病因素中，我们将看到，对一系列刺激形成恐惧、惊恐或焦虑反应的经典条件反射在许多焦虑障碍中扮演着重要角色（Mineka & Oehlberg, 2008）。此外，那些认为自己对环境或自身情绪（或两者兼有）缺乏控制力的人似乎更容易患上焦虑障碍。这种不可控性认知的发展在很大程度上取决于人们成长的社会环境，包括他们父母的教养方式（Hudson & Rapee, 2009）。对于某些焦虑障碍来说，认知模式的错误或扭曲也可能起到了重要的作用。最后，人们成长的社会文化环境也对人们会因什么事物和经历感到焦虑或恐惧有显著的影响。与本书中描述的其他障碍一样，生物-心理-社会取向最适合用于理解在这些障碍的发展过程中所有不同类型的致病因素是如何相互作用的。

关于治疗，我们将会看到，各种焦虑障碍的有效疗法之间也有许多共性（Barlow, 2004; Campbell-Sills & Barlow, 2007）。对于所有焦虑障碍而言，最有效的疗法是暴露疗法，即让患者逐步暴露于令其恐惧的线索、事物和情境之中，直至恐惧或焦虑习惯化。而对于某些焦虑障碍，采用认知重建技术可以产生额外的效果，能帮助个体理解与自身焦虑相关的扭曲思维模式，以及应该如何改变这些模式。药物也可以用于治疗除特定恐怖症之外的所有焦虑障碍，药物一般分为两大类：抗焦虑药物（镇静剂）和抗抑郁药物。

DSM-5 诊断标准

特定恐怖症

A. 对于特定的事物或情况（例如，飞行、高处、动物、接受注射、看见血液）产生显著的害怕或焦虑。

注：儿童的害怕或焦虑也可能表现为哭闹、发脾气、惊呆或依恋他人。

B. 恐惧的事物或情况几乎总是能够促发立即的害怕或焦虑。

C. 对恐惧的事物或情况主动地回避，或是带着强烈的害怕或焦虑去忍受。

D. 这种害怕或焦虑与特定事物或情况所引起的实际危险以及所处的社会文化环境不相称。

E. 这种害怕、焦虑或回避通常持续至少6个月。

F. 这种害怕、焦虑或回避引起有临床意义的痛苦，或导致社交、职业或其他重要功能方面的损害。

G. 这种障碍不能用其他精神障碍的症状来更好地解释，包括：（如，在场所恐怖症中的）惊恐样症状或其他功能丧失症状；（如，在强迫症中的）与强迫思维相关的事物或情况；（如，在创伤后应激障碍中的）与创伤事件相关的提示物；（如，在分离焦虑障碍中的）离家或离开依恋者；或（如，在社交恐怖症中的）社交情况等所致的害怕、焦虑和回避。

现在我们将更详细地讨论每一种焦虑障碍，强调它们的共同和不同之处，并解释其病因。我们从恐怖症——最常见的焦虑障碍开始。**恐怖症**是对某些特定事物或情境产生的持续且不恰当的恐惧，这些事物或情境几乎没有实际危险，却会导致个体竭尽全力地回避。我们将会看到，恐怖症的三种主要类型是：（1）特定恐怖症，（2）社交焦虑障碍，（3）场所恐怖症。

6.3　特定恐怖症

解释特定恐怖症的临床特征

人们大都会对某些东西感到害怕，诸如恐怖电影、老虎、小丑等，这种害怕属于正常的范畴。可是，如果个体对特定事物或情境表现出强烈而持续的恐惧，并导致其功能受损和/或明显的痛苦时，就可以被诊断为特定恐怖症（见《DSM-5 诊断标准》专栏）。当患有特定恐怖症的人遇到恐惧刺激时，他们通常会立即表现出恐惧反应，这种反应类似于惊恐障碍的惊恐发作，区别是，惊恐障碍的惊恐发作并没有明确的外部触发事件（APA, 2013）。如果特定恐怖症的患者预期自己可能遇到会引发恐惧的事物或情境，他们也会感到焦虑，并因此尽力回避与之相遇。事实上，他们甚至经常不看那些无害但令其恐惧的照片或电视画面。例如，幽闭恐怖症患者可能会竭尽全力避免进入壁橱或电梯，即使这意味着需要爬很多层楼梯，甚至拒绝那些需要他们乘坐电梯的工作岗位。一般来说，多数特定恐怖症的患者会意识到自己的恐惧有些过度或不合理，但也有一些患者缺乏这种自我认识。

这种回避是恐怖症的主要特征，它的发生既因为恐惧反应本身是不愉快的，也因为患者对令其恐惧的事物或情境的非理性预测。表 6.2 列出了 DSM-5 中特定恐怖症的五种亚型。

表 6.2　DSM-5 中特定恐怖症的亚型

特定恐怖症亚型	示例
动物型	蛇、蜘蛛、狗、昆虫、鸟
自然环境型	高处、暴风雨、水
血液-注射-损伤型	看到血或者伤口，接受注射，看到坐轮椅的人
情境性	公共交通、隧道、桥梁、电梯、飞行、驾驶、封闭空间
其他	窒息、呕吐、“空间恐惧”（害怕离开墙壁或其他支撑物后跌倒）

下面是一个特定恐怖症的典型案例。

案例

玛丽是三个孩子的母亲。她 47 岁时第一次因焦虑而寻求治疗。她报告说，从十几岁开始，她就非常害怕封闭的空间（幽闭恐怖症）以及高处（恐高症）。她小时候曾经被哥哥姐姐锁在壁橱里，姐姐们还把她压在毯子下面吓唬她。她认为自己的幽闭恐怖症主要来自那些创伤事件，但她不明白自己为什么会恐高。虽然患有两种特定恐怖症，但她作为一名家庭主妇，生活还算正常。现在孩子们已经长大了，于是她想出去找份工作。她找工作非常困难，因为她不能乘坐电梯，而且只有在建筑物的一层才会感觉到安全。此外，她的丈夫在航空公司工作多年，这使他有资格获得免费的机票，而玛丽却不能乘坐飞机（由于她的恐怖症），这些由恐怖症带来的问题成了她婚姻中的痛处，因为夫妻俩都想利用这些免费机票远程旅行。因此，尽管她多年来一直患有恐怖症，但直到最近几年，随着生活环境的改变，恐怖症才真正地影响到她的生活，使她再也无法轻易避开高处或封闭的空间。

如果患有恐怖症的人试图接近引起恐惧的事物或情境，他们就会被不同程度的恐惧或焦虑情绪所占据，程度轻的人会有轻微的恐惧和痛苦（通常距离恐惧对象较远），程度严重的话便会完全激活“战斗或逃跑”反应。无论恐惧行为是如何产生的，这些行为往往都会得到强化，因为每一次恐怖症患者回避令其恐惧的情境时，他们的焦虑就会减轻。

有一种特定恐怖症有许多有趣和独特的特征，那就是血液-注射-损伤型恐怖症。大约有 3%~4% 的人患有这种恐怖症（Ayala et al., 2009）。患者通常会经历和恐惧相同程度（甚至更强烈）的恶心感。此外，患者在看到血液或损伤时会表现出一种独特的生理反应。大多数患有恐怖症的人遇到他们的恐惧对象时，心率和血压并非简单地升高，而是起初迅速升高，随后又急剧下降。患者同时会伴有恶心、头晕或昏厥，这些症状在其他类型的特定恐怖症中没有（Page & Tan, 2009）。

有趣的是，患有这种恐怖症的人只有在面对血液和损伤时才会表现出这种独特的生理反应，而在遇到其他恐惧对象时，通常表现出典型的“战斗或逃跑”的生理反应（Dahllof & Ost, 1998）。根据进化和机能的观点，这种独特的生理反应模式可能具有特定的目的：被袭击的个体可能通过晕倒而避免被进一步攻击，而且，一旦袭击真的发生，血压降低可以减少血液的流失量（Craske, 1999）。这类恐怖症似乎具有较强的家族遗传性（Czajkowski et al., 2011）。

6.3.1　患病率、起病年龄以及性别差异

特定恐怖症很常见，约有 12% 的人在他们一生中的某个时期会出现这种恐怖症（Kessler, Chiu, et al., 2005）。恐怖症在女性中比在男性中更常见，尽管性别比例因恐怖症类型而异。例如，90%~95% 的动物恐怖症患者是女性，但血液－注射－损伤型恐怖症患者的性别比例低于 2∶1。动物恐怖症、血液－注射－损伤型恐怖症和牙科恐怖症通常始于儿童时期，而其他一些恐怖症，如幽闭恐怖症和驾驶恐怖症，往往始于青春期或成年早期（Barlow, 2002）。

6.3.2　心理学因素

特定恐怖症的心理成因很多，例如深层的心理动力冲突、对恐惧较为直接的创伤性条件反射、个体差异等等。

心理动力学观点

根据心理动力学观点，恐怖症体现了对焦虑的防御，这种焦虑源自本我被压抑的冲动。让个体“知道”这种被压抑的本我冲动是危险的，因此焦虑对象被转移到与实际焦虑对象有某些象征性关系的物体或情境上，这样个体就不会“知道”自己的本我冲动（Freud, 1909）。心理动力学对于恐惧产生的缘由所给出的解释都是推测性的，因而长期以来备受批评。另一种更简单的来自学习理论的解释如今已取代了它。

恐怖症是一种习得行为

沃尔普和拉赫曼（1960）提出了一种基于学习理论的解释，试图通过经典条件反射来解释恐惧行为的发展。当中性刺激与创伤性或痛苦的事件同时出现时，人们很容易对这些中性刺激形成恐惧反应。我们还推测，一旦习得这种反射，恐惧还会泛化到其他类似的事物或情境中。比如，玛丽的幽闭恐怖症很可能是由她小时候经历的事件所引起的，即她的

哥哥姐姐把她锁在了壁橱里，还用毯子把她裹起来吓唬她，以至于成年之后，玛丽害怕电梯、洞穴等其他封闭的地方。

恐惧的替代性条件作用 直接的创伤性条件反射是指个体在面对一个中性事物或情境时有可怕的感受，但这并不是人们习得非理性恐惧的唯一方式。仅仅观看一名恐怖症患者面对令其恐惧的事物时的恐惧反应，也会让观察者感到痛苦，并会导致恐惧通过替代性或观察到的经典条件反射从一个人传递到另一个人。此外，观看一个普通人经历可怕的事件也会产生替代性条件反射。在一个案例中，一位男性在童年时曾目睹其祖父在临终前呕吐的场景。在这一创伤事件（他祖父临死前的痛苦）发生后不久，他就患上了一种强烈而持久的呕吐恐怖症。到了中年，有一次他感到恶心并产生呕吐恐惧时，甚至企图自杀（Mineka & Zinbarg, 2006）。在对儿童的实验室模拟研究中也观察到了相似的实验结果。例如，研究表明，相对于观看与快乐表情成对出现的陌生动物照片（澳大利亚的有袋类动物）的 7~9 岁儿童，观看与恐惧表情成对出现的陌生动物照片的儿童对条件刺激表现出更多的恐惧和行为回避，这些影响持续了至少一周（Askew & Field, 2007; 2008）。

恐惧习得的个体差异来源 人们大都经历过创伤，也见到过别人经历创伤，为什么大多数人并没有患上恐怖症（Mineka & Oehlberg, 2008）？其中一个原因是，生活经历中的个体差异在很大程度上影响了条件性恐惧或恐怖症的形成。重要的是，一些生活经历可能作为风险因素，使某些人更容易罹患恐怖症，而有的经历反而可能成为预防恐怖症的保护因素（Mineka & Sutton, 2006）。例如，经历过非创伤性的痛苦事件的儿童就比那些没有经历过的儿童更不容易产生牙科焦虑（Ten Berge et al., 2002）。替代性习得也是如此。例如，幼儿看到母亲并不害怕蛇或蜘蛛，那么这些孩子会比那些看到自己母亲害怕蛇或蜘蛛的幼儿表现出更少的恐惧（Egliston & Rapee, 2007）。这样的结果说明，父母和儿童身边其他人的行为，能改变儿童对未来事物的恐惧和焦虑反应。

条件反射过程的某些方面以及个体对其的反应，决定了个体因条件反射而形成的恐惧的程度。如果个体的恐惧是由经历不可避免又无法控制的事件所形成的，那就要比因经历具有同等创伤强度但可以避免或一定程度上可以控制的事件而形成的恐惧更加严重。例如，当个体被狗袭击时，因无法逃脱而被狗咬伤，就会比虽被狗咬但能逃走的情况产生更多的恐惧（Mineka, 1985;Mineka & Zinbarg, 1996, 2006）。很多研究还表明，恐惧一旦习得，我们的认知和思维便会保持这种恐惧。例如，患有恐怖症的人总是对他们恐惧的对象、情境以及其他相关的刺激保持警惕（McNally & Reese, 2009）。相较之下，一般人会更倾向于把注意力从威胁性刺激上移开（Mineka et al., 2003）。此外，恐怖症患者还常常高估那些令他们恐惧的情境将要发生的概率，而随着时间的推移，这种认知偏差可能还会维持或加强他们的恐怖症（Muhlberger et al., 2006; Ohman & Mineka, 2001）。

恐惧与恐怖症的预备理论　人类的进化史让我们最有可能对哪些刺激产生恐惧呢？例如，尽管摩托车、电锯、枪支这些现代工具或武器与创伤相联系的可能性更大，但人们却更容易对蛇、蜘蛛、水、高空及封闭空间产生恐惧。灵长类动物在经历了漫长的进化之后，似乎会迅速把某些事物（如蛇、蜘蛛、水和封闭空间）与恐怖或不愉快的事件联系起来（Mineka & Öhman, 2002; Öhman, 1996; Seligman, 1971）。这种所谓**预备习得**的本能似乎源于进化过程中的选择性优势，即那些能够迅速对有威胁的事物或情境习得恐惧的灵长类（包括人类）更有可能将基因传给下一代。因此，这种“准备好的”恐惧虽非与生俱来，后天却能轻易习得，尤其是那些与物种灭绝有关的恐惧。相比之下，枪、摩托车和电锯在我们早期的进化史上并不存在，因此也没有传递出这样的选择性优势。

实验研究也有力地支持了恐怖症的预备理论。在以人类为被试的一系列重要实验中，欧曼及其同事（Öhman, 2009; Öhman & Mineka, 2001, for reviews）发现，比起与恐惧无关的刺激（花和蘑菇的幻灯片）来说，个体更容易对与恐惧相关的刺激（蛇和蜘蛛的幻灯片）形成条件反射。此外，一旦个体习得了对恐惧相关刺激的条件反射，即使这些与恐惧相关的刺激低于阈限（刺激的时间非常短暂，无法在意识状态下知觉到），也会引起恐惧反应（大脑的相关区域和杏仁核被激活），而与恐惧无关的阈下刺激则不会引起这些反应（Carlsson et al., 2004; Öhman et al., 2007）。也就是说，对恐怖刺激的反应可以阈下启动。这或许有助于解释恐怖症某些方面的非理性，即恐怖症患者可能无法在主观上控制他们的恐惧，因为这些恐惧可能来自他们认知结构中的无意识层面（Öhman & Mineka, 2001）。

另一系列的动物研究显示，在替代性条件反射下，实验室饲养的猴子可以很容易产生对恐惧相关刺激的恐惧（例如玩具蛇或玩具鳄鱼），而对与恐惧无关的刺激（例如鲜花和玩具兔子）则不能（Cook & Mineka, 1989,1990）。因此，猴子和人类似乎都会选择性地将某些与恐惧相关的刺激与威胁或危险联系起来。重要的是，这些实验室饲养的猴子之前并没有接触过实验中涉及的任何刺激（例如蛇或花）。这使得研究结果比前文的人类研究更有力地支持了基于进化观点的预备习得假设。人类研究中有一些无关变量难以控制。例如，人类被试（与实验室饲养的猴子相比）更容易对蛇或蜘蛛形成恐惧条件反射的原因可能是他们之前有过与蛇或蜘蛛的消极联系，而并非进化因素（Mineka & Öhman, 2002）。

6.3.3　生物学因素

遗传变量和气质（或人格）变量也影响着恐惧条件反射的速度和强度（Hettema et al., 2003; Oehlberg & Mineka, 2011）。例如，隆德斯多夫及其同事（2009）发现，携带 5-羟色胺转运体基因的两个变体之一（s 等位基因，与人格中的高神经质水平有关）的个体比不携带 s 等位基因的个体更容易形成恐惧条件反射。然而，那些具有另一基因的两个变体之一（COMT 基因 met 基因型）的人虽然没有体现出更容易形成条件反射的特质，却表现出了更强的恐惧记忆巩固（Lonsdorf & Kalisch, 2011）。与此相关的研究还有，卡根及其同事（2001）发现，在 21 个月大时表现出行为拘谨的幼儿（过分胆小、害羞、容易沮丧等），在 7~8 岁时比同时期的普通幼儿罹患多种特定恐怖症的风险更高（32% 与 5%）。

一些行为遗传学研究也表明，遗传因素对罹患特定恐怖症具有一定的影响。例如，大样本的双生子研究发现，同卵双生子比异卵双生子更有可能同时患有动物型恐怖症或自然环境型恐怖症（如恐高或恐水）（Hettema, Prescott, et al., 2005; Kendler et al., 1999b）。但在同一项研究中还发现，非共有的环境因素（双生子未共享的个体特定经历）在特定恐怖症的发展中起重要作用，这一结果支持了恐怖症是后天行为习得的观点。另一项研究发现，动物型恐怖症的遗传率与社交焦虑、场所恐怖症等相对较为复杂的恐怖症的遗传率之间是独立的（Czajkowski et al., 2011）。

6.3.4 特定恐怖症的治疗

大量的文献表明，治疗特定恐怖症最常用也最有效的方法是**暴露疗法**（一种行为疗法）。暴露疗法是有控制地让来访者暴露于引发其恐惧的刺激或情境之中（Choy et al., 2007; Craske & Mystkowski, 2006）。治疗师会鼓励来访者将自己逐步暴露于恐惧的情境中，且单次暴露时间必须长到恐惧开始消退（来访者可独自进行，也可在治疗师或朋友的帮助下进行）。暴露疗法的一个改进版被称为“参与者榜样作用”，它通常要比简单的暴露更加有效。在实践中，治疗师会示范如何镇定地与恐惧刺激或情境互动（Bandura, 1977, 1997）。这一示范的过程让来访者了解到，这些刺激或情境是无害的，并不像他们想象中那么可怕。这些情境产生的焦虑虽然令人不快，但它们会随恐惧的消退而逐渐减退（Craske & Mystkowski, 2006）。这种新的习得被认为是以大脑中杏仁核激活状态的变化为介导而达成的（杏仁核是涉及恐惧情绪的核心大脑区域）。

对某些恐怖症来说（如动物型恐怖症、飞行恐怖症、幽闭恐怖症和血液-注射-损伤型恐怖症），单次较长时间的暴露治疗（可持续 3 小时）往往非常有效（Ost et al., 2001）。这是该疗法的一大优势，因为有些来访者更可能接受只需一次的治疗。而且，这种疗法对年轻人可能效果更好（Ollendick et al., 2009）。

图 6.1　暴露疗法的一种改进版：参与者榜样作用

图中的治疗师正在示范如何触摸并拿起一只活的狼蛛，她鼓励蜘蛛恐怖症患者模仿她的行为。这一治疗是渐进的，来访者的第一项任务只是接触装狼蛛的盒子，第二项任务是用一根细棍触碰狼蛛，然后用戴着手套的手接触狼蛛，接下来是赤手接触狼蛛，让狼蛛爬过他的手，最后可以自信地捧起狼蛛。这是一种非常有效的治疗方法，害怕蜘蛛的来访者可以在 60~90 分钟内达到最高的暴露等级。

使用暴露疗法的一个案例来自对家庭主妇玛丽的治疗，我们已经在前文中介绍过她的恐高症和幽闭恐怖症。

案例

玛丽一共接受了 13 次渐进式暴露治疗，在这些治疗中，她的治疗师首先陪伴她进入她轻度恐惧的情境，然后逐渐进入让她越来越恐惧的情境。玛丽还要进行家庭作业，独自完成一些暴露练习。这种在现实生活中延续的暴露治疗的持续时间必须长到焦虑开始减退。最初的治疗集中在玛丽的幽闭恐怖症上，使她能够坐电梯上几层楼，先是和治疗师一起，然后是独自一人。后来，她在高楼里乘坐电梯的时间更长了。对恐高症的暴露治疗包括在一家高层旅馆顶楼的正厅外围行走，然后在远眺山景的地方待上一段时间。玛丽的幽闭恐怖症治疗的最高级是参观一个地下洞穴。经过了 13 次治疗后，玛丽和她的丈夫成功搭乘飞机前往欧洲旅行，并登上了许多旅游景点的顶部。

有些时候，让患者暴露在诸如高处以及飞机之类的真实环境中很困难（例如，那些距离机场很远的来访者或治疗师）。为了解决这个问题，近年来，心理学家开始使用虚拟现实来模拟不同类型的恐怖情境。对照研究显示，其效果与真实情境的暴露疗法相近（Choy et al., 2007; Parsons & Rizzo, 2008; Rothbaum et al., 2006）。

一些研究者尝试把其他几种方法与暴露疗法结合起来使用，希望以此提高治疗的效果。通常，单独使用认知重建技术的效果不如暴露疗法，即使在暴露疗法中加入认知重建技术也并没有增强疗效（Craske & Mystkowski, 2006; Wolitzky-Taylor et al., 2008）。此外，对于特定恐怖症来说，药物治疗一般没有明显效果，还有一些证据显示，抗焦虑药物甚至可能对暴露疗法造成干扰（Antony & Barlow, 2002; Choy et al., 2007）。最近的研究发现，一种名为“D-环丝氨酸”的药物可以在虚拟现实环境中强化暴露疗法治疗恐高症的效果（Norberg et al., 2008; Ressler et al., 2004）。该药物最初是用来促进动物的条件性恐惧消退的（Davis et al., 2005, 2006)，但如果在治疗中单独使用该药，就没有什么效果。

6.4 社交焦虑障碍

探讨社交焦虑障碍的临床特征

社交焦虑障碍（或社交恐怖症）的特征是个体对一种或多种特定社交场合产生恐惧，因而导致部分功能的丧失（例如，在公共场合演讲、在公共卫生间如厕、在公共场所吃饭或写作；见《DSM-5 诊断标准》专栏）。在这种情况下，个体担心自己可能受到其他人的审视以及消极评价，或担心自己做出令人尴尬或丢脸的行为。因为恐惧，患有社交焦虑的人要么回避这些情境，要么在这些情境中忍受巨大的痛苦。对公开演讲的强烈恐惧是最常见的一种社交焦虑，DSM-5 还确定了社交焦虑的两种类型：一种是以表演状态为主，如公开演讲；而另一种更为广泛，包括了非表演状态的其他多数情境（例如在公共场所吃饭）。患有广泛性社交焦虑亚型的人通常对大多数社交场合都有明显的恐惧（而不会是少数几种情境），因此也经常被诊断为回避型人格障碍（见第 10 章 ; Stein & Stein, 2008）。

DSM-5 诊断标准

社交焦虑障碍（社交恐怖症）

A. 个体由于面对可能被他人审视的一种或多种社交情况时而产生显著的害怕或焦虑。例如，社交互动（对话、会见陌生人），被观看（吃、喝的时候），以及在他人面前表演（演讲时）。

注：儿童的这种焦虑必须出现在与同伴交往时，而不仅仅是与成人互动时。

B. 个体害怕自己的言行或呈现的焦虑症状会导致负性的评价（即：被羞辱或

尴尬；导致被拒绝或冒犯他人）。

C. 社交情况几乎总是能够促发害怕或焦虑。

注： 儿童的害怕或焦虑也可能表现为哭闹、发脾气、惊呆、依恋他人、畏缩或不敢在社交情况中讲话。

D. 主动回避社交情况，或是带着强烈的害怕或焦虑去忍受。

E. 这种害怕或焦虑与社交情况和社会文化环境所造成的实际威胁不相称。

F. 这种害怕、焦虑或回避通常持续至少 6 个月。

G. 这种害怕、焦虑或回避引起有临床意义的痛苦，或导致社交、职业或其他重要功能方面的损害。

H. 这种害怕、焦虑或回避不能归因于某种物质（例如，滥用的毒品、药物）的生理效应，或其他躯体疾病。

I. 这种害怕、焦虑或回避不能用其他精神障碍的症状来更好地解释，例如惊恐障碍、躯体变形障碍或孤独症（自闭症）谱系障碍。

J. 如果其他躯体疾病（例如，帕金森病、肥胖症、烧伤或外伤造成的畸形）存在，则这种害怕、焦虑或回避是明确与其不相关或是过度的。

6.4.1　患病率、起病年龄和性别差异

大约 12% 的人在人生的某一时期会符合社交焦虑障碍的诊断标准（Kessler, Berglund, Demler, et al., 2005; Ruscio et al., 2008）。社交焦虑在女性中更为常见（约 60% 的患者为女性），通常开始于青春期或成年早期（Bruce et al., 2005; Ruscio et al., 2008）。近 2/3 的社交焦虑障碍患者在一生的某一时期还会患上其他的一种或几种焦虑障碍，大约 50% 的患者会同时患有抑郁症（Kessler, Chiu, et al., 2005; Ruscio et al., 2008）。此外，约 1/3 的患者用酗酒来缓解他们的焦虑，帮助自己应对恐惧的情境（例如，在参加聚会前喝上几杯酒）（Magee et al., 1996）。这样的共病现象对“社交焦虑障碍是独立疾病”的观点提出了挑战，也许应该将其理解为具有因果关联的症状集合。例如，1/3 的社交焦虑障碍患者通过酗酒来缓解焦虑，这一事实表明，焦虑和酒精滥用之间可能具有因果关联，而并非两个碰巧一起出现的“疾病”。而且，由于痛苦以及对社交场合的回避，平均而言，患有社交焦虑障碍的人，就业率和社会经济水平较低，约有 1/3 的患者在生活中存在一个或多个社会功能受损的情况（Harvey et al., 2005; Ruscio et al., 2008）。最后需要注意的是，这种障碍的病程很长。一项研究显示，

在 12 年的时间里，大约只有 1/3 的人能自行康复（Bruce et al., 2005）。下面的案例展示了社交焦虑障碍的典型特征。

案例

保罗是一名外科医生，未婚。他有 13 年的社交焦虑障碍病史，在大约 35 岁时第一次接受了治疗。因为担心别人发现自己在社交场合的紧张，所以他很少参加社交活动，而且他也很多年没有和异性约会了。他担心人们会把他当成傻瓜或疯子，尤其担心的是，周围人会注意到他那一紧张就会颤抖的下巴。保罗在公共场合经常嚼口香糖，他认为这样做可以使他的下巴看起来正常。值得注意的是，他在作为医生时与人交谈没有任何问题。例如，他在外科手术前后都能与患者正常交流。在手术中，保罗只要戴上了口罩，就能顺利完成手术，而且与其他医生和护士的互动也表现正常。但当他摘掉了口罩，离开手术室，需要与其他医生、护士或患者家属进行交流时，就会出现困难。在这样的场合，他经常会有惊恐发作。在发作期间，他经历了心悸和害怕自己“快要疯了”的体验，并感到自己的大脑“停止了运作”。因为惊恐发作只发生在社交场合，所以他被诊断为社交焦虑障碍，而不是惊恐障碍。

保罗的社交焦虑和惊恐发作始于 13 年前，当时他承受了巨大的压力。他的家族生意失败，父母离异，母亲心脏病发作。正是在这种多重压力的情况下，一次创伤事件可能触发了他的社交焦虑障碍。那一天，他从医学院回到自己的住所，却发现他最好的哥们儿和自己的未婚妻在床上……约一个月后，他开始出现首次惊恐发作并开始回避社交场合。

6.4.2 心理学因素

和特定恐怖症一样，社交焦虑障碍通常也涉及由进化因素形成的习得行为。这种习得最可能发生在那些基因或气质上存在风险的个体身上。

作为一种习得行为的社交焦虑障碍

与特定恐怖症相同，社交焦虑障碍一般也是由直接或替代性经典条件反射形成的。患者可能遭遇社交挫败、羞辱、苛责或成为他人泄愤的对象，也可能仅仅以旁观者的身份目睹了类似事件的发生（Harvey et al., 2005; Mineka & Zinbarg, 2006; Tillfors, 2004）。在两项研究中，56%~58% 的社交焦虑障碍患者回忆起了直接的创伤性经历，而这些经历又成为他们患病的起因（Öst & Hugdahl, 1981; Townsley et al., 1995）。另一项研究报告称，92% 的社交焦虑障碍成年患者在童年时遭遇过嘲讽，而患强迫症的人群中，这一比例只有 35%（McCabe et al., 2003）。此外，一项针对社交焦虑障碍的实验室研究发现，与更不具特异性的消极的无条件刺激（例如不愉快的气味或痛苦的压力）相比，与社交相关的无条件刺激（关键的面部表情和言语侮辱）会引发更牢固的恐惧条件反射（Lissek et al ., 2008）。

在奥斯特和胡戈达尔的研究中（1981），另有 13% 的参与者回忆起了某些替代性条件反射的经历。一项研究对一组社交恐怖症患者进行了访谈，了解这些患者在恐惧的社交情境中对自我形象的认识以及这些形象的来源（Hackmann et al., 2000）。有 96% 的患者能回忆起社交中的一些创伤经历，这些经历与他们在恐惧的社交情境中的自我形象相关。这些回忆主要包括“因焦虑症状而受到的批评”（比如因脸红而被人笑话），或“因曾经受到的批评而在公共场合感到不适”（如“以前受到过欺负，被骂‘废物’”）（Hackmann et al., 2000, p. 606）。重要的一点是，并不是每一个在社交情境中经历了直接或替代性条件反射的人都会产生社交焦虑障碍。这种经验上的个体差异，对于个体是否罹患社交焦虑障碍起到了关键作用，而且在特定恐怖症中的情况也是如此。

以进化观点看社交恐惧和社交恐怖症

在社交恐惧和社交恐怖症的定义中，个体恐惧的对象是其同类。相反，诸如恐惧动物或动物型恐怖症，个体通常对潜在的食肉动物感到恐惧。这种恐惧可能会激发对潜在的食肉动物做出“战斗或逃跑”反应。但社交恐惧和社交恐怖症是灵长类动物因其特有的社会等级而产生的副产品。在灵长类动物中，社会等级十分常见（Dimberg & Öhman, 1996; Öhman et al., 1985）。统治阶层是通过社会群体成员之间的武力冲突建立起来的，被打败的个体通常会表现出恐惧和顺从的行为，但很少会试图完全逃离这种情境。因此，研究者认为，患有社交恐怖症的人会忍受令其恐惧的情境，而不像动物型恐怖症患者那样，做出逃离和回避的反应（Longin et al., 2010; Öhman, 2009）。

如果社交焦虑是社会等级的副产品，那么对于表现支配性和攻击性的社交刺激的恐惧，有可能是人类基于进化的一种心理倾向。这些社交刺激包括社交情境中其他人愤怒或轻蔑的面部表情，通常，人们对这些面部表情的加工速度似乎比快乐或中性的面部表情更快，也更容易（Öhman, 2009; Schupp et al., 2004）。在一系列与先前描述的特定恐怖症研究类似的实验中，欧曼等研究者发现，当愤怒的面部表情的幻灯片与轻微的电击配对时，参与者的条件反应要比快乐或中性的面部表情与相同强度的电击配对时表现得更强烈（Dimberg & Öhman, 1996）。事实上，即使与电击配对的是非常短暂的阈下呈现（不被意识觉察）的愤怒表情，也足以激活参与者的条件反应（Parra et al., 1997），这可能是因为这些阈下的愤怒的面部表情会迅速激活杏仁核——习得恐惧的核心结构（Öhman et al., 2007）。与此相关的是，与正常对照组相比，患有社交焦虑障碍的参与者在面对负性面部表情（如愤怒的面部表情）时，杏仁核（以及其他涉及情绪加工的大脑区域）的激活程度更高（Goldin et al.,

2009; Phan et al., 2006）。这些研究结果可能有助于解释社交焦虑障碍的非理性特征，即对愤怒的面部表情的加工非常快，情绪反应能在个体还没有意识到威胁时就被激活。而对负性面部表情的反应过度活跃与对批评的神经反应增强相关（Blair et al., 2008; Shin & Liberzon, 2009）。

对不可控性和不可预测性的知觉

遭遇无法控制和不可预测的应激事件（如父母分居、父母离异、家庭冲突或性虐待）可能对社交焦虑障碍的形成起到了重要作用（Mathew et al., 2001; Mineka & Zinbarg, 2006）。在保罗的案例中，他发现未婚妻和他最好的朋友上床，这使他受到了严重打击。当个体感受到许多事情具有不可控性和不可预测性时，个体的行为常常会变得顺从和不自信，这是社交焦虑障碍或恐怖症患者的特征。如果对不可控性的认知源于社交的挫败，那么个体更可能表现出顺从和不自信的行为。经历社交挫败也会导致动物的顺从行为和恐惧感增加（Mineka & Zinbarg, 2006）。与此观点相一致的是，患有社交焦虑障碍的人对日常生活的掌控感也会减弱（Leung & Heimberg, 1996）。这种自我控制感的渐渐丧失可能因为（至少部分是）个体成长于过分保护（有时是拒绝程度很高）的家庭（Lieb et al., 2000）。

认知偏差

认知因素在社交焦虑障碍的发生和维持中起作用。贝克及其同事（1985）指出，社交焦虑障碍患者倾向于以为他人会拒绝他们或对他们做出消极评价，这使他们在可能构成威胁的人面前感到脆弱。威尔斯和克拉克（Clark, Wells, 1995; Wells & Clark, 1997）在这之后还进一步指出，社交焦虑障碍患者的不良图式是，他们预期自己会有令人尴尬的和不可接受的行为表现，从而导致他们遭到拒绝以及失去地位。这样的预期使其全神贯注于社交情境中的肢体反应，并且高估了他人对自己焦虑的察觉，以为别人很容易发现他们的焦虑（Hirsch et al., 2004）。社交焦虑障碍患者在社交场合中有着如此强烈的自我关注，以至于会注意到自己的心率，而以上种种都会影响他们与人互动过程中的表现（Hirsch et al., 2003; Pineles & Mineka, 2005）。恶性循环可能由此形成：社交焦虑障碍患者某种程度的尴尬举止可能真的会引发他人的不友善反应，而这些反应又进一步证实了患者的预期（D. M. Clark, 1997; Clark & McManus, 2002）。

在社交焦虑障碍患者中出现的另一种认知偏差是，他们会把模棱两可的社交事件更多地理解为消极事件（例如，当有人对你微笑时，究竟是意味着喜欢你，还是对你的嘲讽呢？社交焦虑障碍患者更可能理解为后者），而且，他们会记住这样的负面解释（Hertel et al., 2008）。还有研究者认为，这些偏见的认知过程如果结合在一起，可能会维持社交焦虑障碍患者的症状，甚至可能促使障碍恶化（Hirsch et al., 2006）。

6.4.3　生物学因素

在形成社交焦虑障碍的因素中，最重要的气质变量是行为抑制，它具有神经质和内倾性的共同特征（Bienvenu et al., 2007）。具有行为抑制气质的婴儿对陌生刺激十分敏感，更容易害羞和回避。这些婴儿更可能在童年时期显得胆小，而且在青春期出现社交焦虑的风险也更高（Hayward et al., 1998; Kagan, 1997）。例如，一项将行为抑制作为风险因素的经典研究调查了一大群儿童，其中绝大多数已知有患焦虑障碍的风险，因为其父母患有情绪障碍。研究表明，那些 2~6 岁时被评估为行为抑制水平高的儿童，在童年中期（平均年龄 10 岁）被诊断出患有社交焦虑障碍的概率比行为抑制水平低的儿童高 3 倍（22% 与 8%）（Hirshfeld-Becker et al., 2007）。

双生子以及其他基因研究的结果显示，遗传因素对社交焦虑有一定影响。据估计，其中有 12%~30% 易感性差异是由遗传因素造成的（Hettema, Prescott, et al., 2005; Smoller et al., 2008; Stein et al., 2017）。就谁会患上社交焦虑障碍的问题而言，人与人之间的差异更多是由非共享的环境因素造成的，而非共享的环境因素又与习得的作用密不可分。

6.4.4　治疗

社交焦虑障碍的治疗主要通过认知和行为疗法，有时也会使用药物。

认知和行为疗法

与特定恐怖症一样，令患者长时间逐步地暴露在其恐惧的环境中（就该障碍而言，即社交环境），被证明是一种非常有效的治疗方法。随着研究揭示了社交焦虑障碍患者的潜在扭曲认知，**认知重组**技术被添加到行为技术的治疗中，从而出现了认知行为疗法（Barlow et al., 2007）。在认知重组的过程中，治疗师试图帮助来访者识别他们潜在的消极的自动思维（如“我没有什么有趣的事情想说”或“没有人对我感兴趣”）。在帮助来访者认识到这种自动思维（往往发生在意识的表层之下，但可以被理解）通常是扭曲的认知之后，治疗师使用逻辑再分析技术来帮助他们改变这些内在的想法和信念。逻辑再分析的过程可能包括让来访者问自己一些问题，以挑战其自动思维：“我难道真的无话可说吗？”“紧张的样子是不是让我看上去很傻？”

这种疗法的一个版本非常有效：治疗师可能会给来访者安排一些练习，要他们操纵自己的注意力焦点（内部与外部），通过这种方式让来访者了解他们自我关注的负面影响。来访者还可能收到录像反馈，以帮助他们修正扭曲的自我形象。这些技术如今已经非常成熟地应用于社交焦虑障碍的治疗中（Clark et al., 2006; Heimberg, 2002; Mörtberg et al., 2007）。

多年来的许多研究表明，暴露疗法与认知行为疗法的效果相当。然而，一项研究表明，这种新的认知疗法变体版本可能比暴露疗法更加有效（Clark et al., 2006）。此外，至少有一项研究已经表明，在4~6周内重复8次、每次15分钟的摆脱消极社交线索的培训，能够显著减少患者的社交焦虑症状。约3/4的参与者不再符合社交焦虑障碍的诊断标准（Schmidt et al., 2009）。该疗法的新版本还使用了计算机生成的虚拟现实社交互动，将患者暴露于令其恐惧的社交情境中。研究表明，这种新技术也可以显著减少社交焦虑障碍的症状（Kampmann et al., 2016）。

前文曾描述了患有社交焦虑障碍的外科医生保罗，接下来我们将介绍这一案例中运用整合疗法的治疗过程。

案例

自从13年前得了社交焦虑障碍之后，保罗曾一度服用抗抑郁药。服药期间，他不再出现惊恐发作，但他仍然很担心自己会惊恐发作并继续回避社交场合。这一时期，他的社交焦虑几乎没有得到缓解。他还接受了支持性的心理治疗，这在当时虽然缓解了他的抑郁，但对于他继续回避社交场合的情况并没有明显的帮助。后来，他去了一家专门治疗焦虑障碍的诊所。这时，他并没有服用任何药物，也没有接受任何其他形式的治疗。这家诊所为他提供了14周的认知行为疗法的治疗。在治疗结束时，保罗不再有惊恐发作，他能融入之前回避的大多数社交场合。不但如此，他还与多年以前的老朋友重新交往，而且，他还开始了约会。事实上，在最后一次治疗期间，他甚至向他的女性治疗师提出了约会的请求！虽然这样的请求显得非常唐突，但也表明他确实有了很大的进步。

与特定恐怖症不同的是，社交焦虑障碍有时可以通过药物得到有效治疗。最广泛和有效的药物是几种抗抑郁药（包括第7章和第16章要介绍的单胺氧化酶抑制剂和选择性5-羟色胺再摄取抑制剂）（Ipser et al., 2008; Roy-Byrne & Cowley, 2007）。在一些研究中，这些抗抑郁药物的疗效与认知行为疗法相当。然而，在另一些研究中，前文讨论的新版本的认知行为疗法却比药物疗法带给患者的实质性改善更多（Clark, Ehlers, et al., 2003）。此外，必须长期服药，才能使障碍不再复发（Stein & Stein, 2008），而行为疗法和认知行为疗法相对于药物疗法的一个明显优势是，它们通常能产生更持久的改善，复发率也低。事实上，患者在治疗结束之后通常会继续好转。最后，也有几项研究表明，当D-环丝氨酸与暴露疗法相结合时，治疗效果会更好（Guastella et al., 2008）。

6.5　惊恐障碍

描述惊恐障碍的临床特征

惊恐障碍的定义和特征是出现“意想不到的”惊恐发作。根据 DSM-5 中有关惊恐障碍的诊断标准，患者必须经历过反复的、意想不到的惊恐发作，并且必须一直担心再次发作或担心发作引发的后果，这种担心至少持续一个月（通常称为“预期焦虑”）。根据诊断标准，惊恐障碍患者必须具备 13 种症状中的至少 4 种。这些症状大多是躯体上的，有 3 种是认知上的。惊恐发作的持续时间短，但强度较大，症状会突然出现，通常在 10 分钟内达到高峰并且在 20~30 分钟内平息，很少持续超过一小时。而惊恐发作之后的预期焦虑则会持续较长的时间。

惊恐发作一般是“意想不到的”或“毫无征兆的”，并不是由某些可识别的情境所引发的。事实上，有些惊恐发作会发生在最意想不到的情况下，比如在放松状态或睡眠期间（称为“夜间惊恐发作”）。但在另一些少数案例中，惊恐发作又被认为与情境有关，只有个体处于特定情境时才发生，比如驾驶车辆或处于拥挤的人群中。

由于惊恐障碍的大多数症状都是躯体症状，因此，多达 85% 的惊恐障碍患者可能反复出现在急诊室或医院的门诊，因为患者确信所患的是躯体疾病——通常他们认为是心脏病、呼吸道或神经系统疾病（Korczak et al.,2007; White & Barlow,2002）。

不幸的是，尽管这些患者做了多次昂贵的医学检查，但结果都显示正常，有些患者可能在多年后才被确诊为惊恐障碍。由于患心脏病的人患惊恐障碍的风险是健康群体的几乎两倍，因此容易出现并发症（Korczak et al., 2007）。因为惊恐障碍给患者带来的社会和职业功能受损严重，其程度不亚于重度抑郁症（Roy-Byrne et al., 2008），惊恐障碍还可能导致其他健康问题的恶化（White & Barlow, 2002），所以及时诊断和治疗非常重要。

DSM-5 诊断标准

惊恐障碍

A. 反复出现不可预期的惊恐发作。一次惊恐发作是突然发生的强烈的害怕或强烈的不适感，并在几分钟内达到高峰，发作期间出现下列 4 项及以上症状：

注：这种突然发生的惊恐可以出现在平静状态或焦虑状态。

1. 心悸、心慌或心率加速。

2. 出汗。

3. 震颤或发抖。

4. 气短或窒息感。

5. 哽噎感。

6. 胸痛或胸部不适。

7. 恶心或腹部不适。

8. 感到头昏、脚步不稳、头重脚轻或昏厥。

9. 发冷或发热感。

10. 感觉异常（麻木或针刺感）。

11. 现实解体（感觉不真实）或人格解体（感觉脱离了自己）。

12. 害怕失去控制或“发疯”。

13. 濒死感。

注： 可能观察到与特定文化有关的症状（例如，耳鸣、颈部酸痛、头疼、无法控制的尖叫或哭喊），此类症状不可作为诊断所需的 4 个症状之一。

B. 至少在 1 次发作之后，出现下列症状中的 1~2 种，且持续 1 个月（或更长）时间：

1. 持续地担忧或担心再次的惊恐发作或其结果（例如，失去控制、心肌梗死、“发疯”）。

2. 在与惊恐发作相关的行为方面出现显著的不良变化（例如，设计某些行为以回避惊恐发作，如回避锻炼或回避不熟悉的情况）。

C. 这种障碍不能归因于某种物质（例如，滥用毒品、药物）的生理效应，或其他躯体疾病（例如，甲状腺功能亢进、心肺疾病）。

D. 这种障碍不能用其他精神障碍来更好地解释（例如，像未特定的焦虑障碍中，惊恐发作不仅仅出现于对害怕的社交情况的反应；像特定恐怖症中，惊恐发作不仅仅出现于对有限的恐惧对象或情况的反应；像强迫症中，惊恐发作不仅仅出现于对强迫思维的反应；像创伤后应激障碍中，惊恐发作不仅仅出现于对创伤事件的提示物的反应；或像分离焦虑障碍中，惊恐发作不仅仅出现于对与依恋对象分离的反应）。

案例

杰克逊是一名 21 岁的大学生，他来到学校的心理健康诊室，称自己患有无法解释的惊恐发作。他报告说，这样的情况已经持续了大约一年，发作的频率越来越高，严重影响他上课时的注意力，和朋友的社交互动也受到了影响，而且他的惊恐发作完全是突如其来的。症状的典型特征是：精神恍惚、极度惊恐、强烈地想要逃离所处的环境，以及心跳加速、头晕、出汗、胸痛和呼吸急促等躯体症状。杰克逊的惊恐发作似乎是随机的，但通常发生在淋浴、上午课堂和食堂用餐时。由于在这些过程中所经历的痛苦和对未来再次发作的担心，杰克逊减少了洗澡的频率，尽量不去食堂吃饭，甚至当他认为可能再次出现惊恐发作时，就会马上离开教室。但他开始了每晚喝酒，而且喝酒的时间变得越来越早，因为他发现酒精缓解了他的焦虑，似乎还可以减少他夜里的惊恐发作频率。

6.5.1 场所恐怖症

英文的场所恐怖症“agoraphobia”中的“agora”来自希腊语，意思是“开阔的聚会场所”，场所恐怖症涉及对此类场所的恐惧。场所恐怖症患者最常见的恐惧情境或回避情境就是拥挤的街道及人群，诸如购物中心、电影院和体育场。对于场所恐怖症患者来说，排队是非常困难的事。有时，场所恐怖症往往是在一种或几种情境下发生惊恐发作的并发症。患有场所恐怖症的人总是担心自己处于难以逃脱或令人尴尬的情境，以及担心自己遭遇了不良事件却又无法及时获得帮助而使他们惊恐发作或患病（参见《DSM-5 诊断标准》）专栏。一般而言，场所恐怖症患者也会受到自身躯体症状的惊吓，以至于他们会避免那些引起兴奋的活动，比如体育锻炼、看恐怖电影、喝咖啡，甚至性行为等。

在场所恐怖症的早期阶段，患者一般会逃避曾经引起过惊恐发作的情境，但其后会逐渐对可能导致发作的其他情境产生恐惧。在较为严重的情况下，场所恐怖症患者独自走出家门也会感到焦虑。而在非常严重的情况下，场所恐怖症是一种令个体完全丧失能力的障碍，患者可能无法出门，甚至只能待在家里的特定区域。

DSM-5 诊断标准

场所恐怖症

A. 对下列 5 种情况中的 2 种及以上感到显著的恐惧或焦虑：

1. 乘坐公共交通工具（例如，汽车、公共汽车、火车、轮船、飞机）。
2. 处于开放的空间（例如，停车场、集市、桥梁）。
3. 处于封闭的空间（例如，商店、剧院、电影院）。
4. 排队或处于人群之中。
5. 独自离家。

B. 个体恐惧或回避这些情况是因为想到一旦出现惊恐样症状时或其他失去功能或窘迫的症状（例如，老年人害怕摔倒，害怕大小便失禁）时害怕难以逃离或得不到帮助。

C. 广场恐惧情况几乎总是促发害怕或焦虑。

D. 个体总是主动回避广场恐惧情况，需要人陪伴或带着强烈的害怕或焦虑去忍受。

E. 这种害怕或焦虑与广场恐惧情况和社会文化环境所造成的实际危险不相称。

F. 这种害怕、焦虑或回避通常持续至少 6 个月。

G. 这种害怕、焦虑或回避引起有临床意义的痛苦，或导致社交、职业或其他重要功能方面的损害。

H. 即使有其他躯体疾病（例如，炎症性肠病、帕金森氏病）存在，这种害怕、焦虑或回避也是明显过度的。

I. 这种害怕、焦虑或回避不能用其他精神障碍的症状来更好地解释——例如，不能仅限于特定恐怖症，情境性的症状；不能只涉及（社交焦虑障碍中的）社交情况；不仅与（强迫症中的）强迫思维，（躯体变形障碍）感受到的躯体外形缺陷或瑕疵，（创伤后应激障碍中）创伤事件的提示物，或（分离焦虑障碍的）害怕离别等相关。

注： 无论是否存在惊恐障碍都可以诊断为场所恐怖症。如果个体的表现符合惊恐障碍和场所恐怖症的诊断标准，则可同时给予两个诊断。

约翰 ·D 的病例是一例伴有场所恐怖症的惊恐障碍的典型案例。

案例

约翰 45 岁，欧洲裔美国人，已婚，有三个儿子。他受过良好的教育，事业有成，但患有 15 年的惊恐发作。他每个月都有 2~5 次的惊恐发作。就在上周，约翰和家人开车去电脑商店的路上，他突然感到一阵恐慌。他事后回忆，在惊恐发作之前，孩子们在后座弄出了一些声音，可能令他“紧张”。当时他迅速转身告诫孩子们要“安静一些”，而就在约翰回过头来继续驾驶时，他感觉到了头晕。很快，其他的感觉也开始强烈地涌现，包括出汗、心跳加速、潮热和颤抖。约翰担心继续驾驶可能发生车祸，因此迅速把车停在了路旁。

虽然每月只有几次这样真正的惊恐发作，但约翰每天都处于高度焦虑的状态，他非常担心自己随时都可能再次发作。事实上，约翰回避的内容也不断增多，开车、乘飞机旅行、乘电梯、处于开阔的空间、独自长时间散步、看电影和出城等。

约翰第一次惊恐发作发生于 15 年前的某个夜晚，那天他与一些朋友喝完酒后回到了家里。约凌晨一点，他在客厅的沙发上睡着了。到了四点半醒来时，他感到了胃痛，脖子后面还有一种搏动感。突然，约翰发现他的心跳变得很快。尽管约翰不知道发生了什么，但他认为自己快要死了。

大约一个月后，约翰又出现了第二次惊恐发作。从那以后，惊恐发作的频率越来越高。当惊恐发作再次发生时，约翰开始回避那些曾经发作过的情境，也回避那些他认为可能引发惊恐发作的情境。在惊恐发作的头几年里，约翰曾三次去当地医院的急诊室就诊，因为他认为自己的症状是心脏病发作的征兆。

场所恐怖症是惊恐障碍常见的并发症。如前所述，约翰 ·D 的情况是典型的。然而，许多场所恐怖症患者不一定会经历惊恐发作，因此在 DSM-5 中，场所恐怖症被列为一种单独的障碍。没有惊恐发作的场所恐怖症患者终生患病率估计是 1.4%（Kessler, Chiu, et al., 2006）。

6.5.2 患病率、起病年龄和性别差异

大约 4.7% 的成年人会患上惊恐障碍，其中部分伴随场所恐怖症，而不伴随场所恐怖症的惊恐障碍更多（Kessler, Chiu, et al., 2005）。惊恐障碍通常的起病年龄在 20~40 岁，但也有少数发生于青少年晚期（Kessler, Chiu, et al.,2006）。一旦发生，尽管症状的强度起伏不定，但往往会经历一个逐渐丧失社会功能的过程（White & Barlow, 2002）。一项为期 12 年的纵向研究发现，在伴随场所恐怖症的惊恐障碍患者中，只有不到一半的人在 12 年内康复，而

康复的患者当中，有 58% 的人会在某个时间点上出现复发（new onset; Bruce et al., 2005）。惊恐障碍在女性中的发病率是男性的两倍（Eaton et al., 1994; White & Barlow, 2002）。在严重的场所恐怖症患者中，80%~90% 为女性（Bekker, 1996; White & Barlow, 2002）。表 6.3 列出了其他焦虑障碍患病率的性别差异。

表 6.3　焦虑障碍终生患病率的性别差异：来自 15 个国家的研究结果

障碍	OR值
场所恐怖症	2.0
特定恐怖症	2.0
惊恐障碍	1.9
广泛性焦虑障碍	1.7
社交焦虑障碍	1.3

注：OR 值表示女性患焦虑障碍的概率是男性的倍数。

对患病率性别差异的解释，常见于社会文化因素（McLean & Anderson, 2009）。美国文化（以及其他多数文化）更能接受女性对那些引起她们恐惧的情境表现出被动依赖和回避的行为，而社会文化会期望男性表现出更多的坚强和自信（Bekker, 1996），所以男人们更多会选择“挺过去”。有证据表明，患惊恐障碍的男性更可能使用酒精或尼古丁来应对和忍受惊恐发作，而没有发展出回避的行为（Starcevic et al., 2008）。

6.5.3　与其他障碍的共病

大多数惊恐障碍患者（83%）还被诊断患有至少一种其他的障碍，最常见的有广泛性焦虑障碍、社交焦虑障碍、特定恐怖症、创伤后应激障碍、抑郁障碍和物质使用障碍（尤其是尼古丁和酒精依赖）（Bernstein et al., 2006; Kessler, Chiu, et al., 2006; Zvolensky & Bernstein, 2005）。抑郁障碍在惊恐障碍患者中尤为常见，约有 50%~70% 的惊恐障碍患者在生命的某个阶段罹患过严重的抑郁症（Kessler, Chiu, et al., 2006）。这或许与他们担心出现惊恐发作有关，通常，他们还可能患上依赖型或回避型人格障碍（见第 10 章）。

尽管人们经常认为自杀与抑郁症有特别的联系，但 20 世纪 80 年代的一项重要研究指出，惊恐障碍是自杀行为的一个强有力的预测因子（Weissman et al., 1989）。随后的研究表明，惊恐障碍和自杀行为之间的联系在很大程度上源自抑郁症和物质滥用等共病因素，因此研究者得出结论，惊恐障碍本身并不会增加自杀行为的风险性（Vickers & McNally, 2004）。

但两项大型的流行病学研究（一项样本为美国的 10 000 人，另一项样本为 21 个国家的 100 000 人）显示，惊恐障碍确实与自杀意念的风险增加相关，并且这种相关性独立于共病变量存在（Nock et al., 2009, 2010）。

6.5.4　第一次惊恐发作的时间

虽然惊恐发作似乎是“突然发生的”，但初次发作常常是在个体感到痛苦或遭遇某些剧烈的应激生活事件之后，比如失去亲人、结束一段重要的关系、失业或因他人犯罪而受害（Barlow, 2002; Klauke et al., 2010）。一些研究指出，80%~90% 的来访者称，他们的第一次惊恐发作发生于一次或多次的消极生活事件之后，但也有部分研究没有得出这样的结果。

然而，并非所有遭遇应激事件后出现了惊恐发作的人，都会发展成惊恐障碍。目前估计，近 23% 的成年人在一生中至少经历过一次惊恐发作，但大多数人并没有发展成惊恐障碍（Kessler, Chiu, et al., 2006）。考虑到惊恐发作要比惊恐障碍更为普遍，那么，究竟是什么导致这些人中的一小部分患上了惊恐障碍呢？几种不同的著名理论对惊恐障碍的成因做出了解释。

6.5.5　生物学因素

惊恐障碍的生物学因素包括遗传、大脑活动和生化异常。

遗传因素

家族史和双生子的研究表明，惊恐障碍具有一定的遗传性（Maron et al., 2010; Norrholm & Ressler, 2009）。在一项大规模的双生子研究中，洛佩兹 - 索拉及其同事（2014）估计，惊恐障碍的易感性中有 30%~34% 归因于遗传因素。如前文所述，这种遗传易感性至少在心理层面表现为一种重要的人格特质，即神经质（神经质又与行为抑制的气质结构有关）。一些研究已经开始探究惊恐障碍的遗传力是由哪些基因多态性的单独作用或与环境的共同作用所导致的（Strug et al., 2010; Klauke et al., 2010）。

一些研究表明，这种遗传力部分是惊恐障碍特有的（而不是对所有的焦虑障碍），但双生子研究显示，惊恐障碍和恐怖症以及分离焦虑障碍的遗传易感性因素之间存在重叠（Battaglia et al., 2009; Kendler, Walters, et al., 1995）。这一结果与一些初步证据相一致，即有恐怖症病史的人患惊恐障碍的风险更高（Biederman et al., 2006）。然而，另一项研究却又指出，惊恐障碍与广泛性焦虑障碍以及场所恐怖症的遗传易感性因素之间也存在重叠（Hettema,

Prescott, et al., 2005）。可能只有将来的进一步研究才能搞清楚这些发现中不一致的地方（Norrholm & Ressler, 2009）。

惊恐障碍与大脑活动

一个著名的早期神经生物学理论认为，脑干中的蓝斑（见图 6.2）和参与该脑区活动的去甲肾上腺素与惊恐发作有关（Goddard et al., 1996）。然而，现在人们认为，在惊恐发作中，杏仁核的活动比蓝斑的活动更重要。**杏仁核**是大脑边缘系统海马前面的一组神经核，它与恐惧情绪密切相关。刺激杏仁核的中央核，会激活蓝斑和其他在惊恐发作中发生的自主神经内分泌行为反应（Gorman et al., 2000; LeDoux, 2000）。近些年来，其他的研究表明，中脑导水管周围灰质区可能与惊恐发作有关（Del-Ben & Graeff, 2009;Graeff & Del-Ben, 2008）。

有研究认为，杏仁核处于大脑中所谓“恐惧网络”的中心，它不仅与蓝斑等大脑中较低级的区域有联系，还与前额叶等较高级的脑区相连（Gorman et al., 2000）。根据这一观点，当大脑皮层或较低级的脑区传入与恐惧相关的信息，“恐惧网络”就会被激活，惊恐发作也就随之发生。那么，根据这一观点得出的推论是，惊恐障碍很可能发生于那些“恐惧网络”异常敏感的个体，这些人的“恐惧网络”很容易被激活并且缺乏适应性。这一理论还与下列发现相一致：患有惊恐障碍的个体在强烈的噪声刺激下会表现出比一般人更高的惊吓反应，而且他们对于这种反应的习惯过程也比普通人更长（Ludewig et al., 2005; Shin & Liberzon, 2009）。酒井及其同事（2005）利用功能性神经成像技术，也发现了支持这一假说的证据。异常敏感的“恐惧网络”可能有部分遗传基础，但也可能由重复经历生活应激事件所导致，尤其是在生命的早期（Ladd et al., 2000）。

但惊恐发作只是惊恐障碍的一个主要症状。惊恐障碍患者对再次发作的可能性会感到焦虑，而场所恐怖症患者也会做出恐惧回避行为（Gorman et al.,2000）。几个不同的大脑区域可能控制着惊恐障碍的不同症状。惊恐发作源于杏仁核的活动，这一活动或由于皮层输入（例如，评估一个刺激是否具有威胁性），或来自更低级的脑区（比如蓝斑）的活动。海马（大脑皮层下边缘系统的一部分，与情绪反应的习得密切相关，见图 6.2）可以让一些人产生条件性焦虑，包括那些有过一次或多次惊恐发作的个体，或在特定环境下担心再次惊恐发作的个体（Charney et al., 1998;Gray & McNaughton, 2000）。海马可能也参与了与场所恐怖症相关的习得性回避（Gorman et al., 2000）。最后需要注意的是，在惊恐发作时出现的认知症状（濒死感或失控感），和对令人恐惧的身体感受所象征的危险性的过度反应，可能是由较高级的大脑皮层中心所介导的（Etkin, 2010）。

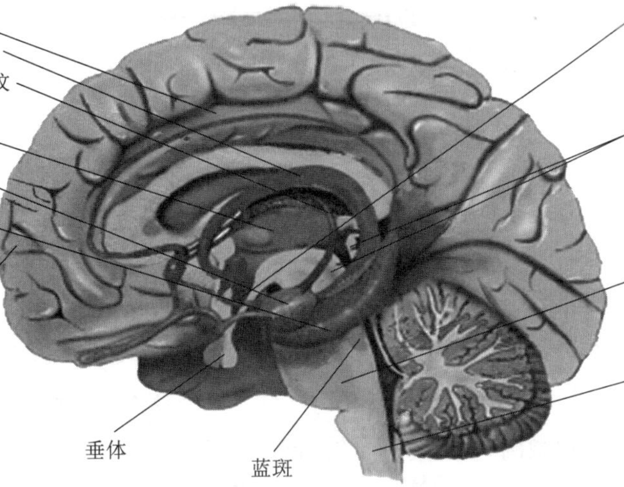

图 6.2 恐惧、焦虑和场所恐怖症的生物学解释

根据生物学理论，惊恐发作可能源于杏仁核的异常活动。杏仁核是大脑边缘系统中海马前面的一组神经核。人们对再次惊恐发作所产生的预期焦虑来自边缘系统中海马的活动，海马与情绪反应学习有关。回避陌生环境也是一种习得反应，也可能与海马和高级皮层中心的活动有关（Gorman et al., 2000）。

生化异常

克莱因（Klein, 1981）以及其他研究者（Sheehan, 1982, 1983）认为，惊恐发作是大脑生化功能异常引起的“警戒”反应。这一假设似乎得到了过去 40 年间大量研究的支持，这些研究表明，与正常人或其他精神障碍患者相比，惊恐障碍患者更可能发生惊恐发作。在研究中，研究者开发了一些生理挑战程序，它们可以给参与者的神经生理系统造成紧张和压力，从而使他们产生强烈的躯体症状。例如，注射乳酸钠（一种类似我们身体在运动时产生的乳酸）（Gorman et al., 1989），吸入二氧化碳比例不同的空气（Woods et al., 1987）或摄入大量的咖啡因（Uhde, 1990）。在以上列举的每一种情况下，这些程序在惊恐障碍患者中所引起惊恐发作的比例都比对照组高很多（Barlow, 2002）。这些所谓**惊恐诱发程序**有很多种，其中的一些程序运用了不同的甚至是相互排斥的神经生物学过程。因此，引起惊恐发作的不是单一的神经生物学机制（Barlow, 2002; Roy-Byrne et al., 2006）。正如下一节将要介绍的那样，更基础的生物学和心理学原理可以解释这种生理唤起症状。这些不同的解释源于以下观察：生物挑战程序的共同之处在于，它们对某些神经生物系统施加了压力，而这些神经生物系统反过来又会产生强烈的生理唤起症状（如心率加速、呼吸急促和血压升高）。

目前，主要解释惊恐发作常用的两种神经递质系统是去甲肾上腺素系统和 5- 羟色胺系统（Graeff & Del-Ben, 2008; Neumeister et al., 2004）。在特定脑区活动的去甲肾上腺素能引起与惊恐相关的心血管症状（Gorman et al., 2000）。5–羟色胺活动的增加可以降低去甲肾上腺素的活性，这与目前惊恐障碍药物疗法（选择性 5–羟色胺再摄取抑制剂）的效果相吻合，即增加大脑中 5-羟色胺的活动，同时减少去甲肾上腺素的活动。这些药物可以减少通常由去甲肾上腺素所引起的与惊恐相关的心血管症状（Gorman et al., 2000）。

6.5.6 心理学因素

除了生物学因素，惊恐障碍还受多种心理学因素的影响。

惊恐障碍的认知理论

惊恐障碍的认知理论认为，患有惊恐障碍的人对他们的身体感觉非常敏感，而且，倾向于对自己的身体状况做出消极解释（Beck et al., 1985; D. M. Clark, 1986, 1997）。克拉克认为这是一种对躯体感觉做出灾难化解释的倾向。例如，一个患有惊恐障碍的个体，可能注意到自己的心跳加速，并由此断定自己心脏病发作了；或者注意到自己头晕，并由此判断可能会晕厥或已患上脑瘤。而这些可怕的想法可能导致个体产生更多因焦虑引发的躯体症状，从而进一步加强其灾难化想法，由此形成恶性循环，最终导致个体惊恐障碍的发生（见图 6.3）。而个体未必能意识到自己的灾难性解释，这些想法常常难以被个体所察觉（Rapee, 1996）。贝克称这些想法为自动思维，并认为，这种想法在某种程度上是惊恐发作的诱因。虽然现在还不清楚这一思维倾向是如何形成的，但通过认知理论建立的认知模型可以了解到，只有那些具有灾难化思维倾向的个体才会发展为惊恐障碍（D.M. Clark, 1997）。

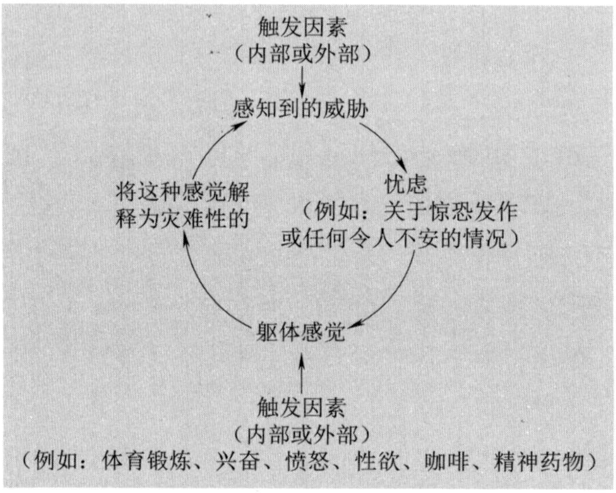

图 6.3 惊恐的恶性循环

任何一种感知到的威胁都可能使人产生忧虑，而忧虑又伴随着各种躯体感觉。根据惊恐障碍的认知模型，如果个体将其躯体的感觉进行了灾难化的解释，那他对威胁的敏感性将会提高，从而产生更多的忧虑以及更多的躯体症状，并进一步加剧灾难性的想法。这种恶性循环最终会导致惊恐障碍的发生。最初的躯体感觉未必来自感知到的威胁，它可以来自其他线索（体育锻炼、愤怒、精神药物等）。

还有一些证据与惊恐障碍的认知模型相一致。例如，惊恐障碍患者更可能将自己的躯体感觉解释为灾难性的（Teachman et al., 2007），并且这种倾向越强，惊恐发作的程度就越严重（Casey et al., 2005）。该模型还预测，改变患者对躯体症状的认知会减少或防止惊恐发作。有证据表明，认知疗法对惊恐障碍的有效治疗与这一预测相一致（D. M. Clark et al., 1994, 1999）。此外，一项惊恐诱发刺激的研究表明，给出一个简单的对预期事件的解释，就能防止和减轻个体的惊恐症状（D. M. Clark, 1997; Schmidt et al., 2006, for related results）。

惊恐障碍的整合学习理论

过去十几年间发展出了整合学习理论，该理论表明，初期的惊恐发作与最初的内部（内感受器）和外部（外感受器）的中性线索通过**内感受性条件反射**（或**外感受性条件反射**）的过程联系起来，导致焦虑成为引起条件反射的条件刺激，并且惊恐发作越强烈，形成的条件反射就越难消退。其他类型的操作性条件反射和回避习得也由相同的原理形成（Bouton, 2005; Bouton et al., 2001; Mineka & Zinbarg, 2006）。

惊恐障碍的发展由三个成分组成，分别是：预期焦虑、时而出现的场所恐怖症和惊恐发作本身。那些对与惊恐有关的内部或外部线索形成的焦虑的条件反射为发展出惊恐障碍三个成分中的两个奠定了基础，也就是预期焦虑和时而出现的场所恐怖症。具体来说，当人们第一次惊恐发作时（这是一种可怕的与内部躯体感觉关系紧密的情绪事件）内感受条件反射和外感受条件反射可以由不同的线索触发，比如心悸、头晕、购物中心。由于焦虑已经成为这些条件刺激的条件反射，惊恐障碍患者在有些情况下会因担心再次发作而产生焦虑，如同有些场所恐怖症患者对自己恐惧的情境形成回避。此外，最近的一项研究表明，惊恐障碍患者比健康对照组对恐惧性条件反射的泛化程度更大（Lissek et al., 2010）。在条件性焦虑反应的消退方面，患有惊恐障碍的个体比正常对照组需要的时间更长（Michael et al., 2007）。这是因为条件反应的消退涉及抑制性学习，而惊恐障碍患者似乎在抑制性学习方面更加困难，由于惊恐障碍患者在学习“条件刺激是一种安全线索”方面存在缺陷，因此他们的条件反应难以消退也就不足为奇了（Lissek et al., 2009）。

惊恐发作本身（惊恐障碍的第三个组成部分）也可能是对某些内部线索形成的条件反应。当个体无意识地感受到某些内部躯体感觉（条件刺激）时，就会发生看似突然的惊恐发作。例如，一个患有惊恐障碍的年轻人特别害怕自己心跳加速，那么，当他得知自己喜欢的总统候选人竞选成功时，他“意外”地惊恐发作了。惊恐发作是在他快乐和兴奋时发生的（这让他觉得十分意外）。然而，根据上述理论观点，他的发作实际上并非意外，而是由于兴奋导致了他的心跳加速，心跳加速可能成了内感受性条件刺激，并引发了他的惊恐发作（Mineka &

Zinbarg, 2006)。值得注意的是，有些人会不自觉地关注其内部状态，甚至在睡觉时，也会有惊恐发作。整合学习理论也解释了为什么不是每个经历过惊恐发作的人都会发展成惊恐障碍患者。相反，在诸如遗传、气质、人格或认知行为等方面存在易感性的人会对焦虑和惊恐形成更强的条件反射（Barlow, 2002; Bouton et al., 2001; Mineka & Zinbarg, 2006）。

焦虑敏感性和感知到的控制

其他认知行为取向对惊恐和广场恐怖症的解释，偏重另外一些因素。例如，**焦虑敏感性**高的人（认为某些躯体症状可能产生负面后果）更容易出现惊恐发作和罹患惊恐障碍（McNally, 2002; Pagura et al., 2009）。他们会说："当我发现自己心跳加速，就开始担心马上会心脏病发作。"焦虑敏感性已被证明是惊恐发作（Li & Zinbarg, 2007; Schmidt et al., 1997）和其他焦虑障碍的预测因子（Schmidt et al., 2006）。

研究进展

夜间惊恐发作

尽管惊恐障碍患者所经历的大多数惊恐发作都发生在清醒状态，但还是会有 50%~60% 的人报告他们在睡眠期间经历过至少一次的惊恐发作（Barlow, 2002;O'Mahony & Ward, 2003）。夜间惊恐发作是指从睡梦中醒来时处于惊恐状态。惊恐障碍患者中似乎有 20%~40% 的人会规律性地发生夜间惊恐发作，这和他们经常失眠和睡眠中的频繁苏醒有关（Craske et al., 2002; Overbeek et al., 2005; Papadimitriou & Linkowski, 2005）。白日和夜间都出现惊恐发作的人，往往具有更强烈的焦虑和更频繁、更严重的惊恐发作（Nakamura et al., 2013）。尽管人们认为这可能是对噩梦的反应，但大量研究表明事实并非如此。睡眠有五个阶段，它们在夜间以相当固定的顺序多次发生：一个阶段被称为快速眼动睡眠（简称"REM 睡眠"），在这个阶段中会出现生动的梦，而四个非快速眼动睡眠阶段（第一到第四阶段）则不会有生动的梦。如果夜间的惊恐发作是由于做梦引起的，那么我们认为它会发生在 REM 睡眠阶段（通常会出现噩梦），但实际上它发生在第二阶段或第三阶段的早期，通常是在入睡后几个小时。

需要注意的是，夜间惊恐发作不同于"睡惊症"或"夜惊症"，后者通常发生在第四阶段的睡眠期间。儿童通常会经历夜惊症，他们经常尖叫，害怕有人或什么东西在房间里追逐他们；然而，他们其实并没有苏醒（Barlow, 2002）。夜间惊恐发作也不同于单独的睡眠瘫痪症，后者通常发生于从睡眠至清醒的过渡时期。患者能意识到周围环境却无法移动躯干和四肢，也无法发出声音，并伴随强烈的恐惧感（类似惊恐发作的感觉）。这似乎是因为人们刚从 REM 睡眠中醒来，颈部以下肌肉活动受限（Hinton et al., 2005）。

一些重要的研究表明，主观控制感可以减轻个体的焦虑甚至防止惊恐发作。例如，给参与焦虑、惊恐诱发程序的惊恐障碍患者增加一个旋钮，使他们以为能自主调节吸入二氧化碳的量（实际上旋钮是无效的），便可以减轻参与者的焦虑感，而且实验过程中他们惊恐发作的概率也减少了（Sanderson et al., 1989; Zvolensky et al., 1998, 1999）。另外，和独自参加惊恐诱发程序实验的患者相比，在一个"可靠的"人的陪同下进入实验室的参与者，不但表现出更少的焦虑和生理唤起症状，而且惊恐发作的概率也更低（Carter et al., 1995）。除此以外，焦虑敏感性对低控制感人群的惊恐症状有着更大的影响（Bentley et al., 2013）。患有惊恐障碍的个体，如果对自己的情绪和威胁情境有较高的控制感，也很可能不会发展成场所恐怖症（Suárez et al., 2009; White, Brown, et al., 2006）。

安全行为与惊恐的持续性

尽管惊恐障碍患者对自己的预期（例如心脏病发作、死亡或精神错乱等）极少甚至根本不会成为现实，但为什么他们会长期坚持自己的预期呢？举例来说，有的患者可能每周惊恐发作 3~4 次，而且持续了 20 年。每一次惊恐发作时，他们都以为自己心脏病发作了，虽然他们的心脏病可能从未发作过。在经历了成百上千次并非心脏病发作的惊恐发作之后，从认知的角度来看，患者似乎应该意识到，这种灾难性的想法可能是错误的。然而，有证据显示，患者并不会发现自己认知上的问题，因为他们在发作之前或发作期间经常会采取"安全措施"（如放慢呼吸或服用药物），虽然预期中的灾难没有发生，但他们会归因于这些"安全措施"的效果。同样，那些以为自己将要晕倒的患者一般都会扶住坚固的物体以防止自己摔倒（D. A. Clark, 1997; Salkovskis et al., 1996）。研究表明，在治疗过程中识别这些安全行为十分重要，这可以使患者尝试放弃这些"安全措施"，并最终使他们了解到，他们恐惧的灾难其实不会发生。事实上，大量的证据显示，在认知行为的治疗中要求患者放弃安全行为，可以提高治疗的有效性（Rachman et al., 2008）。

认知偏差与惊恐的维持

最后，许多研究指出，惊恐障碍患者在建构危险信息时存在偏好。这些人不仅把模棱两可的躯体感觉解释为危险的（D. A. Clark, 1997; Teachman et al., 2006），而且相比对照组，他们还把其他模糊的情境解释得更具危险性。惊恐障碍患者似乎也会自动将注意力集中到环境中的危险信息上，像那些令他们感到害怕的词汇，如“心悸”“麻木”“晕厥”等（Lim & Kim, 2005; Mathews & MacLeod, 2005; Mineka et al., 2003, for reviews）。一项使用功能性磁共振成像技术的研究表明，与正常人相比，惊恐障碍患者处理危险线索的脑区对危险性词汇的反应更强烈（Maddock et al., 2003）。这些信息加工的偏好是否在惊恐障碍发生前就存在，是否会诱发疾病？这些问题目前尚不明确。但是，一旦惊恐障碍发生，这些认知偏好实际上有助于维持障碍。例如，个体的注意力容易集中在环境中的危险线索上，因此很可能诱发更多惊恐发作。

综上所述，自从 1980 年首次将惊恐障碍定义为一种独立的障碍以来，对惊恐障碍的生物因素与心理因素的研究有了一定的进展，为我们理解这一障碍提供了重要的启示。任何一种单独的研究流派似乎都不能对这一障碍提供完整的解释。因此，我们期望更多的研究者能将这些发现整合成完整的理论。

6.5.7 惊恐障碍的治疗

惊恐障碍的治疗包括行为疗法、认知行为疗法以及不同种类的药物治疗。

行为疗法和认知行为疗法

在 20 世纪 70 年代早期，当时针对场所恐怖症的行为疗法是在治疗师或患者家人的帮助下，让患者长时间地暴露于令其恐惧的情境之中。与对特定恐怖症和社交焦虑障碍的治疗情况相似，重点是让患者逐渐面对他们害怕的情境，并让他们了解到这些情境其实并没有什么危险。暴露疗法较为有效，可以帮助 60%~75% 的场所恐怖症患者在临床上获得显著改善（Barlow et al., 2007）。根据治疗后 24 年的随访显示，一般而言，即使过了很多年，治疗的影响依然能够维持。但是，仍有 25%~40% 接受暴露疗法的患者不能达到临床上的显著改善（Barlow et al., 2002）。

研究特写
临床显著

在治疗实践中，具有统计学意义的变化不一定达到临床显著。临床显著反映的是特定疗法或干预手段能在多大程度上改善个体的功能和健康水平。

早期的治疗方法存在一些局限性，主要是因为没有针对惊恐发作的内在感觉进行治疗。到了 20 世纪 80 年代中期，随着临床研究者对场所恐怖症患者的惊恐发作越来越重视，新发展出了两项治疗技术。一项是暴露疗法的变式，称作“内感受性暴露疗法”，即让患者有意识地接触恐惧的内在感觉。对内在感觉的恐惧的干预方法和对环境的恐惧的干预方法类似，即通过长时间接触恐惧的内在感觉，使患者的恐惧感逐渐消退。例如，要求患者进行一些运动，而这些运动能使患者产生与其所恐惧的内在感觉相似的感觉（例如，在椅子上打转、急速呼吸、原地跑步等）。在治疗过程中，要坚持让患者体验和逐渐习惯这些感觉，直至患者与之相关的恐惧和焦虑消退。

我们在前文中介绍过，灾难性的自动思维会使惊恐发作长期持续，另一项被称为“认知重建”的新技术就是针对惊恐发作的这一特性设计的。结合两种新技术，便有了我们目前专门治疗惊恐障碍的综合性认知行为疗法——惊恐控制疗法（PCT）。该疗法既能改变患者对恐惧情境的回避，也能治疗惊恐发作。PCT 包括了以下几个部分：第一步，让来访者了解焦虑和惊恐发作的原理，以及如何对这两种体验产生适应能力。第二步，让患者学习控制呼吸。第三步，告知患者该障碍中常见的逻辑错误，并让他们学习对原有的自动思维进行逻辑再分析。最后一步，让患者接触令其恐惧的情境并体验当时的躯体感觉，从而对不适感建立耐受力。总的来说，这种综合疗法比单纯的暴露疗法效果更好，单纯的暴露疗法通常只能帮助患者克服令其恐惧的外部环境（Arch & Craske, 2009; D. M. Clark, 1997）。PCT 现在有多种变体疗法，对其中一种变体疗法的调查显示，70%~90% 的惊恐障碍患者在 8~14 周的治疗结束后不再出现惊恐发作。而且，治疗后的 1~2 年中，患者的症状也得到了很好的控制（Arch & Craske, 2008; McCabe & Gifford, 2009）。总之，这些认知和行为疗法对患者的改善幅度往往大于药物治疗（Arch & Craske, 2009; Barlow et al., 2002）。此外，这种疗法还得到了扩展，并被证明能有效治疗夜间惊恐发作（Arch & Craske, 2008）。

药物治疗

许多惊恐障碍患者会服用抗焦虑药，如苯二氮䓬类药物中的阿普唑仑或氯硝西泮。这些药物的一个优点是：它们起效迅速（30~60 分钟起效），因此在极度惊恐或焦虑的紧急情况下非常有用。然而，这些抗焦虑药有较大的副作用，如镇静和嗜睡，这可能会导致认知和运动功能受损。此外，如果长期服用，那些服用中等剂量和高剂量的患者会产生生理依赖。一旦药物停用，通常会有戒断反应（如紧张不安、睡眠紊乱、头晕，甚至可能再次惊恐发作）。因此，这些药物的戒断过程可能非常缓慢而困难，而且，治疗后明显的障碍复发也比较常见（Pollack & Simon, 2009; Roy Byrne & Cowley, 2007）。这就是为什么苯二氮䓬类药物不再作为惊恐障碍治疗的首选（Katon, 2006）。

另一类治疗惊恐障碍和场所恐怖症的药物是抗抑郁药物（主要包括三环类药物、SSRI

类，以及最近的 5-羟色胺-去甲肾上腺素再摄取抑制剂）。与抗焦虑药相比，这些药物既有优点也有缺点。它们的主要优点是：不会产生生理依赖，而且还可以缓解任何的共病性抑郁症状或障碍（Pollack & Simon, 2009; Roy-Byrne & Cowley, 2007）。然而，它们需要大约 4 周的时间才会产生有益的效果，因此在个体出现惊恐发作的紧急情况下，这类药物是没有用的。并且，这类药物还有令人烦恼的副作用（如口干、便秘，三环类药物还会造成视力模糊，SSRI 类对性唤起存在干扰），会让大量患者拒绝或停止服药。此外，停药后的复发率也较高（虽然没有苯二氮䓬类药物的复发率那么高）（Roy-Byrne & Cowley, 2007）。

如今，由于多数患者对 SSRI 类的耐受性更好，所以 SSRI 类比三环类药物的使用范围更广。此外，由于苯二氮䓬类药物的风险，SSRI 类和三环类药物通常是临床医生的首选（Roy-Byrne & Cowley, 2007）。

那么，将抗焦虑药物与认知行为疗法结合起来运用，效果会不会更好呢？在短期情况下，这种联合治疗有时比这两种疗法的单独使用要稍好一些（Barlow et al., 2007; Mitte, 2005）。此外，一项研究表明，接受联合治疗的患者比单独使用药物的患者表现出更少的药物副作用和更少的治疗退出率（S. M. Marcus et al., 2007）。然而，长期来看，当药物剂量逐渐减少之后（尤其是苯二氮䓬类药物），不论是否接受过认知行为疗法，复发的可能性都会增加（Arch & Craske, 2008; Barlow et al., 2002; Marks et al., 1993）。这也许是因为，患者在主观上认为治疗的效果是因为服药，而不是他们努力的结果（Başoğlu et al., 1994; Mitte, 2005）。治疗惊恐障碍的其他药物中，D-环丝氨酸有望提高认知行为疗法的治疗效果，前文中曾介绍过，该药物还能增加对特定恐怖症和社交焦虑障碍的治疗速度（Hofmann et al., 2015）。

6.6 广泛性焦虑障碍

解释广泛性焦虑障碍的临床表现

大多数人会偶尔感到担忧，这是一种对未来感到焦虑和不确定的状态。在多数情况下，焦虑是一种适应性的情绪，可以帮助我们对潜在危险进行事先的计划和准备。但对于某些个体而言，他们对生活的许多内容（包括小事情）会有过度非理性的焦虑和担忧。这些焦虑性担忧是**广泛性焦虑障碍**（GAD）的基本特征，而且，这种焦虑是慢性、过度且不合理的。根据 DSM-5 的诊断标准，在 6 个月的多数日子里，患者会对诸多事件或活动表现出过分的焦虑和担忧，并且难以自制（参见《DSM-5 诊断标准》专栏）。担忧还必须与许多不同的事件、活动有关，不能是仅仅担忧自己患有并发障碍（如可能的惊恐发作）。过度担忧的主观体验也必须伴有 DSM-5 中所列的其他 6 种症状中的至少 3 种，如肌肉紧张、疲劳或睡眠障碍。

在 DSM-5 出版之前，关于这些症状究竟是不是广泛性焦虑障碍的最佳诊断标准，存在过争论（例如，达到 6 个月的病程和过度焦虑的要求）（Lee et al., 2009; Ruscio et al., 2005），该障碍的命名是否准确，也在业内有过争议（如应该称之为“广泛性担忧障碍”还是“病理性担忧障碍”）（Andrews et al., 2010）。然而，最终还是采用了保守的方式，并没有进行大的改变。

广泛性焦虑障碍的患者生活在相对持续、慢性和弥散的不安之中，其心境通常处于一种指向未来以及无法控制的紧张状态。在这种心境下，患者对环境中可能存在的威胁迹象时常表现出明显的警觉和一些微妙的回避行为。如拖延、检查，或频繁打电话给所爱的人，了解他 / 她是否安全（Barlow, 2002）。这种焦虑性担忧也会发生在其他焦虑障碍患者的身上（例如，场所恐怖症患者表现出对未来惊恐发作和死亡的预期焦虑，而社交焦虑障碍的患者会对可能的负面社会评价感到焦虑）。但对于广泛性焦虑障碍来说，这种焦虑性担忧是其基本的核心特征，因此巴洛和其他研究者又将广泛性焦虑障碍称为“基本的”焦虑障碍（Roemer et al., 2002; Wells & Butler, 1997）。

DSM-5 诊断标准

广泛性焦虑障碍

A. 在至少 6 个月的多数日子里，对于诸多事件或活动（例如工作或学校表现），表现出过分的焦虑和担心（焦虑性期待）。

B. 个体难以控制这种担心。

C. 这种焦虑和担心与下列 6 种症状中至少 3 种有关（在过去 6 个月中，至少一些症状在多数日子里存在）。

注：儿童只需 1 项。

1. 坐立不安或感到激动或紧张。
2. 容易疲倦。
3. 注意力难以集中或头脑一片空白。
4. 易怒。
5. 肌肉紧张。
6. 睡眠障碍（难以入睡或保持睡眠状态，或休息不充分、质量不满意的睡眠）。

D. 这种焦虑、担心或躯体症状引起有临床意义的痛苦，或导致社交、职业或其他重要功能方面的损害。

E. 这种障碍不能归因于某种物质（例如，滥用的毒品、药物）的生理效应，或其他躯体疾病（例如，甲状腺功能亢进）。

F. 这种障碍不能用其他精神障碍来更好地解释（例如，像惊恐障碍中的焦虑或担心发生惊恐发作，像社交焦虑障碍中的负性评价，像强迫症中的被污染或其他强迫思维，像分离焦虑障碍中的与依恋对象的离别，像创伤后应激障碍中的创伤事件的提示物，像神经性厌食症中的体重增加，像躯体症状障碍中的躯体不适，像躯体变形障碍中的感到外貌存在瑕疵，像疾病焦虑障碍中的感到有严重的疾病，或像精神分裂症或妄想障碍中的妄想信念的内容）。

患有广泛性焦虑障碍的个体由于几乎不间断的担忧而时常感到不安和沮丧。最常见的是对家庭、工作、财务问题和个人疾病的担心（Roemer et al., 1997）。该障碍的患者不仅难以做出决定，而且即使做出了决定，也会陷入无休止的纠结与担心之中。例如，担心自己的决定可能是错误的，或担心自己错误的决定会导致未知的灾难。他们难以理解大多数人的逻辑，即为那些不可控的可能结果而折磨自己毫无意义。正如两位研究者所言："结果是，由于他们无法逃离想象中可怕的虚幻未来，因此难以充分体验现实中当下的快乐。"（Behar & Borkovec, 2006, p.184）事实上，广泛性焦虑障碍患者经历了与重度抑郁症患者程度相似的角色障碍以及生活质量的下降（Hoffman et al., 2008）。

以下是一个广泛性焦虑障碍的典型案例。

案例

罗德尼 26 岁，单身，在一所著名大学攻读社会科学专业的研究生学位。他报告说，他从小就有焦虑问题，尤其当他上了常春藤大学之后，情况变得更加严重了。在过去的一年里，焦虑严重影响到了他的学业，他担心生活的方方面面，比如父母的健康和自己的学业成绩。在几个月前的一次事故中，他感觉自己的心跳比平时慢了，并感到一阵刺痛，当时他以为自己快要死了。而另一次，他在机场广播里听到了自己的名字，当时他感到自己的家里一定出了大事。他还对自己的未来忧心忡忡，因为焦虑已经妨碍了他按时完成毕业论文。罗德尼非常害怕自己会得到一个低分，事实上他在本科和研究生阶段成绩从未差过。虽然他有不少朋友，但他却羞于和女性约会，直到现在也没有恋爱的经历。可只要不是约会，他与女性交谈或社交都没有问题。由于他希望能有一段一开始就确定的认真的关系，因此他仍在为是否开始与女性交往而纠结。而且，他还过分担心自己会遭到女性的拒绝。

除了这些无法控制的担心，罗德尼还报告自己肌肉紧张、容易疲劳、注意力难以集中，因强烈的不安而经常踱步。当格外焦虑时，他还有入睡困难，但有时也会过度睡眠，部分原因是为了逃避自己的担忧。他不但经常感到头晕和心悸，还曾经出现过严重的惊恐发作。

罗德尼的母亲也有严重的焦虑，曾接受过惊恐障碍的治疗。尽管罗德尼饱受焦虑的困扰，但他非常聪明，在学校的表现也很好。但是，完成研究生学业和毕业后开始职场生涯的压力，以及自己都这么大了还没有恋爱过的事实，使罗德尼的焦虑程度更加严重了，因而前来寻求治疗。

6.6.1　患病率、起病年龄和性别差异

广泛性焦虑障碍的一年患病率为 3%，终生患病率为 5.7%（Kessler, Berglund, Demler, et al., 2005; Kessler, Chiu, et al., 2005）。该障碍也有发展为慢性的倾向。一项对广泛性焦虑障碍患者进行的 12 年随访研究表明，在 13 年后，42% 的患者的病情并没有得到缓解，而在那些病情缓解的患者中，有近一半复发（Bruce et al., 2005; Hoffman et al., 2008）。对于许多该障碍的患者来说，50 岁以后，这种疾病的症状似乎减少了（Rubio & Lopez-Ibor, 2007）。但事实上，原先的焦虑症状往往只是被躯体症状（例如身体不适）所取代。

广泛性焦虑障碍在女性中的发病率大约是男性的两倍（不同焦虑障碍的性别差异总结见表 6.3）。尽管这一障碍十分常见，但大多数的患者虽然焦虑程度高、幸福感低，但仍能维持正常工作的状态（他们在扮演社会角色时可能有些吃力）（Stein, 2004）。或许正因如此，与患有惊恐障碍或重度抑郁症的人相比，广泛性焦虑障碍患者可能较少去医院或诊所进行心理治疗。然而，他们可能经常出现在医院的普通门诊（如主诉肌肉紧张、胃肠不适、心脏不适等症状），因此他们可能过度地使用了其他医疗资源（类似惊恐障碍患者）（Greenberg et al., 1999; Katon et al., 2002）。

广泛性焦虑障碍的发病年龄难以确定，因为 60%~80% 的患者在回顾自己的人生岁月时，感觉自己几乎都处于焦虑的状态，还有许多人报告他们的发病过程缓慢而隐匿（Roemer et al., 2002; Wells & Butler, 1997）。然而，也有研究表明，这一障碍通常发生于老年阶段，广泛性焦虑是老年人最常见的焦虑障碍（Mackenzie et al., 2011; Stein, 2004）。

6.6.2 与其他障碍的共病

广泛性焦虑障碍常与其他障碍同时发生，尤其是其他的焦虑障碍和心境障碍，如惊恐障碍、社交焦虑障碍、特定恐怖症、创伤后应激障碍和重度抑郁症（Kessler, Chiu, et al., 2005; Tyrer & Baldwin, 2006）。此外，许多广泛性焦虑障碍患者（例如罗德尼）偶尔也会出现惊恐发作，但并不符合惊恐障碍的诊断标准（Barlow, 2002）。

6.6.3 心理学因素

引发广泛性焦虑障碍的心理学因素很多。

精神分析的观点

根据精神分析的观点，泛化或自由浮动的焦虑源于自我和本我冲动之间的无意识冲突，而由于个体的防御机制已经崩溃或者尚未发展起来，导致这种冲突不能得到有效解决。弗洛伊德认为，导致自由浮动性焦虑的，主要是性冲动与攻击冲动，它们要么被抑制在表达之外，要么在表达之后会招致惩罚。当个体经历了频繁和极端的焦虑后，防御机制可能因无法抵御而崩溃，如同本我冲动经常被阻止表达时那样（如长期的性剥夺）。根据这一观点，特定恐怖症和自由浮动性焦虑之间的主要区别在于，在恐怖症中，对外部事物或情境采取的压抑和替代性防御机制实际上是有效的，而在自由浮动的焦虑中，这些防御机制发挥不了作用，因此个体几乎一直处于焦虑的状态。然而，由于精神分析观点是不可验证的，因此，在很大程度上已被多数研究者抛弃。

对不可控和不可预期的知觉

正如前文中在讨论特定恐怖症和社交焦虑障碍时所说的那样，对于负性事件而言，因为不可控且不可预期比可控且可预期会给经历者带来更多的压力，所以前者会使人产生更多的恐惧和焦虑（Barlow, 2002 ;Craske & Waters, 2005; Mineka & Oehlberg, 2008）。因此，有研究者推测，广泛性焦虑障碍患者可能在生活中经历了许多不可控、不可预期的负性事件。例如，假如你有一位性格喜怒无常的老板或配偶，常常毫无征兆地大发脾气，那么你可能会长期处于焦虑的状态。

广泛性焦虑障碍患者经历的不可控不可预期事件，一般不会像创伤后应激障碍的应激源那样具有严重的创伤性，然而，有证据显示，与其他几种焦虑障碍的患者相比，广泛性焦虑障碍患者更有可能在童年经历过负性事件（Borkovec et al., 2004; Kendler, Hettema, et al., 2003）。除此之外，广泛性焦虑障碍患者对不确定性的耐受力明显低于非焦虑的对照组，甚至比惊恐障碍患者还要低（Dugas et al., 2004, 2005; Koerner & Dugas, 2008）。由此说明，广泛性焦虑障碍患者尤其会对无法预测的未来感到不安（虽然人们大都明白，未来其实确实无法预测）（Roemer et al., 2002）。而且，个体对于不确定性的耐受力越低，其广泛性焦虑障碍的程度也越严重（Dugas et al., 2007）。与此相似的是强迫症患者，他们也对未来的不确定性表现出难以容忍（e.g., Behar et al., 2008）。关于强迫症，我们将在稍后进行讨论。

掌控感：避免焦虑的可能性

个体对其周围环境主要方面的控制体验，是另一大重要的经验变量，严重影响其对于引发焦虑的情境的反应。虽然我们无法通过长期直接操纵人们生活经历的可控性和可预期性来研究这一问题，但可以通过实验室的动物模拟研究来获得很多数据。例如，一项关于恒河猴幼猴的纵向实验研究表明，在主观上掌握和控制了环境的恒河猴在 7~10 个月之后，比在生活环境相同但没有掌控体验的恒河猴更容易适应那些令其恐惧的事件以及引起焦虑的新情况（Mineka et al., 1986; also Craske & Waters, 2005; Mineka & Zinbarg, 2006）。对儿童来说，控制和掌握的经验也经常发生在亲子关系的背景下。因此，父母对儿童需求的反应直接影响了儿童掌控感的发展（Chorpita, 2001; Craske & Waters, 2005; Mineka & Zinbarg, 2006）。不幸的是，焦虑儿童的父母往往采用过度控制、侵入性的养育方式，这会增加儿童的焦虑行为，让儿童感到世界是不安全的，而他们自己几乎无法控制（Craske & Waters, 2005）。

担忧的强化特性

时刻担忧的过程是广泛性焦虑障碍的核心特征，这也是近 20 年以来许多研究的焦点。研究者一直困惑的一个问题是：如果担忧给人们带来了焦虑和痛苦，为什么人们还会持续担忧呢？博尔科韦茨和同事（Behar & Borkovec, 2006; Borkovec et al., 2004）调查了广泛性焦虑障碍患者对担忧的实际功能及其益处的看法，以下几点是患者通常认为担忧给他们带来的益处：

- 避免灾难的迷信思维（“担忧可以降低可怕事件发生的可能性”）
- 回避更深层次的情感话题（“对大部分事情的担忧可以分散我的注意力，让我不去思考那些更情绪化的问题，不去思考我根本不愿去想的问题”）
- 应对与准备（“担忧预料中的负性事件有助于我为这些事件最终的发生提前做好准备”）（Borkovec, 1994, pp. 16−17; Borkovec et al., 2004）。

一些证据表明，对于部分广泛性焦虑障碍的患者来说，这些关于担忧的信念，对维持高水平的焦虑和担忧起关键作用，尤其在障碍发展的早期（Dugas et al., 2007）。此外，新发现的担忧的实际作用，解释了为什么患者的担忧过程会一直持续。实际上，当患者开始担忧时，他们对所厌恶的情境的情绪和生理反应会被抑制，而这种抑制本身有可能强化个体的焦虑过程（增加了焦虑的可能性）（Borkovec et al., 2004; McLaughlin et al., 2007）。如果个体试图消除这些担忧，他需要首先充分认识令其担忧的问题本身。然而，担忧既会抑制个体的情绪反应和生理反应，同时又会促使个体无法充分体验或认识令他厌恶的意象。由于个体不能对令其担忧的问题有充分的认识，因此焦虑一般会长期持续（Borkovec et al., 2004; Sibrava & Borkovec, 2006）。

担忧的负面后果

尽管担忧有一些积极作用，但它的负面影响也很明显（Mineka, 2004）。举例来说，首先，担忧本身并不令人愉快。其次，因为担忧者想象了所有灾难性结果的可能，所以会令其产生更高的焦虑感和危险感（以及更低的积极情绪）（McLaughlin et al., 2007）。此外，担忧某事件的人往往比不担忧的人有更多负面的侵入性思维。例如，在一项研究中，研究者让参与者观看一场恐怖电影。看完电影后，研究者让一些参与者想象电影中的情节，而让另一些参与者诉说他们对电影的担忧。在随后的几天里，表达出担忧的参与者比想象电影情节的参与者经历了更多的侵入性画面（Wells & Papageorgiou, 1995）。因此，广泛性焦虑障碍患者在观看悲剧电影后，往往会产生更多的负面情绪（McLaughlin et al., 2007）。

最后需要注意的是，当前有大量证据表明，试图控制思绪和担忧可能反而会加强侵入性思维以及对它们的失控感（Abramowitz et al., 2001; Wells, 1999; Wells & Butler, 1997）。然而，有些矛盾的是，这些侵入性思维可能会引发进一步的担忧，从而形成一种循环，陷入这种循环的广泛性焦虑障碍患者可能产生对担忧的失控感。正如我们前文所述，对不可控性的知觉也被认为与焦虑的增加有关，因此便形成了焦虑、担忧和侵入性思维相互加强的恶性循环（Mineka, 2004; Mineka & Zinbarg, 2006）。

对威胁性信息的认知偏好

除了经常想起威胁性内容，广泛性焦虑障碍患者还可能有明显的危险图式，因此在加工威胁性信息时他们也持有偏好。有研究显示，当环境中同时存在威胁性和非威胁性线索时，焦虑的人通常倾向于将他们的注意力集中在威胁性线索上，而非焦虑的人则相反（MacLeod & Mathews, 2012; Mathews & MacLeod, 2005）。此外，这种对威胁性线索的认知偏好发生于信息加工的早期阶段，甚至要早于信息进入个体的意识之前。这种无意识、自动的偏好可能强化或增强个体当前的情绪状态。举例来说，如果个体已经感到焦虑了，那么他再将注意力自动地集中于环境中的威胁性线索只会令他更为焦虑。除此之外，最近的证据也有力地支持了一个观点，即这种注意力偏好和焦虑之间存在因果关系（MacLeod & Mathews, 2012; Mathews & MacLeod, 2002）。例如，有研究表明，训练非焦虑个体对威胁性线索的注意力偏好，会导致他们在应激环境中表现出更大的焦虑（MacLeod et al., 2002）。相反，训练那些焦虑的个体远离威胁，可以减少他们的焦虑症状（MacLeod & Mathews, 2012）。

焦虑的人也比非焦虑的人更有可能认为糟糕的事件将在未来发生（MacLeod, 1999），他们更倾向于将模棱两可的信息解读为威胁性的。例如，临床上被诊断为焦虑的参与者在阅读一系列模棱两可的句子时（例如，"医生检查了小艾玛的生长情况"或"他们讨论了牧师的信仰"），焦虑的实验组比非焦虑的对照组更可能记住那些威胁性的解释（Eysenck et al., 1991; MacLeod et al., 2004; Mathews & MacLeod, 2005; Ouimet et al., 2009）。这种对模糊信息的负面解释倾向实际上已被证明在一些情况下会增加焦虑，如在观看应激性视频时（Wilson et al., 2006）。

综上所述，几个心理社会变量似乎促进了广泛性焦虑障碍的发生和维持。经历不可控或不可预期的生活事件不仅会增加现有的焦虑，也可能增加个体在未来面对应激源时产生焦虑的可能性。即使担忧并不令人愉快，但人们还是相信担忧起到了一些对未来负性事件的预防作用，而且，担忧还可以抑制躯体唤醒。但担忧同时也带来了一些负面作用，包括引发更多的担忧并产生对担忧过程的失控感，而这种失控感会进一步增加焦虑。其次，患者在注意力及信息解读方面对环境中威胁性信息的自动化偏好与焦虑有关。

6.6.4　生物学因素

广泛性焦虑障碍的生物学因素包括遗传、神经递质异常和神经生物学差异。

遗传因素

广泛性焦虑障碍具有一定的遗传性，对它的遗传力最新的估值约为 30%（Gottschalk & Domschke, 2017）。研究这一领域的困难之处在于，我们对广泛性焦虑障碍性质的理解及诊断标准还在不断发展之中。几项大规模的双生子研究表明，遗传力的估值会随着广泛性焦虑障碍定义的改变而变化（Hettema, Neale, & Kendler, 2001; Kendler et al., 1992）。具有广泛性焦虑障碍和 / 或重度抑郁症遗传风险的个体是否会罹患这两种障碍中的一种，似乎完全取决于个体在特定环境中的经历（非共享环境）。一般而言，广泛性焦虑障碍与重度抑郁症的共同遗传素质类似于人格特质中的神经质（Hettema et al., 2004; Kendler, Gardner, et al., 2007）。

神经递质与神经激素异常

γ-氨基丁酸（GABA）的功能缺陷　20 世纪 50 年代，人们发现苯二氮䓬类药物可以缓解焦虑，70 年代又发现这类药物对广泛性焦虑障碍的治疗有显著效果，它们能通过刺激 GABA（一种与广泛性焦虑障碍密切相关的神经递质）而发挥作用（Davis, 2002; LeDoux, 2002; Nutt et al., 2006）。高度焦虑的个体存在 GABA 功能缺陷，而 GABA 通常对人类大脑抑制焦虑的过程起重要作用。苯二氮䓬类药物似乎通过增加与焦虑相关脑区（如边缘系统）

的 GABA 活性，以及抑制应激激素皮质醇，来减少焦虑。有关焦虑人群的 GABA 功能缺陷是引发焦虑的原因还是焦虑导致的结果，目前尚不明确。但似乎 GABA 的功能缺陷，起到了维持焦虑的作用。

近年来，研究者发现另一种神经递质——5-羟色胺也能调节广泛性焦虑（Goodman, 2004; Nutt et al., 2006）。目前认为，GABA、5-羟色胺与去甲肾上腺素似乎都影响焦虑，但它们相互作用的机制尚不明确（LeDoux, 2002）。

促肾上腺皮质激素释放激素系统和焦虑　促肾上腺皮质激素释放激素（CRH）是一种产生焦虑的激素，在广泛性焦虑和抑郁中起作用（Leonardo & Hen, 2006; Maier & Watkins, 2005）。当个体经历应激或感知到威胁时，CRH 会刺激垂体释放促肾上腺皮质激素，进而导致肾上腺释放应激激素皮质醇（Leonardo & Hen, 2006）——皮质醇能帮助人体应对应激。CRH 可能通过作用于终纹（杏仁核的延伸，见图 6.2）在广泛性焦虑中发挥重要作用。研究者认为这一系统是重要的调节广泛性焦虑的神经区域（Davis, 2006; Lang et al., 2000）。

焦虑与惊恐的神经生物学差异

正如我们在本章开头所提到的，当代理论家在恐惧、惊恐和焦虑之间划分了一些基本的区别，包括它们不同的神经生物学基础。恐惧和惊恐涉及“战斗或逃跑”反应的激活，与恐惧和惊恐关系最密切的脑区是杏仁核（和蓝斑），最相关的神经递质是去甲肾上腺素和 5-羟色胺。广泛性焦虑是一种比急性恐惧或恐怖症更弥散的情绪状态，包括生理唤起和对可能威胁的准备，与之密切相关的脑区是边缘系统（尤其是杏仁核的延伸——终纹床核），相关的神经递质和激素是 GABA 和 CRH（Davis, 2006; Lang et al., 2000）。虽然 5-羟色胺可能对焦虑和惊恐都发挥了作用，但其作用机制似乎有所不同。近年来，人们发现广泛性焦虑障碍患者的左海马比健康对照组要小，而重度抑郁症患者也有相似的特点（Hettema et al., 2012），这可能是两种障碍共有的风险因素。

6.6.5　治疗

如前所述，大多数广泛性焦虑障碍的治疗涉及认知行为疗法或药物。

认知行为疗法

随着治疗技术的改进提高，认知行为疗法（CBT）治疗广泛性焦虑障碍的效果越来越好。CBT 通常由行为技术（例如肌肉放松训练）和认知重组技术（旨在减少与广泛性焦虑障碍相关的扭曲认知和信息处理偏好，以及减少对生活小事的灾难化理解）相结合（Barlow et al., 2007; Borkovec, 2006）。最初人们认为广泛性焦虑障碍似乎是最难治疗的焦虑障碍之一，从某种程度上来说，现在仍然如此。但是，这方面的研究已经取得了进展，对许多对照研究的量化综述显示，CBT 使很多被测量的症状大幅度改善（Mitte, 2005）。CBT 对症状的改善幅度至少达到了苯二氮䓬类药物的改善幅度，并且中途退出率更低（对患者来说 CBT 更容易接受）。还有证据显示，CBT 可以帮助那些使用苯二氮䓬类药物超过一年的患者减少药物用量（Gosselin et al. , 2006）。

案例

前文案例介绍了患有广泛性焦虑障碍的研究生罗德尼，对他使用的疗法是 CBT，这是治疗广泛性焦虑障碍的一个成功案例。在接受 CBT 治疗之前，罗德尼已经在学生心理咨询中心接受了几个月的咨询，但他觉得这种“谈话疗法”没什么用。他听说 CBT 可能是有效的，于是便前来接受 CBT 治疗。他的治疗进行了约 6 个月，在此期间，他发现深层肌肉放松训练有助于降低他的整体紧张水平，认知重组帮助他减轻了对生活各个方面的担忧。虽然他完成有时间限制的任务时仍会有拖延，但这也意味着明显的进步。虽然治疗由于经济原因而提前结束，但他已频繁地与社会接触并开始了约会。他现在已经理解，如果一位女性不愿再次赴约，这并不说明他很无趣，只是说明他们可能不是合适的一对。

药物治疗

许多广泛性焦虑障碍患者会首先咨询家庭医生，希望家庭医生能帮助他们从“神经”、焦虑或各种（心因性）躯体问题中获得解脱。在这类案例中，常见的用药方案是为缓解紧张、减少躯体症状而让患者服用阿普唑仑或氯硝西泮等苯二氮䓬类（抗焦虑类）药物。然而，这类药物在缓解担忧和广泛性焦虑障碍的其他心理症状方面效果非常有限，此外，它们还会造成生理及心理上的依赖性和戒断反应，因此很难减少用量。一种叫作丁螺环酮的新药（属于另一类药）很有效，并且既不会有镇静作用，也不会有生理上的依赖性，而且，它对减轻精神焦虑的效果也比苯二氮䓬类药物更好。可是，丁螺环酮需要 2~4 周才能显现出效果（Roy-Byrne & Cowley, 2002,2007）。有一些抗抑郁类药物能用于治疗惊恐障碍，也能用于广泛性焦虑障碍及其心理症状的治疗，而且效果似乎比苯二氮䓬类药物更好（Goodman, 2004; Roy-Byrne & Cowley, 2002, 2007），但是，这些药物也需要服用几个星期才会产生明显的效果。

6.7　强迫及相关障碍

描述强迫症的临床特征和治疗方法

强迫症以及一些相关障碍曾在 DSM 中被归类为焦虑障碍。然而，在 DSM-5 的修订中，它们被归类为单独的障碍类型（参见《对 DSM-5 的批判性思考》专栏）。这一新类别不仅包括强迫症，还包括躯体变形障碍、囤积障碍、抓痕（皮肤搔抓）障碍和拔毛障碍。

6.7.1 强迫症

强迫症（obsessive-compulsive disorder，OCD）被定义为同时出现强迫观念和试图消除这种观念而进行的强迫行为（参见《DSM-5 诊断标准》专栏）。

对 DSM-5 的批判性思考

为什么强迫症不再被认为是一种焦虑障碍？

在 DSM-5 中，强迫症被从焦虑障碍的类别中移除，归入一个新的类别，即“强迫及相关障碍”（正如你在第 5 章已经知道的，创伤后应激障碍也被移除，并被归入一个新的类别，称为“创伤及应激相关障碍”）。

将强迫症归入新类别的一个原因是，焦虑通常不是衡量强迫症严重程度的指标。事实上，对某些类型的强迫症患者来说，比如有关于对称的强迫观念或强迫行为的患者，焦虑甚至算不上一个突出的症状。而且，焦虑存在于各种障碍之中，因此，强迫症中存在某些焦虑症状，并不足以让我们将其视为焦虑障碍。的确，D.J. 斯坦因等人（2010）写道：“强迫行为的高度模式化、驱动性、重复性和无功能性，将强迫症与正常行为和其他焦虑障碍中的回避行为区分开来。”（p. 497）

另一原因是，强迫症的神经生物学基础与其他焦虑障碍有很大的区别，它侧重于额叶-纹状体神经回路，包括眶额皮层、前扣带皮层和纹状体（尤其是尾状核）。对“OCD 相关障碍”的研究，如对躯体变形障碍（因感知或想象外貌上存在缺陷而过度困扰）和拔毛障碍（慢性拔毛）的研究，也发现它们与额叶-纹状体神经回路相关。最后，治疗焦虑障碍使用的药物比治疗强迫症使用的药物范围更广，药物并不能完全解决强迫症及相关障碍患者的问题，SSRI 类药物对相当一部分患者没有效果。

你觉得这些理由有说服力吗？什么样的研究结果可能进一步支持强迫及相关障碍（如囤积障碍或拔毛障碍）的分类？与之相应，什么样的研究结果会让你认为把强迫症从焦虑障碍的类别中移除是错误的呢？

强迫观念是一种持续、不受控制地闯入意识领域，并导致严重焦虑或痛苦的想法、意象或冲动。有这种强迫观念的人会试图忽视或压抑这些观念，或者用其他观念或行动来抵消这些观念。**强迫行为**包括明显的重复性行为，这些行为以冗长的仪式进行（比如洗手、检查、一次又一次地整理东西）。强迫行为也可能是更隐蔽的心理仪式（比如数数、祈祷、一遍又一遍地默念某些词）。强迫症患者通常会觉得自己被驱使着去做这种强迫性的、仪式性的行为，而且通常有非常严格的规则来规定这种强迫行为应该如何执行。强迫行为的目的是预防或减轻痛苦，或避免一些可怕的事件或情境。强迫症通常是最具致残性的精神障碍之一，它会导致大量的功能损害以及生活质量的大幅下降（Stein et al., 2009）。

DSM-5 诊断标准

强迫症

A. 具有强迫思维、强迫行为，或两者皆有。

强迫思维被定义为如下：

1. 在该障碍的某些时间段内，感受到反复的、持续性的、侵入性的和不必要的想法、冲动或意向，大多数个体会引起显著的焦虑或痛苦。
2. 个体试图忽略或压抑此类想法、冲动或意向，或用其他一些想法或行为来中和它们（例如，通过某种强迫行为）。

强迫行为被定义为如下：

1. 重复行为（例如，洗手、排序、核对）或精神活动（例如，祈祷、计数、反复默诵字词）。个体感到重复行为或精神活动是作为应对强迫思维或根据必须严格执行的规则而被迫执行的。
2. 重复行为或精神活动的目的是防止或减少焦虑或痛苦，或防止某些可怕的事件或情况；然而，这些重复行为或精神活动与所设计的中和或预防的事件或情况缺乏现实的连接，或者明显是过度的。

注：幼儿可能不能明确地表达这些重复行为或精神活动的目的。

B. 强迫思维或强迫行为是耗时的（例如，每天消耗 1 小时以上）或这些症状引起具有临床意义的痛苦，或导致社交、职业或其他重要功能方面的损害。

C. 此强迫症状不能归因于某种物质（例如，滥用的毒品、药物）的生理效应或其他躯体疾病。

D. 该障碍不能用其他精神障碍的症状来更好地解释［例如，像广泛性焦虑障碍中的过度担心，像躯体变形障碍中的外貌先占观念，像囤积障碍中的难以丢弃或放弃物品，像拔毛障碍中的拔毛发，像抓痕（皮肤搔抓）障碍中的皮肤搔抓，像刻板运动障碍中的刻板行为，像进食障碍中的仪式化进食行为，像物质相关及成瘾障碍中物质或赌博的先占观念，像疾病焦虑障碍中患有某种疾病的先占观念，像性欲倒错障碍中的性冲动或性幻想，像破坏性、冲动控制及品行障碍中的冲动，像重性抑郁障碍中的内疚性沉思，像精神分裂症谱系及其他精神病性障碍中的思维插入或妄想性的先占观念，或像孤独症（自闭症）谱系障碍中的重复性行为模式］。

此外，患者必须认识到，这种强迫思维是其心理主观的产物，而不是外界强加的（精神分裂症中可能会出现这种症状）。但是，强迫症患者具有良好的自知力，即他们能认识到自己的强迫思维和强迫行为毫无意义且过度（Ruscio et al., 2010）。只有极少数的强迫症患者在大部分时间不具备自知力。我们大多数人都经历过轻微的强迫思维，比如反复回忆自己是否锁了门或关了炉子。此外，我们大多数人偶尔也会做出重复性的、刻板的行为，比如检查炉火或门锁，还有人踩着路上的砖缝行走。最近的一项研究发现，超过 25% 的美国人在人生的某个阶段内有过强迫思维或强迫行为（Ruscio et al., 2010）。然而，只有当这些想法变得过度、持久、令人痛苦，以及相关的强迫行为严重干扰日常生活时，才可能被诊断为强迫症。诊断标准要求患者的强迫思维和强迫行为每天至少要达到 1 小时，在严重的情况下，可能会占用患者大部分的清醒时间。值得注意的是，强迫思维和强迫行为的正常与异常存在于一个连续体上，两者之间并没有明确的界限，只是频率和程度（引起个体烦恼的程度和个体对其的抗拒能力）上的不同。从正常到异常，可以看作一个量变的过程（Steketee & Barlow, 2002）。

许多强迫思维包括对被污染的恐惧、对伤害自己或他人的恐惧，以及病态的怀疑。其他常见的类型是对次序和对称的过度追求（例如，将杂志放在桌上时必须以一种“完全正确”的方式摆放），对宗教、攻击或性（如反复出现色情画面）的痴迷。这些类型的强迫思维存在于各种文化和各个人生阶段之中（Steketee & Barlow, 2002）。涉及暴力或攻击主题的强迫思维可能是妻子沉迷于毒死自己丈夫或孩子的想法，或者女儿不断想象把母亲推下楼梯的场景。这些想法虽然很少会被执行，却十分折磨人。以下便是一个严重强迫症的典型案例。

案例

马克是一名 28 岁的单身男子，他受到强迫思维的严重困扰。他想象自己会伤害他人，如在开车时撞到路上的行人；他还有关于犯罪的强迫思维，比如经常想象自己抢劫商店或对家人朋友投毒等。这些强迫思维还伴随着长时间过度的检查仪式。例如，有一天开车的时候，他开始反复地想象自己发生了交通事故，在某十字路口撞倒了一位行人，这种念头迫使他花了几小时在那个路口附近寻找事故发生的证据。

马克毕业后曾独自生活过几年。当他去一家治疗焦虑障碍的诊所求助时，他甚至已经不能独立生活了。他是个聪明且颇有艺术天赋的青年，毕业于某名牌大学的艺术系，当他 20 多岁开始有强迫思维时，他已经是一名成功的年轻艺术家了。起初，这些强迫思维主要集中于担心自己可能被牵涉到一些并没有犯过的罪行之中；之后，这些思维发展成他害怕自己可能确实犯下了罪行并供认罪行；最后，他不断进行仪式化的核查，并回避所有可能让自己供认罪行的场所，这使他不得不放弃工作和自己的住所，搬回了父母家。

当马克前来接受治疗时，他上述的强迫观念已经非常严重了。他不得不把自己关在家里，只有随身携带录音机时才敢离开房间，因为录音机可以录下他是否坦白了自己的任何罪行，而他已经不相信自己的记忆了。心理诊所距离他父母家有几小时的车程，由于担心撞到行人或其他车辆，受这些强迫思维和长时间检查仪式的困扰，他不得不请母亲开车送他前往诊所。他也无法打电话，因为担心自己会在电话里供认自己实施的（或未实施的）罪行。出于同样的原因，他也无法写信。他还无法单独去商店或公共浴室，他害怕自己可能会在那儿的墙上写下认罪的文字并因此被捕或遭受惩罚。

正如我们所了解的那样，强迫症患者会迫使自己反复做一些甚至他们自己也认为毫无意义的荒唐事，而且，在某种程度上他们其实也不想做。强迫仪式有五种主要类型：清洁（洗手和洗澡）、检查、重复、排序与计数（Antony et al., 1998; Mathews, 2009），患者可能表现出多种仪式。有小部分的强迫行为表现在各种日常行为中，如吃饭或穿衣的速度极其缓慢（原发性强迫性缓慢），还有另一些患者的强迫行为表现为让物体绝对对称或平整（Mathews, 2009; Steketee & Barlow, 2002）。

清洁仪式的行为各不相同，既有相对轻微的类似仪式的行为，如上完厕所后花 15~20 分钟洗手，也有一些极端的行为，如每天用消毒剂洗手几个小时，直到把手洗出血来。检查仪式也各有不同，有相对轻微的行为，如每次离开家前检查所有的灯、电器和门锁 2~3 次，或者十分极端的行为，如患者认为他可能在十字路口撞死了行人，于是像马克那样回到这个路口用好几个小时检查想象中事故的痕迹。清洗和检查仪式通常要完成特定次数，因此也与计数仪式相关。强迫行为或仪式通常能缓解患者的紧张并为其带来满足与控制感，尽管这种缓解通常是短暂的，这也是同样的仪式为什么需要不断重复的原因（Purdon, 2009; Steketee & Barlow, 2002）。

6.7.2 患病率、起病年龄和性别差异

2%~3% 的人在一生中的某个时刻会符合 OCD 的诊断标准，一年患病率大约为 1%（Ruscio et al., 2010）。在寻求治疗的强迫症患者中，有超过 90% 的人同时有强迫思维和强迫行为（Foa & Kozak, 1995; Franklin & Foa, 2007）。如果把诸如强迫计数这样的精神仪式也算作强迫行为，这个数字会跃升至 98%。

离婚（或分居）和失业的人在强迫症患者中比例较高（Torres et al., 2006），这并不奇怪，因为强迫症患者在人际交往和工作上往往会有巨大的困难。一些研究表明，强迫症在成年患者中几乎没有性别差异，在这一点上强迫症与其他大多数焦虑障碍不同。然而，也有一项英国流行病学研究显示，这一障碍的男女比例为 1.4 : 1（Torres et al., 2006）。OCD 通常开始于青春期晚期或成年早期，但也可能发生于儿童期，其症状与成年人相似（Poulton et al., 2009; Torres et al., 2006）。儿童期或青少年早期起病的男孩比女孩更常见，而且症状常常更严重（Lomax et al., 2009），也更与遗传相关（Grisham et al., 2008）。多数情况下，这种障碍的发病过程是渐进的，尽管也有急性起病的报告。症状的严重程度有时会随着时间的推移而起伏，但病程通常是慢性的（Mataix-Cols et al., 2002）。

6.7.3 与其他障碍的共病

OCD 经常与其他焦虑障碍同时发生，最常见的有社交焦虑障碍、惊恐障碍、广泛性焦虑障碍和创伤后应激障碍（Kessler, Chiu, Demler, et al., 2005; Mathews, 2009）。此外，大约 25%~50% 的强迫症患者在他们人生的某个阶段经历过重度抑郁，多达 80% 的人经历过明显的抑郁症状（Steketee & Barlow, 2002; Torres et al., 2006），而这些抑郁症状（至少部分）因强迫症引起。

6.7.4 心理学因素

强迫症是一种习得行为

强迫症主要的行为主义理论源于莫勒的回避习得双过程理论（1947）。根据这一理论，

中性刺激通过经典条件反射与可怕的想法和体验相联系，从而变得也能引发焦虑。例如，触摸门把手或握手可能会与“污染”的可怕想法联系起来。一旦建立了这种联系，该个体可能发现，由握手或触摸门把手所产生的焦虑感可以通过洗手得到缓解。在这里，“洗手”因作为缓解“污染”焦虑的解决方案而得到强化。如果未来面临其他相似的焦虑情境时，洗手便可能再次发生（Rachman & Shafran, 1998）。而且，这种回避反应一旦习得，就难以消退（Mineka & Zinbarg, 2006）。此外，任何增加焦虑水平的应激源都可能导致动物及人类的回避反应和强迫性仪式的频率升高（Cromer et al., 2007）。

拉赫曼和霍奇森（1980）的几个经典实验支持了这些理论。他们发现，对多数强迫症患者来说，暴露于诱发其强迫思维的情境（例如，为那些有污染强迫思维的人准备一个门把手或马桶圈）确实会让他们产生痛苦，这种痛苦在持续一段时间后会逐渐消失。但如果允许患者在强迫思维产生后立即进行强迫仪式，虽然可以迅速缓解焦虑（只是暂时的），但也对强迫仪式造成了强化。

这一模型预测，在接触恐惧事物或情境之后，阻止患者进行仪式行为，让患者发现，即使没有仪式行为，焦虑也会随着时间推移而自然缓解（Rachman & Shafran, 1998），这便是行为疗法治疗强迫症的核心。关于行为疗法，我们稍后再详细讨论。这些早期的行为模型帮助我们理解维持强迫行为的因素，并衍生出有效的治疗形式。然而，它并不能很好地解释为什么强迫症患者一开始会产生强迫思维，以及为什么有些人从来不会表现出强迫行为。

强迫症和预备理论

如前文所述，恐惧和焦虑是人类祖先在漫长的进化过程中形成的本能，其本身是适应性的。这些预备理论可以帮助我们理解强迫症的发生与持续（De Silva, Rachman, & Seligman, 1977; Rapoport, 1989）。事实上，许多强迫症患者会对污垢、污染或其他潜在厌恶性情境表现出强迫思维和强迫行为，这些发现让很多研究者认为强迫症可能有着很深的进化根源（Mineka & Zinbarg, 1996, 2006）。此外，一些专家通过动物研究发现，许多动物在高冲突或高唤起状态下进行的替代性活动与人类强迫症中的强迫仪式相似（Craske, 1999; Mineka & Zinbarg, 1996; Rapoport, 1989; Winslow & Insel, 1991）。替代性活动通常表现为在高冲突或沮丧的情况下理毛（如鸟类梳理羽毛）或筑巢，这些活动表现可能与强迫症患者的强迫仪式（如洗手或整理仪容）有关，而后者通常由焦虑时出现的强迫思维引发。

试图压抑强迫思维的效果

“快点，别想白熊了！糟糕，怎么又在想？”当正常人试图压抑不必要的想法时，这些想法可能反而会增加（Wegner, 1994）。如前所述，强迫思维正常与否，主要区别在于人们抵制自己思维的程度以及他们觉得自己的观念是否能够被接受。可能导致强迫思维和消极情绪频繁出现的一个因素，正是这些试图压抑强迫思维和消极情绪的尝试，类似于我们之前讨论过的控制焦虑对广泛性焦虑障碍患者的影响。例如在一项研究中，研究者让强迫症患者通过日记记录自己的强迫思维。在一些日子里要求他们压抑自己的强迫思维，而另一些日子则不压抑。结果显示，那些压抑强迫思维的日子里记录的侵入性观念，是不压抑时期的两倍（Salkovskis & Kirk, 1997）。此外，思想压抑不仅仅增加了强迫思维的出现频率，而且让强迫症的症状也明显增加（Purdon, 2004）。最后，对强迫症患者日常生活日记的研究表明，他们会频繁、费力、耗时地试图控制侵入性思维，尽管这些控制通常没有效果（Purdon et al., 2007）。

评估侵入性思维

萨尔科夫斯基（1989）、拉赫曼（1997）和其他认知理论家对强迫思维、侵入性思维、消极自动思维和灾难化评估进行了区分。例如，患有强迫症的人似乎常常具有过高的责任感。反过来看，在一些具有强迫症易感性的群体中，这种过高的责任感可以与这样的信念联系在一起，即仅仅想到做某事（例如，母亲伤害婴儿）便在道德上等同于实际做了此事，或认为这些观念会增加实际这样做的可能性。这被称为“思想-行动融合”（Berle & Starcevic, 2005; Rachman et al., 2006）。强迫症患者对可能做出坏事的责任感不断膨胀，促使他们产生强迫行为，并试图以此减少任何负性事件发生的可能性（Rachman et al., 2006）。因此，强迫症患者与那些能够排除自己强迫观念的普通人相比，不同之处在于，强迫症患者有一种责任感，而这种责任感会让他们不断产生强迫观念。

认知偏差与扭曲

认知因素也对强迫症有影响。具体来说，强迫症患者对那些与他们强迫症相关的材料有注意力偏好，这和焦虑障碍患者的情况相似（McNally, 2000; Mineka et al., 2003）。强迫症患者似乎在排除干扰信息方面存在困难。由于很难阻止消极无关信息的输入，他们可能试图压抑这些输入所引发的消极想法（McNally, 2000）。如前文所述，试图抑制消极想法反而可能增加它们出现的频率。此外，强迫症患者对自己的记忆能力缺乏信心（尤其是在他们感到应该负责任的情况下），这一点可能使他们不断重复自己的仪式行为（Cougle et al., 2007; Dar et al., 2000）。导致他们重复行为的另一个因素是，强迫症患者在抑制运动反应（Morein-Zamir et al., 2010）和排除无关信息（Bannon et al., 2008）这两个方面也存在缺陷。

6.7.5 生物学因素

近年来，有关强迫症的生物学因素的研究层出不穷，包括遗传、大脑功能异常和神经递质异常的研究。从这三种研究中积累的证据表明，与本章所讨论的其他障碍相比，生物学因素在强迫症中的作用可能比其他任何焦虑障碍都更大。

遗传因素

来自双生子研究的证据表明，同卵双生子同时患上强迫症的概率高于异卵双生子。一项对 14 篇已发表研究的综述显示，在 80 对同卵双生子中，有 54 对同时符合强迫症诊断标准；在 29 对异卵双生子中，有 9 对同时符合诊断标准。尽管这种现象可能部分是由非特异性的“神经质”倾向所引起的，但这些发现仍符合“强迫症具有一定遗传性”的结论（Hanna, 2000; van Grootheest et al., 2007）。大多数的强迫症家族史研究也与双生子研究结果一致，强迫症患者的一级亲属患强迫症的比例比目前对强迫症患病率的估值高出 3~12 倍（Grabe et al., 2006; Hettema, Prescott, & Kendler, 2001）。最后还有证据表明，早发性强迫症比晚发性强迫症受到的遗传影响更多（Grisham et al., 2008; Mundo et al., 2006）。

在证明遗传因素对强迫症起作用的证据中，最有力的证据是一种通常始于儿童期且以慢性运动性抽动为特征的强迫症（Lochner & Stein, 2003）。这种与抽动相关的强迫症与抽动秽语综合征有关，抽动秽语综合征是一种以频繁运动性抽动和发声痉挛为特征的疾病，已知该综合征受遗传因素的影响较大（参见第 15 章）。例如，一项研究显示，尽管抽动秽语综合征本身非常罕见，但患者的一级亲属中有 23% 被诊断为强迫症（Pauls et al., 1986, 1991, 1995）。

近年来，许多分子遗传学研究已经开始检测强迫症与特定遗传多态性（自然发生的基因变异）之间的联系（Grisham et al., 2008; Mundo et al., 2006; Stewart et al., 2007）。初步结果表明，同时患有抽动秽语综合征的强迫症患者与普通强迫症患者具有不同的遗传多态性，这表明这两种情况至少在遗传水平上有着部分的区别（Stewart et al., 2007）。

强迫症与大脑

在过去的 30 年里，随着脑成像技术的发展，对强迫症患者大脑异常的研究一直在进行。这些研究表明，异常主要发生在某些皮层和皮层下结构，如基底神经节。基底神经节在杏仁核上又与控制情绪行为的边缘系统相连。大量使用正电子发射断层扫描的研究结果表明，强迫症患者的额叶皮层中的眶额皮层和扣带皮层 / 扣带回这两个部分异常活跃，两者也与边缘系统有关。强迫症患者的皮层下尾状核也异常活跃，尾状核是基底神经节的一部分（见图 6.4）。

眶额皮层似乎是某类原始冲动的来源，这类冲动与性、攻击、卫生和危险等有关（“关于强迫的那些东西”；Baxter et al., 1991, p. 116）。当这些冲动通过皮层-基底神经节-丘脑回路时，通常被尾状核过滤，只有最强的冲动才能传递到丘脑。尾状核或纹状体（基底神经节结构的一部分，参与执行自愿的、有目标的运动）是连接眶额皮层和丘脑的重要神经回路的一部分。基底神经节还包括另外两种结构——苍白球和黑质，它们也与皮层-基底神经节-丘脑回路有关。丘脑是一个重要的中转站，它接收几乎所有的感觉输入并将其传递回大脑皮层。

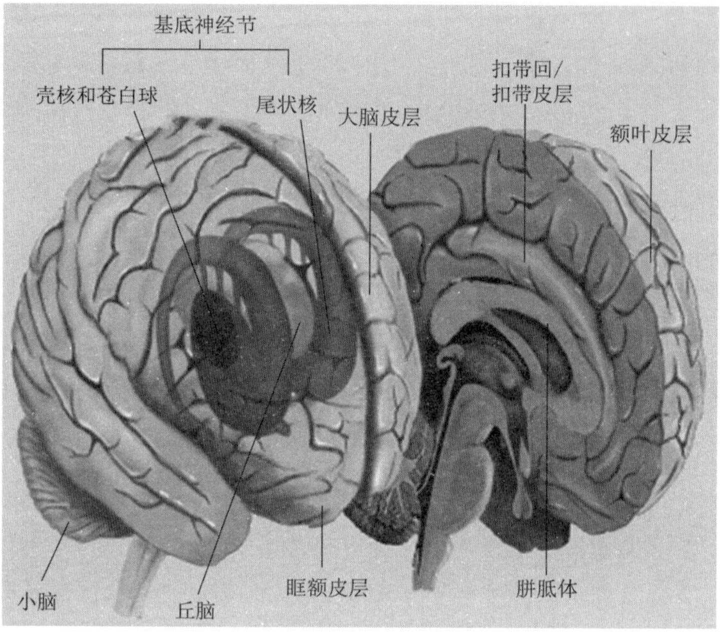

图 6.4　强迫症的神经生理机制

这幅图展示了大脑中与强迫症有关的部分。上面的大脑皮层做了透明处理，以便于看到下面的区域。眶额皮层、扣带皮层和基底神经节（尤其是尾状核）是大脑结构中与强迫症关联最密切的结构。研究者在强迫症患者的这三个区域都发现了代谢活动的增加。

这种皮层－基底神经节－丘脑回路通常与特定情境下复杂的相关行为反应的准备有关，如与领地关注和社交关注有关的情境。关于该回路出现障碍的起因，研究者提出了几种理论。例如，巴克斯特及其同事（1991, 2000）引用的证据表明，当该回路不能正常工作时，可能会出现不恰当的行为反应，包括源于领地和社交关注的重复行为（例如，检查和攻击行为），以及源于卫生关注的重复行为（例如，清洁）。因此眶额皮层的过度激活（刺激了“强迫思维”），再加上眶额皮层、纹状体（或尾状核）和丘脑（位于纹状体的下方）之间相互作用的失调，两者共同形成了强迫症的主要脑功能失调。根据巴克斯特的理论，这个回路的功能失调反过来又会阻止强迫症患者表现出感觉、思维和行为方面的正常的抑制，如果这个回路功能正常则会出现这些抑制。在这种情况下，大多数人能够控制对于攻击、性、卫生和危险的冲动，而强迫症患者则无法控制并产生目标指向的行为。有证据表明，这一回路不能正常工作的部分原因可能是大脑某些区域的白质异常，而白质参与不同大脑结构之间的连接（Szeszko et al., 2004; Yoo et al., 2007）。

鉴于巴克斯特和他的同事提出的以上观点，我们能够理解强迫症患者漫长而重复的强迫思维及强迫行为是如何产生的（Baxter et al., 1991,1992, 2000）。对于功能障碍的确切性质或根源，其他研究者还提出了其他几种稍有不同的理论，但在涉及的大多数大脑区域方面，已达成普遍共识（Friedlander & Desrocher, 2006; Harrison et al., 2009; Saxcna & Rauch, 2000）。

神经递质异常

20 世纪 70 年代，研究者对强迫症的致病因素进行了药理研究，他们发现被称为“氯丙咪嗪”的三环类药物能有效治疗强迫症，尽管其他三环类抗抑郁药通常效果不佳（Dougherty et al., 2007）。研究表明，这是因为氯丙咪嗪对神经递质 5-羟色胺的影响更大，而 5-羟色胺与强迫症密切相关（Pogarell et al., 2003; Stewart et al., 2009）。此外其他几种 SSRI 类抗抑郁药物，如氟西汀，也相对有选择性地作用于 5-羟色胺，并被证明在治疗强迫症方面同样有效（Dougherty, Rauch, et al., 2002, 2007）。

强迫症患者 5-羟色胺系统功能失调的确切性质目前尚不清楚。目前的证据表明，5-羟色胺活动的增加和某些大脑结构对 5-羟色胺敏感性的增加，与强迫症症状有关。事实上刺激 5-羟色胺系统的药物会导致症状恶化。在这一观点中，长期服用氯丙咪嗪（或氟西汀）会导致某些 5-羟色胺受体的下调，进而导致 5-羟色胺有效性的功能性减退（Dolberg, Iancu, et al., 1996; Dolberg, Sasson, et al., 1996）。也就是说虽然氯丙咪嗪或氟西汀的短期直接影响可能是增加 5-羟色胺水平（也会加重强迫症症状），但长期影响则完全不同。这些药物必须服用至少 6~12 周才能显著改善强迫症症状，这一点与研究结果一致（Baxter et al., 2000; Dougherty, Rauch, et al., 2002, 2007）。然而越来越清楚的另一点是，5-羟色胺系统的功能失调本身并不能完全解释这种复杂的障碍。其他神经递质系统（如多巴胺、γ-氨基丁酸和谷氨酸系统）似乎也起着一定的作用，尽管它们的确切性质和具体作用尚不清楚（Dougherty et al., 2007; Stewart et al., 2009）。

总之，现在有大量的证据表明强迫症有生物学上的成因。这一证据来自遗传研究、脑结构与功能的研究和神经递质研究。尽管这些因素的确切性质和它们之间的相互关系尚未明了，但是目前正在进行的大量研究工作肯定会加深我们对这一导致功能丧失的严重障碍的理解。

6.7.6　治疗

强迫症的治疗方法包括行为疗法、认知行为疗法和药物治疗。

行为疗法与认知行为疗法

治疗强迫症最有效的方法是**暴露与反应阻止疗法**（Franklin & Foa, 2007; Stein et al., 2009）。该疗法包括暴露和阻止反应行为两个部分。暴露部分包括让强迫症患者反复暴露于引发其强迫观念的刺激中（在受引导的幻想中或者直接暴露），从而引发他们的强迫症（例如，对于害怕污染的患者，让其用手摸自己的鞋底或公共浴室的厕所坐垫）。随后的阻止反应部分要求他们不要进行强迫仪式。阻止这些仪式是至关重要的，这可以让患者明白，强迫观念导致的焦虑会随着时间流逝而自然消失，至少可以在几个小时里从 100 分减少到 40~50 分。这一过程会令人十分不安和痛苦，因此治疗通常从患者的恐惧等级中可控的最低等级开始（例如，触摸他们的鞋底），然后随着时间的流逝，逐渐进行更强烈的暴露（例如，坐在肮脏的公共厕所的地板上）。

在此疗法的强化版本中，例如习惯于每天花 2~3 个小时洗澡和洗手的来访者可能会被要求连续 3 天不洗澡（并且当他们 3 天后洗澡时，淋浴时间不得超过 10 分钟）。在治疗的后期，治疗师建议他们每天只淋浴 10 分钟，除了就餐前、使用浴室后以及接触明显弄脏的物体外，每天洗手次数不得超过 5 次，每次 30 秒。除了在治疗期间进行的暴露，还有一些额外的随机布置的“家庭作业”。例如有一次，在治疗过程中，一名治疗师把一名害怕被路上的狗屎、浴室细菌、垃圾和动物尸体污染的患者带到一个有死猫的路边。治疗师坚持让患者走近那具发臭的尸体，让患者用鞋底触摸它，然后再触摸自己的鞋。附近的地上有鹅卵石，还有一根逗猫棒，治疗师把这些东西交给患者，并要求患者把它们放在口袋里，每天经常摸它们（Franklin & Foa, 2008, pp. 192–205）。

尽管有些人拒绝这样的治疗或中途退出，但是大多数坚持治疗的人症状减少了 50%~70%（Abramowitz et al., 2009; Steketee, 1993），生活质量也得到大幅度的改善（Diefenbach et al., 2007）。大约有 50% 的患者得到了非常大的改善，另有 25% 的患者得到了中等程度的改善，约 76% 的患者在几年的随访中保持了疗效。这一结果优于药物治疗的结果（Abramowitz et al., 2009; Franklin & Foa, 2008）。也有证据表明，D-环丝氨酸（一种已知有助于消除恐惧的药物）可以增强行为疗法的疗效，但是如果患者同时服用抗抑郁药物，这种增强作用就会被抵消掉（Andersson et al., 2015）。最后，在过去的 20 年里，萨尔科夫斯基及其同事也开发出了一种认知行为疗法（Salkovskis & Wahl, 2003），其部分目标是确定在治疗中加入认知成分是否能够帮助到更多的强迫症患者，或有助于提高症状改善的程度，或降低治疗退出率。目前的证据表明，这种形式的治疗相当有效，然而尚未有证据表明它优于更偏行为取向的疗法，如暴露和反应阻止疗法（Abramowitz et al., 2009; D. A. Clark, 2005）。此外，一些研究者已经得出结论，暴露和反应阻止疗法的疗效可以通过增加认知治疗来增强（Abramowitz et al., 2009）。鉴于强迫症很少能完全康复，患者会残留一些强迫症问题或强迫仪式（Abramowitz et al., 2009; Franklin & Foa, 2007），因此显然有必要进一步提高这些治疗的疗效。

暴露和反应阻止疗法对马克这个患有严重强迫症的艺术家的成功治疗过程如下：

案例

起初，马克接受了药物治疗、暴露和反应阻止疗法。药物（氯丙咪嗪）的副作用让他难以忍受，于是他在几周后放弃了药物治疗。在行为治疗方面，治疗师要求他摆脱录音机的束缚，并给予他一系列的练习，把他暴露在恐惧情境中，包括打电话、寄信、进入商店和公共浴室（都是他无法去做的事情），在这些情境中，他可能会承认自己犯了罪或伤害了他人。检查仪式（包括检查录音机）都被阻止。第一轮的治疗并不是很有帮助——部分的原因是由于他距离治疗场所太远。后来他搬到了距离诊所更近的一间小公寓，并最终答应投入更强化的治疗中。自那之后，他做得非常不错。

药物治疗

针对焦虑障碍的用药范围比较广泛，而强迫症似乎只对影响 5-羟色胺类药物反应最好，如氯丙咪嗪和氟西汀。有 40%~60% 的人表现出至少 25%~35% 的症状减轻程度（安慰剂的减轻程度为4%~5%; Dougherty et al., 2007; Iancu et al., 2000）。部分患者的情况有更大的改善，但是 30%~50% 的患者没有任何临床显著的改善（Mancebo et al., 2006）。大约有 1/3 的人对这些 5-羟色胺类药物没有反应，小剂量的某些抗精神病药物可能会对他们产生更明显的改善（Bloch et al., 2006)。

与其他焦虑障碍一样，强迫症药物治疗的一个主要缺点是，停用药物后复发率通常很高，高达 50%~90%（Dougherty et al., 2007; Simpson & Liebowitz, 2006）。因此许多不做行为治疗的患者可能不得不长期使用这些药物。关于药物治疗与暴露和反应阻止疗法对成人患者的疗效的研究中，没有发现将两者相结合比使用单一疗法更有效（Foa et al., 2005; Franklin & Foa, 2002, 2007），然而一项大型研究表明，联合治疗在治疗儿童和青少年的强迫症方面更有效果（March & Franklin, 2006; Pediatric OCD Treatment Study, 2004）。

最后，由于病情最严重的强迫症是一种致残性的障碍，有 10% 的患者可能受严重症状的困扰，因此精神科医生已开始研究某些神经外科技术对严重、顽固性强迫症的疗效（Mindus et al., 1994）。考虑到这种干预的侵入性，在准备进行这种手术之前，患者必须已经患有严重的强迫症至少 5 年，并且迄今为止对任何已知的治疗方法（药物或行为疗法）都没有反应。几项研究表明，35%~45% 的顽固性病例对神经外科手术反应良好（至少减少了 1/3 的症状），该手术设计的目的是破坏与这种情况有关的一个区域的脑组织（Dougherty, Baer, et al., 2002; Jenike, 2000; Ruck et al., 2008）。然而接受手术的患者中相当一部分有副作用。我们将在第 16 章对这些技术的结果进行更详细的讨论。

6.7.7 躯体变形障碍

躯体变形障碍（body dysmorphic disorder，BDD）在 DSM-IV-TR 中被归类为躯体形式障碍，因为它涉及对身体某些方面的关注。然而由于它与强迫症非常相似，所以被移出了躯体形式的范畴，进入了 DSM-5 的强迫症及相关疾病诊断的范畴。BDD 患者对自己的某个身体部位有过多的先占观念，相信身体的这个部位是有缺陷的，而在其他人看来，这个部位其实是正常的或只是轻微不正常（参见《DSM-5 诊断标准》专栏）。这种先占观念非常强烈，以至于它会导致临床上显著的痛苦，以及社会或职业功能的损害。大多数 BDD 患者都有强迫性的检查行为（比如过分地检查自己在镜子里的样子，或隐藏或修补自己察觉到的缺陷），虽然这种行为并不被认为是诊断 BDD 的必要条件。另一种常见的症状是由于害怕别人看到想象中的缺陷而回避日常活动。在严重的情况下，他们可能会变得孤立，把自己锁在家里，从不出门，甚至不去工作，平均就业率估计只有 50% 左右（Neziroglu et al., 2004）。毫不奇怪，他们的平均生活质量相当差（IsHak et al., 2012）。表 6.4 说明了 BDD 患者的日常活动范围。

BDD 患者可能会关注自己身体的几乎任何部位：认为自己的皮肤有瑕疵，胸部太小，脸太瘦（或太胖），或者血管太明显等等。常见的比较容易感觉到缺陷的部位包括皮肤（73%）、头发（56%）、鼻子（37%）、眼睛（20%）、乳房 / 胸部 / 乳头（21%）、胃（22%）和脸的大小 / 形状（12%）（Phillips, 2005）。许多患者发现自己的身体不止一个部位有缺陷。很重要的一点是，这并不是我们大多数人对外表的普通担忧，BDD 患者的担忧程度要极端得多，在许多情况下，他们完全专注于此并产生明显的情绪痛苦。一些研究者估计，大约有一半的 BDD 患者对他们的外表有严重的错觉（Allen & Hollander, 2004）。请记住，其他人甚至没有看到 BDD 患者认为自己有的缺陷，或者即使看到了，也只看到正常范围内的一个非常小的缺陷。

DSM-5 诊断标准

躯体变形障碍

A. 具有一个或多个感知到的或他人看起来微小或观察不到的外貌方面的缺陷或瑕疵的先占观念。

B. 在此障碍病程的某些时间段内，作为对关注外貌的反应，个体表现出重复行为（例如，照镜子、过度修饰、皮肤搔抓、寻求肯定）或精神活动（例如，对比自己和他人的外貌）。

C. 这种先占观念引起具有临床意义的痛苦，或导致社交、职业或其他重要功能方面的损害。

D. 外貌先占观念不能用符合进食障碍诊断标准的个体对身体脂肪和体重的关注的症状来更好地解释。

表 6.4　躯体变形障碍对功能的影响

问题	BDD患者中被困扰的比例
由于BDD而干扰了社交功能（如与朋友、家人的关系或亲密关系）	99%
由于BDD而回避社会交往的时段	95%
曾因BDD而感到痛苦	94%
BDD对工作或学业有影响	90%
因BDD而想到过自杀*	63%
因BDD足不出户至少一周	29%
至少一次因BDD入院治疗	26%
曾试图自杀	25%
曾因BDD试图自杀	14%
平均缺勤天数	
因BDD而错过的工作天数*	52天
因BDD而错过的上学天数*	49天

* 从开始患有 BDD 起

BDD 患者的另一个特征是，他们经常向朋友和家人反复确认自己是否有瑕疵，但是这种反复确认只能让患者在短时间内放心。他们也经常通过每天无数次地照镜子来反复检查自己的外表（部分患者则完全不照镜子）。他们通常希望自己看起来与众不同，有时他们可能认为自己察觉到的缺陷看起来并不像其他时候那么糟糕。然而更常见的情况是，他们在仔细照镜子后会感觉更糟（Veale & Riley, 2001）。他们经常进行过度的修饰行为，经常试图通过发型、服装或化妆来掩饰他们察觉到的缺陷（Sarwer et al., 2004）。

下面的例子说明了这种疾病的主要特征。

案例

史蒂夫是一名 24 岁的工程师，他应妻子的要求前来接受治疗。他最近被解雇了，原因是他对自己的外表极度担忧，以至于他旷工两周。他解释说，他再也无法忍受脸上那些巨大的胎记，所以他开始尝试用指甲钳把它们从脸上刮下来。这导致了他脸上明显的伤口和疤痕，这让他更加尴尬，无法去上班。史蒂夫的妻子报告说，虽然史蒂夫的脸上确实有一些非常小的、几乎看不出来的雀斑，但他从来没有任何明显的胎记或可检测到的皮肤变色。

史蒂夫解释说，从他记事起，他就对自己脸上的美丽印迹“并不激动”，但在过去的一年里，这些印迹一直困扰着他，他不断地想起它们，希望它们消失。他的妻子说，史蒂夫每天早上和晚上，至少要花一个小时在镜子前看着这些印迹，问她有这些印迹后，她是否还真的爱他，并研究如何通过面部整形手术、美白或其他一些美容程序来消除这些印迹。史蒂夫的失业和面部割伤促使妻子坚持让他去看心理医生，史蒂夫自己也同意了。

患病率、起病年龄和性别差异

社区中约 2% 的人符合 BDD 的诊断标准，要求进行隆鼻手术的人中，约 20% 也符合 BDD 的诊断标准（Veale et al., 2016）。男性和女性的患病率似乎大致相同，尽管男性和女性关注的主要身体部位往往不同（Phillips, 2005;Phillips & Diaz, 1997）。男性更关注他们的生殖器、体型和秃顶问题，而女性更关注她们的皮肤、腹部、乳房、臀部和腿部（Phillips, Menard,& Fay, 2006）。发病年龄通常是在青春期，许多人在这个阶段开始逐渐将注意力聚焦于自己的外表。估计超过 50% 的 BDD 患者通常也会被诊断出患有抑郁症（Allen & Hollander, 2004），BDD 甚至可能导致自杀企图或死亡（Neziroglu et al.,2004;Phillips & Menard, 2006）。事实上在近 200 名 BDD 患者中，有研究发现 80% 的患者曾有过自杀的想法，28% 有过自杀企图（Phillips & Menard, 2006）。与该障碍共病率最高的是抑郁症，除此之外与社交焦虑障碍和强迫症共病的比例也相当高（Allen & Hollander, 2004; Coles et al., 2006）。毫不奇怪的是，BDD 和 OCD 一样，通常使患者的生活质量显著下降（IsHak et al., 2012）。

BDD 患者通常会去皮肤科医生或整形外科医生那里就诊，据估计，超过 75% 的患者不会寻求心理治疗（Phillips et al., 2001）。有经验的医生不会根据其要求去做手术，而会把他们转介给心理学家或精神科医生。但是，患者也时常会如愿以偿，得到手术治疗——不幸的是，他们几乎从不满意手术的结果。即使他们对结果满意，他们也依然符合 BDD 的诊断标准（Tignol et al., 2007）。

BDD 与 OCD 和进食障碍的关系

与 OCD 患者一样，BDD 患者也有明显的强迫观念，并且也有许多的仪式行为，比如反复向他人寻求安慰并确认、照镜子、与他人比较以及伪装，此外他们甚至比 OCD 患者更确信自己的强迫观念是正确的（Eisen et al., 2003）。除了这些症状上的相似之处，研究还发现二者在病因上也有一些重叠。例如，影响这两种障碍的是同一种神经递质（5- 羟色胺）和同一大脑结构（Rauch et al., 2003; Saxena & Feusner, 2006），对 OCD 患者有效的治疗方法也对 BDD 患者有效（Phillips, 2005）。

一些研究者注意到 BDD 和进食障碍，尤其是神经性厌食症之间的相似性。也许这些障碍之间最显著的相似之处是对外表的过度关注和先占观念，以及对自己的躯体形象的歪曲认知和不满（Allen & Hollander, 2004; Cororve & Gleaves, 2001）。而两者的区别是，BDD 患者看起来很正常，却对他们外表的某些方面不满意并为此苦恼。相比之下，患有厌食症的人则比较消瘦，并且通常对自己的外貌比较满意（Phillips, 2005）。

为何现在才提及 BDD？

BDD 已经存在了几个世纪，似乎是一种普遍存在的障碍，发生在所有欧洲国家、中东、中国、日本和非洲（Phillips, 2005）。那么，为什么对它的书面研究最近才开始呢？一个可能的原因是，近年来随着当代西方文化越来越倾向于"外表即一切"，每年人们花费数十亿美元通过化妆、服装、整形手术和其他手段来改善外表，这种现象可能让患病率有所增加（Fawcett, 2004）。BDD 被忽视的第二个原因是，大多数 BDD 患者从不寻求心理或精神治疗，相反，他们会默默忍受，或者去看皮肤科医生或整形外科医生（Crerand et al., 2004; Phillips, 2001; Tignol et al., 2007）。患者这种遮遮掩掩的行为和羞耻感，来源于担心别人会认为他们肤浅、愚蠢或虚荣，而且，如果他们提到自己察觉到的缺点，反而会让别人注意到并更多地关注它。现在越来越多的人寻求治疗的部分原因是，在过去的 15 年里，这种障碍已经得到了媒体的广泛关注。它甚至在一些脱口秀节目中被讨论，有时被称为"想象中的缺陷障碍"。随着人们对这一障碍越来越多的关注，它所带来的私密感和羞耻感也随之下降，促使更多的人寻求治疗。

成因：BDD 的生物 - 心理 - 社会因素探索

我们对 BDD 成因的理解仍处于初级阶段，但最近的研究似乎对生物-心理-社会因素的探索提供了一些合理的解释。首先，一项双生子研究发现，过分关注外表上察觉到的或轻微的缺陷是一种部分受遗传影响的特征（Monzani et al., 2012）。其次，至少在现今，BDD 似乎是在这种高度重视容貌的社会文化背景下出现的，而 BDD 患者通常将外表吸引力作为他们的首要价值，这意味着他们的自我图式主要集中在诸如"如果我的外表有缺陷，那么我就一文不值"这样的想法上——有一项研究中，有 60% 的患者赞同这一观点（Buhlmann & Wilhelm, 2004, p. 924）。发生这种情况的一个可能原因是，在儿童时期，BDD 患者认为外貌十分重要的先占观念被不断强化，而不是他们的行为被强化（Neziroglu et al., 2004）。另一种可能性是，他们因为自己的外表曾受到嘲笑或批评，这导致他们对自己身体某个部位的形象产生厌恶、羞耻或焦虑的条件反射。例如，一项针对 BDD 患者的研究发现，其中 56%~68% 的患者经历过情感忽视或情感虐待，约 30% 的患者经历过身体虐待、性虐待或躯体忽视（Didie et al., 2006）。

此外大量的经验证据表明，BDD 患者对与外貌吸引力相关的信息表现出关注偏好和理解偏好（Buhlmann & Wilhelm, 2004）。和其他与外表无关的情绪词汇相比，他们会选择性地关注诸如"丑"或"美"等与外表相关的积极或消极的情绪词汇，而且他们更倾向于将不明确的面部表情解读为轻蔑或愤怒。当研究者将他们的面部照片处理得比现实中更对称或更不对称，并向他们展示这些照片时，他们在对自己“真实脸”和“理想脸”的判断上表现出比对照组更大的差异。当研究者要求他们选择与他们的脸最匹配的照片时，对照组选择的比自己的“真实脸”更对称，而 BDD 患者则缺乏这种偏好（Lambrou et al., 2011）。此外，几项功能性磁共振成像研究发现，BDD 患者在视觉加工他人面孔方面与对照组存在根本差异。具体来说，他们更倾向于提取局部的、详细的特征，而不是像对照组那样对面部进行更全面的加工（Feusner et al.，2007）。另一项研究表明，当 BDD 患者看到自己的面部照片时，他们大脑中与抑制过程和行为思维僵化相关的区域（眶额皮层和尾状核）比健康对照组表现出更大的活性（Feusner et al., 2010）。类似地，与对照组相比，BDD 患者在测量执行功能（例如操纵信息、计划和组织）的任务上表现出性能缺陷，这些任务被认为是由前额叶脑区引导的（Dunai et al., 2010）。这些因素是否是导致 BDD 的原因还不清楚，但可以肯定的是，在加工信息的过程中存在这样的偏好和缺陷，至少会在个体罹患 BDD 后使症状长期存在。

躯体变形障碍的治疗

对 BDD 有效的治疗方法与对强迫症的十分相似。一些证据表明，SSRI 类抗抑郁药物通常能给 BDD 患者的症状带来中度缓解，但许多药物对 BDD 患者没有帮助或仅显示出轻度改善（Phillips, 2004, 2005; Phillips, Pagano, & Menard, 2006）。然而在某些情况下，药物疗效不明显可能是用药剂量不足，从而导致人们低估了其真正的潜在影响。一般来说，相对于强迫症，有效地治疗 BDD 似乎需要更高剂量的药物（Hadley et al., 2006）。此外一种强调暴露和反应阻止的认知行为疗法已被证明能显著改善 50%~80% 的患者（Sarwer et al., 2004; Simon, 2002）。这些治疗方法主要是让患者暴露于引发其焦虑的情境中（例如，穿着能够吸引人注意的衣服而不是掩饰“瑕疵”），并且阻止其检查反应（例如照镜子、反复检查自己想象中的缺陷），从而让当事人识别并改变对自己身体的歪曲知觉。随访发现，这些疗法总体来说效果都维持得比较好（Looper & Kirmayer, 2002; Sarwer et al., 2004）。

6.7.8 囤积障碍

在过去的 15~20 年里，囤积障碍很少被研究关注。近年来，《囤积者》和《囤积：活埋》等电视节目引起了公众的关注。传统上，囤积被认为是强迫症的一种特殊症状，但这种分类越来越受到质疑 (Mataix-Cols et al., 2010)。囤积障碍在 DSM-5 中成为一种新障碍。强迫性囤积（作为一种症状）发生在大约 3%~5% 的成年人身上，以及 10%~40% 的强迫症患者身上（Mataix-Cols et al., 2010; Steketee & Frost, 2004）。囤积障碍患者会收集很多没用或者只有极小价值的东西，并且从不丢弃它们，这样做的部分原因是他们对自己的物品产生了情感依恋。此外，他们的生活空间也非常杂乱，干扰了正常的活动，包括清洁、做饭、在屋子里走动等。在严重的情况下，人们被他们囤积的财产活埋在自己家里。

最近的神经成像研究发现，被诊断为强迫症并有强迫性囤积症状的人在症状出现时，大脑的某些区域也会表现出激活模式。这些大脑的激活模式不同于那些没有囤积症状的强迫症患者（Mataix-Cols et al., 2004, 2010; Pertusa et al., 2010）。于是出现一些观点，认为强迫性囤积患者可能与强迫症患者在神经学上有所不同（Mataix-Cols et al., 2010; Saxena, 2008）。这一结论也能很好地解释为什么能治疗其他形式强迫症的药物却对强迫性囤积症状不起作用，并且最近的研究发现，无囤积症状的强迫症和有囤积症状的强迫症之间存在遗传方面的差异（Pertusa et al., 2010; Samuels et al., 2007）。

强迫性囤积之所以成为重要研究关注的焦点，部分原因在于人们意识到，与没有强迫性囤积症状的强迫症患者相比，存在强迫性囤积症状的患者在职业和社交功能方面的损伤程度要高得多（Mataix-Cols et al., 2010; Pertusa et al., 2010）。他们还面临因疾病导致的一系列高风险，包括火灾、坍塌、卫生条件差和严重健康问题等（Saxena et al., 2011; Steketee & Frost, 2004）。此外这些患者的治疗预后比没有囤积症状的强迫症患者更差。如前所述，虽然通常用于治疗强迫症的药物对有强迫性囤积症状的患者无效，但一些研究表明，有一种抗抑郁药可能有一定的效果（Saxena, 2007）。使用暴露和反应阻止疗法治疗囤积症状的疗效也不如对强迫症的疗效（Saxena, 2007），尽管目前一些有前景的、强化并延长的新型行为治疗（包括家访）似乎更有效（Saxena, 2008）。这些治疗在一定程度上是通过改变患者关于保存每一件物品重要性的信念而起作用的（Levy et al., 2017）。

6.7.9　拔毛障碍

拔毛障碍（强迫性拔毛）的主要症状是想把身上任何地方的毛发（通常是头发、眉毛或手臂上的毛）都拔出来，导致明显的脱发。在早期的 DSM 中，拔毛障碍被归类为冲动控制障碍。但是，为了反映它与强迫症的关系，在 DSM-5 中，它被归入强迫症及相关障碍的类别。在拔毛发之前，患者通常会感到越来越紧张，拔毛发之后会感到快乐、满足或放松。这些症状势必引起临床上明显的痛苦或某些重要功能领域的损害。这种行为通常发生在患者一个人或者和直系亲属在一起的时候。患者会经常检查头发的根部，旋转头发，有时会咬头发或者吃掉。起病年龄可以是儿童时期或更晚，青春期后发病与更严重的患病程度相关（Odlaug & Grant, 2012）。关于拔毛障碍的研究目前还处于非常早期的阶段，对这一障碍我们还需要通过研究来了解更多。

6.8 文化观点

总结一些文化差异造成焦虑的例子

跨文化研究表明，尽管焦虑是一种常见情绪，焦虑障碍可能存在于所有人类社会，但在不同文化中，不同障碍在患病率和表达方式上存在一些差异（Barlow, 2002; Good & Kleinman, 1985; Kirmayer et al., 1995）。在美国不同种族和民族群体中，几种焦虑障碍的终生患病率存在着令人惊讶的差异（Breslau et al.,2006）。具体来说，少数族裔人群社交焦虑障碍、广泛性焦虑障碍和惊恐障碍的终生患病风险略低于非西班牙裔白人，这种差异在45岁以下和社会经济地位较低的人中更明显。然而一旦患上其中一种障碍，这种障碍在各民族群体中会同样地长期持续存在。

来自加勒比海的拉丁美洲人（尤其是那些来自波多黎各的人）和其他来自加勒比海的人，确实在一种被称为"神经崩溃"或"神经发作"的惊恐障碍方面表现出更高的发病率（Guarnaccia et al., 2010; Hinton et al., 2008; Hinton, Lewis-Fernandez, & Pollack, 2009）。该障碍的大部分症状和惊恐发作是一样的，但也可能包括突然大哭、发怒和无法控制的叫喊，其他症状包括颤抖、言语或身体攻击、解离体验、癫痫样发作或昏厥。这种发作通常与家庭中的应激事件（例如死亡的消息）有关，而且患者可能丧失对该事件的记忆。至少在波多黎各，这种障碍在儿童和青少年中也很常见，约有9%的儿童和青少年受其影响（Guarnaccia et al., 2005）。经历过神经崩溃的患者似乎也具有对其他类型焦虑障碍和心境障碍的易感性(Guarnaccia et al., 2010)。

从不同国家的角度看焦虑障碍，世界卫生组织对14个国家（8个发达国家和6个发展中国家）的60 000多人进行了一项非常大的研究（WHO World Mental Health Survey Consortium, 2004）。该研究表明，焦虑障碍是除乌克兰以外所有国家中最常见的障碍类别。报告的所有焦虑障碍患病率从中国上海的2.4%到美国的18.2%不等。在报告的焦虑障碍发病率中，哥伦比亚、法国和黎巴嫩处于中等偏高水平，而中国、日本、尼日利亚和西班牙则处于中等偏低水平。接下来我们会看到几个关于焦虑障碍文化差异的例子，这些例子说明了世界范围内，焦虑障碍在不同地区存在不同的表达方式（见《我们周围的世界》专栏）。

在尼日利亚的约鲁巴人文化中，与广泛性焦虑障碍相关的综合征症状主要有三种：忧虑、梦境和躯体不适。然而患者忧虑的来源与西方社会的患者大不相同，他们主要关心生育，旨在创建和维持一个大家庭。梦境是焦虑的主要来源，因为人们认为做梦暗示着一个人可能被施了魔法。患者常见的躯体抱怨从西方的观点来看十分怪异——"我感觉我的大脑里有水一样的东西""像蚂蚁一样的东西在我大脑的不同部位不停地蠕动""我确信我的脑袋里有某种虫子"（Ebigbo, 1982;Good & Kleinman, 1985）。患有这种综合征的尼日利亚人通常对利用巫术的恶意攻击有极端的恐惧（Kirmayer et al., 1995）。

而在印度，与西方文化中的广泛性焦虑障碍相比，人们更担心被神灵附体和性能力不足（Carstairs & Kapur, 1976;Good & Kleinman, 1985)。

在中国和有些东南亚国家出现的另一种与文化相关的综合征是恐缩症，对男性来说，这种病表现为强烈恐惧自己的阴茎会缩回体内，并且恐惧一旦这个过程完成，自己就会死亡。恐缩症在女性身上出现的频率较低。对于女性而言，她们担心自己的乳头和乳房会收缩。恐缩症倾向于流行和蔓延，尤其是在少数文化群体中，当他们的生存受到威胁时；有时该障碍会被视为一种集体癔症（Sinha, 2011）。此外，恐缩症通常会被归咎于神灵恶意的施法或被污染的食物。这种综合征的一个变体也发生在西非国家，那里的患者报告阴茎或乳房缩小（但没有缩回去），他们担心这会导致性功能和生殖能力的丧失（但不会担心死亡）。通常情况下，当时在场的另一个人会受到患者指控，被患者认为是这个人导致了自己阴茎或乳房的萎缩，并经常遭受患者严厉的殴打或其他惩罚（Dzokoto & Adams, 2005）。以上两种情况都发生在对男性性能力有严重担忧的文化背景下（Barlow, 2002; Kirmayer et al., 1995）。

我们周围的世界

对人恐惧症

一些证据表明，某些焦虑障碍的形式实际上已经进化到与某些文化模式相符合（Hinton, Park, et al.,2009）。一个很好的例子就是日本的“对人恐惧症”，它与西方诊断的社交焦虑障碍有关联。和社交焦虑障碍一样，它是一种对人际关系或社交情境的恐惧（Kim et al.,2008;Kirmayer, 1991）。患有社交焦虑障碍的西方人害怕在社交场合受到审视或批评，相比之下，日本的大多数对人恐惧症患者都担心自己会做出让别人尴尬或冒犯别人的事情（Kim et al., 2008）。例如，他们可能害怕由于脸红、发出令人讨厌的气味、不恰当地与人对视，或自己感知到或想象中的身体缺陷而冒犯别人，这种害怕甚至可能达到妄想的程度（Kim et al.,2008）。这种对自己带给他人耻辱或冒犯他人的恐惧导致了社交回避（Kleinknecht et al.,1997）。对人恐惧症患者也常常患有躯体变形障碍（Nagata et al., 2006）。

基尔梅耶（1991）和他的同事（1995）认为，对人恐惧症显然是由文化因素形成的。日本的儿童在成长过程中高度依赖他们的母亲，对外部世界（尤其是陌生人）充满恐惧。在婴儿期和童年早期，他们因为听话和温顺而受到赞扬。他们也非常重视内隐交流——能够揣测别人的想法和感受，并对其具有敏感性。过多地进行眼神交流的人可能会被认为是有攻击性的和不敏感的，儿童被教导要看着交谈对象的喉咙，而不是看着他们的眼睛。社会也是等级森严、结构严密的，语言与面部表情中的许多微妙之处往往反映出个体所处的社会阶层。

跨文化的研究者在一个更普遍的层面上指出，认识到大多数焦虑障碍中的认知成分会使我们发现不同的焦虑障碍中的文化差异。焦虑障碍至少在一定程度上可以被看作我们内心对事件的解释过程的障碍。由于文化影响着我们解释痛苦症状的图式和方法，所以在不同文化中必然有各种显著不同的焦虑障碍类型（Barlow, 2002; Good & Kleinman, 1985; Kirmayer et al., 1995）。

在各种文化中出现的不同焦虑表现应该被视为不同的障碍，还是只是相同的基础疾病在各文化中的不同表现？为什么？

未解决的问题

治疗的选择：药物治疗还是认知行为治疗？

许多患有焦虑障碍或强迫症的患者并不知道有哪些治疗方法可供他们选择，他们对不同治疗方法的利弊也知之甚少。许多精神卫生专业人员同样缺乏信息或缺乏一些更专业的治疗培训。由于这些原因，他们可能不会建议患者转诊并接受可能更有效的治疗形式。例如在美国，通常治疗师培训中并不包括针对强迫症的暴露和反应阻止疗法的专门培训。许多临床心理学的研究生课程也不是很科学（Baker et al., 2008）。

有些人更喜欢药物治疗，因为他们认为吃药比接受认知行为疗法更容易，认知行为疗法可能更昂贵，或者涉及家庭作业。但是从另一方面看，认知行为疗法不像药物那样，通常不会导致令人不愉快的副作用，除了短暂地引起患者的恐惧或焦虑。从长期来看，认知行为疗法也更有成本效益，因为接受药物治疗的人通常会无限期地服用药物，但认知行为疗法通常有非常持久的效果，且不会随着时间的推移而消失。相对于正确实施认知行为疗法所取得的治疗效果，药物治疗有时效果有限。

然而要找到一位训练有素的认知行为治疗师绝非易事。即使是训练有素的治疗师，也常常被限制在他们受过训练的疾病范围内。一种解决思路是培养治疗师治疗多种障碍的能力。美国心理科学协会正试图通过开发一种新的体系来改善这种状况，该体系对临床培训项目进行认证，并向学生传授有效的治疗方式。虽然有进展，但变化的速度比所期望的要慢得多。

本章小结

6.1　区分恐惧和焦虑

- 焦虑障碍的核心是焦虑或惊恐，或者同时兼具两者。
- 恐惧或惊恐是一种基本情绪，涉及自主神经系统的“战斗或逃跑”反应的激活，用于应对迫在眉睫的危险。
- 焦虑是一种更具弥散性的混合情绪，包括高水平的消极情绪、对可能存在的威胁或危险的担忧，以及无法预测或控制威胁的感觉。

6.2　描述焦虑障碍的基本特征

- 焦虑障碍的特征是不现实的、非理性的恐惧或焦虑，会导致显著的痛苦和 / 或功能受损。
- DSM-5 中确认的焦虑障碍有特定恐怖症、社交焦虑障碍（社交恐怖症）、惊恐障碍、场所恐怖症和广泛性焦虑障碍。
- 对患有不同类型焦虑障碍的患者来说，他们所经历的恐惧或惊恐、焦虑症状的程度，以及他们最担心的事物或情境的种类，都是不同的。

6.3　解释特定恐怖症的临床特征

- 有特定恐怖症的人对特定的物体或情境有强烈而非理性的恐惧，这种恐惧会引起患者的回避行为。当面对令人恐惧的物体时，恐怖症患者的“战斗或逃跑”反应会被激活，这种反应也与惊恐有关。

6.4 探讨社交焦虑障碍的临床特征

- 在社交焦虑障碍中，患者对一种或多种社交情境产生恐惧，从而失去社交能力，这往往是由于他们害怕来自他人的负面评价，或者害怕自己在他人面前举止失当或丢脸。在某些案例中，社交焦虑障碍患者可能会在社交情境中经历惊恐发作。
- 社交焦虑障碍患者也会对不可预测性和不可控性有明显的知觉，并被消极的自我评价观念所占据，这些观念往往会干扰他们运用社交技巧进行互动的能力。

6.5 描述惊恐障碍的临床特征

- 在惊恐障碍中，患者会经历反复的、难以预料的惊恐发作，这种发作通常会给患者造成一种强烈的恐惧，以及许多躯体上的“战斗或逃跑”反应症状。惊恐发作通常会在几分钟内平息。
- 许多经历过惊恐发作的人产生了对下次发作的焦虑性担忧。这种担忧是惊恐障碍的诊断标准之一。许多惊恐障碍患者同时也回避场所恐怖症患者所害怕的场合，担心在这些场合可能会惊恐发作。
- 有关惊恐障碍的生物学理论强调，这种障碍可能是由于大脑的生化异常以及神经递质去甲肾上腺素和5-羟色胺的异常活动造成的。惊恐发作可能主要发生在杏仁核区域，尽管许多其他区域也与惊恐障碍有关。
- 有关惊恐障碍的学习理论认为，最初的惊恐发作可以与内部线索（内感受性的，如头晕或心跳加速）和外部线索（外感受性的，如人群）联系起来。由于这种配对，这些内部和外部的线索可能会在以后触发惊恐发作。
- 有关惊恐障碍的认知理论认为，这种情况可能发生在那些容易对自己的身体感觉做出灾难化错误解释的人身上，这种倾向可能与之前存在的高度的焦虑敏感性有关。

6.6 解释广泛性焦虑障碍的临床表现

- 在广泛性焦虑障碍中，患者对很多事件或活动具有持续的、过高水平的担忧，并产生高水平的心理紧张和肌肉紧张。
- 经历过无法预测或不可控的生活事件的个体，更可能罹患广泛性焦虑障碍。患者似乎会形成“自己无法应对陌生或危险情境”的图式，这会让他们更加担心未来可能出现的威胁。
- 与广泛性焦虑障碍最相关的神经生物学因素是神经递质 GABA 的功能缺陷，GABA 参与了在压力环境下抑制焦虑的过程，边缘系统也与之有关。
- 个体一旦患上焦虑障碍，心境一致性信息加工（诸如注意偏好和解释偏好）似乎有助于维持其焦虑症状。
- 许多患有焦虑障碍的人都要接受内科医生的治疗，他们通常会服用减轻焦虑的药物，或者服用至少 3~4 周的抗抑郁药物，这些药物也有抗焦虑的效果。这种治疗的重点是抑制症状。一些抗焦虑药物有可能形成生理依赖，一旦停药，复发率往往很高。

- 行为和认知疗法在治疗焦虑障碍方面一直十分有效。有效治疗的一个关键因素是将患者持续暴露于令其恐惧的情境中。
- 认知疗法的重点是帮助患者理解他们潜在的自动思维，这些思维包含扭曲的认知，比如对几乎不会发生的事件做出不切实际的灾难化预测。然后治疗师会让患者学会通过认知重组的逻辑再分析过程，改变这些内在的思维和信念。

6.7　描述强迫症的临床特征和治疗方法

- 在强迫症中，患者体验到挥之不去的、侵入性的、令人痛苦的想法或意向，常常伴随着用以缓解这些想法或意向的强迫行为。检查和清洁仪式是最常见的强迫行为。
- 生物因素也与强迫症有关，来自遗传研究、脑功能研究、精神药理学研究的证据说明了这一点。
- 强迫症一旦出现，患者试图减轻焦虑的强迫行为将使强迫症维持下去。
- 涉及暴露的行为疗法是治疗强迫症的有效方法。在将患者暴露于令其恐惧的情境之后，还要阻止患者的强迫仪式。

6.8　总结一些文化差异造成焦虑的例子

- 在尼日利亚，担忧和焦虑的来源集中在建立和维持一个大家庭、被自己的梦所迷惑，以及大脑不适的主诉（比如感觉大脑中有昆虫或蠕虫爬行）。
- 在中国和其他对男性性能力存在担忧的东南亚国家中，常常会有恐缩症——担心阴茎会缩回自己的身体中。

第 7 章

心境障碍与自杀

学习目标

7.1 介绍心境障碍的类型、主要症状和患病率

7.2 区分不同类型的抑郁障碍

7.3 导致抑郁障碍的因素

7.4 列举并区分不同类型的双相障碍

7.5 介绍双相障碍形成和持续的影响因素

7.6 解释文化因素如何影响心境障碍的表达

7.7 对心境障碍不同治疗方法的描述和区分

7.8 描述自杀行为的发生率和临床表现

7.9 解释目前用于预防和治疗自杀行为的措施

案例

索菲是一名大三学生。她的每门课程成绩都是 A，业余时间在一家心理实验室做研究助理。她有很多很好的朋友，并与她的理想型男友保持了两年的关系。然而，事情很快就改变了，她的男友出乎意料地告诉她，他要和她分手，因为他爱上了别人。在最初的震惊和愤怒之后，她开始无法控制地哭泣，开始怀疑自己的其他人际关系，甚至怀疑自己的学业和在实验室的研究能力。做决定变成了一种折磨。她的情绪随即一落千丈，开始耗费越来越多的时间在床上，拒绝和任何人说话。她的饮酒量增加到她很少完全清醒。在几周内，她的成绩直线下降，因为她无法上课也没有完成任何作业。她觉得自己是一个“彻底的失败者”，即使她的朋友们提醒她，她已经取得了相当大的成就。事实上，她的自我批评逐渐蔓延到生活和个人成长经历的各个方面。最后她的父母出面干预，强迫她接受与临床心理学家的预约。

索菲发生的这一切变化到底是因为她出了问题，还是由于她被男友抛弃而体验到的正常人类情绪？这位心理学家断定她患有严重的心境障碍，并开始对她进行治疗。根据症状的严重程度和损伤程度，索菲被诊断为重度抑郁症。另外，她还出现了严重的酗酒问题，这种情况经常与重度抑郁症同时发生。

我们大多数人都会时不时地感到抑郁。考试不及格、与朋友争吵、没有进入理想的大学或得到理想的职位、与恋人分手……使人情绪低落的事情比比皆是。然而，**心境障碍**所涉及的情绪起伏要严重得多，并且持续时间也更长。在这种情况下，心境的紊乱是强烈和持久的，足以导致个体的人际关系与工作表现出现严重问题。

正如 DSM-5 中对抑郁类型的描述，心境障碍在本质上是多样的。尽管如此，在所有的心境障碍（以前称为“情感障碍”）中，情绪或情感的极端（高涨的情绪或深度的抑郁）在临床表现中占首要地位。虽然其他症状也存在，但异常心境是其主要特征。

7.1　心境障碍：概述

介绍心境障碍的类型、主要症状和患病率

心境障碍中的两种关键心境分别为**躁狂**和**抑郁**，前者经常以强烈和不切实际的兴奋和欣快为特征，后者通常涉及极度悲伤和沮丧的情绪。有些心境障碍患者会经历这两种心境，而另一些患者只会体验到抑郁心境。躁狂和抑郁的心境状态通常被认为是在一个情绪连续体的两端，而正常的心境则处在中间。虽然这个概念在一定程度上是准确的，但有时一个人可能在同一时期出现躁狂和抑郁的症状。在这些混合发作的病例中，个体会体验到快速的心境更替，例如悲伤、情绪高涨和易怒，所有心境和情绪都出现在同一次发作中。

7.1.1　心境障碍的类型

我们将首先讨论**抑郁障碍**，即一个人只经历抑郁发作，然后再讨论**双相障碍**，即一个人既经历抑郁发作又经历躁狂发作。

最常见的心境紊乱是**抑郁发作**。在抑郁发作中，个体在至少两周内表现出明显抑郁或对以前令其愉快的活动失去兴趣（或两者都有）以及其他症状，如睡眠或食欲的变化，或感觉自己没有价值。

另一种心境紊乱的主要类型是**躁狂发作**，经历躁狂发作的个体有明显兴奋、欣快或高涨的心境，并偶尔爆发出强烈的愤怒情绪，甚至突发暴力（易激惹）——特别是当其他人拒绝遵从躁狂者的愿望和计划时。这种极端的心境至少要持续一周才能被诊断为躁狂发作。此外，以下 3 项或以上的症状必须在该阶段同时发生：目标导向的行为症状显著增加，出现自尊心严重膨胀的精神症状并且心理活动速度变快（如想法在大脑中“奔驰”或“思维奔逸”)，以及出现躯体症状（如睡眠需求急剧减少）（见《DSM-5 诊断标准》专栏）。

在较为轻度的形式中，几种类似的症状可以作为**轻躁狂发作**的诊断依据。个体在轻躁狂发作时可能会经历至少 4 天异常的情绪高涨或易激惹状态。此外，个体必须至少有其他 3 种与躁狂相关但程度较轻的相似症状（自尊心膨胀、睡眠需求减少、思维奔逸、强迫性讲话等）。虽然所列举的症状在躁狂和轻躁狂发作中相同，但轻躁狂中社会和职业功能的损害要小得多，患者不需要住院治疗。

DSM-5 诊断标准

躁狂发作

A. 在持续至少 1 周的一段时间内，几乎每一天的大部分时间里，有明显异常的、持续性的高涨、扩张或心境易激惹，或异常的、持续性的活动增多或精力旺盛（或如果有必要住院治疗，则可短于 1 周）。

B. 在心境障碍、精力旺盛或活动增加的时期内，存在 3 项（或更多）以下症状（如果心境仅仅是易激惹，则为 4 项），并达到显著的程度，且表现出与平常行为相比明显的变化。

1. 自尊心膨胀或夸大。
2. 睡眠的需求减少（例如，仅仅睡了 3 小时，就感到休息好了）。
3. 比平时更健谈或有持续讲话的压力感。
4. 意念飘忽或主观感受到思维奔逸。
5. 自我报告或被观察到的随境转移（即，注意力太容易被不重要或无关的外界刺激所吸引）。
6. 有目标的活动增多（工作或上学时的社交，或性活动）或精神运动性激越（即，无目的、无目标的活动）。
7. 过度地参与那些结果痛苦的可能性高的活动（例如，无节制的购物，轻率的性行为，愚蠢的商业投资）。

C. 这种心境障碍严重到足以导致显著的社交或职业功能的损害，或必须住院以防止伤害自己或他人，或存在精神病性特征。

D. 这种发作不能归因于某种物质（例如，滥用的毒品、药物、其他治疗）的生理效应或其他躯体疾病。

注：由抗抑郁治疗（例如，药物、电抽搐治疗）引起的一次完整的躁狂发作，持续存在的全部症状超过了使用的治疗的生理效应，这对于躁狂发作而言是足够的证据，因此可诊断为双相 I 型障碍。

注：诊断标准 A—D 构成了躁狂发作，诊断为双相 I 型障碍需要个体一生中至少有 1 次躁狂发作。

7.1.2　心境障碍的患病率

心境障碍出现的频率令人担忧，至少是精神分裂症的 15~20 倍，而且几乎和所有焦虑障碍的患病率总和一样高。在两种主要的心境障碍中，最常见的是**重性抑郁障碍**（major depressive disorder，MDD；也称“抑郁症”或“单相抑郁”），该障碍仅表现出**重性抑郁发作**，它的发生率在最近几十年明显增加（Kessler et al., 2003）。美国国家共病研究再调查（NCS-R）的最新流行病学调查结果表明，抑郁症的终生患病率接近 17%（12 个月患病率接近 7%；Kessler, Chiu, et al., 2005）。在世界范围内，心境障碍是第二大最普遍的障碍类型（仅次于焦虑障碍），在不同国家的 12 个月患病率从 1% 到 10% 不等（WHO World Mental Health Survey Consortium, 2004）（见图 7.1）。

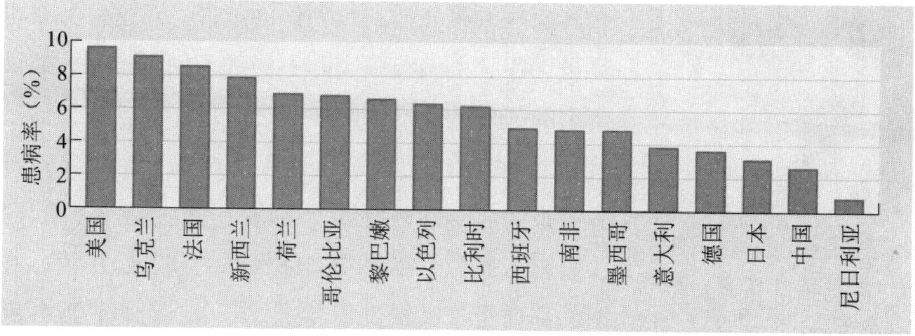

图 7.1　世界各地心境障碍的年患病率

该图显示了心境障碍的年患病率（12 个月）。数据来自 17 个不同国家的家庭调查，该调查是世界卫生组织世界心理健康调查倡议的一部分。

此外，女性患抑郁症的比例总是远远高于男性（通常为 2∶1），这与大多数焦虑障碍的性别差异相似（见第 6 章）（Hasin et al., 2005; Nolen-Hoeksema, 2012; Nolen-Hoeksema & Hilt, 2009）。这些差异在世界上大多数国家都存在。在美国，这种差异从青春期开始，一直持续到 65 岁左右。然而，在学龄儿童中，男孩被诊断为抑郁症的可能性与女孩相当，甚至略高。

另一种主要的心境障碍是双相障碍（躁狂发作和抑郁发作都会发生），这种情况要少见得多。据 NCS-R 估计，罹患这种典型障碍的终生风险约为 1%（Goodwin & Jamison, 2007），而且没有明显的性别差异。

对美国居民的全国代表性调查表明，非裔美国人的心境障碍患病率低于白人和西班牙裔美国人，后两者的患病率相当（Kessler, Chiu, et al., 2005; Williams et al., 2007）。印第安人的患病率明显高于美国白人（Hasin et al., 2005）。但双相障碍的流行率在这些种族之间没有显著差异。

其他流行病学研究表明，抑郁障碍患病率与社会经济地位成反比，也就是说，较高的患病率出现在较低的社会经济群体中（Kessler, Chiu, et al., 2005; Monroe et al., 2009）。这可能是因为低社会经济地位的个体经常面临逆境和生活压力（Dohrenwend, 2000; Monroe & Hadjiyannakis, 2002）。尽管早期有迹象表明，双相障碍的患病率在较高社会经济地位的群体中有所升高，但目前来自对照研究的证据并未发现双相障碍与社会经济阶层呈正相关（Goodwin & Jamison, 2007）。

图 7.2　弗吉尼亚·伍尔夫（1882—1941）是一名英国女作家，患有双相障碍。她在躁狂时期极具创造力，在抑郁时期经常没有任何创作，最终溺水身亡

在艺术领域具有较深造诣的群体心境障碍的患病率也较高。事实上，大量的证据表明，无论是抑郁障碍还是双相障碍（尤其是双相障碍），在诗人、作家、作曲家和艺术家中的患病率高得惊人（Jamison, 1993; Murray & Johnson, 2010）。贾米森记录了一些著名的艺术家和作家在其疾病的躁狂期高效创作的过程。对这一关系可能的解释是，躁狂或轻躁狂实际上促进了创作过程。然而，抑郁带来的强烈的负面情绪体验也有可能为创造性活动提供素材。对 19 世纪美国著名诗人艾米莉·狄金森的研究为这一假设的后半部分提供了支持——也就是说，有证据表明，狄金森罹患惊恐障碍和抑郁发作的痛苦经历为她在那段时期的高质量作品提供了灵感。但是，对她轻躁狂期的详细分析表明，她的轻躁狂症状增加了她的动力和产出，并没有增加她的创造力（Ramey & Weisberg, 2004）。

7.2　抑郁障碍

区分不同类型的抑郁障碍

悲伤、沮丧、厌世和无法改变问题的绝望是大多数人都熟悉的感觉。当我们经历抑郁时，会感到不愉快，但这种情绪通常不会持续很久，一般在几天或几周后或是达到一定强度后，就会自行消散。事实上，从长远来看，轻度和短暂的抑郁可能是“正常的”和适应性的。因为轻度抑郁障碍通过使我们慢下来，有时可以使我们避免浪费大量精力去徒劳地追求那些无法实现的目标（Keller & Nesse, 2005; Nesse, 2000）。通常当人们经历痛苦而常见的生活事件，如重大的个人损失、人际损失或经济损失时，会产生正常的抑郁情绪。

7.2.1　抑郁症

抑郁症的诊断标准（见《DSM-5 诊断标准》专栏）要求个体必须处于重性抑郁发作期，并且从未有过躁狂、轻躁狂或混合性发作。

DSM-5 诊断标准

重性抑郁障碍

A. 在同一个 2 周时期内，出现 5 个以上的下列症状，表现出与先前功能相比不同的变化，其中至少 1 项是心境抑郁或丧失兴趣或愉悦感。

注：不包括那些能够明确归因于其他躯体疾病的症状。

1. 几乎每天大部分时间都心境抑郁，既可以是主观的报告（例如，感到悲伤、空虚、无望），也可以是他人的观察（例如，表现流泪）（**注：**儿童和青少年，可能表现为心境易激惹）。
2. 几乎每天或每天的大部分时间，对于所有或几乎所有活动的兴趣或乐趣都明显减少（既可以是主观体验，也可以是观察所见）。
3. 在未节食的情况下体重明显减轻，或体重增加（例如，一个月内体重变化超过原体重的 5%），或几乎每天食欲都减退或增加（**注：**儿童则可表现为未达到应增体重）。
4. 几乎每天都失眠或睡眠过多。
5. 几乎每天都精神运动性激越或迟滞（由他人观察所见，而不仅仅是主观体验到的坐立不安或迟钝）。
6. 几乎每天都疲劳或精力不足。
7. 几乎每天都感到自己毫无价值，或过分地、不适当地感到内疚（可以达到妄想的程度），并不仅仅是因为患病而自责或内疚。
8. 几乎每天都存在思考或注意力集中的能力减退或犹豫不决（既可以是主观的体验，也可以是他人的观察）。
9. 反复出现死亡的想法（而不仅仅是恐惧死亡），反复出现没有特定计划的自杀意念，或有某种自杀企图，或有某种实施自杀的特定计划。

B. 这些症状引起有临床意义的痛苦，或导致社交、职业或其他重要功能方面的损害。

C. 这些症状不能归因于某种物质的生理效应，或其他躯体疾病。

注： 诊断标准 A—C 构成了重性抑郁发作。

注： 对于重大丧失（例如，丧痛、经济破产、自然灾害的损失、严重的躯体疾病或伤残）的反应，可能包括诊断标准 A 所列出的症状：如强烈的悲伤，沉浸于丧失，失眠、食欲缺乏和体重减轻，这些症状可以类似抑郁发作。尽管此类症状对于丧失来说是可以理解的或反应恰当的，但除了对于重大丧失的正常反应之外，也应该仔细考虑是否还有重性抑郁发作的可能。这个决定必须要基于个人史和在丧失的背景下表达痛苦的文化常模来做出临床判断。

D. 这种重性抑郁发作的出现不能用分裂情感性障碍、精神分裂症、精神分裂症样障碍、妄想障碍或其他特定的或未特定的精神分裂症谱系及其他精神病性障碍来更好地解释。

E. 从无躁狂发作或轻躁狂发作。

注： 若所有躁狂样或轻躁狂样发作都是由物质滥用所致的，或归因于其他躯体疾病的生理效应，则此排除条款不适用。

以下描述了一个抑郁症的案例。

案例

詹妮弗今年 35 岁，是一名平面设计师，已婚，有三个年幼的孩子。她非常喜欢在家办公，因为在家办公让她有更多的时间和灵活性，并能在孩子们不上学的时候陪伴他们。除此之外，她还经营着一家成功的、正在发展的企业。

詹妮弗在 6 个月前经历了重大的生活应激。当时和她结婚 15 年的丈夫迈克尔决定与她分居，和一位更年轻的同事在一起。詹妮弗得知这一消息后完全蒙了。一段时间后，迈克尔搬出了房子，詹妮弗继续管理自己的生意和家庭。但几周后，事情出现了变化，她感到越来越难过，每星期都要哭好几次。虽然她过去喜欢工作，喜欢和孩子们在一起、和朋友们出去玩，但如今这些都不再是乐趣。即使是她一周中最喜欢的时光之一——在家陪孩子度过“电影之夜”，对她来说也不再是愉快的了。她觉得自己的身体越来越重，也没有精力去与客户见面，这导致她的生意每况愈下，以至于她甚至失去了最忠实的客户。詹妮弗在照顾家庭方面也遇到了困难，有几次她忘了去学校接孩子，也忘了为家人做晚饭。她的饮食和睡眠质量都急剧下降，还会在床上发呆，一躺就是几个小时。她觉得自己让丈夫、孩子和朋友都失望了。除了极度的悲伤，许多事情还让詹妮弗感到极度的焦虑和担忧。她的生意怎样才能成功？如果她失去了自己的生意，会不会付不起房贷，进而失去自己的孩子？那谁来照顾他们？她想要解决所有这些问题，但却感到无能为力，无法采取行动。这让她觉得自己是一个失败者。她认为自己毫无价值，并开始考虑如果自己死了，会不会对每个人都更好。这种想法越来越频繁，逐渐清晰起来。

詹妮弗的案例表明，抑郁症患者不仅表现出悲伤的情绪症状，还表现出比轻度抑郁更为严重的各种症状。詹妮弗缺乏活力并且难以开展她的日常活动。她的身体症状包括食欲不振和睡眠紊乱。她还表现出感到自己毫无价值的认知症状，以及死亡和自杀的想法。

还要注意的是，即使有抑郁（包括轻度抑郁），也很少发生在没有明显焦虑的情况下（Merikangas et al., 2003; Watson, 2005）。事实上，在自陈报告和临床医生评分中，抑郁和焦虑症状的测量值有高度的重叠。即使在诊断层面上，抑郁障碍与焦虑障碍之间也存在非常高的共病现象（Kessler et al., 2007; Watson, 2005）。近年来，与抑郁障碍和焦虑障碍共病有关的问题备受关注。

抑郁障碍是一种复发性障碍

当个体被诊断患有抑郁症时，医生通常会确定这是第一次发作（单次发作），还是反复发作（之前有一次或多次发作）。如果不治疗，抑郁发作通常持续 6~9 个月。有 10%~20% 的抑郁症患者的抑郁症状超过 2 年都没有缓解，此时医生会将患者诊断为持续性抑郁障碍（Boland & Keller, 2009; Gilmer et al., 2005）。慢性抑郁症与严重的儿童家庭问题和儿童时期的焦虑型人格有关（Angst et al., 2011）。

虽然大多数抑郁发作会缓解（至少 2 个月之内没有出现大部分症状），但抑郁发作往往会在某一时刻再次出现。这种症状的再次出现有两种类型：**复发**和**周期性复发**。复发是指抑郁症状在相当短的时间内重新出现，并且可能反映这样一个事实，即潜在的抑郁发作历程还未结束（Boland & Keller, 2002; Frank et al., 1991）。例如，当药物治疗提前终止时（此时症状得到了缓解，但潜在的抑郁发作并未真正结束），症状通常会复发（Hollon & Dimidjian, 2009）。

周期性复发是指新的抑郁发作，大约 40%~50% 的抑郁症患者会出现周期性复发（Monroe & Harkness, 2011）。周期性复发的可能性随着先前发作次数的增加而增加，当患者同时还患有其他障碍时，周期性复发的可能性也会增加。不幸的是，经历多次抑郁发作的人往往在两次发作的间隔时间段内并非没有症状，他们在 2/3 的时间里是有症状的（Judd et al., 1998）。此外，与那些症状完全缓解的人相比，在最初的抑郁发作后出现一些残留症状或患有严重的社会心理障碍的人更有可能复发（Solomon et al., 2004）。

贯穿一生的抑郁

虽然抑郁障碍最常发生在青春期晚期到成年中期这段时间，但这种反应也可能发生在童年期到老年期的任何时候。研究者曾经认为抑郁不会在童年阶段发生，但是最近某些研究在青春期前的儿童中发现了重度抑郁，据估计有 1%~3% 的学龄儿童符合某种抑郁障碍的诊断标准，与抑郁症相比，表现出心境恶劣障碍（稍后讨论）的学龄儿童的比例更小（Avenevoli et al., 2008; Garber et al., 2009）。并且与成年人一样的是，儿童的周期性复发率也很高。

抑郁症的发病率在青春期急剧上升，15%~20% 的青少年可能在青春期的某个时段经历抑郁症，而达到亚临床水平抑郁的青少年有 10%~20%（Avenevoli et al., 2008; Lewinsohn & Essau, 2002）。正是在这一时期，抑郁症发病率的性别差异首次出现（Hankin et al., 2008; Nolen-Hoeksema, 2012）。至于为什么会这样，本章后面的《研究进展》专栏提供了一些见解。青春期抑郁症的长期影响至少可以持续到成年早期，此时患病个体在许多领域（包括职业生活、人际关系和一般生活质量）都表现出轻微但明显的心理社会功能障碍（Lewinsohn et al., 2003; Rudolph, 2017）。而且，青春期出现的抑郁症很可能在成年期复发（Avenevoli et al., 2008; Rudolph, 2017）。

抑郁症的起病可以持续到晚年。尽管 65 岁以上人群的抑郁症患病率明显低于年轻人（Kessler et al., 2010），但老年人的抑郁症仍然被认为是一个重大的公共健康问题（Blazer & Hybels, 2009; Kessler, Berglund, Demler, et al., 2005）。不幸的是，抑郁症在晚年很难被诊断，因为许多症状与一些医学疾病和神经认知障碍重叠（Morimoto et al., 2015）。然而尝试做出严谨的诊断是非常重要的，因为晚年的抑郁症会对人的健康造成许多不利影响，比如使心脏病或中风患者的死亡风险加倍（Davidson et al., 2010; Schulz et al., 2002）。

重性抑郁发作的标注

对于一些符合重性抑郁发作的基本诊断标准的人，在诊断时也有其他重要的症状或特征模式值得注意，因为知道这些模式有助于进一步得出该障碍的病程及对其最有效的疗法。这些症状或特征的不同模式在 DSM-5 中称为“标注”（表 7.1 总结了主要的标注）。**伴忧郁特征的重性抑郁发作**就是一个标注。当患者不仅满足重性抑郁发作的标准，还对几乎所有的活动都失去兴趣或乐趣，或对通常令人愉快的刺激或期望的事件没有反应时，医生就会应用这个标注。这种亚型的抑郁症比大多数其他类型的抑郁症更易遗传，而且更可能与童年创伤经历有关（Harkness & Monroe, 2002）。

表 7.1　抑郁症的标注

标注	特征性症状
伴忧郁特征	至少符合以下3个症状：晨间早醒、早上抑郁情绪加重、精神运动性激越或迟滞、食欲不振或体重减轻、过度内疚、各种不同性质的抑郁心境
伴精神病性特征	妄想或幻觉（通常与心境相一致）；感到内疚且自身没有价值
伴非典型特征	心境的反应——对积极事件的反应有所提升，并表现出下列4个症状中的2个或以上：体重增加或食欲增加、睡眠过度、四肢沉重、对人际拒绝极度敏感
伴紧张症	从不动（木僵——一种麻木状态）到广泛的精神运动性活动，以及缄默和僵硬等一系列精神运动性症状
伴季节性模式	在过去的2年内至少经历过2次抑郁发作，且都是在每年的同一时间出现（最常见的是秋天或者冬天），症状的完全缓解也必须出现在每年的同一时间（最常见的是春天）。个体在同期2年的时间内，没有其他非季节性抑郁发作

精神病性症状，如与现实丧失联系、出现妄想（错误的信念）或幻觉（错误的感觉），这些症状可能有时候伴随抑郁症的其他症状同时发生。这类病例会被诊断为**伴精神病性特征的重性抑郁发作**。通常情况下，患者产生的任何妄想或幻觉都是与心境一致的——也就是说，这些精神病性症状似乎符合抑郁症的心境，因为这些妄想或幻觉的内容是负面的，比如个人缺陷、内疚、应得的惩罚、死亡或疾病等主题。例如，有的重度抑郁症患者持有一些妄想观念，认为他们的内脏器官已经完全衰竭了。与没有精神病性特征的抑郁症患者相比，患有伴精神病性特征的抑郁症患者发作时间更长，认知障碍更严重，长期预后也更差（Bora et al., 2010; Flores & Schatzberg, 2006），并且这些患者的任何周期性发作都可能伴随精神病性症状（Fleming et al., 2004）。治疗这类患者的药物通常包括抗精神病药和抗抑郁药（Keller et al., 2007）。

当个体表现出"非典型特征"时，我们会使用第三个重要的标注。**伴非典型特征的重性抑郁发作**包括以情绪反应为特征的症状模式，即个体的情绪会因为潜在的积极事件而变得开朗。此外，该个体必须表现出表 7.1 所列 4 种症状中的 2 种或以上。具有非典型特征的女性患者比例更高，她们的发病年龄比平均年龄早，而且更容易出现自杀的想法和企图（Matza et al., 2003）。研究还表明，非典型抑郁症与轻度双相障碍有关，后者涉及轻躁狂发作而非躁狂发作（Akiskal & Benazzi, 2005）。这也是一个重要的标注，因为相比于其他大部分的抑郁个体而言，有迹象表明，伴非典型特征的个体可能对某一不同类别的抗抑郁药——单胺氧化酶抑制剂——优先反应。

当个体表现出明显的精神运动性失调时，便使用第四个标注。**伴紧张症的重性抑郁发作**包括一系列精神运动性症状，从不动（木僵——一种麻木状态）到广泛的精神运动性活动，以及缄默和僵硬。紧张症更多被视为精神分裂症的一个亚型，但实际上它与某些类型的抑郁和躁狂的联系比与精神分裂症的联系更频繁（Fink & Taylor, 2006）。

有些经历周期性抑郁发作的个体会表现出一种季节性的模式，即**伴季节性模式的周期性重性抑郁发作**，通常也被称为“**季节性情感障碍**”。要达到DSM–5中的诊断标准，个体必须在过去的2年内至少经历过2次抑郁发作，且都是在每年的同一时间出现（最常见的是秋天或冬天），并且症状的完全缓解也必须出现在每年的同一时间（最常见的是春天）。而且个体在相同的2年内，不能出现其他非季节性的抑郁发作。此外，在个体的一生中，季节性的重性抑郁发作明显多于非季节性的重性抑郁发作。患病率表明，冬季型季节性模式在高纬度地区（北方气候）和年轻人中更为常见。

7.2.2 持续性抑郁障碍

持续性抑郁障碍（以前称为“恶劣心境障碍”或“心境恶劣”）是一种以持续的抑郁心境为特征的障碍，持续时间超过2年（儿童和青少年为1年）。此外个体抑郁时必须至少有6种附加症状中的2种（参阅《DSM-5诊断标准》专栏）。正常心境可能短暂出现，但通常只持续几天到几周（最多2个月）。这些间歇性的正常心境是区分持续性抑郁障碍和重性抑郁障碍最重要的特征之一。然而尽管患者会表现出间歇性的心境正常，但因为慢性病程，持续性抑郁障碍患者的预后较差，其受损程度与重性抑郁障碍患者相当（Klein, 2010）。

虽然持续性抑郁障碍不同于重性抑郁障碍，但这两种障碍有时会同时出现在同一个体身上，这种情况被称为**双重抑郁**（Boland & Keller, 2009; Klein, 2010）。患有双重抑郁的个体长期处于中度抑郁状态（符合持续性抑郁障碍的诊断标准），但是会时不时地遭受症状加重的困扰，在症状加剧期间他们也符合重性抑郁发作的诊断标准。在一项研究中，研究者对近100名早发性持续性抑郁障碍（21岁前发病）患者的临床样本进行了10年的随访。在此期间，84%的患者至少经历了一次重性抑郁发作（Keller et al., 1997; Klein et al., 2006）。尽管几乎所有的双重抑郁患者似乎都能从重性抑郁发作中恢复（虽然通常只是恢复到患者症状加重之前的持续性抑郁水平），但也经常复发（Boland & Keller, 2002; Klein, 2010; Klein et al., 2006）。在DSM-5中，双重抑郁被归类为持续性抑郁障碍的一种。

DSM-5 诊断标准

持续性抑郁障碍（心境恶劣）

此障碍由DSM-Ⅳ所定义的慢性重性抑郁障碍与心境恶劣障碍合并而来。

A. 至少在 2 年内的多数日子里，一天中的多数时间中出现抑郁心境，既可以是主观的体验，也可以是他人的观察。

注：儿童和青少年的心境可以表现为易激惹，且持续至少 1 年。

B. 抑郁状态时，有下列 2 项（或更多）症状存在：

1. 食欲不振或过度进食。
2. 失眠或睡眠过多。
3. 缺乏精力或疲劳。
4. 自尊心低。
5. 注意力不集中或犹豫不决。
6. 感到无望。

C. 在 2 年的病程中（儿童或青少年为 1 年），个体从来没有一次不存在诊断标准 A 和 B 的症状超过 2 个月的情况。

D. 重性抑郁障碍的诊断可以连续存在 2 年。

E. 从未有过躁狂或轻躁狂发作，且从不符合环性心境障碍的诊断标准。

F. 这种障碍不能用一种持续性的分裂情感性障碍、精神分裂症、妄想障碍、其他特定的或未特定的精神分裂症谱系及其他精神病性障碍来更好地解释。

G. 这些症状不能归因于某种物质（例如，滥用的毒品、药物）的生理效应，或其他躯体疾病（例如，甲状腺功能低下）。

H. 这些症状引起有临床意义的痛苦，或导致社交、职业或其他重要功能方面的损害。

注：因为在持续性抑郁障碍（心境恶劣）的症状列表中，缺乏重性抑郁发作的诊断标准所含的 4 项症状，所以只有极少数个体持续存在抑郁症状超过 2 年却不符合持续性抑郁障碍的诊断标准。如果在当前发作病程中的某一个时刻，符合了重性抑郁发作的全部诊断标准，则应该给予重性抑郁障碍的诊断。否则，有理由诊断为其他特定的抑郁障碍或未特定的抑郁障碍。

持续性抑郁障碍十分常见，其终生患病率在 2.5%~6% 之间（Kessler, Berglund, Demler, et al., 2005）。持续性抑郁障碍的平均持续时间为 4~5 年，但也有可能持续 20 年或更长时间（Klein et al., 2006)。7.5 年的随访研究发现，慢性应激源会加重抑郁症状（Dougherty et al.,

2004)。持续性抑郁障碍通常始于青春期，超过 50% 的患者在 21 岁之前发病。一项对 97 名早发性持续性抑郁障碍患者进行的为期 10 年的前瞻性研究发现，74% 的患者在 10 年内康复，但在那些康复的患者中，71% 的患者复发，大多数复发发生在随访后约 3 年内（Klein, 2010; Klein et al., 2006）。

下面的案例就是这种障碍的典型案例。

案例

罗莎是一名 20 岁的大学生，在室友的鼓励下，她来到大学诊所进行评估。她说，"从高中开始"，她就"好像一直感到悲伤……这似乎不正常，我也不知道为什么"。罗莎指出，在她记忆中，并没有什么重大的应激因素触发她的悲伤情绪，"只是普通的高中生活"。但她的悲伤情绪已经持续了近 4 年。当被问及她悲伤的原因，她告诉临床心理学工作者，她只是觉得自己不仅不如其他学生聪明，也不像其他女孩那样有吸引力，她似乎无法享受乐趣，也无法像其他人一样享受大学生活。

罗莎在高中的时候很活跃、很受欢迎。她是田径队的成员，并且进入了优等生班级，还有一群很好的朋友。然而在她大三和大四期间，她失去了对田径和学校的兴趣，觉得与她的朋友不再亲密，所以随着时间的推移，她不再和他们一起玩。似乎没有人关心或试图做些什么，这些转变真的影响到了罗莎的自尊心，至今仍让她觉得没有人"真正"关心她。除了悲伤，罗莎每周都有几个晚上睡不着觉，整晚辗转反侧。她的体重也比高中时轻了约 9 千克，这并不是因为饮食或锻炼，而是因为她"不再那么喜欢吃东西了"。所有这一切都导致了罗莎在关注校园生活和投身课堂学习的能力上出现了问题，所以这一次，一直成绩得 A 的她差点没有通过考试。罗莎的室友这几个月来一直鼓励她与人谈谈心，而罗莎课堂缺勤率的增加以及与家人和朋友的逐渐疏远，让她的室友决定带她寻求专业临床评估的帮助。

7.2.3 其他类型的抑郁障碍

抑郁几乎总是由应激生活事件引起的。一些最具应激性的生活事件会涉及生命的丧失与新生命的诞生。事实上，这些戏剧性的事件常常会把个体推入抑郁的心境状态中，心理学家一直在努力研究如何正确地诊断个体是否在经历这些事件后出现了抑郁发作。

丧失与悲痛

我们通常认为悲痛是个体在所爱之人去世后所经历的心理过程，相较于女性，这一过程对男性而言似乎更为艰难（Bonanno & Kaltman, 1999）。悲痛具有某些典型特征。鲍尔比

（1980）的经典观察研究显示，在丧失配偶或亲密的家庭成员后，人们通常有 4 个阶段的正常反应：（1）麻木或质疑；（2）强烈地思念并寻觅逝者；（3）混乱与绝望，开始接受永久的丧失；（4）重组，渐渐开始重建个人生活。

几十年来，我们一直认为上述阶段是正常的悲痛模式，并且在 2007 年，一项对 200 多名因自然原因失去亲人的参与者的研究表明，这确实是经历丧失和悲痛的典型顺序（Maciejewski et al., 2007）。由于一定程度的悲痛症状属于正常表现，DSM-IV-TR 建议，即使个体符合抑郁症所有的症状标准，通常也不应该在失去亲人后的 2 个月内做出诊断。然而在一次有争议的修改后，这一丧亲排除标准在 DSM-5 中被删除了。《思想的进步》专栏中描述了另一个有争议的变化。

值得注意的是，并不是所有的丧失都伴随着抑郁。最近对那些失去配偶、生活伴侣或父母的人进行的研究显示，大约 50% 的人在面对丧失时表现出复原力，他们只有轻微的、非常短暂的抑郁或哀痛的症状。此外，与之前的看法相反，这些有复原力的人并不会情绪失调，也不是与他们的配偶没有感情（Bonanno et al., 2004, 2005）。

对 DSM-5 的批判性思考

剔除抑郁症的丧亲排除标准是否明智？

DSM-IV-TR 的抑郁症诊断标准包含了一个排除丧亲之痛的标准。这一规定使得那些近期失去亲人的个体，即使在其他方面符合重性抑郁发作的诊断标准，也会在失去亲人后的 2 个月内被排除在临床抑郁症的诊断之外。该标准旨在区分真正的失调和正常的悲伤，从而减少诊断的假阳性、不必要的治疗、潜在的污名化和不断增长的患病率（Wakefield et al., 2007）。

但是诊断标准并没有对其他类型的丧失进行排除。这就引出了这样一个问题：我们是否有理由认为，失去亲人时的抑郁是正常的，而失去其他人时的抑郁是一种精神障碍？韦克菲尔德及其同事（2007）的一项研究发现，由丧亲引起的抑郁和由其他类型的丧失引起的抑郁在 9 种抑郁症状中有 8 种非常相似（例外的是，失去亲人者对死亡的想法更多）。因此，没有证据支持给予丧亲之痛特别的地位。

在 DSM-5 中，许多人预期特定的丧亲排除条目被取消，取而代之的是更宽泛的排除条目，包括其他类型的丧失（失业、离婚）以及所爱之人的死亡。然而在一个有争议的决定下，排除丧亲之痛的条目不仅没有被扩展，而且完全从 DSM-5 中被剔除了。

这样做有什么问题？剔除丧亲排除标准可能会带来一种风险，即正常的悲痛反应被误诊为重性抑郁发作，导致不必要的治疗、污名化或其他负面后果。可是另一方面，如果认为失去爱人后的任何抑郁反应都是“正常的”，就会延误患者接受必要的治疗。支持保留 DSM-IV-TR 中丧亲标准的一项发现是，在亲人死亡后经历抑郁症症状的人后期抑郁症复发的风险并不像在其他情况下经历重性抑郁发作的人那样高。所以他们可能确实是一个特殊的群体。你怎么看？悲痛是正常的吗？悲痛和抑郁有什么不同？ DSM-5 剔除丧亲标准这一做法是否意味着，悲痛将被视为异常的反应？展望未来，你认为 DSM-5 的变更会带来什么后果？

产后“忧郁”（blue）

你可能认为孩子的出生总是一件快乐的事情，但产后抑郁症有时会发生在新生儿的妈妈身上（偶尔也会发生在爸爸身上），而且众所周知，这会给孩子带来负面影响（Ramchandani et al., 2005）。过去，人们认为母亲罹患产后抑郁症的情况相对比较普遍，但最近的证据表明，只有“产后忧郁”非常普遍。产后忧郁的典型症状包括情绪多变、容易哭泣、悲伤和易怒，通常与快乐的情绪混杂在一起（Miller, 2002; Reck et al., 2009）。多达 50%~70% 的妇女在她们的孩子出生后 10 天内会出现这些症状，不过这些症状通常会自行消退（Miller, 2002; Nolen-Hoeksema & Hilt, 2009）。产后忧郁有时也会有轻躁狂症状，与更类似抑郁的症状混杂在一起（Sharma et al., 2009）。

研究表明，在产后阶段，女性患抑郁症的频率并不比处于相同年龄和社会经济地位、并未刚刚生子的女性更高（Hobfoll et al., 1995; O’Hara & Swain, 1996）。因此“女性在产后患抑郁症的风险特别高”的观点并没有证据支持。然而，产后忧郁发展为抑郁症的可能性更大，尤其是在忧郁程度较为严重的情况下（Henshaw et al., 2004; Reck et al., 2009）。

激素调节（Miller, 2002）以及 5- 羟色胺和去甲肾上腺素的运作功能的改变（Doornbos et al., 2008）可能导致了产后忧郁和产后抑郁症的发生，尽管有关这一问题的证据是参差不齐的。很明显其中也有心理因素。如果新生儿母亲缺乏社会支持，或者难以适应她的新身份和责任，又或者有抑郁症的家族史，在应对分娩应激时敏感性较高，那么产后忧郁或抑郁尤其可能发生（Collins et al., 2004; O’Hara & Gorman, 2004）。

思想的进步

新的 DSM-5 诊断：经前期烦躁障碍

经过多年的研究，伴随着一些争议，一种名为“经前期烦躁障碍”的新障碍被添加到 DSM-5 的抑郁障碍类别中。如果一名女性在过去一年的大部分月经周期中都出现了某些症状，就可以诊断她患有这种障碍。根据诊断标准，在大多数的月经周期中，患者至少出现下列 4 种症状之一；在月经开始后几天内症状开始改善，在月经 1 周后症状变得轻微或不存在。必须出现的 4 种症状包括：（1）明显的情绪不稳定，如情绪波动；（2）明显的易激惹、愤怒或人际冲突增多；（3）明显的抑郁心境、无望感或自我贬低的想法；（4）明显的焦虑、紧张和/或感到烦躁或有站在悬崖边的感觉。另外存在下列 7 种症状中的至少 1 种：（1）对日常活动的兴趣下降；（2）主观感觉注意力难以集中；（3）嗜睡、易疲劳或精力明显不足；（4）明显的食欲改变，进食过多或对特定食物的渴求；（5）睡眠过多或失眠；（6）感到被压垮或失去控制；（7）躯体症状，例如乳房疼痛和肿胀，关节或肌肉疼痛，感觉“肿胀”或体重增加。这是一种主要受激素影响的抑郁障碍类型。

7.3 抑郁障碍的成因

导致抑郁障碍的因素

在考虑抑郁障碍的致病因素时，研究者已经把重点放在生物学、心理学和社会文化因素的潜在作用上。虽然每一组因素通常都是单独研究的，但最终的目标是了解这些不同类型的致病因素是如何相互关联的，从而发展出生物-心理-社会模型。

7.3.1 生物因素

人们早就知道，各种疾病和药物都会影响情绪，有时会导致抑郁，有时会使人兴奋甚至狂躁。事实上，这个想法可以追溯到希波克拉底，他假设抑郁症是由体内过量的“黑胆汁”引起的。正如我们将要讨论的，在过去的半个世纪里，试图为抑郁障碍建立生物学基础的研究者考虑了一系列广泛的生物因素。

遗传影响

家庭研究表明，在抑郁障碍患者的亲属中，心境障碍的患病率是一般人群的 2~3 倍（Levinson, 2009）。双生子研究提供很多决定性证据证明遗传对精神障碍的影响，它同样也表明遗传对抑郁症有一定程度的影响。同卵双生子患抑郁症的概率是异卵双生子的两倍。在抑郁症的易感性变异中，31%~42% 是由于遗传的影响（Sullivan, Neale, & Kendler, 2000），对于重度、早发性或复发性抑郁症，估值要高得多（70%~80%）（Levinson, 2009; McGuffin et al., 2007）。然而值得注意的是，对大多数类型的抑郁症而言，易感性变异是出于非共享的环境因素（家庭成员不共享的经历），而不是遗传因素。综上所述，来自家庭研究和双生子研究的结果有力地证明了遗传因素对抑郁症致病模型具有一定的影响，尽管遗传因素对其影响不如对后面将讨论的双相障碍的影响大（Farmer et al.,2005; Goodwin & Jamison, 2007）。

虽然存在一些有希望的线索，但我们尚未成功识别可能导致这些遗传影响的特定基因（Hyde et al., 2016; Levinson, 2009）。正如第 3 章所讨论的，一个可能与抑郁障碍有关的候选基因是 5- 羟色胺转运体基因——这种基因参与了 5- 羟色胺的转运和再摄取过程，而 5- 羟色胺是与抑郁症有关的关键神经递质之一。该基因有两种不同的等位基因：短等位基因和长等位基因。人们要么有两个短等位基因（s/s）或两个长等位基因（l/l），要么各有一个（s/l）。之前的动物研究表明，与拥有 l/l 等位基因的个体相比，拥有 s/s 等位基因的个体可能更容易患抑郁症，但该领域研究者在这一问题上的研究结果喜忧参半。2003 年，卡斯皮及其同事发表了一项具有里程碑意义的研究，他们测试了有关 5- 羟色胺转运体基因的这两个等位基因的基因型 - 环境相互作用的可能性。他们对新西兰的 847 名受试者进行了从出生到 26 岁的追踪研究，研究者评估了这些受试者在过去一年中重性抑郁发作的诊断以及在过去 5 年中应激生活事件的发生情况。他们得到的结果非常惊人：如图 7.3 所示，在过去 5 年里，拥有 s/s 等位基因的个体经历了 4 次或更多的应激生活事件后，发生重性抑郁发作的可能性是那些拥有 l/l 等位基因并经历了 4 次或更多应激事件的个体的两倍（拥有 s/l 等位基因的个体处于中间状态）。此外，他们发现，有 s/s 等位基因并在儿童时期经历过严重虐待的个体，与有 l/l 等位基因并在儿童时期遭受过严重虐待的个体，以及有 s/s 等位基因但在儿童时期未遭受过虐待的个体相比，前者发生重性抑郁发作的可能性是后两者的两倍。

这些发现有力地支持了素质 - 应激模型。许多其他（但不是所有）的研究也发现了类似的结果（Kendler et al., 2005; Uher & McGuffin, 2010）。然而，在 2009 年，里施和他的同事对这些结果提出了质疑，导致该领域出现了重大争议。最近，卡尔弗豪斯及其同事（2017）结合了来自 31 组数据集、包括 40 000 人的数据，检验了这种基因型 - 环境相互作用，结果遗憾地发现它并不存在。这些结果说明了在科学研究过程中可复制性的重要性，同时表明在人类基因组的细微变异与抑郁症的发生两者之间建立联系有多困难（Dunn et al., 2015）。

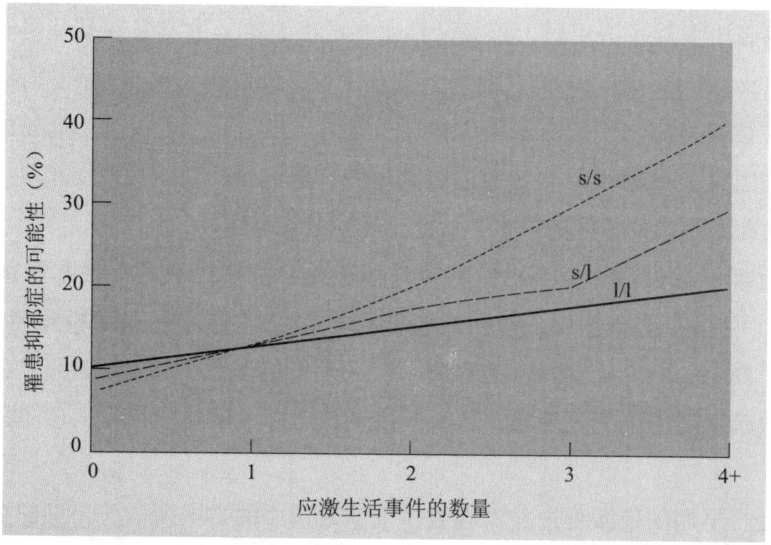

图 7.3　应激生活事件数量与重性抑郁发作概率

结果表明，5-羟色胺转运体基因型和应激生活事件的数量（21~26 岁）与 26 岁时重性抑郁发作的概率之间存在关联。经历的应激生活事件可以预测 s 等位基因的携带者（s/s 或 s/l）被诊断为抑郁症，但不能预测两个 l 等位基因的携带者（l/l）被诊断为抑郁症。

神经化学因素

自 20 世纪 60 年代以来，“抑郁可能起源于某种特定的神经递质精细平衡被打破”的观点受到了极大的关注，这种神经递质的作用是调节或中介大脑神经细胞或神经元的活动。大量的证据表明，通常用于治疗严重心境障碍的各种生物疗法（如电休克治疗和抗抑郁药物，本章稍后讨论），会影响突触中神经递质的浓度或活性水平。这些早期的发现促进了神经化学理论在抑郁症病因学上的发展。

20 世纪 60 年代和 70 年代的早期研究主要集中在两种单胺类神经递质——去甲肾上腺素和 5-羟色胺上，因为研究者观察到抗抑郁药物似乎能够增加这些神经递质在突触连接处的利用效果（Thase & Denko, 2008）。这一观察结果引出了曾经很有影响力的抑郁症单胺理论——抑郁症至少有时是由于大脑中重要受体部位的上述两种或其中一种神经递质的绝对或相对损耗造成的（Schildkraut, 1965）。这种损耗可能是由于突触前神经元中这些神经递质的合成受损，或者由于神经递质的释放进入突触后的降解增加，又或者由于突触后受体功能的改变（Thase, 2009a）。总的来说，这些神经递质现在被认为在行为活动、压力、情绪表达和植物性功能（包括食欲、睡眠和唤起）的调节中起到作用：上述所有方面在心境障碍中都会受到干扰（Garlow & Nemeroff, 2003; Southwick et al., 2005; Thase, 2009a）。

然而，到了 20 世纪 80 年代，研究者了解到就抑郁症的成因而言，并不存在这么直接的机制（Krishnan & Nestler, 2010）。例如，一些研究发现了与单胺假说预测完全相反的结果，即在抑郁症患者中发现了去甲肾上腺素活性水平的净升高，尤其是在那些患有重度抑郁症的患者中（Thase & Denko, 2008）。此外，只有少数抑郁症患者的 5-羟色胺活性水平降低，而这些患者往往具有高水平的自杀想法和自杀行为。最后，尽管抗抑郁药物的直接、短期效果是增加去甲肾上腺素和 5-羟色胺的可利用性，但这些药物的长期临床效果直到 2~4 周后才出现，而此时患者的神经递质水平可能已经恢复正常了。

其他更近期的研究表明，多巴胺功能失调（尤其是多巴胺的活性水平降低）在某些形式的抑郁症中起着重要作用，包括具有非典型特征的抑郁症和双相障碍（Krishnan & Nestler, 2010; Thase, 2009）。因为多巴胺在愉悦和奖赏的体验中起着非常重要的作用，所以这些发现与快感缺乏的突出表现相一致——快感缺乏即无法体验快乐，这是抑郁症的一个重要症状。

不幸的是，早期的单胺理论并没有被一个令人信服的方案所取代。抑郁症显然与多个系统中神经递质活动的改变有关，但过去 20~25 年的研究主要集中在神经递质之间复杂的相互作用上（Treadway & Pizzagalli, 2014）。研究者们提出了很多整合理论，包括：神经递质的作用不是单独的，它们会与其他紊乱的激素和神经生理模式以及生物节律之间相互作用（Garlow & Nemeroff, 2003; Thase, 2009）。

激素调节异常与免疫系统异常

截至目前，研究者的兴趣集中在某些类型的心境障碍与激素之间潜在的因果关系或相关性上（Southwick et al., 2005; Thase, 2009）。研究者大部分的注意力集中在下丘脑－垂体－肾上腺（HPA）轴，特别是皮质醇激素，它由肾上腺的最外层分泌，并通过一个复杂的反馈回路受到调节。人类的应激反应与 HPA 轴活动的增强有关，HPA 轴部分由去甲肾上腺素和 5- 羟色胺控制。对应激或威胁的感知会导致下丘脑中去甲肾上腺素的激活，使下丘脑释放促肾上腺皮质激素释放激素（CRH），而 CRH 又会触发垂体释放促肾上腺皮质激素（ACTH）。ACTH 通常通过血液到达肾上腺皮质，使肾上腺皮质分泌皮质醇。高水平的皮质醇活动在短期内是具有高度适应性的，因为它能提高人们在面对威胁生命或不堪重负的生活环境时的生存能力。然而持续高水平的皮质醇对机体有害，会增加高血压、心脏病和肥胖出现的概率（这几项在抑郁症患者中均有所升高）（Stetler & Miller, 2011; Thase, 2009）。据了解，20%~40% 的抑郁症门诊患者和 60%~80% 的重度抑郁症住院患者血浆中的皮质醇水平升高（Thase et al., 2002）。皮质醇的持续升高（“哺乳动物应激反应的标志”）可能是由于 CRH 活性增强（例如，在持续的应激或威胁期间）、ACTH 分泌增加或反馈机制失效。

涉及部分抑郁患者反馈机制失效的一类证据来自一项可靠的发现，即在 45% 的重度抑郁症患者中，正常个体中皮质醇的有效抑制因子地塞米松要么不能完全抑制皮质醇，要么不能维持其抑制作用（Carroll, 2009; Thase et al., 2002）。这意味着 HPA 轴在这些“地塞米松非抑制因子”中不能正常工作。研究者们最初认为，携带地塞米松非抑制因子基因的患者构成了重性或伴忧郁特征的抑郁障碍患者的一个独特亚群（Holsboer, 1992）。然而，随后的研究表明，其他几组精神障碍患者（如惊恐障碍患者）也表现出较高的非抑制率，这表明非抑制性可能只是普通精神障碍的一种非特异性指标。

研究还表明，皮质醇升高的抑郁症患者往往表现出记忆损伤以及在抽象思维和解决复杂问题方面的困难（Belanoff et al., 2001）。其中一些认知问题可能与其他发现有关，这些发现表明，皮质醇水平的长期升高会导致海马细胞死亡——海马是边缘系统的一部分，与记忆功能密切相关（Southwick et al., 2005; Thase, 2009a）。其他研究已经表明，婴儿期和童年早期的应激会带来长期影响，使 HPA 轴的反应性增加，这可能反过来有助于解释为什么在早期逆境环境中长大的儿童在未来接触急性应激源时出现抑郁的风险更高（Southwick et al., 2005）。

与抑郁症相关的另一个内分泌轴是下丘脑-垂体-甲状腺（HPT）轴（Garlow & Nemeroff, 2003; Thase, 2009a; Thase et al., 2002）。甲状腺功能低下（甲状腺功能减退）的人常常会变得抑郁，而在甲状腺功能正常的抑郁症患者中，有 20%~30% 表现出 HPT 轴失调。此外，一些对传统抗抑郁药物治疗无反应的患者在使用能增加甲状腺激素水平的促甲状腺激素释放激素后，病情有所改善（Garlow & Nemeroff, 2003; Thase, 2009 b）。

最后，近年来许多研究表明，抑郁症还伴随着免疫系统的失调（Dantzer et al., 2009）。具体来说，抑郁症与炎症反应系统的激活有关，证据就是白细胞介素和干扰素等促炎细胞因子的生成增加（Dowlati et al., 2010），这两种促炎细胞因子都会直接引发抑郁症状。

神经生理学和神经解剖学的影响

近年来，令人兴奋的神经生理学研究跟进了早期神经学的一个发现，即前额叶左侧皮层受损（如因中风）通常会导致抑郁（Davidson et al., 2009; Robinson & Downhill, 1995）。这一发现让研究者形成了这样的观点：非脑损伤患者的抑郁症可能与同一区域的大脑活动水平低下相关。许多研究支持了这一观点。当研究者测量抑郁症患者两侧半球的脑电活动时，发现其大脑前额叶两侧的脑电活动不对称或不平衡。抑郁症患者的这些脑区的左半球表现出相对低的活动水平，而右半球表现出相对高的活动水平（Davidson et al., 2009; Stewart et al., 2010, 2011）。使用正电子发射断层扫描技术等神经成像技术的研究也有类似的发现（Davidson et al., 2009; Phillips et al., 2003）。值得注意的是，缓解期的患者也会表现出相同的模式（Henriques & Davidson, 1990; Stewart et al., 2010, 2011），处于抑郁风险中的儿童也是如此（Bruder et al., 2007）。

后一项研究的结果有望作为一种识别处于首次发作和反复发作风险中的个体的方法。事实上，最近的一项研究发现，从未患抑郁症的个体的左额叶不对称预示着在未来 3 年的时间内该个体会出现重性或轻度抑郁发作（Nusslock et al., 2011）。抑郁症患者左前额皮层相对较低的活动水平，被认为与积极情绪的减少和接近奖励刺激的行为的减少有关，而右侧活动增加则被认为是由于焦虑症状和相关消极情绪的增加，以及对威胁性信息警惕性的增加（Pizzagalli et al ., 2002）。

如图 7.4 所示，研究者在抑郁症患者的其他几个脑区也发现了异常（Davidson et al., 2009; Koolschijn et al., 2009）。例如前额皮层的几个区域，包括眶额皮层——它参与了对奖励的反应（Haber & Knutson, 2010）。与对照组相比，复发性抑郁症患者该区域的体积有所减小（Koolschijn et al., 2009; Phillips et al., 2003）。与对照组相比，抑郁症患者的背外侧前额皮层活动水平较低，这与认知控制能力下降有关（Disner et al., 2011; Chang et al., 2011），并且这一区域似乎在抗抑郁药物治疗后会恢复正常（Fales et al., 2009）。另一个发现有异常的区域是海马，它对学习、记忆和调节促肾上腺皮质激素至关重要。如前所述，长时间的抑郁可导致海马体积减小，这可能是由于细胞萎缩或细胞死亡（Koolschijn et al., 2009; Sapolsky, 2000）。此外，在从未患抑郁症的高（或低）抑郁风险个体中，海马体积减小的证据表明，海马体积的减小可能先于抑郁症的发生（Chen et al., 2010）。

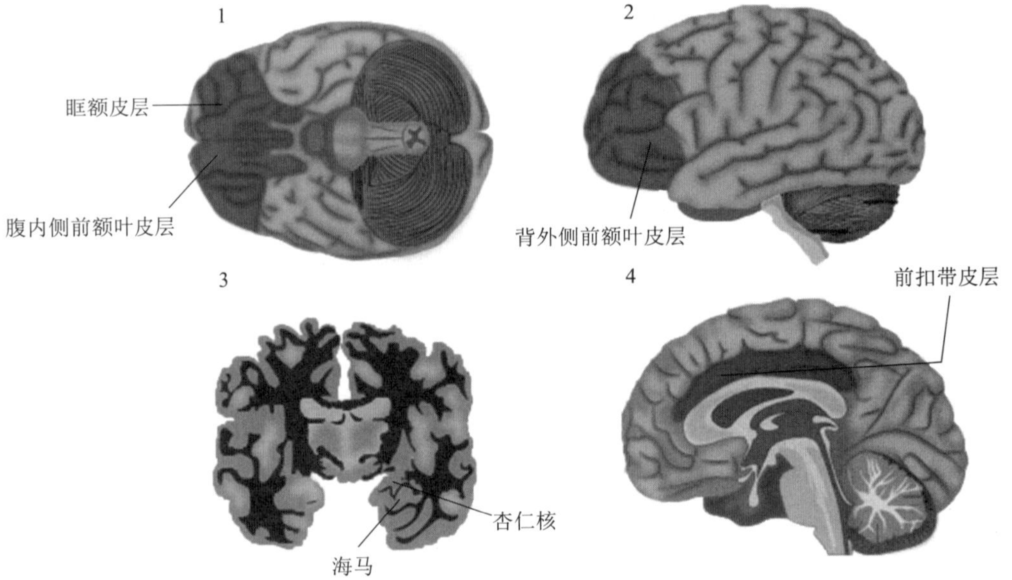

图 7.4　情感和心境障碍中涉及的关键脑区包括：（1）眶额皮层和腹内侧前额皮层；（2）背外侧前额皮层；（3）海马和杏仁核；（4）前扣带皮层

第三个区域是前扣带皮层，抑郁症患者的前扣带皮层表现出体积减小和激活水平异常低（Koolschijn et al., 2009）。这一区域与选择性注意有关，选择性注意在区分可获得的重要信息的优先级方面扮演重要角色，因此对自我调节和适应性也很重要——所有重要认知的处理在抑郁症中都被打乱了。

最后，杏仁核参与了对威胁的感知和注意力引导，抑郁症（和焦虑症）患者的杏仁核倾向于显示出更高的活跃水平，这可能与他们对负面情绪信息的注意偏好有关（Davidson et al., 2009; Disner et al., 2011; Phillips et al., 2003）。

睡眠与其他生物节律

虽然关于抑郁症患者睡眠紊乱的发现在抑郁症被研究以来就一直存在，但直到最近，其中的一些发现才与更普遍的生物节律紊乱联系起来。

睡眠　睡眠有 5 个阶段，这 5 个阶段在整个晚上以一个相对稳定的顺序发生（第 1~4 阶段的非 REM 睡眠和 REM 睡眠一起构成一个睡眠周期）。REM 睡眠，也称“快速眼动睡眠”（rapid eye movement sleep），以快速眼动和做梦以及其他身体变化为特征。第一个快速眼动期通常在第一个睡眠周期接近结束时才开始，大约是进入睡眠的第 75~80 分钟。这种正常的睡眠-觉醒周期被认为是由下丘脑视交叉上核调节（Steiger, 2007; Thase, 2009）。抑郁的人经常表现出一种或多种睡眠问题，从入睡困难到夜间周期性醒来，再到晨间早醒。这种变化在 80% 的住院抑郁症患者和 50% 的门诊抑郁症患者中发生，在伴忧郁特征的抑郁症患者中尤为明显。

此外，研究使用脑电图 EEG 记录发现，许多抑郁症患者仅仅在 60 分钟或少于 60 分钟的睡眠后就进入了第一阶段的 REM 睡眠（比常人提前 15~20 分钟），并且相对于非抑郁的个体，他们在前半夜表现出更多数量的 REM 睡眠。他们的快速眼动强度和频率也比非抑郁患者高得多（Tsuno et al., 2005）。大部分深度睡眠发生在第三和第四阶段，抑郁症患者的深度睡眠时间也低于正常水平。快速眼动睡眠潜伏期的缩短和深度睡眠时间的减少常常在抑郁症发作前出现，并在康复后持续存在，这也表明它们可能是抑郁症的某种易感性标记（Hasler et al., 2004; Thase et al., 2002）。

昼夜节律　人类有许多昼夜活动（24 小时的或每天的）周期，身体利用这些周期来对变化的环境做出适当的反应（例如，睡眠-觉醒周期、自主活动周期）。这些昼夜节律由两个相互关联的中央“振荡器”控制，它们起到内部生物钟的作用。研究发现，抑郁症患者在这些节律中存在一些异常，包括情绪、睡眠、食欲和社交互动的剧烈变化。虽然心理学家仍在研究昼夜节律异常究竟是如何导致抑郁症状的，但很明显，昼夜节律、人类的应激反应以及抑郁症等障碍是密切相关的（Landgraf et al., 2014）。

阳光与季节　另一种非常不同的节律异常或紊乱出现在季节性情感障碍患者身上，其中大多数患者似乎对环境中可获得的光总量有反应（Oren & Rosenthal, 1992）。大多数（但不是所

图 7.5　生活在高纬度地区（对北半球的人而言意味着北方气候）的人更有可能罹患季节性情感障碍，患者的抑郁通常发生在秋季和冬季，在春季或夏季往往会缓解

有）患有季节性情感障碍的人在秋冬季节变得抑郁，而在春夏季节恢复正常（Goodwin & Jamison, 2007）。动物研究也表明，睡眠、活动和食欲等基本生理功能的许多季节性变化与一天的光照量有关（除了赤道附近，夏季的光照量远远多于冬季）。大量关于季节性情感障碍患者的研究都支持控制性光照暴露的治疗作用，即使是人工光照也有治疗效果。光疗法的机制可能是通过重建正常的生物节律起作用（Fava & Rosenbaum, 1995; Goodwin & Jamison, 2007）。虽然抗抑郁药物也很有用，但从长远来看，光疗法更划算（Cheung et al., 2012）。

性别差异的生物学解释

在我们结束抑郁症可能的生物学致病因素这个话题之前，我们应该注意到，已经有人提出，激素因素（如卵巢激素）的正常波动，可以解释抑郁症中的性别差异（Deecher et al., 2008）。然而检验这一假设的研究并没有得出一致的结果，而且总体上不是很支持这一假设（Nolen-Hoeksema & Hilt, 2009）。似乎对大多数女性来说，激素在不同时期（如青春期开始、月经前、产后和更年期）的变化并不会导致她们罹患抑郁症。然而，仍有可能存在一种尚未被发现的因果关系，原因是在对这一主题进行结论性研究时，存在方法学上的困难（Naninck et al., 2011; Sanborn & Hayward, 2003）。此外，对少数已经处于高风险中的女性（例如，由于遗传风险高）而言，激素水平的波动可能引起抑郁发作，这可能是由于调节神经递质系统的正常过程发生了变化（Deecher et al., 2008; Naninck et al., 2011）。一些研究表明，女性比男性更容易患上抑郁症，但也有许多其他研究并不支持这一观点（Nolen-Hoeksema & Hilt, 2009）。

7.3.2　心理学因素

在大多数抑郁障碍中，支持重要心理致病因素的证据至少与支持生物学因素的证据一样有力。不过，一些心理因素的影响，如应激生活事件，可能是由这些心理因素所诱发的一系列潜在生物变化所介导的。应激源的作用方式之一可能是影响生化和激素平衡以及生物节律（Hammen, 2005; Monroe, 2008）。

作为致病因素的应激生活事件

众所周知，环境中的应激源与各种精神障碍的发病有关，包括部分焦虑障碍和精神分裂症，环境中应激源的作用在抑郁障碍领域被研究得最为透彻。许多研究表明，严重的应激生活事件往往是抑郁障碍的诱发因素（Hammen, 2005; Monroe et al., 2009），对年轻的成年女性来说尤其如此，相比男性，她们的应激生活事件有可能表现出更强的应激-抑郁关系（Harkness et al., 2010）。

诱发抑郁的大多数应激生活事件包括丧失所爱之人、重要亲密关系或个人职业生涯受到严重威胁，或者是有严重的经济或健康问题（Monroe et al., 2009）。照顾患有阿尔茨海默病等退行性疾病的配偶所带来的应激，也被认为与照顾者出现抑郁症和广泛性焦虑障碍有关（Russo et al., 1995）。

研究者对两类应激生活事件做了重要的区分，其中一类独立于个体的行为与个性（独立生活事件，例如由于公司倒闭而失业或房子被飓风袭击），另一类事件可能至少部分是由于抑郁个体的行为或个性所导致的（非独立生活事件）。比如，抑郁个体经常因人际问题解决能力低下而诱发应激生活事件（例如，不能解决与配偶或孩子的冲突）。问题解决能力低下反过来会引发更高水平的人际压力，这种压力又会导致更多的抑郁症状。非独立生活事件的另一个例子是不能完成诸如支付账单这样的日常行为，这可能会招致与电信公司、电力公司或国家税收服务部门的纠纷。迄今为止的证据表明，相对于独立生活事件，这种非独立生活事件在重性抑郁发作中起着更大的作用（Hammen, 2005; Kendler et al., 1999a）。

研究应激和抑郁症的发病是十分复杂的，因为抑郁症患者对自己和周围的世界有明显的消极观点（Beck, 1967; Clark, Beck, & Alford, 1999），所以至少在某种程度上，他们对应激的知觉可能是由抑郁障碍导致的认知症状引起的，而并非由抑郁障碍所导致（Dohrenwend, 2006; Monroe, 2008; Monroe & Hadjiyannakis, 2002）。也就是说，由于他们悲观的态度，可能会导致他们将事件评估为应激性的，而其他未抑郁的人则不会如此。因此，研究者开发了更为复杂的、基于访谈的应激生活事件测量方法，这些方法不依赖于抑郁症患者对事件应激程度的自陈报告，而是将个体的生活环境考虑进去。经过训练的独立评分者将评估某一特定事件对在这些特定生活环境中经历过该类事件的普通人的预期影响，而个体对应激的主观评价并没有被记录下来，也没有被纳入考虑范围（Monroe, 2008）。例如，对于一位已经准备好建立新关系的离婚妇女来说，她所承受的应激可能没有一名遭到丈夫因更年轻的女人而抛弃自己的女性所承受的应激大。人们普遍认为，从使用这些基于访谈技术的更复杂的研究中得出的结论在预测抑郁发作方面更有效度和信度（Monroe, 2008; Uher & McGuffin, 2010）。

最近的一些研究综述使用了这些对应激生活事件的精密测量，发现严重应激生活事件在 20%~50% 的抑郁症病例中（通常在事件发生后一个月左右）起着因果作用（Hammen, 2005; Monroe & Harkness, 2005）。此外经历过应激生活事件的抑郁症患者比没有经历过的抑郁症患者更容易出现严重的抑郁症状（Monroe & Hadjiyannakis, 2002）。重大应激生活事件和抑郁之间的关系，在首次发作的人群中比在反复发作的人群中更明显（Kendler, Thornton, & Gardner, 2000）。据估计，大约70%首次发作的抑郁症患者近期经历过重大的应激生活事件，而只有大约40%的复发患者近期经历过重大的应激生活事件（Monroe & Harkness, 2005）。

轻度应激事件是否也与抑郁症的发病有关，目前尚不清楚，文献中的发现相互矛盾。应用更复杂的策略来评估生活应激的研究通常没有发现轻微的应激事件与临床上显著的抑郁有关（Dohrenwend et al., 1995; Stueve et al., 1998）。有的研究者提出了一个有趣的假设，相比于首次发作，小事件可能在反复发作中起更大的作用（Stroud et al., 2011）。

许多研究表明，慢性应激与抑郁症的发病、维持和复发的风险增加有关（Hammen, 2005; Monroe et al., 2007）。慢性应激（也称“慢性紧张”或“慢性困难”）有许多不同的定义，但通常指至少持续几个月的一种或多种形式的应激（例如，贫困、婚姻不和、医疗问题、子女残疾）。

重要的是要记住，人们对周期性或慢性生活应激的反应存在重要的个体差异。例如，具有抑郁遗传风险的女性（可能还有男性）不仅经历了更多的应激生活事件，而且对这些事件更敏感（Kendler et al., 1999a）。更具体地说，那些具有高抑郁遗传风险的人似乎比具有低遗传风险的人更可能对应激生活事件做出抑郁的反应（基因–环境相互作用的一个例子）（Caspi et al., 2003）。

抑郁障碍不同类型的易感性

除了遗传变量，还有许多其他的心理和社会变量可能会增加某些人的易感性，而另一些人经历了一个或多个应激生活事件后，则不那么容易患上抑郁症。

人格素质与认知素质　研究者得出结论，神经质是抑郁症（和焦虑障碍）易感性因素的主要人格变量（Klein et al., 2009; Zinbarg et al., 2011）。人格心理学家使用“神经质”来指代一种稳定且可遗传的人格特质，包括对消极刺激的情绪敏感性。因此，神经质水平高的人容易经历各种各样的负面情绪，不仅包括悲伤，还包括焦虑、内疚和敌意。此外，几项研究也表明，神经质可以预测更多应激生活事件的发生，而这些事件往往会导致抑郁（Kendler, Gardner, & Prescott, 2003; Uliaszek et al., 2012）。除了作为一个易感性因素，神经质还与抑郁症的不良预后有关。最后，一些研究者将抑郁中的性别差异归因于神经质中的性别差异（Kendler et al., 2002; Sutin et al., 2010）。

一些更为有限的证据表明，高水平的内向性（或者说低水平的积极情感性）可能也是抑郁症的一个易感性因素，无论是单独起作用，还是与神经质因素相结合（Watson et al., 2005）。积极情感性涉及一种感到快乐、精力充沛、勇敢、自豪、热情和自信的倾向，在这一倾向上水平低的人往往会感到缺乏热情、没有活力、沉闷、乏味和无聊。因此，尽管这方面的证据非常复杂，但“在这一倾向上水平低的人可能更容易出现抑郁症”的说法是合理的。

针对抑郁症所研究的认知素质通常集中在特定的消极思维模式上，这种思维模式使容易患抑郁症的人在面对一个或多个较大的应激生活事件时更有可能变得抑郁。例如，将消极事件归因于内部的、稳定的和整体性原因的个体，可能比将相同事件归因于外部的、不稳定的和特定原因的个体更容易抑郁（Abramson et al., 2002）。在考试中获得低分的悲观或抑郁归因可能是“我很笨”，而对同一事件比较乐观的归因可能是“老师故意出了一个很难的测试，让我们都意识到我们需要更努力地学习”。

作为一种素质的早期逆境　早期环境中的一系列逆境（如家庭动荡、父母精神障碍、身体或性虐待，以及其他形式的侵入性的、严厉的和强迫性的教养方式）会造成短期和长期的抑郁症易感性。这些因素至少在一定程度上，是通过增加个体在成年期对应激生活事件的易感性而起作用的，类似的发现已经在动物身上观察到（Slavich et al., 2011）。这种早期逆境的长期影响可能是由生物变量和心理变量所介导的。其中，生物变量如下丘脑－垂体应激反应系统的调节改变，心理变量如较低的自尊、不安全型依恋关系、与同伴相处的困难和悲观的归因等（Goodman & Brand, 2009; Harkness & Lumley, 2008）。然而，同样重要的是意识到某些个体能够在经历了早期逆境后仍然保持心理弹性，而且如果早期逆境是中等程度而不是严重的，个体可能会对某种形式的应激有一定的免疫，使个体不容易受后期应激的影响（Parker et al., 2004）。这种“应激接种法”似乎是通过增强用于应对未来应激源的社会性情绪和神经内分泌的韧性起作用的。

总结　综上所述，我们已经研究了几种不同类型的抑郁障碍的生理和心理素质，其中一些已经被系统阐述为素质-应激理论，我们将在下面的章节中回顾。重要的是要记住，这些易感性理论并不是相互排斥的，有些可能只是用不同的术语或从不同的分析层次描述相同的素质（例如，与大脑结构和功能相关的某些基因会增加个体神经质水平高的风险，而它们又与抑郁症相关）。此外，不良的早期教养方式、情感虐待和父母丧失与其他一些认知素质的形成有着密切的联系（Alloy et al., 2004; Bowlby, 1980; Goodman & Brand, 2009）。因此，上述两种素质的不同可能仅仅在于它们在导致抑郁症易感性方面是远因的（糟糕的早期养育）还是近因的（消极的思维模式）。

现在我们来看看关于抑郁症的 5 种主要心理学理论，近年来它们都受到了广泛的关注。

心理动力学理论

弗洛伊德在早期的经典论文《哀悼与忧郁》（1917）中提出，临床抑郁的症状与人们哀悼所爱之人逝去的症状之间存在明显的相似性。弗洛伊德和他的同事卡尔·亚伯拉罕（1927）都提出假设，认为当所爱之人去世时，哀悼者会退行到口唇期的发展阶段（口唇期的婴儿无法区分自我和他人），并且会内摄或合并逝去的人，使自我感受到和逝者相同的所有情感。这些情感通常包括愤怒和敌意，因为弗洛伊德认为我们潜意识中对我们所爱之人怀有消极

图 7.6 由于父母死亡或永久分居而失去父母的儿童，如果之后另一方父母或监护人对他们照顾很差，或者他们的生活环境和日常作息被打乱，他们就可能具有抑郁症易感性

情绪，部分原因是他们的能力超过我们。这一心理动力学观点强调，抑郁即向内的愤怒。弗洛伊德假设，抑郁也可能发生在对想象或象征性丧失的反应中。例如，一个学业失败或失恋的学生可能会象征性地体验到失去父母的爱。后来的心理动力学理论家对弗洛伊德和亚伯拉罕的早期心理动力学理论提出了许多变体（Levy & Wasserman, 2009）。心理动力取向的抑郁理论最重要的作用是注意到丧失（既包括真实的也包括象征性的或想象的）的重要性，并指出了哀悼症状和抑郁症状之间惊人的相似性。

行为主义理论

在 20 世纪 70 年代和 80 年代，一些行为主义取向的理论家发展出了关于抑郁的行为理论，提出当个体的反应不再产生正强化时，或当负强化频率增加时，个体就会变得抑郁（Ferster, 1974; Lewinsohn & Gotlib, 1995）。这些理论与研究结果一致，研究表明，与非抑郁的个体相比，抑郁的个体从家人和朋友那里得到的积极的语言和社会支持更少，而且他们经历的负面事件也更多。此外，他们的活动水平更低，并且他们的心境似乎也随着他们所得到的正强化和负强化比例的变化而变化（Lewinsohn & Gotlib, 1995; Martell, 2009）。然而，尽管这些发现与行为理论相一致，但这些结论并没有说明抑郁是由这些因素引起的。相反，抑郁的一些基本症状，如悲观主义与低水平的精力，可能导致抑郁个体体验到较低频率的正强化，这可能有助于维持抑郁。有趣的是，令人兴奋的新研究表明，一种受这些行为理论启发的新形式的行为治疗——行为激活疗法，似乎是一种有效治疗抑郁障碍的方法（Dimidjian et al., 2011; Martell, 2009）。

贝克的认知理论

自 1967 年以来，最具影响力的抑郁理论之一是亚伦 · 贝克的理论。他是一位精神病学家，在职业生涯早期就着迷于抑郁的心理动力学理论，并发展了自己的抑郁认知理论（Beck, 1967, 2005）。尽管研究者通常认为抑郁最明显的症状是情感症状或心境症状，但贝克假设抑郁的认知症状通常先于并导致了情感症状或心境症状，而不是情感或心境症状导致了抑郁认知症状的产生（见图 7.7）。例如，如果你认为自己是一个失败者或觉得自己很丑，那么这些想法自然可能导致你产生抑郁心境。

贝克的理论是一种以消极认知为中心的素质-应激理论，随着时间的推移，该理论变得更加复杂，但仍然保留着它的基本原则（Beck, 1967, 2005; Clark & Beck, 2010）。首先有一种潜在的功能失调信念，被称为“抑郁图式”，这种图式是僵化的、极端的、适得其反的。一个关于功能失调信念的例子是：“如果大家都不喜欢我，那我的生活就没有意义了。”根据认知理论，当个体感知到社会拒绝时，这种信念会使其更容易发展出抑郁症。另外，如果个体持有一种功能失调的信念，认为“我如果没能完全成功，就毫无价值”，那么当他感觉自己是一个失败者时，他就很容易产生消极的想法和沮丧的情绪。这些容易产生抑郁的信念或图式被认为是在童年期与青春期之间发展出来的，是个体与其父母或其他重要他人之间负面经历的结果，它们被认为是形成抑郁的潜在素质或易感性（Beck, 1967; Ingram et al., 2006; Morley & Moran, 2011），尽管它们在没有重大应激源出现时可能潜伏数年。当功能失调的信念被当前的应激源激活时，它们倾向于促进当前的思维模式，形成一种消极的自动思维模式——这种思维通常发生在意识之下，并牵涉到不愉快的悲观预期。这些悲观预期倾向于集中在贝克称为“消极认知三角”的三个主题上：（1）关于自我的消极思维（“我毫无价值”）；（2）关于世界的消极思维（“没有人爱我”）；（3）关于未来的消极思维（“没有什么希望了，因为事情总是这样”）（Clark, Beck, & Alford, 1999; 见图 7.8）

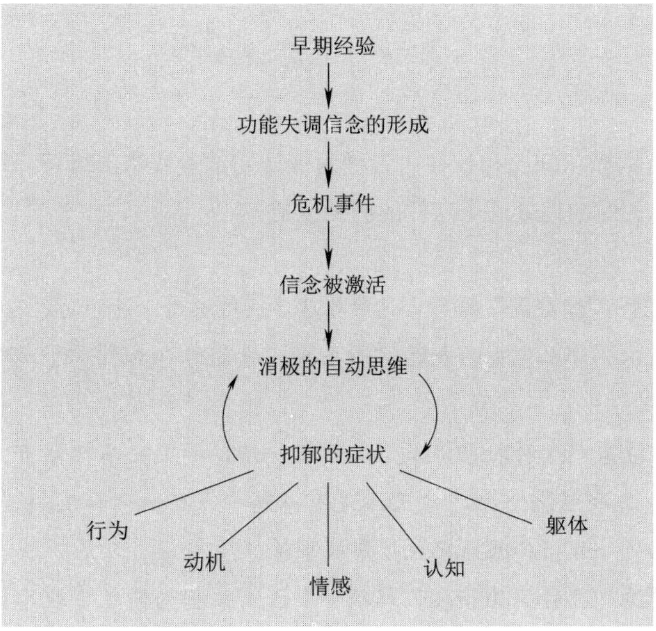

图 7.7　贝克的抑郁认知模型

根据贝克的抑郁认知模型，某些早期经历可能会导致功能失调的假设的形成，如果某些关键事件（应激源）激活了这些假设，就会使个体在以后的生活中容易抑郁。这些功能失调的假设一旦被激活，就会触发自动思维，进而产生抑郁症状，从而进一步加剧抑郁的自动思维。

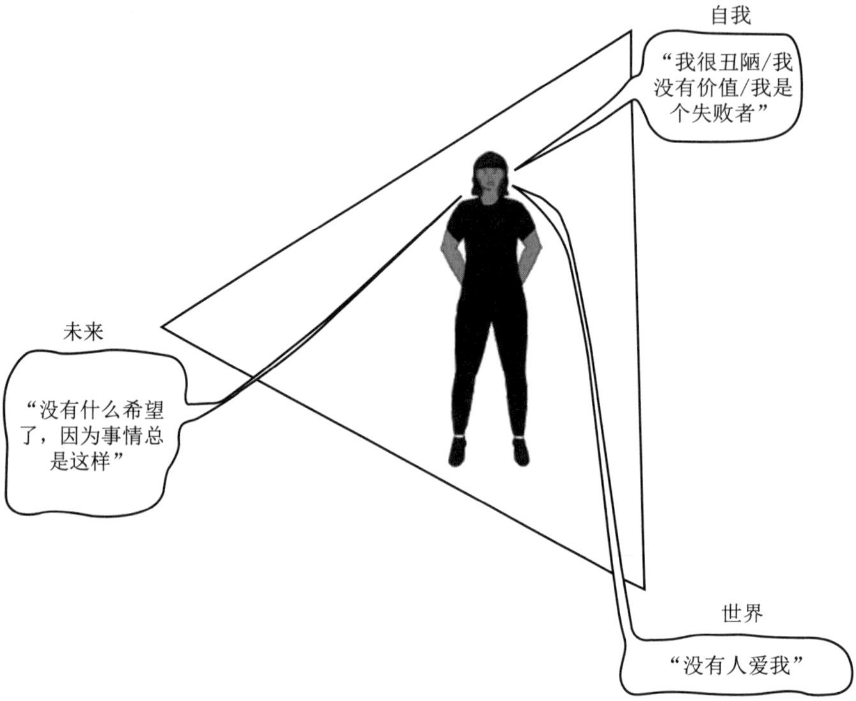

图 7.8　消极认知三角

贝克还假设，消极认知三角往往由各种消极认知偏差或错误维持，每一个都涉及对关于自我的消极信息的偏向性处理。这样的例子包括：

- **二分推理 /“全或无”推理**　这种推理涉及极端思考的倾向。例如，有人可能会这样贬低自己某次不那么完美的表现：“如果我不能做到 100% 正确，那做这件事就没有任何意义了。”
- **选择性抽象**　这种抽象涉及聚焦于某一情境的某一消极细节，同时忽略该情境的其他因素。某人可能会说：“今天我没有感到一点点愉快和乐趣。”这种想法并不是源于事实，而是个体选择性地记住了消极事件。
- **武断推论**　这种推论指在证据很少或没有证据的情况下轻率得出的结论。在认知治疗师一开始布置的家庭作业不起作用之后，一个抑郁的人可能会说：“这个治疗将永远不会对我起作用。”（Fennell,1989,P.193）

很容易看出，每一种扭曲的认知都倾向于维持消极认知三角。也就是说，如果你对自我、对世界和对未来的看法已经是消极的，你倾向于把发生在你身上的好事最小化，或者基于很少的证据就得出消极的结论，那么这些消极的思维就会永远存在。此外，正如那些潜在的功能失调信念（比如“如果不是每个人都喜欢我，那我的生活就毫无意义”）被激活时，消极认知三角就会被触发，由消极认知三角所产生的消极思维也会强化潜在的信念。因此认知模型的每一个组成部分都起到强化其他部分的作用，如图 7.7 所示。此外，这些消极的思维会导致抑郁的其他症状，如悲伤、沮丧和缺乏动力。

贝克的理论作为一种描述性理论的价值　在过去的几十年里，研究者做了大量的工作去检验贝克理论的方方面面，并产生了一种非常有效的抑郁症治疗形式——认知疗法。此外，它作为一种描述性理论得到了很多证据支持，可以解释抑郁症的许多显著特征（Clark, Beck, & Alford, 1999）。所有亚型的抑郁症患者的思维模式，尤其是在关于他们自己或与自我高度相关的问题上，比非抑郁症患者要消极得多，与他们自身的非抑郁状态相比，也更为消极。其他有关消极认知三角的证据表明——抑郁个体较之于非抑郁个体的确更加消极地看待自己及世界（尤其是个人世界）。相比之下，不抑郁的人倾向于以一种相对乐观、自我提升的方式加工情绪信息，这种偏好可能是对抗抑郁的一种保护因素（Mezulis et al., 2004）。

贝克的最初观点是，必须有应激源的存在，才能激活潜在的抑郁图式或功能失调信念。但之后的研究表明，应激源对于潜在抑郁图式的激活不是必要的。事实上，简单地诱导先前抑郁的个体（即处于抑郁风险中的个体）产生抑郁情绪（例如，听悲伤的音乐或唤起悲伤的回忆），通常就足以激活潜在的抑郁图式（Ingram et al., 2006; LeMoult et al., 2009）。

除了功能失调信念和消极自动思维的证据，还有大量的证据表明，抑郁中的某些认知偏好与消极自我信息相关。例如抑郁个体对消极信息表现出偏向性回忆，而非抑郁的个体则更偏好回忆积极的信息（Gotlib & Joormann, 2010; Hertel & Brozovich, 2010; Mathews & MacLeod, 2005）。此外抑郁的个体比非抑郁的个体更有可能从某一情境呈现的信息中得出消极的结论，并且会低估自己收到的积极反馈（Clark, Beck, & Alford, 1999）。如果一个人已经处于抑郁状态，我们很容易看到，他首先记得的是那些已经发生的不好的事，这有可能维持或加重他的抑郁状态。蒂斯代尔（1988, 1996）将这种情形恰如其分地称为“抑郁的恶性循环”。

评价贝克理论的病因假设　虽然已有研究支持贝克理论大部分的描述性信息，但针对贝克理论病因假设的研究结果却并不一致。对病因假设的检验通常会采用某种前瞻性实验设计。非抑郁者会在第一阶段进行认知易感性检测（通常是检测是否存在功能失调信念），之后研究者会进行一个月或一年以上的追踪研究，并在追踪后对应激生活事件进行测量。只有部分研究发现，第一阶段功能失调信念与应激生活事件的相互作用能够预测第二阶段的抑郁。莱温索等人（2001）对大约 1 500 名青少年进行了功能失调信念或态度的评估，然后对他们进行了为期一年的追踪研究，并在这一年结束时对其间发生的应激生活事件进行了评估。结果表明，那些一开始就具有高度功能失调信念并且经历高度应激的个体，比那些有高度功能失调信念但经历低应激的个体更有可能发展为抑郁症。另一项针对 700 名女性（平均年龄为 41 岁）的大型社区样本的研究也发现，在 3 年随访期开始时的功能失调信念预测了未来 3 年重性抑郁的新发作和复发（Otto et al., 2007）。然而，这项研究并没有发现素质与应激相互影响的证据，而且除了具有个体抑郁发作的既往史所提供的预测价值，功能失调信念没有额外的预测价值。由于研究结果的不一致，我们仍需要更多的研究来全面评估贝克抑郁认知理论的病因假设。

抑郁的无助与无望理论

贝克的理论源于他对抑郁障碍患者普遍存在的消极思维模式的临床观察和研究，而抑郁的习得性无助理论则主要源于对动物实验的观察。马丁 · 塞利格曼（1974, 1975）首次提出被称为“习得性无助”的现象，这一现象起源于实验室研究中观察到的动物抑郁模型。20 世纪 60 年代末，塞利格曼和他的同事（Maier et al., 1969; Overmier & Seligman, 1967）注意到，如果狗在实验室中一直暴露于不可控的电击之下，那么后来即使将它放到另一个能控制电击的环境中，它的行为也显得被动而无助。相比之下，一开始就暴露于同等次数但可控的电击中的狗在学习控制电击方面则没有任何困难。

塞利格曼及其同事（Maier et al., 1969; Overmier & Seligman, 1967）提出了习得性无助假设来解释这个结果。这一假设指出，当动物或人类发现自己对厌恶的事件（如电击）无法控制时，它/他们可能会认识到自己很无助，这使它/他们没有动机在将来的事件中尝试做出反应，于是，它/他们表现出被动甚至抑郁的症状。要让它/他们认识到“自身所做的任何反应都是有效的”这一事实也很难，这一点可能与人类抑郁中的消极认知相类似。塞利格曼观察到动物的表现很像抑郁，这一现象引起了他的注意，并最终促使他提出了抑郁的习得性无助模型（Seligman, 1974, 1975）。随后的研究表明，习得性无助的动物也会表现出那些见于人类抑郁中的症状，例如攻击性降低、食欲减退、体重下降，以及单胺类神经递质水平的变化。在证明了习得性无助现象在人类身上可能发生之后（Hiroto & Seligman, 1975），他接着提出，习得性无助可能成为人类某些抑郁类型的基础。也就是说，遭遇几乎无法控制的应激生活事件的个体会发展出一类症状，类似于常见于动物的习得性无助症状。

修正后的无助理论　某些基于人类的研究对无助理论做了重大修改，更加充分地解释了在面临不可控事件时人类行为的复杂性（Abramson et al., 1978）。特别值得一提的是，艾伯拉姆森和他的同事提出，当人们（可能不同于动物）暴露在无法控制的消极事件中时，会寻求原因，这种对于不可控事件的归因也能决定人们是否抑郁。这些研究者提出了归因的三个重要维度：（1）内部的/外部的；（2）整体的/局部的；（3）稳定的/不稳定的。正如先前提到的，对于某一消极事件的抑郁或消极归因是一种内在的、稳定的、整体的归因。例如，某个女生的男朋友对她很不好，她得出的结论如果是“这是因为我又丑又无聊”，而不是“因为他今天没有通过考试，心情很差，所以就拿我出气”，那么该女生变得抑郁的可能性会增大。

艾伯拉姆森和他的同事（1978）提出，当面对无法控制的消极生活事件时，具有相对稳定和一致的消极归因风格的人有抑郁易感性或素质。这种认知风格似乎是通过社交习得的，至少部分是这样（Alloy, Abramson, Smith, et al., 2006）。例如，孩子可以通过观察和模仿父母的推论来习得这种认知风格。另外，父母可能会传达他们自己对发生在孩子身上的消极事件的归因，或进行一些通常是负面的育儿实践，如高水平的负面心理控制（批评、侵入和内疚），以及缺乏温暖和关怀。

这一修正后的无助理论引发了大量的研究。许多研究证实，抑郁的个体确实具有消极归因风格，但这当然并不意味着是消极归因风格导致了抑郁。使用前瞻性设计的许多研究已经检验了消极归因风格与消极生活事件的交互作用预测抑郁发作的能力（Abramson et al., 1989; Alloy et al., 2008）。有些结果支持这个理论，有些则不支持。

无助理论还被用来解释抑郁症中的性别差异。这一理论认为，由于女性在社会中所扮演的角色，她们更容易对生活中的负面事件缺乏控制力。这些无助的感觉可能源于贫困、职场中的歧视、对女性的性虐待和身体虐待（当前或曾经的童年）的高发率、过重的角色负担（例如，在工作的同时还要照顾家庭、抚养孩子），以及在选择长期伴侣时对男性看重的特征（如美貌、苗条和年轻）的较弱控制力（Heim et al., 2000; Nolen-Hoeksema & Hilt, 2009）。至少有一些证据表明，以上每一种情况都与高出预期的抑郁率有关，尽管这些影响是否涉及无助感尚未确定（Nolen-Hoeksema et al., 1999）。将神经质理论与无助理论相结合时需要注意的是，有证据表明，神经质程度高的人比神经质程度低的人更容易受到逆境的影响（基因型 – 环境相互作用；Kendler et al., 2004; Lahey, 2009）。考虑到女性的神经质程度更高，并且承受着更多无法控制的应激源，女性抑郁障碍发病率更高也就不足为奇了。

抑郁的无望理论　后来人们对无助理论做了进一步修正，提出了无望理论（Abramson et al., 1989; Alloy et al., 2008）。艾伯拉姆森和他的同事（1989）指出，如果个体没有经历过无望的状态，那么他的消极归因风格与一个或多个消极的生活事件结合在一起时也不足以产生抑郁，除非个体一开始就体验到一种无望的状态。这种无望的心理被定义为一种无法控制即将发生的事的知觉，以及对某一重要而糟糕的结果即将发生或高度期望的好结果不会发生的确信。他们还提出，归因的内部 / 外部维度对抑郁并不重要。具体而言，他们认为，有抑郁倾向的人不仅倾向于对消极事件做出全面和稳定的归因，而且倾向于对该事件的其他可能的消极后果做出消极推论（例如，这意味着更多的坏事也会发生）并且还会对自我概念做出负面推论（例如，觉得自己有不足之处；Abramson et al., 2002）。

过去几十年的研究一直在验证这一理论。一项大型的纵向研究对被假定处于抑郁障碍高风险的大学生（因为他们具有消极归因风格和功能失调信念）展开了调查，研究发现了对无望理论的主要观点颇具支持性的证据（Abramson et al., 2002; Alloy, Abramson, Whitehouse, et al., 2006; Alloy et al., 2008）。例如，在研究开始之前没有抑郁病史的高风险组学生在之后 2.5 年的随访期间出现重度抑郁发作的可能性是低风险组的 4 倍（16.2% 与 3.6%）。此外，对于在研究开始之前就已经有过抑郁发作（或抑郁和焦虑障碍共病）的学生来说，在 2.5 年的随访期内，高风险组再次出现重度抑郁发作的可能性要高出 3 倍。

对无望理论的其他支持也在不断增加。一些较小的研究表明，认知易感性与生活应激之间的交互作用能够预测抑郁症状和抑郁发作（Hankin et al., 2004），虽然其他研究没有得出同样的结果（Alloy et al., 2008）。此外，有研究已经开始将无望理论与抑郁的动机理论结合起来，认为抑郁与接近行为减少有关，接近行为指的是个体接近或参与环境中出现的刺激的倾向（Nusslock et al., 2011）。具体地说，一些研究者假设，具有认知易感性的个体在应激的作用下无望感增多，于是有可能减少有关的接近行为，从而导致抑郁。至少有初步的经验支持这一观点。例如，在一项对本科生的调查中，认知易感性与生活应激相互作用，可以预测目标导向行为的减少和更高水平的抑郁症状的增加（Haeffel et al., 2008）。认知易感性和应激与目标导向行为之间的关系，受到无望感这一中介变量的影响。我们需要对无望理论及其预测进行更多的检验，但未来对无望理论的研究可能会继续为抑郁的心理社会因素提供重要的见解。

抑郁的反刍反应风格理论 诺伦-霍克西玛的反刍反应风格认知理论（1991, 2000, 2012）关注的是人们在经历悲伤和痛苦的感觉和症状时所产生的不同风格的反应，以及他们不同的反应风格如何影响他们的抑郁症病程。具体来说，当一些人有负面的感觉时，他们倾向于专注在自己的感觉上，并思考为什么会有这种感觉。这一过程被称为“思维反刍”，它涉及一种重复的、相对被动的精神活动模式。相比之下，其他人对这种感觉的反应更多是行动导向或解决问题导向的。例如，用另一种活动分散自己的注意力，或试图做一些事情来解决导致悲伤和痛苦的问题。研究一致表明，人们在思维反刍的倾向上存在稳定的个体差异，经常思维反刍的人往往有更长期的抑郁症状，他们也更有可能发展成完全的重性抑郁障碍（Nolen-Hoeksema, 2000; Nolen-Hoeksema & Hilt, 2009）。

有趣的是，女性似乎在抑郁时比男性更容易思维反刍（Nolen-Hoeksema & Aldao, 2011; Nolen-Hoeksema & Corte, 2004）。此外，关注自身的思维反刍会导致对自己的负面回忆增加，从而形成抑郁的恶性循环（Hertel & Brozovich, 2010; Lyubomirsky et al., 1998; Nolen-Hoeksema et al., 2008）。重要的是，当思维反刍的性别差异得到统计控制时，抑郁的性别差异便不再显著 (Nolen-Hoeksema & Hilt, 2009)。

相比之下，男性在出现抑郁心境时更有可能从事分散注意力的活动（或饮酒），而分散注意力似乎可以减少抑郁（Nolen-Hoeksema, 2012; Nolen-Hoeksema & Corte, 2004）。分散注意力的活动可能包括看电影、运动，或者避免思考与抑郁有关的事。对抑郁反应的这些性别差异的起源尚不清楚，但如果进一步的研究支持这一假设，它肯定会表明，有效的预防措施可能包括教导女性分散注意力，而不是为了应对抑郁而思维反刍（见《研究进展》专栏）。

研究进展

为什么抑郁障碍发病的性别差异始于青春期？

一项有趣的研究结果是，抑郁障碍的性别差异始于青春期（Essau et al., 2010; Hankin & Abramson, 2001; Hankin et al., 2008）。最近一项对全球 90 个不同国家、大于 150 万人的数据进行的分析显示，抑郁障碍的性别差异在 12 岁出现，在青春期中期达到顶峰，然后下降，但在成年期保持稳定（Salk, Hyde, & Abramson, 2017）。众所周知，对很多青少年而言，这一时期快速的生理变化、环境变化和心理变化会带来动荡，但为什么青春期的女性更容易抑郁呢？汉金、艾伯拉姆森及其同事（Hankin & Abramson, 2001; Hankin et al., 2008）提出了一种青春期性别差异发展的认知易感性-应激模型。基于修正后的成人抑郁无助 / 无望模型，他们对以往研究做出了总结。总结表明，儿童和青少年与成年人一样，如果他们有消极的归因风格且遭遇应激生活事件，则更易于体验到抑郁症状的增加（Hankin, 2006; Hankin & Abramson, 2001）。此外，在青春期早期，归因风格、反刍反应风格和应激生活事件方面的性别差异也会出现，女性倾向于更消极的归因风格，表现出更多的思维反刍，并经历更多的消极生活事件（尤其是人际关系事件；Rudolph, 2017）。因此，我们可以看到，这三个反映青春期性别差异的风险因素之间的协同效应可能导致了青春期女性抑郁症患病率的急剧上升。

抑郁的反刍反应风格理论已经与前面讨论的两个抑郁的认知理论相结合。例如，阿洛伊、艾伯拉姆森等人（2008）的综述表明，对于功能失调信念和 / 或消极归因风格程度较高的人来说，他们思维反刍的倾向调节了消极认知风格对增加抑郁易感性的影响。具体来说，那些具有消极认知风格并且经常思维反刍的人最有可能出现抑郁发作。研究者认为，具有消极认知风格的人有很多消极的思想内容，但只有当他们沉浸在这些内容中并反刍时（高思维反刍者），他们才特别有可能发展成抑郁障碍患者（Robinson & Alloy, 2003）。

焦虑与心境障碍共病 抑郁和焦虑是否能以可靠而有效的方式加以区分，这一问题多年来一直受到大量的关注。然而直到过去 20 年，研究者才开始在理解这个问题的真正范畴方面取得重大进展。抑郁测量和焦虑测量之间的重叠发生在各分析层面中：患者自我报告、临床医生评估、诊断以及家庭和遗传因素（Clark & Watson, 1991; Watson, 2005）。在被诊断为心境障碍的患者中，略多于一半的人在生命的某个阶段也被诊断为焦虑障碍，反之亦然（Hettema, 2008; Watson, 2005）。最后，遗传和家族研究中有大量证据表明焦虑和抑郁障碍之间关系密切（Garber & Weersing, 2010）。这些障碍之间共享的基于基因的因素似乎至少在一定程度上是神经质的人格特质，神经质是所有这些障碍的主要风险因素（Hettema, 2008; Watson et al., 2006）。

虽然抑郁且焦虑的个体不能根据其高水平的消极情感来区分，但他们在积极情感的报告上是不同的，包括兴奋、高兴、兴趣和自尊等情感状态。抑郁的个体倾向于表现出低水平的积极情感，而焦虑的个体并非如此（社交恐怖症患者除外；Naragon-Gainey et al., 2009; Watson et al., 2006）。某些焦虑（尤其是那些经历过惊恐的患者）而非抑郁的个体也倾向于表现出高水平的过度唤起特征，其症状包括心动过速、颤抖、眩晕和气短。因此，这个焦虑与抑郁的三分模型解释了焦虑和抑郁的共同特征（高水平的负面情感）以及它们的不同特征（低水平的积极情感导致抑郁，而高水平的焦虑导致惊恐）。其他每一种焦虑障碍都有其独立且相对独特的组成部分（Barlow, 2002; Prenoveau et al., 2010; Watson, 2005）。

心境障碍的人际影响

尽管抑郁的人际关系理论并不如认知理论那样阐释清晰，但已有大量相关研究。人际关系问题以及社交技能缺陷很可能在某些病例中是诱因。此外抑郁还会造成许多人际交往上的困难——与陌生人、朋友以及家人（Hammen, 2005; Joiner & Timmons, 2009; Rudolph, 2017）。

缺乏社会支持和社交技能缺陷 布朗和哈里斯 (1978) 对伦敦贫民区的女性居民进行了一项经典的研究，他们报告称，如果女性经历了严重的应激事件，没有亲密、信任关系的女性比至少有一个亲密知己的女性更有可能变得抑郁。自那以后，许多研究都支持了这一观点，即孤独、被社会孤立或缺乏社会支持的人更容易变得抑郁，而抑郁障碍患者的社交网络更小，也更缺乏支持，这些受限制的社交网络的形成似乎先于抑郁的发作（Cacioppo et al., 2006; Ibarra-Rovillard & Kuiper, 2011）。此外，一些抑郁障碍患者还存在社交技能缺陷。例如，他们说话的速度似乎更慢，语调更单调，在交谈时的眼神交流也更少；他们解决人际问题的技能也比非抑郁个体更差（Ingram et al., 1999; Joiner & Timmons, 2009）。

抑郁对他人的影响 抑郁的个体不仅存在人际关系问题，而且，其行为似乎使这些问题变得更糟。例如，抑郁个体的行为常常会将他人置于提供同情、支持和关爱的位置。然而其后并不一定出现积极强化。抑郁的行为在一段时间内频繁地引发他人的消极情绪（有时包括敌意）以及排斥，他人包括陌生人、室友和配偶（Coyne, 1976; Ingram et al., 1999; Joiner & Timmons, 2009）。虽然最初这些消极情绪可能会使与抑郁个体相处的非抑郁个体感到内疚，从而在短期内让抑郁个体得到同情和支持，但最终通常会导致一种螺旋式下降的关系，使抑郁个体感觉更糟（Joiner, 2002; Joiner & Metalsky, 1995）。如果患有抑郁障碍的人过多地寻求安慰，社会拒绝会更容易发生（Joiner & Timmons, 2009; Prinstein et al., 2005）。

婚姻与家庭生活　抑郁症的人际关系方面也在婚姻和家庭的背景下得到了细致的研究。在大部分婚姻不幸的夫妻中，至少有一方可在临床上诊断为抑郁症，而且婚姻不满与抑郁症之间存在高度的相关性，无论男女（Beach & Jones, 2002; Rehman et al., 2008; Whisman, 2007）。此外，婚姻不幸也意味着症状有所缓解的一方预后更差。也就是说，抑郁症状已经消除的个体如果婚姻不尽如人意，尤其是受到来自配偶的充满敌意和批判性的评论时，抑郁症很有可能复发（Butzlaff & Hooley, 1998; Hooley, 2007）。

为什么批评与复发有关？一种可能是这种批评扰乱了抑郁症背后的神经回路。此外，即使在完全康复之后，批评对那些有抑郁易感性的个体来说可能仍然是一个强有力的诱因。在一项新的研究中，胡利和他的同事（2009）让健康的（从未抑郁的）对照组和有抑郁症病史的女性（康复组）听自己母亲的批评。当她们躺在脑扫描仪里时，每个参与者都听到了自己母亲发表的关于自己的批评性言论。尽管所有康复组的年轻女性都已完全康复，没有抑郁症状，但受到批评时，她们的大脑反应仍然与对照组不同。图 7.9 展示了康复组与对照组有差异的几处大脑区域，如我们所知，这几个区域与抑郁症有关。当参与者听到母亲的批评时，康复组的背外侧前额皮层和前扣带皮层的脑活动比对照组要少。相比之下，听母亲的批评期间，杏仁核的活动水平在康复组中比在对照组中要高得多。有趣的是，这一切发生的时候，康复组的参与者都没有意识到她们对批评的反应与其他人有什么不一样。综上所述，这些发现表明，批评可能与抑郁症的复发有关，因为批评能够激活一些与抑郁症有关的神经回路。研究者还指出，具有抑郁易感性的个体即使在完全康复之后，也可能对批评特别敏感。

一个家庭成员的抑郁也会影响其所有年龄段的子女。父母的抑郁使儿童患精神障碍的风险增加，尤其是患抑郁症的风险（Goodman, 2007; Hammen, 2009; Hammen et al., 2011）。虽然父亲和母亲的抑郁都会对儿童造成影响，但母亲抑郁的影响更大（Hammen, 2009）。而且与父母未抑郁的患抑郁障碍的儿童相比，父母患抑郁障碍的患病儿童往往更早抑郁，且表现出更严重和更持久的病程（Hammen, 2009）。

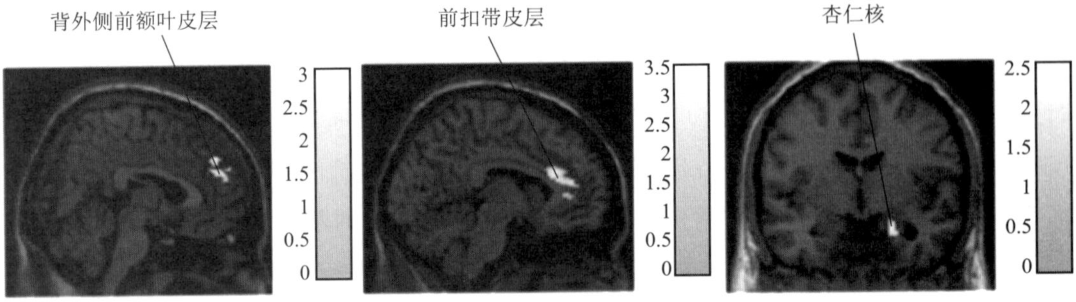

图 7.9 面对母亲批评时的大脑活动

当健康的（从未抑郁的对照组）参与者听到母亲批评自己时，她们的背外侧前额皮层和前扣带皮层的激活程度明显高于有抑郁症病史但目前已完全康复的参与者（实验组）。实验组在听到母亲的批评时杏仁核的激活程度明显高于对照组。

抑郁症对后代的某些影响可能是因为这些儿童继承了多种特质（包括害羞、行为抑制和神经质）、低水平的积极情绪和情绪调节能力——这些都是抑郁症的已知风险因素（Durbin et al., 2005; Hammen, 2009）。此外，许多研究已经证明，患有抑郁障碍的母亲与其子女之间消极的互动模式会带来破坏性影响。例如，患有抑郁症的母亲在与孩子相处的过程中会出现更多的摩擦，较少与孩子玩耍或进行互惠的互动（Goodman & Gotlib, 1999）。她们对婴儿的反应也不太敏感，对婴儿的体验也缺少肯定性回应（Goodman & Brand, 2009）。此外，她们的幼儿有多种机会通过观察习得消极认知、抑郁行为和抑郁情绪。因此，虽然遗传使得抑郁障碍患者的后代显然具有易感性，但社会心理因素的影响也发挥了重要作用（Hammen, 2009; Natsuaki et al., 2010），而且越来越多的证据表明，不良的教养方式是抑郁障碍患者与后代抑郁之间的中介变量（Goodman, 2007）。

7.4 双相障碍及相关疾病

列举并区分不同类型的双相障碍

如前所述，双相障碍与抑郁障碍的区别在于，双相障碍存在躁狂或轻躁狂发作，这些发作几乎总是在抑郁发作之前或之后出现。经历躁狂发作的个体，情绪会出现明显的高涨、欣快、膨胀，经常被偶尔爆发的强烈愤怒甚至暴力所侵扰，特别是当其他人拒绝遵从其愿望和计划时。轻躁狂发作也会发生，其症状与躁狂发作的症状相同，但更温和。虽然躁狂和轻躁狂发作的症状相同，但轻躁狂给个体带来的社会功能损害要小得多，不需要住院治疗。

7.4.1　环性心境障碍

有些人会经历周期性的情绪变化，比正常情况严重，而比双相障碍中的情绪波动轻。**环性心境障碍**是指在至少 2 年内持续交替出现轻躁狂症状和中度抑郁症状。这是一种症状较轻的双相障碍相关障碍，因为患者不会出现极端的情绪变化、行为变化和精神病性症状（例如妄想），也不会出现双相Ⅰ型或双相Ⅱ型障碍所导致的明显功能损害。

环性心境障碍在轻躁狂期的症状基本上是持续性抑郁障碍症状的对立面。处于这一阶段时，个体可能会由于身体能量和精神能量的增加，变得特别富有创造力和生产力。在轻躁狂发作和中度抑郁发作期间，病程存在着几个重要的阶段，个体在这几个阶段中适应功能相对良好。要做出环性心境障碍的诊断，符合该障碍的情况至少要持续 2 年时间，期间有很多阶段出现轻躁狂和抑郁的症状（青少年和儿童为 1 年），并且这些症状必须导致临床显著的痛苦或功能受损（尽管没有双相障碍那么严重）。患有环性心境障碍的个体以后发展为双相 I 型或双相 II 型障碍的风险大大增加（Goodwin & Jamison, 2007）。

在环性心境障碍的抑郁阶段，患者的症状与持续性抑郁障碍的症状非常相似，但没有持续时间标准。个体表现出心境低落，并且在日常活动和休闲中体验到兴趣或快感的明显缺失。此外，个体可能会表现出其他症状，如能量水平低、缺陷感、社交退缩，以及悲观、郁闷的态度。

下面描述的是环性心境障碍的一个典型案例。

案例

凯文是一名 35 岁的厨师长，在老板和女友的建议下，他正在寻求治疗。他现在面临的问题是："在过去 10 年左右的时间里，我经历了剧烈的起伏……非常严重的情绪波动。"凯文说他知道他的一些员工在背地里称他为"杰基尔博士与海德先生"，而且他的老板和女朋友说，他们永远不知道自己会遇见哪个凯文（杰基尔还是海德）。他把自己的情绪波动描述为周期性的起起落落。"起"持续 3~5 天，在这期间，他很快乐，充满活力和创造力，经常拓展他的菜单，创造新的菜肴，体验"对生活中一切事物的热爱"。而"落"也许持续 5~7 天，那段时期，他感觉心境低落、缺乏精力，必须极力逼迫自己，才能进入工作状态并准备菜单，而且他经常焦虑不安——朝自己的厨师大吼大叫，客人也能听到。这种起起落落的情绪变化已经开始对他的工作产生负面影响，并让他的人际关系十分紧张。

7.4.2 双相障碍（Ⅰ型和Ⅱ型）

尽管躁狂和抑郁的周期性发作早在16世纪就已经被认识到了，然而直到1899年，克雷珀林才引入“躁狂-抑郁性精神错乱”这一术语，并清晰地阐述了该障碍的临床特征。克雷珀林将这种障碍描述为情感高涨和抑郁的一系列侵袭，而其间的一段时间是相对正常的。今天我们称这种疾病为“双相障碍”，尽管“躁郁症”这一术语也仍在被广泛使用。

双相Ⅰ型障碍与抑郁症的区别在于躁狂的存在。混合发作的特征是至少一周的躁狂和重性抑郁发作，可以是混合发作，或者是每隔几天迅速交替发作。**混合发作**一度被认为是相对罕见的，但是最近对18项研究的回顾发现，大约28%的双相障碍患者至少在某些时期经历过混合发作的状态。此外，许多处于躁狂发作期的患者也会出现一些抑郁心境、焦虑、内疚和自杀念头，即使这些症状并不严重，不足以达到混合发作的诊断标准。首次躁狂发作就是混合发作的个体，比首次发作为单纯的抑郁或躁狂发作的个体有更差的长期预后（Baldessarini et al., 2010; Dodd et al., 2010）。

如果个体只表现出躁狂症状，临床医生便可以假定他患有双相障碍，并且最终会出现抑郁发作。虽然一些研究者已经注意到可能存在一种单相形式的躁狂障碍（Kessler et al., 1997; Solomon et al., 2003），但反对这一观点的研究者认为，这样的患者通常有双相障碍的亲属，且可能有未被观察到的轻微的抑郁症状（Goodwin & Jamison, 2007）。

下面的案例描述了双相障碍的两种发病阶段。

案例

蒂姆是一名25岁的学生，同时也是个有抱负的诗人、说唱歌手和音乐家。他最近刚刚因为一次明显的躁狂发作而住进精神病院。尽管他和女友特莎过着相当稳定的生活，在当地社区大学上课的同时，在镇上的咖啡店工作，但他的行为越来越古怪。更具体地说，他的女朋友报告，蒂姆在过去一个月里似乎“真的加速”了，语速比平常更快,还会表达一些相当宏大的想法（例如“我要开始攻读并完成诗歌博士学位”,“我安排了与坎耶·维斯特的会面，讨论与他签约的事”和“我是图派克转世”）。特莎报告，在过去的两周，事情变得更糟了，蒂姆每晚只睡1~2小时，其余时间都在做音乐、吸食大麻和在网上购买昂贵的物品（他已经刷爆了信用卡，购买了多把吉他、很多张唱片、一台新的冰箱和一份五星级的巴黎旅行套餐）。她还报告，蒂姆在过去的4天里失踪了（逃学、旷工），今天早上回到家，他说自己“一直和刚认识的另一个女人住在一起”。特莎说，这完全不符合蒂姆的性格。自从她认识他以来，他曾经有过非常严重的抑郁期，那时他极度悲伤，停止演奏和作曲，白天大部分时间都在睡觉，几乎不出家门。然而她从来没有见过他如此的“加速”和失控，在过去的几周里他已经变成了一个完全不同的人。

DSM-5 还定义了另一种双相障碍，称为“双相 II 型障碍”，在这种障碍中，个体不会体验到完全的躁狂（或混合型）发作，但会体验到明显的轻躁狂发作和重性抑郁发作。双相 II 型障碍与双相 I 型障碍的患病率相同或略高，如果两者患病率合并，估计有 2%~3% 的美国人会罹患两种双相障碍中的一种（Kessler et al., 2007; 见表 7.2）。由双相 II 型障碍发展成 I 型障碍的病例仅占 5%~15%，这表明双相 II 型障碍不是双相 I 型障碍症状较轻的早期形式，而是两种不同形式（Coryell et al., 1995; Goodwin & Jamison, 2007）。最近，一种阈下型的双相 II 型障碍也被发现，在被诊断为抑郁症的患者中，多达 40% 的人有类似双相 II 型障碍的轻躁狂症状，尽管没有足够的数量或持续时间来界定为轻躁狂发作（Zimmermann et al., 2009）。这些发现使心理学家认识到，抑郁症比以前认识的更复杂，具有更多的种类。

表 7.2　区分双相 I 型障碍与双相 II 型障碍

双相I型
• 个体达到躁狂全部诊断标准的躁狂发作 • 个体会经历躁狂发作和抑郁发作。即使抑郁期并未达到重性抑郁发作的阈值，该个体依然会被诊断为双相I型障碍
双相II型
• 个体会经历轻躁狂发作，但并未满足躁狂发作的全部诊断标准 • 个体会经历抑郁心境，且满足重性抑郁发作的诊断标准

双相障碍的患病率没有性别差异（尽管女性的抑郁发作比男性更常见），通常起病于青春期和成年早期，平均发病年龄为 18~22 岁（Goodwin & Jamison, 2007; Merikangas et al., 2007）。双相 II 型障碍的平均发病年龄比双相 I 型障碍晚大约 5 年（Baldessarini et al., 2010）。双相 I 型和双相 II 型障碍都是典型的复发性障碍，患者很少出现单次发作（Kessler et al., 2007）。在大约 2/3 的病例中，躁狂发作与抑郁发作前后接连出现。在其他情况下，躁狂发作期与抑郁发作期之间有一段正常的时期。图 7.10 显示了双相谱系障碍中躁狂、轻躁狂和抑郁的发作与症状的不同模式。大多数双相障碍患者会经历缓解期，在这期间，个体相对来说没有症状，尽管这可能只发生在约 50% 的时期里（Kupka et al., 2007）。此外，多达 20%~30% 的患者在大部分时间里继续经历着严重的职业和 / 或人际关系损伤以及情绪的不稳定，多达 60% 的患者在发作之间存在慢性职业或人际关系问题。与抑郁症一样，双相障碍的复发可能是伴季节性的，此时可做出**双相障碍伴季节性模式**的诊断。

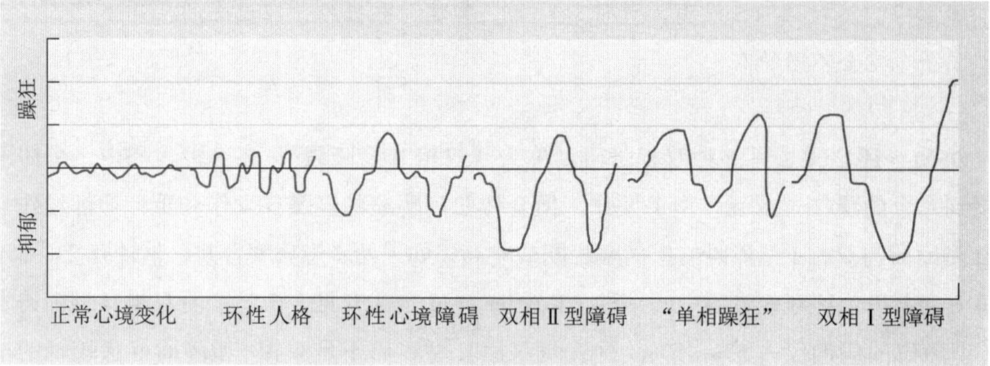

图 7.10 躁狂-抑郁图谱

两个极端心境之间存在一个谱系。我们每个人的心境都会起起落落，多数人的心境起伏都在正常的范围内。具有环性人格的个体有着更为明显且规律的心境波动。患有环性心境障碍的个体经历了符合持续性抑郁障碍诊断标准的阶段（除了 2 年的时间标准），并且经历了符合轻躁狂诊断标准的阶段。患有双相Ⅰ型障碍的个体会经历重性抑郁发作阶段和躁狂发作阶段。

躁狂和轻躁狂发作的持续时间往往比抑郁发作的持续时间短，通常抑郁期是躁狂期或轻躁狂期的 3 倍（Goodwin & Jamison, 2007）。双相障碍中抑郁发作的症状与重性抑郁发作的症状在临床上是否相同，还存在争议（Cuellar et al., 2005）。虽然两者症状有高度的重叠，但也有一些显著的差异。被观察到最多的差异是，双相障碍患者的抑郁期相对于抑郁症患者，往往表现出更多的情绪不稳定、更多的精神病性特征、更多的精神运动性迟缓以及更多的药物滥用（Goodwin & Jamison, 2007）。相比之下，抑郁症患者平均表现出更多的焦虑、不安、失眠、身体不适和体重减轻（Johnson et al., 2009）。尽管双相障碍和抑郁症症状高度相似，但研究结果清楚地表明，双相障碍患者的重性抑郁发作比抑郁症患者更为严重，可能会导致更严重的社会角色受损（Kessler et al., 2007）。

如果将上述两种障碍误诊，结果会非常不幸，因为抑郁障碍与双相障碍的治疗方式完全不同。此外，有证据表明，一些用于治疗抑郁症的抗抑郁药物可能会使那些尚未被发现实际上患有双相障碍的个体出现躁狂发作，从而加重病情（Ghaemi et al., 2003）。

双相障碍患者在其一生中比抑郁障碍患者出现更多的发作，尽管双相障碍患者的发作期往往较短，平均为 3~4 个月（Angst & Sellaro, 2000; Solomon et al., 2010）。每年有 5%~10% 的双相障碍患者至少经历 4 次发作（躁狂或抑郁），这种模式被称为“快速循环”。事实上，经历快速循环周期的患者通常每年会经历超过 4 次的发作。发展出快速循环模式的患者更有可能是女性，有更多发作病史，尤其是躁狂或轻躁狂发作的病史，平均发病年龄更早，并有更多的自杀企图（Coryell et al., 2003; Kupka et al., 2005; Nierenberg et al., 2010）。服用某些抗抑郁药有时会加速快速循环（Goodwin & Jamison, 2007; Kilzieh & Akiskal, 1999）。幸运的是，在大约 50% 的病例中，快速循环模式是一种短期现象，并在大约 2 年内逐渐消失（Coryell et al., 1995, 2003）。

总的来说，双相障碍患者完全康复的比例低得令人沮丧，即使是在服用诸如锂盐等稳定心境的药物时也是如此。一篇综述估计，双相障碍患者一生中大约 20% 的时间是在发作中度过的（Angst & Sellaro, 2000）。一项为期 20 年的前瞻性研究对 200 多名患者进行了平均 17 年的追踪调查，发现 24% 的患者在康复后 6 个月内复发，77% 的患者在康复后的 4 年内至少有过一次新发作，82% 的患者在 7 年内复发（Coryell et al., 1995）。另一项对 146 名双相障碍患者的前瞻性研究发现，在 13 年的随访期间，有平均 47% 的人会出现某些症状（主要是亚型病症）。在随访期间，抑郁症状比躁狂或轻躁狂症状的出现频率要高出 3 倍多（Judd et al., 2002; Judd et al., 2003）。

7.5　双相障碍的成因

介绍双相障碍形成和持续的影响因素

在过去的一个世纪里，人们提出了许多双相障碍成因的假设。目前，生物成因明显占主导地位，对心理成因的重视程度明显降低。大多数的研究都集中在双相 I 型障碍上，我们在这里也主要介绍这些研究。

7.5.1　生物因素

许多生物因素被认为对双相障碍的发病起着决定作用。这些因素包括遗传、神经化学、激素、神经生理学、神经解剖学以及生物节律。

遗传因素

相比对抑郁障碍的影响，基因对双相障碍的影响大得多。在双相 I 型障碍患者的一级亲属中，有 8%~10% 也可能患有双相障碍，而在普通人群中，这一比例仅为 1%（Plomin et al., 2013; Willcutt & McQueen, 2010）。在双相障碍患者的一级亲属中，患抑郁症的风险也较高，尽管反之不然（Akiskal & Benazzi, 2005; Goodwin & Jamison, 2007）。

虽然家族史研究本身不能建立这种障碍的遗传基础，但 20 世纪 50 年代的双生子研究结果也指出了这种障碍的遗传基础，因为同卵双生子的共患率比异卵双生子高得多。同卵双生子的平均共患率约为 60%，而异卵双生子的共患率仅为 12%（Kelsoe, 1997）。这一研究和其他研究表明，在导致双相 I 型障碍易感性的因素中，基因因素占 80%~90%（Goodwin & Jamison, 2007; McGuffin et al., 2003），这高于抑郁障碍或其他任何成人的重性精神障碍的遗传力估值，甚至高于精神分裂症的遗传力估值（Torrey et al., 1994）。

对双相障碍的遗传中所涉及的基因的染色体位点定位表明，该障碍是多基因遗传的（Willcutt & McQueen, 2010）。虽然有大量的研究试图通过连锁分析和关联研究来识别候选基因，但是对于双相障碍的特定的遗传模式，目前还没有一致的结论（Potash & DePaulo, 2000; Tsuang et al., 2004）。

最近的研究还发现，许多不同的障碍似乎有相同的遗传病因。例如，双相障碍患者的一些遗传多态性也出现在精神分裂症患者和抑郁症患者身上，也许这就解释了为什么双相障碍患者会有精神病性症状和抑郁症状（Cross-Disorder Group of the Psychiatric Genomics Consortium, 2014）。随着基因研究规模越来越大、越来越复杂，我们更多地了解到遗传因素是如何与双相障碍和相关障碍联系起来的。例如，最近一项有 3 万多名参与者的研究发现，I 型和 II 型双相障碍的遗传风险有一些相似之处，但也存在一些差异（Charney et al., 2017）。具体来说，双相 I 型障碍患者患精神分裂症的遗传风险高于双相 II 型障碍患者（Charney et al., 2017）。此类研究有助于我们明白遗传因素的重要性，它对于区分不同类型精神障碍的异同具有关键作用。

神经化学因素

早期有将抑郁障碍的单胺假说推论到双相障碍的观点，该观点认为，如果抑郁是由去甲肾上腺素或 5-羟色胺不足引起的，那么躁狂则可能是由这些神经递质过量引起的。有充分的证据表明，躁狂发作期间去甲肾上腺素的活性水平会升高，但是关于抑郁发作期间去甲肾上腺素活性水平降低，则没有一致的证据（Goodwin & Jamison, 2007; Manji & Lenox, 2000），并且 5-羟色胺的活性水平在抑郁和躁狂阶段都很低。

如前所述，去甲肾上腺素、5-羟色胺和多巴胺都参与了调节我们的心境状态（Howland & Thase, 1999; Southwick et al., 2005）。有研究提供了多巴胺作用的部分证据，该研究表明几个大脑区域中多巴胺活性水平的升高可能与过度活跃、自尊心膨胀和欣快的躁狂症状有关（Cousins et al., 2009; Goodwin & Jamison, 2007）。已知可卡因和安非他明等药物在高剂量时会刺激多巴胺，也会使人产生躁狂的行为（Cousins et al., 2009）。像锂盐这样的药物可以降低多巴胺的活性水平，是抗躁狂的。在抑郁障碍中，去甲肾上腺素和多巴胺的功能似乎都有所下降（Goodwin & Jamison, 2007; Manji & Lenox, 2000）。因此这些神经递质平衡的失调，似乎是理解这种使人衰弱的疾病的关键之一。

激素调节系统的异常

对于双相障碍的一些神经激素研究集中在下丘脑-垂体-肾上腺（HPA）轴上。在双相障碍的抑郁发作期，皮质醇水平会升高（与抑郁障碍一样），但在躁狂发作时通常不会（Goodwin & Jamison, 2007）。双相障碍患者在抑郁发作时进行地塞米松抑制试验（DST，一项揭示身体释放多少皮质醇的测试）所得到的异常释放速率与抑郁障碍患者大致相同，即使患者完全缓解并无症状至少 4 周，这些异常也会持续存在（Langan & McDonald, 2009; Watson et al., 2004）。然而在躁狂发作期间，患者的 DST 异常释放速率通常要低得多（Goodwin & Jamison, 2007; Manji & Lenox, 2000, Langan & McDonald, 2009）。由于甲状腺功能异常常伴有心境变化，所以研究也同样关注下丘脑－垂体－甲状腺轴的异常。许多双相障碍患者的这条轴表现出比 HPA 细微但显著的功能异常，而且使用甲状腺激素常常使抗抑郁药物的效果更好（Altshuler et al., 2001; Goodwin & Jamison, 2007）。然而，甲状腺激素也会加速双相障碍患者的躁狂发作（Goodwin & Jamison, 2007）。

神经生理学和神经解剖学因素

通过使用正电子发射断层扫描技术（PET），我们可以看到在抑郁和躁狂状态下大脑葡萄糖代谢率的变化，然而由于研究处于躁狂状态的患者存在巨大困难，有关躁狂状态的研究数据要少得多。几项来自 PET 和其他神经成像技术研究的证据表明，抑郁期间个体左侧前额皮层的血流量减少，而在躁狂期间前额皮层的其他部分的血流增加（Bermpohl et al., 2010; Goodwin & Jamison, 2007）。因此躁狂、抑郁和正常心境这三种状态的大脑活动模式不同（见图 7.11）。

对双相障碍患者的其他神经生理学研究发现，他们与抑郁障碍患者和正常对照组的个体既有相似之处，也有不同之处。相似之处在于，最近的一些研究表明双相障碍患者的前额皮层活动存在缺陷。这似乎与双相障碍患者在解决问题、计划、工作记忆、注意的转移和注意的稳定性等认知任务方面表现出的神经心理缺陷有关（Chen et al., 2011; Haldane & Frangou, 2004; Malhi, Ivanovski, et al., 2004）。这一缺陷与抑郁障碍中所见缺陷类似，在前扣带皮层的缺陷方面亦然（Langan & McDonald, 2009）。而不同之处在于，结构成像研究表明，某些皮层下结构，包括基底神经节和杏仁核，在双相障碍中增大，而在抑郁障碍中减小。在抑郁障碍中经常观察到的海马体积的减小通常不见于双相障碍中（Konarski et al., 2008）。一些使用功能性磁共振成像（fMRI）的研究还发现，与抑郁障碍患者和正常对照组相比，双相障碍患者涉及情感加工的皮层下脑区（如丘脑和杏仁核）的激活程度更高（Chen et al., 2011; Malhi, Lagopoulos, et al., 2004）。总的来说，在这一领域还很难得出确切的结论，因为各项研究的结果有很多不一致之处。不过，有一项初步的元分析表明，与对照组相比，双相障碍患者额边缘激活存在失调（Chen et al., 2011）。人们希望，当急需的技术创新出现时，会有更明确的发现（Goodwin & Jamison, 2007）。

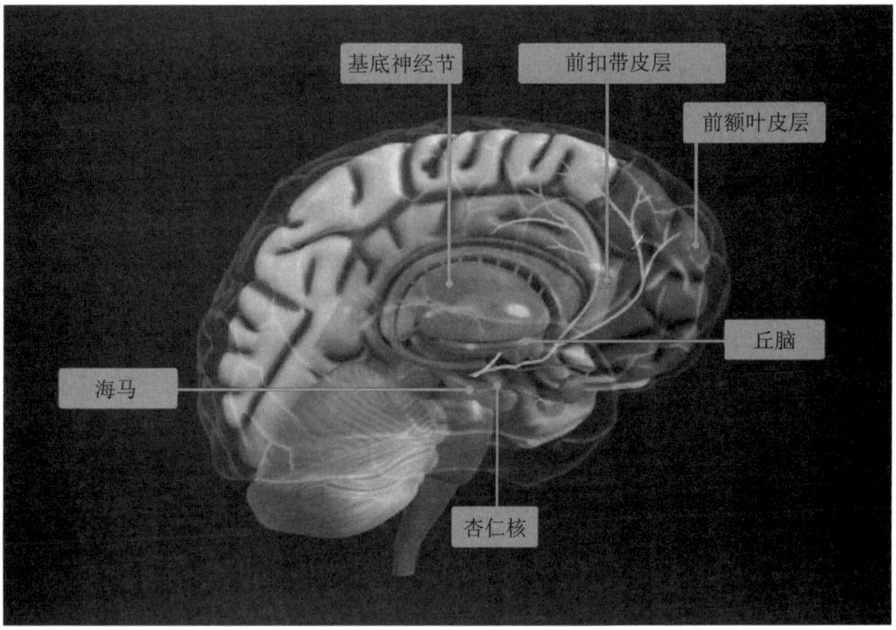

图 7.11　心境障碍与大脑

脑成像研究显示，罹患心境障碍的个体在几个大脑区域显示异常，包括前额皮层、基底神经节、丘脑、前扣带皮层、杏仁核和海马。

睡眠和其他生物节律

有相当多的证据表明，即使在症状基本缓解之后，双相障碍患者的昼夜节律等生物节律也会受到干扰（Harvey, 2008; Murray & Harvey, 2010）。在躁狂发作期间，双相障碍患者往往睡眠很少（似乎是由于主动选择，而不是因为失眠），这是躁狂发作前最常见的症状。在抑郁发作期间，患者倾向于嗜睡（睡眠过多）。即使在两次发作之间，双相障碍患者也表现出严重的睡眠问题，包括高失眠率（Harvey, 2008; Millar et al., 2004）。双相障碍有时也表现出与抑郁障碍相同的季节性模式，这说明患者的季节性节律也受到干扰，尽管这可能是昼夜节律异常的结果（在这类异常中，睡眠-觉醒周期的异常先于其他昼夜节律的紊乱）。考虑到双相障碍本身的周期性，关注生物节律的紊乱为将来以生物学为基础的双相障碍整合性理论带来了希望，因为双相障碍患者似乎对日常生活中生物钟的变化特别敏感，而且很容易被该变化扰乱（Goodwin & Jamison, 2007; Murray & Harvey, 2010）。

7.5.2　心理学因素

生物因素在双相障碍的发病中起着重要的作用，但研究发现心理社会因素也与该障碍有关，特别是应激生活事件、较差的社会支持、特定的人格特质和认知风格，已被确定为双相障碍的重要心理成因。

应激生活事件

应激生活事件在诱发双相障碍方面所起的作用，似乎和诱发重性抑郁同样重要。儿童时期的应激生活事件（如身体虐待和性虐待）和成年时期的近期生活应激源（如与朋友和伴侣的关系问题、经济困难）都增加了双相障碍发生和复发的可能性（Gilman et al.,2015）。

应激生活事件如何增加复发的概率？素质–应激模型表明，应激生活事件通过激活潜在的易感性来诱发双相障碍发作。一种假设的机制是，应激生活事件可能会打破重要生物节律的稳定作用。虽然支持这一观点的证据仍然只是初步的，但它似乎是一个有希望的假设，特别是对于躁狂发作而言（Bender & Alloy, 2011; Grandin et al., 2006）。

双相障碍的其他心理学因素

社会环境变量也可能影响双相障碍的病程。例如，一项研究发现，报告社会支持水平低的双相障碍患者在一年的随访中表现出更多的抑郁复发，这种复发独立于同样能预测更多复发的应激生活事件因素（Cohen et al., 2004; also Alloy et al., 2010）。此外，有证据表明，人格变量与认知变量可能与应激生活事件交互作用，并决定复发的可能性。例如，神经质这一人格变量被发现与抑郁和躁狂症状相关（Quilty et al., 2009），并且有两项研究发现，神经质可以预测双相障碍患者抑郁症状的增加，就像预测抑郁障碍患者一样。

此外，与目标追求、内驱力和激励动机相关的人格变量和认知风格也与双相障碍相关（Alloy et al., 2009）。例如，与高度的成就追求和对环境中奖励的敏感性增加相关的两个人格变量，可以预测躁狂症状的增加——特别是在积极的目标追求或目标实现期间（例如，为一个重要的考试而学习，然后在考试中取得好成绩；Lozano & Johnson, 2001; Meyer et al., 2001）。另一项研究发现，具有消极归因风格的学生患者，如果经历过消极的生活事件，无论他们所患的是双相障碍还是抑郁障碍，抑郁症状都会增加。然而有趣的是，具有消极归因风格并经历过消极生活事件的双相障碍学生在其他时间点也表现出躁狂症状的增加（Alloy et al., 2010; Reilly-Harrington et al., 1999）。

7.6　社会文化因素对抑郁障碍和双相障碍的影响

解释文化因素如何影响心境障碍的表达

关于社会文化因素与抑郁障碍和双相障碍的关系的研究通常被放在一起进行讨论，因为在这一领域进行的许多研究并没有对这两种形式的障碍做出明确的诊断性区分。心境障碍的患病率在不同的社会中存在着极大的差异。但是，很难就此提供确凿的证据，因为各种各样的方法论问题总是存在，包括：文化差异导致诊断方式差异较大，以及抑郁症状似乎在不同的文化中差异也非常大（Chentsova Dutton & Tsai, 2009; Kleinman, 2004）。

7.6.1 抑郁症状的跨文化差异

抑郁在所有人们研究过的文化中都存在，但是抑郁的表现形式和流行程度在不同文化中有很大的不同（Chentsova-Dutton & Tsai, 2009; Marsella, 1980）。例如，在西方文化中，抑郁的"心理"症状（如内疚、感到自己没有价值、有自杀的想法）是十分明显的，而在中国和日本等非西方文化中，这些症状并不突出，抑郁的患病率也相对较低。相反，非西方文化中的人倾向于表现出更多的躯体症状，如睡眠问题、食欲减退、体重减轻和性欲减退（Kleinman, 2004; Ryder et al., 2008; Tsai & Chentsova-Dutton, 2002）。

造成这些症状差异的几个可能原因包括：亚洲人的身心统一的信念、情绪和情感表达的普遍缺乏，以及这些文化中对精神障碍的污名化（Chentsova-Dutton & Tsai, 2009）。另一个原因是，西方文化认为个体是独立自主的，所以当失败发生时，人们会做出内部的归因。相比之下，在许多亚洲文化中，个体被视为天生是相互依存的。然而，随着中国等国家在工业化和城市化的进程中吸收了一些西方价值观，与几十年前相比，抑郁障碍的患病率已经上升了很多（Dennis, 2004; Zhou et al., 2000）。

7.6.2 患病率的跨文化差异

大规模流行病学研究显示，各国心境障碍患病率差异很大。例如，世界卫生组织的世界精神卫生调查评估了20多个国家精神障碍的患病率，揭示了其中的变化特点，比如心境障碍的年患病率在尼日利亚为0.8%，在美国为9.6%，如本章之前的图7.1所示（WHO World Mental Health Survey Consortium, 2004）。造成这种巨大差异的原因无疑是非常复杂的，在我们完全了解它们之前还有许多工作要做。目前正在探讨的观点包括，因污名化而导致个体在主动报告患有精神障碍的意愿上存在差异，以及在不同文化和不同应激水平下重要的社会心理风险变量的水平不同。例如，在诸如消极归因风格这类假设的变量中，似乎存在跨文化差异，尽管这些差异如何转化为不同的抑郁症患病率尚不清楚，因为我们还不知道这些风险变量是否在不同的文化中都起作用。不过，已经有研究开始探索心境障碍的心理社会风险因素是否在不同文化中起到作用，还有研究得到的初步证据表明，诸如思维反刍、无望和消极归因风格等因素（Abela et al ., 2011）与中国等国家的抑郁症风险相关（Hong et al., 2010）。

7.7　治疗与结果

对心境障碍不同治疗方法的描述和区分

许多有心境障碍（尤其是抑郁障碍）的患者从未寻求治疗。即使没有正规的治疗，大部分躁狂和抑郁患者也会在不到一年的时间内恢复（通常只是暂时的）。然而考虑到这些患者遭受的极大的个人痛苦，以及当今可获得的各种治疗手段，越来越多遭遇这些障碍的人正在寻求治疗。1987—1997 年，抑郁症的有效治疗手段有了快速的增长，而自 1998 年以来，有效治疗手段的增长幅度变缓了（Marcus & Olfson, 2010）。值得注意的是，在 1998—2007 年之间，虽然抗抑郁药物的使用率相对稳定，但心理疗法的使用率有所下降。这些变化发生在一个公众对有效治疗的认识大大提高的时代，同时，与心境障碍相关的污名化则显著减少。然而即使如此，也只有大约 40% 的心境障碍患者接受了最低限度的治疗，其他 60% 的患者没有得到治疗或护理不足（Wang, Lane, et al., 2005）。幸运的是，重度抑郁障碍和双相障碍患者接受治疗的概率比轻度抑郁障碍患者略高（Kessler et al., 2007）。

7.7.1　药物疗法

抗抑郁药、情绪稳定剂和抗精神病药物都可用于治疗抑郁障碍和双相障碍（有关这些药物的详细信息，请参阅第 16 章）。第一代抗抑郁药物是**单胺氧化酶抑制剂**（MAOIs，开发于 20 世纪 50 年代），因为它们可以抑制单胺氧化酶的作用，这种酶负责分解去甲肾上腺素和 5- 羟色胺。MAOIs 在治疗抑郁障碍方面与其他药物一样有效，但这类药物的副作用也有很大的潜在危害。服用单胺氧化酶抑制剂的患者如果食用某些富含酪胺的食物（例如红酒、啤酒、陈年奶酪、意大利腊肠），就可能产生危险（甚至致命）。因此它们在今天已经不常被使用，除非其他种类的药物不起作用。不过相比其他药物，MAOIs 治疗非典型特征的抑郁障碍（属于抑郁症的亚型）特别有效。

对于大多数中度至重度的抑郁障碍患者，包括那些患有持续性抑郁障碍的患者，从 20 世纪 60 年代到 90 年代初，药物治疗选择的都是**三环类抗抑郁药**（TCAs，命名源于其化学构造），如丙咪嗪。三环类药物可以增加单胺类（主要是去甲肾上腺素）的神经传递，并在较小程度上增加 5- 羟色胺的含量（Thase & Denko, 2008）。三环类药物的疗效已经在上百项研究中得到证明，这些研究比较了患者服用这些药物与服用安慰剂的不同反应。然而遗憾的是，只有大约 50% 的患者表现出明显的临床改善，还有许多患者仍然有明显的抑郁残留症状。幸运的是，大约有 50% 一开始对药物治疗没有反应的患者，在更换另一种抗抑郁药或组合药物之后，有了明显的临床改善（Hollon, Thase, & Markowitz, 2002）。

遗憾的是，三环类药物对某些人有副作用，可能会导致口干、便秘、性功能障碍和体重增加。虽然这些副作用往往会随着时间的推移而减少，但对许多患者而言，依然难以接受，以至于他们在副作用消失之前就停止了服药。此外，由于这些药物在大剂量服用时毒性很强，对有自杀倾向的患者存在风险——这些患者有可能会过量使用该药物。

三环类药物的副作用和毒性导致医生越来越多地使用**选择性 5–羟色胺再摄取抑制剂**（SSRI 类）（Olfson & Marcus, 2009）。SSRI 类通常并不比三环类药物更有效。事实上，一些研究结果表明，在治疗重度抑郁障碍方面，三环类药物比 SSRI 类更有效。然而 SSRI 类的副作用要少得多，而且患者的耐受性更好，大剂量服用的毒性也更小。SSRI 类的主要副作用是难以达到性高潮和性欲降低，尽管一些患者也会出现失眠、震颤和胃肠道不适（Thase, 2009b）。

SSRI 类不仅用于治疗重度抑郁障碍，同时也能治疗有轻度抑郁症状的患者（Gitlin, 2002）。然而，后来的研究表明，仅对抑郁症状非常严重的患者而言，抗抑郁药物优于安慰剂，而对症状较轻的患者而言，抗抑郁药物的治疗效果几乎可以忽略不计（Fournier et al., 2010; 见图 7.12）。

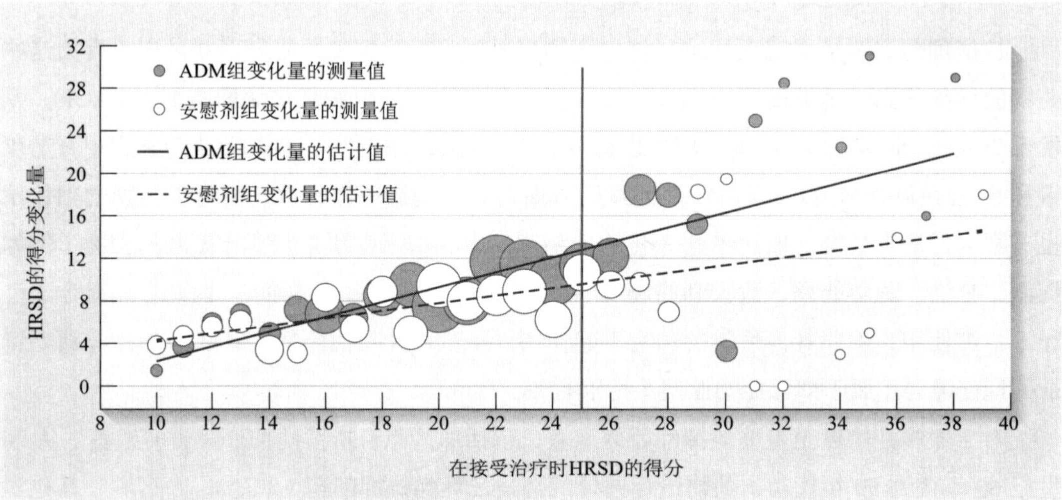

图 7.12　抗抑郁药物的有效性取决于抑郁症的严重程度

该图显示了从接受治疗到治疗结束时的抑郁症状变化量，由汉密尔顿抑郁量表（HRSD）测量。接受抗抑郁药物治疗（ADM）组用深色圆表示，安慰剂组用白色圆表示，圆的大小表示产生该平均值的数据点的数量。两条线表示抑郁症状的估计变化。值得注意的是，对于那些接受治疗时为轻度和中度抑郁症的患者来说（图的左半部分），这些圆圈（和线）是重叠的，而对于那些接受治疗时为重度抑郁症的患者，ADM 和安慰剂之间才出现差异（图的右半部分）。关键信息是：抗抑郁药物似乎对重度抑郁障碍最有效，而对轻度或中度的抑郁障碍，抗抑郁药并不比安慰剂更有效。

在过去的十几年中，一些新的非典型抗抑郁药物也变得越来越受欢迎，这类药物不属于 TCAs 也不是 SSRI 类，而且每一种药物都有其优势（Marcus & Olfson, 2010）。例如安非他酮，没有 SSRI 类那么多的副作用，尤其是性方面的副作用，而且它对治疗有体重增加、缺乏精力和嗜睡等症状的抑郁障碍患者特别有效。此外，文拉法辛在治疗重度或慢性抑郁障碍方面似乎优于 SSRI 类，尽管其副作用与 SSRI 类相似。其他几种非典型抗抑郁药也被证明是有效的（见第 16 章）。

抗抑郁药物的疗程

抗抑郁药物通常需要至少 3~5 周才能生效。一般来说，如果大约 6 周后没有好转的迹象，医生就会尝试一种新的药物。这是因为对开出的第一种药物没有反应的患者中，将有 50% 的患者对第二种药物有反应。此外，症状缓解后若停药，可能会导致复发。前面提到过，未经治疗的抑郁发作的自然病程通常是 6~9 个月。因此，当抑郁症患者服用药物 3~4 个月，然后因为感觉好转而停药的话，他们很可能复发，因为潜在的抑郁发作实际上仍然存在，只是其症状表达被抑制了（Gitlin, 2002; Hollon, Thase, & Markowitz, 2002; Hollon et al., 2006）。由于抑郁症往往是一种复发性疾病，医生越来越多地建议患者持续服用很长时间的药物（理想的是剂量不变），以防止复发（Nutt, 2010）。因此，这些药物通常可以有效地预防和治疗反复发作的患者（Hollon et al., 2006; Thase & Denko, 2008）。然而，在维持治疗阶段继续接受药物治疗的患者中，约有 25% 的患者抑郁症复发（Solomon et al., 2005）。出现抑郁残留症状的患者最有可能复发，这表明了努力治疗患者直至症状完全缓解的重要性（Keller, 2004; Thase & Denko, 2008）。

锂盐和其他心境稳定剂

锂盐疗法现已成为双相障碍抑郁发作和躁狂发作治疗中广泛使用的心境稳定剂。“心境稳定剂”这一术语经常被用来描述锂盐及相关药物，因为它们同时具有抗躁狂和抗抑郁的作用，也就是说，它们在两个方向上都有稳定心境的作用。对锂盐治疗躁狂发作的研究比对其治疗抑郁发作的研究更为广泛，据估计，在躁狂发作的患者中，约 3/4 至少有部分改善。在双相障碍的治疗中，锂盐可能并不比传统的抗抑郁药更有效，这方面的研究结果并不一致，不过有大约 3/4 的患者表现出部分的改善（Keck & McElroy, 2007）。但是，抗抑郁药与引发躁狂发作或快速循环发作的风险显著相关，如果患者同时服用锂盐则可降低这种风险的发生（Keck & McElroy, 2007; Thase & Denko, 2008）。

锂盐对预防躁狂和抑郁的循环发作常常也有效（尽管对快速循环的患者不一定有效），双相障碍患者经常需要长时间的锂盐治疗，仅仅是为了预防新的发作，即使在不躁狂和不抑郁的时候也是如此。然而遗憾的是，后来的几项大型研究发现，维持锂盐治疗的患者之中，只有大约 1/3 的患者在超过 5 年的随访期内没有发作。尽管如此，维持锂盐治疗的患者的发作次数仍然明显少于停药的患者（Keck & McElroy, 2007）。

锂盐疗法可能会产生一些令人不愉快的副作用，例如嗜睡、认知能力下降、体重增加、运动协调能力下降以及肠胃不适。长期使用锂盐有时会导致肾脏功能障碍，有时会造成永久性的肾脏损害，不过很少会导致晚期肾病（Goodwin & Jamison, 2007; Tredget et al., 2010）。很多双相障碍患者似乎会怀念躁狂或轻躁狂发作时情绪高涨、精力充沛的感觉，这一问题与上述这些副作用相结合，有时会导致患者拒绝服药。

在过去的几十年里，另一类抗惊厥药（例如卡马西平、双丙戊酸盐和 2-丙基戊酸钠）在双相障碍治疗中的有效性已得到证实。这些药物通常对于对锂盐反应不佳或不能接受锂盐副作用的患者有效，也可以与锂盐联合使用。然而大量研究表明，服用抗惊厥药物的患者自杀未遂和完成自杀的风险几乎是服用锂盐的患者的 2~3 倍（Goodwin et al., 2003; Thase & Denko, 2008），这表明给能够耐受锂盐副作用的患者服用锂盐更好。表现出精神病性症状（幻觉和妄想）的双相障碍或抑郁障碍患者也可以接受抗精神病药物治疗（见第 13 章和第 16 章），同时服用抗抑郁药或心境稳定剂（Keck & McElroy, 2002; Rothschild et al., 2004）。

7.7.2 替代性生物治疗

除了使用药物治疗，还有其他几种以生物学为导向的方法来治疗心境障碍。这些方法近年来一直是实证研究的主题，它们似乎是很有前景的治疗方案。

电休克治疗

因为抗抑郁药物通常需要 3~4 周才会产生明显的疗效，电休克治疗（electroconvulsive therapy，ECT，也称电抽搐治疗或电痉挛治疗）常用于治疗重度抑郁障碍患者（特别是老年人）和可能有迫切且严重的自杀风险的患者，包括那些有精神病性特征或忧郁特征的患者（Goodwin & Jamison, 2007）。ECT 也用于治疗那些不能服用抗抑郁药物或具有抗药性的患者（Heijnen et al., 2010; Mathew et al., 2005）。如果严格按照这种治疗形式的选择标准进行治疗，许多患者在 6~12 次治疗后症状会完全缓解（大约每隔一天进行一次治疗）。这意味着大多数重度抑郁障碍患者可以在 3~5 周内明显好转（George et al., 2013）。治疗前对患者进行全身麻醉并注射肌肉松弛剂，这样脑痉挛发作时他们就不会有意识。最常见的直接副作用是意识不清，尽管有一些证据表明，认知能力会受到持续的负面影响，比如健忘和响应变慢（Sackeim et al., 2007）。抗抑郁药和心境稳定剂（如锂盐）通常用于维持电休克治疗的效果，直至抑郁期结束（Mathew et al., 2005; Sackeim et al., 2009）。ECT 在治疗躁狂发作中也很有用。对研究证据的回顾表明，它与 80% 躁狂患者的症状缓解或症状明显改善有关（Gitlin, 1996; Goodwin & Jamison, 2007）。为了防止复发，患者通常需要在进行 ECT 后服用心境稳定剂来维持治疗效果。

经颅磁刺激

虽然经颅磁刺激（transcranial magnetic stimulation，TMS) 作为一种替代性生物疗法已经有一段时间了，但直到最近 10 年才开始受到重视。经颅磁刺激是一种非侵入性的技术，能够对清醒患者的大脑进行局部刺激。短暂而强烈的脉冲磁场在大脑皮层的某些部位产生电活动（Goodwin & Jamison, 2007; Janicak et al., 2005）。这一过程是无痛的，在每一个疗程中都会有数千次的刺激。治疗通常每周 5 天，持续 2~6 周。许多研究表明，TMS 是相当有效的——事实上在一些研究中，其疗效相当于单侧 ECT 和服用抗抑郁药物（George & Post, 2011; Janicak et al., 2005; Schulze-Rauschenbach et al., 2005）。有研究表明，在患者的药物治疗效果不佳时，对于对其他治疗有中度抵抗性的抑郁症患者而言，TMS 是一种很有希望的疗法（George & Post, 2011）。此外，与 ECT 相比，TMS 的优势在于患者的认知表现和记忆不会受到负面影响，有时甚至会改善，而 ECT 则可能导致记忆受损（George et al., 2013）。TMS 似乎能安全地用于儿童和青少年，只有较低的概率出现轻微和短暂的副作用，如头痛（12%）和头皮不适（3%）(Krishnan et al., 2015）。

脑深部电刺激

近年来，脑深部电刺激已成为治疗难治性抑郁障碍的一种方法，这类患者通常对其他疗法（如药物、心理疗法等）无反应。脑深部电刺激即在大脑中植入一个电极，然后用电流刺激该区域（Mayberg et al., 2005）。虽然还需要对脑深部电刺激进行更多的研究，但初步研究结果表明，它可能具有治疗顽固性抑郁障碍的潜力（更多内容见第 16 章）。

光疗法

在过去的十几年中，一种替代性的非药物生物疗法受到了越来越多的关注——光疗法（Pail et al., 2011, for a review）。该疗法起初用于治疗季节性抑郁障碍，但现在已被证明对非季节性抑郁障碍也有成效（Golden et al., 2005; Lieverse et al., 2011）。

7.7.3　心理治疗

20 世纪 70 年代开发的几种专业心理治疗形式，已经被证明在治疗抑郁障碍方面有效。这些疗法中最好的一种，对疾病的改善程度与药物治疗过程中所观察到的效果大致相当。也有大量证据表明，针对抑郁的这些专业心理治疗，无论单独使用还是联合药物使用，都能显著降低 2 年随访期内复发的可能性（Hollon & Dimidjian, 2009; Hollon et al., 2005）。用以解决双相障碍患者（及其家庭）问题的治疗方法目前也已被开发出来。

认知行为疗法

认知行为疗法（也称为“认知疗法”）是治疗抑郁障碍最著名的两种有效心理疗法之一，最初是由贝克和他的同事开发的（Beck et al., 1979; Clark, Beck, & Alford, 1999）。这是一种相对简短的治疗形式（通常是10~20个疗程），主要关注当下的问题，而不是心理动力学疗法经常处理的比较遥远的病因问题。例如，认知疗法是由高度结构化、系统化的尝试构成的，以使抑郁障碍患者学会系统地评估他们功能失调的信念和消极自动思维。患者还会被教导去识别和纠正他们在信息加工过程中的偏差或歪曲，并发现和挑战自身潜在的抑郁质假设和信念。认知疗法在很大程度上依赖于一种经验主义的方法，因为患者被教导要把他们的信念作为一种假设，并通过行为实践进行验证。

以下案例描述了一名认知治疗师和一名抑郁症患者之间的交流，展示了一个通过行为实践来挑战消极自动思维的例子。

案例

患者：我的丈夫不再爱我了。

治疗师：那一定是个令人非常痛苦的想法。是什么让您觉得他不再爱您了呢？

患者：当他晚上回家的时候，他不再愿意跟我说话。他只是坐下来看电视，然后就直接去睡觉了。

治疗师：嗯，那在他所做的任何事中，有没有与“他不爱您”这个想法相反的证据呢？

患者：我想不出任何证据。嗯……不是的，等一下。实际上那是在几星期前我生日的时候，他送了我一块非常可爱的手表。我在广告上看到过，而且跟他说过我很喜欢这款手表，他记在心上了，去给我买了一块。

治疗师：好的。那这个行为是不是符合“他不爱您”这个想法呢？

患者：嗯，我认为那不符合，是吧？但是那天晚上他为什么会那样呢？

治疗师：我认为“他不再爱您”是一个可能的理由，有没有其他可能的理由？

患者：嗯，他最近工作十分辛苦。我的意思是，大部分晚上他都回来得很晚，而且周末他也必须去办公室，也可能是这个原因。

治疗师：有可能的，不是吗？如果是这个原因，您可以怎样去确认呢？

患者：嗯，我可以说我注意到他看起来很累，问问他感觉怎么样，工作进展得怎么样。但是我没有那样做，我仅仅感觉很恼火，只是因为他没有注意到我。

治疗师：听起来是个非常棒的主意。我们把这个作为这周的家庭作业，您觉得怎么样？

认知疗法的有效性在数十项研究中得到了充分的证明，其中包括多项针对抑郁障碍住院患者和被诊断为伴忧郁特征的抑郁障碍患者的研究（Craighead et al., 2007; Hollon, Haman, & Brown, 2002; Hollon et al., 2006）。它在预防复发方面似乎也有特殊的优势，类似于维持药物治疗的效果（Hollon, 2011; Hollon & Ponniah, 2010）。此外，越来越多的证据表明，一旦治疗开始，就能在一次发作之后的几年内防止复发（Craighead et al., 2007; Hollon & Dimidjian, 2009）。这也许并不奇怪，最近一些有趣的脑成像研究发现，认知疗法和药物疗法对大脑脑区的改变和影响有所不同，这表明两种疗法的作用机制也有所不同（Clark & Beck, 2010; Hollon & Dimidjian, 2009）。一种可能性是药物疗法对边缘系统起作用，而认知疗法则对皮层功能有更大的影响。

认知行为疗法和药物疗法在治疗重度抑郁障碍方面同样有效（DeRubeis et al., 1999; Hollon et al., 2006）。例如，一项对中度至重度抑郁障碍患者进行的研究发现，认知疗法或药物治疗对 58% 的患者有效（DeRubeis et al., 2005）。然而在 2 年的随访结束时，当所有认知治疗和药物停用 1 年后，接受认知疗法的患者有 25% 的复发率，而接受药物治疗的患者有 50% 的复发率（Hollon & Dimidjian, 2009; Hollon et al., 2005），如图 7.13 所示。

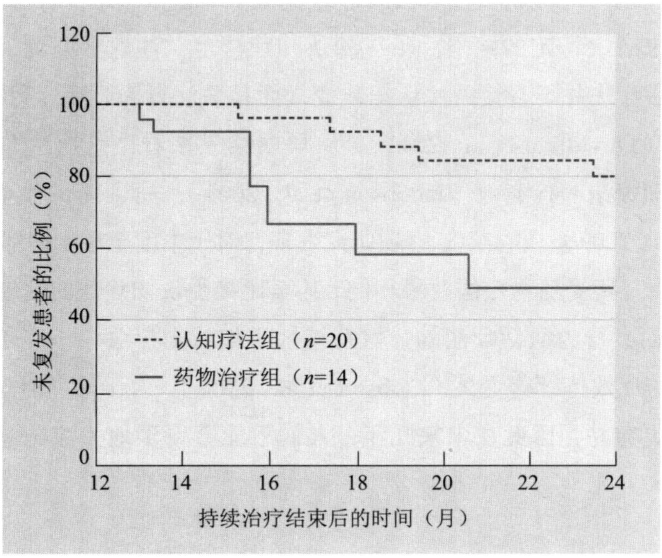

图 7.13　图中折线显示了两组患者在治疗结束后的几个月里，抑郁再次发作（复发）的情况。其中一组曾接受认知治疗，另一组曾接受抗抑郁药物治疗

认知疗法的另一种变体，称为“正念认知疗法”，它是近年来被开发用于治疗高复发性抑郁患者的一种疗法（Segal et al., 2002; Teasdale, 2004）。这种疗法的原理基于一种发

现，即复发性抑郁患者很可能在情绪低落时激活消极思维模式。与其像传统认知疗法那样试图改变患者的消极思维模式，不如去改变这些患者的思想、感受和躯体感觉，后者可能是更有效的方法。这种团体治疗包括正念冥想技术的训练，它旨在培养患者逐渐学会接受自己不想要的想法、情感和感觉，这样他们就不会下意识地试图回避它们。这些想法仅仅是思想中当下出现的想法，并不是对现实的反映。对 6 项随机对照试验研究结果进行元分析的研究表明，对于曾接受过抗抑郁药物治疗的、有 3 次或 3 次以上抑郁发作经历的患者来说，正念认知疗法是一种能降低复发风险的有效疗法（Piet & Hougaard, 2011）。

虽然绝大多数关于认知行为疗法的研究都集中在抑郁障碍上，但最近有迹象表明，在治疗双相障碍时，一种改良形式的认知行为疗法结合药物治疗后可能非常有用（Lam et al., 2003, 2005; Miklowitz, 2009）。也有初步证据表明，以正念为基础的认知疗法可能对处于发作期的双相障碍患者有效（Williams et al., 2008）。

行为激活疗法

一种相对较新的抑郁障碍疗法是**行为激活疗法**。这种疗法的取向主要集中于让患者变得更为活跃，积极融入自己的生活环境和人际关系。治疗中使用的技巧包括安排日常活动，并对参与活动时的愉快程度和控制程度进行评级，探索实现目标的替代行为，以及通过角色扮演来解决特定的缺陷。传统的认知疗法也关注这些问题，但程度较轻。相比之下，行为激活疗法并不直接关注认知改变，而是关注行为改变，目标是增加正强化，减少回避和退缩（Dimidjian et al., 2011）。从早期结果来看，该疗法非常有前景，它可能与更传统的认知疗法一样有效（Jacobson et al., 2001），而且现在有元分析支持这一点（Mazzucchelli et al., 2009）。事实上，一项研究发现，对于中度至重度抑郁障碍的患者而言，接受行为激活疗法与接受药物疗法效果相同，甚至比接受认知疗法的效果更好（Dimidjian et al., 2006）。然而，行为激活疗法的疗效持续性不如认知疗法，一些研究结果表明，在随访中认知疗法的疗效持续得更久（Dobson et al., 2008）。由于培训治疗师进行行为激活疗法比认知疗法更容易，因此在未来几年，人们可能会更多地关注这一相对较新的治疗方法。

人际治疗

人际治疗（IPT）还未像认知行为疗法一样被广泛地评估，也没有被广泛地使用，但是其治疗抑郁障碍的有效性，得到了已经完成的研究的强烈支持（Cuijpers et al., 2011; Hollon & Ponniah, 2010）。事实上，IPT 似乎和药物或认知行为疗法一样有效（Hollon, Thase, & Markowitz, 2002; Weissman & Markowitz, 2002）。IPT 关注当前的人际关系问题，试图帮助人们理解和改变适应不良的互动模式（Bleiberg & Markowitz, 2008）。长期随访发现，IPT

对严重且反复发作的抑郁障碍患者也非常有效（Frank et al., 1990; Weissman & Markowitz, 2002）。在 3 年的随访期内，每月接受一次持续 IPT 治疗或接受持续药物治疗的患者比持续服用安慰剂的患者复发的可能性要小得多（尽管相比每月接受 IPT 治疗的患者，持续服药的患者复发的可能性更小）。此外，有元分析支持这样一种观点，即接受 IPT 和药物联合治疗的患者比单独接受药物治疗的患者复发率更低（Cuijpers et al., 2011）。

此外，在使用 IPT 治疗双相障碍时，疗法中增加了一个新的关注点，即平衡社会节律。如果社会节律变得不平衡，则可能引起双相障碍发作。在这种被称为“人际与社会节律治疗”的新疗法中，患者被教导要识别人际事件对他们社会节律和昼夜节律的影响，并对这些节律加以调节。作为药物治疗的辅助手段，这种疗法似乎十分有前景（Miklowitz, 2009; Miklowitz & Craighead, 2007）。

家庭及婚姻治疗

不论在什么样的治疗方案中，处理患者生活中的应激源都非常重要，因为令人不愉快的生活处境可能导致抑郁症状复发，并且可能使患者需要更长时间的治疗。研究已经充分证实，与精神分裂症相同，抑郁障碍和双相障碍的复发也与家庭生活中的某些负面因素相关（Hooley, 2007; Hooley & Hiller, 2001）。如果配偶的行为被康复的患者解释为批评，似乎尤其可以预测抑郁障碍的复发。例如，对双相障碍而言，降低家庭成员的愤怒或敌意的情绪表达，并增加家庭成员可获得的有关如何应对这一障碍的信息，在预防此类处境下的障碍复发方面特别有效（Miklowitz 2009; Miklowitz & Craighead, 2007）。对患有抑郁障碍并且婚姻不和谐的已婚人士来说，关注婚姻不和谐而不是只关注抑郁障碍的婚姻治疗，在减轻抑郁症状方面与认知治疗一样有效。而且，婚姻治疗比认知治疗更能提高婚姻满意度（Beach & Jones, 2002）。

结论

即使没有正规的治疗，大多数躁狂和抑郁患者在不到一年的时间里，就能从特定的发作中恢复过来。由于这里讨论的现代治疗方法的出现，如果获得了治疗，这类特定发作的总体前景对大部分（但不是所有）已确诊的患者越来越有利。然而，至少有一半患者从未接受过任何治疗。虽然复发经常发生，但现在可以通过药物治疗和定期的后续治疗来预防或至少降低复发的频率。

与此同时，抑郁症患者的死亡率明显高于一般人群，部分原因是自杀率较高，但也有一些研究表明，还存在大量自然原因所致的死亡（Coryell & Winokur, 1992; Goodwin & Jamison, 2007），其中包括冠心病等（Glassman, 2005; Whang et al., 2009; 见第 5 章）。由于事故（通常以酒精为诱因）、忽视健康预防措施或者体力透支等情况（Goodwin & Jamison, 2007），躁狂患者的死亡风险也很高。因此我们仍然需要更加有效的治疗方法，无论是长期的还是短期的。此外，我们还需要研究使人们面临抑郁障碍风险的因素，并将相关发现应用于早期干预和预防。

7.8 自杀的临床表现与因果模型

描述自杀行为的发生率和临床表现

故意结束自己的生命——自杀，其风险在所有类型的抑郁障碍中都是一个重要因素。几乎所有的精神障碍都会增加自杀行为的风险（Nock et al., 2009, 2010），事实上，90%~95% 的自杀者至少患有一种精神障碍（Cavanagh et al., 2003; Nock, Borges, Bromet, Cha, et al., 2008），而抑郁是与自杀行为联系最紧密的障碍。此外，有两种或两种以上精神障碍的人比只有一种精神障碍的人面临更大的风险（Nock, Borges, Bromet, Alonso, et al., 2008; Nock et al., 2010）。

在全球人类死亡原因排序中，自杀排第 15 位，占全部死亡人数的 1.4%（WHO, 2015a）。相比之下，全世界每年死于自杀的人数超过了所有战争、种族灭绝和人际暴力致死人数的总和（WHO, 2015a）。换句话说，我们每个人都有可能死于自己之手。此外，大多数专家认为，实际的自杀人数甚至比官方报告的数字还要高，因为许多自杀在官方记录中被归于其他的原因（Marzuk et al., 2002）。除了自杀死亡，据估计，大约有 5% 的美国人在他们一生中的某个时候有过非致命的自杀企图，15% 的人有过自杀的想法（通常被称为“自杀意念”）（Nock, Borges, Bromet, Alonso, et al., 2008）。因此，有大约 1/3 的人考虑过自杀并最终做出了自杀行为。值得注意的是，在自杀念头出现后的第一年，从自杀念头发展为自杀未遂的风险最高，而且一个人思考自杀而未自杀的时间越长，其尝试自杀的可能性就越小（Nock, Borges, Bromet, Alonso, et al., 2008）。

区分自杀行为（一个人做出了自残的行为且有自杀意图）和**非自杀性自伤**（NSSI）是很重要的，后者指的是在没有任何自杀意图的情况下，直接、蓄意地破坏身体组织（通常采取切割或烧伤自己皮肤的方式）（Nock, 2010）。15%~20% 的青少年报告至少有过一次非自杀性自伤行为，主要原因包括：这一行为有助于降低高水平的痛苦并获得他人的帮助（Nock, 2009）。虽然在世界各地的许多文化中，对非自杀性自伤的记载已有上千年的历史，但对其进行的严谨、系统的研究是从过去几十年才开始的。心理学家仍在研究人们为什么会做出非自杀性自伤的行为，以及如何最好地预测和预防它。最近，非自杀性自伤障碍作为一种需要进一步研究的异常行为被添加到 DSM-5 中。我们希望对这种行为的持续研究能够提高人们对它的认识和预防能力。

尽管自杀和非自杀性自伤之间有明显的区别，但值得注意的是，大多数死于自杀或试图进行非致命的自我伤害的人，对自杀的情绪是矛盾的。自杀企图通常发生在这样的时刻：独自一人，并且处于严重的心理痛苦状态，无法客观地看待自己的问题或评估其他的行动方案。所以，一个悲剧是，许多人并不是真的想死。另一个悲剧则源于那些被留下的人的长期痛苦。相关研究表明，因自杀而失去所爱之人的群体，往往与抑郁、社交退缩和被他人污名化的感受联系在一起（Hanschmidt et al., 2016）。

图 7.14　欧内斯特・海明威（左）1961 年 7 月 2 日自杀身亡。35 年后，他的孙女马尔戈・海明威（右）也结束了自己的生命。海明威家族在四代人中出现了五次自杀——欧内斯特的父亲克拉伦斯、欧内斯特自己、妹妹厄休拉和莱斯特，以及孙女马尔戈

下面我们将重点讨论自杀的发生率及其多方面的临床表现，关注可能与自杀有关的因素，即那些与自杀意图的强度和表达方式有关的因素，以及治疗和预防中存在的问题。哪些人会自杀？自杀的动机有哪些？与理解自杀相关的一般社会文化变量是什么？这些是我们将要考虑的问题。

7.8.1　哪些人会企图并最终死于自杀？

尽管研究者仍在努力了解人们为什么会有自杀行为，但对于人群中哪些人的自杀风险更高，已经有了明确和一致的发现。实际上，在世界上每一个对自杀行为进行过调查的国家中，企图自杀和做出非致命的自杀尝试的女性人数明显高于男性（Nock, Borges, Bromet, Alonso, et al., 2008），但男性自杀成功的概率是女性的 4 倍（WHO, 2015a）。自杀成功率的性别差异在很大程度上是自杀手段的性别差异造成的，男性比女性更倾向于选择致命性高的自杀手段（例如枪支）。

存在于世界各地的另一个普遍现象是，自杀意念和自杀行为（包括自杀死亡）在童年和青年时期开始急剧增加。但自杀行为在儿童中非常罕见，这主要是由于年幼的儿童不了解死亡的结果，而且往往缺乏具体的行动手段。自杀意念和自杀行为在 12 岁左右开始增加，并在 20 岁早期至 25 岁中期继续增加（见图 7.15；Nock et al., 2013）。自杀率也遵循类似的模式，在中年时达到高峰（45~55 岁），在剩下的生命阶段中略有下降并趋于平稳。不过这种模式有一个显著的例外，美国白人男性的自杀率在 75 岁时开始又一次急剧上升（Centers for Disease Control and Prevention, 2015c）。

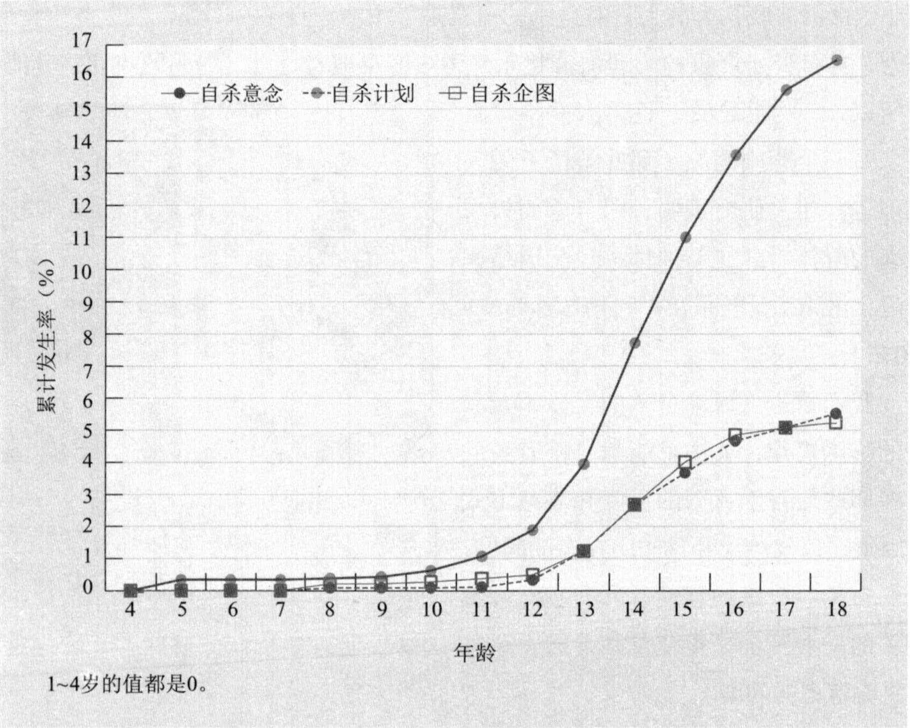

图 7.15　青少年自杀意念和行为的累计发生率

数据来自美国国家共病调查—青少年补充调查（NCS-A）。对超过 10 000 名美国青少年进行的具有代表性的调查表明，很少有人在儿童时期想要自杀，但产生自杀意念、有自杀计划或自杀企图的人数在青春期的百分比开始显著增加。虽然这些调查来自美国（Nock et al., 2013），但是在世界其他国家也能观察到非常相似的模式（Nock, Borges, Bromet, Alonso et al., 2008）。

整体的自杀率在过去的 100 年间保持相对稳定，但不同年龄段的自杀率随时间而变化。一个明显的趋势是，在过去几十年中，青少年和青壮年的自杀风险有明显的增加。为什么青少年有强烈的自杀企图和较多自杀未遂的情况呢？一个明显的原因是，这一年龄阶段正是抑郁障碍、焦虑障碍、酗酒、吸毒以及品行障碍问题日益增长的时期，而这些都是与自杀风险增加有关的因素（Evans, Hawton, & Rodham, 2004）。枪支可获得性的增加可能也起到了一定的作用。此外，媒体对自杀事件（特别是名人自杀事件）的报道，以及对事件戏剧性的描述，可能导致了青少年自杀总数的增加，因为青少年很容易受到暗示和模仿行为的影响（Hawton & Williams, 2002; Jamison, 1999）。一项综述估计，1%~13% 的青少年自杀是因受到他人自杀的影响（Velting & Gould, 1997）。最后，媒体很少讨论自杀者罹患的精神障碍，而这可能会进一步增加他人盲目模仿的可能性。

许多大学生似乎也很容易产生自杀的想法和计划。学业要求、社会交往问题和职业选择的压力（可能与对其基本价值观的挑战相互作用）显然使一些学生不能适应自己的生活。

有关学生自杀警告信号的概述，请参见《我们周围的世界》专栏。

世界各地的自杀死亡率差异很大，国家内部的自杀死亡率也存在地域差异。例如，美国自杀率最高的是美国西部（尤其是怀俄明、蒙大拿、阿拉斯加、科罗拉多和新墨西哥州），自杀率最低的是中大西洋地区各州（如新泽西州、纽约州、马里兰州和哥伦比亚特区）（CDC, 2015c）。种族和民族差异也存在：美国的自杀者中 90% 为白人，6% 是黑人，3% 是亚裔或太平洋岛民，1% 是美国印第安人或阿拉斯加原住民（CDC, 2015c）。

7.8.2　精神障碍

除了已经描述的人口统计学因素（例如，性别、年龄、种族和民族），受到最广泛研究的自杀行为风险因素是自杀者存在的精神问题。如前所述，几乎所有精神障碍都会增加后续自杀行为的风险，并且大多数自杀死亡的人生前都患有精神障碍（Cavanagh et al., 2003）。

为什么这么多的障碍与自杀有关？最近的研究表明，不同的障碍与自杀途径的不同部分有关。例如，正如你所预料的，抑郁症是一种最能预测自杀意念的障碍，然而它并不能预测哪些有自杀意念的人会采取行动。相对而言，以躁动和攻击 / 冲动为特征的精神障碍能够预测个体将自杀意念付诸行动，如创伤后应激障碍、双相障碍、品行障碍和间歇性暴怒障碍等，都能预测这种转变（Nock et al., 2009,2010,2014）。

我们周围的世界

自杀警告信号

如果不立即采取行动，心脏病和中风等疾病将危及生命，因此心脏病和中风的警告信号已经被广泛传播。例如，美国心脏协会将中风警告信号列为“发现中风 F.A.S.T”口诀：“如果你观察到他人出现脸低垂（Face drooping）、手臂无力（Arm weakness）和说话困难（Speech difficulty）的迹象，就该抓紧时间（Time）拨打 911 了。”

考虑到自杀行为会危及生命，让公众了解自杀警告信号也十分重要，以便患者身边的朋友和家人知道在风险增加的情况下应该留意观察哪些迹象及做出什么行动。2003 年，一个自杀专家小组聚在一起，回顾了所有关于自杀警告信号的研究，并就这些信号达成了共识。他们指出，风险因素（例如前面提到的那些因素）

是自杀行为的远端（较长期）预测因素，与实际可观察到的警告信号（代表真实情境中最早可观测到的迹象）之间有很大的区别（Rudd et al., 2006）。例如，抑郁症是一种风险因素，它是一个独立的因素，与后续自杀行为的风险增加有关；而警告信号更像是个体在寻找自杀的方法，这是整个自杀过程的一部分。

该小组经过讨论提出了下文中的自杀警告信号。注意其中的分级结构：如果出现前三个警告信号，你需要立即采取行动去帮助这个人，如拨打 911 或者带他 / 她去医院或心理咨询机构；后面的九个警告信号并不能说明个体有即将自杀的风险，但这些信号仍然值得关注，出现这些信号时应该与这个人沟通，建议他 / 她寻求专业的帮助。

自杀的想法和行为在发生时可能会令人恐惧，重要的是，要知道该寻找什么迹象以及如何做出反应，以便能够尽一切可能帮助自己或需要帮助的人。

普遍认可的自杀警告信号

你或你爱的人有自杀的危险吗？了解事实并采取行动。

当你听到或看到以下任何一种行为时，立即拨打 911 或向精神卫生专家寻求帮助：

- 有人威胁要伤害自己或自杀
- 寻找自杀方式：试图获得药物、武器或其他手段
- 谈论或书写一些关于死亡、濒死或自杀的内容

如果你听到或看到任何人有以下任何一种或多种行为，请联系精神卫生专家寻求帮助：

- 绝望
- 愤怒，寻求报复
- 做事鲁莽或从事危险的活动，似乎没有思考
- 感觉陷入困境——好像没有出路
- 酒精或药物的使用增加
- 远离朋友、家庭或社会
- 焦虑、躁动、无法入睡或一直在睡觉

- 心境出现戏剧性变化
- 没有活着的理由，生活没有目标

宣传自杀警示信号的利与弊是什么？它们对人们有什么帮助？是否存在潜在的危害（如果存在，你如何知道）？尽可能使用数据来支持你的论点。

事实上，不同的精神障碍能预测自杀行为的不同部分，这一点可能有助于解释剂量-反应关系，这种关系始终存在于患精神障碍的数量和自杀行为的风险之间。更具体地说，最近一项研究调查了 17 个不同国家的人的自杀行为，发现与没有心理障碍病史的人相比，患一种心理障碍的人没有增加自杀意念或行为的风险，患两种精神障碍的人自杀行为的风险增加了 1 倍，患三种或更多精神障碍的人自杀行为的风险增加了 6~9 倍（Nock, Borges, Bromet, Alonso, et al., 2008）。

7.8.3　其他与自杀有关的心理社会因素

虽然精神障碍与自杀密切相关，但大多数有精神障碍的人不会自杀。那么为什么有些人会自杀呢？埃德温·施耐德曼被许多人认为是自杀研究的“教父”，他在对许多自杀者进行广泛采访的基础上，撰写了大量关于自杀心理机制的文章。他认为自杀行为可以归因于强烈的心理痛苦。他写道：

> 几乎在每一个案例中，自杀都是由……心理上的痛苦，或称“心理痛楚”导致的。……由自杀导致的死亡，是对痛苦换一种方式的逃避……痛苦是自然界的强烈信号，它使我们警醒。痛苦既能激发我们的力量，也能削弱我们的力量；痛苦，恰如其本质，让我们想要阻止它或从中逃脱。……心理痛楚是存留在意识中的伤害、苦闷或疼痛……是因过度羞愧、内疚、恐惧、焦虑、孤独、焦躁、畏惧衰老或死亡而产生的痛苦……这种内省的现实是不可否认的。当心理痛楚无法忍受，而主动寻求死亡可以阻止源源不断的痛苦意识时，就会发生自杀。[①]

① Shneidman, E. S. (1997, pp. 23, 24, 29). The suicidal mind. In R. W. Maris, M. M. Silverman, & S. S. Canetton (Eds.), *Review of suicidology, 1997* (pp. 22–41). New York: Guilford.

随后的研究支持了心理和躯体上的疼痛与自杀之间的联系（Hooley et al., 2014）。这就提出了一个问题：为什么有些人会经历如此强烈的心理痛苦，并感到有必要以自杀来逃避？研究表明，答案并不简单，自杀最好被理解为许多不同因素共同作用的结果，这些因素可以追溯到儿童时期（如果我们考虑到生理上的弱点，则可以追溯到更早的时期）。

具有自杀倾向的人通常有多种经历，其中包括家族精神障碍、儿童期虐待、家庭不稳定（Bruffaerts et al., 2010; Gureje et al., 2011）。这些早期的经历被认为与生物学上的易感性相互作用，这些易感性会增加无望感、冲动、攻击性、悲观和消极等人格特质的风险，这些人格特质反过来又会增加自杀的风险（O'Connor & Nock, 2014; Yen et al., 2009）。其他似乎能够在短期内较为可靠地预测抑郁症患者自杀行为的症状包括：严重的焦虑、惊恐发作、严重的快感缺乏（无法体验快乐）、整体性失眠、妄想和酒精滥用（Busch et al., 2003; Goodwin & Jamison, 2007）。事实上，在一项对 76 名住院期间死于自杀的患者的研究中，医院记录显示，其中 79% 的人在自杀前一周有严重的焦虑和不安（Busch et al., 2003）。

也有证据表明，那些自我意识与死亡或自杀之间有很强内隐联想的人，未来有自杀企图的风险更高，甚至超过其他已知风险因素的影响（Nock et al., 2010）。内隐联想是人们持有的在两个概念之间的不愿或不能诉说的心理联想。这种关联可以通过反应时间测验来测量，比如内隐联想测验，它要求人们将单词分为两组（例如，“像我”或“不像我”）。研究者发现，有自杀倾向的人将自杀相关词汇（如“死亡”“自杀”）归类为“像我”组比归类为“不像我”组更快，这为检测和更好地预测自杀行为提供了一种新方法（Glenn et al., 2017; Nock et al., 2010）。最近的研究表明，想过自杀或试图自杀的人在想到关于自杀或死亡的词汇时，表现出了不同于对照组的神经活动模式，具体而言，即与自我参照思维相关的大脑区域更活跃（见图 7.16; Just et al., 2017）。研究者能够利用人们在想到自杀和死亡相关词汇时的大脑反应来预测哪些人有自杀倾向，哪些人没有自杀倾向，并具有很高的准确性。这表明，这样的方法在未来可能不仅有助于我们理解自杀念头，而且有助于我们提高预测和预防自杀行为的能力。

7.8.4　生物学因素

有确凿的证据表明，自杀有时会在家族中发生，遗传因素可能在自杀风险中起作用（Brent et al., 2015）。在 22 项研究中，同卵双生子的自杀一致率是异卵双生子的 3 倍（Baldessarini & Hennen, 2004）。此外似乎至少在一定程度上，这种遗传易感性独立于重度抑郁症的遗传易感性（Brezo et al., 2010）。

也有越来越多的证据表明，这种遗传易感性可能与自杀行为的神经化学相关物质有关。

具体来说，自杀者的 5-羟色胺功能经常发生变化，5-羟色胺活性的降低与自杀风险的增加有关——尤其是暴力自杀。这类研究不仅在对自杀者的尸检研究中进行，而且也在自杀未遂的人中进行。这种关联似乎与自杀者的精神病学诊断无关，包括抑郁障碍、精神分裂症和人格障碍。

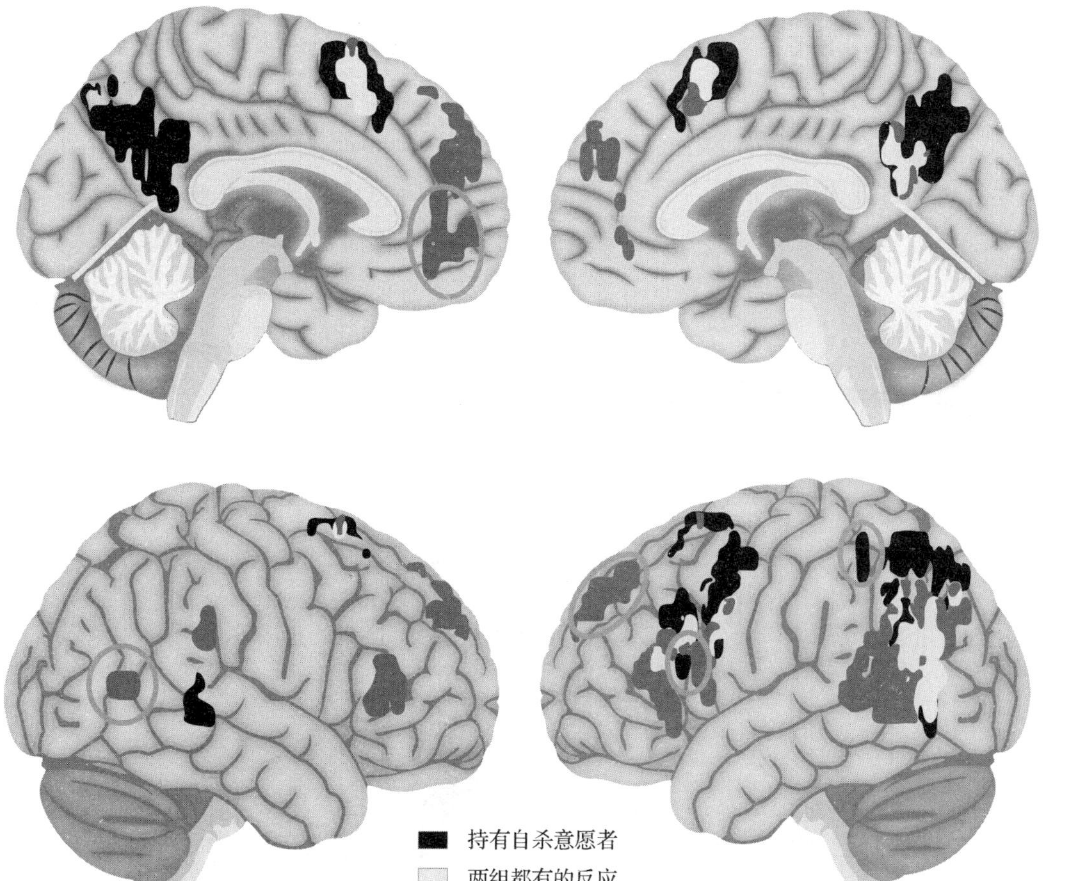

图 7.16　自杀青少年中死亡和自杀的神经表征

研究者发现，有自杀倾向的人在想到自杀时，大脑表现出与对照组不同的反应模式——具体地说，当他们想到“死亡”这样的词时，他们在与自我参照思维相关的区域表现出更强的激活。心理学家希望，这样的方法有一天能帮助识别那些可能想要自杀的人。

虽然很明显，有一些生物因素会增加人们产生自杀想法和行为的风险，但这些因素目前对准确预测自杀结果的帮助有限。例如，最近的一项元分析显示，过去 50 年来对有关自杀想法、自杀企图和死亡的生物学风险因素的研究发现，生物学因素与自杀的相关性很弱——由于太弱了，以致无法准确预测自杀的想法或行为（Chang et al., 2016）。尽管如此，科学家们仍在继续寻找生物学因素，希望有一天这些生物学因素能帮助我们更好地理解为什么有些人会有自杀想法和自杀行为。

7.8.5 自杀行为的理论模型

研究者试图用不同的理论模型来解释先前关于自杀行为的所有发现。许多人使用素质-应激模型将自杀概念化，其中潜在的易感性（如遗传易感性、神经生物学易感性）与应激生活事件相互作用，从而产生自杀想法和行为（Mann et al., 1999; Schotte & Clum, 1987）。例如，乔伊纳的自杀人际-心理模型表明，觉察到的负担感（例如，觉得自己是他人的负担）和受挫的归属感（例如，感到孤独）相互作用，会产生自杀的想法和欲望。但只有存在第三个因素——获得性自杀能力（被认为是通过疼痛或挑衅经历获得的）时，一个人才有做出致命自杀行为的欲望和能力（见图 7.17；Joiner, 2005）。现有的模型尚未充分解释自杀行为，研究者仍在继续努力，以期更好地理解自杀行为，使我们能更好地预测和预防悲剧。

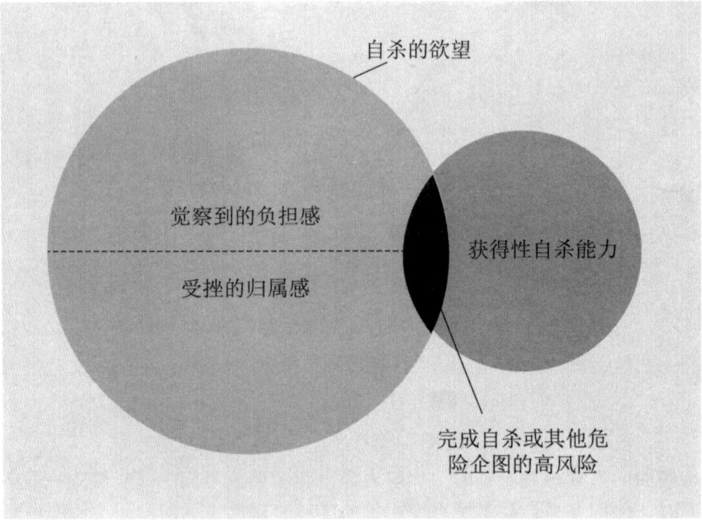

图 7.17　乔伊纳的自杀人际-心理模型

乔伊纳认为，当人们意识到自己是他人的负担并体验到一种受挫的归属感时，他们就会产生自杀的欲望。然而，除非他们也获得了自杀的能力，否则他们无法将这种自杀的欲望付诸行动。乔伊纳认为，当这三个因素同时出现时，个体就有很高的自杀风险。

7.9　自杀的预防及干预

解释目前用于预防和治疗自杀行为的措施

预防自杀是极其困难的。大多数抑郁和打算自杀的人并没有意识到：他们的思维受到了限制，他们的决策能力受到了损害，他们需要帮助。事实上，全世界只有大约 40% 有自杀想法或企图的人接受治疗（Bruffaerts et al., 2011）。高收入国家中接受治疗的比例（56%）远远高于低收入国家（17%），这种治疗通常是由全科医生而不是卫生保健专业人员进行的。有自杀倾向的人不寻求治疗的主要原因是，他们认为自己不需要帮助（58%），或者他们想自己解决问题（40%）（Bruffaerts et al., 2011）。目前有三种主要的预防方式：（如前所述）治疗患者当前的精神障碍、危机干预以及针对高危人群的相关措施。

7.9.1　精神障碍的治疗

预防自杀的一种方法是治疗潜在自杀者的精神障碍。就抑郁而言，治疗通常采用抗抑郁药物的形式。近年来有很多关于抗抑郁药物的使用及其导致自杀行为风险增加的争议（特别是在青少年中）。最近一项关于随机对照临床试验的综述显示，服用抗抑郁药的患者的自杀念头和自杀行为的发生率高于服用安慰剂的患者（Whittington et al., 2005）。

诸如此类的发现导致美国食品药品监督管理局（FDA）要求制药公司在这些药物的标签上标注警告，告知公众这种影响。在过去的几年里，许多论文阐述了对这一问题的不同看法，一些文献表明，抗抑郁药增加了青年人群的自杀行为风险，而其他研究认为抗抑郁药是安全和有效的，FDA 的警告实际上适得其反，会导致青年群体减少使用抗抑郁药而使自杀率增加（Bridge et al., 2007, 2008）。

关于成年人的争论较少，因为有证据表明抗抑郁药可以减少自杀的想法和行为，而且似乎是通过减少抑郁症状来实现的（Gibbons et al., 2012）。从长期来看，锂盐似乎也是一种特别有效的抗自杀剂（虽然不是在急性情况下；Goodwin & Jamison, 2007）。此外苯二氮䓬类药物被认为对治疗严重焦虑和恐慌有效，而这两者正是在自杀企图产生之前经常出现的。

7.9.2　危机干预

危机干预的主要目的是帮助个体应对眼前的生命危机。如果个体出现了强烈的自杀企图，首先需进行紧急医治，然后转诊至精神卫生机构的住院部或门诊，以降低未来企图自杀的风险（Stolberg et al., 2002）。

当自杀者愿意与自杀预防中心的人讨论自己的问题时，通常可以避免真正的自杀企图。这里的主要目标是帮助这些自杀者尽快恢复处理眼前问题的能力，重点通常放在：（1）在短时间内与患者保持支持性和高度指导性的接触（通常是 1~6 次）；（2）帮助患者认识到严重的痛苦正在削弱他们准确评估情况的能力，并使他们认识到有更好的方法来处理问题；（3）帮助患者认识到，目前的痛苦和情绪混乱不会是无止境的。

自 20 世纪 60 年代以来，自杀预防中心自杀热线的设立，使人们在发生自杀危机时可以得到的有效帮助大大增加。如今在美国有几千个这样的热线电话，但其中大多数的医疗质量存在问题（Seeley, 1997）。这些中心主要针对危机干预，一般通过每天 24 小时的电话联系服务。自杀热线的工作人员经常是非专业人士，由心理学家和精神病学家监督。工作人员会试图确认来电者意图的严肃性，同时试图表现出同理心，说服对方不要自杀，还会努力争取来电者家人或朋友的支持。不幸的是，对于这些热线和自杀预防中心的效果的有效评估信息并没有显示出它们对自杀率的影响。

7.9.3 关注高危人群和其他措施

最近的研究集中在提供治疗方面，旨在减少那些已经有自杀想法和行为的人的相关想法和行为。例如最近的一项研究针对有过至少一次自杀企图的成年人，测试了认知疗法降低其自杀风险的有效性。这种疗法对减少进一步的自杀尝试非常有益（Brown et al., 2005）。在接受治疗后的 18 个月里，认知疗法组的患者再次自杀的可能性比常规治疗组低 50%，他们的抑郁和绝望症状也比常规治疗组低。随后的研究表明，预防自杀的认知行为疗法对企图自杀的青少年也是可行的（Stanley et al., 2009）。

未解决的问题

我们有权利选择死亡吗？

大多数人都认为保护生命是一件有价值的事情。因此，在我们的社会中，自杀通常不仅被认为是悲惨的，而且是“错误的”。但是，为防止自杀而做出的努力实际上涉及伦理问题——如果人们愿意结束自己的生命，其他人是否有义务或权利干涉？当有人想要自杀的时候，并不是所有群体都会采取“他人应该干涉”的立场。例如，传统的古希腊人相信死亡是有尊严的，病入膏肓的人能够得到国家的许可结束自己的生命，国家官员会将一种名叫“铁杉”的毒药给予那些得到许可的人（Humphry & Wickett, 1986）。如今在某些西欧国家，例如荷兰和比利时，法律允许临终患者获得可用于自杀的药物（Bosshard et al., 2008; Maris et al., 2000）。1994 年，美国俄勒冈州通过了《俄勒冈州尊严死亡法案》（ODDA），对那些要求安乐死的临终患者，政府允许医生开出致命药物处方以协助他们自杀（Purvis, 2012; Sears & Stanton, 2001）。截至 2007 年，大约有 341 人根据 ODDA 结束了自己的生命。

从 ODDA 通过直到现在，美国社会都对此抱有极大的争议，美国司法部长约翰·阿什克罗夫特在联邦法庭上多次对其提出质疑，美国最高法院对该法律进行了审查并于 2006 年 1 月宣布维持原判。到目前为止，该法律仍然有效。此外，2008 年，华盛顿成为第二个通过尊严死亡法案的州，蒙大拿的一项法院裁决也使之合法化。尽管如此，对于身患绝症或遭受慢性疼痛的人是否有权利缩短他们的痛苦，全美仍然存在着激烈的争论。其中一个叫“铁杉社”的组织支持安乐死，认为身患绝症的患者在他们需要时有得到帮助的权利，还为做出这一决定的人提供支持。

其他几个团体则从立法层面来推进相关问题。密歇根的一位内科医生杰克·凯沃尔基安（Jack Kevorkian，1928—2011）通过帮助 130 多名重症患者自杀，试图让密歇根州通过法律允许这一行为。在此期间，国家试图阻止凯沃尔基安协助他人自杀的行为，他甚至几次被关进监狱，因为他拒绝遵守“不协助任何自杀”的禁令，医疗执照也被吊销。1998 年，凯沃尔基安在哥伦比亚广播公司的《60 分钟》节目中公布了一盘录像带，数百万人观看了他协助自杀的过程，这引起了人们更多的关注，也招致更多的起诉。他后来被指控犯有二级谋杀罪，并于 1999 年 4 月被判服刑 10—25 年。之后他于 2007 年因表现良好被假释出狱。尽管凯沃尔基安未能通过推动支持协助自杀的法律来帮助这些重病患者（事实上，密歇根州通过了一项禁止协助自杀的法律），但他的行为让许多人开始支持这一立场（Curlin et al., 2008; Purvis, 2012; Wilson, Chochinov, et al., 2007; Szasz's 1999 book *Fatal Freedom: The Ethics and Politics of Suicide*）。

反对这一立场的理由包括：担心自杀的权利可能被滥用。例如患有绝症和严重丧失行为能力的人，可能会因为感到压力而想结束自己的生命，压力源于他们的家人需要负担他们医疗或临终关怀机构的护理费用。但是，在安乐死合法化的荷兰和美国俄勒冈州，自杀权利被滥用的问题都没有发生。事实上，俄勒冈州的医生似乎对临终患者的需要变得更为关注与敏感，他们更愿意推荐临终关怀，也更愿意学习如何开大剂量的止痛药以减轻痛苦（Ganzini et al., 2001）。与此一致的是，俄勒冈州的大多数患者表示，他们安乐死的动机是因为失去了自主性和个人尊严，并非因为需要控制疼痛（Prokopetz & Lehmann, 2012）。

但是，那些没有患绝症的自杀者的孩子、父母、配偶或其他亲人可能会因其死亡而受到负面影响，这种负面影响可能是永久的（Lukas & Seiden, 1990; Maris et al., 2000），那么此类自杀者该拥有自杀的权利吗？在这种情况下，一个人的“自杀权”并不是很明显，医生也不太可能在这种情况下提供帮助（Rurup et al., 2005）。许多有自杀倾向的人可以通过干预，重新获得活下去的希望，并找到应对自身痛苦的方法。

有些人建议不要专注于“自杀预防”，认为“自杀干预”是一个更恰当的词语，对于自杀行为也是一种更具伦理辩护力、更专业的描述方法。根据这一观点，“自杀干预”体现了一种比“自杀预防”更为中立的道德立场，它意味着进行调解时排除牵涉妨碍个体权利的行为，而且在某些情况下，例如当人们身患绝症时，它甚至可能包含帮助患者实现安乐死的可能性。

当预防要求患者非自愿住院时，当个人物品（如腰带和尖锐物品）被拿走时，当镇静药物或多或少被强制使用时，关于预防概念的困境变得更加明显。有时需要相当大的限制才能使自杀者平静下来。这种情况并不少见，尤其是在这个动辄打官司的时代，负责任的临床医生会觉得纠结，感觉自己被困在这一问题的两方面的诉讼威胁中。此外，预防努力可能毫无结果，即使是在“自杀监视”下，真正有决心的人仍可能找出自杀的方法。实际上，有大约 5% 的成功自杀者正是在精神障碍治疗机构中住院治疗的患者，那些机构本来应该是能有效预防自杀发生的（Stolberg et al., 2002）。

因此，对存在自杀可能性的个体是否应该干预以及干预到何种程度，这类令人烦恼的伦理问题被同样恼人的法律问题弄得更复杂了。与其他专业实践领域一样，临床诊断也不再是干预决策的唯一考虑因素。这是一个社会问题，如果有解决方案的话，必须是社会性的。

本章小结

7.1　介绍心境障碍的类型、主要症状和患病率

- 心境障碍是以心境的极端变化（高或低）为主要特征的疾病。
- 抑郁障碍是指个体只经历抑郁发作，双相及相关障碍是指个体同时经历抑郁发作和躁狂发作。
- 心境障碍的发病率与焦虑障碍几乎相同。女性的重性抑郁障碍发病率远远高于男性，社会经济地位较低的人群和艺术造诣较高的人群的发病率也较高。与欧洲裔白种人和西班牙裔美国人相比，非裔美国人的发病率较低。

7.2　区分不同类型的抑郁障碍

- 重性抑郁障碍（MDD，也称“抑郁症”）要求个体必须经历过重性抑郁发作，并且从未有过躁狂、轻躁狂或混合性发作。
- 持续性抑郁障碍（以前称为“恶劣心境障碍”）是一种以持续的抑郁心境为特征的障碍，持续时间超过 2 年（儿童和青少年为 1 年）。
- 抑郁障碍几乎总是由应激生活事件引发的。一些最具应激性的事件可能会涉及亲友的死亡或创造一段新的生活。心理学家一直在努力研究如何正确地诊断个体经历这些事件后是否会出现抑郁发作。

7.3　导致抑郁障碍的因素

- 在抑郁障碍的生物学致病因素中，有证据表明，对重性抑郁障碍和持续性抑郁障碍的易感性受遗传因素的中度影响。此外重性抑郁障碍与神经化学、神经内分泌和神经生理系统的多种相互作用的失衡显著相关。昼夜节律和季节性节律的紊乱也是抑郁的显著特征。
- 在抑郁成因的社会心理理论中，有贝克的认知理论和重新阐述的无助与无望理论，这些理论被表述为素质-应激模型，反复思考自己的心境或问题的倾向会加剧它们的影响。素质在本质上是个体的认知（例如，功能失调信念和悲观的归因风格），而应激生活事件在决定这些素质何时会导致抑郁方面往往很重要。
- 神经质等人格变量也可以作为抑郁障碍的素质。
- 抑郁障碍的心理动力学和人际关系理论强调早期经验（尤其是早期丧失和亲子关系的质量）对形成抑郁障碍素质的重要作用。

7.4　列举并区分不同类型的双相障碍

- 在双相障碍（躁郁症、双相 I 型和 II 型障碍）中，患者会同时经历抑郁和轻躁狂或

躁狂。在躁狂或轻躁狂发作期间，症状基本上与抑郁发作期间相反。

- 环性心境障碍指反复出现轻躁症状至少 2 年。
- 双相 I 型障碍与抑郁症的区别在于躁狂的存在。混合性发作的特征是出现至少 1 周的躁狂和重性抑郁发作，或者是混合性发作，或者是每隔几天迅速交替发作。
- 双相 II 型障碍是指个体没有经历躁狂（或混合性）发作，但经历了明确的轻躁狂发作和重性抑郁发作。

7.5 介绍双相障碍形成和持续的影响因素

- 生物致病因素对双相障碍的作用比对抑郁障碍更为显著。遗传因素对主要精神障碍都有影响，但对双相障碍的影响最大。神经化学失衡、HPA 轴异常和生物节律紊乱都对双相障碍起到了重要作用。
- 应激生活事件可能会诱发躁狂或抑郁发作，但不太可能是导致障碍形成的直接原因。

7.6 解释文化因素如何影响心境障碍的表达

- 不同程度的污名化、不同的应激源、不同比例的心境障碍风险因素以及不同文化中症状的不同表现等因素，都被认为是对不同文化中心境障碍的不同发病率和表现形式的可能解释。

7.7 对心境障碍不同治疗方法的描述和区分

- 基于生物学的治疗，如药物治疗或电休克疗法，常被用于治疗比较严重的心境障碍。然而越来越多的特定的社会心理治疗，不仅被用于治疗心境障碍较轻的个体，也被用于治疗障碍较为严重的个案，并产生了很好的效果，如认知疗法、行为激活疗法和人际疗法。
- 大量证据表明，复发性抑郁最好通过特殊形式的心理治疗或长期服用药物维持疗效。

7.8 描述自杀行为的发生率和临床表现

- 自杀是世界范围内的主要死亡原因之一。近 10% 的成年人表示，他们曾认真考虑过自杀，近 3% 的成年人曾试图自杀。
- 在青春期和成年早期，自杀念头和行为的发生率急剧增加，而心理障碍（如抑郁障碍和双相障碍）是导致这些后果的重要风险因素。

7.9 解释目前用于预防和治疗自杀行为的措施

- 自杀预防（或危机干预）项目通常包括自杀热线形式的危机干预。尽管这些项目确实在某些情况下避免了致命的自杀企图，但旨在防止高危人群自杀的治疗的长期效果目前尚不明确。

第 8 章

躯体症状障碍和分离障碍

学习目标

8.1 概述 DSM-5 中躯体症状障碍及相关的四种障碍

8.2 解释躯体症状障碍的成因和治疗方法

8.3 解释疾病焦虑障碍和躯体症状障碍的关键区别

8.4 总结转换障碍的临床特点，并指出其患病率、成因和治疗方法

8.5 解释做作性障碍与诈病的区别

8.6 列出 DSM-5 中的三种分离障碍

8.7 总结人格解体 / 现实解体障碍的临床特征

8.8 描述分离性遗忘症的临床特征

8.9 描述分离性身份障碍的临床特征，并解释该障碍颇具争议的原因

8.10 描述分离障碍的文化因素、治疗方法和结果

你是否有过以下这些体验？在压力较大的时候，感觉自己心神恍惚地四处游荡，或者有一部分的自己不知去了哪里。你当时有什么身体症状吗？这就是轻度的分离性症状和躯体症状，实际上，几乎每个人都偶尔经历过。德国的一项有关躯体症状的流行病学调查表明，约 80% 的人报告在过去一周内至少有过一种躯体症状（Hiller et al., 2006）。但是，如果当事人一直认为这些症状很严重，并且给当事人带来严重的痛苦或功能受损时，就可能被诊断为**躯体症状障碍**。而如果持续反复出现以两个或多个截然不同的人格状态为特征的身份瓦解，或者不能回忆起重要的个人信息（比如“忘记”了自己是谁），就可能被诊断为**分离障碍**。

以前，躯体症状障碍（以前称为**躯体形式障碍**）、分离障碍和焦虑障碍同属“神经症”这个类别。这是因为当时的人们认为，无论个体是否清晰地意识到自己的焦虑，焦虑都是神经症的根本原因。一直到 1980 年，DSM-III 才取消了这种建立在潜在病因假设上的分类方法（如神经症），转变成根据外在的显性症状来对精神障碍进行分类，把躯体症状障碍和分离障碍从焦虑障碍中分离出来，改为独立的类别，这种新的方法一直延续至今。在 DSM-5 中，躯体症状障碍是一个新的分类名称，并且和分离障碍被视为不同的诊断类别，在本章中，我们将分别进行讨论。在下面一节的内容中，我们将对躯体症状及相关障碍进行概述。

8.1 躯体症状及相关障碍

概述 DSM–5 中躯体症状障碍及相关的四种障碍

躯体症状及相关障碍是 DSM-5 中的一个新分类，这组障碍的性质处在变态心理学和医学的交界地带。这类疾病包括躯体症状以及对这些症状的异常想法、感觉和行为（APA, 2013）。躯体症状中的“躯体”即身体。躯体症状障碍患者的身体症状会给他们带来严重的心理痛苦和社会功能损伤。理查德就是一个很典型的例子。

案例

理查德是一名 46 岁的软件工程师，他有长期身体不适的病史。他从高中就开始出现头痛和胸痛的问题。随着时间的推移，他全身出现了各种各样的症状，包括背痛、腹部不适、关节痛、头晕、乏力和疲劳。在过去的 20 年里，理查德看过许多医生，也接受过无数次体检。尽管他收到了几项描述性诊断，但这些诊断仅仅描述了他的症状，对于他的问题并没有给出任何医学上的解释。理查德总是担心有些东西被遗漏了，可能有潜在的问题没有被发现。他订阅了几份健康通讯，并经常使用互联网，了解更多有关他症状的可能原因。他知道，他现在的医生对他频繁的拜访感到厌烦，但他仍然非常担心自己的健康状况。

如前所述，人们体验到身体感觉或症状是很常见的。在大多数情况下，这些症状会自动消失。但在大约 25% 的病例中，这些症状持续的时间更长，促使患者去看医生。世界各地进行的研究表明，导致人们寻求医疗护理的躯体症状中，有 20%~50% 是医学上无法解释的。换句话说，20%~50% 的患者身上没有找到医学上的器质性病变（Kroenke, 2003），对许多人来说，这就是结果。当他们得知所有的医疗检查都是阴性时，他们感到很满意。但是有一部分患者（比如理查德）会继续担心自己有某种严重的问题——患有一种尚未确诊的疾病。他们倾向于继续寻求帮助，要求进行更多的检查。换句话说，他们对自己健康的某些方面过于关注，以至于表现出明显的社会功能受损。你可以想象，这样的患者在医疗场所比在精神卫生诊所更常见。据估计，约 20% 对门诊医生的投诉是由此种原因引起的（Steinbrecher et al., 2011）。在美国，几乎每个家庭医生都说他们经常见到这类患者（Dimsdale, 2011）。

DSM-IV 中强调这些症状在医学上是无法解释的。换言之，虽然当事人抱怨的躯体症状或某些疾患好像是身体疾病的表现，但实际上没有任何器质性病变可以合理地解释其症状（Allen & Woolfolk, 2012; Witthöft & Hiler, 2010）。而在 DSM-5 中，这一点有了重要的改变，它没有区分目前在医学上能够解释的症状和医学上无法解释的症状。不再强调“医学上无法解释”这一概念，因为人们认识到医学是容易出错的，我们并不总能提供对症状的医学解释。是否认为症状是器质性病变也可能取决于医生的性格或医生的主要文化信仰（Klaus et al., 2013）。尽管如此，医学上无法解释的症状仍然是一些障碍的关键特征（例如转换障碍），我们将在后面描述。

同样关键的是，这类障碍的患者无法控制他们的症状。他们也不是故意装病或试图欺骗他人，在大多数情况下，他们真的认为自己患了重病。下文中，我们将主要关注躯体症状及相关障碍类别中最重要的四种障碍：（1）躯体症状障碍；（2）疾病焦虑障碍；（3）转换障碍；（4）做作性障碍。

8.2 躯体症状障碍

解释躯体症状障碍的成因和治疗方法

躯体症状障碍是该类障碍中最常见的一种。新的诊断范畴包括一些以前在 DSM-IV 中属于其他障碍的疾病。过去的疑病症、躯体化障碍和疼痛障碍的分类已经消失，过去被诊断出患有这些障碍的大多数人，现在会被诊断为躯体症状障碍。例如，74% 以前被诊断为疑病症的患者（这些患者要么担心自己得了严重疾病，要么认为自己肯定患有某种疾病，尽管他们并不患有这种疾病），如今会被诊断为 DSM-5 中的躯体症状障碍（Bailer et al., 2016）。

躯体症状障碍的诊断标准是描述性的，它不包含任何关于病因的假设。之所以选择这个诊断名称，是为了减少一些与较老的诊断术语（如“疑病症”）相关的消极含义，以及诸如此类的障碍“全是臆想的”等想法。正如你在第 5 章中所了解的，我们现在开始理解精神和身体是如何紧密地相互影响的。

躯体症状障碍的一个诊断标准是，患者有令他们痛苦的慢性躯体症状，还有异常的想法、感觉或行为。心理症状是新增加的。在 DSM-IV 中，当事人只需有医学上无法解释的躯体症状，无须具备心理症状。这是一个相当奇怪的遗漏，因为 DSM 中精神障碍的一个共同特征是，除了其他症状和体征外还有心理特征（Rief & Martin, 2014）。如前所述，另一个根本性的变化是，患者不再需要满足“躯体症状在医学上无法解释”这一条件。躯体症状障碍的诊断标准见《DSM-5 诊断标准》专栏。

DSM-5 诊断标准
躯体症状障碍

A. 1 个或多个的躯体症状，使个体感到痛苦或导致其日常生活受到显著破坏。

B. 与躯体症状相关的过度的想法、感觉或行为，或与健康相关的过度担心，表现为下列至少 1 项：

1. 与个体症状严重性不相称的和持续的想法。
2. 有关健康或症状的持续高水平的焦虑。

3. 投入过多的时间和精力到这些症状或健康的担心上。

C. 虽然任何一个躯体症状可能不会持续存在，但有症状的状态是持续存在的（通常超过 6 个月）。

另一个诊断标准的变化是，在 DSM-5 中，只需要个体存在一种躯体症状即可做出诊断。换句话说，如果个体有任何让他感到痛苦的躯体问题（即使只涉及一个单一的症状，并且得到了医学上的解释），就可能得出躯体症状障碍的诊断。当然，大多数患者都是像理查德这样，有很多身体上的不适，即使只有一种症状，人们也会遭受很大的痛苦。但由于这个原因，新的 DSM-5 诊断标准可能会导致躯体症状障碍的患病率增加。据估计，一般人群的躯体症状障碍患病率为 5%~7%（APA, 2013）。但是，有很多人批评说，新的诊断标准太过宽松，将导致许多人被误诊为躯体症状障碍（Frances, 2013b）。也有人认为，这会给女性带来更多的负面影响，因为她们比男性更频繁地就医，而且她们也更容易被医生视作“无病呻吟”或“小题大做”而不予理会（Frances & Chapman, 2013）。

另一个担忧是，从临床角度来看，被诊断为躯体症状障碍的不同患者可能看起来差异很大（Rief & Martin, 2014）。例如，理查德会被诊断为躯体症状障碍。简也一样，她患有偏头痛，担心头痛对她生活的影响。另一个符合躯体症状障碍诊断标准的人是艾伦，她在 41 岁时患上了乳腺癌，经过手术、放疗和化疗，她的乳腺癌正在痊愈。尽管如此，艾伦非常担心癌症会复发。这可能与她所用药物的副作用有关，现在 44 岁的她出现了躯体症状和头痛。但是，由于艾伦一直担心癌症会复发，所以她也会得到与理查德相同的诊断结果。尽管理查德没有被诊断出有特定的器质性病变，但他总是担心自己的健康。

躯体症状障碍的诊断标准很可能会随着时间的推移而改变，这是意料之中的。正如我们在第 1 章中提到的，DSM 必须始终被视为一个不断迭代、更新和修订的手册。然而在修订工作中，DSM-5 工作组可能过分放宽了躯体症状障碍的诊断标准。事实上，曾担任 DSM-IV 修订工作组主席的艾伦 · 弗朗西斯将 DSM-5 的躯体症状障碍诊断标准称为“定义松散、存在致命缺陷”的诊断标准，并建议临床医生不要使用它（Frances, 2013a, p. 531）。弗朗西斯甚至为这种障碍提供了修订的诊断标准，如表 8.1 所示。将该表与 DSM-5 诊断标准进行比较，它们在哪些方面不同？你认为该表有什么改进吗？

表 8.1　建议修订躯体症状障碍的诊断标准

A. 1个或多个明显的躯体症状
B. 与躯体症状相关的过度和适应不良的想法、感觉和行为，必须满足以下3项： a. 与个体症状严重性不相称的和持续的担忧 b. 对症状的极度焦虑 c. 在症状或健康顾虑上投入过多的时间和精力
C. 这种过度的担忧至少在6个月前就明显存在问题
D. 对躯体症状的过度关注是普遍存在的，并对日常生活造成严重的干扰和损害
E. 如果存在确诊的疾病，则就其性质而言，个体的想法、感觉和行为都大大超出了预期
F. 如没有做出医学诊断，则进行彻底的医学检查以排除可能的原因，并适时复查，以发现可能随时间推移而出现的病症
G. 其他精神障碍（如焦虑或抑郁障碍）不能更好地解释躯体症状或担忧

当前的 DSM-5 诊断标准可能导致许多患者都被诊断为躯体症状障碍（Rief & Martin, 2014）。有些患者会有很多症状，而有些则很少；有些症状有医学上的解释，有些则没有。目前尚不清楚的是，这种宽泛的临床分类是否会阻碍新疗法的开发。躯体症状存在医学解释的患者与医学无法解释的患者（如理查德）是否应该采用相同的治疗方法？我们能假设在这两种情况下，都存在类似的机制吗？对那些尝试开发新疗法的人来说，DSM-5 的变化给他们带来了一些挑战。

8.2.1　躯体症状障碍的成因

为什么人们会出现躯体症状障碍？这些障碍的历史根源可以追溯到癔症的精神分析概念以及弗洛伊德、布罗伊尔和珍妮特的著作（见第 2 章）。长期以来，人们认为躯体症状是一种防御机制，可以抵御尚未解决或无法接受的无意识冲突。精神能量没有被直接表达出来，而是被引导到更可接受的躯体问题中。

当前的观点采取了一种更偏向认知行为取向的方法。当然，躯体症状障碍仍是一种相对较新的障碍，因此，人们尚未对其本身进行大量的研究。尽管如此，认知行为观点对诸如疑病症和躯体形式障碍（现在已被纳入新的诊断）等障碍的看法可能仍然有效和有用。尽管存在几种不同的模型（Brown, 2004; Kirmayer & Taillefer, 1997; Rief & Barsky, 2005），但它们的核心特性往往非常相似：第一，患者十分关注自己的身体，即个体是高度警觉的，并且对身体的变化有更高的意识。第二，患者倾向于将身体的感觉视为躯体症状，这意味着患者认为这种感觉是由疾病引起的。第三，患者倾向于过分担心症状的含义，并有灾难化认知。第四，由于这种担心，患者非常痛苦，并主动就医，以解决自己的身体问题。图 8.1 给出了基本模型。

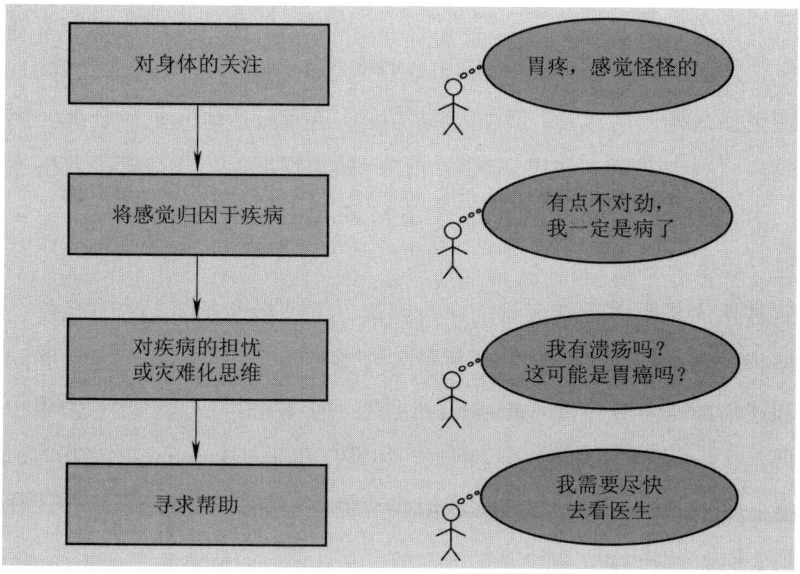

图 8.1　躯体症状障碍简化模型

患有躯体症状障碍的患者，往往具有一种特定的认知风格，即他们会对自己的身体感觉过于敏感，还会经历强烈的、不安的、高度厌恶的感觉。这类患者的另一个特点是，他们往往会对自己的症状进行灾难化的思考，常常高估病情的严重程度。

根据这个模型，躯体症状障碍可以被看作感知（注意到良性的或无害的感觉，比如心跳加速）和认知（“这是否意味着我有严重的心脏问题?”）的障碍。那些特别担心自己健康的人，倾向于相信他们对自己身体发生的变化非常敏锐，但事实似乎并非如此。相反，实验研究表明，这些个体对疾病相关信息有注意力偏差（Gropalis et al., 2013; Jasper & Witthöft, 2011）。换句话说，患者对自己患病的担心更多是自上而下（认知）的过程，而不是自下而上（如感受到躯体症状）的，这似乎解释了患者存在的问题。虽然他们的躯体感觉可能与对照组没有什么不同（Marcus, Gurley, et al., 2007），但躯体症状障碍患者似乎过分关注自己的身体感觉，将身体感觉称为“症状”。他们还认为自己的症状比实际情况更危险，并夸大地判断自己患有某种特定疾病。一旦他们误以为自己存在一个症状，就会寻找证据证明自己确实得了病，拒绝考虑那些证明自己健康状况良好的信息。实际上，他们似乎认为健康就意味着完全没有任何症状（Rief et al., 1998）。他们还认为自己能够抵抗疾病的可能性极低（Salkovskis & Bass, 1997），并且认为自己身体虚弱，无法承受消耗体力的事情，也不能进行体育锻炼（Riebel et al., 2013; Wollburg et al., 2013）。这些情况会形成一个恶性循环：一方面，他们为自己的疾病和症状感到焦虑；另一方面，这种焦虑又导致各种生理症状的出现，使他们更加确信自己患病了。

人们还认为，个体过去对疾病的认识和经验（既包括自己和他人患过的疾病，也包括在媒体中看到的疾病）都会导致一系列关于症状和疾病的功能失调假设的形成，这可能使人易患躯体症状障碍（Marcus, Gurley, et al., 2007; Salkovskis & Warwick, 2001）。这些功能失调假设可能包括这样一些观念，比如“身体变化通常是重大疾病的征兆，因为每种症状都有相应的生理原因”或者“如果你在发现任何异常情况时，不立即去看医生，那么后果将不堪设想”（Salkovskis & Bass, 1997, p. 318; Marcus, Gurley, et al., 2007)。这是另一个自上而下的认知过程起作用的例子。

消极情感被认为是躯体症状障碍的风险因素，但消极情感不是充分条件。在许多有着消极情感人格特征的个体中，只有一小部分人习惯性报告症状。其他也可能同样重要的特征是专注性和述情障碍。专注性（absorption）是一种不由自主地将注意力集中在个体经历上的倾向，具有这一倾向的人往往易受催眠。述情障碍（alexithymia）是指难以识别自己感受的人格特质。那些报告有很多躯体症状但没有任何器质性病变的个体往往在这三个特征上得分都很高（Bogaerts et al., 2015）。

研究还表明，当报告有很多躯体问题的人处于消极心境中时（例如，通过观看消极图片），他们报告的躯体症状会增加（Bogaerts et al., 2015; Constaninou et al., 2013）。那么会发生什么呢？有些人很难确定自己的感受，而且很容易被自己的经历所吸引，当他们经历负面事件时，他们可能对某些注意（自上而下的）过程特别敏感。注意系统的这些变化可能会触发过去症状的记忆或表征（认知图式），它们是由先前的疾病经历形成的。一旦这些图式变得活跃，就可能使人意识到轻微的躯体感觉，甚至激活对症状的体验，这些症状就像是由器质性病变引起的一样“真实”。因为所有这一切都被认为是自动发生的，所以个体对这个过程没有洞察或控制。

如前所述，躯体症状障碍的患者经常出现在医院门诊。因为他们反复寻求医生的建议（Bleichhardt & Hiller, 2006; Fink et al., 2004），他们每年支出的医疗费用远远高于平均水平（Fink et al., 2010; Hiller et al., 2004）。因患有躯体症状障碍而带来高水平的功能损伤也十分常见，许多患者因躯体症状而严重残疾（van der Leeuw et al., 2015）。躯体症状障碍的患者更可能是女性，并常与抑郁障碍和焦虑障碍共病（Creed & Barsky, 2004; Voigt et al., 2012）以下案例描述了一位躯体症状障碍患者。

案例

安娜是一位38岁的已婚妇女，同时是五个孩子的母亲，因抑郁症去一家精神卫生诊所问诊，符合重度抑郁症的诊断标准。她的婚姻生活长期不幸福，她的丈夫是个酗酒者，工作不稳定，经常因为经济状况、性冷淡和性交疼痛而争吵。

安娜说她从小就易紧张焦虑，而且从小就不断生病。她有过胸痛的症状，医生告诉她，她有一颗“神经紧张的心脏”。安娜经常去医院治疗腹痛，有一次她被诊断为“痉挛性结肠”。除了内科医生，安娜还向脊椎按摩师和骨科医生咨询腰酸背痛、四肢疼痛和指尖发麻。她最近因腹痛、胸痛和呕吐而入院。在住院期间，她接受了子宫切除术。自从手术后，她一直被焦虑、晕厥、呕吐、食物不耐受、虚弱和疲劳所困扰。到目前为止，体检还没有揭示出对她症状的任何解释。

虽然躯体症状障碍患者常常体验到病痛和折磨，但他们可能通过二级强化使自己的症状得到维持。我们大多数人从小就体会过，当我们生病时，我们会得到特殊的安慰和关注，也会被免除上学或其他责任，这就是继发性获益，这一维持症状的过程称为二级强化。在被 DSM-IV 诊断为疑病症的病例中，巴斯基和他的同事（1994）发现，这些患者报告了很多童年时期的患病和缺课经历。患有疑病症的人在成长过程中，往往会在家庭中观察到许多亲人患病，这可能会导致他们对生病或疼痛有着深刻的记忆（Pauli & Alpers, 2002），并且可能观察到，患者有时会获得继发性获益（Cote et al., 1996; Kellner, 1985）。

话虽如此，但患有躯体症状障碍的人并不是在诈病，以达到特定的目标，如赢得人身伤害诉讼。他们经历的躯体问题引起了他们自身的极大关注。如前所述，这些症状可能源于人的意识雷达监测不到的脑活动。

8.2.2　躯体症状障碍的治疗

认知行为模型为躯体症状障碍的病因提供了一个很好的解释，因此，认知行为疗法（CBT）被广泛用于治疗这些疾病也就不足为奇了（e.g., Barsky & Ahern, 2004; Tyrer, 2011; also Hedman et al., 2011, for an example of Internet-based cognitive-behavioral therapy）。以理查德为例（本章开头的案例），这种治疗方法的认知成分可能集中在评估他对疾病的信念，以及修正他对躯体感觉的错误理解。行为疗法的技术包括让理查德有意识地将注意力集中在身体的某个部位，引发出某种无害的症状，从而让他知道，自己对躯体感觉的选择性知觉对他的症状起到了非常重要的作用。有时，接受 CBT 的患者也被要求通过不再检查躯体症状和停止寻求安慰来进行反应预防。一般来说，CBT 的疗程相对较短（6~16 次），治疗也能够以小组形式进行（Weck et al., 2015）。除了有助于减少躯体症状和对症状的焦虑，CBT 还可以普遍地降低焦虑和抑郁水平（Olatunji et al., 2014）。毫不奇怪，如果患者接受更多的治疗，他们的情况会更好。在最近的一项研究中，患者还报告说，思考躯体症状背后可能存在的其他原因（例如，头痛不一定意味着长了脑瘤），是 CBT 中最有效果的部分（Weck et al., 2015）。

除了 CBT，某些类型的医疗管理也能让症状得到一些改善。家庭医生可以学习如何更好地管理和治疗患有这些疾病的患者，使他们不那么沮丧（Rosendal et al., 2005; also Edwards & Edwards, 2010）。一种较为有效的治疗方法是确定一名医生，通过定期看望患者（从而试图预测新问题的出现），并针对新出现的主诉进行身体检查（从而将所有症状视为有效症状），整合对患者的护理。然而，与此同时，医生要避免不必要的诊断性检查，尽量少使用药物或其他疗法（Looper & Kirmayer, 2002; Mai, 2004）。几项研究发现，患者在接下来的几个月中，显示出医疗保健支出的大幅减少，有时身体功能也有所改善（尽管心理上的痛苦不一定得到缓解；e.g., Rost et al., 1994）。这就是为什么这种方法最好与 CBT 结合（e.g., Bleichhardt et al., 2004；Mai, 2004）。

认知行为技术也被广泛应用于涉及疼痛的躯体症状障碍的治疗。治疗计划一般包括放松训练、支持并确认疼痛的真实性、安排日常活动、认知重组，以及“无疼痛”行为的强化等方法（Simon, 2002）。接受此类治疗的患者大都表现出残疾和疼痛的实质性减轻，尽管他们疼痛强度的变化在幅度上往往较小。此外，抗抑郁药（特别是三环类抗抑郁药）和某些选择性 5-羟色胺再摄取抑制剂，已被证明能够减轻疼痛强度，其作用方式与药物可能对心境造成的影响无关（Aragona et al., 2005; Simon, 2002）。

8.3 疾病焦虑障碍

解释疾病焦虑障碍和躯体症状障碍的关键区别

疾病焦虑障碍是 DSM-5 中新增的。患有这种障碍的人担心他们可能罹患某种严重的疾病。这种担心会给患者带来非常严重的焦虑，这种焦虑是令人痛苦或具有破坏性的，但患者很少体验到躯体症状，或体验到的躯体症状非常轻微（见《DSM-5 诊断标准》专栏）。

在 DSM-IV 中，大约 25% 被诊断为疑病症的人在 DSM-5 中被诊断为疾病焦虑障碍（Bailer et al., 2016）。尽管 DSM-5 将疾病焦虑障碍和躯体症状障碍视为不同的临床诊断，但最近的研究表明它们非常相似。例如，疾病焦虑障碍和躯体症状障碍的平均发病年龄均为 20 岁（Newby et al., 2017）。

DSM-5 诊断标准
疾病焦虑障碍

A. 患有或获得某种严重疾病的先占观念。
B. 不存在躯体症状，如果存在，其强度是轻微的。如果存在其他躯体疾病或有发展为某种躯体疾病的高度风险（例如，存在明确的家族史），其先占观念显然是过度的或不成比例的。
C. 对健康状况有明显焦虑，个体容易对个人健康状况感到警觉。
D. 个体有过度的与健康相关的行为（例如，反复检查他/她的躯体疾病的体征）或表现出适应不良的回避（例如，回避与医生的预约和医院）。
E. 疾病的先占观念已经存在至少 6 个月，但所害怕的特定疾病在那段时间内可以变化。
F. 与疾病相关的先占观念不能用其他精神障碍来更好地解释，如躯体症状障碍、惊恐障碍、广泛性焦虑障碍、躯体变形障碍、强迫症或妄想障碍躯体型。

还有许多其他的相似之处。这就提出了一个问题：是否应该存在两种都反映了对健康问题的焦虑的疾病（Bailer et al., 2016）？它们之间的主要区别似乎是严重程度。躯体症状障碍患者有更多的共病症状，更频繁地去看医生（这是有道理的，因为与疾病焦虑障碍患者不同，他们有医学症状）。随着时间的推移，这两种疾病可能会在未来修订的 DSM 中合并为一个单一的诊断分类，而对严重性进行区分。

8.4 转换障碍（功能性神经症状障碍）

总结转换障碍的临床特点，并指出其患病率、成因和治疗方法

躯体症状及相关障碍类别下的另一障碍是转换障碍。“转换障碍”这个术语相对来说比较新，之前这种障碍和其他几种障碍被统称为“癔症”。

转换障碍是精神病理学中最令人迷惑和难以理解的一种疾病，我们对它仍缺乏了解。其特征是在没有神经学诊断的情况下，出现神经症状（Feinstein, 2011）。换句话说，患者有影响感觉或运动行为的症状或缺陷，它们通常强烈地暗示了一种躯体或神经疾病，但是，症状或缺陷的模式与任何神经系统疾病或躯体问题并不一致。一些典型的例子包括局部瘫痪、失明、耳聋，以及类似癫痫发作的意识丧失和肢体抽搐。当然，只有在进行了全面的躯体和神经学检查后才能做出诊断。同样重要的是，患者并不是故意制造或伪装症状。相反，人们通常认为心理因素起着重要作用，因为症状通常是由先前的情绪冲突、人际冲突或应激源引起的，或者是由这些冲突或应激源加剧的，如下面的案例所示。

案例

一位21岁的埃塞俄比亚大学生在母亲的陪同下来到医院，她说自己过去一周失明了。医生对她做了眼科检查，然后做了神经学检查，都没有发现任何器质性问题。在所有检查过程中，患者都很配合，注意力都在正常范围。除了报告有严重的视力损伤外，这位患者面带微笑，并表示感觉没什么异常。

诊所工作人员经询问发现，1个月前，该患者已经有2个星期不能说话。她在学习上遇到了困难，母亲告诉她，她父亲得了一种危及生命的疾病，几个小时后，她开始说话困难。在朋友们的帮助下，患者恢复了正常。1个星期后，在准备考试的时候，她完全失明了。

在她到目前就诊的诊所治疗前8个月，有6周无法说话。当时，她接受了喉镜检查，没有发现任何异常。患者接受了安定药的治疗，并接受了一些帮助她控制自己压力和焦虑的治疗。经过3天的放松治疗和慢呼吸训练，她开始能够发出咳嗽的声音，第二天她能说几句话了，第三天她又完全能与人交谈了。

这一次，同样的压力管理技术也被用于治疗患者的失明。她得到了适合盲人使用的材料，并被要求完成触觉任务，制作不同形状的图案。不久，她得到了绘画材料。虽然患者说她看不清自己在做什么，但她能重现形状，还能用纸包在木头上做成珍珠项链。一直以来，诊所的工作人员都在鼓励和支持她，称赞她学会的技能。此后大约1周，患者开始看到闪光。过了一会儿，她开始认出几个人。3周后，她的视力恢复了正常。

早期的观察发现可以追溯到弗洛伊德，他发现大多数患有转换障碍的人几乎没有表现出手臂瘫痪或失明的人应有的焦虑和恐惧。（如果你醒来突然发现自己看不见了，或无法移动你的手臂，你不会感到非常沮丧吗？）这种表面上的漠不关心被称为“la belle indifférence”——法语意为“美丽的冷漠”，中文译为“泰然处之”。长期以来，它被认为是转换障碍的重要诊断标准。然而，后来更多的研究发现，泰然处之仅发生在大约20%的转换障碍患者身上，因此不能把它当作诊断转换障碍的一个可靠标志。由于这些原因，它被从晚近版本的 DSM 诊断标准中剔除了（Stone et al., 2006, 2011）。

DSM-5 的作者对改变描述这种疾病的术语有许多建议（例如，改为“心因性的、功能性的、分离性的”）。最后，我们采取了保守的方法，保留了术语“转换障碍”，尽管括注为“功能性神经症状障碍”（Stone et al., 2011）。转换障碍的 DSM-5 诊断标准见《DSM-5 诊断标准》专栏。

DSM-5 诊断标准

转换障碍（功能性神经症状障碍）

A. 1 个或多个自主运动或感觉功能改变的症状。

B. 临床检查结果提供了其症状与公认的神经疾病或躯体疾病之间不一致的证据。

C. 其症状或缺陷不能用其他躯体疾病或精神障碍来更好地解释。

D. 其症状或缺陷引起有临床意义的痛苦，或导致社交、职业或其他重要功能方面的损害或需要医学评估。

8.4.1　转换障碍的症状范围

转换障碍在临床上的表现多种多样。在描述转换障碍的临床表现时，我们将症状分为 4 类:（1）感觉症状;（2）运动症状;（3）癫痫发作;（4）以上三种的混合表现（APA, 2013）。

感觉症状或缺陷

转换障碍几乎可以涉及任何感觉形态。通常被诊断为转换障碍是由于受影响区域的症状与已知的解剖学上的感觉症状表现模式不一致。转换障碍的感觉症状或缺陷在视觉系统（尤其是失明和视野狭隘）、听觉系统（尤其是失聪）或感觉的敏感性（尤其是感觉缺失）中最为常见。在感觉缺失中，人会失去身体某一部分的感觉。最常见的一种是手套式感觉丧失，患者的手在戴手套的区域完全丧失感觉。然而，手的神经分布方式使得这种形式的感觉丧失非常不可能发生，这一感觉丧失完全没有解剖学意义（神经不会在手腕处停止）。

对转换性失明的个体来说，尽管他们报告自己看不到任何东西，但是通常可以在堆满家具和其他东西的房间里自由行走。对转换性失聪的个体来说，尽管他们报告自己听不到任何东西，但是却能够准确定位叫自己名字的声音是从哪个方向发出的。这样的现象显然会引发疑问：在转换性失明（和失聪）中，当事人是真的看不见（或听不见），还是其感觉器官已经接收了信息，只是被意识屏蔽了？一般来说，研究证据支持后一种观点。感觉信息已经进入当事人的感觉器官，但是不知为何被显意识的知觉排除在外。

运动症状或缺陷

运动转换性反应包括范围很广的各种症状（e.g., Maldonado & Spiegel, 2001; also Stone et al., 2011）。例如，转换性瘫痪通常表现在某一个肢体上，比如一只手臂或一条腿，而且这种功能丧失通常是有选择性地针对某种功能。举个例子，某个人可能不能写字，但是可以抓握，而它们实际上使用的是同一组肌肉。又比如某个人可能大部分时间都不能走，但是碰到某种重要而紧急的状况（比如火灾逃命时）也许就能跑。最常见的与发音相关的转换性症状是转换性失声，即患者只能很低声地说话，但却可以正常地咳嗽（实际上，器质性喉麻痹不仅影响说话声音，也会影响咳嗽）。另外一个常见的运动症状就是吞咽困难或者感觉到喉咙有肿块（Finkenbine & Miele, 2004）。

假性癫痫发作

另一种相对常见的转换症状是假性癫痫发作。这些症状类似癫痫发作，但不是真正的癫痫发作（Bowman & Markand, 2005; Stonnington et al., 2006）。例如，假性癫痫发作患者没有表现出任何脑电图异常，在发作之后也没有出现思维混乱和记忆丧失的现象，而真正癫痫发作的患者会存在这些症状。此外，转换性癫痫发作的患者经常表现出过度的抽搐和扭动，这在真正的癫痫发作中是看不到的；而且，他们很少在摔倒时受伤，也很少像真正癫痫发作的患者那样大小便失禁。

8.4.2 诊断转换障碍的一些重要问题

由于转换障碍的症状可能与各种医学疾病类似，因此要进行精确诊断是非常困难的。很关键的一点是，当怀疑某人具有转换障碍症状的时候，要让其接受全面的躯体和神经学检查。然而遗憾的是，误诊仍然可能发生。但是，随着医学检测（尤其是大脑成像）技术变得越来越精准，误诊率已经大幅下降（van Meerkerk-Aanen et al., 2017）。

其他几个标准也常用于区分转换障碍和真正的器质性病变：

- 转换障碍中的某种功能丧失常常不符合与之类似的某种疾病或障碍的症状。例如，转换性瘫痪的“瘫痪”肢体几乎不会发生萎缩，除非是罕见和长期的案例。
- 选择性失能。如前所述，在转换性失明中，患者通常不会撞到人或物体，“瘫痪”的肌肉可以用于某些活动，但不能用于其他活动。
- 在催眠或麻醉状态（药物引起的一种类似睡眠的状态）中，或在治疗师的暗示下，转换障碍的症状一般会消失、转移或重新唤起。同样，某人从酣睡中突然被唤醒后，可能突然能够使用已经“瘫痪”的肢体。

8.4.3 患病率和人口统计学特征

转换障碍在平民和（特别是）军人的生活中曾相对普遍。在第一次世界大战中，转换障碍是士兵中最常见的精神障碍，在二战期间也相对普遍。转换障碍通常发生在高应激水平的战斗状态下，也见于那些一般被认为不易患精神障碍的男性。转换障碍的症状，例如腿瘫痪，使士兵能够避免引起焦虑的战场，而又不会被贴上懦夫的标签或被送上军事法庭。

在医院神经内科接受治疗的患者中，大约有 5% 的人患有转换障碍。该障碍确切的患病率尚不清楚，但即使是最高的估计也只有 0.005% 左右（APA, 2013）。有趣的是，这种患病率的下降似乎与我们对躯体和精神疾病日益成熟的认识密切相关——如果转换障碍很容易被证明缺乏器质性依据，那么它显然就失去了防御功能。如今，这一障碍最有可能发生在那些没有医学经验的人身上。例如，居住在阿米什农村一个贫穷小社区的 9~13 岁的 5 名女孩中，曾发生了一场极不寻常的严重转换障碍“暴发”，症状包括严重的运动无力和消瘦。这些女孩都遭遇了大量的社会心理应激源，这些应激源包括行为问题、功能失调的家庭环境，以及严重的地方教会危机带来的显著的社区压力（Cassady et al., 2005）。幸运的是，在对这些女孩的监护人进行了有关症状的心理性质的教育，并建议他们持续与一名医生合作，尽量减少女孩的压力，避免强化“病人角色”之后，在接下来的 3 个月里，5 名女孩中有 4 名表现出了显著的改善。在第五个病例中，该家庭拒绝承认疾病的心理因素，坚持认为症状是由寄生虫引起的。

女性转换障碍的发生率是男性的 2~3 倍（APA,2013），可能在任何年龄段发病，但一般在青春期早期和成年早期发病（Maldonado & Spiegel, 2001）。通常个体在遭遇了一个重要的应激源之后会迅速发病。一旦应激源消除，症状通常在 2 周内就会消退，但有时候也会复发（Merkler et al., 2015）。与大多数其他躯体症状障碍一样，转换障碍经常与其他障碍共病，尤其是抑郁症、焦虑障碍和其他形式的躯体症状或分离障碍。

8.4.4 转换障碍的原因

转换障碍被认为是应激或某种内部冲突的结果。弗洛伊德用“转换型癔症”这个术语来描述这类疾病（在他遇到的患者中相当普遍），因为他相信这些症状是性能量被压抑的一种表现，也就是一个人与自己压抑的性欲望之间的无意识冲突。但是，在弗洛伊德看来，当焦虑可能从潜意识上升到意识层面时，个体感到威胁，因此就将其转化成躯体上的困扰，从而避免触及内在的冲突。当然，这不是有意识的，患者并不知道躯体症状的起源或意义。弗洛伊德还认为，减轻焦虑和心理冲突是维持这种状态的原发性获益，但他指出，患者往往还有许多继发性获益，比如获得亲人的同情和关注。

弗洛伊德认为，转换症状是由性冲突或其他心理问题转换为生理症状所引起的。尽管这一理论已不再被心理动力学界所接受，但是，弗洛伊德关于原发性和继发性获益的许多临床观察仍被纳入当代关于转换障碍的观点中。例如，从学习理论的角度来看，躯体症状可以被视为提供负强化（减轻或消除令人厌恶的刺激），因为在某种程度上，丧失行为能力可以使个人逃避或避免无法忍受的应激情况，而不必为此承担责任。此外，它们还可能提供如照顾、关心和他人关注等形式的积极强化。在某些文化中，表达强烈的情绪在社会上是不被接受的。在这种情况下，被诊断为转换障碍可能是一种更受社会认可的表达痛苦和逃避不愉快情况的方式。但是，尽管生病或残疾在社会上更容易被接受，我们必须牢记，这个人并不是故意选择失去视力或变得不能行走，而是无意识过程起了作用。

不幸的是，考虑到生活中的应激事件在引发转换障碍过程中所起的重要作用，人们实际上对这些心理应激因素的确切性质和作用时机知之甚少（Roelofs et al., 2005）。一项研究比较了最近发生在转换障碍患者和抑郁症患者身上的应激生活事件的频率，并没有发现它们之间的显著差异。但是，以前生活事件的负面影响越大，转换障碍症状的严重程度就越大（Roelofs et al., 2005）。另一项研究比较了转换障碍患者与重度抑郁症患者或健康人的神经生物学应激标志物（低水平的脑源性神经营养因子）水平。与对照组相比，抑郁症患者和转换障碍患者的这一标志物水平均有所降低（Deveci et al., 2007），这也为应激和转换障碍之间的联系提供了支持。

对转换障碍的神经影像学研究仍然相对较少，许多是个案研究或只涉及少数患者。尽管这一领域的研究仍处于起步阶段，但令人振奋的发现正在出现。其中一些在《研究进展》专栏中有所描述。

研究进展

关于转换障碍，神经影像学能告诉我们什么？

使用功能性神经成像技术研究转换障碍，有可能让我们了解，当有感觉症状或运动缺陷的患者被要求移动瘫痪的肢体或接受对麻木身体部分的刺激时，他们的大脑中发生了什么变化。在一项有趣的研究中，3 名感觉丧失的患者（包括手或脚的感觉丧失）接受了脑部扫描，同时他们的左右手（或脚）接受了振动刺激。当刺激作用于有知觉且正常的一侧时，大脑扫描显示了预期的结果。也就是说，大脑对侧的躯体感觉区域被激活（这是因为大多数人的运动和感觉纤维都穿过中线，因此对身体右侧的刺激会影响大脑左侧）。但是，当触觉刺激作用于受影响的（丧失感觉的）身体部位时，感觉皮层的对侧区域没有激活。但是，触觉刺激却激活了眶额皮层和前扣带皮层的区域（Ghaffar et al., 2006）。这很有趣，因为这两个大脑区域都参与了被认为可以调节情绪和情绪表达的神经网络。另一项涉及两名腿部转换性瘫痪的患者的研究也发现了类似的结果（Saj et al., 2014）。当患者被要求轻微地移动他们的手臂（或者想象这样做）时，运动皮层就像预期的那样被激活了。然而，当被要求移动他们的腿时，他们的脑岛皮层（脑岛皮层是边缘系统的一部分，被认为是调节情绪反应的部分）会被激活。同样有趣的是，当患者被要求想象旋转瘫痪的肢体时，他们的前扣带皮层被激活了。

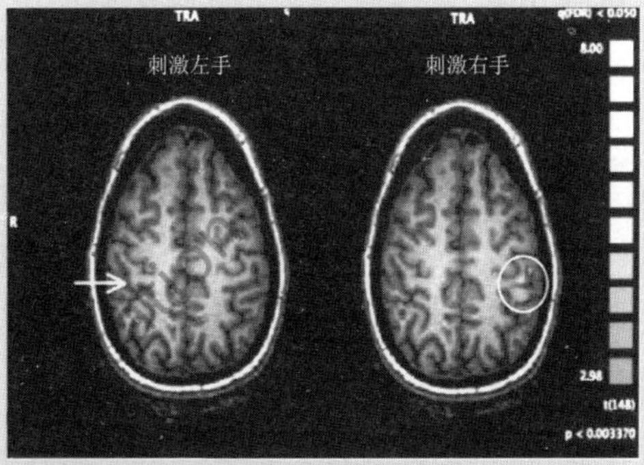

这张功能性磁共振图像显示了由刺激引起的躯体感觉活动，患者的感觉型转换障碍影响左手。当患者的左手受到刺激时，在初级躯体感觉皮层（箭头所指）看不到任何活动。然而，当患者的右手受到刺激时，大脑的这个区域的活动增加了（圆圈所指）

迄今为止最大规模的感觉型转换障碍的研究对 10 名女性患者进行了功能性神经成像检查（Burke et al.,2014）。同样，研究结果表明，当瘫痪的身体部位受到刺激时，躯体感觉皮层的激活减少，而前扣带皮层、脑岛和其他涉及情感加工的大脑区域的激活增加。所有的结果都符合这样的观点，即感觉区域可能被过度活跃的情绪加工所抑制。奇怪的是，在转换障碍患者中可能发生的是，边缘区域（或与之相关的区域）的异常激活可能会压制运动或感觉区域的激活，切断感知刺激的能力（在瘫痪的情况下）或移动肢体的能力（在瘫痪的情况下）。虽然还有很多有待了解的信息，但神经影像学研究有可能支持弗洛伊德关于转换障碍成因的一些想法！

8.4.5 转换障碍的治疗

什么才是治疗转换障碍最有效的方法？对此我们所知很有限，因为目前还没有严格的相关研究（e.g., Bowman & Markand, 2005; Looper & Kirmayer, 2002）。但是，某些用于帮助突然失明的患者的方法（在前面的案例研究中描述过）通常是有用的。《实践中的发展》专栏提供了一个治疗转换性失声患者的例子。

行为疗法对一些有运动型转换症状的住院患者有效。治疗过程规定，患者要做特定的运动以增加运动量或步行量，当症状表现出改善时，要提供强化（如表扬和给予特权）。该疗法还消除了对任何异常运动行为的强化，目的是为了阻断一切继发性获益的来源。在一项对 10 名患者进行行为治疗的小型研究中，所有患者平均在 12 天内恢复了活动或行走的能力，在大约 2 年的随访中，9 名患者中有 7 名维持了疗效（Speed, 1996）。还有一项研究使用认知行为疗法，成功地治疗了转换性癫痫发作（LaFrance et al., 2009）。一些研究已经将催眠与其他有效的治疗方法结合起来，并且有研究者认为，催眠或者在其他治疗方法中加入催眠，可能是有效的（Looper & Kirmayer, 2002; Moene et al., 2003）。

实践中的发展
对失声患者的治疗

布莱恩特和达斯（2012）描述了一种创造性的治疗方法，用于帮助一名 51 岁的澳大利亚妇女，她已经失声 4 年。虽然她不会说话，但令人惊讶的是，她会唱歌。治疗师使用了一种卡拉 OK 的治疗形式作为治疗的一部分，让患者在治疗师用 CD 播放器在办公室播放她最喜欢的歌曲时想象自己跟着唱的情景。两个疗程后，患者不仅能跟着唱，还开始和治疗师交谈。接下来的一周，她的声音也在治疗师办公室外的环境中恢复了。

更有趣的是，研究者还收集了患者治疗前后的脑成像数据。在最初的脑部扫描中，患者被要求保持嘴唇和牙齿在一起（以避免任何可能干扰扫描数据的动作），并尽可能大声地读出字母表中的字母。第二次扫描是在她的语言恢复 4 周后进行的，患者被要求做同样的事情。虽然在第一次扫描中没有检测到声音，但在第二次扫描中患者发出了可听到的声音。

当观察治疗前后的神经活动时，研究者得到了一些有趣的观察结果。一个相当令人惊讶的发现是，在患者失声期间和康复后，与语言相关的大脑网络有相似程度的激活。具体地说，在两次脑部扫描中，被称为"额下回"（IFG）的大脑区域（其中包含了布洛卡区——一个已知与产生语言相关的区域）的活动有所增加。但是，该研究的主要发现是，患者在康复后，IFG 与前扣带回之间的正连接增加，而 IFG 与杏仁核之间的连接减少。换句话说，在康复后，患者的语言区域与大脑中涉及情绪调节的区域（前扣带回）联系更紧密，而与大脑中和焦虑相关的区域（杏仁核）联系更少。本案例研究首次证明，转换障碍的恢复，与以下两者之间联系的增强有关：与转换障碍症状相关的大脑区域（在本案例中为与产生语言相关的区域）和在情绪调节中起重要作用的神经网络。

8.5 做作性障碍

解释做作性障碍与诈病的区别

到目前为止，我们所讨论的障碍都假定，正在经历症状的人在尽可能准确和真实地报告他们的问题。但有时人们会故意假装残疾或生病。在 DSM-5 中，躯体症状及相关障碍中也包括**做作性障碍**。在做作性障碍中，人故意产生心理或躯体症状（或两者兼有）。虽然这可能会让你感到奇怪，这个人的目标是获得并维持扮演"患者角色"（甚至到反复住院的程度）可能带来的好处，包括家人和医疗人员的关注和关心。DSM-5 做作性障碍的诊断标准参见《DSM-5 诊断标准》专栏。

在 DSM-IV 中，做作性障碍属于专门的一类障碍。在 DSM-5 中，它已被移入躯体症状及相关障碍的类别，原因是大多数做作性障碍的患者会出现躯体症状，并表达出他们患病的信念。但是，许多人认为将做作性障碍纳入躯体症状及相关障碍类别是非常令人遗憾的（Rief & Martin, 2014）。这些障碍有被污名化的历史，许多医生并不十分重视。现在，把它们与一种以故意装病为特征的障碍联系在一起，可能会进一步延续这些负面的刻板印象。

DSM-5 诊断标准

做作性障碍

对自身的做作性障碍

A. 假装心理上或躯体上的体征或症状，或自我诱导损伤或疾病，与确定的欺骗有关。

B. 个体在他人面前表现出自己是有病的、受损害的，或者受伤害的。

C. 即使没有明显的外部犒赏，欺骗行为也是显而易见的。

D. 该行为不能用其他精神障碍来更好地解释，例如妄想障碍或其他精神病性障碍。

8.5.1 识别做作性障碍

做作性障碍与**诈病**有什么区别？关键的区别在于，在做作性障碍中，患者没有得到有形的外部奖励。相比之下，诈病是指故意制造或严重夸大自己的躯体症状，并在该过程中受到外部激励，例如逃避工作、兵役或刑事起诉（APA, 2013; Maldonado & Spiegel, 2001）。

在做作性障碍中，患者可能偷偷地改变自己的生理状况（例如，通过服用药物）以模拟各种真实疾病。实际上，他们可能面临严重受伤或死亡的风险，甚至可能需要入院以保护自己。

虽然在综合医院中，有 0.5%~0.8% 的患者存在做作性障碍，但是做作性障碍的患病率尚不明确（Bouman, 2015）。这种疾病也被认为在女性中更常见。目前对这一障碍缺乏系统的研究，也没有关于其发病原因的理论模型。但是，人们认为，这一障碍与扮演患者的角色所带来的社会收益相关。

做作性障碍的一种危险的变体是**对他人的做作性障碍**（有时也被称为“代理型孟乔森综合征”）。在这种障碍中，寻求医疗帮助的人（患者）故意使另一个人产生疾病或精神疾病（或疾病的外在表现），这个人通常是被患者照顾的人（例如孩子）（e.g., Pankratz, 2006）。在一个典型的案例中，一位母亲带着自己的孩子去治疗她故意造成的疾病。为了产生症状，母亲可能会不给孩子吃东西，给孩子的尿液加血，给孩子服用药物让其呕吐，或者加热温度计让孩子看起来好像发烧了。如果孩子住院，母亲可能会故意感染静脉输液管，使孩子病情加重。当然，这种形式的儿童虐待往往会严重危及受害者的健康，有时需要社会服务机构或执法机构的干预。在多达 10% 的案例中，母亲的行为可能导致儿童死亡（Hall et al., 2000）。

图 8.2　莱西·斯皮尔斯因杀害 5 岁的儿子加内特，获刑 20 年。据检察官称，在她的儿子还是个婴儿时，斯皮尔斯就在他的喂食管里放盐让他生病。她曾告诉医生，她的儿子无法控制饮食，因此需要植入一根喂食管。检察官指控斯皮尔斯让她的儿子生病是因为她渴望得到社交媒体的关注，她甚至在社交媒体上发布了儿子垂死时的照片。尽管她否认自己有任何精神问题，但本案的法官表示，斯皮尔斯已经被诊断出患有代理型孟乔森综合征

当受害者的临床表现不典型时，或检查结果彼此不一致或与公认的疾病不一致时，或经常往返同一医院或诊所时，或在同一医院或诊所看急诊的次数越来越多时，可以怀疑带其问诊的人患有这种障碍。犯罪者（往往具有广泛的医学知识）往往非常抗拒承认真相（McCann, 1999）。他们似乎也很关心自己的孩子，这使得医生和护士很难怀疑他们是导致孩子问题的原因。据估计，该障碍确诊的平均时间为 14 个月（Rogers, 2004）。如果犯罪者察觉到医务人员的怀疑，他可能会突然终止与该机构的联系，然后换另一个机构，重新开始整个过程。使确诊这一障碍变得更加复杂的是，意识到自己被欺骗的医务人员可能不愿承认自己的错误，因为他们害怕受到法律诉讼。当父母实际上是无辜的时候，误诊这种障碍也会给医疗保健专业人员带来法律上的麻烦（McNicholas et al., 2000; Pankratz, 2006）。一种已经相当成功的诊断技术是在住院期间对母亲和孩子进行隐蔽的视频监控。在一项研究中，41 例疑似病例中有 23 例最终被确定为对他人的做作性障碍，并且在其中 56% 的病例中，视频监控对于做出诊断起了至关重要的作用（Hall et al., 2000）。

8.5.2　区分不同类型的躯体症状及相关障碍

到目前为止，我们讨论的所有诊断都涉及躯体症状的表现，如何区分它们呢？诈病的人（没有正式的诊断标准）和有做作性障碍的人，有意识地通过伪造疾病或残疾的症状来进行欺诈，这一事实经常反映在他们的防御性态度上。相比之下，患有转换障碍（以及其

他躯体症状障碍）的人没有意识到自己为何会出现症状。他们认为自己是真的患病了，并且非常愿意讨论这些症状，通常巨细靡遗到令人难以忍受的地步（Maldonado & Spiegel, 2001, p.109）。当他们的行为不一致被指出时，他们通常不会感到不安。他们的任何继发性获益，都是转换症状本身的副产品，与症状的起因无关。对假装有症状的人而言，当被问及症状时，他们倾向于逃避和怀疑；他们通常不愿意接受检查，也不愿谈论自己的症状，以防自己的伪装被发现。如果他们不一致的行为被指出，蓄意欺骗者很快就会变得更具防御性。

8.6 分离障碍：概述

列出 DSM-5 中的三种分离障碍

分离障碍是一组涉及个体正常的意识、记忆、身份或知觉等完整功能遭到破坏的障碍（APA, 2013; Spiegel et al., 2013）。分离障碍包括一些戏剧性的临床表现，比如无法回忆起自己是谁或来自哪里，或者拥有两种或更多截然不同的身份或人格状态，这些身份或人格状态交替控制着个体的行为。

一个多世纪前，法国神经学家皮埃尔·让内（Pierre Janet, 1859—1947）首次提出了“分离”的概念。分离可以定义为“心理功能的一个或多个方面（包括但不限于记忆、身份、意识、感知和运动控制）的正常、主观整合的中断和/或不连续”（Spiegel et al., 2011a, p. 826）。在某种程度上，我们都曾体验过分离。比如我们做白日梦或者不知道周围发生了什么的时候，或者开车时发觉自己已驶离目的地很远却没有意识到的时候，或者当我们在和人谈话中漏掉了什么的时候，都表明我们经历了轻度的分离症状。（表 8.2 提供了分离体验量表的部分项目，分离体验量表是一种测量分离体验的自陈问卷。）正如这些日常例子一样，分离本身并不是一种病态，只有当分离症状被认为是“有破坏性的，引发了所需信息的丢失，产生了经验的中断或不连续”，或者是“对执行功能和自我意识反复的、令人不快的、非自愿的侵入”时，分离才被视为病态的（Spiegel et al., 2011b, p. E19）。

我们的心理活动包括很大一部分的无意识自动加工过程，这些加工过程发生在有意的自我意识和自我监控的层面以下。这种无意识的加工过程会扩展到内隐记忆和内隐知觉的范畴，所有人都会表现出一些间接证据，证明他们记得一些自己无法有意识回忆的事情（内隐记忆），并且能够对毫无印象的景象或声音做出反应，觉得似曾相识，尽管他们认为自己未曾看到或听到过这些景象或声音（内隐知觉；Kihlstrom, 2001, 2005; Kihlstrom et al., 1993）。这种反应也发生在虽然失明却能对一些视觉刺激做出反应的转换障碍患者之中。“无意识心理加工”这一概念，多年来一直被心理动力学派的临床医生所接受。现在，这也是认知心理学中的一个主要研究领域（但是并不像心理动力学一样探究我们存在大量无意识心理活动的原因）。

在患有分离障碍的人群中，人类认知过程中原本正常整合、协调良好的各种心理功能变得不那么协调，也难以整合。因此，当罹患分离障碍时，个体可能无法获得正常情况下处于意识最前沿的信息，比如有关其个人身份或者最近某段时间发生的具体事件等。也就是说，患者维持意识之外的心理活动的正常功能似乎遭到了破坏，有时候这种破坏的出现是为了应对重大的心理威胁。当出现分离障碍时，我们可以观察到的病理性分离症状，正是分离障碍的主要特征。与躯体症状障碍一样，分离障碍的作用似乎主要是避免患者的焦虑和压力，以及处理那些超出患者正常应对能力的生活问题。这两类障碍都能使个体不用为自己“不能接受的”期望和行为承担责任。在 DSM 对分离障碍的定义中，分离障碍患者通过病理性分离来回避压力——本质上是通过逃离自己的自传体记忆或个人身份。DSM-5 区别了几种类型的病理性分离，包括人格解体 / 现实解体障碍、分离性遗忘症和分离性身份障碍。在 DSM-5 的目录中，分离障碍被置于创伤及应激相关障碍之后，这体现了两种诊断类别之间的紧密关系。然而，分离症状是跨诊断类别的，这意味着它们与许多不同形式的精神病理问题有关。如我们所料，分离障碍患者报告的分离程度最高，其次是创伤后应激障碍、边缘型人格障碍和转换障碍（Lyssenko et al., 2017）。

表 8.2　分离体验量表（部分）

<table>
<tr><td>评估者</td><td></td><td>填表日期</td><td></td></tr>
<tr><td colspan="4">该问卷包含 28 个与您日常生活中可能出现的体验有关的问题，我们想了解您出现这些体验的频率。请确保出现这些体验时您没有受到酒精或毒品的影响。在回答这个问卷时，请思考一下每个问题与您的情况相符合的程度，然后选择符合您目前情况的数字（“从未有过”为 0，“总是这样”为 100%，程度以 10% 递增）。这项评估不是为了诊断。如果您对您的评估结果有任何担忧，请与合格的健康专业人士联系</td></tr>
<tr><td colspan="4">从未有过　0 | 10% | 20% | 30% | 40% | 50% | 60% | 70% | 80% | 90% | 100%　总是这样</td></tr>
<tr><td colspan="4">1. 有些人有这样的体验：他们骑自行车（或开车）时，突然意识到，怎么自己一点儿也想不起来在整个或部分的行程中发生过什么。请您选择发生这种情况的频率</td></tr>
<tr><td colspan="4">2. 有些人正听别人说话时突然意识到，自己对刚才所谈内容的全部或部分好像什么也没听见。请您选择发生这种情况的频率</td></tr>
<tr><td colspan="4">3. 有些人有这样的体验：他们突然发现自己到了某个地方，却不知道自己是怎么到的。请您选择发生这种情况的频率</td></tr>
<tr><td colspan="4">4. 有些人有这样的体验：他们注意到自己身上所穿的衣服，却想不起来自己是怎么穿上这身衣服的。请您选择发生这种情况的频率</td></tr>
</table>

8.7 人格解体 / 现实解体障碍

总结人格解体 / 现实解体障碍的临床特征

两种比较常见的分离症状是现实解体和人格解体（这两种症状有时都发生在惊恐发作期间）。**现实解体**是指，个体暂时性地丧失对外部世界的现实感；**人格解体**是指，个体暂时性地丧失对真实自我以及内在真实的感觉。1998 年，在史蒂文 · 斯皮尔伯格执导的电影《拯救大兵瑞恩》中，约翰 · 米勒上尉（由汤姆 · 汉克斯饰演）在被枪击后，有一段现实解体的经历，他周围的事情就像发生在一部慢动作的无声电影中。

分离体验在普通人群中并不罕见。多达 50%~74% 的人在生活中至少经历过一次轻微的分离体验，通常发生在面临重大应激源、睡眠剥夺或感觉剥夺期间或之后（e.g., Khazaal et al., 2005; Reutens et al., 2010）。但是，当人格解体或现实解体的发作变得持续和反复，并干扰了个体的正常功能时，个体就可能会被诊断为**人格解体 / 现实解体障碍**，如下例所示。

案例

一名 22 岁的印度快递员来到门诊时说，他一直感到不真实、头很沉，感觉周围的环境发生了变化。他告诉医生，这些症状是突然出现的：6 个月前，当他和朋友在一起的时候，他突然感到朋友们变了——他们看起来不再是他的朋友，而更像妖怪或魔鬼。他很害怕，急忙赶回家，但是当他回家见到母亲时，却觉得母亲也变了。这种感觉一直持续，他很难区分真实和虚幻。虽然这位快递员仍能够继续工作，但他对社交活动已经完全丧失了兴趣。当他走进一个拥挤的地方时，总会觉得自己好像在做梦，或者不知何故漫游在一个不同的世界。他开始意识到这些感觉其实是自己的主观感觉，他有时必须通过掐自己并感受疼痛来摆脱这种不真实的感觉。

人格解体 / 现实解体障碍患者会持续或反复地体验到自己的感觉游离于自己的身体或心理过程之外，如同一个外部的观察者。他们甚至可能在一段时间内感到自己的灵魂漂浮在自己的身体之上，这会让他们突然感到非常不同——仿佛发生了巨大的变化或感到很不真实。人格解体或现实解体的发作与精神病性障碍的发作不同，人格解体过程中，个体的现实检验能力[①]并未受损。与之相关的现实解体也可能发生。在现实解体过程中，个体会感到外部世界的许多方面都变得陌生和奇特。在这两种状态中，“个体对自己的体验感到困惑：

① 现实检验能力是指分辨虚幻与实际、想象与现实的能力。缺乏现实检验能力将会导致不同程度的心理问题，使个体回避现实，在想象中逃离现实。程度严重者往往具有精神病性特征和反社会特质。——译者注

发生变化的状况使他们感到很不真实，与个体之前的自我状态不连续。其体验对象——自我（人格解体）或世界（现实解体），通常被他们描述为孤立的、没有生命的、奇怪的、不熟悉的；自我和他人被认为是‘机器人’，机械地行动，没有主动性或自控性”（Kihlstrom, 2001, p. 267）。通常患者会报告自己感觉好像在做梦或者生活在电影里（就像上面的案例中那样）（Maldonado et al., 2002）。

图 8.3　在患有人格解体 / 现实解体障碍的人眼中，世界是模糊不清、难以辨认的

与这些患者报告的感受相一致的是，研究表明，在人格解体过程中，无论是在主观层面，还是在自主神经活动（通常伴随着对威胁或令人不快的情绪刺激的反应）层面，情绪体验都会减弱或减少（Lemche et al., 2007; Phillips & Sierra, 2003; Stein & Simeon, 2009）。在观看一段情绪性的视频剪辑后，人格解体的参与者表现出比对照组更高的主观和客观记忆碎片化水平（Giesbrecht et al., 2010）。记忆碎片化的特征是难以对事件形成准确或连贯的叙事序列，这与早期的一项研究发现一致，即时间感扭曲是人格解体体验的一个关键因素（Simeon et al., 2008）。

在 DSM-IV 中，现实解体和人格解体被视为两种不同的情况，在 DSM-5 中，它们被结合起来。这是因为研究表明，在人口统计学特征、症状表现、严重程度，以及共病条件方面，具有显著的现实解体或显著的人格解体的人看起来非常相似（Lynn et al., 2015）。目前 DSM-5 的人格解体 / 现实解体障碍的诊断标准见《DSM-5 诊断标准》专栏。由于短期的人格解体或现实解体症状在一般人群中普遍存在，为了更好地诊断某个体是否罹患该障碍，DSM-5 诊断标准要求人格解体或现实解体的发作必须是持续的或反复的。

DSM-5 诊断标准

人格解体 / 现实解体障碍

A. 存在持续的或反复的人格解体或现实解体的体验或两者兼有：

1. **人格解体**：对个体的思维、情感、感觉、躯体或行动的不真实的、分离的或作为旁观者的体验（例如，感知的改变、时间感的扭曲、自我的不真实或缺失、情感和/或躯体的麻木)。

2. **现实解体**：对环境的不真实的或分离的体验(例如，感觉个体或物体是不真实的、梦幻的、模糊的、无生命的或视觉上扭曲的)。

B. 在人格解体或现实解体的体验中，其现实检验仍然是完整的。

C. 这些症状引起有临床意义的痛苦，或导致社交、职业或其他重要功能方面的损害。

D. 该障碍不能归因于某种物质(例如，滥用的毒品、药物)的生理效应或其他躯体疾病(例如，癫痫)。

E. 该障碍不能用其他精神障碍来更好地解释，例如，精神分裂症、惊恐障碍、重性抑郁障碍、急性应激障碍、创伤后应激障碍或其他分离障碍。

迄今为止，主要流行病学调查中尚未纳入分离障碍，因此我们没有确切的患病率数据。据估计，人格解体/现实解体障碍的终生患病率为1%~2%，罹患该障碍的男性和女性人数相同(APA, 2013; Reutens et al., 2010)。虽然该障碍可以从儿童期开始发病，但平均发病年龄大约是16岁，25岁以后只有少数人发病(APA, 2013)。此外，在近80%的病例中，患者具有相当漫长的病程，波动强度很小或没有(Baker et al., 2003)。心境障碍和焦虑障碍通常与其共病。患有回避型人格障碍、边缘型人格障碍和强迫型人格障碍的人在有人格解体和现实解体经历的人群中比例也较高(e.g., Hunter et al., 2003; Mula et al., 2007; Reutens et al., 2010)。

虽然严重的人格解体/现实解体症状可能非常可怕，并且可能使人恐惧即将来临的精神崩溃，但是这种恐惧通常是没有根据的。有时候，人格解体的感觉可能是精神病性障碍发展的早期表现(见第13章)。任何情况下，通过专业人员的帮助来应对应激源和减少焦虑都能对当事人有所帮助。然而不幸的是，目前还没有明确有效的治疗方法——无论是药物治疗还是心理治疗。

8.8 分离性遗忘症

描述分离性遗忘症的临床特征

逆行性遗忘是指部分或完全无法回忆或识别以前获得的信息或过去的经历，顺行性遗忘指的是部分或完全无法记住新的信息(Gilboa et al., 2006; Kapur, 1999)。分离性遗忘症患者可能发生持续性的遗忘，持续性的遗忘也可能由创伤性脑损伤或中枢神经系统疾病引起。

如果遗忘是由大脑病理问题引起的，那么最常见的就是无法记住新的信息和经历（顺行性遗忘）。也就是说，经历过的信息没有留下痕迹，也没有进入记忆存储区域（Kapur, 1999）。

而分离性遗忘症通常局限于不能回忆起以前储存的个人信息（逆行性遗忘），并且这种遗忘不能用普通的健忘来解释（当前的诊断标准见《DSM-5 诊断标准》专栏）。记忆上的空白通常发生在极端应激情况下，比如战场上的战斗经历，或灾难性事件，如严重的车祸、自杀企图或创伤性经历（Maldonado & Spiegel, 2007; Spiegel et al., 2011a）。在该障碍中，被遗忘的个人信息显然仍存在于意识之下。有时在催眠或麻醉（使用阿米妥钠诱发的，该药物也就是所谓的吐真剂）状态下接受访谈和在遗忘症自行消失的情况下，被遗忘的信息会被想起来。

DSM-5 诊断标准

分离性遗忘症

A. 不能回忆起重要的个人信息，通常具有创伤或应激性质，且与普通的健忘不一致。

注：分离性遗忘症通常具有对特定事件的局部的或选择性遗忘；或对身份和生活史的普遍性遗忘。

B. 这些症状引起有临床意义的痛苦，或导致社交、职业或其他重要功能方面的损害。

C. 这些症状不能归因于某种物质（例如，酒精或其他滥用的毒品、药物）的生理效应或神经病性或其他躯体疾病（例如，复杂部分性癫痫、短暂性全面遗忘症、闭合性脑损伤 / 创伤性脑损伤后遗症、其他神经疾病）。

D. 该障碍不能用分离性身份障碍、创伤后应激障碍、急性应激障碍、躯体症状障碍、重度或轻度的神经认知障碍来更好地解释。

一般而言，遗忘发作通常持续几天到几年，有的人仅仅发作一次，也有人一生会出现好几次发作（Maldonado & Spiegel, 2007; Staniloiu & Markowitsch, 2010）。典型的分离性遗忘症的表现是，个体无法记住其个人生活史的某些方面或关于其身份的重要事实，然而他们的一些基本习惯特征仍然保持完整，比如阅读、交谈以及从事某项技术工作的能力等，这些功能完好无损，而且除了记忆力缺失，他们似乎都是十分正常的（Kihlstrom, 2005;

Kihlstrom & Schacter, 2000）。因此，受到影响的仅仅是某一特定类型的记忆——情景记忆（与经历过的事件有关）或自传体记忆（与经历过的个人生活事件有关）。其他类型的记忆通常是完整无损的，其中包括语义记忆（与语言和概念有关）、程序性记忆（如何做一件事情）和短期记忆存储，尽管相关研究比较少（Kihlstrom, 2005; Kihlstrom & Schacter, 2000）。通常，患者编码和加工新信息没有困难（Maldonado & Spiegel, 2007）。

图 8.4　1926 年 12 月，英国著名推理作家阿加莎·克里斯蒂突然失踪。她的母亲在几个月前刚刚去世，她的丈夫有外遇，并且对此几乎毫不掩饰。这名作家最终在约克郡哈罗盖特的一个疗养地被发现，她在那里登记，称自己为特蕾莎·诺埃尔。她告诉人们她是开普敦的一位母亲，她为失去孩子而悲痛。当她丈夫赶到那里并认出她时，她只是简单地说："真想不到，我哥哥也来了。"

在极少数情况下，患者可能会进入一种叫作**分离性漫游**（dissociative fugue）的遗忘状态，从而进一步远离现实生活中的问题。漫游，顾名思义（法语"fugue"的意思是"逃跑"），是一种采取实际逃跑行为的防御机制。患者不仅无法回忆其过去的部分或全部经历，而且从家庭所在环境出走。患者伴有对个人身份的困惑，甚至给自己设想一个新的身份（尽管该类患者的身份不会像在分离性身份障碍中那样交替出现）。当处在漫游阶段时，患者并不知道他们之前的记忆丢失，但他们对漫游期间发生的事情的记忆是完整的（Kihlstrom, 2005; Kihlstrom & Schacter, 2000）。他们在漫游状态下的行为通常是很正常的，不太可能引起他人的怀疑。然而，在漫游状态下的行为往往与其之前的生活方式相当不同（对前一种生活方式的排斥有时是相当明显的）。几天、几周，甚至几年后，这些人可能突然从漫游状态中醒过来，发现自己身处一个陌生的地方，从事一项新的工作，却完全不知道他们是如何到达那里的。在另一种情况下，只有在反复询问和提醒他们的身份之后，个体才能从漫游状态中恢复过来。在这两种情况下，当个体的漫游状态缓解、原发性的遗忘消除之后，又会产生一种新的遗忘，他们又将完全遗忘在漫游阶段所发生的事情。在 DSM-5 中，分离性漫游被认为是分离性遗忘症的一种亚型，而它在 DSM-IV 中曾是一种独立的障碍。

分离性遗忘症的模式与转换障碍的症状有些类似，只是它们并不是通过躯体机能障碍的方式让自己回避一些令人不舒服的情境，而是在潜意识里逃避所有关于该情境的想法，甚至在极端的情况下离开这种情境（Maldonado & Spiegel, 2007; Maldonado et al., 2002）。因此，经历分离性遗忘症的人，通常都面临着极其不愉快的情境，对他们来说没有别的道路可以选择，最后当压力变得无法忍受时，有关其人格的大部分记忆以及所有关于应激情境的记忆就统统被压抑了。

以下是伴分离性漫游的分离性遗忘症的案例。

案例

患者是一名尼日利亚的 28 岁医科学生。几天前，他从自己的住所离开后就失踪了。事情发生在一天夜里，患者自习到很晚的时候，突然看到一具人体骨架坐在他对面的桌子上看书。他说，整个房间开始旋转，里面的一切都变得不稳定和不真实。患者记得当时非常害怕，但他说不知道之后发生了什么，也不知道自己何时离开房间。然而，两天后，这名患者在他哥哥家中被找到，他哥哥家距离他的住所大约 400 英里。患者说，他不知道自己是如何到达那里的，也不知道自己是如何筹到路费的，更不知道自己选择了什么交通工具或路线。他根本不记得在他到达之前发生的任何事情，他疲惫不堪、衣冠不整地出现在他哥哥的家里。

分离性遗忘症的发作似乎是由学业压力与经济压力引发的。在经历了其他学业上的失败后，患者面临着三个月后期末考试不及格的重大风险。由于他在学校的种种问题，他的家人也威胁不再给他经济上的帮助。这一切都让患者感到沮丧，无法应对。

在诊所里，这位年轻的医学院学生接受了抗抑郁药物和心理治疗的联合治疗，效果良好。但是，即使在恢复到可以参加期末考试（他没有通过）之后，患者仍然无法回忆起他离开房间，走了 400 英里去他哥哥家的那段时间里发生了什么。（Based on Igwe, 2013.）

对分离性遗忘症以及伴分离性漫游亚型的患者进行的系统研究很少。对该障碍的研究结论主要来自对这类患者的记忆和智力功能的个案研究，因此所获得的任何结论都只是一种尝试性的探索，未来需要更大的样本量以展开进一步研究，同时还需要与对照组进行比较。从这些案例研究中可以得出的结论是，这些个体的语义知识（通过智商测验的词汇子测验来评估）似乎总体上是完整的。这些人表现出的主要问题是情景记忆或自传体记忆受损。事实上，几项使用脑成像技术的研究已经证实，当患有分离性遗忘症的人面对自传体记忆任务时，他们的右脑额叶和颞叶区域的激活程度相对于做同样任务的对照组更弱（Kihlstrom, 2005; Markowitsch, 1999）。在一项对 9 例可获得脑成像数据的分离性遗忘症病例的回顾中，作者得出结论：有证据表明这些患者的大脑发生了重大变化，主要集中在右前半球的细微功能丧失，这种变化与器质性记忆丧失患者的大脑变化类似（Staniloiu & Markowitsch, 2010）。

但是，有几个案例（有些已经有近一个世纪的历史）表明，患者的内隐记忆通常是完好无损的。例如，琼斯（1909, as cited in Kihlstrom & Schacter, 2000）研究了一位患有严重遗忘症的患者，发现尽管患者不能记住自己的妻子或女儿的名字，但当他被要求猜测什么名字适合他的妻子和女儿时，他能正确地说出她们的名字。在一个离我们年代更近的案例中（Lyon, 1985, as cited in Kihlstrom & Schacter, 2000），一位无法回忆任何自传体记忆的患者被要求随机拨打电话号码。在没有意识到自己在做什么的情况下，他拨打了母亲的电话号码，结果母亲认出了他。当代，格利斯基及其同事（2004）描述了一个非常吸引人的伴分离性漫游的分离性遗忘症案例：患者是一个在美国工作的德国人，几个月前，他经历了一次创伤事件，遭遇了抢劫和枪击。经历创伤之后，他在陌生的街道上游荡了一段时间。最后，他在一家汽车旅馆停下来并报警，因为他不知道自己是谁（他的身份证在抢劫中遗失了），也想不起与自己生活有关的任何细节。他会说英语（带着德国口音），但不会说德语，也不回应德语指令（他否认自己会说德语）。尽管他丧失了大量的自传体记忆（以及德语），但在接受各种记忆任务测验时，他表现出完整的内隐记忆。尤其值得注意的是他学习德语–英语单词对的能力，他学习的速度比对照组快得多，这表明他对德语存在内隐记忆，尽管他自己意识不到。

将分离性遗忘症及其亚型伴分离性漫游中的记忆缺失与转换障碍中出现的外显知觉缺陷进行比较，使许多人相信，转换障碍应归类为分离障碍，而不是躯体症状障碍。在《对DSM-5 的批判性思考》专栏中，我们对这个问题进行了更详细的讨论。

对 DSM-5 的批判性思考

转换障碍属于哪一类？

从弗洛伊德和珍妮特开始，直到 1980 年 DSM-III 出版，在 20 世纪的大部分时间里，转换障碍和分离障碍都属于癔症的亚型。当 DSM-III 决定主要根据外显的行为症状而非假设的内在致病原因（在本例中是压抑的焦虑）对精神障碍进行分类时，就确定了要把转换障碍归到躯体症状障碍这一类下，因为其症状是躯体症状但又找不到任何器质性病变。然而，正如凯尔斯德姆（2005）指出的，把转换障碍和其他躯体症状障碍放在一类，主要是因为它们都有查不出生理基础的躯体症状，但却忽略了转换障碍和其他躯体症状障碍之间的一些重要区别。最大的差异在于，转换障碍的症状（并非其他躯体症状障碍）在临床表现上几乎总是类似于神经疾病（如失明、瘫痪、感觉丧失、耳聋和癫痫），大多数分离障碍也是如此。

我们目前的分离障碍（如分离性遗忘症和分离性身份障碍）包括了外显记忆的中断（外显记忆涉及我们能够有意记住的事件）。患者可能无法回忆起发生过的事情，或者无法记起某个人的身份，或者两者兼有。但是，即使患者无法回忆起在遗忘发作期间发生的事件，或以另一个身份存在时发生的事件，这些记忆仍然会在神经系统中被记录下来，并间接地影响行为（即内隐记忆在分离障碍中至少部分保持完整）。

与此类似，凯尔斯德姆认为转换障碍涉及外显知觉和行为的损坏，即转换障碍患者没有意识到他们可以看到、听到或感觉到，或者没有意识到他们可以走路、说话或有知觉。然而，转换障碍患者在被欺骗或使用间接行为测量时，能够看到、听到、感觉到或运动（Janet, 1901, 1907; Kihlstrom, 2001, 2005）。因此，有一种观点认为，在修订新版 DSM 时，“转换障碍”这一术语应该被剔除，感觉和运动类的综合征应该被重新归入分离障碍。这样，所有分离障碍的中心特征将是意识（记忆、知觉和运动）的正常整合功能遭到破坏。这一提议与分离症状和障碍在转换障碍患者中相当常见的现象相一致（Lyssenko et al., 2017），也与我们前面介绍的神经影像学研究相吻合。这一建议得到了 DSM-5 工作团队的认真考虑和大量辩论。但是，就目前而言，转换障碍仍然属于躯体症状障碍及其相关疾病的范畴。

8.9　分离性身份障碍

描述分离性身份障碍的临床特征，并解释该障碍颇具争议的原因

分离性身份障碍（dissociative identity disorder, DID），最初称为“多重人格障碍”，是一种颇具戏剧性的分离障碍。长期以来，它一直是电影（如《心魔劫》《布鲁克斯先生》《危情羔羊》《剃刀边缘》等）的灵感来源和媒体关注的焦点。在 DSM-IV 中，诊断标准是个体表现出两种或更多不同的身份（或人格状态），这些身份（或人格状态）在控制行为方面以某种方式交替出现。同时，个体也无法回忆起重要的个人信息，且这些症状不能用普通的遗忘来解释。

在 DSM-5 中，诊断标准有了一个微妙的变化。目前的诊断标准是，存在两个或更多以截然不同的人格状态为特征的身份瓦解，以及回忆中反复出现空隙。重要的是，这种身份上的瓦解或身份转换不一定要直接被他人观察到。换句话说，现在在他人未观察到患者不同人格状态的情况下也可以将其诊断为 DID。

DSM-5 的另一个变化是在诊断标准中加入了一种病理性的附体体验。恍惚是个体在意识或身份转换时暂时出现的一种状态。在恍惚状态中，个体对周围的意识缩窄，或者不自觉地做出刻板的动作或行为。附体恍惚与恍惚相似，除了意识或身份转换后被一种新的身份所取代，附体恍惚还会将这种新的身份归因于一种精灵、神或其他超自然力量的影响。在这两种情况下（恍惚和附体恍惚），遗忘症通常出现在恍惚状态。当出于宗教或精神上的原因而自愿进入恍惚状态和附体状态时，两者并不被认为是病态的。但是，当它们发生在非自愿的、被接受的文化背景之外，并造成痛苦时，这便成为一个严重的问题。在 DSM-5 中，DID 的诊断标准已修改为包括附体体验。附体体验在非洲、亚洲和许多其他非西方文化中是一种常见的 DID 形式（Spiegel et al., 2013）。这一重要变化使得 DID 的诊断标准更具包容性，适用于更广泛的文化群体。

但是，在 DID 的典型案例中，会出现不同的人格或身份，并且对于外部观察者来说是显而易见的。尽管有些身份之间可能存在一些共同点，但每个身份似乎都有不同的经历、自我形象和名字，并且独立于其他身份。在大多数情况下，最经常出现并带有此人真实姓名的身份是**主身份**。在大多数情况下，主身份不是原始身份，它不一定是适应最好的身份。在涉及性别、年龄、左右利手、笔迹、性取向、视力、主要的情感、所说的外语和常识等方面，**交替身份**之间可能存在显著的区别。例如，一个交替身份可能是无忧无虑、有趣、爱挑衅的，而另一个交替身份可能是安静、勤奋、严肃、拘谨的。在主身份中被抑制的需求和行为，通常由一个或多个交替身份自由地表现出来。患者会转换出有特定角色的身份，比如儿童身份和不同性别的身份，这些角色十分常见。

放弃旧的诊断术语“多重人格障碍”而选择“分离性身份障碍”的大部分原因是，人们越来越认识到“多重人格”一词具有误导性的含义，它暗示患者的人格是有组织、有条理的，但是在任何意义上，交替身份都不是有意义的人格，相反，它们反映了个体的身份、意识和记忆各方面的整合失败（Spiegel, 2006）。“分离性身份障碍”一词更好地抓住了这一点，因此 DSM-5 也使用这一术语（见《DSM-5 诊断标准》专栏）。事实上，斯皮格尔（该领域的一位著名理论家）认为，“问题不在于拥有一种以上的人格，而在于拥有少于一个的人格”（Spiegel, 2006, p. 567）。

交替身份在不同的时间点控制个体。它们之间的切换通常发生得很快（几秒钟内），但也有逐渐转换的。当 DID 患者发生转换时，通常很容易察觉自己记忆中的空白期，他们无法回忆之前所发生的事情，那些事情其实发生在处于其他身份时。但是这种遗忘症并不总是对称的，也就是说，某些身份可能比其他身份知道更多关于转换的信息。总的来说，患有 DID 的个体不能将通常结合在一起的记忆、身份以及意识等各方面进行整合。DID 的其他症状包括抑郁、自残行为、频繁的自杀想法和企图、古怪行为、头痛、幻觉、创伤后症状以及其他遗忘症状和漫游症状（APA, 2013; Maldonado et al., 2002）。抑郁障碍、创伤后应激障碍、物质使用障碍和边缘型人格障碍是 DID 患者最常共病的障碍（Maldonado & Spiegel, 2007）。DID 患者通常显示出大量的共病障碍，他们平均患有 5 种其他精神障碍（据结构式访谈的诊断），其中创伤后应激障碍最为常见（Rodewald et al., 2011）。

DID 通常发病于儿童期，尽管大多数患者的确诊年龄都在十几岁、二十几岁或三十几岁。被诊断出患有该障碍的女性是男性的 3~9 倍，女性往往比男性有更多的交替身份（Maldonado & Spiegel, 2007）。一些研究者认为，这种明显的性别差异是由于女性在儿童期遭遇性虐待的比例比男性高得多，但这是一个极具争议的观点。

DSM-5 诊断标准

分离性身份障碍

A. 存在 2 个或更多的以截然不同的人格状态为特征的身份瓦解，这可能在某些文化中被描述为一种被（超自然的力量）占有的经验。身份的瓦解涉及明显的自我感和自我控制感的中断，伴随与情感、行为、意识、记忆、感知、认知和 / 或感觉运动功能相关的改变。这些体征和症状可以被他人观察到或由个体报告。

B. 回忆日常事件、重要的个人信息和 / 或创伤事件时，存在反复的空隙，它们与普通的健忘不一致。

C. 这些症状引起有临床意义的痛苦，或导致社交、职业或其他重要功能方面的损害。

D. 该障碍并非一个广义的可接受的文化或宗教实践的一部分。

注：对于儿童，这些症状不能用假想玩伴或其他幻想的游戏来更好地解释。

E. 这些症状不能归因于某种物质的生理效应（例如，在酒精中毒过程中的黑晕或混乱行为）或其他躯体疾病（例如，复杂部分性癫痫）。

DID 患者中交替身份的数量差异很大，并且会随着时间的推移而增加（Maldonado & Spiegel, 2007）。一项对 76 例经典病例的早期综述称，其中 2/3 的病例只有 2 种人格，其余大部分只有 3 种（Taylor & Martin, 1944）。然而最近几项研究对身份数量的估计是，现在约有 50% 的人显示出超过 10 种的身份，一些来访者声称自己有多达 100 种身份。这种数量日益增加的趋势表明了社会因素的作用，比如可能是由于治疗师对来访者的鼓励，我们稍后将会对此进行讨论（e.g., Kihlstrom, 2005; Lilienfeld et al., 1999; Piper & Merskey, 2004a, 2004b）。最近的另一个趋势是，现在报告的许多 DID 案例，含有比过去更不寻常甚至更奇怪的身份（例如动物）和更令人难以置信的背景（例如，儿童时期经历了宗教仪式化的恶魔虐待）。参见《我们周围的世界》专栏。

我们周围的世界

精神分裂症、人格分裂以及 DID：澄清概念上的混淆

长久以来，公众难以区分 DID 和精神分裂症之间的不同，被诊断为精神分裂症的人常常被称为患有“人格分裂”，我们甚至经常会听到有人说“我在这个问题上有点精神分裂”，以此来表达他们对某件事有不止一种观点。这种对“分裂”这个词的误用，反映了对精神分裂症的误解，它与“分裂”或“多重人格”毫无关系。可能“精神分裂症”这个术语一开始就让人困惑。这一术语最初是瑞士一个名叫布洛伊勒的精神病医生创造的，它来自希腊语词根“schizo”，意思是“分裂”，以及希腊语词根“phren”，意思是“精神”。“精神分裂症的特征是精神分裂或人格分裂”的观点可能就是这样产生的（McNally, 2007, for a historical review of how this confusion arose）。

但是，这根本不是布洛伊勒想要表达的意思。他所指的分裂，是通常整合在一起的“精神联想线”的分裂——语言、思想、情绪和行为之间联系的分裂。这种分裂导致的思维没有目标或者低效，从而导致当事人出现精神分裂相关的各种问题。

我们要记住，诊断为精神分裂症的患者并没有轮流控制心灵和行为的不同身份。他们可能出现妄想，坚信自己是另外一个人，但他们并没有身份的变化，也没有 DID 患者身份“转换”中常见的声音、用词以及身体表现等方面的变化。而且 DID 患者（更接近一般人概念中的“人格分裂”）并没有精神分裂症患者表现出来的那些症状，如行为紊乱、来自外界的幻觉、妄想，以及松散且不连贯的联想等（e.g., Kluft, 2005）。

你曾经混淆过这些术语吗？精神分裂症语境下的“分裂人格”，与分离性身份障碍语境下的“分裂人格”有什么不同？

8.9.1　DID 的致病原因及存在的争议

DID 一直以来都是颇具争议的障碍。即使在今天，关于 DID 类别的有效性以及它是如何形成的，仍然存在争议。接下来我们将讨论 4 个关键问题，它们对理解分歧的根源至关重要：

1. DID 是真实存在的障碍吗？即使它是真的，它能被伪装吗？

2. DID 是如何形成的？它是由童年早期的创伤引起的，还是涉及某种由社会引起的多种不同角色的扮演？这些角色是由粗心大意或过分热情的临床医生无意中鼓励的吗？

3. 绝大多数被诊断为 DID 的人报告的童年时被虐待的记忆，是真实的还是虚假的？

4. 如果虐待发生在大多数 DID 患者身上，那么虐待是否起了因果作用，还是有其他因素与虐待有关？

是真正的障碍还是人们在假装？

至少一个世纪以来，DID 是一种人为或假性疾病的可能性，一直是一个有争议的诊断问题。这并非空穴来风。被告和他们的律师可以利用这种障碍来逃避对犯罪行为的惩罚（“是我的另一个人格造成的”）。例如，在著名的山腰绞杀手肯尼斯·比安奇的案件中，就使用了这种辩护，但最终没有成功。比安奇被控告在洛杉矶地区残忍强奸和谋杀 10 名年轻女性。虽然有大量证据表明他犯下了这些罪行，但他坚决否认，一些律师就此认为他可能患有 DID。随后，他接受了一位临床心理学家的采访，在催眠状态下，第二个人格“史蒂夫”出现了。史蒂夫承认了这些罪行，从而为“因精神失常而无罪”的辩护创造了基础（见第 17 章）。比安奇后来被著名专家马丁·奥恩（Martin Orne）更仔细地研究过。在最后的一次检测中，奥恩确定比安奇是伪装。奥恩得出这一结论的部分原因是，当他向比安奇暗示大多数人有两个以上的身份时，比安奇突然就出现了第三个身份（Orne et al., 1984）。此外，没有证据表明，比安奇在审判之前存在多重身份。当比安奇的骗局被发现时，他被判犯有谋杀罪。尽管如此，大多数研究者认为，假 DID 病例（例如比安奇病例或其他需要伪装成患者的病例）相对较少。

如何形成？

如果我们接受，在大多数情况下，DID 是一种真实的综合征（不是有意识地伪造的），那它是如何形成又如何维持的呢？根据**创伤理论**，DID 从童年早期的创伤开始，反映了在面对反复的创伤性虐待时，一种应对压倒性的绝望和无力感的尝试（Gleaves, 1996; Maldonado & Spiegel, 2007; Ross, 1997, 1999）。由于缺乏其他资源或逃跑的途径，儿童可能会脱离现实，进入幻想，成为另一个人。有时孩子只是简单地想象虐待发生在别人身上。如果儿童有幻想倾向，并且随着时间的推移继续保持幻想倾向，他可能在不知不觉中，在不同的时间点，创造出不同的自我，这可能为分离的身份奠定了基础。从这个角度看，DID 可以被看作一种应对极端应激源的方法，它反映了一种“分隔”创伤经历的尝试（Lynn et al., 2012）。

绝大多数的 DID 患者（据估计超过 95%）报告了对严重和可怕的童年虐待的记忆，这支持了创伤理论。图 8.5 显示了几项早期研究的结果。最近的调查也报告了类似的发现（Dorahy et al., 2015）。但是，只有一小部分经历过创伤的儿童容易产生幻想或自我催眠，这表明素质–应激模型可能更适合解释 DID。也就是说，当严重虐待发生时，易幻想和易受催眠的儿童可能具有发展为 DID（或其他分离障碍）的素质（e.g., Butler et al., 1996; Kihlstrom et al., 1993）。然而，同样需要强调的一点是，易幻想或易受催眠特质本身并非病态的，而是中性的特质 (Kihlstrom et al., 1994)。

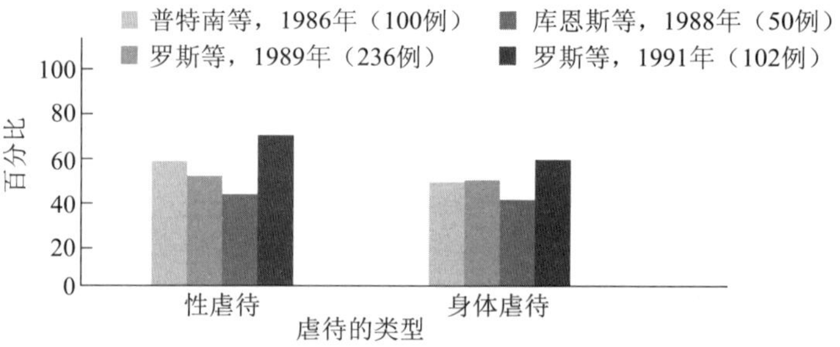

图 8.5　四项对 DID 患者的独立研究中所报告的儿童期虐待情况（总 n=488）

对 DID 的另一种主要的解释是社会认知理论（Lynn et al., 2012）。根据这一理论，DID 是在易受暗示的群体学会接受和扮演多重身份的角色时形成的，主要是因为临床治疗师无意中暗示、合理化并强化了他们的行为，而且这些不同的身份与当事人拥有的个人目标相吻合（Lilienfeld & Lynn, 2003; Lilienfeld et al., 1999; Spanos, 1994, Spanos, 1996）。在这里需要强调的是，目前的社会认知理论认为，这并不是那些饱受困扰的患者故意或者有意识做出的，而是在没有或几乎没有意识的情况下自发出现的（Lilienfeld et al., 1999）。其理论假设是：治疗师过于热心，他们对 DID 的临床现象的迷恋和对催眠等技术的不当使用，在很大程度上导致了易受暗示、易幻想的人罹患这种障碍（e.g., Giesbrecht et al., 2008; Piper & Merskey, 2004a, 2004b; Spanos, 1996）。例如，问“你们中间还有我没有和他说过话的吗”这种问题，可能会鼓励一些患者发展出另一个身份来回应。

在对社会认知假说的早期研究中，斯帕诺斯等人（1985）证明了普通大学生在催眠状态下，可以通过暗示表现出在 DID 患者中看到的一些现象，其中包括采用另一个具有不同名称的身份，在人格量表中显示出不同的剖面图。因此，斯帕诺斯和同事们证明，当受到环境的鼓励时，人们可以形成第二个身份。

当然，仅仅因为斯帕诺斯及其同事能够在被催眠的大学生中演示角色扮演，并不意味着 DID 在现实生活中也是以这种方式产生的。例如，有人可能会对断腿的人做出令人信服的描述，但这并不能确定腿是如何断的。此外，在本实验和其他实验中，被催眠的参与者只显示出 DID 的一些最明显的症状（比如不止一个身份），而且只在短期和人为的实验室条件下显示出来。因此，尽管 DID 的一些症状可能是由社会环境造成的，但这与证明该障碍可以通过这种方式产生是不一样的（e.g., Gleaves, 1996）。

社会认知理论与以下证据相一致：大多数 DID 患者在接受治疗前并没有表现出明确的障碍症状；有证据表明，随着治疗时间的推移，身份的数量往往会增加（有时会显著增加）（Boysen & VanBergen, 2013; Piper & Merskey, 2004b）。与社会文化视角相一致的还有 DID 患病率的变化。由于其戏剧性的障碍特征，DID 案例在小说、电视和电影中得到了广泛的关注和宣传。但是，在很长一段时间里，在临床实践中，这种情况被认为是极其罕见的。自 20 世纪 70 年代弗洛拉 · 丽塔 · 施莱伯的著作《西碧尔》出版后，病例数量开始上升。具有讽刺意味的是，这个让人们更加了解 DID 并引发 DID 患病数量加剧的案例，现在看来并未呈现 DID 的真实样貌（Nathan, 2011; Paris, 2012c; Rieber, 2006）。西碧尔案例部分描述如下。

案例

西碧尔（真名雪莉 · 梅森）是来自明尼苏达州的一名问题女性，有创伤性虐待史。在与科妮莉亚 · 威尔伯医生的治疗过程中，她相继出现了 16 种不同的人格。但是，没有证据表明雪莉在接受威尔伯医生的治疗之前出现过任何交替身份，甚至任何分离性身份障碍的症状，也没有证据表明雪莉小时候受过虐待。然而，在威尔伯的追问和暗示性的提示下，雪莉开始“回忆”起她母亲虐待她的许多事例，许多交替身份也开始出现。这个故事的另一方面表明，这些东西是为了取悦威尔伯而形成的。威尔伯医生去参加一个专业会议时，一位同事代她为雪莉治疗，雪莉问新来的精神科医生：“那么，你想让我做海伦吗?”海伦是她的另一个人格。可以想象得到，这位新医生相当困惑。当他问雪莉她是什么意思时，她告诉他“当我和威尔伯医生在一起时，她希望我成为海伦”（Nathan, 2011, p. 131）。当雪莉后来向威尔伯医生承认她一直在撒谎，没有任何多重人格时，威尔伯把这解释为雪莉在治疗过程中产生了抵触情绪。治疗继续以同样的方式进行，雪莉很快收回了她的供词。

DID 患者恢复的受虐待记忆是真是假?

一些患者报告自己在孩童时期遭受过残酷虐待，这些案例读起来或听起来都令人心碎。

但是，这些性虐待和其他儿童期虐待的报告的准确性和可信度令人质疑。许多案例缺乏医生、医院和警方记录等证实虐待行为的证据。确实有一些研究报告说，它们证实了患者报告的虐待案件，但批评人士指出，用来证实证据的标准过于宽松，其有效性令人怀疑。例如，一些研究者（Chu et al., 1999）直接询问他们的研究对象："有人能证明你经历了这些事情吗?"（p.751）但是，并没有明确说明什么程度的证明算数，也没有办法确定患者是否夸大或歪曲了自己提供的作为确认证据的信息（Loftus & Davis, 2006; Piper & Merskey, 2004a）。批评者进一步指出，许多在治疗过程中出现的记忆，可能是错误的记忆——是由善意但缺乏技巧又粗心的心理治疗师使用的引导问题和暗示技巧所导致的（Lilienfeld et al., 1999; Loftus & Davis, 2006; Yapko, 1994）。

很明显，这类事一旦发生，往往会带来悲剧性的后果。无辜的家庭成员常常被 DID 患者错误地指控，有时被判刑、入狱。但同样不可否认的是，虐待儿童的残忍事件确实很频繁，对儿童自身的发展带来非常有害的影响，甚至可能导致病理性的分离（e.g., Maldonado & Spiegel, 2007; Nash et al., 1993）。在这种情况下，起诉施虐者是必要和恰当的。当然，要确定恢复的虐待记忆是真实的还是错误的（或两者兼而有之），并不总是那么容易。关于错误记忆问题的激烈争论，我们在本章末尾的《未解决的问题》专栏会进行更多的讨论。

为了解决这个问题，路易斯和他的同事们（1997）研究了 12 名患有 DID 的杀人犯，并通过医疗、社会服务和监狱记录证实了他们中几乎所有人（11/12）都经历过严重的虐待行为。然而该研究的不足之处是，缺少未患 DID 的杀人犯作为对照组。因此，我们不能确定儿童期虐待是否与罹患 DID 有特定的联系，或仅仅与暴力和被判谋杀罪有关。批评人士还指出，路易斯和他的同事应该仔细评估一些谋杀者一直在装病的可能性（Lilienfeld et al., 1999）。但是，考虑到所有的囚犯都已经被监禁，并且没有在他们的法律案件中利用他们的创伤经历为自己辩护，因此装病的可能性不大（Brand et al., 2016）。

如果确实有虐待发生了，它是导致 DID 的直接原因吗?

如果我们把关于虐待记忆是否真实的争议放在一边，假设这些严重虐待在许多 DID 患者的童年早期确实发生过，那么我们如何确定就是虐待对 DID 的形成起到了至关重要的致病作用呢（e.g., Piper & Merskey, 2004a）？儿童期虐待经常发生在那些环境比较糟糕的家庭中，因而患者可能还经历了许多其他的灾难和创伤（例如，家庭成员的精神问题以及过度的忽视与贫穷）。可能这些因素中的某一个或某几个因素共同起到了致病作用（e.g., Lilienfeld et al., 1999; Nash et al., 1993）。

另一个挑战是，在有 DID 症状的人群中，存在儿童期虐待史的人，比没有遭受虐待的人更有可能寻求治疗。因此，大多数关于儿童期虐待在 DID 中所占比重的研究，可能并不能真实代表所有 DID 患者的情况。最后，那些声称受到儿童期虐待的患者可能还患有许多不同类型的精神疾患，包括抑郁症、创伤后应激障碍、进食障碍、躯体症状障碍和边缘型人格障碍等。那么，为什么我们要认为它在 DID 中起着关键的致病作用呢？也许我们能说的是，儿童期虐待可能对许多障碍起着非特异性的致病作用，而其他更具体的因素决定了到底形成哪种障碍（见第 10 章和第 12 章）。

8.9.2　当前观点

随着 1980 年 DSM-III 的出版，DID 首次出现了明确的诊断标准（如前所述，当时被称为“多重人格障碍”）。这使得临床医生诊断出越来越多的患者，并鼓励心理学和精神病学发表相关的文献报告该障碍。此外，大约在同一时间，之前关于成人患者童年虐待史的零散报道，开始渐渐形成大趋势。尽管在如何解释这些发现方面产生了许多争议，但是有关 DID 患者遭受虐待的报道引起了对该障碍更多的关注，这也可能提高了该障碍的确诊率。事实上，在 1979 年以前，全世界的整个心理学和精神病学文献中只能找到大约 200 个病例。然而，到 1999 年，仅北美就报告了 3 万多例（Ross, 1999），尽管许多研究者认为这是一个粗略的高估（e.g., Piper & Merskey, 2004b）。

许多人为因素可能导致了在 1980 年后报告的 DID 患病率急剧增加。比如，因为一些治疗师在某些来访者身上主动寻找 DID 的迹象，并暗示患者可能存在交替身份，特别是当来访者处于催眠状态，非常容易受暗示时（e.g., Kihlstrom, 2005; Piper & Merskey, 2004b）。治疗师也可能通过对新身份的出现表现出极大的兴趣，微妙地诱使当事人呈现新的身份。然而，这些因素也许不能（也不会）解释所有确诊病例。

据目前的流行病学估计，社区样本中 DID 的患病率在 1%~1.5% 之间。一项对纽约北部 658 人的研究表明，患病率为 1.5%（Johnson et al., 2006），针对土耳其女性的社区样本报告，该群体的患病率为 1.1%（Şar et al., 2007）。当研究那些遭受创伤或文化压迫的群体时，DID 的患病率甚至更高（约 6%）（Foote et al., 2006）。同样值得注意的是，通过研究者的调查，在全世界大部分地区都能观察到分离性身份障碍，甚至在调查时几乎完全不了解这一障碍，不具备相关个人知识或专业知识的地方，包括土耳其农村地区（Akyuz et al., 1999; also Maldonado & Spiegel, 2007）和中国上海（Xiao et al., 2006）。

目前，大约有 20 项研究比较了确诊的 DID 患者和人工模拟 DID 行为（经过适当的训练）的人之间的不同点（Boysen & VanBergen, 2014）。研究结果显示了一些重要的相似性和一些关键的差异。但是，总的来说，研究结果为社会认知理论提供的支持要多于对创伤理论提供的支持。

人工模拟 DID 行为的人（模拟组）与确诊患者（确诊组）的区别之一是，确诊组表现出的DID症状比模拟组更多。当然，这可能与模拟组的训练质量有关。另一个更重要的区别是，与模拟组相比，确诊组确实表现出更多认知加工方面的问题。当让模拟组和确诊组对先前看过的材料进行识别，以及测量回忆时间和反应时间时，确诊组表现出明显的不足。但是，认知问题（与健康对照组相比）在许多精神障碍（包括焦虑障碍、心境障碍和精神分裂症）患者中都存在，所以它们可能是一般精神障碍的结果而不是DID所特有的。我们也无法知道这些认知问题是由DID引起的，还是在该障碍形成之前就存在的，也许认知加工问题是DID的一个易感性因素。

模拟组与确诊组也有许多相似之处。其中，也许最重要的是伴随着人格转换而来的记忆转移。身份间遗忘是DID的一个重要特征，大多数患者确实至少有一些完全不知道其他身份的存在和经历的身份。这就提出了一个问题：当信息呈现给一个身份，而这个人切换到另一个身份时，会发生什么情况？这个人可能完全不知道另一个身份的存在。此时，信息是否有可能从一个身份传输到另一个身份呢？博伊森和范·贝尔根（2014）的综述描述了迄今为止所有有价值的研究结果，并得出结论：自陈报告的身份间遗忘是不完全的。换言之，当信息被提供给身份1，然后这个人切换到身份2时，身份2在记忆任务上的表现，比两个身份完全失忆的情况要好。不管使用的是外显记忆任务还是内隐记忆任务，都未表现出记忆的完全丧失。同样重要的是，确诊组和模拟组在内隐记忆任务（不需要有意识地加工信息）中表现出的身份间信息传递程度是相似的。

举例来说，亨特耶恩斯及其同事（2005）让22名具有身份1的患者通过简单的评价性条件反射程序，将中性词与情绪性刺激（积极词汇或消极词汇）重复配对，学会以积极或消极的方式重新评估中性词，中性词继而获得积极或消极的含义。当患者转换为身份2时，也能按照身份1形成的条件反射的方式对先前的中性词进行积极或消极词义的分类，研究结果表明，身份2中存在身份1形成的评价性内隐记忆（尽管身份2主观报告自己完全不记得身份1）。

缺乏DID患者完全失忆的证据对我们理解身份间遗忘意味着什么？在这方面，模拟组和确诊组是相似的，这一事实可能会反驳DID诊断的有效性。但是，我们并不清楚那些有过这样经历的人的记忆是如何起作用的。正如博伊森和范·贝尔根（2014）所指出的，在DID中，身份间记忆可能是存在的，但不能被主观地意识到。我们的大脑自然地整合了新的东西，但我们的大脑知道和我们能意识到我们知道，两者之间有着重要的区别。

以上这些关于DID的争议都采用两分法的方式进行陈述：DID是真是假？DID的病因是什么——是自然发生的角色扮演还是再现的儿童期创伤？恢复的受虐待记忆是真是假？如果的确发生了虐待，那么它是否是主要的致病原因？这种两分法的问题只能得到一个过于简单的答案，并产生不必要的分歧（Vissia et al., 2016; Merckelbach et al., 2016）。但是，至少在某种程度上，我们一致认为 DID 存在着“自我理解障碍”（Dalenberg et al., 2012, p. 568; also Lynn et al., 2014）。争论的双方现在也承认，DID 可能涉及多种不同的因果路径。创伤理论的支持者认为，有些个案是伪造的，而有些个案可能是由不熟练的治疗师在治疗过程中的不谨慎造成的。人们也更多地认识到，患者既有真实记忆也有错误记忆，并且意识到急需开发新的方法来分辨哪些是真实记忆，哪些是错误记忆（e.g., Gleaves & Williams, 2005; Gleaves et al., 2004）。另一方面，社会认知理论的支持者现在承认创伤可能在分离症状中起到致病作用。尽管如此，他们相信这种情况发生的频率要比创伤理论所描述的低得多，而且不太可能像创伤理论学家所坚持的那样，起到最核心、最重要的致病作用（Kihlstrom, 2005; Lynn et al., 2014）。

如今我们对 DID 作何解释呢？随着时间的推移，社会认知模型已经有了发展。正如前面提到的，它现在本质上是一个素质–应激模型。根据这种观点，有些人比其他人更容易受到社会文化影响，如媒体对 DID 的描述、治疗师的暗示等。其中一个相关致病因素是有幻想的倾向。人们还认为，与睡眠相关的各种问题（如白日梦、梦魇和在入睡或清醒时的异常知觉体验）可能在社会认知模型和 DID 创伤模型之间提供了一个桥梁，因为这些问题似乎会增加分离症状的风险（Lynn et al., 2012）。睡眠问题在经历过虐待的人身上也更加常见。

而且，越来越多认为儿童期虐待在 DID 的发展中起着关键作用的人，开始认为 DID 可能是创伤后应激障碍（PTSD）的一个复杂和慢性的变体。根据这种定义，DID 患者曾暴露于某种严重的创伤性事件，包括虐待（e.g., Brown, 1994; Maldonado & Spiegel, 2007; Maldonado et al., 2002）。焦虑症状在 PTSD 中比在 DID 中更为突出，分离症状在 DID 中比在 PTSD 中更为突出，但是，这两种症状在这两种障碍中都存在（Putnam, 1997; Lyssenko et al., 2017）。此外，一些（但不是全部）研究者估计，被确诊为 DID 的患者中，有很高比例的人还患有 PTSD，这表明两种障碍可能存在一些重要的共同致病因素（Vermetten et al., 2006; also Rodewald et al., 2011）。认识到这一点，DSM-5 现在将伴分离症状的 PTSD 作为一种新的亚型。

综上所述，似乎是时候对 DID 的不同观点进行调和了。创伤显然很重要，但睡眠障碍、幻想倾向、媒体给公众带来的暗示和心理治疗技术的不当运用，也可能起到诱发障碍的作用。虽然 DID 的病因一直是一个争议很大的话题，但如今似乎没有什么理由再让争议继续下去了。

8.10 分离障碍的文化因素、治疗方法和结果

描述分离障碍的文化因素、治疗方法和结果

所有的障碍都发生在某种文化背景下，DID 也不例外。接下来我们将讨论文化在 DID

中的作用，并介绍一些治疗方法。

8.10.1 分离障碍的文化因素

毫无疑问，分离障碍的患病率，尤其是像 DID 这类更为戏剧化的障碍形式，在很大程度上与该类现象是否被所在文化环境认可或包容有关。在西方社会，对于 DID 作为一种真实存在的障碍的接受度和容忍度随着时间的推移发生了显著变化。

许多明显与之相关的现象，如灵魂附体和分离性恍惚状态，经常发生在世界上许多不同的地方，尤其在那些当地文化认可的地方（Krippner, 1994; Spiegel et al., 2013）。当这种体验是自愿的、短暂的，并且作为宗教或灵性实践的正常部分发生时，它们不一定是有问题的。但是，当它们是无意识的并引起个体的痛苦时，则被认为是病态的。

病理性附体的特征与 DID 非常相似，包括身份的明显变化，以及完全或部分的遗忘。但是，在病理性附体中，另一种身份并不是另一种内在的人格状态，而是作为一种外在的灵魂、力量或神。DSM-5 将病理性附体纳入 DID 的诊断标准，使其更适用具有广泛文化背景的群体。纳入病理性附体，也意味着承认 DID 可以表现为两种不同的形式：附体形式和非附体形式。换句话说，障碍的表现形式可能很大程度上取决于文化因素（Spiegel et al., 2013）。

了解本地传统治疗师如何治疗病理性附体，也可能给 DID 的治疗提供新的视角。有趣的是，在西方文化中，本地传统治疗师和心理治疗师的疗法有很多相似之处。例如，两者都强调处理个人身份的不同方面，允许每个身份表达自己，使人了解该身份的观点和痛苦。但是，在大多数情况下，文化上认可的去除或驱除交替身份的尝试，通常会导致糟糕的结果。

分离障碍也有跨文化的变异，如狂暴症（amok），通常被认为是一种暴力障碍。狂暴症通常是在分离性发作时出现的指向他人或物体的暴力攻击甚至谋杀行为。这类障碍大多出现在男性身上，通常是由于感受到被忽视或侮辱引起的。患者常常具有被害观念，充满愤怒，伴有遗忘症，随后往往会出现一段疲惫和抑郁的时期。在马来西亚、老挝、菲律宾、巴布亚新几内亚、波多黎各和纳瓦霍印第安人中都曾出现过狂暴症患者。

8.10.2 分离障碍的治疗方法和结果

遗憾的是，目前对人格解体障碍和分离性遗忘症的治疗还没有系统的对照研究。缺乏随机对照实验意味着，目前人们对如何成功治疗这两种障碍知之甚少。有许多病例记录，有时以少量病例为一组，但没有同时进行评估或接受非特异性治疗的对照组，因此无法获知所采用的各种疗法效果如何（Kihlstrom, 2005）。

一般来说，人格解体 / 现实解体障碍患者可能对治疗产生阻抗[①]，但治疗对焦虑或抑郁等问题还是有效的。一些人认为催眠，包括自我催眠技巧的训练，可能是一种有效的治疗技术，它使得人格解体障碍患者可以学习分离，然后“重新整合”，从而获得一些控制自己人格解体和现实解体的经验（Maldonado & Spiegel, 2007; Maldonado et al., 2002）。目前已经让患者尝试使用过许多类型的抗抑郁药、抗焦虑药和抗精神病药，其中一些效果并不明显。并且，一项随机对照研究显示，百忧解治疗组与安慰剂治疗组之间没有差异（Simeon et al., 2004）。最近的一项研究显示出治疗分离障碍的一些希望，该研究对颞顶叶联合区实施重复经颅磁刺激，颞顶叶联合区是大脑中参与整合自我和躯体体验的主要区域（Mantovani et al., 2011）。在 3 周的治疗后，一半的患者表现出显著的缓解，而另一半患者在又过了 3 周的治疗后也表现出了症状的减轻。

让分离性遗忘症的患者处在一个安全的环境中是很重要的。有时简单地让个体从其所认为的威胁性情境中脱离，就能让记忆自动恢复。催眠，以及苯二氮䓬类、巴比妥类、戊巴比妥钠和异戊巴比妥钠等药物，经常被用来诱发被压抑和分离的记忆（Maldonado & Spiegel, 2007; Maldonado et al., 2002）。在记忆被回忆起来之后，重要的是患者要与治疗师一起修复这些记忆，以便以新的方式重新构建相关经历。但是，除非这些记忆能够被证实，否则不应轻信表面（Kihlstrom, 2005）。

对于确诊为 DID 的患者，目前大多数治疗方法基于创伤理论的假设——该障碍是由虐待引起的（Kihlstrom, 2005）。大多数治疗师以各交替身份整合以及它们与主身份的集体融合作为治疗的最终目标（e.g., Maldonado & Spiegel, 2007）。DID 患者通常在治疗过程中表现出相当大的阻抗，他们认为分离是自我的一种保护机制（例如，“我知道我父亲可以控制或虐待我的一部分，但他不能掌控我的全部”; Maldonado & Spiegel, 2007, p.781）。如果成功整合，患者最终会形成一个统一的人格，但也有很多患者只实现了部分整合。评估 DID 和相关障碍的其他症状是否得到改善，也非常重要。事实上，治疗的效果更可能反映在患者症状以及相关社会功能的改善上，而不是实现完全和稳定的不同交替身份的整合（Maldonado & Spiegel, 2007; Maldonado et al., 2002）。

一般来说，DID 的治疗是以心理动力学和自知力为导向的，重点是发现并解决创伤和其他被认为导致了障碍的冲突（Kihlstrom, 2005）。治疗 DID 的主要方法之一是催眠（e.g., Kluft, 1993; Maldonado & Spiegel, 2007; Maldonado et al., 2002）。大多数 DID 患者能够被催眠，而且在催眠状态下通常可以恢复以往的潜意识和创伤性记忆——这些一般都发生在

① 阻抗：是指来访者在心理咨询或治疗过程中，以公开或隐蔽的方式否定咨询师或治疗师的分析，拖延、对抗咨询师或治疗师的要求，从而影响咨询或治疗的进展，甚至使咨询或治疗难以进行的一种现象。——译者注

童年期。其后，这些记忆可以被处理，患者得以意识到曾经感受到的危险已经不复存在了。然而，这也可能带来另外一个危险，在催眠状态下的个体具有更高的受暗示性，其所回忆的内容可能是不正确的（Kihlstrom, 2005; Loftus & Davis, 2006）。通过使用催眠，治疗师经常能够接触到不同的身份，并在不同的、看似独立的身份状态之间重建联系。一个重要的目标是将人格整合成一个更能应对当前压力的身份。显然，要成功地做到这一步，需要非常高的治疗技巧，治疗师必须有强烈的责任感和专业能力。遗憾的是，并非所有的治疗师都有这样的能力。

文献中的大多数报告是对个别案例的治疗总结。对报告的成功案例应始终谨慎看待，因为报告积极结果有利于出版。研究很少报告大规模 DID 患者的治疗结果数据，而且都未采用对照组。尽管如此，很明显 DID 不会随着时间的推移或治疗师的忽略而自发地缓解（Kluft, 1999; Maldonado et al., 2002）。例如，在埃拉森和罗斯（1997）的研究报告中，他们对最初在一家特别住院机构接受治疗后出院的 DID 患者进行了为期 2 年的随访。在最初的 135 名患者中，他们追踪到了 54 名并对他们进行了系统评估。所有的患者，特别是那些已经完全整合的患者，在生活的各个方面都有了显著的改善。不过，54 名患者中只有 12 名实现了身份的完全整合。这样的结果固然令人鼓舞，但我们也必须考虑到随访中不包括的那 81 名患者，他们的症状和问题可能没有什么改善。另一项为期 10 年的随访研究调查了 25 例接受治疗的 DID 患者，也得到了类似的结果。10 年后，研究者只追踪到 12 名患者，其中的 6 名已经完全整合，但也有 2 名患者部分复发（Coons & Bowman, 2001）。总体而言，此类研究结果发现：（1）为了成功治愈患者，必须延长治疗时间，通常持续多年；（2）病情越严重，需要治疗的时间越长（Maldonado & Spiegel, 2007; Maldonado et al., 2002）。

未解决的问题

DID 与“恢复的记忆”的现实

创伤理论家断言，DID 形成的主要原因是儿童期的虐待，特别是性虐待。在许多情况下，这些受虐的记忆在治疗期间被“发现”，这意味着个体在进入治疗之前并未意识到这些经历。这引发了对恢复的受虐记忆的有效性或准确性的质疑，并引发了激烈的争论（Loftus & Davis, 2006, for a review）。

这些争议也超越了专业人士辩论的范畴，成为重大的公共问题，并导致了大量的法律诉讼。例如，恢复了受虐记忆的 DID 患者起诉了他们的父母，因为父母对他们施加了虐待。具有讽刺意味的是，治疗师和机构也有可能被告上法庭，因为他们对患者灌输了被虐待的记忆，而这些虐待后来被证明从没发生过。一些遭到错误指控的父母成立了一个国际性的支持组织——错误记忆综合征基金会，他们有时会起诉治疗师，要求赔偿损失，指控治疗师诱发了关于父母虐待儿童的错误记忆。在遭遇了这些怀疑、指责、诉讼和无休止的敌意之后，许多家庭分崩离析。

DID 是否源于儿童期的虐待，与恢复的受虐记忆是否准确，基本上是两个独立的问题。尽管如此，它们在辩论过程中往往融合在一起。因此，那些原先对受虐记忆可靠性持怀疑态度的学者也可能会认为 DID 症状就像受虐记忆本身，可能是源于错误治疗所鼓励或引发的社会角色扮演（e.g., Bjorklund, 2000; Lilienfeld et al., 1999; Lynn et al., 2004; Piper & Merskey, 2004a, 2004b）。而支持者通常既相信 DID 是真实存在的，也相信虐待的相关记忆是无可置疑的（e.g., Gleaves, 1996; Gleaves et al., 2001; Ross, 1997, 1999）。

关于恢复的记忆的有效性的争议，大部分源于对人类自传体记忆的性质、信度和可塑性的分歧。大多数有关儿童期虐待导致 DID 的证据，仅限于接受分离体验治疗的成年人的“恢复的记忆”（最初无法获得的记忆）。根据支持者的观点，在治疗之前，这些记忆“被压抑”，因为记忆具有创伤性，于是只能让某些交替身份保存记忆，而主身份并不知道这些人格的记忆。根据这一观点，治疗可以消除压抑性防御，从而使当事人准确地回忆起过去所遭受的虐待。

另一方面，反对者指出，压抑概念在科学上本就难以站住脚（e.g., Kihlstrom, 2005; Loftus & Davis, 2006; Piper, 1998）。在几个所谓的压抑案例中，那些无法回忆起来的事件只是正常的遗忘，而不是压抑导致的失忆，成人往往无法获取出生后 3~4 年的记忆。另外，某些关于所谓压抑的案例中，之所以没能报告出记忆中的某些事件，只是因为没人问及那些事或者是当事人不愿意泄露个人信息（Kihlstrom, 2005; Loftus & Davis, 2006; Pope et al., 1998）。

此外，即使记忆真的可以被压抑，又会产生一个重要的问题，那就是恢复的记忆是否准确。与许多人（包括许多临床专业人员）所认为的相反，人类记忆并不像录像机那样，能让储存的信息在以后可以准确地检索和回放。相反，人类的记忆是容易出错的，正如林恩及其同事（2015）所指出的那样，相比于凭空塑造记忆，人类更擅长重构记忆，而且在任何原始记忆痕迹建立之后都会根据真实发生的事件进行记忆修改（Loftus & Bernstein, 2005; Loftus & Davis, 2006; Schacter et al., 2000）。

实际上，研究表明，在某些情况下，人们很容易产生虚假的记忆（Wade et al., 2007, for a review）。当健康的成年人被要求反复想象他们最初认为在儿童期没有发生过的事件时，他们后来增加了对这些事件实际发生在他们身上的可能性估值（e.g., Tsai et al., 2000）。此外，假如让成年参与者若干次想象自己做了某些行为，包括正常的和怪异的，仅仅只隔 2 周后，参与者真的会相信自己不仅做过正常行为（如抛硬币），还做过怪异行为（如亲吻放大镜）（Thomas & Loftus, 2002）。这些研究和其他一些研究清楚地表明，重复想象经历某些事件（甚至有些奇怪的事件），可能导致我们对从未发生过的事件产生记忆（Loftus & Bernstein, 2005; Loftus & Davis, 2006）。

在一项有趣的研究中，研究者比较了一组记得童年的受虐经历的人和两组后来恢复了受虐记忆的人。这两组中，一组的记忆在治疗期间恢复，另一组的记忆在日常生活中恢复。然后，研究者试图证实这些恢复的记忆。他们发现，在治疗之外恢复了记忆的人中，超过一半的人身上都有确凿的证据证明曾经遭受过虐待，但在治疗过程中恢复记忆的人身上并没有发现确凿的证据（Geraerts et al., 2007）。

了解记忆的科学很重要，特别是对临床医生而言。有关记忆如何运作的错误观念，可能会鼓励治疗师采取如诱发童年回忆或催眠的治疗技术，以帮助患者恢复记忆，这就为错误记忆的产生创造了环境。但是，并非所有恢复的记忆都是假的。麦克纳利和格拉尔茨（2009）认为，一些受虐者可能在很长一段时间内，完全没有回忆过他们遭受虐待的经历，并且可能故意试图忘记虐待（抑制而不是压抑），或者可能在回忆时已经想不起来了，造成人们觉得这些记忆已经被压抑多年的错误印象。如今，我们可能越来越能调和一些长期存在争议的不同观点了。

本章小结

8.1 概述 DSM-5 中躯体症状障碍及相关的四种障碍

- 躯体症状及相关障碍处于变态心理学与医学的交界地带。这是一类心理问题表现为躯体症状的障碍。随着这些症状的出现，个体也会经历异常的想法、感受和行为。
- 躯体症状及相关障碍包括：躯体症状障碍、疾病焦虑障碍、转换障碍、做作性障碍。

8.2　解释躯体症状障碍的成因和治疗方法

- 满足躯体症状障碍的诊断需要个体有多个躯体症状并持续至少 6 个月。即使症状似乎无法被医学解释，患者的痛苦也是真实存在的。
- 关于躯体症状障碍的精神分析观点认为，躯体症状是由未解决或无法接受的无意识冲突导致的。精神能量没有直接表达，而是被转化为躯体问题，因为相比于心理问题，这些躯体问题更容易被社会所接受。
- 更晚近的解释模型是认知行为观点。根据这一模型，患有躯体症状障碍的人是过度警惕的，他们非常关注自己的身体和身体的变化。他们还倾向于将身体感觉理解为躯体症状并归因于疾病。这与对症状含义的过度担忧相结合，导致了认知的灾难化。由于担心，患者变得非常痛苦，并寻求医治，因为他们认为自己的确患了某种疾病。
- 认知行为疗法对躯体症状障碍及相关障碍的治疗有效。治疗的认知方面集中在评估对疾病的不良信念和改变对身体感觉的误解。行为技术包括让当事人有意地将注意力集中在身体的某个部位，引发出某种无害的症状，从而让他们知道对于躯体感觉的选择性知觉对他们的症状起到了非常重要的作用。有时也可以直接针对患者的反应做一些预防，让他们停止不断地对身体寻求确认。
- 除了认知行为疗法，医疗管理可能会提供其他一些好处。让一名医生整体负责患者的护理，定期看望患者，并对新出现的症状提供身体检查。但是，医生要避免不必要的诊断性检查，最低限度地使用药物和其他治疗方法。
- 对于涉及疼痛的躯体症状障碍，治疗通常包括放松训练、给予支持并验证疼痛的真实性、安排日常活动、认知重组，以及强化“无疼痛”的行为等方法。有时也使用抗抑郁药物。

8.3　解释疾病焦虑障碍和躯体症状障碍的关键区别

- 疾病焦虑障碍和躯体症状障碍有许多相似之处。两种障碍在 DSM-5 中的主要区别在于，躯体症状障碍患者存在真实的身体症状，并为此寻求帮助；具有疾病焦虑障碍的人担心他们可能罹患一种严重的疾病，但可能并没有身体症状。

8.4　总结转换障碍的临床特点，并指出其患病率、成因和治疗方法

- 转换障碍涉及影响感觉或自主运动功能的症状或缺陷（例如失明或瘫痪）。尽管临床症状表明存在躯体或神经疾病，但躯体检查显示，症状没有器质性基础。
- 大约 20% 的转换障碍患者很少表现出对自己症状的焦虑或担忧，这也是转换障碍可能存在的症状之一，这一现象被称为“泰然处之”（la belle indifférence）。
- 在医院神经内科接受治疗的患者中，约有 5% 的人患有转换障碍。尽管该障碍确切的患病率尚不清楚，但一般人群中的患病率非常低（不超过 0.005%）。转换障碍被认

为是个体无法应对极端应激而出现的反应。该障碍在女性中更为普遍，起病年龄最常见于青春期早期和成年早期。如果去除应激源并使个体得到支持与鼓励，躯体问题通常会消失，但很容易复发。

8.5 解释做作性障碍与诈病的区别

- 具有做作性障碍的个体故意产生躯体上或心理上的症状（或两者兼有）。他们在没有外部犒赏的情况下做出欺骗行为，扮演病人的角色。
- 诈病包括伪造或夸大症状。这是出于外部因素的推动，例如希望申请保险金、避免工作或服兵役，或在刑事诉讼中减轻刑罚。

8.6 列出 DSM-5 中的三种分离障碍

- 当个体正常调节意识和心理多方面的过程变得明显紊乱，从而导致意识和人格同一性的各种异常时，就会出现分离障碍。
- DSM-5 中包括三种分离障碍：人格解体 / 现实解体障碍、分离性遗忘症和分离性身份障碍。

8.7 总结人格解体 / 现实解体障碍的临床特征

- 罹患人格解体 / 现实解体障碍的个体会经历持续且反复的现实解体（个体失去对外部世界的现实感）和 / 或人格解体（个体失去对真实自我以及内在真实的感觉）。尽管如此，患者的现实检验能力仍然完好无损，而且患者对正在发生的事情有很好的认识。
- 人格解体 / 现实解体障碍的终生患病率为 1%~2%，人格解体 / 现实解体障碍患者没有明显的性别差异。该障碍可能从童年期开始发病，高峰发病年龄大约是 16 岁，只有少数人在 25 岁以上发病。
- 目前没有治疗人格解体 / 现实解体障碍的确切、有效的方法。该障碍通常具有相当漫长的病程，病情的波动很小或几乎没有。常见的共病有心境障碍和焦虑障碍。在具有人格解体和现实解体体验的人群中，回避型、边缘型和强迫型人格障碍的患病率也更高。

8.8 描述分离性遗忘症的临床特征

- 分离性遗忘症指的是无法回忆起以前获得的信息，并且这种遗忘无法用普通的健忘来解释。该障碍通常发生在应对极端应激环境时。遗忘的记忆类型主要是情景记忆或自传体记忆，其他类型的记忆通常保持不变。
- 在极少数情况下，个体可能会进入一种被称为“漫游”的遗忘状态，然后离开现实生活的环境。在这种情况下，个体不仅丧失过去的部分或全部记忆，而且还会离开家庭环境。该情况属于分离性遗忘症的亚型——伴分离性漫游。

8.9　描述分离性身份障碍的临床特征，并解释该障碍颇具争议的原因

- 分离性身份障碍（DID）的患者至少表现出两种以上的身份，这些身份在控制行为时以某种方式交替出现。交替身份可能在很多方面与主身份不同。
- 由于许多原因，人们对 DID 的看法一直存在争议。不是每个人都认为这是一种真实存在的障碍。一些经典的 DID 病例已被发现是伪造的，这种障碍能够让被指控犯有严重罪行的人用于辩护。目前，无法区分真实的 DID 和假装的 DID。当然，这并不意味着我们可以断定真实的 DID 患者不存在。
- 关于 DID 是如何形成的，也存在争议。根据创伤理论，DID 是由严重的童年创伤导致的。而社会认知理论坚持认为，这种障碍是由临床医生造成的，他们无意中鼓励患者扮演多种不同的角色，然后随着治疗师和他人的关注，患者的行为就会得到强化。

8.10　描述分离障碍的文化因素、治疗方法和结果

- DSM-5 通过在诊断标准中加入病理学特征，更明确地承认了文化因素的作用。人们认识到，文化可能会影响 DID 在临床上的呈现方式。诊断标准包含 DID 的附体和非附体形式，使得诊断更具文化包容性。受文化影响的情况下，分离症状还有其他的表现形式，如狂暴症。
- DID 的治疗通常以心理动力学和自知力为导向，也经常使用催眠。重点是揭示和解决导致障碍的创伤和内在冲突。人们对如何治疗人格解体 / 现实解体障碍知之甚少。让分离性遗忘症患者脱离其所认为的威胁性情境，有时可以使患者的记忆自动恢复。

第9章

进食障碍与肥胖

学习目标

9.1 进食障碍的临床特点

9.2 进食障碍的风险和致病因素

9.3 讨论如何治疗进食障碍

9.4 定义肥胖，并解释为什么它是一个世界性的问题

9.5 描述哪些群体最容易存在肥胖问题

9.6 介绍目前治疗肥胖的方法

巴西模特安娜·卡罗琳娜·雷斯顿身高172厘米，体重仅40千克，于2006年11月15日在与神经性厌食症斗争时死于全身性感染，年仅21岁。安娜·卡罗琳娜为阿玛尼和范思哲做过模特，并在世界各地的许多国家做过模特。她最初因肾衰竭入院治疗。她的神经性厌食症，是她在一次选角中被批评"太胖"后开始的。在她病情最严重的时候，她的饮食只有西红柿和苹果。她的离世显示出进食障碍带来的健康风险。

安娜·卡罗琳娜与神经性厌食症的抗争历程，也表现了现代社会审美取向对人们生活的影响，美貌与苗条高度相关，尤其对公众人物来说，苗条常常意味着漂亮。令人惊讶的是，包括妮可·里奇、玛丽–凯特·奥尔森、维多利亚·贝克汉姆和已故戴安娜王妃在内的许多名人，也都有过进食障碍的经历。

在安娜·卡罗琳娜·雷斯顿去世的同一年，来自乌拉圭的模特路易斯·拉莫斯在一场时装秀上晕倒，死于心力衰竭。她身高175厘米，体重44千克，她去世后，时尚界（以及最近的广告界）开始努力解决这一问题，政府也开始立法。2015年，法国通过了一项新法案，禁止模特过瘦。如今，雇用过瘦的模特将面临高额罚款，甚至入狱。提倡过度瘦身或鼓励限制饮食的网站也会受到惩罚。但是，超瘦模特的照片仍然很常见。最近，一项针对参加纽约时装周的模特的调查发现，她们的平均身体质量指数（衡量个体的体重与身高的比值）为17.4，这意味着她们的体重明显偏轻。尽管如此，模特们还是经常报告来自她们所在公司的减肥压力，其中大多数人有不健康的体重控制行为，例如节食、不吃正餐、禁食或使用清肠和排毒的药物（Rodgers et al., 2017）。对此你有何看法？模特在上T型台之前，是否需要获得医生的证明，证明自己没有营养不良（现在法国和以色列都要求这样）？我们是应该期待时尚产业自我监管，还是应该像法国那样立法介入？你准备好在《服饰与美容》杂志上看到更健康的模特了吗？

根据DSM-5（APA，2013），**进食障碍**以进食或进食相关行为的持续性紊乱为特征。在本章中，我们将重点介绍DSM-5中三种最重要的成人进食障碍，同时关注肥胖问题。在

DSM 中，肥胖症不被认为是一种进食障碍或精神障碍，然而，它的患病率正在以惊人的速度上升，肥胖症的患病率和死亡率也比所有其他进食障碍的总和还要高。由于肥胖症可能与失调的进食模式密切相关，我们将在这一章中详细讨论它。

9.1 进食障碍的临床表现

进食障碍的临床特点

食物对我们的生存至关重要。但是对很多有足够食物来源的人来说，吃东西并不是一项简单直接的活动。罹患进食障碍的人表现出失调的进食模式，这会损害他们的健康或正常身体机能。接下来，我们将描述 DSM-5 中的三种进食障碍——神经性厌食症、神经性贪食症和暴食障碍。

9.1.1 神经性厌食症

“神经性厌食症”一词的字面意思是“由神经兴奋引起的食欲不振”。然而，这一用词略有不妥，因为缺乏食欲既不是核心问题，也不一定是事实。**神经性厌食症**的核心问题是对苗条的不懈追求，包括导致体重显著下降的行为，相关诊断标准见《DSM-5 诊断标准》专栏。从 DSM-IV 到 DSM-5 的一个重要变化是，DSM-5 将闭经（月经停止）从诊断标准中剔除了。研究表明，经期正常但符合神经性厌食症所有其他诊断标准的妇女，在心理上与闭经或停经的妇女非常相似（Attia & Roberto, 2009）。闭经也不是一个可以用于男性的标准，也不能用于青春期前或使用激素类避孕药的女性。

DSM-5 诊断标准

神经性厌食症

A. 相对于需求而言，在年龄、性别、发育轨迹和身体健康的背景下，因限制能量的摄取而导致显著的低体重。显著的低体重被定义为低于正常体重的最低值或低于儿童和青少年的最低预期值。

B. 即使处于显著的低体重，仍然强烈害怕体重增加或变胖或有持续的影响体重增加的行为。

C. 对自己的体重或体型的体验障碍，体重或体型对自我评价的不当影响，或持续地缺乏对目前低体重的严重性的认识。

虽然我们可能认为神经性厌食症是一个现代问题，但它已经有几百年的历史了。从早期宗教文献中可以找到关于极端禁食的描述，与神经性厌食症的症状十分相似（Vandereycken, 2002）。但是，第一篇关于神经性厌食症的医学论文由理查德·莫顿发表于1689年（Silverman, 1997, for a good general historical overview）。莫顿描述了两名患者，一名18岁的女孩和一名16岁的男孩，他们都遭受着“神经性消耗”的折磨，导致身体组织损耗，女性患者最终因拒绝治疗而死亡。

直到1873年，巴黎的夏尔·拉塞格和伦敦的威廉·格尔爵士分别描述了临床症状之后，这一障碍才有了现在的名字。格尔（1888）在他最后一篇关于这种障碍的出版物中，描述了一个14岁的女孩，她开始“毫无明显原因地对食物表示厌恶，不久之后，除了半杯茶或咖啡之外，她拒绝吃任何东西”。在被规定每隔几个小时吃一次清淡的食物之后，患者恢复得很好。图9.1是格尔给患者提供治疗前后的对照图。

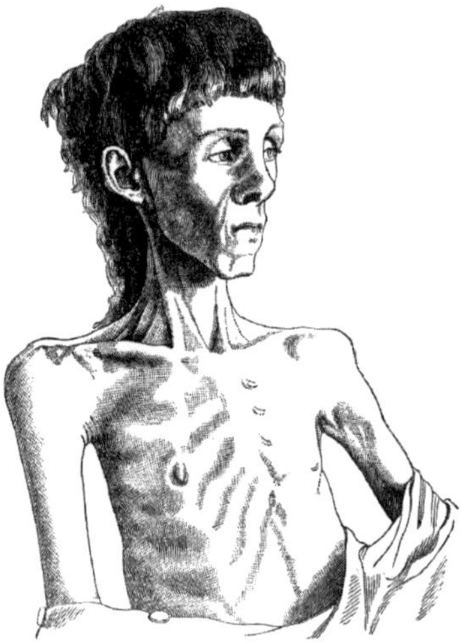

治疗前

治疗后

图9.1　格尔的神经性厌食症患者

尽管神经性厌食症患者看起来消瘦得非常痛苦，但他们否认自己的身体有任何问题。

事实上，他们可能会因为减肥而感到满足。尽管如此，他们还是对自己的体重感到矛盾。他们常常试图通过穿宽松的衣服或在衣服中藏一些庞大的物品来掩盖他们的瘦，这样当别人测量他们的体重时，他们会更重。如果要他们测体重（比如说在医院），神经性厌食症患者甚至可能事先饮用大量的水来临时增加体重。

神经性厌食症有两种类型：限制型和暴食 / 清除型。这两种亚型的主要区别在于，患者用于维持低体重的方法不同。在限制型中，人们尽一切努力限制食物的摄入量，热量摄入受到严格控制。患者经常避免在别人面前吃东西。当他们在餐桌上时，他们可能吃得很慢，把食物切得非常小，或偷偷地扔掉食物（Beaumont, 2002）。

并非所有神经性厌食症患者都严格限制食物摄入。暴食 / 清除型患者与限制型患者不同，因为除了限制饮食，他们还会暴食或清除，或两者兼有。**暴食**是指毫无控制地吃下远比一般人多得多的食物，远远超过大多数人在相同的时间和环境下所吃的食物。在暴食之后，他们可能会努力将吃进的食物从体内清除出去，如下面的例子所示。清除的方法通常包括催吐或滥用泻药、利尿剂和灌肠剂，其他不涉及清除的代偿行为包括过度运动或禁食。然而，即使是清除策略也不能阻止食物中所有卡路里的吸收。

案例

印度姑娘艾莎 22 岁，在美国一所大学攻读研究生已经第四年了，这是她第一次因进食障碍前来就诊，其实进食障碍已困扰她很多年了。早在她 14 岁还在印度上学的时候，就曾因为穿新校服而被同学们嘲笑，说她穿裙子看起来很胖。这件事之后她觉得自己真的太胖了，就开始饿着肚子努力减肥。到 18 岁时，她的身体已经非常虚弱了，但她不仅继续坚持每天只吃一餐，还做大量的锻炼，并且抗拒自己吃东西的欲望。偶尔她也会有坚持不住的时候，就暴饮暴食一段日子。但每次暴食之后，她都会让自己饿 3~4 天来进行补偿。最后，为了确保不增加体重，她开始在吃完任何食物后定期进行催吐。她认为“要想漂亮，就必须得变瘦”，而且她还认为吃东西是不好的。每当忍不住吃了食物后，她都会自责：“我真是一无是处！”（Based on Roy, 2014.）

由于进食障碍患者的价值观被扭曲（表 9.1 提供了此类患者的观点），限制型神经性厌食症患者往往受到其他进食障碍患者的极大赞赏。一位患者报告说，她的神经性厌食症不“成功”，因为她没有达到低体重的极限，她认为死于饥饿是厌食症患者成功的标志，那些能够实现这一信念的神经性厌食症患者应该受到崇敬（Bulik & Kendler, 2000）。

表 9.1 神经性厌食症中的扭曲思维

“当我称体重时，我有一个规则。如果我的体重增加了，那么接下来的一天我就要饿着；但如果我减轻了，我也会饿着。”
“骨骼决定了我们是谁，让它们表现出来吧。”
“一个不完美的身体反映出一个不完美的人。”
“厌食症不是一种自己造成的障碍，而是一种自律的生活方式。”
“这不是自我剥夺，而是真正的自由。”

图 9.2 芭蕾舞演员患进食障碍的风险很高。据纽约城市芭蕾舞团前首席演员格尔西 · 柯克兰所说，舞蹈公司支持瘦可以创造“集中营美学”的价值观

由于舞蹈专业的艺术标准强调苗条的身材，舞蹈演员患上进食障碍的风险尤其高，对芭蕾舞演员来说更是如此。最近的一项研究估计，近 20% 的芭蕾舞学生患有进食障碍，神经性厌食症是该群体最常罹患的障碍（Arcelus et al., 2014）。格尔西 · 柯克兰在担任纽约城市芭蕾舞团首席芭蕾舞演员期间，患上了进食障碍。这无疑是由著名的编舞乔治 · 巴兰钦导致的。柯克兰在她的自传中描述，在一次活动后，他轻拍她的肋骨和胸骨，并告诫她“一定要看到骨头”（Kirkland, 1986, pp. 55–56）。强调苗条或体重的运动（包括体操、花样滑冰和摔跤）也与进食障碍的高风险相关（Sundgot-Borgen & Torstveit, 2004）。

9.1.2 神经性贪食症

神经性贪食症的特点是无法控制地暴食，并通过不适当的行为，如催吐和过度运动来防止由此导致的体重增加。神经性贪食症最近被认为是一种精神综合征。英国精神病学家 G.F.M. 罗素于 1979 年提出了这一术语， 它于 1987 年被纳入 DSM。单词 “bulimia”（贪食症）来自希腊语 “bous”（牛）和 “limos”（饥饿），形容一个人“能吃掉一头牛”的饥饿感。

《DSM-5 诊断标准》专栏中显示了神经性贪食症的诊断标准。与 DSM-IV 相比，神经性贪食症的诊断标准有所放宽。暴食和清除现在改为平均每周发生 1 次（而不是每周 2 次），持续 3 个月。这一变化是因为有研究表明，不完全符合神经性贪食症诊断标准的人与完全符合神经性贪食症诊断标准的患者非常相似（Eddy, Doyle, et al., 2008; Fairburn et al., 2007）。

DSM-5 诊断标准
神经性贪食症

A. 反复发作的暴食。暴食发作以下列 2 项为特征：
  1. 在一段固定的时间内进食（例如，在任何 2 小时内），食物量大于大多数人在相似时间段内和相似场合下的进食量。
  2. 发作时感到无法控制进食（例如，感觉不能停止进食或控制进食品种或进食数量）。

B. 反复出现不适当的代偿行为以预防体重增加，如自我引吐，滥用泻药、利尿剂或其他药物，禁食或过度锻炼。

C. 暴食和不适当的代偿行为同时出现，在 3 个月内平均每周至少 1 次。

D. 自我评价过度地受身体的体型和体重影响。

E. 该障碍并非仅仅出现在神经性厌食的发作期。

暴食型神经性厌食症的临床表现，与神经性贪食症有许多共同之处，事实上，一些研究者认为神经性厌食症的暴食 / 清除型，应该被认为是神经性贪食症的另一种形式。神经性贪食症和暴食 / 清除型神经性厌食症的区别在于患者体重的不同。根据定义，神经性厌食症患者体重严重低于正常值，但神经性贪食症患者并非如此。因此，如果有暴食 / 清除行为的人也符合神经性厌食症的标准，就会被诊断为神经性厌食症（暴食 / 清除型），而不是神经性贪食症。换句话说，神经性厌食症的诊断“优先于”神经性贪食症的诊断。这是因为神经性厌食症的死亡率远远高于神经性贪食症。认识到这一点，DSM 规定最严重的进食病理形式在诊断上有优先权。

神经性厌食症和神经性贪食症患者都很关注自己的体型和体重。但是，与神经性厌食症患者不同，神经性贪食症患者通常体重正常，有时甚至轻微超重。暴食障碍通常源于对苗条的欲望所驱使的限制性饮食。在早期阶段，患者节食和吃低卡路里的食物，但是，随着时间的推移，早期减肥的决心逐渐消退，患者开始吃“禁忌食物”，例如薯片、披萨、蛋糕、冰激凌和巧克力。有些患者甚至会暴食任何可以吃的食物，包括生饼干面团等。在一次普通的暴食中，患有神经性贪食症的人可能会摄入多达 4 800 卡路里的热量（Johnson et al., 1982）。暴食之后，为了防止长胖，患者会开始催吐、禁食、过度运动或滥用泻药。这种情况会持续下去，因为即使神经性贪食症患者对自己的行为感到厌恶，清除行为也会减轻因进食而增加体重的恐惧。

神经性厌食症患者常常否认他们病情的严重性，并对其他人对他们瘦弱状况的震惊和担忧感到惊讶，而神经性贪食症患者则常常充满羞愧、内疚和自嘲。他们努力掩饰自己的行为，努力控制自己的暴食欲望（通常是失败的）。下面描述的案例非常典型。

案例

20 岁的凯瑟琳，十分在意自己的体重和体型。从十几岁开始，她就认为自己很胖，并且经常节食，尽管实际上她的体重符合当时的年龄及身高。随着年龄增长，她对自己肥胖的担心变得越来越严重，于是她开始严格限制摄入的热量，并尽可能多地运动。有一段时间， 她的体重明显低于正常指标， 后来在医生的帮助和指导下恢复了体重。然而，随后她便开始了更加过度的节食，并第一次出现了暴食行为。凯瑟琳因体重增加和日益频繁的暴食行为而痛苦不已，她开始拼命催吐，试图减轻体重。

在过去的半年中，凯瑟琳从来没有吃过早餐和午餐，只和家人一起吃一顿正常的晚餐。但在夜间，她可能会忍不住大吃大喝，通常一周有两三次因感到焦虑而进行的暴食。在最近一次典型的暴食中，她吃了 4 片涂有黄油和果酱的吐司、6 包薯片、3 大块巧克力、半盒麦片及一大碗冰激凌。和以往一样，暴食后她会非常沮丧，她感到朋友们开始厌弃自己了。最近，她不但饮用大量的水来催吐，还开始服用各种泻药，达 30~40 种之多。此外，她还有过度的运动计划，包括每天 500 个仰卧起坐和有氧运动。食物也被她分为有利减肥的和不利减肥的两类，她不允许自己食用所谓的不良食品(例如饼干、巧克力和奶酪)。

在朋友们看来，凯瑟琳变得越来越羞涩。她拒绝称体重，并放弃了游泳（她曾是校队的游泳运动员)。购买衣物时，她常常不愿意试穿。她讨厌自己的体型，她报告说，脑海中有个声音在不断地告诉她:“你又胖又丑， 真受不了你现在的样子。”凯瑟琳担心，如果她不减肥，她的朋友们就会讨厌她（当她和朋友们出去时，会避免吃东西，而且为了显瘦，她会尽力收腹到肚子很痛)。而每当她感觉到自己变胖时，情绪就会非常沮丧。

9.1.3 暴食障碍

DSM-5 新增的一项诊断是**暴食障碍**（BED）。暴食障碍与神经性贪食症有一些共同的临床特征（见《DSM-5 诊断标准》专栏），但是，二者有一个重要的区别，就是在暴食之后，患有暴食障碍的人不会进行任何形式的不适当的“代偿”行为，比如清除、使用泻药，或者通过锻炼来阻止体重增加。（表 9.2 总结了不同类型进食障碍的异同。）

表 9.2　神经性厌食症、神经性贪食症和暴食障碍的比较

症状	神经性厌食症		神经性贪食症		暴食障碍
	限制型	暴食 / 清除型	清除型	非清除型	
体重	明显偏低	明显偏低	正常体重或轻微超重	正常体重或轻微超重	通常超重或肥胖
害怕增重或变胖	是	是	是	是	否
身体意象	扭曲的观念	扭曲的观念	过分关注体重	过分关注体重	可能对身体和体重不满意
暴食	否	是	是	是	是
清除	否	是	是	否	否
通过非清除手段避免增重	是	是	是	是	否
感到无法控制饮食	否	暴食时期	是	是	是

DSM-5 诊断标准

暴食障碍

A. 反复发作的暴食。暴食发作以下列 2 项为特征：
1. 在一段固定的时间内进食（例如，在任何 2 小时内），食物量大于大多数人在相似时间段内和相似场合下的进食量。
2. 发作时感到无法控制进食（例如，感觉不能停止进食或控制进食品种或进食数量）。

B. 暴食发作与下列 3 项（或更多）有关：
1. 进食比正常情况快得多。
2. 进食直到感到不舒服的饱腹感。
3. 在没有感到身体饥饿时进食大量食物。
4. 因进食过多感到尴尬而单独进食。
5. 进食之后感到厌恶自己、抑郁或非常内疚。

C. 对暴食感到显著的痛苦。

D. 在 3 个月内平均每周至少出现 1 次暴食。

E. 暴食与神经性贪食中反复出现的不适当的代偿行为无关，也并非仅仅出现在神经性贪食或神经性厌食的病程中。

暴食障碍的饮食限制行为，比典型的神经性贪食症或神经性厌食症少得多（Wilfley et al., 2000）。一次典型的暴食平均热量约为 1 900 卡路里（Bartholme et al., 2006）。毫无疑问，暴食障碍与超重甚至肥胖有关（Hudson et al., 2007; Pike et al., 2001），但是，与神经性贪食症一样，体重并不是诊断的一个因素，珍娜就是一个例子。有趣的是，与超重或肥胖，以及未患暴食障碍的人相比，暴食障碍患者更有可能对体重和体型过度重视。在这方面，暴食障碍患者也类似于神经性贪食症患者（Allison et al., 2005）。这种对体重和体型的重视态度，可能有助于解释为什么父母有暴食障碍的人，比父母体重正常或肥胖的人表现出更多的进食障碍行为模式（Lydecker & Grilo, 2017）。

图 9.3　每年在纽约科尼岛举行的“吃热狗比赛”之类的项目吸引了很多观众。在 10 分钟的时间里，一些参赛者可以吃掉 60 个甚至更多的热狗。你认为这是一项健康的运动吗？它传达了什么关于食物的信息？竞争性饮食和暴食有什么不同？

案例

珍娜今年 33 岁，是一名单身女性。她在一所为学习困难儿童开设的学校里担任心理治疗师。她来诊所寻求治疗慢性抑郁症的帮助。她同时承认自己从青少年时期就有肥胖和暴食的经历。在她最初接受咨询时，她体重 118 千克，身体质量指数为 39.5。她担心如果不找到控制饮食的方法，她的体重会继续增加。

珍娜告诉治疗师，她“一直很胖”。她非常不愿意谈论自己的饮食习惯，因为这样做会让她感到尴尬和羞愧。她说，除了每天吃三顿丰盛的正餐，她还经常吃零食，因为学校老师的房间里总是有饼干和蛋糕，她还会暴饮暴食。这种暴饮暴食的情况大约一周发生 2 次，而且总是由让她感到悲伤、失望或不安的事情引起。如果她在一天的工作中遇到困难，在回家的路上，她会在一家便利店停一下，买些糖果和饼干，然后在车上迅速吃完。之后她会对自己的行为感到厌恶。当她一个人在家的时候，她又会开始暴食。她会为自己准备大量的食物，并尽可能快地吃掉，直到她吃得很撑，感到不舒服为止。珍娜渴望能够“正常饮食”，但她也承认，她是多么依赖食物来帮助自己应对生活中的消极情绪。没有任何证据表明珍娜有催吐、断食或滥用泻药的行为。尽管珍娜认为自己“太胖了，不能去健身房”，但是她偶尔也会尝试锻炼。

9.1.4　起病年龄及性别差异

值得注意的是，虽然病态的进食模式可以追溯到几个世纪以前，但进食障碍常被认为是“现代”病（Silverman, 1997）。锡耶纳的圣凯瑟琳 16 岁左右就开始绝食，她由于拒绝饮食（Keel & Klump, 2003）而死于 1380 年（当时大约 32 或 33 岁）。此外，早在公元 2 世纪，希腊医生盖伦就提到了一种以暴食、催吐和昏厥为特征的综合征，他称之为“bulimos”（Ziolko, 1996）。但是，直到 20 世纪 70 年代和 80 年代，进食障碍才开始引起人们的注意。临床医生开始看到越来越多的患者有病态的进食习惯，很快人们就发现这是一个重要的临床问题。

神经性厌食症和神经性贪食症在青春期之前并不多见。但是，7 岁的孩子就可能患上进食障碍，尤其是厌食症（Bryant-Waugh & Lask, 2002）。神经性厌食症最可能发生在 16~20 岁之间。对神经性贪食症来说，最危险的群体是 21~24 岁的年轻女性（Zerwas et al., 2014）。大多数暴食障碍患者的年龄大于神经性厌食症或神经性贪食症患者，一般在 30~50 岁之间。

长期以来，人们一直认为进食障碍主要发生在女性身上。尽管在过去，人们认为罹患该障碍的性别比例高达 10：1，但最近的估计表明，每 3 名女性患者就会有 1 名男性患者（Jones & Morgan, 2010）。性别比例的变化反映了一个事实，即过去男性的进食障碍可能被低估了。一个原因是，人们存在进食障碍是女性障碍的刻板印象。另一个原因是，DSM 诊断标准中存在性别偏差。这种偏差强调的是女性典型的对体重和体型的关注（例如，渴望苗条）和控制体重的方法（节食）。对男性来说，对身体的不满通常表现为想变得更强壮，男性更常使用过度锻炼作为控制体重的一种手段。因此，男性更难意识到自己有进食障碍，更有可能被误诊，接受专业治疗的可能性也更低（Jones & Morgan, 2010）。

男性进食障碍的一个公认风险因素是同性恋。同性恋和双性恋男性比异性恋男性有更高的进食障碍患病率（Feldman & Meyer, 2007）。男同性恋者（像异性恋者一样）重视恋爱对象的魅力和年轻程度。因为男同性恋者（就像女性一样）想要在性方面吸引男性，所以男同性恋者对身体的不满比异性恋者更严重。史密斯和他的同事（2011）发现男同性恋者对自己的身体更不满意，并且比异性恋者更容易罹患进食障碍，支持了这一观点。此外，男同性恋者倾向于相信，潜在的伴侣会希望他们比自己的理想身材更瘦。其他具有较高进食障碍风险的特定男性亚群是摔跤运动员和赛马骑师，

图 9.4　当今男性正承受着社会文化的压力，要求他们拥有肌肉发达的健美身材。许多男性对体型的不满表现为想要拥有肌肉发达的上半身

他们需要“控制体重”才能参加比赛或工作（Carlat et al., 1997）。

对 DSM-5 的批判性思考

其他形式的进食障碍

DSM-IV 中对进食障碍的分类在 DSM-5 中被重新命名，现在被称为“喂食及进食障碍”。这反映了一个事实：除了神经性厌食症、神经性贪食症和暴食障碍这三个主要的障碍，DSM-5 还认识到其他几种类型的进食和喂食问题，其中之一就是清除障碍。正如它的名字所暗示的，清除障碍是在没有暴食的情况下，做出反复的清除行为，以影响体重或体型。另一个新增的障碍是回避性 / 限制性摄食障碍，其特点是饮食不合理，导致体重减少和营养不足。但回避性 / 限制性摄食障碍患者不像神经性厌食症或神经性贪食症患者那样注重体重或体型。相反，对食物的回避或限制，可能是由于不喜欢食物的气味或食物的外貌形状。例如,英国的一个年轻人在 20 岁时去世,因为他的饮食只有炸薯条和吐司。显然，由于 DSM 包含了如此多的障碍，我们没办法一一介绍，只能关注最严重和最常见的障碍。

但是 DSM-5 为什么会增加新的障碍，以及改变神经性厌食症和神经性贪食症的诊断标准？一个重要的原因是，在 DSM-IV 中有一个称为“未特定的进食障碍”的诊断分类。这是一个包括多种病态进食模式的类别，结果它被用于大多数患者——大约 60% 的青少年和成年人都在门诊被确诊为这一障碍（Eddy, Doyle, et al., 2008; Fairburn & Bohn, 2005），这不是一个理想的情况。为了解决这一问题，修订组对神经性厌食症和神经性贪食症的诊断标准进行了修改，并将暴食障碍纳入正式诊断。这一做法预计将减少使用未特定的诊断类别的需要。DSM-5 还新增了另一个类别，称为“其他特定的喂食或进食障碍”，这仍然可以用于不符合任何其他类别的病态进食问题。

9.1.5 进食障碍的患病率

最常见的进食障碍是暴食障碍。根据最新的数据，在世界范围内，暴食障碍的终生患病率约为 2%（Kessler et al., 2013）。在美国，基于社区的全国共病调查估计，女性的终生患病率约为 3.5%，男性为 2%（Hudson et al., 2007）。同样值得注意的是，暴食障碍的患病率在肥胖者中更高，在 6.5%~8% 之间（Grilo, 2002; Sansone et al., 2008）。

在世界范围内，神经性贪食症的患病率估计为 1%（Kessler et al., 2013）。来自美国国家共病调查的数据进一步表明，在美国，神经性贪食症的终生患病率约为 1.5%，男性为 0.5%（Hudson et al., 2007）。神经性厌食症不那么常见。来自美国的估计表明，这种障碍的终生患病率为 0.9%，男性为 0.3%（Hudson et al., 2007）。在瑞典，神经性厌食症的发生率为 1.2%，男性为 0.29%（Bulik et al., 2006）。尽管神经性厌食症有时被认为是一种非常罕见的障碍，但严重的神经性厌食症与精神分裂症一样常见。

罹患神经性厌食症的风险在 20 世纪似乎有所增加。在一项研究中，1945 年以后出生的人一生中患这种障碍的比例要高于 1945 年以前出生的人（Klump et al., 2007），男性和女性都是如此。这种患病率的增加并不能完全解释为临床医生对这种障碍的认识的提高和更好的检测手段。在 1970—1993 年间，神经性贪食症的新病例数量也有所增加（Keel & Klump, 2003）。然而，这一增长的大部分可能发生在 1982 年以前。最近的一项分析表明，神经性贪食症的患病率在 1982—1992 年间下降，在 1992—2002 年间保持稳定（Keel et al., 2006）。在 1990—2004 年间，神经性贪食症的发病率也趋于稳定（Crowther et al., 2008）。

尽管在过去的几十年里，神经性贪食症的患病率有所下降，但许多年轻人，尤其是青春期和成年早期的女性，都存在一些进食模式的紊乱，或者对自己身体的扭曲认知。例如，在 4 746 名中学生的样本中，41.5% 的女孩和 24.9% 的男孩报告了对自己身体形象方面的担忧，超过 1/3 的女孩和近 1/4 的男孩表示，他们非常重视体重和体型，而这关系到他们的自尊（Ackard et al., 2007）。问卷调查研究进一步表明，高达 19% 的学生报告了暴食和清除行为（Hoek, 2002）。同样令人担忧的是，一项对澳大利亚成年人的调查发现，在 1995—2005 年，暴食、清除、严格节食或禁食的人数增加了 2 倍（Hay et al., 2008）。不符合进食障碍诊断标准的病态进食行为令人担忧，因为在某些情况下，这些行为可能随着时间的推移而恶化，最终导致显著的临床问题。进食障碍量表是调查中经常使用的问卷测量方法，表 9.3 展示了其中的部分项目。

表 9.3　进食障碍量表中的部分项目

示例语句
我担心长胖
我偷偷地吃喝
我觉得我的臀部太大了

9.1.6 进食障碍的医学并发症

安娜·卡罗琳娜·雷斯顿和路易斯·拉莫斯的不幸离世，以及法国模特伊泽贝尔·卡罗的去世（她于 2010 年去世，年仅 28 岁）等悲剧提醒了人们，神经性厌食症等障碍是致命的。神经性厌食症患者（大多数为女性）的死亡率是美国 15~34 岁普通年轻女性死亡率的 5 倍多（Keshaviah et al., 2014）。当患有这种障碍的患者死亡时，最常见的原因是医学并发症。总的来说，大约 3% 的神经性厌食症患者死于并发症（Signorini et al., 2007）。

营养不良也在其他方面损害了患者的健康（Mitchell & Crow, 2010）。许多神经性厌食症患者看起来不健康，他们的头发和指甲逐渐变薄变脆，皮肤变得非常干燥，面部、颈部、手臂、背部和腿部开始长出绒毛，许多患者的皮肤也会变黄，尤其是手掌和脚底。其中一些问题如图 9.5 所示。

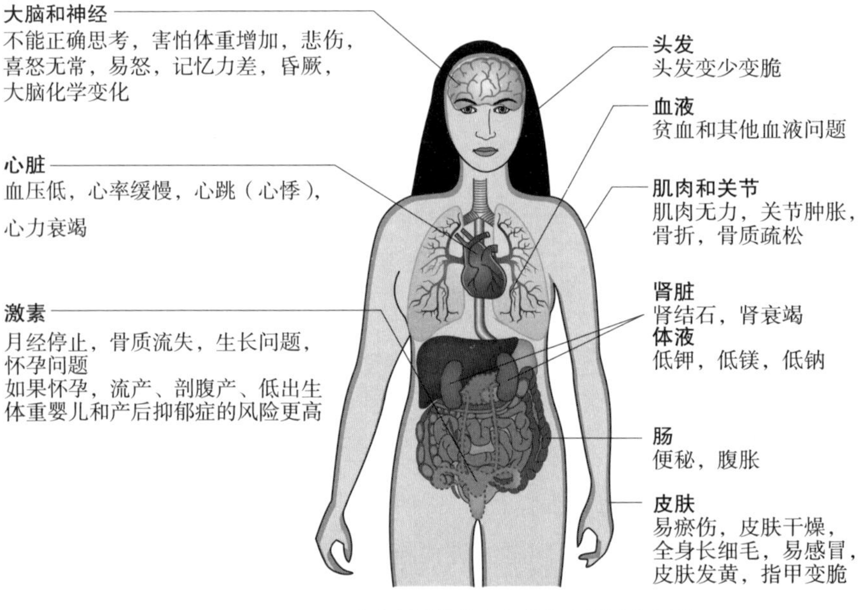

图 9.5 厌食症对身体的影响

神经性厌食症对身体造成损害，并导致许多医学问题。当饥饿的时候，身体会消耗自己以提供能量。首先燃烧脂肪，然后是肌肉，最终，器官会在身体寻找燃料的过程中被破坏。

由于营养不良，患有这种障碍的人很难应对低温，他们的手和脚经常摸起来很冷，而且由于温度调节问题和四肢缺氧，他们的手和脚会呈现出蓝紫色。由于长期的低血压，患者经常感到疲倦、虚弱、头晕和头昏，也可能存在维生素 B_1（硫胺素）缺乏，这可以解释一些低体重厌食症患者的抑郁和认知变化（Winston et al., 2000）。虽然当患者体重增加时，这些问题会得到解决，但神经性厌食症可能会增加日后患骨质疏松症的风险，这是因为骨密度通常在成年早期达到峰值，　这段时间不健康的饮食可能会导致骨骼永久性地变得脆弱（Attia & Walsh, 2007）。

神经性厌食症患者可能死于心律失常，有时这是由钾等关键电解质的严重失衡造成的（Mitchell & Crow, 2010），长期低钾（低钾血症）也会导致肾脏损害和肾功能衰竭，严重到需要透析。

10%~60% 的进食障碍患者会出现泻药滥用的问题（Roerrig et al., 2010），这会让患者的病情更加严重。泻药是用来引起腹泻，使人感觉更瘦，或消耗身体中不必要的热量的。滥用泻药会导致脱水、电解质失衡、肾脏疾病，以及对胃肠道的损害。

神经性贪食症的致死率远低于神经性厌食症，尽管与其相关的死亡率仍然是普通同龄人群死亡率的 2 倍左右（Arcelus et al., 2011）。神经性贪食症也引起了一些医学上的担忧（Mitchell & Crow, 2010）。清除会导致电解质失衡和低钾，正如我们已经提到的，这会使患者面临心脏异常的风险。另一个并发症是心肌损伤，这可能是由于使用吐根糖浆造成的，吐根糖浆是一种可催吐的有毒物质。但是，更典型的情况是，患者将手指伸进喉咙使自己恶心、呕吐，从而在手上形成老茧。在极端情况下，患者会使用牙刷等物体来催吐，可能会导致咽喉撕裂。

因为胃里的东西是酸性的，所以当患者反复催吐时，他们的牙齿就会受损，催吐后立即刷牙对牙齿的伤害更大。口腔溃疡和蛀牙是反复催吐的常见后果，眼睛周围的小红点也是由催吐的压力引起的。通常，贪食症患者的腮腺（唾液腺）肿大是由反复催吐引起的，这些被许多暴食障碍患者称为“浮肿的脸颊”或“花栗鼠的脸颊”。虽然这样的肿胀并不会让人感到疼痛，但很容易被别人认出来。

9.1.7　病程和结果

在神经性厌食症患者中，仅次于并发症的第二大常见死因是自杀。最近一项元分析的估计表明，在一般人群中，神经性厌食症患者死于自杀的可能性是同龄妇女的 18 倍（Keshaviah et al., 2014）。有研究表明，那些无法维持自己极低体重的患者会受到严重的打击，自杀的风险尤其高（Crisp et al., 2006）。慢性饥饿可能使患者习惯于痛苦的经历，增加他们自残和自杀的风险（Joiner, 2005）。第一次接受临床治疗时年龄较大的患者也更有可能过早死亡（Arcelus et al., 2011）。神经性贪食症与成功自杀的风险增高无关，但

25%~30% 的病例有自杀企图（Franko & Keel, 2006）。

研究特写

元分析

元分析是一种统计方法，用来结合许多相似研究的结果。每个独立研究的数据都被转换成一个称为“效果量”的公共度量，这样做可以将来自不同研究的数据组合起来，然后进行分析。你可以将元分析看作你已经熟悉的普通研究，只不过“参与者”是一项项的研究，而不是人。

虽然有些患者的预后较差，但经过长时间的治疗，恢复是可能的。洛威和他的同事（2001）研究了神经性厌食症患者首次接受治疗 21 年后的情况：由于神经性厌食症的发病率很高，16% 的患者（全部为女性）已经死亡，主要死于饥饿或自杀等并发症；10% 的人仍然患有这种障碍；21% 的人已经部分康复。积极的一面是，51% 的人在随访时完全康复。在最近的一项 22 年的跟踪研究中，62.8% 的厌食症患者最终康复（Eddy et al., 2017）。这些发现为患有这种障碍的人提供了乐观的消息。它们表明，即使在一系列失败治疗后，神经性厌食症患者仍然有可能恢复健康。

就神经性贪食症而言，从长远来看，预后往往相当好。两项结果研究表明，在 11~12 年的随访期结束前，大约 70% 最初诊断为这种障碍的女性会好转，并且不再符合任何进食障碍的诊断标准；但是，剩下的 30% 的女性将继续存在进食方面的问题。物质滥用问题、更频繁的暴食、更多的体型问题，以及更长的病程，都预示着随着时间的推移，结果会更糟（Castellini et al., 2011; Keel et al., 1999）。

最后，与神经性贪食症患者一样，暴食障碍患者的临床缓解率也很高。经过一段时间的强化治疗，60 名患者样本中，有 2/3 不再有任何形式的进食障碍（Fichter & Quadflieg, 2007）。一项更大的研究涉及 137 名接受个体认知行为疗法的意大利患者，在治疗结束后 6 年，60% 的患者在进行评估时都已康复（Castellini et al., 2011）。

值得注意的是，许多从神经性厌食症和神经性贪食症中恢复过来的人，仍然有残留的进食问题。他们可能过分关注体型和体重，限制自己的饮食摄入量，对消极情绪状态的反应是暴食和催吐（Sullivan, 2002）。换句话说，康复是相对的，那些不再符合进食障碍诊断标准的人可能仍然有食物和体型方面的困扰。

9.1.8　诊断交叉

进食障碍与其他精神障碍的不同之处在于，有很多诊断交叉。这意味着，常常会遇到一个人被诊断出一种进食障碍，之后又被诊断出另一种进食障碍的情况。这可能反映了一个事实，即目前的诊断系统没有很好地对这些障碍进行分类，基于维度的分类方法可能更合适。例如，在 7 年的时间里，埃迪、多勒及其同事（Eddy, Dorer, et al., 2008）报告说，在他们的研究中，大多数女性经历了诊断交叉。在神经性厌食症的两种亚型之间来回转换（限制型和暴食 / 清除型）的情况尤为常见。

大约 1/3 的患者也发生了从神经性厌食症到神经性贪食症的转变。但是，有趣的是，没有直接从限制型神经性厌食症直接过渡到神经性贪食症的病例。相反，神经性贪食症似乎是过渡到暴食 / 清除型神经性厌食症之后发生的。你可能还记得暴食 / 清除型神经性厌食症和神经性贪食症患者之间的主要区别是体重（以及是否闭经）。因此，即使该障碍本身可能没有重大临床变化，但如果神经性厌食症（暴食 / 清除型）患者体重增加，那么诊断结果将改为神经性贪食症，以反映这一事实。此外，即使女性患者已经被重新诊断为神经性贪食症，她们仍然很容易复发为神经性厌食症。这表明，即使患者不再符合诊断神经性厌食症所必需的低体重标准，临床医生也应注意患者过去的神经性厌食症病史。

只有少数神经性贪食症患者转变为神经性厌食症。在一项研究中，这个数字是 14%（Eddy, Dorer, et al., 2008）；在另一项调查中，这一比例为 9.2%（Castellini et al., 2011）。似乎没有从限制型神经性厌食症到暴食障碍的诊断交叉。从神经性贪食症到暴食障碍的诊断交叉，发生在大约 10.9% 的病例中（Castellini et al., 2011）。

最后，我们注意到暴食障碍和神经性厌食症似乎是截然不同的障碍。在 12 年的随访过程中，没有暴食障碍患者出现神经性厌食症，也没有神经性厌食症患者出现暴食障碍（Fichter & Quadflieg, 2007）。换句话说，这两种诊断之间没有交叉。但是，在此期间，约有 10% 的先前患有暴食障碍的患者转变为神经性贪食症。图 9.6 说明了其中一些趋势。

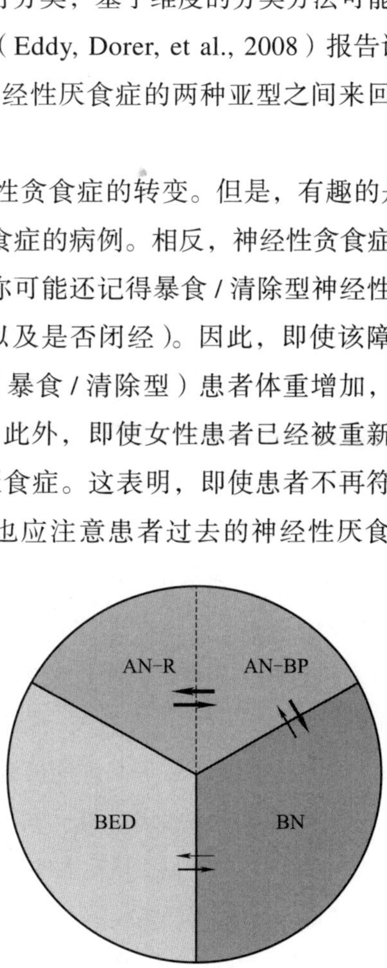

AN-R = 神经性厌食症（限制型）
AN-BP = 神经性厌食症（暴食/清除型）
BN = 神经性贪食症
BED = 暴食障碍

图 9.6　进食障碍的诊断交叉

诊断交叉在进食障碍中很常见，因为神经性厌食症的两种亚型之间的转换十分常见。从神经性厌食症的暴食 / 清除型到神经性贪食症也经常发生。在图中，箭头的粗细程度表示转换的可能性大小。

9.1.9 进食障碍与其他精神障碍的联系

进食障碍通常与其他可诊断的精神疾病有关。事实上，共病是规律，而不是例外（Hudson et al., 2007）。例如，大约 68% 的神经性厌食症患者、63% 的神经性贪食症患者和近 50% 的暴食障碍患者也被诊断为抑郁症（Brewerton et al., 1995; Halmi, et al., 1991; Hudson et al., 2007; O' Brien & Vincent, 2003）。强迫症常见于神经性厌食症和神经性贪食症患者（Kaye et al., 2004; Milos et al., 2002; O' Brien & Vincent, 2003）。此外，神经性厌食症的暴食 / 清除型和神经性贪食症中经常出现物质使用障碍。但是，神经性厌食症的限制型往往与物质使用障碍无关（Halmi, 2010）。

人格障碍常常与进食障碍共存（Cassin & von Ranson, 2005; Rø et al., 2005）。事实上，大约 58% 患有进食障碍的女性可能有人格障碍（Rosenvinge et al., 2000）。神经性厌食症患者和神经性贪食症患者中都出现了焦虑、回避类的人格障碍（C 类），而以表演性、情绪性、不稳定性为特征的人格障碍（B 类），包括边缘型人格障碍，通常与神经性贪食症相关（Halmi, 2010; Rosenvinge et al., 2000）。与此相一致的是，超过 1/3 的进食障碍患者有过自我伤害行为（例如切割或烧伤自己），这是边缘型人格障碍的症状（Paul et al., 2002）。

在 30% 的暴食障碍患者中也有类似的人格障碍共病情况，其中以回避型、强迫型和边缘型人格障碍最为常见（Friborg et al., 2014）。暴食障碍患者也有较高的焦虑障碍（65%）、心境障碍（46%）和物质使用障碍（23%）患病率（Hudson et al., 2007）。

对进食障碍患者进行单纯的人格障碍检查存在一个问题，那就是，我们会发现这些患者的某些困扰跟营养不良有关。据我们所知，饥饿会增加易怒的情绪和强迫性思维（Keys et al., 1950）。因此，我们必须谨慎地做出结论。

虽然进食障碍的生理后果可能会加剧人格障碍的症状，但它们可能只是增强了在障碍发生之前就存在的特征。研究表明，进食障碍患者的一些人格特征可能早于进食障碍的发生，甚至在患者进食障碍病情缓解和康复后仍会存在（Kaye et al., 2004; Klump et al., 2004）。与此一致的是，大约 2/3 的神经性厌食症患者报告说，他们有严格要求自己并追求完美的性格，即使儿童也如此（Anderluh et al., 2003）。研究者目前正在调查，根据人格亚型对进食障碍患者进行分类，是否会对预测治疗效果有一定价值（Haynos et al., 2017; Peterson, 2017; Wildes et al., 2011）。

9.1.10 不同文化中的进食障碍

虽然，大多数关于进食障碍的研究是在美国和欧洲进行的，但进食障碍并不局限于这些地区。白人和南非黑人大学生都普遍存在进食障碍的问题（le Grange et al., 1998）。神经性厌食症和神经性贪食症也是日本、中国港台地区、新加坡和韩国面临的一大精神卫生问题（Lee & Katzman, 2002）。

此外，印度和非洲也有进食障碍病例的记录。伊朗进食障碍的患病率与美国相当（Nobakht & Dezhkam, 2000）。十几年前，中国中部地区首次发表了 5 名男性被诊断为进食障碍的报告（Tong et al., 2005）。进食障碍不仅局限于西方工业化国家，而且正在成为世界性的问题。

但是，身为白种人，似乎确实与使个体更易患进食障碍的某些亚临床问题有关。这些问题包括对身体的不满、对饮食的限制，以及对苗条的追求。一项涉及 17 781 名参与者的元分析表明，这种态度和行为在白人中明显比非白人更为普遍（Wildes et al., 2001）。

虽然亚洲女性病态饮食的程度与白人女性相似（Wildes et al., 2001），但长期以来，人们一直认为，非裔美国人比美国白人更不容易受到亚临床类型的进食问题和身体形象问题的影响。例如，在 1 061 名黑人妇女的样本中，没有发现神经性厌食症病例。相比之下，在 985 名白人女性的样本中，有 15 人（1.5%）符合该障碍的诊断标准。黑人女性比白人女性更少患有神经性贪食症（0.4% 与 2.3%; Striegel-Moore et al., 2003）。

但是，随着少数族裔逐渐融入白人文化，他们也越来越接受追求苗条的社会价值观，我们能够预料到少数族裔进食障碍的比例会增加。作为这方面的一个例子，阿莱格里亚和他的同事（2007）已经证明，在美国出生的拉丁美洲人比那些不在美国出生的拉丁美洲人患进食障碍的比例更高。在《我们周围的世界》专栏中，我们将讨论族群认同在非裔美国女性中的保护作用。

进食障碍的一些临床特征，也可能因文化的不同而有所不同。例如，在中国香港，约 58% 的神经性厌食症患者并不过分担心肥胖，他们拒绝食物的原因是害怕胃胀（Lee et al., 1993）。生活在英国但具有南亚（印度、巴基斯坦、孟加拉国）血统的神经性厌食症患者，也比本地血统的患者更少表现出对肥胖的恐惧（Tareen et al., 2005）。

在另一项研究中，患有神经性厌食症的年轻加纳女性也不是特别关心自己的体重或身材。相反，她们更注重自我控制和抵制饥饿的宗教思想（Bennett et al., 2004）。最后一个例子是，日本的进食障碍女性患者报告的完美主义倾向水平和对苗条的追求程度，明显低于美国进食障碍的女性患者（Pike & Mizushima, 2005）。这些研究结果强调了文化在进食障碍临床表现中的作用。

如上所述，历史上有很多神经性厌食症的病例，而且这些案例在世界各地都有发生。鉴于这一现实，基尔和克隆普（2003）得出结论，神经性厌食症不是一种文化依存综合征。当然，正如我们刚才所说，文化可能会影响障碍的临床表现。更重要的一点是，神经性厌食症并不仅仅是因为接触到西方和现代所强调的以瘦为美的思想而发生的。

戴维斯和阮（2014）提供了一个很好的例子，他们描述了一个来自芝加哥的名叫琼的年轻女孩的案例。她是一个虔诚的天主教徒，在 13 岁时加入了一个修道院。琼为大斋节禁食，并在大斋节结束后继续禁食。在修女的鼓励下，她继续限制自己的食物摄入量。修女告诉她，她可以在禁食时吃小一点的饼干，做一点“小小的作弊行为”，不过完全不吃更完美。因为琼在一个修道院里，无法接触到体重秤或镜子，因此她的神经性厌食症并不是由任何想变瘦的欲望所驱使的。相反，她希望更加虔诚，成为一个圣人。21 岁时，由于修道院担心她的体重过低，她被要求离开修道院。督导她的神职人员告诉她，她的做法“太极端”，要求她离开是“上帝的意愿”。当时，她身高 152 厘米，体重 34 千克。

相反，神经性贪食症似乎确实是一种文化依存综合征。更具体地说，它似乎发生在那些曾经接触过西方瘦身观念的人中，他们可以获得大量的食物，并且由于现代的下水道系统，他们可以私下清除（Keel, 2010）。

我们周围的世界

族群认同与进食障碍

在美国，与年轻的白人女性、亚裔女性和西班牙裔女性相比，青春期的黑人女性似乎不太倾向于利用体重和外表来增强她们的身份意识和自我价值感（Grabe & Hyde, 2006; Polivy et al., 2005）。这可能为她们提供了一些保护，使她们免于罹患进食障碍。不过，黑人女性的保护因素，似乎与她们的族群认同感的强烈程度，以及她们接收到多少文化上持续一致的信息有关，这些信息告诉她们珍惜自己身体的本来模样，认同自己的本来身份。

在一项针对 322 名非裔美国女大学生的研究中，罗杰斯、伍德和皮特里（2010）发现，族群认同感更强的女性不太可能将美国社会的审美观念内化。这是一个重要的发现，因为在同一项研究中，研究者发现这些观念的内化与进食障碍有关。因此，受到更多白人审美观念影响的少数族裔个体罹患进食障碍的风险更高。我们已经有一些证据表明，黑人和白人对身体的不满的差异随着时间的推移越来越小（Grabe & Hyde, 2006）。这体现了为年轻黑人女性树立健康榜样的重要性。没有健康榜样，黑人女性将不再是美国种族群体中对身体的不满程度较低的群体。

考虑一下你自己的文化背景和传统。食物扮演什么角色？你在成长过程中学到了哪些关于身材与魅力的观念？这些观念是从哪里来的？

9.2 进食障碍的风险和致病因素

进食障碍的风险和致病因素

进食障碍并没有单一的致病因素。进食障碍是由遗传因素和环境因素之间复杂的相互作用导致的。生物、社会文化、家庭和个人的变量可能都起到了作用。但是，重要的是不要认为这些领域是截然不同且相互竞争的。进食障碍是由生物因素还是文化压力引起的问题并不恰当，生物和文化的解释是相互关联的。例如，接触强调瘦的文化观念在进食障碍的发展中具有重要意义。

但是，只有少数接触到这种观念的人会在现实中患上进食障碍。遗传因素可能会造成个体差异，这有助于解释为什么某些人比其他人对文化观念和其他环境风险因素更敏感。换句话说，进食障碍最好用素质–应激模型来概念化，在这种模型中，基因使一些人更容易受到环境压力的影响，因此更容易形成不良的进食观念和行为。

9.2.1 生物因素

生物因素在进食障碍的发展中是很重要的。接下来我们将讨论遗传对进食障碍的作用，以及大脑区域，如下丘脑，是如何影响进食的。我们还将考虑设定点、神经递质和对食物奖赏的敏感性。

遗传学

现在许多研究关注的是进食障碍中的遗传因素。这是因为发展成进食障碍的倾向，已经被证明是在家族中代代相传的（Wade, 2010）。神经性厌食症或神经性贪食症患者的亲属中就有较高的神经性厌食症和神经性贪食症的患病率。在一项关于进食障碍的大型家族研究中，患有神经性厌食症的个体的亲属，患神经性厌食症的风险是健康对照组亲属的 11.4 倍（Strober et al., 2000）。

对神经性贪食症患者的亲属来说，患神经性贪食症的风险是健康对照组亲属的 3.7 倍（Strober et al., 2000）。令人感兴趣的是，进食障碍患者的亲属，更有可能遭受各种其他障碍以及进食障碍的折磨。例如，在神经性厌食症、神经性贪食症和暴食障碍患者的亲属中，抑郁症的患病率很高（Lilenfeld et al., 1998, 2006; Mangweth et al., 2003）。神经性贪食症患者的亲属存在酒精和药物依赖问题的可能性更高，而神经性厌食症患者的亲属患强迫症和强迫型人格障碍的风险更高（Lilenfeld et al., 1998）。

如你所知，家族研究无法解释遗传和环境对该障碍影响的大小。这类问题最好通过双生子研究和领养研究来解决。目前，该领域中还没有领养研究，幸运的是，存在一些双生子研究。综合考虑，这些研究表明，神经性厌食症和神经性贪食症都是遗传性障碍（Fairburn & Harrison, 2003; Wade, 2010）。事实上，已经有人提出遗传因素对进食障碍的影响可能与其对双相障碍和精神分裂症的影响一样大的观点（Kaye, 2008）。

遗传无疑在进食障碍的形成中发挥了作用，虽然目前在这一方面还没有具体的观点。研究者已经进行了几项候选基因研究（候选基因被认为是会影响进食障碍风险的基因），但到目前为止，还没有令人信服的发现。最近的一项研究未能发现 182 个不同的候选基因与进食障碍的各个方面之间的任何联系，例如极低的身体质量指数、对苗条的追求程度，或对身材的不满程度（Root et al., 2011）。为了更广泛地寻找相关的基因，研究者现在正在使用全基因组关联研究（GWAS，在第 13 章中将有更多描述）来研究进食障碍的遗传因素。

由辛西娅·布利克领导的一个大型国际研究小组最近发表了有史以来最有力的神经性厌食症全基因组关联研究的数据（Duncan et al., 2017）。这项研究在 12 号染色体上发现了神经性厌食症的一个位点（基因的特定位置），位于在之前研究中显示出与 1 型糖尿病和自身免疫性疾病相关的区域。但是，研究者在神经性厌食症、精神分裂症和神经质之间发现了很强的遗传相关性，这一发现支持了神经性厌食症是一种精神障碍的观点。更令人惊讶的是，研究者还发现神经性厌食与许多代谢因素有着显著的遗传相关性，这些代谢因素包括身体质量指数、高密度脂蛋白胆固醇、胰岛素和葡萄糖。这些令人兴奋的发现表明，神经性厌食症既有精神病学方面的基础，也有代谢方面的基础。研究者正在继续收集数据，以增加样本量。我们预计在未来几年内会有更多的发现。

大脑异常

在进食中起重要作用的一个脑区是下丘脑。动物研究表明，下丘脑的一部分——腹内侧下丘脑的病变会导致动物表现得像饿了一样。这样的动物贪婪地吃，并迅速变得肥胖（Ravussin et al., 2014）。相反，当腹内侧下丘脑受到电刺激时，食物摄入受到抑制，动物体重减轻。刺激下丘脑的另一个区域——外侧下丘脑，可触发进食，在这个区域有病变的动物会停止进食。

但是，没有可靠的证据表明，下丘脑的异常是导致罹患进食障碍的重要因素。乌赫尔和特雷热（Uher & Treasure, 2005）回顾了一系列下丘脑肿瘤患者的病例报告，虽然下丘脑异常有时与食欲的增加或丧失有关，但没有证据表明它们会引发特定的进食障碍。相比之下，额叶和颞叶皮层的损伤似乎与罹患神经性厌食症有关，而在另一些情况下，则与罹患神经性贪食症有关。这很有趣，因为颞叶皮层参与对身体意象的感知，部分额叶皮层（特别是被称为眶额皮层的区域）则在监测嗅觉和味觉等刺激的愉悦性方面发挥作用（van Kuyck et al., 2009）。

虽然目前尚无确凿证据，但有理由认为，下丘脑以某种方式“感知”体重，并在饮食方面发挥保持平衡的作用，腹内侧下丘脑充当“饱足感中心”，外侧充当“食欲中心”。我们也有理由认为，外侧下丘脑是一个整合其他关于调节食物摄取的信息的场所。外侧下丘脑从大脑的许多部分接收信息，包括额叶皮层和杏仁核（杏仁核是大脑中参与情绪和恐惧习得的脑区）。动物研究表明，涉及这些（和其他）脑区的网络可能不仅对响应环境线索的暴食很重要，而且对恐惧时的抑制进食行为也很重要（Petrovich, 2011）。随着研究的进展，我们将了解多种致病因素是如何像拼图一样组合在一起，形成不同类型的进食障碍的。

设定点

我们的身体有一种根深蒂固的倾向,那就是抵抗生理上决定的“设定体重”的显著改变，我们的身体试图“捍卫”的这一固有体重被称为“设定点”（Garner, 1997; Ravussin et al., 2014）。任何想要实现并保持身体质量指数显著低于其个人设定点的人，可能会在尝试这样做时面临自身内部生理上的抵抗，这种抵抗的目的是试图使身体回到接近设定点的体重。

饥饿是一种重要的生理抵抗，它阻止我们远离自己的设定点。随着我们减掉的体重越来越多，饥饿可能会上升到极端水平，鼓励人们进食，增加体重，回到平衡状态。神经性厌食症患者的食欲不仅不小，而且还可能会不断地在脑中想着食物，并努力抑制不断增加的饥饿感。因此，长期节食很可能会增加个体在一段时间内冲动地大吃特吃高热量食物的可能性。对神经性贪食症患者来说，这些饥饿驱动的冲动可能会升级为无法控制的暴食。

5- 羟色胺

5-羟色胺是一种神经递质，与强迫症、心境障碍和冲动行为有关，它还调节食欲和摄食行为。由于许多进食障碍患者对抗抑郁药物（针对 5-羟色胺）的治疗反应良好，一些研究者得出结论，进食障碍患者调节神经递质 5-羟色胺的系统出现了异常（Bailer & Kaye, 2011）。

5-羟色胺是由一种叫作色氨酸的必需氨基酸形成的，色氨酸只能从食物中获得。色氨酸被消耗后，通过一系列的化学反应转化为 5-羟色胺。神经性厌食症患者的 5-羟吲哚乙酸（5-HIAA）水平较低，5-HIAA 是 5-羟色胺的主要代谢物，这可能是因为他们吃的食物太少了。但是 5-HIAA 水平在神经性贪食症患者中是正常的。有趣的是，康复后，这两类障碍的女性患者的 5-HIAA 水平都高于对照组女性，她们的 5-HIAA 水平也高于她们患病时的水平（Kaye, 2008）。虽然，发现康复患者的 5-HIAA 水平高于对照组似乎有违直觉，但有人认为，恢复正常饮食使研究者可以检测到 5- 羟色胺系统的异常（例如几个不同脑区的 5-羟色胺水平较高），这些异常可能与进食障碍的风险有关。凯及其同事进一步指出，5-羟色胺活性过高的人，可能会通过节食来减少制造 5-羟色胺的色氨酸含量，以此来调节异常（Bailer & Kaye, 2011）。

当然，重要的是要记住，像 5-羟色胺这样的神经递质并不是孤立地起作用的。5-羟色胺系统的变化也会对其他神经递质系统（例如多巴胺系统、去甲肾上腺素系统）产生影响，所以情况无疑是复杂的。尽管如此，5-羟色胺在进食障碍中的作用仍然是一个活跃的研究领域。

对食物奖赏的敏感性

进食障碍研究的一个新方向集中在与奖赏加工有关的大脑通路和神经递质（如多巴胺）上。这很有意义，因为暴食的人倾向于食用高脂肪和高糖的食物，而我们大多数人往往认为这些食物是有益的。相反，对食物奖赏不那么敏感可能会使一些人更容易限制他们的食物摄入，从而增加罹患神经性厌食症的风险（Stice & Shaw, 2017）。这里有意思的是脑成像研究的发现，这些研究让参与者接触食物线索，然后测量与奖赏相关的大脑区域的激活水平。在一项研究中，青少年被要求观看一个经过编辑的电视节目，其中包括 20 个食品广告和 20 个非食品广告。与对食品广告表现出较少大脑活动的青少年相比，那些对食品广告表现出更大奖赏反应的青少年在一年后体重增加的风险更高（Yokum et al., 2014）。

也有证据表明，相比观看健康体重的模特图片，神经性厌食症患者在观看低于正常体重的模特图片时，大脑奖赏区域表现出更高的活跃水平；而对照组表现出相反的活跃模式，他们在观看正常体重的模特图片时，奖赏区更加活跃。一种理论认为，不愿增重和随后的限制摄食会改变奖赏敏感性，使个体对食物线索变得更加厌恶，并增加对厌食线索（如偏瘦模特的图片）和行为（如不吃东西）的奖赏反应。换句话说，由于奖赏和惩罚系统受到破坏，厌食症患者对通常的奖赏性刺激（如食物）变得厌恶，而与自身饥饿相关的刺激变成了良性反馈（O' Hara et al., 2015）。目前还需要更多的纵向研究来确定可用于预测的奖赏加工的异常，一是预测各种进食障碍的发生，二是预测那些因此形成的障碍。

9.2.2 社会文化因素

在西方文化中，女性的理想体型是什么？下次当你看一本光鲜亮丽的时尚杂志时，不妨花点时间考虑一下杂志页面中所包含的信息。这些年来，出现在《服饰与美容》和《时尚》等杂志封面上的模特的整体体型越来越瘦（Sypeck et al., 2004）。年轻女性是这类杂志的狂热消费者，她们被不切实际的苗条模特的形象轰炸。这些杂志在世界各地随处可见，英国版《服饰与美容》在 40 多个国家出版，在印度、阿根廷和肯尼亚等地都可以找到（Gordon, 2000）。此外，在更高层次的社会经济背景下，追求苗条的社会压力变得很大，大多数患有神经性厌食症的女性似乎都来自这些环境（McClelland & Crisp, 2001）。

消瘦的体型很可能在 20 世纪 60 年代成为一种根深蒂固的文化观念，尽管在此之前，女性也同样在意自己的体重和外貌，但是，被认为是迷人的体型也有丰满型（如玛丽莲·梦露），其中一个具有里程碑意义的事件是崔姬（Twiggy）登上时尚舞台。崔姬是第一个体型过瘦的超模，虽然她的外表最初被认为是令人震惊的，但没过多久，时尚界就接受了她所代表的外形。

时装业对瘦的强调仍在继续。尽管正如我们之前所指出的，一些人正在努力将过瘦的模特排除在 T 型台之外，但这些改变仍然受到许多设计师的抵制。英国超模凯特·摩丝甚至创造了一个新词来形容自己，这是厌食症魅力化的一个例子。这个词是“rexy”,是“厌食症”(anorexic) 和“性感”(sexy) 的合成词。

图 9.7　英国模特崔姬是第一个获得国际声誉的过瘦的超模

安妮·贝克尔和她的同事在 2002 年进行的一项经典研究中，对媒体在制造减肥压力方面的作用做出了颇具争议的揭示。20 世纪 90 年代，当贝克尔首次在斐济开展研究时，她对斐济人（尤其是女性）相对于西方同龄人超重的比例之高感到震惊。但是，从文化的角度来看，这是有道理的。在斐济文化中，肥胖与强壮、工作能力、善良、慷慨等被高度重视的品质有关。相比之下，瘦被认为是消极的，因为它被认为反映了生病、无能，或以某种方式遭到了不好的对待。从文化上看，胖比瘦更受欢迎，节食被认为是一种冒犯。同样令人吃惊的是，斐济人完全没有任何可以被认为是进食障碍的症状。

图 9.8　在阿格巴尼·达雷戈的祖国尼日利亚，她被认为太瘦而不漂亮。尽管如此，她还是代表国家参加了 2001 年的“世界小姐”大赛，并赢得了梦寐以求的桂冠

但是，电视来到斐济后，文化气候发生了变化。斐济人不仅能看到《飞越比佛利》和《飞越情海》等当时很受欢迎的节目，而且许多年轻女性也开始对自己的体重表示担忧，不喜欢自己的身体。斐济女性第一次开始认真地节食。贝克尔研究的年轻斐济女性还表示，她们对自己的身体不满意，希望减肥，是因为她们想模仿电视上看到的演员。

虽然，贝克尔并没有收集关于进食障碍本身的信息（她测试了人们对饮食的态度），但这个“自然实验”为我们提供了一些坊间信息，告诉我们西方关于瘦的价值观是如何融入外国文化环境的。事实上，随后一项涉及 26 个国家的研究证实，女性接触西方媒体（通过电视、电影、杂志或音乐）越多，她们对自己的身体就越不满意（Swami et al., 2010）。在尼日利亚选手连续 51 年在“世界小姐”选美比赛中失利后，一位 19 岁的尼日利亚选手终于在 2001 年赢得了梦寐以求的桂冠。之后，她的成功被归功于尼日利亚人第一次选择了一名由于太瘦而被当地人视为不漂亮的选手来代表他们（Onishi, 2002）。

9.2.3 家庭影响

很久以前，临床医生就意识到神经性厌食症患者的家庭似乎经常存在某些问题，这促使许多临床医生提倡采用家庭疗法进行治疗干预(Lock et al., 2001)。与此观点相呼应的是，超过 1/3 的神经性厌食症患者报告说，家庭功能失调是导致他们罹患进食障碍的一个因素(Tozzi et al., 2003)。神经性厌食症患者认为，他们的家庭比健康对照组的家庭更加死板、更加缺乏凝聚力和沟通（ Vidovic et al., 2005 ）。

此外，许多进食障碍患者的父母长期以来一直重视瘦、节食和良好外表的社会赞许性（ Garner & Garfinkel, 1997 ）。这些父母和他们的孩子一样，也有完美主义倾向（ Woodside et al., 2002 ）。家庭因素也与神经性贪食症有关，患有神经性贪食症的白人和少数族裔（黑人、西班牙裔和混血儿）青少年都认为，他们的家庭不如他们父母的家庭那样团结（ Hoste et al., 2007 ）。费尔伯恩及其同事（ 1997 ）还指出，可以从较高的父母期望、其他家庭成员的饮食习惯，以及其他家庭成员对身材、体重或饮食的批评程度等风险因素上，将神经性贪食症患者与普通精神障碍对照组和健康对照组区分开来。在一项针对大学年龄的女性的大样本研究中，家庭成员对女性外貌的贬低程度以及对其饮食需求的关注程度，是预测贪食症状的最有力指标（ Crowther et al., 2002 ）。

但是，当我们试图描述与进食障碍有关的家庭特征时，必须记住，进食障碍患者的存在，可能会以消极的方式影响家庭功能。也就是说，可能是患者导致的家庭功能失调。事实上，最近一项双生子研究的纵向数据表明，进食障碍可能早于家庭冲突（ Spanos et al., 2010 ）。如果这一发现在未来的研究中得到重复，我们可能需要重新考虑家庭冲突这一导致进食问题的风险因素。

9.2.4 个人风险因素

并不是每个生活在强调以瘦为美的社会的成员，都会患上进食障碍。如果是这样的话，进食障碍的患病率会比现在高得多。一定还有其他因素会增加个体对进食障碍的易感性。正如我们前面提到的，这些因素中的一些可能是生物学方面的，而其他的可能更多是心理性质的。鉴于基因与环境之间存在相互作用，遗传因素实际上可能会影响某些特质（例如，完美主义、强迫症、焦虑），这些特质可能会使一些人更容易受到文化观念的影响，从而出现病态的进食模式。

性别

正如你已经了解到的，进食障碍在女性中比在男性中更常见。身为女性，是罹患进食障碍（特别是神经性厌食症和神经性贪食症）的一大风险因素（ Jacobi et al., 2004 ）。此外，这些障碍的风险年龄段是青春期。不过，暴食障碍并不遵循这种模式，暴食障碍的发作通常是在青春期之后。暴食障碍的男性患者比例比其他进食障碍更高。

对男性来说，性取向是进食障碍的一个风险因素。正如我们前面提到的，这可能是因为同性恋和双性恋男性试图吸引男性，而男性（不管性取向）通常非常强调外表。但是，处于一段恋爱关系中，可能会降低罹患进食障碍的风险。布朗和基尔（2012a）的一项研究表明，与同龄单身的男性相比，30 多岁和 40 多岁处于恋爱中的同性恋和双性恋男性的减肥欲望较低，节食频率也较低。

苗条理想的内化

温莎公爵夫人曾经说过："你永远不会过于富有或过瘦。"显然，她已经把苗条的理想内化了，相信苗条是非常可取的。想一想你的看法是什么。你认为瘦的人是不健康和虚弱的吗？你会把瘦和有吸引力、受欢迎、快乐联系在一起吗？人们对苗条理想的内化程度与一系列问题有关，这些问题被认为是进食障碍的风险因素，包括对体型的不满、节食和消极情绪（Stice, 2002）。事实上，经验证据表明，将苗条的理想内化可能是导致进食障碍的因果链的早期组成部分（McKnight Investigators, 2003; Stice, 2001）。

完美主义

完美主义（定义为追求无法达到的高标准，同时不能容忍错误）长期以来一直被认为是进食障碍的一个重要风险因素（Bruch, 1973）。这是因为追求完美的人更有可能认同苗条的理想，并不懈地追求"完美的身体"。也有人认为，严格坚持节食驱动了暴食 / 清除的循环，完美主义正是由此促成了神经性贪食症症状的延续（Fairburn et al., 1997）。

研究支持了完美主义和进食障碍之间的联系（Bardone-Cone et al., 2007），对于神经性厌食症尤其如此。在一项对 322 名女性的研究中，哈尔米和同事们（2000）发现，在完美主义倾向量表中，患神经性厌食症的女性的得分要高于没有进食障碍的对照组，无论她们是神经性厌食症中的限制型还是暴食 / 清除型。大部分神经性贪食症患者也表现出长期的、过度的完美主义倾向（Anderluh et al., 2003; Garner & Garfinkel, 1997）。

当然，在进食障碍患者身上发现的任何人格特质，都可能是进食障碍带来的结果，而不是它的原因。但如果是这样的话，从神经性厌食症中恢复过来之后，完美主义倾向就应该减弱。但是，这似乎并没有发生（Bardone-Cone et al., 2007），完美主义的表现似乎也先于神经性厌食症患者的进食失调（Halmi et al., 2012），这再次表明完美主义与进食问题并不是简单的关联。总的来说，研究结果支持，完美主义是一种长期存在的会使人们更易患进食障碍的人格特质（Lilenfeld et al., 2006; Stice, 2002）。完美主义可能也有遗传基础，一项双生子研究发现，患有神经性厌食症的双生子有着高度的完美主义，但是，在没有进食障碍的同卵双生子中也发现了高度的完美主义（Wade et al., 2008）。

有趣的是，进食障碍的男性比进食障碍的女性更不追求完美（Woodside et al., 2004）。如果男性通常不像女性那么追求完美，这可能会帮助他们避免一些体重和体型方面的困扰，而这些困扰似乎是导致进食障碍的垫脚石。

消极的身体意象

追求苗条的社会文化压力的后果之一是，少女和妇女在判断自己有多“胖”时，常常会出现高度侵入性的、普遍的知觉偏差（e.g., Fallon & Rozin, 1985; Rodin, 1993; Wiseman et al., 1992; Zellner et al., 1989）。与此形成鲜明对比的是，年轻的阿米什人（生活在与现代世界彻底隔绝的环境中）并没有表现出这种身体意象的扭曲（Platte et al., 2000）。这支持了这样一种观点，即许多少女和妇女对自己身体的看法和媒体所代表的“理想”女性形态之间的差异，与社会文化的影响有关。这种知觉偏差导致少女和妇女高估男性对苗条身材的偏爱程度（Swami et al., 2010）。许多女性也觉得自己受到了其他女性的评价，相信自己的女性同龄人在体重和体型方面比自己要求更严格。

如果女性仅仅通过将卡路里摄入量控制在平均所需量以内或保持健康体重就能达到她们的“理想”身材，那我们完全没什么可抱怨的。然而，这对大多数人来说是不可能的，全社会所有人（男人、女人和孩子）的体重都在增加。2002 年，20~29 岁的美国女性的平均体重比 1960 年的同类群体高 13 千克（Ogden et al., 2004）。这种增长的部分原因可能是营养和儿童保健的普遍改善，但其他因素，例如高热量食品的广泛供应，也会影响体重。自 20 世纪 50 年代末以来，女性的平均体重一直在增加，然而《花花公子》插页女郎和美国小姐参赛者等文化偶像的体重，却在以大致相当的速度下降。以科学的名义，两名研究者（毫无疑问，研究者让一批学生列队作为参照，以帮助他们进行这项研究）计算出，《花花公子》70% 的插页女郎的身体质量指数低于 18.5（Katzmarzyk & Davis, 2001; 参见表 9.4）。

表 9.4　计算身体质量指数

$$\frac{\text{体重（kg）}}{[\text{身高（m）}]^2} = \text{身体质量指数（BMI）}$$

	身体质量指数
健康	18.5~24.9
超重	25~29.9
肥胖	30~39.9
病态肥胖	40

甚至儿童玩具也宣扬不切实际的苗条理想。例如，考虑一下芭比娃娃的大小和形状，对一个普通女性来说，要达到芭比娃娃的身材比例，她必须有 210 厘米高，腰围减去 25 厘米，胸围增加 30 厘米（Moser, 1989）。但是，这并没有阻止乌克兰年轻女子瓦莱里娅·露

可安诺娃为了让自己看起来像一个真实的芭比娃娃，接受了大量的整容手术。近距离看，有着 43 厘米的腰围和巨大乳房植入物的露可安诺娃，几乎就像塑料做的一样。露可安诺娃说，她正在训练自己靠阳光和空气生活。如今，拥有新体型（高挑、娇小、曲线优美）和肤色的芭比娃娃已经上市，露可安诺娃接下来会做什么呢？

图 9.9 乌克兰年轻女子瓦莱里娅·露可安诺娃做了很多手术，让自己看起来像一个真实的芭比娃娃

研究文献强烈暗示，对身体不满是病态进食模式的一个重要风险因素（McKnight Investigators, 2003）。事实上，在最近的一项前瞻性纵向研究中，对身体不满成为近 500 名青春期女孩罹患进食障碍的最有力的预测因素（Stice et al., 2011）。对身体不满也与节食和消极情感有关。如果我们不喜欢自己的外表，我们很可能会对自己不满意，我们也会为了看起来更好而减肥。

节食

当人们想要变瘦时，他们通常会节食。所有进食障碍的例子都始于我们文化中的“正常”饮食习惯。你节食过吗？大多数人在生命的某个阶段节食过（Jeffrey et al., 1991）。据估计，在任何时期，都有大约 39% 的女性和 21% 的男性试图减肥（Hill, 2002）。

节食是进食障碍形成或恶化的风险因素（Jacobi et al., 2004; Striegel-Moore & Bulik, 2007）。在一个以十几岁女孩为研究对象的大样本追踪研究中，对身体不满和节食预测了神经性贪食症的症状（Johnson & Wardle, 2005）。在另一项大规模的纵向研究中，发现大多数患神经性厌食症的少女会节食（Patton et al., 1990）。

但是，我们都知道，并不是每个节食的人都会患上进食障碍。在某些情况下，节食是有帮助的。例如，当超重的女性被随机分配到低热量饮食组或等候名单对照组（不限制饮食）时，低热量饮食组的女性体重减轻，暴饮暴食的症状也有所减轻（Presnell & Stice, 2003）。那么，为什么节食与进食障碍有关呢？

一项大型纵向研究的结果提供了一些说明。该研究对超过 1 800 名年轻人进行了评估以及 10 年的随访（Goldschmidt et al., 2012）。在每个时间点，他们都被问及是否节食。结果表明，节食确实能预测未来的暴食行为。但是，研究结果也强调了其他因素的重要性。具体来说，那些节食并报告有更多抑郁症状或自尊心较低的人，更有可能在以后出现暴食问题。换句话说，尽管节食本身是未来暴食的一个风险因素，但自卑和抑郁症状也会带来额外的风险。

尽管没有包括在刚刚描述的研究中，但像前面提到的完美主义这样的因素也可能起作用。那些对自己期望过高的人在不能达到自己强加给自己的高标准时，很可能会感到很糟糕。同样，对待节食的态度也很重要。与那些对自己的饮食习惯抱灵活且接受的态度的人相比，那些严格和强迫性地节食的人可能更容易产生消极的结果。这突出了个人风险因素的重要性，这些因素可能会使节食对一些人来说比对其他人更成问题。

消极情绪

消极情绪（感觉不好）是对身体不满的一个因果风险因素（Stice, 2002）。当我们的自我感觉不好时，我们往往变得对自己非常刻薄。我们可能专注于自己的局限性和短处，同时放大我们的缺陷。对进食障碍患者而言尤其如此，他们像抑郁症患者一样，往往表现出扭曲的思维方式和对外界信息的加工方式（e.g., Butow et al., 1993; Garner et al., 1997）。在许多情况下，进食障碍患者普遍存在消极的自我评价（e.g., Fairburn et al., 1997）。这些扭曲的认知（“我很胖”“我是个失败者”“我是无用的”）有可能让人们的自我感觉更糟。

纵向研究已经证实，抑郁和一般的消极情绪预示着日后患进食障碍的风险（Johnson, Cohen, et al., 2002; Leon et al., 1997）。此外，有证据表明，消极情绪可能会维持暴食行为（Stice, 2002）。患者经常报告说，当他们感到压力大、情绪低落或自我感觉不好时，就会暴食。他们进一步指出，在很短的时间内，进食带来了极大的安慰，这与认为暴食可使人们暂时从消极情绪中摆脱出来的情感调节模型高度一致（Vögele & Gibson, 2010; Lavender et al., 2016）。当然，一个主要的问题是，在暴食之后，患者会感到失望，甚至厌恶自己。简而言之，糟糕的处境会导致使情况更糟的行为。

消极情绪也预示着神经性厌食症患者的饮食限制。在一项研究中，118 名患有神经性厌食症的女性被要求每天数次报告自己的情绪和行为以回应掌上电脑发出的信号。研究结果显示：一天的消极情绪越强，第二天的饮食就越受限制；重要的是，没有发现相反的关系。在饮食限制后的第二天，参与者没有报告更多的消极情绪。这表明更有可能是消极情绪触发饮食限制行为，而不是反过来（Engel et al., 2013）。神经性厌食症患者可能会限制饮食，因为他们无法忍受或调节自己的消极情绪，这与那些通过暴食来分散痛苦的人类似（Haynos & Fruzzetti, 2011）。

9.3　进食障碍的治疗

讨论如何治疗进食障碍

进食障碍患者往往对康复感到非常矛盾。大约 17% 的严重进食障碍患者不得不违背自己的意愿去医院接受治疗（Watson, Bowers, & Andersen, 2000）。自杀现象经常发生，即使患者接受了大量的治疗，临床医生仍需要注意这种风险（Franko et al., 2004）。

这种对康复的矛盾心理，在住院患者的行为中很明显。住院治疗还常常意味着神经性厌食症患者将暴露于比他们更瘦、更有经验的其他患者面前，这可能导致竞争压力——成为该医院“最佳厌食症患者”（Wilson, Grilo, & Vitousek, 2007）。

一些“pro-ana”（“赞成–厌食症”的缩写）或“pro-mia”（“赞成–贪食症”）网站积极支持厌食症或贪食症的行为，在治疗界引起了很大关注。年轻人经常访问这些网站（Custers & Van den Bulck, 2009）。一项实验研究还表明，接触这些网站上的内容对年轻女性有显著的负面影响。在浏览了一个支持厌食症的网站后，大学生参与者报告了更多的消极情绪，对自己和自己身体的积极感觉比那些被分配去浏览其他有关时尚或家居装饰的网站的参与者要少（Bardone-Cone & Cass, 2007）。

9.3.1　神经性厌食症的治疗

神经性厌食症患者将这种障碍视为一种慢性障碍，通常对其康复的可能性持悲观态度（Holliday et al., 2005）。神经性厌食症的暴食 / 清除型患者尤其有可能过早终止住院治疗（Steinhausen, 2002, Woodside et al., 2004）。更糟的是，很少有对照研究能对哪种治疗方式最有效做出明智的判断（le Grange & Lock, 2005; Wilson, Grilo, & Vitousek, 2007）。在某种程度上，这是因为这种障碍很少见。而且，神经性厌食症患者往往也极不愿意寻求治疗。在这种情况下，参与研究不太可能是他们的优先事项。这些因素结合起来使得治疗研究极其困难。

神经性厌食症患者面临的最直接的问题是，将体重恢复到不再威胁生命的水平。在严重情况下，这需要住院治疗和采取极端措施，如静脉注射。随后，严格控制患者的卡路里摄入量，以达到目标范围的体重增量。通常，这种短期努力会成功。但是，如果没有针对厌食症行为背后的心理问题的治疗，任何体重增加都将是暂时的，患者很快就会再次需要医疗护理。在某些情况下，积极的治疗措施可能适得其反（Strober, 2004）。

药物治疗

抗抑郁药物有时用于治疗神经性厌食症，但并没有证据表明它们特别有效（Brown & Keel, 2012b）。然而，研究表明，使用一种叫作奥氮平的抗精神病药物治疗可能是有益的。抗精神病药物（有助于缓解思维失调）通常用于治疗精神分裂症（见第 13 章）。这些药物对存在体型方面错误认知的神经性厌食症患者的治疗也有好处。更重要的是，奥氮平的副作用之一是体重增加。虽然这对精神分裂症患者是一个问题，但在神经性厌食症的治疗中，体重增加显然是更有利的。

家庭治疗

对于患有神经性厌食症的青少年，家庭治疗被认为是首选的治疗方式。研究得最充分的家庭治疗方法被称为“莫兹利模型”，既不将神经性厌食症归咎于父母（这点非常重要），也不将其归咎于孩子（le Grange & Lock, 2005）。一个典型的治疗方案包括 10~20 个疗程，时长 6~12 个月，治疗分 3 个阶段。在再喂养阶段，治疗师与父母合作，支持他们帮助孩子

（通常是女儿）再次吃得健康。治疗师会观察家庭用餐，并努力引导父母成为女儿康复的有效支持团队。当患者体重开始增加后，为一种新的关系模式进行谈判的阶段就开始了，家庭的重要问题和难题也开始得到解决。接下来，在治疗的终止阶段，重点是发展患者和她父母之间更健康的关系（Lock et al., 2001）。

随机对照试验表明，接受家庭治疗 1 年的患者，比接受对照治疗的患者有更大的改善。治疗 5 年后，75%~90% 的患者完全康复（le Grange & Lock, 2005）。在最近的一项研究中，121 名青少年被随机分配为接受家庭治疗或个人治疗。这两种治疗都包括分散在一年中的共 24 小时的治疗。在治疗结束时，42% 接受家庭治疗的患者完全缓解。对于接受个体治疗的患者，相应的数字是 23%。在治疗结束 1 年后的随访中，接受家庭治疗的患者中，49% 的人身体状况良好，而接受个体治疗的患者中，这一比例为 23%（Lock et al., 2010）。这些发现令人鼓舞的一点是，绝大多数青少年完成了治疗，没有中途退出。这表明，尽管个人疗法（鼓励体重增加、自主发展、承担与食物相关的责任）总体上比家庭疗法的效果略差，但这种疗法仍然可以被青少年接受，而且它也提供了一些益处。这是一个好消息，特别是对家庭成员无法或不愿参与家庭治疗的青少年患者来说。

毫无疑问，家庭治疗对一些患者比其他患者更有帮助。在 19 岁之前患病且患病时间短于 3 年的神经性厌食症患者，似乎比患病时间更长或患有神经性贪食症的患者表现得更好（Dare & Eisler, 2002）。这突出了早期治疗的重要性，早期治疗可能会使一些患者免于终生患病的痛苦。然而对于年龄较大或有长期神经性厌食症病史的患者，莫兹利疗法提供的临床益处甚微（Wilson, Grilo, & Vitousek, 2007）。

研究特写

随机对照试验

随机对照试验包括一个特定的治疗组（这是研究者最感兴趣的组）和一个对照组（与治疗组进行比较）。参与者被分到两组的机会是均等的，因为他们进入哪一组是随机决定的。

认知行为治疗法

认知行为疗法（CBT）包括改变行为和适应不良的思维方式，已被证明在治疗神经性贪食症方面非常有效。由于神经性厌食症与神经性贪食症有许多共同的特点，CBT 也常用于治疗神经性厌食症（Vitousek, 2002）。建议的治疗时间为 1~2 年。治疗的一个主要重点是改变关于体重和食物的扭曲信念，以及可能导致这种障碍的对自我的扭曲信念（例如，“除非我很瘦，否则人们会拒绝我”）。

派克和他的同事（2003）对 33 名神经性厌食症患者进行了治疗，这些患者在出院后都仍然患有神经性厌食症。在 1 年的时间里，这些女性要么接受了 50 次 CBT 治疗，要么接受了营养咨询。结果表明，接受 CBT 治疗的患者中有 17% 的人完全康复，而接受营养咨询的患者都没有完全康复（体重正常，无暴食或清除行为，饮食态度和对体重的担忧都在正常范围之内）。神经性厌食症患者接受 CBT 治疗的成功率有限，这可能是由于神经性厌食症患者具有极端的认知僵化（Brown & Keel, 2012a）。显然，有必要开发新的治疗方法，特别是针对长期存在问题的老年患者。但是，正如《实践中的发展》专栏所示，目前已有一些很有前途的新方法。

实践中的发展

成人神经性厌食症治疗的新选择

神经性厌食症是一种极具挑战性的障碍，尤其在成年人中。心理治疗仍然是首选的治疗方法，尽管结果往往令人失望。目前，没有效果突出的治疗方法。

最近的一项随机对照试验涉及 242 名接受三种不同治疗方案的患者，进一步证实了这一点（Zipfel et al., 2014）。结果表明，CBT 作为一种心理动力疗法和一种改良版的治疗方法，为患者提供了一定的临床改善。重要的是，没有一种方法比其他方法更好。施密特及其同事（2015）也报告了类似的发现。这些研究者比较了一种针对认知和人际因素的疗法与一种本质上更具支持性的疗法，并向患者提供信息、建议和鼓励。尽管患者倾向于选择认知–人际疗法（处理僵化的思维、完美主义、对神经性厌食症的不健康的信念，以及情绪问题），但在患者的病情改善方面，两种疗法没有总体差异。经过 12 个月的随访评估，认知–人际关系组 84% 的患者部分或完全康复，支持性治疗组的比例为 82%。在这两种治疗中，部分恢复都比完全恢复更为常见。

我们并没有为神经性厌食症的成年患者缺乏效果突出的治疗方法而感伤，相反，我们从一个更加积极的角度来看待这些发现。目前似乎没有一种单一的疗法是最好的。相反，许多不同的方法似乎都有希望。这为患者提供了一系列潜在的治疗选择，允许他们的偏好以及临床医生的专业知识得到充分考虑。

9.3.2 神经性贪食症的治疗

神经性贪食症的主要治疗方法是 CBT。目前大多数的治疗方法基于费尔伯恩和他在英国牛津大学的同事的工作。抗抑郁药也可以单独用于治疗神经性贪食症，或联合认知行为疗法使用。

药物治疗

在发现许多神经性贪食症患者也患有心境障碍后，研究者就开始对使用抗抑郁药物感兴趣。一般来说（与神经性厌食症患者相比），服用抗抑郁药物的神经性贪食症患者比服用安慰剂的神经性贪食症患者表现更好，疗效通常在头 3 周内很明显。但是，早期表现出改善的人不太可能从相同药物的进一步治疗中获益（Sysko et al., 2010）。也许令人惊讶的是，抗抑郁药物似乎可以减少暴食的频率，同时改善神经性贪食症患者的情绪和对体型和体重的过度关注（McElroy et al., 2010）。

认知行为疗法

包括治疗后和长期随访结果在内的多项对照研究证实了 CBT 对暴食障碍的治疗效果（Fairburn et al., 1993; Wilson, 2010）。这些研究包括与药物疗法（主要是抗抑郁药）和人际心理疗法的比较（Agras et al., 2000），比较结果通常显示出 CBT 的优越性。事实上，联合使用 CBT 和药物疗法的效果只比单独使用 CBT 的效果略有提高。

针对神经性贪食症的 CBT 中的“行为”疗法部分，侧重于使患者进食模式正常化。这包括饮食计划、营养教育，以及通过教导人们更有规律地吃少量食物来结束暴食和清除的循环行为模式。“认知”疗法部分旨在改变引发或延续暴食周期的认知和行为。这是通过挑战通常存在于神经性贪食症中的功能失调思维模式来实现的，例如改变前面描述的“全或无”或二分法思维。例如，CBT 挑战了将所有食物分为“好”和“坏”的倾向。这是通过提供事实信息，以及安排患者向自己证明，摄入“坏”食物并不必然导致完全失去对进食的控制。表 9.5 显示了一位患者完成的认知工作表，它提供了一个很好的例子，说明“激烈的想法”可以促进暴食。

CBT 治疗明显有助于减轻神经性贪食症患者的症状。尽管如此，这种障碍的患者在治疗结束时很少能完全康复（Lundgren et al., 2004）。30%~50% 的患者消除了暴食和清除的行为模式（Wilson, 2010），但即使在治疗之后，体重和体型的问题仍然可能存在。为了提高治疗效果，研究者们正在探索一些新的治疗方法，如辩证行为疗法（一种治疗边缘型人格障碍的方法，参见第 10 章），并取得了一些成功（Chen & safe, 2010; Safer et al., 2001）。另一个有前景的发展涉及使用更个性化的 CBT，这种疗法能够专门针对患者的需求，而不是使用一个标准化的治疗流程（Ghaderi, 2006）。

进食障碍治疗领域的最新进展之一是，采用一种跨诊断的方法进行治疗。正如我们已经提到的，大多数进食障碍患者的临床表现比较混杂，这意味着他们同时表现出厌食症和贪食症的一些症状，这些症状以多种方式结合在一起。费尔伯恩和他的同事（2009）现在重新制定了神经性贪食症的认知行为疗法，以提高其治疗效果，并使其成为病理性进食的相关疗法，无论诊断是什么。这种新疗法被称为"强化型认知行为疗法"，简称"CBT-E"。治疗的一种形式（默认治疗）是相当有针对性的，针对的是进食问题以及对体型和体重的过度关注、极端节食、暴食和清除行为。另一种形式的治疗范围更广，也能解决诸如完美主义、低自尊和人际关系等问题。

表 9.5　埃莉完成的工作表：识别不正常的想法

情境	情绪和感受	不正常思维
独自在家	焦躁不安	如果我现在不吃，就再也吃不到了
没去健身房	疲倦	我只吃一个
因为昨天吃得太多而感到难过	对自己生气	只有我自己，没有人会知道 你永远无法保持任何进步，所以为什么不吃呢？
• 什么情境下？ • 和谁在一起？ • 在做什么？ • 在想什么？	• 你有什么情绪或感受？	• 你对自己说了什么，导致你开始吃东西或者继续吃东西？ • 你能辨别出让你有可能暴食的"激烈的想法"吗？

在最近一次对 CBT-E 默认治疗形式的评估中，130 名进食障碍患者被随机分配接受 CBT-E 或另一种名为"人际心理疗法"（IPT）的治疗。IPT 旨在改善人际功能，常用于治疗心境障碍（见第 7 章），也是治疗进食障碍的主要替代疗法。所有患者接受了 20 个疗程的指定治疗，研究者之后对其进行了 1 年多的随访。在治疗结束时，66% 接受 CBT-E 治疗的患者病情缓解，而接受 IPT 治疗的患者缓解率为 33%（Fairburn et al., 2015）。此外，在 1 年的随访结束时，CBT-E 组和 IPT 组的病情都有所好转（好转率为 69% 和 49%）。总之，这些发现表明，CBT-E 作为一种跨诊断的治疗是非常有效的，结果还表明，虽然 IPT 是一个可行的替代治疗，CBT-E 的起效速度更快。所有这些对正在与进食障碍斗争的人来说，都是非常受欢迎的消息。

9.3.3　暴食障碍的治疗

暴食障碍引起了研究者的广泛关注，许多不同的治疗方法被提出。由于暴食障碍和抑郁症之间存在高度的共病，抗抑郁药物有时被用来治疗这种障碍。其他种类的药物，例如食欲抑制剂和抗惊厥药物，也一直是人们感兴趣的焦点（McElroy et al., 2010）。

在一项迄今为止规模最大、最严谨的研究中，威尔逊和他的同事（2010）将205名超重或肥胖且符合临床诊断标准的男性和女性随机分配到三种不同的治疗方案中。第一组人接受IPT治疗；第二组人则在治疗师的指导下，以使用自助书籍的形式（*Overcoming Binge Eating*, Fairburn, 1995）接受CBT治疗；第三组人接受行为减肥疗法，包括运动和适度限制卡路里。结果如何呢？在6个月的治疗结束时，各组在暴食缓解方面都没有显著差异。但是，在2年的随访中，接受IPT或CBT的人比行为减肥组的人做得更好。同样值得注意的是，与CBT组（30%）或行为减肥组（28%）相比，IPT组的中途退出率（7%）要低得多。这一点很重要，因为总的来说，在这项研究中，少数族裔的中途退出率非常高（大约1/3）。因此，研究结果表明，对有暴食障碍的少数族裔群体来说，人际疗法可能是一种特别适合的治疗方法。

9.4 肥胖问题

定义肥胖，并解释为什么它是一个世界性的问题

人类已经进化到能够以脂肪的形式储存多余的能量。这样做有明显的好处：它可以在粮食短缺时起到抵御作用，使人在饥荒中更有可能生存下来。但在我们的现代世界，对很多人来说，获取食物不再是个问题。粮食供应稳定，大量高能量食品唾手可得。不出所料，我们大多数人在变胖，对一些人来说，这个问题变得更加极端，最终导致肥胖。从这个角度来看，肥胖可以被认为是一种过度的、慢性的脂肪储存状态（Berthoud & Morrison, 2008）。

肥胖的定义是基于一个叫作**身体质量指数（BMI）**的统计数据。这是一个人的体重相对于身高的数值，使用表9.4中的公式计算。一般来说，BMI低于18.5的人被认为体重不足，18.5~24.9为正常，25.0~29.9为超重，超过30为肥胖。身体质量指数超过40或体重超过正常范围上限45千克为病态肥胖。肥胖会干扰人的基本活动，例如散步，并造成许多健康问题。

9.4.1 医疗问题和患病率

肥胖会增加许多健康问题的风险，如高胆固醇、高血压、心脏病、关节炎、糖尿病和癌症（Malnick & Knobler, 2006）。据估计，到2030年，仅美国每年处理这些问题的成本就将超过8 500亿美元（Wang et al., 2008）。此外，肥胖者的预期寿命会减少5~20岁（Fontaine et al., 2003）。因此，世界卫生组织将肥胖列为全球十大健康问题之一也就不足为奇了。

事实上，统计数据令人担忧。自 1980 年以来，肥胖症的患病率增加了一倍多（WHO, 2015b），超过 19 亿成年人超重，6 亿人肥胖。在美国，估计有 36% 的成年人肥胖，另有 34% 超重（Ogden et al., 2014, 2015），换句话说，不到 1/3 的人口体重处于正常或健康水平。图 9.10 显示了美国成年人肥胖症的患病率和分布情况。

正如我们已经提到的，我们大多数人（68.5%）的体重超过了我们该有的体重。但是性别和族裔也非常重要（见图 9.11）。除亚洲人外，少数族裔中肥胖症更为普遍。总的来说，男性的肥胖率比女性略高。值得注意的是非裔美国人例外，每 2 个黑人女性中就有 1 个肥胖，这是在所有人群中发现的最高的肥胖率（Ogden et al., 2014）。

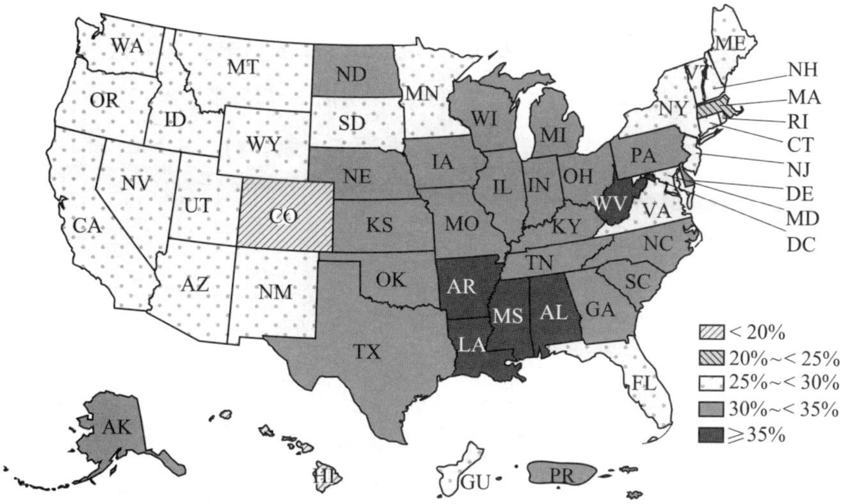

图 9.10　2016 年美国各州和各地区成年人中自我报告的肥胖症患病率

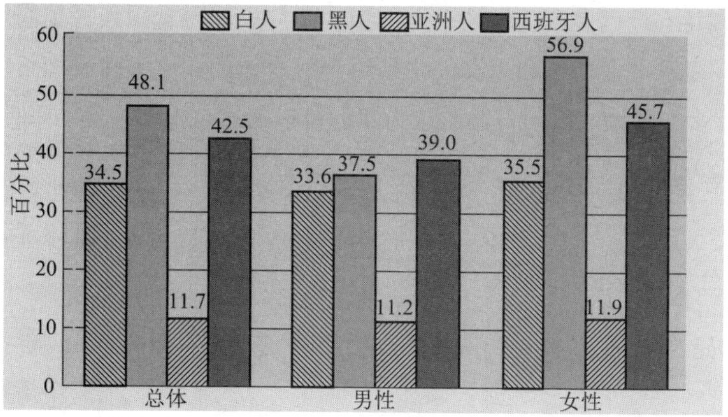

图 9.11　按性别和族裔划分的 20 岁及以上成年人肥胖症患病率（美国，2011—2014 年）

9.4.2 肥胖的污名化

肥胖的人经常遭到别人苛刻的评判，他们经常被嘲笑、歧视和污名化（Carr & Friedman, 2005）。即使肥胖率在上升，肥胖歧视也在增加（Andreyeva, Puhl, & Brownell, 2008）。一个强有力的影响来源是媒体，它延续了以体重为基础的刻板印象，经常以非常负面的眼光来描述超重或肥胖的人。与瘦削的电视角色相比，那些超重或肥胖的电视角色更有可能在吃饭的时候出现，更不可能被描绘成恋爱关系，更有可能成为被嘲笑的对象（Schvey et al., 2011）。当负面评论指向超重的角色，尤其是女性角色时，观众也会笑得更多。

陪审员也可能对肥胖女性有偏见。在一项新的研究中，参与者被要求阅读一篇描述支票欺诈案件的短文，与此同时，也被展示了被告的照片（面部照片）。这些面部照片要么是一个瘦削的男人，要么是一个瘦削的女人，要么（多亏了修图软件）就是看起来很胖的同一个男人或女人的面部照片。所有参与者都阅读了相同的案例简介，并看到了 4 张嫌疑犯照片中的 1 张，然后他们被要求给被告的罪行进行 5 分制打分（Schvey et al., 2013）。被告的体重差异会让分数有什么不同呢？当被告是男性时，体重因素没有任何影响。但是，当被告是女性时，如果她是肥胖而不是瘦削的，男性参与者（但不是女性参与者）更有可能认为她有罪。他们还会认为她更有可能是惯犯。这些结果很重要，因为它们说明了在模拟的陪审团研究中，性别和体重如何影响人们对罪责的认知。研究者还提出了一种可能性，即在法律环境中，基于体重的歧视可能会对那些明显肥胖的女性不利。

体重偏见甚至存在于医疗保健专业人员中，他们可能会将超重和与体重相关的健康问题归咎于肥胖症患者自身（Mold & Forbes, 2011）。医生倾向于认为肥胖症患者懒惰、不遵医嘱、没有吸引力，他们给肥胖症患者看诊的时间明显短于给健康体重患者看诊的时间（Puhl & Heuer, 2009）。《我们周围的世界》专栏描述了污名化给超重者带来的一些后果。

但是，肥胖并不是很多人认为的个人选择。研究进展得越深入，我们就越了解基因和其他生物因素在决定进食动机和当我们吃得更少时身体的反应方面有多么重要，我们也在了解环境因素有多么强大。简而言之，认为我们可以通过少吃、多运动来控制体重的想法，并不符合科学事实。

我们周围的世界

关于超重的负面信息鼓励了超重的人多吃还是少吃？

在西方社会中，许多人仍然认为取笑那些超重或肥胖的人是可以接受的。但是，这对那些收到这种污名化信息的人会产生什么影响呢？为了解决这个问题，施韦和他的同事（2011）让超重和正常体重的女性从两段视频中随机观看一段。其中一段视频是保险广告等中性场景的剪辑，另一段视频包含了电视节目和电影中的片段，这些片段以消极的方式描述了超重和肥胖的女性（例如，笨拙、懒惰和吵闹）。看完视频后，所有女性都被要求私下填写问卷。她们被邀请去房间里吃 3 碗不同的小吃。

研究者最感兴趣的变量是女性在观看不同类型的视频后的食量。在观看了带有歧视色彩的视频后，超重的女性摄入了 303 卡路里的零食。这是观看中性电影的超重女性所摄入的 89 卡路里的 3 倍多。观看过带有歧视色彩的视频的超重女性比观看两种类型视频的正常体重女性摄入的热量也要多得多。

电视是基于体重的刻板印象的强大来源。美国人平均每月看 150 小时电视。我们经常在电视上看到的对肥胖的负面偏见，非但没有激励超重和肥胖的人减肥，反而可能导致人们吃得更多而不是更少。

下次你看电视时，要注意对肥胖有偏见的部分。媒体是如何对待肥胖的？你认为为什么对很多人来说，取笑肥胖的人仍然是可以接受的？

9.4.3　肥胖与 DSM

从诊断的角度来看，肥胖不是一种进食障碍，也不包括在 DSM-5 中。但是，沃尔科和奥布赖恩（2007）认为，一些形式的肥胖是由对食物的过高欲望驱动的。他们把强迫性进食、有控制进食的愿望却无法控制进食的症状，以及物质滥用和药品依赖的症状相提并论。这与一些人提出的观点相一致，即肥胖是一种“食物成瘾”（Cota et al., 2006）。研究还表明，肥胖和成瘾可能都与大脑中涉及动机、奖励和抑制性控制的关键区域有关。当然，肥胖源于大脑功能障碍的观点是非常有争议的。尽管如此，它确实说明了人们对肥胖的看法开始发生了很大的变化。

9.5　肥胖的风险和原因

描述哪些群体最容易存在肥胖问题

许多因素都会导致肥胖，包括基因、调节食欲或能量平衡的激素，以及生活方式和家庭影响。

9.5.1 基因的作用

你是那种可以吃高热量食物而不会明显增加体重的人吗？还是说你只需要看一块巧克力蛋糕就能长几千克？在决定我们在现代食物供应增加的环境中有多容易变胖这一方面，我们的基因构成很有可能起着重要的作用。在过去，一些基因可能对我们的祖先有利，帮助他们在饥荒时期生存下来。但当食物充足时，携带这些基因的人可能更容易发胖。有趣的是，历史上最容易受饥饿影响的群体（例如皮马印第安人、太平洋岛民），是那些在久坐不动的生活方式和西方饮食习惯下最容易发胖的人群（Friedman, 2003）。

瘦似乎是家族遗传的（Bulik & Allison, 2002）。在某些动物身上发现了与瘦有关的基因，现在已经培育出一种特殊的老鼠，即使喂食高脂肪食物也不会变胖。双生子研究进一步表明，基因在肥胖和暴食的倾向中发挥作用（Bulik, Sullivan, et al., 2003; Javaras et al., 2008）。

事实上，已经发现了一种与暴食特别相关的基因突变（Branson et al., 2003）。尽管在这项研究中，只在少数肥胖人群（5%）中发现了这种基因突变，但所有携带这种基因的肥胖人群都报告有暴食问题。相比之下，在没有这种基因突变的肥胖人群中，只有 14% 的人表现出暴食的模式。

虽然我们经常寻求简单化，希望找到少数具有强大影响的基因，但现有证据表明，BMI 是多基因遗传的，很可能受大量常见基因的影响。通过使用全基因组关联研究，研究者现在已经确定了 97 个与 BMI 和体脂分布相关的基因区域（Locke et al., 2015），未来可能会发现更多。到目前为止，已经确定的基因在一系列功能中发挥作用，这体现了影响肥胖的生物途径的复杂性。

9.5.2 激素与食欲和体重调节的关系

在一年时间中，平均每个人要消耗 100 万卡路里或更多的热量，同时保持一个合理稳定的体重。我们如何做到这一点？答案在于，我们的身体具有非凡的能力，能够调节每日的食物摄入量，并在较长时间内使之与我们的能量输出保持平衡。这与我们前面描述的设定点的概念有关。值得注意的是，我们能够以超过 99.5% 的精度调节我们的能量平衡。这远远超出了我们可以用任何有意识或正念的方式监测的范围（Friedman, 2004）。

这种体内平衡系统的一个关键因素是一种叫作**瘦素**的激素。瘦素是由脂肪细胞产生的。

它提供了一个关键的代谢信号，告知中枢神经系统有关身体脂肪储备的状态。当身体脂肪水平下降时，瘦素的产生减少，刺激个体进食（Ravussin et al., 2014）。罕见的基因突变者无法产生瘦素，这使他们胃口大开，导致病态肥胖。英国一名 9 岁女孩重 136 千克，由于体重过重，她几乎不能走路。医生发现她缺乏瘦素后，她接受了激素注射治疗，体重也因此恢复正常（Farooqi et al., 2002; Montague et al., 1997）。

不幸的是，当瘦素被给予超重的个体时，在大多数情况下几乎没有效果。超重的人血液中瘦素的含量通常很高，问题是他们对瘦素的作用不敏感。事实上，有人认为肥胖可能是由于个体对瘦素具有抗性（Friedman, 2004）。但是，这并不是一个充分的解释，因为即使是瘦人，也会表现出对高浓度瘦素的抗性（Ravussin et al., 2014）。尽管存在这种复杂情况，瘦素系统仍然是寻找抗肥胖药物的一个主要关注点。

为什么即使我们没有看到或闻到食物，我们也会在白天的正常时间感到饥饿呢？原因可能在于一种叫作胃促生长素的激素，这是一种由胃产生的激素，是一种强大的食欲刺激剂。在正常情况下，胃促生长素的水平会在饭前上升，饭后下降。当胃促生长素被注射到志愿者体内时，会使他们非常饥饿。这表明胃促生长素是食欲控制系统的关键因素。

患有罕见的普拉德–威利综合征的人会出现染色体异常，导致许多问题，其中之一就是胃促生长素水平非常高。患者极度肥胖，经常在 30 岁之前死于与肥胖相关的原因。患有普拉德–威利综合征的人对食物的渴望非常极端，以至于他们不得不把食物锁起来，这样才不会暴食。尽管这种基因紊乱很少见，但诸如此类的发现强调了基因在调节进食行为和体重方面的作用。这也说明了，生理上的进食动力是如此强大，以至于意志力无法与之抗衡。

图 9.12　这名妇女患有普拉德 – 威利综合征，这是一种罕见的遗传病，会使人永远感到饥饿。在一个有着严格进食规定的群体之家生活一年后，她减掉了 36 千克

9.5.3　社会文化影响

普拉德–威利综合征和瘦素基因突变的例子告诉我们，有时候单凭基因就可以解释人们体重和进食模式之间的差异。但是，在大多数情况下，环境因素也起着重要的作用。与我们在本书中讨论的其他障碍一样，素质–应激视角是最合适的。我们中的一些人，由于自身的基因组成和人格，可能会因为生活在一个提供高脂肪、高糖（垃圾）食品，鼓励过度消费，使人容易避免锻炼的文化中，而经历更多与体重相关的问题。

考虑一下你自己的生活方式。你多久吃一次快餐？你更喜欢走楼梯还是乘电梯？即使我们有良好的意愿，我们有时也会选择糟糕的食物或缺乏锻炼，一个主要的罪魁祸首是时间压力。由于我们总是缺乏时间，我们宁愿开车也不愿步行。我们吃东西的速度太快，超过了我们自然的饱腹感，这让我们继续吃。最后，随着生活节奏越来越快，我们自己准备食物的时间越来越少。我们更经常外出就餐，或者买更多的预先包装好的食品或快餐。你在自己身上发现了哪些行为？

如布劳内尔和他的同事（Brownell, 2003; Gearhardt et al., 2011）指出，食品行业也非常擅长让我们最大限度地摄入食物。可口可乐最初的瓶子是 198 毫升，现在许多单人份的瓶子是这个容量的 3 倍（Pomeranz & Brownell, 2014）。美国的餐馆提供的大部分食物是经过特别设计的，因为它们含有太多的糖或脂肪，所以特别美味，销量也特别高。表 9.6 显示了一些常见的食品。一项对费城和巴黎相同的快餐连锁店和餐馆的比较发现，巴黎的平均分量要小 25%（Rozin et al., 2003）。此外，超值文化诱使我们购买更多的东西，而不是理性地、有选择地购买，因为只需要多花一点点钱就能得到更多优惠（Brownell, 2003）。当人们获得免费的食物时，他们每天吃的量大约是他们实际所需能量的 150%（Ravussin et al., 2014）。你认为这对那些坐游轮度假或住在“一条龙服务”的度假胜地的人意味着什么？

大多数天然的食物，要么高糖（例如水果），要么高脂肪（例如坚果），但不能两者兼有。人工能够合成兼具高脂肪和高糖的食物，这可能与我们在暴食和肥胖现象中看到的上瘾样进食高度相关。当老鼠被给予更多的“快餐”食物时，例如巧克力、芝士蛋糕、香肠和培根（以及标准的鼠粮），它们的体重迅速增加。它们也开始几乎只吃这些食物，鼠粮吃得很少。特别值得注意的是，那些长期接触快餐食物的老鼠对足部电击信号也不敏感。即使在惩罚的条件下，这些老鼠也没有减少它们的食物摄入量（Johnson & Kenny, 2010）。也有证据表明，摄入高脂肪、高糖食物的时间越长，大脑奖赏回路的活动水平就越低，这可能是因为大脑奖励系统受到了过量食用美味食物的过度刺激。如果这是真的，过度食用精加工食品可能会促进强迫性饮食的形成和维持，因为随着时间的推移，食用这些食品的奖赏反馈会越来越少，而要获得相同的“奖赏”，就需要越来越多的食物。

表 9.6 传统食品和超美味食品中的糖和脂肪含量

食物	份量	类型	糖分（g）	脂肪（g）
苹果	1 个（中等大小）	T	19	0
西红柿	1 个（中等大小）	T	3	0
橘子	1 杯	T	17	0
鸡胸肉	85 克	T	0	3

（续表）

食物	尺寸	类型	糖分（g）	脂肪（g）
可口可乐	1 罐	H	39	0
麦当劳薯条	1 个中份	H	0	19
DQ 冰激凌	1 个中份	H	34	10

注：T（Traditional）= 传统食品，H（Hyperpalatable）= 超美味食品。DQ 冰激凌是巧克力味的。

还要考虑可得性问题。低营养价值的食物（高脂肪、高糖）比高营养价值的食物更便宜，也更容易找到。下次你去加油站或出去看电影时，看看有哪些食物可供选择，有多少健康食品出售，苹果和糖果哪个更容易找到。请注意，人们很容易无意识地选择廉价、高热量、几乎没有营养的食物。

如果你喜欢在看电视时吃零食，你也应该意识到食品广告的威力有多大。食品广告似乎触发了一种与饥饿无关的无意识的自动进食。在一项研究中，儿童在看了含有食品广告的电视动画片后，比看含有其他产品广告的动画片时多吃了 45% 的食物（Harris et al., 2009）。这是一个令人担忧的发现，因为 2~11 岁的儿童每天会看到大约 12 个高脂肪、高盐或高糖食品的电视广告（Powell et al., 2013）。最近的一项 fMRI 研究也证实了食品广告与青少年体重增加之间的联系。接触食物广告时纹状体（大脑中参与奖赏处理的区域）表现更活跃的青少年比相同情境相同脑区活动较少的青少年在实验后一年内体重增加得更多（Yokum et al., 2014）。

持续暴露于一个可以轻易获得超美味食物，提供大份量餐饮，并且没完没了地用食品广告"轰炸"人们的文化环境中，或许可以解释为什么移民在美国生活一段时间后，肥胖率会上升。虽然新移民比在美国出生的人更不容易超重和肥胖，但在美国居住 10 年或更长时间后，他们的身体质量指数会显著增加（Goel et al., 2004），这表明社会文化因素可能在其中扮演着重要的角色。除了对食物的重视，你认为美国文化的哪些方面可能会对肥胖率产生影响？

9.5.4 家庭影响

在一些家庭中，高脂肪、高热量的饮食（或过分强调食物）可能导致许多或所有家庭成员肥胖，包括家庭宠物。在另一些家庭中，进食（或过量进食）成为缓解情绪困扰或表达爱意的习惯性手段（Musante et al., 1998）。怀孕期间吸烟或在怀孕期间体重增加很多的女性的子女在 3 岁时超重的风险也更高（Gillman et al., 2008）。

家庭对食物的态度很重要，因为它的后果可能会伴随我们很长一段时间。肥胖与体内脂肪细胞的数量和大小有关（Heymsfield et al., 1995）。肥胖的人比正常体重的人有更多的脂肪细胞（Peeke & Chrousos, 1995）。当肥胖的人减肥时，脂肪细胞会缩小，但数量不会减少。一些证据表明，从儿童时期开始，脂肪细胞的总数就保持不变（Crisp et al., 1970）。

过量喂养婴幼儿有可能导致他们产生更多的脂肪细胞，从而使他们在成年后容易出现体重问题。与此一致的是，迪彼得罗和他的同事（1994）发现，在一项为期 40 年的随访研究中，504 名超重儿童样本中的大多数成长为超重的成年人。这突出了早期干预的重要性。大多数肥胖儿童只需要减掉几千克就不再被认为是肥胖。对一个成年人来说，想要达到所需的减肥效果要困难得多——在某些情况下要减掉几十甚至几百千克。

最后，有证据表明肥胖可能具有“社会传染性”。某项有争议的研究发现，如果我们身边的人（如配偶、兄弟姐妹或朋友）变胖，我们自己日后变胖的概率会增加多达 57%。这种影响在同性关系和异性关系中最为明显，这表明社会影响可能发挥了关键作用。相比之下，邻居的体重增加与个体后来的体重增加没有关系，这再次表明，可能重要的是关系的亲密程度，而不是共同的环境因素（Christakis & Fowler, 2007）。尽管这种社会传播的机制还远不清楚，但我们亲密的朋友和家人的肥胖可能会导致我们改变对体重的态度，或者可能会影响我们的进食模式。

9.5.5 压力和“安慰食物”

当你感到有压力或不开心时，你会吃东西吗？如果会的话，你会选择吃什么样的食物？当我们感到烦恼时，高脂肪或高碳水化合物的食物是最能起到安慰作用的食物（Canetti et al., 2002）。说自己压力很大的员工报告说，与压力较小的同事相比，他们吃的健康食品较少，而且吃的食物脂肪含量较高（Ng & Jeffery, 2003）。

在老鼠身上也发现了为寻求安慰而吃东西的行为。当大鼠处于慢性压力下（在寒冷的环境中），它们会选择高脂肪和高糖的食物（Dallman et al., 2003）。在这项研究中，另一个有趣的现象是，吃安慰性食物的老鼠腹部增重，并在新的急性压力面前变得更加冷静。这让研究者推测，含糖和脂肪的食物有助于降低应激反应系统的激活程度。

暴食是否有助于减轻痛苦或抑郁的感觉？很多肥胖的人确实会经历一些心理问题，比如抑郁。在一个超过 4 万人的大型社区样本中，肥胖群体心境障碍的终生患病率高于体重在正常范围内的人群（Petry et al., 2008）。另一项研究发现，当处于沮丧或焦虑等消极的情绪状态时，患有进食障碍的人群暴食的比例惊人地高（Kenardy et al., 1996）。

根据达尔曼关于压力大鼠的数据，我们很容易理解体重增加（或保持体重过重的倾向）可以简单地用学习原理来解释。我们都形成了这样一种条件反射，即在各种各样的环境刺激下（派对上、看电影时、看电视时）进食。肥胖的人比正常体重的人更容易受到内在和外在因素的影响，焦虑、愤怒、无聊和抑郁都可能引发暴食行为。对这些情绪线索做出反应的进食会得到强化，因为好食物的味道是令人愉快的，而且个体的情绪紧张程度会因进食而降低。

9.5.6　肥胖的形成途径

肥胖的原因是复杂的，因为它是遗传、环境和社会文化的综合作用的结果。但是，在导致肥胖的过程中，一个重要的步骤是暴食。在一项对 231 名青春期女孩的前瞻性研究中，斯蒂斯和他的同事（2002）确定暴食是未来肥胖的预测因子，这表明我们应该密切关注暴食的原因。

动物研究表明，在老鼠身上，任何与暴食倾向有关的基因差异直到青春期才开始表达（Klump et al., 2011）。因此，随着我们进入青春期，生物风险因素可能变得更加重要，不幸的是，这也是个体社会文化压力最大的发展阶段。

与此相关的研究表明，暴食的一个途径可能是以瘦为美的社会压力，尽管这听起来可能十分讽刺（Stice et al., 2002）。体重过重往往会导致节食，当意志力减弱时，节食可能会导致暴食。暴食的另一个途径可能是基于抑郁和自卑。在斯蒂斯及其同事的前瞻性研究中，来自同龄人的低社会支持水平以及抑郁，会使女孩更容易暴食。我们进一步证实，当儿童超重时，他们更有可能被同龄人拒绝（Latner & Stunkard, 2003; Strauss & Pollack, 2003），从而增加了外界给他们带来的消极影响。如图 9.13 所示，一种负面情绪引起的暴食模式，可能会使糟糕的情况变得更糟——体重增加、抑郁、与同伴疏远，并形成恶性循环。

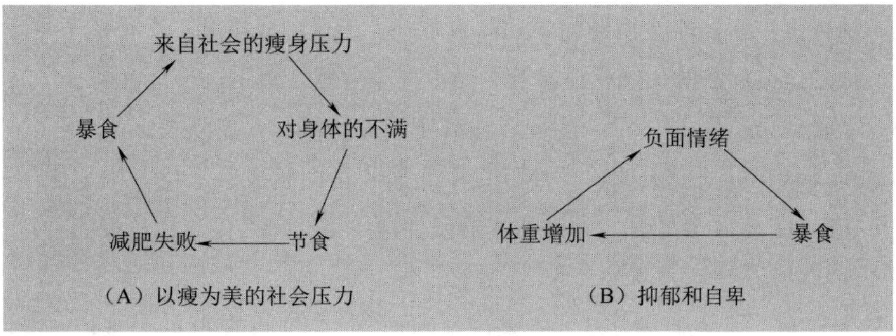

图 9.14　导致肥胖的途径

9.6 肥胖的治疗

介绍目前治疗肥胖的方法

对于超重或肥胖的人，有三种主要的治疗方案：（1）生活方式干预（饮食、运动和行为疗法）；（2）药物治疗；（3）减肥手术。

9.6.1 生活方式干预

治疗肥胖的第一步是一种特定的临床方法，理想情况下，该方法包括低热量饮食、锻炼和一些行为干预。几项研究试验表明，改变生活方式的干预方法对患者产生了积极的影响，尽管结果还远远不够显著。保持约 3.2 千克的减肥成果是相当普遍的（Powell et al., 2007）。但是，重点是，对超重的人来说，即使是少量的减肥也可能对健康产生一些益处。食用替代食品（如控制热量的奶昔）、与治疗师保持良好的关系、维持高水平的运动，这些都有助于提高长期控制体重的效果（Fabricatore & Wadden, 2006）。

流行的饮食减肥法的减肥效果如何呢？在一个 25~50 岁的超重和肥胖的女性样本中，加德纳、基亚赞德及其同事（2007）比较了阿特金森饮食法、区域饮食法、欧尼许饮食法和更传统的饮食方法。在一年后，遵循阿特金森饮食法的人减掉了最多的体重（4.7 千克），相比之下，区域饮食法减掉的体重为 1.6 千克，欧尼许饮食法减掉的体重为 2.6 千克，传统饮食方法减掉的体重为 2.2 千克。尽管如此，即使是最成功的减肥者，减肥的量也不是特别大。

在一项随机对照试验中，慧俪轻体（Weight Watchers）是唯一一个有效的商业减肥项目。在 6 个月的时间里，参加慧俪轻体的超重者和肥胖者比接受自助材料并与营养学家进行两次简短会面的人减重多了 4.7 千克和 1.4 千克（Heshka et al., 2000）。在随后的一次随访中，参加过慧俪轻体的人仍然比被分配到自助材料减肥小组的人减肥效果更好（Heshka et al., 2003）。

"速成"饮食和极端的减肥方法（包括让患者在医院里强行节食）现在被认为是过时和无效的方法。虽然它们能在短期内导致体重减轻，但这种成果并不会持续下去。事实上，在随访中，接受这些疗法的人通常比治疗开始前体重更重（Mann et al., 2007）。

虽然，我们可能会被每一种新的饮食或减肥潮流所诱惑，但从长远来看，关注卡路里才是最重要的。最近的研究表明，关注饮食中脂肪、蛋白质或碳水化合物的比例远不如少吃那么重要（Sacks et al., 2009）。如果你能够做到这一点，那么无论你选择哪种饮食，你都将取得一定的成功。

但残酷的现实是，减肥对大多数人来说是困难的。对那些肥胖的人来说，减肥和维持减肥效果是一个真正艰巨的挑战。就像我们之前提到的，我们的身体试图维持设定点的重量。当我们试图让体重低于这个值时，代谢和激素就会发生明显的变化。身体进入“饥饿模式”，饥饿感增加，新陈代谢速度减慢，我们吃完东西后也会感到不太饱（Goldsmith et al., 2010）。此外，减肥后，能量消耗也会显著减少。这意味着，如果一个肥胖的人减了 45 千克，体重从 135 千克减少到 90 千克，那么这个人要保持这个新体重所消耗的卡路里要比原本就重 90 千克的人少得多（Friedman, 2004）。因此，无怪乎减肥后的复发率如此之高，而那些试图减肥的人往往感到如此沮丧。事实上，一些研究者现在坚持认为，心理疗法对减肥是无效的（Cooper et al., 2010），这使得预防长胖更加重要。

9.6.2　药物治疗

在治疗肥胖方面，美国食品药品监督管理局（FDA）批准了几种药物与低热量饮食相结合的疗法。奥利司他的作用是减少食物进入肠道后可被吸收的脂肪量。其他药物，如氯卡色林，作用机制不同，针对的是 5-羟色胺或其他神经递质。最新获得 FDA 批准的药物是“Contrave”，这是纳曲酮（用于治疗药物成瘾和酒精成瘾）和安非他酮（用于治疗抑郁症和帮助吸烟者戒烟）的混合物。

以上药物都提供了适度的临床益处，并比安慰剂更能减轻体重（Fabricatore & Wadden, 2006）。但是，这种减肥效果并不是特别明显，而且通常比患者追求的减肥效果要小得多（占初始体重的 3%~9%）（Pucci & fine, 2015）。例如，服用奥利司他 1 年的患者，大约减少了他们治疗前体重的 9%，在这段时间内服用安慰剂的对照组的减重不到 6%（Heck et al., 2000; Yanovski & Yanovski, 2002）。西布曲明，一种已经广泛使用多年的药物，最近由于安全问题被撤出市场。

图 9.14　美国全国广播公司（NBC）《今日秀》节目的天气预报员阿尔·罗克做了胃旁路手术，这是一种减肥手术。手术时他体重 145 千克，一年后，他已经减重 45 千克

9.6.3　减肥手术

减重手术或胃旁路手术是对病态肥胖患者最有效的长期治疗方法（Bult et al., 2008; Moldovan & David, 2011）。可以使用几种不同的技术来减少胃的储存能力，有时还可以缩短肠道的长度，以减少食物的吸收。在手术前，胃可能可以容纳近 1 升的食物和液体，手术后，胃可能只能装下一小杯的东西，暴食几乎是不可能的。手术只需要几个小时，

但由于手术是针对肥胖患者进行的，康复可能会很困难。

针对肥胖的外科手术治疗往往会使患者的体重大幅度减轻，平均在20~40千克之间（Bult et al., 2008）。有趣的是，在特定类型的外科手术后，食欲激素胃促生长素的水平也会受到抑制。不幸的是，许多患者在减肥手术后仍难以控制饮食，这预示着手术后的结果更差，整体减肥效果更差（White et al., 2010）。尽管减肥手术并非没有风险（死亡率在1%左右），但手术的风险应根据未经治疗的肥胖伴随的健康风险进行权衡。下面的案例介绍了一例手术成功的患者。

案例

斯坦利的体重问题始于他19岁的时候，他的体重从那时开始持续增加。他是个喜欢开玩笑的大个子，不时地试着节食，但没有什么对他真正有用，部分原因是他讨厌锻炼。59岁时，他的体重接近180千克，他行动不便，还患有糖尿病。

斯坦利知道他必须做点什么。尽管他对自己很满意，但他担心肥胖会对他的健康和长期寿命造成影响。医生建议做胃旁路手术，斯坦利表示同意。

手术之前还有很多事情要做。为了确保身体能够承受手术，斯坦利接受了一名内科医生的评估。手术团队的其他成员包括一名营养师，他解释了斯坦利在手术前后需要做的许多改变。一位心理学家还探究了斯坦利对未来的承诺的准备情况。最后，斯坦利的外科医生仔细地解释了手术的细节和所涉及的内容。然后，斯坦利开始节食，并被告知必须先减肥才能确定手术日期。

手术当天，斯坦利来了——按照规定的饮食，他已经瘦了5千克。然后，在持续5个小时的手术中，斯坦利的部分胃被缝住了，他的胃从足球大小缩小到鸡蛋大小。此外，他的一段肠子被重新安排了路线，这样，新造的胃囊中的食物就绕过了肠子的前段（营养和卡路里通常在进食后被这部分吸收）。手术后，斯坦利在医院休养了5天。

手术后不久，斯坦利的糖尿病就消失了。在最初的几周里，他被要求吃流质食物，并被告知要多喝水。然后他开始吃软的食物，比如煮鸡蛋。最终，斯坦利开始吃更多的正常食物，尽管他对自己能忍受吃得那么少感到惊讶。

现在，手术过去了一年，斯坦利仍然要注意饮食。碳酸饮料和辛辣食物不再适合他，他已经变得不耐乳糖。他常规的食物摄入量很小。斯坦利已经减掉了64千克，而且他的体重还在继续下降。他谈到了一个做过同样手术的患者。斯坦利说："他告诉我，他已经想出了一个办法来让自己吃得更多。""我不明白，为什么有人要在经历这个手术之后还要想办法让自己像之前那样多吃？"相比之下，斯坦利觉得他接受的胃旁路手术给了他一个巨大的机会，他感觉更好，精力也更充沛。他知道自己已经提高了长寿的概率。当他认识的人几乎认不出他时，他尤其感到高兴，他说："我喜欢这样。"

9.6.4 预防的重要性

当下，减少肥胖的患病率是头等大事，要预防肥胖，首先必须意识到肥胖。令人惊讶的是，在芬兰最近进行的一项研究中，57% 的父母没有意识到他们的孩子超重了（Vanhala et al., 2009）。在这项研究中，预测儿童肥胖的因素包括：父母肥胖、不吃早餐、习惯性暴食和缺乏体育锻炼。因为我们知道儿童肥胖预示着成人肥胖，父母的教育显然非常重要。

减肥是困难的，因为它是一场与维持当前体重的生物机制的斗争，这体现出不增重的重要性。在 8 年的时间里，成年人（20~40 岁）的平均体重将增加 6~7 千克（Hill et al., 2003）。如何避免这种情况的发生呢？人们通常认为不可避免的体重增加问题，其实大部分可以通过增加能量消耗和减少食物摄入来预防，而且这可能比我们想象的要简单。希尔及其同事计算出，我们所需要做的就是每天减少 100 卡路里的摄入，或者每天多走 1 英里（约 1.6 千米）。以下是可以让人达到这个目标的一些简单方法：

- 吃饭时少吃 3 口。3 口汉堡大约有 100 卡路里。
- 走楼梯，把会议和散步结合起来，或者把车停在离目的地稍远的地方。1 英里（1.6 千米）的步行距离只需 2 000~2 500 步，我们可以在一天中一点点累积。
- 睡更多。研究表明，每天睡眠不足 12 小时的婴儿在 3 岁时更有可能超重（Taveras et al., 2008）。随着时间的推移，每晚只睡 5~6 小时的成年人比每晚睡 7~8 小时的人增重更多（Chaput et al., 2008）。

让这些习惯成为你日常生活的一部分，随着年龄的增长，你将能够防止体重增加，改善你的整体健康。

未解决的问题

公共政策在预防肥胖方面的作用

自 1980 年以来，儿童肥胖的患病率增加了 2 倍，近 32% 的儿童和青少年超重或肥胖（Ogden et al., 2014）。一旦人们变得肥胖，治疗是非常困难的。因此，预防儿童和成人肥胖是目前的当务之急。

在国家层面上，如果不改变公共政策，肥胖问题不太可能得到解决。我们都知道，由于烟草税的增加，肺癌的发病率已经下降。我们能通过改变鼓励不健康饮食或限制体育运动的环境条件来减少肥胖吗？作为一个社会，我们准备好了吗？

2008 年，令餐饮业大为沮丧的是，纽约市成为第一个要求连锁餐厅在菜单上标明卡路里含量的地方。这是一个重要的举措，因为大多数人总是低估他们外食摄入的热量。一项研究表明，当人们从包含卡路里信息的菜单上点菜时，他们比从不包含卡路里信息的菜单上点菜的人少摄入 14% 的卡路里（Roberto et al., 2010）。2012 年，纽约市卫生局投票禁止销售超过 470 毫升的含糖饮料。尽管许多医疗专业人士对这项禁令表示欢迎，但也有一些人因他们的选择受到限制而感到愤怒。该禁令成为法律诉讼的焦点，随后被推翻。

儿童在学校每天摄入 35%~50% 的卡路里，其中大部分来自从自动售货机、学校商店或自助餐厅购买的食物（Weir, 2012）。但是，2010 年美国国会通过了《健康且无饥饿儿童法案》，它通过"学校午餐计划"制定了学校食品政策。这项法案（已经引起了一些喜欢垃圾食品的政客的愤怒）要求对学校出售的所有食品制定营养标准。到目前为止，有证据表明，采用新标准提高了学生的膳食质量，并且没有降低"学校午餐计划"的参与率（Johnson et al., 2016; Vaudrin et al., 2018）。还有证据表明，生活在有严格法律管理垃圾食品销售的州的儿童，在五年级到八年级期间的体重增加情况，比生活在法律允许苏打水和零食的州的儿童要轻（Taber et al., 2012）。

其他预防肥胖的方法包括增加体育锻炼的机会、更好地监管针对儿童的食品广告、补贴健康食品的销售，以及对苏打水等含糖饮料增税（Gearhardt et al., 2012; Novak & Brownell, 2011）。不用说，这些想法中的许多都遭到了食品行业和一些公共团体的强烈反对。

本章小结

9.1 进食障碍的临床特点

• DSM-5 包括三种不同的进食障碍：神经性厌食症、神经性贪食症和暴食障碍。暴食障碍是 DSM-5 中的新增障碍，首次纳入正式诊断。

- 神经性厌食症的特点是对苗条的不懈追求，以及为实现这一目标而设计的行为。神经性厌食症患者体重严重不足。
- 神经性贪食症的特点是反复发作的暴食，并努力（通过清除手段、使用泻药或过度锻炼）减少可能由此增加的体重。神经性贪食症患者通常体重正常或超重。
- 暴食行为也是暴食障碍的一个重要临床特征。但是，患者并不会因吃大量食物带来的增重后果而做出代偿行为。因此，暴食障碍患者通常超重或肥胖。
- 进食障碍在女性中比在男性中更常见（比例为 3∶1）。进食障碍可能起病于任何年龄段，尽管它们通常出现在青春期或成年早期。神经性厌食症的发病年龄（16~20 岁）通常比神经性贪食症（21~24 岁）或暴食障碍（30~50 岁）早。
- 神经性厌食症的终生患病率在女性中约为 0.9%，男性约为 0.3%。神经性贪食症更为常见，女性终生患病率为 1.5%，男性为 0.5%。暴食障碍是最常见的进食障碍，女性患病率为 3.5%，男性患病率为 2.0%。越来越多的人出现程度较轻的饮食模式失调。

9.2　进食障碍的风险和致病因素

- 遗传因素对进食障碍的形成起着重要作用，尽管具体的基因位点尚未得到证实。遗传可能使一些人更容易受到暴食或社会文化的影响，或者通过影响人格类型（如完美主义）来间接导致进食障碍风险增加。
- 神经递质 5- 羟色胺与进食障碍有关。这种神经递质也与心境障碍有关，心境障碍与进食障碍的共病率高。
- 在进食障碍的发展中，社会文化影响是一个基本因素。西方社会非常重视苗条的身材。西方文化关于瘦的价值观可能正在蔓延，这有助于解释为什么现在全世界都能发现进食障碍患者。
- 个体的风险因素，如内化以瘦为美的观念、对身体不满、节食、消极情绪和完美主义，都与罹患进食障碍有关。

9.3　讨论如何治疗进食障碍

- 神经性厌食症往往很难治愈。治疗过程是长期的，许多患者无法痊愈。对年轻患者来说，家庭治疗似乎非常有效。奥氮平也会给患者带来改善。
- 神经性贪食症的首选治疗是认知行为疗法（CBT）。CBT 也有助于治疗暴食障碍，人际疗法也对暴食障碍有效，而且对少数族裔来说，人际疗法的接受度更高。
- 进食障碍治疗的一个新进展是使用一种跨诊断的方法。强化型认知行为疗法就是一个例子。该疗法针对进食问题，以及对体型和体重的过度关注、极端节食、清除和暴食行为。

9.4 定义肥胖，并解释为什么它是一个世界性的问题

- 肥胖的定义是身体质量指数为 30 及以上。
- 肥胖与许多医疗问题和死亡率增加有关。在 DSM 中，肥胖目前不被视为进食障碍或精神障碍。

9.5 描述哪些群体最容易存在肥胖问题

- 瘦或胖的倾向可能是遗传的。我们的基因构成可能会使我们在一个鼓励食物过度消费和久坐生活方式的文化环境中增重多一些或少一些。
- 少数族裔（亚洲人除外）患肥胖症的风险特别高。黑人女性肥胖率最高（50%）。但是，总的来说，男性比女性更容易肥胖。

9.6 介绍目前治疗肥胖的方法

- 肥胖是一个慢性问题。生活方式干预和药物治疗有助于患者减轻少量体重，但是，大幅度的减重通常需要通过减肥手术。
- 因为肥胖往往是一个终生的问题，而且治疗肥胖是十分困难的，因此我们的首要工作应该是防止人们变得肥胖。已有许多推荐方法，其中不少方法需要社会政策做出相应改变。

Abnormal Psychology
(18th Edition)

变态心理学

心·理·通·识

（第18版）

（下册）

[美] 吉尔·胡利（Jill M. Hooley）
[美] 詹姆斯·布彻（James N. Butcher） 著
[美] 马修·诺克（Matthew K. Nock）
/
陈良梅 潘晓曦 译
戴尊孝 审校

中信出版集团 | 北京

目　录

上册

下册

第 10 章 人格障碍

第 12 章 性功能失调、性别烦躁和性欲倒错障碍

第 15 章 儿童和青少年的精神障碍（神经发育障碍）

第 16 章 心理治疗

第10章

人格障碍

学习目标

10.1 描述人格障碍的一般特征

10.2 概述人格障碍研究面临的难题

10.3 A类人格障碍的三种类型，以及每种类型的主要临床特征

10.4 描述四种B类人格障碍，并解释它们的共同特征

10.5 列出C类人格障碍的三种类型，并描述每种类型的核心临床特征

10.6 解释社会文化因素在人格障碍患病率中的作用

10.7 讨论与人格障碍治疗有关的挑战，并总结治疗方法

10.8 描述精神病态的临床特征，并解释它与反社会型人格障碍的相似和不同之处

你会如何形容自己？你认为自己外向还是内向？你是值得信任的，还是让人难以捉摸的？你在压力下很冷静还是容易紧张？一个人的性格特征、应对方式以及在社会环境中与他人的互动方式，一般在童年时期显现出来，在青春期或成年早期形成固定的模式，这些模式构成了个体的人格——个体的一系列独特的特质和行为。目前人格研究者普遍认为，大约有五个基本的人格特质维度可用于描述正常人格。五因素人格模型的五个核心特质是神经质（情绪不稳定性）、外向性、经验开放性、宜人性、尽责性（Goldberg, 1990; John & Naumann, 2008; McCrae & Costa, 2008）。

10.1 人格障碍的临床特征

描述人格障碍的一般特征

成年以后，我们大多数人的人格会与社会的期望相适应。我们上学或工作，我们履行自己的经济义务，我们建立并试图维持关系，我们也知道自己的身份。但是，有些人的某些特质是如此顽固和适应不良，以至于他们无法正常工作或满足生活需求。在这种情况下，这类人可能被诊断为**人格障碍**。大多数人格障碍的一般特征是长期的人际关系困难、自我同一性或自我意识问题，以及在社会中不能胜任工作的问题（Livesley & Jang, 2000）。

下面的例子说明了其中的一些特征。

案例

艾伦是一名25岁的研究生。虽然他一开始就告诉他的教授，他对自己的学业是多么积极和兴奋，但在随后的日子里，艾伦很少花时间去阅读指定的材料，而且上交的论文几乎与未完成的草稿无异。当在课堂上拿到平庸的成绩时，艾伦就马上向其他学生抱怨，说教授对他不好，还挑刺点名批评他。他认为自己比成绩显示的更有才华，并指责他的教授没有认识到这一点。艾伦同时也讨厌别人告诉他如何改进学业。尽管他在与教授的反馈会议上写了详细的笔记，并说自己有多么渴望提高，但实际上他认为任何对他的帮助都是贬低他的和不必要的。即使同学试图帮助他理解为什么他有问题，艾伦也拒绝承认造成这种情况的是自己。相反，他声称之所以同学的成绩比他好，是因为教授使用了较低的标准评估其他学生的项目。最后艾伦开始散布一些恶意的谣言，说各个院系的教职员工都对他不好，"要让他们付出代价"。

当个体存在某种广泛的、缺乏弹性的、长期稳定的内心体验和行为模式时，就可以被诊断为人格障碍。同时，这种行为模式还必须引起临床显著的痛苦或功能障碍，并表现在以下至少两方面：认知、情感、人际关系功能、冲动控制。人格障碍的特征通常在青春期或成年早期就能辨认出来。

有人格障碍的人给别人的生活造成的困难，至少和他们给自己造成的一样多。另一些人会觉得人格障碍患者的行为令人困惑、恼怒或难以预测，而且在不同程度上难以接受。不管受影响的个体形成了什么特定的特质模式（例如固执、隐蔽的敌意、怀疑或害怕被拒绝），这些模式都会影响他们对每种新情况的反应，并导致某种适应不良行为的重复，因为他们没有从以前的错误或麻烦中吸取教训。例如，一个依赖型人格障碍患者可能会不断地提出不同寻常的要求，比如永远拒绝独处，从而破坏与配偶等人的关系。在伴侣离开之后，这个人可能不会仔细选择新伴侣，几乎立即就进入另一段同样的依赖关系中。

人格障碍通常不像创伤后应激障碍或许多重度抑郁症那样，源于对近期应激的消耗性反应。相反，在很大程度上，这些障碍来自逐渐形成的僵化和扭曲的人格与行为模式，从而导致在认知、思考、与外界联系等方面持续的适应不良的方式。尽管如此，早期生活中的应激事件可能为这些僵化扭曲的人格模式的形成奠定了基础。

人格障碍的范畴很广，包括各种行为问题，在形式和严重程度上有很大的差异。在较轻的情况下，我们发现有些人一般功能正常，但被他们的亲戚、朋友或同事描述为麻烦、古怪或难以了解。这些人可能很难与他人发展出亲密关系，或者与亲密关系的对象在相处方面存在困难。一种严重的人格障碍（称为"反社会型人格障碍"）会导致极端的、通常不道德的反社会行为。有许多反社会型人格障碍患者获罪入狱，尽管也有些人能操纵他人，避免被捕。

DSM-5 将人格障碍分为三类。这一分类的依据是最初被视为特定类别的障碍之间在特征方面的重要相似性。概述见表 10.1。

• A 类：包括偏执型人格障碍、分裂样人格障碍、分裂型人格障碍。患有这些障碍的人通常看起来很奇异或古怪，他们的行为不寻常，从不信任、怀疑到社会脱离。

• B 类：包括表演型人格障碍、自恋型人格障碍、反社会型人格障碍和边缘型人格障碍。患有这些障碍的人以戏剧性、情绪化和反复无常的行为和人际关系为特征。

• C 类：包括回避型人格障碍、依赖型人格障碍和强迫型人格障碍。与其他两类相比，患有这些障碍的人往往表现出焦虑和恐惧。

人格障碍首次出现在 DSM 中是在 1980 年（DSM-Ⅲ）。尽管自那以后，分类的使用一直在继续，但一些研究对其有效性提出了许多问题。正如本章稍后将讨论的（参见《未解决的问题》专栏），分类和类别的命名有很大的局限性。事实上 DSM-5 特别工作组仔细考虑的几项建议就涉及彻底消除四种人格障碍和放弃分类。主要问题之一是，在各类之间有太多重叠的特征（Krueger & Eaton, 2010; Sheets & Craighead, 2007; Widiger & Mullins-Sweatt, 2005）。但是由于这些分类仍然在 DSM-5 中用作组织结构，所以我们在这里继续使用它。

近年来，一些流行病学研究评估了人格障碍的患病率。其中部分研究在美国进行，另一些在欧洲进行，不同研究经常采用不同标准的评估访谈。尽管存在上述问题，但总体患病率估值往往非常相似。当被问及调查对象过去 2~5 年的行为时，10%~12% 的人符合至少一种人格障碍的标准（Lenzenweger, 2008; Torgersen, 2012）。

换句话说，大约 10% 的人患有某种可诊断的人格障碍。C 类障碍最常见，患病率约为 7%；A 类障碍紧随其后，患病率约为 4%；B 类障碍的患病率略低，在 3.5%~4% 之间（Torgersen, 2012）。由于分类之间的高共病率，一些个体符合多个类别的人格障碍标准，所以每个类别中的人所占的比例相加超过了 10%~12%。

与其他障碍的共病也很常见。人格障碍常与焦虑障碍、心境障碍、物质使用障碍、性功能失调一起出现（L.A. Clark, 2005, 2007; Links et al., 2012; Mattia & Zimmerman, 2001）。据估计，大约 3/4 被诊断为人格障碍的人还患有另一种疾病（Dolan-Sewell et al., 2001）。

表 10.1 人格障碍概述

人格障碍	特征	在一般人群中的时点患病率	性别比例估计
A 类			
偏执型	对他人普遍不信任和猜疑，以至于把他人的动机解释为恶意	1.5%	男性 = 女性
分裂样	脱离社交关系，以及情感表达受限	1.2%	男性 > 女性
分裂型	对密切关系感到强烈的不舒服，认知或知觉扭曲，行为古怪	1.1%	男性 > 女性

（续表）

人格障碍	特征	在一般人群中的时点患病率	性别比例估计
B 类			
表演型	过度情绪化和追求他人注意	1.2%	女性 > 男性
自恋型	自大，需要他人赞扬，缺乏共情能力	1% 以下	男性 > 女性
反社会型	漠视或侵犯他人权利	女性 1% 男性 3%	男性 > 女性
边缘型	人际关系、自我形象和情感不稳定，表现出显著冲动行为	1.4%	女性 = 男性
C 类			
回避型	社交抑制，能力不足感，对负性评价极其敏感	2.5%	女性 > 男性
依赖型	过度需要他人照顾以至于产生顺从性或依附行为	1%	女性 > 男性
强迫型	沉湎于有次序、完美以及控制	2.1%	男性 > 女性

以上数据中的时点患病率是基于 11 项不同的流行病学研究得出的平均值。终生患病率大约高出 3 倍。人格障碍在临床人群中比在社区样本中更常见。

研究特写

流行病学研究

流行病学研究的目的是，在居住在社区的很大样本（通常是成千上万）中，确定某种特定疾病的患病率（病例数）。

10.2　人格障碍研究面临的难题

概述人格障碍研究面临的难题

在讨论人格障碍的临床特征和原因之前，应该注意到，相对于许多其他疾病的已知情况，在这一领域进行研究的几个重要方面已经阻碍了研究进展。下面简要叙述两大类困难。

10.2.1 诊断人格障碍的困难

在诊断人格障碍时要特别注意，因为该领域可能发生的误诊比任何其他类型的障碍都要多，其中原因有很多。一个原因是，人格障碍的诊断标准不像大多数其他诊断类别那样有明确的定义，因此在实践中往往不是很精确或容易被遵循。例如依赖型人格障碍，很难准确地诊断一个人是否符合诊断标准，比如“为了获得他人的培养和支持而过度努力”，或者“如果没有他人大量的建议和保证，便难以做出日常决定”。因为人格障碍的标准是由推断的特征或一致的行为模式定义的，而不是以更客观的行为标准（如恐慌发作或长期持续的情绪低落）来定义的，所以临床医生在做出诊断时，必须比面对其他许多障碍时有更多的判断力。

为诊断人格障碍而发展的半结构式访谈和自陈量表大大提高了诊断的信度。但是基于不同访谈或自陈量表得出的各种诊断之间的一致性往往较低，其信度和效度仍然存在问题（Clark & Harrison, 2001; Livesley, 2003; Trull & Durrett, 2005）。例如，3 名不同的研究者使用三种不同的评估工具，可能会将具有本质差异的不同个体所组成的不同群体都诊断为某种特定障碍，如边缘型或自恋型人格障碍。这就提高了以下情况出现的可能性，即一组研究者获得的结果不能被其他研究者重复，即使他们所研究的群体都具有相同的诊断标签。

研究者已经做出了许多努力，以发展出更可靠和准确的方法，用以概念化和评估人格障碍。一些理论工作者试图设计一些多维度的评估方法来处理人格障碍分类中的固有问题（在分类系统中，各障碍被认为是彼此不同的和独立的，参见 Ofrat 等人 2015 年对分类系统相关问题的更详细的讨论）。这种方法是以假设人格（包括正常人格和人格障碍）是一个连续体为前提的。因此研究者尝试开发出多维度系统来评估人格障碍所涉及的症状和特征（Clark, 2007; Krueger & Eaton, 2010; Trull & Durrett, 2005; Widiger et al., 2009）。但是，人格障碍的统一维度分类一直没有出现，现在的重点是开创一种整合现有各种分类法的方法（Krueger, Eaton, Clark et al., 2011a; Markon et al., 2005; Widiger et al., 2009, 2012）。

在这一领域的研究中，影响最大的模型是五因素模型。这建立在前面提到的正常人格的五因素模型的基础上，通过评估个体在五种基本人格特质上的得分，研究者可以了解不同人格障碍之间的共性和差异（Clark, 2007；Widiger & Trull, 2007; Widiger et al., 2009, 2012）。为了充分说明人们的不同之处，这五种基本人格特质每种都设定有子成分项或不同的方面。例如神经质包括以下 6 个方面：焦虑、愤怒与敌意、抑郁、自我意识、冲动、脆弱，但是高度神经质的人在最突出的方面却可能有很大的差异。例如，一些人可能表现出更多的焦虑或抑郁，一些人可能表现出更多的自我意识和脆弱，另外一些人可能表现出更多的愤怒与敌意、冲动。外向性包括 6 个方面：热情、合群、自信、活跃、寻求刺激、积极情绪。（表 10.2 解释了 5 个基本特征维度的所有方面，以及它们在患有不同人格障碍的人群中的差异。）通过评估一个人在这 30 个方面的得分，很容易看出这个系统是如何解释大量不同的人格模式的，这已经远远超过目前 DSM 中的 10 种人格障碍。

表 10.2　DSM-5 人格障碍与五因素模型

NEO-PI-R 的领域和方面	PAR	SZD	SZT	ATS	BDL	HST	NAR	AVD	DEP	OBC
神经质										
焦虑			H		H			H	H	
愤怒与敌意	H			H	H		H			
抑郁					H	H		H		
自我意识			H			H	H	H	H	
冲动					H					
脆弱					H			H	H	
外向性										
热情		L	L			H			H	
合群		L	L			H		L		
自信								L	L	H
活跃										
寻求刺激				H		H		L		
积极情绪		L	L			H				
经验开放性										
想象力		H			H	H				
审美										
感受性		L				H				
行动			H							
思辨			H							
价值观										L

（续表）

NEO-PI-R 的领域和方面	PAR	SZD	SZT	ATS	BDL	HST	NAR	AVD	DEP	OBC
宜人性										
信任	L		L		L	H			H	
坦率	L			L						
利他				L			L		H	
顺从	L			L	L				H	L
谦逊							L		H	
同理心				L			L			
尽责性										
胜任力					L					
条理性										H
责任感				L						H
追求成就							H			H
自律				L						H
审慎				L						

注：NEO-PI-R = 修订后的 NEO 人格量表，H = 高，L = 低，基于第四版《精神障碍诊断与统计手册》（DSM-IV; APA, 1994）的诊断标准。人格障碍的诊断标准在 DSM-5 中保持不变。人格障碍：PAR = 偏执型人格障碍；SZD = 分裂样人格障碍；SZT = 分裂型人格障碍；ATS = 反社会型人格障碍；BDL = 边缘型人格障碍；HST = 表演型人格障碍；NAR = 自恋型人格障碍；AVD = 回避型人格障碍；DEP= 依赖型人格障碍；OBC = 强迫型人格障碍。

在维度法中，正常的人格特质维度可以被重构为相应的领域，这些领域代表了各维度中病态的一端：消极情感（神经质）；疏离（极端内向）：对抗（极低宜人性）；去抑制（极低尽责性）。第五个维度——精神质，似乎不是与经验开放性相反的极端特质，和我们将在本章后面介绍的分裂型人格障碍一样，精神质反映的也是与精神病性障碍（例如精神分裂症）的症状类似的特征（Watson et al., 2008）。

带着这些注意事项，我们将着眼于人格障碍的临床特征。请记住，我们所描述的只是每一种人格障碍的原型。在现实中，正如从人格障碍的五因素模型的角度所做出的预期，很少有任何个体符合这些“理想”的描述，而且正如下面《对 DSM-5 的批判性思考》专栏所表明的那样，这种情况在 DSM-5 中同样存在。

对 DSM-5 的批判性思考

为什么人格障碍的诊断方式没有发生变化？

关于 DSM-5 的人格障碍部分，许多新的、具有创意的建议被提出。事实上，这部分拟议的修订是本书中对障碍的修订里最激进的。修订的细节引起了激烈的争论，尽管总的目标是纳入一个更多维度的方法来评估和诊断人格障碍（Livesley, 2011; Skodol et al., 2011; Widiger et al., 2009）。

最后，DSM-5 工作组提出了反映维度-分类混合模型的修订，其中包括了分类成分和维度成分，包括一套所有人格障碍的一般标准、一套人格障碍严重程度的整体维度测量、一套有限的人格障碍类型，以及一组在不符合任何人格障碍类型时可以指定的病理性人格特征。提出的分类成分还保留了最初 10 种特定人格障碍类型中的 6 种（反社会型、回避型、边缘型、自恋型、强迫型和分裂型）。

对现状的最大改变，来自维度成分的合并。建议的新的人格领域旨在描述所有患者的人格特征，甚至包括那些没有特定人格障碍的患者。这些建议将允许临床医生评估人格功能受损的程度，反映出身份认同（拥有稳定、连贯的自我意识和追求有意义的生活目标的能力）和人际功能（共情和亲密的能力）这两个方面。此外，诊断人员可以指出患者在 5 个特征领域（负面情感、脱离、对抗、去抑制和精神质）出现实质性异常的程度，这些主要基于前面讨论的五因素模型。

但是，最终，美国心理学会的董事会否决了所有的提议，决定保留原有的人格障碍分类。换句话说，DSM-5 中的人格障碍与 DSM-IV-TR 中的相同。为什么不接受更改？我们无法确知。但是从我们的描述中你可能已经了解到，新系统非常复杂。虽然它可能是一个更准确的分类系统，但它不直观或使用不便，这可能是一个问题。DSM 的主要受众是诊断和治疗精神障碍患者的临床医生，因此我们怀疑新提出的系统之所以被拒绝是因为使用起来太麻烦，而且对工作量过度的临床医生来说学习和使用它太费时间。此外，临床医生可能发现之所以系统使用不方便，部分原因是根据维度对人进行评级的设想与临床医生所能接受的思维方式不同。但是新提议并没有完全被否决，它现在作为需要进一步研究的替代模型，出现在 DSM-5 的第三部分中，这也许是一个明智的做法。很明显，也许随着时间的推移和研究的发展，新的方法能提供足够多的好处，使人们愿意去接受并学习和使用它。

10.2.2 研究人格障碍病因的困难

我们对大多数人格障碍的形成所涉及的因果因素，并不像我们以为的那么了解，其中一个原因是它们的共病程度很高。例如在对 4 项研究的早期回顾中，维迪格和同事发现，85% 符合某一人格障碍诊断标准的患者，同时至少还符合另一人格障碍的诊断标准，许多患者符合多种人格障碍诊断标准（Widiger & Rogers, 1989; Widiger et al., 1991）。一份对近 900 名精神科门诊患者的研究报告称，45% 的人至少符合某一人格障碍的诊断标准，而在这些患者中，60% 符合一种以上人格障碍的诊断标准，25% 符合两种或两种以上（Zimmerman et al., 2005）。即使在普通人群的样本中，齐默尔曼和科耶尔（1989）发现，在罹患一种人格障碍的人中，近 25% 的人至少还患有另一种人格障碍（Mattia & Zimmerman, 2001; Trull et al., 2012）。这种严重的共病情况增加了厘清因果因素与人格障碍对应关系的困难。

由于研究者对前瞻性的研究更有信心，所以对人格障碍的病因做出结论时出现了另一个问题。前瞻性研究中，研究者必须在障碍出现之前观察一组人群，并在一段时间内跟踪观察小组内哪些人出现了问题，以及出现了哪些因果因素。尽管这种情况已经开始改变，但迄今为止对大多数人格障碍的前瞻性研究相对较少。相反，绝大多数研究是针对已经患有这种障碍的人进行的。其中一些依赖于对过去事件的回顾，另一些则依赖于观察当前对象的生物功能、认知功能、情感功能和人际功能。因此，由这些研究所提出的任何关于病因的结论，都必须被认为是暂时性的。

图 10.1 人格障碍诊断类别的问题之一是，完全相同的可观察到的行为可能与不同的人格障碍有关，但这些相同行为在每种障碍中都有不同的含义。例如，图中女性的行为和表情可能暗示了偏执型人格障碍患者的多疑和对指责的回避，也可能象征了社交退缩和缺少朋友——这是分裂样人格障碍的特征，或者可能表现了由于害怕被拒绝或被负面评价而产生的与他人交往的社交焦虑——这是回避型人格障碍的特征

在可能的生物学因素中，有人认为婴儿的气质（对环境刺激做出有效反应的天生倾向，见第 3 章）可能使他们易于发展出特定的人格特征和障碍（L. A. Clark, 2005; Mervielde et al., 2005; Paris, 2012b）。气质最重要的几个维度是消极情绪、社交能力与社交抑制或害羞，以及活动水平。一种思考气质的方式是，它为成年后的人格发展奠定了早期基础，但它不是成年后人格的唯一决定因素。考虑到大多数气质特质和人格特质被发现是中度遗传的（Bouchard & Loehlin; Livesley, 2005），越来越多的证据表明基因对某些人格障碍有影响也就不足为奇了（Kendler et al., 2008, 2011; Livesley, 2005, 2008；Livesley & Jang, 2008；South et al., 2012; Torgersen et al., 2000）。但是至少对大多数障

碍来说，基因的作用似乎是由基因对与障碍最相关的主要人格特质维度的影响所介导的，而不是对人格障碍本身（Kendler et al., 2008; Livesley, 2005）。换句话说，这种障碍本身并不是遗传的，但是它的组成特征可能显示出很高的遗传性。此外，研究者在理解与人格障碍相关的一些显著特征的心理生物学基础方面也取得了一些进展（Depue, 2009; Depue & Lenzenweger, 2001, 2006; Livesley, 2008; Paris, 2005, 2007; Roussos & Siever, 2012）。

在心理因素中，心理动力学理论工作者最初将人格障碍的形成归因于婴儿在出生最初几年中冲动的过多满足或缺乏满足（Fonagy & Luyten, 2012）。近年来，基于学习的习惯模式和适应不良的认知风格作为可能的因果因素受到了越来越多的关注（Beck et al., 1990, 2004; Lobbestael & Arntz, 2012）。许多被认为对某些障碍起重要作用的适应不良的习惯和认知方式，可能源自受干扰的亲子依恋关系，而不是简单地源于气质的差异（L. S. Benjamin, 2005; Fraley & Shaver, 2008; Meyer & Pilkonis, 2005; Shiner, 2009）。父母的精神障碍和无效的养育方式也与某些障碍有关（Farrington, 2006; Paris, 2001, 2007）。许多研究还表明，早期的情感虐待、身体虐待和性虐待可能对几种不同人格障碍的部分患者施加了重要影响（Battle et al., 2004; Grover et al., 2007）。

在社会文化方面，各种社会应激源、社会变迁和文化价值观，也被认为是相关的因果因素（Paris, 2001）。当然，最终的目标是从生物-心理-社会视角研究每种人格障碍的起源。到目前为止，我们离实现这一目标还有一段距离。

10.3 A 类人格障碍

A 类人格障碍的三种类型，以及每种类型的主要临床特征

A 类人格障碍患者会表现出不寻常的行为，如不信任、怀疑和社会脱离等，常常给人留下怪异或反常的印象。下面我们将探讨偏执型、分裂样和分裂型人格障碍。

10.3.1 偏执型人格障碍

患有偏执型人格障碍的人，对他人持怀疑和不信任的态度，经常从普通的话语中解读出隐藏的含义。他们倾向于认为自己是无可指责的，总是把自己的错误和失败归咎于他人，甚至把自己邪恶的动机归咎于他人。这类人长期处于紧张和警惕的状态，似乎一直在等待着被欺骗并寻找线索来验证他们的假想，同时无视所有相反的证据。他们常常怀疑朋友的忠诚，因此不愿向别人吐露心声。他们通常怀恨在心，拒绝原谅他们认为侮辱和轻视过自己的人，并会迅速做出愤怒的反应，有时还会做出暴力行为（Bernstein & Useda, 2007;

Oltmanns & Okada, 2006）。所有这一切导致他们不得不面对许多人际关系上的困难。甚至他们的治疗师也害怕说错话，担心在被这些患者批评和贬低后，自己也会产生愤怒和怨恨的情绪（Colli et al., 2014）。偏执型人格障碍在社区的患病率为 1%~2%，受影响的男性和女性人数相同（Torgersen, 2012）。

DSM-5 诊断标准

偏执型人格障碍

A. 对他人的普遍的不信任和猜疑，比如把他人的动机解释为恶意，这种猜疑始于成年早期，存在于各种背景下，表现为下列 4 项（或更多）症状：

1. 没有足够依据地猜疑他人在剥削、伤害或欺骗他 / 她。
2. 有不公正地怀疑朋友或同事对他 / 她的忠诚和信任的先占观念。
3. 对信任他人很犹豫，因为毫无根据地害怕一些信息会被恶意地用来对付自己。
4. 善意的谈论或事件会被当作含有贬低或威胁性的意义。
5. 持久地心怀怨恨（例如，不能原谅他人的侮辱、伤害或轻视）。
6. 感到他 / 她的人格或名誉受到打击，但在他人看来并不明显，且迅速做出愤怒的反应或反击。
7. 对配偶或性对象的忠贞反复地表示猜疑，虽然没有证据。

B. 并非仅仅出现于精神分裂症、伴精神病性特征的双相或抑郁障碍或其他精神病性障碍的病程之中，也不能归因于其他躯体疾病的生理效应。

注：如在精神分裂症发生之前已符合此诊断标准，可加上“病前”，即“偏执型人格障碍（病前）”。

要记住，重要的一点是，有偏执型人格的人并非总是精神异常，大多数时候，他们与现实都保持着清晰的联系。但是在高应激时期，他们可能会经历短暂的精神病性症状，持续几分钟到几小时（APA, 2013）。精神分裂症患者也有一些偏执型人格中的症状，但他们还有许多其他问题，包括与现实之间更持久的失联、妄想和幻觉。患有偏执型人格障碍的人似乎更容易患精神分裂症（Lenzenweger, 2009）。

作为一种障碍，偏执型人格障碍并没有得到很好的研究。原因之一是高度多疑和缺乏信任的人往往不愿意参与研究。一些研究者认为，部分基因传递可能将精神分裂症与偏执型障碍联系了起来，但对这一问题的研究结果并不一致，如果两者间存在密切关系，也不是很强（Kendler et al., 2006; Miller, Useda et al., 2001）。尽管如此，有证据表明，偏执型人格障碍本身具有中度的遗传倾向（Kendler, Myers, et al. 2007）。这可能由高水平的对抗性（低宜人性）和神经质（愤怒-敌意）的遗传力介导，两者都是偏执型人格障碍的主要特征（Hopwood & Thomas, 2012; Widiger et al., 2002）。被怀疑起作用的社会心理因素包括：被父母忽视或虐待，以及与暴力的成年人接触。早期不良经历和成人偏执型人格障碍之间有一定的联系，但这种联系显然不仅仅是偏执型人格障碍所特有的，也可能在其他类型的障碍中起作用（Battle et al., 2004; Grover et al., 2007; Natsuaki et al., 2009）。偏执型人格障碍的症状在创伤性脑损伤后似乎也会增加，并且经常出现在长期吸食可卡因的人群中（Hopwood & Thomas, 2012）。在下面的例子中，头部外伤和酗酒都被认为是可能的原因。

案例

患者是一名 46 岁的蓝领男性，在试图自杀后被送往精神病院。他曾经在十几岁时遭遇了一场车祸，因头部外伤和脑震荡住院治疗。他长期酗酒，认识的人都说他敏感、易怒、多疑、不信任别人。但是他最突出的一点是担心妻子的忠诚。他一再指责她不忠，并就各种各样的问题频繁地“审问”她。当他喝酒后，他的偏执变得更加明显。

10.3.2　分裂样人格障碍

患有分裂样人格障碍的人很难建立社会关系，而且通常对建立社会关系缺乏兴趣。因此他们除了近亲，往往没有好朋友。这样的人无法表达自己的情感，在他人看来冷漠而不友好。他们往往缺乏社交技巧，可以分为孤独者和内向者，有不需要他人参与的爱好和职业，但并不是所有的孤独者或内向者都患有分裂样人格障碍（Bernstein et al., 2009; Miller, Useda et al., 2001）。患有这种障碍的人不喜欢参加很多活动，包括性活动，也很少结婚。通常他们的情绪反应不是很强烈，很少体验到强烈的积极或消极情绪，而是对任何事情都显得无动于衷。这些缺陷使他们显得冷漠而不友好（Miller, Useda, et al., 2001; Mittal et al., 2007）。分裂样人格障碍在男性中比女性更常见，男性患病率比女性高 1%（Torgersen, 2012）。

在五因素模型中，患有分裂样人格障碍的人表现出极高的内向性（在热情、合群和积极情绪方面的水平尤其低）。他们的感受性（经验开放性的一个方面）和追求成就的程度也较低（Hopwood & Thomas, 2012）。下文中的比尔就是一个例子。

DSM-5 诊断标准

分裂样人格障碍

A. 一种脱离社交关系，在人际交往时情感表达受限的普遍心理行为模式，始于成年早期，存在于各种背景下，表现为下列 4 项（或更多）症状：

1. 既不想要也不享受密切的人际关系，包括成为家庭的一部分。
2. 几乎总是选择独自活动。
3. 很少或不感兴趣与他人发生性行为。
4. 很少或几乎没有活动能够感到有乐趣。
5. 除了一级亲属外，缺少亲密或知心的朋友。
6. 对他人的赞扬或批评都显得无所谓。
7. 表现为情绪冷淡、疏离或情感平淡。

B. 并非仅仅出现于精神分裂症、伴精神病性特征的双相或抑郁障碍或其他精神病性障碍或孤独症（自闭症）谱系障碍的病程之中，也不能归因于其他躯体疾病的生理效应。

注：如在精神分裂症发生之前已符合此诊断标准，可加上“病前”，即“分裂样人格障碍（病前）”。

案例

比尔是一位非常聪明，但内向且孤僻的33岁计算机分析师，他的内科医生转介他来做心理评估，担心比尔可能抑郁和不快乐。比尔和其他人几乎没有联系。他一个人住公寓，独自在一间小办公室里工作，工作时除了上级主管外谁也不见，而他的主管只是偶尔会去给他安排新工作，并验收已经完成的项目。他吃饭的时候也是独自一人，一周中会找一个天气晴朗的日子在午休时去一次动物园。

比尔一生孤独，当他还是个孩子的时候就几乎没有朋友。在与家人出游时，他总是喜欢独自活动（他是五个孩子中最年长的）。高中时，他从未约会过。上大学的时候，他只和一个女孩约会过一次，而且还是在一场比赛后和一大群学生一起去的。但是他一直积极参加体育活动，在高中和大学都参加过校足球队。在大学里，他花了很多时间和一个相对较亲密的朋友在一起——大部分时间是喝酒。但是现在这位朋友住在另一个城市。

比尔相当实事求是地自诉，他很难交到朋友，从来不知道在聊天时该说些什么。很多场合中，他都想过和别人交朋友，但就是想不出合适的措辞，所以“谈话就这样结束了”。他说最近考虑过要改变自己的生活，试图变得更加“积极”，但这一切努力似乎都未奏效。对他来说，不去做这种努力要更容易，因为当有人试图和他说话时，他会感到尴尬。独处的时候，他是最快乐的。

与偏执型人格障碍一样，分裂样人格障碍也没有成为研究的重点。这并不奇怪，因为患有分裂样人格障碍的人并不是我们所期望的那种会自愿作为研究对象参与研究的人。分裂样人格特质被证明具有相当高的遗传性，约为 55%（Kendler et al., 2006）。与早期理论工作者的观点一致，有证据表明，在某些情况下，分裂样人格障碍症状的出现确实先于精神病性疾病（Bolinskey et al., 2015; Hopwood & Thomas, 2012）。此外，分裂样人格和孤独症谱系障碍之间也有一定的联系。有趣的是，最近的研究表明，精神分裂症和孤独症可能有一些共同的遗传基础。

一些理论工作者认为，在分裂样人格障碍中所看到的社交的严重受阻可能是由于潜在的亲和系统的严重受损（Depue & Lenzenweger, 2005, 2006）。认知理论工作者认为，患有分裂样人格障碍的人表现出冷漠和脱离社会的行为，是因为他们的潜在图式适应不良，导致他们认为自己是自给自足的孤独者，认为他人是侵入性的。他们核心的功能失调信念可能是“我总体上是一个人”（Beck et al., 1990, p.51）或“人际关系是麻烦的和不可接受的”（Pretzer & Beck, 1996, p.60; Beck et al., 2004）。不幸的是，我们不知道为什么有些人会产生这种不正常的信念，也不知道他们是如何形成这种信念的。

10.3.3 分裂型人格障碍

与分裂样人格障碍患者一样，分裂型人格障碍患者也过于内向，普遍存在社交和人际关系方面的缺陷。但除此之外，他们还存在认知和知觉的扭曲，以及在沟通和行为上的古怪和反常之处（Kwapil & Barrantes-Vidal, 2012; Raine, 2006）。尽管分裂型人格障碍患者通常保持与现实的接触，但他们具有高度个性化和迷信的思维，在极端应激下，他们可能会出现短暂的精神病性症状（APA, 2013; Widiger & Frances, 1994）。事实上，他们经常相信自己拥有神奇的力量，可能会进行超自然的仪式。其他的认知与知觉问题包括牵连观念（认为他人的谈话或手势具有特殊意义或个人意义）、奇怪的言语、偏执的信念。

思维、言语和其他行为上的异常，是分裂型人格障碍最稳定的特征（McGlashan et al., 2005），与精神分裂症患者常见的特征相似。事实上，许多研究者将分裂型人格障碍定义为精神分裂症的一种弱化形式（Lenzenweger, 2010; Raine, 2006）。有趣的是，尽管分裂型人格的某些方面似乎与正常人格的五因素模型有关（特别是内向和神经质的方面），但正常人格的五因素模型并没有充分解释与认知和知觉扭曲有关的其他方面（Watson et al., 2008）。事实上，分裂型人格的这些核心症状构成了一种特质的基础，它是唯一被提出的与正常人格的五个因素并不完全一致的特质，这种病态特质就是精神质，它包括以下三方面：不寻常的信念和经历、怪癖、认知和知觉的失调（Krueger, Eaton, Derringer, et al., 2011）。

与分裂样人格障碍和偏执型人格障碍不同，分裂型人格障碍领域有大量的研究（Esterberg et al., 2010）。事实上，在最初的 DSM-5 提案中，分裂型人格是唯一保留在 A 类的障碍类别。据估计，这种障碍在普通人群中的患病率约为 1%，受影响的男性多于女性（Torgersen, 2012）。

分裂型人格障碍具有中度遗传性（Kwapil & Barrantes-Vidal, 2012; Lin et al., 2006, 2007; Raine, 2006）。长期以来，人们一直怀疑精神分裂症与基因有关。事实上，这种障碍似乎是精神分裂症的一部分，并且经常发生在精神分裂症患者的一些一级亲属中（Kendler & Gardner, 1997; Kwapil & Barrantes-Vidal, 2012; Raine, 2006; Tienari et al., 2003）。分裂型人格障碍与精神分裂症的生物学关联是显著的（Cannon et al., 2008; Jang et al., 2005; Siever & Davis, 2004; Yung et al., 2004）。对在校大学生的研究发现（Raine, 2006; Siever et al., 1995），在视觉跟踪运动目标的能力上，分裂型人格障碍患者也显示出与精神分裂症患者相同的缺陷（Coccaro, 2001; 参见第 13 章）。并且分裂型人格障碍患者还表现出许多认知功能上的其他轻度损伤（Voglmaier et al., 2005），包括注意力维持能力缺陷（Lees-Roitman et al., 1997; Raine, 2006）和工作记忆缺陷（例如，能够记住一串数字），这两种情况在精神分裂症中都很常见。此外，分裂型人格障碍患者就像精神分裂症患者一样，会表现出相同的注意力抑制能力缺陷——面对紧接着第一次刺激出现的第二次刺激，他们很难抑制对其的注意力。而健康的人如果在听到巨响（引起惊吓反应的那种声音）前的 0.1 秒听到了微弱的听觉刺激，那么因巨响而产生的惊吓反应会比没有先听到微弱听觉刺激时更小。这种正常的抑制作用，在精神分裂症患者和分裂型人格障碍患者身上都有所减弱，这可能与他们高水平的注意力分散倾向和注意力集中困难有关（Hazlett et al., 2003; Raine, 2006）。最后，分裂型人格障碍患者也表现出语言异常，这可能与他们的听觉处理异常有关（Dickey et al., 2008）。

根据这些结论，你可能会不太惊讶地发现，患分裂型人格障碍的青少年，成年后患精神分裂症、精神分裂症谱系障碍的风险更高（Asarnow, 2005; Cannon et al., 2008; Raine, 2006; Tyrka et al., 1995）。但也有人提出，分裂型人格障碍的第二种亚型与精神分裂症没有遗传联系。这种亚型的特征是认知和知觉缺陷，与儿童期虐待和早期创伤有关（Berenbaum et al., 2008; Raine, 2006）。青少年的分裂型人格障碍与暴露于应激生活事件的程度升高（Anglin et al., 2008; Tessner et al., 2011）和家庭社会经济地位的下降（Cohen et al., 2008）有关。

DSM-5 诊断标准
分裂型人格障碍

A. 一种社交和人际关系缺陷的普遍心理行为模式，表现为对密切关系感到强烈的不舒服和建立亲密关系的能力下降，且有认知或知觉的扭曲和古怪行为，始于成年早期，存在于各种背景下，表现为下列 5 项（或更多）症状：

1. 牵连观念（不包括关系妄想）。
2. 影响行为的古怪信念，或魔幻思维，及与亚文化常模不一致（例如，迷信、相信千里眼、心灵感应或“第六感”；儿童或青少年，可表现为怪异的幻想或先占观念）。
3. 不寻常的知觉体验，包括躯体错觉。
4. 古怪的思维和言语（例如，含糊的、赘述的、隐喻的、过分渲染的或刻板的）。
5. 猜疑或偏执观念。
6. 不恰当的或受限制的情感。
7. 古怪的、反常的或特别的行为或外表。
8. 除了一级亲属外，缺少亲密或知心的朋友。
9. 过度的社交焦虑，并不随着熟悉程度而减弱，且与偏执性的害怕有关，而不是对自己的负性判断。

B. 并非仅仅出现于精神分裂症、伴精神病性特征的双相或抑郁障碍或其他精神病性障碍或孤独症（自闭症）谱系障碍病程之中。

注： 如在精神分裂症发生之前已符合此诊断标准，可加上“病前”，即“分裂型人格障碍（病前）”。

10.4 B 类人格障碍

描述四种 B 类人格障碍，并解释它们的共同特征

在接下来的部分中，我们将仔细研究表演型、自恋型、反社会型和边缘型人格障碍。记住，B 类人格障碍患者都有戏剧性、情绪化和反复无常的倾向。

10.4.1 表演型人格障碍

寻求过度关注的行为和情绪化是表演型人格障碍患者的主要特征。正如你在《DSM-5诊断标准》专栏中看到的，对该障碍患者而言，如果他们不是被关注的中心，他们往往会感到不被赏识。他们的活泼、戏剧性和过于外向的风格，通常都确实能吸引他人的注意，但是这些特质并不能带来稳定和令人满意的关系，因为周围的人会厌倦提供这种关注。为了吸引别人的注意，他们的外表和行为往往非常戏剧性、情绪化，还带有性挑逗（Freeman et al., 2005）。他们可能试图通过诱惑行为和情感操控来控制伴侣，但他们也表现出很大的依赖性（Blagov et al., 2007; Bornstein & Malka, 2009; Rasmussen, 2005a）。他们的语言通常是模糊的、不精确的，他们通常被认为是自我中心的、爱慕虚荣的、过分在意他人认可的、反应过度的、肤浅的、不真诚的。

DSM-5 诊断标准

表演型人格障碍

一种过度的情绪化的和追求他人注意的普遍心理行为模式；始于成年早期，存在于各种背景中，表现为下列 5 项（或更多）症状：

1. 在自己不能成为他人注意的中心时，感到不舒服。
2. 与他人交往时的特点往往带有不恰当的性诱惑或挑逗行为。
3. 情绪表达变换迅速而表浅。
4. 总是利用身体外表来吸引他人对自己的注意。
5. 言语风格是印象深刻及缺乏细节的。
6. 表现为自我戏剧化、舞台化或夸张的情绪表达。
7. 易受暗示（即容易被他人或环境所影响）。
8. 认为与他人的关系比实际上的更为亲密。

在一般人群中，表演型人格障碍的患病率略高于 1%，尽管有些人认为这种障碍的患病率可能正在下降（Blashfield et al., 2012; Torgersen, 2012）。一些研究表明，女性比男性更容易罹患这一障碍（Lynam & Widiger, 2007; Widiger & Bornstein, 2001）。性别差异的原因一直备受争议。一项研究表明，这种性别差异并不令人惊讶，因为在女性身上出现的涉及诊断标准的特质数量更多。例如，表演型人格障碍（以及其他一些人格障碍，如依赖型）的许多标准涉及与女性相关的特质的适应不良的变体（Widiger & Bornstein, 2001），如过度戏剧化、虚荣心、性挑逗和过分关注外表。但是，在表演型人格障碍中突出的其他人格特质，实际上在男性中比女性更常见（例如，较强的寻求刺激的倾向和较低的自我意识）。最近对这一问题的一项深入的分析研究表明，根据已知的性别差异，在该障碍中突出的人格特质实际上无法预测女性的表演型人格障碍的患病率更高。这确实表明了某种形式的性别偏见对这种障碍诊断的影响（Lynam & Widiger, 2007）。

很少有人对表演型人格障碍进行系统研究，这可能是因为研究者很难将其与其他人格障碍区分开来（Bornstein & Malka, 2009），或因为许多人不相信这是一个有效的诊断（Blashfield et al., 2012）。由于这一点，表演性人格障碍是 DSM-5 中被建议剔除的四个诊断类别之一。表演型人格障碍与边缘型、反社会型、自恋型和依赖型人格障碍高度共病（Bakkevig & Karterud, 2010; Blagov & Westen, 2008; Bornstein & Malka, 2009）。

案例

露露今年 24 岁，是一名家庭主妇。她的丈夫因为厌倦了她的行为和对她的照顾，把她留在汽车站，让她回她父母家。在她因“流浪”而被拘留几天后，访谈者在一个住院部见到了她。露露在访谈时化了一套完整的妆，穿着非常女性化的长袍，头发梳成非常特别的发型。在与一名男性精神科医生的访谈中，她表现出轻浮的、有点孩子气的诱人姿态，用一种语焉不详的方式谈论自己的问题和生活。她最主要的抱怨是她的丈夫抛弃了她，而且，她不能回到她父母的家庭，因为她的两个哥哥虐待她。此外，她没有朋友可以求助，也不知道如何相处。事实上，她抱怨说她从来没有女性朋友，她觉得她们就是不喜欢她，尽管她也不知道为什么，但她向访谈者保证她是一个非常好的、善良的人。

最近，她和她的丈夫还有她丈夫的一对夫妻朋友开车出去。朋友的妻子指责露露诱惑她的丈夫，露露觉得自己完全是无辜的，自己的行为一点也不出格，因此受到了伤害。这一事件导致她和自己的丈夫大吵了一架。在过去的 6 个月里，她的丈夫连续不断地抱怨她在其他男人面前的不当行为，抱怨她是多么虚荣、多么需要关注。这些争吵，以及她未能改变自己的行为，最终导致她的丈夫抛弃了她。

有一些证据表明，表演型人格障碍和反社会型人格障碍之间存在遗传方面的关联。研究者认为可能存在一些共同的潜在素质，在女性中它们更有可能表现为表演型人格障碍，而在男性中它们更有可能表现为反社会型人格障碍（Cale & Lilienfeld, 2002a,

2002b)。这种障碍的形成有一定遗传倾向的观点也被以下证据所支持，即表演型人格障碍可能包括两种常见的正常人格特质的极端维度：外向性和神经质（神经质的影响程度相对较小）——这两种正常人格特质都是已知有一定遗传基础的（Widiger & Bornstein, 2001)。根据五因素模型（见表 10.2)，表演型人格障碍患者的外向性非常高，包括高水平的合群、寻求刺激和积极情绪。他们高度的神经质尤其表现在抑郁和自我意识方面，他们的想象力水平也很高（Widiger et al., 2002)。

认知理论工作者强调了适应不良图式的重要性，它的核心是需要他人的关注来验证自我价值。功能失调的核心信念可能包括“除非我能吸引他人，否则我什么都不是”和“如果我不能取悦他人，他们就会抛弃我”（Beck et al., 1990, p.50)。目前还没有系统的研究来探究这些功能失调的信念是如何形成的。

10.4.2　自恋型人格障碍

患有自恋型人格障碍的个体表现出一种对自我重要性的夸大意识，沉迷于他人的赞美，而且对他人的感受缺乏同理心（Pincus & Lukowitsky, 2010; Ronningstam, 2005, 2009, 2012)。许多研究支持两种自恋的亚型概念：浮夸型自恋和脆弱型自恋（Cain et al., 2008; Ronningstam, 2012)。浮夸型自恋在 DSM-5 诊断标准中得到强调，它表现为与极端浮夸、攻击性和支配性相关的特质。这表现为高估自己的能力和成就并低估他人的能力和成就的强烈倾向。这种特权意识经常让别人感到惊讶，尽管自恋型人格障碍患者似乎认为他们过度期望之物只是他们应得的。他们用老套的方式（例如，不断地自我暗示和吹嘘）来获得他们渴望的赞扬和认可。因为他们相信自己十分特别，所以他们常常认为自己只能被其他高地位的人理解，或者自己应该只与高地位的人交往。最后，正如本章开头艾伦的案例，他们的特权意识还表现在他们不愿意原谅他人的轻视，而且很容易生气（Exline et al., 2004)。

脆弱型自恋并没有在 DSM 诊断标准中得到清晰的反映，但是却代表了一个被研究者和临床医生长期观察到的亚型。脆弱型自恋者有一种非常脆弱和不稳定的自尊感，对这些人来说，傲慢和居高临下只是一种表象，用来掩盖自己对拒绝和批评的强烈羞耻感和过度敏感（Cain et al., 2008; Miller et al., 2010; Pincus & Lukowitsky, 2010; Ronningstam, 2005, 2012)。脆弱型自恋者可能会完全沉浸在对杰出成就的幻想中，同时对自己的抱负感到深深的羞耻。他们可能会因为害怕被拒绝或被批评而避免建立人际关系。

越来越多的证据表明，浮夸型自恋和脆弱型自恋在关键方面是相关的，但又截然不同。在五因素模型中，这两种亚型都与高水平的人际对抗性 / 低水平的宜人性（包括傲慢、自大、优越感和低水平的谦逊)、低水平的利他性(期望得到良好的待遇和剥削他人)和强势的态度(缺乏同理心)相关。但是,越倾向于浮夸型的人在某些方面的神经质程度就越低,外向程度则越高。当自恋者表现出过多的浮夸时,亲密的朋友和家人可能比自恋者更担心他或她的行为。一项研究得出结论,“与自恋型人格障碍相关的最严重的损害是‘饱受折磨’的痛苦,这种痛苦不是自恋者所经历的,而是其配偶所经历的(Miller et al., 2007, p.176)。但是,对脆弱型自恋者来说,情况就大不相同了,他们有非常高的负性情感 / 神经质水平(Cain et al., 2008; Miller et al., 2010)。因此,配偶们将浮夸型或脆弱型的患者描述为“专横、狭隘、残忍、好辩、不诚实、投机取巧、自负、傲慢和苛求”,浮夸程度高的人被另外描述为“好斗、冷静、坦率、自信和坚定”,脆弱程度高的人被另外描述为“不安、情绪化、戒备、焦虑、痛苦、紧张和抱怨”(Wink, 1991, p.595)。重要的是,一些自恋型人格障碍患者可能在浮夸和脆弱之间波动(Pincus & Lukowitsky, 2010; Ronningstam, 2009)。

DSM-5 诊断标准

自恋型人格障碍

一种需要他人赞扬且缺乏共情的自大(幻想或行为)的普遍心理行为模式;起自成年早期,存在于各种背景下,表现为下列 5 项(或更多)症状:

1. 具有自我重要性的夸大感(例如,夸大成就和才能,在没有相应成就时却盼望被认为是优胜者)。
2. 幻想无限成功、权力、才华、美丽或理想爱情的先占观念。
3. 认为自己是“特殊”的和独特的,只能被其他特殊的或地位高的人(或机构)所理解或与之交往。
4. 要求过度的赞美。
5. 有一种权利感(即不合理地期望特殊的优待或他人自动顺从他的期望)。
6. 在人际关系上剥削他人(即为了达到自己的目的而利用别人)。
7. 缺乏共情:不愿识别或认同他人的感受和需求。
8. 常常妒忌他人,或认为他人妒忌自己。
9. 表现为高傲、傲慢的行为或态度。

具有自恋型人格障碍的人还有一个共同的核心特质——只能“从自己的角度”看问题，而不愿意或不能从别人的角度看问题。此外，如果他们得不到他们想要的认可或帮助，就倾向于吹毛求疵和报复（Rasmussen, 2005b）。事实上，一项针对自恋程度高的男性学生的研究表明，与自恋程度较低的男性学生相比，当他们被自己的性欲望目标拒绝时，他们更倾向于胁迫对方与自己发生性行为。与自恋程度较低的男性相比，自恋程度高的男性认为强奸的视频内容不那么负面，反而更令人愉悦、更能激起性欲（Bushman et al., 2003）。此外，最近的研究表明，具有自恋型人格特质的人会花更多时间在社交媒体上。自恋者也有特定的社交媒体使用模式。与自恋程度较低的人相比，他们的社交圈更大，上传的照片也更多（Gnabs & Appel, 2017）。这种行为似乎是出于对赞赏和归属感的需要（Casale & Fioravanti，2018）。

在社区样本中，略低于 1% 的人符合自恋型人格障碍的诊断标准，这种障碍在男性中可能比在女性中更常见（Torgersen, 2012）。这种性别差异是可以预料的，它源于自恋型人格障碍中最突出的人格特质的已知性别差异（Lynam & Widiger, 2007）。

长期以来，有关自恋型人格障碍病因学中所涉及的环境和遗传因素的理论研究甚多，但鲜有实证性的研究结果。许多研究者现在正积极地试图了解这一令人费解的障碍的成因。一个重要的发现是，浮夸型自恋和脆弱型自恋与不同的致病因素有关。浮夸型自恋通常不会与童年的虐待、忽视或糟糕的养育联系在一起。的确，有一些证据表明，浮夸型自恋与父母的过度赞誉有关。相比之下，脆弱型自恋与情感虐待、身体虐待和性虐待，以及具有侵入性、控制性和冷漠特征的养育方式有关（Horton et al., 2006; Miller, 2011; Miller & Campbell, 2008; Otway & Vignoles, 2006）。

10.4.3　反社会型人格障碍

反社会型人格障碍患者的突出特征是，他们总是无视和侵犯他人的权利。他们通过欺骗、攻击和反社会行为的结合来做到这一点。患者一生都有一种反社会化和不负责任的行为模式，他们对自己或他人的安全都漠不关心。这些特点使他们不断地与社会发生冲突，其中很大一部分人最终触犯了法律。只有 18 岁及以上的人才可能被诊断为反社会型人格障碍。要做出诊断，个体必须在 15 岁之前表现出品行障碍的症状（见第 15 章），15 岁以后，还必须有证据表明在工作或财务事务上反复出现违法行为、欺骗、冲动性、攻击性或一贯的不负责任。下面介绍的马克就是一个例子。

案例

22 岁的马克因盗窃汽车和持械抢劫正在等待审判。他的案件记录包括从 9 岁开始的漫长被捕史，当时他因为破坏公物而被捕。高中时，他曾因旷课和捣乱行为被学校开除。有好几次，他一连几天或几个星期离家出走——每次回来时总是蓬头垢面，衣衫褴褛。到目前为止，他还没有从事同一份工作超过几天，尽管他那迷人的风度使他很容易找到工作。他被描述成一个孤独的人，几乎没有朋友。虽然马克一开始很迷人，但他很快就会用他咄咄逼人的、以自我为中心的行为惹恼那些他遇到的人。在第一次接受心理治疗后不久，他就弃保潜逃，可能是为了躲避审判而离开了市区。

反社会型人格障碍在普通人群中的患病率为 2%~3%（Glenn et al., 2013）。这种障碍在男性中（约 3%）比在女性中（约 1%）更常见，尽管一些研究表明，男性的患病比例其实更大，接近 5∶1（Hare et al., 2012）。反社会型人格障碍在监狱样本中十分常见，大约 47% 的男性囚犯和 21% 的女性囚犯符合诊断标准（Glenn et al., 2013）。

DSM-5 诊断标准

反社会型人格障碍

A. 一种漠视或侵犯他人权利的普遍心理行为模式，始于 15 岁，表现为下列 3 项（或更多）症状：
1. 不能遵守与合法行为有关的社会规范，表现为多次做出可遭拘捕的行动。
2. 欺诈，表现为为了个人利益或乐趣而多次说谎，使用假名或诈骗他人。
3. 冲动性或事先不做计划。
4. 易激惹和攻击性，表现为重复性地斗殴或攻击。
5. 鲁莽地不顾他人或自身的安全。
6. 一贯不负责任，表现为重复性地不坚持工作或履行经济义务。
7. 缺乏懊悔之心，表现为做出伤害、虐待或偷窃他人的行为后显得不在乎或合理化。

B. 个体至少 18 岁。

C. 有证据表明品行障碍出现于 15 岁之前。

D. 反社会行为并非仅仅出现于精神分裂症或双相障碍的病程之中。

"反社会型人格障碍"一词常与"精神病态"互换使用，但这是一个误解。虽然反社会型人格障碍和精神病态有一些重叠，但它们不是一回事。目前 DSM 中的反社会型人格障碍诊断标准将重点放在可观察到的行为上，如说谎、打架或不履行经济义务；而精神病态的概念更多关注的是表面魅力、缺乏共情、操纵欲等人格特征。因为有太多关于反社会型人格障碍和精神病态的混淆，也因为反社会型人格障碍和精神病态给我们的社会带来了沉重的负担，我们将在本章后面的部分详细讨论它们。

致病因素

研究表明，遗传在反社会型人格障碍和犯罪行为中发挥作用。许多研究比较了同卵双生子和异卵双生子的一致性。其他人则采用了领养研究，将罪犯的被收养子女的犯罪行为率与普通（非罪犯）父母的被收养子女的犯罪行为率进行了比较。这两种研究的结果都表明，反社会行为或犯罪行为，以及反社会型人格障碍，都具有适度的遗传力（Carey & Goldman, 1997; Hare et al., 2012; Sutker & Allain, 2001; Waldman & Rhee, 2006）。但是，遗传的是什么还远不清楚。它可能是冲动倾向、低水平的焦虑、攻击倾向，或这些因素和其他因素的组合。

许多环境因素也与反社会型人格障碍的形成有关。这些因素包括家庭收入低、住在市中心、缺乏父母的监督、母亲年纪较小、在单亲家庭中长大、父母之间有冲突、有一个犯罪的兄弟姐妹、被忽视、家庭成员众多以及父母的管教严厉（Farrington, 2006; Granic & Patterson, 2006）。其他重要的非共享环境因素（即不一定家庭中所有儿童都有过的经历）包括有不良行为的同辈、身体或性虐待，以及各种学业或社会经历。研究者还注意到，这些环境影响与遗传易感性相互作用（基因型–环境互作），决定了哪些人会成为罪犯或发展为反社会人格（Carey & Goldman, 1997; Hare et al., 2012; Moffitt, 2005）。事实上，鉴于 1960 年以来美国和英国的犯罪率急剧上升，以及美国的谋杀率比英国高出 10 倍（Rutter, 1996），这些发现不能仅仅用遗传因素来解释，而必须涉及心理社会或社会文化的致病因素。

卡多雷及其同事的一项优秀研究（1995; Riggins-Caspers et al., 2003）发现，对于亲生父母患有反社会型人格障碍的儿童，如果养父母将他们暴露在不利的环境中，比养父母将他们暴露在比较正常的环境中，更有可能罹患反社会型人格障碍。不良环境的特征包括：父母冲突或离婚、法律问题和父母的精神障碍。遗传–环境相互作用的类似结果，也在有关品行障碍风险的双生子研究中被发现（品行障碍通常是反社会型人格障碍的儿童期前兆），在该研究中，环境风险因素是身体虐待（Jaffee et al., 2005）。

有关基因–环境相互作用和反社会型人格障碍的一项非常有影响力的研究发现了一个似乎很重要的候选基因（Caspi et al., 2002），这种基因被称为单胺氧化酶 A 基因（MAOA 基因），它参与了去甲肾上腺素、多巴胺和 5–羟色胺等神经递质的分解，这些神经递质都受到虐待应激的影响，从而导致攻击行为（见图 10.2）。这项研究对 1 000 多名来自新西兰的儿童进行了从出生到 26 岁的长期追踪调查。研究者发现，与 MAOA 活性高且受到早期虐待的个体、MAOA 活性低但未受到早期虐待的个体相比，MAOA 活性低且受到早期虐待的个体形成反社会型人格障碍的可能性要大得多。对于 MAOA 的基因–环境相互作用的基本发现，现已在大量研究中得到重复（Foley et al., 2004; Kim-Cohen et al., 2006）。

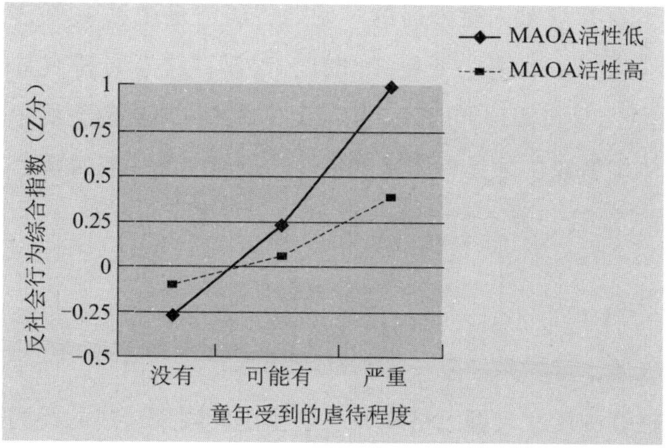

图 10.2　基于 MAOA 基因活性高低与童年受虐史影响的反社会行为综合指数

反社会行为和物质滥用之间的关系非常密切，一些人怀疑是否存在导致酗酒和反社会人格的共同因素。有研究表明，两者的高共病率与基因有很大关系（Krueger et al., 2002; Slutske et al., 1998; Taylor & Lang, 2006）。此外，一项研究发现，反社会型人格障碍和其他外化障碍（如酒精、药物滥用和品行障碍）都具有很强的共同遗传易感性；环境因素在决定某个特定的人患上哪种障碍时更为重要（Hicks et al., 2004; Krueger et al., 2007）。

当然，由于许多原因，很难区分遗传和环境影响在反社会型人格障碍中的相对促成作用。反社会的个体可能从反社会的父母那里获得相关遗传基因。在这种情况下，这些父母可能还会让孩子接触到可能为犯罪行为提供模型的家庭环境，或包含诸如虐待、忽视、父母分居、暴力等危险因素的家庭环境。一个有反社会行为遗传倾向的儿童也可能因为其行为而引发他人的问题（这被称为"唤起的基因型–环境相关性"），这些儿童驱动的环境因素可能包括婚姻冲突、父母精神健康问题的增加，或父母严厉的管教（Jackson & Beaver, 2015）。换句话说，家庭环境和反社会行为之间的联系是复杂的。遗传和环境的影响很难分开，它们的相对重要性也可能在发展过程中发生变化。正如父母影响他们的孩子一样，反过来，孩子也应该被视为能够塑造家庭动态的因素。也就是说，双向因果模型正在取代简单的单向模型（例如，家庭影响孩子）。

发展的观点

反社会型人格障碍的根源在于儿童时期，尤其是对男孩而言。儿童期表现出的反社会行为的数量是成人诊断为反社会型人格障碍的唯一最佳预测因子，问题开始的年龄越小，风险越高（Robins, 1978, 1991）。前瞻性研究表明，有对立违抗障碍早期病史的儿童，成年后最有可能发展为反社会型人格障碍（Lahey et al., 2005）。对立违抗障碍是敌对和违抗权威人物的一种行为模式，通常从 6 岁开始，之后是 9 岁左右的早发性品行障碍。

第二种预测成人反社会型人格障碍的早期障碍通常是注意缺陷/多动障碍（ADHD）。ADHD 的特征是坐立不安、注意力不集中和行为冲动，注意力持续时间短，易分心（见第 15 章）。当 ADHD 与品行障碍同时发生时（至少 30%~50% 的案例中会发生这种情况），就很有可能导致个体发展成一种具有严重侵犯性的反社会型人格障碍，并可能发展成精神病态，我们稍后会讨论这一点（Abramowitz et al., 2004; Lahey et al., 2005; Patterson et al., 2000）。

综上所述，越来越多的证据表明，注意缺陷 / 多动障碍等轻度神经心理问题的遗传倾向，以及困难型气质，可能是早发性品行障碍的重要诱发因素，而早发性品行障碍往往会导致成年后终生持续的反社会型人格障碍。这些诱发因素造成的行为问题会随着时间的推移产生一系列普遍的影响。例如，在广泛的前瞻性纵向研究的基础上，莫菲特、卡斯皮及其同事（2002; Moffitt, 2006）提出：

> “生命过程中持续出现”的反社会行为起源于生命早期，高风险的社会环境加剧了高风险幼儿的困难行为。根据该理论，儿童的风险来自遗传或后天的神经心理变异，最初表现为微妙的认知缺陷、困难型气质或过度活跃。环境的风险因素包括养育不足、家庭关系破裂和贫困等。随着儿童年龄的增长，环境风险领域已超出了家庭范畴，包括与同龄人和教师等的不良关系，以及后来与同事和老板的关系。在发展的头 20 年里，个体与环境之间的交互逐渐形成了一种以身体攻击为特征的病态人格，以及一直持续到中年的反社会行为。

图 10.3 所示是一个一般的中介模型，描述了以上过程是如何发生的。但是，基因变异究竟是如何与环境应激相互作用的呢？现在下结论还为时过早，不过，很可能是大脑发育的问题起了作用。例如，我们之前讨论过的 MAOA 基因的变异可能会在个体发育过程中改变其 5-羟色胺水平。反过来，随着个体的成熟，这可能会损害其大脑的结构、功能和连接（Buckholtz & Meyer-Lindenberg, 2014）。众所周知，反社会个体在前额皮层的结构和功能上都表现出异常（Yang & Raine, 2009），尽管这些异常的起因尚不清楚。无论如何，考虑到这

个关键的大脑区域在决策、行为控制和情绪控制中所扮演的角色，我们倾向于认为这一脑区功能障碍的人可能会做出一系列不明智和反社会的行为（Buckholtz，2015）。当然，要把所有的拼图拼在一起，还有很长的路要走。尽管如此，遗传、不利的环境经历、大脑发育与一个人的亲社会或反社会行为能力之间的联系，为未来的研究提供了有趣的途径。

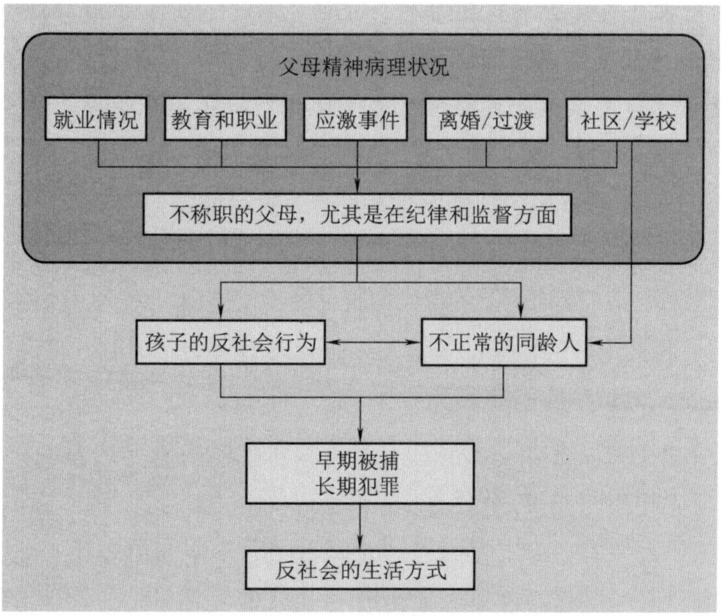

图 10.3　家庭背景与反社会行为的关联模型

该模型中的每个背景变量都与男孩的反社会行为有关，而男孩的反社会行为又与成年后的反社会行为有关。女孩的反社会行为更不常见，而且研究者发现，随着时间的推移，她们的反社会行为也变得不稳定，因此更难预测。

10.4.4　边缘型人格障碍

“边缘型人格”这一术语有着漫长而令人困惑的历史（Hooley et al., 2012）。最初，它被用来指那些很难处理的患者，以及那些被认为处于神经症和精神病之间的“边缘”患者。后来，这个词被用来描述具有精神分裂症的某些特征（如边缘性精神分裂症）的患者。但是，到 1980 年，边缘型人格障碍（BPD）的关键临床方面已经得到充分的阐明，可以作为一个独立的诊断类别进入 DSM。它是目前研究最充分的人格病理学形式。尽管我们承认这种障碍的名称本身并没有提供特别的信息（ICD-11 中使用了“情绪不稳定型人格障碍”一词），但边缘型人格障碍是一种引人探究的临床疾病。它的特点是患者会承受巨大的痛苦。它也经常被临床专业人员误解和污名化。

边缘型人格障碍患者在人际关系、自我形象和情绪方面表现出冲动和不稳定的行为模式。患者的一个主要特征是情感不稳定。这表现为对环境诱因做出异常强烈的情绪反应，以及回到基线情绪状态所需的时间长。情感不稳定的特征还包括从一种情绪到另一种情绪的剧烈而迅速的转变（Livesley, 2008; Paris, 2007），这与高度不稳定的自我形象或自我意识相结合。患有 BPD 的人经常有慢性的空虚感，很难形成自我意识。他们还努力应对高度消极的自我概念，很难忍受独处。

BPD 患者情感不稳定和自我形象不稳定，因此他们的人际关系高度不稳定也就不足为奇了。BPD 患者的人际关系往往是紧张而激烈的，其典型特征包括对朋友或爱人（甚至治疗师）的过度理想化，最终以痛苦的幻灭、失望和愤怒告终（Gunderson et al., 1995; Lieb et al., 2004）。一个问题是 BPD 患者非常害怕被抛弃。这可能是他们对拒绝的迹象极其敏感，并会在他人的行为中迅速感知到拒绝的原因之一（Staebler et al., 2011）。进一步的研究表明，患有 BPD 的人非常善于（准确地）发现人们脸上的愤怒迹象。但是，当他们看到中性的面部表情时，也容易将其误解为愤怒的表情（Veague & Hooley, 2014）。也许是因为害怕被拒绝，BPD 患者经常“测试”他们的亲密关系，对方如果没有通过这种“测试”，就会成为拒绝或即将遗弃他们的证据。研究支持，BPD 患者对拒绝的知觉与强烈且无法控制的愤怒之间存在因果关系（Berenson et al., 2011）。

BPD 的另一个重要特征是冲动性。这不是无忧无虑的自发性，相反，它的特点是对环境诱因快速反应，而不考虑（或关心）长期后果（Paris, 2007）。高度的冲动性加上极端的情感不稳定，常常导致反复无常、自我毁灭的行为，如危险的性行为或鲁莽驾驶，自杀企图也很常见。在社区样本中，近 1/4 的 BPD 患者自诉他们至少有一次自杀企图（Pagura et al., 2010）；在临床样本中，这一比例甚至更高（约 35%；Asnaani et al., 2007）。此外，虽然这样的尝试有时被认为是一种操纵手段，但也需要认真对待，因为大约 8%~10% 的 BPD 患者因自杀而死亡（Oldham, 2006; Skodol, Gunderson et al., 2002）。自我伤害（如切割皮肤）是边缘型人格的另一个特征。但是，正如《对 DSM-5 的批判性思考》专栏所示，许多自残者并没有 BPD。BPD 的诊断标准见《DSM-5 诊断标准》专栏。它们在 R 女士的案例中也得到了很好的展现。

案例

R 女士今年 19 岁。虽然她没有正式的精神病治疗史，但她自诉有情绪不稳定、自杀尝试和切割皮肤的长期病史。她有过很多不愉快的恋爱关系，涉及身体虐待，还有三次堕胎。她与男友发生肢体冲突，并撞坏了家里的汽车，之后威胁要自杀，这是她第一次被送进医院。R 女士说她最近搬出了家，和男友住在一起。在与男友打架后，她的嘴唇出血，她感到“沮丧”。她回到家，开始和她的母亲打架。然后她偷了家里的车，撞到了一根杆子上。当邻居发现她时，她说她要自杀。她的母亲随后把她送到了医院。在入院时，R 女士说她“抑郁”并且有自杀倾向。她被描述为愤怒、有特权感、控制欲强、善于操纵和“退行”。她被诊断为边缘型人格障碍。自恋特征的存在也被注意到了。

对 DSM-5 的批判性思考

非自杀性自伤：独立的障碍还是边缘型人格障碍的症状？

非自杀性自伤（NSSI）包括对身体组织的故意损伤，如切割或烧伤皮肤（Nock, 2009）。这种行为（有时称为自残）发生在没有自杀意图的情况下（因此称为“非自杀行为”）。自残行为早在很久前便作为 BPD 的症状之一列入 DSM 中。但是，许多自残者并没有 BPD，尽管他们确实报告了高水平的抑郁症状、焦虑、自杀倾向，以及通常低水平的运转能力（Selby et al., 2012）。值得注意的是，自残者日后自杀的风险更高（Ribeiro et al., 2016）。基于这些原因，DSM-5 专门工作组被委任确定那些表现出大量非自杀性自伤行为的人是否应该被诊断为患有一种新的障碍——非自杀性自伤障碍。

NSSI 存在于男性和女性，以及所有种族和经济背景的人中。NSSI 的风险似乎在青少年时期最大，并且，青少年终生患病率约为 17%（Swannell et al., 2014）。但是，年轻人和成年人的患病率也很高（13%），其中社区患病率约为 5%。

为什么人们会割伤或烧伤自己？NSSI 常常被用来调节负面情绪。胡利、霍等人（2010）也发现有 NSSI 行为的人比其他人有更高的疼痛耐受性。此外，他们有高度自我批判的认知风格，“可能认为疼痛和痛苦是他们应得的”（Hooley, Ho, et al., 2010，p.170）。这可能有助于解释为什么这些人选择通过自我伤害和痛苦的行为来调节自己的情绪，而不是使用其他更健康的应对策略，如与朋友交谈或跑步（Hooley & Franklin，2018）。

NSSI 是一个日益严重的问题。认识到这一点，我们现已将其添加到 DSM-5 中。自伤障碍在第三部分中被列为需要进一步研究的情况，这一举措可能会刺激研究。随着我们了解得越来越多，我们可能会更好地理解、治疗乃至预防这种日益普遍的情况。

DSM-5 诊断标准

边缘型人格障碍

一种人际关系、自我形象和情感不稳定以及显著冲动的普遍心理行为模式；始于成年早期，存在于各种背景下，表现为下列 5 项（或更多）症状：

1. 极力避免真正的或想象出来的被遗弃（**注：**不包括诊断标准第 5 项中的自杀或自残行为）。

2. 一种不稳定的紧张的人际关系模式，以极端理想化和极端贬低之间交替变动为特征。

3. 身份紊乱：显著的持续而不稳定的自我形象或自我感觉。

4. 至少在 2 个方面有潜在的自我损伤的冲动性（例如，消费、性行为、物质滥用、鲁莽驾驶、暴食）（**注：**不包括诊断标准第 5 项中的自杀或自残行为）。

5. 反复发生的自杀行为、自杀姿态或威胁或自残行为。

6. 由于显著的心境反应所致的情感不稳定（例如，强烈的发作性的烦躁，易激惹或是焦虑，通常持续几个小时，很少超过几天）。

7. 慢性的空虚感。

8. 不恰当的强烈愤怒或难以控制发怒（例如，经常发脾气，持续发怒，重复性斗殴）。

9. 短暂的与应激有关的偏执观念或严重的分离症状。

除了有情感行为症状和冲动行为症状，多达 75% 的 BPD 患者还有认知症状，包括相对较短或短暂的发作，在这种发作中，他们似乎与现实脱节，并经历精神病样症状，如幻觉、偏执的想法或严重的分离症状（Lieb et al., 2004; Skodol, Gunderson et al., 2002）。这些短暂的精神病性发作最有可能发生在应激时期，尽管它们在其他时候也会出现（Stiglmayr et al., 2008）。考虑到 BPD 有许多不同的症状，这种人格障碍对社会、学业和职业功能造成重大损害也就不足为奇了（Bagge et al., 2004; Grant et al., 2008）。

据估计，有 1%~2% 的人符合 BPD 的诊断标准（Lenzenweger et al., 2007）。但是，BPD 在临床环境中非常常见，约 10% 的门诊患者和 15%~20% 的精神科住院患者存在 BPD（Asnaani et al., 2007; Hooley et al., 2012; Trull, 2015）。尽管早期的研究发现，在临床环境下接受这种诊断的人中，大约 75% 是女性，但这样的发现可能源于寻求治疗方面的性别差异，而不是这种疾病的患病率。与此相一致的是，对社区居民的流行病学研究表明，患者的性别比例是平等的（Coid et al., 2009; Grant et al., 2008）。

共病情况

BPD 很少被单独诊断，它通常与其他各种疾病同时发生。但是，使 BPD 不同寻常的是，它往往与内化障碍（如心境障碍和焦虑障碍）以及外化障碍（如物质使用障碍）并存（Eaton et al., 2011）。在社区居民的大样本中，BPD 与重度抑郁症和躁狂症、惊恐障碍、场所恐怖症、广泛性焦虑障碍、创伤后应激障碍（Tomko et al., 2014）的相关性最强。值得注意的是，在这项研究中，在被诊断为 BPD 的患者中，85% 的人同时符合当前或过去的焦虑障碍的诊断标准，83% 的人有终生的心境障碍或抑郁发作的经历，78% 的人符合当前或过去药物滥用障碍的诊断标准。虽然曾经有人认为 BPD 是情绪障碍的一种变体，因为 BPD 和抑郁症之间有很高的共病率，但其他与 BPD 共病的障碍范围广泛，表明情况并非如此。此外，神经影像学数据表明，BPD 患者对情绪刺激的神经反应与慢性抑郁症患者不同（Hooley, Gruber, et al., 2010）。

BPD 和其他人格障碍也有很大的共同发生率。BPD 可能与其他所有类型的人格障碍并存，与分裂型、自恋型和依赖型障碍的共病率尤其高（Tomko et al., 2014）。尽管 BPD 在 DSM-5 中被视为一种分类诊断（作为一种特定的诊断实体），但它似乎非常适合从病理特质的角度来描述（Few et al., 2015）。在五因素模型中，BPD 的概念为高神经质、低宜人性、低尽责性、对感受和行动的高开放性（见表 10.2）。

因果因素

BPD 是家族性的。在迄今为止最严格的方法论研究中，研究者发现 BPD 患者的亲属患 BPD 的风险比没有诊断为 BPD 的人的亲属高 4 倍（Gunderson et al., 2011）。当然，我们必须记住，仅仅因为一种障碍是家族性的，并不一定意味着这是因为遗传。但是，对于 BPD，我们有很多理由相信遗传是重要因素，事实上，它可能占了该障碍的决定因素的 40%（Amad et al., 2014）。但这并不意味着 BPD 作为一种精神障碍是遗传病。相反，最有可能遗传的是使个体易于形成某些人格特质（如神经质或冲动性）的基因，这些特质都是 BPD 的显著特征（Hooley et al., 2012; Paris, 2007）。这些遗传性特质也不是 BPD 所特有的，它们还带来了使个体罹患一系列其他精神障碍的风险。一旦你意识到这一点，就更容易理解为什么 BPD 经常与其他疾病并存。这也有助于解释为什么我们在诊断为 BPD 的患者的家庭成员中会看到心境障碍、焦虑障碍、冲动控制障碍和其他人格障碍（Zanarini et al., 2009）。

但是，哪些基因与此相关呢？到目前为止，我们还不能确定。迄今为止的研究主要集中在与 5-羟色胺系统（5-羟色胺是一种神经递质，与情绪和冲动有关）和多巴胺系统（多巴胺参与冲动控制、认知和对奖赏的敏感性等）相关的候选基因上。还有人发表了两项全基因组关联研究（Lubke et al., 2014; Witt et al., 2014）。但是，到目前为止，结果一直令人失望，我们没有任何一致的或结论性的发现（Amad et al., 2014）。在一定程度上，这可能是因为迄今为止进行的研究涉及的样本量相对较小（用于遗传学研究）。另一个问题是，BPD 是一种非常复杂的临床异质性疾病，可能涉及非常多的基因。还有一个原因是，环境因素的影响很少被考虑在内。

这一点很重要，因为环境因素被认为是决定边缘型特质的主要因素（55%）。我们也知道基因影响对环境应激源的敏感性（Caspi et al., 2010）。这类经历以及其他环境影响很可能与基因相互作用，最终决定哪些个体在以后会出现问题（见图 10.4 中展示的可能的素质–应激模型）。换句话说，与其寻找与特定障碍相关的基因，我们或许应该寻找会使我们或多或少地容易受到环境积极和消极方面的影响的基因（Amad et al., 2014）。

关于后者，儿童期受虐和其他极端的早期生活经历长期以来一直与 BPD 有关。重要的是，两项基于社区的前瞻性研究表明，儿童期遭遇的逆境和虐待会增加个体成年后患 BPD 的风险（Johnson et al., 1999; Widom et al., 2009）。这些研究与大量的回顾性研究相一致，这些研究表明，患有这种障碍的人通常会报告童年时发生的大量负面事件，有时甚至是创伤事件。例如，在一项关于虐待和忽视的大型研究中，扎纳里尼和他的同事（1997）报告了对 350 多名 BPD 患者和 100 多名其他人格障碍患者的详细访谈结果。BPD 患者报告的虐待比例明显高于其他人格障碍患者（也相当高）——情感虐待（73% 与 51%）、身体虐待（59% 与 34%）和性虐待（61% 与 32%）。总体而言，大约 90% 的 BPD 患者报告了某种类型的童年虐待或忽视。

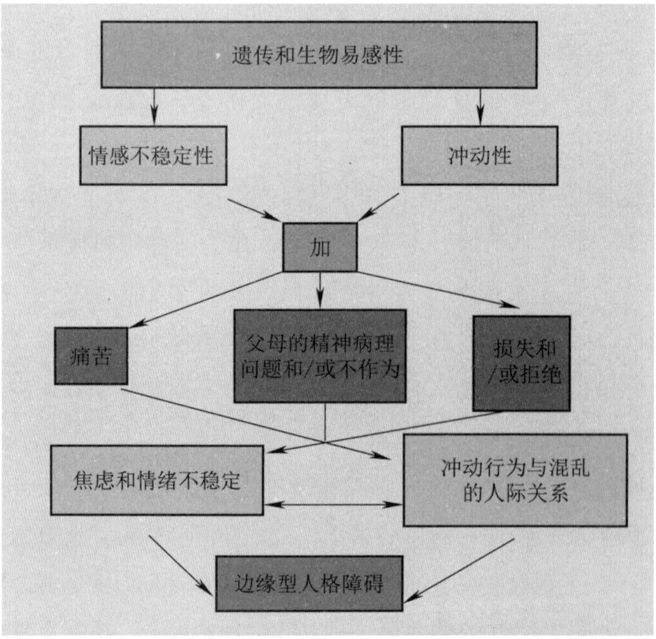

图 10.4　边缘型人格障碍的多维素质–应激理论

尽管这些数字令人震惊，但儿童时期的不幸并不仅仅是边缘型人格障碍的特定风险因素，而是见于所有其他人格障碍患者的报告中（Hengartner et al., 2013; Moranet al., 2010），它还与更微妙的人格障碍形式有关。例如，情绪虐待与五大人格特质都有关联，并且与神经质、经验开放性的增高以及外向性、宜人性和尽责性的降低有关（Hengartner et al., 2015）。我们还应该记住，童年虐待几乎总是发生在有各种其他问题的家庭中，包括贫困、婚姻不和、父母分居、父母物质滥用和家庭暴力。当然，所有这些都不影响以下结论：BPD 患者普遍存在童年逆境。与其区分儿童虐待的具体类型，我们更应该简单地承认，糟糕的童年经历会增加一系列人格问题的风险，包括但不限于边缘型人格障碍。

那么，我们如何才能最准确地理解 BPD 的原因呢？目前，我们有理由认为，一些人由于其遗传倾向，可能对早年消极生活经历的影响非常敏感。这些充满压力的早期经历可能会造成 HPA 轴的长期失调（这是你在第 5 章学到的），并影响大脑的发育，可能会损害涉及情绪调节的关键大脑回路（Hooley et al., 2012）。神经影像学研究表明，BPD 与情绪诱导情境中杏仁核激活增加以及前额叶调节减少有关（Leichsenring et al., 2011）。但为什么大脑功能会出现这些问题，目前还不清楚。虽然相关理论还处于推测阶段，但我们认为，遗传因素可能与消极的童年经历相互作用，在涉及调节情绪、思维和行为的神经回路中产生问题。这有助于解释为什么 BPD 患者的许多功能区域受到影响，以及为什么患有这种障碍的人发现他们的情绪如此难以控制。

10.5　C 类人格障碍

列出 C 类人格障碍的三种类型，并描述每种类型的核心临床特征

C 类人格障碍患者通常表现出焦虑和恐惧，这些特征我们在其他两类中没有看到。在接下来的部分，我们将研究回避型、依赖型和强迫型人格障碍。

10.5.1　回避型人格障碍

回避型人格障碍患者表现出极端的社交抑制和内向，导致终生的有限社会关系模式，以及不愿参与社会互动。他们因为对批评、否定的敏感和恐惧而回避人际接触。但他们仍渴望爱情，常常感到孤独和无聊。与分裂型人格障碍患者不同，回避型人格障碍患者不喜欢独处。回避型的人希望与他人接触，但是，他们无法与他人舒服地相处，这让他们非常焦虑。他们在社交场合自我意识过高，对自己非常挑剔。毫不奇怪，回避型人格障碍通常与抑郁症有关（Grant, Hasin et al., 2005; Sanislow et al., 2012）。

感觉无能和社交能力不足是回避型人格障碍最常见和最稳定的两个特征（McGlashan et al., 2005）。此外，已有研究证明，有这种障碍的人也更普遍地表现出对新情况和新情绪（包括积极情绪）的胆怯和回避，以及体验快乐的能力的不足（Taylor et al., 2004）。这种障碍更常见于女性，患病率在 2%~3% 之间。

案例

35 岁的图书管理员莎莉过着相对与世隔绝的生活，几乎没有熟人，也没有亲密的朋友。从童年起，她就非常害羞，为了不受伤害或批评而避免与他人建立亲密关系。在接受治疗的 2 年前，她和一个在图书馆认识的人约好去参加一个聚会。一到聚会现场，莎莉就感到非常不舒服，因为她“没有穿好衣服”。她急忙离开聚会，拒绝再见她的熟人。

在早期的治疗过程中，她大部分时间都静静地坐着，难以启齿谈论自己。经过几次治疗后，她开始逐渐信任治疗师，讲述了自己早年的许多经历，比如她曾因酗酒的父亲在公共场合令人讨厌的行为而“崩溃”。尽管她曾试图不让学校的朋友们知道她的家庭问题，但当隐瞒变得不可能时，她开始限制自己的社交，想要保护自己免受可能的尴尬或批评。

莎莉刚开始接受心理治疗时，总是避免与人见面，除非确定对方会“喜欢她”。通过对她进行增强自信和社交技能的治疗，她在接近他人和与他人交谈的能力上取得了一些进步。

DSM-5 诊断标准

回避型人格障碍

一种社交抑制、能力不足感和对负性评价极其敏感的普遍心理行为模式；始于成年早期，存在于各种背景下，表现为下列 4 项（或更多）症状：

1. 因为害怕批评、否定或排斥而回避涉及人际接触较多的职业活动。
2. 不愿与人打交道，除非确定能被喜欢。
3. 因为害羞或怕被嘲弄而在亲密关系中表现拘谨。
4. 具有在社交场合被批评或被拒绝的先占观念。
5. 因为能力不足感而在新的人际关系情况下受抑制。
6. 认为自己在社交方面笨拙、缺乏个人吸引力或低人一等。
7. 因为可能令人困窘，非常不情愿冒个人风险或参加任何新的活动。

从临床角度来看，回避型人格障碍与分裂样人格障碍很像，这两类障碍的患者都是与世隔绝的。如前所述，关键的区别在于，患有分裂样人格障碍的人几乎没有建立亲密关系的欲望。这类人往往相当冷淡，对批评相对漠不关心（Millon & Martinez, 1995）。相比之下，回避型人格障碍的人想要社交，但害羞、抱有不安全感、对批评过于敏感。回避型人格障碍和社交焦虑障碍（社交恐怖症，见第 6 章）之间的区别还不太清楚。大量研究发现，这两种障碍之间存在许多重叠，因此一些研究者认为，回避型人格障碍可能只是广义的社交焦虑障碍的一种更为严重的表现形式（Alpert et al., 1997; Carter & Wu, 2010; Tillfors et al., 2004），并不需要将其列为一个单独的诊断类别（Chambless et al., 2008）。这与我们的研究发现相一致，即存在无回避型人格障碍的社交焦虑障碍病例，但很少存在无社交焦虑障碍的回避型人格障碍病例。在回避型人格障碍患者中，也发现了更高程度的功能障碍和痛苦，包括比较一致的低自尊感（Hummelen et al., 2007; Millon & Martinez, 1995; Tillfors et al., 2004）。

一些研究表明，回避型人格可能源于一种天生的"抑制型"气质，会让婴儿和儿童在新奇和不明的情况下感到害羞和压抑。挪威的一项大型双生子研究表明，在回避型人格障碍中突出的特质显示出中度的遗传影响，而回避型人格障碍的遗传易感性与社交焦虑障碍的遗传易感性至少有一部分是相同的（Reichborn-Kjennerud, Czajkowski, Torgersen et al., 2007）。此外，也有证据表明，回避型人格障碍中突出的对负性评价的恐惧具有中度的遗传性（Stein et al., 2002）；回避型人格障碍患者的内向性和神经质水平也更高（参见表 10.2），这两个特质也具有中度的遗传性。这种基于遗传和生物的抑制型气质可能经常作为一种素质，导致一些经历过冷漠父母的情感虐待、拒绝或羞辱的孩子出现了回避型人格障碍（Alden et al., 2002; Bernstein & Travaglini, 1999; Kagan, 1997）。这种虐待和拒绝尤其可能导致抑制型气质的儿童产生焦虑型和恐惧型的依恋模式（Bartholomew et al., 2001）。

10.5.2　依赖型人格障碍

有依赖型人格障碍的人表现出极端的被照顾的需要，这导致了依附和顺从的行为。他们还对以下两种可能性表现出强烈的恐惧：分离；自认为因无能而不得不独处。对后一种可能性的恐惧不及对前者的普遍（Bornstein et al., 2015; Widiger & Bornstein, 2001）。他们通常围绕着其他人建立自己的生活，并将自己的需要和观点置于次要地位，以维系对方与他们的关系。因此，他们在选择配偶时可能是不加思考的。他们经常因为害怕失去别人的支持而无法对别人发脾气，这就意味着依赖型人格的人可能会持续处于心理或身体虐待的关系中。在没有大量建议和保证的情况下，他们很难做出哪怕是简单的日常决定，因为他们缺乏自信、感到无助，即使他们已经掌握了良好的工作技能或其他能力。只要不要求他们靠自己，他们就能很好地运转。

案例

萨拉今年32岁，是两个孩子的母亲，也是一名兼职税务会计师。一天晚上，她来到一家危机处理中心，因为她结婚一年半的丈夫虐待她，然后离开了家。尽管他从未对孩子们造成身体伤害，但他经常在喝醉时威胁要那样做。萨拉显得非常焦虑和担心未来，并且需要有人告诉她该怎么做。她想让丈夫回来，似乎对他经常性的身体虐待毫不在意。当时，她的丈夫迈克尔是一名无业游民，在一家为获假释的吸毒者开设的“中途之家”接受日间治疗。他几乎总是脾气暴躁，“随时准备发火”。

虽然萨拉有一份高薪的工作，但她对自己能否独立生活表示了极大的担忧。她意识到，“依赖”她的丈夫是愚蠢的，她称他为“真正的失败者”（她和第一任丈夫也有类似的关系，第一任丈夫在她18岁时离开了她和她最大的孩子）。在过去的几个月里，萨拉好几次下定决心要结束这段婚姻，但都无法让自己解脱。她会威胁说要离开，但到了要离开的时候，一想到“不能和迈克尔在一起”，她就会“僵在门里”，身体麻木，胃里有一种下沉的感觉。

据估计，不到1%的人患有依赖型人格障碍，女性患者比男性患者更常见（Bornstein et al., 2015; Torgersen, 2012）。这种性别差异并不是因为在诊断时存在性别偏差，而是因为某些人格特质（如神经质和宜人性）在女性中更为普遍，而这些特质在依赖型人格障碍中尤为突出（Lynam & Widiger, 2007）。依赖型人格障碍常与包括心境障碍、焦虑障碍、进食障碍和躯体症状障碍在内的其他障碍并存。依赖型人格障碍与其他人格障碍，尤其是分裂型、回避型、边缘型和表演型人格障碍之间的共病率也很高（Bornstein et al., 2015）。

其中一些共病可能源于依赖型人格障碍与边缘型、表演型和回避型人格障碍在特征上的重叠。但是，在临床上，也有一些关键的差异（参阅表10.2）。例如，边缘型人格和依赖型人格都害怕被遗弃。但是，边缘型人格障碍患者通常拥有紧张激烈的人际关系，如果发生被遗弃的情况，他们的反应是空虚或愤怒，而依赖型人格最初的反应是顺从和安抚，最后是急切地寻求新的人际关系。表演型人格和依赖型人格都有对保证和认同的强烈需要，但表演型人格更合群、张扬，主动要求关注，而依赖型人格则更温顺、谦逊。此外，很难区分依赖型人格和回避型人格。如前所述，依赖型人格在人际关系中很难与人分离，因为他们觉得自己没有独立的能力，需要被照顾；而回避型人格在建立人际关系时有困难，因为他们害怕被批评或拒绝时会受到羞辱（Millon & Martinez, 1995）。尽管如此，我们应该记住，回避型人格障碍与依赖型人格障碍同时发生的频率相当高（Arntz et al., 2009; Bernstein &

Travaglini, 1999; Bornstein et al., 2015)。这符合这样一个观察结果，即患有回避型人格障碍的人并不是绝对回避每个人，而他们的依赖型人格障碍特征集中在一个或几个他们不回避的人身上（Alden et al., 2002)。在五因素模型中，依赖型人格障碍与高度的神经质和宜人性相关（Lowe et al., 2009)。

据估计，依赖型人格障碍症状的决定因素，有 30%~60% 可能归因于遗传（Bornstein et al., 2015; Gjerde et al., 2012)。此外，在依赖型人格障碍中突出的其他一些人格特质，如神经质和宜人性，也有遗传成分（Widiger & Bornstein, 2001)。有这种部分基于遗传的依赖和焦虑倾向的人，可能特别容易受到专制和过度保护的父母的负面影响（不是促进孩子的自主性和个性化，而是强化依赖行为），这可能导致儿童认为自己必须依靠他人来获得幸福，而自己无能为力（Widiger & Bornstein, 2001)。认知理论家将这些个体潜在的适应不良模式描述为：涉及关于弱点、能力以及需要依赖他人生存的核心信念，如“我完全无助”和“我只有在接触到有能力的人时才能发挥作用”(Beck et al., 1990, p.60 ; Beck et al., 2004)。最近的研究支持这样的假设，即这些信念是依赖型人格障碍患者的一大特征（Arntz et al., 2011)。

DSM-5 诊断标准

依赖型人格障碍

一种过度需要他人照顾以至于产生顺从或依附行为并害怕分离的普遍心理行为模式；始于成年早期，存在于各种背景下，表现为下列 5 项（或更多）症状：

1. 如果没有他人大量的建议和保证，便难以做出日常决定。
2. 需要他人为其大多数生活领域承担责任。
3. 因为害怕失去支持或赞同而难以表示不同意见（**注：**不包括对被报复的现实的担心）。
4. 难以自己开始一些项目或做一些事情（因为对自己的判断或能力缺乏信心，而不是缺乏动机或精力）。
5. 为了获得他人的培养或支持而过度努力，甚至甘愿做一些令人不愉快的事情。
6. 因为过于害怕不能自我照顾而在独处时感到不舒服或无助。
7. 在一段密切的人际关系结束时，迫切寻求另一段关系作为支持和照顾的来源。
8. 害怕只剩自己照顾自己的不现实的先占观念。

10.5.3 强迫型人格障碍

完美主义、过度关注秩序和控制是强迫型人格障碍（OCPD）患者的特征。不要移动他们整洁的桌子上的任何东西！他们持有的精神和人际控制的先占观念，部分是因对规则、秩序和计划表的高度关注而产生的。他们做事非常谨慎，以免犯错，但因为他们专注的细节往往是琐碎的，所以他们不善于利用时间，很难看到大局（Aycicegi-Dinn et al., 2009; Yovel et al., 2005）。他们的完美主义往往也很不正常，因为它可能导致他们永远无法完成项目。他们也倾向于投身工作，避免休闲活动，可能很难度假、休闲，或只是为了好玩而做任何事情（Widiger & Frances, 1994）。对他们而言，甚至爱好也是需要完美的认真对待的活动。在人际关系方面，OCPD 患者很难将任务委派给他人（“他们不会完全正确地完成任务，也不会完全按照我希望的方式完成任务”）。他们也被别人认为是死板、固执和冷酷的。研究表明，刻板、固执、完美主义，以及不愿意放手，是 OCPD 最普遍和稳定的特征（Ansell et al., 2008; Grilo et al., 2004; McGlashan et al., 2005; Samuel & Widiger, 2011）。

虽然这个名字听起来和“强迫症”（OCD）很相似，但患有 OCPD 的人并没有像 OCD 患者一样的强迫观念或强迫性仪式（见第 6 章）。事实上，只有大约 20% 的 OCD 患者有 OCPD 的共病诊断，这与惊恐障碍患者的 OCPD 发生率没有显著差异（Albert et al., 2004）。有趣的是，有 20%~61% 的神经性厌食症患者被诊断为 OCPD（Samuels & Costa，2012）。这是有道理的，因为完美主义和严格是这两种障碍的主要特征。OCPD 与心境障碍和焦虑障碍之间也存在显著的共病（Reichborn-Kjennerud & Knudsen, 2015）。

案例

汤姆似乎很适合从事火车调度员的工作。他尽职尽责，追求完美，注重细节。但是，他和同事并不亲近，据说他们想让汤姆“走人”。如果他的日常生活中发生哪怕只是微小的变化，他都会感到非常不安。例如，如果同事不完全按照他精心设计的时间表和计划行事，汤姆就会变得紧张和易怒。当同事们建议用其他方式来完成工作任务时，汤姆也会感到有困难。他无法承认可能还有其他同样好的方式来做事情，他很快就驳回了同事们的所有建议和想法。

简而言之，汤姆从生活中得不到什么乐趣，总是担心一些小问题。他严格的日程是不可能维持的，当他不能井然有序地实现他复杂的计划时，他经常出现紧张性头痛或胃痛。汤姆的医生注意到他频繁的身体不适和他对生活的完美主义态度后，建议他进行心理评估。心理医生推荐他接受心理治疗，但他并没有接受治疗建议，因为他觉得自己从工作中抽不出时间。

在社区样本中，OCPD 的时点患病率约为 2%。这种障碍被认为在男性中比在女性中更常见（Torgersen, 2012）。OCPD 的某些特征与自恋型、反社会型和分裂型人格障碍重叠，尽管也有一些不同的特征。例如，自恋型和反社会型人格障碍患者可能具有 OCPD 的一项特征，即缺乏对他人的慷慨。但是，前者倾向于放纵自己，而患有 OCPD 的人对自己也同样不慷慨。此外，分裂型人格和强迫型人格可能都有一定程度的拘谨和社会脱离倾向，但只有分裂型人格缺乏建立和维持亲密关系的能力。OCPD 患者由于过度投入工作和很难表达情感，在维系人际关系中存在困难。

采取五因素维度法来理解 OCPD 的理论家注意到，OCPD 患者有过高的尽责性（Samuel & Widiger, 2011），这导致他们对工作的极端投入、完美主义和过度的控制行为。他们也很自信（外向性的一个方面），而顺从性（宜人性的一个方面）很低。另一种有影响力的生物学维度法（由克洛宁格在 1987 年提出）提出了人格的三个主要维度：追求新奇、依赖奖赏和避免伤害。具有强迫型人格的个体在以下两个维度水平低：追求新奇（他们避免改变）和依赖奖赏（他们以牺牲快乐为代价而过度工作），但在避免伤害的维度上水平高（他们对厌恶性刺激做出强烈反应并试图避免它们）。研究还表明，OCPD 特征显示出一定的遗传性（Calvo et al., 2009; Reichborn-Kjennerud, Chaajkowski, Neale et al., 2007）。

DSM-5 诊断标准

强迫型人格障碍

一种沉湎于有次序、完美以及精神和人际关系上的控制，而牺牲灵活、开放和效率的普遍心理行为模式；始于成年早期，存在于各种背景下，表现为下列 4 项（或更多）症状：

1. 沉湎于细节、规则、条目、次序、组织或日程，以至忽略了活动的要点。

2. 表现为妨碍任务完成的完美主义（例如，因为不符合自己过分严格的标准而不能完成一个项目）。

3. 过度投入工作或追求绩效，以至无法顾及娱乐活动和朋友关系（不能被明显的经济情况来解释）。

4. 对道德、伦理或价值观念过度在意、小心谨慎和缺乏弹性（不能用文化或宗教认同来解释）。

5. 不情愿丢弃用坏的或无价值的物品，哪怕这些物品毫无情感纪念价值。

6. 不情愿将任务委托给他人或与他人共同工作，除非他人能精确地按照自己的方式行事。

7. 对自己和他人都采取吝啬的消费方式，把金钱视作可以囤积起来应对未来灾难的东西。

8. 表现为僵化和固执。

10.6 人格障碍的一般社会文化原因

解释社会文化因素在人格障碍患病率中的作用

导致人格障碍的社会文化因素还没有得到很好的研究。与其他形式的精神障碍一样，人格障碍的发病率和特征因时间和地点的不同而有所不同，尽管可能不像人们猜测的那么不同（Allik, 2005; Rigozzi et al., 2009）。事实上，文化之间的差异比文化内部的差异要小。这可能与以下发现有关：所有文化（包括西方和非西方，包括非洲和亚洲）中都存在之前讨论过的五个基本人格特质，而且它们的共变模式似乎也是普遍的（Allik, 2005）。

一些研究者认为，近年来美国社会中某些人格障碍有所增加（Paris, 2001）。如果这一说法属实，那么可以预期，我们会找到与我们文化的总体优先事项或活动的变化相关的增长。我们对冲动满足、即时解决方案和无痛苦的益处的强调，是否导致更多的人发展出以自我为中心的生活方式，就像我们在人格障碍更极端的形式中看到的那样？例如，有一些证据表明，自恋型人格障碍在西方文化中更为常见，在西方文化中，个人的野心和成功受到鼓励和强化（Widiger & Bornstein, 2001）。也有一些证据表明，表演型人格障碍在亚洲文化中可能不太常见（现在也是）。在亚洲文化中，性诱惑和吸引注意力是不受欢迎的；相比之下，在西班牙文化中，这种倾向可能更高，在那里，这种倾向很常见并得到高度的容忍（Bornstein et al., 2015）。美国的一项研究发现，与高加索女性相比，非洲裔美国女性患有表演型人格障碍的比例更高（Grant, Hasin et al., 2004）。同样在美国，拉美裔美国人的 BPD 比例高于非洲裔美国人和高加索人，但非洲裔美国人的分裂型人格障碍比例高于高加索人（Chavira et al., 2003）。

也有人提出，第二次世界大战以来的 70 年，已知的情绪失调（例如，抑郁、自残行为和自杀）和冲动行为（药物滥用和犯罪行为）的增加，可能与同一时期边缘型人格障碍和反社会型人格障碍的患病率升高有关，这可能源于家庭结构破裂和其他传统社会结构的瓦解加剧（Paris, 2001, 2007）。并且根据是否发生过类似的破裂，在不同的文化中，这一方面的情况可能会有所不同。

10.7　人格障碍的治疗和预后

讨论与人格障碍治疗有关的挑战，并总结治疗方法

人格障碍通常很难治疗，部分原因是，根据定义来看，它们是相对持久、普遍和不灵活的行为模式和内心体验。此外，可以确立许多不同的治疗目标，有些目标比其他目标更难实现。目标可能包括减少主观痛苦、改变特定的功能失调行为，以及改变整个行为模式或整个人格结构。

在许多情况下，患有人格障碍的人只有在别人的坚持下才会接受治疗，而且他们通常不相信自己需要改变。此外，那些患有古怪 / 偏执的 A 类障碍和不稳定 / 戏剧性的 B 类障碍的人在建立和维持良好关系方面存在普遍困难，包括与治疗师的关系。对那些患有不稳定 / 戏剧性的 B 类障碍的人而言，他们在其他关系中典型的行为模式被带入治疗情境。他们可能会对治疗师感到愤怒，并在访谈期间制造冲突，而不是在语言层面上处理他们的问题。例如，一位患有自恋型人格障碍的男性患者有嘲笑和挑战他的治疗师的习惯，并告诉其中一位治疗师“你只是一个实习生，你知道的不足以帮助我”（Pincus et al., 2017）。中途退出治疗是人格障碍治疗中的一个特殊问题。一项综述称，平均 37% 的人格障碍患者过早退出治疗（McMurran et al., 2010）。

此外，当人们同时患有一种人格障碍和另一种非人格障碍的精神障碍（如抑郁障碍或进食障碍）时，他们的治疗效果往往比没有患人格障碍的对照患者更差（CritsChristoph & Barber, 2002, 2007; Pilkonis, 2001）。这在一定程度上是因为患有人格障碍的人具有刻板的、根深蒂固的不良人格特质，这些特质往往会导致糟糕的治疗关系，而且还会使他们拒绝做那些有助于改善他们其他病况的事情。

10.7.1　针对特定人格障碍的治疗技术

治疗技术必须经常改进。例如，认识到传统的个体心理治疗倾向于鼓励已经过于依赖的人（如依赖型、表演型和边缘型人格障碍）继续依赖他人后，专门制订旨在改变这些特质的治疗策略通常是有用的。对焦虑 / 恐惧的 C 类患者而言，例如依赖型和回避型人格障碍患者，因为他们也会对任何从治疗师那里感受到的批评过于敏感，因此治疗师需要非常小心地确保自己不以会让患者感到批评的方式进行治疗。研究表明，治疗师倾向于对回避型和依赖型人格障碍患者采用支持和保护的方式。但是，强迫型人格障碍患者会让治疗师产生厌烦和无聊的感觉（Colli et al., 2014）。

对于患有严重人格障碍的人，在行为受到约束的情况下，治疗可能更有效。例如，由于频繁的自杀行为，出于安全原因，许多 BPD 患者有时会住院。但是，半住院治疗计划越来越多地被用作住院治疗的过渡型的、价位较低的替代方案（Azim, 2001）。在这些计划中，患者住在家里，并在工作日接受全面的个人和团体治疗。在荷兰进行的几项研究表明，对 B 类和 C 类人格障碍患者而言，短期住院治疗比门诊治疗更有效（Bartak et al., 2010, 2011）。

认知疗法也越来越多地被使用。针对人格障碍的认知疗法认为，与人格障碍相关的不正常感觉和行为在很大程度上是图式（思维方式）导致的结果，这种图式往往会产生持续的有偏见的判断，以及认知错误的倾向（Beck et al., 2004; Cottraux & Blackburn, 2001; Leahy & McGinn, 2012; Pretzer & Beck, 2005）。改变这些潜在的功能失调图式是困难的，但却是人格障碍认知疗法的核心。认知疗法使用诸如监控自动思维、挑战错误逻辑、分配行为任务等技术来挑战患者的不正常信念。表 10.3 提供了一些与不同人格障碍相关的核心信念的例子。

表 10.3　与特定人格障碍相关的信念

人格障碍	核心信念
偏执型	我不相信人
分裂样	人际关系是麻烦且不可接受的
分裂型	最好与他人隔绝
表演型	别人就是为了服务或钦佩我才存在的
自恋型	由于我很特别，我应该得到特殊的对待
反社会型	我有权打破规则
边缘型	我应该受到惩罚
回避型	如果人们知道“真实的”我，他们就会拒绝我
依赖型	我需要依赖他人才能存活和快乐
强迫型	人们应该做得更好、更努力

10.7.2　边缘型人格障碍的治疗

在所有人格障碍中，大多数临床关注和研究焦点都是 BPD 的治疗，这是由于这种障碍的严重程度以及与之相关的高自杀风险。心理治疗被认为是必不可少的。药物也被使用，尽管最恰当的给药方式是有时限且作为心理治疗的辅助手段的（Bateman et al., 2015）。对许多治疗师来说，治疗 BPD 患者是一项挑战，他们会因这些人所表现出的强烈情绪而感到焦虑和不堪重负，保持适当的距离也比较困难。治疗师经常指出，与其他人格障碍患者相比，他们为 BPD 患者付出更多，例如允许延长单次治疗的时间，并给予患者额外的时间（Colli et al., 2014）。

心理社会治疗

临床试验表明，几种类型的心理治疗可能对 BPD 有效。但是，这些治疗方法都需要使用者经过专门的培训，这使得它们难以推广到更广泛的人群中（Paris, 2009）。

辩证行为疗法（DBT）由玛莎·莱恩汉（Marsha Linehan）提出，是一种专门针对 BPD 的独特的认知和行为疗法（Linehan, 1993; Lynch & Cuper, 2012; Neacsiu & Linehan, 2014）。莱恩汉（正如《我们周围的世界》专栏中描述的那样，曾经与 BPD 病魔抗争过）认为，患者无法忍受强烈的负面情感状态是这种障碍的核心。治疗的主要目标之一是鼓励患者接受这种消极的影响，而不是进行自我毁灭或其他适应不良的行为。因此，莱恩汉根据明确的目标层次制订了以问题为中心的治疗方案，优先考虑减少患者自杀和自我伤害的行为，并提高患者的应对技能。该疗法结合了个人和团体的治疗方式以及电话辅导。在小组环境中，患者学习有效的人际交往、情绪调节和痛苦忍耐方面的技能。与之相应，个体治疗师使用心理疗程和电话辅导来帮助患者识别和改变有问题的行为模式，并有效地应用新学到的技能。

我们周围的世界

玛莎·莱恩汉公开了她自己与边缘型人格障碍的斗争

辩证行为疗法的开发者玛莎·莱恩汉勇敢地承认了自己的精神障碍患病经历（Carey, 2011）。当莱恩汉 17 岁时，她接受了 26 个月的住院治疗。在那段时间里，她被诊断为精神分裂症，服用强效的抗精神病药物和其他药物，被隔离在一个封闭的病房里，共接受了 30 次电击治疗，并接受了精神分析治疗，但似乎没有任何效果。没有人知道，被视为医院里最精神失常的患者之一的莱恩汉到底需要什么。她用香烟烫自己，用她能找到的任何尖锐物体割伤手臂、腿和腹部，最后，当她住院并被隔离时，她将头撞在她上锁的房间的墙上。“我在地狱里，”她说，“我觉得自己完全是空的，就像铁皮人一样。”

在莱恩汉离开医院后，她仍然继续挣扎。当她第一次回到家中，然后搬走，试图重新开始时，她自杀未遂。随后她经历了许多起伏。但是，莱恩汉正在慢慢走上一条新的道路。她开始接受自己和自己的人生，接受她想成为的人和现在的她之间的鸿沟。她考入了研究生院，获得了心理学博士学位。她开始用她的经验来帮助那些患有 BPD 的人——她现在说，她认为当时的自己应该被确诊为这种障碍。随着时间的推移，她开发、改进和测试了一种强效而新颖的治疗方法，她称之为 DBT，这一疗法旨在为患者提供她自己当年所急需的帮助。她的治疗挽救了生命，为无数人提供了更光明的未来。莱恩汉的个人经历还完成了另一件事。由于她勇敢地公开了自己的经历，她已经成为 BPD 被克服的现实例子。在公开自己与精神障碍斗争经历的同时，她给所有 BPD 患者带来了新的希望。

当玛莎·莱恩汉这样的人公开精神障碍的个人史时，你认为它有多重要？你认为她在这么多年后才公开她的故事是为什么？如果你是她，你会怎么做？为什么？

辩证行为疗法 DBT 似乎是治疗 BPD 的有效方法。但是，最近的一项元分析表明，与常规治疗相比，DBT 的治疗效果低于人们的预期（Cristea et al., 2017）。这可能是因为 BPD 的常规治疗随着时间的推移而有所完善，使得 DBT 治疗与常规治疗之间的差异变小。目前没有足够的随机对照试验来说明 DBT 在男性和女性中是否同样有效，以及它是否适用于特殊的患者（Lynch & Cuper, 2012）。接受 DBT 治疗的患者在下述方面显示出好转：自毁和自杀行为，愤怒程度等（Cristea et al., 2017; Linehan et al., 2006; Lynch et al., 2007）。由于莱恩汉努力帮助临床医生学习她的方法，DBT 的普及率在上升，更简短的治疗版本也正在开发中（Neacsiu & Linehan, 2014; Stanley et al., 2007）。

BPD 的另一种心理社会治疗方法涉及心理动力学治疗的变体。克恩贝格及其同事（Koenigsberg et al., 2000; Clarkin et al., 2004）已经开发出一种新的心理动力疗法，它比典型的心理动力疗法更具指导性。这种方法被称为"移情焦点疗法"（Yeomans et al., 2013），其主要目的是增强个人已经弱化的自我意识，特别关注其原始的防御机制——分裂。这种防御机制会导致他们产生非黑即白、全有或全无的想法，并且会使他们对自己和他人（包括治疗师）的反应在"全好"或"全坏"之间迅速转换。这种疗法的主要目标之一是帮助患者看到这两个极端之间的中间地带，并将他们对自己和他人的积极和消极的看法整合到更细致的观点中。虽然这种治疗通常费用昂贵且耗时（通常持续数年），但至少有一项研究表明它与 DBT 一样有效，而 DBT 被认为是最成熟、最有效的治疗方法（Clarkin et al., 2007）。

最后，我们注意到贝特曼和福纳吉（2010）已经开发出一种被称为"心理化"的新的治疗方法。这种疗法利用治疗关系来帮助患者培养他们所需的技能，以准确地了解他们自己以及其他人的感受和情绪。随机对照试验表明，它是一种有效的治疗 BPD 的方法。此外，经过 8 年的随访观察，许多临床改善似乎仍得以维持（Bateman & Fonagy, 2008）。虽然 DBT 仍然是一种使用较广的治疗方法，但令人鼓舞的是，患有 BPD 的人现在可以使用其他已被证明有效的治疗方案（Cristea et al., 2017; Hooley & Masland, 2017）。

生物治疗

药物通常用于治疗 BPD。实际上，目前许多 BPD 患者正在服用多种药物。但是，几乎没有证据支持它们的疗效（Bateman et al., 2015）。抗抑郁药物（通常是选择性 5–羟色胺再摄取抑制剂，即 SSRI 类药物）被广泛使用，尽管没有令人信服的证据表明它们是有效的。只有当患者同时患有心境障碍时，这类药物才是最合适的（Silk & Feurino, 2012）。一些第二代抗精神病药物（如阿立哌唑和奥氮平）和情绪稳定剂（如托吡酯、丙戊酸钠和拉莫三嗪）可能会在短期内减轻一些症状。但是，与所有药物一样，对于 BPD 的治疗用药也需要仔细权衡风险和益处。

10.7.3 其他人格障碍的治疗

到目前为止，A 类和 B 类其他人格障碍的治疗并不像 BPD 治疗那样有希望。在分裂型人格障碍的治疗中，低剂量的抗精神病药物（包括较新的非典型抗精神病药物；Keshavan et al., 2004; Koenigsberg et al., 2007; Raine, 2006）可能会适度缓解症状，SSRI 类的抗抑郁药也可能有用。但是，对于患有这种障碍的大多数人来说，还没有任何能够治愈他们的良方（Koenigsberg et al., 2002, 2007; Markovitz, 2001, 2004; Silk & Feurino, 2012）。对于偏执型、分裂样、自恋型或者表演型人格障碍，尚无系统地用药物或心理疗法治疗患者的对照研究，只有非对照或单一病例研究（Beck et al., 2004; CritsChristoph & Barber, 2007）。其中一个原因是这些患者（由于其人格特质的性质）很少寻求治疗。

虽然尚未得到广泛的研究，但对一些 C 类障碍（如依赖型和回避型人格障碍）的治疗似乎更有希望。温斯顿和他的同事（1994）发现，使用一种积极的对抗性的短期心理治疗方案可以使 C 类障碍患者的病情有显著改善（Pretzer & Beck, 1996）。一些使用认知行为疗法治疗回避型人格障碍的研究也报告了显著的进展（CritsChristoph & Barber, 2007），最近的一项元分析得出结论，认知行为疗法和心理动力疗法都能带来显著和持久的治疗效果（Simon, 2009）。荷兰的另一项研究发现，对 C 类人格障碍而言，短期住院治疗比长期住院或门诊治疗更有效（Bartak et al., 2011）。单胺氧化酶抑制剂和 SSRI 类抗抑郁药物有时也有助于治疗回避型人格障碍，同它们在治疗与回避型人格障碍密切相关的社交焦虑障碍中的作用一样（Koenigsberg et al., 2007; Markovitz, 2001）。

10.8 精神病态

描述精神病态的临床特征，并解释它与反社会型人格障碍的相似和不同之处

“反社会型人格障碍”一词的使用可以追溯到 1980 年，当时人格障碍首次进入 DSM（DSM-Ⅲ）。但是，在此之前，临床医生和研究者一直对一种综合征感兴趣，它最初被称为“社会病态人格”，但现在通常被称为“精神病态”。这种症状最早是在 19 世纪被发现的，当时人们用“不伴谵妄的躁狂症”“道德软弱”或“道德错乱”等术语来描述这种症状（Patrick & Drislane, 2015）。早期对精神病态最全面的描述是在 20 世纪 40 年代由克莱克利（Cleckley）提出的。在他的书《理智的面具》（*The Mask of Sanity*）中，克莱克利（1941）提供了他认定为精神病态者的详细案例研究。他还概述了精神病态的 21 项核心特质。随着时间的推移，这些特质被修改并减少到 16 项（Cleckley, 1988），如表 10.4 所示。

表 10.4　克莱克利的精神病态标准

肤浅的魅力和良好的“智识”
没有妄想和其他非理性思维的迹象
无紧张或心理神经症状
不可靠
虚伪和不诚实
缺乏悔恨或羞耻
动机不充分的反社会行为
判断力差，不能从经验中吸取教训
病态的自我中心和对爱的无能
主要情感反应的普遍贫乏
自知力的特定丧失
一般人际关系中的无反应性
饮酒后奇怪的、令人反感的、有时未饮酒时也会出现的行为
很少发生自杀
性生活冷淡、无关紧要、不和谐
无法遵循任何生活计划

精神病态的患病率是未知的，因为没有流行病学研究评估这一点。但是，在北美，男性的患病率估计为 1%~2%（Patrick & Drislane, 2015）。据估计，女性的比例要低得多（远低于 1%）。值得注意的是，由于过度强调行为标准可以被合理客观地衡量，DSM-5 中反社会人格障碍的特征并没有完全对应最初描述的精神病态的特点，这是为了增加反社会型人格障碍诊断的信

度（临床医生做出的诊断的一致程度）。但是，许多研究者担心，对信度的强调牺牲了效度，而且精神病态的许多关键特征没有包括在诊断标准中，这就产生了关于反社会型人格障碍是否等同于精神病态的问题。一般认为，虽然对反社会型人格障碍的诊断具有较大的包容性，反映了许多犯罪行为，但对精神病态的诊断则较为狭窄，且更关注人格结构。

10.8.1 精神病态的维度

罗伯特·黑尔（Robert Hare, 1980, 1991, 2003）认识到需要一种兼具信度和效度的评估工具，他做出了一项重大贡献——开发了包含 20 个项目的精神病态检查表的修订版（PCL-R）。这为临床医生和研究者提供了一种根据克莱克利标准诊断精神病态的方法，该标准是在对过往的学校、警察和监狱记录进行详细采访和仔细检查之后制定的。该方法被广泛用于法医鉴定。

使用这个检查表的广泛研究表明，对以下 4 个维度的考量可以更好地理解精神病态（Hare et al., 2012）。需要注意的是，在早期的许多研究中，人际关系维度和情感维度被结合起来，称为“因子 1”，生活方式维度和反社会维度一起被称为“因子 2”，因此，我们将这 4 个维度标记为 1a、1b、2a 和 2b（参见图 10.5）。

1a. 人际维度反映了一种以油嘴滑舌/肤浅的魅力、夸大的自我价值感、病理性说谎和欺骗或操纵他人为特征的人格。

1b. 情感维度反映了诸如缺乏悔恨或内疚、冷漠/缺乏同理心、肤浅的情感，以及无法为自己的行为承担责任等特征。

2a. 生活方式维度反映了对刺激的需求、容易感到无聊的倾向、冲动、不负责任、缺乏合理的长期目标，以及寄生的生活方式。

2b. 反社会维度反映了精神病态的各个方面，包括行为控制差、早期行为问题、偏差行为和犯罪行为。

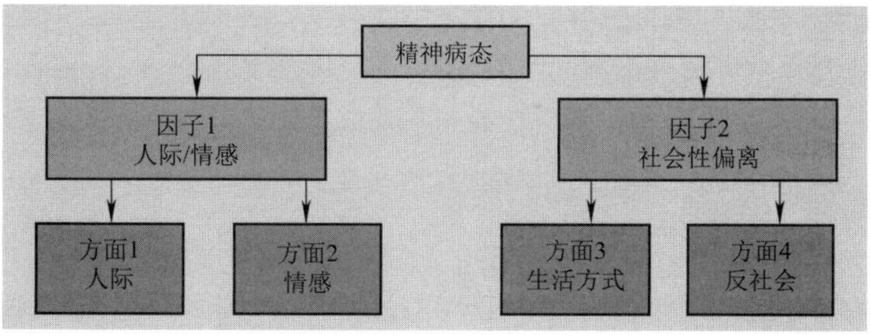

图 10.5 精神病态的维度

与人际和情感维度相比，生活方式和反社会维度与反社会型人格障碍的 DSM 的诊断更为相关（Widiger, 2006）。因此，毫不奇怪，当在监狱环境中进行比较，以确定有多少囚犯符合精神病态与反社会型人格障碍的诊断标准时，通常发现 70%~80% 的人符合反社会型人格障碍的诊断标准，但只有 25%~30% 符合精神病态的诊断标准（Patrick, 2005）。换言之，相当多的囚犯表现出诊断反社会型人格障碍所必需的反社会和攻击行为，但没有表现出足够的自私、冷漠和剥削行为来符合精神病态的诊断。

围绕这些诊断的争议仍然极大。DSM-5 工作组对扩大反社会型人格障碍的诊断标准以包括更多精神病态的特征进行了大量讨论，但是最终没有做出任何改变。另一种诊断反社会型人格障碍的方法（更加强调病态人格特征）现在出现在 DSM-5 的第三部分中，将来可能会得到更多的关注。事情变得更为复杂，因为许多研究者继续使用克莱克利 / 黑尔精神病态诊断法，而不是 DSM 中的反社会型人格障碍诊断法。之所以出现这一情况，不仅因为精神病态有着悠久而丰富的研究传统，而且因为精神病态诊断比反社会型人格障碍诊断更能预测犯罪行为的各个重要方面（Hare et al., 2012）。总的来说，精神病态的诊断似乎是暴力和累犯（入狱后再次犯罪）的唯一最佳预测因素（Douglas et al., 2006; Gretton et al., 2004; Leistico et al., 2008）。此外，如图 10.6 所示，精神病态维度得分较高的青少年不仅更有可能出现暴力犯罪，而且更有可能更快地再次犯罪（Gretton et al., 2004）。

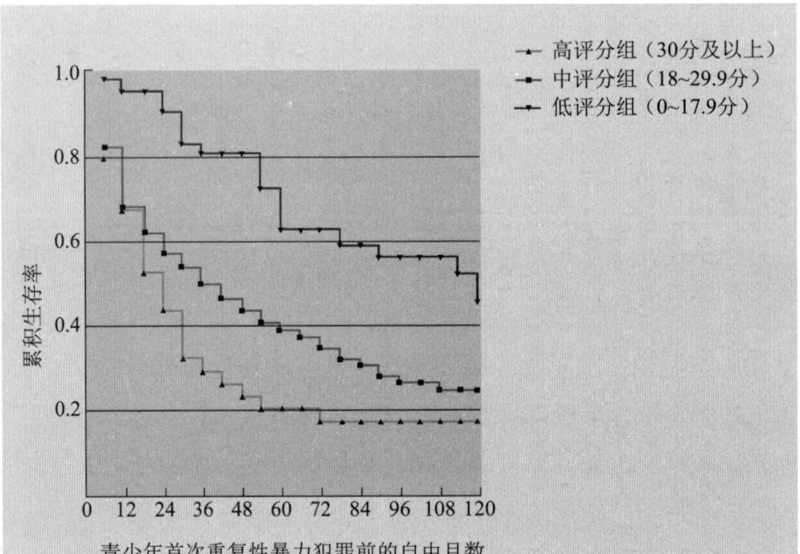

图 10.6　青少年首次重复性暴力犯罪前在社区自由生活的月数

本图根据黑尔精神病态检查表的青少年版（PCL:YV）的评分绘制。曲线显示了在 12 个月间隔内，每组中没有出现重复性暴力犯罪的个体的百分比。高评分组比其他两组更有可能出现重复性暴力犯罪（生存的可能性较低），而且更有可能在释放后不久就出现（以更大的斜率表示）。

那些没被捕的人呢？另一个对目前反社会型人格障碍的概念的关注是，它没有包括这样一类人，他们在情感和人际维度表现出精神病态的许多特征，但没有在生活方式和反社会维度表现出精神病态的特征，或者他们具有的精神病态特征少到一般不会触犯法律的地步。这一群体可能包括无原则和掠夺性的商业或金融专业人士、试图控制他人的律师、高压布道者、不诚实的政治家等（Hall & Benning, 2006）。当然，克莱克利并不认为攻击行为是精神病态概念的核心（Patrick, 2006）。数年前，一位研究者维多姆（Widom, 1977）想要研究那些设法避免犯罪的精神病态者，他在波士顿的一家地下报纸上刊登了一则颇具讽刺意味的广告：

> 你喜欢冒险吗？心理学家研究那些具有冒险精神、无忧无虑、生活刺激、冲动的人。如果你是那种为了一个挑战愿意做任何事情并且想要参与付费实验的人，请发送你的姓名、地址、电话和个人简介，证明你是多么有趣……（p.675）

后来的版本是这样的：

> 招募有魅力的、有进取心的、无忧无虑的、冲动的、不负责任的，但是善于处理人际关系，并且善于照顾自己的人。发送姓名、地址……

维多姆只收到相当有限的几个人的回复。但当那些回复的人接受一系列测试时，他们的人格结构与长期生活在收容机构、缺乏自理能力的精神病态者相似。对未犯罪的精神病态者（这些人通常被称为“成功的精神病态者”）的进一步研究证实了这一发现（Hall & Benning, 2006; Hare et al., 1999）。尽管如此，我们有理由认为，这两个群体可能在某些重要的生物学方面存在差异。

雷恩和他的同事想出了一个聪明的主意，从临时职业介绍所招募犯罪成功和失败的精神病态者和对照者（Ishikawa et al., 2001）。在一项研究中，每个被雇用的研究参与者都被要求就自己的性格缺点和弱点做一个简短的演讲，在此期间，研究者会对他进行观察和录像。当研究对象准备和演讲时，研究者还会监测他们的心率。结果表明，在压力下，成功的精神病态者（虽然他们从未被定罪，但他们犯罪的数量和类型与不成功的精神病态者大致相同）比对照组或不成功的精神病态者表现出更强的心率反应。这些发现提出的一种可能性是，成功的精神病态者心脏反应性的增强，可能有助于他们更好地处理在危险情况下发生的事情，并可能有助于他们做出可能避免被捕的决定。在另一项使用相同招聘策略的研究中，雷恩和他的同事发现有证据支持这样的观点：成功的精神病态者可能比不成功的精神病态者拥有更完整的信息处理能力（Gao et al., 2011）。正如《研究进展》专栏所示，研究者目

图 10.7　詹姆斯·邦德这个角色体现了成功的精神病态者的想法

前正在研究企业环境中精神病态的患病率。

其他在大脑结构和功能上的差异也有报告。前额皮层（参与行为控制和决策）和杏仁核（情绪和恐惧条件反射的关键大脑区域）的缺陷被认为在一些与精神病态相关的行为和情绪障碍中发挥了作用（Kiehl, 2006; Yang & Raine, 2009）。但是，与成功的精神病态者或健康对照组相比，不成功的精神病态者在这些方面似乎有更明显的缺陷（Yang et al., 2010）。例如，如图 10.8 所示，与正常对照组相比，不成功的精神病态者杏仁核体积的缩小程度最为显著。相比之下，成功的精神病态者杏仁核体积的缩小程度则没有那么明显，与对照组也没有显著差异。杏仁核的缺陷可能与恐惧条件反射（你很快就会学到，这一功能在精神病态者中是受损的）以及道德发展和社交的中断有关。

研究进展

你在为一个精神病态者工作吗？

媒体头条和电视犯罪节目往往会强化公众的一个认知，即精神病态总是与暴力和犯罪行为联系在一起。但正如罗伯特·黑尔曾经偶然提到的，“并非所有的精神病态者都在监狱里。有些人在董事会”（Babiak et al., 2010, p.174）。研究表明，他是对的。巴比阿克和他的同事研究了 203 名受雇于美国公司的专业人士。作为对管理发展计划的参与度的评估，所有人都完成了 PCL-R。作为 360 度反馈评估的一部分，他们的 5~10 名同事也对他们进行了评分（之所以称为“反馈评估”，是因为数据收集自目标个体周围的人）。

正如研究者所预期的那样，大多数人的 PCL-R 得分都在较低的范围内。但是，4% 的参与者的得分超过了精神病态的阈值。此外，在得分较高的人群中，有 2 人是公司副总裁，2 人是董事，2 人是经理或主管！换句话说，他们在各自的公司中已取得了相当高的地位。研究结果还显示，精神病态评估得分更高的人被同事们认为具有良好的沟通能力、战略思维能力、创造力和创新能力。但是，精神病态也与一个人不善于团队合作和管理风格差有关。与此一致的是，那些在精神病态方面得分较高的人往往获得较低的绩效评估得分。

综合来看，这项研究的结果表明，公司样本的精神病态率（4%）可能高于社区样本（1%），尽管不像男性罪犯（15%）那么高。研究者进一步指出，即使面对负面的业绩评估和糟糕的管理技能，一些精神病态的人也能在企业中获得成功。巴比阿克和他的同事（2010）推测，诸如魅力和浮夸这样的精神病态特质可能会被误认为是领导能力和远见；同样，缺乏同理心或懊悔也可能被视为在受到攻击时表现得很冷静，或者能够做出艰难而不受欢迎的决定。无论如何，至少在某些工作环境中，拥有精神病态的特质并不一定会阻碍个体在公司的晋升。

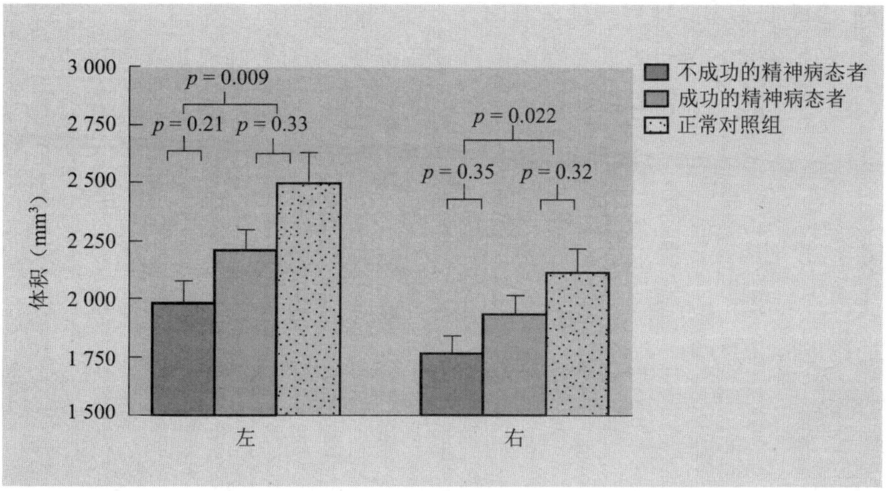

图 10.8　精神病态者的杏仁核体积变化

相对于成功的精神病态者和正常对照组，不成功的精神病态者左右两侧（双侧）杏仁核体积的缩小程度最为显著。成功的精神病态者的杏仁核体积虽然有所缩小，但与对照组相比并无明显差异。杏仁核是大脑中负责恐惧条件反射的区域。恐惧帮助我们远离麻烦。杏仁核体积相对较大可能有助于解释为什么成功的精神病态者能够避免被定罪，而不成功的精神病态者却没有做到这一点。

同样有趣的是，成功的精神病态者比不成功的精神病态者更有责任心（Mullin-Sweatt et al., 2010）。（也许这让他们避免被捕。）这两组人在另一个人格维度上的差异在于是否体现出无所畏惧的支配欲（包括勇敢、镇定和心理韧性等特质）。无所畏惧的支配欲与卓越的认知功能以及英雄主义行为有关（Lilienfeld et al., 2015）。因此，要成为一个成功的精神病态者，可能需要一系列复杂的人格特征和生物属性的正确组合。精神病态研究者戴维·吕肯（David Lykken）提出，英雄和精神病态者是“同一个分支的小枝”（Lykken, 1982, p.22）。决定每根小枝生长方向的因素是未来研究的一个令人兴奋的课题。

10.8.2 精神病态的临床表现

精神病态者往往给人留下良好的第一印象——迷人、随性、可爱，但他们会欺骗、操纵他人，无情地利用他人达到自己的目的。他们不受感情的羁绊，可以自由地成为社会的掠夺者，拿走他们想要的，做他们喜欢做的，有时没有比因为他们感到无聊更好的理由了。这使得他们对他人极其危险，对社会极具破坏性。

精神病态者的主要特征在下文中进行了总结。虽然并不是所有的病例都具有所有的特征，但正如克莱克利（1941）首次描述的那样，这些是精神病态者的典型特征。这些特征的一个子集也出现在反社会型人格障碍患者中。

良知发展缺陷

精神病态者似乎无法理解和接受道德价值观，除非是在口头上。他们可能会油嘴滑舌地声称坚守与他们的行为没有明显联系的高道德标准。但是，他们的良知发展严重滞后或根本不存在，他们的行为就好像社会法规和法律不适用于他们一样（Frick & Marsee, 2006; Salekin, 2006）。这些特征与精神病态的人际和情感核心关系最为密切（Fowles & Dindo, 2006）。尽管他们的良知发展不良，但他们的智力发展通常是正常的。智力这种特质与精神病态的不同维度有着不同的关系。情感维度和人际维度与语言智力呈正相关（Salekin et al., 2004），生活方式维度和反社会维度与智力呈负相关（Frick, 1998; Hare et al., 1999）。

不负责和冲动的行为

精神病态者会学着索取而不是赚取他们想要的。他们有做出寻求刺激、越轨和非常规行为的倾向，经常冲动地违反法律，不顾后果。他们很少为了将来的收获和长远的目标而放弃眼前的快乐。精神病态的这些方面与精神病态的生活方式维度和反社会维度关系最为密切（Patrick, 2005）。

许多研究表明，反社会型人格障碍患者和一些精神病态者有很高的酒精滥用率，以及很高的其他药物滥用或依赖障碍患病率（Taylor & Lang, 2006; Waldman & Slutske, 2000）。酒精滥用只与 PCL-R 的生活方式或反社会维度有关（Patrick, 2005; Reardon et al., 2002），高自杀未遂率和高自杀完成率也只与这些维度相关，而与人际或情感维度无关（Verona et al., 2001）。

打动和利用他人的能力

如前所述，一些精神病态者表面上看起来非常迷人、可爱，可以用一种轻松的方式赢得新朋友（Cleckley, 1941, 1982; Patrick, 2006）。他们似乎对他人的需求和弱点有很好的洞察力，并且非常善于利用它们。这些经常说谎的人如果被发现说谎，通常会真诚地道歉。他们答应赔罪，但他们不会去做。因此，精神病态者很少能保持亲密的朋友关系也就不足为奇了。他们似乎无法理解别人的爱，也无法给予回报。在两性关系中，精神病态者具有操纵性、剥削性，有时还带有强迫性，他们是不负责任、不忠的伴侣。

黑尔是这一领域极具影响力的研究者，他对典型精神病态者的总结如下：

> 将精神病态者概念化为冷酷无情的掠食者，帮助我理解了那些看起来常常是毫无意义的行为。这些人缺乏对他人的良知和感情，很容易用魅力、操纵、恐吓和暴力来控制他人，满足自己的社会需求……没有丝毫的内疚和后悔……他们在顽固不化的罪犯、毒贩、虐待配偶和儿童者、骗子中占很大比例……他们在商界和企业界都有很好的代表，特别是在混乱的重组期间，当规则和执行过程都很松散时……在经历经济和政治动荡的社会中（如卢旺达、南斯拉夫和苏联），许多精神病态者以“爱国者”和“救星”的身份出现……无情地利用民族、文化或种族之间的紧张关系和不满情绪。（Hare, 1998, p. 128–129）

以下由黑尔（1970）发表的经典案例研究，很好地说明了精神病态。

案例

唐纳德，30 岁，刚刚因重婚、欺诈和逃避合法监管而服完了 3 年的刑期。导致这些犯罪的情况很有趣，并且与他过去的行为一致。他之前因欺诈罪被判处 18 个月的刑期，在剩下不到 1 个月的时间里，他假装生病，从监狱医院逃跑。在接下来的 10 个月里，他从事各种非法活动。导致他再次被捕的是他的典型行动方式。通过冒充一个国际慈善基金会的“外勤主管”，他得以在一场筹款活动中获得几个宗教组织的帮助。活动开始时进展缓慢，为了加快速度，他安排了一次当地电视台的采访。他在采访中的表现令人印象深刻，资金开始涌入。然而，对唐纳德来说不幸的是，采访也在美国国家新闻网上播放。他被认出来，并很快被逮捕。在随后的审判中，很明显他对自己的行为没有任何愧疚的感觉。……与此同时，他指出，大多数慈善捐款是由那些对某事感到内疚的人捐出的，因此他们应该被欺骗。

在狱中，他被作为笔者研究的一个对象。获释后，他申请进入一所大学，作为申请的参考信息，他告诉教务主任他是笔者的一个研究同事！几个月后，笔者收到了他的一封信，要求为他的求职申请写一封推荐信。

背景　唐纳德是中产阶级父母所生的三个男孩中最小的。他的两个哥哥都过着正常而富足的生活。他父亲在生意上花了很多时间，当他父亲在家的时候，也往往喜怒无常，在事情不顺利的时候会酗酒。他母亲是一个温柔、胆小的女人，她试图取悦丈夫，维持家庭和睦的表象。但是，有时父亲会大发雷霆，打孩子们，有时则口头训斥，有时温和，有时严厉。

众所周知，唐纳德被认为是一个任性且难相处的孩子。当他想要糖果或玩具的愿望受挫时，他就会先示好，如果没有成功，他就会大发脾气；后者很少是必要的，因为他天使般的外表和巧妙的方式通常能让他得到他想要的。……虽然他显然很聪明，但学生时代，他在学业上并不突出。他焦躁不安，很容易厌倦，经常逃学。当他独自一人时，他通常会给自己或他人带来麻烦。尽管他经常被怀疑是罪魁祸首，但他巧舌如簧，善于开脱。

唐纳德小时候的不良行为有多种形式，包括撒谎、小偷小摸和欺负小孩子。随着年龄的增长，他对性、赌博和酒精越来越感兴趣。当他 14 岁的时候，他对一个年轻女孩进行粗暴的性挑逗。当女孩威胁说要告诉自己的父母时，唐纳德把她锁在一个小屋里。大约过了 16 小时，她才被发现。唐纳德起初否认知道这件事，后来说是女孩引诱了他，门一定是自己锁上的。他的父母阻止了对他的指控。

唐纳德 17 岁时，在一张大额支票上伪造了他父亲的签名，并在世界各地旅行了大约一年。他显然生活得很好，运用魅力、外表吸引力和虚假借口来为自己的生活融资。在随后的几年里，他连续工作的时间从来没有超过几个月。在此期间，他被指控犯有各种罪行，包括盗窃、在公共场所酗酒、袭击和许多交通违规行为。在大多数情况下，他要么被罚款，要么被轻判。

一个喜欢在女人中混的男人 他的性生活频繁、随意且冷漠无情。22 岁时，他娶了一个他在酒吧遇见的 41 岁的女人。接下来还有几桩婚姻，都是重婚，模式是一样的：他会冲动地和某人结婚，让对方养他几个月，然后离开。有一桩婚姻特别有趣。唐纳德被指控欺诈后，被送往精神病院观察了一段时间。在那里，他引起了一名专业人员的注意。他的魅力、外表吸引力，以及对改正的令人信服的承诺，使该专业人员为他出面干预。他被判缓刑，一周后他们结婚了。起初事情进展得相当顺利，但当对方拒绝偿还他的部分赌债时，他就伪造对方的签名开支票离开了。他很快被抓住，并被判 18 个月监禁。在只剩下不到 1 个月的刑期时，他逃走了。

有趣的是，唐纳德并不觉得他的行为有什么特别的问题，他也没有对利用他人、给他人带来痛苦表示悔恨或内疚。虽然从长远来看，他的行为是弄巧成拙的，但他认为这是切实可行的，而且有理有据。间歇的惩罚丝毫不能减少他的自负和对自己能力的信心。他的行为完全以自我为中心，他的需求得到了满足，而完全不关心他人的感受和福利。

10.8.3　精神病态的因果因素

精神病态的病因复杂，涉及多种因素。遗传、气质特征、恐惧和焦虑的缺陷、更普遍的情绪缺陷、对奖赏的过度敏感、作为应对方式的反社会行为的早期习得，以及特定的家庭和环境因素，都被认为与此有关。

遗传影响

直到最近，大多数行为遗传学研究都集中在遗传和环境对反社会行为或犯罪行为的影响上，而不是精神病态本身。但是，几项强有力的研究现已表明，精神病态及其部分重要特征也显示出相当大的遗传性（Blonigen et al., 2003, 2006; Hare et al., 2012; Waldman & Rhee, 2006）。例如，一项对 3 687 对双生子 7 岁时进行的研究发现，这些孩子的冷漠 / 无情特质的早期迹象是高度遗传的（Viding et al., 2005）。此外，具有这些令人不安的特质的儿童也受到负面教养（例如父母的愤怒和沮丧）的明显影响。这表明儿童冷漠无情的特质可能会引起父母的负面反应，这种反应会进一步增加儿童未来反社会行为的风险（Larsson et al., 2008）。根据对 1 000 多对双生子的研究，估计精神病态维度中 43%~56% 的变异可归因于遗传因素，其余变异更多地是受非共享环境影响，而不是共享环境因素可以解释的（Larsson et al., 2006）。

无畏和受损的恐惧条件反射功能

研究表明，在第一个因素上处在高维度的精神病态者，以及那些以自我为中心、冷漠无情、剥削性强的精神病态者，都焦虑感较低，并表现出较差的恐惧条件反射功能（Fowles & Dindo, 2006; Lykken, 1995; Patrick, 2005）。这与前面描述的杏仁核缺陷是一致的。在早期的一项经典研究中，莱肯（1957）发现，精神病态者在预见不愉快或痛苦的事件时，表现出皮肤电导反应方面的条件反射缺陷（皮肤电导反应反映了交感神经系统的激活），并且他们在停止反应以回避惩罚方面学习速度慢。导致的结果是，精神病态者可能无法习得许多对于正常的被动回避惩罚、良知发展和社会化至关重要的条件反射。黑尔（1998）恰当地总结了这个问题："……正是这种让良知感到疼痛的充满情感的思想、图像和内部对话掌控了行为，并产生了对违法行为的内疚和悔恨。这是精神病态者无法理解的。对他们来说，良知只不过是为他人制定的规则、空洞的话语或一种理智上的认识罢了。"（p.112）

吕肯的早期工作以及一系列令人印象深刻的研究已经证实，精神病态者缺乏对恐惧的至少是主观上的和某些生理方面的条件反射（Birbaumer et al., 2005; Flor et al., 2002; Fowles, 2001; Lykken, 1995），尽管他们确实在纯粹的认知水平上学习到条件刺激预测了非条件刺激（Birbaumer et al., 2005）。因为这种条件反射可能是成功回避惩罚的基础，这也可以解释为什么他们的冲动行为不受抑制。

其他有趣的研究工作涉及惊吓反应。当受试者已经处于焦虑状态时，如果出现惊吓刺激（如巨大的噪声），人和动物都会表现出更强烈的惊吓反应，这就是所谓的恐惧强化惊吓反应。帕特里克和他的同事（1993）比较了精神病态和非精神病态的囚犯，发现精神病态的囚犯没有出现这种反应，而非精神病态的囚犯出现了这种反应。事实上，精神病态者在观看不愉快或愉快的幻灯片时，比观看正常幻灯片时的惊吓反应更小，而非更大（Patrick, 1994; Sutton et al., 2002）。在恐惧强化惊吓反应方面的这种缺陷只与精神病态的第一个维度——情感维度有关，而与第二个维度——反社会维度无关（Patrick, 2005）。

反应调节和注意缺陷

纽曼及其同事（Vitale & Newman, 2017）认为，精神病态者的选择性注意力存在异常，这些注意力缺陷使他们无法想到能够为他们提供更广阔视角并允许他们调节行为的语境信息。换句话说，当他们进行目标导向的行为时，会有一个注意力瓶颈，无法处理多个信息渠道（包括情感信息，如恐惧或其他可能相关的线索）。对他们而言，唯一重要的是对目标的一心追求。纽曼和他的同事认为，这种反应调节缺陷比恐惧缺陷（甚至是一般的情绪缺陷）更容易导致精神病态。许多有趣的研究也论述了与这一观点相符的研究结果，纽曼的观点正在变得越来越有影响力。这种观点的重要之处在于，它还提出了一些潜在的新的治疗方向。我们将在之后讨论这些问题。

一般情绪缺陷

在焦虑情绪的调节中，精神病态者似乎存在更广泛的情绪障碍，而不仅仅是焦虑条件反射缺陷。脑成像研究表明，不仅在恐惧条件反射中，而且在观看悲伤或惊讶的面部表情时，与对照组相比，精神病态者杏仁核活动水平也更低（Marsh & Blair, 2008）。与非精神病态者相比，精神病态者对痛苦图像（人们哭泣的图片）的生理反应也不明显。这与精神病态者不仅缺乏恐惧，同理心也较低的观点是一致的（Blair, 2006; Blair et al., 1997）。

在一个很好的示例中，戴西迪和他的同事（2013）收集了 37 名在精神病态量表中得分高的囚犯的大脑扫描数据，当时他们正在观看有关疼痛（手指被门夹住）和非疼痛（把手放在抽屉把手上）的图片。在量表中得分中等或较低的志愿者也完成了相同的测试。当展示图片时，研究者有时会要求参与者想象他们自己正在经历图中所示的遭遇；在另一些试验中，他们被要求想象其他人正在经历这种情况（例如，手指被夹）。当他们想象成自己的经历时，在精神病态量表中得分高的囚犯在涉及对疼痛的同理心的大脑区域（包括脑岛和杏仁核）出现了典型反应；相反，当他们想象成另一个人的经历时，上述区域内的脑活动减少。同样有趣（而且相当令人不寒而栗）的是，那些在 PCL 因子 1（人际和情感维度）中得分最高的精神病态者在被要求从想象他人（与想象自我相反）的角度看问题时，他们的腹侧纹状体的活动实际上有所增加。这是一个参与奖赏预期的大脑区域。对这些发现的一种解释是，精神病态者不仅受他人痛苦的影响较小，而且当其他人经历痛苦时，他们反而会在某种程度上有欣快感。这种缺陷反过来又可能与精神病态者的道德推理和行为缺陷密切相关，因为对道德问题进行理性思考需要个体关心他人的权利和福祉（Blair, 2007）。

过早失去父母、父母的拒绝及不一致性

除了遗传因素和情感缺陷，父母的拒绝、虐待和忽视以及不一致的管教所产生的破坏性效果也会对良知发展缓慢、反应性攻击和工具性攻击水平高产生影响。但是，之前回顾的遗传－环境相互作用的研究清楚地表明，这些因素并不能充分解释精神病态或反社会人格的起因，因为有些人显然比其他人更容易受它们影响。而且，这些相同的条件也与后期的许多适应不良行为有关。接下来我们将使用具有多个相互作用的因果途径的生物－心理－社会方法，展现一种综合性的发展观点。

10.8.4　精神病态的发展和社会观点

精神病态的各个方面什么时候开始显现出来？文化如何发挥作用？下面我们将描述儿童精神病态者的早期症状。我们还考虑了精神病态在不同文化背景下的表现。

评估儿童

在过去的十年里，弗里克和他的同事已经研发出一种评估儿童冷漠无情的特质的方法，这些特质似乎代表了精神病态第一维度的早期表现（Frick & Marsee, 2006; Frick & Morris, 2004; Frick, Cornell, Barry, et al., 2003; Frick, Cornell, Bodin, et al., 2003）。他们已经注意到，导致儿童的不同发展结果的困难型气质，至少有两个不同的维度。一些儿童很难学会控制自己的情绪，表现出高度的情绪反应性，包括在应对应激性要求和沮丧、愤怒等负面情绪时的攻击行为和反社会行为。这些儿童患反社会型人格障碍的风险更高，并且在精神病态的反社会维度得分较高。其他儿童在调节负面情绪方面可能没什么问题，相反，他们表现出无所畏惧、低焦虑、冷漠无情的人格特质，并且在面对恐惧的面部表情时，杏仁核活动减少（Marsh, 2008）。这些儿童最有可能表现出良知发展不良，他们的攻击行为更具有工具性和有预谋性，而不是像那些有情绪调节困难的孩子那样被动反应。后一类儿童在精神病态的人际情感核心上可能发展成高分获得者，成为恐惧感低、缺乏同情心、冷漠且不知悔恨的精神病态者。

社会文化因素

精神病态者在整个历史中都存在。他们存在于所有社会经济群体、种族、民族和文化中。有精神病态特质的人被阿拉斯加原住民称为“Kunlangeta”。人类学家简·墨菲询问一名因纽特人，在阿拉斯加原住民社会里，这类人会受到怎样的对待，得到了一个这样的回答:“有人会在没人注意的时候把他从冰上推下去。”尽管如此，这种障碍的确切表现仍受到文化因素的影响，其发病情况似乎也因社会文化的影响而有所不同，这种影响会促进或阻碍其发展（Cooke et al., 2005; Hare et al., 1999; Sullivan & Kosson, 2006）。

就精神病态的跨文化表现而言，文化差异的主要表现之一是攻击行为和暴力行为的发生率。社会化的力量对攻击冲动的表达有着巨大的影响。因此，无怪乎在一些文化中，例如中国，精神病态者参与攻击行为（特别是暴力行为）的可能性要小于大多数西方文化中的精神病态者（Cooke, 1996）。跨文化研究还表明，精神病态者的情感–人际维度在不同文化中是最一致的（Cooke et al., 2005）。

此外，文化可以根据个人主义或集体主义来分类。相对个人主义的社会强调竞争力、自信心和独立性，而相对集体主义的社会则鼓励对社会群体的贡献和服从、对权威的接受，以及关系的稳定(Cooke, 1996; Cooke & Michie, 1999)。因此，我们可以预期个人主义社会(如美国）更有可能促进某些行为特征，而这些特征发展到极致，会导致精神病态。这些特征包括浮夸、油嘴滑舌、肤浅、滥交以及对他人缺乏责任感。竞争不仅会提高犯罪率，还会导致欺骗性、操纵性和寄生性行为的增加（Cooke & Michie, 1999, p.65）。尽管与此相关的证据很少，但值得注意的是，中国台湾地区这个相对集体主义的社会中，反社会型人格障碍的预估患病率要低于美国（前者为 0.1%~0.2%，后者为 1.5%~4%）。

10.8.5 精神病态人格的治疗与预后

精神病态者很少经历个人痛苦，也不认为自己需要治疗。鉴于前面讨论的原因，惩罚通常也是无效的。那些触犯法律的人可能会在符合他们最大利益的情况下（如寻求减轻刑罚或请求假释），选择接受康复治疗，但他们很少被改变。令人震惊的是，一些研究发现，对其他刑事罪犯有效的治疗，实际上对精神病态者有害，因为它们会导致再犯罪率增加而不是减少（Harris & Rice, 2006）。如果治疗方案强调社会技能或同理心方面的培训，上述情况尤其可能发生，因为这些技能可能只会使他们更善于吸引或诱骗潜在的受害者（Vitale & Newman, 2013）。鉴于此种情况，一些研究者建议，治疗工作应更注重说服精神病态者相信，他们应该利用自己的能力和才干，以更有利于社会的方式满足自己的需求（Hare et al., 2012）。

对反社会型和精神病态人格的生物治疗还没有系统的研究，部分原因是几乎没有证据表明这种疗法有任何实质性的效果。此外，即使发现了有效的药物治疗，这些个体普遍缺乏服药动机的问题依然存在（Markovitz, 2001）。

认知行为治疗被认为是最有希望的治疗措施（Hare et al., 2012; Harris & Rice, 2006）。这些干预措施的共同目标包括：（1）增强自我控制、自我批判性思维和对社会视角的把握；（2）提高受害者意识；（3）教授愤怒管理的知识；（4）改变反社会态度；（5）治疗毒瘾。这种干预需要一种可控的前提环境，在这种环境下，治疗师可以实施或停止强化，并且治疗者不能退出治疗（例如住院或监狱环境）。因为当治疗反社会行为时，我们处理的是一种整体的生活方式，而不是一些特定的、适应不良的行为（Hare et al., 2012）。即使是这些综合的、认知行为导向的治疗方案中最好的一种，通常也只能产生适度的改变，尽管这些措施在治疗年轻罪犯方面比老年罪犯更有效，因为老年罪犯往往是顽固的、终生的精神病态者。此外，虽然这种治疗可能有助于减少囚犯在监狱或法庭环境中的反社会行为，但如果犯人被释放，治疗效果在外部环境中通常无法维持（Harris & Rice, 2006）。

一个新的治疗方向涉及认知修复。巴斯金-萨默斯及其同事（2015）将 124 名被诊断为精神病态或非精神病态的男性囚犯随机分为两组，一组进行控制干预，另一组进行针对之前描述的反应调节缺陷的干预。在 6 周的时间里，囚犯们接受了持续一个小时的基于计算机的培训。在积极的治疗组中，囚犯被要求注意观察不明显的或外围的线索，并被教导注意上下文信息的变化，如规则的变化。对照组囚犯接受的培训则强调行为抑制和更广泛的情绪调节。在研究结束时，接受注意力训练的囚犯在评估反应调节时表现出明显的进步，这表明这种方法可能有效。当然，我们无法从这项研究中得知这是否会对精神病态行为产生任何影响。尽管如此，认知修复方法提供了一个急需的新的治疗方向。

对成人精神病态治疗的普遍悲观现状使早期干预显得尤为重要。如第 15 章所述，现在已经有了成熟的治疗方法，可以用于幼儿及其家庭。它们给我们带来了一线希望。此外，幸运的是，即使没有治疗，许多精神病态者和反社会型人格障碍患者的犯罪活动似乎在 40 岁后下降，这可能是渐弱的生物内驱力、对自我挫败行为的更好的自知力，以及社会条件反射的累积效应。这些人通常被称为“筋疲力尽的精神病态者”。虽然在这个问题上没有大量的证据（Douglas et al., 2006），但一项重要的研究在跟踪了一组男性精神病态者多年后发现，40 岁以后，他们的犯罪行为明显减少。但是，这些人中超过 50% 的人在 40 岁以后继续被逮捕（Hare et al., 1988）。此外，精神病态中似乎只有反社会行为维度随着年龄的增长而程度下降，自我中心、冷漠和剥削性的情感和人际维度依然存在（Cloninger et al., 1997; Hare et al., 1999）。简单地说，精神病态者的人格可能会持续，但犯罪活动需要精力，随着年龄的增长，他们参与反社会活动的倾向可能会减弱。

未解决的问题

DSM-5：我们可以如何改进人格障碍的分类？

阅读本章让你了解到一些与使用人格障碍的专门分类诊断系统相关的困难。例如，你可能很难对每种人格障碍形成清晰、独特的印象。你可能也已经认识到一些障碍（如分裂样人格障碍）的特征和属性，似乎与其他障碍（如分裂型或回避型人格障碍）的特征和属性混合在一起。同样的情况是，人们经常不完全符合任何一个特定的诊断类别，他们也可能符合一种以上的人格障碍的诊断标准（Clark, 2007; Grant, Stinson et al., 2005; Widiger et al., 1991）。事实上，一种常见的诊断结果是“未特定的人格障碍”（Krueger & Eaton, 2010; Verheul & Widiger, 2004;Verheul et al., 2007），这是一种专为具有多个不同类别特征但不完全符合任何一类的人保留的类别。

许多对不同类别的人格障碍的研究都是为了在这些人格维度中寻找不连续的断裂点，也就是说，在这些点上，正常行为与病理行为变得明显不同，但是没有人找到（Livesley, 2001; Widiger & Sanderson, 1995）。此外，人格障碍诊断的切点或阈值的变化可能会对特定人格障碍诊断的表观患病率产生剧烈而难以接受的影响（Widiger & Trull, 2007）。例如，当 DSM-III 修订为 DSM-III-R 时，分裂样人格障碍的患病比例增加了 800%，自恋型人格障碍增加了 350%（Morey, 1988）。

当使用维度（或连续评分）系统时，这样的问题要小得多，因为使用者会预期在个体之间，不同特质的不同方面会有许多不同的评分模式。如前所述，人格障碍中的不同人格特质本质上是维度性的。例如，每个人有时都会怀疑，但这种特质在偏执型人格障碍患者中的程度是极端的。维度系统允许根据人们展现每个方面和特质维度的程度来评估他们，而不是根据他们是否患有特定的人格障碍。每个人还会在许多维度上被评分，因此使用者预期得到的是高度个性化的分数模式，而不是有问题的分数模式。

心理学家和精神病学家就设计多维度系统的最佳方式进行了激烈的辩论（Clark, 2007; Livesley, 2011; Skodol et al., 2011）。虽然我们很久以前就很清楚，需要一个更高维度的系统，但是实际上，实现这一点已经被证明非常困难。一个主要的困难在于创建一个科学有效的诊断系统，它既不过于复杂，也不会使对现有分类的大量研究变得无用。正如我们前面提到的，提议拓宽 DSM-5 内容的提议没有被接受。尽管由于多种原因，转而采取维度系统大有道理，但是所提出的模型的复杂性，无疑是一个主要问题。所有这些都说明，很难创建一个有效而实用的诊断系统来满足临床医生和研究者的不同需求。

本章小结

10.1　描述人格障碍的一般特征

- 患有人格障碍的人具有普遍而稳定的僵化和适应不良的特质。他们的知觉、思维和行为方式损害了自身的有效运作，也影响了他们与他人及环境联系的能力。他们会经历长期的人际困难、身份认同或自我意识问题，并且不能适应环境。
- 轻度人格障碍的人可能功能正常，但会被其他人描述为难相处、古怪或难以了解。在严重程度的另一端，许多有反社会型人格障碍的人最终会被关进监狱。
- DSM 中描述了三个常见的人格障碍类别（A 类、B 类和 C 类），尽管研究者越来越质疑这些分类的效度。
- 普通人群中，有 10%~12% 的人可能符合至少一种人格障碍的诊断标准。

10.2　概述人格障碍研究面临的难题

- 即使是通过结构式访谈，对人格障碍的诊断在信度方面通常也不理想。这是因为特定人格障碍的许多症状没有得到非常精确的定义，要知道一个人的行为在每种情况下是否符合标准，需要大量的判断。
- 许多不同的访谈和自我报告方法，可以用来评估人格和人格障碍。用一种工具做出的诊断，与用另一种工具做出的诊断并不总是高度一致。
- 以分类法对人格障碍进行归类可能不是最好的方法。今天，大多数研究者都认为，维度法有许多优点，而且更可取。
- 很难确定人格障碍的成因，因为迄今为止大多数研究都是回顾性研究。
- 大多数有一种人格障碍的人，至少还有另外一种人格障碍，这使研究变得复杂。

10.3　A 类人格障碍的三种类型，以及每种类型的主要临床特征

- A 类人格障碍是偏执型、分裂样和分裂型人格障碍。患有 A 类障碍的个体看起来很奇特或古怪。

- 偏执型人格障碍的特征是怀疑和不信任。它在男性和女性中同样普遍，患病率为1%~2%。患有偏执型人格障碍的人患精神分裂症的风险更高，其中原因尚不明确。
- 患有分裂样人格障碍的人对发展社会关系兴趣不大，他们没有情感表达，其他人认为他们冷漠。分裂样人格障碍的终生患病率约为1%，男性比女性更常见。分裂样人格障碍的成因尚不明确，部分原因是这类患者对参与研究兴趣不大。
- 分裂型人格障碍的终生患病率约为1%，人们认为男性比女性更普遍。患有这种人格障碍的人在思维、言语或行为上表现古怪。他们可能有奇幻思维或表达奇怪的信仰。遗传和其他生物因素与分裂型人格障碍有关，该障碍被认为是精神分裂症谱系的一部分。

10.4　描述四种B类人格障碍，并解释它们的共同特征

- B类包括表演型、自恋型、反社会型和边缘型人格障碍，患有这些障碍的人都有戏剧性、情绪化和反复无常的倾向。表演型和自恋型人格障碍的成因尚不明确。
- 表演型人格障碍的特征是过度寻求注意力和高度的外向性，以及戏剧性、有时性挑逗的行为。这种障碍的终生患病率略高于1%，女性比男性更常见。这种障碍曾被建议从DSM-5中删除，但未被采纳。许多人质疑这是否是一个有意义的诊断类别。
- 自恋型人格障碍包括一种夸大的自我重要性、一种对赞美的需要，以及对他人感受缺乏同情心。这类患者以自认享有特权的方式行事。这种障碍被认为在男性中比在女性中更常见，患病率不到1%。
- 反社会型人格障碍的特点是欺骗、攻击和不负责任的行为，以及不尊重他人的权利。男性（约3%）比女性（约1%）更普遍。许多囚犯有反社会型人格障碍。反社会行为起源于童年，反社会特质被认为是可遗传的。许多不利的环境因素（如家庭收入低、父母监管不力或忽视）也牵涉其中。
- 边缘型人格障碍的特征是情绪不稳定、害怕被抛弃、冲动、自残行为和不稳定的自我意识。患有边缘型人格障碍的人有着紧张而激烈的人际关系。这种疾病的终生患病率为1%~2%。尽管许多人被告知边缘型人格障碍在女性中更常见，但研究者现在认为它在男性和女性中同样常见。心理社会因素（如童年逆境）已被确定会增加边缘型人格障碍的患病风险。易受情绪影响的人或更冲动和情绪化的人，在经历早期虐待后，被认为风险最大。

10.5　列出C类人格障碍的三种类型，并描述每种类型的核心临床特征

- C类障碍是回避型、依赖型和强迫型人格障碍。患有这些障碍的人表现出恐惧或紧张，就像焦虑症患者一样。
- 性格内向的儿童可能更容易患回避型人格障碍。这种障碍的特征是内向、社交焦虑和对批评或拒绝的过度敏感。回避型人格障碍在女性中比在男性中更常见，患病率为 2%~3%。回避型人格障碍和社交焦虑障碍之间有很大的重叠。

- 有依赖型人格障碍的人害怕孤独，他们认为自己需要别人来照顾。他们很难做出决定，需要他人的大量保证。这种障碍在女性中比在男性中更常见，患病率略低于 1%。具有高水平神经质和宜人性的个体，如果有专制和过度保护的父母，就可能有较高的患病风险。
- 强迫型人格障碍涉及对秩序和控制的过度关注。患有这种障碍的人通常是完美主义者，这影响了他们完成工作的能力。他们也可能非常刻板，很难委派任务或以任何方式放松。强迫型人格障碍在男性中比在女性中更常见，患病率约为 2%。

10.6 解释社会文化因素在人格障碍患病率中的作用

- 所有文化中似乎都有相同的五个基本人格特质。
- 一些研究者认为，某些人格障碍近年来在美国有所增加，可能是因为美国的文化强调即时满足感和个人抱负，以及一些传统社会结构的瓦解。
- 表演型人格障碍等障碍在不被认可的文化中不那么常见。

10.7 讨论与人格障碍治疗有关的挑战，并总结治疗方法

- 人格障碍通常难以治疗，因为根据定义，它们反映了持久和普遍的思维方式和行为模式。
- 许多有人格障碍的人不认为自己需要治疗。人格障碍通常涉及人际关系问题，这一事实也使治疗变得更复杂。这些问题也被带入治疗关系中。
- 人格障碍的认知治疗旨在针对功能失调的核心信念，这些信念被认为是影响一个人如何看待世界并在其中表现的关键思想。
- 一种叫作“辩证行为疗法”（DBT）的行为疗法对边缘型人格障碍患者有益。辩证行为疗法帮助患者学会控制情绪，形成新的应对技巧。最近为边缘型人格障碍患者开发的其他治疗形式包括：移情焦点疗法和心理化疗法。有时也使用多种药物（抗抑郁药、抗精神病药和情绪稳定剂）治疗。

10.8 描述精神病态的临床特征，并解释它与反社会型人格障碍的相似和不同之处

- 目前对精神病态最好的解释涉及 4 个不同维度的特质的高水平，这些特质可以归结为 2 个因子：（1）情感 / 人际特质，反映为缺乏悔恨或内疚、冷漠、缺乏同情心、油嘴滑舌、肤浅的魅力、夸大的自我价值感和病理性说谎；（2）反社会的、冲动的和社会偏离的行为、不负责任、寄生的生活方式。被诊断患有反社会型人格障碍的人的主要特征是反社会和不正常的生活方式（因子 2）。
- 遗传、气质、学习和不利的环境因素似乎对精神病态和反社会型人格障碍的形成很重要。

- 精神病态者还表现出恐惧和焦虑方面的缺陷，以及更广泛的情感缺陷，如缺乏同情心。他们似乎也存在边缘系统（杏仁核）和前额叶区域的异常。
- 精神病态者的治疗是困难的，部分原因是他们很少认为自己有任何需要改变的地方，并倾向于将自己的问题归咎于他人。在某些情况下，精神病态者可能会从治疗中学习到使他们能更有效操纵他人的新技能。

第 11 章

物质相关障碍

学习目标

11.1 描述酒精滥用和酒精依赖的特征

11.2 解释与酒精使用障碍有关的生物学、心理社会学和社会文化因素

11.3 讨论酒精相关障碍的治疗

11.4 列出最常与物质使用障碍相关的精神活性药物

11.5 描述常用的阿片类药物及其对人体的影响

11.6 讨论不同类型的兴奋剂及其作用

11.7 描述镇静剂对大脑的作用

11.8 列举四种不同类型的致幻剂

11.9 解释是否存在酒精和药物之外的其他成瘾障碍

案例

林赛·罗韩在11岁时成为童星，当时她在迪士尼翻拍的家庭电影《天生一对》中饰演女主角。接着她又拍了其他几部迪士尼电影，比如《辣妈辣妹》和《疯狂金车》，还有2004年的经典之作《贱女孩》，成了一名获奖的女演员，同时也开始了歌手、设计师和模特的职业生涯。然而，在取得这一成功后不久，罗韩就出现酗酒和吸毒的问题。她于2007年因酒后驾车被捕，并在一家康复机构待了45天。不幸的是，在被释放后的两周内，罗韩再次因酒后驾车和携带可卡因被捕。这导致她失去了一个电影角色，随之而来的是不断的困难，比如演技下降。罗韩继续与酒精和药物滥用斗争，其间包括几次被捕、在监狱服刑和在康复中心戒毒的经历。

1998年，林赛·罗韩的第一部电影《天生一对》开启了她的职业生涯。近10年后，她于2007年7月24日首次被捕，并被控酒后驾车和藏有可卡因

酒精和毒品会带来短期的愉悦感。但是，它们也会让人成瘾，代价巨大。有些人能够少量饮酒或吸毒，而在学校、工作或人际关系中不会因此经历任何负面后果。但是，其他人就没那么幸运了，他们会失去对饮酒和吸毒的控制。

大多数人至少喝过一次酒，也有一些人尝试过其他药物，例如烟草、大麻或可卡因（Degenhardt et al., 2008）。因此，使用酒精和烟草等物质在统计上是正常的，我们并不会认为吸烟与饮酒是病态的。但是，如果摄入过量，导致损害和其他负面后果，我们就会认为它们的使用是失调的。**物质相关障碍**在我们周围随处可见：目前在美国，酒精滥用和依赖的比例极高，阿片类药物过量使用的比例也越来越高（Dasgupta et al., 2018）。**成瘾行为**是一种基于对某种物质的病态需求的行为，这些物质可能包括尼古丁、酒精、致幻剂或可卡因。成瘾行为是当今社会最普遍、最难治疗的心理健康问题之一。

最常被滥用的物质是**精神活性物质**，即影响中枢神经系统的精神功能的物质，如酒精、尼古丁、巴比妥类、镇静剂、苯丙胺类、海洛因、摇头丸和大麻。在美国，其中一些物质，如酒精和尼古丁（在一些州还包括大麻），成年人可以合法购买；其他药物，如巴比妥类或奥施康定等止痛药，可以在医疗机构的监督下合法使用；还有一些是非法的，如海洛因、摇头丸和甲基苯丙胺。

在这一章中，我们将讨论物质相关障碍的成因和后果，以及它们的治疗方法。所述材料提供了当前和历史上的试图理解成瘾障碍的重要研究和理论策略。以下的区别对于理解物质相关障碍很重要：

• **物质滥用**通常涉及过量使用某种物质，导致醉酒驾车等潜在危险行为，或尽管引发持续的社会、心理、职业或健康问题，但仍继续使用该物质的行为。

• **物质依赖**是指更严重的物质使用障碍，通常涉及对于增加物质用量以达到预期效果的明显生理需要。这种障碍中的依赖性意味着一个人会对一种物质表现出耐受性和 / 或在无法得到物质时出现戒断症状。

• **耐受性**是指需要增加一种物质的量来达到预期的效果，它是由于体内的生物化学变化而引起的，这种变化会影响新陈代谢的速度和该物质从体内的排出。

• **戒断**是指伴随物质戒除而来的身体症状，如出汗、颤抖和紧张。

较早版本的 DSM 中，物质滥用和物质障碍是彼此独立的诊断类别，但是，DSM-5 将这两种障碍合并为新的物质使用障碍。

11.1　酒精相关障碍

描述酒精滥用和酒精依赖的特征

尽管“酒鬼”和“酗酒”这两个词在日常生活中被广泛使用，但它们并不是医学术语，也没有被医学或心理学界定义或使用。世界卫生组织建议使用更准确的“有害使用酒精”这一术语，即“对饮酒者、饮酒者周围的人和整个社会造成有害的健康及社会后果的饮酒，以及与有害健康后果风险增加相关的饮酒模式”（2014, p.2）。世卫组织以及这一领域的研究者，还提出了“重度饮酒”的概念，即单次饮用 6 杯或以上的酒精饮料，每月至少一次（WHO, 2014）。

在古代，包括埃及人、希腊人、罗马人和以色列人在内的许多不同文化的群体都曾经大量且经常过量地使用酒精（和其他物质）。啤酒最早出现在公元前 3000 年左右的埃及。现存最古老的酿酒配方是在基督诞生前大约一个半世纪的意大利记录下来的。大约在公元

800 年，一位阿拉伯炼金术士发明了蒸馏的方法，从而增加了酒精饮料的种类和效力。过度饮酒的问题几乎在饮酒行为开始出现的时候就出现了。公元前 6 世纪波斯国王冈比西斯可能是有史以来最早的酗酒者之一。

11.1.1 酒精使用障碍的患病率、共病情况和人口统计学特征

酒精使用障碍是世界各地都有的一个主要问题，也是最具破坏性的精神障碍之一，因为过度饮酒会对使用者及其家人和朋友的生活产生影响。在美国，大约有 30% 的人在一生中的某个时刻达到了 DSM 的酒精使用障碍诊断标准，有将近 15% 的人在某一年达到了该标准（Grant et al., 2015）。当然，饮酒的人数要比这高得多，而且很多人的饮酒量很大。具体来说，在 2015 年，超过一半（56%）的 18 岁或以上的美国人报告说，他们目前在饮酒，大约 1/4（27%）的人报告说他们酗酒（在过去一个月内一次至少喝 5 杯）（SAMHSA, 2016）。

过量饮酒的潜在危害是巨大的。大量饮酒与意外事故、自杀、他杀及其他主要死因（如心脏病、癌症、中风）等死亡风险的显著增加相关（Connom, Haber, & Hall, 2016; Wintemute, 2015）。酒精依赖者的平均寿命比非酒精依赖者短 12 年。在人类和动物研究中，长期饮酒已被证明会导致更糟糕的认知能力（例如，决策能力）（Trantham-Davidson et al., 2014），而且在酒精依赖者中，大脑萎缩的发生率很高（Gazdzinski et al., 2005）。

在美国，酒精滥用和酒精依赖不分年龄、教育、职业和社会经济地位的界限。最近的研究表明，酒精滥用在工作场所很常见。15% 的员工表现出问题行为，许多人（1.7%，即 210 万人）在工作时间饮酒，还有 1.8%，即 230 万员工，在上班前饮酒（Frone, 2006）。表 11.1 列出了一些关于饮酒的误区。

表 11.1　关于酒精的一些常见误解

误　区	事　实
酒精是兴奋剂	酒精实际上既是神经系统兴奋剂又是抑制剂
你总能察觉到一个人是否喝了酒	你不总能察觉到一个人是否喝了酒，有些人成功地掩盖了他们多年来的饮酒行为
酒精可以帮助一个人睡得更香	酒精会影响睡眠
在出现明显的醉酒迹象之前，不会出现判断力受损	判断力受损可以远远先于明显的醉酒迹象
喝混合酒比喝等量的一种酒，例如波本威士忌、苏格兰威士忌或伏特加，更容易喝醉	血液中实际的酒精含量而不是混合酒精本身决定了醉酒的程度
喝几杯咖啡可以抵消酒精的影响，使饮酒者“清醒”	喝咖啡不会影响醉酒的程度

（续表）

误　　区	事　　实
锻炼或洗冷水澡有助于加快酒精的代谢	锻炼和洗冷水澡不会加快酒精代谢
有“坚强意志”的人不必担心成为物质滥用者	酒精具有诱惑力，甚至可以降低“最坚强意志”的抵抗力
酒精不会像海洛因那样使人真正地成瘾	酒精有很强的成瘾性
一个人不可能仅仅通过喝啤酒就成为一个物质滥用者	喝啤酒也会使人摄入大量的酒精。当然，决定一个人是否在滥用物质的是其酒精摄入量
酒精远没有大麻危险	参加酒精问题治疗项目的人比大麻滥用者多得多
酗酒者的肝脏损伤比大脑损伤出现得早	在肝脏损伤之前，大量饮酒可能导致器质性脑损伤
生理上的海洛因戒断反应比酒精戒断反应更危险	对一个人来说，伴随海洛因戒断产生的生理症状并不比酒精戒断更可怕或痛苦。事实上，酒精戒断可能比阿片类药物戒断更致命
每个人都饮酒	在美国，28% 的男性和 50% 的女性是戒酒者

在酒精使用障碍中，男性的风险是女性的两倍（Grant et al., 2015）。美国黑人和白人的酒精滥用率似乎没有什么区别，印第安人酒精滥用率更高，亚裔美国人酒精滥用率更低。从童年早期到老年，酒精滥用问题都有可能出现，在 65 岁以上的男性中，大约有 10% 是重度饮酒者（Breslow et al., 2003）。在对世界各地不同文化群体酒精使用障碍的调查中，我们发现不同文化的酒精使用障碍率也各不相同（Hibell et al., 2000）。当然，不出所料，有酒精使用障碍的人有更高的风险患其他疾病，如心境障碍、焦虑障碍、人格障碍和其他物质使用障碍（Grant et al., 2015）。

DSM-5 对物质使用障碍的诊断是基于与特定物质（如酒精）使用相关的病态的行为模式。《DSM-5 诊断标准》专栏中展示了酒精使用障碍的诊断标准。

11.1.2　酒精相关障碍的临床表现

在了解酒精对大脑的生理影响以及由此产生的症状方面，我们已经取得了很大的进展（见表 11.2）。例如，饮酒会降低行为抑制、损害学习和记忆，并对判断、决策和运动协调产生负面影响。

DSM-5 诊断标准

酒精使用障碍

A. 一种有问题的酒精使用模式导致显著的具有临床意义的损害或痛苦，在 12 个月内表现为下列至少 2 项症状：

1. 酒精的摄入常常比意图的量更大或时间更长。
2. 有持续的欲望或失败的努力试图减少或控制酒精的使用。
3. 大量的时间花在那些获得酒精、使用酒精或从其作用中恢复的必要活动上。
4. 对使用酒精有渴求或强烈的欲望或迫切的要求。
5. 反复的酒精使用导致不能履行在工作、学校或家庭中的主要角色的义务。
6. 尽管酒精使用引起或加重持续的或反复的社会和人际交往问题，但仍然继续使用酒精。
7. 由于酒精使用而放弃或减少重要的社交、职业或娱乐活动。
8. 在对躯体有害的情况下，反复使用酒精。
9. 尽管认识到使用酒精可能会引起或加重持续的或反复的生理或心理问题，但仍然继续使用酒精。
10. 耐受，通过下列两项之一来定义：
    a. 需要显著增加酒精的量以达到过瘾或预期的效果；
    b. 继续使用同量的酒精会显著降低效果。
11. 戒断，表现为下列两项之一：
    a. 特征性酒精戒断综合征（见《酒精戒断诊断标准》的 A 和 B）。
    b. 酒精（或密切相关的物质，如苯二氮草类）用于缓解或避免戒断症状。

表 11.2　荷兰学生中最常见的十种酒精相关后果

1　宿醉	74.3%
2*　精力不足或感到疲倦	63.9%
3　喝酒时，我说过或做过令人尴尬的事	38.0%
4*　我的胃很不舒服，会呕吐	34.1%
5　在本打算不喝酒的晚上，我喝了酒	29.2%
6*　不去上班或旷课	28.0%
7　晕厥	26.8%

（续表）

8	当我喝酒的时候，我愚蠢地冒险做了一些事情	24.7%
9*	由于酗酒，我工作或学习的质量受到了影响	21.7%
10	喝酒的时候，我做了冲动的事，并且会后悔	21.4%

* 可能与宿醉有关的事件。

酒精对大脑的影响

酒精对大脑有复杂的影响。在较低水平下，酒精能够激活大脑的“愉悦区”，导致中脑边缘多巴胺通路释放多巴胺（本章稍后讨论）（Connor et al., 2016）。在较高水平下，酒精会降低大脑功能，抑制大脑兴奋性神经递质之一的谷氨酸的产生，进而减缓大脑部分区域的活动（Koob et al., 2002）。大脑中谷氨酸的减少会损害学习能力，影响大脑高级中枢，影响判断力和其他理性过程，并且会降低自我控制能力。随着行为约束的减弱，饮酒者可能会沉溺于满足通常被抑制的冲动。运动协调能力的缺乏很快就显现出来，饮酒者对寒冷、疼痛和其他不适的辨别和感知能力也会减弱。饮酒者通常会有一种温暖、膨胀和幸福的感觉。在这种情绪下，不愉快的现实被过滤掉，饮酒者的自尊感和满足感上升，泛泛之交变成了最好、最善解人意的朋友，他们因此进入了一个通常令人愉快的虚幻世界，暂时把烦恼抛在脑后。

在美国大多数州，当血液中的酒精含量达到 0.08% 时，就会被认为是醉酒，至少在驾驶交通工具时是这样认定的，因为这时肌肉协调、语言和视觉能力都会受损，思维过程会变得混乱。即使在达到这种程度的醉酒之前，判断力也会受到损害，导致饮酒者错误地判断自己的状况。例如，饮酒者会对自己酒后安全驾驶的能力给予过高的评价。当血液中的酒精含量达到大约 0.5% 时（存在个体差异），整个神经平衡就会被打乱，饮酒者就会昏厥。昏厥后的无意识显然是一种自我保护机制，因为酒精浓度超过 0.55% 时，通常对人来说是致命的。

一般来说，酒精在体液中的实际含量而非摄入的量，决定了饮酒者是否会中毒。酒精对不同饮酒者的影响是不同的，这取决于他们的身体状况、胃里的食物量和饮酒时间。此外，饮酒者耐受性会提高，从而需要不断增加量来产生预期的效果。女性比男性代谢酒精的效率低，因此，喝少量的酒就会醉（Gordis et al., 1995）。

酒精的影响并不仅限于成瘾或中毒（一种被单种或多种精神药物影响的状态）。与过度饮酒相关的另一种现象是“宿醉”，在这种情况下，一个人在饮酒后 8~24 小时内会出现头痛、恶心、疲劳和认知障碍等症状（Verster et al., 2010; 见图 11.1）。研究者试图了解宿醉的原因，现在主要理论集中在脱水、酒精代谢产物（如乙醛）的积累以及人体免疫反应的触发上（Penning et al., 2010）。对一些人来说，宿醉的另一个感受是紧张不安或极度焦虑。如前所述，饮酒会抑制谷氨酸的产生，这是一种主要的兴奋性神经递质，醉酒时，我们的平静

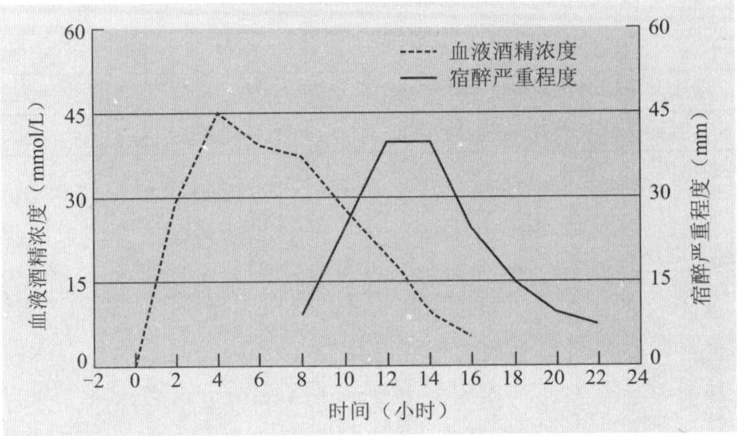

图 11.1　一般观察到的血液酒精浓度和宿醉严重程度随时间的变化。宿醉的严重程度在血液酒精浓度为 0 时最明显（在本例中为饮酒开始后 12~14 小时）

感就来源于此。但是，当一个人停止饮酒后，身体会产生大量的谷氨酸来弥补那段时间的损失，这会导致饮酒者失眠，并在第二天更加紧张和焦虑（Chastain, 2006）。尽管缺乏对宿醉的成因的全面了解，但很明显，除了令人不愉快，宿醉还可能是危险的，例如驾驶过程中，因为宿醉，身体会出现各种障碍（Hoiseth et al., 2015）。

酒精依赖的形成

过度饮酒是一种与酒精有关的障碍，从早期到中期及晚期的发展过程是不知不觉的，尽管有些酒精滥用者并不遵循这种模式。许多研究者坚持认为，即使是少量的酒精也是一种危险的毒药，但也有人认为适量的酒精对大多数人无害。但是，对孕妇来说，即使是少量的酒精也被认为是危险的，事实上，正如《研究进展》专栏中所讨论的那样，安全水平到底是多少，研究者也没有确定下来。这些照片显示了正常青少年的大脑与胎儿酒精综合征（FAS）患儿的大脑的区别。FAS 是一种由孕妇怀孕期间过量饮酒引起的疾病，会导致新生儿智力障碍等先天缺陷。

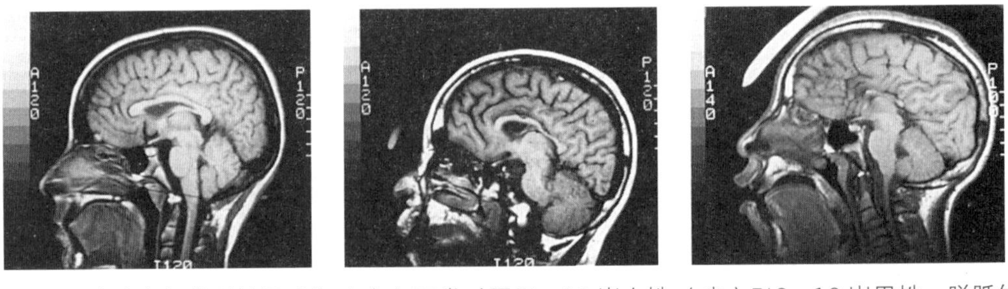

图 11.2　3 名青少年的磁共振成像：（左）正常对照组，13 岁女性；（中）FAS，13 岁男性，胼胝体局灶性变薄；（右）14 岁男性，胼胝体发育不完全（未发育）

研究进展

胎儿酒精综合征：喝多少才算过量？

研究表明，孕妇大量饮酒会影响胎儿的健康，怀孕早期的酗酒影响更为严重（Burd & Christensen, 2009; Calhoun & Warren, 2007）。新生儿通常会因此患上一种被称为“胎儿酒精综合征”（FAS）的疾病。研究发现，如果母亲在怀孕期间大量饮酒，那么新生儿经常会出现身体和行为的异常，包括生长缺陷、面部和肢体畸形、中枢神经系统受损、认知和运动功能受损（Lucas et al., 2014）。神经影像学的研究表明，新生儿的脑容量总体会缩小，出现明显的大脑形态异常——顶叶区域狭窄，额叶部分脑发育减少（Spadoni et al., 2007）。此外，患有 FAS 的儿童经常会表现出明显的工作记忆缺陷，以及大脑某些区域激活模式的改变（Astley et al., 2009）。

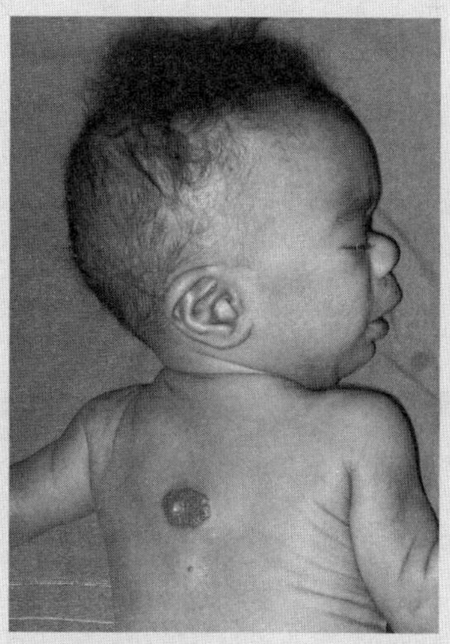

FAS 的影响可以是急性的，也可以是慢性的。孕妇产前接触酒精会导致新生儿面部特征的结构性变化，这种变化会持续一生。这些变化包括眼睛小、人中平滑和上唇较薄（如图所示）

喝多少酒会危害新生儿的健康？美国疾病控制与预防中心（CDC）的立场是：“在怀孕期间或试图怀孕时，没有安全的饮酒量……当孕妇饮酒时，她的孩子也在饮酒。”（CDC, 2015a）美国卫生局局长和许多医学专家也同意怀孕期间应避免饮酒（Carmona, 2005）。

长期饮酒对身体的影响

对过度饮酒者来说，他们的临床表现是非常糟糕的。因为摄入的酒精几乎全部被身体吸收，只有 5%~10% 的酒精会通过呼吸、尿液和汗水排出体外。而且酒精代谢的工作是由肝脏完成的，但当人体摄入大量酒精时，肝脏会严重超负荷工作，最终遭到不可逆转的损害（Lucey et al., 2009）。事实上，15%~30% 的重度饮酒者会得肝硬化，这是一种肝脏血管广泛硬化的疾病。每年，36 000 例肝硬化死亡的患者中，有许多与酒精相关（CDC, 2015b）。一些国家（比如英国和苏格兰）在过去的 20 年中，由于其人口中酒精使用的增加，肝硬化相关的死亡率也增加了（Leon & McCambridge, 2006）。

酒精还是一种高热量的物质。470 毫升威士忌——足够制作 8~10 杯普通的鸡尾酒——大约有 1 200 卡路里的热量，这大约是人一天所需热量的一半。因此，饮酒会降低食欲。但是又因为酒精没有营养价值，过度饮酒者会出现营养不良的情况（Connor et al., 2016）。此外，重度饮酒会损害身体利用营养物质的能力，服用维生素也不能弥补营养不足。许多酒精滥用者还会出现胃肠疾病，如胃痛（Connor et al., 2016）。

酒精滥用和酒精依赖的心理社会效应

除了身体和医学上的问题，重度饮酒者还经常受到慢性疲劳、过度敏感和抑郁症的困扰。最初，酒精似乎是处理生活中应激源的一个有用的辅助工具，特别是在急性应激时，它有助于过滤掉无法接受的现实，进而增强饮酒者的满足感和价值感。但是，过度饮酒最终会适得其反，会导致酗酒者推理能力受损、判断力减弱、人格逐渐衰退等问题。酗酒者的行为通常会变得粗鲁，承担的责任也会越来越少，他们对自己的外表失去了自豪感，会忽略配偶和家庭，变得易怒，更不愿讨论饮酒问题。

当判断力受损时，过度饮酒者可能无法工作，通常也就不具备应对新需求的能力（Frone, 2003）。一般的人格紊乱和衰退可能会反映在失业和婚姻破裂上。最终，酗酒者的整体健康状况会恶化，大脑和肝脏会受到损害。例如，有证据表明，即使没有极端的器质性症状，一个患有酒精使用障碍的人的大脑也在积累弥漫性的器质性损伤（Sullivan, Deshmukh, et al., 2000），轻度到中度的饮酒也会对记忆和解决问题的能力产生负面影响（Gordis, 2001）。其他研究者发现，大量饮酒与晚年生活中器质性损害的增加有关（Lyvers, 2000）。但是，使用功能性磁共振成像的研究表明，如果人们戒酒，这种损害是部分可逆的（Wobrock et al., 2009）。

与严重酒精滥用相关的精神疾病

过度饮酒还会导致严重的精神卫生问题。有几种急性的精神病性反应符合物质所致障碍的诊断分类。这些反应可能发生在长期过度饮酒者身上，它们通常只持续很短的时间，通常包括混乱、兴奋和谵妄。因为这些障碍的特征之一是患者会暂时与现实失去联系，所以这些障碍通常被称为“酒精所致的精神障碍”。

长期过度饮酒者会出现酒精戒断性谵妄（以前称为“震颤谵妄”）。这种反应通常发生在长期过度饮酒者进入戒断阶段之后，即使是轻微的噪声或突然移动的物体，都可能会引起饮酒者相当大的兴奋和不安。全面的症状包括：（1）对于时间和地点的迷失，例如，一个人可能把医院误认成教堂或监狱，认不出自己的朋友，或把医护人员当成老相识；（2）会出现幻觉，特别是对蛇、老鼠、蟑螂等快速移动的小动物的幻觉；（3）会有剧烈的恐惧，在这种恐惧中，这些动物可能以可怕的方式改变着形状、大小或颜色；（4）易受暗示，在这种情况下，如果有人暗示某种动物的出现，饮酒者就能看到；（5）饮酒者的手、舌、唇会有明显的颤抖；（6）其他症状包括出汗、发烧、心跳快而弱、舌苔异常和口臭。

谵妄通常持续 3~6 天，紧接着通常是深度睡眠。当饮酒者再次醒来时，他几乎没有了任何症状，但他还是会感到害怕，在接下来的几个星期或几个月内，他都可能不再饮酒了。据估计，大约有 30% 的酒精戒断性谵妄者会在发病后 8 年内死亡，但适当的治疗可显著降低死亡风险（Mainerova et al., 2015）。但即使是像氯氮䓬类这样已经能够明显减弱戒断症状的药物，还是有因戒断致死的风险（Kumar et al., 2015）。

第二种与酒精有关的精神疾病是酒精性遗忘障碍（以前称“科尔萨科夫综合征”）。1887 年，俄罗斯精神病学家谢尔盖·科尔萨科夫（Sergei Korsakoff）首次描述了这种疾病，并称之为“最严重的酒精相关的疾病之一”（d’ Ydewalle & Van Damme, 2007）。其主要症状是记忆缺陷（特别是对于最近发生的事件），有时伴有事件伪造（虚构）。患有这种障碍的人，可能认不出他们刚刚看到的图片、面孔、房间和其他物体，尽管他们可能觉得这些人或物体非常熟悉。他们会倾向于用虚构的东西来填补他们记忆的空白，从而导致一些不相关的和扭曲的联想。他们可能看起来神志不清、没有时间和地点的认知，但是通常他们混乱和无序的行为是与他们试图填补的记忆空白密切相关的。遗忘障碍本身似乎与无法形成新的、可以使记忆很容易提取的联想有关，这种反应通常发生在多年过度饮酒之后。长期滥用酒精的人还有其他认知障碍，如计划缺陷（Brokate et al., 2003）、智力下降、情绪缺陷（Snitz et al., 2002）、判断缺陷（Brand et al., 2003）和皮层病变（Estruch et al., 1998）。

酒精性遗忘障碍的症状是由营养不良引起的，特别是维生素 B_1（硫胺素）的缺乏。如果症状在 48~72 小时内被正确诊断出来，那么使用维生素 B_1 治疗就可以逆转这种情况，而且长时间的戒酒似乎也可以使患者恢复记忆功能。但是，如果未被确诊，且病情发展超过数天，那么将导致脑损伤，并且不可逆转（Latt & Dore, 2014）。

案例

警察把布兰登带进了当地一家医院的戒毒室，因为他在一个拥挤的城市公园引发了一场事故。因为攻击他人，布兰登被捕（当时他正在拥挤的人群中穿行，而且一边踢人一边自言自语）。入院时，布兰登神志不清（不知道自己身在何处）、语无伦次、困惑不解。当被问到名字时，他停顿了一下，挠了挠头说：“乔治·华盛顿。”当被问及他在公园里做什么时，他表示自己是在“为自己的荣誉而战”。

11.2　酒精使用障碍的成因

解释与酒精使用障碍有关的生物学、心理社会学和社会文化因素

在试图找出酗酒的原因时，一些研究者强调了遗传学和生物化学因素的作用，而另一些研究者则强调了心理社会学因素，认为酗酒是一种对生活应激的适应不良模式；还有一些人强调社会文化因素，例如酒精在社会中的流通性，以及社会对过度饮酒的默许（Connor et al., 2016）。因此，所有这些因素的排列组合都影响着酒精滥用或酒精依赖的风险。与大多数其他形式的障碍行为一样，酒精使用障碍有很多种，每一种都有不同的生物学、心理社会学和社会文化因素。

11.2.1 酒精使用障碍的生物学因素

酒精、可卡因和阿片类药物（将在本章后面讨论）等物质如何产生如此强大的作用——而且在仅仅几次使用之后就发生了？虽然对于确切的机制，该领域专家尚未达成共识，但该机制显然涉及两个重要因素。第一个因素是大多数（如果不是全部）成瘾性物质具有激活大脑的能力，从而能够产生内在的快感，有时还能产生即时的、强大的奖赏。第二个因素涉及人的生物构成或体质，包括遗传因素和环境影响（学习因素），即个体对精神活性物质的需求因持续使用该物质而日益增加。酒精成瘾的形成是一个复杂的过程，涉及许多因素：体质易感性和周围环境的激励，以及某些精神活性物质独特的生化特性。让我们更详细地研究一下这些因素。

成瘾的神经生物学原理

不同精神活性药物的生化特性不同，影响大脑的速度也不同。通常有以下几种用药方式：口服、鼻用和静脉注射。酒精通常是口服，这是最慢的方式，而可卡因通常是通过鼻腔或注射的方式用药。成瘾背后的神经生化过程的核心是药物在激活大脑中的“快感通路”。中脑皮层边缘多巴胺通路（MCLP）是大脑中精神活性药物激活的主要区域。MCLP是由位于大脑中部的中脑腹侧被盖区（见图 11.3）的神经元细胞组成的，它与其他大脑中心区域相连，如伏隔核，然后与前额皮层相连。MCLP 系统涉及情绪控制、记忆和满足感等功能。酒精通过刺激大脑的这个区域产生欣快感。研究表明，直流电刺激 MCLP 会带来巨大的快感，并且这种感觉有很强的强化属性（Littrell, 2001）。

其他的精神活性药物也会改变大脑的正常功能，激活快感通路，我们稍后会详细讨论。激活大脑奖赏系统的药物摄入行为被强化，因此药物使用会增加。大脑接触成瘾性药物后，其神经生化结构会改变，并导致一系列行为效应。随着药物的持续使用，对药物的神经适应性（或耐受性和依赖性）逐渐形成。

遗传易感性

遗传易感性发展成酒精滥用问题的可能性已被广泛研究。许多专家认为，遗传在一个人对酒精等成瘾性药物的敏感性中起着重要作用（Volk et al., 2007）。

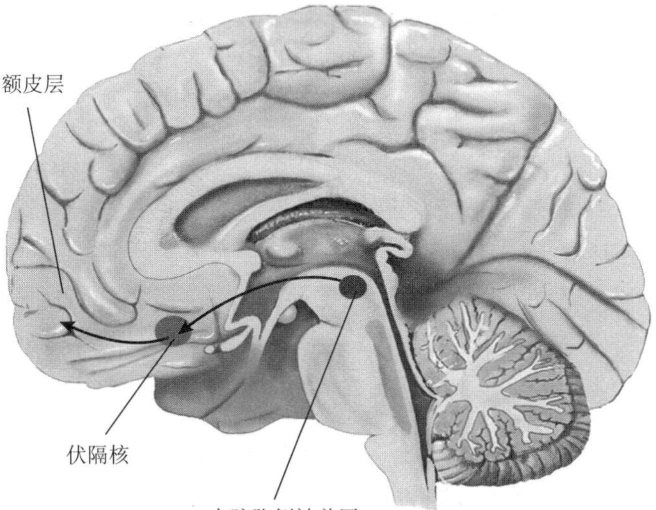

图 11.3　中脑皮层边缘通路

有一项对 39 个家庭研究进行的综述，这 39 个研究对有酒精使用障碍（6 251 人）和无酒精使用障碍（4 083 人）的家庭进行了 40 多年的跟踪调查。结果显示，几乎 1/3 的酒精使用障碍患者双亲中至少有一位有酒精问题（Cotton, 1979）。同样，一项针对有酒精使用障碍的成年人在儿童期的研究表明，对男性来说，父母中有一人酗酒，其酒精使用障碍的比例就会从 12.4% 提高到 29.5%，如果父母都酗酒，这一比例则会提高到 41.2%。对于父母没有酒精使用障碍的女性，这一比例为 5.0%；对于父母之一有酒精使用障碍的女性，这一比例为 9.5%；而对于父母都有酒精使用障碍的女性，这一比例为 25.0%（Cloninger et al., 1986）。

领养研究也为酒精问题的遗传易感性提供了证据。在这些研究中，研究者跟踪调查了那些父母患有或没有酒精使用障碍的孩子被没有酒精使用障碍的家庭领养的情况。这些研究表明，祖父母有酒精使用障碍的孩子，在 20 多岁时出现酒精使用障碍的可能性几乎是一般人的两倍（Goodwin et al., 1973）。因此，如果一个人父母中有酒精使用障碍者，那么他患上这种障碍的风险就会大大增加。

另一种了解酒精相关障碍前兆的方法是研究那些可能会但还没有滥用药物的高危人群。酒精风险人格被描述为有酒精滥用遗传易感性、冲动、鲁莽、情绪不稳定的个体。

研究表明，在遗传上容易出现药物或酒精使用障碍的人与没有患病风险的人相比会表现出不同的生理模式。与被认为风险较低的人相比，风险较高的人在摄入酒精后，会体验到更大程度的应激下降（Finn et al., 1997），在脑电图上会显示出不同的 α 波模式（Stewart et al., 1990），并且对酒精有更大的条件反射性生理反应。

一些研究表明，某些种族，特别是亚洲人和印第安人，对酒精有特殊的生理反应，这种现象被称为“酒精性脸红反应”。亚洲人和因纽特人有过度敏感反应的倾向，包括摄入酒精后皮肤潮红、血压下降、心悸、恶心（Gill et al., 1999）。这种生理反应发生在大约一半的亚洲人身上（Chen & Yeh, 1997），这是由一种突变酶导致的，这种酶在代谢过程中不能分解肝脏中的酒精分子（Takeshita et al., 1993）。虽然文化因素也可能起作用，但亚洲群体相对较低的酒精使用障碍率可能与酒精性脸红反应引起的极度不适有关（Higuci et al., 1994）。

遗传学——很多待解决的问题

就像本书描述的其他障碍一样，遗传并不是全部的因素，它在酒精相关障碍的形成中所扮演的角色还不清楚。事实上，在很多研究中指向酒精使用障碍风险的特定遗传标记的研究结果通常在其他研究中都没有得到复制，这使得研究者对遗传因素如何与其他因素相互作用以致个体形成酒精使用障碍这一问题一无所知（Salvatore et al., 2018）。重要的是，对大多数孩子来说，即使他们的父母有酒精相关的问题，他们本身也不会患上酒精或药物使用障碍——不管他们是不是由亲生父母抚养长大的。总的来说，虽然有很多证据表明遗传因素在酒精使用障碍的成因方面起作用，但我们不知道它们具体起什么作用。目前，酒精使用障碍的遗传学解释似乎仍然是一个有吸引力的假说，但是，我们还需要更多的研究来确认这一观点。单凭遗传不可能解释所有的酒精和药物相关的问题，心理社会因素仍然被认为是推动酒精和其他药物使用的强大力量。

11.2.2 酒精滥用和酒精依赖的社会心理因素

酗酒者不仅在生理上依赖酒精，在心理上也对酒精产生了强烈的依赖——在社交上，他们依赖酒精来帮助他们享受社交环境。

父母引导失当

稳定的家庭关系和父母的引导对孩子的成长有着极其重要的影响（Lee & McLanahan, 2015），而这种稳定性在物质滥用者的家庭中往往缺失。父母酗酒或吸毒的儿童很容易出现药物滥用以及相关问题（Erblich et al., 2001）。我们早年从身边重要的人身上学到的经验和教训对成年后的我们有重大影响。如果儿童由于周围的成年人提供的引导有限，在其早期生活中接触到负面的榜样和家庭功能失调，或者经历其他负面情况，他们往往在面对人生困难时出现问题（Fischer et al., 2005）。这些形成性的经历会直接影响一个年轻人是否有酒精或药物滥用等适应不良行为。

在一个旨在评估消极社会化因素影响酒精使用的研究项目中，沙桑及其同事（Trim & Chassin, 2004）重复了父母酗酒与青少年物质滥用有关的发现，之后他们评估了几种可能影响青少年饮酒的辅助因素。他们发现父母的教养技巧或行为与青少年的药物使用有关。具体来说，酗酒的父母不太可能关注他们的孩子在做什么，而这种缺乏监督的情况往往导致青少年与使用药物的同龄人产生联系。压力和负面影响（在父母有酒精使用障碍的家庭中更为普遍）也与青少年饮酒有关。另外，应激性极大的童年经历，如遭受身体虐待（Douglas et al., 2010; Kaufman et al., 2007）或性虐待，也可能使他们易受日后问题的伤害。

心理易感性

近年来，大量的研究集中在酒精相关障碍和反社会型人格障碍、抑郁症和精神分裂症等其他障碍之间的联系上，以确定一些人是否更容易受到物质使用障碍的影响。大约一半的精神分裂症患者有酒精或药物滥用或依赖等问题（Kosten, 1997）。此外，反社会型人格障碍、酒精和攻击性是密切相关的（Moeller & Dougherty, 2001），在 8 个酒精治疗项目的调查中，摩根斯特恩和同事（1997）发现，接受治疗的人有 57.9% 的人有人格障碍，22.7% 的人符合反社会型人格障碍的标准。大量的研究也表明抑郁症和酒精滥用之间存在联系，这些障碍之间的联系可能存在性别差异（Kranzler et al., 1997）。无论出于何种原因，滥用酒精或药物的患者中是否存在其他精神障碍，是治疗中一个非常重要的考量因素，本章后面将对此进行讨论。

应激和紧张的减轻和强化

对正在接受治疗的药物滥用患者的研究表明，他们之前的经历有很高的创伤水平——25%~50% 的 PTSD 患者有药物使用障碍（Schafer & Najavits, 2007）。在一项关于药物滥用的研究中，德特斯及其同事（2006）发现，98% 的美国印第安青少年报告了创伤史，如受到人身伤害的威胁、目睹伤害事件或受到性虐待。一项针对 2001 年 9 月 11 日恐怖袭击后患上 PTSD 的救援人员的治疗研究发现，过度饮酒与中途退出治疗有关（Difede et al., 2007）。此外，经历过伊拉克战争的退伍军人的酒精滥用行为与长期暴露在危险的环境和暴行中有关（Wilk et al., 2010）。

许多研究者指出，典型的酒精滥用者对自己的生活不满意，无法或不愿意忍受应激和紧张（Rutledge & Sher, 2001）。在胡松及其同事（2001）的报告中，饮酒与负面情感（如焦虑和躯体主诉）之间存在高度关联。换句话说，许多患有酒精使用障碍的人会喝酒以放松身心。按照这种观点，即使并非处于极端应激性的生活情境，只要人们发现酒精可以减少紧张，就有滥用酒精的危险。然而，紧张减轻因果模型很难被接受为唯一的解释性假设。如果这个过程是一个主要原因，那么我们可以预期，物质使用障碍将更为广泛，因为酒精会减轻大多数饮酒者的紧张感。此外，该模型还不能解释为什么有些过量饮酒者能够控制自己的饮酒行为并继续在社会中发挥作用，而另一些则不能。

对成功的期望

一些研究对一个假设进行了探索，即一旦人们饮酒，认知期待就可能在饮酒行为的发起和维持中发挥重要作用（Marlatt et al., 1998）。根据交互影响模型，青少年饮酒是因为他们期望使用酒精会让他们受欢迎和被同龄人接受。

这种观点为专业人士提供了一种重要的、可行的强大手段，以阻止年轻人饮酒或至少延迟其饮酒。从这个角度来看，可以通过为年轻人提供更有效的社交工具，以及在他们饮酒之前改变这些期望来制止青少年饮酒。一些研究者建议，预防措施应该在儿童饮酒之前就开始执行，这样，期望与饮酒之间相互强化的正反馈循环就不会建立起来（Smith et al., 1995）。

尽管在大学早期，重度饮酒会导致危险的行为和较低的学习动机，但时间和经验确实对这些酒精期望有调节作用（Hoeppner et al., 2012）。在一项关于大学生饮酒的纵向研究中，谢尔及其同事（1996）发现，随着时间的推移，结果预期显著下降。也就是说，与新生相比，年长的学生对酒精益处的期望更低（参见《我们周围的世界》专栏）。

研究特写
调节

调节变量是影响其他两个变量之间关联的变量。例如，丧亲后出现抑郁症状很常见，但是，失去配偶的男性比失去配偶的女性更容易沮丧。在这种情况下，性别是丧亲-抑郁关系的关键调节变量。

婚姻和其他亲密关系

与有亲密同龄人、关系积极的成年人相比，缺乏支持关系的成年人在悲伤或感到敌意时更倾向于饮酒（Hussong et al., 2001）。过度饮酒通常发在婚姻或其他亲密关系出现危机的时候，尤其是受到伤害和出现自我贬低之后。婚姻关系可能会助长过度饮酒的行为，婚姻伴侣之间的行为方式可能会助长或促使配偶过度饮酒。例如，一个丈夫和一个酒精滥用的妻子生活在一起时，他常常意识不到这样一个事实：他每天做出的许多决定，都是逐渐地、不可避免地建立在他妻子饮酒的基础之上的。这些预期反过来可能会促使饮酒行为的发生。最终，整个婚姻会以滥用酒精的配偶的饮酒行为为中心。在某些情况下，另一方可能也会开始过度饮酒。因此，当今的许多治疗项目会重点关注那些促使酒精滥用者饮酒的人格或生活方式。当然，这种关系不仅限于婚姻伴侣，还可能发生在恋爱关系或友情关系中。

我们周围的世界

大学中的酗酒行为

2004 年秋天，两次与酒精有关的学生死亡事件震惊了美国科罗拉多州的大学生社区。科罗拉多大学一年级新生林恩 · B 在联谊会上喝了太多威士忌和葡萄酒，以至于昏迷不醒，最后死于酒精中毒。就在两周后，同样的悲剧发生在科罗拉多州立大学一名 19 岁的大二学生身上，萨曼莎 · S 在一次聚会上喝了大约 40 杯酒，死于酒精中毒（Sink, 2004）。

大学生酗酒到底有多严重？尽管大多数本科生都不被允许饮酒，但美国国家防止酒精滥用与酒精中毒研究所（NIAAA）指出，大约 4/5 的大学生会饮酒，而一半的学生酗酒（NIAAA, 2015）。此外，约有 25% 的大学生由于饮酒而产生学业问题，例如不去上课和成绩不佳（NIAAA, 2015）。

高校酗酒问题普遍存在的原因是什么？我们可以列举许多因素，例如：学生想表达自己的独立性，显示自己不再受父母的影响（Turrisi et al., 2000）；同龄人群体和环境的影响（Read et al., 2003）；发展和维护自己的性别角色，特别是对于那些要承担“有男子气概”角色的男生（Capraro, 2000）；认为酒精有助于实现积极的转变，例如“特殊场合需要喝酒庆祝”等因素（Turrisi, 1999）。

一项研究表明，即使是在姐妹会或兄弟会中喝得最多的人，都在很大程度上受环境左右，而这一因素随毕业而改变。在毕业一年后的饮酒研究中，谢尔、巴塞洛和南达（2001）的报告表明，成为兄弟会或姐妹会的成员，并不能决定大学毕业后的饮酒行为。有趣的是，在超过 11 年的长期跟踪调查中，大学期间的酗酒并没有转化为后续的酗酒（Bartholow et al., 2003）。这些调查人员还发现，希腊社会中的酗酒通常不会导致晚年持续的酗酒。

一些机构提供心理干预以减少大学生饮酒。最近的一项研究报告称，一种名为“简短动机干预”（BMI）的程序，通过向酗酒的大学生提供能够控制其饮酒行为的技能，使他们形成更强的自我调节能力（Carey et al., 2007）。这种方法对于在预评估处理中表现出改变意愿的学生更有效。

我们知道，大多数大学生饮酒甚至酗酒的后果可能是负面的，甚至是致命的。鉴于此，大学生可以或应该采取什么措施来减少饮酒时出现负面（或致命）后果的可能性呢?

案例

伊芙琳·C今年36岁，是一名家庭主妇，育有两个学龄儿童（前一段婚姻的孩子），在与现任丈夫约翰（一家零售企业的经理）发生激烈争执后，她开始酗酒。几个月来，她会在孩子上学时饮酒，甚至有两次孩子回家之后，她还醉醺醺的。最近的一次，伊芙琳竟然没有去接她的大女儿放学。大女儿打电话给约翰（他正在外地出差），约翰让自己的一个助手去接了她。当他们回到家时，伊芙琳（显然没有意识到她所造成的问题）大闹了一场，并对助手恶言相向。当与自己结婚3年的丈夫开始在外面整夜不归时，她的酗酒问题更加严重。这些情绪化的冲突导致约翰在某天清晨归家后对伊芙琳暴力相向，并在第二天一早搬出房子，提出了离婚。

过度饮酒是美国最常见的离婚原因之一（Perreira & Sloan, 2001），并且经常是两个最常见原因（经济问题和性问题）中的一个隐藏因素。当然，酒精滥用者或酒精依赖者的人际关系的恶化进一步增加了他们生活中的应激和混乱水平。夫妻关系破裂对许多人来说可能是一个压力很大的情况。离婚带来的压力，以及随之而来的不稳定的调整时期，都会导致物质滥用加重。

家庭关系问题也是助长酒精使用障碍的核心（Dooley & Prause, 2007）。在一项关于酒精滥用的病因的经典纵向研究中，瓦利恩特及其同事（1982）描述了6个家庭关系的因素，这些因素与他们所研究的个体中酒精使用障碍的形成有显著关系。导致个体容易出现物质使用障碍的最重要的家庭变量是：父亲存在酒精使用障碍、婚姻矛盾尖锐、母亲监管不严、管教不一致、家庭早期多次搬家、对父亲缺乏“依恋”、家庭缺乏凝聚力。

11.2.3 社会文化因素

饮酒是西方文化中普遍存在的行为，社交活动经常围绕它发生，饭前和饭后饮酒都很普遍。酒通常被视为社交活动的“润滑剂”或“减压剂”。因此研究者指出，社会文化因素，以及生物和心理因素，在美国人酒精滥用和酒精依赖的高发生率中有着重要的作用。

穆斯林和摩门教徒的宗教价值观禁止使用酒精，正统派犹太教徒则传统上将酒精使用范围主要限制在宗教仪式上，这充分说明了文化观念对饮酒行为的影响。在这些群体中，酒精使用障碍的发生率极低，相比之下，欧洲人的酒精使用障碍发生率很高。例如，一项调查显示，在丹麦和马耳他，年轻人的酒精使用率最高，其中1/5的学生报告说过去30天内饮酒10次（ESPAD, 2000）。

全世界的酒精消费率各不相同，东欧的消费率最高，其次是西欧和美洲（Rehm et al.,

2009）。然而，无论在何处饮酒，无论是通过总摄入量来衡量，还是通过反复饮酒次数来衡量，饮酒过量都会增加疾病和死亡的风险（Rehm et al., 2009）。尽管存在这个事实，人们还是会大量饮酒。我们可以指出人们饮酒的许多原因，同样，也可以指出许多使他们容易做出饮酒行为并强化这一行为的因素，但是导致一个人出现酒精使用障碍的确切因素的组合仍然未知。

11.3 酒精相关障碍的治疗

讨论酒精相关障碍的治疗

酒精滥用和酒精依赖很难治疗，因为许多酗酒者在他们"跌入谷底"之前都拒绝承认他们的问题，而许多接受治疗的人会中途离开。成瘾性被描述为"被否认的疾病"（DiClemente, 1993）。总体而言，只有不到 1/3 的酒精使用障碍者接受了治疗，而对酒精相关障碍的现有治疗效果并不佳（Hasin et al., 2007; Magill & Ray, 2009）。一般来说，通过多学科的方法来解决饮酒问题似乎是最有效的，因为问题通常很复杂，需要灵活和个性化的治疗程序（Margolis & Zweben, 1998）。此外，物质滥用者的需求会随着治疗的进展而改变。治疗目标通常包括脱瘾、身体康复、控制酒精滥用行为，以及个人能够意识到自己其实可以应付生活中的问题，并在没有酒精的情况下过上更有意义的生活。

传统的治疗方案通常以戒酒为目标（Ambrogne, 2002）。但是，一些计划试图将有节制地饮酒作为问题饮酒者的治疗目标。例如，之前提到的 BMI 程序试图通过提供信息和建议来调节患者的行为，这些建议是关于物质使用的结果的，旨在对患者的酒精使用习惯提出质疑——但是却将责任留给了个人（Carey et al., 2007; Miller & Rollnik, 2002; Peterson et al., 2006）。无论采用何种治疗方法，复发都是常见的，许多业内人士认为复发是治疗和康复过程中必须解决的一个问题。

11.3.1 酒精滥用和酒精依赖的药物治疗

生物学方法包括各种治疗措施，如利用药物减少对酒精的渴望、缓解戒断反应，以及治疗同时发生的身体和精神问题（它们可能引发饮酒行为）。

利用药物阻断饮酒欲望

双硫仑是一种会使服用者在饮酒后剧烈呕吐的药物，用于防止戒酒后立即恢复饮酒的行为（Grossman & Ruiz, 2004）。但是这种疗法很少被推荐作为唯一的方法，因为酒精依赖者从医院或诊所出来后再次饮酒时，只要停止使用该药物就不会受到影响。实际上，这类药物的主要价值似乎在于它在一段时间内中断酒精滥用周期的能力，在此期间，医生可以对患者实施治疗。使用双硫仑可能会带来让人不适的副作用。例如，含有酒精的须后水可以通过皮肤吸收，从而导致恶心感。此外，与其他一些更有效的治疗方法相比，双硫仑的治疗费用较高，需要更努力地维持治疗。

其他用于治疗酒精使用障碍的药物还有纳曲酮，它是一种阿片类拮抗剂，可以通过阻断酒精产生的愉悦感，使人降低对酒精的渴望；另外还有阿坎酸，但是这种药物的性能仍在研究中（Gueorguieva et al., 2007; Lee et al., 2010）。最近，有研究者对 122 项随机对照试验进行了大规模评估，这些试验对酒精使用障碍患者的用药效果进行了测试。该综述发现，纳曲酮和阿坎酸都可以有效减少饮酒和重度饮酒行为（Jonas et al., 2014）。

减轻急性戒断的副作用的药物

在发生急性中毒的情况下，首要工作是解毒（消除人体中的酒精性物质），治疗先前所述的戒断症状，以及进行物理康复疗法。治疗戒断症状的主要目标之一是减少戒断期间产生的身体症状，例如失眠、头痛、胃肠道不适和震颤。药物治疗方法的核心是预防心律不齐、癫痫发作、谵妄和死亡。这些步骤最好在医院或诊所进行，因为安定等药物在很大程度上改善了这些地方对戒断症状的治疗。这些药物可以克服运动性兴奋、恶心和呕吐，防止戒断性谵妄和抽搐，并帮助减轻与戒断有关的紧张和焦虑。长期使用苯二氮䓬类药物，如地西泮，可降低戒断症状的严重程度，其有效性已被证明（Malcolm, 2003）。

但是，人们对镇静剂（抑制中枢神经系统的药物，导致镇静、放松、焦虑减少和睡眠）的使用也越来越慎重，因为它不能让人真正地康复，而可能只是将成瘾转移到另一种物质上。因此，一些脱瘾诊所正在探索其他方法，比如逐步戒酒而不是突然戒断。有时诊所还会给戒酒的患者服用一定剂量的轻度镇静剂，以减少焦虑，帮助他们入睡。然而，这种药物的使用效果比不治疗更差，因为患者最后必须戒除镇静剂和酒精两种物质（由于他们容易变得滥用两者）。此外，在药物的影响下，患者甚至可能会重新使用酒精。

11.3.2 心理治疗方法

一旦患者能够控制自己的饮酒行为，戒酒后最好进行心理治疗，包括家庭咨询、个人就业以及其他社会再适应方面的社区资源的利用。尽管个体心理疗法有时是有效的，但心理社会学的重点还是小组疗法、环境干预、行为疗法，以及匿名戒酒协会和家庭团体（如匿名戒酒亲友会和父母嗜酒青少年互助会所使用的方法）。

团体疗法

团体疗法对许多临床问题都有效果（Galanter et al., 2005），尤其是与物质使用相关的障碍（Velasquez et al., 2001）。在对抗性的团体治疗中，酒精滥用者常常被迫（也许是第一次）面对他们的问题，以及面对他们否认或最小化这些问题的倾向。对那些拒绝承担自己责任的人来说，团体治疗可能是极其困难的，但这种治疗也有助于他们看到新的可能性，以应对导致他们困难的环境。这为他们学习更有效的应对方法和其他积极的措施以解决饮酒问题铺平了道路。

在某些情况下，酒精滥用者的配偶甚至孩子也可以参加团体治疗会议。在其他情况下，家庭治疗本身就是治疗工作的重点。鉴于酒精滥用和酒精依赖会对家庭关系造成严重的影响，在这种情况下，家庭治疗需要在教育饮酒者其饮酒的家庭后果，讨论家庭在加剧饮酒行为（如有）方面可能发挥的作用，以及制定计划让家庭在未来能更好地运转等方面达到微妙的平衡。

环境干预

与其他严重的适应不良行为一样，针对酒精滥用或酒精依赖的整体治疗方案，通常需要采取措施来减轻患者厌恶的生活环境。事实证明，周围环境的支持是酒精滥用者康复的重要组成部分。人们常常由于饮酒而与家人和朋友疏远，或者失去或危及工作。因此，他们经常感到孤独，并生活在贫困的社区。通常情况下，周围人的反应非常冷漠，他们对待酗酒者不会像对待那些具有同等身体疾病的患者一样。所以如果酗酒者的社会环境仍然充满敌意和威胁，那么仅仅帮助其学习有效的应对技巧可能是不够的。对那些住院治疗的人来说，（出院之后）中途之家（旨在帮助他们回归家庭和社区）往往是他们整个治疗计划的重要辅助手段。

行为和认知行为疗法

行为疗法是一种有趣且通常有效的对酒精相关障碍的治疗形式，存在几种类型。一种是厌恶性条件反射疗法，这涉及在患者饮酒时呈现各种伤害性刺激以抑制饮酒行为。例如，饮酒可能会与电击或引起恶心的药物搭配。戒酒后的行为疗法中还可以使用多种药理学方法和其他制止措施。还有一种方法是注射盐酸依米丁，这是一种催吐剂。在体验到注射引起的恶心之前，患者会被给予酒精，这样，酒精的外观、气味和味道就会与剧烈的呕吐联系起来。也就是说，患者会对酒精的味道和气味形成一种条件反射性的厌恶。通过重复，这一经典的条件反射过程会对饮酒起到强大的抑制作用——这可能是因为这项疗法会给过度饮酒者带来比通常意义上更加直接而令人不快的生理后果。

认知行为疗法（CBT）通常用于治疗与酒精有关的问题（Marlatt, 1985; Witkiewitz & Marlatt, 2004）。这种方法将干预的认知行为策略与社会学习理论和行为模仿学习相结合。

该方法通常被称为“技能培训程序”，通常针对年轻酗酒者，这些年轻人一般是因为家庭中有酒精滥用史或自己大量饮酒，而被认为有可能发展成更严重的饮酒问题。CBT 依靠以下技术：传授有关酒精的特定知识、培养对酒精使用风险增加的情境的应对技能、改变认知和期望、教授压力管理技能，以及提供生活技能培训（Connors & Walitzer, 2001）。尽管 CBT 广泛应用于许多心理疾病，但迄今为止，它在治疗酒精问题方面的效果并不明显（Magill & Ray, 2009）。

自我控制训练技术，例如前面提到的 BMI 程序，旨在使人们减少酒精摄入量而不必完全戒酒，这对某些饮酒者具有很大的吸引力。例如，可以通过改变饮酒者的社交网络来改善饮酒方式（Litt et al., 2007），对青少年进行的动机性访谈被发现在减少物质使用方面很有效果（Macgowan & Engle，2010）。现在甚至还有一个基于计算机的自我控制训练程序，在一项对照研究中已经证明可以减少酗酒问题（Fals-Stewart & Lam, 2010; Neighbors et al., 2004）。当然，对那些极度依赖酒精的人来说，完全戒酒是很困难的。因此，许多患有酒精使用障碍的人无法完成传统的治疗计划。

11.3.3 控制饮酒与戒酒

数十年来，关于治疗酒精相关障碍的最佳方法一直存在争议。许多人认为，治疗酒精依赖障碍的唯一有效方法就是戒酒（永远不再饮酒），而另一些人认为酗酒者不需要完全放弃饮酒，可以学习“控制性饮酒”，即使用技巧适度饮酒（Miller, Walters & Bennett, 2001; Sobell & Sobell, 1995）。几种学习控制性饮酒的方法已经被实践过，研究表明，一些酒精使用障碍患者确实可以学会控制饮酒量（Senft et al., 1997）。在一项经典研究中，米勒及其同事（1986）评估了 4 项控制性饮酒治疗方案的长期随访研究结果。尽管他们发现戒酒者和复发病例的数量有明显的增加趋势，但他们也发现，在 4 项研究中，有 15% 的受试者控制住了他们的饮酒行为。研究者得出结论，对于酒精问题不太严重的人，控制性饮酒更有可能取得成功。

波利克等人（1981）的经典研究表明，一些人在治疗后，能够对饮酒保持一定程度的控制（而不是完全戒酒）。这些研究者发现，在他们研究的患有酒精使用障碍的人群中，有 18% 的人在 6 个月的治疗随访期间能够进行社交上正常的饮酒。尽管该领域有数十年的研究历史，但这种治疗方式仍然是研究和治疗酒精使用障碍患者的专业人士的热门讨论话题（Cheng et al., 2017）。这一领域的许多人不认为酗酒者可以学会控制自己的饮酒，而一些组织，比如戒酒互助会，则坚决反对针对酒精依赖者进行的控制性饮酒项目。

11.3.4　匿名戒酒会

匿名戒酒会（AA）是一种非常实用的治疗酒精使用障碍的方法，它在世界范围内非常流行。这个组织是 1935 年由鲍勃医生和比尔 · W 在美国俄亥俄州的阿克伦市创立的。比尔 · W 通过“一次根本的精神改变”从酒精使用障碍中恢复过来，并立即去找鲍勃医生，在比尔的帮助下，鲍勃医生也恢复了健康。他们开始帮助其他有酒精使用障碍的人。从那时起，AA 人员已经超过 200 万人，全球有超过 10 万个 AA 组织（AA, 2015）。

AA 主要作为一个自助辅导项目运作，强调个人与团体的关系。AA 既接受有酗酒问题的青少年，也接受有酗酒问题的成年人，不收取任何费用，不保留记录或病历，不参与政治事业，不隶属于任何宗教派别，并且精神发展是其治疗方法的一个关键方面。为了确保其匿名性，AA 中只使用名字不使用姓。会议的部分内容是社交活动，但主要内容是讨论参与者的饮酒问题，通常还会有戒酒成功者的案例。这些成员通常会将他们戒酒之前的生活与现在的生活进行对比。在此，我们必须指出，根据 AA 的理念，AA 及其附属机构使用的“酗酒者”一词，指的是目前饮酒过度或已戒酒但将来必须继续戒酒的人。也就是说，根据 AA 的观点，一个人只要是酗酒者，那么他一生都是酗酒者，不管他现在是否还会饮酒；一个人的酒精使用障碍不会被“治愈”，而是一直“在康复中”。

AA 康复计划的一个重要方面是，它让酗酒者认为，酒精使用障碍像许多其他问题一样，比表面看起来更严重，这就减轻了酗酒者的个人责任。从此以后，他们不再认为自己意志薄弱，缺乏道德力量，而认为自己患有某种疾病，因此不能饮酒——就像其他人不能接受某些药物一样。通过同病相怜的小组成员的相互帮助和安慰，许多有酒精使用障碍的人变得对问题更有洞察力，并且有一种新的使命感，以及更强的自我力量和更有效的应对技巧。当然，继续参与该组织有助于防止复发危机。附属运动，如匿名戒酒亲友会和父母嗜酒青少年互助会，旨在让家庭成员共享经验和问题，以了解酒精使用障碍的性质，并学习处理与一个或多个酗酒者生活在一个家庭中的问题。

报告的匿名戒酒会的成功主要是基于传闻信息，而不是对治疗结果的客观研究，因为 AA 并不会直接参与外部的比较研究。已经有研究集中于测试 AA 的有效性，但由于方法学上的考虑，这些研究在很大程度上是不准确的。例如，许多被随机分配去 AA 的酗酒者会中途退出，而另一些被分配去接受替代治疗的酗酒者除了接受替代治疗，还会去 AA——这使得测试 AA 作为单独治疗方法的有效性变得困难。最近的一项研究重新分析了先前有效性研究的数据，这项研究使用了针对许多此类因素进行校正的方法，并得出结论——不论是长期还是短期，参与 AA 能够减少饮酒，但还需要更多的研究来进一步了解此类益处的性质（Humphreys et al., 2014）。

11.3.5 结果研究和治疗中的问题

与酒精有关障碍的治疗结果，因研究对象和治疗设施及程序的不同而有很大的差异。结果有极端物质滥用者的低治疗成功率，也有使用现代治疗和出院后医疗程序时的70%~90%的恢复率。当一个人意识到他需要帮助，又有足够多的治疗设施可用，并定期治疗时，那么治疗非常有可能是有效的。

早在20世纪40年代到50年代，心理学家就使用精神分析法和心理动力学疗法以及厌恶疗法，试图解释和治疗酒精使用障碍。但是最近，像“动机性访谈”这样的简短干预得到了更多的关注和支持（McCrady et al., 2014）。动机性访谈法（MI）是一种简单的干预方法，其目的与早期的对抗性方法（临床医生建议饮酒者停止酗酒）截然不同。相反，在MI中，临床医生通过协作性谈话指导患者，患者在谈话中阐明饮酒的利弊，并最终决定他是否有改变的动机（Miller & Rollnick, 2012）。MI的一个很大的优点是，它可以在一个简短的疗程（35分钟）中使用，并且仍然有积极的效果。例如，最近的一项研究发现，对于到急诊室就诊的有酒精使用障碍和攻击性的青少年，被临床医生或计算机随机安排接受MI干预治疗的一组与未接受此类干预的另一组相比，在接受6个月的简短干预后，饮酒量和攻击性显著降低（Walton et al., 2010）。一些研究者坚持认为，如果考虑到患者的人格特征、障碍严重程度，那么对酒精使用障碍患者的治疗将会更有效。这一观点在一项由美国国家防止酒精滥用与酒精中毒研究所（1997）赞助的患者-治疗匹配（称为“匹配项目”）的研究中得到了评估。这项广泛的研究始于1989年，涉及美国26个酒精治疗项目中的1 726名患者，他们由代表三种治疗方法的80名不同治疗师进行治疗。研究设计包括住院治疗和门诊治疗两部分。这项研究的结果是出乎意料的：将患者与特定的治疗方案进行匹配，对获得有效的结果似乎并不重要，因为研究对象的所有治疗方案的结果都是相同的。戈迪斯（1997）得出结论，三种治疗方案对酒精使用障碍治疗项目的患者的疗效一样好。

11.3.6 预防复发

治疗成瘾性疾病的最大问题之一是，一旦行为过度得到控制，就要保持戒断或节制。大多数的戒酒项目显示，它们在让人们暂时戒酒方面的成功率很高；但许多项目显示，在不同的随访阶段，戒酒或节制饮酒的成功率会有所下降。也就是说，让一个人戒酒30天是非常困难的。但有些人认为，许多治疗方案没有充分重视维持有效的戒酒行为和防止复发（Miller & Rollnick, 2012）。考虑到酒精依赖的人非常容易复发，一些研究者已经注意到帮助他们持续戒酒的必要性了。在一种认知行为疗法中，复发行为是治疗酒精相关问题的关键因素（Witkiewitz & Marlatt, 2007）。最近的一项研究（Nattala et al., 2010）发现，当家庭成员参与治疗时，复发干预治疗最有效。

复发背后的行为被视为基于个人学习史的“放纵行为”。当一个人戒断或控制住某种瘾时，他就会产生一种能够控制该成瘾行为的感觉。维持这种控制感的时间越长，成就感（自我效能感或自信心）就越大，他能够应对成瘾并保持控制的可能性就越大。但是，复发也可能是一个渐进的、也许是无意识的过程，而不是传统意义上的那种突然的复发。从认知行为的角度来看，一个人即使在保持禁戒的同时，也可能在不经意间做出一系列的小决定，从而引发一系列的行为，最终导致不可避免的复发。例如，一个戒酒的酒精滥用者买了一瓶波本威士忌来招待朋友，这会无意识地引起复发。

另一种类型的复发行为涉及“禁戒违犯效应”，在这种情况下，即使是轻微的违犯也会被戒酒者视为极端。其效果是这样的：一个戒酒的人可能认为，在任何情况下，他都不应该屈服于旧的习惯。以彻底戒除为导向的治疗项目尤其遵循这一禁止性规则。那么，当一个戒酒的人变得有点自我放纵时，比如喝了老朋友赠予的酒，或者参加婚礼时喝了酒，他会怎么样呢？他可能会失去控制饮酒所需的自信。他会因违背了戒酒的誓言而感到内疚，可能还会给自己的失败找借口——“我已经失败了，又变成了一个醉汉，为什么不破罐子破摔呢?”

在预防复发治疗中，患者要认识到那些看似无关但可能会引起复发的预警信号。高风险的情况，如聚会或体育赛事，都是具有针对性的，在此环境中，个体会倾向于复发。治疗师还会训练患者，如果复发，也不要过于沮丧而失去信心，一些治疗师甚至在治疗中加入了“计划复发”阶段。关于预防复发策略的研究表明，随着时间的推移，这些策略在持续改善方面是有效的（Rawson et al., 2002）。换句话说，当患者知道自己可能会复发时，他们就能更好地处理复发。

11.4　物质使用障碍

列出最常与物质使用障碍相关的精神活性药物

继酒精之后，我们的社会中最常与滥用和依赖相关的精神活性物质似乎是：（1）阿片类药物，包括鸦片和海洛因；（2）兴奋剂，如可卡因、苯丙胺类、咖啡因和尼古丁（与烟草戒断和咖啡因中毒有关的障碍包括在 DSM-5 诊断分类系统中）；（3）巴比妥类等镇静剂；（4）致幻剂，如麦角酸二乙基酰胺；（5）抗焦虑药物，如苯二氮䓬类；（6）奥施康定等止痛药（Whoriskey, 2013）。这些物质和其他药物的作用见表 11.3。

表 11.3　药物滥用中常见的精神活性药物

分类	药物	效果
镇静剂	酒精（乙醇） 巴比妥类 耐波他（戊巴比妥） 速可眠（司可巴比妥） 佛罗那（巴比妥） 吐诺尔（司可巴比妥和异戊巴比妥）	减轻紧张感 便于社交互动 “抹掉”对感觉或事件的记忆 减轻紧张感
兴奋剂	苯丙胺类 安非他明（苯丙胺） 迪西卷（右旋苯丙胺） 梅太德林（盐酸甲基苯丙胺） 可卡因（古柯）	增加警觉和信心 减少疲劳感 长时间保持清醒 增加耐力，刺激性欲
阿片类药物	阿片类药物及其衍生物 鸦片 吗啡 可待因 海洛因 美沙酮（合成麻醉药）	缓解身体疼痛 使人放松和愉快 幻想 缓解焦虑和紧张 治疗海洛因依赖
致幻剂	大麻属 大麻 印度大麻 麦司卡林（佩奥特掌） 赛洛西宾（致幻蘑菇） LSD（麦角酸二乙基酰胺基 -25） PCP（苯环利定）	引起情绪、思想和行为的改变 “扩展”思想 导致恍惚
抗焦虑药 （轻度镇静剂）	利眠宁（氯氮䓬） 眠尔通（甲丙氨酯） 安定（地西泮） 阿普唑仑	缓解紧张和焦虑 引起放松和睡眠

注意：此列表并不完整。它不包括旨在产生多种作用的药物，如利他林；它不包括较不常用的挥发性碳氢化合物，如胶水、涂料稀释剂、汽油、清洁剂和指甲油去除剂，当为追求其精神活性作用而嗅闻它们时，它们极为危险；它还不包括相对极少滥用的抗精神病药和抗抑郁药，我们将在第 16 章的药物治疗部分讨论这些药物和抗焦虑药。

据估计，有 2 700 万 12 岁及以上的美国人在过去一年中至少使用过一种非法物质，这相当于美国人口的 10%（SAMHSA, 2016）。根据“监测未来”研究，49% 的美国学生在高中毕业时至少使用过一次非法物质（Monitoring the Future, 2018）。

吸毒对就业人员的影响是显著的。研究者对 4 万名在职员工进行了非法物质使用调查，发现调查前一个月内的非法使用药物率如下：18 岁或以下者占 19%，18~25 岁占 10.3%，26~34 岁占 7%，35~49 岁占 7%，50~64 岁占 2.6%（Larson et al., 2007）。非法使用药物的总体频率为 8.2%。这一群体（据报告许多人实际上在工作中用药）的高非法使用药物率本身是有问题的。例如，在这些报告中，目前非法用药的员工中有 12.3% 的人报告说他们在过去一年为三个或更多的雇主工作过，相比之下，没有非法用药的员工中只有 5.1% 会频繁更换工作。

滥用药物者的行为模式因用药的类型、数量和持续时间，个体的生理和心理构成，以及在某些情况下发生用药经历的社会环境的不同而有明显的差异。因此，在当代社会，对一些更常与滥用和依赖相关的药物进行分别处理似乎是最有用的。

11.5　鸦片及其衍生物

描述常用的阿片类药物及其对人体的影响

几个世纪以来，人们一直在吸食鸦片及其衍生物。古罗马时期的希腊医生盖伦认为，以鸦片为主要成分的强心剂是万灵药：

> 它能够抵抗毒素和毒液，治愈根深蒂固的头痛、眩晕、耳聋、癫痫、中风、视力模糊、失声、哮喘、各种咳嗽、吐血、呼吸困难、腹绞痛、髂骨中毒、黄疸、脾脏坚硬、结石、泌尿系统疾病、发烧、浮肿、麻风病、女性疾病、忧郁和各种瘟疫。（参见布罗克 1979 年对盖伦的讨论）

即使在今天，阿片类药物仍然用于盖伦提到的某些情况。

鸦片是由大约 18 种被称为“生物碱”的化学物质混合而成的物质。1805 年，人们发现最大剂量（10%~15%）的生物碱是一种苦味粉末，可以作为一种强效的镇静剂和止痛药，它参照希腊神话中睡眠之神墨菲斯的名字命名——吗啡。1856 年左右，皮下注射被引入美国，内战期间，吗啡被广泛用在士兵身上，不仅是在战争中受伤的士兵，还有患痢疾（一种包括腹痛和带血腹泻症状的疾病）的士兵。结果，许多内战退伍军人染上了毒瘾，这种疾病被委婉地称为“士兵病”。

研究吗啡成瘾特性的科学家推测，吗啡分子的一部分可能负责其镇痛特性（在不丧失意识的情况下消除疼痛的能力），另一部分负责其成瘾特性。在世纪之交，人们发现如果用一种便宜且容易获得的化学物质——乙酸酐来处理吗啡，它就会被转化成另一种叫作“海洛因”的强效镇痛剂。海洛因的发现者海因里希 · 德雷泽（Heinrich Dreser）对它大加赞赏

（Boehm, 1968）。那个时代的前沿科学家们对海洛因的优点达成了共识，后来这种药物被广泛用于止痛和相关的医疗目的，取代了吗啡。但是，事实证明，海洛因是一种比吗啡更危险的毒品，它的作用更迅速、更强烈，而且同样容易成瘾。最终，海洛因在医疗实践中被禁止使用。

随着鸦片及其衍生物（包括用于某些止咳糖浆的可待因）的成瘾性被发现，美国国会在 1914 年颁布了《哈里森毒品法》。根据这项法案以及后来的立法，未经授权销售和分销这些药物是犯罪行为，医生和药剂师要对他们开出的每一剂药负责。因此，一夜之间，长期使用毒品的人从成瘾者（尽管被认为是一种恶习，但还可以容忍）转变成了罪犯（不再被容忍）。由于无法通过合法渠道获得毒品，许多人转向非法渠道，并最终从事其他犯罪行为，以维持自己吸食突然变得昂贵的毒品。

不幸的是，鸦片的滥用在美国已经成为一个日益普遍的问题，这个问题似乎在很大程度上是由于阿片类处方药物逐渐向公众开放。美国疾病控制中心最近发布的一份报告指出，从 1999 年到 2010 年，卖给医生和医院的阿片类药物数量翻了两番，与阿片类药物使用过量相关的死亡人数在同一时期也翻了两番（CDC, 2016; Paulozzi et al., 2011）。

11.5.1　吗啡和海洛因的生物效应

吗啡和海洛因通常是通过鼻吸（吸入粉末）、进食、皮下注射或静脉注射进入体内的，后两种方法都是注射，皮下注射是将液化的药物注射到皮肤以下，而静脉注射是将药物直接注射到血液中。

吸食海洛因后会感受到持续约 60 秒的强烈快感，许多成瘾者把这种快感比作性高潮。但是，呕吐和恶心也是使用海洛因和吗啡的副作用。紧随其后的是一种兴奋状态，在这种状态下，成瘾者通常嗜睡、孤僻，生理需求（包括对食物和性的需求）明显减少，放松和快感往往占主导地位。这种状态会持续 4~6 小时，之后，成瘾者会想要更多的药物。

在一段时间内，使用阿片类药物通常会导致生理上对药物的渴望。尽管成瘾所需的时间各不相同，但据估计，持续 30 天的使用就会成瘾。之后使用者就会发现他们在生理上对药物产生了依赖，也就是说，当他们不服用药物时，他们会感到身体不适。此外，阿片类药物的使用者会逐渐建立对药物的耐受性，因此对药物的需求量会越来越大，以达到预期的效果。

如果阿片类药物成瘾者在最后一次使用药物后的 8 小时内没有再次服药，他们就会出现戒断症状。这些反应的性质和严重程度取决于许多因素，包括阿片类药物的使用量、使用间隔、成瘾的持续时间，特别是成瘾者的健康状况和人格。

戒断海洛因并不总是危险的，甚至不会非常痛苦，许多成瘾者在没有帮助的情况下就戒毒了。但是对一些人来说，停药是一种痛苦的经历，症状包括流鼻涕、流泪、出汗、烦躁不安、呼吸急促以及对药物的强烈欲望。随着时间的推移，这些症状可能会变得更加严重。通常，发冷的感觉伴随着潮红和大量出汗、呕吐、腹泻、腹部绞痛、背部和四肢疼痛、剧烈的头痛、明显的震颤，以及不同程度的失眠。受这些不适的困扰，成瘾者通常会拒绝进食，再加上呕吐、出汗和腹泻，最后会导致脱水和体重减轻。有时，这些症状还包括谵妄、幻觉和躁狂活动。心力衰竭也可能发生，并可能导致死亡。如果服用吗啡，成瘾者经历的这些主观痛苦会暂时停止，生理平衡也会很快恢复。

戒断症状通常在第三天或第四天下降，到第七天或第八天消失。随着症状的消退，成瘾者恢复正常饮食，并迅速恢复体重。戒断症状消失后，成瘾者之前的耐受性会降低，因此，再次服用大剂量药物时可能有过量吸食的风险。

11.5.2 吗啡和海洛因的社会效应

通常，阿片类药物成瘾者的生活会逐渐以获取和使用药物为中心，因此，成瘾通常会导致社会适应不良行为，因为成瘾者会尽其所能（如说谎、偷窃）来维持自己的药物供应。许多成瘾者会通过偷窃来维持他们的习惯，还有一些人为满足自己的瘾，不惜卖淫。

随着伦理道德约束的降低，成瘾会对个人的健康产生不利的生理影响，例如，免疫系统会遭到破坏（Theodorou & Haber, 2005）。成瘾者的生活方式可能导致更多的问题，例如，不适当的饮食可能会导致身体不健康，增加对各种身体疾病的易感性。使用未消毒的设备也可能导致各种问题，包括肝炎引起的肝损害（Lucey et al., 2009）和艾滋病病毒的传播。此外，在没有医疗监督和政府管制以确保药物强度和纯度的情况下，使用这些强效药物可能会因过量而致命。注射过多的海洛因会导致昏迷和死亡。在怀孕期间使用海洛因的妇女，可能会使未出生的孩子遭受诸多可怕后果。一个悲剧性的后果是，早产的新生儿生来就对海洛因成瘾，并易患多种疾病。

11.5.3 阿片类药物滥用和依赖的因果因素

没有任何一种单一的因果模式适用于所有的阿片类药物成瘾的原因，但是基因和环境的影响是不可忽视的（Kendler, Sundquist, et al., 2012）。最常提到的开始使用海洛因的原因是，它给人一种愉悦的兴奋感，而且比其他阿片类药物更便宜，也更容易获得（Cicero et al., 2014）。还有其他原因，比如逃避生活应激、个人适应不良和社会文化条件也都起到了一定的作用。此外有人认为，吸烟、酗酒和吸毒等各种形式的药物滥用都与一种被称为

“感觉寻求”的人格特征有关，这种人格特征本身被认为是通过遗传、生物机制和同伴影响发挥作用的（Zuckerman, 2007）。

11.5.4 生理成瘾的神经基础

毒品通过作用于大脑中不同的神经受体而起作用。在特定神经细胞上可以找到受体位点，特定的精神活性药物就像钥匙插入锁中一样被其接收。阿片类药物通过与大脑特定部位的阿片受体结合而起作用，这些阿片受体控制愉悦、痛苦和呼吸的调节（Lukas, 2015）。人体在中枢神经系统和垂体中也会产生阿片样物质，称为“内啡肽”。海洛因（代替内啡肽）与阿片受体相结合，作用速度会更快，强度会更大，会产生之前描述的极度欣快。这种强烈的积极情感会驱使一些人频繁地使用海洛因，有时甚至每天多次。随着时间的推移，人们逐渐产生耐受性，需要更多的药物才能产生同样的快感。经过多次吸食，成瘾者也会在药物失效后出现戒断症状，此时，他要么忍受这些症状，要么重新吸食药物，以消除戒断症状，重新体验快感。这会发展成一个恶性循环，许多人难以逃脱。

并非所有药物都能通过与阿片受体结合而起作用。但是，所有成瘾似乎有一条共同的通路，无论是与药物（例如，酒精、鸦片、可卡因）还是与非药物（例如，赌博）相关的成瘾。多巴胺成瘾理论表明，成瘾是多巴胺奖赏通路功能障碍的结果（Diana, 2011）。正如我们之前在讨论酒精成瘾时所提到的，这一通路，也被称为“愉悦通路”，最早是在奥尔兹和米尔纳（1954）的开创性研究中发现的，他们发现老鼠会反复按下一个杠杆（此处安置有电极）来刺激自己大脑的某些区域，而不再做出其他行为。研究者后来意识到，奥尔兹和米尔纳偶然发现的是多巴胺奖赏通路，通路从中脑腹侧被盖区延伸到伏隔核（参见图 11.3），而伏隔核又连接着大脑的其他部分，如杏仁核和前额皮层。多巴胺成瘾理论的早期版本表明，所有成瘾性药物（例如，酒精、鸦片、可卡因）和行为（例如，赌博）均会激活多巴胺奖赏通路，从而引起愉悦，并增加使用药物和参与成瘾行为的可能性。

但是，几十年的研究表明，情况似乎比这要复杂得多，因为使用药物所获得的愉悦感不仅仅是多巴胺水平升高的结果（Berridge & Kringelbach, 2015; Nutt et al., 2015）。尽管成瘾过程还有很多待了解的问题，但最近研究者又解开几个谜题，并对此达成了一致。首先，如果只是药物和行为就能够引起大脑愉悦的内部状态，那么只要理解它们就能解释成瘾是如何形成的了。但是，很明显，人们对成瘾的易感性有所不同，一些人可以只喝一杯酒，而另一些人却想一直喝酒。奖赏缺陷综合征假说表明，成瘾更可能发生在奖赏通路存在遗传变异的个体身上，这导致他们对自然奖赏（如食物、性、药物和其他令人愉快的活动）不太满意，因而过度使用成瘾性药物或做出成瘾行为，以此刺激他们的奖赏通路（Blum et al., 1996; 2015）。在过去的几十年里，已经出现了支持奖赏缺陷综合征假说的重要证据；然而，随着证据的出现，人们也进一步认识到，理解成瘾机制的关键并不在于找出一个特定的、有缺陷的基因，而在于了解遗传、神经和环境因素如何相互作用而导致成瘾行为（Blum et al., 2015）。

其次，研究者了解到，大脑中没有单一的“愉悦通路”。例如，尽管多巴胺能通路在欲望（或称奖赏预期）方面起主要作用，但在乐趣（或称消耗奖赏性刺激）方面起主要作用的似乎是阿片类药物系统（Smith & Berridge, 2007）。这些发现表明，多巴胺在成瘾的神经学解释中起着重要作用，但是可能还需要其他神经递质和其他解释，才能充分理解人们如何以及为什么会沉迷于物质使用和其他成瘾行为。

11.5.5　与精神病理学相关的成瘾

阿片类药物的滥用，与其他形式的精神疾病的急剧增加和一系列其他负面结果有关。更具体地说，大约 70% 的阿片类药物滥用者有其他精神障碍，50% 的人有其他形式的药物滥用，36% 的人有外伤史（White et al., 2005）。此外，滥用阿片类药物的人明显比非滥用者更有可能需要全部医疗服务（例如，精神卫生科就诊、急诊就诊、住院等；White et al., 2005）。这些合并症的方向和因果关系尚不清楚。诸如抑郁症和焦虑症之类的心理疾病，可能导致人们使用阿片制剂来摆脱其消极的想法和情绪。但是，使用阿片类药物反过来可能导致人们抑郁、焦虑，或两者兼而有之。不管怎样，很明显，阿片类药物成瘾与许多其他问题有关，必须对这些问题进行理解、评估和处理。

11.5.6　治疗和结果

阿片成瘾的治疗，最初与酒精使用障碍的治疗相似，因为同样，成瘾者需要恢复身心健康，并在戒断期间需要帮助。成瘾者常常害怕戒断所带来的不适，但在医院里，戒断并不那么突然，而且会使用药物来减轻痛苦。

药物戒断完成后，治疗的重点转移到患者的生活环境上，需要帮助患者再适应他的社区，以消除重新使用阿片类药物的可能。但是通常预后并不理想，因为许多患者会退出治疗（Katz et al., 2004）。戒除海洛因并不能消除对药物的渴望。因此，治疗海洛因成瘾的一个重要的目标是减轻这种渴望。纽约洛克菲勒大学的一个研究小组开创了一种应对海洛因生理渴望的方法。他们利用美沙酮和康复计划（咨询、团体治疗和其他程序），使成瘾者“完全再社会化”。美沙酮是一种与海洛因有关的合成麻醉剂，在生理上同样具有成瘾性。它的治疗作用在于，它可以满足成瘾者对海洛因的渴望，而不会产生严重的心理损害，如果仅仅在一种正式的临床环境中使用它，那么它可以减少药物的使用，并提高认知能力（Gruber et al., 2006; Kreek et al., 2010）。（请参阅本章末尾的《未解决的问题》专栏。）

其他药物，例如丁丙诺啡，也被用于治疗海洛因成瘾（Meier & Patkar, 2007）。丁丙诺啡有望像美沙酮一样有效替代海洛因，而且它的副作用更少（Ling et al., 2010）。它作为海洛因的部分拮抗剂，可以产生与使用海洛因后同样的满足感（Mendelson & Mello, 1992）。但是，这种药物不会产生海洛因特有的身体依赖性（Grant & Sonti, 1994），所以可以停药而不会出现严重的戒断症状。像美沙酮一样，丁丙诺啡如果与行为疗法一起使用，似乎在脱瘾方面效果最好（Bickel et al., 1997）。

11.6 兴奋剂

讨论不同类型的兴奋剂及其作用

与抑制（减慢）中枢神经系统的阿片类药物相反，可卡因、苯丙胺类、甲基苯丙胺、咖啡因和尼古丁会刺激（加快）中枢神经系统。

11.6.1 可卡因

和鸦片一样，可卡因也是古代发现的一种植物制品。它在前哥伦布时期的墨西哥和秘鲁被广泛使用，在那里，古柯的叶子被石灰包裹，并放置在嘴里，使人放松——这可以让工人减少饥饿感，提升他们的情绪和精力，这样他们就可以长时间工作了（Guerra, 1971）。19 世纪 80 年代，可卡因流行起来，当时西格蒙德 · 弗洛伊德认为可卡因可以治疗抑郁、消化不良和许多其他疾病，阿瑟 · 柯南 · 道尔描述了他的虚构人物——夏洛克 · 福尔摩斯是如何享受这种药物的，而企业家约翰 · 彭伯顿将其作为一种关键成分添加到他的新饮料中——可口可乐就此诞生（Markel, 2011）。

20 世纪初，随着可卡因的危害日益明显，它被定为非法药物，使用量急剧减少。美国禁止了这种药物，因此它变得非常昂贵，并被视为富裕者才能拥有的“高级货”。然而，随着更广泛的使用和成本的降低，在 20 世纪 80 年代到 90 年代，这种药物的使用在美国显著增加，可以说是非常流行，特别是在中高收入人群中。“霹雳”最初是一条街的名字，可卡因盐酸盐在那里被加工为游离碱形态，便于吸食。这个名字指的是混合物加热时发出的噼里啪啦的声音。可卡因仍然是非法的，但是，在 12 岁及以上的人群中，约有 0.7% 的人在过去一个月内吸食过可卡因（SAMHSA, 2016）。

可卡因滥用的影响

和阿片类药物一样，可卡因可以通过嗅、吞咽或注射来摄取。但是，可卡因对大脑的影响不同于酒精或阿片类药物。因为可卡因的主要作用是阻断突触前多巴胺转运体（其任务是从突触中回收多余的多巴胺），从而增加突触中可用的多巴胺，增加接收细胞的活性。伏隔核中多巴胺活动的增加是可卡因成瘾的重要因素，因为这一脑区的特定部分被认为是“享乐热点”，它一直与奖赏和愉悦的体验相关（Berridge & Kringelbach, 2015）。

和阿片类药物一样，吸食可卡因导致的兴奋状态会持续 4~6 小时，在此期间，吸食者会感到自信和满足。但是，这种幸福的状态可能伴随着头痛、头晕和烦躁不安。长期滥用可卡因，还可能出现急性中毒的精神病性症状，包括与急性精神分裂症相似的令人恐惧的幻视、幻听和幻触。

经过长时间的吸食，许多成瘾者会对可卡因产生急性和慢性的耐受性。此外，长期吸食可卡因还会影响认知，这是一个值得深入研究的问题（Abi-Saab et al., 2005; Mann, 2004）。可卡因成瘾者经常会有很大的心理和生活问题。与其他人相比，可卡因成瘾者更容易有就业、家庭、心理和法律问题。可卡因成瘾者所经历的许多生活问题，部分是由于他们需要相当多的钱来维持他们的这种恶习。

怀孕时吸食可卡因的妇女会使新生儿面临健康和心理问题。虽然研究表明，不存在类似酗酒孕妇所导致的胎儿酒精综合征的“胎儿毒品综合征”（Azar, 1997），但吸食可卡因的母亲可能会虐待新生儿，也有可能因吸食可卡因丧命，导致新生儿丧母。沃瑟曼和利文撒（1993）进行了一组对照实验，他们观察了出生后 24 个月的婴幼儿，实验组的幼儿是暴露在可卡因环境中的，对照组则没有。他们发现，在子宫内经常接触可卡因的幼儿更容易受到虐待（实验组的数据有 23%，而对照组只有 4%）。

治疗和结果

可卡因成瘾治疗在许多方面与其他涉及生理依赖的药物相似（Schmitz et al., 2004）。为了减少对药物的欲望（作为心理治疗的一部分），并确保治疗依从性，纳曲酮和美沙酮等药物被用于减少可卡因的使用（Carroll et al., 2004; Weinstock et al., 2010）。而且在直接戒断期间，必须处理因停药而产生的紧张和抑郁。

尽管可卡因具有成瘾性，但事实证明，心理干预可以有效治疗可卡因依赖。最近，研究者对 34 项随机对照试验中评估的物质使用障碍的心理治疗进行了回顾性研究，结果表明，认知行为治疗（CBT）（如前文所述）和应急管理（CM）方法都是治疗物质使用障碍的有效方法（Dutra et al., 2008）。针对可卡因依赖的 CBT 强调教授成瘾者认知和行为技能，以帮助他们在不使用药物的情况下生活和度过困境。事实证明，即使在符合可卡因依赖标准的人群中，以完全计算机化的形式实施 CBT，也可以减少可卡因的使用（Carroll et al., 2014）。CM 基于操作性条件反射的原则，为达到标准的患者（如尿检呈阴性）提供奖励或经济激励。对于可卡因依赖，CM 已被证明比 CBT 略有效（Dutra et al., 2008; Farronato et al., 2013）。最近的研究表明，CM 在使用成本相对较低的强化物时同样有效（Petry et al., 2014）。重要的是，最近的研究表明，针对可卡因依赖的心理治疗不仅会减少可卡因的使用，还会减少其他一系列问题（Kiluk et al., 2014），它对男性和女性均有效（DeVito et al., 2014），而且对于被刑事司法系统转介治疗的患者也同样有效（Kiluk et al., 2015）。

11.6.2　苯丙胺类

1927 年，最早的苯丙胺类药物——苯齐巨林（硫酸苯丙胺）被合成，并于 20 世纪 30 年代初作为缓解鼻塞的吸入剂在药店出售。然而，制造商很快发现，一些顾客为了“乐趣”而咀嚼吸入器中的芯。因此，在医生正式将其作为兴奋剂处方之前，公众已经发现了硫酸苯丙胺的兴奋作用。20 世纪 30 年代末，两种新的苯丙胺类药物被引入：迪西卷（右旋苯丙胺）和梅太德林（盐酸甲基苯丙胺，也称“快速丸”）。后一种制剂对中枢神经系统的刺激作用比硫酸苯丙胺或右旋苯丙胺强得多，也更危险，事实上，滥用该药物可能具有致命性。

最初，这些制剂被认为是“神奇药丸”，可以帮助人们保持警觉和清醒，并且超水平发挥。在第二次世界大战期间，军方对这些药物的兴奋作用产生了兴趣，因此，士兵们使用它来缓解疲劳（Jarvik, 1967）。同样，在平民中，苯丙胺被夜班工人、长途卡车司机、为考试做突击准备的学生以及需要提高表现的运动员广泛使用。人们还发现苯丙胺会抑制食欲，因此它深受试图减肥的人的欢迎。此外，人们还用它抵消前一天服用的巴比妥酸盐或其他安眠药的药效。由于其作用多，苯丙胺被医生广泛使用。

现在，医学上偶尔会用苯丙胺来抑制食欲以达到减肥的作用，或治疗嗜睡症（一种个体无法阻止自己在白天持续入睡的疾病）以及多动症。奇怪的是，苯丙胺对多动症患者具有镇静作用，而不是兴奋作用。苯丙胺有时也被用来缓解轻微的抑郁，减轻疲劳，保持持续的警觉性。

自美国 1970 年通过《管制物质法》（DEA, 1979）以来，苯丙胺已被列为管制药物（附表 II），即具有高滥用潜力的药物，每次购买都需要处方。因此近年来，美国的苯丙胺的医疗使用有所下降，而且更难合法获得。但是，苯丙胺的非法来源很多，它是滥用最广的药物之一。同时，苯丙胺在其他国家也是使用最广泛的非法药物之一（Lintzeris et al., 1996）。

苯丙胺滥用的后果

尽管苯丙胺具有合法的医疗用途，但它并不是精神或身体所需的额外能量来源。相反，它会让使用者筋疲力尽，经常造成危险的疲劳。苯丙胺在心理上和生理上都会令人成瘾，身体会对它产生耐受性（Wise, 1996）。因此，长期吸食苯丙胺的人的用量对初次吸食的人来说是致命的。在某些情况下，使用者注射药物可获得更快、更强烈的效果。

超量使用苯丙胺会导致血压升高、瞳孔扩大、言语不清晰或快速大量出汗、震颤、兴奋、食欲不振、精神错乱和失眠。而大量注射盐酸甲基苯丙胺则会使血压升高，足以诱发猝死。此外，长期滥用苯丙胺会导致脑损伤和多种精神疾病，其中还包括一种被称为“苯丙胺精神病”的疾病，它看起来类似于偏执型精神分裂症。自杀、杀人、攻击和其他各种暴力行为也与滥用苯丙胺有关。

治疗和结果

关于戒断苯丙胺的各种治疗方法的有效性研究很少（Baker & Lee, 2003）。尽管戒断苯丙胺并无危险，但一些证据表明，对药物的生理依赖性是治疗中需要考虑的一个重要因素（Wise & Munn, 1995）。在某些情况下，如果在长期大量吸食苯丙胺后突然戒断，可能会导致痉挛、恶心、腹泻，甚至惊厥。此外，突然戒断通常会导致疲劳和抑郁。抑郁症状通常在 48~72 小时内达到高峰，通常持续一两天，然后在随后的几天内逐渐减轻。轻度的抑郁和倦怠可能持续数周甚至数月。如果脑损伤已经发生，其残留的影响可能会使注意、学习和记忆的能力受损，从而导致社会、经济和人格方面的恶化。

11.6.3　甲基苯丙胺

因为外观，甲基苯丙胺在市面上被称为“冰毒”或“冰块”，它是一种高度成瘾的兴奋剂，可以提供即时和持久的“兴奋感”。它是最危险的非法药物之一（Covey, 2007）。甲基苯丙胺是苯丙胺类的一种，可以在临时实验室（例如人们自己的房屋）内大量“调制”。例如，它可以在便携式冷却器中制造，所需的成分可以从任何药店合法获得。这种药物制造起来相对便宜，有时被称为“穷人的可卡因”。像可卡因和海洛因一样，它可以通过多种方式摄入，包括吸食、喷鼻、吞咽或注射。

对 DSM-5 的批判性思考

诊断标准的变更会导致药物使用增加吗?

研究者对 DSM-5 中某些障碍的诊断方式进行了许多修改。随着越来越多的患者接受兴奋剂治疗，这些变化可能也会影响治疗。其中一种被修改的障碍是注意缺陷/多动障碍或多动症（ADHD）（详见第15章），修改导致成年后被确诊为该障碍的患者人数增加。尽管DSM-5中ADHD的诊断标准与DSM-IV中针对年轻人的ADHD的诊断标准相似，但DSM-5中引入了一些更改，这些变化可能会导致更多的成年人因表现出ADHD的症状而接受处方药治疗。

对儿童和青少年多动症最普遍的治疗方法之一是使用药物哌醋甲酯（Morton et al., 2000），它被归类为中枢神经系统兴奋剂。当用鼻子吸食哌醋甲酯时，其受体作用类似于可卡因。在美国医生处方中经常出现的各种品牌的哌醋甲酯（利他林、阿得拉和奎利凡特）也被美国食品药品监督管理局（FDA）批准用于成人治疗。这些药物的副作用是可能导致长期问题，例如睡眠问题、头痛、食欲下降和颤抖等。此外，哌醋甲酯类药物会使人成瘾。

巴特拉和弗朗西斯（2012b）在对DSM-5委员会做出的变更进行审核时，提出了对扩大药物使用和滥用可能性的担忧。他们指出，DSM-5的变更可能会引发成人注意缺陷障碍诊断的增加，并导致成年人广泛滥用兴奋剂以提高自己的表现或快感，这将在很大程度上助长本已广泛存在的兴奋剂滥用问题。

甲基苯丙胺通过增加大脑中的多巴胺水平来发挥作用，但其被代谢的速度比其他药物（例如可卡因）慢，所以会使人维持较长时间的兴奋状态。长时间使用甲基苯丙胺会导致大脑结构发生变化（Chang，Alicata et al., 2007），与该药物有关的精神症状的严重程度与使用时间有关（Yoshimoto et al., 2002）。此外，在对它产生依赖性之后停药，可能会导致学习、记忆和认知功能障碍（Cretzmeyer et al., 2003; Rothman et al., 2000），以及严重的精神卫生问题，例如偏执思维和幻觉（Brecht et al., 2004; Sirsurapanont et al., 2003）。当这种药物被代谢完或兴奋状态退去后，使用者可能会感到极度虚弱、昏昏欲睡、困倦和沮丧。

有证据表明，人们更容易对甲基苯丙胺成瘾，并且吸食甲基苯丙胺的人比吸食可卡因的人更早需要治疗（Castro et al., 2000）。治疗对甲基苯丙胺成瘾的人难以起作用，并且他们在治疗后会经常复发，在治疗后6个月内，约有1/3的人会复发，在接下来的3年内，约有1/2的人会复发（Brecht et al., 2000）。

11.6.4 咖啡因和尼古丁

DSM-5中包含两种合法且广泛使用的成瘾性物质：咖啡因和尼古丁。尽管这些物质是合法的，但由于以下几个原因，它们可能会给我们造成严重的身心健康问题：

- 这些物质很容易被滥用。它们被广泛使用，很容易成瘾，并且大多数人很早就接触到了这些物质。
- 这些物质很容易获得。实际上，在社会中，由于同伴的压力，人们通常无法避免使用它们。
- 咖啡因和尼古丁都有明显的成瘾性。使用者会进入一个恶性循环中，直到日常生活离不开它们。
- 由于这些物质的成瘾性，以及它们根深蒂固的社会地位，人们很难戒除这些物质（尽管尼古丁的使用在许多情况下都不受欢迎）。
- 大多数人在试图“改掉恶习”时，往往会在戒断期间遇到困难，并产生相当大的挫败感。
- 这些物质（特别是尼古丁）所带来的健康问题和副作用，已被广泛关注（HHS, 1994）。在美国，1/7 的死亡与吸烟有关。

由于咖啡因和尼古丁成瘾具有顽固性，并对许多重大的健康问题有影响，所以我们将会对其做出更加详细的讨论。

咖啡因

化合物咖啡因存在于许多常见的饮料和食品中。尽管咖啡因的消费在当代社会中得到广泛应用和推广，但是咖啡因的过量摄入也会导致一些问题。咖啡因的负面影响在于中毒，而不是戒断。与酒精或尼古丁等药物成瘾不同，除了比较轻微的头痛，咖啡因的戒断不会产生严重的症状。

正如 DSM-5 中所描述的那样，咖啡因相关障碍包括坐立不安、紧张、兴奋、失眠、肌肉抽搐和肠胃不适等症状。这种症状是在摄入含有咖啡因的物质，如咖啡、茶、可乐和巧克力之后产生的。导致中毒的咖啡因含量在个体之间也是存在差异的。

尼古丁

有毒生物碱尼古丁是烟草的主要活性成分，它存在于香烟、嚼烟和雪茄等物品中，甚至被用作杀虫剂。吸烟是普遍的社会问题。据估计，12 岁及以上使用某种烟草的美国人为 6 400 万，约占美国总人口的 24%（SAMHSA，2016）。然而，据估计，63% 的女性和 53% 的男性从未吸过烟（Pleis et al., 2009）。DSM-5 中包含尼古丁滥用的诊断类别。烟草使用障碍的标准与其他成瘾障碍的标准相同。

有强有力的证据证明，尼古丁依赖综合征是存在的（Malin, 2001; Watkins et al., 2000），人们基本在青少年时期染上这种疾病，它可能作为一种危害健康的恶习持续到成年。另外，尼古丁可能具有抗焦虑的特性，所以它的使用在患有焦虑障碍的人群中非常普遍（Morissette et al., 2007）。最近来自与中风相关的脑损伤的证据表明，尼古丁成瘾可能是由耳朵附近的一个大脑区域——脑岛控制的（Naqvi et al., 2007）。一名脑部受损的中风患者说，他对香烟的渴望消失了。该结果表明，脑岛可能是吸烟成瘾的重要中心，但是这一结论需要更多的研究来支持。

DSM-5 中所称的“烟草戒断障碍”，是指在个体对含有尼古丁的物质产生身体依赖后，停止或减少这些物质摄入后的反应。烟草戒断的诊断标准包括：（1）每天使用烟草，至少数周；（2）停止或减少烟草使用后出现对烟草的渴望、易激惹、沮丧、愤怒、焦虑、注意力不集中、烦躁、心率下降、食欲增加或体重增加等症状。其他几种身体症状也与烟草的戒断有关，包括新陈代谢率降低、头痛、失眠、颤抖、咳嗽加剧，以及注意力受损等。

这些戒断症状通常持续数天至数周，具体取决于烟草使用程度。有些人报告说，他们戒烟后对烟草的渴望长达几个月。通常，烟草戒断的症状与其他成瘾的戒断症状类似，它们是有时间限制的，并且随着停药而逐渐减少（Hughes, 2007）。

在过去的几十年中，人们已经开发出许多治疗方案，用以帮助吸烟者戒烟（Hughes, 2007）。这些方案包括：社会支持小组；用更安全的尼古丁药物制品（如戒烟糖、戒烟口香糖或戒烟贴片）来代替香烟；自我导向的改变，包括在改变个人行为方面给予指导；专业的心理治疗，如行为或认知行为干预。最近的一项研究进行了一组对照试验，为实验组的吸烟者提供了他们颈动脉和股动脉的超声照片，以及戒烟咨询服务，对照组则没有。与对照组相比，实验组戒烟率更高（Bovet et al., 2002）。

一般来说，烟草成瘾是可以被治愈的，而且大多数戒烟计划都取得了一定程度的成功。这些计划的平均成功率有 20%~25%，而据报告戒烟治疗的成功率更高（Hays et al., 2001）。使用尼古丁替代疗法（NRT）的吸烟者也能取得同样的成效。希夫曼及其同事（2006）指出，使用大剂量的 NRT 可以减轻戒断症状。使用活性贴片可以减少戒断期间对烟草的欲望，并会完全消除与剥夺相关的情感或注意力变化。最近，关于使用安非他酮防止吸烟者复发的研究，取得了令人鼓舞的结果。只要服用该药，就可以减少复发，但停药后的复发率与其他治疗方法相似（Barringer & Weaver, 2002）。据报道，吸烟者自我报告中最高的戒烟率出现在因癌症（63%）、心血管疾病（57%）或肺部疾病（46%）而住院的患者中（Smith, Reilly et al., 2002）。

11.7 镇静剂

描述镇静剂对大脑的作用

一百多年来，人们一直使用一种叫作“巴比妥酸盐”的强效镇静剂来帮助入睡（López-

Muñoz et al., 2005）。尽管巴比妥酸盐有合法的医学用途，但它是极其危险的药物，会使人产生生理和心理依赖，过量使用也是致命的。

11.7.1　巴比妥酸盐的作用

巴比妥酸盐曾被医生广泛用于治疗失眠。它有点像酒精，能起到抑制中枢神经系统的作用（Nemeroff, 2003）。服用巴比妥酸盐后不久，人们就会感到放松，紧张感似乎消失了，接着是身心疲倦和嗜睡——这种感觉的强度取决于服用巴比妥酸盐的种类和剂量。强剂量的巴比妥酸盐几乎会使人立即昏睡，过量也是致命的，因为它们会导致大脑呼吸中枢瘫痪。决策和解决问题的能力受损、反应迟钝、说话缓慢和情绪突变，也是过量使用巴比妥酸盐的常见后果（Lemmer, 2007）。

过量使用巴比妥酸盐还会导致耐受性增加，并会使人产生生理和心理上的依赖。它还会导致大脑损伤和人格衰退。与对阿片类药物的耐受性不同，巴比妥酸盐的致死剂量不会随着对其耐受性的增加而增加。这意味着使用者很容易摄入致命的剂量，不管是有意还是无意。

11.7.2　巴比妥酸盐滥用和依赖的因果因素

尽管许多年轻人尝试过巴比妥酸盐，但大多数人并不会对此产生依赖。事实上，对巴比妥酸盐成瘾的人往往是中年人和老年人，他们经常把巴比妥酸盐当作“安眠药”来服用，除了酒精和弱镇静剂，一般不再使用其他种类的药物。这些人被称为“沉默的滥用者”，因为他们这种吸毒行为发生在家中，通常不会影响公众。巴比妥酸盐常与酒精一起使用。一些使用者还声称他们可以通过服用巴比妥酸盐、苯丙胺类和酒精来达到强烈的快感。然而，将巴比妥酸盐和酒精混合使用的一个可能的结果是死亡，因为两种药物会促进彼此的作用。

11.7.3　治疗和结果

与其他药物一样，在治疗过程中，需要区分巴比妥酸盐中毒和巴比妥酸盐戒断，因为中毒是由于过量用药，而且两者的治疗程序也是不同的。巴比妥酸盐的戒断症状比阿片类药物的戒断症状更危险、更严重、持续时间更长。在戒断期间，患者变得焦虑、忧郁，表现为手和面部的大幅度震颤。其他症状通常包括失眠、虚弱、恶心、呕吐、腹部绞痛、心率加快、血压升高和体重减轻，此外还可能出现急性谵妄性精神障碍。

对于长期服用大剂量药物的患者，戒断症状可能会持续一个月，但症状通常在第一周后减轻。而且幸运的是，随着巴比妥酸盐摄入的减少，戒断症状也会相对减轻。但是戒断过程仍是危险的，尤其是患者对巴比妥酸盐成瘾的同时还有酒精使用障碍或依赖其他药物时。

11.8 致幻剂

列举四种不同类型的致幻剂

致幻剂是一种被认为能引起幻觉的药物。但是，这些制剂实际上并不会“创造”出感官图像，而是会扭曲它们，使个体以不同寻常的方式看到或听到事物。致幻剂常被称为“迷药”。这一类的主要药物有 LSD（或称“酸类”）、麦司卡林、裸盖菇素、摇头丸和大麻。

11.8.1 LSD

最强效的致幻剂是无臭、无色、无味的 LSD（麦角酸二乙基酰胺），它的中毒剂量比一粒盐还少。这种药物的出售和使用通常是通过含有几微克该药物的吸墨纸——吸墨纸在舌头上濡湿后药物就被摄入体内了。LSD 是 1938 年由瑞士化学家艾伯特·霍夫曼（Albert Hofmann）发现的化学合成物。霍夫曼吞食了少量的 LSD 后意识到它有强大的致幻作用。以下是他对这次经历的报告：

> 1943 年 4 月 16 日，上星期五，我不得不在下午 3 点钟停止实验室的工作回家，因为我有种奇特的躁动感，还有轻微的头晕。一到家，我就晕倒了，并陷入一种醉意之中，这种醉意使人愉快，并且使人产生极度活跃的想象。我闭着眼睛，迷迷糊糊地躺着（发觉白天的光线亮得刺眼），脑海里浮现出一连串不受干扰的、具有非凡可塑性和生动性的奇异形象，并且伴随着强烈的、类似万花筒的色彩变化。大约 2 小时后，这种情况逐渐消失。（Hofmann, 1971, p.23）

霍夫曼随后又用 LSD 进行了一系列有计划的自我观察，其中一些“十分恐怖”。研究者认为 LSD 可能有助于归纳和研究与精神分裂症有关的幻觉状态或“典型精神病”。大约在 1950 年，LSD 被引入美国，并用于此类研究，以及确定它是否可能具有医疗用途。但是，尽管进行了大量的研究，人们并没有发现 LSD 在治疗上有任何作用。

摄取 LSD 后，人们通常会经历 8 小时左右的感知变化、情绪波动，以及人格解体和某种分离或超然的感觉。但是这种经历并不总是愉快的，可能也具有极度的创伤性，例如扭曲的物体和声音、虚幻的颜色等，可能还会有危险和可怕的新想法。例如，在 LSD 的影响下，一名英国法律系学生试图用牙钻在自己的头上钻一个洞来延续时间（Rorvik, 1970）。在其他的案例中，人们还会引火自焚、从高处跳下，或服用其他与 LSD 合用会致命的药物。

使用致幻剂后的某个时刻可能会出现一种有趣而不寻常的现象，那就是闪回——一种在服用致幻剂数周甚至数月后出现的知觉扭曲或幻觉的非自愿的重现。在只服用过一次 LSD 的人群中，尽管闪回有时也会发生，但是似乎相对较少。一项研究发现，即使没有闪回，在摄取 LSD 两年后，药物对视觉功能的影响仍然显著。在这项研究中，亚伯拉罕和沃尔夫（1988）报告说，与对照组相比，使用 LSD 一周的实验组在适应黑暗的过程中，对光的敏感度明显降低，还表现出其他视觉问题。

尽管随着其他药物的普及，在 20 世纪 60 年代和 70 年代被广泛使用的致幻剂近年来已逐渐失去热度，但它仍然在与“锐舞文化”有关的俱乐部被年轻人使用。一项研究报告称，在 782 名接受药物滥用治疗的青少年中，42% 使用过 LSD（Hopfer et al., 2006）。

11.8.2 麦司卡林和赛洛西宾

另外两种致幻剂是麦司卡林和赛洛西宾，前者来自佩奥特掌（一种仙人掌）顶端的圆盘状生长物，后者又称“裸盖菇素”，是从一种被称为“墨西哥裸盖菇”的“神圣”蘑菇中提取的。这些药物被生活在墨西哥、美国西南部、中美洲和南美洲的原住民用于仪式中，而且已经使用了几个世纪。事实上，早在西班牙入侵之前，阿兹特克人就已经在使用这些药物了。这两种药物都具有改变思维和产生幻觉的特性，但它们的主要作用似乎是使人们能够以不同寻常的方式看到、听到和体验事件——将人们带入一个“非同寻常的现实”。与 LSD 一样，没有明确的证据表明麦司卡林和赛洛西宾能够“拓展意识”或创造新想法；相反，它们更多地会改变或歪曲现实。

11.8.3 摇头丸

摇头丸，或称 MDMA（3, 4-亚甲基二氧基甲基苯丙胺），既是一种致幻剂，又是一种兴奋剂，作为一种聚会药物在年轻人中流行。1914 年，默克公司获得了这种药物的专利，它被认为可以作为一种减肥药出售，但该公司并没有出售这种药物，因为它有副作用。在 20 世纪 70 年代和 80 年代，该药物作为一种治疗创伤后应激障碍、恐怖症、心身障碍、抑郁症、自杀倾向、药物成瘾和人际关系困难等疾病的潜在药物（Grob, 2000）被进一步评估和测试，但是，它在这方面的治疗价值没有得到证据支持。目前，摇头丸被认为是一种“危险的”药物，并被美国缉毒署（DEA）列为最受限制的一类（Murray, 2001），目前在美国只能通过非法手段获得。

摇头丸主要通过触发大量5-羟色胺的释放并阻止其再摄取，导致欣快感、能量感和幸福感（Boote, 2018）。摇头丸的效果可以持续几个小时。服用该药物的人除了会感到高水平的能量感和兴奋感，还有强烈的颜色和声音体验，以及轻度幻觉（de la Torre et al., 2004；Lieb et al., 2002；Soar et al., 2001）。

MDMA是一种成瘾性物质，但人们认为其成瘾性不如可卡因（Degenhardt et al., 2010）。虽然MDMA的使用可产生欣快感和相关的积极状态，但它也会给人带来一些非常令人担忧的负面影响。就短期影响而言，服用摇头丸后不久会有体温过高的风险（人仍在兴奋状态），而且在服用摇头丸的几天内，80%~90%的使用者会因为摇头丸消耗了5-羟色胺而感到抑郁、易激惹和焦虑（Boote, 2018）。就长期影响而言，摇头丸的摄取与各种神经认知问题相关，包括记忆困难和一系列精神问题（Parrott, 2013）。在这一领域最近的研究中，一个让情况更加复杂的因素是，2005年以前，大多数摇头丸（当局没收的摇头丸超过80%）含有MDMA，但2005年后，这一比例已大幅下降。不含MDMA的“摇头丸”在增加，这种“摇头丸”中包含对中枢神经系统有影响的替代品，如苯丙胺类或氯胺酮，但这些替代品不会产生同样的欣快感（Mounteney et al., 2018）。

尽管存在这些问题，但是作为聚会的增强剂或舞会上的“狂欢”药物，大学生和年轻人还是在越来越多地使用摇头丸（Hopfer et al., 2006）。过去十年中，高中生的摇头丸使用率也有所上升，2017年，约有5%的高中毕业生曾使用过摇头丸，而且约有2.5%在过去一年中使用过摇头丸（Monitoring the Future, 2018）。

11.8.4 大麻

毒品大麻提取自植物大麻的叶子和花冠，它生长在气候温和的地区。在制备状态下，大麻主要是干燥的绿叶，因此俗称“草”。它通常以香烟（被称为“大麻烟”等）或内置于烟斗的形式被吸食。在一些文化中，人们会像喝茶一样喝被热水浸泡的大麻树叶。大麻与一种更强的毒品大麻树脂有关，大麻树脂是由大麻植物分泌的树脂提炼而成的一种胶质粉末。大麻树脂和大麻一样，通常都是被吸食的。虽然大麻也被认为是一种温和的致幻剂，但其作用、强度和持续时间与LSD、麦司卡林和其他主要致幻剂存在显著差异。

大麻和大麻树脂的使用都可以追溯到很久以前。中国古代就有大麻（Blum, 1969），大约在公元前 2737 年，它被载入《神农本草经》中。今天，大麻是最常用的非法药物。在美国，12 岁及以上的青少年中有 8.3% 的人在过去一个月使用过大麻（SAMHSA, 2016）。尽管根据美国联邦法律标准，大麻是非法的，但考虑到它在一些州已经合法化，大麻的使用在未来可能会显示出增长。

大麻的作用

大麻的具体作用取决于药物的质量和剂量、使用者的人格和情绪、使用者的用药史、社会环境以及自身期望。但是经常吸食大麻的人普遍认为，吸食大麻会导致轻微中毒。中毒状态会使人有一种温和的快感，其特征是幸福感增强、知觉敏锐度提高、愉快的放松感，并且常伴有飘浮感。感官输入会增强。大麻可以改变一个人的大脑生物钟（O' Leary et al., 2003）。通常情况下，人们的时间感会被拉长或扭曲，因此实际上只持续几秒钟的事件对使用者来说似乎经过了更长的时间。使用者的短期记忆也会受到影响，比如人们会忘记自己刚刚咬了一口三明治。据报告，对大多数使用者来说，愉悦的体验（包括性交）会增强。大麻的效果会在几秒钟到几分钟内就显现出来，但时间持续很少超过 2~3 个小时。大麻有时也被用来缓解疼痛或恶心。详情见《我们周围的世界》专栏中有关医用大麻的争议。

治疗

大麻戒断期，使用者的戒断症状包括紧张、失眠和食欲改变（Budney et al., 2003; Zickler, 2002）。对于依赖药物的成年人，心理治疗方法可以减少他们对大麻的使用（Marijuana Treatment Project Research Group, 2004），但没有发现比其他方法更有效的具体治疗方案（Nordstrom & Levin, 2007）。此外，据研究，药物疗法无法有效治疗大麻成瘾（Nordstrom & Levin, 2007）。但是，最近一项使用丁螺环酮治疗大麻成瘾的研究显示，与对照组相比，丁螺环酮治疗组的情况略有改善（McRae-Clark et al., 2009）。

合成大麻素和合成卡西酮

在过去的几年里，药物开发者试图制造和销售合成的精神活性物质，这些物质产生的作用与天然毒品（如大麻和可卡因）效果相同，但不包含被法律明令禁止的物质。合成大麻素和合成卡西酮就是这样的物质。合成大麻素模拟了大麻中的活性植物源物质四氢大麻酚（THC）的作用，可以激活人体内源性大麻素系统（Baumann et al., 2014）。在美国，合成大麻素通常以“Spice”“K2”“Blaze”以及其他名称出售，其中确实含有一些植物或草药，但它是有类似大麻效果的合成化学制剂。具体来说，合成大麻素与大麻素受体 1（CB_1）结合，会产生类似大麻中毒的情况。但是，与大麻相比，合成大麻素有可能产生更严重的副作用，如焦虑、心动过速、高血压、心悸、癫痫和精神病样症状等（van Amsterdam et al., 2015; Wells & Ott, 2011）。针对近年来合成大麻素的兴起及其危险的副作用，2011 年，美国缉毒署宣布这些化学物质为非法物质（Kraft, 2011）。

合成卡西酮是通过激活人体的单胺系统来模拟苯丙胺和可卡因的作用的物质（Baumann et al., 2014）。合成卡西酮以“浴盐”的名义出售，2010 年首次出现在非法药物交易现场。从那时起，它就在人类流行病学和实验动物研究中得到了检测，它的副作用与运动活动的增强、激越、暴力、精神病样症状和心脏疾病有关（Baumann et al., 2014）。

我们周围的世界

大麻应该作为药物公开销售吗?

根据美国 1970 年的《管制物质法》，大麻是一类管制药物，美国政府药物管制机构强烈反对其合法化（Walters, 2006）。但是，还是有人在扩大其使用和供应方面做了很多努力。近年来，大麻被用于缓解癌症、艾滋病、青光眼、多发性硬化症、偏头痛和癫痫等疾病引起的疼痛或恶心。医用大麻的支持者指出，医用大麻在治疗这些疾病方面是具有价值的，另外一些人指出，使用医用大麻治疗与其他形式的药物治疗是一样的，可能不会对治疗结果产生不利影响（Swartz, 2010）。大麻并不能治愈任何疾病，它只会减轻疼痛，而其他药物也能减轻疼痛（Watson, Benson, & Joy, 2000）。

医用大麻的支持者已经在 23 个州和哥伦比亚特区取得了相当大的进展，以确保医用大麻的合法化。尽管许多专业研究者和从业人员并不鼓励使用大麻，但是很多人——包括精神卫生专家、政治家和普通人——通过向社会施压，要求社会改变对大麻的严格控制，使其合法化。

各州对医用大麻的使用方式各不相同。一些地区（例如哥伦比亚特区）批准少量且受控制的药房使用医用大麻（Southall, 2010），而另一些地区则允许在广泛而不受控制的环境中使用医用大麻。大麻作为一种“入门级”药物，更容易让人成瘾，也更危险。自从大麻被广泛使用以来，这个问题一直是美国政府反对大麻合法化的焦点（Walters, 2006）。2012 年，洛杉矶市议会撤销了对医用大麻销售的早期批准，并关闭了大量提供大麻的“诊所”（Zahniser, 2012）。由于美国各州可能会改变对大麻使用和供应的立场，所以医用大麻未来的获取途径还不确定。

据报道，医用大麻的使用存在一些问题，部分原因是药物的供应不受监管。例如，人们可以在众多的“治疗中心”获得药物的“处方”。摩尔（2009）的一篇文章描述了大麻药房老板因贩卖大麻而被判一年监禁的事。因此，向公众提供医用大麻在某些情况下仍可能面临牢狱之灾。亚德利（2010）指出，一系列犯罪行为是因为患者在家中使用大量医用大麻导致的。马夏（2010）强调在工作环境中使用医用大麻导致的问题。由于毒品检测，许多人失去了工作或工作机会——因为许多职位要求不能吸食大麻，例如保安人员、警察、飞行员，还有沃尔玛等一些公司的职位。大麻短期的生理效应包括心率中度增加、反应时间增长、瞳孔轻微收缩、眼睛充血发痒、口干舌燥、食欲增加。此外，大麻会导致记忆功能障碍和信息处理速度减慢（Pope et al., 2001）。随着时间的推移，持续使用大剂量药物往往会使人嗜睡和消极，并伴有生活质量的下降（Lane et al., 2005）。在这种情况下，大麻似乎有镇静剂和致幻剂的效果。尽管一些不良副作用已经被发现，但是长期使用大麻会有怎样的影响，研究者仍在调查中（Earleywine, 2002）。大麻能产生极度的欣快感、狂喜，使人们多话，但它也能导致强烈的焦虑（Zvolensky et al., 2010），以及抑郁、妄想、幻觉和其他精神病样行为（Raphael et al., 2005）。

医用大麻应该当作一种合法的药物治疗手段吗？它作为一种入门级药物的潜力和负面后果与它作为一种治疗手段的价值相悖吗？

11.9　赌博障碍

解释是否存在酒精和药物之外的其他成瘾障碍

虽然病态赌博不涉及成瘾性化学物质，但许多人认为它是一种成瘾障碍，因为强迫性赌博者往往具有一些典型的人格因素（Petry & Madden, 2010）。与物质使用障碍一样，病态赌博者为了短期收益，宁可使生活受到长期的干扰。病态赌博与酒精使用障碍（Blanco et al., 2010）和人格障碍（Sacco et al., 2008）之间有很高的共病率。病态赌博，又称“强迫性赌博”或“赌博障碍”，是一种进行性障碍，其特征是无法自控地持续赌博，全神贯注于赌博和赚钱，不顾后果。

据估计，全世界病态赌博者的数量占成年人口的 1%~2%（Petry, 2005），而且没有性别差异（Hing & Breen, 2001）。但是，不同的群体有不同的比例。例如，在一些高危人群中（如有酒精使用障碍的人群），病态赌博的患病率更高。来自两个老年公民中心的一项针对非裔美国老年人的研究，记录了这一人群中赌博问题的严重程度，发现 17% 的人有赌博障碍（Bazargan et al., 2001）。皮耶查克及其同事（2007）发现，相对于不赌博的老年人，年龄较大的病态赌博者更容易出现酒精使用障碍、尼古丁成瘾和健康问题。

赌博在我们的社会中有许多形式，包括赌场赌博、赛马或体育赛事赌博（合法或不合法的）、网络赌博、数字赌博、彩票、骰子、宾果和纸牌赌博。无论赌博者的个人情况如何，强迫性赌博极大地影响了赌博者家庭的社会、心理和经济状况。事实上，研究发现，相当比例的病态赌博者会犯下与赌博有关的罪行（Blaszczynski et al., 1989），例如家庭暴力（Afifi et al., 2010）和其他罪行（Folino & Abait, 2009）。

DSM-5 诊断标准

赌博障碍

A. 持续的和反复的有问题的赌博行为，引起有临床意义的损害和痛苦，个体在 12 个月内出现下列 4 项（或更多）症状：

1. 需要加大赌注去赌博以实现期待的兴奋。
2. 当试图减少或停止赌博时，出现坐立不安或易激惹。
3. 反复的失败的控制、减少或停止赌博的努力。
4. 沉湎于赌博（例如，持续的重温过去的赌博经历，预测赌博结果或计划下一次赌博，想尽办法获得金钱去赌博）。
5. 感到痛苦（例如，无助、内疚、焦虑、抑郁）时经常赌博。
6. 赌博输钱后，经常在另一天返回去想赢回来（“追回”损失）。
7. 对参与赌博的程度撒谎。
8. 因为赌博已经损害或失去一个重要的关系、工作或教育或事业机会。
9. 依靠他人提供金钱来缓解赌博造成的严重财务状况。

B. 赌博行为不能用躁狂发作来更好地解释。

病态赌博似乎是一种习得的模式，很难根除。一些研究表明，对赌博的控制与参与赌博的时间和频率有关（Scannell et al., 2000）。但是，许多人是因为第一次赌博赢了一大笔钱而变成病态赌博者的，所以仅凭概率就可以断定，一定比例的人会有这样的“新手运气”，即变成病态赌博者的运气。人们在这个入门阶段形成的对胜利的执着可能是后来发展出病态赌博的一个重要因素。因为每个人都有可能时不时地赢一次，间歇强化的原则是操作性条件反射中最有效的强化形式，这可以解释为什么虽然输了很多次，成瘾者还会持续赌博。

如前所述，研究表明，病态赌博经常与其他障碍同时发生，特别是物质使用障碍，如酒精和可卡因成瘾（Kausch, 2003; Welte et al., 2004），以及冲动障碍（Grant & Potenza, 2010）。有两种以上药物使用障碍的人的赌博问题最严重（Ladd & Petry, 2003）。

引起病态赌博这一冲动行为的原因是复杂的。一些研究表明，早期的创伤可能会助长强迫性赌博的发展（Scherrer et al., 2007）。学习在"强迫型"赌博者的人格发展中扮演着重要的角色，但是最近对涉及动机、奖赏和决策的大脑机制的研究表明，这些机制可能会影响人格中的潜在冲动性（Chambers & Potenza, 2003）。研究者认为，青春期重要的神经发育事件发生在与动机和冲动行为相关的大脑区域。最近的研究也表明，遗传可能也是病态赌博习惯形成的一个因素（Slutske et al., 2010）。

病态赌博的治疗往往与其他成瘾障碍的治疗相似。治疗病态赌博最广泛的方法是认知行为疗法（Okuda et al., 2009）。例如，西尔万、拉杜瑟尔和布瓦韦尔（1997）曾用认知行为疗法为 58 名病态赌博者进行了治疗。尽管开始时有 18 名参与者退出治疗，治疗期间又有 11 名参与者退出，但那些接受完整治疗的参与者有了明显的改善。在为期一年的随访中，86% 的参与者被认为"不再是"病态赌博者。但是一项研究（Hodgins & el-Guebaly, 2004）报告称，病态赌博者复发率非常高——在治疗 12 个月后，只有 8% 的人不再赌博。即使研究表明在治疗期间赌博者有所改善，但这种状态却难以保持。一项研究对 231 名赌博者进行了测试（Petry et al., 2006），接受认知行为疗法或参加匿名赌博者会（类似于匿名戒酒会，简称"GA"）或参加 GA 并收到操作手册的赌博者有所改善。尽管复发的事件比平常报告的要少，但赌博者还是会倾向于再次赌博。大多数参加研究的赌博者在随访期间还会赌博。当家庭关系问题在治疗中得到解决时，对病态赌博的治疗会有更积极的结果（McComb et al., 2009）。

在美国，病态赌博正在增加（Potenza, 2002），尤其现在互联网上的赌博机会甚为广泛（Griffiths, 2003）。赌博自由化立法允许国家经营的彩票、赛马和赌博娱乐场，以增加税收。在这种对赌博有明显环境支持和"官方"制裁的背景下，越来越多的人想要"碰碰运气"，病态赌博可能会随之大大增加。鉴于病态赌博很难治愈，这一问题也日益严重，今后需要加强努力，制定更有效的预防和治疗办法。

未解决的问题

成瘾交换：这是一种有效的治疗方法吗？

海洛因戒断是非常困难的，因为人们对这种药物会产生强烈渴望。如果我们拥有一种神奇药物，能够使海洛因成瘾者无痛苦地戒断，那不是很好吗？几十年来，人们一直使用美沙酮治疗海洛因成瘾（美沙酮是一种和海洛因一样容易上瘾的合成麻醉剂），通常与心理或社会康复方案相结合，旨在使成瘾者再社会化。美沙酮可以满足成瘾者对海洛因的渴望，而又不会造成严重的心理损害，这是这种治疗方法的价值所在。

许多研究者认为，除了促进心理或社会康复，美沙酮还可以有效减少对海洛因的依赖（Kreek et al., 2010）。因此，美沙酮让许多成瘾者减少了对海洛因的渴望，这让他们再也不会为了购买昂贵的海洛因而深陷绝境。此外，继续使用美沙酮的阿片类药物成瘾者的死亡率大大低于从美沙酮维持计划中脱离的人（Fugelstad et al., 2007）。

美沙酮本身是一种强效且易上瘾的药物，认为成瘾者可能需要终生服用美沙酮以维持治疗的观点受到了道德和实践方面的质疑。但是，美沙酮的倡导者指出，使用美沙酮的人可以正常工作，并能找到工作，这对大多数海洛因成瘾者来说是不可能的。此外，美沙酮是合法的，其质量由政府标准控制。美沙酮项目的倡导者指出，患者不需要像使用海洛因那样随着时间的推移增加美沙酮的剂量。实际上，有些患者最终可以停止服用美沙酮，而且也不会有海洛因成瘾复发的危险。

但是，使用美沙酮有时会带来负面后果（Miller & Lyon, 2003）。美沙酮使用者可能会受到诸如肝炎（McCarthy & Flynn, 2001）和认知障碍（Scheurich, 2005; Verdejo et al., 2005）等健康问题的困扰。此外，许多社会问题仍然存在，例如以性交易换取毒品的行为（El-Bassel et al., 2001）。一些美沙酮成瘾者还会接触可卡因等其他药物（Avants et al., 1998; Silverman et al., 1996）。自杀企图也很常见（Darke & Ross, 2001）。在使用美沙酮的患者中，因暴力和药物过量死亡也很常见（Sunjic & Zabor, 1999）。

本章小结

11.1 描述酒精滥用和酒精依赖的特征

- 与物质相关的障碍，例如酒精滥用、酒精依赖、药物滥用和药物依赖，都是我们面临的最普遍和最顽固的精神卫生问题。

- 酒精滥用或药物滥用的许多问题源于它们会使人中毒。
- 当一个人对某种物质产生了耐受性，或者在这种物质不可获取时表现出戒断症状，那么他就对该物质产生了依赖。
- 与酒精使用障碍相关的几种精神疾病已被确定：戒断性谵妄、酒精诱发的精神病性障碍，以及与酒精使用障碍相关的痴呆。

11.2　解释与酒精使用障碍有关的生物学、心理社会学和社会文化因素

- 人们普遍认为，遗传因素通过诸如代谢率和对酒精的敏感性等生物学因素，在对酒精滥用的易感性中起作用。
- 心理学因素，例如心理易感性、应激、减少紧张的愿望，以及婚姻关系中断或父母引导失当，也被视为物质使用障碍的重要病因。
- 虽然“酒精型人格”的存在已被大多数理论家所否认，但各种各样的人格因素显然在成瘾障碍的发展和表现中起着重要的作用。
- 社会文化因素，例如社会对酒精的态度，可能使人们更容易患上与酒精有关的障碍。

11.3　讨论酒精相关障碍的治疗

- 在酒精使用障碍的患者中，只有不到 1/3 的人会接受治疗，因为许多患者会否认问题的存在，因此没有动机去解决这些问题。
- 研究者已经开发出几种治疗慢性物质相关障碍的方法，例如，治疗戒断症状和戒断性谵妄的药物。
- 心理疗法，例如团体疗法和行为干预，可能对某些酒精使用障碍患者有效。匿名戒酒会也是一种有效的方法，但是，这个项目的效果还没有得到充分的研究。
- 大多数治疗方案需要禁酒。然而，一些研究表明，一些酒精使用者可以学会控制性饮酒，同时继续在社交场合饮酒。有关控制性饮酒的争论仍在继续。

11.4　列出最常与物质使用障碍相关的精神活性药物

- 物质使用障碍可能涉及对阿片类药物（特别是海洛因或巴比妥酸盐）等物质的生理依赖，但是，心理依赖也可能发生在今天常用的任何药物上，例如大麻。
- 许多因素在物质使用障碍的病因中被认为是重要的。一些物质，如酒精和阿片类药物，会刺激大脑中枢，使之产生快感，继而使人产生渴望。

11.5　描述常用的阿片类药物及其对人体的影响

- 鸦片是一种强大的镇静剂和止痛药，可降低或减慢中枢神经系统的速度。它也会引起欣快感，使人成瘾，这种药物已经被使用了几个世纪。众所周知，当药物激活多巴胺奖赏通路或“愉悦通路”时，人们往往会对此药物成瘾，这种行为有时会导致致命的后果。

- 如今，鸦片常见于止痛药（如吗啡和可待因）和非法药物（如海洛因）中。美沙酮是一种合成麻醉药，通常用于治疗海洛因成瘾。它具有类似的成瘾性，但不会产生相同的欣快感或损害。

11.6 讨论不同类型的兴奋剂及其作用

- 兴奋剂可使中枢神经系统兴奋（因此得名）。因此，服用兴奋剂的人会在思维和行为上“加速”。
- 常用的兴奋剂包括几种违禁药物，例如可卡因、苯丙胺和甲基苯丙胺，以及几种合法药物，例如咖啡因和尼古丁。

11.7 描述镇静剂对大脑的作用

- 像阿片类药物一样，镇静剂也会抑制或减慢中枢神经系统的活动。主要区别在于，它会产生更多的镇静作用和更少的欣快感，因此，它通常用于助眠。
- 大剂量的镇静剂会导致几乎立即入睡，更大的剂量则会导致瘫痪甚至死亡。

11.8 列举四种不同类型的致幻剂

- 致幻剂使人们以不同的方式看到或听到事物。一些最常用的致幻剂包括：LSD、麦司卡林、赛洛西宾、摇头丸和大麻。
- 近年来，合成大麻素（模拟大麻中的活性成分）和合成卡西酮（模拟苯丙胺和可卡因中的活性成分）的使用有所增加。

11.9 解释是否存在酒精和药物之外的其他成瘾障碍

- 虽然病态赌博不涉及成瘾性化学物质，但许多人认为它是一种成瘾障碍，因为强迫性赌博者往往具有一些典型的人格因素。与物质使用障碍一样，病态赌博也涉及即使个人生活受到长期的干扰，赌博者也会通过短期收益来维持成瘾行为。

第12章

性功能失调、性别烦躁和性欲倒错障碍

学习目标

12.1 定义性功能失调

12.2 介绍一些男性最常见的性功能失调

12.3 介绍一些女性最常见的性功能失调

12.4 解释性别烦躁的主要特征

12.5 列出并描述四种类型的性欲倒错障碍

12.6 介绍三种主要的性虐待类型

充满爱和性满足的关系与我们的幸福密切相关。当我们不在这样的关系中时，我们经常会花费大量的时间和精力去寻找它。性是我们生活中最核心的问题之一，它影响着我们对恋爱对象和配偶的选择，决定我们与生活伴侣在一起时的幸福感和我们自己独处时的幸福感。

在这一章中，我们首先会涉及使一些人难以获得性满足的心理问题，这类性功能失调，顾名思义，包括可能阻碍性行为的问题。性功能障碍的人（或他们的伴侣）通常认为这是问题。例如，早泄导致男性比预期更早达到高潮；性高潮障碍的女性可以被性唤起并享受性活动，但在正常的性唤起阶段后，性高潮会持续延迟或缺失。

本章涉及的第二个领域是性别烦躁。性别烦躁可发生在儿童、青少年和成年人身上，指的是一个人表达或体验的性别和他们的生理性别之间的不一致。近年来，性别烦躁得到了越来越多的关注和社会接纳。我们讨论了诊断分类系统中随着时间的推移所发生的一些变化，并描述了该领域当前的概念。

第三，我们介绍了性欲倒错障碍，其特征是不寻常的性兴趣，它们难以通过社会接受的方式获得满足。也许在本书中，没有其他主题像这个主题一样，突出了定义正常和精神病理症状之间界限的困难。例如，不同的人对不同的事物感兴趣，但是，暴露狂通过向陌生人展示他们的生殖器来引起性欲，而大多数社会成员认为这是不合适的（和具有犯罪性质的）。其他性欲倒错，例如恋物癖，性兴趣集中在一些无生命的物体或身体部分，涉及的行为虽然不寻常，但并不明显伤害任何人。

最后，我们审视了性虐待，这是一种对他人施加的、强迫的或不适当的性接触方式。在过去几十年里，对儿童和成人性虐待问题的关注有了极大的增加。尽管性虐待不是一种精神障碍，但它是与异常行为相关的一个重要问题，大量的研究探索了其原因和后果。我们将看到，一些相关的问题，例如恢复的性虐待记忆的真实性，是极具争议的。

关于本章所涉及的主题，迄今为止，我们所知道的要比我们在本书中讨论的许多其他障碍少得多。性研究者也比许多其他障碍的研究者要少，因此，与关于焦虑障碍、心境障碍或精神分裂症的文章数量相比，关于性功能障碍及相关问题的研究的文章更少。其中一个主要原因是忌讳，虽然性对大多数人来说是一件重要的事，但很多人难以公开谈论它。这使得即使是获取最基本的事实信息，如各种性行为的频率、感受和态度，也很难。

性研究进展缓慢的第二个原因是，许多与性有关的问题，包括同性关系、青少年性行为、堕胎和性虐待，都是我们社会中最具分歧和争议的问题。事实上，性研究本身就是有争议的，而且资金并不充足。在 20 世纪 90 年代的美国，两项大规模的性调查在已经得到官方批准并被认为具有科学价值的情况下，由于政治上的反对，仍被暂停（Udry, 1993）。当时的保守派参议员杰西·赫尔姆和其他人认为，性研究者倾向于赞同婚前性行为，这很可能会影响调查结果。另一场抨击发生在 2003 年，由保守派主导，当时几项联邦拨款被批评，因为它们关注的是性（Kempner, 2008）。对性与性别相关研究的性质的关注仍然是这一领域科学进步的障碍。尽管存在这些阻碍，我们仍然对性功能失调、性别烦躁、性欲倒错和性虐待有了很多了解，接下来我们将一一介绍。

12.1　性功能失调

定义性功能失调

“性功能失调”一词是指对性满足的欲望或达到性满足的能力受损。这种损伤在程度上存在显著差异，但无论哪一方正在经历这种问题，两性关系中双方的性享受都可能受到负面影响。性功能失调在同性伴侣和异性伴侣身上都可能发生。在某些情况下，性功能失调主要是由心理或人际因素引起的；而在另一些情况下，生理因素起到了决定性作用，包括许多性功能失调的案例，在这些案例中，人们可能因为其他不相关的疾病服用药物，药物副作用导致性功能失调（Baron-Kuhn & Segraves, 2007）。

在考虑性功能失调的发生方式之前，我们必须先了解正常的性唤起周期。研究者和临床医生通常会根据马斯特斯和约翰逊（1966, 1970, 1975）及卡普兰（1979）最初提出的理论，确定人类性反应的 4 个不同阶段。根据 DSM-5，失调可以发生在前 3 个阶段中的任何一个，这 4 个阶段（按发生的先后次序）如下：

1. **欲望阶段**包括对性行为的幻想或对性行为的渴望
2. **唤起阶段**的特征是一种主观的性快感和伴随这种主观快感的生理变化，包括男性阴茎勃起和女性阴道润滑以及阴蒂增大
3. **性高潮**是第三个阶段，在这个阶段，性紧张得到释放，性快感达到顶峰
4. 最后一个阶段是**消退期**，在这期间，人会感到放松和幸福

虽然这 4 个阶段被描述得好像是可以区分的，但它们被个体体验为一系列连续的感觉、生理和行为反应。事实上，在 DSM-5 中，女性性兴趣 / 唤起障碍取代了 DSM-IV-TR 中的 2 种不同的障碍，因为研究还没有充分证明女性的性兴趣和性唤起是可以区分的（Brotto, 2010; Graham, 2010）。

在普通人群中，患性功能失调的男性和女性的比例并不为人所知，部分原因是这一领域缺乏正式的研究，以及现有研究中使用的样本和研究方法的差异。一组国际性学研究者最近的一项研究表明，高达 45% 的女性和 32% 的男性经历过性功能失调（McCabe et al., 2016）。在接下来的部分，我们将介绍一些男性和女性最常见的性功能失调，它们通常反映了正常性唤起周期不同阶段的问题。

DSM-5 诊断标准

不同的性功能失调

男性

男性性欲低下障碍

A. 持续地或反复地缺失（或缺乏）对性 / 情色的想法、幻想或对性活动的欲望。对于此缺少的判断由临床工作者做出，且考虑到那些影响性功能的因素，如年龄、个体生活中总体的和社会文化的背景。

B. 诊断标准 A 的症状持续至少约 6 个月。

C. 诊断标准 A 的症状引起个体有临床意义的痛苦。

D. 该性功能失调不能用其他非性功能的精神障碍来更好地解释，或作为严重的关系困扰或其他显著的应激源的结果，也不能归因于某种物质 / 药物的效应或其他躯体疾病。

勃起障碍

A. 在所有或几乎所有情况下（约 75%~100%）与伴侣的性活动中（在可确认的情况下，或广义而言，在所有情况下），必须出现下列 3 项症状中的至少 1 项：

1. 性活动时获得勃起存在显著困难。
2. 维持勃起直到完成性活动存在显著困难。
3. 勃起的硬度显著降低。

B. 诊断标准 A 的症状持续至少约 6 个月。

C. 诊断标准 A 的症状引起个体有临床意义的痛苦。

D. 该性功能失调不能用其他非性功能的精神障碍来更好地解释，或作为严重的关系困扰或其他显著应激源的结果，也不能归因于某种物质 / 药物的效应或其他躯体疾病。

早泄

A. 与伴侣的性活动中，在插入阴道约 1 分钟内，在个体的意愿之前出现的一种持续的或反复的射精模式。

注：尽管早泄的诊断可能适用于非阴道性活动的个体，但尚未建立针对这些活动的特定病程的诊断标准。

B. 诊断标准 A 的症状必须持续至少 6 个月，且必须在所有或几乎所有（约 75%~100%）的性活动中（在可确认的情况下，或广义而言，在所有的情况下）。

C. 诊断标准 A 的症状引起个体有临床意义的痛苦。

D. 该性功能失调不能用其他非性功能的精神障碍来更好地解释，或作为严重的关系困扰或其他显著应激源的结果，也不能归因于某种物质 / 药物的效应或其他躯体疾病。

延迟射精

A. 在所有或几乎所有情况下（约 75%~100%）与伴侣的性活动中（在可确认的情况下，或广义而言，在所有情况下），个体没有延迟射精的欲望，且必须出现下列 2 项症状中的 1 项：

1. 显著地射精延迟。
2. 显著地减少或没有射精。

B. 诊断标准 A 的症状持续至少约 6 个月。

C. 诊断标准 A 的症状引起个体有临床意义的痛苦。

D. 该性功能失调不能用其他非性功能的精神障碍来更好地解释，或作为严重的关系困扰或其他显著应激源的结果，也不能归因于某种物质 / 药物的效应或其他躯体疾病。

女性

女性性兴趣 / 唤起障碍

A. 性欲 / 性唤起缺乏或显著降低，表现为下列至少 3 项症状：

1. 缺乏 / 减少对性活动的兴趣。
2. 缺乏 / 减少性 / 情色的想法或幻想。
3. 没有 / 减少性活动的启动，通常不接受伴侣启动性活动的尝试。
4. 在所有或几乎所有（约 75%~100%）的性接触（在可确认的情况下，或广义而言，在所有的情况下）中的性活动时缺乏 / 减少性兴奋 / 性愉悦。
5. 对任何内在或外在的性或情色的线索（例如，书面的、口头的、视觉的）缺乏 / 减少性兴趣 / 性唤起。
6. 在所有或几乎所有（约 75%~100%）的性接触（在可确认的情况下，或广义而言，在所有的情况下）中，性活动时缺乏 / 减少对生殖器或非生殖器的感觉。

B. 诊断标准 A 的症状持续至少约 6 个月。

C. 诊断标准 A 的症状引起个体有临床意义的痛苦。

D. 该性功能失调不能用其他非性功能的精神障碍来更好地解释，或作为严重的关系困扰（例如，性伴侣暴力）或其他显著的应激源的结果，也不能归因于某种物质 / 药物的效应或其他躯体疾病。

生殖器–盆腔痛 / 插入障碍

A. 表现为下列 1 项（或更多）持续的或反复的困难：
1. 性交时阴道插入。
2. 在阴道性交或企图插入时，显著的外阴阴道或盆腔疼痛。
3. 在阴道插入之前、期间或之后，对外阴阴道或盆腔疼痛的显著的害怕或焦虑。
4. 企图插入阴道时，显著的紧张或盆底肌肉收缩。

B. 诊断标准 A 的症状持续至少约 6 个月。

C. 诊断标准 A 的症状引起个体有临床意义的痛苦。

D. 该性功能失调不能用其他非性功能的精神障碍来更好地解释，或作为严重的关系困扰（例如，性伴侣暴力）或其他显著的应激源的结果，也不能归因于某种物质 / 药物的效应或其他躯体疾病。

女性性高潮障碍

A. 在所有或几乎所有情况下（约 75%~100%）与伴侣的性活动中（在可确认的情况下，或广义而言，在所有情况下），必须出现下列 2 项症状中的 1 项：

1. 显著地延迟，显著地减少或没有性高潮。
2. 性高潮感觉的强度显著地降低。

B. 诊断标准 A 的症状持续至少约 6 个月。

C. 诊断标准 A 的症状引起个体有临床意义的痛苦。

D. 该性功能失调不能用其他非性功能的精神障碍来更好地解释，或作为严重的关系困扰（例如，性伴侣暴力）或其他显著的应激源的结果，也不能归因于某种物质 / 药物的效应或其他躯体疾病。

男性 / 女性

物质 / 药物所致的性功能失调

A. 主要临床表现为有临床意义的性功能障碍。

B. 来自病史、躯体检查或实验室检验显示存在下列 2 项证据：
1. 诊断标准 A 的症状是在物质中毒的过程中或不久后或戒烟后，或接触某种药物后出现。
2. 所涉及的物质 / 药物能够产生诊断标准 A 的症状。

C. 这种障碍不能用非物质 / 药物所致的性功能失调来更好地解释。独立的性功能失调的证据包括如下：
症状的发作是在开始使用物质 / 药物之前；在急性戒断或严重中毒结束之后，症状仍持续相当长的时间（例如，约 1 个月）；或有其他证据表明存在独立的、非物质 / 药物所致的性功能失调（例如，有反复出现的与非物质 / 药物相关的发作病史）。

D. 这种障碍并非仅仅出现于谵妄时。

E. 这种障碍引起个体有临床意义的痛苦。

注： 只有当诊断标准 A 的症状在临床表现中非常显著且已经严重到足以引起临床关注时，才应做出这种诊断以替代物质中毒或戒断的诊断。

12.2 男性性功能失调

介绍一些男性最常见的性功能失调

由于文化原因，也可能是生理原因，性被认为对男性特别重要。当然，美国制药业利用了男性性功能失调带来的痛苦，从男性性功能失调治疗产品的销售中赚取了数十亿美元。无论是因为男性实际上比女性更被性功能失调所困扰，还是因为女性在这一领域的感受直到最近才被关注，毫无疑问，我们对男性性功能失调的了解远远超过对女性性功能失调的了解。

12.2.1 男性性欲低下障碍

男性性欲低下障碍是指男性至少 6 个月来，由于性欲、欲望或幻想水平低下而感到痛苦或受损。被给予此诊断的男性也会被评估其功能障碍的病程（终身的或后天的），以及可能的病因，包括来自伴侣、关系、文化信仰或态度、个人弱点（例如，糟糕的身体意象）或医疗条件的问题。

尽管从历史上看，男性对性功能失调的关注程度高于女性，但这是一种在男性中受到相对较少关注的障碍，其受关注程度大大低于女性中的类似疾病（Brotto, 2010）。在一项针对 3 000 多名美国成年人的大型调查中，年龄最大的一组（50~59 岁）男性性欲低下的可能性是年龄最小的一组（18~29 岁）男性的 3 倍（Laumann et al., 1999）。性欲低下的预测因素包括日常饮酒、应激、未婚状况和较差的健康状况。在英国的一项大型调查中，男性最常抱怨的问题是对性生活不感兴趣（17.1%；Mercer et al., 2003）。但是，只有少数（1.8%）的男性样本符合病情至少持续约 6 个月的诊断标准。大多数专家认为，男性性欲低下障碍是后天习得的，或者是情境性的，而不是终身性的。典型的情境风险因素包括抑郁和人际关系应激。

这一领域的心理学科学家，就像本书中讨论的大多数其他领域的同事一样，一直致力于发展循证治疗，不幸的是，目前在男性性欲低下的领域缺乏这种疗法。对睾酮水平明显较低的男性（包括睾酮分泌不足的性腺功能低下的男性，以及睾酮分泌降低的男性艾滋病患者），注射睾酮有帮助（Brotto, 2010）。与激素因素相比，心理因素与男性性欲低下的关系更为密切，因此心理治疗对其他男性可能更有效。

研究特写

循证治疗

以证据为基础的治疗方法，是根据不止一组研究者精心设计的科学研究而确定的有效治疗方法。

12.2.2 勃起障碍

勃起障碍（以前称为“阳痿”）指的是无法获得或维持足以进行性交的勃起。只有当勃起障碍被认为是由心理或心理和医学因素共同造成时，才能被诊断为勃起障碍（见前面的《DSM-5 诊断标准》）。在终身勃起障碍中，有足够性欲的男性患者从来没有能够持续勃起足够长的时间来达到令人满意的插入时间。在获得性或情境性勃起障碍中，性欲旺盛的男性患者至少有过一次勃起成功的性活动经历，但目前无法勃起或维持所需的阴茎硬度。终生勃起障碍相对较少见，但所有年龄段的大多数男性偶尔难以勃起或维持勃起。一项关于性功能障碍患病率的里程碑式研究估计，在 18~19 岁的男性中，有 7% 的人患有勃起障碍，在 50~59 岁的男性中，有 18% 的人患有勃起障碍（Laumann et al., 1999）。

马斯特斯和约翰逊（1975; Masters et al., 1992）及卡普兰（1987）假设勃起功能障碍主要是因对性行为焦虑而引起的一种功能障碍。然而，在其他对累积的证据的综述中，随后的研究质疑了焦虑的因果作用，因为在某些情况下，焦虑实际上可以提高正常男性和女性的性表现（Sbrocco & Barlow, 1996）。巴洛（2002）强调，在功能障碍人群中，常常与焦虑相关的认知分散似乎干扰了他们的性唤起。例如，一项经典的研究发现，那些在看色情电影时因耳机里的内容分心的正常男性，比没有分心的男性表现出更少的性唤起（Abrahamson et al., 1985）。巴洛和同事们假设，在性行为中，性功能失调的男性和女性会因为对自己表现的负面想法而分心（“我永远不会被唤起”或“她会认为我不够好”）。他们的研究表明，这种对消极思想的关注，而不是焦虑本身，是抑制性唤起的原因（Wincze et al., 2008）。此外，如果不勃起，这种自我挫败的想法不仅会降低快感，还会增加焦虑，这反过来又会助长进一步的消极的、自我挫败的想法（Sbrocco & Barlow, 1996）。

一个相关的发现是，与没有性功能失调的男性相比，有勃起障碍的男性对假设性负性事件做出更多内在和稳定的归因，就像抑郁症患者对更普遍的假设性负性事件所做的一样（Nobre, 2010; Scepkowski et al., 2004）。班克罗夫特及其同事（2005）的研究发现，害怕表现失败，是勃起障碍的一个强有力的预测因素。结合上述两个发现，我们可以看到恶性循环是如何发展的，在这种恶性循环中，对失败的恐惧有时会伴随着勃起障碍，而勃起障碍又被归因于内在的和稳定的原因，从而使问题永久化。

在服用某些抗抑郁药物（尤其是 SSRI 类）的男性中，高达 90% 的人会出现勃起问题，这也是男性停止服用这些药物的主要原因之一（Rosen & Marin, 2003）。这些问题也是衰老的一个常见后果。一项对 1 400 多名男性进行的大型研究发现，37% 的 57~85 岁男性有明显的勃起困难，随着年龄的增长，勃起困难会逐渐加重（Lindau et al., 2007）。但是，在 60

岁之前，完全和永久的勃起障碍是相对罕见的。此外，研究表明，80 多岁和 90 多岁的男性和女性往往很享受性交（Masters et al., 1992; Meston & Rellini, 2008）。例如，在一项对 202 名 80~102 岁的健康男性和女性的研究中，发现近 2/3 的男性和 1/3 的女性仍在性交，尽管这通常不是他们最常见的性行为（Bretschneider & McCoy, 1988）。

老年男性勃起障碍最常见的原因是血管疾病，它导致流向阴茎的血液减少，或导致阴茎维持勃起的血液储存能力下降。因此，动脉硬化、高血压和糖尿病等引起血管问题的疾病往往是勃起障碍的原因。吸烟、肥胖和酒精滥用是相关的生活方式因素，生活方式的改变可以改善勃起功能（Gupta et al., 2011）。影响神经系统的疾病，如多发性硬化症，也会导致勃起问题。对年轻男性来说，勃起问题的一个原因是阴茎异常勃起——也就是说，即使在没有性兴奋的情况下，勃起在几个小时后也不会减弱。阴茎勃起障碍可能是由于长时间的性活动、疾病或某些药物的副作用造成的。阴茎异常勃起的患者若不治疗可能导致勃起功能障碍，因此应将异常勃起视为医疗紧急情况（Morrison & Burnett, 2011）。

近年来，人们对此采用了各种各样的治疗方法，主要是药物治疗（通常是在认知行为治疗失败的情况下）。这些药物包括促进勃起的药物，例如伟哥、艾力达和希爱力（下文将详细介绍），以及在阴茎勃起腔室（海绵体）注射平滑肌松弛药物（Duterte et al., 2007）。在极端情况下，例如，当由于前列腺手术可能导致的神经损伤而无法勃起时，可以使用阴茎植入物。这些装置可以充气，以便根据需要使阴茎勃起，它们由硅橡胶或聚氨酯橡胶制成。这些治疗方法通常在临床试验中显示成功，尽管它们是相当极端的干预措施，常常会引发令人烦恼的副作用，如阴茎尺寸减小（Duterte et al., 2007）。在 20 世纪 60 年代和 70 年代，在现有药物问世之前，它们被用于成千上万的病例中。

1998 年，革命性的药物万艾可（西地那非）进入美国市场，受到了广泛的关注。万艾可的作用机制是使一氧化氮（一种参与阴茎勃起的主要神经递质）变得更容易获得。万艾可在性生活前至少 30~60 分钟口服。与其他一些治疗勃起障碍的生物疗法不同，万艾可只有在性兴奋的情况下才能促进勃起。因此，与一些“神话”相反，万艾可并不能提高性欲或促进自发勃起（Duterte et al., 2007; Segraves & Althof, 2002）。2003 年推出的另外两种治疗勃起障碍的药物是艾力达（伐地那非；Stark et al., 2001）和希爱力（他达拉非；Padma-Nathan et al., 2001），希爱力的效果更持久（长达 36 小时）。

这些药物的临床试验令人印象深刻。在早期的一项双盲研究中，接受至少 50 毫克万艾可治疗的男性中，超过 70% 的人报告说他们的勃起功能有所改善，而接受安慰剂治疗的男性中只有不到 30% 的人的勃起功能有所改善（Carlson, 1997; Goldstein et al., 1998）。希爱力和艾力达的结果相似，在勃起能力方面的总有效率是 40%~80%，但满意度通常要低得多，可能是因为这些药物并不能增加性欲或满足感，也可能是因为性欲和满足感与心理和人际关系因素紧密相关。副作用相对不常见、不严重（例如，最常见的副作用是头痛和面部潮红，在 10%~20% 的男性中可见），前提是患者没有严重的心脏问题（Duterte et al., 2007）。当心脏问题确实存在时，这些药物应该谨慎使用，因为它们会以危险的方式与心脏病药物相互作用。最近的研究表明，当这些药物与认知行为治疗联合使用时，其效用可能会进一步增强（Melnik et al., 2008）。

12.2.3　早泄

早泄是指在性刺激很小的情况下，性高潮和射精的持续和反复发作。它可能发生在插入前、插入中或插入后不久，也可能发生在希望插入前（参见前面的《DSM-5 诊断标准》）。患有这种问题的男性平均射精时间为 15 秒或 15 次抽插。其后果往往包括伴侣未能获得满足感，以及早泄者感到尴尬，并对将来的复发产生破坏性的焦虑。从第一次性接触开始就有这个问题的男性经常试图通过避免刺激，或通过自我分散注意力，或通过“观察”（在心理上扮演观察者而不是参与者的角色）来减少性兴奋（Metz et al., 1997）。早泄与男性和伴侣的性满意度和关系满意度下降有关（Graziottin & Althof, 2011）。

对早泄的确切定义必然有些武断。例如，必须考虑当事人的年龄——所谓年轻男子的“快速触发”不仅仅是一个神话（McCarthy, 1989）。事实上，也许有一半的年轻男性抱怨过早泄。毫不奇怪，早泄最有可能发生在长期禁欲之后。DSM-5 确认了这些可能影响射精时间的因素，指出只有当射精发生在插入前、插入时、插入后或插入后不久以及射精者希望射精之前，才能做出此诊断。早泄是 60 岁以下男性最常见的性功能失调，而勃起障碍在老年男性中更为常见（Meston & Rellini, 2008; Segraves & Althof, 2002）。

在性正常的男性中，射精反射在很大程度上处于自主控制之下。他们在性刺激的过程中监控自己的感觉，并且以某种方式，也许是通过明智地分散注意力，能够预先阻止射精的必然性，直到他们决定“释放”，对没有性问题的男性来说，射精的平均潜伏期为 10 分钟。早泄的男性由于某种原因不能有效地使用这种技术。对此的解释从心理因素（如焦虑增加）到生理因素（如阴茎敏感度增加和对性刺激的唤起程度提高）不一而足。但是，目前还没有任何解释得到实证支持，很明显，这些可能的解释都不能单独说明所有男性的问题（Meston & Rellini, 2008）。

多年来，大多数性治疗师认为过早射精是由心理因素引起的，通过行为疗法，例如马斯特斯和约翰逊（1970）提出的停顿与挤捏法，可以得到很好的治疗。这种方法要求男性在性活动中监控自己的性唤起。当性唤起足够强烈，男性觉得可能很快就会射精时，停下来，然后由他或他的伴侣挤压阴茎头部几分钟，直到即将射精的感觉过去，根据需要，可多次停止性交以延迟射精。初步报告显示，这项技术的有效率为 60%~90%；然而，较新的研究报告显示，总体成功率要低得多（Duterte et al., 2007; Segraves & Althof, 2002）。

近年来，人们对将药物干预的可能性应用于行为治疗无效的男性越来越感兴趣。帕罗西汀、舍曲林、氟西汀和达泊西汀等抗抑郁药能够阻断 5-羟色胺的再摄取，它们已被发现可显著延长早泄男性的射精潜伏期（Porst, 2011）。但是，有证据表明，这些药物只有在服用期间才有效。

12.2.4 延迟射精障碍

延迟射精障碍是指在性交过程中持续无法射精（见前面的《DSM-5 诊断标准》）。这种情况只发生在 3%~10% 的男性身上，完全不能射精的男性很少见。在性交过程中射精困难的男性中，约 85% 的人可以通过其他刺激手段达到高潮，尤其是通过单独手淫（Wincze et al., 2008）。病情较轻的男性可以在伴侣在场的情况下射精，但只能通过手动或口腔刺激。

在其他情况下，延迟射精可能与特定的身体问题有关，如多发性硬化症或使用某些药物。例如，我们注意到阻止 5-羟色胺再摄取的抗抑郁药似乎是治疗早泄的有效方法。然而，在其他男性中，同样的药物（尤其是 SSRI 类药物）有时会延迟或阻止性高潮到令人不快的程度（Meston & Rellini, 2008）。这些副作用很常见，但有时可以用万艾可等药物进行治疗（Ashton et al., 1997）。

心理治疗包括伴侣疗法，在这种疗法中，男性试图通过与伴侣性交而不是手淫来适应高潮。除了增加生殖器刺激，治疗也重在减少对性高潮重要性（相比于性快感和亲密感）的表现焦虑（Meston & Rellini, 2008；Segraves & Althof, 2002）。

12.3 女性性功能失调

介绍一些女性最常见的性功能失调

虽然人们对男性性功能失调的了解要多于女性，但女性在性兴趣、性唤起和性高潮方面也存在问题。女性性功能失调的几种表现形式越来越受到研究的关注。

12.3.1 女性性兴趣 / 唤起障碍

研究表明，性欲低下的女性在性活动中往往会有较低的性唤起水平，反之亦然；性欲低下的女性没有正常的性唤起水平，反之亦然。因此，对于女性，DSM-5 将功能低下的性欲和功能低下的性唤起结合在一起，形成了一种障碍。性欲减退在多大程度上有生物学基础尚不清楚；然而，在许多（也许大多数）案例中，心理因素似乎比生物因素更重要（Meston & Bradford, 2007; Segraves & Woodard, 2006）。

在过去，患有这种障碍的女性通常主要是应其伴侣的要求才求医（其伴侣通常抱怨性生活不足），但是随着公众对这种障碍的认识增加，越来越多的人开始自行治疗。这一事实暴露了诊断的一个问题，因为众所周知，正常个体对性接触频率的偏好差异很大。谁来决定什么是"不足"？ DSM-5 明确指出，这个判断是留给临床医生的，并且医生要考虑到患者的年龄和生活环境。

先前或现在患有抑郁障碍或焦虑障碍可能是性欲障碍的原因之一（Meston & Bradford, 2007）。虽然性欲障碍通常发生在没有明显生理病理的情况下，但有证据表明，生理因素有时也起作用。例如，在男性和女性中，性欲在一定程度上取决于睾酮。性欲问题随年龄增长而增加，部分原因可能是睾酮水平下降，但睾酮替代疗法通常没有益处，除非患者的睾酮水平非常低（Meston & Rellini, 2008）。此外，一些抗抑郁药可以降低性欲。值得注意的是，抗抑郁药物对性功能的负面作用差异很大，而精神病学家对这些作用给患者总体功能造成的影响并没有给予足够的关注（Serretti & Chiesa, 2009）。导致性欲障碍的心理因素包括关系满意度低、日常争吵和担忧、分歧和冲突增加、情感水平低以及情感联络减少（Meston & Rellini, 2008）。在某些情况下，强奸等非意愿的性经历也可能是原因之一。

性欲减退是世界上大多数国家最常见的女性性功能失调（McCabe et al., 2016）。尽管如此，与勃起障碍和早泄等男性性功能失调相比，对女性性欲障碍的病因和治疗的研究要少得多。幸运的是，这些年来，这种情况一直在逐渐改变（Althof et al., 2005; Basson, 2005; Meston & Bradford, 2007）。一个新发现是，女性很少把性欲作为性行为的理由或动机。对许多女性来说，性欲只有在性刺激导致主观性唤起之后才会体验到（Basson, 2003；Meston & Bradford, 2007）；对其他女性来说，性行为的动机可能包括增加情感亲密度的渴望，或增强一个人的幸福感和作为一个有吸引力的女性的自我意象（Basson, 2005）。因此，一些研究表明，马斯特斯和约翰逊（1970）及 DSM 最初假定的性欲导致性唤起和性高潮的线性过程，对女性并不十分准确（Basson, 2005; Meston & Bradford, 2007）。

虽然自古以来人们就对探寻增加性欲的药物很感兴趣，但目前还没有有效的催欲剂。如上所述，睾酮似乎只对睾酮水平非常低的男性和女性有效，也就是说，将这种重要的性激素水平提高到正常水平以上并没有任何有益的效果（Meston & Rellini, 2008）。与激素的作用相一致，德国的一项研究表明，使用口服避孕药的女性，与不使用口服避孕药的女性相比，性欲和性唤起水平有所降低，口服避孕药有时会提高雌激素水平，进而降低睾酮水平（Wallwiener et al., 2010）。

几项研究发现，相对于安慰剂，持续使用安非他酮（一种非典型的抗抑郁药）可以提高处于一段恋爱关系中并患有性欲减退障碍的女性的性唤起能力和性高潮频率（Segraves et al., 2004）。另一种药物氟班色林是为了提高女性性欲而研发的，并于 2015 年 8 月获得美国食品药品监督管理局的批准。

对于性欲减退，目前还没有成熟的心理治疗方法，治疗师一般专注于教育、沟通训练、对关于性的功能失调信念的认知重组、性幻想训练和感觉焦点训练（Meston & Rellini, 2008）。我们将看到，感觉焦点训练也被用于治疗其他几种形式的性功能失调。这类训练包括教伴侣们专注于触摸带来的快感，而不是真正的性交或高潮。关系问题常常是性欲低下的重要原因，与身体意象有关的担忧也是（Basson, 2010），解决这些问题可能会有帮助。

虽然临床经验表明，心理治疗和性治疗可能在帮助患有这种障碍的女性方面发挥重要作用，但很少有针对女性性欲低下的对照治疗研究（Meston & Bradford, 2007）。通常使用的治疗技术与用来增加性欲的技术相似，广泛使用阴道润滑剂可能有效地掩盖和治疗许多女性的这种障碍症状，但润滑剂不能增强生殖器血液流动或生殖器感觉。

此外，由于女性生殖器反应在一定程度上依赖于与男性生殖器反应相同的神经递质系统，因此人们对万艾可、艾力达或希爱力对女性的积极作用与对男性的积极作用类似的可能性一直很感兴趣（Meston & Rellini, 2008）。不幸的是，目前已有足够的研究表明，这类药物对女性的作用不如对男性的作用大（Basson et al., 2002; Meston & Rellini, 2008）。虽然这些药物可能增强女性生殖器的性唤起和对身体感觉的感知，但它们并不影响女性对性唤起的心理体验。女性的性欲和性唤起可能比男性更依赖于关系满意度和情绪。

12.3.2 生殖器–盆腔痛 / 插入障碍

生殖器–盆腔痛 / 插入障碍的特征是在性交过程中持续（至少 6 个月）的身体疼痛，并伴有明显的心理痛苦。DSM-5 对这种障碍的定义结合了 DSM 早期版本中被归为两种不同类别的“性疼痛障碍”：阴道痉挛和性交疼痛。这些障碍在 DSM-5 中被合并，因为科学研究不支持它们的区别（Binik，2010a，2010b）。特别是，阴道痉挛被认为是一种阴道入口附近肌肉的不自觉痉挛，以防止插入和性交。但是，没有科学证据表明患有阴道痉挛的女性有阴道的痉挛，或者阴道痉挛可以被可靠地诊断出来。相比之下，诊断为阴道痉挛的女性通常自述在性交前和性交中有刺痛和焦虑（Reissing et al., 2003），后一种症状使阴道痉挛和性交疼痛（性交引起的生殖器疼痛）之间的区别变得模糊不清。也就是说，既往诊断为阴道痉挛的女性与既往诊断为性交疼痛的女性并没有明显的区别。此外，如前所述，阴道痉挛的典型“症状”并不明显发生，而性交疼痛的典型症状，即插入时生殖器疼痛，也常见于阴道痉挛的女性。因此，在 DSM-5 中只有一种生殖器-盆腔痛 / 插入障碍，它结合了性交疼痛的生殖器疼痛与肌肉紧张（不是肌肉痉挛），以及与生殖器疼痛或插入性行为相关的恐惧和焦虑。

根据过去对“性疼痛障碍”女性的研究，生殖器-盆腔痛 / 插入障碍更有可能是器质性原因，而不是心理原因。一些生理原因的例子包括阴道或内部生殖器官的急性或慢性感染或炎症、随着年龄增长而发生的阴道萎缩、阴道撕裂造成的疤痕，或性唤起不足。

一些著名的性研究者反对将性疼痛障碍归类为“性障碍”而不是“疼痛障碍”（Binik, 2005; Binik et al., 2007）。例如，比尼克及其同事认为，“性疼痛障碍”的疼痛在质量上与身体其他非性区域的疼痛相似，与其他性功能障碍的原因相比，“性疼痛障碍”的原因与其他疼痛障碍（如腰痛）的原因更为相似。这一顾虑反映在新的诊断名称（生殖器-盆腔痛 / 插入障碍）上。在这方面值得注意的是，这种障碍有时会先于任何性经历——例如，发生在一些试图使用卫生棉条的青春期女孩身上。

在过去对阴道痉挛和性交疼痛的治疗研究中，认知行为干预在某些情况下是有效的。认知行为治疗技术倾向于包括性教育、识别和纠正适应不良认知、促进阴道插入的分级阴道扩张练习和渐进式肌肉放松（Bergeron et al., 2001）。医学治疗非常有效，如外科切除阴道前庭（两侧小阴唇之间的一小块外阴组织）（Binik，2010a）。生殖器-盆腔痛 / 插入障碍很可能包括几种不同的症状，有不同的病因和不同的治疗方法。如果是这样，我们了解得越多，治疗方案就会越好。

12.3.3　女性性高潮障碍

女性性高潮障碍的诊断是复杂的，因为不同女性之间、同一女性不同时期、不同刺激方式相关的性高潮主观质量差异很大（Graham, 2010）。尽管如此，根据 DSM-5，容易性兴奋的女性或者喜欢性活动的女性，如果在正常的性唤起阶段后表现出持续或反复的性高潮延迟或缺乏，并且为此感到苦恼，就可以诊断为女性性高潮障碍（参见《DSM-5 诊断标准》）。在这些女性中，如果没有对阴蒂的直接补充刺激，很多人在性交过程中不会达到性高潮。事实上，这种模式非常普遍，通常不被认为是功能障碍（Meston & Bradford, 2007）。一小部分女性只有通过直接机械刺激阴蒂才能达到高潮，比如有力的指压式操作、口腔刺激或使用电动振动器。更少的女性无法在任何已知的刺激条件下获得这种体验，这种情况被称为终生性高潮障碍，类似于男性终生勃起障碍。更常见的是女性只有在特定情境下才会经历性高潮的困难，或者在过去能够达到高潮，但现在很少能达到（Meston &

Bradford, 2007）。劳曼等人（1999）发现，这种障碍的发生率在 21~24 岁最高，此后呈下降趋势，其他研究估计，大约 1/3 或 1/4 的女性在过去一年有过明显的性高潮困难（Meston & Bradford, 2007）。

导致女性性高潮障碍的原因尚不明确，但已经有许多促成因素被提出。例如：一些女性可能会感到害怕或不确定她的伴侣是否觉得她有性吸引力，这可能会导致焦虑和紧张，进而干扰她的性享受；或者她可能会感到不适或经历性内疚（特别常见于宗教人士），因为她无法达到高潮或很少达到高潮。

导致女性性高潮困难的可能的生物学原因（就像男性一样），包括服用 SSRI 类药物，以及之前提到的与其他性障碍相关的健康状况（Meston & Rellini, 2008）。一些证据表明，女性生殖器解剖结构的差异可能使一些女性比其他女性更容易在性交过程中达到高潮（Wallen & Lloyd, 2011）。

关于治疗的一个重要问题是，女性是否应该寻求治疗。大多数临床医生认为，患有终生性高潮障碍的女性如果想要达到性高潮，就需要治疗。但是，在性高潮反应的中等范围内，我们自己的观点是，这个问题最好留给女性自己来回答，如果她对自己的反应不满意，那么她应该寻求治疗。

对寻求治疗的女性来说，区分终生性高潮障碍和情境性高潮障碍是很重要的。对性高潮障碍的认知行为治疗通常包括对女性性行为和女性性解剖学的教育，以及指导下的自慰练习。稍后，伴侣可能会与当事人一起探讨这些活动。对有终生性高潮功能障碍的女性来说，这样的计划在女性至少通过自慰获得性高潮的能力方面可以有接近 100% 的成功率，但在某些情况下，向与伴侣达到性高潮的过渡可能是缓慢和困难的（Meston & Rellini, 2008）。“情境性”性冷淡（女性可能在某些情境下，在某些刺激下，或与某些伴侣，但不是在她期望的特定条件下，经历性高潮）常常证明更难以治疗，也许部分原因是它经常与关系问题联系在一起，而这些问题也很难处理（Althof & Schreiner-Engel, 2000）。

12.4 性别烦躁

解释性别烦躁的主要特征

性别烦躁的特征是出生时的性别（生理性别）和个体的性别认同之间的不匹配引起的持续痛苦。性别烦躁可在两个不同的人生阶段被诊断，要么在儿童时期（儿童性别烦躁），要么在青春期或成年期（青少年和成人的性别烦躁）。

DSM-5 诊断标准
儿童性别烦躁

A. 个体体验 / 表达的性别与生理性别之间显著地不一致，持续至少 6 个月，表现为下列至少 6 项（其中 1 项必须为诊断标准 A1）症状：

1. 有强烈的成为另一种性别的欲望或坚持他 / 她就是另一种性别（或与生理性别不同的某种替代性别）。
2. 男孩（生理性别）对变装的强烈偏好或模仿女性装扮；女孩（生理性别）对只穿典型的男性服装的偏好，以及对穿典型的女性服装的强烈抵抗。
3. 对在假装游戏或幻想游戏中扮演相反性别角色的强烈偏好。
4. 对被另一种性别通常使用或参与的玩具、游戏或活动的强烈偏好。
5. 对另一种性别的玩伴的强烈偏好。
6. 男孩（生理性别）强烈地排斥典型的男性化玩具、游戏和活动，以及强烈地回避打斗游戏；或女孩（生理性别）强烈地排斥典型的女性化玩具、游戏和活动。
7. 对自己的性生理特征的强烈厌恶。
8. 有希望第一和 / 或第二性特征与自己体验的性别相匹配的强烈欲望。

B. 该疾病与有临床意义的痛苦或社交、学校或其他重要功能方面的损害有关。

DSM-5 诊断标准
青少年和成人的性别烦躁

A. 个体体验 / 表达的性别与生理性别之间显著地不一致，持续至少 6 个月，表现为下列至少 2 项症状：

1. 体验 / 表达的性别与第一和 / 或第二性特征之间显著地不一致（或在青少年早期，则为预期的第二性特征）。
2. 由于与体验 / 表达的性别显著地不一致，因而产生去除自己第一和 / 或第二性特征的强烈欲望（或在青少年早期，防止预期的第二性特征发育的欲望)。
3. 对拥有另一种性别的第一和/或第二性特征的强烈欲望。
4. 成为另一种性别的强烈欲望(或与生理性别不同的某种替代性别)。
5. 希望被视为另一种性别的强烈欲望(或与生理性别不同的某种替代性别)。
6. 深信自己拥有另一种性别的典型感觉和反应(或与生理性别不同的某种替代性别)。

B. 该疾病与有临床意义的痛苦或社交、职业或其他重要功能方面的损害有关。

12.4.1 临床表现

患有性别烦躁的男孩往往特别关注传统的女性活动(Cohen-Kettenis & Klink, 2015)。他们可能更喜欢穿女装;他们喜欢典型的女孩活动,比如玩洋娃娃和玩过家家;他们通常避免打闹,经常表达想成为女孩的渴望。

患有性别烦躁的女孩通常更喜欢传统的男孩服装和短发。幻想通常包括像蝙蝠侠和超人这样的强大男性形象的英雄。她们对洋娃娃不感兴趣,对运动更感兴趣。尽管许多被认为是"假小子"的女孩往往具有许多或大部分这些特征,但性别烦躁的女孩的特点是她们渴望成为真正的男孩或长大成为男人。

患有性别烦躁的年轻女孩会比患有性别烦躁的年轻男孩得到更好的待遇,因为女孩的跨性别行为更容易被容忍(Cohen-Kettenis et al., 2003)。与临床相关的性别烦躁方面,在一项研究中,男孩与女孩的比例为 5∶1(Cohen-Kettenis et al., 2003),在另一项研究中,男孩与女孩的比例为 3∶1(Cohen-Kettenis et al., 2006)。但是,最近的数据显示,这一性别比例在过去几年中发生了逆转。例如,最近的一项研究调查了两家性别认同诊所(一家在加拿大,一家在荷兰阿姆斯特丹)的趋势,报告称,在这两家诊所中,从 2006 年到 2013 年,出现性别烦躁的青少年数量大幅增加,而性别比例则从出生时为男性的群体为主转变为出生时为女性的群体为主(见图 12.1; Aitken et al., 2015)。

有几项研究跟踪了符合 DSM-5(或之前版本的 DSM)中性别烦躁诊断标准的儿童,以确定这些儿童到青春期和成年期会发生什么。研究表明,16%~26% 的儿童在以后的生活中继续经历性别烦躁,而 74%~84% 的儿童则没有(Steensma & Cohen-Kettenis, 2015; Steensma et al., 2013)。如果大多数患有这种障碍的儿童在青春期或成年期不再符合诊断标准，他们是否应该被视为儿童时期有精神障碍？一些人认为，这些儿童不应该被认为是“有障碍”的，因为影响他们幸福的主要障碍可能是一个不能容忍跨性别行为的社会。然而，许多研究这些儿童的研究者坚持认为，这些儿童因生理性别和心理性别之间的差异所产生的痛苦和不幸，与这种精神障碍是一致的（Zucker, 2005）。此外，这些孩子经常受到同龄人的虐待，而且与父母关系紧张，即使他们的跨性别行为没有伤害任何人。

来自非西方文化的研究表明，对性别不适儿童的污名化并不普遍（Vasey & Bartlett, 2007）。在萨摩亚，非常女性化的男性通常被认为是“fa′afafine”（大致意思是“以女性的方式”），一种非男非女的第三性别。根据“fa′afafine”的行为，他们被认为是年幼孩童，通常被他们的家庭和文化所接受。成年后，这些人会被其他男性吸引，通常会与异性恋男性发生性关系。在他们的回忆中，他们童年时的性别不一致通常与痛苦无关。因此，一些人认为，DSM-5 中不应出现儿童性别烦躁（Vasey & Bartlett, 2007）。尽管有这些反对意见，儿童性别烦躁的诊断类别仍被保留。

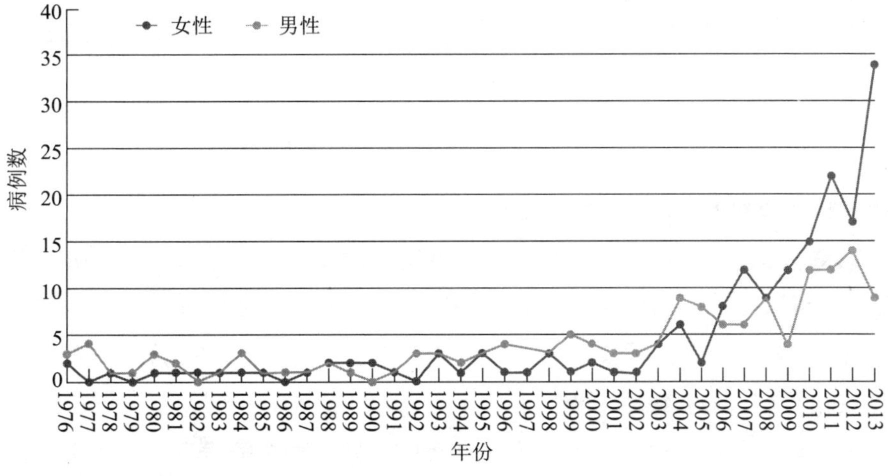

图 12.1　性别烦躁的青少年

性别烦躁仍然是相当罕见的（患病率小于 0.01%）；但是，在过去的几年里，出现这种情况的青少年数量似乎在不断增加——这一发现主要是由越来越多的生理性别为女性的人推动的，这张图显示的数据来自加拿大的一个性别认同诊所。

对患有性别烦躁的成年人进行的研究表明，那些成年后患有这种疾病的人，在他们的一生中，罹患其他精神疾病和做出健康风险行为的概率会上升。心境障碍（60% 的人患有性别烦躁）和焦虑症（28%）与性别烦躁的共病风险最高，约 1/3 的性别烦躁成年患者也有自杀倾向或行为，或非自杀性自伤（Zucker et al., 2016）。造成精神卫生问题风险增加的原因尚未明确，可能是由于人们体验和表达跨性别认同和偏好时所面临的应激和歧视增加而导致的。

12.4.2 性别烦躁的治疗

患有性别烦躁的儿童和青少年经常被他们的父母带去进行心理治疗（Zucker et al., 2008）。专家们试图缓解孩子对其生理性别的不满，也试图缓解他们与父母和同龄人之间的紧张关系。患有性别烦躁障碍的儿童通常有其他的心理和行为问题，如焦虑和心境障碍，这也需要在治疗上予以注意（Zucker et al., 2002）。在开明的荷兰，在某些情况下，患有性别烦躁的青少年在决定是否最终过渡到另一性别时，会接受激素治疗来推迟青春期（Cohen-Kettenis, 2010）。

儿童性别烦躁的两个相关因素在临床上尤为重要。首先，正如我们所指出的，大多数患有性别烦躁的儿童不会成为患有性别烦躁的成年人。其次，那些进入青春期后仍对性别感到烦躁的人，很可能会一直烦躁到成年，他们也可能会采取医疗措施来改变自己的身体。决定许多患有性别烦躁的儿童是否继续焦虑的关键时期似乎是 10~13 岁（Steensma et al., 2011）。越来越多患有性别烦躁的儿童的父母在配合他们孩子的意愿，并允许他们在社会上采取与出生性别相反的身份（Rosin, 2008）。

12.5 性欲倒错障碍

列出并描述四种类型的性欲倒错障碍

性欲倒错障碍的特征是反复的、强烈的性幻想、性冲动或行为，它们通常涉及以下因素：（1）不正常的性吸引目标（如鞋子、儿童）；（2）不寻常的求爱行为（例如，在未经允许的情况下看别人脱衣服，或违背别人的意愿暴露自己）；（3）对自己或他人的痛苦和折磨的渴望。

性欲倒错对过去 DSM 版本的作者提出了挑战，主要有两个原因。首先，一些性欲倒错——尤其是恋童障碍——被广泛认为是病态的，即使恋童障碍者没有经历痛苦，例如，一个恋童障碍者猥亵儿童，但并不感到内疚。大多数人认为这样的人有精神障碍。在过去，即使没有痛苦存在，也会将其诊断为恋童障碍。摩擦障碍和露阴障碍也是如此。这两种行为通常都涉及未经对方同意的性行为。

其次，其他一些类型的性欲倒错可能与心理健康和幸福感并存。例如，一些有恋足癖的人对自己的性兴趣很满意，甚至找到了愿意满足他们的伴侣，而另一些人则有强烈的羞耻感和负罪感（Bergner, 2009）。在过去，只有那些有强烈羞耻感和负罪感（或者其他与恋足癖有关的问题）的恋足癖者才会被诊断为性欲倒错障碍。

DSM-5 中包含的一个有用的区别是性欲倒错和性欲倒错障碍（Blanchard, 2010）。性欲倒错是一种不常见的性兴趣，但不一定对个人或他人造成伤害，只有当它们造成伤害时，才会变成性欲倒错障碍。因此，恋足癖者有性欲倒错，但其中只有那些因为性兴趣而遭受痛苦的人才有性欲倒错障碍。

这些症状的温和形式可能发生在许多正常人的生活中，真正的性欲倒错者可以通过以下特点区分出来——坚持，以及某些情况下的相对排他性。个体的性欲集中在有争议的行为或物体上，没有这些行为或物体，他们有时无法达到性高潮。性欲倒错也经常具有强迫性，一些有性欲倒错的人每天需要 4~10 次高潮释放（Garcia & Thibaut, 2010）。性欲倒错的人不一定有持久改变他们性取向的欲望。因为几乎所有这样的人都是男性（我们稍后会探讨这一事实的原因），所以我们使用男性代词来指代他们，若欲了解一些可能的女性性欲倒错的例子，可阅读其他参考文献（Fedoroff et al., 1999）。

由于许多人不愿意透露这种异常行为，所以很难估计性欲倒错障碍的患病率（Griffifths, 2012）。DSM-5 识别了八种特殊的性欲倒错障碍，它们可以被分为几个不同的亚型（参见《DSM-5 诊断标准》）。第一类是以异常活动偏好为特征的障碍，例如窥阴障碍、露阴障碍和摩擦障碍中出现的不寻常的求爱行为。第二类是性施虐障碍和性受虐障碍中出现的与疼痛和折磨有关的行为。第三类性欲倒错障碍的特征是异常的目标偏好，如恋物障碍和易装障碍中对物体和衣服的关注，以及恋童障碍中对儿童作为性对象的关注。第四类是其他特定的性欲倒错障碍，包括一些较少见的障碍，如猥亵电话（淫秽电话）、恋尸障碍（对尸体的性欲）、恋兽障碍（对动物的性欲）、截肢障碍（对截肢的欲望和性兴奋）和嗜粪障碍（对粪便的性唤起）。尽管一些不同的性欲倒错障碍倾向于同时发生，但我们将分别来讨论它们。此外，我们对恋童障碍的讨论被推迟到有关性虐待的一节。

12.5.1　窥阴障碍

如果一个人反复出现观察毫不知情的脱衣服的人或正在进行性活动的夫妇的强烈的性幻想、冲动或行为，他就会被诊断为窥阴障碍。这类人通常被称为“偷窥狂”，他们主要是在年轻时做出这些行为的，在偷窥活动中经常手淫。窥阴障碍通常与露阴障碍同时发生，它还与对施受虐和易装的兴趣有关（Langstrom & Seto, 2006）。窥阴障碍被认为是最常见的性欲倒错障碍（Langstrom, 2010）。

一些年轻人是如何形成这种行为模式的？对大多数异性恋男性来说，看美女的身体是一种性刺激。此外，传统上围绕性活动的隐私性和神秘感往往会增加人们对性活动的好奇心。此外，如果一个有这种好奇心的年轻人在与异性的关系中感到害羞和不满足，他可能会以偷窥作为替代，这既满足了他的好奇心，也在一定程度上满足了他的性需求，而不会让他受到实际接近女性所带来的创伤。由此，他也避免了这种接近可能带来的拒绝和对自我地位的贬低。

事实上，窥阴行为往往提供重要的补偿性的权力感，以及对不知情的受害者的秘密支配，这可能有助于维持这种模式。如果一个窥阴者虽然有人际关系困难（和许多其他偷窥障碍者一样）却成功结婚了，那么他在与妻子的关系中很少能很好地适应性生活，如下面的例子所示。

案例

约翰是一个年轻的已婚研究生，他和妻子住在大学校园对面的公寓里。约翰的妻子是一名律师，晚上回到家时通常很累，脾气暴躁，没有心情过性生活。为了在妻子入睡后“获得一些性的满足”，约翰会拿着一副双筒望远镜进入客厅，望向街对面的12层宿舍楼，观看女学生脱衣服，偶尔也会观察年轻的情侣进行性活动。这大大刺激了他，他决定把他的窥视范围扩大到校园里的其他宿舍，以及校园姐妹会的宿舍。一天晚上，当他外出查看姐妹会的宿舍时，被大学警方发现、报告并逮捕。

近年来，有关色情电影、视频和杂志的更为宽松的法律已经消除了一些关于性行为的秘密，也为潜在的偷窥者提供了另一种满足的来源。但是，对许多偷窥者来说，这些电影和杂志可能并不足以代替偷偷观看一对毫不知情的夫妇的性行为，或者一个误以为自己享受隐私的女人在现实生活中的裸体。此外，色情材料对窥阴障碍的实际影响有待证实，因为目前还没有关于这种障碍的良好的流行病学数据，尽管如前所述，它被认为是最常见的障碍之一（Langstrom, 2010）。瑞典的一项针对 2 400 多名男性和女性的大型调查发现，11.5% 的男性和 3.0% 的女性曾有过偷窥行为（Langstrom & Seto, 2006）。那些报告有这种行为的人也报告了更多的心理问题，对生活的满意度更低，手淫率更高，更多地使用色情制品，性唤起更容易。

虽然偷窥者的行为可能会变得鲁莽，进而被警方发现甚至逮捕，但偷窥通常不会有任何其他与之相关的严重犯罪或反社会行为。事实上，许多人可能有一些偷窥倾向，但是被诸如被抓住的可能性和对隐私权的伦理态度等实际考虑所制约。

DSM-5 诊断标准

几种不同的性欲倒错障碍

窥阴障碍

A. 至少 6 个月，通过窥视一个毫不知情的裸体者的脱衣过程或性活动，激起个体反复的、强烈的性唤起，表现为性幻想、性冲动或性行为。

B. 个体将其性冲动实施在未征得同意的人身上，或其性冲动或性幻想引起有临床意义的痛苦，或导致社交、职业或其他重要功能方面的损害。

C. 个体体验性唤起和 / 或实施性冲动，至少已 18 岁。

露阴障碍

A. 至少 6 个月，通过暴露自己的生殖器给毫无预料的人，激起个体反复的、强烈的性唤起，表现为性幻想、性冲动或性行为。

B. 个体将其性冲动实施在未征得同意的对象身上，或其性冲动或性幻想引起有临床意义的痛苦，或导致社交、职业或其他重要功能方面的损害。

摩擦障碍

A. 至少 6 个月，通过碰触或摩擦未征得同意的人，激起个体反复的、强烈的性唤起，表现为性幻想、性冲动或性行为。

B. 个体将其性冲动实施在未征得同意的对象身上，或其性冲动或性幻想引起有临床意义的痛苦，或导致社交、职业或其他重要功能方面的损害。

性施虐障碍

A. 至少 6 个月，通过使另一个人遭受心理或躯体的痛苦，激起个体反复的、强烈的性唤起，表现为性幻想、性冲动或性行为。

B. 个体将其性冲动实施在未征得同意的人身上，或其性冲动或性幻想引起有临床意义的痛苦，或导致社交、职业或其他重要功能方面的损害。

性受虐障碍

A. 至少 6 个月，通过被羞辱、被殴打、被捆绑或其他受苦的方式，激起个体反复的、强烈的性唤起，表现为性幻想、性冲动或性行为。

B. 这种性幻想、性冲动或性行为引起有临床意义的痛苦，或导致社交、职业或其他重要功能方面的损害。

恋物障碍

A. 至少 6 个月，通过使用无生命物体或高度特定地聚焦于非生殖器的身体部位，激起个体反复的、强烈的性唤起，表现为性幻想、性冲动或性行为。

B. 这种性幻想、性冲动或性行为引起有临床意义的痛苦，或导致社交、职业或其他重要功能方面的损害。

C. 恋物障碍的对象不限于用于变装的衣物（如，在易装障碍中）或为达到生殖器触觉刺激而专门设计的器具（例如，振动器）。

易装障碍

A. 至少 6 个月，通过易装，激起个体反复的、强烈的性唤起，表现为性幻想、性冲动或性行为。

B. 这种性幻想、性冲动或性行为引起有临床意义的痛苦，或导致社交、职业或其他重要功能方面的损害。

恋童障碍

A. 至少 6 个月，通过与青春期前的单个或多个儿童（通常年龄为 13 岁或更小）的性活动，激起个体反复的、强烈的性唤起，表现为性幻想、性冲动或性行为。

B. 个体实施了这些性冲动，或这些性冲动或性幻想引起显著的痛苦或人际交往困难。

C. 个体至少 16 岁，且比诊断标准 A 中提及的儿童至少年长 5 岁。

注：不包括个体在青春期后期与 12 岁或 13 岁的人有持续的性关系的情况。

12.5.2 露阴障碍

露阴障碍是指在不适宜的环境下未经他人（通常是陌生人）同意而暴露生殖器的反复出现的强烈的冲动、幻想或行为。通常情况下，受害者的震惊会激起这些人的高度性兴奋。暴露可能发生在一些隐蔽的地方，如公园，或在更公开的地方，例如百货公司、教堂、剧院或公共汽车。在城市里，露阴障碍患者（也被称为“露阴癖”）经常开车经过学校或公交车站，在车里展示自己，然后迅速开车离开。在许多情况下，暴露是在相当固定的条件下重复发生的，例如只在教堂里或公共汽车上，或在附近同一地区或一天的同一时间。在一个案例中，一个年轻人只在一家大型百货公司的自动扶梯顶上暴露自己。对男性罪犯来说，虽然儿童和青少年也可能成为目标，但典型的受害者通常是陌生的年轻或中年女性（Murphy, 1997）。

露阴障碍通常始于青春期或成年早期，是美国、加拿大和欧洲向警方报告的最常见的性犯罪，约占所有性犯罪的 1/3（McAnulty et al., 2001）。据估计，多达 20% 的女性是露阴障碍或窥阴障碍的目标（Kaplan & Krueger, 1997; Meyer, 1995）。虽然目前还没有关于这种障碍的患病率的良好的流行病学数据，但前面提到的瑞典超过 2 400 人的大型调查报告称，4.1% 的男性和 2.1% 的女性至少有过一次暴露行为（Langstrom & Seto, 2006）。它通常与窥阴障碍同时发生，也往往与施虐 / 受虐障碍和易装障碍同时发生（Langstrom, 2010）。露阴障碍与更严重的心理问题、更低的生活满意度、更多地使用色情制品和更频繁的手淫有关。

在某些情况下，暴露生殖器伴随着暗示性的手势或手淫，但更多情况下只有暴露。相当一部分露阴障碍者会做出攻击行为，有时包括对成人或儿童实施强迫性犯罪。有些人暴露自己可能是因为他们有反社会型人格障碍，如第 10 章所述，而不是性欲倒错（Langstrom, 2010）。

尽管在这些案例中很少有挑衅或攻击性行为，但是裸露行为在未经观者同意的情况下发生，可能会让人情绪不安，而这正是暴露者的意图。这种行为的侵入性，加上它对关于"私处"的行为规范的公然违反，必然会招致谴责。因此，社会将其定为一种犯罪。

12.5.3　摩擦障碍

摩擦障碍指不经对方同意而用生殖器摩擦或触摸对方身体时产生性兴奋的行为。和窥阴障碍一样，摩擦障碍反映了个体对某些事不恰当且持续的兴趣，而其他人是在双方自愿的前提下享受这些事的。尽管目前还没有关于摩障碍患病率的明确数据，但在多个国家进行的现有调查研究表明，8%~10% 的男性报告在自己的一生中，有未经对方同意以性方式触摸或摩擦陌生人的经历（Johnson et al., 2014）。

经常乘坐拥挤的公共汽车或地铁的人经常会成为这种行为的受害者。一些人推测，摩擦障碍者在未经他人同意的情况下主动与他人发生性接触，意味着他们有做出更严重的性犯罪行为的风险，但目前没有证据支持这种担忧（Langstrom, 2010）。因为摩擦障碍通常需要他人的非意愿参与，所以如果摩擦障碍行为发生，就可被诊断为摩擦障碍，不管行为人本身是否被他的冲动所困扰。

12.5.4　性施虐障碍

"Sadism"（意为"施虐癖"）一词来源于萨德侯爵（1740—1814）的名字"Marquis de Sade"，他出于性目的对受害者施加极为残忍的对待，最终被强制送进精神病院。要诊断为性施虐障碍，一个人必须反复出现强烈的引起性唤起的幻想、冲动或行为，它们涉及对另一个人施加心理或身体上的痛苦。施虐幻想通常包括支配、控制和羞辱的主题（Kirsch & Becker, 2007）。一个密切相关但不那么严重的模式是"捆绑和调教"，这可能包括捆绑一个人、击打身体或打屁股等，以此增强性兴奋。

绝大多数性虐待行为可能发生在双方自愿的性关系中，没有任何明显的伤害。在大型城市社区中，常常存在一种“BDSM”亚文化，由享受温和的束缚和调教的个体，以及施虐者和受虐者组成（之后讨论）。因此，重要的是要把对施受虐的短暂或偶尔的兴趣与作为一种性欲倒错障碍的施虐区分开来。调查发现，5%~15% 的男性和女性偶尔会自愿地进行施虐和 / 或受虐行为（Baumeister & Butler, 1997; Hucker, 1997）。

相反，一小部分性施虐狂男性喜欢实施非自愿的、严重的、有时甚至致命的施虐行为（Dietz et al., 1990; Krueger, 2010）。在某些情况下，虐待行为会逐渐转为实际的性关系或以产生实际的性关系告终；在另一些情况下，完全的性满足仅从施虐行为中获得，例如，一个施虐狂可能会用剃刀划伤一个女人，或者用针扎她，在这个过程中体验高潮。施虐狂造成的痛苦可能来自鞭打、咬伤、割伤或灼烧；这种行为的强度各不相同，范围从幻想到严重的残害甚至谋杀。对性施虐和受虐障碍而言，施虐受虐行为是性满足的首选或唯一手段，这种情况比较少见，更为罕见的是，它们同时出现在同一个人身上（Kirsch & Becker, 2007）。DSM-5 中性施虐障碍的必要诊断标准是，受害者不同意，或施虐经历以痛苦或人际关系困难为特征。许多性施虐障碍患者同时患有其他障碍，特别是自恋型、分裂样或反社会型人格障碍（Kirsch & Becker, 2007）。患有这些人格障碍的性虐待者可能特别没有同情心，因此很可能会将他们的性冲动付诸行动。

极端的性虐待者可能会在自慰的时候在脑海中回放他们折磨他人的场景。连环杀手往往是性虐待狂，有时他们会用录音或录像记录下他们的虐待行为。一项研究描述了 20 名性虐待连环杀手，他们在美国和加拿大犯下 149 起谋杀案（Warren et al., 1996），大多数是 20 多岁或 30 岁出头的白人男性。随着时间的推移，他们的谋杀过程变得惊人地一致——全都反映出对受害者的痛苦、恐惧和恐慌的性唤起。精心策划的袭击让他们能够小心地控制受害者的死亡。其中一些人报告说，上帝般掌控另一个人生死的感觉特别令人兴奋。85% 的样本报告了一致的暴力性幻想，75% 的样本收集了暴力主题的材料，包括记录他们虐待行为的录音、录像、照片或素描，或性虐待色情制品。

美国臭名昭著的连环杀手，包括 1989 年被处决的泰德·邦迪。邦迪承认谋杀了 30 多名年轻女性，其中几乎所有人都符合目标类型：中分长发的女性。邦迪承认，他利用受害者来重现侦探杂志的封面，或“血案电影”中的场景。杰弗里·达莫于 1992 年被定罪，罪名是肢解并杀害了 15 名男孩和年轻男子，通常在他们死后与他们发生性关系。（他后来在狱中被谋杀。）丹尼斯·雷德，BTK 杀手（BTK 指捆绑、折磨、杀戮），30 多年来在堪萨斯州威奇托市犯下 10 起谋杀案，于 2005 年被捕，雷德的案例展现了几个与杀人性虐待有关的典型现象。当他还是个孩子的时候，他虐待动物，幻想着把他在电视上看到的漂亮的孩子绑起来折磨。当他开始实施他的幻想时，他跟踪受害者数周，在攻击他们之前了解他们的习惯。他喜欢把他们绑起来然后勒死他们，只有在他们死后，他才会通过自慰来满足自己的性欲。他经常保留受害者的衣服，偶尔也会穿，有时在私下里，他也会捆绑自己，因为他发现这会让自己性唤起。

是什么导致一些男人成为性虐待杀手？尽管许多施虐狂有着混乱的童年，但邦迪、达莫和雷德都来自明显稳定而充满爱心的家庭。不幸的是，我们对这些极端的施虐狂案例所涉及的因果因素并没有很好的了解。

可以理解，性施虐是犯罪学家、执法人员和法医病理学专业人员关注的一个重要问题。然而，性施虐症的诊断并不十分可靠（Marshall & Hucker, 2006）或有效（Kingston et al., 2010），这可能是因为施虐者不愿意讨论他有时令人震惊的暴力性幻想（Nitschke et al., 2012）。这是令人担忧的，因为发现危险的性施虐狂非常重要，而被诊断为性施虐狂对有无害性欲的人来说又非常污名化。目前正在考虑的一个有希望的修改是采取维度法，以区分危险的性施虐狂和不危险的性施虐者（Krueger, 2010; Marshall & Hucker, 2006）。另一个是关注施虐的行为指标，这些指标有时更为明显（Nitschke et al., 2012）。

12.5.5　性受虐障碍

“Masochism”（意为受虐狂）一词源于奥地利小说家利奥波德·V. 萨克-马绍克（1836—1895）的名字——“Leopold V. Sacher-Masoch”，他笔下的人物从被控制和被迫经历痛苦中获得性快感。性受虐狂在与爱人的关系中经历痛苦和堕落，从而获得性刺激和满足。根据 DSM-5，性受虐障碍患者必须经历过反复出现的强烈的引起性唤起的幻想、冲动或行为，它们涉及被羞辱、殴打、捆绑或其他使人痛苦的方式。

双方自愿的施虐受虐关系，包括一个占主导地位的施虐“主人”和一个顺从的受虐“奴隶”，这在异性恋或同性恋关系中并不少见。这些受虐狂通常不想或不会与真正的性虐待狂合作，他们更喜欢那些愿意在预设范围内伤害或羞辱他们的人。受虐者似乎比施虐者更为常见，并且在男性和女性中都有发生（Baumeister & Butler, 1997; Sandnabba et al., 2002），包括捆绑和调教在内的施虐受虐行为，通常在大城市流行的“地牢”内集体进行。这些活动可能涉及男性被称为“女性施虐狂”的女性捆绑和鞭打，这些女性穿着紧身的皮革或橡胶衣服，有偿地在充满性意味的情况下制造痛苦和羞辱。这类虐待狂社区的大多数成员都是高功能的，似乎不会因为他们的性兴趣而遭受痛苦（Krueger, 2010）。

然而，一些罕见的受虐形式则更成问题。受虐障碍的一种特别危险的形式，称为窒息式性爱，包括自我窒息。尽管一些研究者推测，大脑缺氧会增强性高潮，但几乎没有证据表明这是窒息式性爱的实践者的动机。相反，对这类实践者的研究发现，他们的性幻想具有强烈的受虐倾向（Hucker, 2011）。美国大多数主要城市的验尸官都熟悉这样的情况：死者被发现吊死在受虐类色情文学或其他性用品旁边。据估计，在美国，这种做法导致的意外死亡人数每年在500~1 000人之间（LeVay & Baldwin, 2012）。尽管窒息式性爱在男性中更为常见，但也可能发生在女性身上，这种情况在数百年前的许多文化中就有发生。在某些情况下，它发生在两个或两个以上的人之间自愿或非自愿的施虐受虐行为中（McGrath & Turvey, 2008）。

12.5.6 恋物障碍

在恋物障碍中，个体反复出现强烈的引起性唤起的幻想、冲动和行为，它们涉及使用一些无生命的物体或身体的某一部分（如脚）来获得性满足。正如性欲倒错障碍的普遍情况，报告的女性恋物障碍病例极其罕见（Mason, 1997）。对该障碍的患者而言，通常在性唤起和性活动中，恋物对象是必需的或强烈偏好的。许多男性感到胸罩、吊袜带、连裤袜和高跟鞋等物品有强烈的性吸引力，但大多数男性通常不符合恋物障碍的诊断标准，因为私人物品对他们的性唤起来说不是必需的，也不是强烈偏好的。然而，他们的存在确实说明了男性中恋物倾向的频率相对较高。恋物障碍经常发生在施受虐活动的背景下，但在性犯罪者中相对少见（Kafka, 2010）。

使用物品来获得性兴奋和满足的方式各不相同，但通常包括在接吻、爱抚、品尝或闻这些物品时手淫。在双方同意的性关系中，恋物障碍通常不干涉他人的权利。但是，一些没有同样恋物障碍的伴侣可能会抗拒参与，这是可以理解的。有些有恋物障碍的男性对自己的欲望感到羞愧，以至于他们不敢向伴侣提出要求。伯格纳（2009）描述了一个恋足癖者宁愿选择用化学阉割来抑制自己的欲望，也不告诉他的妻子。正如下面的案例研究所描述的，恋物障碍者通常会非常努力地隐藏他们。

案例

45岁的威廉是一名单身财务顾问，他来到一所大学的诊所，就“关系问题”接受评估和潜在的治疗。在一名研究生治疗师对他进行的初步评估中，他透露，他最关心的是他一直瞒着女朋友的一个“秘密”。威廉说，他从小就“痴迷于女人的内裤和长筒袜”。他表示自己对女性很着迷，但自青春期以来，他很难在看不到内裤和/或长筒袜的情况下产生性欲。他报告说，他每天都看有关女人穿脱内裤和长筒袜的色情电影，很多时候，他从商店里，以及他约会过和/或有过性关系的女人那里偷这些衣物。他还表示，他的卧室里藏着这些偷来的物品，有时自己穿着这些衣服手淫。这种“爱好”给他带来了极大的快乐，但也使他感到非常羞愧和内疚。他现在来接受治疗，因为他和现在的女友关系更亲密了，但是他非常担心，一旦她知道了自己的“爱好”，会有什么反应。

关于恋物障碍病因学的一个常见假设强调了经典条件反射和社会学习的重要性（Hoffmann, 2012）。例如，不难想象女性内衣是如何通过与性和女性身体的紧密联系而色情化的。但是只有一小部分男性发展出恋物障碍，所以即使这个假设有价值，在性反应的条件反射方面也必然存在个体差异（正如第 6 章所讨论的，在恐惧和焦虑反应的条件反射方面也存在差异）。在性方面易形成条件反射的男性容易产生一种或多种恋物障碍。我们稍后会再次讨论条件反射在性欲倒错发展中的作用。

12.5.7　易装障碍

根据 DSM-5，如果异性恋男性由于反复出现涉及变装成女性的强烈的引起性唤起的幻想、冲动或行为，而他们由于这种情况经历了巨大的痛苦或伤害，那么他们可能会被诊断为易装障碍。尽管有些男同性恋偶尔会“变装”，但他们通常不会为了性快感而这样做，因此也不会有易装障碍。通常，易装障碍在青春期发作，涉及穿着女性服装或内衣自慰。布兰查德（2010）假设，大多数异性恋易装障碍者的心理动机包括幻想变性性兴奋：因想到或幻想自己成为一名女性而产生的性欲亢进（Lawrence, 2013）。性学家马格努斯·赫希菲尔德（1984）首先确定了一类易装男性，他们会因为自己变为女性形象而产生性欲——“他们不是被外在的女人所吸引，而是被内在的女人所吸引”（p. 167）。

并非所有有易装障碍的男性都有明显的幻想变性性兴奋（Blanchard, 2010）。一些男性似乎与典型的恋物障碍者非常相似，他们只关注自己喜欢的女性服装的细节，而没有成为女性的明显的幻想。在易装障碍者中，幻想变性性兴奋的强度在很大程度上预测了性别焦虑。与其他类型的恋物癖一样，易装障碍只有在伴随盗窃或破坏财产等非法行为时才会对他人造成明显的伤害。这样的行为很少见，而且绝大多数易装障碍者是无害的。

一项针对瑞典 2 400 多名男性和女性的大型调查估计，近 3% 的男性和 0.4% 的女性报告说，他们至少有过一次色情变装，但这种障碍的实际患病率可能要低得多（Langstrom & Zucker, 2005）。上述研究报告了变装的男性和不变装的男性之间的人口统计学和个人经历差异。其中最引人注目的发现是，在 10 岁之前穿异性服装的男性经历了更多的性虐待，更容易唤起性欲，手淫频率更高，更多地使用色情制品，还有其他性欲倒错障碍。早前对

1 000 多名经常穿异性服装的男性进行的一项调查显示，他们中的绝大多数（87%）是异性恋，83% 结过婚，60% 在调查时在婚（Docter & Prince, 1997）。许多人设法隐藏自己的易装行为，至少在一段时间内是这样。但是，妻子们往往会发现，并且发现后的反应有很大的差异，从接受到极度不安。下面的例子说明了易装障碍的典型早期发病和这种情况可能给婚姻带来的困难。

案例

爱德华现年 57 岁，已婚，是三个孩子的父亲，在过去 35 年里一直是一名消防员。当他上六年级的时候，有一次，他叠洗好的衣服时处理到姐姐的内衣，忽然性欲大增。在几个星期的时间里，他开始偷偷地穿姐姐的内衣，并且穿着时间越来越长，最后在穿内衣的时候手淫。虽然他很喜欢这种做法，但他感觉这并不寻常，所以他没有告诉任何人。21 岁时，他从父母家搬到自己的公寓，开始在衣服里面穿女人的内衣，回家时就穿女人的睡衣睡觉。爱德华一直只对女人感兴趣，20 岁出头就和高中时的恋人结婚了。他在结婚的头几年最终透露了自己喜欢穿女人的内衣。妻子表示理解，说他这样做是可以的，只要他在家外面不这样做，而且在可能的范围内，她不希望看到他穿着女人的衣服。这种安排持续了很长一段时间，其间，他们有了三个孩子，并把他们抚养成人。现在孩子们都长大了，离开了家，爱德华对一直穿女装有了越来越多的想法和冲动。然而，他知道这可能会让他的妻子不高兴，而且几乎肯定不会在消防站受到欢迎。这种困境给他带来了很大的压力，他不知道该做什么，所以他来到诊所接受评估和治疗。

12.5.8 性欲倒错障碍的原因及治疗

许多患有性欲倒错障碍的人对他们不同寻常的性偏好有自己的解释。例如，一位有截肢癖的患者（他的偏好是肢体残缺的伴侣）回忆说，他对女性截肢者的迷恋起源于青春期。他在感情上被冷漠的家庭成员忽视，在听到一位家庭成员对一位截肢者表示同情时，他产生了这样一种愿望：他将成为一名截肢者，从而赢得他们的同情。这个故事提出了许多问题。冷漠的家庭并不少见，对截肢者的同情几乎是普遍的，但并非所有生于冷漠家庭并发现家庭成员同情截肢患者的男性都有截肢癖。这样的故事不一定有效度，因为我们往往不知道是什么塑造了我们（Nisbett & Wilson, 1977; Wilson, 2009）。

关于性欲倒错的形成，有一些很重要的事实：第一，我们已经注意到，几乎所有性欲倒错的人都是男性，性欲倒错的女性非常罕见，仅以病例报告或一系列病例报告的形式出现（Fedoroff et al., 1999）。第二，性欲倒错通常发生在青春期或青春期早期。第三，性欲倒错的人通常有很强的性欲，有些男性一天手淫很多次。第四，性欲倒错的人通常不止有一种性欲倒错。例如，在 25%~33% 的案例中，在窒息式性爱过程中意外死亡的男性部分或全部穿异性服装（Blanchard & Hucker, 1991）。性受虐狂和易装癖之间并没有明显的联系，为什么会这样呢？

莫尼（1986）等人认为男性对性欲倒错的易感性，与他们对视觉形式的性意象的更大依赖性密切相关。也许男性的性唤起在很大程度上取决于身体刺激的特征，而女性的性唤起可能更多地取决于情感环境，比如与伴侣相爱。如果是这样，男性可能更容易对非性刺激产生性联想，而这很可能发生在青春期之后，那时他们的性欲旺盛。许多人认为，这种联想是通过观察和模仿产生的经典条件反射和工具性条件反射和 / 或社会学习的结果。当观察到超常刺激时（例如，穿着内衣的模特照片），或者对超常刺激产生幻想时，男孩可能会手淫，而从性高潮释放中获得的强化可能会使其对超常刺激感到强烈的吸引力（Levay & Baldwin, 2012）。然而，这一假设无法解释为什么只有一小部分男性对内裤和胸罩产生恋物障碍，尽管几乎所有人都会对穿内裤或胸罩的女性照片或视频手淫。

就像对性欲倒错障碍患病率的研究一样，专注于治疗这些障碍的研究也相当少。认知行为治疗侧重于结合使用行为暴露与行为管理技能，如控制冲动和解决问题的技能。它在治疗青少年和成人的性欲倒错障碍和相关疾病方面均显示出积极的效果（Hallberg et al., 2017; Merricks et al., 2016）。药物治疗主要集中在 SSRI 类的使用上，因为这些药物已经显示出可以减少侵入性思维和强迫行为（例如在强迫症的治疗中），而且它们通常有降低性欲的副作用——虽然这通常是服用 SSRI 类的人不希望看到的特征，但在治疗性欲倒错障碍的情况下这是期望的效果。另一种有时用于治疗性欲倒错障碍的药理学方法是抗雄激素疗法，即通过药物降低一个人血液中的睾酮水平，以降低性欲（Holoyda & Kellaher, 2016）。不幸的是，相对缺乏随机对照试验来检验这些方法的效度，因此最有效的治疗方法尚不明确。

12.6 性虐待

介绍三种主要的性虐待类型

性虐待是一种涉及对至少一名不能理智地同意这种接触的个体（例如儿童）进行身体或心理胁迫的性接触。这种虐待包括恋童障碍、乱伦和强奸，它对社会的影响远远超过任何其他性问题。有点讽刺的是，在这三种虐待形式中，只有恋童障碍被列在 DSM-5 中。这在一定程度上反映了社会对这些罪行的重视程度，以及社会倾向于将强迫性侵犯者视为罪犯而不是精神障碍患者（尽管许多罪犯也有精神疾病）。

12.6.1 儿童期性虐待

在过去的几十年里，随着相关研究的增加，人们对儿童期性虐待问题产生了强烈的关注，至少有三个原因可以解释为什么我们需要在此对其进行讨论。首先，如前几章所述，儿童期性虐待和某些精神障碍之间可能存在联系，因此，此类虐待在这些障碍的病因学中可能很重要（参见第 3 章、第 5 章、第 8 章和第 10 章）。其次，大量证据表明，广义上讲，儿童期性虐待比人们曾经设想的更为普遍，了解其中原因很重要。最后，一些涉及儿童期性虐待指控的引人注目和广为人知的案件引发了非常有争议的问题，如儿童证词的有效性和恢复的性虐待记忆的准确性。我们将依次考虑这三个问题。

儿童性虐待的发生率

来自世界各地 21 个不同国家的具有代表性的调查显示，1.6% 的人报告童年时期曾遭受性虐待（Kessler, McLaughlin, et al., 2010）。在美国，儿童期性虐待的发生率甚至更高，有 4%~6% 的人有过这样的经历（Green et al., 2010; McLaughlin, Green, et al., 2012）。在阅读和理解关于这一主题的研究时，重要的是要记住，关于儿童期性虐待发生率的报告在定义上各不相同。例如，不同的研究使用不同的“童年”定义，年龄上限从 12 岁到 19 岁不等。一些研究统计了任何形式的性接触，甚至不包括身体接触的性接触（例如，露阴障碍）；一些研究只统计身体接触；一些研究只统计生殖器接触；还有一些研究统计了与未成年人的自愿性接触。

儿童性虐待的后果

儿童期遭受性虐待的儿童日后罹患精神障碍的可能性，约为未遭受性虐待儿童的两倍（Kessler, McLaughlin, et al., 2010），其中最大的风险是恐惧 / 焦虑和药物使用障碍（McLaughlin, Green, et al., 2012）。遭受性虐待的儿童日后出现自杀想法和自杀行为的风险也显著增加（Bruffaerts et al., 2010）。

各种各样的性症状也被认为是早期性虐待的结果（Leonard & Follette, 2002; Loeb et al., 2002; Maniglio, 2009），范围从性厌恶到性乱交。尽管中国儿童期性虐待的发生率低于西方国家，但在中国约 3 000 名成年男性和成年女性的样本中也报告了类似的负面影响（Luo et al., 2008）。不幸的是，正如第 8 章和第 10 章所讨论的，关于这些假设的关联的知识非常有限，因为很难在早期经历和成人行为之间建立因果联系（参阅本章末尾《未解决的问题》专栏）。

关于儿童性虐待的争论

几类引人注目的刑事审判说明，我们对具有重大科学和实际意义的问题的知识非常有限。在其中一类案件中，儿童指控被日托中心工作人员实施了广泛的、通常是怪异的性虐待，而关于儿童的指控在多大程度上可信的争议也被提了出来。在第二类案件中，成年人声称他们之前压抑并完全忘记了早期性虐待的记忆，然后在成年期“恢复”了这些记忆，这一般发生在接受某类治疗师的治疗时，这类治疗师相信被压抑的儿童期性虐待记忆是成年人心理疾病的一个非常常见的原因。人们对这些“恢复”的记忆的有效性提出了许多问题（见第 8 章）。

儿童证言　在 20 世纪 80 年代和 90 年代，几起据称在日托中心发生的性虐待案件震惊了整个美国，最臭名昭著的是加利福尼亚州的麦克马丁幼儿园案。1983 年，朱迪 · 约翰逊报警称她的儿子被雷蒙德 · 巴基猥亵，后者帮助管理幼儿园。约翰逊的指控越来越离奇。例如，她指控巴基把儿子的头插进马桶里，让他赤身裸体骑在马上，并对他进行鸡奸。约翰逊后来被诊断为急性偏执型精神分裂症，1986 年死于酒精相关的肝病。然而，在她去世之前，幼儿园里接受采访的其他孩子开始讲述一些极其耸人听闻的故事——例如，他们被迫在墓地里挖尸体，跳下飞机，用球棒杀死动物。尽管这些报道令人难以置信，但检察官和许多有孩子在麦克马丁幼儿园的父母还是相信了这些孩子。巴基和他的母亲（拥有日托中心）在历时两年半、耗资 1 500 万美元的审讯中受审。陪审团宣告巴基女士无罪，也没有给雷蒙德 · 巴基定罪。但是，他在监狱里待了五年，直到重审后才被释放。陪审员不认为被告有罪的主要原因是他们担心采访者使用了引导性问题或强制性的提问方式。此外，随后对报告受到撒旦仪式虐待的儿童的研究发现，没有证据（包括实物证据）表明这种虐待发生过（London et al., 2005）。尽管有这些顾虑，一些被指控性虐待的日托中心工作人员还是在监狱服刑多年。

恢复的性虐待记忆　1990 年，一位名叫艾琳 · 富兰克林的年轻女子在法庭上做证说，20 年前，她看到父亲强奸并谋杀了一名 8 岁的玩伴。值得注意的是，尽管她声称目睹了这起谋杀案，但直到她成年后才意外地“恢复”了对这件事的记忆（MacLean, 1992）。富兰克林的父亲被判有罪，并被判处终身监禁，不过 1995 年，由于在最初的审判中犯了可能影响陪审团裁决的两项严重违反宪法的错误，这一判决被推翻。在另一起案件中，帕特里夏·布尔格斯起诉她在芝加哥的两名精神科医生对她植入错误记忆，声称医生通过催眠和其他治疗手段说服她“相信自己是撒旦邪教的成员，受到多个男人的性虐待，还吃人并虐待自己的孩子”（Brown et al., 2000, p.3）。1997 年，她获得了 1 060 万美元的赔偿金。

正如第 8 章的一些细节所讨论的，对于创伤经历是否可以完全被遗忘，然后在数年后以某种方式完好无损地恢复，在过去的几十年里一直存在激烈的争论。一些人认为被压抑的记忆是很常见的（Herman, 1993），它是大量心理病理问题的原因。在颇受争议但很受欢迎的《治愈的勇气》一书中，记者艾伦 · 巴斯和劳拉 · 戴维斯断言，“如果你记不起任何具体的（性虐待）案例……但仍然感觉有虐待发生在你身上，那么它很可能发生了”（1988, p.21）。但是，正如研究者所指出的，绝对没有证据表明这一说法是正确的。一些治疗师仍然按惯例把这本书推荐给他们的客户，这些客户经常说“正在恢复”这样的记忆。那些对恢复被压抑的记忆持怀疑态度的人指出，即使是正常的、没有被压抑的记忆也可能是高度不准确的，错误的记忆可以用实验来诱导产生（Davis & Loftus, 2009; Loftus et al., 1995）。

关于治疗过程中儿童性虐待记忆的有效性的争论仍然非常激烈。大多数研究者坚持认为，“被压抑的记忆”这一概念完全或在很大程度上是无效的，所有“恢复的记忆”都是错误的（Crews, 1995; Davis & Loftus, 2009; Thomas & Loftus, 2002）。许多人认为，有效的恢复的记忆仅仅是对被遗忘的事件的记忆，因为在那个时候，它们不是创伤性的（McNally & Geraerts, 2009）。尽管科学家之间的争论仍在继续，但有关恢复的性虐待记忆的案例似乎已变得很少。一项关于错误记忆综合征基金会（主要成员为被子女依据恢复的记忆指控犯下性虐待的父母）的调查显示，在 1991 年和 1992 年，错误记忆综合征的指控达到顶峰，有 579 项指控发生在这段时间。而 1999 年和 2000 年，只有 36 项指控被提出（McHugh & Kreek, 2004）。

12.6.2 恋童障碍

根据 DSM-5，当成年人对青春期前儿童反复出现强烈的性冲动或性幻想时，可被诊断为恋童障碍；如果这些欲望引起恋童障碍者的痛苦，就没有必要将是否付诸行动作为必要诊断标准。DSM-5 指出，儿童通常是指“13 岁或更小”的人。给出这个定义的同时，DSM-5 拒绝了 DSM-5 小组委员会提出的两个可能很重要的建议：第一，恋童障碍应根据儿童的身体成熟程度来诊断（根据坦纳评分，这是青春期成熟程度的一个指标）；第二，应对恋童障碍（被青春期前儿童所吸引）的诊断标准进行修改，以包括患有恋青少年癖（对处于青春期早期的儿童着迷）的男性。对这些建议的辩论很激烈，可阅读《对 DSM-5 的批判性思考》专栏，看看你在这些问题上的立场。

恋童障碍者与儿童的性行为常常涉及用手部或口部接触儿童生殖器，插入性的肛交或阴道性行为相对罕见。虽然插入和相关的暴力经常对儿童造成伤害，但伤害通常是副产品，而不是目标，就像施虐障碍一样（尽管少数被诊断患有恋童障碍的男性也有性虐待障碍；Cohen & Galynker, 2002）。

几乎所有的恋童障碍患者都是男性，大约 2/3 的受害者是女孩，通常年龄在 8~11 岁（Cohen & Galynker, 2002）。恋童障碍者的同性恋率远远高于正常的成年男性（Seto, 2004）。

尽管一些社会保守派认为这表明男同性恋倾向于恋童障碍，但这是一个错误的推论，同性恋男人对男孩的兴趣并不比异性恋男人对女孩的兴趣大。同性恋恋童障碍是一种完全不同于正常男性同性恋的性偏好（Seto, 2012）。同性恋恋童障碍性犯罪者比异性恋恋童障碍性犯罪者有更多的受害者（Cohen & Galynker, 2002）。一项对恋童障碍患者的调查发现，大多数人使用过儿童色情制品（Seto, 2004）。

调查恋童障碍男性的性反应的研究揭示了几个结果模式（Barbaree & Seto, 1997; Seto et al., 2006）。这类研究通常使用阴茎体积描记仪来直接测量对性刺激的勃起反应，而不是依赖于自我报告（体积描记仪的主体是一个可膨胀的带尺，使用时将该带尺环绕阴茎，并与记录设备相连）。有恋童障碍的男性在看到裸体或半裸的女孩照片时，通常比非犯罪者表现出更强的性唤起，而且对这类照片的唤起程度也高于对成年女性照片的唤起程度。一些有恋童障碍的男性对儿童以及青少年和 / 或成人都有反应（Seto, 2004; Seto et al., 1999）。

儿童性侵犯者比非犯罪者更有可能进行认知扭曲的自我辩护，包括儿童将从与成年人的性接触中受益，以及儿童经常有主动进行这种接触的念头（Marziano et al., 2006）。从动机上讲，许多恋童障碍的儿童性骚扰者似乎害羞内向，但仍然渴望掌控或支配另一个人。有些人还将童年的某些方面理想化，例如天真、无条件的爱或单纯（Cohen & Galynker, 2002）。

对 DSM-5 的批判性思考

恋童障碍和恋青少年障碍

恋童障碍被理解和定义为被青春期前儿童吸引，即没有任何青春期迹象的儿童（例如，没有阴毛、乳房生长或阴茎生长的现象）。然而，对性侵犯者的研究（包括受害者的特征和侵犯者的性唤起模式）已经明确地表明，存在一个亚群，这个亚群不是对青春期前儿童，而是对青春期早期阶段的儿童最易发生性唤起。科学家称这样的人为“恋青少年障碍”。青春期的孩子虽然有青春期发育的迹象，但性发育还不完全成熟。恋童障碍和恋青少年障碍似乎有着密切的关系，因为恋童障碍者也常被青春期的儿童所吸引，而恋青少年障碍者也常被青春期前的儿童所吸引。DSM-5 性欲倒错小组委员会建议将恋童障碍的定义扩大到包括被青春期儿童吸引。此外，委员会建议，诊断恋童障碍的依据不应是涉及的儿童的年龄（13 岁及以下），而应是儿童的身体发育情况。他们建议在众所周知的发育标记的基础上进行这项研究（这些标记被称为坦纳评分，它代表了青春期成熟的程度，范围从“没有”到“完成”）。这在诊断上比依赖儿童的年龄更准确，因为儿童的成熟速度是不同的。一个 12 岁的女孩可能处于青春期前，但在今天这个时代，这个年龄更有可能是处于青春期的，因为在美国，大多数女孩在这个年龄就已经进入青春期（Razzak, 2012）。

由于提议将恋童障碍的定义扩大到包括被青春期儿童吸引，这些修订建议颇受争议。反对者认为，被青春期女孩吸引是正常男性的特征（Rind & Yuill, 2012; Wakefield, 2012）。但是，认为正常男性会被青春期儿童所吸引的观点在很大程度上是错误的，这种观点只考虑到未进入青春期的儿童和已结束青春期的青少年的身体状况，而没有意识到青春期早期儿童的身体发育不成熟。最后，DSM-5 既拒绝将恋童障碍的定义扩大到包括青春期儿童，也拒绝根据所涉及的儿童的性成熟程度来诊断恋童障碍（侧重于青春期前和青春期的发育标记）。相反，DSM-5 保留了 DSM-IV-TR 内部矛盾的标准，即恋童障碍是被青春期前儿童吸引，而青春期前被定义为小于 13 岁，尽管许多涉及的儿童并非青春期前儿童。许多在该领域工作的人对 DSM-5 没有做出拟议的修改感到不满。你认为呢？

恋童障碍通常是在青春期才被发现的，并且会持续一生。许多恋童障碍者从事与儿童或青少年有关的工作，这样他们就可以广泛接触儿童。有些恋童障碍者从不按自己的喜好行事，但很多恋童障碍者则不然。目前无法估计有恋童障碍的男性中仍保持独身的比例。几项研究表明，有恋童障碍的青少年和成年男性，相比性虐待成年人的其他成年人，在儿童时期遭受性虐待或身体虐待的可能性要高得多（Daversa & Knight, 2007; Lee & Katzman, 2002）。

研究表明，恋童障碍可能与早期神经发育的某些紊乱有关，而这些紊乱会使人容易患上这种障碍。例如，与非恋童障碍性犯罪者相比，有恋童障碍的男性智商较低（Cantor, Blanchard, et al., 2005; Seto, 2004），非右利手者的比例高 3 倍（Cantor, Klassen, et al., 2005; Seto, 2004），导致意识丧失的头部损伤的发生率较高，以及大脑结构有差异（通过脑成像技术检测到），其中至少有一些因素对正常的性发育至关重要（Cantor et al., 2008; Schiltz et al., 2007）。

并不是所有有恋童障碍的男性都猥亵儿童。在一项对因恋童障碍而寻求精神卫生服务的德国男性进行的保密研究中，30% 的男性称他们从未与儿童发生过性接触。但是，大多数看过儿童色情片（Neutze et al., 2011）。组织“B4UAct”（即“Before you act”，意为“在你采取行动之前”）的目的是支持有恋童障碍的守法男性，并提高人们对“存在这一群体，并且他们遭受了社会偏见”的意识（Clarke-Flory, 2012）。另一个名为“有道德的恋童障碍者”的组织，旨在通过提高人们对守法恋童障碍者存在的意识，来减少这一群体的耻辱感（Clarke-Flory, 2012）。

12.6.3　乱伦

乱伦是指在文化上被禁止的家庭成员之间的性关系，例如兄弟姐妹或父母与子女之间的性关系。尽管一些社会认可某些乱伦关系（曾经为了防止皇室血统被“污染”，埃及法老与他们的姐妹结婚是惯例），但乱伦禁忌在人类社会中是普遍存在的。乱伦往往会产生精神和身体上的问题，因为近亲比非近亲更有可能拥有相同的隐性基因（这往往具有负面的生物学效应），从而生下具有两套隐性基因的孩子。大概就是因为这个原因，许多动物以及所有已知的灵长类动物都有避免近亲交配的进化倾向。对从小就不断接触的人缺乏性兴趣似乎是人类避免乱伦的机制。例如，在以色列集体农场一起长大的没有血缘关系的孩子成人后很少与他们群体中的其他人结婚，也很少与之发生婚外情（Kenrick & Luce, 2004）。从进化的角度来看，这是有道理的，在大多数文化中，一起抚养的孩子在生物学上是有联系的。

在我们的社会中，乱伦的实际发生率很难估计，因为它通常只有在向执法部门或其他机构报告后才会被曝光。它几乎肯定比人们一般认为的更为普遍，部分原因是许多受害者不愿报告乱伦或不认为自己是受害者。兄妹乱伦是最常见的乱伦形式，尽管它很少被报告（LeVay & Baldwin, 2012）；另一种较常见的模式是父女乱伦；母子乱伦被认为是相对罕见的。通常，乱伦犯罪者不仅只与一个子女发生关系（Wilson, 2004），一些乱伦的父亲会在女儿青春期时依次与她们发生关系。

一些乱伦的儿童性骚扰者有恋童障碍者的唤起模式（Barsetti et al., 1998, Seto et al., 1999），这表明他们的动机至少部分来自被儿童性吸引，尽管他们也表现出对成年女性的性唤起。但是，他们与家庭外的儿童性骚扰者至少在两个方面有所不同（Quinsey et al., 1995）。首先，大多数乱伦犯罪是针对女孩的，而家庭外的犯罪在男孩和女孩之间的分布更为平均；其次，乱伦犯罪者更可能只对家庭中的一个或几个孩子实施犯罪，而有恋童障碍的儿童性骚扰者更可能有更多的受害者（LeVay & Baldwin, 2012）。

2007 年，一个名叫约瑟夫 · 弗里茨的奥地利乱伦犯罪者的案件被曝光，全世界震惊。几年前，弗里茨绑架了自己 18 岁的女儿伊丽莎白，并将她囚禁在自己地下室的隔音间里。他强迫她写了一张纸条，说她加入了一个邪教组织，不想再和家人联系。她在那里住了

24 年，她的母亲和住在楼上的其他家庭成员都不知道。在漫长的监禁期间，她的父亲多次强迫她与其发生性关系，她生了七个孩子（其中一个夭折），三 3 个孩子由楼上的家庭抚养，表面上看是伊丽莎白送来给他们的，另外三个和她一起住在地下室。后来，由于其中一个孩子的医疗问题，这场磨难终于结束了。伊丽莎白恳求弗里茨让她带孩子去医院，弗里茨同意了。医院工作人员认为弗里茨的说法可疑，于是报警，警方成功介入（Dahlkamp et al., 2008）。

12.6.4 强奸

“强奸”一词指的是“未经受害人同意，用任何身体部位或物品插入受害者的阴道或肛门，或将另一个人的性器官插入受害者口腔”（FBI, 2018）。这一定义由美国联邦调查局（FBI）于 2013 年提出，至今仍然有效。它不同于 FBI 和其他机构早先使用的定义，因为它包括肛门插入（因此，现在不仅适用于女性受害者，还适用于男性受害者）和用物品强奸。总的来说，这一扩大的定义导致美国强奸率报告上升了 41.7%（FBI, 2013）。法定强奸罪是指与法律上规定未满允许年龄的人（大多数州为 18 岁）发生的性行为，即使对方同意。在绝大多数情况下，强奸是男性对女性犯下的罪行，然而在监狱环境中，强奸往往是男性对男性犯下的罪行。强迫性行为并非人类所独有，在许多动物中也存在，在这些动物中，强迫性行为通常是雄性为了繁衍后代而进化出来的一种生殖策略。它也存在于大多数人类社会（包括早期社会）（Lalumière et al., 2005）。“性侵犯”一词是指除强奸以外的涉及非意愿的性接触行为，例如“咸猪手”或未经他人同意而抚摸他人。

发生率

对强奸发生率的估计相差很大，这至少在一定程度上是因为不同研究对强奸的精确定义和收集信息的方式（例如直接或间接问题）存在差异。美国司法部的年度调查显示，近年来，强奸和性侵犯的受害率一直在下降，从 1995 年的每年 0.5% 下降到 2010 年的每年 0.2%，到 2016 年的每年 0.1%（Morgan & Kena, 2017; Planty et al., 2013）。这一比例看似很低，但这意味着每年每 1 000 名 12 岁及以上的女性中就有 1 人遭到强奸或性侵犯，而这是一个不可接受的高数值。全美调查数据显示，大约每 5 名女性中有 1 名（18.3%）、每 71 名男性中有 1 名（1.4%）报告在其一生中曾被强奸（deBaca, 2015）。生活在低收入和农村地区的 34 岁以下妇女遭受强奸和性侵犯的风险最高。此外，大多数性暴力案件的行凶者都是受害者熟悉的人（78%），这可能就是为什么只有少数此类袭击涉及使用枪支或刀等武器（11%）（Planty et al., 2013）。关于哪些人有遭受性侵犯的风险的统计数据见图 12.2。

强奸的动机是性还是攻击?

传统上，强奸被归类为性犯罪，社会认为强奸犯的动机是欲望。但是，在 20 世纪 70 年代，一些女权主义学者开始挑战这一观点，他们认为强奸是出于支配、维护权力和羞辱受害者的需要，而不是出于对受害者的性欲（Brownmiller, 1975）。当然，从受害者的角度来看，强奸（妇女最大的恐惧之一）一直都是一种暴力行为，无论强奸犯的动机是什么，它肯定不是一种令人愉悦的性体验。

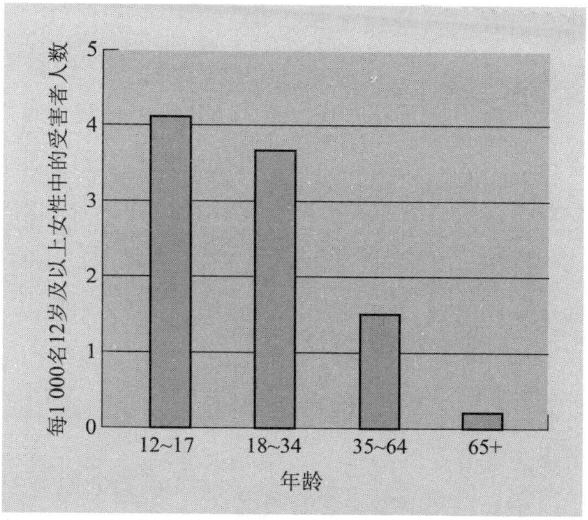

图 12.2　性侵犯受害者人数

这些来自美国司法部的数据概述了关于 2005 年至 2010 年被强奸的妇女的一些情况。

尽管强奸的动机很大程度上可能源于支配或羞辱他人的欲望，但有很多令人信服的理由表明，性动机即使不总是一个非常重要的因素，也往往是一个非常重要的因素（Bryden & Grier, 2013; Thornhill & Palmer, 2000）。虽然强奸受害者包括各种身材有吸引力的女性，但强奸受害者的年龄分布并非完全随机，十几岁和二十出头的女性占有非常高的比例，她们通常被认为是最具性吸引力的。这一年龄分布与其他暴力犯罪受害者的年龄分布有很大的不同，在其他暴力犯罪中，由于老年人的脆弱性，老年人的比例更高。此外，强奸犯通常把性动机作为他们行为的一个非常重要的原因。最后，至少一些强奸犯表现出与性欲倒错相关的特征，并有多种性欲倒错（LeVay & Baldwin, 2012）。

强奸及其后果

除了对受害者造成的身体创伤，心理创伤可能严重到导致大量女性受害者患上创伤后应激障碍（见第 5 章）。强奸还可能对受害者的性功能、婚姻或其他亲密关系产生负面影响。尽管对被强奸男性的系统研究很少，但一项对 40 名男性强奸受害者的研究表明，几乎所有人在被强奸后都经历过某种长期的心理困扰，包括焦虑、抑郁、愤怒情绪增加和自我意象丧失（Walker et al., 2005）。

虽然在所有强奸和性侵犯案件中都有明确的犯罪者，但仍然存在一个不幸的说法，即“受害者促成”强奸。辩护律师经常援引这一立场，试图避免犯罪者被控强奸。根据这一观点，受害者（特别是反复受害者）虽然在心理和身体上受到伤害，但被认为是犯罪的原因，通常依据是她“不检点”的服装、她过去的性行为，或她出现在一个被认为有风险的地方（LeVay & Baldwin, 2012）。而犯罪者被认为无法在这种不可抗拒的挑逗面前压制自己的欲望，因此对其行为没有法律责任。幸运的是，20 世纪 70 年代起，美国开始实施《强奸盾牌条款》。该法案通过诸如防止检察官使用受害者先前性史的证据等手段以保护强奸受害者，但是，其中仍然存在许多问题（LeVay & Baldwin, 2012）。

最近，国际货币基金组织（IMF）总裁、有抱负的法国政治家多米尼克·斯特劳斯-卡恩被控强奸案展现了该类案件固有的复杂性。2011 年 5 月，他被纽约市一名酒店工作人员指控，该酒店工作人员称自己在他的房间打扫时遭到了他的性侵犯。警方的调查证实双方之间发生过性接触，但卡恩坚称这是双方自愿的。随后，另一名女性站出来指控卡恩多年前在法国强奸了她。然而，在 2011 年的案件中，当检察官得知原告在其他事情上撒了谎，包括她在原籍国被强奸的说法时，案件就被撤诉，指控被撤销了。有可能卡恩的确犯了强奸罪，也有可能他就是被诬告了。这类案件凸显了起诉强奸罪的困难，以及对被告提供充分保护的必要性。

强奸犯和因果关系的考虑

强奸犯绝大多数是男性，他们的特征是冲动、易怒、缺乏亲密的人际关系、对社交线索或应激不敏感（Giotakos et al., 2004），还有一部分人符合精神病的诊断标准（Knight & Guay, 2006）。许多强奸犯在社交和沟通技能方面（Emmers-Sommer et al., 2004）以及对女性情感和意图的认知评估方面（Ward et al., 1997）也表现出一些缺陷。例如，他们特别缺乏成功交谈所必需的技巧，而成功的交谈是发展女性同意的两性关系所必需的。此外，他们很难在社交活动中解读女性的负面线索，往往将友好行为解读为轻浮的或关于性的挑逗（Emmers-Sommer et al., 2004）。这可能会导致不适当的行为，让女性感觉受到侵犯。

一些研究不仅局限于调查实施强奸和性侵犯的男性的特征，而且直接评估了这些男性的动机和理由，以便了解他们的行为。韦格纳及其同事（2015）的一项研究对 183 名参与性侵犯的男性进行了评估，以考量其行为的正当性。他们支持实施性侵犯的主要理由是，受害者“激起了（我）的性冲动”，“诱使（我）继续”，“负有责任”，以及“（我）认为一旦开始，她会很享受”。预测这些理由的部分因素是男性对强奸的支持态度（例如，“如果女性对性侵犯没有强烈抵抗，她很可能愿意发生性行为”，“如果一个女人在聚会上喝醉了，有人与她发生性行为，那本质上是她的错”），对于受害者对犯罪者的性兴趣的误解，以及受害者饮用的酒精饮料的数量。本研究的研究者对施暴者进行了一年的跟踪调查，发现施暴者对性侵犯女性的行为辩解得越多，他们未来再次实施性侵犯的可能性就越大（Wegner et al., 2015）。尽管这些发现令人担忧，但它们揭示了导致一些人实施强奸和性侵犯的部分因素。随着这一领域研究的进展，人们越来越努力在性侵犯发生前更好地识别潜在的犯罪者和受害者，并使用预防程序来试图降低此类攻击发生的可能性。

12.6.5　性罪犯的治疗和再犯

几十年来，美国一直对重复犯罪的性侵犯者极度关注和不容忍。被定罪的性犯罪者厄尔·施里纳在从监狱获释后不久，在华盛顿州塔科马市附近的树林里强迫一名 7 岁男孩下了自行车，然后强奸并刺伤了他，随后割下了男孩的阴茎。就在他出狱之前，施里纳向狱友透露，他仍然有猥亵和谋杀儿童的幻想（Popkin, 1994）。在一个类似的案件中，7 岁的梅根·坎卡被居住在她附近的一名被定罪的儿童性骚扰者性侵并谋杀。诸如此类的案例激发了许多保护社会免受性侵犯者侵害的措施（见《我们周围的世界》专栏）。

但这些故事有代表性吗？性侵犯者通常无法治愈吗？是否应该在认定他们一定会再次犯罪的前提下判其无期徒刑？或者他们对治疗其实是有反应的，但却被媒体哗众取宠的做法不公平地曝光？性侵犯者的治疗效果是有争议的，我们将在之后讨论这个话题（Fedoroff, 2009）。

总的来说，性犯罪者的再犯率实际上明显低于许多其他类型的犯罪者。但是，性偏好异常的性犯罪者（如暴露狂、重度虐待狂和恋童癖者）的再犯率特别高（Dickey et al., 2002; Langevin et al., 2004）。一项对 300 多名性犯罪者长达 25 年的跟踪研究发现，他们中半数以上的人至少被控两项性犯罪（Langevin et al., 2004）。最近的一项研究发现，性暴力（对性虐待或强迫性行为的偏好）是再犯最有力的预测因素。其他预测因素包括消极的社会影响、低下的认知问题解决能力和孤独感（Mann et al., 2010）。强奸犯的再犯率随着年龄的增长而稳定下降，性异常行为的表现也普遍下降（Barbaree & Blanchard, 2008）。

心理治疗及其效果

性犯罪者的治疗通常至少包括以下四个目标之一：改变性唤起和吸引的模式；改变认知和社交技能，以便与成年伴侣进行更适当的性互动；改变提高再次犯罪可能性的习惯或行为；减少性冲动。改变性唤起模式的尝试通常涉及厌恶疗法，在这种疗法中，对有恋童障碍的男性来说，性欲倒错的性刺激（比如一张裸体青春期前女孩的照片）与厌恶性刺激（比如被迫吸入恶臭气体或手臂受到电击）同时出现。电击厌恶疗法的替代方法包括内隐致敏法，即患者在观看或想象一种性欲倒错的性刺激时要想象出一个他非常厌恶的事件，以及辅助内隐致敏法，即在患者处于性唤起的高峰期时释放一种恶臭来引起恶心（Beech & Harkins, 2012）。

异常的唤起模式也需要被对可接受的刺激的唤起所替代（Maletzky, 2002）。大多数情况下，研究者试图将性高潮的愉悦刺激与对成年人之间双方自愿的性行为的幻想结合起来。例如，性侵犯者被要求在思考异常幻想时手淫，在射精时将幻想换成更合适的主题。尽管厌恶疗法在实验室中已经显示出一定的有效性（Maletzky, 1998;Quinsey & Earls, 1990），但如果患者的动机减弱，这种疗法产生的改变能在多大程度上泛化到患者的外部世界还不确定。此外，尽管厌恶疗法仍然广泛应用于性犯罪者，但它不再是唯一的治疗形式（Marshall, 1998）。

我们周围的世界

梅根法案

1994 年 7 月 29 日，来自新泽西州汉密尔顿镇的 7 岁女孩梅根·坎卡从朋友家走回家时，一位邻居邀请她去他家看他的新小狗。她的邻居，33 岁的杰西·蒂门德卡斯是一名园林设计师，已经在街对面住了大约一年。梅根、梅根的父母和附近的其他人都不知道他还是一个两次被定罪的儿童性骚扰者（他和另外两名被定罪的性犯罪者住在一起）。当梅根跟着他进屋后，他把她带到楼上的一间卧室，用皮带把她勒住，强奸了她，并用塑料袋把她闷死。蒂门德卡斯把梅根的尸体放在工具箱里，开车去了一个足球场，把她扔在一个移动厕所附近。蒂门德卡斯随后被逮捕、定罪，并被判处死刑，然而，由于新泽西州在 2007 年废除了死刑，他被改判终身监禁。

梅根的谋杀案激起了人们的愤怒，因为危险的性犯罪者可以在不通知居民的情况下进入一个社区。作为回应，新泽西州立法机关通过了“梅根法案”。该法规定，被定罪的性犯罪者一旦获释，必须向警方登记，当局还必须通知居民，通过散发传单、向当地组织发出警告、挨家挨户通知的方式告知社区居民被定罪的性犯罪者已经搬进该区域。其他许多州也通过了类似的法律，现在根据新泽西州的梅根法案，有几个州可以访问一个网站，上面有被定罪的性犯罪者的照片和地址。

尽管梅根法案在州议员和公民中广受欢迎，但也并非没有争议。公民自由主义者反对通知社区的要求，他们认为，这将伤害被释放的罪犯（他们可以说已经赎罪），阻止他们成功地重新融入社会。虽然各种各样的梅根法案旨在保护潜在的受害者，而不是鼓励性犯罪者，但后者已经发生了，在一些州，多达 1/3 到 1/2 的登记在册的罪犯有以下一种或多种情况：失去工作或家庭、遭到威胁、遭到骚扰、财产损失和 / 或家庭成员遭到伤害（Levenson et al., 2007）。此外，有限的相关数据也使梅根法案的有效性受到质疑。例如，自 1995 年以来，一些研究比较了登记为性犯罪者前的一段时期的再犯率与这些法律通过后的再犯率，不幸的是，这些结果并没有真正提供任何可靠的证据证明通知社区提高了社区安全（Levenson et al., 2007）。最近在新泽西州进行的一项分析发现，梅根法案并没有起到什么作用（Zgoba & Levenson, 2008）。

梅根法案规定，被定罪的性犯罪者必须向当地警察局登记，这样邻居们才能知道他们和其他人可能面临的风险。这样做有潜在的好处，也有潜在的代价（例如，社区成员对性犯罪者的骚扰）。如果你能提议修改这项法律，你会怎么做？

其他的心理治疗旨在减少再次性侵犯的机会。认知重构法试图消除性侵犯者的认知扭曲，因为它可能在性虐待中发挥了作用（Maletzky, 2002）。例如，一名乱伦罪犯坚持认为，“如果我 10 岁的女儿说不，我就会停止”，那么可以就他话语中隐含的认知扭曲质疑他，比如：儿童有能力同意与成人发生性关系；如果一个孩子没有说不，她就是同意了；停止性接触是孩子的责任。社会技能培训的目的是帮助性犯罪者（尤其是强奸犯）学会更有效地处理来自女性的社交信息，并更恰当地与她们互动（Beech & Harkins, 2012; Maletzky, 2002）。例如，一些男性从女性的中性或消极信息中解读出积极的性暗示，或者认为女性拒绝性暗示反而是“欲擒故纵”。培训通常涉及罪犯与女性伴侣的互动，女性伴侣可以就罪犯对互动的反应向罪犯提供反馈。

虽然治疗文献中的一些研究已经得出了积极的结论（Maletzky, 2002），但其他研究发现，治疗过和未治疗过的罪犯之间基本上没有区别（Emmelkamp, 1994; Rice et al., 1991）。对 23 项累犯结果研究的元分析显示，治疗具有优势：10.9% 的接受过治疗的性犯罪者与 19.2% 的未接受过治疗的性犯罪者犯了另一种罪行（Hanson et al., 2009）。最有效的治疗方案遵循加拿大的“风险–需求–反应”模式。该模式首先评估罪犯的风险，以确定谁应该接受最密集的治疗；其次，它关注直接增加再次犯罪机会的因素，比如性欲倒错的欲望或冲动；最后，该模式认为矫正方案应与罪犯的学习方式、动机水平、个人特点等特征相匹配。这种多层面的认知行为技巧似乎比厌恶疗法等老技巧更有效。文献中也有迹象表明，某些性欲倒错对治疗的反应比其他性欲倒错更好（Laws & O’donohue, 2008）。例如，一项对 2 000 多名参与认知行为治疗项目的性犯罪者进行的超长期随访（5~15 年）发现，非恋童障碍儿童性骚扰者和露阴障碍者的总体治疗成功率高于恋童障碍者和强奸犯（Maletzky & Steinhauser, 2002）。

生物和外科治疗

近年来，SSRI 类抗抑郁药物被发现可以通过减少性欲和行为来治疗多种性欲倒错。但是，它们在性犯罪者的治疗中没有起到作用。对性犯罪者最具争议的治疗包括阉割——要么手术切除睾丸，要么接受被称为“化学阉割”的激素治疗（Berlin, 2003; Weinberger et al., 2005）。手术和化学阉割都会降低睾酮的水平，从而降低性欲，让罪犯能够抵制任何不适当的冲动。化学阉割通常涉及使用抗雄激素类固醇激素，如狄波-普维拉和卢普龙，两者都有严重的副作用。一项关于卢普龙药物的非对照研究取得了惊人的结果：30 名患有性欲倒错的男性在治疗前平均每周报告 48 次异常幻想，而在治疗期间则没有这种幻想（Maletzky & Field, 2003; Rosler & Witztum, 1998），但是，停药后复发率非常高（Maletzky, 2002）。

在欧洲和最近在美国进行的对手术阉割有暴力倾向的重复性犯罪者的研究，也有类似的结果（但复发率不高；Weinberger et al., 2005）。这些研究通常包括各种类型的罪犯，从儿童性骚扰者到成年女性强奸犯。随访有时超过 10 年。阉割罪犯的再犯率通常低于 3%，而未阉割罪犯的再犯率高于 50%（Berlin, 1994; Green, 1992; Prentky, 1997）。尽管成功率较高，但许多人认为这种治疗残忍、不道德、不人道（Farkas & Stichman, 2002）——虽然这一假定受到了质疑（Bailey & Greenberg, 1998）。

引人注目的是，最近的一些案件中，性犯罪者自己要求阉割以换取更轻的判决（LeVay & Baldwin, 2012）。在一些州，如加利福尼亚州，一个惯犯在猥亵儿童后的缓刑或假释资格与他是否接受强制性激素治疗有关（Scott & Holmberg, 2003）。俄勒冈州评估了罪犯自己要求这种治疗的积极结果，发现那些接受化学阉割的人更少再犯罪，更遵守假释规定，也更不可能重返监狱（Maletzky et al., 2006）。但是，以美国公民自由联盟为代表的公民自由主义者认为，由于潜在的严重副作用，这些要求违反了宪法禁止残酷和非常规惩罚的规定。我们需要更多的研究来确定是否以及在何种条件下，应该对一些性犯罪者使用这种生物疗法（Rice & Harris, 2011）。这样的研究应该是优先考虑的。

联合心理和生物治疗

可以想见的是，许多治疗方案现在将激素疗法和认知行为疗法结合，希望在罪犯学会控制冲动的技巧后，可以逐渐减少激素疗法（Maletzky, 2002）。然而，几乎所有现存研究中都有一个极为关键的缺陷，那就是缺乏随机分配的具有同等治疗动机的对照组。一些人认为对性犯罪者来说，不予以治疗是不道德的（Marshall et al., 1991）。但是，这只有在治疗有效时才成立，目前尚不清楚治疗是否有效。因此，其他人认为要在该领域取得进展，随机对照试验至关重要（Seto et al., 2008）。大多数研究的结果变量是在随访期间该男子是否被判犯有另一种性犯罪，因此关于这一课题的研究变得更加复杂。大多数性犯罪都没有受到惩罚（犯罪者往往从未被抓获，更不用说被定罪），这一事实可能夸大了治疗的明显效果，低估了性犯罪者的危险性。鉴于确定性犯罪者能否得到帮助以及他们再次犯罪的可能性有多大的社会重要性，社会投入必要的资源来回答这些问题是至关重要的。

总结

我们可以既承认性犯罪者给人类带来巨大的痛苦，也对许多性犯罪者的困境表示同情，他们背负着一种异常的性唤起模式，这种模式给他们带来了巨大的个人和法律困扰。社会不能允许这些人按照他们的性取向行事，也不能忘记他们过去犯下的罪行。但是，在决定如何对待这些人的时候，重要的和人道的是，要记住他们中的许多人有着痛苦的内心活动。

未解决的问题

儿童期性虐待的危害有多大？

大多数当代美国人认为儿童期性虐待（childhood sexual abuse, CSA）是非常有害的，这既反映了他们对 CSA 受害者的关切，也反映了他们对犯罪者的愤怒。对有害性的假设是如此根深蒂固，以至于许多人觉得考虑另一种可能性——“至少有时，CSA 不是非常有害”，是一件骇人听闻的事。当然，有害性的问题是可以用实证的方法来回答的。结果显示了什么？

1998 年，天普大学的心理学家布鲁斯·林德和他的两位同事在著名的期刊《心理学公报》上发表了一篇文章，回顾了 49 项关于大学生童年性经历的研究（Rind et al., 1998）。此外，这些研究评估了学生目前的适应能力，使林德和同事能够研究早期性经历与成年早期心理健康之间的关系。以下是本研究的一些结论：

- 儿童期性虐待和后来的问题之间的相关性小得惊人，这表明这种经历通常不会造成很大的伤害。
- 在对一般家庭问题进行统计控制后，CSA 与成人问题之间的低关联性基本上降为零，这意味着经常发生儿童性虐待的消极家庭环境，更能解释 CSA 与后续问题的联系，而不是性虐待本身。事实上，糟糕的家庭环境对适应问题的预测水平比 CSA 平均高 9 倍（Rind & Tromovitch, 2007）。
- 乱伦（与亲属发生性关系）和强迫性行为都比名义上同意的、没有血缘关系的个体之间的性行为更容易引发问题。
- CSA 发生的年龄与成人预后无关。

起初，这项研究的挑衅性结论没有引起多少注意。然而，保守的电台名人劳拉·施莱辛格博士得知这项研究后，引发了一场激烈的争议。劳拉博士和其他批评者都指责林德和他的合著者安慰儿童性骚扰者，对 CSA 受害者漠不关心。1999 年，美国众议院的一项决议谴责了这项研究，争议达到了顶峰（Lilienfeld, 2002; Rind et al., 2000）。

林德的研究受到了两方面的攻击：首先，一些人认为，作者在文章中的断言，是有社会危害性的（Ondersma et al., 2001）。其次，一些人认为，这项研究在科学上不够有力，不足以证明这些危险的结论是正确的。让我们回顾一下这两种批评。

显然，低估 CSA 的危害是错误的。CSA 的受害者会因为他们的痛苦得不到重视而感到痛苦，我们很可能在解决与 CSA 有关的问题上投入太少。但是夸大 CSA 的危害也可能带来巨大的成本。例如，如果 CSA 并不一定会产生严重和永久性的后果，那么那些被误导认为自己受到严重和永久性伤害的人可能会遭受不必要的痛苦。如果 CSA 通常不是很有害，我们需要知道这一点。

评估林德研究的效度是一个科学问题。《心理学公报》发表了一篇关于林德研究的长篇科学评论（Dallam et al., 2001），同时发表了林德和他的合著者的回复（2001）。对最初研究的一个批评是，它依赖于大学生，他们可能不具有代表性，也许他们能不顾 CSA 的影响而考上大学，是因为他们的适应力特别强。然而，在另一项研究中，林德分析了来自社区样本的数据（没有根据受教育程度选择样本），得到了几乎相同的结果（Rind & Tromovitch, 1997）。林德的一些统计决策和分析也受到了批评，但他已经声明，当他以批评者的方式分析数据时，他的结果并没有发生多大变化。

后来对 1 800 名澳大利亚成年人（年龄在 18~59 岁）进行的一项元分析显示，女性 CSA 与她们成年后出现更多性功能失调症状有关（Najman et al., 2005）。然而，林德和特罗莫维奇（2007）随后对这些数据的重新分析表明，这种关系的规模相当小（类似于林德等人 1998 年的研究结果）。此外，奈曼和他的同事并没有对其他重要因素进行统计上的控制，比如不良家庭环境，这些因素在林德等人 1998 年的研究中被证明更为重要。林德（2003, 2004）也将他的讨论扩展到成人和青少年之间的性关系的有害程度问题上。如今，美国人的观点已经传遍了整个西方世界，他们认为这种关系在定义上也是“儿童期性虐待”，尽管在前几个世纪，涉及青少年的婚姻很常见。林德回顾了一些证据，这些证据表明，当前对这一问题的看法（这种关系是有害的）是由意识形态和道德恐慌所驱动的，而不是由任何实证研究所驱动的，尤其是当它发生在青春期男孩和成年女性之间时——大量证据表明，许多青春期男孩认为这种关系对他们的性自信和自我接纳有好处。这些显然是有争议的问题，值得今后进一步仔细研究。

显然，这些研究还没有明确回答"CSA 的危害有多大"，但未来的研究必须与他们的发现相抗衡，并密切关注其他通常与 CSA 高度相关的负面家庭因素的相对重要性。

本章小结

12.1 定义性功能失调

- 性功能失调包括对性满足的欲望或实现性满足的能力受到损害。
- 性功能失调可以发生在人类性反应的四个阶段中的前三个：欲望阶段、唤起阶段和性高潮。

12.2 介绍一些男性最常见的性功能失调

- 男性性欲低下障碍是在男性对性兴趣很低或不感兴趣时给予的诊断，在极端情况下，患者可能实际上对性行为有反感。
- 勃起障碍发生在男性身上，患者在完成性活动之前无法达到或保持足够的勃起。
- 早泄发生在那些持续且反复出现性高潮的男性身上，患者的射精发生在极少量的性刺激后。
- 延迟射精是指在性交过程中持续不能射精。

12.3 介绍一些女性最常见的性功能失调

- 女性性兴趣 / 唤起障碍是指女性长期表现出对性活动缺乏兴趣和 / 或难以获得足够的性唤起以达到高潮。
- 生殖器-盆腔痛 / 插入障碍的诊断，是针对在至少以下一个方面有持续或反复的困难的女性：（1）阴道性交 / 插入明显困难；（2）阴道性交 / 插入时明显的外阴或盆腔疼痛；（3）对外阴疼痛、盆腔疼痛或阴道插入有明显的恐惧或者烦躁；（4）阴道插入时盆底肌明显紧张或收紧。

12.4 解释性别烦躁的主要特征

- 性别烦躁可发生在儿童、青少年和成年人身上，是指个体因其出生时的生理性别与其性别认同不匹配而经历显著且持续的焦虑或痛苦的疾病。大约有 1/4 患有性别烦躁的儿童在成年后继续患病，而大多数儿童则没有。患有性别烦躁的成年人有其他精神卫生问题的风险显著增加，如心境障碍、焦虑障碍，以及自杀和自残行为。

12.5 列出并描述四种类型的性欲倒错障碍

- 性欲倒错障碍包括持续且反复出现的特定性行为和性唤起模式，持续至少 6 个月，在这些模式中，个体需要不寻常的对象、仪式或环境来获得完全的性满足。它们几乎只发生在男性身上，而男性往往表现出不止一种性欲倒错障碍。
- 性欲倒错障碍包括窥阴障碍（观察他人裸体、脱衣或从事性活动时性唤起），露阴障碍（从暴露自身生殖器中获得性唤起），摩擦障碍（从触摸或摩擦一个非自愿的人的行为中获得性唤起），性施虐障碍（从对另一个人的身体或心理折磨中获得性唤起），性受虐障碍（从别人施加于自身的痛苦中获得性唤起），恋物障碍（对非生命物体性唤起），易装障碍（对异性装扮性唤起），恋童障碍（对儿童性唤起）。

12.6 介绍三种主要的性虐待类型

- 性虐待有三个有重叠的类别：恋童障碍、乱伦和强奸。这三种性虐待现在发生率惊人。
- 恋童障碍被定义为对青春期前儿童产生性兴趣。
- 乱伦涉及血亲之间的性行为。
- 强奸指的是在一个人对另一个人的实际或威胁的强迫下发生的性行为。
- 在大多数情况下，尚无证据显示对性犯罪者的治疗非常有效，虽然有希望的相关研究正在进行。

第13章

精神分裂症和其他精神病性障碍

学习目标

13.1 描述精神分裂症的患病率，以及受影响最大的群体

13.2 根据DSM-5确定精神分裂症的症状

13.3 列出四种精神病性障碍，并说明它们与精神分裂症的区别

13.4 阐明与精神分裂症相关的遗传和生物学风险及致病因素

13.5 讨论精神分裂症对大脑的影响

13.6 解释精神分裂症相关的心理、社会和文化因素

13.7 描述精神分裂症的治疗方法和疗效，以及抗精神病药物的优缺点

案例

埃米利奥40岁了，但他看上去要比实际年龄小十来岁。他被母亲送到医院，因为家里实在管不了他，这已经是他第12次住院了。就诊时他穿着一件破烂的大衣和室内拖鞋，戴着棒球帽，脖子上还挂着几枚奖章。他对母亲愤怒（“她喂我吃屎……别人直肠里出来的东西”），对工作人员则傻笑和谄媚。他的言行举止像个小孩子，走起路来扭捏作态，臀部扭动幅度也很夸张。据他母亲说，一个月前他便停止了服药，从那时起他就开始听到一些只有他能听到的声音，他的行为也看起来很怪异。当问及他在做什么时，他说“吃电线和点火”。他的自然口语常常前后矛盾，他的用词以频繁的押韵和谐音联想为特点（谐音联想是以发音来选择用词，而不是以意义的关系来选择用词）。

埃米利奥第一次住院是在16岁辍学后，从那时起他就再也没有上学或工作过。他在住院期间接受了抗精神病药物的治疗（用于治疗精神分裂症的药物），但出院后却没有继续服用，因此很快病情复发，又开始行为紊乱了。他和年迈的母亲一起居住，但有时会离家出走，每次可能几个月踪迹全无，最后在街上游荡时被警察送回家。

埃米利奥所患的这种精神障碍被称为“精神分裂症”。精神分裂症是一种严重的精神障碍，通常与功能严重受损有关。本章通过经典研究和最新研究来阐述精神分裂症之谜的各个部分。但我们从一开始就需要注意，对于该障碍的很多部分，我们尚未得出研究结论，我们所面临的谜团还远远未被解开。当你阅读本章时，你将了解到这种障碍有多么复杂和具有挑战性，这不仅仅是对患者及其家人而言，对那些试图治疗这种障碍的医生以及决心研究这种障碍的研究者来说，也是如此。

13.1　精神分裂症

描述精神分裂症的患病率，以及受影响最大的群体

精神分裂症发生在各种文化和各行各业的人身上。这种障碍有着多种多样的古怪症状，在知觉、思维、行动、自我意识，以及与他人的接触方式上都可能有异常的表现。虽然精神分裂症的临床表现在不同的患者身上有所不同，但精神分裂症的基本特征是严重缺失与现实的联系。这种障碍又被称为“精神病”，本章开头所描述的埃米利奥就是非常典型的案例。

13.1.1　精神分裂症概念的起源

1810 年，英国伦敦伯利恒医院的药剂师约翰·哈斯拉姆对我们现在所认识的精神分裂症进行了第一次详细的临床描述。哈斯拉姆记述了一位患者的案例，该患者似乎表现出精神分裂症的多种典型症状，包括妄想（Carpenter, 1989）。50 年后，比利时精神病学家本尼迪克特·莫雷尔描述了一个 13 岁男孩的案例，这个男孩曾经是学校里最聪明的学生，但后来他逐渐失去了学习兴趣，变得越来越冷漠孤僻、无精打采、沉默寡言，似乎忘记了他所学过的一切。莫雷尔认为，是遗传因素导致这个男孩的大脑退化，从而使他的智力、道德和身体功能遭到了破坏。他还用法语单词“démence précoce”（意为早发性痴呆）来描述这一病情，将其与老年期的痴呆区分开来。

德国精神病学家埃米尔·克雷珀林由于细致描述了今人口中的精神分裂症而闻名于世。1896 年，克雷珀林（同莫雷尔一样）用拉丁文术语“dementia praecox”（意为早发性痴呆）来描述那些起于生命早期的精神衰退。克雷珀林是一位敏锐的临床现象观察者，他把患有早发性痴呆的患者描述为“怀疑周围的人，看到食物中有毒，自以为被警察追捕，觉得身体被他人控制，或者认为自己会被枪杀或者自己正在被邻居嘲笑”（Kraepelin, 1896）。克雷珀林指出，这种障碍的特征是幻觉、漠不关心、行为孤僻以及不能正常工作。

1911 年，一位名叫欧根·布洛伊勒的瑞士精神病学家提出了我们沿用至今的诊断术语。布洛伊勒使用了“schizophrenia”这一术语（源自希腊语的“schizo”,意思是“分裂或断裂”；“phren”，意思是“精神”），因为他认为这一障碍的主要特征是思维过程紊乱，思想和情感之间缺乏一致性，以及向内的背离现实（分裂）。虽然这一术语经常被认为反映了一种“杰基尔和海德”的分裂人格（参见本书第 7 章“环性心境障碍”的案例），但这其实是一个误解。分裂并不是指多重人格（一种完全不同的障碍形式，现在称为“分离性身份障碍”），而是指思维内部、思维和情感之间、思维和外部现实之间存在分裂。有趣的是，布洛伊勒的专著（Bleuler, 1911/1950）的副标题是“精神分裂症群”，这说明他也认为这种障碍并不是一种单一的诊断实体。

13.1.2 精神分裂症的流行病学调查

精神分裂症的终生患病率在 1% 以下，实际上约为 0.7%（Saha et al., 2005）。这意味着，在 0 岁到 55 岁期间，每 140 人中大约有 1 人会患精神分裂症。当然，这样的统计并不说明每个人都有同样的患病风险，这只是终身患病风险的人均估计。我们将在稍后了解到，有些人（例如父母患有精神分裂症的那些人）比一般人（例如那些家族中从未有过精神分裂症病史的人）有更高的患病风险。还有一些人似乎患精神分裂症的风险特别高，例如，出生时父亲的年龄较大（50 岁及以上）的人长大后罹患精神分裂症的风险较高（Miller et al., 2011），有一个在干洗店工作的父亲或母亲也是危险因素之一[①]（Perrin, Opler, et al., 2007）。第一代和第二代移民的精神分裂症发病率也高于预期，尤其是那些生活在白人社区的非洲裔加勒比移民和其他非洲裔移民（Bourque et al., 2011; Matheson et al., 2014）。时至今日，尽管造成这些差异的原因尚不明确，但研究者对它们很感兴趣。

绝大多数精神分裂症病例在青春期晚期和成年早期发病，18~30 岁是发病的高峰期（Tandon et al., 2009）。尽管在儿童中也偶有病例，但这种情况比较少见（Green et al., 1992; McKenna et al., 1994）。也有患者在中年或老年期才第一次发作，但这种情况也不典型。

不同性别的患者发病年龄也不太一样。在男性中，20~24 岁是精神分裂症首发的高峰期，虽然女性的首发高峰期也在这个年龄段，但峰值显著低于男性（见图 13.1）。大约 35 岁之后，男性精神分裂症的首发人数明显下降，但女性的发病率却没有太大变化。到了 40 岁左右，女性发病率反而开始了第二次上升，到 60 岁出头时，还会出现第三次发病高峰（Abel et al., 2010）。

男性除了起病年龄早于女性，病情严重程度也高于女性（Leung & Chue, 2000）。脑成像的研究表明，男性精神分裂症患者的大脑结构异常程度（稍后将讨论）也比女性严重。精神分裂症的性别差异，也可以解释为什么该障碍在男性中表现得更为普遍。男女发病的比例为 1.4∶1。因此，相对于每 3 个患这种障碍的男性来说，只有 2 个女性会患这种障碍（Aleman et al., 2003; Kirkbridge et al., 2006）。如果女性精神分裂症患者的症状较轻，更多表现为抑郁的症状（Leung & Chue, 2000），那么她们可能根本不会被诊断为患有精神

① 与接触干洗溶剂四氯乙烯有关。——译者注

分裂症，或者会被诊断为患有其他精神障碍，从而导致精神分裂症在统计上性别比例失衡。

为什么精神分裂症女性患者有更好的预后呢？一种可能是女性的性激素起到一定的保护作用。当雌激素水平较低（如月经期前）或正在下降时，精神分裂症女性患者的精神症状往往会恶化（Bergemann et al., 2007）。因此雌激素的保护作用或许能够解释女性精神分裂症的晚发性和更轻的临床病程。更年期前后雌激素水平的下降也可能解释了为什么女性比男性的晚发性精神分裂症患病率更高。有证据表明，女性的这种晚发性精神分裂症的临床表现往往更为严重（Häfner et al., 1998）。

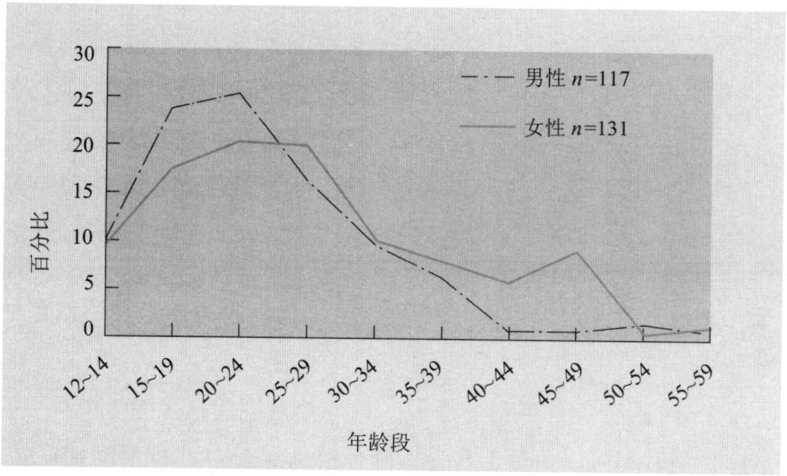

图 13.1 男性和女性精神分裂症发病（出现精神障碍的第一个征兆）年龄分布

13.2 精神分裂症的临床表现

根据 DSM-5 确定精神分裂症的症状

正如我们在前文提到的，DSM 一直处于修订的过程中。诊断标准并非固定不变，而是随着新的研究结果和新的发现而改变。在《DSM-5 诊断标准》专栏中，我们列出了精神分裂症的 DSM-5 诊断标准，该标准与 ICD（WHO, 2003）中的诊断标准大致相似，后者是欧洲和世界其他地区使用的诊断系统。从 DSM-IV 到 DSM-5 的更新中剔除了一条诊断标准，即如果妄想荒谬古怪，或幻听属于特定类型，则仅需满足 1 项其他诊断标准便可被确诊为精神分裂症，因此 DSM-5 的诊断要求更加严格。

然而 DSM-5 的诊断标准几乎没有描述精神分裂症的临床基本症状。在接下来的部分，我们将详细阐述精神分裂症的标志性症状。

DSM-5 诊断标准

精神分裂症

A. 存在 2 项（或更多）下列症状，每一项症状均在 1 个月中相当显著的一段时间里存在（如经成功治疗，则时间可以更短），至少其中 1 项必须是 1、2 或 3：

1. 妄想；
2. 幻觉；
3. 言语紊乱（例如，频繁地离题或不连贯）；
4. 明显紊乱的或紧张症的行为；
5. 阴性症状（即，情绪表达减少或动力缺乏）。

B. 自障碍发生以来的明显时间段内，1 个或更多的重要方面的功能水平，如工作、人际关系或自我照顾，明显低于障碍发生前具有的水平（当障碍发生于儿童或青少年时，则人际关系、学业或职业功能未能达到预期的发展水平）。

C. 这种障碍的体征至少持续 6 个月。此 6 个月应包括至少 1 个月（如经成功治疗，则时间可以更短）符合诊断标准 A 的症状（即活动期症状），可包括前驱期或残留期症状。在前驱期或残留期中，该障碍的体征可表现为仅有阴性症状或有轻微的诊断标准 A 所列的 2 项或更多的症状（例如，奇特的信念，不寻常的知觉体验）。

D. 分裂情感性障碍和抑郁或双相障碍伴精神病性特征已经被排除，因为：1. 没有与活动期症状同时出现的重性抑郁或躁狂发作；2. 如果心境发作出现在症状活动期，则它们只是存在于此疾病的活动期和残留期整个病程的小部分时间内。

E. 这种障碍不能归因于某种物质（例如，滥用的毒品、药物）的生理效应或其他躯体疾病。

F. 如果有孤独症（自闭症）谱系障碍或儿童期发生的交流障碍的病史，除了精神分裂症的其他症状外，还需有显著的妄想或幻觉，且存在至少 1 个月（如经成功治疗，则时间可以更短），才能做出精神分裂症的额外诊断。

13.2.1　妄想

妄想本质上是指尽管有着非常明显的反面证据，但患者依然坚信的错误信念。英语中的“妄想”一词（“delusion”）来自拉丁语（“ludere”），意思是“玩耍”，实际上，妄想就是在大脑中进行的“戏法”。有妄想的人会相信在他们所生活的社会、宗教和文化背景中，普通人所不相信的事情。因此，妄想涉及思维内容的紊乱。虽然并非所有有妄想的人都罹患精神分裂症，但妄想这个症状在精神分裂症中十分常见，90% 以上的患者在患病期间都会出现妄想（Cutting, 1995）。某些类型的妄想或错误信念是精神分裂症的典型特征。最突出的是以下妄想：认为自己的想法、感觉或行动被外部因素控制（被控制感），自己的内心活动被不加区别地传播出去并被他人得知（思维广播），某些本不是自己的想法被某种外部因素植入了自己的脑中（思维插入），或思维被某个外部机构剥夺（思维被夺）。还有一种常见的妄想类型是关系妄想，患者认为一些中立的环境事件（比如电视上的节目或收音机里播放的歌曲）对他本人具有某种特殊的意义。其他奇怪的想法还包括对于身体变化的妄想，比如患者认为自己的消化系统不工作了，或认为自己的器官被切除了。

有时妄想不仅仅是一种独立存在的信念，而是会变成一个复杂的妄想系统，接下来的案例就是一个例子。这段文字摘自一张传单，由一位 30 多岁的男性交给本书作者之一。语法上的任何错误都是原文中的错误。

案例

你的大脑有没有被控制着去做一些非常愚蠢的事情？ 25% 的人拥有所谓的电子听觉。这 25% 的人能听到其他人听不到的无线电广播，你可能就是其中之一。在可听到的音高方面，普通人的范围是 0~16 000 个周期，25% 的人能听到多达 30 000 个周期的声音。这些高听力频率的人可以听到无声电台，无声电台的声音听起来就好像是他们自己头脑中的想法。

这种无声电台致使这些人做出了你能想象的每一种罪行。它诱使他们做出糟糕的决定，辞职、离婚、逃跑、被强制拍卖以及任何可能的愚蠢行为。这个无声电台的广播覆盖了政府、医疗机构、精神病学家、宗教和教育。这是一个庞大的预算，用来摧毁无辜和无助的人。大众媒体不敢揭露。

这一小部分人可以是任何种族或少数族群，他们已经失去了法律规定的所有权利，因为俄罗斯人到处都这样做。一个令人震惊的发现是，很多大公司和所有大学有思维控制系统。如果你和你的家人经常做出错误的决定，并且有毁灭性的问题，你很可能被思维控制了。每年这些思维被控制的人都在经济上走下坡路，因为他们不能被信任。

没有公司知道什么时候会被选为小白鼠。谁会冒着让竞争对手轻易挤走自己的风险，雇用一大批有电子听力的人作为员工呢?

13.2.2 幻觉

幻觉是指在没有外部刺激的情况下发生的一种错误的知觉体验。幻觉与错觉不同，错觉是对于真实刺激的误解。英语中的“幻觉”这个词（“hallucination”）来自拉丁语（“hallucinere”或“allucinere”），意思是“在头脑中漫游”或“闲聊”。幻觉可以以任何感觉形态（听觉、视觉、嗅觉、触觉或味觉）发生。到目前为止，幻听是最常见的。在从7个不同国家采集的样本中，75%的精神分裂症患者出现了幻听（Bauer et al., 2011）。相较之下，幻视的发生率较低（39%的患者），嗅觉、触觉和味觉的幻觉更为罕见（1%~7%）。即使是耳聋的患者，有时也报告存在幻听的症状（Aleman & Larøi, 2008）。正如专栏《我们周围的世界》所描述的那样，普通健康人如果遭遇巨大的应激，并饮用了大量含咖啡因的饮品，也有可能产生幻觉。

幻觉通常与患者的情感、观念或行为水平有关。患者可能会从情感层面参与幻觉，而他们又经常把这些幻觉整合到他们的妄想之中。在某些情况下，患者甚至可能跟随幻觉行事，遵照不真实的声音告诉他们的指示去做事。自认为社会地位低下的患者往往认为他们听到的声音比自己强大，因此更容易发生这样的情况（Paulik, 2011）。

纳尼亚与大卫（1996）在关于幻听现象的一项大样本研究中，访问了100名患者，询问了他们关于幻听的一系列问题。大多数患者（73%）报告说，他们听到的声音一般是正常的会话音量，而且通常是现实中熟人的声音，尽管有时也能听到不熟悉的声音或是鬼神的声音。多数患者还报告说，他们听到的声音不止一个，当他们独处时，幻听会更严重。尽管有时候某些声音是令人愉快和鼓励的（“我的宝贝”），但这些声音中最常见的是粗鲁、庸俗、批评性的（“你是愚蠢的”）、专横的（“快喝牛奶”）或辱骂性的（“丑贱人”）。

幻听的患者真的听到声音了吗？神经影像学的研究为我们提供了一些初步的回答。研究者在比较幻觉患者和非幻觉患者时，发现言语性幻听患者左脑半球中的听觉和言语感知区域的脑（灰质）体积有所减少（Allen et al., 2008）。这些脑区体积的减少可能导致这些患者无法正确识别内部生成的语音，错误地将其标记为来自外部的。为这一观点提供进一步支持的，还有一些运用PET和fMRI检测了患者实际出现幻听时大脑活动情况的研究团队。当正常人听到声音时，大脑中与言语理解有关的区域（如颞叶的威尔尼克区）的活动会增强，但是成像研究显示，对于正在经历幻听的患者，这个区域的活动并未增加，而是布洛卡区（与产生言语有关的额叶区域）的活动增强了。

在某些情况下，患者出现幻听时大脑激活的模式，与健康志愿者被要求想象有另一人与之交谈时的模式非常相似（Shergill et al., 2000）。事实上，如果使用经颅磁刺激（磁场通过颅骨，暂时干扰大脑底层区域的活动）来减少产生言语的脑区的活动，那么患者的幻听也会减少（Hoffman et al., 2005）。这种方法有望在未来成为一种新的治疗形式（Slotema et al., 2014）。总的来说，研究结果表明，当患者将自己产生的思维（内部言语或自我对话）误认为其他人传递来的声音时，就会产生幻听。因此，现代研究技术支持了一个非常古老的观点：幻听其实是对自我思维产生的内部言语的误认（Gould, 1949）。

我们周围的世界

应激、咖啡因和幻觉

你觉得自己压力很大吗？你每天喝很多含咖啡因的饮料吗？如果是的话，你可能会对最近一项研究的结果感兴趣，这项研究是在没有精神疾病病史的健康志愿者中进行的（Crowe et al., 2011）。92 名参与者被招募到他们认为是听觉感知的研究中。当参与者进入测试室开始实验时，平·克劳斯贝的《白色圣诞节》正在播放。歌曲结束后，研究者要求参与者戴上耳机听白噪声，而且还告诉他们，他们刚刚听到的《白色圣诞节》可能以低于正常听觉水平最小值的音量（阈下音量）植入白噪声之中。在 3 分钟的白噪声中，研究者要求参与者如果听到了这首歌的某些片段，就用手控计数器记录下来。

但实际上，《白色圣诞节》根本没有被植入。参与者只能听到白噪声。然而，那些表示自己在过去一年中处于高应激状态，并且是高咖啡因摄入者（每天 5 杯或更多）的参与者，比低应激且低咖啡因摄入组的参与者报告听到了更多的歌曲片段。此外，高应激和高咖啡因摄入的结合是重点。在报告有高应激但咖啡因摄入量低的参与者中，或在报告有低应激但咖啡因摄入量高的参与者中，错报或出现“幻觉”（听到不存在的歌曲片段）的数量并没有增加。当考虑了年龄、创造力、社会期望、心理意象能力和幻觉倾向等变量时，这种联系也仍然存在。

总的来说，这项研究的结果表明，在某些情况下，高咖啡因摄入和高应激的结合容易使正常人产生幻听。众所周知，咖啡因会增加应激反应时产生的皮质醇的含量。在对健康人的研究中，咖啡因的摄入也被发现与产生幻觉的倾向有关

（Jones & Fernyhough, 2009）。同样重要的是，精神分裂症患者通常会喝大量的咖啡。在高应激时期，这可能会增加他们幻觉症状加剧的风险。

只有精神分裂症患者才有幻觉吗？如果不是，怎样的情况会诱发幻觉呢？

13.2.3 言语紊乱

妄想反映了思维内容的紊乱，而言语紊乱则反映了思维表达的紊乱。混乱的言语是思维形式障碍的外在表现。尽管患者在言语交流过程中看起来能够遵循语义和语法规则，但多数情况下他们的言语是无法让听者理解的。这个问题并不是由智力低下、教育水平低下或文化剥夺造成的。多年以前，米尔（1962）将这一过程形象地称为“认知滑动”，也有人称其为“思维脱轨”或“联想松弛”，最严重的情况是“语无伦次”。

在患者紊乱的言语中，单词和短语听起来似乎可以实现交流，但听者却完全听不懂讲话者所要表达的意思。在某些个案中，患者会说一些全新的拼凑出来的词汇，这类词汇被称为“新作语词”。比如“detone”这个单词，它貌似是一个有意义的词，但其实是捏造的新词。下面的例子很好地说明了思维形式障碍（这个术语指紊乱的思维表达）。以下内容选自一名精神分裂症患者写给荷兰女王贝娅特丽克丝的信。

案例

在 1976 年，我还在宾夕法尼亚州德文郡的一场 2.5~3.0 小时的性交中“杀死”了我的前妻（名字），而两个皮特凯恩人待在我隔壁房间的衣橱里，听到了这一过程。随函附上我的泌尿科检查报告，表明我的男性生殖器，特别是我的阴茎尺寸，在正常范围，并且我能够与任何女人正常性交，这是由 1982 年对我进行包皮环切术的泌尿科和外科医生（姓名）博士签署的。结论：从生理意义上说，我不可能是一个傻子（除非社会因为我在傻子书中的照片而给我吃化学药品）。

13.2.4 行为紊乱

精神分裂症患者的行为紊乱可以通过各种方式表现出来。目标导向性的活动几乎普遍受到干扰。这种损伤具体表现在患者的日常功能方面，诸如工作、社会关系以及生活自理能力等，以至于熟悉他的人会感到他与之前判若两人。比如说，患者可能无法维持最低标准的个人卫生，或者完全忽视个人安全和健康。还有一些患者的紊乱行为表现为糊涂、荒谬或穿着奇怪（例如，在炎热的夏天穿大衣、戴围巾和手套）。这种“执行”行为的受损可能是大脑前额皮层的某些功能损伤造成的（Barch & Sheffield, 2014）。

紧张症是一种更加明显的行为障碍。紧张症患者可能会表现出所有动作和言语的缺失，并处于所谓的紧张性木僵状态。在其他时候，患者可能会长时间保持不寻常的姿势，而且看不出来有什么不舒服的感觉。

13.2.5　阴性症状

自布洛伊勒以来，精神分裂症的症状被分为两类，它们现在被称为精神分裂症的“阳性症状”和“阴性症状”。研究者从 20 世纪 80 年代就开始强调阳性和阴性症状之间的区别（Andreasen, 1985），这种区别在今天仍然有意义。

阳性症状是指正常的行为和经验存在过度或扭曲，例如妄想和幻觉。紊乱的思维（例如言语紊乱的症状）也被认为是阳性症状。与之相对，阴性症状反映了正常行为的缺失或不足。

目前阴性症状分为两个方面（Barch, 2013; Kring et al., 2013）。一方面涉及声音、面部表情、手势或言语等表达的减少，这可能表现为“情感迟钝”或“情感淡漠”或“失语症”，这意味着患者可能看起来沉默寡言。另一个方面涉及动机或愉悦体验的减少。不能开始或坚持目标导向性的活动被称为“意志减退”。例如，患者可能长时间发呆或盯着电视，而对任何外界工作或社交活动没有兴趣。体验愉悦的能力减弱称为“快感缺失”。尽管大多数患者的病程中会同时出现阳性和阴性症状，然而，如果在临床表现中出现了阴性症状，对患者的病情发展来说，并非一个好的信号（Malla & Payne, 2005; Milev et al., 2005）。

尽管阴性症状患者似乎无法表现情绪，但他们的表现和感觉是两回事。在早期一项重要的研究中，克林和尼尔（1996）研究了未服药状态下男性精神分裂症患者观看短片时的情况。该研究为参与的患者播放了三种不同类型的短片，分别是情绪积极的、情绪中性的和情绪消极的，这些短片用于引发观众的情绪反应。研究者用录像机记录了患者观看影片时的样子，然后由经过培训的评估人员对其进行评分。正如意料的那样，精神分裂症患者的面部表情不如健康对照组丰富。

然而令人惊讶的是，当患者被问及他们观看影片的情绪体验时，他们报告的情绪体验与对照组一样多，有时甚至更多。自主神经唤起的测验也表明，当患者观看影片时，他们表现出比对照组更多的生理反应。最初的研究仅针对男性患者，最近一项包括女性精神分裂症患者的研究也重复了情绪表达减弱的结果（Mote et al., 2014）。因此，即使精神分裂症患者可能看起来表情麻木，但他们的内心仍然会有大量的情绪体验。

13.3 其他精神病性障碍

列出四种精神病性障碍，并说明它们与精神分裂症的区别

精神分裂症是一种精神病性障碍，但它并不是唯一一种，还有一些其他类型的精神病性障碍，例如：分裂情感性障碍、精神分裂症样障碍、妄想障碍和短暂精神病性障碍。

13.3.1 分裂情感性障碍

分裂情感性障碍是精神分裂症和心境障碍的混合（诊断标准见《DSM-5 诊断标准》专栏）。分裂情感性障碍的个体同时有精神分裂症的特征（妄想、幻觉、言语紊乱、行为紊乱和 / 或阴性症状）和重度心境障碍的特征。换言之，患者不仅有符合精神分裂症的症状，而且在其病程的大部分时间内，有明显的心境变化，因为心境障碍分单相和双相，因此分裂情感性障碍也有对应的两个亚型。

DSM-5 诊断标准

分裂情感性障碍

A. 在一个不间断的疾病周期中，有主要心境发作（重性抑郁或躁狂），同时存在符合精神分裂症诊断标准 A 的症状。

注：重性抑郁发作必须包括诊断标准 A1：抑郁心境。

B. 在此疾病的全程中，在缺少主要心境发作（抑郁或躁狂）的情况下，存在持续 2 周或更长时间的妄想或幻觉。

C. 在此疾病的活动期和残留期的整个病程的大部分时间内，存在符合主要心境发作诊断标准的症状。

D. 这种障碍不能归因于某种物质（例如，滥用的毒品、药物）的生理效应或其他躯体疾病。

分裂情感性障碍的诊断信度常常较差，临床医生之间经常不能对患者是否符合诊断标准达成共识（Maj et al., 2000; Vollmer-Larsen et al., 2006）。为了改善这一点，DSM-5 规定，心境症状必须符合主要心境发作的全部标准，并且持续的时间必须在总病程中占到 50% 以上。这一规定有助于提高诊断的信度，并可能减少被确诊为该障碍的人数。

一般来说，分裂情感性障碍患者的预后介于精神分裂症患者和心境障碍患者之间（Walker et al., 2004）。研究表明，对分裂情感性障碍患者而言，长期（10 年）的康复情况要比精神分裂症患者好得多（Harrow et al., 2000）。

13.3.2　精神分裂症样障碍

精神分裂症样障碍是为类似精神分裂症的精神障碍保留的分类，患者病程至少持续 1 个月，但不超过半年，所以不能诊断为精神分裂症（见《DSM-5 诊断标准》专栏），但该障碍可能包括精神分裂症中所描述的任何症状。由于第一次发作后可能会出现较早和持续的病情缓解，因此精神分裂症样障碍患者的预后优于确诊的精神分裂症患者。

DSM-5 诊断标准

精神分裂症样障碍

A. 存在 2 项（或更多）下列症状，每一项症状均在 1 个月中较长的一段时间里存在（如经成功治疗，则时间可以更短），至少其中 1 项必须是 1、2 或 3:

1. 妄想；
2. 幻觉；
3. 言语紊乱（例如，频繁地离题或不连贯）;
4. 明显紊乱的或紧张症的行为；
5. 阴性症状（即，情绪表达减少或动力缺乏）。

B. 这种障碍的发作持续至少 1 个月，但少于 6 个月。当不能等待其痊愈就需做出诊断时，应定性为“临时”。

C. 分裂情感性障碍和抑郁或双相障碍伴精神病性特征已经被排除，因为：1. 没有与活动期症状同时出现的重性抑郁或躁狂发作；或 2. 如果心境发作出现在症状活动期，则它们只是存在于此疾病的活动期和残留期整个病程的小部分时间内。

D. 这种障碍不能归因于某种物质（例如，滥用的毒品、药物）的生理效应或其他躯体疾病。

13.3.3 妄想障碍

和许多精神分裂症患者一样，妄想障碍的患者持有的信念被周围人认为是错误和荒谬的。然而，与精神分裂症患者不同的是，被诊断为妄想障碍的患者在其他方面可能表现正常。他们并没有表现出其他的精神病性症状，即使被诊断为慢性，也很少能观察到一般行为的恶化（见《DSM-5 诊断标准》专栏）。妄想障碍的一个特别的亚型是钟情妄想，这种障碍的患者会陷入与某人谈恋爱的妄想主题之中，而恋爱对象通常具有较高的地位。一些证据表明，大部分女性跟踪狂被诊断为钟情妄想（Purcell et al., 2001; West & Friedman, 2008）。

DSM-5 诊断标准

妄想障碍

A. 存在 1 个（或多个）妄想，时间持续 1 个月或更长。

B. 从不符合精神分裂症的诊断标准 A。

注：如果存在幻觉，则不突出，并且与妄想的主题相关（例如，与昆虫大批出没的妄想有关的被昆虫寄生的感觉）。

C. 除了受妄想或其结果的影响，功能没有明显损害，行为没有明显的离奇或古怪。

D. 如果出现躁狂或重性抑郁发作，则这些发作对于妄想的病程而言是短暂的。

E. 这种障碍不能归因于某种物质的生理效应或其他躯体疾病，且不能用其他精神障碍来更好地解释，如躯体变形障碍或强迫症。

13.3.4 短暂精神病性障碍

正如它的名字所示，短暂精神病性障碍包括突然出现的精神病性症状或言语紊乱或紧张症行为。即使患者经常发生剧烈的情绪波动，发作通常也只持续数天（时间太短而无法诊断为精神分裂症样障碍）。在发作结束之后，患者的各项功能又恢复到原有水平，有可能再也不发作（见《DSM-5 诊断标准》专栏）。短暂精神病性障碍的病例很少出现在临床诊疗中，这也许是因为他们很快就能得到控制。短暂精神病性障碍通常由应激事件引起，正如以下案例所示。

案例

罗纳德 32 岁，当了六年律师。已婚，有两个年幼的孩子，还有许多亲密的朋友。有一天，他早早下班回家，却发现妻子正与他最好的朋友在床上，他最初的反应是非常愤怒，然后开始陷入深深的沮丧。两天之后，他开始听见有人喊他的名字，说“爱，爱，爱”。随后罗纳德开始表达奇怪的想法，说要与上帝融合，在地球上散播和平。他还谈到要与所谓的“大阴谋”斗争。在这期间，他的情绪看起来很稳定，说话缓慢而清晰。然后罗纳德被送进医院接受了药物治疗。他和他的妻子也开始了关于婚姻的心理干预。罗纳德的症状迅速好转，在最初症状出现后的第五天，他就恢复到了可以工作的状态。

DSM-5 诊断标准

短暂精神病性障碍

A. 存在 1 项（或更多）下列症状，至少其中 1 项必须是 1、2 或 3：
   1. 妄想；
   2. 幻觉；
   3. 言语紊乱（例如，频繁地离题或不连贯）；
   4. 明显紊乱的或紧张症的行为。

   注：不包括文化认可的反应性的症状。

B. 这种障碍的发作持续至少 1 天，但少于 1 个月，最终能完全恢复到发病前的功能水平。

C. 这种障碍不能用重性抑郁障碍或双相障碍伴精神病性特征或其他精神病性障碍如精神分裂症或紧张症来更好地解释，也不能归因于某种物质（例如，滥用的毒品、药物）的生理效应或其他躯体疾病。

13.4 遗传和生物学因素

阐明与精神分裂症相关的遗传和生物学风险及致病因素

是什么导致了精神分裂症？尽管研究者付出了巨大的努力，但对这个看似简单的问题却仍然无法给出一个令人满意的答案。在本章接下来的内容中，我们将讨论目前已知的精神分裂症的病因。但是，在所有的可能性中，还没有哪一个因素能够完全解释精神分裂症，传统的先天与后天的二分法既过于简化又有误导性。精神病性障碍是基因与环境共同作用的结果，不能用简单的基因变异来解释。

13.4.1 遗传因素

长期以来，人们都知道精神分裂症这一障碍具有“家族性”，会“在家族中延续”。有充分的证据表明，在指示病例的血缘亲属间精神分裂症的发病率高于预期。也就是说，被诊断的人群提供了调查的起点（该群体也称为“先证者”）。图 13.2 显示了与某个精神分裂症患者有特定遗传关系的人患精神分裂症的风险。正如你所看到的，血缘关系的密切性（基因共享或血缘关系的水平）与罹患这种障碍的风险之间有着密切的关系。例如，精神分裂症先证者的一级亲属（父母、兄弟姐妹和子女）中精神分裂症的患病率约为 10%。对于仅

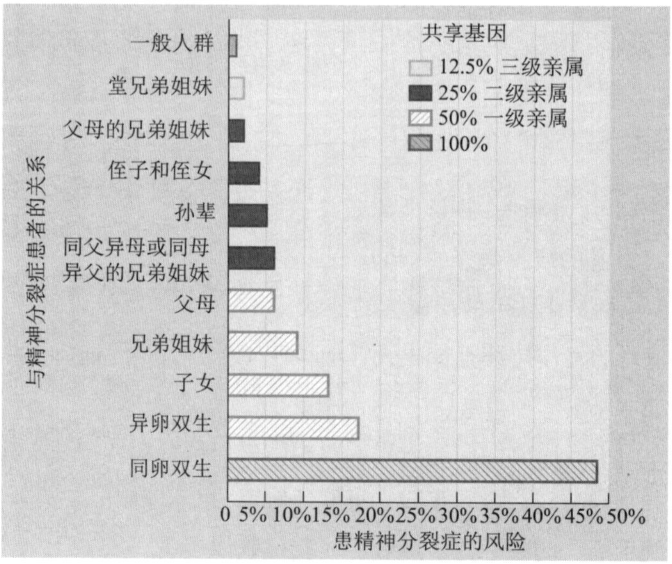

图 13.2 由遗传关系导致的罹患精神分裂症的风险

年龄调整后具有不同基因相似度的亲属罹患精神分裂症的平均风险。

与先证者共享 25% 基因的二级亲属（如异父 / 母同胞、父母的兄弟姐妹及其子女、孙子），精神分裂症的终生患病率接近 3%。

当然，家族性并非单指遗传因素。“家族的”和“遗传的”并不是同义词，而且一种障碍也可能因为非遗传性的原因在家族中流行（比如史蒂夫很胖，他的狗也很胖，很显然两者之间不具有遗传性）。正如我们一再强调的那样，疾病在家族中传递的原因并不是单一的或线性的，部分原因是共享基因与基因表达的共享环境之间存在密切关系。尽管家族研究为心理学家们提供了重要的基础数据，但家族研究本身并不能告诉我们为什么一种障碍会在家族中传播。为了把基因和环境因素区分开，我们需要双生子研究和领养研究。

双生子研究

我们在第 3 章大致讨论过双生子研究，后续的焦虑障碍和心境障碍章节中有更具体的介绍。和心境障碍一样，同卵双生子的精神分裂症同病率比异卵双生子或普通兄弟姐妹要高很多。最著名的精神分裂症家庭同病案例是吉奈四胞胎，她们的案例在《我们周围的世界》专栏中介绍。

我们周围的世界

吉奈四胞胎

吉奈四胞胎出生于 20 世纪 30 年代初，是罕见的同卵四胞胎，而且尤其罕见的是，这四个基因一模一样的人后来都患上了精神分裂症，这种现象是 15 亿的出生记录中可能仅有的一例。这四个女孩在研究中用假姓“吉奈”命名（源自希腊语，意为“可怕的基因”），于 20 世纪 50 年代中期在美国国家精神卫生研究所住院治疗，首席研究员戴维 · 罗森塔尔对她们进行了深入研究（Rosenthal, 1963;Mirsky & Quinn, 1988）。为了区分出生顺序，罗森塔尔还用机构名字的首字母（NIMH）为这些女孩命名。因此，这些女孩的化名依次是：诺拉（长女）、艾丽丝、迈拉和海丝特。她们都患有精神分裂症，但病情的严重程度不同。

海丝特是最严重的患者。她最后出生，出生时体重也最轻。海丝特又是发育最慢的一个，她十一年级之后便退学了。她从未工作过，而且从 18 岁开始，就受到慢性的、不间断的严重症状的影响。海丝特在 NIMH 的测验显示，她与诺拉一样，也表现出了严重的神经认知障碍。

长女诺拉一直被家人认为是四个女孩中表现最好的。她智商得分最高，而且是第一个找到工作的。尽管如此，她却在22岁时因为幻觉、妄想和自闭退缩等症状而住院治疗，从此以后她便开始了漫长的住院生涯，而且再也没能独立生活或长时间工作。相较之下，第三个孩子迈拉虽然也在20多岁时出现一些问题（当时她也被怀疑患上了精神分裂症），但直到45岁左右才真正表现出妄想和偏执。迈拉是吉奈四胞胎中唯一结婚生子的人，她的临床表现更像是分裂情感性障碍（精神病性症状和心境障碍症状的混合）。尽管迈拉的精神状况从精神病学的角度来看不算健康，但她能够停止用药，并且最终进入病情缓解状态。

最后我们要说的是艾丽丝。和诺拉一样，艾丽丝在22岁时开始了住院治疗。她在一家州立医院住了12年，饱受幻觉、妄想和运动异常等症状的困扰。虽然神经认知测验并没有显示她有明显的认知障碍，但她显然患有严重的精神分裂症。

为什么这些基因完全相同的四胞胎没有出现相同的症状呢？我们现在尚不知晓其中原因。第一个和最后一个出生的诺拉和海丝特，是否遭受了更具创伤性的分娩并发症？艾丽丝之所以表现得比神经认知测验结果所预期的要差，是因为她们的父母坚持把四胞胎当作两对双生子来养育吗？她们的父母认为诺拉和迈拉这一对是比较好的、有才华的双生子，而艾丽丝和海丝特这一对是比较差的、有问题的双生子。与海丝特的配对抚养是否在某种程度上连累了艾丽丝的发展？迈拉相对来说表现得更好，是因为她最受欢迎，还是因为她没有遭受脑损伤？

从根本上说，为什么四胞胎会患上精神分裂症？在所有的可能性中，家族病史是一个因素。吉奈先生的母亲（女孩们的祖母）在青少年时期精神崩溃，似乎有一些偏执型精神分裂症的症状（临床表现主要是荒谬和不合逻辑的信念，这些信念往往非常细致复杂，并被组织成一个连贯但带有妄想色彩的体系）。另一个因素是她们的家庭环境很不健康，这很可能增强了四姐妹由遗传倾向所造成的易感性，从而导致障碍的全面发作。吉奈先生是一个心理严重失常的人，他大部分时间在酗酒，并向家人表达他的各种恐惧与偏执。他对女孩们施加了极端的限制和监管，直到她们崩溃。他的性行为十分混乱，据说他至少对其中两个女儿进行过性侵犯，而吉奈夫人似乎不太理会家里发生的性侵犯。简而言之，这个家庭中没有一件事情可以被认为是正常的。

我们从基因完全相同的四胞胎身上看到了不同形式的精神分裂症，这一事实给我们带来了什么样的启示？

虽然身为双生子中的一位不会增加患精神分裂症的风险（双生子的精神分裂症发病率并不高于一般人群），但是一项又一项研究表明，同卵双生子中精神分裂症的同病率相比其他关系的人（包括普通的兄弟姐妹和异卵双生子）要高得多。

富勒·托瑞是一位著名的精神分裂症研究者，他的妹妹也患有这种障碍。他和同事（1994）发表了一篇关于世界范围内精神分裂症双生子研究的重要文献综述。同卵双生子的同病率为 28%，而异卵双生子的同病率为 6%。这表明共享基因由 100% 减少到 50%，可以使精神分裂症的风险降低近 80%。同时也说明，如果异卵双生子中有一位罹患精神分裂症，那么另一位的患病风险是 6%。尽管这个患病比例并不高，但还是明显高于普通人群小于 1% 的基线风险。

假如精神分裂症是一种完全受基因影响的障碍，那么同卵双生子的同病率就应该达到 100%。尽管同卵双生子的同病率在不同的双生子研究中有差异，还有些研究者报告的同病率甚至高于托瑞的 28%，但比例从来没有接近过 100%。因此可以得出两点结论：首先，基因毫无疑问在精神分裂症的诱发方面起到了作用；其次，除了基因本身，必然还有其他重要的原因。正是双生子研究为我们提供了一些确凿的证据，表明环境因素对精神分裂症的形成起到了重要作用。但是，为什么会出现同卵双生子中的一个患上了精神分裂症，而另一个却没有患病的情况呢？

现在有大量的研究聚焦在引发精神分裂症的已知遗传因素上，这类研究的重点是那些没有共同患上精神分裂症的同卵双生子。这种研究方法由费舍尔在多年前的一项独特研究中首创（1971, 1973）。费舍尔根据推论提出假设，如果遗传影响确实存在，那么患病和未患病的同卵双生子的后代的患病率也应该相同（因为他们拥有共同的基因，参见图 13.3）。在研究了丹麦的官方记录之后，费舍尔更加确定了这一点。此后的两位研究者戈

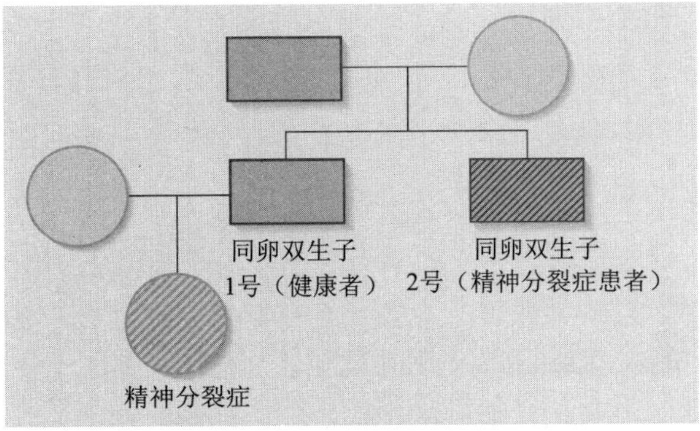

图 13.3　费舍尔的研究

因为同卵双生子有相同的基因，即使他们的父母没有患精神分裂症，双生子中健康的一方的后代患精神分裂症的风险也会增加。

特斯曼和贝特尔森继续了费舍尔的研究，他们合作发表的研究报告（1989）指出，校正年龄之后，同卵双生子中没有精神分裂症的那一个的后代发病率为17.4%。该发病率虽然大大超出一般人群，但与同卵双生子中患病者的后代，或者与患有精神分裂症的异卵双生子的后代相比，并没有显著差异。这些研究结果为一个遗传假说提供了非常有力的支持，即父母的兄弟姐妹患精神分裂症只会对个体的精神分裂症患病风险产生有限的影响。也正如两位研究者所指出的那样，如果不被未知的环境因素所"激发"，精神分裂症的易感性也很可能"不表达出来"（就像同卵双生子中健康的那位一样）。

研究特写

经年龄校正的发病率

发病率是指新发病例的数量。经年龄校正的发病率考虑到了未超过发病年龄范围的个体在发病率上的预计分类。

领养研究

双生子研究有一个非常重要的假设，即同卵和异卵双生子之间所能观察到的差异是由基因造成的。这个假设的前提条件是两种双生子的生长环境相似度一致。但在实际情况中，因为同卵双生子基因相同（并且一定拥有相同的性别），通常他们的生长环境比异卵双生子更为相似。若果真如此，那么双生子研究可能会高估遗传因素的作用（因为非遗传因素所导致的同卵双生子的相似性也会被部分归因为遗传因素）。当然，在有些个案中，同卵双生子会付出很多努力来使彼此不同。但最重要的是，当我们试图解释双生子研究的结果时，这种同卵和异卵双生子具有相同环境的假设会产生一些问题。

很多研究尝试克服双生子研究中存在的缺点，他们采用了所谓的领养研究来实现把遗传与环境的影响真正分离。这些研究中，研究的重点对象是那些早年（最好是在刚出生时）被领养并且后来患上精神分裂症的人。研究者会比较他们的生物学亲属和领养亲属与他们之间的精神分裂症同病率，如果患者与其生物学亲属的同病率大于领养亲属，则有力地说明遗传是主要影响；若是相反的结果，则可以认为环境的影响更大。

第一个采用这种方法进行研究的是海斯顿（1966）。他跟踪调查了47名儿童，这些儿童的母亲都因罹患精神分裂症而住进了州立精神病院。这些儿童在出生后72小时内就被安置在亲戚家或领养家庭中。海斯顿的后续研究发现，这些孩子中有16.6%后来被诊断为精神分裂症。相比之下，对照组的 50 名儿童（从同样的领养家庭中选出，他们的母亲没有患精神分裂症）都表现正常。患精神分裂症的母亲的后代除了被诊断为精神分裂症的可能性更大，也更有可能被诊断为智力障碍、神经症或心理异常（反社会）。他们还更可能参与犯罪活动，并可能在监狱或矫正机构中度过更多的时间。这些发现表明，母亲所传递的，不仅是易感精神分裂症的遗传倾向，还包括了易感其他形式的精神机能障碍的遗传倾向。但我们必须谨慎地得出这样的结论，因为海斯顿并没有提供研究对象的父亲的精神病理学信息，所以，我们无法得知这些儿童出现的问题在多大程度上是由于他们父亲的遗传倾向造成的。

海斯顿的研究首先确定了患精神分裂症的母亲，然后追踪了其子女被领养的情况。而另一种方法是先确定早年被领养的成年精神分裂症患者，然后观察他们的生物学亲属和领养家庭的亲属中精神分裂症的发病率。在丹麦和美国的研究者合作进行的一项大规模、多角度的领养研究就属于后者（Kendler & Gruenberg, 1984; Kendler et al., 1994; Kety et al., 1978, 1994）。正如根据遗传模型所预期的那样，数据显示，被领养的精神分裂症患者的生物学亲属多有精神分裂症以及精神分裂症谱系的其他问题（例如分裂型和偏执型人格障碍）。更具体地说，105 名生物学亲属中 13.3% 患有精神分裂症或精神分裂症谱系障碍。相比之下，224 名养父母中只有 1.3% 的人有这样的问题。

领养家庭的质量

在丹麦的领养研究中，并没有对实验组儿童（精神分裂症患儿）和对照组儿童（正常儿童）的领养家庭进行是否适合抚养子女的独立评估。蒂耶纳里与其合作者（Tienari et al., 1987, 2000, 2004）将这一变量加入实验设计中。他们于 1960 年至 1979 年间在芬兰对被领养儿童进行了跟踪调查，这些儿童的生母都因精神分裂症住院。随着这些儿童长大成人，研究者对实验组儿童与对照组儿童进行了发展状况的比较，对照组儿童的生母是精神健康的人士。在长达 21 年的随访中，与对照组相比，实验组患精神分裂症和精神分裂症相关疾病的概率更大（Tienari et al, 1987; Tienari, 2000, 2004）。然而，这项研究的与众不同之处在于，它告诉了我们基因与环境之间的相互作用。

研究者用于评估家庭环境的一个变量是沟通异常（Wahlberg et al., 1997）。沟通异常是衡量一个家庭成员的讲话是否“可以理解”和“容易理解”的一个变量。模糊、混乱和不清晰的沟通反映了高度的沟通异常。沃尔贝里及其同事发现，遗传风险和领养家庭中高度的沟通异常的结合会产生问题。在随访时，那些有遗传风险和生活在高度沟通异常家庭中的儿童，表现出高度的思维障碍；相比之下，那些没有精神分裂症遗传风险的对照组儿童并没有表现出思维障碍，不管他们是在一个高沟通异常的家庭中长大，还是在一个低沟通异常的家庭中长大。然而，也许最值得注意的是那些被低沟通异常的领养家庭抚养长大的高风险儿童的研究结果——这些儿童在随访中比其他三组中的任何一组都更健康！换言之，如果在一个良性的环境中长大，即使有精神分裂症遗传风险的孩子也会表现良好。

蒂耶纳里与其合作者（Tienari et al, 2004）提供了精神分裂症基因型与环境相互作用的进一步证据（如果不了解这些术语的含义，请回顾第 3 章）。通过访谈，研究者首先观察了领养家庭的情况，然后观察了在健康家庭和有缺陷家庭中长大的儿童的情况。家庭不幸预示了领养儿童日后的问题。但是，只有那些在有缺陷的家庭中长大，并且有很高的精神分裂症遗传风险的儿童才会发展出精神分裂症或与之相关的精神障碍。在健康的家庭环境中长大的高遗传风险儿童并不比低遗传风险儿童更容易出现心理问题。

这些发现非常重要，因为它们表明，我们的基因构成可能决定我们对环境某些方面的敏感程度。如果我们没有遗传风险，环境可能不会对我们产生大的影响；如果我们有很高的遗传风险，我们可能更容易受到某些类型的环境的影响，比如高度沟通异常或不良的家庭环境。这些发现令人兴奋，因为它指出了某些环境可能可以保护那些有精神分裂症易感性基因的人，使其不会患病。

综上所述，这些发现表明，在导致精神分裂症的因果途径中，遗传因素和不良的家庭环境之间存在很强的相互作用。当然，也有人认为，出现问题的儿童导致了领养家庭的混乱。然而，几乎没有人支持这种说法（Tienari et al., 2004; Wahlberg et al., 1997）。科尼及其同事（1997）的一些独立研究并没有发现精神分裂症患者的养父母精神健康水平有所下降。考虑到所有的因素，芬兰的领养家庭研究有力地支持了精神分裂症成因的素质–应激模型。

分子遗传学

家庭研究告诉我们，精神分裂症会在家族中延续，而双生子研究和领养研究帮助我们探索基因和环境的相互作用，这些研究也告诉了我们精神分裂症具有遗传异质性。例如，除了更高的精神分裂症发病率，精神分裂症患者的亲属中也有更高的分裂型人格障碍发病率。这也支持了精神分裂症谱系的观点，并表明精神分裂症的遗传倾向有时可以通过“像精神分裂症”但实际上又不是精神分裂症的病理形式表现出来（Lenzenweger, 2010）。

目前的问题已经不再是遗传与精神分裂症有无关系，而是具体哪些基因与之相关。研究者已经不再相信精神分裂症是由某个特定染色体上的某个突变基因诱发，比如像亨廷顿病那样（见第 14 章）。现在的看法是，多数情况下，精神分裂症易感性是由很多基因（数百个或更多）共同作用而产生的。而个体精神分裂症基因的“剂量”各不相同，这也许可以解释为什么某人会患上精神分裂症，而另一个人会患精神分裂症谱系中更为温和的障碍，比如分裂型人格障碍。

所谓候选基因，是指目前我们怀疑与精神分裂症有关的异常基因。一个例子是 COMT

（儿茶酚-O-甲基转移酶）基因。该基因位于 22 号染色体上，与多巴胺代谢有关。我们之前讲过，多巴胺是一种神经递质，长期以来一直与精神障碍有关（现实功能受损）。而特别的一点是，患有某种遗传综合征（称为“腭心面综合征”）的个体在青春期时，由于 22 号染色体上的遗传物质缺失，患精神分裂症的风险很高（Gothelf et al., 2007）。在发病之前，他们常常报告有短暂的精神病性症状（如幻听），其社交功能以及智商表现皆有所降低（Debbané et al., 2006）。除此以外，具有 COMT 基因特定变体的人如果在青少年时期吸食大麻，成年后更可能成为精神障碍患者。由于这些显而易见的原因，精神分裂症的研究者们一直对 22 号染色体和 COMT 基因非常感兴趣。与精神分裂症相关的其他基因还包括位于 8 号染色体上的神经调节蛋白 1 基因、位于 6 号染色体上的小肌养蛋白结合蛋白基因、位于 1 号染色体上的 DISC1 基因（即“精神分裂症断裂基因”），以及一些多巴胺受体基因（Gejman et al., 2011; Pogue-Geile & Yokley, 2010）。这些候选基因参与了某些神经生物学过程，研究者认为精神分裂症患者的这些生化过程出了问题。

然而候选基因的研究存在缺陷，研究的结果往往无法在其他研究中被复制或重现。由于分子遗传学的最新进展和发现，目前科学家对候选基因的研究兴趣也在减弱（Johnson et al., 2017）。全基因组关联研究（GWAS）是当前了解精神分裂症和其他遗传疾病的新工具。与其他仅测试少数基因位点的遗传研究方法不同，GWAS 研究整个基因组。通常测验两组参与者：一组患有相关疾病或障碍（如精神分裂症），另一组为普通人。每位参与者将提供一份 DNA 样本，研究者会对这两组中的数百万个基因变体进行探索和比较。通过这种方法，可以识别单核苷酸多态性（SNP），即更常见于患有目标疾病的患者的 DNA 序列，或其他类型的遗传变异。虽然找到一个基因遗传位点（NSP 位点）与找到基因本身是有区别的，但已确定的基因位点可能是最接近相关基因的。因此，GWAS 方法可以帮助我们检测那些虽然影响很小，却可能增加精神分裂症易感性的基因。

那么究竟哪些基因会对精神分裂症产生影响呢？在 2014 年进行的一项突破性研究中，研究者将所能找到的精神分裂症样本中的所有 GWAS 数据收集到一起，对逾 150 000 名患者进行了分析研究（Schizophrenia Working Group of the Psychiatric Genomics Consortium, 2014）。研究确定了 108 个与精神分裂症相关的基因位点，其中 83 个是以前没有发现的。不过人们并不认为这些基因位点的数量足以彻底解释精神分裂症的遗传性（Flint & Munafò, 2014）。尽管如此，这些发现还是具有重要意义的。第一，研究提供了进一步的证据，证明大量的等位基因（等位基因是在一对同源染色体的同一位置上控制着同一性状的不同形态的基因）与精神分裂症的遗传易感性有关。第二，很久以前，研究者们就认为有些生化反应影响了精神分裂症的形成，而这次发现的许多基因参与了这些生化反应的过程。例如，一些与多巴胺相关的基因（如 DRD2）可以用于区分精神分裂症患者和正常人。在分析中还发现了其他基因区域，其中之一是谷氨酸，这是另一种神经递质，你会在后文中了解到它与精神分裂症有关。然而，最令人惊讶的也许是 6 号染色体上的一个区域，该区域包含与免疫功能有关的基因，精神分裂症可能与免疫功能有关的观点是一个重大的新进展。GWAS 研究还告诉我们，一些与精神分裂症有关的危险等位基因与双相障碍也有关（Smoller, 2013）。这意味着精神分裂症和双相障碍（至少在遗传水平上）并不是截然不同的障碍，而是有很多相似之处。第三，即使许多常见的等位基因共同作用后可能会增加一个人患精神分裂症的风险，但罕见的等位基因也可能在诱发精神分裂症方面起重要作用（见图 13.4）。此外，与普通等位基因不同，这些罕见的等位基因可能只针对精神分裂症，却不会增加双相障碍的风险。这些罕见的等位基因可能是由基因突变导致的，这种突变会以一种消极的方式损害大脑功能。最近的研究发现，DNA 的缺失和重复（这被称为“拷贝数变异”，即 CNV）与精神分裂症之间存在联系。CNV 也与孤独症、注意缺陷 / 多动障碍和智力障碍有关（Doherty et al., 2012），而这些疾病都以智力困难为特征，只是形式不同。从这个意义上来说，精神分裂症可能是一种神经发育障碍，在遗传上与孤独症、多动症和智力障碍有关。尽管还有很多未知的问题，但有一件事越来越明确，那就是我们不能再把精神分裂症看成一种独立的精神障碍（从遗传学的角度）。更明显的是，精神分裂症的遗传机制也可以被看成大脑发育的遗传机制的一部分。

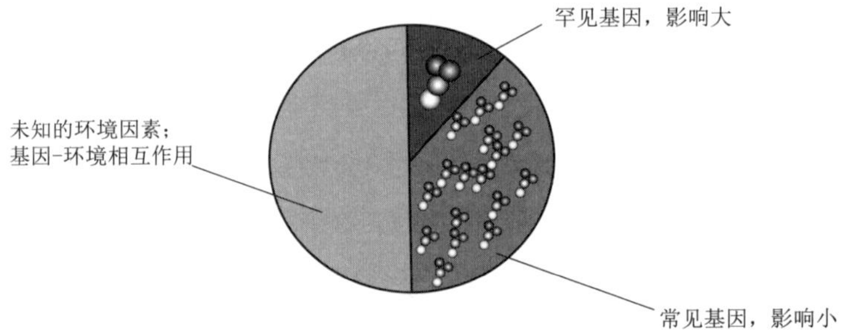

图 13.4　精神分裂症的病因包括许多因素：（1）影响大的罕见基因；（2）影响小的常见基因；（3）导致精神分裂症风险的环境因素及基因与环境的相互作用

内表型

虽然我们确信精神分裂症受遗传的影响。但令人沮丧的是，由于精神分裂症的遗传学成因非常复杂，因此相关研究进展缓慢。另一阻碍是，研究者仍然不确定他们应该寻找什么样的表型（与障碍有关的可测量特征）。因为遗传分析需要我们明确谁受影响、谁不受影响，所以这是一个大问题。

一种解决方案是关注不那么复杂且更均质的表型（例如特定的症状群），这些表型可能受更少数量的基因控制。研究者也在探索被认为受遗传控制的独立、稳定和可测量的特征——内表型。通过研究不同的内表型，研究者希望更接近可能在精神分裂症中起重要作用的特定基因（Gottesman & Gould, 2003; Lenzenweger, 2010）。因此，研究者对那些在反映精神分裂症倾向的测试或测量中得分高的人感兴趣，比如那些在有关知觉偏差和奇异思维等精神分裂症特征的自陈报告测验中得分较高的受测者（the Per-Mag Scale; Chapman et al., 1982, 1994）。表 13.1 列出了这些量表的项目示例。精神分裂症的其他内表型标记包括认知功能测试异常，如工作记忆测验（Barch, 2005; Lenzenweger, 2010）。通过研究这些特征而不是障碍本身，研究者希望加快对精神分裂症相关基因的研究。此外，由于许多内表型并不是精神分裂症特有的（例如，快感缺乏也是抑郁症的特征），研究这些特征可能有助于阐明其他障碍中的异常的基础生理过程。

表 13.1 测量精神病倾向性的项目示例

奇异思维		
T	F	当我回到家的时候，物件的摆放位置似乎变了，即使家里没有人来过
T	F	有时，我觉得陌生人在读取我的思想
T	F	有时，我觉得教授的讲座是专门针对我的
知觉偏差		
T	F	有时，我很熟悉的人开始看起来像陌生人
T	F	有时，普通的颜色对我来说太鲜艳了
T	F	有时，当我照镜子的时候，我的脸看起来和平常很不一样

13.4.2 产前暴露

我们知道，基因是否表达取决于生物以及环境因素。我们现在已经知道一系列的环境因素，包括母亲承受的压力，能够影响后代的基因表达模式。在接下来的内容中，我们将讨论一些环境风险因素，这些因素可能使具有基因易感性的人群罹患精神分裂症。

病毒感染

正如前文所述，新的基因研究将精神分裂症与关于免疫功能的基因联系了起来。尽管我们目前尚未理解这到底意味着什么，但是精神分裂症可能由某些病毒引起的观点却并不新鲜。早在一个世纪以前，克雷珀林（1919）就曾提出“在胎儿期遭受感染可能是个体罹患精神分裂症的一个重要原因”。我们还知道，在北半球，1 月至 3 月间出生的人患精神分裂症的概率高于普通人群（Waddington et al., 1999）。那么，一些季节性的因素，比如病毒感染，是否与此有关呢？

1957 年芬兰发生了一场重大的流感。梅德尼克与其合作者（1988）对赫尔辛基市居民的研究表明，在流感发作期处于妊娠中期的母亲，其胎儿出生后罹患精神分裂症的比例增加。这是首次进行该类型的研究，其后又进行了多次同样的研究。其中一些研究重复了梅德尼克的研究结果，而另一些则没有。这些研究的设计中都存在一个问题，那就是研究者无法确知这些母亲在怀孕期间是否真的患上了流感。

直到 2004 年，第一个确定母亲感染流感病毒与儿童患精神分裂症之间存在联系的研究才出现。布朗及其同事（2004）分析了母亲的血清标本（血清是从凝固的血液中分离出来的透明液体），这些数据在加利福尼亚州妇女怀孕期间定期采集，并保存在档案中。这意味着可以在之后对其进行流感抗体的检测。因此，研究者能够确定哪些母亲在怀孕期间感染了流感。研究结果表明，如果母亲在孕期的前三个月感染流感病毒，那么后代患精神分裂症或精神分裂症谱系障碍的风险会增加 7 倍。而更普遍的情况是，若母亲在孕期的前半段时间患流感，则后代患精神分裂症的风险会增加 3 倍。由于样本量小，两种结果均无统计学意义，但它们却很接近（分别为 p=0.08 和 p=0.052）。

虽然研究结果的效果量很小，而且很多精神分裂症的病例明显不能用母亲孕期感染流感病毒来解释，但两者之间有关联的事实仍然激发了很多学者的研究兴趣。其他的母亲孕期感染，例如，风疹或弓形虫病（一种常见的寄生虫感染），也增加了后代将来罹患精神分裂症的风险（Brown, 2011; Khandaker et al., 2013）。

母亲感染流感病毒或有其他的感染，为什么会成为子女二三十年后罹患精神分裂症的诱因呢？大多数的感染不会通过血脑屏障。但是，母亲孕期感染会引起母体的免疫反应，从而导致促炎细胞因子增多（参见第 5 章）。我们还可以从动物研究中得到印证，促炎细胞因子在动物大脑发育的过程中起到了非常重要的作用。也就是说，如果胎儿接触了母体产生的这些促炎细胞因子，就可能导致大脑结构和功能的异常，而其中的许多异常都与精神分裂症相关（Fineberg & Ellman, 2013）。正如你将在《思想的进步》专栏中看到的，这些发现正在使研究者越来越多地了解到感染和免疫在精神分裂症形成过程中的作用。

Rh 血型不相容性

另一类由于母亲的免疫系统损害胎儿大脑发育的例子，源自完全不同的情况。当 Rh 阴性血型的母亲怀着 Rh 阳性血型的胎儿时，就会发生 Rh 不相容的现象（Rh 阳性或阴性是一种血型）。母亲与胎儿的血型不相容是新生儿患血液疾病的主要原因。有趣的是，Rh 不相容似乎也与精神分裂症的风险增加有关。霍利斯特、莱恩和梅德尼克（1996）的研究显示，在 Rh 血型与母亲不相容的男性中，大约有 2.1% 患精神分裂症，而与母亲 Rh 血型相容的男性患精神分裂症的比例仅为 0.8%，与普通人群的患病比例非常接近。霍利斯特本人的家庭成员中就有精神分裂症患者，其妹妹与母亲就存在 Rh 血型不相容的情况。

Rh 不相容为什么会增加患精神分裂症的风险呢？一种解释是与这种条件下机体的缺氧有关。这一观点还得到了一些其他研究的支持，这些研究将精神分裂症的风险与分娩时的并发症联系起来。最近的研究结果表明，母亲和胎儿血液不相容可能会增加某些类型的大脑异常，而这些类型的异常又与精神分裂症相关（Freedman et al., 2011）。

思想的进步

精神分裂症是一种免疫系统疾病吗？

越来越多的证据表明，产前母亲感染可能会增加数年后其子女患精神分裂症的风险。但这是怎么起作用的呢？母亲的炎症反应可能是关键因素。在一项重要的研究中，卡内塔与其同事（2014）测量了母亲在怀孕前三个月和后三个月时采集的血清样本中的 C 反应蛋白水平，C 反应蛋白（见第 5 章）是炎症的一个公认标记。卡内塔和同事们发现，当母亲的 C 反应蛋白水平较高时，其后代在几十年后罹患精神分裂症的风险要高出大约 60%。

但为什么 C 反应蛋白的水平会升高呢？母亲的感染是明显的原因，当然高强度的应激也会增加炎症。研究者认为，在发育的关键时期过早接触炎症，可能会对胎儿大脑的发育产生影响。因此，如果母体 C 反应蛋白的水平较高导致了胎儿大脑中的 C 反应蛋白水平较高，就可能导致不良后果。从本质上讲，大脑可能会变得易于在个体以后的生活中发展出精神分裂症，特别是当个体遇到较为严重的应激事件时。这种应激可能存在多种形式，包括我们在本章描述过的一些风险因素（分娩并发症、头部损伤、移民等）。

另外值得一提的是，目前关于精神分裂症的基因研究涉及 6 号染色体上与免疫功能有关的基因，乍一看，这似乎有些奇怪。但这些基因也在大脑发育中发挥着作用。这些基因会被炎症激活从而改变大脑的发育吗？还是这些基因的某些基因型使人更容易受到炎症的其他负面影响呢？现在下结论还为时过早。有趣的是，精神分裂症患者患自身免疫性疾病（例如，银屑病、克罗恩病和多发性硬化症）的风险增加了 53%（Benros et al., 2014）。而患有自身免疫性疾病的人患精神分裂症的风险也更高（Eaton et al., 2010）。所以现在精神分裂症和自身免疫性疾病之间有了确定的联系。

其他研究表明，母亲体内抗炎细胞因子水平越高，其子女成年后患精神分裂症的风险就越低（Allswede et al., 2016）。因此，尽管较高水平的促炎细胞因子是有问题的，但较高水平的抗炎细胞因子却是有益的，或许还具有神经保护作用。综上所述，所有这些发现都表明，我们最好开始将精神分裂症视为一种免疫系统疾病，这种免疫系统疾病可能由胎儿在产前或产后早期接触炎症而引发。这些研究还提供了一种可能性，即精神分裂症的遗传倾向性可能以免疫系统失调的形式出现（Cannon et al., 2014）。最后需要强调的是，精神分裂症的炎症模型提供了全新的、令人兴奋的预防途径：如果我们能保护孕妇不受感染或免于高强度应激的影响，是否能够降低精神分裂症的发病率呢？

妊娠和分娩并发症

研究者坎农及其同事指出，精神分裂症患者更有可能在出生前经历了母体某些形式的孕期或分娩并发症（Cannon et al., 2002）。虽然分娩并发症的类型各不相同，但许多分娩问题（例如，臀位分娩、滞产或脐带绕颈）都会影响新生儿的氧气供给。虽然在这个问题上，我们还需要更谨慎地得出结论，但坎农的研究再一次指向了关键发育期胎儿大脑的损伤。

早期营养不良

精神分裂症可能是由干扰大脑正常发育的环境事件引起或触发的，支持这个观点的一个例子来自二战即将结束时在荷兰发生的悲剧。1944 年 10 月，纳粹德国的封锁引发了严重的饥荒，影响到阿姆斯特丹以及荷兰西部城市的居民，饥荒一直持续到 1945 年 5 月荷兰解放才结束。在此期间，许多人严重营养不良，一些人死于饥饿。当地生育水平下降，出生率显著降低。但是，在这段时间里，还是有一些婴儿降生。那些母亲在饥荒最严重的时候怀上的孩子日后患精神分裂症的风险增加了 2 倍（Brown, 2011），胎儿期营养不良似乎是其原因。究竟是因为普通的营养不良还是缺乏叶酸或铁等特定的营养物质尚不明确，然而我们又一次看到，患病的概率可能与关键期胎儿的发育有关。

孕期应激

如果母亲在怀孕的前三个月左右经历了重大的应激事件，那么其后代未来患精神分裂症的风险就会增加（King et al., 2010）。例如，丹麦的一项大规模人口研究显示，母亲在孕期前三个月遭遇丧亲之痛，与其后代未来罹患精神分裂症的风险增加 67% 相关（Khashan et al., 2008）。目前尽管还不清楚母体孕期应激与精神分裂症患病风险增加之间的机制，但普遍认为，通过胎盘传递给子代的应激激素可能会对胎儿发育中的大脑产生负面影响。

13.4.3　基因与环境对精神分裂症的影响：综合作用下的产物

毫无疑问，精神分裂症有很强的遗传因素。目前认为，精神分裂症的遗传风险以两种方式出现。第一种方式来自大量的（多达上千）普通变异基因。这些基因的个体作用可能非常小，然而，当这些基因变异相互作用时，它们便会诱发疾病。另一种导致精神分裂症的原因是某些罕见基因的突变，这些基因突变可能只发生在某些人身上和某些家庭当中（Crow, 2007; McClellan, Susser, & King, 2007）。这些遗传事件可能涉及基因微缺失（某些位置缺失少量 DNA 序列）或 DNA 序列本身存在问题，例如，某些特定部分的重复（St.Clair, 2009）。

对双生子同病率的关注可能使我们高估了精神分裂症的遗传性。这是因为有些同卵双生子和所有异卵双生子的孕期环境并不相同。大约有 2/3 的同卵胚胎是单绒毛膜的，这意味着它们共享胎盘和血液供应；其余的同卵双生子和所有的异卵双生子都是双绒毛膜，即拥有不同的胎盘和独立的胎循环（如图 13.5 所示）。因此，同卵双生子中精神分裂症的同病率高于异卵双生子，这可能是单绒毛膜同卵双生子共享感染可能性更大的结果，起码在一定程度上是这样的。戴维斯、费尔普斯和布拉查（1995）发现，与双绒毛膜的同卵双生子（约 11% 的同病率）相比，单绒毛膜的同卵双生子同患精神分裂症的比例要高得多（约 60% 的同病率）。双绒毛膜的同卵双生子的同病率与一般报告的异卵双生子的同病率非常接近。因此，单绒毛膜的同卵双生子的精神分裂症的同病率可能更高，这可能让我们将本应归因于环境的因素归因为基因的作用。

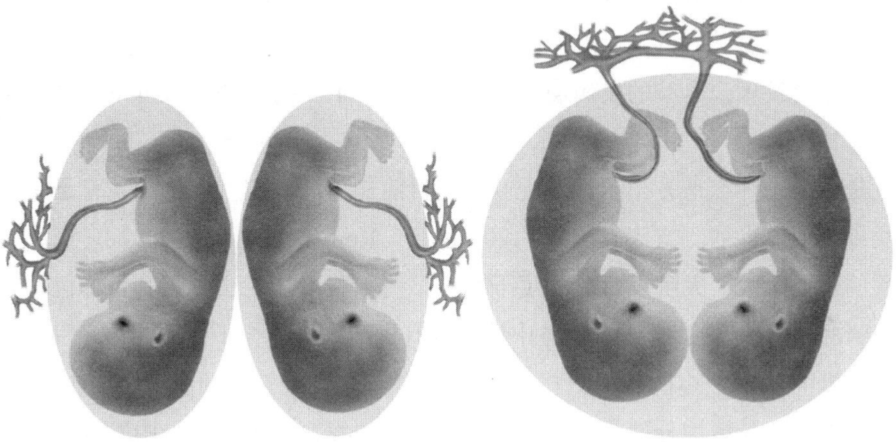

图 13.5　双生子的绒毛膜类型

（A）具有独立胎盘和独立胎循环的同卵或异卵双生子。

（B）单绒毛膜双生子通常是同卵双生子，有一个胎盘和共同的血液循环。

最后，我们需要记住，基因的表达会随着环境的变化而“开启”或“关闭”。研究发现，没有共同罹患精神分裂症的同卵双生子在基因表达上存在差异（Petronis et al., 2003）。也许某些环境因素敲开了精神分裂症的易感之门，也可能有些环境可以将精神分裂症的遗传因子关闭。遗传因素也可能使个体对环境刺激表现出更加敏感的反应。在一项关于分娩并发症后果的研究中，坎农与同事（1993）发现，只有那些父母患精神分裂症并且经历了分娩并发症的人在成年期才会出现大脑异常，如脑室扩大（脑室是大脑中充满液体的空间）。而且，如果此人的双亲都患精神分裂症，那么问题会更加严重。相比之下，没有精神分裂症家族史的人，无论出生时是否经历过分娩并发症，都不会出现诸如脑室扩大的问题。这向我们传达了一个信息：与没有遗传易感性的人相比，环境刺激可能会对有精神分裂症遗传倾向的人造成更多的脑损伤。

13.4.4 神经发展的观点

本章一开始，我们就了解到精神分裂症通常发生于青春期晚期或成年早期。但是，在前面的内容中，我们看到，一些被认为是导致精神分裂症的因素在生命的早期就出现了——在某些情况下，甚至在出生前就出现了。这是为什么呢？目前的观点认为，精神分裂症是一种神经发育障碍。这一观点认为精神分裂症的易感性源于发育早期甚至是出生前的大脑损伤。精神分裂症的这些风险可能始于某些基因，如果这些基因被激活，就有可能破坏神经系统的正常发育，胎儿期的不良环境可能会激活这些基因。但也有可能是其他原因，与基因型无关。这意味着由于大脑发育异常而导致的精神分裂症可能起源于生命早期。尽管如此，在其他触发性事件发生或大脑发育成熟之前，问题可能并不明显。可能直到大脑完全成熟后才会发病，典型的发病期是在生命第二个十年的后期（Conklin & Iacono, 2002; Weinberger, 1987）。

究竟是大脑的什么地方出了问题呢？我们目前还不能确定。大脑的发育是一个复杂过程，涉及一个程序性的、有序且渐进的事件序列（Romer & Walker, 2007）。例如，如果在细胞迁移的重要阶段，大脑发育受到了干扰，某些细胞可能无法到达其目标位置，从而严重影响大脑的“内部连接”（干洗业务中使用的有机溶剂可能会干扰胎儿神经发育，这就解释了如果父母中有一位在干洗店工作，他们的后代患精神分裂症的风险会增加 3 倍）。如前所述，已知的一些与精神分裂症有关的基因在大脑的发育和神经连接中发挥着作用。举例来说，基因组的一个与精神分裂症有关的区域中包含着与免疫功能有关的基因，这个区域（被称为“主要组织相容性复合体”，即 MHC）在大脑发育和神经功能中也发挥着重要的作用。虽然目前还只是推测，但有可能精神分裂症的遗传易感性可以用“对感染的遗传易感性”

来解释。感染也可能影响到基因的表达（基因的开启或关闭），从而影响大脑的发育，发展为将来的大脑异常。尽管目前我们对于这些事实背后的机制尚不明了，但胎儿的大脑发育和母亲孕期的炎症或感染问题确实存在密切的关联。我们期待在几年之后，研究者能发现一些令人兴奋的新线索。

如果精神分裂症的种子在生命的早期就已播下，那么我们能不能在障碍发作之前就发现这种易感性的早期迹象呢？沃克及其同事进行了一系列巧妙的研究，研究很好地说明了早期发展偏差和精神分裂症患病风险之间的关系。这些研究者收集了 32 名精神分裂症患者童年时的家庭录像。受过训练的观察者对这些家庭录像片段中的儿童进行了“盲”评估（不告知观察者哪个是后来患病的儿童，哪些是其健康的兄弟姐妹）。从情绪表达（Grimes & Walker, 1994）、面部表情（Walker et al., 1993）、运动技能与神经运动异常（Walker et al., 1994）等多个维度的观察发现，这些患者在童年时与健康的儿童相比，面部表情、情绪表达、运动能力的得分都存在显著差异。患者在童年期比他们健康的兄弟姐妹表现出更多的运动异常，包括异常的手部运动，还表现出较少的积极面部表情和更多的消极面部表情。在某些情况下，这些差异在 2 岁时就已经很明显了。当然，我们需要注意的是，这些早期问题并非日后罹患精神分裂症的儿童的特征。但在易患这种障碍的儿童中又确实可以发现这些细微异常。我们还应该注意到，沃克研究设计的一大优点是它避免了回溯性研究中常见的偏差问题。该研究没有去询问这些患者的父母或兄弟姐妹患者的成长过程，而是通过家庭录像来观察患者童年的客观行为表现。

另一个可以避免回溯性偏差的方法是采用前瞻性研究设计（参见第 1 章）。琼斯及其同事（1994）、伊索汉尼及其同事（Isohanni et al., 2001）研究了特定年份出生的儿童，并对这些儿童进行了随访。两组研究者都发现，后来罹患精神分裂症的个体在 2 岁时有言语迟缓和运动发育迟缓的迹象。随后的研究证实了运动发育迟缓（如婴儿期行走迟缓）与成年期精神分裂症风险增加之间确实存在联系（Filatova et al., 2017）。

另一方法是随访那些因父母患有精神分裂症而被认为是精神分裂症高危人群的儿童。梅德尼克和舒尔辛格（1968）于几十年前率先提出了这一策略，并催生了对高危儿童的其他几项研究（Cornblatt et al., 1992; Erlenmeyer-Kimling, & Cornblatt, 1992; Neale & Oltmanns, 1980; Watt et al., 1984）。显然，这类研究既费钱又费时，研究者需要极大的耐心，因为高危儿童必须在生命早期被识别出来，并且随访研究必须一直持续到研究对象成年。此外，由于大多数精神分裂症患者的父母并没有患精神分裂症［事实上，89% 的患者没有患精神分裂症的一级或二级亲属（Gottesman, 2001）］，高风险样本也不是特别具有代表性。尽管如此，这些样本依然为我们提供了一些有价值的信息，告诉我们处于风险中的人在患上这种障碍之前的情况。

高危群体研究中一致的发现是，具有精神分裂症遗传风险的儿童在注意力的测验中比对照组儿童更偏离常轨（Erlenmeyer-Kimling & Cornblatt, 1992）。具有精神分裂症风险的青少年的社会胜任力也低于具有情感障碍风险的青少年（Dworkin et al., 1994; Hooley, 2010）。这些高危儿童的社交问题可能是由潜在的注意力问题引起的（Cornblatt et al., 1992）。

另一项研究与沃克的家庭录像研究结果相呼应，早期的运动异常现象极有可能预示了该个体日后罹患精神分裂症。根据纽约高风险研究的数据，艾伦迈尔-希姆林及其同事（1998）的研究报告称，在最初的 51 名高危儿童中，10 名成年后出现精神分裂症或精神分裂症样障碍，其中 80% 的人在 7～12 岁之间表现出了运动行为异常。在又一项研究中，高危青少年不但比非临床对照组表现出了更多的运动异常（如面部抽搐、眨眼、伸舌头），而且与那些有人格或行为问题的青少年相比也是如此（Mittal et al., 2008）。随着儿童的年龄增长，这些运动异常会表现得更为明显，这些异常与精神病性症状之间的联系也变得更加密切。虽然我们曾怀疑精神分裂症的第一表现是幻觉或妄想，但我们也有可能从儿童的活动方式中发现该障碍的最初迹象。这可能是因为运动异常和精神病性症状在大脑中有着某些相同的神经回路，而神经回路的问题有可能会首先通过运动异常表现出来。然后，随着大脑的逐步发育成熟，这些神经回路问题可能会表现为精神病性症状（MacManus et al., 2011; Mittal et al., 2008）。

最初的高危群体研究使我们对精神分裂症高危人群有了一定程度的了解。然而，研究者目前已经改变了他们关注的重点。新一代高危群体研究更多关注临床上（而非遗传上）的高风险年轻人。通过关注那些已经表现出精神分裂症前驱期或早期症状的人，研究者希望能通过一些干预手段，更好地避免这些人发展为精神分裂症（Addington et al., 2007; Cannon et al., 2007）。意识到这一点之后，轻微精神病综合征这一新诊断类别（Fusar-Poli et al., 2014）作为一种需要进一步研究的障碍已被纳入 DSM-5（见《对 DSM-5 的批判性思考》专栏）。

轻微精神病综合征有哪些症状呢？最常见的是被现实所困扰（例如，把梦境与现实混淆）。有的患者报告，他们失去了对自己思维的控制，或者感到被他人负面看待。还有一种症状是对朋友或熟人产生无端的怀疑，或者经常听到某些并不存在的声音。例如，嗡嗡声、嘶嘶声、敲门声或脚步声（Marshall et al., 2014）。注意，这些症状的严重程度都低于确诊的精神病性障碍的症状。然而，这些症状表明，个体有在未来罹患精神病性障碍的可能。

对 DSM-5 的批判性思考

轻微精神病综合征

轻微精神病综合征以轻度的精神病性症状为特征，这些症状的严重程度达不到精神分裂症样障碍的诊断标准。患有这种综合征的人存在发展为精神病性障碍的风险，他们也在承受痛苦或功能受损，或在寻求帮助。将这种综合征纳入 DSM-5 的支持者认为，这将有助于临床医生识别这类患者，并尽早为他们进行治疗。从理论上讲，这可以在短期内减少患者的痛苦，从长期来看，也可以起到防止病情发展成精神病性障碍的作用。这一点非常重要，因为一旦发展为精神分裂症，大多数患者可能会反复出现阳性和阴性的症状，从而对他们的工作或社交功能造成持续的损害（Jobe & Harrow, 2010）。

虽然这些理由听起来似乎没有问题，但也有人表示反对。理由之一是潜在的污名化（Yang et al., 2013）。而另一个令人担忧的情况是，被认定为高危人群中的大多数人最后并没有发展为精神病性障碍。艾丁顿及其同事（2011）对 303 名出现精神分裂症前驱期症状的青年进行了随访研究，当随访期结束时，这些青年中的大多数（71%）并没有转变为精神病性障碍。虽然随访的时间相对较短，但该研究发现的假阳性比例似乎很高（Fusar-Poli et al., 2012）。

此外，还有一个令人担忧的问题，这种诊断可能会增加治疗中抗精神病药物的使用（Weiser, 2011）。可是，给只有轻度精神病性症状的患者服用抗精神病药物真的合适吗？合乎道德吗？由于第二代抗精神病药物并不像最初希望的那样有效，而且这些药物似乎还与大脑的一些严重病变（如组织损失）有关（Ho et al., 2011; Lewis, 2011），如果长期使用，它们甚至可能会使精神病性症状固化（参见本章末尾《未解决的问题》专栏）。由此可见，我们需要更加谨慎地使用这些药物。

将轻微精神病综合征纳入 DSM 的第三部分，可能是一个很好的临时解决方案。这将鼓励更多的研究者研究这种新障碍，这可能有助于我们完善和改进当前使用的诊断标准。后续的研究还可能会发展出更好的治疗方法，为这些患者提供更加有效的临床帮助。

13.5 大脑结构与功能的异常

讨论精神分裂症对大脑的影响

现在，技术的发展使我们能够以新的方式来研究大脑。这些研究揭示了精神分裂症患者大脑结构与功能的异常，以及神经递质活性的异常。在本节中，我们将描述一些认知功能方面的问题，这些问题长期以来一直被认为是精神分裂症患者的特征。我们还将讨论可能与这些异常相关的其他问题。

13.5.1 神经认知功能

认知障碍是精神分裂症的主要特征。精神分裂症患者在一系列广泛的神经心理测验中，都表现得比健康对照组差很多——平均得分大多超过了一个完整的标准差（Heinrichs, 2005; Heinrichs & Zakanis, 1998）。而且几乎所有的认知功能（包括注意力、语言和记忆）都受到了损害。虽然如此，我们还是需要注意到，并不是每个患者的所有功能都受到了损伤，患者的有些认知功能仍保持在正常范围以内。然而即使是这些患者，和他们发病前相比，也可能表现出认知功能水平的显著下降（Keefe, 2014）。

认知障碍很早就出现了。对精神病性障碍高风险青年进行的一些神经认知测验结果表明，在出现符合诊断标准的精神分裂症之前，他们的得分就已经低于健康对照组了（Corigliano et al., 2014）。因为认知障碍可以在病程初期就被发现（甚至更早），所以它们不太可能是由长期住院或药物的影响造成的。事实上，最近的研究表明，较低的智商可能是个体日后患精神分裂症的独立风险因素，而较高的智商可能具有某种程度的保护作用（Kendler et al., 2015）。

尽管智商较低的人更容易患上精神分裂症（原因尚不明确），然而，随着病情的发展，不论患者先前的智商高低，其认知障碍都会表现得更加明显，认知功能的损伤范围也会扩大。这意味着，我们在第一次障碍发作的患者身上看到的认知障碍比处于早期阶段（发病前或前驱期）的患者的认知障碍更严重，范围也更广。同样值得注意的是，最近才发病的患者在神经心理测验中的表现与患病多年的患者大致相同（McCleery et al., 2014; Mesholam-Gately et al., 2009）。因此，研究者认为，认知能力（包括智商）的急剧下降发生在从发病前到全面患病的过渡时期（Meier et al., 2014）。第一次精神病发作结束后，认知能力的下降似乎趋于稳定（Nuechterlein et al., 2014），然而，可能会有第二个恶化时期，它开始于65岁左右（Harvey, 2014）。

精神分裂症患者会出现什么样的认知问题呢？我们可以举出许多例子。例如，当被要求对刺激做出尽可能快和适当的反应时（这是一种衡量反应时间的测验），精神分裂症患者与对照组相比表现较差（Nuechterlein, 1977）。此外，患者在连续操作测验中也表现出缺陷（Cornblatt et al., 1989）。此任务先要求受试者注意一系列字母或数字，然后识别出在这些字母或数字中间歇性出现的目标刺激（例如，“看到数字 7 时按键”）。研究发现，精神分裂症患者的工作记忆也有问题（Barch, 2005; Park et al., 1995）。工作记忆可以看成是我们的“心理黑板”，当精神分裂症患者进行工作记忆任务时，与健康对照组相比，他们的前额叶活动更少（Cannon et al., 2005）。

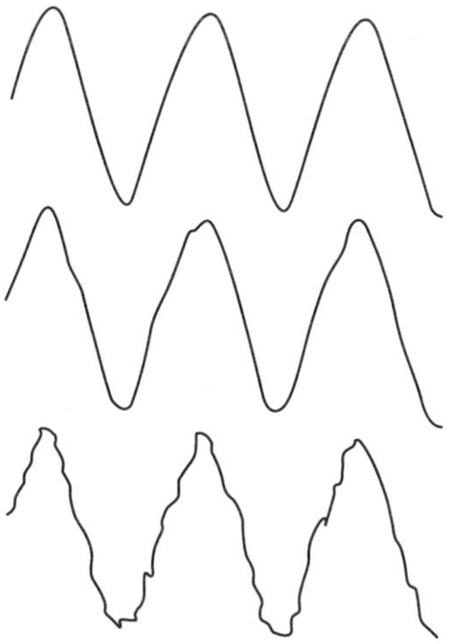

图 13.6　正常和异常眼动追踪曲线

上面的模式是目标，中间的模式是正常眼动的记录，下面的模式是一些精神分裂症患者产生的异常记录。

在其他的认知功能测验中，精神分裂症患者视觉和听觉信息加工的最初阶段也有明显的缺陷。例如，患者中有 54%~86% 的人表现出了眼动追踪功能障碍（见图 13.6），并且缺乏追踪正在运动的目标（如摆锤）的能力（Cornblatt et al., 2008）。这是一种被称为“平滑追随眼动”的技能（Levy et al., 2010）。相比之下，只有 6%~8% 的普通人存在眼动问题。有趣的是，大约 50% 的精神分裂症患者的一级亲属虽然并没有患精神分裂症，但也会出现平滑追随眼动问题（Iacono et al., 1992; Sporn et al., 2005）。这表明了眼动障碍具有遗传基础，因此，眼动可能是遗传研究中能够运用的内表型。

在大脑听觉信息加工的过程中，精神分裂症患者的感觉门控过程也有问题（Heinrichs, 2001; Potter et al., 2006）。当连续听到两次咔嗒声时，大脑（接收听觉信号）会对每次咔嗒声产生正向电反应。这个反应称为“P50”，因为它发生在咔嗒声之后 50 毫秒。在正常的实验对象中，第二次咔嗒声引起的反应会比第一次弱，因为正常人的大脑会抑制对于重复感觉性事件的反应。如果这种情况没有发生，那么就永远不会形成对刺激的习惯。相反，许多精神分裂症患者对第二次咔嗒声的反应几乎和第一次一样强烈，这被称为“P50 抑制不良”。精神分裂症患者的一级家属也比对照组更容易出现 P50 抑制问题（Clementz et al., 1998）。

综上所述，大量的证据表明，精神分裂症患者在基础认知加工和高级认知加工方面都存在问题，这让他们对世界的认识变得非常艰难。以下是一位精神分裂症患者的自述，该患者从第一视角描述了这种困难：

我很难集中精力，尤其是和其他人在一起的时候。我能听到他们在说什么，却跟不上他们交谈的节奏，无法理解他们谈话的内容。我失去了参与讨论的能力，经常在讨论中睡着。如果只和一个人说话，情况会好一些，但如果同时和几个人交流，因为信息来得太快，我会感觉到一片茫然。当我的想法变得渐渐模糊时，交流也就难以为继了。

13.5.2 社会认知

当你在吃东西时，你的伴侣盯着你的甜点看，称赞它看起来很美味，你会怎么想呢？你可能会认为你的伴侣想吃你的甜点。社会认知是指我们如何识别、思考和回应社会信息，包括他人的情绪与意图。精神分裂症患者除了存在基本的神经认知加工问题，还表现出明显的社会认知障碍（Pinkham, 2014）。例如，他们无法发现我们大多数人都能轻易察觉到的那种微妙（或比较明显）的社交暗示（比如甜点的例子）。他们也很难识别其他人面部表达的情绪（Kohler et al., 2010）和言语中表达的情绪（Hooker & Park, 2002）。此外，与健康对照组相比，他们更不容易意识到有人犯了社交错误（失礼），比如忘记一场聚会是惊喜聚会，本该保密。精神分裂症患者的社会认知能力似乎尤其受到损害。相对而言，双相障碍的患者在非发作期时，在这类测验中的表现与健康对照组一样好（Lee et al., 2013）。

当然，完整的认知功能是个体在社会认知测验中表现良好的前提。虽然社会认知与非社会认知（神经认知）是相关的，但它们在很大程度上又是不同的构念（Lee et al., 2013）。两者都有助于解释患者在现实中的功能表现，但如果涉及预测社会技能或生活质量时，社会认知水平（如社会知觉、情绪识别、识别讽刺的能力等）似乎要比神经认知水平（如注意力、语言和记忆力等）的作用更大（Maat et al., 2012; Pinkham, 2014）。

13.5.3 脑容量

考虑到精神分裂症具有许多特有的损伤，因此无论是在大脑结构还是大脑功能方面，如果发现与精神分裂症相关的大脑异常，也就不足为奇了。一个能够被很好地复制的研究发现与脑室有关。脑室是充满液体的空间，位于大脑深处。与对照组相比，精神分裂症患者的脑室较大，而且男性比女性受到的影响更大（Haijma et al., 2013; Lawrie & Abukmeil, 1998; Shenton et al., 2001）。需要注意的是，脑室扩大并不是所有精神分裂症患者的症状，也并非精神分裂症所特有。它们也是阿尔茨海默病、亨廷顿病和慢性酒精成瘾的特征。

脑室扩大是十分重要的指标，因为它表示脑组织数量减少了。大脑应该充满整个颅腔。因此，脑室扩大意味着与脑室接界的大脑萎缩或减少。事实上，对精神分裂症患者的 MRI

研究显示，与对照组相比，精神分裂症患者的大脑体积减小了 3%（Hulshoff Pol & Kahn, 2008）。

这种脑容量的减少在疾病早期就表现了出来。即使是那些精神分裂症刚刚发作的患者，其脑容量也低于对照组（Steen et al., 2006; Vita et al., 2006），或有脑室扩大的迹象（Cahn et al., 2002）。这说明一些大脑异常可能出现在疾病发生之前，而不是由于没有得到治疗或服用抗精神病药物所致。另一项重要的研究结果与此一致，当疾病开始发展时，在遗传层面高危的人群中发现了可观察到的脑容量变化（McIntosh et al., 2011）。事实上，这些变化很可能导致了症状的发生（Karlsgodt et al., 2010; Sun et al., 2009）。

近年的一项新研究结果也支持了这一观点，该研究涉及患精神病性障碍临床高风险（而非遗传高风险）的青少年。在坎农及其同事（2015）对这些青少年的纵向研究中，一部分青少年发展出了精神病性障碍。研究发现，虽然最初所有研究对象的大脑灰质的密度并没有区别，但发病者的前额皮层中的灰质急剧减少，而且随着障碍的发展，似乎他们的灰质（由神经细胞组成）还在不断丧失。此外，研究者能够确定这些现象不是药物的影响所造成的。更特别的发现是，大脑灰质体积减小（皮层变薄）最快的青少年血液中炎症标志物的水平也最高。虽然目前还不清楚到底是炎症导致了灰质的损失，还是灰质的损失导致了炎症，但我们知道，在精神病性障碍和大脑皮层变薄二者之间的确存在着密切的关联。大脑的这些异常变化或许能够解释为什么随着病程的发展，患者的认知功能水平会不断下降（见图 13.7）。

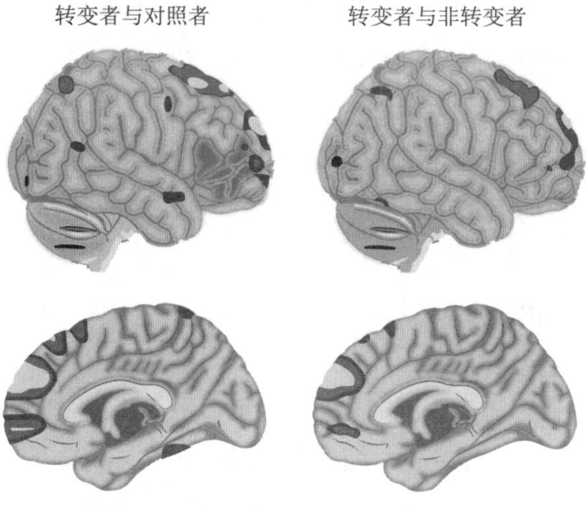

图 13.7　灰质变化与精神病性障碍的发生

这些皮层表面图显示的是大脑区域。相对于对照组和没有发展为精神病性障碍的人，患者大脑区域的灰质厚度有更明显的退行性损失，前额皮层受到的影响尤为严重。

另外，在障碍的初期，大脑的异常变化会随着时间的推移而加剧。卡恩及其同事（2002）测量了精神分裂症初发患者的总灰质体积。34名患者和36名健康者在研究初期和一年后分别接受了MRI脑部扫描。结果显示，一年后患者的灰质体积显著下降，而对照组却没有明显的变化。具体来说，在第一次和第二次扫描间隔的一年间，患者的灰质体积几乎减少了3%。

对慢性患者的研究表明，脑组织减少和脑室扩大的现象并不局限于障碍发生的初期。相反，大脑的衰退会持续很多年。此外，大脑异常的现象在同卵双生子的研究中也有发现，双生子中如果有一个患有精神分裂症，那么另一个（没有患病）的脑容量也比正常对照组要小。这表明，大脑变化不能归因于抗精神病药物的影响，而更可能是受到了基因的影响（Brans et al., 2008; Hulshoff Pol & Kahn, 2008）。总的来说，精神分裂症除了是一种神经发育障碍，也是一种神经退行性障碍，其特征是脑组织随着时间的推移而逐渐损失。用克雷珀林当时使用的“早发性痴呆”来描述这一现象可能是非常恰当的。

13.5.4 受影响的大脑区域

哪些大脑区域与精神分裂症特别相关呢？除了前额皮层中的灰质损失，还有证据表明，颞叶区域的体积也减少了（Ziermans et al., 2012）。这些大脑区域在记忆、决策和听觉信息加工方面扮演着重要角色。具体来说，参与情绪加工的杏仁核、在记忆中起关键作用的海马、接收几乎所有感觉输入的中转中心——丘脑等内侧颞区的体积减小（Adriano et al., 2012; Haijma et al., 2013; Keshavan et al., 2008; Shenton et al., 2001）。

很明显，精神分裂症患者的大脑结构异常，但这种异常的性质可能与疾病的阶段、药物使用或其他一些我们还需要确定的因素有关。需要注意的是，灰质的损失会对神经连接产生影响。如果神经元之间无法正常连接，就可能产生许多问题。

13.5.5 白质的问题

当我们讨论精神分裂症患者大脑的容量减少时，我们指的是脑细胞或灰质的损失，而越来越多的证据显示，精神分裂症也与脑白质的问题有关。神经纤维被髓鞘覆盖（大脑里髓鞘呈白色，因此称为“白质”），髓鞘起着绝缘体的作用，提高了神经传导的速度和效率。因此，白质对于大脑的连接至关重要。如果白质的完整性遭到了破坏，神经系统的功能也会出现问题。就像在一组相互连接的计算机中，如果连接受到损坏，那么计算机网络就会出现问题。

对精神分裂症的研究表明，患者的白质体积也在减少，并且白质本身也存在结构异常（Haijma et al., 2013）。值得注意的是，这些异常可以在初发患者和遗传风险高的人群中发现。这说明，异常并不是障碍本身或治疗引起的。最根本的问题似乎是连接异常——不同大脑区域之间的连接异常，尤其是涉及额叶的连接（Pettersson-Yeo et al., 2011）。这些发现还有助于解释精神分裂症的一些临床特征。例如，幻听的症状可以被理解为由语言产生区域和语言理解区域之间的脱节造成。患者自己思维产生的语言（自我对话），被错误地认为是来自外部的信息，以为是“听到”的。

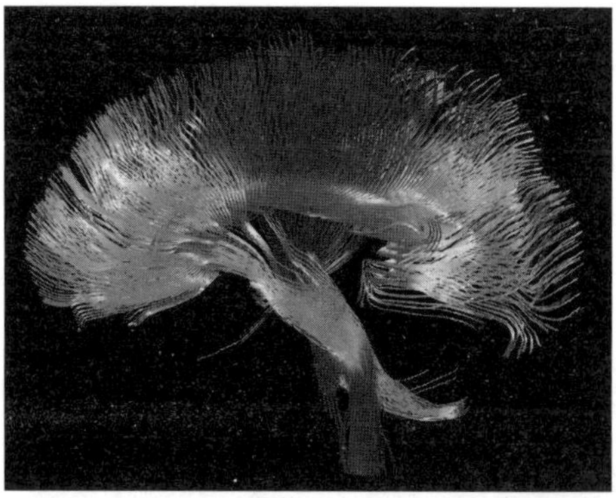

图 13.8　神经纤维被脂肪组织髓鞘所覆盖，这种髓鞘在大脑中看起来是白色的（因此被称为“白质”）。髓磷脂能提高神经细胞的导电性。这张图片显示了白质束，并显示了大脑不同区域是如何相互连接的

临床研究中，白质异常已被证明与认知障碍有关（Kubicki et al., 2007）。这可能是由于白质变化使不同的大脑区域与额叶之间的连接产生了异常。在精神分裂症患病风险高的人群中，大脑颞叶白质变化的多少，也预示着该个体日后社会功能水平下降的多少（Karlsgodt et al., 2009）。另一个有趣的发现是，精神分裂症患者的子女即使没有患精神分裂症，其胼胝体（连接大脑两个半球的大量白质纤维束）的体积也比正常对照组小（Francis et al., 2011）。尽管这一现象产生的机制还需要进一步研究，但有一点越来越清楚，那就是关于白质异常以及白质发育异常的后续研究可以通过提供新的重要观点帮助我们进一步理解精神分裂症患者的大脑异常。

13.5.6　大脑功能

有关大脑功能的研究告诉我们，大脑在执行任务或休息时如何运作。前文中介绍了与精神分裂症相关的大脑结构异常，以及患者在各种神经认知和社会认知测验中的表现异常。接下来我们将通过神经影像学的研究发现，为你介绍精神分裂症患者的大脑功能是如何受损的。

例如，当一些患者参与智力挑战任务时，如威斯康辛卡片分类测验（WCST）或其他通常认为需要大量额叶参与的测验，他们额叶的激活水平非常低（被称为“额叶功能低下”）。换言之，当患者执行复杂任务时，这个大脑区域似乎无法发挥功能（见图 13.9）。在另一些患者的测验中，研究者发现他们的额叶区表现出过度活跃，这表明他们需要更加努力才能完成任务。在这两种情况之下，大脑都没有以最佳、最有效的方式运作。

在认知任务中，额叶功能受损也常见于精神分裂症初期患者和精神病性障碍的高危

人群（Fusar-Poli et al., 2007）。但需要注意的是，这种功能的改变并非所有患者的特征（Buchsbaum et al., 1992; Heinrichs, 2001）。虽然如此，额叶功能障碍仍被认为是精神分裂症某些阴性症状的原因，并且可能与注意认知缺陷相关（Cannon et al., 1998; Goldman-Rakic & Selemon, 1997）。

研究也发现了精神分裂症患者颞叶功能的缺陷，尽管在不同的研究中这一发现往往并不一致（Keshavan et al., 2008）。然而重要的是，患者的大脑区域活动在切换方式上可能存在问题。当我们休息或放松，沉浸在自己的思维中时，有一片大脑区域网络会被激活，它就是所谓的“默认模式网络”。你可以把这种模式视为大脑的待机状态。而当我们专注于某一任务时，这一大脑区域网络的活动会被抑制，以便支持与任务相关的大脑区域活动。可是，如果大脑很难脱离“默认模式”会发生什么呢？任务的执行必然会受到影响。目前研究者认为，精神分裂症患者很可能就发生了这种情况。健康人很容易抑制默认模式网络的大脑活动（即把他们大脑的活动切换到“任务模式网络”），而精神分裂症患者可能难以做到这一点（Guerrero-Pedrazza et al., 2011; Ren et al., 2013; Whitfield-Gabrieli et al., 2009）。这种“切换”能力的缺乏，帮助我们理解为什么精神分裂症患者在面临任务时经常会遭遇困难（Karlsgodt et al., 2010）。

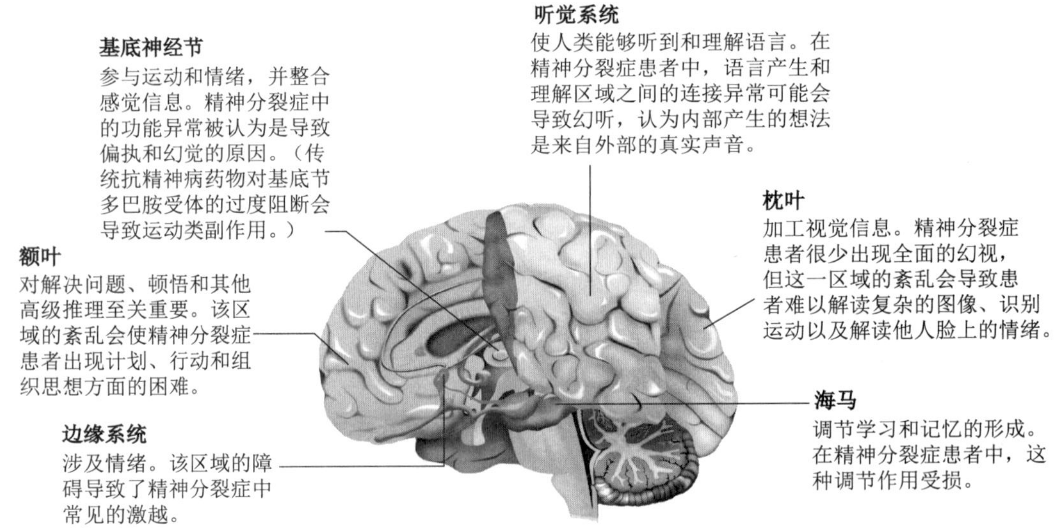

图 13.9　精神分裂症患者的大脑

13.5.7　细胞结构

如我们所见，关于精神分裂症的一个假设是遗传易感性，可能与胎儿期受到损伤有关，这会导致大脑中神经元迁移的中断。若果真如此，一些细胞将无法到达最终位置，大脑中细胞的整体组织（大脑的细胞结构）将出现异常，如图 13.10 所示。

正常的细胞结构　不正常的细胞结构

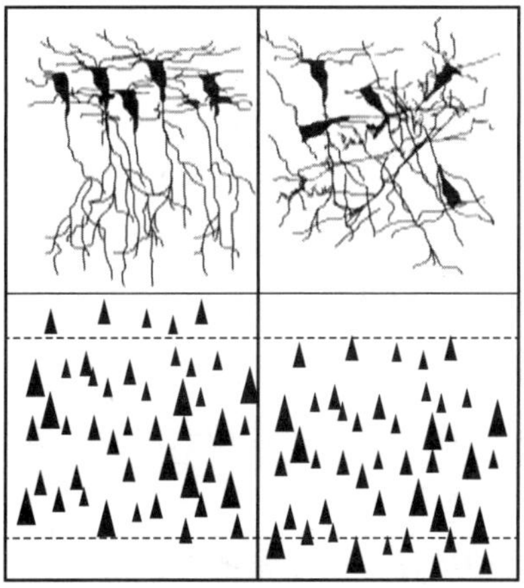

图 13.10　细胞结构和神经发育

上图显示了海马内锥体细胞正常和异常的定向迁移，下图是被染色的神经元和“向下移动”现象的示意图。发育过程中细胞迁移的过早停止，可能造成靠近白质的较低区域的细胞较多而靠近皮层表面的细胞相对较少。

精神分裂症患者的脑细胞组织似乎还存在其他方面的损伤。通过使用复杂的三维计算技术，研究者报告了患者大脑某些区域神经元密度的增加（Selemon, 2004）。不同皮层和海马中的细胞分布也存在异常（Arnold, 2000; Kalus et al., 1997; Selemon et al., 1995）。重要的是，研究发现精神分裂症患者缺少了一种被称为“抑制性中间神经元”的特定神经元（Benes & Berretta, 2001）。这些被称为“GABA”的中间神经元负责调节其他神经元的兴奋程度（实际上，它们能使其他神经元恢复平静）。GABA 的缺失可能意味着兴奋性神经元的活动无法得到抑制。研究还发现，精神分裂症患者的大脑可能无法调节或抑制某些关键神经回路的过度活动（Daskalakis et al., 2002）。这些异常可能导致患者难以应对那些正常水平的应激事件。

你知道此类研究是如何完成的吗？也许我们中的大多数人都不知道。但是，研究者应该感谢那些在去世后为科学研究慷慨捐献大脑器官的人士。在世界各地，精神病学脑库提供了脑组织样本，用于精神分裂症研究，以及其他精神病性障碍和阿尔茨海默病等神经退行性障碍的研究（Deep-Soboslay et al., 2011）。正如你能想象到的，使用这些样本来研究精神分裂症存在很多方法论上的问题。这些问题包括，脑组织样本的老化、患者中精神分裂症与物质滥用的高共病率、药物作用等。但更大的困难是捐赠不足。例如，美国国家精神卫生研究所（NIMH）的脑库，平均每年只能收到 9 个精神分裂症的大脑样本和 13 个健康的大脑样本。

13.5.8 青春期的大脑发育

我们有充分的理由相信，遗传风险、产前问题会损伤胎儿的大脑，而这些不良影响可能会持续下去。从青春期到成年早期，大脑会逐渐发育成熟。例如，我们在十八九岁时都会有过多的神经突触。在青春期的正常生理过程中这些突触会被修剪，从而减少“神经元冗余”。青春期的灰质体积在正常情况下也会减少，同时白质、海马和杏仁核的体积会增加。此外，兴奋性突触数量会有所减少，而抑制性突触数量会增加。所有这些生理过程的发生都可以全面增强大脑的功能，这些过程使大脑更“成熟”（Insel, 2010; Walker et al., 2010）。

但是，如果大脑发育的生理过程不以正常的方式发生呢？根据在大脑发育的不同时间发生的各种症状，我们可以解释精神分裂症患者大脑表现出来的各种异常（灰质体积减少、白质减少、海马体积缩小等）。换句话说，我们可以认为精神分裂症是一种以大脑及其区域网络的异常发育（突触过度修剪、髓鞘异常）为特征的精神障碍。

最近，将精神分裂症与脑损伤病史联系起来的研究，进一步支持了精神分裂症涉及大脑发育异常或发育中断的观点。曾因头部受伤而住院的人未来患精神分裂症的风险增加了 65%（Orlovska et al., 2014）。这种风险的增加似乎与家族精神病史无关。此外，如果头部受伤发生在 11~15 岁之间，患精神分裂症的风险会增加更多（85%）。所有这些都表明大脑发育可能存在一些关键期，而在这一时期的脑损伤带来的后果可能尤其严重。其中的一些可能在出生的前后，而另一些可能要晚得多。如前所述，精神分裂症的病因非常复杂。但许多源自大脑发育关键时期的损伤。

13.5.9 综合作用

精神分裂症患者的大脑都有所损伤，尽管这种损伤通常比较轻微。研究发现，一些大脑异常可能是由遗传引起的，而另一些则可能是环境作用的结果。例如，在巴雷及其同事（2001）进行的一项双生子研究中，巴雷把非同患精神分裂症的双生子根据同卵和异卵的区别分成了两个实验组，然后用健康的双生子作为对照组，采用 MRI 技术，对所有这些双生子进行了研究。他们将两个实验组的结果与对照组的结果进行了比较。结果表明，与预料一致的是，实验组中的患者的脑容量都比他们的孪生兄弟姐妹要小。然而，出乎意料的是，实验组中健康的双生子的脑容量还是小于对照组。这是为什么呢？巴雷等人指出，精神分裂症的遗传风险有可能与早期的大脑发育不完全有关，并以此来解释精神分裂症患者的孪生兄弟姐妹脑容量小于对照组的原因。

巴雷及其同事还假设精神分裂症患者会有其他非遗传性的脑部异常，这就解释了为什么患有精神分裂症的双生子的脑容量比其没有患病的孪生兄弟姐妹的脑容量要小。另一项研究也支持了这一观点——在有精神分裂症遗传风险的人群中，胎儿缺氧的病史已被证明与晚年大脑异常有关，在没有遗传风险的人群中并非如此（Cannon et al., 2002）。换句话说，这一案例很好地展示了遗传如何增强个体对于不良环境事件的敏感性。而且，即使一对双生子拥有相同的基因（同卵双生子），如果他们中有一个遭遇了环境损害（例如，脐带绕颈造成的缺氧或头部受伤），那么就只有一个可能患病，而另一个仍然是健康的。

最后，我们还需要强调，精神分裂症不太可能是由大脑某一特定区域的单一问题所引起的。大脑由功能回路组成——这些区域通过相互连接的网络与其他区域相连。如果回路中的任何一点出现故障，那么整个回路将发生异常。目前的重点是了解大脑是如何连接的，以及哪些区域在功能上是相连的。对默认模式网络的研究就是一个例子。一些关键功能回路的细微异常（或无法从一个功能回路切换到另一个功能回路）可能会对正常功能造成严重破坏。随着对大脑研究的不断深入，我们将进一步理解精神分裂症患者的大脑究竟是如何受损的。

13.5.10　神经化学

1943 年，研究者发现 LSD 可以引起巨大的精神变化。此后，对精神分裂症感兴趣的研究者开始思考这种障碍可能的生物化学基础。现在人们普遍认为严重的精神障碍是由大脑中的“化学失衡”所引起的。这个短语经常用来解释为什么人会罹患精神分裂症。然而，“化学失衡”这一概念是模糊、不精确的。它真正传达的是一个被广泛接受的观点，即大脑化学物质的改变可能与异常的精神状态有关。

研究最多的与精神分裂症有关的神经递质是**多巴胺**。多巴胺假说可以追溯到 20 世纪 60 年代，它来自三个重要的观察结果。第一个是药物氯丙嗪的药理作用。1952 年氯丙嗪首次用于治疗精神分裂症。很快，人们就发现这种药对患者有帮助。最终，我们知道氯丙嗪之所以有效，是因为它可以阻断多巴胺受体。

第二个证据来自完全不同的方向。安非他明是一种可以过量产生功能性多巴胺的药物（也就是说，大脑表现得好像系统中多巴胺过多一样）。在 20 世纪 50 年代晚期至 60 年代初，研究者发现在某些个案中，滥用安非他明的人会出现偏执和幻听等精神病性症状（Connell,

1958; Kalant, 1966; Tatetsu, 1964）。临床证据表明，能产生过量的功能性多巴胺的药物也会导致类似精神分裂症的精神病性症状。

第三个多巴胺与精神分裂症关联的间接证据来自临床研究，这些研究通过给患者服用增加大脑中多巴胺可用性的药物来治疗帕金森病。帕金森病的病因是特定大脑区域（基底神经节，参见图 13.9）中的多巴胺水平过低，临床使用一种叫作“L-DOPA”的药物来进行治疗。然而，L-DOPA 的治疗使患者产生了并发症——精神病性症状。于是，这一旁证再次指出了多巴胺在引发精神分裂症方面起到的作用。

多巴胺又是如何引发这些精神病性症状的呢？一个可能的解释是，多巴胺系统的活性可能决定了大脑对内部或外部刺激的反应程度。多巴胺传递失调可能使大脑更加关注那些不太相关或不太重要的刺激，这一现象被称为“异常突显”（Kapur, 2003）。若果真如此，就很容易理解为什么患者会产生妄想或幻觉，以及为什么患者的精神病性体验会受到文化和过去经历的影响。在障碍的早期阶段，患者经常报告他们的感觉意识增强了（“我的感觉更加敏锐了，会被身边那些无关紧要的小事吸引”），或者事件的意义增加了（“我觉得其中存在巨大的含义”）。如果多巴胺引起了异常突显，那么个体就会过度解读那些以前不经意，现在却似乎变得很重要的日常事件。这样一来，冰箱的嗡嗡声就可能被患者看作传递信息的语言；或收到包裹便觉得它可能是某种威胁，从而促使患者仔细观察其他人的微妙行为，以判断谁要伤害他。

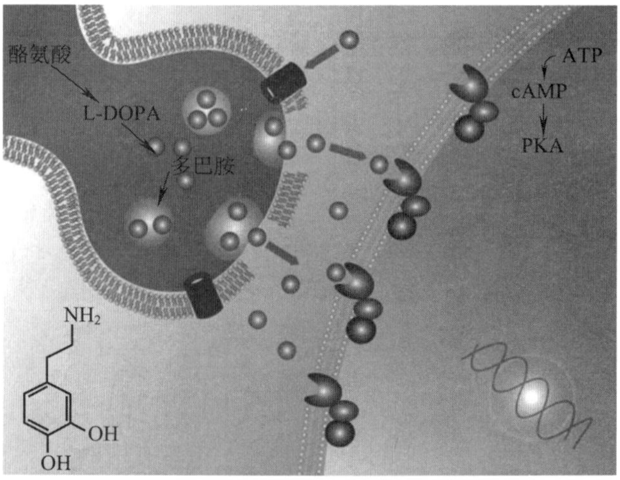

图 13.11　多巴胺在合成后被储存起来，直到释放到突触中。多巴胺与突触后神经元上的受体结合，引发其他反应，然后被循环回神经元中，以便再次使用

系统中的功能性多巴胺过量是如何产生的呢？一个途径是增加突触中的多巴胺（神经

细胞的间隙必须由神经递质“桥接”，才能使神经冲动从一个神经元传递到另一个神经元）。这一途径可以通过增加多巴胺的合成或产生、释放更多的多巴胺到突触中、减慢多巴胺在突触中的代谢或分解速度、阻止神经元再摄取（“循环回收多巴胺”到神经元）等方式来实现。所有这些途径中的任何一种都可以提高多巴胺的总体可用性。还有另一种方式可以引发功能性多巴胺过量，或更准确的说法是多巴胺功能模仿。如果多巴胺受体（突触后膜上的受体）特别密集且丰富或敏感性高（也可能既密集又敏感），那么释放到突触中的多巴胺，虽然数量正常，但作用和影响会大大增加。换句话说，即使可用的多巴胺数量没有变，系统却受到了更多的影响。在高度复杂的成像技术发展之前，研究者要了解精神分裂症患者大脑中多巴胺的情况，只有两种方法可以选择。一种是通过尸体解剖来测量死亡患者大脑中的多巴胺，另一种方法是通过测量多巴胺的主要代谢物来间接研究多巴胺（大部分多巴胺会转化成这种代谢物）。多巴胺的主要代谢物是高香草酸（HVA）。但是，HVA 最好在脑脊液（CSF）中提取，这就要求患者同意做腰椎穿刺术，将一根很大的针刺入脊髓中抽出液体，这不仅存在一定的危险，而且还会引起剧烈的头痛。

近年来，由于 PET 等扫描技术的发展，这一领域的研究进展迅速，使我们能够研究工作中的大脑，观察多巴胺的合成过程以及患者多巴胺受体的密度。多巴胺受体有五种亚型（D1~D5），大部分的研究都集中在 D2 这一亚型上。最新的研究结果告诉我们，多巴胺功能的最大异常发生在突触前。换句话说，过多的多巴胺（大约 14% 以上）被合成并释放到突触中（Fusar-Poli & Meyer-Lindberg, 2012; Howes et al., 2012）。也有一些证据表明精神分裂症患者 D2 或 D3 受体的数量有所增加。然而，这种差异很小，在没有服用抗精神病药物的患者中并没有发现。这表明多巴胺受体密度的升高更可能与治疗有关，而并非受精神分裂症本身的影响。

但是，多巴胺并不是唯一与精神分裂症相关的神经递质。在我们结束对神经化学的讨论之前，让我们介绍一下另一种引起广泛关注的神经递质。

谷氨酸是一种兴奋性神经递质，广泛存在于大脑中。与多巴胺的情况相似，有很多理由令研究者怀疑谷氨酸传递功能障碍可能与精神分裂症有关。首先，PCP（或称为“天使粉”）是已知可以阻断谷氨酸受体的物质，它会引起与精神分裂症非常相似的症状（包括阳性和阴性）。此外，当精神分裂症患者服用 PCP 时，症状会加重。

其次，现在的医生已经停止使用氯胺酮这种麻醉剂了，因为当它被静脉注射给健康的志愿者时，会使其产生类似精神分裂症的阳性和阴性症状（Krystal et al., 2005）。如果病情稳定且控制良好的精神分裂症患者使用了氯胺酮，会加重幻觉、妄想和思维障碍等症状。但值得注意的是，氯胺酮被用于儿童或动物时，却不会引起上述问题，对儿童或动物来说，氯胺酮仍被作为麻醉剂使用。这表明年龄（和大脑成熟度）决定了氯胺酮是否会引起精神病性症状。

与 PCP 一样，氯胺酮也能阻断谷氨酸受体。研究者检测了精神分裂症患者去世后大脑中谷氨酸的浓度，发现他们的前额皮层和海马的谷氨酸水平都低于对照组（Goff & Coyle, 2001）。元分析的结果又进一步表明，精神分裂症患者的大脑中谷氨酸水平较低（Marsman et al., 2011）。这是令人兴奋的发现，因为在许多年前，奥尔尼和法伯（1995）提出，某些类型的谷氨酸受体（被称为“NMDA”受体）如果活性降低，不仅可能引发类似精神分裂症的症状，还可能导致大脑关键区域的神经元退化。换言之，如果 NMDA 受体的活性不正常（可能因谷氨酸水平较低），就可能导致轻微的脑损伤。NMDA 受体活性对学习和记忆的认知过程也很重要，而精神分裂症患者的这些认知过程是受损的。

基于上述原因，精神分裂症的谷氨酸假说现在引起了许多研究者的关注。这也促进了实验性新药的开发，这些新药有望成为治疗精神分裂症的新方法。例如，甘氨酸和 D-丝氨酸等氨基酸目前被用于增强 NMDA 受体部位的神经传递。虽然这些研究还处于起步阶段，但是很有希望取得进展（Javitt, 2012; Lane et al., 2008）。

最后需要说明的是，谷氨酸的重要性是否挑战了多巴胺在精神分裂症神经化学中的重要性呢？并没有！多巴胺受体的一个作用是调节谷氨酸神经元的兴奋性，抑制谷氨酸的释放（打个比方说，就像谷氨酸神经传递的刹车）。过于活跃的多巴胺系统可能导致谷氨酸的过度抑制（过度剧烈的刹车），从而导致 NMDA 受体的活性不足（功能低下）。实际上，关于谷氨酸的发现让精神分裂症的多巴胺假说变得更加可信。

13.6 心理、社会和文化因素

解释精神分裂症相关的心理、社会和文化因素

生物学因素在精神分裂症的发展中起着非常关键的作用。然而，人们的生活环境和生活方式也对精神分裂症的发展造成了影响。

13.6.1 不良家庭环境会引发精神分裂症吗？

多年以来，人们一直认为父母的敌意、拒绝或不称职会导致儿童罹患各种精神障碍。许多专家指责父母，认为他们经常发火、缺乏耐心和对子女应有的关注。母亲受到的批评尤其多，“导致精神分裂症的母亲”曾经是临床研究领域流行的称谓，即认为母亲的冷漠行为是其子女产生精神分裂症的根源（Fromm-Reichman, 1948）。可以想象，这种情形对一个患病家庭来说是非常糟糕的。这些父母不仅要照顾患病的子女，而且还要忍受精神卫生专家的指责。

现在的情况大不一样了。几十年前流行的观点，比如“精神分裂症是由父母的恶劣关系引起的”（Lidz et al., 1965）缺乏研究支持。另一个经不起时间考验的观点是“双重束缚假说”（Bateson, 1959, 1960）。当父母向孩子表达的想法、感受和要求互相矛盾时，就会出现双重束缚（例如，母亲可能会抱怨儿子缺乏感情，但当儿子亲切地靠近她时，她却变得非常冷淡，甚至惩罚他）。根据贝特森的病因学假设，这样的孩子持续处于怎么做都不对的境地，会变得越来越焦虑。贝特森推测，随着时间的推移，家庭中这种混乱的、互相矛盾的交流会反映在孩子的想法中。然而，至今仍然没有可靠的证据来支持双重束缚的观点。

大量的研究告诉我们，精神分裂症患者所在家庭存在的混乱和冲突，很可能是由患者本身引起的（Hirsch & Leff, 1975）。换句话说，家庭沟通问题并不是导致精神分裂症的原因，而是试图与患有严重精神障碍的家人沟通的结果（Liem, 1974; Mishler & Waxler, 1968）。当然，某些家庭确实表现出了不同寻常的沟通模式，我们现在称之为“沟通异常”，这是我们之前描述过的。这种混乱和片段性的交流，可能反映了精神分裂症患者亲属的遗传易感性（Hooley & Hiller, 2001; Miklowitz & Stackman, 1992）。但是，正如芬兰精神分裂症领养研究所表明的那样，如果儿童本身没有精神分裂症的遗传风险，那么，即使他们成长于不良的、存在沟通异常的家庭环境之中，也几乎不会表现出病理后果（Tienari et al., 2004; Wahlberg et al., 1997）。

13.6.2 家庭和复发

虽然精神分裂症通常是一种慢性障碍，但其症状有时可能特别严重（如复发时），而有时又不那么严重（如缓解期）。几十年前，乔治·布朗及其同事（1958）观察了精神分裂症患者出院后的生活状况。他发现患者在不同的居住安排下病程的发展也不同。那些回家后与父母或配偶一起生活的患者，往往比独自生活或与兄弟姐妹生活的患者复发风险更高。布朗认为，高度情绪化的家庭环境可能给患者带来了压力。他还推测，重要的可能并非患者与家庭之间存在的明显紊乱或病态的关系（尽管这种关系在某些家庭中确实存在），而是一些更为普通的事情。他还建议研究者应该更多地关注那些“在普通家庭中可以见到的各种感受和情绪”（Brown, 1985, p. 22）。布朗的这些见解，在当时不同寻常。然而，当我们以今天的素质–应激模型作为背景重新审视他当年的见解时，不禁要感叹，布朗是多么具有先见之明啊！

在一系列的研究中，布朗及其同事继续发展和完善**情绪表露（EE）**的构想。情绪表露是一种对家庭环境的测量尺度，患者家人在与研究者的私人访谈中如何谈论患者是评估这一变量的基础（Hooley, 2007）。它包含了三个主要因素：批评、敌意和情绪过度卷入（EOI）。其中最重要的是批评，它反映了对患者的不喜欢或不赞成。敌意是一种比批评更极端的形式，表示不接受或拒绝。情绪过度卷入则反映了家人对患者病况过度焦虑的态度。

情绪表露十分重要，因为它可以预测精神分裂症的复发。在对 27 项研究进行了元分析之后，布茨拉夫和胡利（1998）指出，在出院后 9~12 个月内，生活在高情绪表露水平家庭环境中的患者复发风险高于基线水平 1 倍以上。而且，虽然无论接受研究的患者的病程是短期、中期还是长期，情绪表露都可以预测其复发情况，但情绪表露似乎是慢性精神分裂症患者疾病复发的一个特别强的预测因子。

当然，也有可能家人对病情更严重的患者批评更多，这便可以解释情绪表露与复发之间的相关性。但文献并没有对这一假设提供有力的支持（Hooley et al., 1995）。除此以外，即使在统计上控制了患者复发的其他重要潜在变量，情绪表露仍能预测复发（Nuechterlein et al., 1992）。还有研究显示，当家庭中的情绪表露水平降低时（通常是通过临床干预），患者的复发率也会下降（Falloon et al., 1985; Hogarty et al., 1986; Leff et al., 1982; McFarlane et al., 1995）。这说明情绪表露很可能导致了病情的复发。

但是，情绪表露又是如何引起障碍复发的呢？有大量的证据显示，精神分裂症患者对应激非常敏感。有一个与素质–应激模型相一致的观点，即环境应激与预先存在的生理易感性相互作用，会增加复发的可能（Nuechterlein et al., 1992）。例如，独立的应激生活事件发生在精神分裂症复发之前的频率比其他时间更高（Ventura et al., 1989, 1992），并且可能会对患者造成更持久的影响。而且，人类对应激的主要反应之一是从肾上腺皮质中释放皮质醇（一种糖皮质激素）。对人类及动物的研究显示，皮质醇的释放会触发多巴胺的活动（McMurray et al., 1991; Rothschild et al., 1985），糖皮质激素的分泌也会影响到谷氨酸的释放（Walker & Diforio, 1997）。换句话说，与精神分裂症有关的两种主要神经递质（多巴胺和谷氨酸）都受到应激激素皮质醇的影响。

根据这些线索，胡利和戈特利布（2000）提出，在一定程度上，亲人的高水平情绪表露行为被患者感知为应激，可能触发了患者的皮质醇释放。有研究发现支持了这一观点，即高情绪表露的亲人比低情绪表露的亲人对患者表现出了更多的控制（Hooley & Campbell, 2002）。当他们想帮助患者时，可能采用一些简单粗暴的方式（例如，“她不愿睡觉，所以我把她的头按到了枕头上”），而这些控制行为也可以预测精神分裂症患者的复发。亲人的善意在这样的情况下可能会适得其反。如果患者因亲人的行为而感到很有压力，其皮质醇水平就会升高，影响到重要的神经递质系统，最后可能导致障碍的复发。

目前，我们还没有这方面的直接证据，但有一项研究值得注意。研究者观察了精神分裂症患者与家人之间的互动情况（Rosenfarb et al., 1995），他们发现，当患者说出某些奇怪的话时（例如，“那个孩子如果咬到了你，你就会得狂犬病”），高情绪表露的家人的通常反应是马上批评患者。然而在被批评之后，患者往往会紧接着说出另外一些奇怪的话。换句话说，当患者被家人批评后，异常想法会立即增加。尽管研究中的这些发现还有其他可能的解释，但研究结果仍然支持了以下观点：家人的负面行为（引发应激），可能会增加精神分裂症患者的异常想法。虽然我们还不知道这些患者的皮质醇到底是怎样运作的，但我们推测皮质醇释放的增加可能以某种方式与精神分裂症相联系。

现在，研究者开始使用功能性磁共振成像技术（见第 1 章）来直接观察情绪表露对大脑活动的影响。最近的研究结果显示，与健康对照组相比，有易感性的人群在受到批评或情绪过度卷入的评价时，会产生不同的大脑活动模式（Hooley et al., 2009; Hooley, Gruber, et al., 2010）。虽然可以想见，易感人群所表现出的大脑活动模式可能会增加障碍复发的风险，但这一点仍需进一步的研究来证实。

13.6.3 城市生活

在城市环境中长大，似乎会增加个体罹患精神分裂症的风险。佩德森和莫特森（2001）以 190 万丹麦居民作为样本进行了研究（在丹麦，人们居住地的信息由国家注册中心记录，如果更换地址则需要通知当局，以便保留福利资格）。研究者发现，与童年生活在农村地区的人相比，0~15 岁时在城市生活的青少年成年后罹患精神分裂症的风险增加了 2.75 倍。其他一些研究方法完善的研究也证实了这种关联（Sundquist et al., 2004）。据估计，如果能消除这种风险因素（也就是说，如果人们都生活在类似乡村的环境），精神分裂症的病例数可能会减少大约 30%（Brown, 2011）。

13.6.4 移民

城市生活增加了个体患精神分裂症的风险，这表明应激或社会逆境可能是该障碍的重要因素。其他支持这一观点的研究显示，新近移民的人群与移民国家的当地人群相比，罹患精神分裂症的风险要高很多。坎托–格雷和泽尔腾（2005）对关于世界各地移民群体的 40 项研究结果进行了分析，他们发现，第一代移民（出生于另一个国家的移民）患精神分裂症的风险是普通人的 2.7 倍，而第二代移民（父母中有一人或两人都出生于国外的移民）的相对风险更高，为普通人的 4.5 倍。换句话说，移居到另一个国家似乎是精神分裂症的一个风险因素。以下的案例说明了这一点。

案例

莲是一位年轻的中国女性，在失业后被父母送到了爱尔兰。莲到达后先住进了一个寄宿公寓，之后她搬到了另一个地方，和其他8名年轻的中国女性一起居住。莲就读于都柏林的一所语言学校，学习工商管理的研究生课程。据她的室友描述，她是一个非常内向的人，没有什么朋友，喜欢独处，大部分时间花在阅读或游戏上。

当莲得知两名年轻的中国留学生在都柏林非自然死亡的消息后，她开始变得极度恐慌——她离开了语言学校，搬回原来的寄宿公寓和房东太太住在一起。她开始相信她的腹部"有东西"。据她自己说她能听到"东西"发出的多种声音，这些声音有中文，也有英文，有语言学校老师的声音，还有女房东和中国家人的声音。莲报告说她收到家人寄来的纸币上的图片也在和她说话，图片告诉她："这里不再欢迎你了。"此外，莲还认为她从小生长的家庭并不是她真正的家，因此她迅速断绝了和家里的联系，并试图寻找她的"生母"。莲还说美国中央情报局也在找她。当被问及寻找她的理由时，她却无法回答。

为什么移民会增加患精神分裂症的风险呢？一种可能是由于文化上的误解，移民更可能被误诊（Sashidharan, 1993）。然而，还没有确切的证据来证实这一观点（Harrison et al., 1999; Takei et al., 1998）。另一个假设是，遗传上易患精神分裂症的人更有可能移居另一个国家。但是，精神分裂症初期的一些功能受损似乎又与这一观点相矛盾，因为阴性症状和额叶功能紊乱可能使患者更难组织和规划移民（Cantor-Graae & Selten, 2005）。

也许最有力的线索来自一项研究发现，即肤色较深的移民，相比肤色较浅的移民，更容易患上精神分裂症（Cantor-Graae & Selten, 2005）。这就提出了一种可能，即受歧视的经历使一些移民产生了偏执和对世界的怀疑，从而为精神分裂症的发生埋下了隐患。一项前瞻性的研究支持了这一观点。该研究的结果表明，随着时间的推移，感到歧视的健康人群会比没有感到歧视的健康人群更容易出现精神病性症状（Janssen et al., 2003）。而动物研究指出了另一种可能，社会劣势与失败所产生的应激可能对关键神经回路中多巴胺的释放或活性产生了影响（Tidey & Miczek, 1996）。此外，这些生物学影响可能使人们对违禁药品更敏感（Miczek et al., 2004）。有证据表明，大麻的滥用与精神分裂症的发生有关。

13.6.5 大麻的滥用

研究发现，精神分裂症患者中吸食大麻的人数是普通人群的2倍（van Os et al., 2002）。这促使研究者提出了疑问——大麻的滥用与精神分裂症之间是否存在因果关系？一项研究方法严谨、针对瑞典军队应征者的研究表明，与从未吸食过大麻的人相比，18 岁时大量吸食大麻的年轻人在 27 年后患精神分裂症的概率增高了 6 倍以上（Zammit et al., 2002）。而且，即使把使用过其他药物的人从统计中剔除，这种关联依然存在。

其他的研究也重复验证了这一联系，并强调早期吸食大麻尤其可能引发精神问题（van Winkel & Kuepper, 2014, for a review）。例如，阿森诺特及其同事（Arsenault et al., 2002）的研究报告指出，15 岁之前吸食大麻的人在 26 岁被诊断为精神分裂症的概率是 10.3%，而不吸食大麻的对照组仅为 3%。综上所述，研究结果显示，在青少年时期吸食大麻会使个体在未来患精神分裂症的风险至少增加 1 倍。

这类研究在实验法上的一个重要考虑是，精神分裂症患者在发病初期是否更可能吸食大麻。若果真如此，那么吸食大麻就仅仅是精神分裂症的一个相关因素，而不是原因。然而，即使在统计时把童年精神病性症状考虑在内，吸食大麻仍是个体未来患精神分裂症的预测因子（Fergusson et al., 2003）。此外，一项涉及 8 167 名精神病患者的元分析显示，与不吸食大麻的人相比，大麻吸食者（不包括酗酒）症状出现的时间也会更早。该结果与使用大麻可能引发精神病性障碍或使之发作提前的观点相一致（Large et al., 2011）。对于这一现象可能的解释是，大麻中含有一种活性成分（称为“THC”），可以增加大脑几个区域的多巴胺水平（El Khoury et al., 2012）。而对已患精神分裂症的患者来说，吸食大麻很可能加剧他们的症状（D' Souza et al., 2005）。

当然，绝大多数的大麻吸食者并没有患上精神分裂症。那么，我们还能预测谁的风险更高吗？有精神分裂症家族史的人可能对大麻诱发精神病性障碍的作用更敏感。在一项早期的研究中，卡斯皮及其同事（2005）报告说，一种特殊形式的 COMT 基因（一个或两个复制的缬氨酸等位基因）的携带者，如果在青春期吸食大麻，在成年期出现精神病性症状（幻觉或妄想）的风险就会增加。然而，卡斯皮的这一发现很难重复。虽然如此，但有研究报告了其他的基因–环境关联，一个名为“AKT1”的基因目前引起了人们的关注（van Winkel & Kuepper, 2014）。可是，这些因素究竟是如何共同影响障碍发生的机制的，目前仍不清楚，还有待进一步的研究。

最后我们还需要注意，一些证据显示，大麻可能加速了大脑的退行性变化，这一发现似乎与精神分裂症有关。赖斯及其同事（2008）收集了 51 名近期发病的精神分裂症患者和 31 名健康者的脑部磁共振扫描数据。在这 51 名患者中，有 19 名吸食大麻（不使用其他违禁药品），而其他 32 名患者没有使用过大麻。5 年之后，研究者再次对所有受试者进行了磁共振扫描，数据显示，在 5 年期间继续吸食大麻的患者与其他患者相比，脑容量明显减少。图 13.12 显示了健康对照组、吸食大麻的患者和 5 年内未使用过大麻的患者的灰质（脑细胞）体积变化。虽然随着时间的推移，两组患者的脑组织损失都要比健康对照组更多，但吸食大麻的患者尤其严重。结论是明显的，对于患有精神分裂症的个体，大麻对其大脑可能非常有害。同时还要注意的是，合成大麻素正在使大麻的危害变得越来越严重。

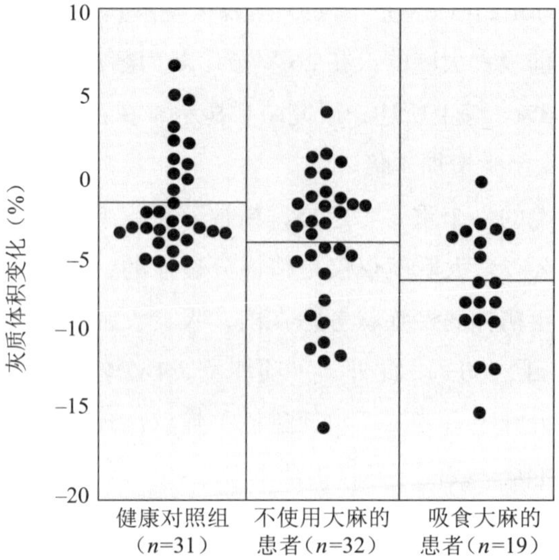

图 13.12　精神分裂症患者和健康对照组 5 年内的脑容量变化

在 5 年的随访中，吸食大麻的精神分裂症患者比其他组损失了更多的大脑灰质。

13.6.6　精神分裂症的素质–应激模型

生物学因素无疑在精神分裂症的病因中发挥着重要作用，但遗传倾向还会受到环境因素的影响，如产前暴露、病毒感染以及大脑发育关键时期出现的应激源（非遗传风险因素的总结见表 13.2）。良好环境可以减少遗传易感性引发精神分裂症的可能。正如我们前面已经讨论过的，有遗传风险的儿童如果被领养到健康的家庭，也会表现良好（Tienari et al., 2004; Wahlberg et al., 1997）。因此我们应该知道，精神分裂症虽然受到了遗传的影响，但并非由遗传所决定（Gottesman, 2001）。

表 13.2　精神分裂症的非遗传风险因素

父亲年龄较大
病毒感染
分娩并发症
在城市中成长

（续表）

头部损伤
吸食大麻
移民

素质–应激模型主要来源于精神分裂症的研究，它能准确地预测这些情况（Walker & Diforio, 1997; Zubin & Spring, 1977）。图 13.13 对精神分裂症发展过程中的遗传因素、产前事件、大脑成熟过程和应激之间的相互作用进行了概述。

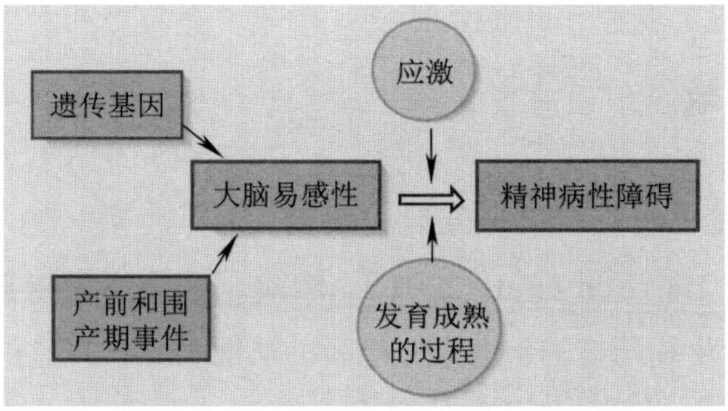

图 13.13　精神分裂症的素质–应激模型

遗传因素和后天体质因素（如产前事件和分娩并发症）共同导致大脑更容易罹患精神分裂症。大脑的成熟过程加上应激因素（家庭应激、吸食大麻、城市生活、移民等），可能会使有易感性的人群患上精神病分裂症。

归根结底，精神分裂症的病因是什么，并没有一个简单的答案。这种障碍（或相关障碍）的病因非常复杂而且关联繁复。对于一个患精神分裂症的人来说，遗传易感性必须与多种环境风险因素以相加和相互作用的方式结合起来才可能导致障碍的发生，其中一些因素我们已经知道了，但还有一些尚不清楚，而这些因素都在产前期、围产期和产后期发挥着作用(Gottesman, 2001; Walker & Tessner, 2008),其最终结果是大脑回路发育异常。同样，这些回路也很有可能以多种不同的方式被损坏（就如同汽车发动机因缺少机油、冷却液或使用错误的燃料而损坏一样）。换言之，许多路径都可能导向相同的终点，即发展成精神分裂症或精神分裂症谱系障碍。素质–应激模型有助于解释为什么过去寻找精神分裂症的单一病因的努力注定失败，尽管当时没有人意识到这一点。我们的出生以及生活方式对我们有着重要的影响。正如一位研究者所指出的，“精神分裂症可能是我们人类作为一个独特的物种，而为我们大脑的复杂性所付出的代价；我们中的一些人或多或少地受遗传与环境的偶然性所影响，最终会患上这种精神障碍”。

13.7 疗法与疗效

描述精神分裂症的治疗方法和疗效，以及抗精神病药物的优缺点

在 20 世纪 50 年代以前，精神分裂症的预后非常差，治疗方案也十分有限。情绪激动的患者可能被穿上约束衣或接受电休克治疗，大多数患者生活在偏远而冷酷的机构（Deutsch,1948）。

直到 20 世纪 50 年代中期，一系列抗精神病药物的问世才让情况有了巨大的改善。药物疗法使患者平静下来，几乎消除了他们混乱及失控的危险行为。药物的出现迅速改变了精神病院的环境，一个新的、更有希望的时代到来了。

13.7.1 临床疗效

对临床疗效的研究表明，在精神分裂症发生 15~25 年后，约 38% 的患者预后较好，可以被认为是康复了（Harrison et al., 2001）。然而，这并不意味着患者能回到障碍发生前的状态，而是指在治疗和药物的帮助下，患者的功能表现良好，可以正常地生活和工作。对少数患者（约 12%）来说，长期住院治疗是必要的。大约 1/3 的患者会表现出持续的症状，通常阴性症状较为明显。如果使用更为严格的标准来定义康复（症状缓解和达到良好的一般社会功能，其中至少一个领域的改善持续 2 年或更长），那么康复比例会更小。最近的估计显示康复的比例约为 14%（Jääskeläinen et al., 2013）。这意味着过去 50~60 年间，精神分裂症的治疗虽然取得了重大进步，但离“治愈”精神分裂症这一目标，仍然差距遥远。

有趣的是，与生活在工业化程度较高的国家的患者相比，生活在工业化程度较低的国家的患者总体上表现更好（Jablensky et al., 1992）。这可能因为诸如印度等国的人情绪表露水平远低于美国人和欧洲人。例如，在高度工业化的文化中，超过 50% 的家庭是情绪表露水平高的，而对墨西哥裔美国人和讲印地语的印度人样本的研究显示，分别只有 24% 和 41% 的家庭情绪表露水平较高（Karno et al., 1987; Leff et al., 1987）。这些差异可能有助于解释世界各地患者的临床疗效为什么有所不同。

有些情况下，严重的精神分裂症患者在病程后期可能出现相当大的改善。正如以下案例所描述的，即使没有改变患者服用的药物，自发的改善也有可能发生。

案例

该患者是一位 46 岁的男性，他 17 岁时精神分裂症首次发作。患病的初期，他听到了一些声音，并有夸大妄想和被害妄想的症状。

30 岁时，他住进了医院，并且频繁出现各种症状，包括妄想、幻觉和言语紊乱，生活自理能力很差。使用氯氮平治疗后，症状也只有轻微的改善。

然而，到了 40 多岁时，他却出现了一些自发的临床改善。他变得不那么孤立，而且花更多时间在活动上。以前他说话语无伦次，现在他逐渐开始理性地讲话，尽管他的言语内容仍然有些贫乏。他的自理能力看起来也有所增强。只是，有时仍需要工作人员提醒他洗澡和换衣服。

精神分裂症的危险不容低估，因为这一障碍可能降低个体的预期寿命。英国最新数据显示，患精神分裂症的男性死亡年龄比全国常模预期的早 14.6 年。对患分裂情感性障碍的女性来说，其寿命缩短了 17.5 年（Chang et al., 2011）。死亡率增加的一个主要因素是自杀，尤其是障碍初期的患者，约 12% 的患者以这种方式结束了自己的生命。与普通人群相比，精神分裂症患者的自杀风险大幅增加（Dutta et al., 2010）。其他导致精神分裂症及其相关障碍患者过早死亡的因素还有：长期服用抗精神病药物、肥胖、吸烟、不良饮食、使用非法药物和缺乏运动。这些因素可能使患者又罹患心血管疾病。总体而言，与未经治疗的患者相比，接受抗精神病药物治疗的患者死亡率较低（Tiihonen et al., 2011）。这无疑反映了精神病性障碍对个体有着极大的危险。

13.7.2　药物治疗

精神分裂症的临床治疗主要依靠药物。现在已研制出了 60 多种不同的抗精神病药物，它们都具有一个共同点，那就是可以阻断大脑的多巴胺 D2 受体（Seeman, 2011）。

第一代抗精神病药

第一代抗精神病药是氯丙嗪和氟哌啶醇等，它们属于最早用于治疗精神病性障碍的药物，有时被称为“神经阻滞剂”（字面意思是“绑住神经元”）。这些药物自 20 世纪 50 年代引入后一直用于精神分裂症的治疗，可以说它们的出现是 20 世纪最重要的医学进步（Sharif et al., 2007）。它们被称为“第一代抗精神病药”（或“典型抗精神病药”），区别于近些年开发的新一代抗精神病药，后者被称为“第二代抗精神病药”（或“非典型抗精神病药”）。

大量证据显示，这些药对患者确有帮助，大量的临床试验也证明了这些药的疗效（Sharif et al., 2007）。此外，患者越早接受药物治疗，长期疗效往往越好（Marshall et al., 2005; Perkins et al., 2004）。正如我们之前讨论过的，第一代抗精神病药之所以被认为是有效的，因为它们是多巴胺拮抗剂，这意味着它们主要通过阻断（占据）D2 多巴胺受体来阻断多巴胺的作用。

一些临床变化可能在治疗后 24 小时内就会出现（Kapur et al., 2005），这就支持了下面这种观点：抗精神病药物是通过干扰 D2 受体的多巴胺传递起作用的，而患者在接受药物治疗后的数小时内多巴胺就开始被阻断了。虽然患者在治疗初期 2~4 周对特定药物的反应已可以很好地预测其整体疗效，但仍需几周甚至几个月的治疗才能达到最好的临床效果（Tandon et al., 2010）。

第一代抗精神病药物对精神分裂症的阳性症状效果最好。这些药物可以消除幻听并减少妄想，为患者带来显著的临床改善（Tandon et al., 2010）。然而，改善是有代价的。这些药物的常见副作用包括嗜睡、口干和体重增加。许多服用这些药物的患者会出现锥体外系不良反应（EPS），这是一种类似帕金森病的无意识运动异常（肌肉痉挛、僵硬、颤抖）。

非裔美国人和其他少数族群似乎更容易产生锥体外系不良反应（Lawson, 2008），这种不良反应通常需要其他的药物来控制。一些长期服用抗精神病药物的患者还可能出现迟发性运动障碍，包括嘴唇和舌头（有时是手和脖子）明显的无意识运动。当患者用药达 10 年或更长时，迟发性运动障碍的发生率约为 56%，女性更容易受到影响（Bezchlibnyk-Butler & Jeffries, 2003）。最后一点，在有些非常罕见的情况下，药物还会产生毒性反应，这种毒性反应被称为“抗精神病药物恶性综合征”（Strawn et al., 2007），其特点是高烧和严重的肌肉僵硬，如不及时治疗，甚至可能危及患者生命。

第二代抗精神病药

20 世纪 80 年代，一些新的抗精神病药物出现了。这些药物中第一个应用于临床的是氯氮平。虽然欧洲的临床医生较早就开始使用氯氮平，但美国 1989 年才引入该药。氯氮平最初只用于某些特定的难治性患者（其他药物无法帮助的患者），但现在已被广泛使用。

第二代抗精神病药物的其他例子有利培酮、奥氮平、奎硫平和齐拉西酮，最近增加了阿立哌唑和鲁拉西酮。这些药物被称为“第二代抗精神病药”的原因是它们比早期的抗精神病药物（如氯丙嗪和氟哌啶醇）引起的锥体外系不良反应更少。虽然最初认为第二代抗精神病药物对治疗精神分裂症症状更有效，却很少有证据支持这一观点（Lieberman & Stroup, 2011; Tandon et al., 2010）。但氯氮平是个例外，对难治性患者来说，氯氮平似乎比其他药物更有效。而且，现在大多数患者都用这些新的（和更贵的）药物来治疗。

虽然新的抗精神病药物不太可能引起运动问题，但它们也存在副作用。嗜睡和体重增加很常见。糖尿病也是一个非常严重的副作用（Sernyak et al., 2002）。在极少数情况下，氯氮平会引起白细胞数量下降，出现粒细胞缺乏症，有危及生命的风险。因此，服用这种药物的患者必须定期进行血液检查。

第二代抗精神病药物的治疗效果并不令人满意，这意味着我们迫切需要新的治疗方法和比目前疗效更好的新药物。抗精神病药通过阻断 D2 受体发挥作用，但是，研究者现在认为精神分裂症中最重要的多巴胺异常发生在突触前，这意味着目前的药物在真正问题所在的"下游"发挥作用。尽管抗精神病药物确实全面抑制了多巴胺的神经传递（这正是它们有所帮助的原因），但很明显，未来需要针对"上游"的异常制订治疗策略。鉴于一些新研究显示目前的抗精神病药实际上可能导致患者的退行性脑组织损失（Ho et al., 2011），开发新药就显得尤为重要了。许多针对多种不同治疗机制的新药目前处于不同的开发阶段（Kahn et al., 2015）。研究者还在继续寻找其他方法来帮助患者。

其他方法

在本章开头，你已了解到患有精神分裂症的女性往往比男性表现得更好。她们的发病年龄也相对较晚，而且通常不那么严重，这促使一些研究者开始探索雌激素在治疗这种障碍方面的潜在功效（Begemann et al., 2012）。

在一项特别的研究中，102 名患有精神分裂症的年轻女性（她们都在接受药物治疗）被随机分配到以下两组（Kulkarni et al., 2008）：一组使用含有雌激素的透皮（皮肤）贴片；另一组接受了类似的（安慰剂）贴片，但不含任何活性成分。在研究开始时，研究者对这些患者的症状进行了评估。两组都贴了 28 天的贴片，每周更换 2 次。在研究结束时，研究者再次对她们的症状进行了评估。

结果如何呢？值得注意的是，与安慰剂组相比，使用真正（含雌激素）贴片的女性在 1 个月研究结束时的总体症状明显减少，阳性症状方面的差异（如图 13.14 所示）最为显著。总的来说，研究结果表明，雌激素具有抗精神病作用，为患有精神分裂症的女性补充雌激素可能会给她们带来额外的临床疗效。

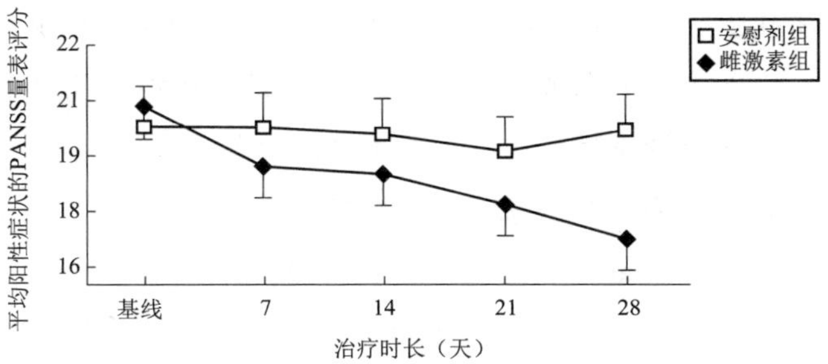

图 13.14　雌激素治疗及阳性症状

雌激素组和安慰剂组在基线（第 0 天）、第 7 天、第 14 天、第 21 天和第 28 天出现阳性症状的差异。

患者的视角

并不是所有的患者都能从抗精神病药中获益，而且，许多显示出临床改善的患者在没有大量额外帮助的情况下仍会出现功能障碍。我们不能忽视精神分裂症患者每天都要服药的情况——通常要服药数年甚至一生。对外界来说，副作用听起来微不足道，但对患者来说却非常糟糕，以至于他们可能拒绝服用药物，即使这些药物能缓解他们的幻觉和妄想。

使用 PET 的研究表明，D2 多巴胺受体的阻断增加与患者报告更多的负面主观体验有关，如感到疲劳和抑郁，即使没有其他副作用（如运动问题）（Mizrahi et al., 2007）。这说明在临床可行的情况下，患者需要的是更好的药物和更低的剂量。我们还需要记住，有些患者可能会尽量避免服用药物，因为对他们来说，需要服用药物证实了他们患有精神病性障碍。以下这段话是一位精神分裂症女患者的母亲写的：

> 作为母亲，我也知道药物治疗并不完美，而且副作用可能令人痛苦。当我女儿继续服药的时候，看到她不停地抽搐或是不自觉地动手臂和嘴，我感到很不舒服。这些症状通常会随着时间的推移而消退。她还会出现体重增加的问题，但她讨厌体重过重。我认为她最讨厌吃药了，因为从某种意义上说，她承认自己有精神疾病，但她又非常想否认这一点。

13.7.3 社会心理取向

药物在精神分裂症的治疗中起着核心作用，但并非唯一的治疗方法。社会心理取向的疗法也很有价值，这种疗法一般与药物配合使用。下面简要介绍其中一些方法。

病例管理

病例管理者的任务是帮助患者找到他们所需的服务，以便患者能够在社区正常生活。实际上，病例管理者扮演着经纪人的角色，他们将患者介绍给可以提供服务的人员（例如，房屋租赁、治疗、就业等方面的服务人员）。独立运作的社区治疗项目小组是一种专门的、更为集中的病例管理组织。通常情况下，项目小组包括多学科知识背景的团队和有限的待处理个案，以确保出院的患者不会被忽视和“在社会系统中迷失”。项目小组将为患者提供所有所需的服务（DeLuca et al., 2008; Mueser et al., 2013）。

独立运作的社区治疗项目是有效的，可以减少患者的住院时间，同时也可以提高患者居所的稳定性。这些方法对于那些通过精神科门诊以及特定社区服务来治疗的患者非常有用（Bustillo et al., 2001）。

家庭干预

精神分裂症患者的复发通常与其家庭较高的情绪表露水平有关，研究者受相关文献的启发，开发出了家庭干预计划。计划通过降低家庭的情绪表露水平，改善患者的家庭关系，进而降低患者的障碍复发率。在实践中，该计划依靠与患者及其家人的合作，一方面为他们普及有关精神分裂症的知识，另一方面帮助他们提高应对和解决问题的能力，尤其是提高家庭的沟通技巧。随着时间的推移，以家庭为基础的临床干预方法也扩大了范围。目前，此类计划囊括了认知、行为和支持性因素，并将患者的家庭成员视为治疗过程中的合作者（McFarlane, 2016）。

研究发现，接受了家庭干预之后，患者的临床表现更好，复发率也更低（Pfammatter et al., 2006）。在中国进行的研究表明，这些治疗方法也可以在其他文化背景下使用（Xiong et al., 1994）。尽管如此，家庭干预目前还不是精神分裂症患者的常规护理标准。考虑到家庭干预对患者的明显好处和可观的成本优势（每名患者平均节省 27% 的成本；Tarrier et al.,1991），这一现状令人遗憾。而且，新的证据显示，患者的复发期时间越长，其脑组织的损失也会越多（Andreasen et al., 2013）。因此，防止复发至关重要。

心理教育

即使没有家庭成员的参与，对患者进行障碍及其治疗方面的教育（这种方法称为“心理教育”）也有好处（Xia et al., 2011）。与只接受标准治疗的患者相比，同时接受标准治疗和心理教育的患者复发或再次入院的可能性更小。这些患者的整体功能更好，而且对他们所接受的治疗也更满意。心理教育强调让患者参与自己的护理过程，并为其普及更多该障碍的相关知识。

社交技能训练

即使在症状得到药物控制的情况下，精神分裂症患者也常常难以建立友谊、找到工作、维持工作或独立生活。患者在日常生活中的表现被称为功能恢复（这与临床疗效不同，临床疗效与症状相关）。如何改善精神分裂症患者的功能恢复，是目前热门的研究领域。

改善患者功能恢复的一种方法是社交技能训练。精神分裂症患者的人际交往能力通常很差（Hooley, 2015），社交技能训练的目的是帮助患者获得他们需要的技能，以便更好地生活。这些技能包括就业、人际关系、生活自理和管理药物或处理症状的技能。社交活动被细分为更小、更容易管理的部分。就会话技能而言，组成要素可能包括学会眼神交流、以正常和适度的音量说话、轮流发言等。患者学习这些技能，获得纠正性反馈，使用角色扮演来练习他们的新技能，然后在社会环境中使用他们学到的知识（Bellack & Mueser, 1993）。正如格林（2001, p.139）指出的那样，参加社交技能训练有点像上舞蹈课，它与传统的“谈话疗法”完全不同。

虽然早期的许多研究对社交技能训练的效果褒贬不一，但最近的研究却显示了更多积极的内容。社交技能训练似乎确实能帮助患者获得新技能，增加他们的自信心，提高他们的整体社交功能水平。而且，这些改善似乎能够长期保持。更为重要的是，接受社交技能训练的患者，其病情复发和需要住院治疗的可能性更小（Kurtz & Mueser, 2008; Pfammatter et al., 2006)。

还有一种新的治疗方法是社会认知技能训练。这种方法用于改善前文描述的社会认知缺陷。例如，患者可能被训练识别他人的面部表情或暗示。早期的研究发现，这些干预措施确实为患者带来了好处，不但使他们功能表现良好，还能帮助他们在社区中更好地生活。然而，这种疗法却不能改善患者的阳性和阴性症状（Kurtz & Richardson, 2012）。

认知矫正

我们在前文描述了一些与精神分裂症相关的认知问题。研究者意识到这些认知问题可能会影响患者在社区中的生活，因此，精神分裂症的神经认知缺陷已成为治疗的对象之一。研究者正在开发新的药物，以增强患者的认知功能（Green, 2007; Nuechterlein et al., 2008）。

此外，治疗师也将大量精力投入认知矫正训练。通过实践和其他弥补性的技术，研究者试图帮助患者改善神经认知缺陷（例如，语言记忆、警觉性以及卡片分类任务等方面的问题）。他们希望这些改进能转化为更好的整体功能（例如，会话技能、自理和工作技能）。总的来说，调查结果令人乐观。认知矫正训练似乎确实有助于提高患者的注意力、记忆力和执行能力，接受认知矫正训练的患者也表现出了社会功能的改善。尤其令人感到振奋的是，那些患病多年的患者似乎也能从这种治疗方法中获益（Pfammatter et al., 2006; Wykes et al., 2007）。当认知矫正训练被添加到其他现有的康复策略（就业技能）中并应用于临床症状已经稳定的患者时，效果可能最好（Wykes et al., 2011）。

认知行为疗法

正如前文已经介绍过的，认知行为疗法（CBT）被广泛应用于心境障碍、焦虑障碍及许多其他障碍的治疗中（Beck, 2005）。然而，直到最近，研究者都没有考虑将其用于治疗精神分裂症患者，这无疑是因为精神分裂症患者被认为认知受损太严重。在英国研究者和临床医生的倡导下，认知行为疗法在精神分裂症治疗中的应用获得了发展势头。认知行为疗法的治疗目的是降低阳性症状的强度，减少复发和社会功能缺陷。治疗师和患者一起工作，探索患者妄想和幻觉的主观本质，并验证其真实性。

尽管早期的研究结果令人鼓舞，但对于 CBT 是否是治疗精神分裂症的有效方法，目前仍然存在争议。数据表明，CBT 对阴性症状并没有太大的帮助（Tandon et al., 2010）。最近的一项元分析也表明，在精神分裂症的治疗中，CBT 并不比对照实验组（通常接受支持性咨询）更好（Lynch et al., 2010）。尽管如此，认知行为疗法有效治疗某些精神分裂症亚型的可能性仍然存在。

运动

运动是一种很有前景的新疗法。虽然运动本身并不是什么新鲜事。然而，以运动作为治疗精神分裂症的方法却是新出现的。有证据表明，适度的运动可以帮助患者减少阳性和阴性症状，改善患者的认知和整体功能（Mittal et al., 2017）。众所周知，运动可以刺激神经元的生长（神经发生）、促进大脑关键区域（如海马）的细胞增殖、减缓细胞死亡速度，从而改善大脑健康。运动还能减少炎症，而炎症似乎对精神分裂症起到了一定的作用。考虑到这些，运动（尤其是结合认知矫正）可能会给精神分裂症患者带来一些好处，自然不足为奇。至少，运动可以改善心血管功能并减轻药物引起的体重增加问题，从而帮助患者活得更久、更健康。这一疗法的主要问题是动机。我们知道，让任何人参加运动都不容易。提供有组织的运动机会并建立运动的激励机制，可能是解决这个问题的办法。

总而言之，正如精神分裂症研究的进展需要许多领域的科学家合作一样，精神分裂症治疗的进展也需要兼顾药理学和患者具体需求之间的平衡。复发风险高且与家人生活在一起的患者需要以家庭为基础的干预措施。如果患者有持续和令人不安的幻觉和妄想，CBT可能很合适。如果患者的临床表现稳定，应考虑社交技能或社会认知训练和康复训练（辅以运动）。但在所有的治疗中，我们都不能忽视患者（及其家属）对支持、认可和以尊重的方式照护患者的需要。精神分裂症患者的治疗并不容易，也没有“速效疗法”。虽然治疗已经取得了许多进展，但我们还需要努力寻找更有效的高质量临床方法。

未解决的问题

为什么精神分裂症的康复率并没有提高？

1955 年，当第一批抗精神病药（氯丙嗪）问世之后，人们满怀希望地认为这种药物和其他新型“神奇药物”将彻底改变精神分裂症的治疗情况。几十年后的今天，临床医生已经有了大量的第一代和第二代抗精神病药可供选择。但如果我们的治疗选择已经如此多样，为什么精神分裂症的康复率又如此之低呢？

比较药物和安慰剂效果的临床试验的标准时长是 6 周。许多临床研究表明，抗精神病药物对治疗急性症状是有效的。因此，毫无疑问，抗精神病药物在短期内对患者有益。但是长期来看呢？长期服用抗精神病药物对患者有好处吗？

答案可能是否定的。现在越来越多的人担心，长期服用抗精神病药物可能会引发负面的生物反应，增加患者长期患病的可能性（Whitaker, 2010）。这一点尤其令人担忧，因为服用抗精神病药物的患者往往会长期服药。

但是，在短期内有效的药物为什么长期服用反而会有潜在的危害呢？我们知道，标准的抗精神病药物会阻断大脑中的多巴胺 D2 受体，这是其作用的基础。然而，多巴胺阻断的后果之一是，突触后神经元上的受体密度会增加，产生对多巴胺的超敏感性。更简单地说，神经阻滞剂抑制了多巴胺的传递，引发了人体的代偿机制。为了弥补阻断，大脑通过“启动多巴胺加速器”（以额外增加多巴胺受体的形式）做出反应。由于系统处于“加速器打开”的模式，停药后，抑制停止，系统因此失去平衡。此外，停药后症状重新出现的情况，都会被视为之前用药有效并能防止复发的证据。当患者再次服药使精神病性症状减轻时，这种印象就得到了证实。一位医生指出，“使用抗精神病药物是一个陷阱。……就如同在大脑中植入了一种精神病诱导剂”（Whitaker, 2010, pp. 107）。

正如你所看到的，抗精神病药物可能在短期内有效，而在长期的情况下反而加剧了精神病性障碍，这一观点极具争议。但是，它可能并不像看上去那么牵强。一项长达 20 年的随访研究数据显示，随着时间的推移，和继续服用抗精神病药物的精神分裂症患者相比，未服药患者的情况反而要好得多（Harrow et al., 2012）。在随访期间，持续服用抗精神病药物的患者中，只有 17% 的人经历了一段康复期。相比之下，在 2 年的随访评估前即停用了抗精神病药物的患者中，87% 在 2 次或 2 次以上的随访评估中被评估为已康复。在 4.5 年的随访中，药物治疗组和非药物治疗组之间的恢复率刚开始相差明显，但到了后期，未用药患者的情况反而更好一些。

长期接受药物治疗的患者产生了不良的临床结果，我们能否将其归因为持续的用药呢？哈罗及其同事（2012）认为并不能。相反，他们认为，药物治疗组和非药物治疗组之间存在差异，是因为停止用药的患者拥有其他的资源和优势，这使他们最终获得了更好的长期预后。他认为，临床疗效好的患者才会停止用药，而临床疗效差的患者会继续用药。也许真是这样。但一个值得关注的现象是，许多患者是在违背医嘱的情况下停止服药的。所以，如果这些患者恢复更快并功能表现更好，那么他们的精神科医生显然在开出医嘱时并没有意识到这一点。

还有一种情况是停药的患者往往不再去看他们的精神科医生。所以，有些康复的人临床医生可能无法见到，这可能是整个精神病学迟迟没有意识到不用药的患者康复的可能比预期的要大的原因之一。与此相关的一个情况是，工业化程度较低的国家的患者的临床表现往往优于发达国家的患者，而前者正是更有可能停药的患者群体。

然而，最具争议的是以下关于慢性精神疾病的统计数据。1955 年，每 617 名美国人中就有 1 人因精神分裂症在州或县精神病院住院治疗，这些都是长期的慢性障碍患者。如今，慢性精神分裂症或其他精神病性障碍患者的比例要高很多——每 125 人中就有 1 人。惠特克是一名调查记者，他试图解释为什么精神病药物并没有改善严重精神疾病患者的长期临床结果，并引发了激烈的争议。尽管如此，他的观点依然值得所有精神卫生专家认真思考。如果在疾病发作时非常有用的药物长期使用却会使情况变得更糟，那么，我们需要从根本上重新考虑如何治疗精神分裂症患者。基于哈罗等人（2012）的研究结果，或许现阶段能得出的最有力的结论是，并非所有的精神分裂症患者都需要长期的药物治疗。当患者希望尝试停药一段时间时，医疗人员可能应该支持这一尝试。

本章小结

13.1　描述精神分裂症的患病率，以及受影响最大的群体

- 精神分裂症只影响不到 1% 的人口。大多数病例开始于青春期晚期或成年早期。男性比女性更早出现这种障碍。
- 总的来说，男性精神分裂症的临床症状往往比女性更严重。女性患者的预后也更好。

13.2　根据 DSM-5 确定精神分裂症的症状

- 精神分裂症是最严重的精神障碍。它的特点是多种功能受到损害。
- 精神分裂症的典型症状包括幻觉、妄想、言语紊乱、行为紊乱和紧张症，以及阴性症状（如情感淡漠或社交退缩）。

13.3　列出四种精神病性障碍，并说明它们与精神分裂症的区别

- 其他类型的精神病性障碍包括分裂情感性障碍、精神分裂症样障碍、妄想障碍和短暂精神病性障碍。
- 分裂情感性障碍是精神分裂症症状和心境障碍症状的混合体。
- 除了症状持续时间不够长（不到 6 个月），不足以被诊断为精神分裂症，精神分裂症样障碍的临床表现与精神分裂症相似。
- 在妄想障碍中，个体存在妄想症状，但在其他方面的行为可能正常。换言之，不存在与精神分裂症相关的严重紊乱与功能缺陷。

- 短暂精神病性障碍持续时间很短。它包括突然出现的精神病性症状、言语紊乱或紧张症行为。虽然患者可能受到相当严重的损害，但这种损害持续的时间非常短（短到无法诊断为精神分裂症样障碍）。患者通常会在几天内恢复到发作前的功能水平。

13.4 阐明与精神分裂症相关的遗传和生物学风险及致病因素

- 遗传因素显然与精神分裂症有关。许多基因可能与精神分裂症有关（每个的影响都很小），一些罕见的等位基因可能也与精神分裂症有关。有患精神分裂症的亲属会显著增加个体罹患精神分裂症的风险。
- 其他与精神分裂症发病有关的因素包括产前接触病毒、Rh 血型不相容、妊娠并发症和分娩并发症、早期营养不良、母亲的应激、母体炎症以及头部损伤。

13.5 讨论精神分裂症对大脑的影响

- 精神分裂症患者在认知功能的许多方面都存在问题。他们表现出各种各样的注意力缺陷（例如，较差的 P50 抑制和较低的连续操作测验得分）。他们还显示出眼动功能障碍。
- 尽管精神分裂症首次临床表现发生于成年早期，但研究者认为它是一种神经发育障碍，涉及大脑的发育问题。一些与精神分裂症有关的基因在大脑发育过程中发挥着作用。
- 精神分裂症患者的许多脑区都表现异常，但并非所有患者都如此。已经发现的脑异常包括：脑室扩大（反映为脑容量减少）、额叶功能障碍、丘脑体积减小，以及海马和杏仁核等颞叶区域的异常。
- 大脑的主要变化发生在青春期。包括突触修剪、兴奋性神经元数量减少，以及抑制性神经元数量增加。脑白质这时也会增加，从而增强大脑的连通性。在那些日后发展为精神分裂症的人身上，这些变化可能存在异常。
- 与精神分裂症有关的最重要的神经递质是多巴胺和谷氨酸。研究表明，精神分裂症患者可能产生和释放了过多的多巴胺到突触中。
- 精神分裂症的一些大脑异常随着时间的推移而恶化。这表明，精神分裂症除了是一种神经发育障碍，也是一种神经退行性疾病。抗精神病药物可以解释部分（但不是全部）脑组织的损失。

13.6 解释精神分裂症相关的心理、社会和文化因素

- 城市生活、移民和青少年时期吸食大麻都被证明会增加患精神分裂症的风险。
- 目前有关精神分裂症的观点和解释强调了遗传因素和环境因素之间的相互作用。

13.7 描述精神分裂症的治疗方法和疗效，以及抗精神病药物的优缺点

- 对许多患者来说，精神分裂症是一种需要长期治疗或制度化管理的慢性疾病。然而，

当接受药物治疗和其他非药物治疗时，大约 38% 的患者可以恢复得较好。只有大约 14% 的患者恢复到症状轻微、社会功能良好的程度。

- 如果精神分裂症患者的亲属情绪表露水平较高，那么患者更有可能复发。高情绪表露的环境可能会给患者带来压力，并引发多巴胺系统失调，进而导致症状复发。
- 药物治疗通常包括第一代或第二代抗精神病药（神经阻滞剂）。第二代抗精神病药物与第一代抗精神病药物疗效相当，但产生的锥体外系不良反应（运动异常）较少。抗精神病药物通过阻断多巴胺受体发挥作用。一些证据表明，抗精神病药物可能与脑组织损失有关。
- 对精神分裂症患者的社会心理治疗包括心理教育、社交技能训练、社会认知技能训练、认知矫正训练、认知行为治疗以及其他形式的个人治疗，包括运动和病例管理。家庭干预为患者家庭提供沟通技巧和其他有助于控制疾病的技巧。家庭干预也能减少高水平的情绪表露。

第 14 章

神经认知障碍

学习目标

14.1 描述与神经认知障碍相关的损伤，并解释这些障碍的可能成因

14.2 总结谵妄的主要临床特征并描述治疗方法

14.3 描述神经认知障碍的两种永久性病因和三种可逆性病因

14.4 说明阿尔茨海默病的风险因素，并描述该病患者的大脑病变

14.5 解释血管事件如何引起神经认知问题

14.6 概述严重的记忆损伤是如何造成的

14.7 描述头部外伤的一些临床后果，并解释与损伤程度相关的因素

案例

他是一位非常成功的商人，45 岁，没有精神病病史，但近来他的行为举止突然变得不一样了。他疯狂地工作，工作时间越来越长，最后每晚只睡 2～3 个小时，剩下的时间都在工作。他变得易怒，开始疯狂地挥霍自己的钱财。

尽管他觉得自己工作效率极高，并声称自己做了五个人的工作，但他的上司却不这么认为。上司很担心他的工作质量，并且注意到他近来做的几个商业决策都非常糟糕。最后，当这个人抱怨头痛时，上司坚持让他求医。

案例中的男性，乍一看似乎得了躁狂症，而实际上，他的脑部有四个肿瘤。他患有大脑疾病而不是心境障碍的原因包括：他在经历头痛的同时，行为也发生了重大变化；同时他没有任何精神病病史（Taylor, 2000）。临床医生需要警惕，大脑损伤本身可能直接引发患者的症状。如果没有考虑到这一点，可能会误诊，比如临床医生将心境变化错误地归因于心理因素，而没有考虑神经心理因素，比如脑瘤。

大脑是最令人惊奇的器官。它重约 1.4 千克，有果冻一样的黏稠度，是宇宙中已知最复杂的结构（Thompson, 2000）。大脑也是唯一能够研究自身并阅读与自己有关的资料的器官。大脑管理我们生活的方方面面，从饮食、睡眠到恋爱，大脑都做出决定。它保留了形成我们自己的全部记忆。无论是躯体疾病还是精神障碍，大脑都牵涉其中。

鉴于大脑的重要性，它被保护在一个封闭的空间里，最外层覆有厚的隔膜——硬脑膜（拉丁语的字面意思是“坚硬的母亲”）。颅骨也为大脑提供了进一步的保护。颅骨非常坚固，虽然我们不建议证实这一点，但如果把它放在地上，并缓慢地增加重量，它可以支撑多达 3 吨的重量（Rolak, 2001, p. 403）。仅仅这些解剖学事实就足以证明大脑是多么珍贵。

即使大脑得到了很好的保护，也很容易遭到各种各样的伤害。当大脑受损时，认知能力就会发生变化，正如上文的案例一样。虽然也可能有其他的迹象和症状（如心境或人格的变化），但认知功能的变化是大脑受损最明显的症状。

研究特写
个案研究

个案研究是对个案的描述。个案研究可以成为一个有用的信息来源，可以帮助研究者提出假设。然而，由于它们往往具有特殊性，因此不能用来得出任何科学结论。

在这一章中，我们将重点讨论大脑结构、功能或化学变化引起的障碍。某些疾病，如帕金森病或阿尔茨海默病，是由破坏脑组织的内部变化引起的。另一些疾病是由外部损伤导致的，比如意外事故造成的创伤，或者在拳击、足球或橄榄球运动中可能发生的对头部的反复击打所造成的损伤。

为什么要在变态心理学的教材中讨论神经认知障碍？有下面几个原因：第一，DSM 中，这些障碍被视为精神疾病。第二，就像你刚才在个案中看到的，一些大脑疾病引起的症状与一些精神障碍非常相似。第三，脑损伤会导致行为、心境和人格的改变。了解脑损伤后大脑哪些区域引起了行为、心境和人格的变化，可能有助于研究者更好地理解变态心理学在生物学方面的理论基础。第四，许多患有脑部疾病的人（例如，被诊断患有阿尔茨海默病的人）得知自己患病时，会抑郁或焦虑。前瞻性研究还表明，抑郁症状可能预示着阿尔茨海默病等疾病会在几年后发作，抑郁发作甚至会将 20 年后阿尔茨海默病的发病风险提高 1 倍（Speck et al., 1995）。最后，我们在本章介绍的这类神经认知障碍给患者的家庭成员造成了沉重的负担。对许多患者来说，家庭成员必须承担照顾患者的重担。同样，抑郁和焦虑在患者亲属身上也很常见。

14.1　成人的大脑损伤

描述与神经认知障碍相关的损伤，并解释这些障碍的可能成因

神经认知障碍的成因比本文其他地方讨论的许多障碍的成因更为具体。在 DSM-5 中，过去被描述为“谵妄、痴呆、遗忘症和其他认知障碍”的障碍现在被归入一个新的诊断类别——“神经认知障碍”。这个术语比之前的名称更直接，在概念上也更加连贯。这类障碍会导致认知能力丧失，其病因据推测是脑损伤或脑部病变。这一诊断类别包括谵妄、重度神经认知障碍（包括以前诊断分类中的痴呆）和一种新的轻度神经认知障碍。重度和轻度神经认知障碍的区别在于严重程度。正如《对 DSM-5 的批判性思考》专栏所显示的那样，将轻度神经认知障碍纳入 DSM-5 引发了一些重要的问题。

在每个大的诊断类别中，具体的诊断是由障碍的成因决定的。例如，与阿尔茨海默病相关的重度神经认知障碍的诊断，用于被认为患有阿尔茨海默病的患者。由外部创伤引起脑损伤的患者则被诊断为由创伤性脑损伤所致的重度或轻度神经认知障碍。通过这种方式，诊断说明了神经认知障碍的成因及其严重程度。

14.1.1 脑损伤的临床症状

除了少数案例，大脑中的细胞体和神经通路似乎没有再生的能力，这意味着它们的破坏是永久性的。如果年龄较大的儿童或成人的大脑受到损害，那么大脑已经建立起来的功能就会丧失。通常，丧失功能的人会痛苦地意识到自己再也不能做的事情，这就给已经患上身体疾病的患者增加了明显的心理负担。另一种情况是，这种损害可能发展到患者丧失对现实的评估能力（一种被称为“病感失认症”的疾病）的地步，致使他们无法意识到自己功能的丧失，因此缺乏康复的动力。

精神受损的程度通常与大脑受损的程度有关。但是，情况并非总是如此。很多精神损害取决于大脑损伤的性质和部位，以及患者发病前的能力和人格。在一些相对严重的脑损伤病例中，患者精神上的改变却异常轻微；而某些患者虽然损伤似乎很小，却表现出相当明显的功能改变，如下例所示。

案例

一位 68 岁的非裔美国妇女发生车祸后被送到急诊室。她是一名获得执业证书的护理助理。当她的车撞上另一辆车时，她正坐在后排座位上。冲击力把她向前推，她的头、膝盖和手都撞到了前面的座位上，紧接着，她感到头晕目眩。

她到医院时神志完全清醒。她知道自己在什么地方，今天是什么日子，也认识别人，记得过去发生的事情。然而，很快她就出现了顺行性遗忘症，无法回忆起别人刚刚告诉过她的简单事情。认识她的人说她和平时不一样了。当她进行体力劳动时，她的问题会更严重。

由于受伤，她在接下来的两天里住进了医院。出院后，她仍然头痛头晕。她一个月后做的认知测验的结果显示，尽管她的推理能力很好，情感正常，言语也很有目的性，并且能清楚地回忆起一般的信息，但她的记忆仍然存在问题。除了记忆力方面的问题，她还抱怨难以集中注意力，不能理解她所读到的或别人告诉她的内容。她被诊断为轻度创伤性脑损伤。

对 DSM-5 的批判性思考

将轻度神经认知障碍纳入 DSM-5 是个好主意吗?

DSM-5 的一个重要补充内容是对轻度神经认知障碍的一类新诊断。这一变化说明人们已经意识到，即使认知问题没有影响日常功能，也应该得到临床关注。但这一新的诊断类别仍然存在争议。

有些人担心使用“轻度”这个词会使人们忽视这类认知障碍。它还可能暗示了不需要诊治。另一方面，如果认知障碍不严重，避免使用“痴呆”这样的术语可能会减轻患者的焦虑，减少污名化。

但是，如果认为轻微的认知障碍是更严重损害的前驱期，那么接受更轻微的诊断难道不会成为焦虑的来源吗？通常认为，有轻度认知功能障碍（“轻度认知功能障碍”是一个描述性术语，而不是 DSM-5 诊断）的人患阿尔茨海默病的风险会增加。如果现在正式诊断出他们患有轻度神经认知障碍（与轻度认知功能障碍不同，轻度神经认知障碍现在是一个正式诊断），有必要让大量的人惊慌吗？许多有轻度认知功能障碍的人不会发展出更严重的认知问题。我们也没有办法成功治愈阿尔茨海默病，更不用说预防了。所以，从实际的角度来看，这个新的诊断对那些接受诊断的人有多大的帮助呢？

最后，我们如何区分轻度神经认知障碍和正常衰老？这更为重要，因为许多轻度认知问题（例如，发现不被电话、电视或谈话干扰的情况下更容易思考，或者偶尔需要提醒以跟上电影或小说情节的发展）对老年人来说都是很常见的问题。每次我们丢失钥匙或忘记是否付过账单时，都应该担心自己患有轻度神经认知障碍吗？

14.1.2　弥漫性脑损伤与局灶性脑损伤

本节讨论的障碍与神经认知问题有关，尽管精神病理学问题（如精神病或心境变化）也可能与这些障碍相关。人们对有些障碍了解得比较透彻，对于这些障碍，脑损伤的位置和程度相同的患者表现出的症状也相对确定。例如，注意力受损，这是轻度到中度弥漫性或广泛性损伤造成的。中度缺氧或摄入汞等有毒物质会造成轻度到中度弥漫性或广泛性损伤。这样的人可能会抱怨记忆有问题，因为他们无法从事需要集中注意力的检索工作，但他们存储新信息的能力却完好无损。

在一个例子中，洛萨索、拉波特和阿克塞尔罗德（2001, 2002）发现美甲技师的认知和神经损伤明显多于对照组。美甲技师在注意力和信息加工测验中的表现也比对照组差。这可能是由于日常接触（甲基）丙烯酸酯和各种有机溶剂（如甲苯、丙酮和甲醛）的结果。这些有机溶剂已知可对中枢神经系统造成损害。这些发现使人们注意到，即使接触少量神经毒性物质也会产生不良后果，而这些物质在许多人工作的地方和经常去的地方都能找到。

与弥漫性损伤不同，局灶性脑损伤涉及脑结构中发生异常改变的特定区域。这种损伤可能伴随着明确定义的创伤性损伤或大脑某一特定部位血液供应的中断（中风）。图 14.1 解释了中风发生的过程。

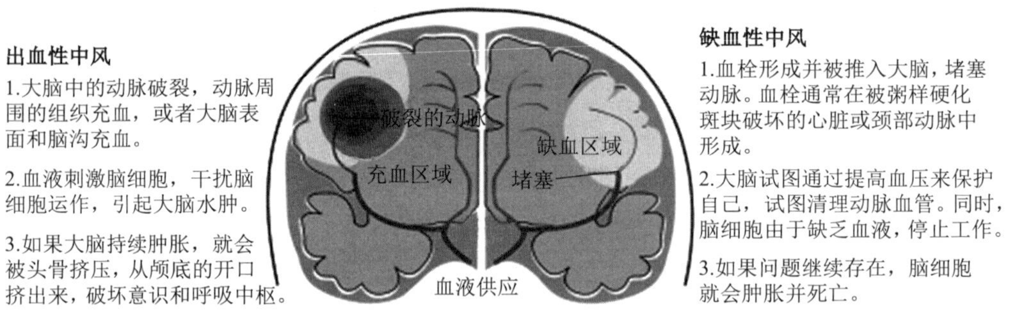

图 14.1　中风是如何发生的

大多数中风发生在大脑动脉被血栓堵塞的时候，另有 13% 的中风发生在大脑动脉破裂的时候，这两种情况都可能是灾难性的。

损伤的位置和程度决定了患者会出现什么症状。众所周知，大脑是高度专门化的。虽然大脑两个半球紧密相连，但它们涉及不同的思维类型。简而言之，人们普遍认为，对所有的人来说，大脑左半球负责对熟悉信息进行系列加工，如语言和数学方程求解；右半球一般专门负责获取新情境的整体意义，在非语言、直觉层面上进行推理，以及理解空间关系。即使在大脑半球内部，不同的脑叶和区域也负责不同的功能（见图 14.2）。

虽然大脑部位和行为之间的关系不具有普遍性，但我们可以简略概括大脑特定部位的损伤可能产生的影响。例如，额叶损伤会出现两种相反的临床表现：（1）缺乏动力和被动，思维和想法受限；（2）冲动和注意力不集中。右侧顶叶特定区域的损伤可能导致视觉-运动协调受损，左侧顶叶特定区域的损伤可能损害语言功能的某些方面，包括阅读和写作，以及计算能力。颞叶某些结构的损伤会破坏记忆存储的早期阶段。双侧颞叶大面积损伤后远期记忆相对完整，但不能储存新的信息以备日后回忆。颞叶中其他结构的损伤与饮食、性和情绪的失调有关。枕部损伤会产生各种视觉损伤和视觉联想缺陷，缺陷的性质取决于损伤的部位，例如，可能无法再认出熟悉的面孔。不幸的是，许多类型的大脑障碍是整体性的，因此它们的破坏性影响是弥漫性的，会导致大脑回路多次、广泛的中断。表 14.1 描述了大脑障碍的一些后果。

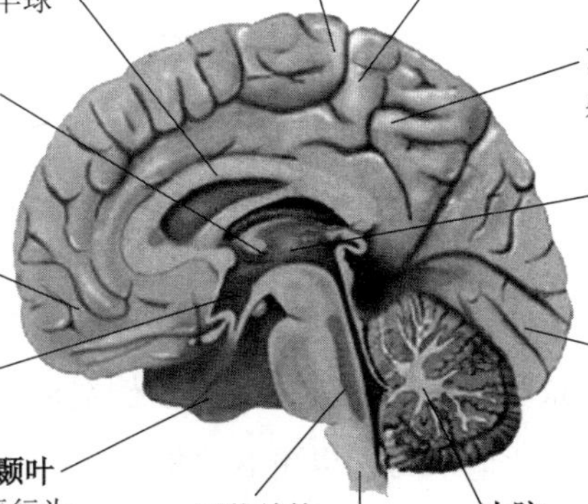

图 14.2　大脑结构和相关行为

表 14.1　大脑障碍的部分后果

以下类型的困难通常是大脑疾病、障碍或损伤的后果
1. 记忆受损。个体对过去事件的记忆很完整，但很难记住最近发生的事件。一些有记忆问题的患者可能会虚构——也就是说，编造记忆来填补空白。在严重的情况下，新的经历只能保留几分钟时间
2. 定向能力受损。患者可能不知道自己在哪里，今天是什么日子，或者熟悉的人是谁
3. 学习、理解和判断能力受损。个体的思维变得模糊、迟缓或不准确，可能会失去深谋远虑或理解抽象概念的能力，从而失去处理复杂信息的能力（描述为“思想贫乏”）
4. 情绪控制或调节能力受损。个体情绪反应过度：笑、哭，或者一点小事就暴跳如雷
5. 冷漠或情绪迟钝。个体在情绪上反应不丰富，似乎对人或事漠不关心
6. 行为启动能力受损。个体缺乏行为启动的能力，可能不得不需要他人反复提醒下一步该做什么，即使这一行为仍在个人能力范围之内。这有时被称为“执行功能损失”
7. 对得体行为和道德行为的控制能力受损。个体可能在外貌、个人卫生、性或语言等方面明显降低个人标准
8. 接收和表达沟通能力受损。个体可能无法理解书面或口头语言，或无法用语言或文字表达自己的想法
9. 视觉空间能力受损。个体很难将运动与视觉环境的特征协调起来，这种缺陷影响书写运动（书写和绘画）和构建（例如组合物件）方面的表现

14.1.3 神经认知与精神病理问题的相互作用

大多数有神经认知障碍的人不会出现精神病理症状，如惊恐发作、分离性发作或幻觉，但许多人在认知加工和自我调节方面至少会表现出轻微的缺陷。同样，一些患有精神障碍的人也存在认知缺陷。例如，双相障碍患者存在持续的认知缺陷，即使处于障碍缓解期（Bora et al., 2011）。这使我们认识到精神病理学和神经心理学之间的密切联系。

伴随脑损伤出现的精神病理症状并不总是可以预测的，它们可能反映出与患者的年龄（Tateno et al., 2002）、患病前的人格以及患者整个心理状况相一致的个体细微差别。我们也不应该想当然地认为患者的精神障碍（例如脑损伤后的严重抑郁症）总是由脑损伤造成的。虽然可能如此，但是，也有可能是因为患者意识到自己的能力大幅下降，而且先前掌握的技能丧失。例如，大约 18% 的患者因意外事故或跌倒造成创伤性脑损伤后试图自杀（Simpson & Tate, 2002）。中风后存活下来的人也更有可能自杀，中风后两年内的自杀风险最大（Eriksson et al., 2015）。

生活状况较好的人往往比生活混乱或状况较差的人在脑损伤后恢复得更好（Yeates et al., 1997）。聪明、受过良好教育、思维活跃的人遭受严重脑损伤之后能够更好地抵抗精神和行为的恶化（Mori et al., 1997a ; Schmand et al., 1997）。由于大脑是负责行为整合的器官，所以人只能承受一定程度的脑损伤或从一定程度的脑损伤中恢复而不表现出异常行为。

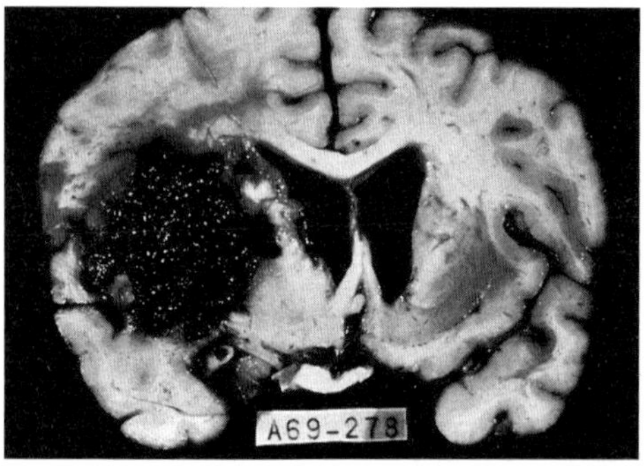

中风造成的脑损伤

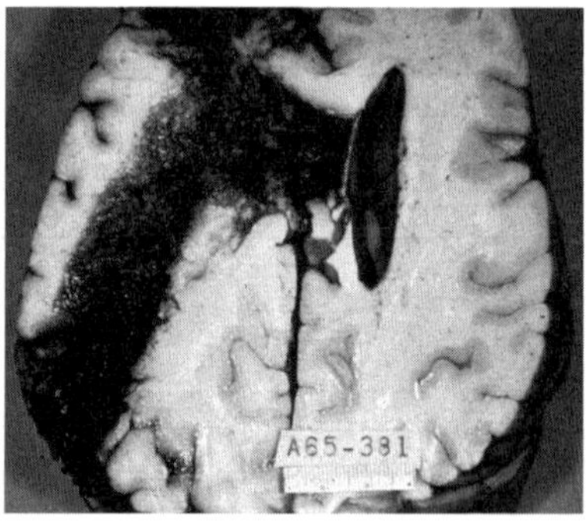

子弹造成的脑损伤

图 14.3 受损大脑的横切面

14.2 谵妄

总结谵妄的主要临床特征并描述治疗方法

谵妄是一种急性脑衰竭状态，介于正常的清醒状态和木僵或昏迷状态之间（见

图 14.4）。对应的英文术语“delirium”取自拉丁语“delirare”，字面意思是“离开某人的车辙或轨道”。

14.2.1　临床表现

谵妄是一种常见的综合征，特征是精神混乱、注意力不集中和认知功能障碍（参见《DSM-5 诊断标准》专栏）。虽然 DSM-IV-TR 标准指出谵妄涉及知觉障碍，但在 DSM-5 中删除了“知觉”一词，这是因为意识障碍的概念更能抓住谵妄的本质。谵妄通常突然发生，涉及意识水平下降的波动状态。谵妄在 DSM-5 中被视为独立的障碍（而不是严重或轻微的神经认知障碍），因为它的严重程度可能波动迅速。它也可以与重度或轻度神经认知障碍（如阿尔茨海默病）共存。因此，它不适合被归类为重度或轻度神经认知障碍。

DSM-5 诊断标准

谵妄

A. 注意（即指向、聚焦、维持和转移注意的能力减弱）和意识（对环境的定向减弱）障碍。

B. 该障碍在较短时间内发生（通常为数小时到数天），表现为与基线注意和意识相比的变化，以及在一天的病程中严重程度的波动。

C. 额外的认知障碍（例如，记忆力缺陷，定向不良，语言，视觉空间能力，或知觉）。

D. 诊断标准 A 和 C 中的障碍不能用其他先前存在的、已经确立的或正在进行的神经认知障碍来更好地解释，也不是出现在觉醒水平严重降低的背景下，如昏迷。

E. 病史、躯体检查或实验室发现的证据表明，该障碍是其他躯体疾病，物质中毒或戒断（即由于滥用的毒品或药物），或接触毒素，或多种病因的直接的生理性结果。

谵妄除了扰乱意识水平外，还会造成记忆和注意力的损伤，以及思维紊乱。幻觉和妄想的症状也非常普遍（Trzepacz et al., 2002）。此外，这种综合征通常包括异常的精神运动性活动，如烦躁不安地翻来覆去或睡眠周期的紊乱。处于谵妄状态的人基本上无法进行任何有目标的精神活动。症状的强度还会在 24 小时内波动，如下例所述。

案例

帕特森太太住院时 75 岁。她是一个独居的寡妇，摔断了腿，需要进行手术。手术很成功。然而，不久之后，帕特森太太开始变得糊涂。她的意识和注意力都出现了问题，她不知道自己身上发生了什么事，也不知道自己为什么要住院。白天，她显得烦躁不安，漫无目的地走来走去。她无法集中注意力看电视或看书，她也认不出来看望她的亲朋好友。有几次，护理人员看到她盯着房间天花板的某个地方和想象中的人交谈。帕特森太太拒绝服用任何药物，她会把端到她面前的饭菜打翻在地板上。发作间隙，帕特森太太也能够平静下来，每次睡 30 分钟左右。然而，到了晚上，她几乎无法入睡。这时，她会在医院病房里转悠。她走进其他患者的房间，叫醒他们，有时甚至试图爬上别人的病床。她多次被发现穿着睡衣，试图离开医院。每次工作人员都拦住她，小心翼翼地送她回到自己的房间。

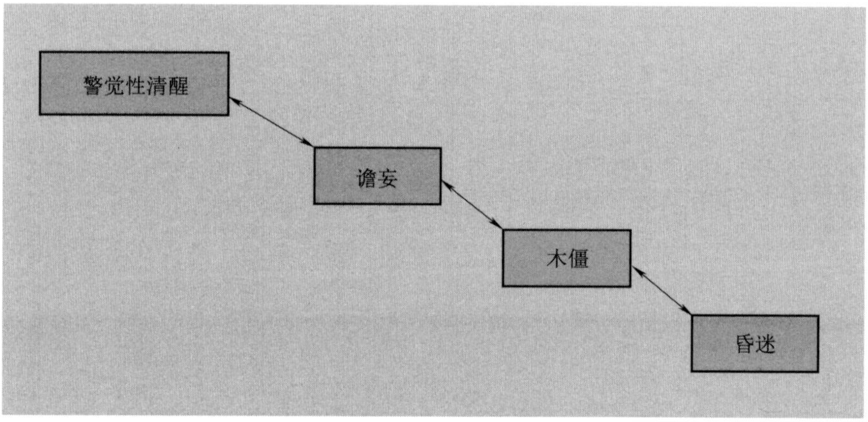

图 14.4　意识水平的连续体

谵妄可能发生在任何年龄段，但是，老年人患病的风险尤其高，这可能是因为正常衰老引起的大脑变化会导致“大脑储备”减少。正如帕特森太太的案例所述，谵妄在老年人手术后非常常见，80 岁以上的患者尤其危险（Trzepacz et al., 2002）。儿童发生谵妄的风险也很高，这可能是因为他们的大脑尚未发育完全。除高龄外，谵妄的风险因素还包括痴呆、抑郁和吸烟（Fricchione et al., 2008）。一个可靠而简单的谵妄筛查测试要求患者倒背一年中的月份（O’ Regan et al., 2014）。试试吧，如果你能从 12 月背诵到 7 月不出错，那么你很可能没有谵妄。

对谵妄患病率的估计随着研究对象的年龄不同而有很大差异。在接受过手术的患者中，有 10%～51% 的人会出现谵妄，做过心脏手术的患者似乎风险特别高。谵妄的存在也是一个不好的预后征兆。谵妄与认知能力下降、住院时间延长、更多健康问题和死亡率增加有关，25% 的老年谵妄患者在发病后 6 个月内死亡（Fricchione et al., 2008; Witlox et al., 2010）。

引起谵妄的原因很多，包括头部受伤和感染，但是，最常见的原因是药物中毒或戒断。药物的毒性反应也是一大原因，这可能就是为什么动过手术的老年人多发谵妄。

14.2.2　治疗和预后

谵妄发作是医疗紧急状况，其根本原因必须查明和处理。除了由晚期病症或严重的脑外伤引起的谵妄，大部分谵妄病例是可恢复的。治疗方式包括使用药物、环境控制和家庭支持。大多数情况下使用的药物是神经阻滞剂（Fricchione et al., 2008; Lee et al., 2004），这也是用来治疗精神分裂症的药物。对于酒精或药物戒断引起的谵妄，可以使用苯二氮䓬类药物治疗，它也用于治疗焦虑症（Trzepacz et al., 2002）。此外，帮助患者保持定向能力的设施也会有帮助，如良好的照明、清晰的标识、容易看到的日历和时钟。同样重要的是，工作人员在与患者打交道时要自我介绍，告诉患者他们是做什么的，并在必要时提醒患者时间和位置。但是，有些患者，尤其是老年人，即使在谵妄发作数月后仍可能存在定向障碍、睡眠问题和其他困难。

14.3　重度神经认知障碍

描述神经认知障碍的两种永久性病因和三种可逆性病因

DSM-5 重新命名了“痴呆症”这一大的诊断类别，现在使用“重度神经认知障碍”这个术语，其中一个原因是为了减少污名化。还有一种情况，即尽管人们普遍认为“痴呆”一词可以描述老年人，但对于有认知问题的年轻人（例如，那些头部受伤的年轻人）来说，它不是一个非常合适的术语。

重度神经认知障碍是认知能力出现显著缺陷的障碍。认知能力缺陷可能在注意力、执行力、学习和记忆、语言、知觉和社会认知（理解、解释他人的行为并对其做出反应所需的技能）等方面表现得很明显。重要的是，各项功能的水平与之前相比有显著下降（重度神经认知障碍的诊断标准见《DSM-5 诊断标准》专栏）。

DSM-5 诊断标准

重度神经认知障碍

A. 在一个或多个认知领域内（复杂的注意、执行功能、学习和记忆、语言、知觉运动或社交认知），与先前表现的水平相比存在显著的认知衰退，其证据基于：
1. 个体、知情人或临床工作者对认知功能显著下降的担心；
2. 认知功能显著损害，最好能被标准化的神经心理测评证实，或者当其缺乏时，能被另一个量化的临床评估证实。

B. 认知缺陷干扰了日常活动的独立性（即：最低限度而言，日常生活中复杂的重要活动需要帮助，如支付账单或管理药物）。

C. 认知缺陷不仅仅发生在谵妄的背景下。

D. 认知缺陷不能用其他精神障碍来更好地解释（例如，重性抑郁障碍、精神分裂症）。

在老年人中，认知缺陷的发生通常是相当缓慢的。在早期，个体保持着警觉性清醒，能非常好地协调日常生活中的事情。然而，即使在早期阶段，记忆（尤其是近期记忆）也会受到影响。随着时间的推移，患者在抽象思维、新知识或新技能的获取、视觉空间理解、运动控制、问题解决和判断方面的缺陷越来越明显。这些缺陷通常伴随着情绪控制能力的下降和对道德伦理的敏感性的下降。例如，患者可能会提出粗鲁的性要求。功能缺陷可能是进行性的（随着时间的推移恶化），也可能是稳定的，但前者出现的情况更多。有时，如果重度神经认知障碍的潜在病因（如维生素缺乏症）被消除或治愈，那么重度神经认知障碍是可逆的。表 14.2 列出了重度神经认知障碍的一些可以治疗的病因。

表 14.2　重度神经认知障碍的一些可治疗的病因

药物
临床抑郁症
维生素 B_{12} 缺乏症
慢性酒精中毒
大脑的某些肿瘤或感染
压迫大脑的血块
代谢失衡（包括甲状腺、肾脏或肝脏疾病）

重度神经认知障碍的诊断类别下包括不同类型的认知缺陷，目前已知能够导致这些认知缺陷的疾病至少有 50 种（Bondi & Lange, 2001）。主要包括退行性疾病，如帕金森病和亨廷顿病（下文将介绍）。其他原因是中风（Ivan et al., 2004）；某些传染病，如梅毒、脑膜炎和艾滋病；颅内肿瘤和脓肿；某些饮食缺乏（特别是 B 族维生素）；严重或反复的头部损伤；缺氧以及摄入或吸入有毒物质，如铅或汞（见图 14.5）。重度神经认知障碍最常见的病因是大脑退行性疾病，特别是阿尔茨海默病。在本章中，我们主要关注这种令人恐惧的疾病。我们也将简要讨论由中风（血管性痴呆）、慢性药物滥用和脑外伤导致的神经认知障碍。

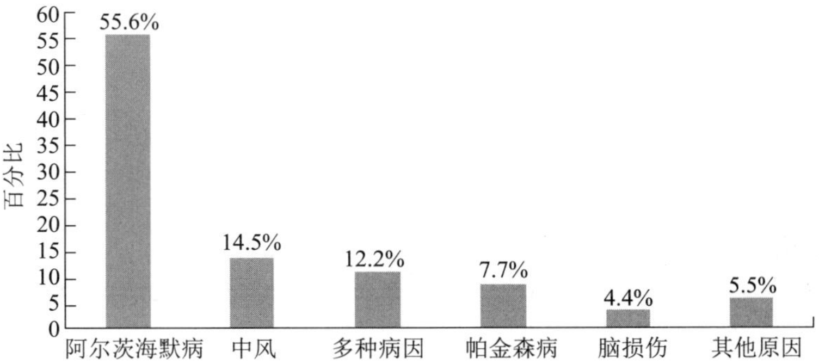

图 14.5　重度神经认知障碍的成因

帕金森病

帕金森病以詹姆斯·帕金森的名字命名，他在 1817 年首次描述了这种疾病。帕金森病是第二类常见的神经退行性障碍（仅次于阿尔茨海默病）。男性比女性更容易罹患此病，65~69 岁的人群中有 0.5%~1% 的人患有此病，80 岁以上的人群中有 1%~3% 的人患有此病（Toulouse & Sullivan, 2008）。演员迈克尔·J. 福克斯在 30 岁时患上了帕金森病。他的书《幸运之人》（2002）记述了他与这种疾病抗争的感人故事，并很好地描述了一些典型症状。

帕金森病以运动症状为特征，如静止性震颤或僵硬的运动。该疾病的根本原因是大脑黑质（位于基底节区）中的多巴胺神经元缺失。多巴胺是一种神经递质，参与控制运动。当多巴胺神经元缺失时，人就无法以可控的、流畅的方式运动。帕金森病除了出现运动症状，还会出现抑郁、焦虑、冷漠、认知问题，甚至幻觉和妄想等心理症状（Chaudhuri et al., 2011）。在障碍后期，认知缺陷可能也会变得明显。随着时间的推移，25%~40% 的帕金森病患者会出现认知障碍（Marsh & Margolis, 2009）。帕金森病的病因尚不清楚，不过遗传因素和环境因素都是可能的原因。遗传因素可能对发病较早的帕金森病患者影响更大，而环境因素可能与发病较晚的患者更相关（Wirdefeldt et al., 2011）。有趣的是，吸烟和喝咖啡可以预防帕金森病的发展，尽管原因尚不清楚（Toulouse & Sullivan, 2008; Wirdefeldt et al., 2011）。

帕金森病的症状可以通过药物暂时缓解，例如普拉克索、左旋多巴或卡比多巴。这些药物可以直接或间接增加大脑中可用的多巴胺。但是，一旦停止用药，症状就会复发。目前正在试验的另一种治疗方法是脑深部电刺激（见第 16 章）。在未来，干细胞研究也可能为这种障碍的患者带来希望。但是，在研究结果出来之前，运动应该是治疗的重要组成部分。最近，有研究表明，在开始每周散步三次的运动计划 6 个月后，患者不仅整体健康水平有所提高，而且运动功能、认知能力和总体生活质量也有所提高（Uc et al., 2014）。诸如此类的发现提供了可供大量患者使用的实用方法。

亨廷顿病

亨廷顿病是一种罕见的中枢神经系统退行性障碍，发病率约为万分之一（Phillips et al., 2008）。1872 年，美国神经病学家乔治·亨廷顿（George Huntington）首次描述了这种障碍。该病开始于中年（平均发病年龄约为 40 岁），男女患病率相同。亨廷顿病是一种慢性进行性舞蹈症（从身体的一个部位随机转向另一个部位的不自主、不规则的运动）。但是，微小的认知问题往往比运动症状早出现很多年。毫无疑问，这些认知问题是障碍正式发作前 10 年大脑组织逐步缺失（可通过脑成像检测到）所导致的（Shoulson & Young, 2011）。患者最终会发展为痴呆，在首次发病后的 10~20 年内死亡。目前还没有有效的治疗方法可以恢复患者的功能或减缓这一可怕且无情的障碍的病程。美国民谣歌手伍迪·格思里 1967 年死于该病，享年 55 岁。他的歌曲《这是你的国土》广为人知。

亨廷顿病是由 4 号染色体上的一个显性基因——亨廷顿基因引起的。这一基因突变是对委内瑞拉马拉开波湖沿岸村庄的居民进行深入研究后发现的——在马拉开波湖沿岸村庄，这种障碍非常常见（Marsh & Margolis, 2009）。因为亨廷顿基因是一种显性基因，所以父母中有任何一方患有这种障碍，其后代都有 50% 的概率患上这种障碍。对高危人群进行基因测试可以确定他们最终是否会患上这种障碍。但是，在美国，只有大约 10% 有资格进行基因测试的人选择接受测试，以了解他们的命运（Shoulson & Young, 2011）。如果你在这种情况下，你会怎么做？一个有趣的发现是，大多数要求测试的人是女性（Hayden, 2000）。人们希望有一天，基因编辑技术能够针对并消除这一基因突变，使那些原本会患这种障碍的人过上正常的生活。

14.4 阿尔茨海默病

说明阿尔茨海默病的风险因素，并描述该病患者的大脑病变

阿尔茨海默病是一种进行性发展的、致命的神经系统退行性障碍。它的名字来源于德国神经病理学家爱罗斯·阿尔茨海默（Alois Alzheimer，1864—1915），他在 1907 年首次描述了这种障碍。这种障碍是引起痴呆的最常见原因（Jalbert et al., 2008）。在 DSM-5 中，它被正式称为“由阿尔茨海默病所致的重度或轻度神经认知障碍”。阿尔茨海默病与一种典型的痴呆综合征有关（见下面的案例研究），这种综合征的发病不可预期，病情通常发展缓慢但逐渐恶化，最终发展成谵妄并死亡。

案例

哈罗德 60 岁时提前从政府机关退休，因为他在过去的 5 年里一直难以很好地完成工作。作为一名邮递员，他经常出错，把邮件送错地方。他开始变得沉默寡言，逐渐放弃了对他来说很重要的爱好。一开始，他的健忘在家中表现得并不明显，但在他 62 岁的某一天，他在一个熟悉的地方远足时却找不到回家的路。他的记忆问题从那时起变得越来越严重。他丢东西，忘记约会，再也认不出回家的路了。现在，66 岁的哈罗德已经认不出他的好朋友了，对阅读和看电视也不感兴趣。情况很糟糕，他的妻子不敢把他一个人留在家里，因为他太健忘了。

14.4.1　临床表现

阿尔茨海默病的诊断是在对患者进行全面的临床评估后做出的，但是，只有在患者死亡后才能真正确诊，这是因为必须进行尸检才能发现这种障碍特有的大脑异常。患者在世时，通常只有在医学史、家族史、体检和实验室检查排除了所有其他可能导致痴呆的原因后，才能做出诊断。

阿尔茨海默病通常在 45 岁后发作（Malaspina et al., 2002）。与许多人认为的相反，阿尔茨海默病的特征是多重认知缺陷，而不仅仅是记忆问题。这种疾病是一个逐渐衰退的过程，包括缓慢的精神恶化。图 14.6 显示了两名男子在连续几年的认知测试中的表现。两人的年龄和受教育程度相仿，最初都是健康的。但是，对后来患上阿尔茨海默病（尸检证实）的人来说，他的认知能力明显逐渐下降（Storandt, 2008）。

阿尔茨海默病患者在早期阶段出现轻度认知障碍。例如，患者可能难以回忆起最近发生的事件，工作中出现更多错误，或需要更长的时间来完成日常任务。在后期阶段，患者出现痴呆，认知缺陷变得更加严重，涉及多个领域，并导致功能丧失。例如，患者可能很容易迷失方向，判断力差，忽视个人卫生。因为患者对最近事件的记忆受损，所以许多患者会说“空洞”的话语——虽然语法和句式是完整的，但模糊和看似毫无意义的表达取代了有意义的对话交流（例如，“今天天气不错，但可能下雨”）。下面的研究是一个典型的案例，研究对象是一名在住院前 7 年就退休的男性。

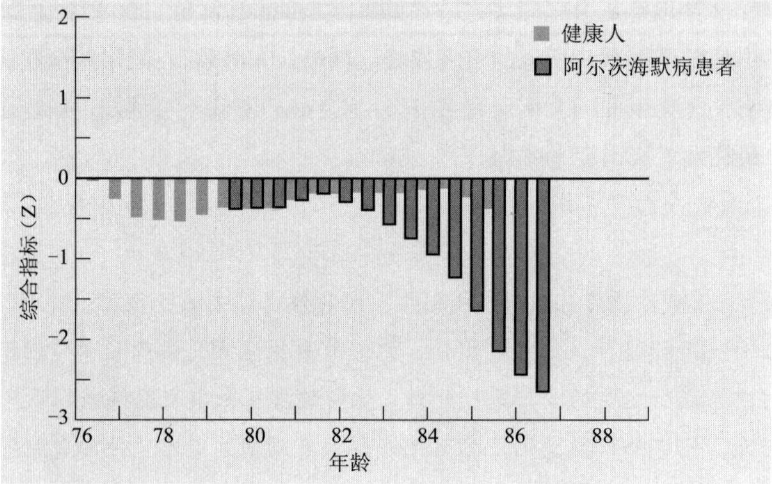

图 14.6　健康人和阿尔茨海默病患者的测试表现

案例

过去 5 年中，该患者对周围的环境逐渐失去了兴趣，而且到了最后一年，他变得非常“孩子气”。他的妻子和大儿子因为还要照顾孙子孙女，并且觉得再也无法在家里照顾他了，便把他送进了医院。他们说他在饮食和其他个人习惯上变得粗心大意，也因为焦躁不安，晚上容易四处走动。他似乎记不起白天发生的任何事情，只对童年和中年发生的事情喋喋不休。

该患者入院后，情况迅速恶化。他几乎记不起几分钟前发生的事情，但仍然记得童年的事情。妻子和孩子来看望他时，他会把他们误认成自己的老朋友。他们离开几分钟后，他对他们的来访就什么也想不起来了。以下医生与该患者的简短谈话发生在患者住院 9 个月后（他去世前的 3 个月），表明了患者对时间和人物的定向障碍。

医生：您今天感觉怎么样，先生？

患者：哦……您好（迷惑地看着医生，好像想弄清他是谁）。

医生：您知道您现在在哪里吗？

患者：为什么这么问？我知道……我在家。今年夏天我必须粉刷房子。粉刷房子需要很长时间，但我好像一直都在拖延。

医生：您能告诉我今天是周几吗？

患者：今天不是星期天吗？哎呀，对了，孩子们今天要过来吃晚饭。我们全家人星期天总是一起吃晚饭。我妻子刚才还在这儿，我想她又回厨房去了。

大脑颞叶是阿尔茨海默病患者最先受损的区域。因为海马位于这里，所以记忆障碍是这种障碍的早期症状。颞叶脑组织的损失也可以解释为什么某些患者出现妄想症状（Lyketsos et al., 2000）。虽然被害妄想是常见的症状，但有时也会出现嫉妒妄想。有嫉妒妄想的患者会不断地指责其年迈体衰的伴侣或配偶在性方面不忠诚，还会指责家人在其食物中投毒，或密谋窃取其钱财。一项对有身体攻击行为的阿尔茨海默病患者进行的研究发现，80% 的患者都存在妄想症状（Gilley et al., 1997）。

许多阿尔茨海默病患者通过适当的治疗，包括药物治疗和维持一个平静、安宁、非刺激性的社会环境，症状都有所缓解。但是，一般来说，在几个月或几年内，病情还是会继续恶化。最终，患者会变得不再注意周围的环境，卧床不起，退化成植物人状态。患者对疾病的抵抗力降低，最终因为肺炎或其他呼吸道疾病或心脏问题死亡。患者从第一次临床接触开始，平均死亡时间为 5.7 年（Jalbert et al., 2008）。

14.4.2　患病率

阿尔茨海默病正在成为一个危害公共健康的主要问题，我们不得不花费大量的社会和家庭资源来应对它。它是痴呆的一大病因（Yegambaram et al., 2015）。虽然这种障碍不是年龄增长的必然结果（贝蒂 · 怀特 89 岁时主持了《周六夜现场》节目），但年龄是一个主要的风险因素。

据估计，40 岁后，阿尔茨海默病的患病率每 5 年翻一番（Hendrie,1998）。在 60~64 岁的人群中，只有不到 1% 的人患有这种障碍；而在 85 岁及以上人群中，高达 40% 的人患有这种障碍（Jalbert et al., 2008）。在美国，超过 500 万人患有这种障碍，每隔 66 秒就会新增一名患者（Alzheimer's Association, 2017）。在世界范围内，这个数字超过 3 500 万（Selkoe, 2012）。预计到 2030 年，这一数字将达到惊人的 6 600 万（Vreugdenhil et al., 2012）。因此，未来的情况令人担忧。如果我们到那时还没有解决预防阿尔茨海默病的问题（或在其早期阶段将其控制住），社会将面临照顾数百万该病患者这一紧迫的问题。

图 14.7　贝蒂 • 怀特在 89 岁时主持了《周六夜现场》

女性患阿尔茨海默病的风险似乎略高于男性，原因尚不清楚（Jalbert et al., 2008）。事实上，爱罗斯 · 阿尔茨海默的第一位患者是一位 51 岁的女性。女性的寿命往往比男性长，但这并不能完全解释女性阿尔茨海默病患病率更高的原因。一个相关的致病因素可能是孤独。

一项对 800 名老年人（其中大多数是女性）的研究发现，在 4 年的随访期中，那些诉说自己感到孤独的人患阿尔茨海默病的风险是其他人的两倍。这种关联与他们在认知测验中的得分无关，这表明孤独感不是认知障碍的早期征兆，也不是认知技能受损的结果（Wilson, Krueger, et al., 2007）。有理由认为，女性更容易感到孤独，因为她们寿命更长，比她们的丈夫活得更长。如果想要理解阿尔茨海默病患病风险的性别差异，这一点可能很重要。

除了高龄和身为女性，导致阿尔茨海默病的风险因素还包括：吸烟、接受正规教育的时间较短、收入较低、职业地位较低（Jalbert et al.,2008）。最近的研究还表明，长期使用苯二氮䓬类药物（用于治疗焦虑的药物）会使以后患阿尔茨海默病的风险增加约 50%（Billioti de Gage et al., 2014）。考虑到这些药物的使用频率，这是一个十分严重的问题。表 14.3 总结了迄今研究最充分的风险因素。

表 14.3　阿尔茨海默病的风险因素

高龄
女性
吸烟
受教育时间较短
收入较低
职业地位较低
头部外伤
肥胖
糖尿病

阿尔茨海默病的患病率在北美和西欧较高，在非洲、印度和东南亚等地较低（Ballard et al., 2011; Ferri et al., 2005）。这些观察结果使研究者怀疑生活方式（如饮食等因素）与阿尔茨海默病有关。地中海饮食包括大量的蔬菜、水果、坚果和橄榄油，以及适量的乳制品、鱼类、家禽和肉类，似乎对认知功能有益（Ye et al., 2013）。与之相对，肥胖和 2 型糖尿病都会增加患阿尔茨海默病的风险（Christensen & Pike, 2015; Sridhar et al., 2015）。与糖尿病的关系尤其引人关注，因为研究者发现，在受阿尔茨海默病影响最大的一些大脑区域中胰岛素水平异常低。最近的一项研究还表明，出现认知障碍早期症状的人在接受鼻内注射胰岛素治疗（使胰岛素到达大脑）21 天后，认知功能有所改善（Claxton et al., 2015）。由于上述原因，胰岛素相关的问题目前被认为可能是一种将饮食、肥胖和阿尔茨海默病联系在一起的机制。

目前被认为与阿尔茨海默病的形成有关的还有微生物群落，统称为“微生物组”（Bhattacharjee & Lukiw, 2013; Hill et al., 2014）。虽然知道这一点可能会让你觉得有点不舒服，但人类的肠道是一个容纳了大约 100 万亿微生物的巨大储藏库！目前人们正在研究这些肠道细菌在各种疾病中的作用。值得注意的是，我们现在已经知道大量的淀粉样蛋白（你很快就会知道，这是在阿尔茨海默病患者的大脑中大量存在的一种黏性蛋白）是由微生物产生的（Zhao & Lukiw, 2015）。到目前为止，这一点的意义还不清楚。由于涉及饮食和肠道微生物组的研究仍处于早期阶段，所以我们目前几乎不能得出什么结论。然而，这是一个令人兴奋的新的研究方向。

14.4.3　致病因素

当我们想象典型的阿尔茨海默病患者时，我们会想象一个老者的形象。但是，有时这种障碍开始得更早，四五十岁的人也会患上这种障碍，他们的认知能力往往下降很快。大量的证据表明，**早发型阿尔茨海默病**更多是由遗传原因引起的，尽管不同的患病家族可能涉及不同的基因（Gatz, 2007）。当然，**晚发型阿尔茨海默病**也受遗传因素的影响。

早发型阿尔茨海默病（只占全部病例的 1%~2%）似乎是由罕见的基因突变引起的。到目前为止，已经发现了三个致病的基因突变（Guerreiro et al., 2012）。其中一个是位于 21 号染色体上的 APP（淀粉样前体蛋白）基因。APP 基因突变与 55 ~ 60 岁阿尔茨海默病发病有关（Cruts et al., 1998）。该基因的显性突变约占早发病例的 14%（Guerreiro et al., 2012）。

人们发现 21 号染色体上的一个基因突变很重要，这一发现很有趣，因为人们早就知道，唐氏综合征（由 21 号染色体的三倍体或三体型引起）患者如果活过 40 岁，会患上类似阿尔茨海默病的痴呆症（Bauer & Shea, 1986; Janicki & Dalton, 1993），而且也会表现出类似的神经病理学病变（Schapiro & Rapoport, 1987）。此外，阿尔茨海默病患者的家庭成员更有可能患上唐氏综合征（Heyman et al., 1984; Schupf et al., 1994）。一项研究发现，35 岁之前生育了唐氏综合征婴儿的母亲，年老后患阿尔茨海默病的比例是生下患其他类型精神发育迟滞婴儿的母亲的 4.8 倍（Schupf et al., 2001）。

其他发病更早的病例可能与 14 号染色体上一种被称为“早老素 1”（PS1）基因的变异以及 1 号染色体上一种被称为“早老素 2”（PS2）基因的变异有关。这些基因与 30~50 岁之间阿尔茨海默病的发病有关（Cruts et al., 1998）。据悉，有一例 PS1 变异的个案甚至在 24 岁时发病（Wisniewski et al., 1998）。然而，请记住，这些总是会使携带者患上阿尔茨海默病的常染色体显性突变基因非常罕见。APP、PS1 和 PS2 基因突变导致的阿尔茨海默病病例可能不超过 5%。

阿尔茨海默病的大多数病例都是“随机出现的”，也就是说，障碍可能会发生在没有任何家族病史的个体身上，并逐渐加重。在晚发型阿尔茨海默病中起重要作用的基因是位于19号染色体上的APOE（载脂蛋白）基因。这个基因为有助于血液输送胆固醇的载脂蛋白编码。APOE基因的不同基因型（等位基因）可以预测人们患上晚发型阿尔茨海默病的风险。目前已经识别出了该基因的三个等位基因，每个个体都有其中的两种等位基因，从父亲和母亲那里各继承一个。在这些等位基因中，APOE-E4会显著增加患晚发型阿尔茨海默病的风险。因此，一个人可能遗传到0个、1个或2个APOE-E4，个体拥有的APOE-E4越多，其患阿尔茨海默病的风险也相应增加。例如，拥有一个APOE-E4会增加3倍的风险，而拥有两个APOE-E4的人患病概率会增加8~10倍（Karch et al., 2014）。另一种等位基因APOE-E2似乎可以预防晚发型阿尔茨海默病。剩下的也是最常见的等位基因——APOE-E3（大约70%的人都是这一基因型），在预测阿尔茨海默病方面具有中性的意义。等位基因清除淀粉样蛋白的效率不同，APOE-E2效率最高，APOE-E4效率最低（Karran et al., 2011）。

不管有没有患临床上的痴呆症，APOE-E4都是预测老年人记忆力衰退的重要标识（Hofer et al., 2002）。APOE-E4在中国人中相对少见，在欧洲或北美人中很常见。相比之下，非洲人后裔更有可能拥有这种等位基因（Waters & Nicoll, 2005）。表14.4总结了迄今为止会引发阿尔茨海默病的重要基因。APOE-E4（可以通过验血检测到）在所有类型的阿尔茨海默病中都有很高的出现率。大约50%的患者至少有一个APOE-E4（Karch et al.,2014）。虽然这些发现令人兴奋，但毕竟不是所有的阿尔茨海默病患者都含有这种基因，甚至连晚发型阿尔茨海默病也不能全用它来解释（Bergem et al., 1997）。全基因组关联研究正在寻找其他可能起作用的基因。目前，已有20多个新的基因位点（特定染色体上的位置）成为研究对象，其中许多基因（也许令人惊讶）似乎与免疫功能有关（Karch et al., 2014）。时间会告诉我们哪些是真正的风险基因，哪些不是。

表14.4　与阿尔茨海默病相关的基因

基因	染色体	类型
淀粉样前体蛋白基因（APP）	21	突变
早老素1（PS1）	14	突变
早老素2（PS2）	1	突变
载脂蛋白E（APOE）	19	易感基因

还需要知道的很重要的一点是，许多遗传了最危险的APOE基因型（两个APOE-E4等位基因）的人并没有发病。一项研究发现，只有55%拥有两个APOE-E4的人在80岁时患上了阿尔茨海默病（Myers et al., 1996），而其他患有阿尔茨海默病的人则没有APOE-E4风险因子。此外，大量的同卵双生子在患病上并不具有一致性（Bergem et al., 1997; Breitner et al., 1993)。这些发现强调了其他基因以及环境和生活方式对引发阿尔茨海默病所起的作用。

目前的观点认为，我们的遗传易感性与其他遗传因素和环境因素一起决定我们是否会患上某一障碍。其他可能引发阿尔茨海默病的基因的作用仍有待探索。我们还需要进一步了解环境因素，环境因素可能对引发阿尔茨海默病起了决定性作用。正如我们已经注意到的，饮食可能是一个重要的变量。除了饮食和前面提到的微生物组的可能作用外，其他需要考虑的环境因素包括暴露在铝或铜等环境污染物中（Yegambaram et al., 2015）和头部受伤。一项前瞻性研究发现，创伤性脑损伤发生后 5 年内，阿尔茨海默病发病的风险增加了 4 倍（Malaspina et al., 2002）。而且，正如《研究进展》专栏中所强调的那样，抑郁症也会增加以后患阿尔茨海默病的风险。另一方面，服用非甾体类抗炎药物，如布洛芬，可能具有保护作用，可以降低阿尔茨海默病发病的风险（Breitner et al., 1994; in' t Veld et al., 2001; Weggen et al., 2001）。拥有更多认知储备（一个结合了教育、职业和丰富精神生活的概念）的人风险似乎也更低（Ballard et al., 2011）。最近对老鼠的研究进一步表明，在更刺激、更新奇的环境下，大脑中与阿尔茨海默病有关的变化的发展会减慢（Li et al., 2013）。换句话说，通过有意识地减少接触危险物品或暴露在危险环境中，饮食健康，过更有趣的生活，以及采取其他预防措施，有可能减少或推迟阿尔茨海默病的发生。

14.4.4　神经病理

爱罗斯·阿尔茨海默第一次给他的患者（被称为“奥古斯特·D”）做尸检时发现了一些大脑异常，现在，我们知道这些异常是阿尔茨海默病的特征。这些异常包括淀粉样斑块、神经元纤维缠结和大脑萎缩。尽管在正常大脑中也发现了斑块和缠结，但在阿尔茨海默病患者的大脑中，尤其是在颞叶中，斑块和缠结的数量要多得多。

目前的观点是，阿尔茨海默病患者大脑中的神经元分泌一种叫作“β-淀粉样蛋白”的黏性蛋白物质的速度比这一物质被分解和清除的速度要快得多。这种 β-淀粉样蛋白随后聚集成**淀粉样斑块**（见图 14.8）。斑块被认为会干扰突触功能，并引发一系列病变，导致脑细胞死亡。β-淀粉样蛋白被证明是具有神经毒性的（意味着它会使细胞死亡）。淀粉样斑块还会引起大脑的局部慢性炎症并释放促炎细胞因子（参见第 5 章）。更普遍地说，炎症现在越来越被视为一个不仅会加重阿尔茨海默病病情而且会引发阿尔茨海默病的关键因素。许多炎症因肥胖而加重这一事实再次展现了生活方式与阿尔茨海默病之间的联系。

具有 APOE-E4 等位基因的基因型与大脑中淀粉样蛋白的更快积累有关（Jalbert et al., 2008）。动物研究还表明，应激使淀粉样蛋白积累造成的神经认知功能减退更严重（Alberini, 2009; Srivareerat et al., 2009）。胰岛素也可能在调节淀粉样蛋白中发挥作用（这同样有助于解释为什么饮食和患糖尿病被认为是风险因素）。尽管一些科学家相信 β–淀粉样蛋白的积累会引发阿尔茨海默病，但其他人怀疑，这可能是一种防御性反应而不是病因。重要的是，可能在阿尔茨海默病的临床症状首次出现前 10 年，淀粉样蛋白沉积就已经存在（Shim & Morris, 2011）。目前还不清楚当大脑中的淀粉样蛋白负荷超过某个阈值时症状是否会变得明显，或者淀粉样蛋白沉积本身是否会引起大脑其他破坏性的变化，最终引发症状（Karran et al., 2011）。

研究进展

抑郁会增加患阿尔茨海默病的风险

有抑郁症病史的人以后患阿尔茨海默病的风险更高（Ownby et al., 2006）。虽然我们还不确定为什么会这样，但研究者推测，已知的与抑郁和应激有关的大脑变化可能会以某种方式使大脑以后更容易出现问题（Wilson et al., 2008）。

抑郁症也可能是痴呆的早期征兆。在一项在社区开展的针对 65 岁及以上人群的大型前瞻性研究中，研究者发现，在大约 7 年的随访期内，早期（50 岁之前）没有抑郁症病史，但在以后出现抑郁症状的人，患痴呆的可能性增加了约 46%（Li et al., 2011）。这意味着晚年抑郁症状可能并不仅仅是抑郁症的风险因素，它还可能是痴呆的早期表现。这就提出了一个引人关注的问题：治疗抑郁症是否可能推迟痴呆的临床发作？

因携带 APOE 基因的 APOE-E4 等位基因而有阿尔茨海默病遗传风险的人，如果也有抑郁症的病史，可能特别容易患阿尔茨海默病。在一项研究中，在 6 年的随访中，有 APOE-E4 等位基因的患抑郁症的男性与既无该等位基因又无抑郁症病史的男性相比，患阿尔茨海默病的可能性要高出 7 倍多。没有遗传风险因素但有抑郁症病史的男性以后患阿尔茨海默病的风险也比较高（增加了 1.6 倍），但远不及有等位基因和抑郁症病史的男性的患病风险（Irie et al., 2008; Rajan et al., 2014）。有 APOE-E4 等位基因并不能增加携带者患上抑郁症的可能性；但是，当遗传风险因素和抑郁症同时存在时，该基因携带者以后患阿尔茨海默病的风险会特别高。

神经元纤维缠结是神经细胞之间变异的长纤维形成的网络。这些纤维是由另一种叫作“tau”的蛋白组成的。在一个正常、健康的大脑中，tau 蛋白就像支架一样，支撑着神经元内部的一根管子，使神经元能够传导神经冲动。在阿尔茨海默病中，tau 蛋白是扭曲和缠结的，这会导致神经元管塌陷。

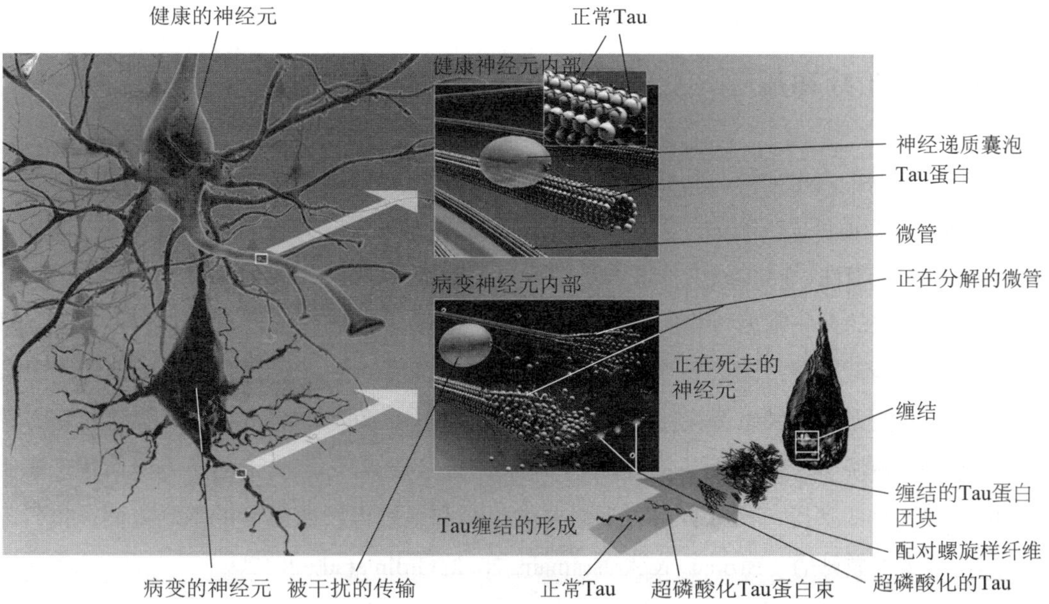

图 14.8　阿尔茨海默病的脑损伤

虽然大脑中可能只出现异常的 tau 蛋白聚集过程，但有理由相信 tau 蛋白积累加快是因为大脑中淀粉样蛋白增加造成的（Shim & Morris, 2011）。对经过基因改造后极易患上阿尔茨海默病的老鼠（所谓的转基因老鼠）进行的动物研究支持了这一观点（Götz et al., 2001; Lewis et al., 2001）。如果这种观点正确，那么说明其实最有希望治疗阿尔茨海默病的药物可能是那些能够针对和防止淀粉样蛋白积聚的药物。

阿尔茨海默病引起的另一个显著变化与神经递质乙酰胆碱（ACh）有关。已知这种神经递质在记忆调节方面很重要。虽然阿尔茨海默病患者的海马内有大量的神经元遭到破坏（Adler, 1994; Mori et al., 1997b），但是有证据表明，受影响最早最严重的脑结构是一串位于基底前脑、参与释放乙酰胆碱的细胞体（Schliebs & Arendt, 2006）。阿尔茨海默病患者脑内乙酰胆碱活性的降低与他们所遭受的神经元损伤（斑块、缠结）程度相关。

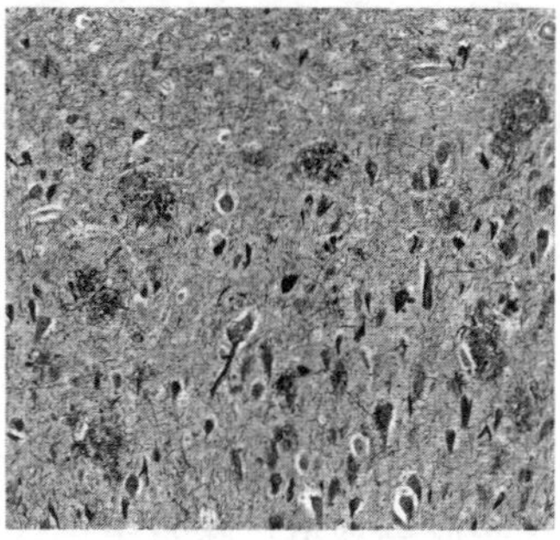

图 14.9　这张阿尔茨海默病患者脑组织标本的显微照片显示了特征性斑块（黑色斑块）和神经元纤维缠结（不规则的一束一束的纤维）

产生乙酰胆碱的细胞缺失会加重病情。因为乙酰胆碱对记忆非常重要，所以乙酰胆碱的大量减少很大程度上造成了阿尔茨海默病特有的认知和行为缺陷。因此，抑制乙酰胆碱分解（从而增加可用的乙酰胆碱）的药物（称为“胆碱酯酶抑制剂”）在临床上对患者是有益的（Winblad et al., 2001）。

14.4.5　治疗和预后

我们虽然做了大量的研究工作，但仍然没有找到可以使阿尔茨海默病患者恢复到受破坏或失去功能之前的状态的治疗方法。目前针对患者和家庭成员的治疗目的是尽可能减少患者的焦虑和攻击性，同时减少护理人员的痛苦（Rabins et al., 2007）。

与痴呆相关的一些常见行为问题包括：漫游、失禁、不恰当的性行为，以及缺乏自理能力。这些行为问题可以通过行为治疗加以控制（见第 16 章）。行为治疗不需要依赖复杂的认知和沟通能力（痴呆患者往往缺乏这种能力）。例如，可以将需要的物品做上标记，将特定任务（如梳洗）所需的物品都放在一个盒子中，为经常离家出走的患者佩戴用于识别身份的腕带。总的来说，在减少患者不必要的沮丧和尴尬以及照顾者的困难方面，报告的结果是比较令人鼓舞的（Brodaty & Arasratnam, 2012; Gitlin et al., 2012）。

正如我们在前文提到的，一些阿尔茨海默病患者会出现精神病性症状，变得非常焦虑。有时需要使用抗精神病药物（如用于治疗精神分裂症的药物）缓解患者的这些症状。然而，这些药物必须谨慎使用。美国食品药品监督管理局发出警告，接受非典型抗精神病药物治疗的痴呆患者死亡风险增加（Schultz, 2008）。此外，尽管抗精神病药物可以在很小的程度上缓解一些症状，但没有很好的证据表明这些药物在提高患者的日常生活能力和改善认知功能方面优于安慰剂（Sultzer et al., 2008）。

旨在改善认知功能的治疗致力于研究阿尔茨海默病患者乙酰胆碱的耗损情况。其中的推测是，也许可以通过使用药物来提高大脑中可用的乙酰胆碱，从而改善功能。目前，最有效的方法是抑制乙酰胆碱酯酶的产生，这种酶是参与乙酰胆碱代谢分解的主要的酶。这就是使用加兰他敏、卡巴拉汀和多奈哌齐等药物的理论根据。温布拉德和他的同事（2001）研究了 286 名患者，在一年时间内，这些患者被随机指定服用药物（多奈哌齐）或安慰剂。研究开始时，研究者对患者的认知功能和日常活动能力做了测量，研究进行期间也定期测量这些能力。总的来说，接受药物治疗的患者比接受安慰剂治疗的患者表现更好。但是，随着研究的进行，所有患者的功能都在减退。此外，尽管多奈哌齐确实对患者有少许帮助，但这些成果并不意味着服用药物的患者无须住院治疗，而不服用药物的患者需要住院治疗（AD2000 Collaborative Group, 2004）。

已被批准用于治疗阿尔茨海默病的最新药物是美金刚。美金刚与其他批准的药物不同，它不是胆碱酯酶抑制剂。相反，它似乎可以调节神经递质谷氨酸的活性，可能通过部分阻断

NMDA 受体来保护细胞不接触到过多的谷氨酸。美金刚可以单独使用，也可以与多奈哌齐联合使用，它似乎对患者的认知功能有益（Forchetti, 2005; Reisberg et al., 2003）。但是，服用药物对于患者恢复日常生活能力的作用仍然非常小（Ballard et al., 2011; Hansen et al., 2007）。

另一个治疗研究的方向是开发疫苗，帮助清除任何积聚的淀粉样斑块。虽然动物研究的初步结果看起来很有希望（McLaurin et al., 2002），但由于疫苗危险的副作用，用于人体的临床试验被过早地终止了。可悲的现实是，自 2003 年美金刚获得批准以来，还没有新的药物问世。尽管如此，研究者仍在寻求新的方法，正如《研究进展》专栏中所描述的那样。

14.4.6　早期检测

大多数类型的神经元细胞一旦死亡，就会永久消失。这意味着即使一些新的治疗方法能够阻止患者的脑组织逐渐损失，患者仍然会受到不可逆的严重损害，这使得在早期发现（和治疗）阿尔茨海默病的研究变得至关重要。

研究进展

治疗阿尔茨海默病的新方法

服用胆碱酯酶抑制剂是阿尔茨海默病最流行的治疗方法，但其疗效有限。研发新的治疗方法势在必行。

研究者目前正在使用非侵入性脑刺激技术，如重复经颅磁刺激（rTMS）和经颅直流电刺激（tDCS），以改善阿尔茨海默病患者的认知功能。rTMS 通过传送经头皮到其下皮层的强磁脉冲来改变大脑的活动。在 tDCS 中，微弱的电流被传送到头皮，刺激的类型（正极刺激或负极刺激）决定了皮层下区域的兴奋性是增加还是降低。虽然到目前为止只进行了少量的研究，涉及的患者总数为 200 人，但结果表明，接受脑刺激的患者表现得更好（Hsu et al., 2015）。然而，目前还不清楚这种认知能力的提高会持续多久。此外，一旦疾病发作，可能就太晚了，患者在临床方面可能不会有多少改善（Bystad et al., 2016）。

人们仍在研发新药，在过去的 20 年里，大约 250 种不同的化合物被测试。但是，到目前为止，只有一种化合物有希望获得许可（Hawkes, 2017）。不幸的是，当谈到阿尔茨海默病的治疗时，失望总是比成功多。尽管如此，研究者仍然竭尽所能寻找新的治疗方法，以实现改变阿尔茨海默病患者及其家庭的生活的重大突破。

大多数研究者认为，阿尔茨海默病对大脑的损害早在临床症状出现之前（可能是 10 年或更长时间）就开始了。为了检测这些有害的变化，研究者使用一系列大脑成像技术来研究高危人群的大脑。高危人群包括那些携带 APOE-E4 等位基因的人和那些有轻度认知功能障碍的人。轻度认知功能障碍（MCI）被认为是介于健康衰老和早期痴呆症状之间的过渡状态（Risacher & Saykin, 2013）。一些 MCI 患者报告说他们的记忆力有问题。但是，其他（与记忆无关的）认知问题也可以预示后来的阿尔茨海默病（Storandt, 2008）。

对 MCI 患者进行的脑部扫描显示，他们与阿尔茨海默病患者一样，有许多脑部区域萎缩，包括海马（你可能记得海马与记忆有关）（Chételat et al., 2003; Devanand et al., 2007; Kubota et al., 2005）。此外，无论是 MCI 患者还是没有任何记忆或认知障碍的老年人，海马的减小都预示其以后会患上阿尔茨海默病（De Leon et al., 2004; den Heijer et al., 2006），这表明该脑区萎缩是阿尔茨海默病的早期征兆。

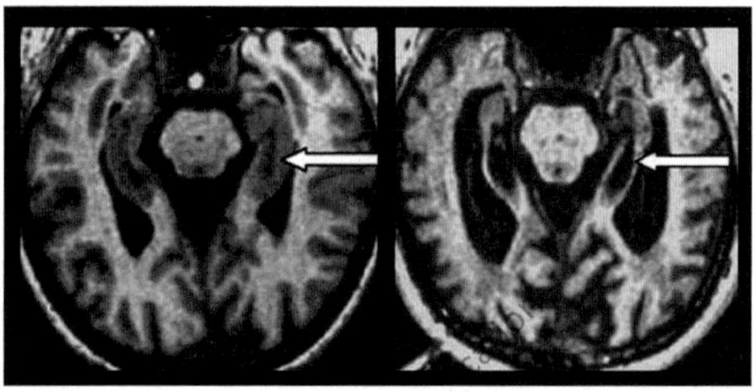

图 14.10　海马萎缩是阿尔茨海默病的早期征兆
海马是大脑中对记忆至关重要的区域，图中箭头所指即海马。注意右图中的萎缩。

功能成像技术也显示，当阿尔茨海默病患者（与对照组相比）进行记忆任务时，海马的活性较低（Kato et al., 2001; Sperling et al., 2003）。MCI 患者的情况也是如此（Chételat et al., 2003; De Santi et al., 2001）。这些发现与认知功能正常但由于携带 APOE-E4 等位基因而处于高危状态的人的测试结果截然不同。当这些 APOE-E4 携带者进行记忆任务时，他们的海马并不缺乏活性，相反，脑成像研究显示，他们的海马很活跃。因遗传而处于高危状态的人在进行记忆任务时，大脑各个部位（包括海马）的活动都有所增加，而非不足（Bookheimer et al., 2000; Smith,Andersen, et al., 2002）。

我们如何解释这些相当矛盾的发现？目前的观点是，对认知功能正常但患阿尔茨海默病风险较高的人而言，其大脑激活的程度越高，反映出其在管理认知任务方面需要付出的努力越大。简单地说，携带 APOE-E4 等位基因的人可能需要更努力地思考。因为他们的脑组织仍然是健康的（不像阿尔茨海默病患者或 MCI 患者），我们会看到其大脑在应对认知挑战时活性增加，而不是像典型的阿尔茨海默病患者或 MCI 患者那样，活性减少。在 MCI 患者中，认知测试中表现较好的人与在认知测试中表现较差的人相比，大脑某些关键区域的活性也增加了（Clément & Belleville, 2010）。

脑成像研究能让我们识别哪些人会患上痴呆吗？还不能。到目前为止，我们发现的所有变化都不够典型，无法用于早期诊断。但是，这是未来的一个目标。与此同时，如果你想保护你的大脑，你可以践行《我们周围的世界》专栏中的建议。如果你认为这些信息只适用于老年人，请记住大脑在 18 岁左右就开始变小，当我们 80 岁的时候，我们大脑的重量已经减少了 15%（Perl, 1999）。

14.4.7 支持看护者

在过去的几十年里，养老院中的痴呆患者特护病房的数量急剧增加。绝大多数痴呆患者去世前都会被送进养老院，但是，患者在功能严重受损之前，大多生活在社区中，由家人照顾。通常，照料的重担落在一个人身上。

看护者作为一个群体，面临着被社会孤立和罹患抑郁症的风险（Richards & Sweet, 2009）。他们与阿尔茨海默病患者的联系越紧密，就越有可能变得抑郁和筋疲力尽（Wojtyna & Popiolek, 2015）。阿尔茨海默病患者的护理人员往往会服用大量药物，并报告自己的许多应激反应症状、躯体疼痛和健康状况不佳（Alzheimer's Association, 2015）。为看护者提供咨询和支持性治疗是非常有益的，可以减少他们因为照顾患者而产生的消极情绪，也可以显著降低他们的抑郁水平（Brodaty & Arasaratnam, 2012; Mittelman et al., 2004）。

我们周围的世界

运动使大脑更健康？

如果你意识到自己的衰老而想保持大脑功能，你可能会惊讶地发现，你能做的最好的事情就是经常运动。越来越多的研究表明，运动对神经认知有相当大的好处。例如，在一项针对 299 名老年人（平均年龄 78 岁）的前瞻性研究中，那些每周步行 6 ~ 9 英里的人的灰质流失量要比那些久坐不动的人少得多（Erikson et al., 2010）。在另一项为期一年的研究中，年龄在 55 ~ 80 岁之间、没有痴呆的人被随机分配参加每周散步三次、每次 40 分钟的运动项目或同样时间的拉伸和调理项目。一年后，每周步行的人海马的大小增加了 2%，相比之下，拉伸和调理对照组的海马体积有所下降（这是正常老化的预期结果）。换句话说，运动似乎能扭转年龄增长导致的脑组织损失，而拉伸和调理则不能。同样有趣的是，海马体积的增加也与记忆的改善直接相关（Erikson et al., 2011）。

研究者现在正在积极研究运动对阿尔茨海默病患者的影响。最近的研究结果表明，即使是在家中，在护理人员或其他家庭成员的监督下进行 4 个月的短期锻炼也可以改善老年阿尔茨海默病患者的认知和身体功能（Vreugdenhil et al., 2012）。廉价且易于实施的锻炼计划现在为该病患者及其家庭带来了希望。

你认为阿尔茨海默病患者和他们的看护者能在多大程度上在生活中运用这些研究发现？你会通过多运动来保持大脑的健康吗？如果不会，是什么原因？对你而言是什么阻碍了你做这样简单的事？

14.5 血管问题引起的神经认知障碍

解释血管事件如何引起神经认知问题

神经认知障碍在 DSM-5 中占有独特的地位，因为损伤的原因通常非常清楚，然而对 DSM-5 中其他大多数障碍来说情况并非如此。接下来我们将讨论由血管事件（如中风）导致的神经认知障碍。

与血管疾病相关的神经认知障碍（血管性痴呆）常常与阿尔茨海默病相混淆，因为它与痴呆的进行性临床表现相似，且发病率和患病率随着年龄的增长而增加。但是，就疾病发生的神经病理机制而言，这是一种完全不同的疾病。在这种疾病中，一系列局限性脑梗死——由动脉疾病（即人们所知的“小中风”）引起的大脑微小区域的血液供应中断——累积起来会破坏大脑广泛区域内的神经元。受影响的区域变软，随着时间的推移可能退化，只留下空洞。虽然血管性认知障碍的早期临床表现往往比阿尔茨海默病的表现更为多样（Wallin & Blennow, 1993），但细胞的逐渐减少会导致大脑萎缩和行为障碍，最终与阿尔茨海默病相似（Bowler et al., 1997）。

血管性认知损伤往往发生在 50 岁以后，男性比女性受影响更大（Askin-Edgar et al., 2002）。步态异常（如脚步不稳）可能预示了这种损伤（Verghese et al., 2002）。血管性认知损伤没有阿尔茨海默病那么常见，在 65 岁及以上人群的社区样本中，血管性认知损伤仅占老年痴呆病例的 19%（Lyketsos et al., 2000）。其中一个原因是这些患者的病程要短得多，因为他们很容易死于中风或心血管疾病（Askin-Edgar et al., 2002）。血管性痴呆多与心境障碍共病，而阿尔茨海默病患者则较少出现心境障碍，这可能是因为血管性痴呆患者大脑皮层下区域受到的影响更大（Lyketsos et al., 2000）。

血管性痴呆的医治虽然复杂，但比阿尔茨海默病的医治更有希望。脑动脉硬化的基本问题（脑动脉弹性降低）不同于阿尔茨海默病，可以通过医学手段在一定程度上加以控制，或许可以降低以后中风的可能性。但是，面对这两种疾病，护理人员所遇到的令人畏惧的问题基本相同，这表明成立互助小组、运用减压技术帮助护理人员等方式是比较适宜的。

14.6　以重度记忆损伤（遗忘障碍）为特征的神经认知障碍

概述严重的记忆损伤是如何造成的

大多数神经认知障碍是由大脑许多不同区域的功能衰退造成的。但是，当大脑某个区域的功能明显下降时，也会被诊断为神经认知障碍。大脑受损导致的重度记忆损伤就是这种情况。

在 DSM-IV-TR 中有一种特殊的诊断叫作“遗忘症”（“遗忘症”是“健忘症”的另一种说法）。根据 DSM-5 的新分类标准，以前被诊断为这种障碍的患者现在被诊断为重度神经认知障碍。该障碍的成因也被列出（例如，物质使用导致的重度神经认知障碍）。但是，遗忘症与其他形式的神经认知障碍不同，患者功能的显著下降发生在单一的认知领域（记忆）。

这种类型的神经认知障碍（为了方便，我们仍然称之为“遗忘症”）的特征是显著的记忆障碍。即时回忆（重复刚刚听到的内容）能力通常不会受到影响，对很久以前发生的事件的记忆通常也会保留，但是，短期记忆受损非常严重，以至于人们无法回忆起几分钟前刚刚发生过的事情。为了弥补这一点，患者有时会虚构事件来填补记忆空白。遗忘症患者与其他形式的神经认知障碍患者相比，整体认知功能往往相当好。如果我们给患者每一步行动都提供明确的线索，他可能能够完成复杂的任务。

脑损伤是遗忘症的根本原因。损伤可能由中风、创伤、肿瘤或感染引起（Andreescu & Aizenstein, 2009）。然而，并非所有的脑损伤都是永久性的。科尔萨科夫综合征（Korsakoff’s syndrome）是一种由维生素 B_1（硫胺素）缺乏导致的遗忘症。因此，如果及早发现并给予维生素 B_1 治疗，这种障碍引起的记忆问题有时就可以解决。科尔萨科夫综合征常见于慢性酒精中毒者或不健康饮食者。在下面的案例中，它是导致患者丧失记忆的原因。

案例

查尔斯·杰克逊身高 6 英尺，体格健壮，有军人气质。他在离开军队前的一年被降职为列兵，这是军队对酗酒行为最严厉的惩罚。他一年多以来每月都会与访谈者见面。访谈者每次都会问他们上一次见面是什么时候，查尔斯回答说：“嗯，我就是想不起来，你说呢？”若是继续往下问，他会说他猜他以前见过访谈者，“也许是上星期”。

访谈者让他继续坐着，然后走进等候室，问杰克逊夫人她觉得她丈夫怎么样。她说：“哦，他和以前差不多。他会画素描，但大多数时间他只是坐在家里看电视。我回家问他在看什么节目，他都说不出来。”

还好，自从他们搬到乡下以后，查尔斯就不再喝酒了。他家离最近的便利店至少有两英里，而他已经无法自如地走路了。“但是，他还是会说起喝酒的事情。有时他会觉得自己还在军队里，命令我去给他买点儿杜松子酒。”

查尔斯记得的东西非常少，只记得一些很久远的事情——比如杜松子酒，还有当他还是个孩子时就和父亲一起喝醉的事。他记不起两岁半女儿的名字，大多数时候，他只是叫她“小姑娘”。

访谈者回到办公室。查尔斯抬起头笑了。

“我以前见过你吗?”访谈者问。

“嗯，我很确定见过。”

“什么时候?”

“可能是上星期。”

造成记忆力严重丧失的另一个常见原因是头部创伤。中风、大脑颞叶区手术、缺氧和某些形式的脑感染（例如脑炎）也可能导致遗忘症。在这些情况下，根据受影响的神经结构的损伤性质、程度以及接受的治疗，障碍可能会随着时间的推移减轻。目前研究者已经开发了大量技术以帮助预后良好的遗忘症患者记住最近发生的事情（Gouvier et al., 1997）。此外，由于遗忘症患者通常保有程序性记忆（学习日常事务、技能和行动的能力），所以他们即使忘记了具体的个人经历，仍然可以被教导去执行可能帮助他们重新进入劳动力市场的任务（Cavaco et al., 2004）。

14.7 与头部损伤相关的障碍

描述头部外伤的一些临床后果，并解释与损伤程度相关的因素

创伤性脑损伤（TBI）经常发生，在美国，每年有近 200 万人遭遇此类创伤。TBI 最常见的原因是跌倒，其次是机动车事故，其他原因包括袭击和运动伤害（尽管其中绝大多数可能从未被报告过）。0 ~ 4 岁的儿童、15 ~ 19 岁的青少年和 65 岁及以上的成人最有可能遭遇 TBI。在每个年龄组中，男性的创伤性脑损伤发生率都高于女性（Faul et al., 2010）。在 DSM-5 中，“由创伤性脑损伤所致的重度或轻度神经认知障碍”这样的诊断术语是指头部损伤导致的认知损害。

近年来，爆炸造成的军人 TBI 病例不断增加（Champion et al., 2009）。爆炸伤害大脑的方式似乎不同于普通 TBI 损伤大脑的方式。在美国，很多参加伊拉克战争的老兵都被简易爆炸装置炸伤过，以至 TBI 被视为伊拉克战争的标志性损伤。研究表明，在伊拉克服役的士兵中，大约有 15% 的人遭遇过 TBI（Hoge et al., 2008）。军方已经做了很多努力改善退伍军人的筛查和康复服务（Munsey, 2007），然而，许多人可能永远无法完全康复。

14.7.1　临床表现

临床医生将脑损伤分为闭合性脑损伤（颅骨完好无损）和开放性脑损伤（子弹等物体进入大脑）。在闭合性脑损伤中，大脑的损伤是由使大脑撞击颅骨内壁的惯性力或相对于脑干旋转的旋转力间接引起的。闭合性脑损伤由于惯性力的作用也会引起弥漫性神经元损伤，这并不少见。换句话说，坚硬的头盖骨一旦接触到硬物就会立刻停止运动，但是，颅腔内部较软的脑组织仍在运动，这对神经纤维及其突触间的连接有剪切作用。

严重的头部损伤会导致意识丧失，以及循环、代谢、神经递质的调节紊乱。通常情况下，如果头部受伤过于严重，引起昏迷，患者就会经历**逆行性遗忘**，即无法回忆起伤害发生之前的事件。显然，创伤阻碍了大脑将创伤发生时仍在加工的事件储存到长期记忆中。**顺行性遗忘**（也被称为“创伤后遗忘”）是指无法将创伤发生之后不定时间段内发生的事件有效地存储在记忆中。顺行性遗忘很常见，许多人认为这是预后不良的标志。

由于头部受伤而失去知觉的人，通常会在恢复清醒意识的过程中经历昏迷和混乱期。患者可能几分钟内就恢复意识，也可能需要数小时或数天。一个人在严重受伤、丧失意识后，脉搏、体温、血压和大脑新陈代谢的重要方面都会受到影响，能否生存可能都是不确定的。在极少数情况下，一个人可能在陷入我们所知的昏迷后，还可以在没有意识的情况下存活很长时间。昏迷时间的长短与损伤的严重程度有关。如果患者幸存下来，昏迷之后可能会出现谵妄，表现为急性兴奋、定向障碍和幻觉。渐渐地，混乱状态消失，患者可以重新认清现实世界。每个人的康复过程都不相同，很难预测（Waters & Nicoll, 2005）。

每年车祸、运动损伤、跌倒和其他意外事故造成了大量并不严重的闭合性脑震荡和挫伤（瘀伤）。即使是坐过山车，也会产生很高的重力，可能会伤害一些人的大脑（Fukutake et al., 2000）。据估计，每年有 2 人死于坐过山车造成的脑出血（Pelletier & Gilchrist, 2005）。

尽管这些统计数据不太可能阻止你下次去主题公园玩，但它们已经引发了一些呼吁，要求加强对该行业的监管。

从事某些运动的人脑震荡和脑损伤的风险较高。对男性来说，最大的风险来自橄榄球运动；对女性来说，最大的风险来自踢足球（Lincoln et al., 2011）。此外，由于大脑发育的关键时期在10~12岁之间，因此，男孩在度过这个阶段之前，避免打橄榄球可能尤为重要（Stamm et al., 2015）。在最近的一项研究中，214名前业余和职业橄榄球运动员（他们参加这项研究时平均年龄为50岁）被问及他们目前的认知功能是否正常以及抑郁程度。在12岁之前开始打橄榄球的人比12岁之后开始打球的人有2倍以上的概率报告出现认知问题，患抑郁症的概率是后者的3倍以上（Alosco et al., 2017）。即使在控制了橄榄球比赛的总赛季数（对于较早开始打球的人，这一时间可能会更长）这一变量之后，情况也是如此。

你也应该知道，小的打击也不容忽视。大脑的变化可能是并没有严重到足以引起脑震荡的头部撞击造成的（Bazarian et al., 2014;Montenigro et al., 2015）。最近的神经影像学研究还表明，打橄榄球的大学生运动员与从未打过橄榄球的大学生运动员相比，即使从未发生过脑震荡，海马体积也较小（Singh et al., 2014）。打橄榄球和有脑震荡病史的运动员海马体积的减小更为明显。图14.11展示了这些研究发现。这项研究的另一个有趣的发现是，打橄榄球时间最长的运动员反应时间也更长。

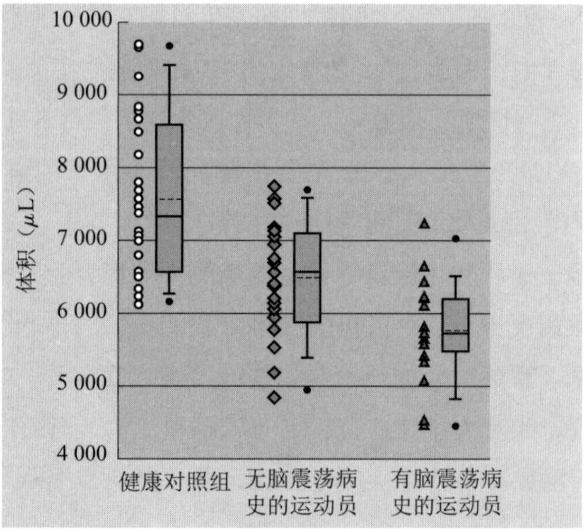

图14.11　大学生橄榄球运动员海马体积

健康对照组（n=25）、无脑震荡病史的运动员（n=25）和有脑震荡病史的运动员（n=25）的海马体积比较。

脑震荡的症状见表14.5。大多数脑震荡并不会引起意识丧失，重要的是要知道，脑震荡发生后，数周内再次发生震荡的可能性会比平时高出 4～5 倍。正如《我们周围的世界》专栏和下面的案例所描述的，每个级别的运动员有时都想在身体还未恢复时就重返赛场，这样往往会带来灾难性的后果。

表 14.5　脑震荡的症状

短暂性意识丧失
意识混乱或模糊
忘记事件当时或受伤前后那段时间所发生的事情
头痛越来越严重，而且不会消失
恶心或呕吐
过度嗜睡
口齿不清或语无伦次
难以记住新信息
头晕
这些症状可能不会立即显现 有些症状可能会在受伤几天后出现

案例

扎克是一名天才运动员，他在初中橄榄球队既做过进攻队员又做过防守队员。他 13 岁时拦截对手后头部撞地受伤。官方宣布暂停比赛，扎克在中场休息前只缺席了三个回合。尽管受了伤，他还是客服了不适，在第三节比赛开始时又回到了场上。“他一直想成为比赛的一员。”他父亲回忆道。

扎克下半场打得很辛苦，比赛结束后就倒地不起。他被空运到一家医疗机构，在那里接受了抢救手术，摘除了左右两侧的颅骨，以减轻受伤肿胀的大脑的压力。他经历了无数次中风，用了 7 天的呼吸机，昏迷了 3 个月才醒来面对新的现实。9 个月后，扎克说出了他的第一个单词，13 个月后，他能够移动一条腿或一条胳膊。他用了鼻饲管 20 个月。他只能坐轮椅，花了将近 3 年的时间才能够在别人的帮助下站立。

2009 年，华盛顿州通过了一项以扎克命名的新法律。法律要求，任何有脑震荡迹象的年轻运动员都要经过有执照的医疗保健机构的检查，以确定是否可以参加比赛。带伤重返赛场可能会危及生命并带来终生的伤害。这项法律保护年轻运动员免受这种伤害。现在，所有 50 个州也纷纷效仿，通过了返场法。

我们周围的世界

有些运动是否过于危险？

对运动员来说，碰撞往往是比赛的一部分，但新的证据迫使许多大学和职业运动员考虑头球或拦截另一位球员可能对大脑造成的长期损害。前“超级碗”冠军、新英格兰爱国者队的后卫特德·约翰逊公开了他经常经历的严重抑郁和头痛后，这个问题首先引起了体育迷的注意（MacMullan, 2007）。约翰逊被诊断出患有慢性脑震荡后综合征（包括疲劳、易怒、失忆和抑郁），也有脑损伤的迹象。他认为他的问题是他在职业生涯中头部多次受到撞击的直接结果。

反复脑震荡会造成非常严重的后果。头部受到撞击后，大脑会变得脆弱，这种情况会持续好几周，在此期间第二次受伤将造成呈指数级增长的伤害。约翰逊在一场表演赛中与对手严重冲撞，他的认知功能急剧下降，不得不离开赛场。4天后，教练要求他训练时要有肢体碰撞。尽管他知道这不是一个好主意，但骄傲加上不让自己显得软弱的压力使他没有要求免除身体训练。他在训练过程中受到了轻微的撞击，体验到温和而模糊的脑震荡的感觉。对约翰逊来说，这是他运动生涯结束的开始。

匹兹堡企鹅冰球队队长西德尼·克罗斯比受伤后一年多一直有脑震荡症状。他明智地花时间恢复了健康，然后回到了冰球场上

在前美国职业橄榄球大联盟后卫安德烈·沃特斯自杀后，约翰逊决定公开他的故事。沃特斯是一名强悍的球员，他在职业生涯中多次遭遇脑震荡。一位神经科医生在他44岁去世后检查了他的大脑，报告说他的脑组织与85岁老人的脑组织相似。沃特斯也有一些阿尔茨海默病的迹象。医生怀疑反复的脑震荡是他大脑损伤的原因。

研究支持这种推测。一项对2 552名退役职业橄榄球运动员的研究表明，大多数人（61%）在职业生涯中都经历过至少一次脑震荡。此外，那些有3次或3次以上脑震荡病史的运动员被诊断出认知问题的可能性是没有脑震荡病史的运动员的5倍，记忆力受损的可能性是没有脑震荡病史的运动员的 3 倍。反复脑震荡的运动员也更有可能在以后被诊断为抑郁症（Guskiewicz et al., 2005）。

新的研究也强调了在任何级别打橄榄球（如高中、大学、半职业和职业比赛）与慢性创伤性脑病（CTE）之间的联系。CTE 是一种引起神经退行性病变的进行性脑损伤。在迄今为止规模最大的一项研究中，研究者对 202 名退役橄榄球运动员的大脑进行了神经病理学检查。这些球员在死后捐献了大脑，以用于科学研究。在全部病例中，87% 被诊断为 CTE。在 111 名美国职业橄榄球大联盟球员中，有 110 人（99%）患有 CTE（Mez et al., 2017）。这是一个惊人的大数字。当然，我们要知道，这不是一个随机样本。也许那些怀疑（或其家人怀疑）自己存在脑损伤的人更有可能同意捐出大脑，供日后解剖使用。但是，诸如此类的研究结果再次提醒我们，打任何级别的橄榄球都存在风险，尤其是为娱乐参加最高级别比赛的人。

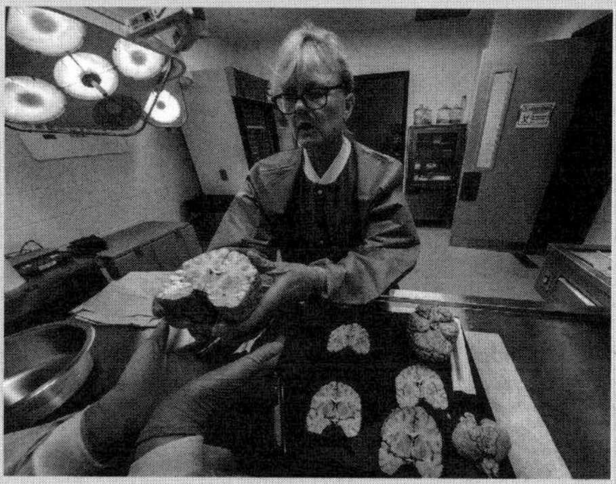
波士顿大学医学院教授、神经病理学家安·麦基生长在一个热爱橄榄球的家庭，她的开创性研究建立了橄榄球比赛中经常发生的撞击和 CTE 之间的联系

正如我们之前提到的，脑震荡可能不是唯一的问题。现在有证据表明，头部反复的“低于脑震荡强度的”撞击可能是大部分损伤的原因。这种撞击正是每一场橄榄球比赛都经常发生的。

你认为提高人们对脑震荡长期伤害的认识将如何改变人们对橄榄球的看法？球员们会提前退休，就像旧金山 49 人队的后卫克里斯·博兰那样，因为担心头部受伤，而在 24 岁就早早退役吗？还是说，年轻人总是会对参加比赛充满激情，愿意承担随之而来的风险？在电视上观看橄榄球比赛的感受如何？当球员遭受严重撞击时，你会做何反应？

我们还了解到一些因素，它们可能增加个体脑损伤后出现问题的可能性。一个重要的风险因素似乎是我们之前讨论过的 APOE-E4 等位基因的存在（Waters & Nicoll, 2005）。一项对拳击手的研究发现，APOE-E4 遗传风险因素与更多的慢性神经功能障碍有关（Jordan et al., 1997）。一项对接受神经外科治疗的患者进行的研究发现，携带 APOE-E4 等位基因的患者在 6 个月的随访中表现更差，即使在控制了初始损伤的严重程度等因素后也是如此（Teasdale et al., 1997）。

也许历史上最著名的 TBI 患者是菲尼亚斯 · 盖奇（Phineas Gage; Harlow, 1868）。25 岁的盖奇是佛蒙特州卡文迪什市一个正在修建铁路的建筑队的工头。1848 年 9 月 13 日发生了一起事故，一根铁棒（长约 110 厘米，直径约 2.5 厘米，重约 6 千克）从盖奇的头骨中穿过，从下脸颊穿出。盖奇被爆炸的力量炸飞，但几分钟后开始说话。工友们把他放在一辆牛车里，送到旅馆。他在别人的帮助下走进了自己的房间，流了大量的血。奇迹般的是，盖奇在事故中幸存下来，最终完全康复。但是，在其他方面，他变成了一个不同的人。最显著的是他人格上的变化。正如他的医生所指出的："他会间歇性地表现粗鲁，有时爆粗口（他以前没有这个习惯），不尊重同伴，对不合心意的约束或建议不耐烦，有时极端固执，但又反复无常、优柔寡断。他为将来的行动制订了许多计划，但这些计划刚安排好，就会为了其他的事情放弃。"虽然有些人认为人们通常叙述的菲尼亚斯 · 盖奇的故事充满了错误与不准确性（Kean, 2014），但情绪失调、人格改变和自我意识障碍等变化是额叶严重受损的特征（Stuss et al., 1992）。

14.7.2 治疗和结果

正如扎克的例子所显示的那样，为了挽救患者的生命，消除严重肿胀对大脑造成的压力，及时治疗脑损伤是必要的。此外还应配合有许多不同专业人员参与的长期再教育和康复方案。

虽然许多创伤性脑损伤患者没有后遗症（如果他们只经历了短暂的意识丧失，就不会留下后遗症），但是，也有患者会遭受明确而持久的损伤。轻度创伤性脑损伤的常见症状是头痛、记忆问题、对光和声音敏感、头晕、焦虑、易怒、疲劳和注意力受损（Miller, 2011）。当脑损伤严重时，患者的一般智力水平可能会大大降低，尤其是当颞叶或顶叶受损时。大多数患者返回工作岗位的时间都会大大推迟，许多患者根本无法重新回去工作（Selassie et al., 2008）。成人丧失其他社会角色功能也很常见，而且这类症状与脑损伤的严重程度有关（Rassovsky et al., 2015）。总体来说，大约 24% 的脑外伤患者会患上创伤后癫痫，这可能是因为大脑中疤痕组织的生长造成的。癫痫通常发生在头部受伤后 2 年内。即使在头部受伤发生几十年之后，伤者患抑郁症以及药物滥用、焦虑障碍和人格障碍等其他障碍的风险也很高（Holsinger et al., 2002; Koponen et al., 2002）。

脑损伤也会导致人格改变。一个相对常见的变化是，患者变得更容易情绪失调。这种情绪的不稳定常常伴随着易怒或去抑制。不太常见的是，可能变得明显很冷漠和偏执（Max et al., 2015）。据报告，多达 40% 的严重脑外伤儿童的人格发生了变化。59% 经历过严重创伤性脑损伤的成年人患者被其重要家属报告称其人格发生改变（Norup & Mortensen, 2015）。

人格变化的类型很大程度上可能取决于脑损伤的部位和程度（Prigatano, 1992）。然而，尽管一半以上的脑损伤患者出现心理症状，尽管缓解这些症状可以改善康复效果，但目前对这些障碍的风险因素、发病机制和治疗的研究还很少（Rao & Lyketsos, 2002）。

尽管有人可能认为，由于大脑的可塑性，儿童在脑损伤后会恢复得更好，但情况通常并非如此。遭受严重创伤性脑损伤的儿童受伤时年龄越小，语言能力、精细运动能力和其他能力越弱，就越有可能受到不利的影响。这是因为大脑损伤使学习新技能变得困难，而幼儿一开始就没有什么技能。他们的智力、加工速度、注意力和记忆力都会受到影响，社交能力也会受到损害。受伤的严重程度、有限的社会经济资源和家庭功能失调都会影响儿童的康复（Catroppa et al., 2015; Karver et al., 2012; Rosema et al., 2012）。好消息是，如果伤害轻微，大多数儿童不会出现持续的后遗症。前瞻性纵向研究还表明，遭受过严重创伤性脑损伤的儿童虽然可能仍然有缺陷，但情况可以稳定下来，随着年龄的增长还可以在发展上获得适当的益处（Anderson et al., 2012）。

在纯医疗阶段之外对创伤性脑损伤的治疗通常耗时长、很困难且要价高。非纯医疗阶段要求对患者的神经心理功能进行认真和持续的评估，并设计干预方案，解决遗留的问题。人们应用了许多不同的治疗方法，包括药物治疗、康复干预（如职业、物理、言语 / 语言治疗、认知治疗、行为治疗、社交技能培训、职业和娱乐治疗），以及个人、团体和家庭治疗（Hampton, 2011）。通常，治疗目标是为患者提供新的技能，来弥补他们可能会永远丧失的功能（Bennett et al., 1997）。研究还表明，TBI 患者有时也能从多奈哌齐的治疗中受益。多奈哌齐是一种广泛用于治疗阿尔茨海默病的乙酰胆碱酯酶抑制剂（Zhang et al., 2004）。表 14.6 列出了一些与预后良好的 TBI 患者相关的变量。

表 14.6　创伤性脑损伤临床预后的预测因素

当出现以下情况时，结果更为有利
• 只出现短暂的意识丧失或创伤后顺行性遗忘
• 微小的认知障碍
• 损伤前拥有健康的人格
• 受教育程度较高
• 损伤前工作稳定
• 恢复的动机或充分利用自己剩余能力的动机
• 病后可以拥有良好的生活状态
• 早期干预
• 适当的康复和再教育计划

未解决的问题

健康的人应该使用认知增强剂吗?

许多希望提高认知能力的健康人，无论老少，都会服用可以提高认知能力的药物。我们中许多人经常摄入咖啡因，它可以提高警觉性、工作记忆和偶然学习。另一些人摄入尼古丁，虽然吸烟明显对健康有害，但它可能在短期内增强情景记忆、工作记忆和注意力（Husain & Mehta, 2011; Lanni et al., 2008）。

然而，最近的趋势是服用处方兴奋剂。其中包括用于治疗注意力缺陷障碍的哌醋甲酯和用作白天极度嗜睡的人的促醒剂的莫达非尼。如今，想获得好成绩的学生和需要在长期任务中保持清醒的军人会使用这些化合物（并不总是合法的处方药）。根据研究，大约 16% 的大学生承认使用哌醋甲酯是为了娱乐（Babcock & Byrne, 2000; White, Becker-Blease, & Grace-Bishop, 2006）。

研究表明，医生不愿意给拥有良好认知能力的年轻人开这些药物（Banjo et al., 2010）。部分原因在于医生担心这些化合物不安全，认为它们带来的好处非常少。当然，有证据表明，认知增强剂对健康人的益处确实非常有限；此外，其中还存在伦理问题（Hyman, 2011; Lanni et al., 2008）。治疗药物是否应该作为认知增强剂用于那些没有患病的人？谁最有可能接触到这些认知增强剂？使用认知增强剂是否会引起“认知军备竞赛”，就像某些职业运动中不服用类固醇的运动员处于非常不利的地位一样？未来的学生会被要求在参加重要考试前提供尿样吗？

本章小结

14.1 描述与神经认知障碍相关的损伤，并解释这些障碍的可能成因

- DSM-5 有重度和轻度神经认知障碍的分类。人们认为这些障碍是对大脑的暂时性或永久性损伤造成的。慢性神经认知障碍涉及神经细胞的永久丧失。
- 神经认知障碍的主要临床缺陷是认知问题。神经认知障碍的特征是已经获得的技能丧失或能力下降。
- 病因不同，发病可能是缓慢的或逐渐恶化的。重度神经认知障碍最常见的原因是阿

尔茨海默病。

- 大脑受损的程度和功能受损的程度之间并不是直接的对应关系。有些大脑严重受损的患者并未出现严重的症状，而有些轻微受损的患者则有极端的反应。

14.2　总结谵妄的主要临床特征并描述治疗方法

- 谵妄会突然发作。它在老年人中很常见，特征是意识时而清醒，时而不清醒或昏迷。
- 谵妄可用抗精神病药物和苯二氮䓬类药物治疗。

14.3　描述神经认知障碍的两种永久性病因和三种可逆性病因

- 神经认知障碍有很多原因。在某些情况下，损伤是暂时性的，可以治愈或通过治疗改善。在其他情况下，损伤是永久性的。
- 神经认知障碍可以治疗的病因包括药物引起的认知损伤、维生素 B_{12} 缺乏症、酒精中毒、大脑感染、某些肿瘤、压迫大脑的血块、代谢失衡和抑郁症。
- 神经认知障碍不能医治的病因包括阿尔茨海默病、亨廷顿病、帕金森病、缺氧、中风等血管事件和脑损伤。

14.4　说明阿尔茨海默病的风险因素，并描述该病患者的大脑病变

- 年龄是阿尔茨海默病及血管性痴呆等其他形式痴呆的主要风险因素。
- 基因在阿尔茨海默病的易感性和风险中起着重要作用。APP、PS1 和 PS2 基因的突变与早发型阿尔茨海默病有关。APOE 基因的 APOE-E4 等位基因也是阿尔茨海默病的一个风险因素。
- 阿尔茨海默病的神经病理特点包括：细胞损失、斑块和神经元纤维缠结。斑块含有一种叫作 β-淀粉样蛋白的黏性蛋白质。神经元纤维缠结含有异常的 tau 蛋白。
- 阿尔茨海默病会破坏产生乙酰胆碱的细胞，乙酰胆碱是一种对记忆很重要的神经递质。治疗阿尔茨海默病的药物有胆碱酯酶抑制剂，如多奈哌齐。这些药物有助于阻止乙酰胆碱的分解，从而使大脑中存在更多可用的乙酰胆碱。

14.5　解释血管事件如何引起神经认知问题

- 血管事件，如一系列的小中风，会中断大脑区域的血液供应，从而造成脑损伤。
- 随着时间的推移，这些事件累积起来，破坏了大脑广泛区域的神经元。受损的区域会逐渐软化，并可能随着时间的推移退化，只留下空洞。

14.6　概述严重的记忆损伤是如何造成的

- 遗忘症指严重的记忆丧失。严重记忆损伤最常见的原因是长期酗酒。
- 其他原因包括头部外伤、中风、手术、感染和缺氧。

14.7　描述头部外伤的一些临床后果，并解释与损伤程度相关的因素

- 头部受伤会导致遗忘症和其他认知损伤。逆行性遗忘指无法回忆起创伤发生之前的

事件，顺行性遗忘指不能记住创伤发生之后的事情。

- 一个人发病前的人格和生活状况决定了其对脑损伤的反应。但是，这些联系的原因尚不明确。
- 创伤的严重程度、伤者的年龄以及受伤的部位都会影响损伤的程度。APOE-E4 等位基因可能也是一个因素。

第15章

儿童和青少年的精神障碍（神经发育障碍）

学习目标

15.1 解释对儿童和青少年精神障碍的理解与对成人有何不同

15.2 区分儿童和青少年发展正常和异常的焦虑和心境

15.3 描述对立违抗障碍和品行障碍的表现和患病率

15.4 列出并定义排泄障碍

15.5 概述注意缺陷/多动障碍和孤独症谱系障碍的特点、病程和疗法

15.6 描述目前已知的学习障碍的成因和治疗方法

15.7 定义智力障碍，并列举造成智力障碍的三个已知原因

15.8 讨论青少年治疗与成人治疗的区别

案例

阿玛利娅是一个14岁的拉丁裔女孩，来自美国得克萨斯州的一个中产阶级家庭。阿玛利娅8岁时，母亲死于癌症。母亲得病和随后去世对阿玛利娅来说打击极大，她几次抑郁发作，发作期间长时间悲伤、快感缺失，觉得自己毫无价值，十分自卑。在过去的两年里，阿玛利娅每周都会秘密地进行非自杀性自伤——用剃刀割几次胳膊和腿。她最近还被抓到在商店行窃和逃学。

阿玛利娅的父亲非常关心她，多次试图和她谈论她的感受和越来越失控的行为，但是，这只会导致争吵，使他们之间的关系更加紧张。阿玛利娅还拒绝了父亲提出的和她一起去看心理医生的要求。一个周末，阿玛利娅和朋友们出去喝了一晚上酒，回到家时心情非常悲伤，她一个人在房间里写了一封遗书，吞下了一整瓶安眠药。幸好她的父亲及时发现，拨打了911，把她送到医院抢救。在医院里，阿玛利娅否认服用了药物，也否认自己想自杀，甚至否认自己有抑郁症状。医院工作人员决定将阿玛利娅留在医院观察72小时，在此期间他们确定她患有严重的抑郁症。她接受了一个星期的住院治疗，然后被转介到门诊接受心理治疗。她还服用了抗抑郁药物。

20世纪以前，对精神障碍的研究和治疗都集中在成年人身上，很少关注儿童和青少年。直到20世纪20年代和30年代精神卫生运动的兴起以及儿童指导中心的建立，才使人们开始评估、治疗和理解儿童和青少年的适应不良的行为模式。儿童和青少年的障碍现在是心理学家和临床医生的主要关注点。

专门为评估儿童和青少年精神障碍患病率而设计的具有全美代表性的调查显示，儿童和青少年精神障碍的发生率相当高。大约一半（49.5%）的儿童和青少年在18岁之前符合至少一种精神障碍的标准（见图15.1; Merikangas et al., 2010）。焦虑障碍发病最早（一般从6岁左右开始），其次是行为障碍（11岁）、心境障碍（13岁）和物质使用障碍（15

岁；Merikangas et al., 2010）。自杀的想法和行为在儿童中很少见，但从 12 岁开始急剧增加（Nock et al., 2013）。大约 12% 的青少年在 18 岁时有自杀的想法，4% 的人有过自杀的企图（Nock et al., 2013）。鉴于问题的普遍性和严重性，人们正在努力更好地了解儿童和青少年的障碍。

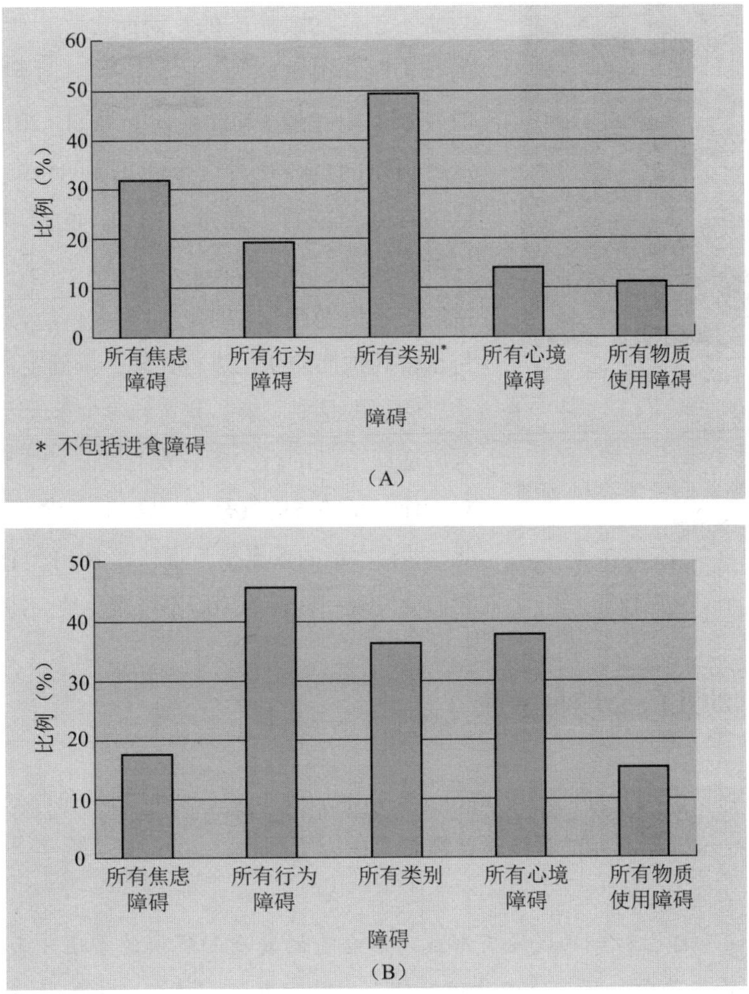

图 15.1　儿童和青少年精神障碍的患病率和治疗情况

这些来自美国国家共病调查-青少年补充调查的数据显示了：（A）符合不同类型精神障碍 DSM 标准的美国青少年的比例；（B）接受某种形式治疗的青少年的比例。

15.1 理解儿童和青少年障碍时的特殊考虑

图 15.2 要确定一个人的行为是否是病态的，必须考虑这个人所处的发展阶段。你在自己的脸上画画，然后到处跳舞，说“我是一只漂亮的蝴蝶”时，如果你是一个小孩，那么这是正常的；如果你的年龄已经到了可以读这本书的阶段，你的发展就是异常的

解释对儿童和青少年精神障碍的理解与对成人有何不同

我们如何确定哪些发生在儿童和青少年时期的行为是不正常的或病态的？简而言之，在考察一个儿童的行为时，很重要的一点就是将其放到正常儿童发展的背景下去考量（McLaughlin et al., 2015）。如果不确定所讨论的行为是否适合该儿童的年龄，我们就不能认为该儿童的行为异常。例如，吃弹球和发脾气在 2 岁的儿童身上是正常的，但在 17 岁的人身上则是不正常的。**发展精神病理学**的研究重点是将个体发展过程与正常和预期的变化进行比较，以确定什么是异常的。

重要的是要了解，儿童和青少年或者青少年和成年人的适应不良的行为模式没有明显的界限（也就是说，对于什么年龄发脾气是“异常的”，没有明确规定）。因此，尽管本章的重点是儿童和青少年的行为障碍，但是，我们会发现一些行为障碍不可避免地会持续到以后。

15.1.1 幼儿的心理易感性

幼儿尤其容易出现心理问题（Ingram & Price, 2001）。在评估儿童和青少年是否存在心理健康问题或心理健康问题的程度时，需要考虑以下因素：

• 他们对自己和世界还没有形成以后会有的复杂而现实的看法，而且他们还没有形成稳定的认同感，对于他们应该做什么、可以利用哪些资源来解决问题，也没有清晰的认识。

• 儿童往往过分看重当下所感知到的威胁，因为他们不会考虑到过去或未来而加以调节。因此，在应对应激事件时，儿童常常会比成年人遇到更多的困难（Compas et al., 2017）。

• 儿童缺乏应对逆境的经验，这使本来可以解决的问题也变得难以克服（Scott et al., 2010）。例如，本书的一位作者当时认为，如果他不参加他的初中毕业舞会，世界就真的会毁灭（剧透警告：后来并没有）。

• 儿童也比成年人更依赖他人。尽管这种依赖在某种程度上可以帮助儿童躲避其他危险，因为周围的成年人可能会“保护”儿童在生活中免受伤害，但这也使儿童更容易受到他人的虐待或忽视。

15.1.2　儿童与青少年障碍的分类

直到 1952 年 DSM-I 出版，才有正式的系统对儿童和青少年的情绪或行为问题进行分类。最初，论述儿童精神障碍的内容非常少，只有两种障碍：儿童精神分裂症和童年期调整反应。1966 年，精神病学研究促进小组为儿童提供了一个详细而全面的分类系统。因此，在 1968 年修订的 DSM（DSM-II）中，新增了几个类别。临床医生试图诊断和治疗儿童问题，研究者试图增加我们对儿童精神病理学的理解，然而，他们仍然越来越担忧由于某些原因，过去对于儿童和青少年精神障碍的理解是不恰当也不准确的。

最大的问题在于，为成年人开发的分类系统被用于儿童问题，但是很多儿童障碍，例如自闭症、学习障碍和学校恐怖症，在成人精神病理学中没有对应的分类。早期的分类系统也忽略了这样一个事实：在儿童障碍中，环境因素在症状的表现中起着重要的作用，也就是说，症状在很大程度上受到家庭对这种行为的接受或拒绝的影响。此外，这些分类系统在考虑儿童的症状时，没有将他们的发展水平考虑进去。被 DSM 定义为异常的一些行为可以被认为是与儿童年龄相适应的行为，随着儿童逐渐长大，这些问题行为可能最终就自然消失了（例如，恐惧、发脾气）。所有这些问题都在 DSM-5 中得到了充分的解决。

DSM-5 提供了大量儿童和青少年障碍的诊断。由于篇幅有限，我们无法在本章中探讨所有的儿童与青少年障碍，只选取了几种障碍，以此说明儿童和青少年可能出现的诸多问题。我们首先探讨前文描述过的、在儿童中也可能出现的障碍（如焦虑障碍和抑郁障碍），然后，我们会探讨总是在儿童或青少年期发作的障碍，如对立违抗障碍、品行障碍和神经发育障碍。

15.2　儿童和青少年的焦虑和抑郁障碍

区分儿童和青少年发展正常和异常的焦虑和心境

你已经学过的焦虑和抑郁障碍在儿童期和青少年期也经常发生。这些障碍中的每一种障碍都可能发生在青少年中，但是，重要的是在任何情况下都要确定儿童的行为对其发展阶段来说是异常表现还是正常表现。本节我们讨论焦虑、抑郁和双相障碍。

15.2.1 儿童和青少年的焦虑障碍

大多数儿童在成长过程中都很容易受到恐惧、不确定性和焦虑的影响，我们很多人在童年时代都害怕高、雷、黑暗、小丑等。这种恐惧是人类发展的正常组成部分，在大多数情况下并不会被认为是病态的，随着时间的推移会消失。但是，恐惧和焦虑在某些情况下的严重程度、持续时间之长、伤害之大，超出了发展预期，以至于儿童被确诊为焦虑障碍。儿童期和青少年期的焦虑障碍与成人的焦虑障碍分类相似，并且与成年期的焦虑障碍一样，通常与抑郁障碍共病（Kendall et al., 2010; O' Neil et al., 2010）。

焦虑障碍是儿童和青少年中最常见的精神障碍，大约有 32% 的美国青少年在一生中的某个阶段会出现焦虑障碍（Merikangas et al., 2010）。女孩的患病率（38%）高于男孩（26%），最常见的形式是特定恐怖症（19%）、社交焦虑障碍（9%）、分离焦虑障碍（8%）和创伤后应激障碍（5%；见图 15.4）。你已在第 5 章和第 6 章了解了大多数的焦虑障碍，但并不了解我们现在要讲的分离焦虑障碍的情况。

分离焦虑障碍

分离焦虑障碍在 DSM-5 中被归类为焦虑障碍，特征是对与主要依恋对象（如母亲）和熟悉的家庭环境分离的过度焦虑（Bernstein & Layne, 2006）。患有分离焦虑障碍的儿童往往缺乏自信，在新环境中感到害怕、不安，与年龄相比显得很不成熟。父母说他们害羞、敏感、紧张、顺从、容易气馁、担心、经常感动得流泪。很多案例都可以找到明确的社会心理应激源，如亲属的过世或宠物的死亡。下面的案例描述了这种障碍的临床表现。

案例

约翰尼是一个非常敏感的 6 岁男孩，害怕很多东西，做噩梦，并伴有慢性焦虑。即使与母亲分离很短的一段时间，他也会感到恐惧。母亲送他去幼儿园，当母亲离开教室时，他变得非常烦躁。于是，校长安排他的母亲留在教室里。但是，两周以后，这种安排不得不终止，约翰尼从幼儿园退学了，因为他母亲哪怕离开几分钟都不行。后来，他母亲想让他上一年级，他表现出同样强烈的焦虑和对与母亲分离的抵触。在学校指导老师的建议下，约翰尼的母亲带他去社区诊所寻求帮助。治疗师最初见到他们母子时穿着白大褂，这让约翰尼非常害怕。他的母亲不得不抓住他，不让他跑掉，直到治疗师脱下白大褂，他才安定下来。约翰尼的母亲解释说，儿子害怕医生，即使生病了也难以带他去看医生。

患有分离焦虑障碍的儿童与依恋对象分离时，通常会被病态的恐惧占据，比如担心父母会生病或死亡。他们无助地依赖着成年人，难以入睡，有过分的要求。分离焦虑障碍在女孩中（9%）比在男孩中（6%）更为普遍（Merikangas et al., 2010）。许多患有分离焦虑障碍的儿童随着时间的推移会自愈（Cantwell & Baker, 1989）。但是，有一些儿童患者还是会继续出现拒绝上学的问题（害怕离开家、离开父母而不愿上学），或产生一些适应困难。许多患有分离焦虑障碍的儿童还患上了大量其他焦虑障碍，如恐怖症和强迫症（Egger et al., 2003; Kearney et al., 2003）。

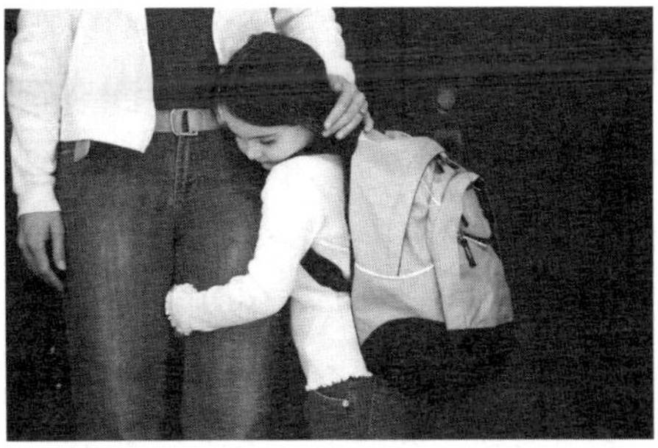

图 15.3　患有分离焦虑障碍的儿童与依恋对象分离时，通常会被病态的恐惧占据，比如担心父母会生病或死亡

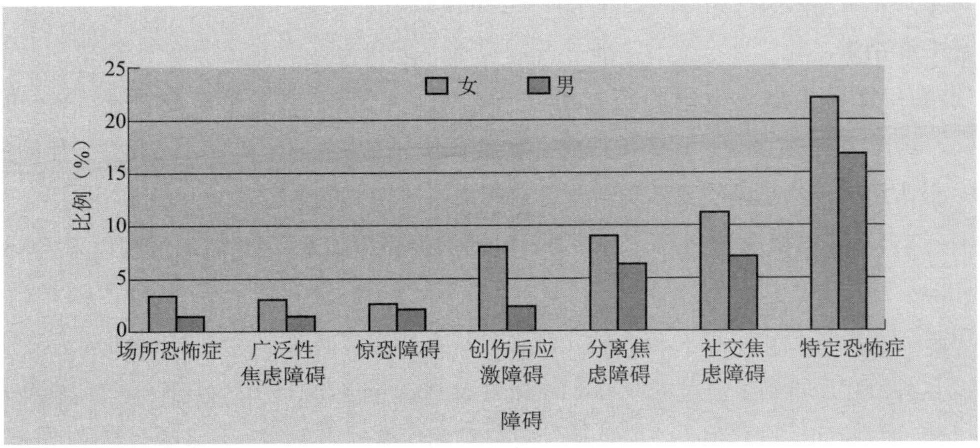

图 15.4　焦虑障碍在女孩和男孩中的患病率

美国国家共病调查–青少年补充调查对 1 万名美国青少年进行了具有全国代表性的抽样调查，调查数据显示，焦虑障碍在青少年中普遍存在，而且女孩患病率比男孩高。

焦虑障碍的成因

对儿童焦虑障碍的解释强调了一些原因。虽然人们认为遗传因素是导致儿童焦虑障碍（尤其是强迫症）的原因（Nestadt et al., 2010），但是社会和文化因素可能也是有影响的。例如，一些研究显示，拉丁裔移民青年患焦虑和抑郁的风险更高（Potochnick & Perreira, 2010）。少数族裔家庭中的父母行为和家庭应激是儿童发生焦虑障碍的潜在影响因素，但是，更广泛的文化因素也起到了作用。

焦虑儿童经常在早期就表现出敏感性，这使得他们很容易受到厌恶性刺激的影响。例如，他们可能很容易因为很小的失望就心烦意乱，例如丢失玩具或遇到一只非常想要的小狗，然后他们要用很长时间才能平静下来，这会导致过度恐惧反应的建立和泛化。儿童可能会因为早期疾病、事故或引起痛苦和不适的丧失变得焦虑。住院等经历的创伤性影响会使这些儿童感到不安全和不适应。某些改变生活（比如离开朋友进入新环境）的创伤事件也会对儿童的适应产生强烈的负面影响。过度焦虑和保护性的父母会让儿童对外界的危险和威胁非常敏感。父母的过度保护常常表示他们对儿童的应对能力缺乏信心，因此使儿童对自己更加没有信心（Woodruff- Borden et al., 2002）。

多年来对幼儿与父母关系的研究表明，似乎存在一些关键期，在这些时期，如果儿童依恋的父母在儿童面对感知到的威胁时为儿童提供支持并保证安全，儿童就会学会如何利用与亲密的人之间的社会关系来减轻压力。但是，如果儿童依恋的父母不能提供这样的支持和安全，就可能阻碍儿童学习使用社会支持的能力，降低儿童面对压力做出反应的能力，并增加儿童未来出现焦虑问题的风险（Gunnar, 2017）。

治疗和结果

儿童和青少年焦虑障碍的药物治疗在过去几十年中变得越来越普遍（Vitiello & Waslick, 2010）。一般来说，用于治疗成人焦虑障碍的药物也用于治疗儿童和青少年的焦虑障碍。最常用的药物是苯二氮䓬类药物，它能快速抑制中枢神经系统，有镇静作用，还有选择性 5- 羟色胺再摄取抑制剂，它能随着时间的推移增加 5- 羟色胺的可利用率（Coffey & Zwilling, 2012）。

认知行为疗法已被证明在减少幼儿焦虑症状方面非常有效，大约 2/3 的儿童和青少年在接受这种治疗后得到了显著的改善（Kendall & Peterman, 2015）。临床医生使用这种方法针对儿童的特殊问题进行治疗，并使用针对恐惧和焦虑的心理教育，系统和渐进式地让儿童暴露于引起焦虑的刺激下，以及反复、长期地让儿童接受正强化，以减少儿童对恐惧对象或情景的焦虑。暴露法被证明在成人、青少年和儿童焦虑障碍的治疗中非常有效。重要的是，最近的研究表明，儿童接受恐惧刺激的时间越长、难度越大（例如，面对十分令其恐惧的事物，而不仅仅是轻微恐惧的事物），干预的效果就越好（Peris et al.,2017）。

15.2.2 儿童抑郁障碍和双相障碍

儿童抑郁障碍和成人抑郁障碍一样，特征是悲伤、退缩、哭泣、睡眠不足和食欲不振，在某些情况下还有自杀想法或自杀企图。过去，儿童抑郁障碍基本上是根据成人 DSM 诊断标准进行分类的。其中一处不同是，儿童抑郁障碍的主要症状为个体经常表现出易激惹，而不是抑郁情绪。

案例

詹姆斯是一个 9 岁的非裔美国男孩，最近变得非常易激惹，事情不顺心的时候就会哭和发脾气。起初，他的母亲和老师认为他这样做是为了达到自己的目的，但他的母亲注意到，他越来越难过，在家里与他人隔绝——他每天放学后都要在床上躺几个小时。同样，詹姆斯的老师也注意到他不像以前那样和学校里的其他儿童一起玩，相反，他大部分时间都一个人待着，甚至避免接触他人的目光。詹姆斯吃得很少，睡得也少，看上去忧心忡忡，而且大部分时间焦虑、紧张。最近他开始说他不属于任何地方，如果他不出生的话，他的家人会过得更好。

儿童和青少年抑郁症的发生率很高。大约 12% 的儿童和青少年都会在人生的某个阶段符合抑郁症的标准，女孩（16%）比男孩（8%）比例更高（Merikangas et al., 2010）。在过去几十年中，这些比例大体上是一致的（Costello et al., 2006）。虽然抑郁症可能发生在童年期，但在童年期发病率较低，在青春期则急剧上升。

图 15.5　儿童抑郁症症状包括退缩、哭泣、避免眼神接触、身体不适、食欲不振，在某些极端情况下，还会出现攻击行为和自杀

双相障碍的患病率较低（男孩和女孩都是 3%），但在儿童和青少年中可以诊断出该障碍（Merikangas et al., 2010）。美国儿童和青少年中诊断出双相障碍的人数有所增加（见《研究进展》专栏）。莫雷诺和他的同事（2007）报告称，10 万青少年中诊断为双相障碍的门诊就诊人数从每年 25 人（1994—1995 年）增至 1003 人（2002—2003 年），成人就诊人数也是如此，其中大多数为男性（66.5 人）。这些青少年中很多人还被诊断为注意缺陷 / 多动障碍。

研究进展

儿童和青少年双相障碍：是否有流行性？

双相障碍的特征是心境大幅度波动、攻击性行为和易激惹（Braaten, 2011）。一直以来，双相障碍都被认为是成人障碍，但是，从 20 世纪 90 年代中期起，精神病学家开始将该诊断应用于儿童和青少年，并用药治疗（Geller & DelBello,

2008）。有趣的是，儿童和青少年接受诊断的人数迅速飙升，从 1994—1995 年每 10 万人中 25 人确诊到 2002—2003 年每 10 万人中 1 003 人确诊（Moreno et al., 2007）。为什么被确诊的双相障碍儿童和青少年人数有如此大的增长？双相障碍有流行性吗？

对于这种增长有几种可能的解释。这可能反映出患精神障碍的年轻人的确增加了。或者，可能是双相障碍的发病率一直很高，但未被觉察到，随着认识的提高，医生现在意识到更多的患者患有过去“未诊断出”的这一障碍。第三种可能性是，临床医生现在比过去更广泛地使用双相障碍这一诊断，并错误地将其应用于广泛的行为问题，例如，注意缺陷 / 多动障碍（ADHD）。许多专家支持最后一种可能性。例如，被诊断为双相障碍的儿童和青少年与被诊断为双相障碍的成年人相比，男性更多（67% 与 32%），并且他们常常也同时诊断出多动症（32% 与 3%）（Moreno et al., 2007）。对被诊断为双相障碍的儿童和青少年进行的一项持续到其成年后的纵向研究（在一段时间内反复进行评估的研究）表明，许多儿童成年后仍然符合这种障碍的标准，这表明在许多情况下，这一诊断适用于青年人（Geller et al., 2008）。但是，需要更多的研究以更好地理解被诊断为双相障碍的儿童哪些确实患有这种障碍，应该接受适当的治疗，而哪些诊断不准确，最好采用不同的治疗方法。

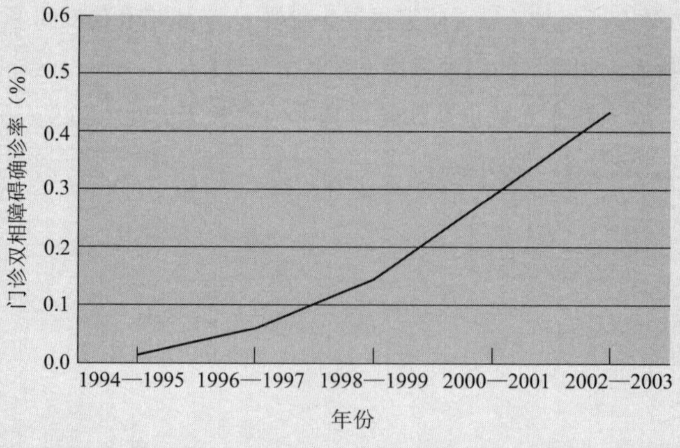

美国门诊就诊的患者中被诊断为双相障碍的青少年（0~19 岁）的比例变化

研究特写

纵向研究

纵向研究包括研究和收集特定群体（特定障碍患者、高危儿童等）的基线信息，然后在未来的某一天（例如，1 年、5 年甚至 20 年后）对该群体进行随访，以确定在这么多年间发生的变化。

儿童抑郁障碍的成因

儿童焦虑障碍的成因也是抑郁障碍的成因。父母抑郁与儿童的行为和情绪问题相关。父母有抑郁症的儿童比父母没有心理障碍的儿童更容易受到影响，接受更多的心理治疗，被诊断出患有更多的心理疾病（Weissman et al., 2016）。父母患有抑郁症的儿童除了患抑郁症和其他形式的心理障碍的比例更高，自杀和因为其他非自然原因早死的风险也更高。父母患有抑郁症的子女比父母没有抑郁症病史的子女平均早 8 年死亡（Weissman et al., 2016）。

其他生物学因素可能也会使儿童易受抑郁症等心理问题的影响。这些因素包括母亲在怀孕期间饮酒导致新生儿发生生理变化，因为产前饮酒与儿童抑郁有关。M. J. 奥康纳（2001）对胎儿期在子宫内即接触酒精的儿童的研究揭示了酒精使用对母亲和婴儿的负面影响和儿童早期抑郁症状之间的连续性。

负性生活事件和适应不良行为似乎会引发儿童抑郁障碍。许多研究表明，儿童早期经历的创伤性事件会增加他们患抑郁症的风险。经历过应激事件的儿童容易出现抑郁，抑郁会使他们在应激下容易产生自杀想法（Silberg et al., 1999）。中枢神经系统面对严重应激的强烈或持续敏感化可能会导致神经递质系统的高反应性和改变，容易使这些儿童在以后患上抑郁症（Heim & Nemeroff, 2001）。

父母的消极行为或情绪可能会使儿童患抑郁症。研究者一直在评估抑郁的母亲通过与婴儿的互动将低落情绪传递给婴儿的可能性。低落情绪的传递有多种途径，包括儿童对父母消极行为的模仿、父母对儿童行为的漠视或者更生物性的途径。例如，最近一项调查产后抑郁的母亲与新生儿之间的相互影响的研究显示，抑郁母亲的催产素水平普遍比没有抑郁的母亲的催产素水平低（催产素即所谓的“爱的激素”，在社交纽带中会增加），在与新生儿互动时也低。此外，母亲抑郁的新生儿也表现出与母亲相似的催产素水平。这表明，催产素水平可能受互动的影响（Pratt et al,, 2015）。

过去几十年进行的研究清楚地表明，父母的抑郁会影响父母对子女的态度，父母的态度又会影响子女的心理健康。但是，好消息是，父母的抑郁是可以治疗的，而且有证据表明，旨在帮助抑郁父母的治疗可以对他们的子女产生积极的影响。对 36 项不同研究的最新综述显示，旨在减少父母抑郁、改善母婴互动的治疗方法在帮助父母进行调整和帮助儿童拥有健康的心理方面产生显著的积极影响（Letourneau et al., 2017）。这方面的研究提醒我们，心理治疗对心理障碍具有潜在的积极影响。

治疗和结果

超过 1/3（38%）患有抑郁障碍或双相障碍的儿童和青少年接受精神卫生治疗（Merikangas, He, et al., 2011）。儿童和青少年抑郁症与成人抑郁症相似的观点促使研究者使用治疗成人的药物治疗表现出心境障碍的儿童。抗抑郁药物是治疗儿童和青少年精神障碍时最广泛使用的药物之（Emslie et al., 2010）。不幸的是，关于儿童抗抑郁药物有效性的研究一直是褒贬不一的。一方面一些针对抑郁青少年的研究表明氟西汀（百忧解）等抗抑郁药物比安慰剂更有效（Treatment for Adolescents with Depression Study Team, U.S., 2004）。另一方面，儿童和青少年抗抑郁药物治疗可能对儿童和青少年有一些不良的生理副作用（恶心、头痛、神经过敏、失眠甚至癫痫），一些研究还表明药物治疗与自杀企图和行为风险增加有关（Whittington et al., 2004）。使用抗抑郁药物和随后的自杀行为之间的关系仍然是该领域激烈争论的话题。

心理治疗已被证明对治疗儿童和青少年的抑郁症有效。对青少年抑郁症心理治疗的对照研究显示，使用 CBT 显著减少了症状（Spirito et al., 2011）。对儿童和青少年抑郁症心理治疗的总体有效性进行的全面元分析表明，这种干预措施是有效的，尤其是在短期内，而且这些治疗措施似乎也能减少接受治疗的儿童的焦虑症状（尽管不是行为问题）（Weisz, McCarty, & Valeri, 2006）。对接受抑郁症治疗的青少年进行的纵向随访研究表明，治疗可以有效减少抑郁症的复发（Beevers et al., 2007）。总的来说，这些研究表明，尽管抑郁症在年轻人中相当普遍，但有效的治疗方法是存在的。

15.3 破坏性、冲动控制及品行障碍

描述对立违抗障碍和品行障碍的表现和患病率

焦虑和抑郁障碍通常被称为“内化障碍”，因为症状的关注点在于人们的内心发生了什么（他们的思想和感觉异常）。相反，以外部症状为特征的障碍，如破坏性行为和冲动行为，通常被称为“外化障碍”。两种最常见的外化障碍是对立违抗障碍和品行障碍。当然，很多儿童会时不时地表现出一些不良行为，比如：不听大人的话、打架等，所以区分正常的行为和可能发生在对立违抗障碍和品行障碍患者身上的更严重、更持久的行为，是很重要的。

区分这些障碍和青少年违法犯罪活动也很重要。青少年犯罪是指未成年人的违法犯罪行为。尽管有外化障碍的青少年可能会触犯法律，但触犯法律本身并不意味着青少年患有这类障碍（见本章末尾《未解决的问题》专栏）。

15.3.1 对立违抗障碍

对立违抗障碍（ODD）的特点是对权威人物的消极、违抗、不服从和敌对行为反复出现，至少持续 6 个月。ODD 分为三种类型：愤怒的 / 易激惹的心境、争辩的 / 对抗的行为和报复。这种障碍的发病年龄通常在 8 岁，终生患病率为 10%，男孩（11%）的患病率略高于女孩（9%）（Nock et al., 2007）。前瞻性研究发现了从 ODD 到品行障碍的发展顺序，这两种障碍都有共同的风险因素。也就是说，几乎所有的品行障碍患者发病前都患有 ODD，但并不是所有的 ODD 儿童在 3 年内都会发展为品行障碍（Lahey et al., 2000）。两种障碍共同的风险因素包括家庭不和睦、社会经济状况较差、父母存在反社会行为，以及两种障碍共有的神经功能缺陷（Blair et al., 2014; Noordermeer et al., 2016）。

15.3.2 品行障碍

品行障碍（CD）的特点是一再违反规则，无视他人的权利（见《DSM-5 诊断标准》专栏）。CD 的平均发病年龄为 12 岁（也就是说，患者中有一半人在 12 岁时患上这种障碍），终生患病率为 10%（Nock et al., 2006）。像 ODD 一样，CD 在男孩中（12%）比女孩中（7%）更常见。由于 DSM 诊断标准中列出的 15 种症状中出现任何 3 种症状就可以确定患者患有 CD，所以这种障碍的临床表现存在很大的差异。研究症状是如何同时出现的统计分析揭示了 CD 的五种常见亚型，每种亚型都包括出现不同行为的儿童：（1）严重违反规则（CD 患者的 26%）；（2）欺诈或盗窃（13%）；（3）攻击人和动物（3%）；（4）亚型 1 和亚型 2 的严重表现形式（29%）；（5）亚型 1、亚型 2 和亚型 3 的组合（29%）（Nock et al., 2006）。

DSM-5 诊断标准
品行障碍

A. 侵犯他人的基本权利或违反与年龄匹配的主要社会规范或规则的反复的持

续的行为模式，在过去的 12 个月内，表现为下列任意类别的 15 项标准中的至少 3 项，且在过去的 6 个月内存在下列标准中的至少 1 项：

攻击人和动物

1. 经常欺负、威胁或恐吓他人。
2. 经常挑起打架。
3. 曾对他人使用可能引起严重躯体伤害的武器（例如，棍棒、砖块、破瓶子、刀、枪）。
4. 曾残忍地伤害他人。
5. 曾残忍地伤害动物。
6. 曾当着受害者的面夺取（例如，抢劫、抢包、敲诈、持械抢劫）。
7. 曾强迫他人与自己发生性行为。

破坏财产

8. 曾故意纵火以意图造成严重的损失。
9. 曾蓄意破坏他人财 . 产（不包括纵火）。

欺诈或盗窃

10. 曾破门闯入他人的房屋、建筑或汽车。
11. 经常说谎以获得物品或好处或规避责任（即“哄骗”他人）。
12. 曾盗窃值钱的物品，但没有当着受害者的面（例如，入店行窃，但没有破门而入；伪造）。

严重违反规则

13. 尽管父母禁止，仍经常夜不归宿，在 13 岁之前开始。
14. 生活在父母或父母的代理人家里时，曾至少 2 次离开家在外过夜，或曾 1 次长时间不回家。
15. 在 13 岁之前开始经常逃学。

B. 此行为障碍在社交、学业或职业功能方面引起有临床意义的损害。

C. 如果个体的年龄为 18 岁或以上，则需不符合反社会型人格障碍的诊断标准。

患有 CD 的儿童和青少年还常同时患有其他障碍，如药物使用障碍（Goldstein et al., 2006）或抑郁症（Stalk et al., 2015）。CD 显著增加了少女怀孕和物质滥用的风险，也增加了以后患反社会型人格障碍和一系列其他障碍的风险（Goldstein et al., 2006）。一项对 1 000

多名儿童进行的直至他们成年的长期随访研究显示，25%~60% 成年期间患有精神障碍的患者童年或青少年时期患有 CD 和 / 或 ODD（Kim-Cohen et al., 2003）。

15.3.3　对立违抗障碍与品行障碍的成因

在过去的 20 年里，我们在了解童年期品行问题产生的相关因素上取得了极大进展。下面将讨论几个因素。

自我延续的循环

有证据表明，导致语言智力低下、轻度神经心理问题和困难型气质的遗传倾向可能为早发 CD 埋下隐患（Simonoff, 2001）。研究者还发现，在不同种族和经济样本中，行为问题和反社会行为具有很强的遗传效应（Baker et al., 2007）。儿童的困难型气质可能会导致不安全型依恋关系，因为父母发现很难教育儿童，建立安全型依恋关系。此外，许多此类儿童语言智力低下并且轻度神经心理缺陷，一些问题可能会导致自我控制功能缺陷，如保持注意、计划、自我监控，以及抑制无效行为或冲动行为方面的缺陷，从而造成终生的困难。在尝试解释为什么常见的轻度神经心理缺陷会产生如此普遍的影响时，请考虑下面的例子。想象一个智商低、注意力不集中、行为控制能力差的小男孩，这样的男孩在家里可能很难听从父母的指示，在阅读、写作和计数方面也有困难。男孩一旦进入幼儿园或学前班，缺乏准备可能会使他在课堂上出现更多问题，可能会加剧他的行为问题，可能导致老师让他离开课堂，以免干扰其他学生，这反过来又会进一步耽误他的学习。随着时间的推移，他最初的行为问题和认知问题会引发更多问题，这样的恶性循环可能会让他的困难永久化。

发病年龄与品行障碍和反社会型人格障碍的关系

与青春期突然出现 CD 的青少年相比，年龄较小即出现 CD 的儿童成年后更容易患精神病态或反社会型人格障碍（Copeland et al., 2007）。在社会经济地位低下的儿童中，CD 与反社会人格之间的联系更加明显（Lahey et al., 2005）。这是一系列问题，首先出现对立违抗障碍，然后演变为品行障碍，最终导致成年人产生精神病态或反社会型人格障碍。虽然只有 25%～40% 的早发性 CD 患者会发展成反社会型人格障碍，但是，超过 80% 的早发性 CD 男孩会存在多种社会功能失调问题（友谊、亲密关系和职业活动方面），即使他们不符合反社会型人格障碍的所有标准。相比之下，大多数在青少年时期患上 CD 的人不会在成年后成为精神病态或反社会型人格障碍患者，相反，他们的问题仅限于青少年时期。这些青少年发病的患者也不具有与儿童发病的患者相同的风险因素，包括语言智力低下、神经心理缺陷、冲动和注意力问题。

心理社会因素

遗传或身体素质可能使人易患 CD 以及成人精神病态和反社会人格障碍，除此之外，家庭和社会环境因素似乎也有很大的影响（Kazdin, 1995）。攻击性强、社交能力差的儿童往往会被同龄人排斥，这种排斥会导致他们与同龄人的不良社交互动呈螺旋式上升，加剧他们的反社会行为倾向（Freidenfelt & Klinteberg, 2007）。严重的品行问题也会导致其他精神卫生问题。例如，在儿童期报告有严重品行问题的个体在成年早期患抑郁症的可能性要高出近 4 倍（Mason et al., 2004）。

这个被社会排斥的有攻击行为的儿童群体也是青少年犯罪风险最高的群体。此外，家长和老师对有攻击行为的儿童表现出强烈的负面感情，如愤怒（Capaldi & Patterson, 1994），相应地，他们可能会拒绝这些有攻击行为的儿童。父母、同龄人和老师的排斥使这些儿童孤立无援，与周围的人疏远。不足为奇的是，他们经常转向行为不端的同龄人群体寻求友谊，并会模仿这个群体的反社会行为。

调查人员普遍认为，CD 儿童的家庭通常有以下特征：排斥、严厉但不一致的管教、父母忽视（Frick, 1998）。有证据表明，父母的行为可能会在无意中“培养”儿童的反社会行为，强迫性的交流会直接造成这一结果（例如，母亲让儿童准备睡觉→儿童开始抱怨→抱怨惹恼母亲，母亲走开，想让自己清醒清醒。由此，儿童学到如果自己抱怨就会达到目的，而母亲学到如果自己退让，儿童就会停止抱怨；这两种行为都得到了强化，儿童也习得了不良行为），而不管教或管教不一致会间接造成这一结果（Capaldi & Patterson, 1994）。以上这些原因都会导致儿童与行为不端的同龄人交往，并有机会进一步习得反社会行为。

除了这些家庭因素，许多更广泛的社会心理和社会文化变量也会增加儿童患 CD 及其成人后患精神病态、反社会型人格障碍（Granic & Patterson, 2006）或抑郁障碍的可能性（Boylan et al., 2010）。社会经济地位低、生活在贫困地区、来自父母的压力和抑郁似乎都增加了儿童陷入这种恶性循环的可能性（Schonberg & Shaw, 2007）。

15.3.4 治疗和结果

大约 1/2 的 ODD 患者（54%）和 1/3 的 CD 患者（32%）都接受了行为问题的治疗（Merikangas, He, et al., 2011）。治疗率比较高的原因可能是 ODD、CD 和其他外化障碍十分容易引起他人的关注，这与抑郁障碍和焦虑障碍等“内化”障碍形成了鲜明的对比。如前所述，患这类障碍的儿童的问题集中在自己身上，或是“内在”的，因此很少被其他人注意到。对 ODD 和 CD 的有效治疗方法主要是改变儿童的家庭和更广泛的环境，以减少儿童的问题行为（Kazdin, 2018）。

治疗 CD 的一个有趣且往往有效的方法是凝聚型家庭模型（Granic & Patterson, 2006; Patterson et al., 1998）。这种家庭群体取向的方法认为，ODD 和 CD 儿童的父母不懂得如何教养儿童，加重了儿童的疾病。例如，父母可能在无意中强化适应不良行为，比如在前一节的例子中，儿童通过把消极行为（抱怨）逐步升级，学会逃脱或避免父母的命令。这种策略反过来又增加了父母对儿童的厌恶和批评。儿童观察到父母越来越愤怒，并开始模仿这种攻击模式。父母对儿童不良攻击行为的关注最终只会强化这些行为，而不会抑制这些行为。品行问题来源于这样的互动模式，因此治疗要关注儿童与父母的互动（Patterson et al., 1991）。

幸运的是，在过去的几十年里，研究者已经开发出可以显著减少 ODD 和 CD 的心理治疗方法。艾伦·凯斯丁是开发和评估儿童品行问题治疗方法的先驱，他通过一系列研究表明，标准的谈话疗法对治疗 ODD 和 CD 是无效的。但是，针对前面提到的一些主要风险因素的两种心理治疗方法确实有积极的效果。家长管理培训是临床医生教家长如何有效地促进和加强亲社会行为，忽略攻击行为或反社会行为的方法，已被证明是相当成功的。此外，临床医生与儿童见面，教授他们解决社会问题的技能（比如如何对他人做出适当的反应）的方法也被证明是有效的。这两种方法的结合疗法在减少儿童品行问题上尤其成功，治疗结束后效果一直很好（Kazdin, 2008b）。

鉴于先前的研究已经找出了 CD 许多不同的风险因素，研究者和临床医生可以利用这些信息确定哪些儿童患 CD 的风险较高，并可以测试旨在减少品行问题的预防计划。例如，快速通道预防计划找出了 891 名有很高风险患 CD 的一年级学生，并随机分配一半学生接受为期 10 年的预防治疗，包括培训家长有效管理行为、培训儿童社会技能和学业辅导。结果表明，与对照组（42%）相比，接受干预的儿童患 CD 的可能性（20%）大为减少（见图 15.6; Conduct Problems Prevention Research Group, 2011）。因此，尽管 CD 与生命后期的重大损伤和问题有关，但这些问题是可以治疗的，甚至是可以预防的。

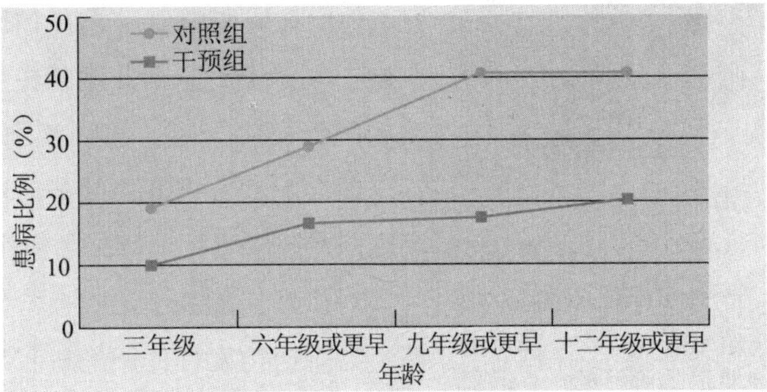

图 15.6　快速通道预防计划被证明能显著降低品行障碍的风险。在这项 2011 年的研究中，只有 20% 接受干预的风险儿童在 12 年级时患上品行障碍，而在对照组中，这一比例为 42%

15.4 排泄障碍

列出并定义排泄障碍

我们在这一节中讨论的儿童障碍——排泄障碍（遗尿症和遗粪症）——只涉及一种明显的症状，而不是广泛的适应不良模式。

15.4.1 遗尿症

“遗尿症”这个术语指的是在应该形成正常排尿节制能力的年龄（5 岁）之后，仍然常在夜间习惯性不受意识控制地排尿。在 DSM-5 中，功能性遗尿被描述为非器质性排泄障碍。原发性功能性遗尿儿童一直未能具备正常排尿的节制能力，而继发性功能性遗尿儿童曾经有过至少一年的正常排尿节制能力，但后来出现退行。DSM-5 中报告的遗尿症患病率在 5 岁儿童中估计为 5%~10%，在 10 岁儿童中为 3%~5%，在 15 岁及以上儿童中为 1.1%。

遗尿症可能由多种器质性原因造成，例如遗传体质、大脑对膀胱的控制紊乱或夜间尿量过多（Kessel et al., 2017）。研究还发现了一些可能起作用的心理和环境因素，例如：（1）未能学会如何抑制反射性膀胱排空；（2）与情绪问题有关的或者由情绪问题引起的心理不成熟；（3）受到干扰的家庭互动，特别是引起持续焦虑的家庭互动；（4）应激事件（Kessel et al., 2017）。例如，当儿童家里有新生儿降生并成为家人关注的中心时，该儿童可能会因退行而出现遗尿症。

图 15.7 尿床闹铃（如图所示）与去氨加压素等药物配合使用，可以非常有效地治疗遗尿症。儿童睡觉时带着湿度感应器，感应通过电线与内衣上电池驱动的闹铃相连。通过条件反射，儿童逐渐在膀胱紧张与醒来之间建立了联系

条件反射程序被证明是治疗遗尿症的有效方法（Friman et al., 2008）。莫勒和莫勒（1938）共同设计了一项在今天仍然具有重大意义的经典研究，他们在研究中引入了一个闹铃和床垫的程序，在这个程序中，一个儿童睡在一个连接着电池驱动的闹铃的垫子上。当尿液刚刚将床垫弄湿时，铃声便会响起，把儿童唤醒。通过条件反射，儿童逐渐在膀胱紧张与醒来之间建立了联系。

对遗尿症的医学治疗通常使用丙咪嗪等抗抑郁药物。药物发挥作用的机制尚不清楚，可能仅仅是将深睡眠降低为浅睡眠，以便儿童更能意识到身体的排尿需要（Dahl, 1992）。鼻内去氨加压

素（DDAVP）也被用于帮助儿童控制排尿（Rahm et al., 2010）。这种药物是一种激素替代剂，能显著增加尿液浓度，降低排尿量，从而减少排尿需要。然而，它并不是万灵丹，它的缺点包括：成本高，只对一小部分遗尿症儿童有效，而且药效只能维持一段时间。莫法特（1997）认为，DDAVP 在治疗不适合行为治疗方法的青少年的夜间遗尿症方面具有重要作用。但是，请记住，药物本身并不能治愈遗尿症，停药或儿童对药物产生耐药性时，遗尿症经常会复发（Dahl, 1992）。一些证据表明，生物行为方法（使用尿床闹铃配合去氨加压素）是最有效的（Mellon & McGrath, 2000）。

无论患者是否接受治疗，遗尿症发生率都会随着年龄的增长显著降低。但许多专家仍然认为应该在童年期治疗遗尿症，因为目前还无法判断哪些儿童在成年后仍会有症状。研究已经确定了预示遗尿症持续存在的症状，如遗尿症发生前后儿童焦虑和抑郁的程度较高，但是，这些因素目前还不能帮助研究者、临床医生或父母准确预测遗尿症病程（Kessel et al., 2017）。

15.4.2　遗粪症

"遗粪症"这个术语描述的是儿童在 4 岁以后还未能学会恰当排便的障碍。这种障碍在 DSM-5 中被归类为排泄障碍，比遗尿症少见。但是，基于 DSM 的数据，研究者估计，大约有 1% 的 5 岁儿童患有遗粪症。一项对 102 例遗粪症儿童进行的研究揭示出了以下特点：儿童出现遗粪症的平均年龄为 7 岁，年龄范围是 4~13 岁。大约 1/3 的遗粪症儿童也有遗尿症，研究还发现了显著的性别差异——样本中男孩的人数是女孩的 6 倍。许多儿童在应激下排泄在裤子里，通常的时间是下午放学后，极少数儿童在上学期间出现问题。大多数儿童报告说，他们并不知道自己何时需要排便，或者因为害羞而不愿意使用学校的卫生间。

许多患有遗粪症的儿童都有便秘的情况，因此在诊断时一个重要方面就是身体检查，以判断是否是生理因素导致了这种障碍。遗粪症的治疗通常包括药物治疗和心理治疗两部分。使用条件反射方法治疗遗粪症儿童的几项研究报告了中等程度的治疗效果，也就是说，治疗后 6 个月内没有发生遗粪的情况（Friman et al., 2008）。但是，研究表明，基于习得的治疗方法对少数儿童（11%~20%）没有效果（Keeley et al., 2009）。

15.5　神经发育障碍

概述注意缺陷 / 多动障碍和孤独症谱系障碍的特点、病程和疗法

神经发育障碍是一组发病较早、病程持续的障碍，被认为是大脑正常发育中断的结果

（Andrews et al., 2009; Insel, 2014）。神经发育障碍不同于焦虑和抑郁障碍，一定会在儿童时期发病。这类障碍与 ODD 和 CD 的不同之处在于，它们被认为是大脑发育严重延迟或中断的结果，这种延迟或中断会持续到成年期（下面将讨论几种例外情况）。虽然神经发育障碍在性质上各不相同，但它们往往拥有共同的风险因素。在本节中，我们将综述一些最常见的神经发育障碍。

15.5.1 注意缺陷 / 多动障碍

注意缺陷 / 多动障碍（ADHD）的特点是一直难以保持注意力和 / 或冲动，以及过度的或夸张的运动性活动。童年时期，我们都有注意力不集中的情况或精力过剩的时候；然而，只有当这些问题大量持续地出现，并且在家庭、学校或工作场所造成损害时，才满足 ADHD 的标准（参见《DSM-5 诊断标准》专栏）。

也许部分是由于 ADHD 儿童的行为问题，他们的智商（IQ）测试得分通常比正常儿童低 7~15 分（Barkley, 1997），并且在神经心理测验中表现出与低学习能力相关的缺陷（Biederman et al., 2004）。他们经常表现出特定的学习困难，例如阅读或学习学校其他基础课程的困难。患有 ADHD 的儿童和青少年在学校出现问题的风险明显也更高，包括停学和复读，而这些影响似乎在很大程度上是破坏性行为造成的（Kessler et al., 2014）。除了学业问题，ADHD 的症状也会导致严重的社交障碍。多动儿童往往很难与父母相处，因为他们经常不遵守规则。他们的行为问题也会招致同龄人的负面评价（Hoza et al., 2005）。

ADHD 相当普遍，大约 9% 的儿童和青少年患有 ADHD（Merikangas et al., 2010）。虽然它不是美国儿童和青少年中最普遍的障碍（19% 的青少年有特定恐怖症），但却是最常被健康专家诊断出来的障碍（Ryan-Krause et al., 2010）。造成这种差异的原因是，父母更有可能带 ADHD 儿童接受治疗，而不是带患有破坏性较小的障碍的儿童接受治疗（如特定恐怖症）。

ADHD 的发病率在男孩中（13%）比在女孩中（4%）高得多（Merikangas et al., 2010），通常与其他外化障碍（如 ODD 和 CD）共病（Beauchaine et al., 2010; Frick & Nigg, 2012）。ADHD 在世界各地的文化中都可以见到。例如，一项对来自 10 个欧洲国家的 1 573 名儿童的研究报告称，在所有研究的国家中都发现了 ADHD 症状，并且患病儿童在广泛的领域都有明显的缺陷（Bauermeister et al., 2010）。

案例

保罗因为过度活跃、注意力不集中和破坏性行为被转介到社区诊所。他的过度活跃和不受约束的行为给他的老师和其他学生带来了麻烦。他会冲动地打其他孩子，把他们课桌上的东西扔掉，擦掉黑板上的字，损坏书本和其他学校财产。他似乎永远在动，不停地说话和离开座位。虽然保罗的智力超过平均水平，但他的成绩却不及格，这很大程度上是因为他的行为问题。然而，他经常说“感到自己很愚蠢”，很明显他严重贬低了自我。

青春期之后的 ADHD

虽然 ADHD 长期以来都被认为是一种只发生在儿童期和青少年期的障碍，但美国研究和国际研究表明，大约有一半患有 ADHD 的儿童在成年后仍符合诊断标准（Kessler, Green,et al., 2010; Lara et al., 2009）。但引人关注的是，大多数患有 ADHD 的成人的典型症状是注意力不集中（95%），而一小部分患者的典型症状是过度活跃（35%）（Kessler, Green, et al., 2010）。据估计，大约有 4% 的美国成年人符合 ADHD 的诊断标准，其中男性、离异者和失业者的比例更高（Kessler, Adler, et al., 2006）。与失业有关可能是因为找工作困难，但也可能是因为工作表现不佳或旷工。最近的一项研究表明，患有 ADHD 的人比没有 ADHD 的人明显有更多的缺勤天数（大约每年多 22 天）（de Graaf et al., 2008），这表明了与这种障碍相关的长期损害。

DSM–5 诊断标准
注意缺陷 / 多动障碍

A. 一个持续的注意缺陷和 / 或多动-冲动的模式，干扰了功能或发育，以下列 1 或 2 为特征。

1. 注意障碍：有 6 项（或更多）的下列症状持续至少 6 个月，且达到了与发育水平不相符的程度，并直接负性地影响了社会和学业 / 职业活动：

注：这些症状不仅仅是对立行为、违拗、敌意的表现，或不能理解任务或指令。年龄较大（17 岁及以上）的青少年和成人，至少需要符合下列症状中的 5 项。

a. 经常不能密切关注细节或在作业、工作或其他活动中犯粗心大意的错误（例如，忽视或遗漏细节，工作不精确）；

b. 在任务或游戏活动中经常难以维持注意力（例如，在听课、对话或长时间的阅读中难以维持注意力）；

c. 当别人对其直接讲话时，经常看起来没有在听（例如，即使在没有任何明显干扰的情况下，显得心不在焉）；

d. 经常不遵循指示以致无法完成作业、家务或工作中的职责（例如，可以开始任务但很快就失去注意力，容易分神）；

e. 经常难以组织任务和活动（例如，难以管理有条理的任务；难以把材料和物品放得整整齐齐；凌乱、工作没头绪；不良的时间管理；不能遵守截止日期）；

f. 经常回避、厌恶或不情愿从事那些需要精神上持续努力的任务（例如，学校作业或家庭作业；对于年龄较大的青少年和成人，则为准备报告、完成表格或阅读冗长的文章）；

g. 经常丢失任务或活动所需的物品（例如，学校的资料、铅笔、书、工具、钱包、钥匙、文件、眼镜、手机）；

h. 经常容易被外界的刺激分神（对于年龄较大的青少年和成年人，可能包括不相关的想法）；

i. 经常在日常活动中忘记事情（例如，做家务、外出办事；对于年龄较大的青少年和成年人，则为回电话、付账单、约会）。

2. **多动和冲动**：6 项（或更多）的下列症状持续至少 6 个月，且达到了与发育水平不相符，并直接负性地影响了社会和学业 / 职业活动。

注：这些症状不仅仅是对立行为、违拗、敌意的表现，或不能理解任务或指令。年龄较大（17 岁及以上）的青少年和成年人，至少需要符合下列症状中的 5 项。

a. 经常手脚动个不停或在座位上扭动；

b. 当被期待坐在座位上时却经常离座（例如，离开他 / 她在教室、办公室或其他工作的场所，或是在其他情况下需要保持原地的位置）；

c. 经常在不适当的场所跑来跑去或爬上爬下（**注**：对于青少年或成年人，可以仅限于感到坐立不安）；

d. 经常无法安静地玩耍或从事休闲活动；

e. 经常“忙个不停”，好像“被发动机驱动着”（例如，在餐厅、会议中无法长时间保持不动或觉得不舒服；可能被他人感受为坐立不安或难以跟上）；

f. 经常讲话过多；

g. 经常在提问还没有讲完之前就把答案脱口而出（例如，接别人的话；不能遵守交谈的顺序）；

h. 经常难以等待轮到他 / 她（例如，当排队等待时）；

i. 经常打断或侵扰他人（例如，插入别人的对话、游戏或活动；没有询问或未经允许就开始使用他人的东西；对于青少年和成年人，可能是侵扰或接管他人正在做的事情）。

B. 若干注意障碍或多动 - 冲动的症状在 12 岁之前就已存在。

C. 若干注意障碍或多动 - 冲动的症状存在于 2 个或更多的场合（例如，在家里、学校或工作中；与朋友或亲属互动中；在其他活动中）。

D. 有明确的证据显示这些症状干扰或降低了社交、学业或职业功能的质量。

E. 这些症状不能仅仅出现在精神分裂症或其他精神病性障碍的病程中，也不能用其他精神障碍来更好地解释（例如，心境障碍、焦虑障碍、分离障碍、人格障碍、物质中毒或戒断）。

注意力缺陷 / 多动障碍的成因

ADHD 的具体成因引起了广泛的争论。与大多数障碍一样，研究证明遗传因素（Ilott et al., 2010; Sharp et al., 2009）和社会环境因素（例如，产前酒精暴露; Ware et al., 2012）都有影响。但是，基因变异和社会环境事件是如何引起我们在儿童和成人身上看到的 ADHD 的特定症状的呢？对 ADHD 的神经生物学研究表明，答案可能部分在于 ADHD 患者大脑发育的方式。患有 ADHD 的儿童大脑容量比没有 ADHD 的儿童小（Castellanos et al., 2002），大脑发育比没有 ADHD 的儿童慢 3 年左右（Shaw et al., 2007）。引人关注的是，发育延迟主要发生在主管注意力和冲动的前额叶脑区。这些发现是向理解这种障碍迈出的令人兴奋的一步，但是，这些差异是如何产生的，以及为什么会产生，仍然不明确。回答这些问题不仅有助于更好地理解这种障碍，而且有助于开发更有效的治疗方法。

治疗和结果

虽然 100 多年前就有对儿童多动症的描述，但对于其最有效的治疗方法，人们一直争论不休，尤其是在使用如利他林（哌醋甲酯）等兴奋剂治疗儿童 ADHD 方面。然而，这种治疗儿童 ADHD 的方法在医学界有很多人支持。事实上，近年来，接受兴奋剂治疗 ADHD 的患者人数急剧上升，其中，主要是青少年患者人数增长迅速（见图 15.8; Zuvekas &

Vitiello, 2012）。

引人关注的是，研究表明，兴奋剂对儿童有镇定作用——这与我们预期的兴奋剂对成人的作用正好相反。兴奋剂可以减少 ADHD 儿童的过度活动，帮助他们集中注意力，同时提高他们的警觉性（Konrad et al., 2004）。因此，儿童往往能在学校表现得更好（Hazell, 2007; Pelham et al., 2002）。

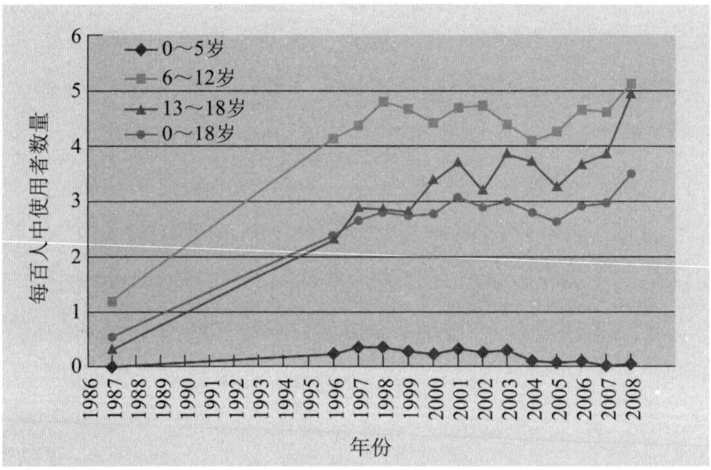

图 15.8　20 世纪 80 年代到 90 年代，兴奋剂使用人数急剧上升，目前仍处于较高水平，是医生为 6~18 岁的儿童及青少年开兴奋剂引起了这种增长

利他林似乎也能降低 ADHD 儿童的攻击性（Fava, 1997）。事实上，许多在课堂上行为不被接受的儿童使用这种药物后，可以以相对正常的方式学习并取得进步。在一项 5 年的随访研究中，查拉赫、伊科维奇和沙查尔（2004）报告说，接受药物治疗的 ADHD 儿童在教师报告的症状方面比未接受治疗的儿童有更大的改善。但是，利他林的副作用很多，例如：流向大脑的血液减少，这可能导致思维能力受损和记忆力丧失；生长激素受到破坏，这会导致儿童的身体和大脑生长受抑制；失眠；出现精神病性症状；其他症状。虽然安非他明不能治愈 ADHD，但 1/3~1/2 使用该药物的患者行为症状有所减少。这种药物的新品——缓释哌醋甲酯（专注达），具有类似的疗效，并且推出了剂量适合青少年的版本（Mott & Leach, 2004; Spencer, 2004b）。

近年来，其他三种治疗 ADHD 的药物也受到了关注。匹莫林与利他林在化学性质上有很大差异（Faigel & Heiligenstein, 1996），它通过增强认知加工对课堂行为产生有益的影响，副作用比利他林少（Bostic et al., 2000; Pelham et al., 2005）。托莫西汀是美国食品药品监督管理局批准的非兴奋剂药物（FDA, 2002），是一种比较容易获得的非控制性治疗方案。副作用包括食欲下降、恶心、呕吐和疲劳，有报告称有患者形成黄疸，FDA（2004）警告说使用托莫西汀可能会造成肝脏损伤。另一种减少 ADHD 儿童冲动和过度活动的症状的药物是阿得拉，这种药物将左旋苯丙胺和右旋苯丙胺结合起来使用。然而，研究表明，阿得拉与利他林或托莫西汀相比没有提供任何优势或改进（Miller-Horn et al., 2008）。

最近的研究表明，使用兴奋剂对 ADHD 儿童患者和成人患者都有长期的好处。例如，虽然 ADHD 患者以后患物质使用障碍的风险很高，但在儿童时期服用兴奋剂的患者成年以后患物质使用障碍的风险较低（Dalsgaard et al., 2014）。此外，患有 ADHD 的成年人发生车祸和企图自杀的风险显著增加；然而，当这些成年人使用治疗 ADHD 的药物时，此类风险显著降低（Chang et al., 2014; Chen et al., 2014）。

也有一些滥用兴奋剂的报告，尤其是在大学生中。一些大学生服用朋友的处方药以获得“快感”（Chutko et al., 2010），但是，大多数情况下大学生服用兴奋剂是为了帮助学习。最近的一项元分析显示，大约 17% 的大学生在医生并未给他们开兴奋剂的情况下，仍然服用兴奋剂，常见原因包括“学习时可以更好地集中注意力”和“可以更长时间保持清醒”（Benson et al., 2015）。考虑到这些动机，也许具有讽刺意味的是，同一项研究发现滥用兴奋剂与 GPA 分数较低和学业问题发生率较高有关（因此，如果医生没有开，就不要服用兴奋剂）。

由于对儿童使用兴奋剂的担忧，一些家长和临床医生更喜欢使用心理干预，这一疗法也显示出很好的疗效（Corcoran, 2011; Pelham & Fabiano, 2008）。针对 ADHD 开发的行为干预技术包括组织和计划教学的方法、减少分心和拖延的方法，以及旨在强化儿童适应性行为的育儿方法。随机对照试验表明，接受这种治疗的患者明显比接受各种对照治疗的患者表现更好（Fleming et al., 2015; Sprich et al., 2016）。

15.5.2 孤独症（自闭症）谱系障碍

孤独症（自闭症）谱系障碍（我们称之为“孤独症”）是一种神经发育障碍，涉及一系列行为问题，包括语言、知觉、运动发育、现实检验能力等方面的缺陷，以及社交障碍。下面的例子说明了孤独症儿童可能出现的一些行为。

案例

马修 5 岁。他很少和别人说话，几乎从不进行直接和持续的眼神交流。马修的父母三年前注意到当其他儿童开始把单词组成句子和父母对话时，马修似乎并未发展出这种能力。马修大部分时间都独自一人，经常在房间里玩玩具。他玩的时候经常反复做重复性动作，比如把玩具火车连续地来回推几百次。马修不喜欢离开家，他的父母认为这是因为他对外面的景色和声音过于敏感。当事情偏离他正常的生活时，他会挣扎，连续几十次扯着嗓子大喊大叫。

孤独症在 1943 年被首次提出（Kanner）。成千上万来自各个社会经济阶层的美国儿童患有孤独症，而且患病人数似乎还在增加（Fombonne, 2005）。然而，近年来报告的孤独症患者人数的增加可能是由于研究方法的差异、诊断实践的变化、公众和专业意识的变化，而不是患病率的增加（Williams et al., 2006）。最近一项针对美国儿童和青少年的为期多年的全国性研究报告称 2.4% 的儿童和青少年符合孤独症的诊断标准（3.5% 的男孩和 1.2% 的女孩）（Xu et al., 2018）。

孤独症通常在儿童 30 个月之前就被诊断出来，而且儿童时期的诊断稳定性相当高。洛德和他的同事（2006）报告说，2 岁时被诊断为孤独症的儿童通常在 9 岁时也会被诊断为孤独症。最近的研究表明，在婴儿出生后的 6 个月内就可以发现他们未来出现沟通问题的早期迹象（Jones & Klin, 2014）。2~6 个月的婴儿观察周围世界的时候通常越来越关注面部，尤其是他人的眼睛，这种关注会让婴儿更好地了解照顾他们的人并有助于以后实现与他人的互动。然而，那些后来被诊断为孤独症的儿童在 2~6 个月的时候不常注意他人的眼睛，这种情况持续到他们 24 个月的时候，这时，他们注视他人眼睛的时间大约是正常发育儿童的一半（见图 15.9; Jones & Klin, 2014）。相比之下，虽然他们不常注意他人的眼睛，却越来越注意无生命的物体，到 24 个月时，他们关注非生命体的时间是正常发育儿童的 2 倍。

DSM-5 诊断标准

孤独症（自闭症）谱系障碍

A. 在多种场合下，社交交流和社交互动方面存在持续性的缺陷，表现为目前或历史上的所有下列情况（以下为示范性举例，而非全部情况）：

1. 社交情感互动中的缺陷，例如，从异常的社交接触和不能正常地来回对话到分享兴趣、情绪或情感的减少，到不能启动或对社交互动做出回应。
2. 在社交互动中使用非语言交流行为的缺陷，例如，语言和非语言交流的整合困难到异常的眼神接触和身体语言，或在理解和使用手势方面的缺陷到面部表情和非语言交流的完全缺乏。

3. 发展、维持和理解人际关系的缺陷，例如，从难以调整自己的行为以适应各种社交情境的困难到难以分享想象的游戏或交友的困难，到对同伴缺乏兴趣。

B. 受限的、重复的行为模式、兴趣或活动，表现为目前的或历史上的下列 2 项情况（以下为示范性举例，而非全部情况）：

1. 刻板或重复的躯体运动，使用物体或言语（例如，简单的躯体刻板运动，摆放玩具或翻转物体，模仿言语，特殊短语）。
2. 坚持相同性，缺乏弹性地坚持常规或仪式化的语言或非语言的行为模式（例如，对微小的改变极端痛苦，难以转变，僵化的思维模式，仪式化的问候，需要走相同的路线或每天吃同样的食物）。
3. 高度受限的固定的兴趣，其强度和专注度方面是异常的（例如，对不寻常物体的强烈依恋或先占观念，过度的局限或持续的兴趣）。
4. 对感觉输入的过度反应或反应不足，或在对环境的感觉方面不寻常的兴趣（例如，对疼痛 / 温度的感觉麻木，对特定的声音或质地的不良反应，对物体过度地嗅或触摸，对光线或运动的凝视）。

C. 症状必须存在于发育早期（但是，直到社交需求超过有限的能力时，缺陷可能才会完全表现出来，或可能被后天学会的策略所掩盖）。

D. 这些症状导致社交、职业或目前其他重要功能方面的有临床意义的损害。

E. 这些症状不能用智力障碍（智力发育障碍）或全面发育迟缓来更好地解释。智力障碍和孤独症（自闭症）谱系障碍经常共同出现，做出孤独症（自闭症）谱系障碍和智力障碍的合并诊断时，其社交交流应低于预期的总体发育水平。

注：若个体患有已确定的 DSM-IV 中的孤独症（自闭症）、阿斯伯格综合征或未在他处注明的全面发育障碍的诊断，应给予孤独症（自闭症）谱系障碍的诊断。个体在社交交流方面存在明显缺陷，但其症状不符合孤独症（自闭症）谱系障碍的诊断标准时，应进行社交（语用）交流障碍的评估。

孤独症谱系障碍的临床表现

孤独症儿童表现出不同程度的缺陷和能力。一个重要而典型的迹象是，孤独症儿童似乎远离他人，或表现冷漠，在婴幼儿时期即如此（Hillman et al., 2007）。母亲常常对这类婴儿有如下印象：不想被拥抱，被抱起的时候不会伸出手臂，喂养时不微笑也不看着母亲，看起来好像不会注意到来来往往的其他人。

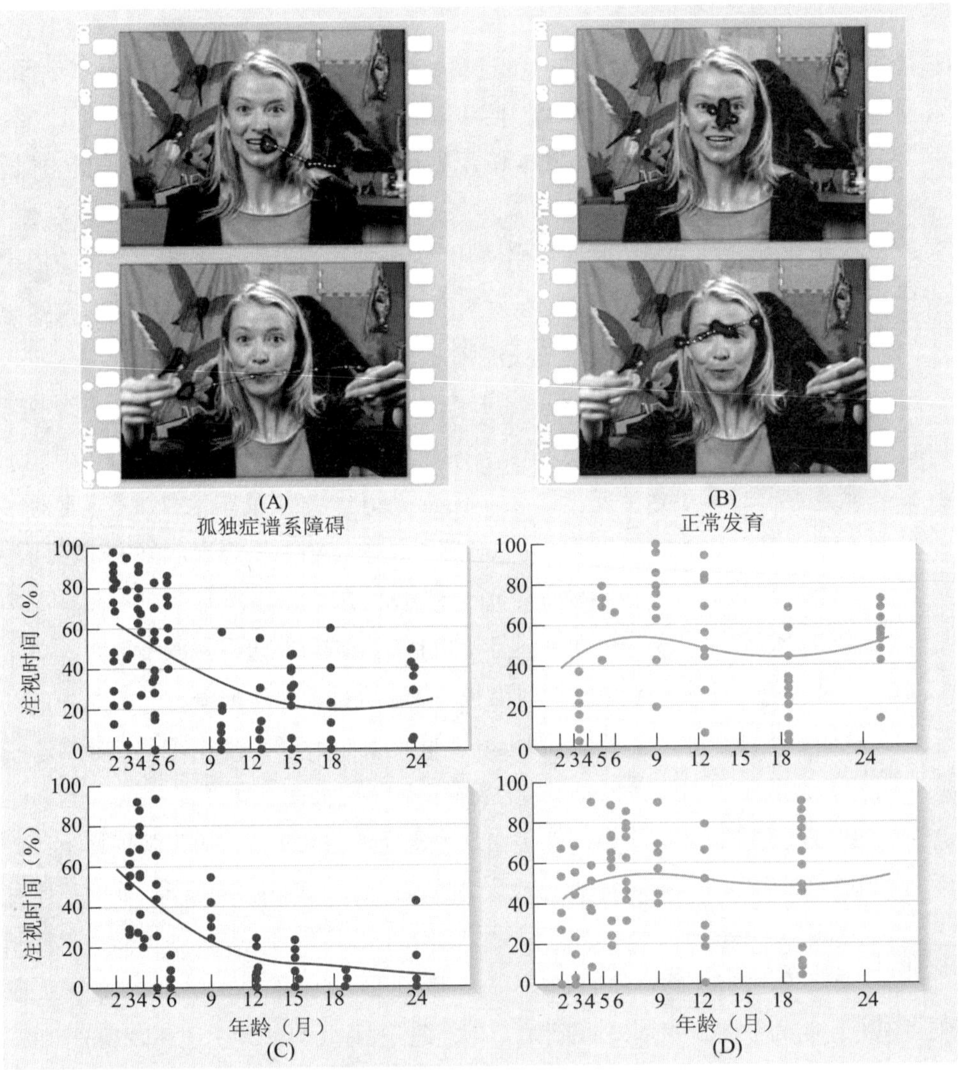

图 15.9　孤独症儿童与正常发育的儿童的注视模式

在琼斯和克林及其同事（2014）最近的一项研究中，研究者向婴儿播放了人类和物体的视频，发现后来被诊断为孤独症的儿童对他人眼睛的注意力下降（转而关注无生命的物体）。（A）显示了以后诊断为孤独症的6个月的婴儿的眼睛注视数据；（B）显示了正常发育的6个月的婴儿的眼睛注视数据；（C）显示了两名后来被诊断为孤独症的儿童的注视时间下降模式；（D）显示了两名正常发育的儿童的注视时间稳定模式。

社交缺陷　孤独症儿童通常不显示出任何对情感或与他人接触的需要。然而，几项研究质疑了孤独症儿童都情绪淡漠这一传统观点。这些研究表明，孤独症儿童确实可以表达情绪，我们不应该认为他们缺少情绪反应（Jones et al., 2001）。相反，有些人认为孤独症儿童之所以无法对他人做出回应，是由于缺乏社交理解能力，即无法注意到他人的社交线索。事实上，神经影像学研究表明，孤独症儿童的内侧前额皮层（这一区域与理解他人的心理状态有关）活动减少，但与物体知觉有关的腹侧枕颞区活动增加（Sigman et al., 2006）。

此外，孤独症儿童在注意力、定位和确定周围环境中的声音来源等方面都存在缺陷（Hillman et al., 2007）。他们通常对听觉刺激反感，甚至听到父母的声音都会哭。但情况并不总是如此，他们可能有时因一个温柔的声音而极度焦虑或惊恐，有时又对一个很大的噪声无动于衷。

言语缺乏　患有孤独症的儿童经常缺乏言语或者言语使用极其有限。即使有言语表达，大多数时候也并不是用于交流的言语，而是诸如“是”等用来回答问题的初级言语，或是无意义的模仿言语——就如鹦鹉学舌般不断重复几个单词。当儿童能清晰发声后，只有极少部分的正常儿童会重复父母的言语（例如，父母：“请把玩具收好”，儿童：“玩具收好”），相比之下，孤独症儿童模仿言语的行为更常见，也更持久（Gernsbacher et al., 2016）。言语问题以及更普遍的社会交往问题至少在一定程度上被认为是孤独症谱系障碍患者大脑的异常组织或连接的结果。对孤独症儿童和正常发育儿童进行的脑成像研究表明，孤独症儿童大脑中与模仿他人相关的区域内部连通性发育不足，但模仿区域和大脑其他区域之间的连通性发育过度（Fishman et al., 2015）。此外，孤独症患者模仿区域内部的连通性越差，症状就越严重。

自我刺激　自我刺激通常是孤独症儿童的一个特征。如撞头、旋转和摇晃等不断重复的动作，动作可能会持续数个小时。

保持不变　很多孤独症儿童对某些特别的物品十分着迷，并形成强烈的依恋，如石头、电灯开关或钥匙。当他们对物品的着迷受到干扰时，例如，物品被拿走或被其他物品替代，或者环境中熟悉的东西发生了微小的变化，他们都可能大发脾气或大声哭喊，直到熟悉的环境恢复原样才停止。因此，有人说孤独症儿童对“保持不变有一种强迫性”。

孤独症的成因

孤独症是一种复杂的障碍，确切成因尚不清楚。对双生子和兄弟姐妹所做的研究表明，孤独症有很强的遗传因素。例如，被诊断为孤独症的儿童的兄弟姐妹中有 2%~14% 的人也患有这种障碍，大约 20% 的人出现这种障碍的一些症状（Newschaffer et al., 2007）。虽然遗传因素已经明确，但确切的遗传模式还不清楚。一方面，最近的研究表明，数百种不同的基因都与孤独症风险的增加有关，这表明许多不同的途径都会导致这种障碍（Robinson et al., 2014; State & Sestan, 2012）。另一方面，研究也表明，相同的基因变异与多种障碍有关。例如，一些与孤独症风险增加有关的基因也会增加 ADHD、精神分裂症、双相障碍和抑郁症的患病风险（Smoller et al., 2013）。

考虑到成因的复杂性，我们如何才能知道孤独症的成因呢？为了回答这个问题，研究者正在寻求几种不同的研究方法。他们正试图确定基因风险的哪一部分是遗传的（52%），哪一部分是由新的基因突变引起的（3%）。新生突变是指那些发生在卵子或精子中的突变，这种突变尽管没有出现在父母的 DNA 中，但会传到儿童身体的每个细胞中。孤独症的风险似乎很大程度上是由父母遗传的（Gaugler et al., 2014），但也有很大一部分风险是由新生突变引起的。知道这一点很重要，因为当我们知道了增加基因突变可能性的因素时，就可以采取措施，减少突变的发生。例如，据报告，基因突变在老年男性精子中的发生率更高，现在有越来越多的证据表明，儿童出生时父亲的年龄越大，儿童患孤独症的风险就越大（D' Onofrio et al., 2014）。这些发现并不能解释这些突变如何或为何增加了患孤独症的风险，但对于家庭优育计划来说是有用的。

孤独症的治疗和效果

许多孤独症儿童的预后较差，部分原因是很多孤独症患者没有得到充分的治疗（Moldin & Rubenstein, 2006）。事实上，多年来人们普遍认为孤独症没有有效的疗法。此外，许多孤独症儿童接受了一系列流行和“新颖”的治疗方法，但这些方法的效果并不好。然而，伊瓦·洛瓦斯在 1987 年报告称，通过连续两年与儿童进行每周超过 40 个小时、一对一的强化行为干预，治疗取得了非常积极的结果。干预使用判别训练策略（强化）和关联性厌恶技术（惩罚）。治疗计划通常会让父母也参与治疗过程，强调父母要让儿童在现实生活中与“正常”同伴交往并从中学习。在洛瓦斯及其同事的研究中，47% 接受治疗的儿童达到了正常的智力水平和受教育水平，而未接受治疗的对照组中这一比例只有 2%。

这种强化行为方法的最新形式也证明了其有效性。杰拉尔丁·道森及其同事（2010）表明，被随机分配接受早期介入丹佛模式（ESDM）干预的孤独症幼儿（18~30 个月）在智商（平均提高 17 个百分点）、语言、适应性行为以及孤独症症状方面都有显著改善。ESDM 干预包括每周与患病儿童及其父母进行 20 多个小时的强化行为治疗，重点是人际交流、言语和非言语沟通，以及成人对儿童暗示的敏感性。接受 ESDM 干预的儿童在观看他人面孔时（与观看物体相比）大脑皮层也更为活跃，这反过来又提高了儿童的社交能力（Dawson et al., 2012）。虽然这样的治疗非常耗时，但它们显著的疗效表明，行为干预可以改善孤独症患者的症状。请参阅《实践中的发展》专栏，以了解治疗孤独症的其他新方法。

15.5.3　抽动障碍

抽动是一种持续存在、间歇性发作的肌肉抽搐或痉挛，通常局限于局部肌肉群。这个词使用广泛，包括眨眼、嘴部抽搐、舔嘴唇、耸肩、清喉咙、做鬼脸等。在 DSM-5 中抽动障碍被归为神经发育障碍中的运动障碍。抽动最常发生在 8~14 岁之间（Yang et al., 2016）。个体可能意识到自己在做清嗓子等抽动动作，但通常这类动作是习惯性且不自觉的。事实上，很多人根本没有意识到自己有抽动症，直到别人提醒。一项对抽动症的跨文化研究发现，其他国家的抽动症研究和临床个案报告中出现了相似的模式（Staley et al., 1997）。个案的发病年龄（平均 7~8 岁）和主要性别（男性）也有跨文化的相似性（Turan & Senol, 2000）。最近一项关于儿童和青少年抽动障碍患病率的研究报告称，短暂性抽动障碍（TTD）的终生患病率为 2.6%，慢性抽动障碍（CTD）的终生患病率为 3.7%，抽动秽语综合征为 0.6%（Stefanoff et al., 2008）。下面的案例说明了抽动障碍对青少年的心理影响。

案例

一个少年本来非常希望做老师，但是他却告诉学校辅导员自己打算放弃。问及原因时，他解释说几位朋友告诉他，他在课堂上回答问题时嘴角肌肉一直在抽动。他之前没有意识到自己的肌肉抽动，即使朋友告诉他以后，他也没注意到。但是他却觉得很难为情，不愿回答问题，也不愿参加课堂讨论。结果，他的紧张程度增加了，出现抽动的频率也增加了。现在，哪怕他与朋友讲话时，也会有明显的抽动，因此形成了一个恶性循环。幸运的是，通过条件反射治疗和自信训练，抽动障碍是可以治疗的。

抽动秽语综合征在 DSM-5 中被归类为神经发育障碍中的运动障碍，是一种严重的抽动障碍，涉及多种运动和发声模式。这种障碍的表现通常是无法控制的头部运动，并伴随着发声，例如咕哝声、咔嗒声、尖叫声、吸气声或词语。大多数情况下，抽动发生前，患者会有想要抽动的强烈欲望或感觉，抽动之后似乎才能缓解。因此，抽动症很难与强迫相区分，有时也被称为“强迫抽动”（Dell’Osso et al., 2017）。瑞典的一项流行病学研究报告称，儿童和青少年抽动秽语综合征的患病率约为 0.5%（Khalifa & von Knorring, 2004）。大约有 1/3 的抽动秽语综合征患者有秽语症。秽语症是一种复杂的发声抽动，患者会从嘴里跳出脏话。一些抽动秽语综合征患者会发出爆裂音（Budman et al., 2000）。抽动秽语综合征的平均发病年龄为 7 岁，大多数个案在 14 岁之前发病。这种障碍通常会持续到成年期。男性的发病率是女性的 3 倍。尽管抽动秽语综合征的具体成因尚不明确，但已有证据表明，这种障碍源于器质性因素（Margolis et al., 2006）。抽动症有很多类型，其中很多与其他心理障碍有关，尤其是强迫症（OCD）。但是，大多数抽动症并不是源于器质性因素，而是源于心理因素，比如社交情境中的自我意识或紧张，而且它们往往与严重的行为问题有关（Evans et al., 2016）。正如前文描述的那个男孩，个体对抽动的意识往往会增加紧张感和抽动发生的频率。

实践中的发展

电子游戏能帮助患有神经发育障碍的儿童吗？

儿童喜欢电子游戏。电子游戏很有趣，能够持续且立即地强化游戏者的行为，并且单次就能够吸引儿童的注意力数小时。许多流行的电子游戏教儿童如何高速驾驶汽车（《马里奥卡丁车》），向人射击（《使命召唤》），或既驾驶汽车又向人射击（《侠盗猎车手》）。虽然孤独症儿童经常出现注意力问题和破坏性行为，但他们很容易沉迷于电子游戏（Durkin, 2010）。研究者现在正在使用包括电子游戏在内的新技术帮助孤独症儿童改善社交、认知和情绪缺陷。例如，孤独症儿童难以表达情绪，这导致了他们的社交问题。研究者开发了一个类似于“吃豆人”的游戏来解决这个问题。游戏中玩家必须吃到糖果，为了得到糖果，玩家必须做出不同的面部表情（如高兴、生气）来消除途中的障碍，表情由计算机面部识别软件读取（如图）。戈登及其同事（2014）表示，玩这个游戏的孤独症儿童在面部情绪表达上有了改善，事实上，这些儿童在情绪表达的质量上变得与正常发育的儿童相同。

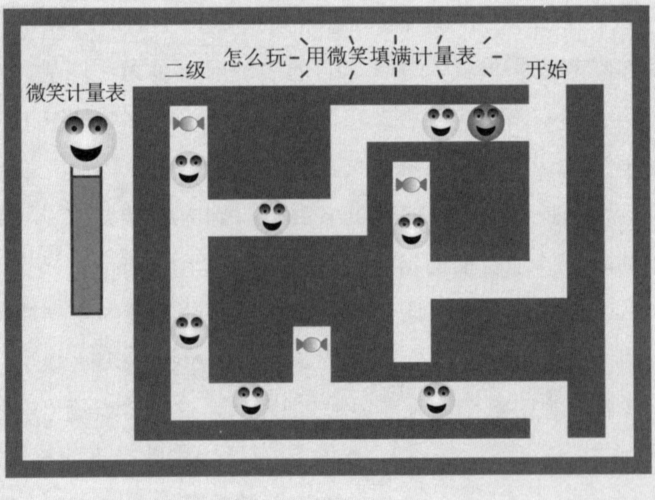

孤独症儿童与他人沟通的困难包括难以恰当地赞美他人。这也是他们缺陷的成因之一，因为赞美可以使其他人更喜欢我们，并更想与我们交往。为了解决这个问题，麦克弗森、沙洛普和米尔腾贝格尔（2014）开发了一项基于 iPad 的视频培训，向儿童演示如何赞美他人。他们使用便携式技术在现实世界的情境中测试干预效果，这个情境是踢球游戏！他们发现，孤独症儿童玩踢球游戏时根本不称赞队友。然而，对其实施干预，即播放某个人称赞队友的视频（例如，说“踢得好极了”，并做挥舞拳头的动作）以后，孤独症儿童口头赞美和使用手势的次数明显增加。也就是说，出现了很多人挥舞拳头的场面！

电子游戏和更晚出现的便携式技术吸引了许多人的兴趣，但也引发了一些重要的问题。例如，研究表明，孤独症儿童比其他儿童玩视频游戏的时间更长，因此也比正常发育的儿童表现出更严重的睡眠问题（Engelhardt et al., 2013），这引起了人们对孤独症儿童过度玩游戏的担忧。虽然这类基于计算机的学习方法给人们带来了希望，但是，我们还需要更充分地探讨专业问题和项目研究的局限性，才能让这种方法发挥其最大潜能。

行为干预也被用于治疗抽动障碍（Hollis et al., 2016），这一疗法非常有效。一个成功的项目是习惯逆转训练（HRT），它包括几个连续的部分，首先是觉知训练、放松训练和发展不相容反应，然后是认知治疗和矫正个体的整体行动风格（Chang, Piacentina & Walkup, 2007）。由于患有抽动秽语综合征的儿童有很多家庭适应问题和学校适应问题，因此应该设计干预措施帮助他们适应，并改变同龄人对他们的反应。学校心理学家在帮助抽动秽语综合征患儿提高社会适应能力方面发挥了重要作用，他们运用行为干预策略帮助患儿改善环境，使他们与众不同的行为更易被接受。

抗精神病药物和去甲肾上腺素药物是所有药物中治疗抽动秽语综合征和抽动障碍最有效的药物（Hollis et al., 2016）。但是，患儿的父母普遍担心的一个问题是，很难找到有治疗经验的专家，既知道最有效的行为干预措施，也知道最有效的药物（Hollis et al., 2016）。

15.6 特定学习障碍

描述目前已知的学习障碍的成因和治疗方法

学习障碍是指语言、言语、数学或运动技能方面的认知发展延迟，而且这些问题不一定是由明显的身体或神经缺陷造成的。其中最为人熟知且研究最为广泛的一系列阅读/书写困难被统称为“阅读障碍”。患有阅读障碍的个体在单词识别和阅读理解方面存在困难，通常在拼写和记忆方面也有明显缺陷（Smith-Spark & Fisk, 2007）。在对阅读技巧的评估中，他们经常省略、添加和拼错单词，而且阅读速度通常非常缓慢。

只有在学校或日常生活（如果该个体不是学生）中表现出明显的缺陷才能被诊断为学习障碍，而且这些缺陷不是由智力残疾或孤独症等广泛性发育障碍造成的。ADHD 导致的技能缺陷被编入 ADHD 这一分类。被诊断为患有学习障碍的男孩明显多于女孩，但是不同研究对于这种性别差异程度的估值存在很大出入。据估计，2%~10% 的儿童有学习障碍，大多数患儿最常被归类为阅读障碍（80%），约 30% 的学习障碍儿童同时患有 ADHD、抑郁障碍或焦虑障碍（Sahoo et al., 2015）。

儿童最开始被发现有学习障碍是因为他们在数学、拼写、写作或阅读等一门或多门功课上预期的学业成绩与实际成绩存在明显差距。一般而言，这些儿童的总体智商、家庭背景、接触的文化规范与符号至少与一般学业成绩相一致。他们没有明显的、严重的情绪问题，似乎也不缺乏动机、合作精神以及使老师和父母满意的热情，至少在他们接受正规教育的起步阶段是如此。然而他们却悲惨地失败了，而且这种情况往往会一直持续下去，令其不解。

学习障碍儿童和僵化的学校制度之间的冲突可能会对这些儿童的自尊和心理健康带来灾难性的后果，研究表明，这些影响即使到了中学结束后也难以消除，可能会继续影响患者的职业生涯（Morris & Turnbull, 2007）。因此，就算以后学习障碍不再严重影响患者，但在校期间痛苦的失败经历可能对其造成长期影响，直到成年后这块伤疤仍会隐隐作痛。

但事情也有光明的一面。如果天赋超群，而且有强大的动机克服学习障碍的影响，有时患者反而会有非凡的成就。据说，英国政治家、作家、二战领袖温斯顿·丘吉尔爵士在童年期曾经有阅读障碍。美国前总统、大学教授伍德罗·威尔逊和前纽约州州长、美国前副总统纳尔逊·洛克菲勒也是如此。这些例子提醒我们，学习障碍带来的“霉运”和个人逆境并不一定会限制个人发展——事实上，恰恰相反。

15.6.1 学习障碍的成因

对于特定学习障碍的成因，最普遍的观点可能是学习障碍是中枢神经系统的轻微损伤造成的。具体来说，研究者认为学习障碍是儿童大脑中调节认知能力的功能发育不成熟、有缺陷或失调造成的，这使他们无法获得正常儿童拥有的认知能力。例如，许多研究者认为，阅读障碍等与语言相关的学习障碍与大脑左右半球发育不对称有关。具体来说，有阅读障碍的人大脑左半球的阅读网络似乎存在功能障碍（Richlan, 2012）。使用功能性磁共振成像（见第 4 章）的研究表明，阅读障碍患者的小脑在生理激活方面存在缺陷（Richards et al., 2005）。

一些研究者认为，不同形式的学习障碍或患学习障碍的风险高可能是由基因决定的。与其他障碍相比，这一问题的研究似乎没有得到足够重视，方法论上也不够严谨。但是有研究报告称，阅读障碍的基因位于 6 号染色体上（Schulte-Koerne, 2001）。一个基因就能解释所有阅读障碍的成因，这确实有些令人难以置信，但是基因对学习障碍（至少是阅读障碍）有影响这一假设还是有价值的。

15.6.2　治疗和结果

虽然我们尚未完全了解学习障碍的成因，但研究者已经找到了治疗这些障碍的方法，这些方法已被证明能显著改善学习效果和成绩。最近对旨在测试阅读障碍治疗方法的 22 种不同的随机对照试验的综述显示，语音教学，包括教儿童字母与声音的对应关系以及如何划分音节，显著提高了其阅读和拼写能力（Galuschka et al., 2014）。虽然在准确诊断学习障碍和提供有效干预方面还有许多要做的工作，但近年来，获得高中文凭的学习障碍学生的比例一直在增加，这表明教育工作者、家长和研究者的努力开始产生积极的效果（Cortiella & Horowitz, 2014）。

15.7　智力障碍

定义智力障碍，并列举造成智力障碍的三个已知原因

智力障碍（又称"智力发育障碍"，见《对 DSM-5 的批判性思考》专栏）的特征是心智能力不足，如推理、解决问题、计划、抽象思维、判断、学校学习和从经验中学习的能力不足（APA, 2013, p.31）。智力障碍的定义既包括智力，也包括表现水平。患者只有在 18 岁之前出现上述问题才会被诊断为智力障碍。根据定义，如果患者是在 17 岁之后出现与智力障碍相同的功能障碍，应该将其诊断为"痴呆"，而不是智力障碍。痴呆患者是在成年后出现了智力功能的明显损伤，而智力障碍患者在整个或大部分发育过程中智力都低于正常水平，两者心理状况不同，因此分清两者的差异非常重要。

世界各地都有智力障碍儿童（Fryers, 2000）。严重智力障碍给父母造成巨大的困难，也给社区带来沉重的经济负担。据估计，美国智力障碍的患病率约为 1%，这意味着智力障碍患者约有 260 万。但是，由于对智力障碍的定义存在很大差异，因此很难确定患病率

（Carr & O' Reilly, 2016）。美国大多数州的法律都规定，智商低于 70、无社会能力或有持续行为问题的人可以被归类为“智力障碍”，如果同时认定难以管理，则可以被安置在收容机构里。

第一次诊断出智力障碍的年龄通常是 5~6 岁（大多数儿童开始上学的年龄），峰值是 15 岁，随后检出率急剧下降。对大部分患者来说，第一次诊断出障碍的年龄反映了生活需求的变化。占智力障碍患者绝大部分的轻度智力障碍患者在童年早期往往看起来是正常的，只有当他们出现学业困难，不得不接受诊断评估时，智力水平的不足才显露出来。这些儿童如果获得足够的教育支持，通常可以掌握基本的学习技能，并形成令人满意的社会适应行为。他们毕业后通常会调整自己适应社区生活，从而不再被认为是智力障碍患者。

对 DSM-5 的批判性思考

文化变迁在医学术语的发展中应该扮演什么样的角色?

随着新的诊断类别的增加，如赌博障碍和囤积障碍，以及其他早期诊断标准的修订，如破坏性心境失调障碍等，同时为了使术语更适合当代语言和 / 或与国际疾病分类（ICD-11）系统相一致，我们修改了一些现有障碍的名称。

DSM-5 中一个值得注意的修改是删除了“精神发育迟滞”一词，该词在旧版 DSM 中用于描述智力受损的个体。许多人认为“精神发育迟滞”这个词带有贬义。“智力障碍”这个新术语已经取代了“精神发育迟滞”，现在越来越多的专业人士、普通民众和各种倡导团体都在使用它。正如 DSM-5 委员会所指出的，美国的一项法令（公法 111-256，即“罗莎法案”）已将“精神发育迟滞”一词替换为“智力障碍”。2010 年第 111 届美国国会第二次会议通过了以下决议：

（b）《残疾人教育法》

（1）《残疾人教育法》【20 U.S.C. 1400（c）（12）（c）】第一部分 601（c）（12）（C）条作了修订，删去“有精神发育迟滞”，加入“有智力障碍”。

文化变迁在医学术语的发展中应该扮演什么样的角色？如果描述某种精神疾病或生理疾病的术语在社会中带有负面的含义，我们应该改变这个术语吗？或者我们应该发起公共教育运动改变术语的负面含义和污名化？应该由谁来决定使用什么医学术语？他们应该考虑哪些因素？

15.7.1　智力障碍程度

以下将详细描述各种程度的智力障碍。

轻度智力障碍

人类智力测试得出的 IQ 分数平均为 100，标准差为 15。这意味着大多数人（95%）的得分在 70~130 之间。轻度智力障碍患者的 IQ 得分从 50~55 到大约 70（比平均分低两个标准差以上），占目前智力障碍患者的大多数（见表 15.1）。一般认为这一群体是可教育的，他们成年后的智力水平与 8~11 岁儿童的平均智力水平相当。但是我们不能仅从字面上去理解这种说法。比如说，一个智龄相当于 10 岁儿童的轻微智力障碍成年患者（也就是说，其智力测试成绩为 10 岁儿童的平均水平）的信息加工能力或速度可能实际上并不如一个 10 岁儿童。但是，成人比儿童有更多的生活经验，这又会提高智力分数。

表 15.1　不同程度智力障碍的智商分数

智力障碍诊断级别	智商分数范围
轻度智力障碍	50~55 到大约 70
中度智力障碍	35~40 到 50~55
重度智力障碍	20~25 到 35~40
极重度智力障碍	20~25 以下

尽管轻度智力障碍患者普遍缺乏正常青少年的想象力、创造力和判断力，但他们的社会适应能力基本相当于正常青少年。一般来说，他们不会出现大脑病症或其他身体异常，但由于他们难以预见自己行为的后果，因此常常需要适度的监管。如果能够及早诊断，在家长的帮助和特殊教育项目的支持下，绝大多数轻度智力障碍患者可以适应社会，掌握简单的学习能力和职业技能，并能照顾自己（Maclean, 1997）。

中度智力障碍

中度智力障碍患者的智商介于 35~40 到 50~55 之间，即使成年，智力水平也只相当于 4~7 岁儿童的平均水平。虽然一些个体能学会少量的阅读和书写，能掌握一定的口语，但他们的学习速度很慢，概念化的水平也非常有限。他们看起来很笨拙，身体畸形，运动协调性差。一般来说，中度智力障碍患者如能得到早期诊断，能获得父母的帮助和足够的训练机会，大多数人在家庭或其他提供保护的环境中可以在一定程度上照顾自己，行为恰当，为自己的生计负责。如果提供专门的指导，许多人还可以掌握日常技能，如烹饪或简单的看管工作。

重度智力障碍

重度智力障碍患者的智商在20~25到35~40之间，通常患有言语发展障碍、感觉缺陷和运动障碍。他们可以在一定程度上保持个人卫生、掌握有限的自理技能，这会稍微减少他们的依赖性，但他们还是依赖他人的照顾。无论如何，许多人还是从训练中获得了一定的助益，可以在监督下完成简单的工作任务。

极重度智力障碍

大多数有极重度智力障碍的患者智商低于20~25，严重缺乏适应性行为，只能完成最简单的任务。就算他们能学会说话，也只是一些初级言语。他们常常有严重的身体畸形、中枢神经系统病变和发育迟滞，抽搐发作、缄默症、耳聋和其他身体异常也很常见。这些患者终生都需要看管照料。不幸的是，他们往往健康状况差，对疾病的抵抗力低，因此预期寿命较短。由于患者存在明显身体畸形、发育（例如，吃固体食物）严重滞后和其他的明显异常，重度和极重度智力障碍通常在婴儿期就能被诊断出来。这类患者在整体智力水平上表现出明显的缺陷。

15.7.2　智力障碍的成因

一些智力障碍患者有器质性的大脑病变（Kaski, 2000），这些患者至少是中度或重度智力障碍。极重度智力障碍总是会有明显的器质性损害，但幸运的是这种智力障碍很少见。在这一部分，我们将讨论会导致智力障碍的五个生物学因素，以及这些因素之间可能存在的交互作用。然后我们将总结与这些器质性因素相关的智力障碍的主要临床类型。

基因-染色体因素

基因-染色体因素在相对罕见但更为严重的智力障碍类型中的作用更为清晰，如唐氏综合征（稍后将详细讨论）和被称为"脆性X染色体综合征"的遗传疾病（Huber & Tamminga, 2007; Schwarte, 2008）。1991年，人们发现了导致脆性X染色体综合征的基因（FMR-1）（Verkerk et al., 1991）。患者基因异常会导致代谢改变，影响大脑发育。基因缺陷导致新陈代谢改变，除了引发智力障碍（如孤独症），还可能引发许多其他发育异常（Vissers et al., 2016）。由基因-染色体缺陷导致的智力障碍通常是中度至重度的。

感染和有毒药剂

感染带来的一系列问题也会引发智力障碍，如病毒性脑炎或生殖器疱疹（Kaski, 2000）。如果孕妇感染了梅毒、HIV-1或风疹，胎儿都可能发生大脑损伤。

许多有毒物质（如一氧化碳和铅）可能在胎儿发育期间或出生后造成其脑损伤（Kaski,

2000）。同样，如果孕妇服用某些药物，包括过量饮酒（West et al., 1998），都可能导致婴儿先天畸形。给婴儿服用过量的药物可能会引起中毒和脑损伤。在极少数情况下，脑损伤是由于母亲和胎儿血型不相容造成的。幸运的是，早期诊断和输血可以将不相容的影响降到最低。

创伤（身体伤害）

出生时身体受到的伤害可导致智力障碍（Kaski, 2000）。虽然胎儿通常被充满液体的子宫保护得很好，并且其头盖骨能承受分娩过程中的压力，但影响发育的意外在分娩期间和出生后都有可能发生。由于胎位不正或其他并发症引起的分娩困难可能会对婴儿的大脑造成无法弥补的损害。颅内出血可能是出生创伤最常见的后果。缺氧——由于呼吸延迟或其他原因导致的大脑缺氧——是另一种可能损害大脑的分娩创伤。

电离辐射

最近几十年，很多科学家开始关注电离辐射对生殖细胞和其他身体细胞和组织的破坏作用。辐射可能直接作用于受精卵，或可能引起父母一方或双方生殖细胞的基因突变，从而导致后代的智力障碍。有害辐射的来源以前主要指用于医学诊断和治疗的高能 X 射线，现在又增加了核武器试验和核电站泄漏等其他情况。

营养不良和其他生物学因素

长期以来，人们一直认为胎儿发育早期饮食中缺乏蛋白质和其他必需营养素会对胎儿的身体和精神发育造成不可逆转的伤害；但是，这方面的研究到目前为止还没有定论。最近研究者对相关观察研究和试验研究做了综述，观察研究测试了母亲的体重和营养与后代的认知功能之间的关系，试验研究测试了向孕妇提供营养补充剂（如维生素、铁、蛋白质）的潜在益处，综述没有发现母亲的营养状况与后代的认知功能存在明确的联系（Veena et al., 2016）。

15.7.3 器质性智力障碍综合征

主要由生物因素引起的智力障碍可划分为几种可识别的临床类型，我们将讨论其中的唐氏综合征、苯丙酮尿症和颅脑畸形。表 15.2 介绍了其他几种常见的类型。

表 15.2 与智力障碍有关的其他障碍

临床类型	症　状	成　因
18 三体综合征	先天性多发性畸形的特殊类型，最常见的是耳位低、耳廓畸形、手指屈曲、下颌小和心脏缺陷	18 号常染色体异常

（续表）

临床类型	症　　状	成　　因
泰-萨克斯病	过度紧张、精神萎靡、失明、进行性痉挛性瘫痪和惊厥（在 3 岁前死亡）	脂代谢紊乱，由单个隐性基因携带
特纳综合征	仅在女性中发病；颈蹼、前臂外翻、无性征发育；可能出现智力障碍，但并不常见	性染色体异常（XO）
克氏综合征	仅在男性中发病；存在个体差异，唯一的共性是青春期后睾丸小	性染色体异常（XXY）
尼曼-皮克病	通常在婴儿期发病，体重下降、脱水和进行性瘫痪	脂代谢紊乱
胆红素脑病	血液中胆红素（红细胞分解释放的有毒物质）水平异常，常伴有运动失调	通常是由于母婴 Rh（ABO）血型不相容
先天性风疹	最常见的是视觉问题，通常白内障和视网膜问题同时存在，并伴有耳聋、心脏瓣膜和隔膜异常	母亲在怀孕的头几个月里患风疹

唐氏综合征

兰登·唐恩（Langdon Down）在 1866 年首次描述了唐氏综合征，这种综合征是中度和重度智力障碍最为人熟知的临床类型。据报告，一般人群的唐氏综合征患病率为 5.9/10 000（Cooper et al., 2009）。这种疾病对患者的智力、生活能力和生存能力造成了不可逆转的伤害（Bittles et al., 2007; Patterson & Lott, 2008）。随着患者年龄的增长，这种疾病还会引发健康问题，例如肺炎和其他呼吸道感染。羊膜腔穿刺术和绒毛膜绒毛取样技术，使我们能够在孕妇子宫内检测出与唐氏综合征有关的额外遗传物质，通常是 21 号染色体的三体性，形成 47 条染色体，而不是正常的 46 条染色体。

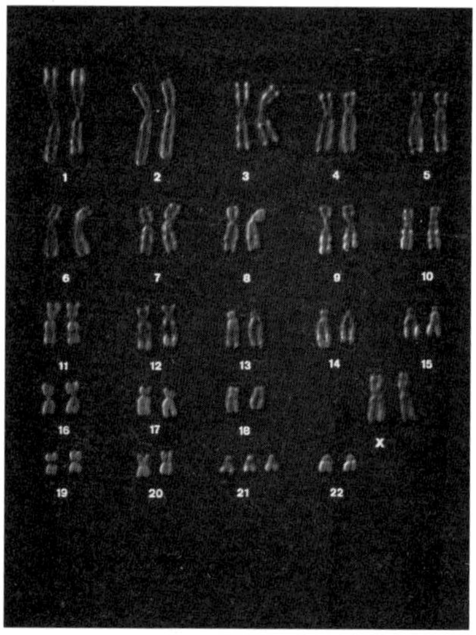

图 15.10　一位唐氏综合征女性患者的染色体组型。注意第 21 号染色体有三条（正常人有两条）

唐氏综合征患儿有某些生理特征，但是极少有儿童有这一群体的所有典型特征：眼睛呈杏仁状，眼睑皮肤非常厚；脸和鼻子宽而平，就像后脑勺一样；舌头异常宽大，且有较深的裂纹；虹膜常有斑点；脖子和手掌短而宽；手指粗短，小指通常比其他手指更显弯曲。虽然有时患者会接受面部手术，试图消除使人感到耻辱的特征，但很少成功（Roizen, 2007）。父母对唐氏综合征儿童的接受程度与对此类手术的支持程度呈反比（Katz et al., 1997）。

在过去的一个世纪里，唐氏综合征儿童的死亡率大幅下降。1919 年，患儿出生时的预期寿命是 9 岁，大多数死亡是由严重的生理问题造成的，而且多数发生在出生的第一年。由于抗生素、外科治疗手术（可以矫正致命的解剖结构缺陷，如分隔心室的壁上的孔洞）以及更好的医疗条件，现在更多的患儿能够活到成年（Hijii et al., 1997）。但整体而言，他们的衰老速度比较快（Hasegawa et al., 1997），认知能力也会下降（Thompson, 2003）。最近的一项研究报告称，超过 50% 的 60 岁及以上的唐氏综合征患者患有痴呆（Margallo et al., 2007）。

唐氏综合征儿童虽然存在上述问题，但他们通常能够学会自理技能、可接受的社会行为和常规的手工技能，这使他们可以在家庭或机构中帮助自己或别人（Brown et al., 2001）。尽管唐氏综合征儿童和青少年与患其他智力障碍的儿童相比，在言语能力、沟通技能和注意力 / 执行功能方面存在缺陷，但是他们患其他形式的精神障碍的比例较低，家庭压力较小，有更开朗和积极的人格——每一项都可以让他们更好地应对日常生活（Grieco et al., 2015）。

除第 21 号染色体三体性之外的染色体异常，有时也是唐氏综合征的成因。但是，至少有 94% 的案例有第 21 号染色体三体性。正如前文所述，对阿尔茨海默病的研究也发现了同样的染色体异常，考虑到唐氏综合征患者接近 30 岁时或 30 岁以后患阿尔茨海默病的风险极高，这一发现显得尤为重要（Grieco et al., 2015; Prasher & Kirshnan, 1993）。

第 21 号染色体三体性的成因尚不清楚，研究者仍在寻找潜在的成因（Korbel et al., 2009），但这种缺陷可能与认知缺陷（Kahlem, 2006）和母亲受孕时父母双方的年龄有关。研究者多年前就已明确，随着母亲年龄的增加（从 20 多岁开始），唐氏综合征的发病率也呈增加的趋势。女性在 20 多岁时怀上唐氏综合征婴儿的比例约为 1/1 000，而到了 40 多岁时，该比例超过 1/100（Loane et al., 2013）。和所有出生缺陷一样，非常年轻的母亲产下唐氏综合征患儿的风险也很高，这是因为她们的生殖系统尚未发育成熟。研究还表明，唐氏综合征也与母亲怀孕时父亲的年龄有关，年龄越大，风险越大（Andersen & Urhoj, 2017）。

苯丙酮尿症

苯丙酮尿症（PKU）患儿出生时看起来是正常的，但缺乏分解苯丙氨酸（许多食物中都含有的一种氨基酸）所需的一种肝酶。只有摄入大量苯丙氨酸后，这种基因缺陷才会导致智力障碍，而如果儿童的病症没有得到诊断，这样的情况一定会发生（Grodin & Laurie, 2000）。这种疾病在新生儿中的发病率约为 1/12 000（Deb & Ahmed, 2000），是可以医治的（Embury et al., 2007），但是，如果没有及时发现和治疗，患者血液中苯丙氨酸的含量就会增加，最终导致大脑损伤。

虽然这种疾病在患儿出生后的几周内就会表现出一些症状，比如呕吐、异味、婴儿湿疹和癫痫，但是通常在出生后 6~12 个月症状才会变得明显。通常，首先被注意到的症状是智力障碍的迹象，根据病情发展的严重程度，智力障碍可能是中度到重度的。大脑损伤还常常导致运动失调和其他神经问题，而且未经治疗的 PKU 患者的眼睛、皮肤和头发都很苍白（Dyer,1999）。

通过检测尿液中苯丙酮酸的含量以尽早发现 PKU，这在发达国家是一项常规检查。此外，可以通过饮食治疗（如不摄入含苯丙氨酸的食物，如无糖汽水或火鸡）和相关的治疗方法来预防这种疾病（Sullivan & Chang, 1999）。早期诊断和治疗（最好在婴儿 6 个月之前进行）通常可以阻止恶化过程，使患儿的智力水平接近或达到正常水平。然而，虽然控制了苯丙氨酸的摄入并采取了其他预防措施，少数儿童还是会患上智力障碍。对于较晚才诊断出 PKU 的患者，饮食限制可能在一定程度上改善他们的临床状况，但是任何办法都替代不了早期发现和及时干预（Pavone et al., 1993）。

只有父母双方都携带相关隐性基因，婴儿才会遗传 PKU。因此，当家庭中有一个儿童被诊断出患有 PKU 时，对家中其他儿童也进行筛查尤为重要。此外，如果孕妇患有 PKU，并且早期饮食干预已经控制了其病情，除非她严格控制苯丙氨酸的摄入，否则还是会伤害高危的胎儿。

颅脑畸形

头部大小和形状改变也可能引发智力障碍，但成因尚不清楚（Carr et al., 2007）。

举例来说，**大头畸形**是一种罕见的病症，患者大脑的尺寸和重量增加，颅骨变大，视力受损，出现惊厥和其他神经症状，这是由神经胶质细胞（形成大脑组织的支撑结构）的异常生长造成的。

小头畸形是指头围低于同龄同性别儿童三个标准差以上，这是婴儿期大脑皮层生长减少引起的（婴儿期的颅骨大小由大脑生长决定）（Woods, 2004）。原发性小头畸形是指胎儿期大脑发育不足，继发性小头畸形是指婴儿期大脑发育不足。小头畸形属于中度、重度和极重度智力障碍，大多数患儿几乎没有语言能力，智力极为有限。

最近一项对近 700 例小头畸形病例的综述显示，约 60% 的病例有确定的病因（von der Hagen et al., 2014）。大约一半是由遗传因素造成的，45% 是子宫内脑损伤的结果（例如，产妇疾病或分娩并发症等原因），3% 是出生后脑损伤造成的。值得注意的是，还有 40% 的患者病因不明，因此需要更多的研究来更好地理解这种疾病。

脑积水是相对罕见的疾病，患者颅腔内大量脑脊液积聚，导致脑组织受损和颅骨增大（Materro et al., 2001）。先天脑积水患者在出生时头部已经变大，或者在出生后很快开始变大，这可能是脑脊液的形成、吸收或循环受到干扰的结果。婴儿期或童年早期发生脑瘤、硬膜下血肿、脑膜炎或其他疾病，也会导致脑积水。在上述情况下，脑积水是脑脊液通道受阻和某些脑区积液所致。

脑积水的临床表现取决于神经损伤的程度，而神经损伤的程度又取决于发病年龄、病程和疾病严重程度。慢性病例的主要症状是头部上部逐渐增大，与脸部和身体其他部分不成比例。虽然颅骨的扩大有助于减少对大脑的破坏性压力，但还是无法避免严重的大脑损伤。这种损伤会造成智力受损，以及惊厥、视力和听力受损或丧失等其他影响。患者的智力受损程度不一，晚期患者会有重度或极重度智力障碍。

脑积水可通过插入分流装置排出脑脊液的方法进行治疗。如果能尽早诊断和治疗，通常可以在发生严重脑损伤之前阻止情况恶化（Duinkerke et al., 2004）。即使大脑已经出现严重的损伤，如果能考虑患者大脑功能的优势和劣势，仔细安排治疗并进行早期干预，也可能将损伤减到最低（Baron & Goldberger, 1993）。

15.7.4　治疗和预防

许多项目都表明，特殊教育和其他康复措施显著改善了智力障碍儿童的适应能力（Berney, 2000）。当然，改善的程度与个人的特定情况和智力障碍的程度有关。

智力障碍儿童的父母常常发现抚养患儿是一个重大的挑战（Glidden & Schoolcraft, 2007）。例如，最近的研究表明，学习障碍与精神卫生问题发生率较高相关（Cooper & van der Speck, 2009）。智力障碍儿童的父母必须要做的一个决定是，是否把儿童送进托养机构（Gath, 2000）。大多数权威人士认为这样做通常不能获得有利的结果，尤其是儿童的自我照顾能力会出现退化，所以应该将送入托养机构视为最后的手段（Lynch et al., 1997）。

重要的是，现在有一些帮助智障人士的项目。例如，为轻度智力障碍患者开设的课程，通常强调阅读和其他基础课程、安排开支和处理金钱问题以及职业技能发展，这些课程已经成功地帮助了许多患者成为独立而有用的社区成员。对轻度智力障碍儿童来说，什么样的教育是最好的？这个问题可能会对家长和学校领导都提出挑战。许多智力障碍儿童参加常规课程后，大多数情况下都表现良好。当然，这种方法——通常称为回归主流或“包容性规划”——需要仔细的规划，需要教师具备很高的教育技能和积极的态度（Wehman, 2003）。

为中度和重度智力障碍患者开设的课程目标通常较为有限，只强调患者自我照料的能力和如厕习惯等其他技能的训练（Wilder et al., 1997），这些技能使他们有更好的生活，不管是对家庭（Heller et al, 1997）还是对治疗机构都能有所帮助。哪怕患者仅仅掌握了如厕技能，学会恰当地吃饭穿衣，他们的生活也会变得不一样，这能决定他们是留在家里、社区，还是被送入托养机构。

目前，大约有 12.9 万名智障人士和患有其他相关疾病的患者接受中级照护，尽管许多人没有被送进护理机构。接受护理的人数大大低于 40 年前接受治疗的居民人数。这些情况不仅反映出新的乐观主义正在普及，在许多情况下也反映出新的法律和司法决策在维护智障人士及其家庭的权利。一个值得注意的例子是美国国会在 1975 年通过、其后又多次修订的 94-142 公法（Hayden, 1998）。这一法令被称为《全体残障儿童教育法案》，它维护了智力障碍人士在限制最少的环境中接受公费教育的权利。

在 20 世纪 70 年代，出现了多种针对智障患者的护理形式，包括：利用分散的地区机构进行短期评估和培训，利用小型私立医院专门进行康复治疗，将病友之家或中途之家融入当地社区，为智力障碍老人建立养老院，在更富裕的领养家庭中安置严重智力障碍儿童，为照料患者的家庭提供各种形式的支持，以及就业服务（Conley, 2003）。在过去的 25 年中，出现了很多可供智力障碍患者选择的生活模式，导致许多以前专门从事这类护理的公共机构日渐萧条（并且往往关闭）。

15.8 对儿童和青少年治疗的特殊考量

讨论青少年治疗与成人治疗的区别

前文中讨论了几种儿童期和青少年期障碍，介绍了多种可用的治疗方法及不同的疗效。在本章结束前，我们将讨论儿童和青少年治疗中影响干预效果的某些特殊因素。

15.8.1 与儿童和青少年治疗有关的特殊因素

儿童和青少年的治疗需要考虑许多特殊因素，如下所示：

儿童没有能力寻求帮助

大多数需要帮助的患有心理障碍的儿童并不能自己寻求帮助，也不会自己去儿童诊所。儿童不会像成人那样，成人通常能够自主寻求帮助，而儿童主要依赖父母。成人应该注意到儿童何时需要专业帮助，并带他们就诊。然而，成人常常意识不到这些问题或忽视了这一责任。法律规定，以下四种情况可以不经父母同意展开治疗：（1）成熟的未成年人（他们有能力为自己做决定）；（2）自立的未成年人（他们离开父母，独立生活）；（3）紧急情况；（4）法庭安排。当然，许多儿童受到治疗机构的关注是因为学校转介、违法行为、父母虐待或家庭监护权案件。

儿童的易感性使他们出现情绪问题的风险更高

家庭和环境因素会在许多方面增加儿童出现情绪问题的风险。身体虐待或性虐待、父母离异、家庭动荡和无家可归会使儿童容易出现情绪问题和随后的适应不良行为（Cauce et al., 2000; Seifert, 2003; Spataro et al., 2004）（参见《我们周围的世界》专栏）。研究者还发现，父母滥用药物也与儿童易患心理疾病有关（Bijttebier & Goethals, 2006）。如果儿童的家庭中管教严厉且伴随身体虐待，那么他们要比家庭中没有上述问题的儿童更可能具有攻击性和品行障碍（Dodge et al., 1997）。目前尚不清楚，在总体上或在某一特定情况下，暴露于这些条件的儿童的风险在多大程度上是由遗传基因或上述条件下的行为经历导致的，也可能两者兼有。不过几十年的研究发现，不同的家庭和环境因素与儿童发生情绪问题的风险之间有密切的关系。

我们周围的世界

虐待对儿童心理障碍的影响

虐待和忽视儿童的问题一直受到全世界的普遍关注。在美国，每年大约有 1% 的儿童是记录在案的受虐待或被忽视儿童。其中大多数儿童受到忽视（78%），18% 的儿童遭到身体虐待，9% 的儿童遭到性虐待（美国卫生和公众服务部，2013）。不幸的是，大多数儿童虐待和忽视都没有记录在案，所以它们的实际发生率要高得多。最近一项针对全美青少年的有代表性的调查显示，4% 的青少年报告遭受过身体虐待，4% 的青少年报告遭受过性虐待（McLaughlin, Green, et al., 2012）。跨国研究表明，大约 8% 的人报告在童年时期遭受过身体虐待，2% 的人报告遭受过性虐待（Kessler, McLaughlin, et al., 2010）。在极端情况下，儿童虐待和忽视可能导致死亡。除了直接故意杀害儿童（被称为“杀害子女罪”），儿童虐待和忽视还可能因为对儿童的照顾或看护不周而增加儿童死亡的风险（Sidebotham et al., 2014）。

大多数儿童虐待和忽视都不是致命的，但它们仍然会引发精神疾病。遭受过身体或性虐待的儿童患各种心理障碍的风险增加了一倍（McLaughlin, Green, et al., 2012），出现自杀行为的风险也增加了一倍（Bruffaerts et al., 2010）。这种因虐待而患精神疾病和出现自杀行为的风险增高的情况在全球各地的文化中都存在，并贯穿受害者的一生（Bruffaerts et al., 2010; Kessler, McLaughlin, et al., 2010），这表明儿童时期发生的事件可能产生广泛而持久的影响。事实上，遭到虐待的儿童也表现出长期的适应问题，如难以适应大学生活（Elliott et al., 2009）和以后的亲密关系（Friesen et al., 2010）。

当然，并不是所有的虐待都会导致精神障碍，许多遭受过虐待的人仍会过上幸福健康的生活（Rind et al., 1998）。某些遭受虐待的人会寻求治疗，治疗的目的往往是解决因为受到虐待而在社会适应和人际关系方面出现的问题。如果针对受伤害儿童的特定需求进行治疗，可能会特别有效（Harvey & Taylor, 2010）。

心理学家正在研究，以理解为什么一些受虐儿童会患上心理障碍，而另一些受虐儿童则不会。你认为他们应该研究哪些因素来回答这个问题？

将父母作为改善儿童症状的治疗者的可能性

虽然父母在某些情况下营造的家庭环境会增加儿童患心理疾病的风险，但他们也可以给儿童带来积极的改变。因为，儿童治疗师一般每周只与儿童见面约 1 小时，而父母每周与儿童相处 167 个小时。培训父母，让他们掌握改变自己孩子想法、感受和行为的方法，可以使父母成为改善儿童症状的治疗者。一般来说，培训的重点是帮助父母了解儿童的心理障碍，教父母强化儿童的适应性行为，同时避免助长儿童的不良行为。许多对儿童和青少年最有效的治疗方法很大程度上都依赖父母或监护人的帮助。

同时治疗父母和儿童

许多童年期特有的行为问题似乎起源于不良的家庭互动和本身有精神障碍的父母（Johnson et al., 2000），因此父母和儿童同时接受治疗往往非常重要（Dishion & Stormshak, 2007）。事实上，如儿童虐待等案例中的治疗项目完全是针对父母的。

因此，越来越多的儿童治疗开始采用家庭治疗的方式，父母一方或双方，连同儿童及其兄弟姐妹都会参与治疗项目的各个阶段。发生家庭暴力时，这一点尤其重要（Chaffin et al., 2004）。

相关人士已经开发出一些家庭治疗方法（Prout & Brown, 2007），这些方法在一些重要的方面有所不同——例如，如何定义家庭（是否包括大家庭成员），治疗的重点是什么（是家庭成员之间的沟通还是问题家庭成员的异常行为），以及使用什么治疗方法（分析和解读家庭沟通中的隐性信息，或者通过行为评估和强化改变奖惩偶然性）。但是，无论有什么差异，所有家庭疗法都把儿童的问题（至少在一定程度上）看作家庭内部不良互动模式的产物，并试图通过分析和改变异常的家庭模式给家庭成员带来积极的改变（Everett &

Everett, 2001）。

许多治疗师发现，父亲特别不愿参与治疗。不幸的是，一些阻力阻止了许多家庭开始治疗或坚持治疗。最常见的阻力包括具体的应激源或行为上的阻力，例如，缺乏交通工具、无人照顾儿童、认为治疗不相关或没有帮助，以及与治疗师的关系不佳（Kazdin et al., 1997）。

把儿童安置在家庭之外

大多数社区都有青少年机构为遭受虐待、忽视和不良对待的青少年受害者提供日夜保护、照顾和监护。根据家庭情况和儿童的特殊需要，有的儿童会被送回父母身边，有的则被安置在其他地方。如果是后一种情况，通常有四种类型的机构值得依赖：（1）领养家庭；（2）照顾儿童的私人机构，如收容所；（3）县或州的收容机构；（4）亲戚家。在任何时候都有超过 50 万儿童生活在寄养机构中，其中许多儿童受到虐待或忽视（Minnis et al.2006）。

当然，儿童新家的家庭情况是决定儿童的问题减轻或恶化的关键因素，而且有证据表明，领养家庭比收容所效果更好（Buckley & Zimmermann, 2003; Groza et al., 2003）。相关部门努力筛选合适的安置机构，并通过随访与这些机构保持联系，但即便如此，有些儿童在新家中还是会遭到不好的对待（Dubner & Motta, 1999; Wilson et al., 2000）。人们通常认为，对于被虐待儿童、被遗弃儿童或父母无法控制的有严重行为问题的儿童，唯一可行的办法就是把儿童带离家庭，寻找临时替代住所。人们希望，如果儿童自己的家庭明显不适宜，家庭之外一个稳定的安置地可以更有利于儿童的发展。但是，当把儿童从自己家里带到收容机构或者领养家庭中时，儿童可能会觉得被亲生父母抛弃、新的监护人不喜欢他们、没有归属感、没有安全感、孤独、痛苦。毫不奇怪，领养家庭中的儿童和青少年往往比其他儿童需要更多的心理健康治疗（dos Reis et al., 2001）。

因此，目前的趋势是长远规划。首先，努力保持家庭完整，给父母提供他们需要的支持和指导，使他们能够正确地抚养儿童。如果无法做到这一点，就努力让儿童可以合法地被领养，并尽快找到领养家庭。当然，这意味着公共机构的工作人员需要接受专门培训，工作量合理，并能够获得自己和当事人所需的资源。

问题恶化前干预的重要性

越来越多的心理学家试图在儿童心理受到严重影响之前进行干预，而不是等到处于风险中的儿童出现严重的心理问题后才干预（Schroeder & Gordon, 2002）。如第 5 章所述，已经有一种早期干预措施用来治疗在飓风、事故、劫持人质或枪击等灾难或创伤事件中受到心灵伤害的儿童（Shaw, 2003）。在当今世界，这样的创伤事件非常频繁，儿童和青少年经常需要很多的支持和关注才能应对这些事件。可以采用个体心理治疗和小组心理治疗帮助遭受创伤的人（Cohen et al., 2006），可以在学校里开展支持性干预或在社区开展减少创伤后症状的项目。早期干预的目标是减少儿童生活中的应激，并帮助儿童应对创伤性事件。这往往可以减少儿童以后适应不良的发生率和严重程度，从而避免出现个人问题和更广泛的社会问题。

15.8.2 儿童权益倡导项目

美国 18 岁以下的人口超过 7 400 万（CB, 2009），出现心理健康问题的儿童在以后的生活中很有可能出现适应问题（Smith & Smith, 2010）。不幸的是，我们目前所有的治疗和预防方案仍然不足以应对儿童和青少年严重的心理问题。

在美国，近年来发展起来的一种方法是儿童心理健康倡导。倡导项目试图帮助儿童或其他人获得他们需要却难以获得的服务。在某些情况下，倡导项目会通过改变系统为得不到服务的人群寻求更好的条件（Pithouse & Crowley, 2007）。为儿童提供服务的联邦项目并不是统一的，有众多不同的机构参与其中，分别满足不同的需求，也就是说，美国没有一个政府机构负责综合考虑儿童的情况，为需要帮助的儿童做出全面的规划，所以儿童权益倡导项目常常受阻，难以实施。

除了联邦政府的支持，儿童权益倡导项目一直以来都得到法律团体和特殊利益公民组织的支持，比如总部位于华盛顿特区的一个公益组织——儿童保护基金会。但是这些团体和组织中常常缺乏精神卫生专业人士。不过，今天，在为儿童提供有效的倡导项目的尝试中，有了更多的跨学科参与（Carlson, 2001; Singer & Singer, 2000）。

未解决的问题

社会应该如何处理违法行为？

童年期和青春期最麻烦也最普遍的问题之一是违法行为，尤其是青少年暴力犯罪（Popma, 2007）。这类行为包括破坏财产、使用暴力，以及侵犯他人权利和违反法律的各种行为。“青少年犯罪”这一法律术语指的是 8~18 岁（具体年龄范围依据美国各州的法律而定）的青少年实施的违法行为。在 DSM 中，这并没有被视为一种障碍。青少年犯罪的实际发生率很难确定，因为许多犯罪行为没有被报告。然而，我们还是可以找到一些数据：

• 2008 年，美国有 210 多万青少年被捕，约占所有因暴力犯罪而被捕人数的 16%；1 740 名青少年被谋杀（约占所有被谋杀者的 11%）（Puzzanchera, 2009）。

• 虽然大多数犯罪的青少年是男性，但女性的犯罪率也有所上升。女性罪犯通常因吸毒、性犯罪和离家出走被捕。

• 大约 1/5 进入青少年司法系统的青少年存在精神卫生问题（Phillippi & DePrato, 2010）。此外，被关押在成人监狱的青少年自杀率很高，获释后很可能犯下更多的罪行（Bath & Billick, 2010）。

原因

只有一小部分“惯”犯从对立违抗障碍发展为品行障碍，然后再发展为成年后的反社会型人格，大多数青少年罪犯并不遵循这一模式（Nock et al., 2007）。仅在青春期出现的犯罪行为是社会模仿的结果，当他们逐渐成熟以后，就会失去犯罪的动机，并从更能为社会所接受的行为中受益。几个关键的变量似乎导致了犯罪。这些变量大体上可以分为个体疾病、不良家庭模式和不良同伴关系等类别。

遗传决定论

虽然对于反社会行为遗传因素的研究还远没有定论，但一些证据表明，犯罪行为可能是遗传造成的（Bailey, 2000）。

脑损伤和学习障碍

少数违法犯罪者（估计为 1% 或更少）的大脑存在损伤，导致他们的抑制和控制能力下降，从而更有可能产生暴力行为。这类青少年往往过于活跃、冲动、情绪不稳定，在受到强烈刺激时无法控制自己。

精神障碍

一些违法行为似乎与行为障碍（如 ODD、CD 或 ADHD）有直接联系。

反社会特质

许多惯犯似乎具有反社会型人格的典型特质（Bailey, 2000）。他们冲动、叛逆、怨恨，没有懊悔或罪恶感，不能建立和维持亲密的人际关系，而且似乎不能从经验中吸取教训。

药物滥用

许多犯罪行为，尤其是盗窃、卖淫和暴力袭击，都与饮酒或吸毒直接相关

（Leukefeld et al., 1998）。许多吸食海洛因等硬性毒品的青少年被迫偷窃以维持他们的恶习，而女性成瘾者获得金钱的方式是盗窃加卖淫，或以卖淫代替盗窃。

父母缺失或家庭冲突

犯罪行为在父母分居或离异的青少年中似乎比在父母一方去世的青少年中更常见，这表明父母冲突可能是导致犯罪的一个关键因素。

父母的拒绝和错误的管教

在许多情况下，父母一方或双方会拒绝儿童。如果父亲是拒绝的一方，那么男孩就难以建立对父亲的认同，也难以将父亲作为自己成长的榜样。但是，父母的拒绝和不一致的管教所造成的有害影响绝不仅仅是父亲造成的，被父母双方都疏远的青少年更容易有犯罪行为（Leas & Mellor, 2000）。

不良的同伴关系

犯罪常常是一个文化群体的共同行为（O'Donnell, 2004）。在一项经典的研究中，黑尼和戈尔德（1973）发现，大约 2/3 的犯罪行为是 2~3 人共同完成的，而其余大多数犯罪则有 4~5 人参与。通常罪犯和其同伙是同一性别。有趣的是，女孩比男孩更有可能在犯罪时有一个固定的朋友或同伴。

社会大环境也可能导致或支持犯罪（Ward & Laughlin, 2003）。青少年的心理发展水平对他们有效接受司法系统改造和解决问题有很大的影响（Kraus & Pope, 2010）。重要的相关的因素包括疏远、叛逆、社会排斥，以及犯罪团伙成员提供的心理支持。帮派活动在美国仍然是一个普遍存在的问题，最近的报告显示，街头帮派成员的人数似乎在上升（FBI, 2015）。帮派成员身份给青少年归属感，也是他们获得一定地位和认可的一种方式。

解决违法问题

如果青少年机构有足够的设施和人员，那么对那些需要离开不良环境的青少年将会大有帮助（Scott, 2010）。这些机构给青少年提供了接受进一步教育和学习必要技能的机会，并帮助他们找到生活的目标和意义。在机构中，青少年也会有机会接受心理咨询和团体治疗。"新兵训练营"（按照军事化基本训练方法设计的青少年机构）作为矫治犯罪行为的一种手段受到了一些关注，然而，元分析表明，这些项目并没有减少犯罪行为，反而加剧了犯罪行为（Lilienfeld, 2007）。

相反，一些治疗方法能够减少儿童和青少年犯罪。例如，多系统治疗（MST）

是一种综合性干预，临床医生试图借此改变影响青少年犯罪行为的几个系统，包括青少年的家庭、同伴网络、学校和社区（Henggler, 2011）。数十项研究已对MST进行了测试，证明其可以显著减少青少年犯罪，还可以改善其他状况，如精神疾病、物质滥用、家庭功能和把儿童安置在亲生家庭之外的比例（van der Stouwe et al., 2014）。这样的治疗带来了希望——通过正确的干预，有犯罪风险的儿童仍可以过上幸福健康的生活。

本章小结

15.1　解释对儿童和青少年精神障碍的理解与对成人有何不同

- 儿童的行为如果不能确定是否与儿童的年龄相适应，就不能被认为不正常，正如发展精神病理学领域所做的那样。
- 与成年人相比，幼儿对自己和世界还没有一个现实的认识，他们可能更难以应对压力，缺乏战胜逆境的经验。他们也比成人更依赖他人。因此，儿童比成年人有更强的心理易感性。
- 许多儿童精神障碍没有对应的成人精神障碍。此外，环境因素在儿童障碍症状的表达中起着重要的作用。

15.2　区分儿童和青少年发展正常和异常的焦虑和心境

- 大多数儿童易受恐惧和焦虑的影响；在某些情况下，恐惧和焦虑的严重程度、持续时间、伤害性都超出了正常水平，以至于儿童被诊断出患有焦虑障碍。
- 儿童抑郁症和成人抑郁症一样，特征是悲伤、退缩、哭泣、睡眠不足和食欲不振，在某些情况下，还有自杀的想法或企图。

15.3　描述对立违抗障碍和品行障碍的表现和患病率

- 对立违抗障碍的特征是对权威人物的消极、违抗、不服从和敌对行为反复出现，至少持续 6 个月。该病通常 8 岁开始发病，终生患病率为 10%，男孩的患病率略高于女孩。
- 品行障碍的特征是一再违反规则，并无视他人的权利。它的平均发病年龄为 12 岁（也就是说，患者中有一半人在 12 岁以前患上这种疾病），终生患病率为 10%。像对立违抗障碍一样，品行障碍在男孩中（12%）比在女孩中（7%）更常见。

- 引发这两种障碍的风险因素包括家庭不和、社会经济地位低和父母的反社会行为。

15.4　列出并定义排泄障碍

- 排泄障碍（遗尿症和遗粪症）只涉及一种明显的症状，而不是广泛的适应不良模式。
- 遗尿症指的是在应该形成正常排尿节制能力的年龄（5 岁）之后，仍然常在夜间习惯性不受意识控制地排尿。遗粪症指的是儿童在 4 岁以后还未能学会恰当排便的障碍。

15.5　概述注意缺陷 / 多动障碍和孤独症谱系障碍的特点、病程和疗法

- 注意缺陷 / 多动障碍的特点是一直难以保持注意力和 / 或冲动，以及过度的或夸张的运动性活动，并且个人完成任务的能力因此受到干扰。ADHD 儿童往往表现出特定的学习障碍和行为问题。治疗 ADHD 的主要方法是药物治疗和行为治疗。
- 孤独症谱系障碍是一种神经发育障碍，涉及多种行为问题，包括语言、知觉、运动发育、现实检验能力等方面的缺陷，以及社交障碍。虽然许多孤独症儿童在过去没有得到充分的治疗，但最近的强化行为疗法获得了一些成功。

15.6　描述目前已知的学习障碍的成因和治疗方法

- 对于特定学习障碍的成因，最普遍的观点是，学习障碍是中枢神经系统的轻微损伤造成的。具体来说，研究者认为学习障碍是儿童大脑中调节认知能力的功能发育不成熟、有缺陷或失调造成的，学习障碍儿童因此无法获得正常儿童拥有的认知能力。
- 非正式研究和个案报告描述了不同的治疗方法，但就学习障碍的特定治疗的效果而言，很少有精心设计并能按计划完成的研究。

15.7　定义智力障碍，并列举造成智力障碍的三个已知原因

- 智力障碍的特点是心智能力不足，如推理、解决问题、计划、抽象思维、判断、学校学习和从经验中学习的能力不足。
- 智力障碍的成因包括基因-染色体因素、胎儿发育过程中的感染和有毒物质、出生时的创伤（身体伤害）、生殖细胞和其他身体细胞和组织受到的电离辐射、营养不良或其他生物学因素。

15.8　讨论青少年治疗与成人治疗的区别

- 儿童不像成年人那样可以自己寻求帮助，他们主要依赖父母，父母必须主动为儿童寻求帮助。
- 倡导项目试图帮助儿童或其他人获得他们需要但往往得不到的服务。不幸的是，服务所需的资金和资源并不总是很容易得到，儿童心理环境改善计划的未来仍不确定。

第16章

心理治疗

学习目标

16.1　描述哪些人寻求心理治疗，以及最常见的目标

16.2　解释如何衡量心理治疗的成果

16.3　最佳治疗的一些必要因素

16.4　列出治疗异常行为最常用的心理学方法

16.5　解释社会价值观和文化在心理治疗中的作用

16.6　描述治疗异常行为的三种生物学方法

我们中的大多数人都有过这样的经历，即通过与亲友交谈来获得帮助。但心理治疗不仅仅是给人一个交谈的机会，心理治疗师会使用特定的心理疗法帮助患者对事物产生新的理解或做出新的行为，或二者兼有。这些干预措施经过精心设计，并有成熟的理论作为系统指导，这便是专业心理治疗与非正式帮助间的不同之处。

16.1 治疗概述

描述哪些人寻求心理治疗，以及最常见的目标

有心理问题的人是可以改变的，通过学习，他们对事物的知觉方式和评估方式将更具适应性，行为方式的改善也能帮助他们更好地适应社会。这种信念是所有心理疗法的基础。但改变也绝非易事，有时候，早期的病态关系被后续多年的消极生活事件所强化，进而扭曲了患病个体对自身和世界的看法。在另一些情况下，除了心理治疗，还需要关注环境因素，如令患者不满的职业、令其痛苦的关系及经济压力。因为改变并不容易，所以患者有时会觉得，忍受现在的问题要比挑战自己去规划一个不同的人生轨迹更容易。治疗还需要时间，不会即刻带来神奇的转变。然而，即使最严重的精神障碍，通过心理治疗，也有希望治愈或得到一定程度的改善。

心理干预已经用于治疗各种慢性问题。当治疗考虑到患者的病情，并设定患者能够达到的各个目标时，即使是严重精神障碍的患者也可能从治疗中获益（Kendler, 1999; Valmaggia et al., 2008）。此外，与普遍认同的观点相反，从长远来看，心理治疗可能比其他干预方式花费更少（Dobson et al., 2008）。

历史上人们尝试过许多治疗方法（事后来看，其中一些方法过于残忍、异常），许多方法至今还存在。但是，管理式护理时代提出了新的、越来越严格的要求，即治疗的有效性必须经过实证证明。本章探讨了当今广泛接受的心理和生物治疗方法。虽然我们知道不同的精神卫生专家群体在使用“来访者”和“患者”这两个术语时往往有自己的偏好，但在本章中，这两个术语可以互换。

16.1.1　人们为什么寻求治疗？

寻求治疗的人面临的问题各不相同，解决问题的动机也不一样。接下来我们探讨其中一些动机。

心理障碍和应激生活情境

也许最明显应该接受心理治疗的人是患有本书描述的心理障碍的人。美国每年大约有 15% 的成年人接受精神治疗，其他国家的比例从 1% 到 12% 不等（见图 16.1；WHO-WMHSC, 2004）。毫不奇怪，那些有心理障碍的人，尤其是那些日常功能严重受损的患者，更有可能接受治疗。然而，大多数接受治疗的人并不完全符合心理障碍的诊断标准（WHO-WMHSC, 2004），那么他们为什么要寻求治疗呢？许多人寻求治疗是由于突然出现的高度应激情境，如离婚或失业——这些情况可能让人们觉得被危机压倒，无法依靠自身的力量解决问题。

非自愿的患者

来访者起初并没有直接寻求心理治疗。也许他们因为物质滥用或家庭暴力被法庭要求接受治疗，或者因为头痛或胃痛咨询医生，却被告知身体健康。患者接受治疗的动机各不相同。非自愿的来访者可能因为很多原因前来治疗。例如，物质滥用的人受到配偶“要么治疗要么离婚”的威胁前来治疗，或者是重罪嫌疑人的律师建议嫌疑人接受治疗，因为如果宣布嫌疑人“接受治疗”，那么其处罚可能得到减轻。很多生气的父母带孩子寻求心理治疗，希望孩子的“问题行为”得到“纠正”，他们认为孩子的行为与家庭环境无关。这些父母可能表现出惊讶或犹豫，不愿承认自己在塑造孩子行为模式中起到的作用。

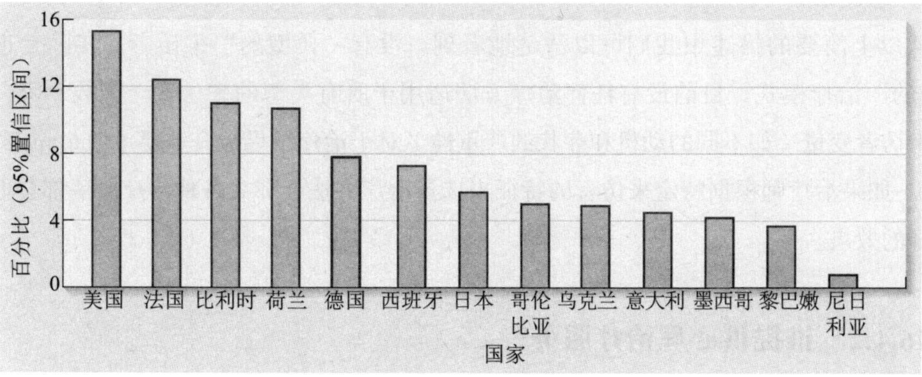

图 16.1　世界各国心理治疗的应用情况

图片反映了世界各国报告的因精神问题或情绪问题接受心理治疗的人数占总人口的百分比（WHO-WMHSC, 2004）。

一般来说，男性在遇到问题时不像女性那样愿意寻求帮助。抑郁症患者中，称自己从未考虑过心理治疗的男性远远多于女性；男性患者甚至不愿向自己的朋友寻求帮助。此外，就算男性寻求了专业帮助，相比女性而言，他们在治疗中提出的问题也更少（Addis & Mahalik, 2003）。

为什么会这样呢？一个可能的答案是，男性比女性更不容易识别和标记痛苦，也更不容易将这些感觉归因于情绪问题。此外，认同男子汉刻板印象（强调自制力与冷静）的男性认为在面对注重情绪和情绪表达的传统心理咨询时，往往会感到更多性别角色层面的矛盾。对那些以情绪内敛为傲的男性而言，为抑郁这样的问题寻求帮助有损他们的自尊心。而且，寻求帮助还意味着需要放弃一些控制权，这可能和他们“真正的男人应该靠自己”的观念发生了冲突。

那么如何鼓励男性在遇到困难时主动寻求帮助呢？开发新的治疗方法，为那些不愿谈论自己问题的男性提供更好的帮助，可能可以部分解决这一问题。这里的一个例子是使用虚拟现实疗法治疗患有创伤后应激障碍（PTSD）的士兵（参见第 5 章）。另一个方法是使用有创意的方法来鼓励男性寻求帮助。例如，使用职业篮球运动员或足球教练的形象在电视上播放治疗勃起障碍的广告，鼓励那些有类似问题的男性主动就医。通过让男性意识到其他“大男人”在需要时也会“像个男人一样”寻求帮助，这也许能够帮助那些坚守大丈夫性别角色的人迈出主动就医的第一步。

寻求个人成长

最后一类接受治疗的人存在的问题可能比较正常。也就是说，他们看起来是成功人士，有着稳定的收入，家庭生活温馨幸福，并已实现了很多人生目标。他们寻求治疗并不是因为绝望或糟糕的人际关系，而是因为感到没能实现自我期望或没有充分发挥自己的潜能。由于他们的问题比其他人的问题更容易处理，他们在成长方面可能得到更多的收获。

从以上简要的描述中我们可以清楚地看到，没有“典型的”来访者。实际上也没有“典型的”治疗模式。目前没有任何治疗方法适用于所有类型的来访者。多数专家一致认为，来访者变量（如不同的动机和症状的严重性）对于治疗结果极其重要（Clarkin & Levy, 2004）。如果治疗师根据特定来访者的特征来选择治疗方法，那么各种治疗方法都会取得相对较好的效果。

16.1.2　谁提供心理治疗服务?

传统上，许多不同领域的专家都会向出现情绪问题的人提供建议和咨询。医生除了关心患者的身体问题，在情绪问题上也常常成为值得信赖的顾问。许多医生接受培训，学到超出其专业领域的心理知识，学会将患者转介给心理专家或精神病学家。

另一个处理大量情绪问题的专业团体是神职人员。牧师、神父或拉比通常是最早接触遭遇情绪危机群体的专业人士。虽然有些神职人员接受过心理咨询方面的训练，但大多数神职人员仍将他们的咨询局限于宗教事务和精神支持，并不提供心理治疗。但是，神职人员像全科医生一样，也接受培训以学会识别需要专业治疗的问题，并将严重失常的患者转介给精神卫生专家。

在精神卫生领域，三类最常从事心理治疗的专家是临床心理学家、精神科医生和精神病学社会工作者。精神科医生不仅能够提供心理治疗，而且他们所受的医学培训和执业资格也让他们具有处方权，同时也有权进行其他形式的治疗，如电休克治疗。现在美国一些州的心理学家和临床专家在经过适当的督导并接受了额外的培训后也能拥有处方权。虽然不同的精神卫生专家接受的培训不同，使用的治疗方法也各异，但一般来说，精神病学家与心理学家的不同之处在于，精神病学家使用生物学方法（例如药物）治疗精神障碍，而心理学家通过检查患者的行为和思维模式，并在某些情况下改变患者的行为和思维模式来治疗患者的问题。

诊所或医院（与私人执业不同）广泛应用多种治疗方法。治疗方法包括使用药物，进行个人或团体心理治疗，前往来访者家中、学校或工作单位访问以改变患者生活中不利的方面——例如，帮助老师理解和支持儿童的需求。后者往往与重塑来访者人格、行为或对两者进行的治疗同样重要。

经常使用小组方法评估和治疗反映出治疗师广泛应用各种疗法的意愿，尤其是在小组实践和机构的设置上。理想情况是根据每个来访者的需要整合药物治疗、心理治疗、社会工作，并与精神卫生系统工作人员配合。目前，向社区提供治疗设施也很重要。在过去，适应不良被认为是个人的痛苦，患者往往被关在远离社区的精神病医院里，而当今的取向则是将家庭和社区资源整合在整个治疗中。

16.1.3　咨访关系

咨访关系是来访者和治疗师在治疗时形成的关系。心理治疗的效果通常取决于来访者和治疗师能否成功地达成富有成效的治疗同盟。来访者的动机对治疗很重要。对康复持悲观态度的来访者或对自身问题和症状充满矛盾的来访者，通常疗效较差（Mussell et al., 2000）。

尽管对于治疗同盟的界定各不相同，但关键要素为：（1）有合作解决问题的意识；

(2)患者和治疗师在治疗目标和任务上达成一致;(3)患者和治疗师之间建立起情感联结(Constantino et al., 2001; Martin et al., 2000)。清晰的沟通也很重要。来访者和治疗师共享背景经历，无疑会促进沟通交流。

和动机几乎同等重要的是来访者对接受帮助的期望，通常这种期望本身就足以带给来访者很多改善，或许是由于来访者对治疗有效性的期待使他们在治疗过程中更加投入(Meyer et al., 2002)。正如安慰剂能为那些相信其效果的人减轻疼痛一样，一个期待在治疗中得到帮助的人更可能获得帮助。这一事实造成的问题是，如果治疗或治疗师不论出于何种原因没能激起来访者的信心，那么治疗的效果就会受影响。

关于治疗的技巧，治疗师有各种专业技能和方法帮助来访者更客观地看清自己和自己的处境，也就是说，学会从不同的视角看问题。除了提供新视角，大多数治疗情境也为来访者提供了一个安全的场所，鼓励他们在其中演练感受和行动的新方法，逐步激发他们改善行为的勇气，培养他们承担责任的能力，使他们的行为更富有成效、更令人满意。

要实现这些改变，心理治疗师必须帮助患者放弃旧的和功能失调的行为模式，代之以新的功能良好的行为模式。因为来访者在改变行为模式方面会面临不同的挑战，所以治疗师必须灵活地应用各种互动风格。

16.2 评估心理治疗的成果

解释如何衡量心理治疗的成果

心理学家，当然还有接受心理治疗的患者，都对治疗是否成功非常关注。不幸的是，评估治疗成功与否，并不总像看上去那么容易。在这一节中，我们将讨论一些衡量心理治疗有效性的关键问题。

16.2.1 客观化和量化的改变

评估来访者在治疗中的收获往往依据以下一项或多项信息:(1)来访者报告自身的改变;(2)临床医生对已发生的改变的评级;(3)来访者家人或朋友的陈述;(4)治疗前和治疗后用于测量心理功能相关方面的仪器所得评分的比较;(5)测量所选择的外显行为的变化。每种信息都有优势，但也都有不容忽视的局限性。

来访者评级

旨在测验治疗方法有效性的研究以及许多种临床情况都注重使用来访者评级这样的量化措施来确定发生了多大变化。例如，贝克抑郁量表(抑郁症严重程度的自陈量表)被广泛用于测量来访者抑郁的严重程度，它几乎成为抑郁症治疗前和治疗后评估的标准。

不幸的是，来访者不一定是获得治疗结果的可靠信息来源。这不仅仅因为来访者出于各种个人原因希望自己好转，而且他们可能会为了取悦治疗师而报告说自己已经得到了帮助。此外，由于来访者常常已经在治疗中投入了大量的时间和金钱，而且有时还要忍受精神上的痛苦，故将治疗视作毫无效果会产生不协调感。

临床医生评级

治疗效果也常常由临床医生进行评估。例如，汉密尔顿抑郁等级量表是临床医生用来测量患者抑郁程度的等级评定量表，类似于前面提到的贝克抑郁量表，但它是由临床医生完成的，而不是由患者完成的。虽然临床医生可能比患者更客观，但他们也可能并非评判患者进步情况的最佳人选，因为他们往往会觉得自己是有能力的成功的治疗师。此外，临床医生也只能有限地观察到患者的行为（在治疗期间的行为），并由此判断患者的整体改变。除此之外，临床医生可以故意或巧妙地建议较难应对的患者停止治疗，从而提高其接治患者的平均改善水平。

第三方评级

来访者的变化也可以由第三方评估。第三方就是没有参与治疗的人，包括家庭成员或训练有素的独立评估人员。后者指的是接受过临床访谈训练的人，他们会对患者的临床变化进行评估。当然，尽管患者的亲属在评估结果时往往看起来比治疗师或患者更实事求是，但他们可能倾向于“看到”他们希望的改善。对治疗一无所知的独立评估师（这意味着他们不知道患者接受了什么治疗，因此无法有偏见地称一种治疗方法比另一种更有效）因为其客观性和一致性经常用于严格的有关治疗效果的研究。

客观评价

另一种广泛用于客观测量来访者变化的方法是使用各种心理测验。用心理测验评估时，来访者在治疗前后都需接受测验，前后得分的差异被认为是获得改善、没有改善或者变得更糟的体现。然而，这些测验显示的某些改变可能是人为造成的，比如均值回归，其中非常高（或非常低）的分数在反复测量时会趋向于平均值，导致人们错误地以为发生了一些改变。此外，选择的测验类型也可能取决于治疗师或研究者的理论假设。因此，这些测验未必能有效地预测治疗带给来访者的改变，以及来访者今后在现实生活中的行为。若不进行随访评估，这些测验几乎无法提供关于来访者的改变能够持续多久的信息。

研究特写

均值回归

均值回归反映了一种统计趋势，即第一次测验的高分或低分在第二次测验中（如重复性测验）会看起来不那么高也不那么低。由于统计学上的这一人为因素，即使没有发生真正的临床改善，那些得分远离平均值的人（例如焦虑得分最高或自尊得分最低的人）在第二次测验时得分也会开始接近组平均值。

在研究中，功能性磁共振成像可用于检查治疗前后大脑的活动。例如，中尾和他的同事（2005）研究了 10 名患有强迫症的门诊患者。在研究开始的时候，所有的患者都进行一项任务，即思考引发他们强迫与冲动的词语（如“汗水”“尿液”“粪便”），同时接受脑部扫描。之后患者接受了 12 周治疗，服用选择性 5- 羟色胺再摄取抑制剂氟伏沙明或接受行为治疗。在治疗结束时，再次进行脑部扫描。

结果显示，在治疗前，大脑中被认为与强迫症有关的特定区域（例如，额叶中一个被称为“眶额皮层”的大脑区域）在引发症状的任务中被激活。然而，在治疗后，当患者被要求想象那些能够引发症状的具有刺激性的词语时，相同脑区的激活减少。在随后的研究中，这些科学家也表示，经过 12 周的行为治疗，强迫症患者的大脑中与这种疾病有关的几个区域再次出现了变化（Nabeyama et al., 2008）。这类研究表明，心理治疗中临床症状改善的同时会带来生理变化（Siegle et al., 2012）。然而，重要的是要记得评定量表（或脑成像扫描）上的变化不一定意味着患者在日常生活中的表现变好（Kazdin, 2008a）。

外显的行为

也许最直接的方法是观察患者的行为，以了解患者是否在治疗中有所改善。例如，如果患者正在接受昆虫恐怖症的治疗，临床医生可以观察患者在治疗前、治疗期间和治疗后接触并抓住不同大小昆虫的能力，以观察患者的行为是否发生了变化。行为观察的优势在于它是客观的，难以“伪装”，而且往往能准确地反映出治疗是否引起了转变；缺点是它可能不太适合不易观察到的问题（例如，自杀念头）。

16.2.2 一定会发生改变吗?

关于这一点，我们不禁要问，那些没有得到正式治疗的精神障碍患者会怎样呢？人们可以通过许多方式互相帮助，因此患者在未接受专业治疗的情况下也可能获得改善。此外，有些精神问题，如抑郁发作或短暂的精神病性障碍，无论是否接受治疗都只会持续很短的时间。在另一些案例中，随着时间的推移，来访者的症状得到改善，但并没有明显的原因。

事实上，很多情绪失调的人虽然未经心理治疗，也能随着时间的推移有所改善。心理治疗可能加速了改善，或带来想要的行为改变（未经心理治疗，这样的改变可能不会发生）。今天大多数研究者都认为，心理治疗比不治疗更好（Shadish et al., 2000），本书广泛引用的相关证据也都有力地证实了这一点（Lambert & Ogles, 2004）。研究表明，约 50% 的来访者在接受了 21 次治疗后有显著的临床改善，经过 40 次治疗后，约有 75% 的来访者有所改善（Lambert et al., 2001）。

但是为什么来访者会好转呢？值得注意的是，我们对有效治疗的机制或治疗中的“有效部分”知之甚少（Hayes et al., 2011; Kazdin & Nock, 2003）。不过我们知道，治疗的过程并非平稳且线性的，在一个疗程与另一个疗程之间可能会取得突然的进展（Tang & DeRubeis, 1999; Wucherpfenning et al., 2017）。这些临床效果上的“飞跃”似乎是由来访者在某次关键治疗中的认知改变所触发。研究者现在正在积极探索，诸如治疗师遵循特定疗法的程度（治疗师如何提供特定治疗）和治疗师的能力（治疗师进行治疗有多熟练或巧妙）等因素，如何影响来访者的治疗效果（Strunk et al., 2010; Webb et al., 2010）。

16.2.3　治疗会带来有害的影响吗？

心理治疗的结果并不总是中立（没有效果）或积极的，一些来访者实际上受到了心理治疗师的伤害。据估计，5%~10% 的来访者在治疗过程中病情恶化（Lambert & Ogles, 2004）。不幸的是，临床医生或治疗师往往不能及时发现他们的患者病情恶化（Whipple & Lambert, 2011）。为了解决这一问题，相关人士目前正在制定一些用于评估临床恶化的措施。如果在临床实践中，来访者没有按预期方向发展，这些措施会及时提醒或警告治疗师。然而，主要的困难还是一些临床医生或治疗师对实施这些措施的抵制。我们毫不惊讶，那些效率最低的治疗师正是最不情愿采用这种患者监控措施的人。

治疗伤害的另一个方面涉及所谓的越界，这是指临床医生或治疗师利用患者的信任进行某些极不恰当的行为（例如，收取患者贵重礼品或利用患者非法获利）。其中一个案例涉及一名精神科医生和他治疗了 10 年的患者，在治疗期间，患者送了医生一台冰箱、一张餐桌和六把椅子，还把自己的沃特福德水晶、一些瓷器及一枚银币低价卖给了这个医生，其中银币的估价为 1 600 美元，但精神科医生只花了 200 美元购入。除了低价购买，该医生还高价卖给了这位患者一些物品，包括两艘船，甚至在患者没有见到实物的情况下，就要求对方付款（Norris et al., 2003）。

我们周围的世界

当心理治疗有害时

很多治疗方法可能是有害的。例如，一些特殊治疗会使某些症状恶化，而有些方法会使来访者过度关注其症状，还可能让来访者过度依赖治疗师。有些个体与某些治疗师或治疗形式接触之后，就再也不愿接受治疗了。

利林费尔德（2007）提出了一系列可能产生有害后果的治疗方法，其中一个例子是针对有依恋问题的儿童的“重生疗法”。在这种方法实施的过程中，治疗师会把儿童裹在毯子里面，然后坐在上面挤压他们，试图模仿分娩的过程，结果导致一些儿童因窒息而死亡。

另一个有害的疗法是“辅助沟通”疗法，这个方法基于这样一个假设：孤独症儿童在辅助人员的协助下，可以通过计算机键盘来完成交流。然而，“辅助沟通”疗法却引发了数十起对孤独症儿童父母的性侵指控。这些指控让这些原本不幸的家庭遭受了大量不必要的情感痛苦和折磨，因为后期的研究表明，所谓“辅助沟通”中的信息并非来自儿童本身。实际上，给孩子辅助的人才是真正给出信息的人，离开了他们，患者什么也表达不了。这种作弊的疗法产生了严重后果：一些辅助人员“帮”孩子打出的信息称，家长曾对孩子进行过性侵犯，导致多名无辜家长被剥夺抚养权，甚至锒铛入狱。尽管这一疗法在20多年前就已被揭穿，但至今仍有人在使用（Lilienfeld, Sauvigne et al., 2015）。

所有的临床医生和治疗师都应该向他们的来访者（以及来访者家人）告知关于治疗的潜在危害。而且，还应该对临床医生和治疗师进行严格的行业监督，并要求他们在实践中遵守高标准的道德伦理规范。只有这样，才能把伤害患者的可能性降到最低。

研究表明，目前还在使用的很多疗法其实是没有帮助的，有些甚至是有害的。那么，为什么人们还要继续使用那些已被证明无效的疗法呢？我们又该如何让临床医生停止使用无效的疗法，转而开始真正有效的治疗呢？

最后需要强调的是，在治疗伤害中，最明显和最严重的例子是临床医生或治疗师与精神障碍患者发生性关系，这是极不道德的行为。由于双方的频繁接触和亲近，发生异性吸引的现象不足为奇，但治疗师的专业职责是应当始终保持适当的界限。治疗师滥用咨访关系，是非常不专业的行为，会对来访者造成极大的伤害（Norris et al., 2003）。任何寻求治疗的来访者也都需要有足够的自我保护意识，需要充分认识到选择一名具有高度伦理道德和专业标准的治疗师的重要性。对心理治疗师而言，也必须有这样的职业道德。

16.3　应该使用什么治疗方法？

最佳治疗的一些必要因素

在提供最佳治疗之前，必须做出一些重要的决定。在接下来的几节中，我们将讨论这些重要因素。

16.3.1　基于实证研究的疗法

制药公司开发出新药后，必须获得美国食品药品监督管理局的批准才能上市。这包括通过人体试验来证明药物有疗效，也就是说，证明这种药物可以治愈或缓解某些目标症状。这些试验被称作"随机临床试验"（RCT），或者更简单地称为"疗效试验"，参与者是自愿且知情的患者。虽然这些试验可能会相当复杂，但基本的设计是随机地（例如，通过抛硬币的方法）让一半患者服用"起作用"的药物，另一半患者服用看似相同但实际上没有作用的安慰剂。通常患者和临床医生都不知道谁用的是药物，谁用的是安慰剂，该信息由第三方用代码记录。进行双盲研究（见第 1 章）是为了避免患者和医生的主观期望影响研究结果。治疗结束后，代码被公开，所有患者都可以知道自己服用的是药物还是安慰剂。如果服用药物的患者比服用安慰剂的患者有更明显的改善，那么研究者就能证明药物的有效性。显然，这种试验设计经过修改可以比较两种或更多药物的疗效，是否安排安慰剂组可酌情定夺。全美每天都有数以千计的这类研究在进行，它们通常在医学科研机构中开展，由医药公司承担研究费用。

研究者对这种研究设计做必要的修改之后，也将其应用于心理治疗效果的评估（Chambless & Ollendick, 2001; Ollendick et al., 2018）。选择可靠的安慰剂是难点，这常常使研究受到阻碍。因此，大多数此类研究采用的策略是比较两种或两种以上据称是"积极"的治疗方法，或者使用与积极药物治疗相同时长的非治疗（"等待名单"）控制。然而，将需要治疗的患者列入等待名单而不予治疗（即使是暂时的），有时会引起伦理上的问题。另一个问题是，治疗师即使秉持相同的理论，治疗的方式也常常大不相同（与之相对的是，使用相同的药物和剂量）。因此，为了测试治疗方法的效果，有必要制定治疗手册，详细说明如何实施接受测试的治疗方法。参与研究的治疗师要经过培训（并受到监控），以确保治疗过程不会明显偏离指南中列出的程序（Blum et al., 2008）。

制定治疗手册是研究者将患者临床结果的变量最小化的一种方法。变量可能是治疗师本身的特征（如个人魅力）造成的。虽然制定治疗手册主要是为了使心理社会治疗标准化，以适应随机临床试验，但一些治疗师建议，制定了治疗手册的疗法在确定其对特定障碍的疗效后可以被推广应用到常规临床实践中（Wilson, 1998）。但是，执业临床医生对治疗手册的态度各不相同（Addis & Krasnow, 2000; Tasca et al., 2015）。

有关社会心理治疗的疗效研究或随机临床试验研究越来越普遍。这些有时限的研究通常以接受过 DSM 诊断的患者（有共病诊断的患者有时不包括在内）作为研究对象，涉及两种及以上治疗或控制条件（例如，等待名单），其中至少有一种治疗是心理社会治疗（另一种治疗可能是生物学疗法，如使用特定的药物）。来访者或参与者被随机分配使用不同的治疗方法，然后使用常用的评估工具在治疗前后系统地评估治疗方法的效果。

对特定心理社会治疗疗效的研究被认为是用于确定治疗对来访者是否“起作用”的最严格评估。符合这一标准的治疗通常被描述为“循证”的或“经验支持”的治疗。

16.3.2 药物治疗还是心理治疗?

精神药理学（使用药物治疗精神障碍）的进步，使许多原本需要住院治疗的患者能够留在家中，维持正常的生活。这些进步也减少了患者住院的时间，解除了对患者的约束，废弃了上锁的病房。简而言之，药物治疗为患者和医护人员营造了更有利的医疗环境。

但是，在使用这些精神类药物的过程中也出现了一些问题。除了可能发生的副作用，根据不同患者的病情匹配药物种类和剂量也很复杂，而且有时患者在治疗过程中还需要更换药物。此外，对有些障碍，单纯使用药物而不采用其他疗法，效果可能并不理想，因为药物本身往往并不能治愈心理障碍。尽管如此，现在美国有一个趋势，即更多地使用精神类药物而放弃心理治疗。这可能会带来许多问题，因为正如许多研究者指出的那样，药物通过引发生物化学变化来缓解症状，而不是通过帮助个体理解并改变可能导致或强化适应不良行为的个人因素或情境因素来缓解症状。此外，一旦停止用药，患者可能会有复发的风险（Dobson et al., 2008）。对很多心理障碍而言，除非患者长期坚持服药，否则各种循证的心理治疗将比仅仅使用药物的疗效更为持久。

16.3.3　联合治疗

药物和心理治疗的结合在临床实践中很常见，尤其是对于精神分裂症和双相障碍（Olfson & Marcus, 2010）。联合治疗方法也受到患者的欢迎，被患者认为是必要的。联合治疗体现了治疗的生物－心理－社会观点，这是目前对心理障碍的主流看法，它也贯穿了本书。

药物治疗可以和很多心理疗法相结合。在某些个案中，它们可以帮助患者从心理治疗中获得更多的益处。例如，接受暴露疗法的社交焦虑障碍患者如果在每次治疗前都口服D－环丝氨酸会表现得更好。D－环丝氨酸是一种用于治疗肺结核的抗生素，该药物本身并不能缓解焦虑障碍的症状，但是，它激活了一种受体，这种受体有助于消除焦虑。服用D－环丝氨酸能让相关受体更好地发挥作用，使接受暴露疗法的患者的疗效好于服用安慰剂的对照组患者（Guastella et al., 2008; Hofman et al., 2006）。

通常，心理社会干预会与抗精神病药物联合使用，这可能对患有严重精神障碍的患者特别有益（Gabbard & Kay, 2001）。凯勒及其同事（2000）比较了 519 名抑郁症患者的治疗效果，这些患者分别接受了抗抑郁药物治疗（奈法唑酮）、心理治疗（认知行为疗法）或这两种疗法的联合治疗。接受药物治疗的患者 55% 表现良好，接受心理治疗的患者 52% 有疗效，接受联合治疗的患者表现得更好，总体积极反应率为 85%。联合治疗能起作用，很可能是因为药物和心理治疗分别针对不同的症状，并以不同的速度起效。正如霍朗德和福塞特（1995）所指出的，"药物疗法往往能迅速并可靠地缓解急性症状，而心理治疗则带来广泛而持久的改善，联合治疗保留了每种疗法的优势"（p.1232）。

值得注意的是，联合治疗并不总是优于单一疗法。例如，焦虑障碍患者服用抗精神病药物通常不会增强社会心理治疗的临床效果。但是，对慢性抑郁症或复发性抑郁症患者来说，联合治疗往往能取得更好的临床效果（Aaronson et al., 2007）。

16.4　心理社会疗法

列出治疗异常行为最常用的心理学方法

许多人对心理治疗很着迷。作为执业治疗师，我们经常被问及所做的工作内容和接触过什么类型的患者。在本节中，我们会让你了解治疗师有时使用的不同的临床方法。虽然我们在前面的章节中已经讨论了针对特定障碍的治疗方法，但这里我们的目标是让你更好地了解各种不同的治疗方法，并尽可能用案例研究来对其进行说明。

16.4.1 行为疗法

行为疗法是一种直接、积极的治疗方法。这种疗法认识到了行为的重要性，肯定学习的作用，也肯定进行彻底评估的作用。行为治疗师不探究患者过去的创伤经历或内心冲突，而是关注当前的问题——引发患者巨大痛苦的问题或症状。行为疗法的一个主要假设是异常行为与正常行为的形成方式相同，都是通过学习形成的。因此，各种各样的行为技术被开发出来，以帮助患者改变适应不良的行为。

暴露疗法

如你所知，行为治疗技术中的暴露疗法被广泛应用于治疗焦虑障碍（见第6章）。如果焦虑是习得的，那么，在行为疗法看来，它也可以通过类似的过程消除。治疗师通常引导患者逐步暴露于引发焦虑的刺激面前。这一过程可以通过非常可控的、缓慢的、渐进的方式来实现，例如**系统脱敏**；也可以通过更极端的方式来实现，例如**冲击疗法**（**满贯疗法**），即患者一次性地完全暴露于他所恐惧的刺激（例如，一个居家不外出的场所恐怖症患者在治疗师的陪同下外出）。此外，暴露的形式可以是真实的情境（**实地暴露法**）或想象中的情境（**想象暴露法**）。

系统脱敏的原理非常简单：找到一种与焦虑不相容的行为（比如放松或体验愉快的事情），并反复将其与引发患者焦虑的刺激配对。因为人很难甚至不可能同时感到愉悦和焦虑，所以系统脱敏旨在教导个体，在存在（真实的或想象的）产生焦虑的刺激的情况下，让其放松或做出其他与焦虑不一致的表现。因此，这可能被视作一种对抗性条件反射程序。"系统"这一术语指的是个体被小心翼翼地逐级暴露于他所恐惧的刺激下。

系统脱敏的原型是玛丽·科弗·琼斯（1924）的经典实验，她成功地消除了一个小男孩对白兔和其他毛茸茸的动物的恐惧。一开始，她把兔子放到房间另一头的门里，远离正在吃东西的小男孩彼得。在接下来的日子里，兔子逐渐离彼得越来越近，直到彼得可以一边吃饭一边用另一只手拍打兔子。

约瑟夫·沃尔普（1958）详细说明了琼斯采用的这一程序，并创造了"系统脱敏"一词来指代它。在大多数焦虑模式都基于条件反射这一假设的基础上，沃尔普设法训练来访者在感到焦虑的情境中保持冷静和放松。沃尔普的方法简洁而优雅，同时又直截了当。

沃尔普先让来访者进入放松状态，通常是让来访者逐渐将注意力集中于各肌肉群的放松。同时，来访者和治疗师一起确定一套焦虑等级，由想象中能诱发不同程度的焦虑的情境组成。例如，对于一个恐狗患者而言，低焦虑等级可能是想象远处有一只小狗正被主人牵着走过。相比之下，高焦虑等级可能是想象一只大狗非常兴奋地朝着来访者跑来。在治疗过程中，来访者在深度放松的状态下反复想象这些不同等级的场景，从低焦虑场景开始想象，一步一步想象高焦虑场景。治疗继续进行，直到来访者在想象所有的焦虑等级时都没有明显的不适感，那时来访者在现实生活中的焦虑也会有明显改善。

想象场景这一方法有局限性，最明显的不足是，并非所有人都能按照要求想象出生动的画面。埃梅尔坎普和韦塞尔斯（1975）从一项对场所恐怖症患者进行的有影响力的早期研究中得出结论，患者长时间暴露于真实情境中的效果比暴露于想象情境中的效果更好。从那以后，只要能够实际操作，治疗师就采用实地暴露法，鼓励来访者直接面对引发焦虑的情境。作为执业临床医生，我们有时会收到行为治疗师的电子邮件，询问如何制作看起来像呕吐物的混合物。这种情况是因为治疗师正在治疗一个患有呕吐恐怖症的患者，他需要一些看起来真实的东西实施实地暴露法。

当然，实地暴露法并不适用于所有引发刺激的情境。此外，偶尔也有来访者因为太恐惧而无法直接面对引发焦虑的情境。因此，想象暴露法是暴露疗法中一个至关重要的组成部分。行为疗法的一个重要发展是，利用虚拟现实技术帮助患者克服恐惧，治愈恐怖症（North et al., 2015）。当引发来访者焦虑的事物难以在现实生活中再造时，例如飞行，这一技术显然有很大帮助。总体而言，暴露疗法的效果令人印象深刻（Barlow et al., 2007; Emmelkamp, 2004）。同样令人鼓舞的是，虚拟现实暴露法的效果与实地暴露法的效果相当（Powers & Emmelkamp, 2008）。

厌恶疗法

厌恶疗法应用传统的惩罚手段来改变不良行为。今天最常使用的厌恶性刺激可能是能够引发不良反应的药物，例如戒酒硫——当个体服用它并饮酒时，会引发恶心和呕吐。在另一类厌恶疗法中，来访者要在手腕上戴一根结实的橡皮筋，当被诱惑时就用力弹一下橡皮筋，以此自我惩罚。

过去通常用电击纠正不良行为，这也造成了厌恶疗法在部分公众心目中的负面形象。尽管厌恶疗法已被用于治疗各种各样的适应不良行为，包括吸烟、酗酒、暴饮暴食、药物依赖、赌博、性偏离和怪异的精神病性行为，但随着其他治疗方法的出现，人们对这种方法的兴趣已经下降（Emmelkamp, 2004）。

模仿

顾名思义，在示范疗法中，来访者通过模仿另一个人来学习新技能，比如父母或治疗师，这个人要示范来访者要习得的行为。年幼的来访者可能会观察同龄参与者的行为或角色（这些同龄人是作为治疗师的助手参与到治疗中来的），然后治疗师会鼓励来访者模仿和练习期望的新反应。例如，示范疗法可能被用来帮助患者学习简单技能，如教会极重度智力障碍儿童自己进食，或者学习更复杂的技能，如让害羞、退缩的青少年在社交场合中表现得更自然。尤其是在治疗儿童的过程中，当治疗师对日常选择进行“出声思考”的时候，有效的决策和解决问题的方法可能被儿童模仿（Comer et al., 2015）。

示范和模仿也是各种行为疗法和其他治疗形式的两个辅助元素。例如，班杜拉（1964）的一项早期经典研究结果显示，治疗恐蛇症最有效的方法是一个不怕蛇的真人榜样加上言语指示和引导下的暴露。超过 90% 的来访者在接受治疗后恐惧反应被消除。治疗蜘蛛恐怖症时拍摄的照片（见第 6 章）便形象地展现了类似的整合治疗。

系统强化

系统强化的项目在增加期望行为的频率方面取得了显著的成功。这些方法通常被称为“应急管理项目”，常用于机构的疗法设置中，尽管情况并非总是如此。

抑制有问题的行为可能和移除支持它的强化物一样简单，当然前提是它们可以被识别出来。有时识别相对容易，如下面的举例所示。但是在另一些个案中，治疗师可能需要非常仔细的观察和分析，才能获知来访者维持适应不良行为的原因。

案例

比利 6 岁，在读一年级，他被父母带到一家心理诊所，因为他的老师告诉父母，比利在学校有不良行为，并且已经无法再被容忍了。具体来说，很久之前，他就开始扰乱课堂秩序、与老师顶嘴、对其他孩子咄咄逼人。在最初的采访中，通过观察比利和他的父母可以明显看出，他的母亲和父亲对比利所做的一切都是不加批判和赞同的。在进一步评估后，治疗师对比利实行了一个三阶段的治疗计划：（1）帮助比利的父母区分比利的破坏性行为和适当行为。每种类型的行为都以非常详细的方式给出定义和描述，以便比利的父母在对某种行为进行分类时能够保持一致。（2）比利的父母被要求忽略比利的破坏性行为，同时对比利的适当行为表示口头上的认可。（3）比利的老师也被指示，在可行的范围内，当比利做出破坏性行为时忽略他，并在这时将注意力集中在行为更为适当的孩子身上。

虽然比利在行为治疗项目的头几天里，在课堂上的破坏性行为有所增加，但在他的父母和老师不再强化这种行为后，这种行为明显减少。随着他适应不良行为的减少，他被同学们更好地接纳了。这有助于强化更适当的行为模式，改变比利对学校的消极态度。

在比利的案例中，不受欢迎的行为通过消除其强化物而被消除。对于其他障碍，治疗目的是建立期望的、缺失的行为。这类方法的例子包括塑造反应和使用代币（下一节讨论）。**反应塑造法**是通过对接近目标反应的行为逐步予以强化，使个体最终习得目标行为的过程。这一目标反应是接受治疗的个体积极抵抗或原本不在其行为系统中的。这一技术已被广泛用于儿童行为问题的研究（Kazdin, 2007）。例如，一个拒绝在别人面前说话的孩子（选择性缄默症），可能最初会因为发出任何声音得到奖励（表扬或更有形的奖励），以后只有完整的单词乃至一串单词才会得到奖励。

代币法

当行为疗法还处于起步阶段时，基于操作性条件反射原则的代币法被开发出来，用于长期住院的精神障碍患者。当患者在医院病房里表现得体时，他们就会得到一些代币，这些代币以后可以用来获得奖励或特权（Kazdin, 1977）。

代币法已经被用来建立适应性行为，从吃饭、铺床等基本行为反应，到医疗工作的日常履行。在后一种情况下，代币法仿效医院外的世界，个人的工作是以代币支付的，这些代币稍后可用于交换所需的物品和活动。尽管代币法有时会受到批评和争议，但对患有严重精神障碍和发展障碍的个人而言，代币法仍然是一种有价值的治疗方法（Soares et al., 2016）。

如今，类似的强化方法也被应用于治疗物质滥用。在一项研究中，如果尿检结果呈阴性，接受可卡因依赖治疗的人将获得价值 25 美分的代金券（Higgins, Wong, et al., 2000），然后患者可以要求工作人员用他们积累的代金券为他们从社区购买物品。接受可卡因戒断奖励代金券的患者比不以戒断行为换取代金券的对照组临床效果更好。

评估行为疗法

与其他治疗方式相比，行为疗法具有明显的优势。行为疗法通常能在短时间内达到效果，因为它通常针对特定的症状，能更快地缓解患者的痛苦，并且能降低成本。行为疗法的具体做法能够被清楚地描述出来，并且其结果很容易评估。总的来说，与其他方法相比，行为疗法取得的效果更好（Emmelkamp, 2004; Nathan & Gorman, 2007）。

与其他方法一样，行为疗法对某些类型的问题更有效。一般来说，来访者的问题越是笼统和模糊，行为疗法就越不可能有用。例如，辩证行为疗法（见第 10 章）似乎很少用于治疗复杂的人格障碍，虽然边缘型人格障碍例外（Crits-Christoph & Barber, 2007）。行为技术目前是焦虑障碍治疗的核心疗法（Barlow et al., 2007; Franklin & Foa, 2007）。由于行为治疗通常较为简单直接，因此可用于精神病态者（Kopelowicz et al., 2007）。最近的研究还表明，行为疗法是治疗抽动秽语综合征患者的声带抽动和运动性抽动的有效方法（Wilhelm et al., 2012）。这是一个可喜的消息，因为这可以替代其他的治疗方法，比如抗精神病药物疗法。

有关抑郁症治疗方法的最新发展，是一种被称作“行为激活”的简单而有组织的治疗形式（见第 7 章）。在这种治疗中，患者和治疗师共同努力，帮助患者找到更积极的方式参与生活。患者被鼓励参加有助于改善心境的活动，从而找到更好的方法来处理具体的生活问题。虽然这听起来很简单，但并不总是那么容易做到。不过，迄今为止的证据表明，这种疗法对患者非常有益，可以引起持久的改善（Dimidjian et al., 2011; Dobson et al., 2008）。

16.4.2 认知疗法与认知行为疗法

早期的行为治疗师专注于可观察的行为，认为来访者的内心想法并不重要。然而从20世纪70年代开始，许多行为治疗师开始重新评估“私人事件”（思想、感知、评价和自我陈述）的重要性，并开始把它们看作介导客观刺激的影响以确定行为和情绪的过程（Borkovec, 1985; Mahoney & Arnkoff, 1978）。

“认知疗法”和“认知行为疗法”在很大程度上可以互换使用。认知疗法源于认知心理学，强调思想对行为的影响；认知行为疗法源于行为主义，强调严谨的方法论并注重表现。对以认知为导向的治疗方法的定义有很多，其中有两个主题非常重要：（1）认知过程影响情绪、动机和行为；（2）以实用（假设-检验）的方式使用认知与行为改变技术。在下面的讨论中，我们会简要介绍阿尔伯特·艾利斯的理性情绪疗法，然后更详细地介绍亚伦·贝克的认知疗法。

理性情绪疗法

行为导向认知疗法的第一种形式是由阿尔伯特·艾利斯提出的，被称为“理性情绪疗法”（REBT; Ellis & Dryden, 1997）。REBT试图改变患者适应不良的思维过程，而适应不良的情绪反应和行为被认为依赖于这种思维过程。

艾利斯认为，一个功能良好的个体的行为是理性的，并且与经验现实相一致。然而不幸的是，我们中的许多人已经学会了不切实际的信念和完美主义价值观，导致我们对自己期望过高，进而造成我们的行为不理性，然后觉得自己是无用的失败者。例如，一个人可能会不断地想，“我应该能够赢得每个人的爱与认可”或者“我应该完全胜任我所做的每一件事”，这些不切实际的假设和自我要求不可避免地带来了问题。

REBT的任务是重构个体的信仰体系和自我评价，尤其是关于非理性的“应该”“应当”和“必须”，它们阻碍了个体拥有更积极的自我价值感和情绪上更满意、更充实的生活。有几种方法来重构这些非理性信念，其中一种是通过理性的辩论来反驳一个人的错误信念（“你没有得到你想要的晋升，为什么就意味着你毫无价值？”）。

REBT治疗师也使用行为导向技术。例如，布置家庭作业可能是为了鼓励来访者有新的体验，打破消极的行为链。尽管不同的技术差异很大，但REBT的理念与人本主义疗法的理念（稍后讨论）有一些共同之处，因为两者都明确地站在个人价值和人类价值观的立场上。REBT 旨在消除阻碍个人成长的错误信念，增加个体的自我价值感，为自我实现扫清障碍。

贝克的认知疗法

贝克的认知疗法最初是为治疗抑郁症而开发的，后来又被用于治疗焦虑障碍，现在这种治疗形式被广泛应用于各种情况，包括进食障碍、肥胖、人格障碍、物质滥用，甚至精神分裂症（Beck & Haigh, 2014）。大体而言，认知模型是一种精神病理方面的信息加工模型。认知模型的一个基本假设是，病因源于对外部事件或内部诱发因素的有偏见的加工。这些偏见扭曲了个体对自己生活经历的理解，导致认知错误。

但是，人们为什么会犯认知错误呢？根据贝克的研究（Beck & Haigh, 2014），这些偏见的背后是一组相对稳定的认知结构或图式，其中包含功能失调的信念。当这些图式被外部或内部因素触发时，它们会影响人们加工信息的方式。就抑郁症而言，人们倾向于对自己、自己的世界、自己的未来做出有消极偏见的解释。

在认知治疗的最初阶段，患者会意识到他们的思维模式和情绪反应之间的联系。他们首先被教导识别自己的自动思维过程（比如“这个事件完全是一场灾难”），并记录自己的思维内容和情绪反应（Wright et al., 2006）。在治疗师的帮助下，他们发现自己思维中的逻辑错误，并学会挑战这些自动思维的正确性。他们思维背后的逻辑错误导致他们：（1）选择性地认为世界是有害的，并忽视相反的证据；（2）以偏概全——例如因为自己被解雇了，就认为自己毫无价值；（3）夸大不良事件的重要性——例如把失业看成世界末日；（4）进行绝对化的思考——例如夸大他人温和的批评意见的重要性，并将其视为自己从善良或具有美德瞬间堕落为毫无价值的证明。在下面的案例中，治疗师向抑郁症患者描述了他的一些思维错误。

案例

治疗师：你今天描述了很多例子，你的解释导致了特殊的感觉。你还记得刚才你哭的时候，我问你心里在想什么吗？你告诉我说，你认为我觉得你很可怜，我不想见到你来接受治疗。我说你以为你读懂了我的想法，把消极的想法强加给我，其实这些想法并不正确。你在做一个武断的推断，在没有证据的情况下仓促下结论。这种情况是一个人抑郁时经常发生的事情。他会倾向于对事物做出最消极的解释，即使有时证据是相反的，这让他更加沮丧。你明白我的意思吗？

患者：你的意思是连我的想法都错了？

治疗师：不，总的来说，不是你的想法，我也不是在说对与错。解释并不是事实，它们可能或多或少是准确的，但不是正确或错误的。我的意思是，你的一些解释，尤其是那些与你有关的解释，是片面的。你对我怎么想的看法可能是准确的，但你还可以得出许多其他的结论，这些结论对你来说可能不那么令人沮丧，因为它们所反映的我对你的印象更不负面。例如，你可以这样想，既然我和你在一起，那就意味着我很感兴趣，我想试着帮助你。如果这是你的结论，你认为你会有什么感觉？你觉得你会想哭吗？

患者：嗯，我想我可能不会那么沮丧，我更有希望了。

治疗师：很好，这就是我想说的重点，我们的感受取决于我们自己的想法。不幸的是，这些有偏见的解释往往是自动发生的，它们突然出现在人们的脑海中，而人们会相信它们。你和我在治疗中要做的就是试着捕捉这些想法并检查它们。我们将一起研究证据，纠正偏见，使这些想法更加现实。你觉得这样可以吗？

患者：可以。

治疗过程和家庭作业的大部分内容类似于一个实验，在实验中，治疗师和来访者共同应用学习原则，改变来访者的偏见和功能失调的认知，并不断评估这些改变对后来的想法、感受、外显行为的影响。然而值得注意的是，在贝克的认知疗法中，来访者不会像在 REBT 中那样通过辩论和对抗来改变他们的信念，相反，他们被鼓励收集关于自己的信息。例如，如果一个年轻人认为他会被他接触的任何有吸引力的女人拒绝，那么他就会被引导去对他持有这种观点的原因进行深入的分析。然后来访者可能会被分配一项任务来"测试"这个功能失调的"假设"，方法是接近他所仰慕的似乎合适的女性。然后来访者将与认知治疗师讨论"测试"的结果，任何可能妨碍熟练表现的认知"错误"都将得到识别和纠正。

此外，治疗师还鼓励来访者发现可能导致问题的行为，以及可能导致自我挫败倾向的错误假设或功能失调的图式（Young et al., 2008）。这些通常在治疗过程中显现出来，因为来访者和治疗师会在治疗时共同检查来访者的自动思维的主题。因为这些功能失调的图式被认为会使人变得脆弱（例如易感抑郁症），所以当来访者在未来面临应激生活事件时，这一阶段的治疗被认为是确保其能抵抗复发的关键。也就是说，如果潜在的认知易感性因素没有改变，来访者可能只会出现短期的改善，以后仍会复发。

对于抑郁症以外的障碍，一般的治疗方法是非常相似的。但是患者的自动思维和潜在的非理性信念的性质，在不同的障碍中是截然不同的。例如在惊恐障碍中，重点是识别患者关于其"恐惧的躯体感觉"的自动思维，并教会患者将惊恐体验"去恐怖化"（Craske & Barlow, 2008）。在神经性贪食症中，认知方法主要集中在个体"对体重和体型的过度重视"上，而这种过度重视往往是由自卑和对自己缺乏吸引力的恐惧造成的。此外，关于哪些食物“安全”和哪些食物“危险”的错误认知也得到了探索（Fairburn et al., 2008；Wilson, 2005）。

评估认知行为疗法

尽管艾利斯的 REBT 受到了广泛关注，但与贝克的认知疗法相比，它并没有很好地融入主流（David et al., 2005）。尽管如此，REBT 在治疗领域仍然非常活跃。总的来说，这种方法可能在帮助人们更好地应对日常应激以及防止他们发展成典型的焦虑或抑郁障碍方面有效（David et al., 2018；Oltean et al., 2017）。对经过仔细诊断的临床人群进行的对照研究表明，REBT 在治疗焦虑症、抑郁症等一系列精神障碍，以及生活质量和学业表现不佳等心理和行为问题方面显示出中到强的疗效（David et al., 2018）。

相比之下，贝克的认知疗法的有效性已经得到了很好的证明。研究表明，这些方法对缓解许多不同类型的障碍非常有益（Beck 和 Haigh, 2014）。除最严重的抑郁症（如精神病性抑郁症）外，认知行为疗法（CBT）的疗效至少与药物疗法相当。它还具有长期优势，特别是在预防复发方面（Craighead et al., 2007）。此外，认知疗法在治疗惊恐障碍和广泛性焦虑障碍方面产生了显著的效果，并且 CBT 现在是治疗贪食症的首选方法（Wilson, 2010; Wilson & Fairburn, 2007）。最后，认知方法在治疗儿童行为障碍（Kazdin, 2007）、物质滥用（Liese & Tripp, 2018）和某些人格障碍（Beck et al., 2015）方面具有前景。

认知疗法和行为疗法的结合使用现在已经很常见了。关于认知疗法的效果，是否真的像认知理论工作者所提出的那样，是认知变化的结果，仍然存在一些分歧。例如一些人认为，CBT 的行为激活成分，即临床医生与患者一起确定和安排愉快活动的方法，可能是 CBT 抗抑郁作用的真正原因。有趣的是，比较 CBT 和行为激活治疗的研究表明，后者和前者一样有效（Richards et al., 2016）。

最近的一项元分析研究了近 40 年来 CBT 治疗抑郁症的数据，也得出了一些非常有趣的发现（Johnsen & Friborg, 2015），数据显示：（1）CBT 自 20 世纪 70 年代以来一直是治疗抑郁症的有效方法；（2）女性患者比男性患者从治疗中获益更多；（3）经验丰富的临床医生比经验不足的临床医生有更好的治疗效果；（4）最令人担忧的是，CBT 的有效性似乎随着时间的推移而减少。最后一个事实令人费解，对此，有两个主要的解释：一是随着时间的推移，越来越多的人开始接受使用 CBT 的培训，越来越多缺乏经验的临床医生开始提供干预，鉴于上述第（3）点，这导致 CBT 的效果不如从前；二是 CBT 的新奇性使临床医生和患者在早期产生了更高的期望，但随着 CBT 变得越来越普遍，这些期望已经降低，导致抑郁症中的积极变化较小。无论如何，令人欣慰的是，CBT 仍然是一种有效的治疗方法。

16.4.3 人本主义经验疗法

人本主义经验疗法是二战后出现的一种重要的治疗方法。在一个由利己主义、机械化、计算机化、大众欺骗、愚蠢的官僚主义主导的社会里，人本主义经验疗法的支持者认为，精神病理学根植于众多案例中，其问题包括疏离、人格解体、孤独、未能找到意义和真正的满足感。人们认为，这类问题不太可能通过深入被遗忘的记忆或纠正特定的不良行为来解决。

人本主义经验疗法基于这样一种假设，即人们有自由和责任来控制自己的行为——他们可以反思自己的问题，做出选择并采取积极的行动。人本主义经验治疗师认为，来访者必须对治疗的方向和成败承担大部分责任，而治疗师只是作为顾问、指导者和引导者。虽然这类治疗方法在细节上有所不同，但它们的核心始终是扩展患者的“意识”。

来访者中心疗法

卡尔·罗杰斯的来访者中心疗法（以人为中心）的治疗重点在于生物体自我修复的自然能力（Rogers, 1951, 1961）。罗杰斯把治疗看作一个消除非现实需求的束缚与限制的过程。他认为，当人们相信为了体现自我价值就不能有诸如敌意之类的情感时，会对自己提出一些不现实的要求。通过否认自己的真实感受，他们变得不再能意识到自己“内心深处的”反应。他们失去了与自己真实经验的联结，结果是整合度降低、人际关系受损，以及各种形式的失调。

罗杰斯的疗法的主要目标是解决这种不协调——帮助患者接纳自己。为此，以来访者为中心的治疗建立了一种心理氛围，在这种氛围中，患者可以感受到自己被无条件地接受、理解和重视。在这种情况下，治疗师会使用非指导性的技巧，如移情、反馈，或重述患者对生活困难的描述等。如果一切顺利，患者会开始感到放松和自由，（也许是生平第一次）去探索他们的真实感受和想法，接受自己内心的仇恨、愤怒等丑陋的情感。当他们的自我概念与他们的实际经验更加一致时，他们变得更加接纳自我，对新的经验和新的观点更加开放——简而言之，他们会更好地融入社会。

与大多数其他形式的治疗相比，以来访者为中心的治疗不会给出答案，不会解释来访者说了什么，不会探究无意识的冲突，甚至不会引导来访者关注特定的话题。相反，治疗师只是专注地倾听并接纳来访者想要谈论的内容，仅在组织不同的话语重述来访者所说内容的时候打断对方。这样的重述，没有治疗师的任何判断或解释，帮助来访者进一步澄清他们正在探索的感受和想法——真正地去面对它们，承认它们。以下是治疗师与一位年轻女性来访者的第二次访谈的摘录，有助于说明上述反馈和澄清的技巧。

案例

珍妮：我在想我总是试图让周围的人感到自在。让事情顺利进行，对我来说很重要。

治疗师：换句话说，你总是试图让别人感觉更好，尽你所能让事情保持平稳和进展顺利。

珍妮：是的，确实如此。我的意思是，这并不是因为我是一个善良的人，我只是想看到别人快乐。我认为我这样做可能是因为这一直是我觉得最容易扮演的角色。这是我在家里扮演的角色，我没有坚持自己的信念。现在，我真的不知道自己是否有什么信念可以坚持。

治疗师：所以你觉得这是你长期以来一直在扮演的角色——消除摩擦，避免说任何可能具有挑战性的话。

珍妮：我想是的。

治疗师：所以现在你甚至不确定自己是否有任何真实的想法或反应，是这样吗？

珍妮：就是这样。或者也许我没有对自己诚实，甚至没有让自己思考我真正在想什么。我只是在扮演一种错误的角色——取悦他人，无论我觉得别人需要我做什么。我就是这样的人，在这个过程中我迷失了。

完全以来访者为中心的心理治疗，例如最初的那种纯粹的方式，现在已经很少在北美使用，虽然它在欧洲仍然相对流行。动机性访谈是一种基于这种移情方式的新疗法。

动机性访谈

人们往往对改变自己的生活感到矛盾，例如尽管过量饮酒有害健康，但饮酒也有一些显而易见的好处，比如快乐的体验、社交。动机性访谈（MI; Miller & Rollnick, 2012）是一种简单的治疗形式，可以在一两个疗程内完成。它旨在帮助人们解决他们对改变的矛盾心理，并投入治疗（Miller, 1983），其核心是一种与患者的支持性和移情性的关系，这种方法起源于卡尔·罗杰斯的工作。但是，MI 不同于以来访者为中心的咨询，因为它采用了一种更直接的方法——它探索来访者自己想要改变的原因。治疗师鼓励这种“改变谈话”，要求来访者讨论他们的愿望、能力、理由和改变的需要，这些都会被治疗师加以反馈，从而让来访者定期地总结自己关于改变动机的陈述和想法。其结果是，来访者可以在积极、可接受和支持的氛围中发展和加强他们对改变的投入。

动机性访谈最常用于物质滥用和成瘾领域。在加入一个治疗项目的早期阶段，它似乎有利于患者，也许是因为它有助于患者继续接受治疗并遵循治疗计划。对 MI 文献的元分析也表明，MI 在少数族裔人群中使用时具有较大的影响（Hettema, Steele, & Miller, 2005）。

在一项酒精中毒治疗试验中，与接受12次CBT治疗或12步治疗项目相比，接受4次MI治疗的美国印第安参与者表现更好（Villanueva et al., 2003）。很有可能MI的支持性和非对抗性风格更符合印第安人典型的、文化认可的沟通风格，因此代表了一种文化上的适当干预。MI的合作性和非对抗性也可能被青少年所接受，即使是非常少量的MI治疗也能促进吸毒和饮酒青少年的行为改变（Jensen et al., 2011）。

格式塔疗法

在德语中，"gestalt"（中文音译"格式塔"）一词的意思是"整体"。格式塔疗法强调精神和身体的统一，强调将思想、感受和行动结合起来。格式塔疗法是弗雷德里克·S. 皮尔斯（1969）开发的，是一种教育患者识别被意识阻隔的躯体过程和情感的方法。与来访者中心疗法一样，格式塔疗法的主要目标是增强个体的自我意识和自我接纳。虽然格式塔疗法通常在一个群体中使用，但它强调治疗时关注其中一个人，治疗师把注意力集中在一名患者身上，试图帮助其识别尚未意识到的自我或世界。患者可能被要求把对情感和冲突的幻想表现出来，或者坐在一把椅子上代表冲突的一方，然后转换椅子来扮演对手的角色。通常治疗师或其他小组成员会问这样的问题："你现在意识到自己身体里有什么?""当你想到那件事时，你的内心是什么感觉?"

皮尔斯的治疗方法也对梦给予了大量的关注，但其重点与经典的精神分析截然不同。在格式塔理论中，梦的所有要素，包括看似无关紧要的、客观的物体，都被认为是做梦者自我未被承认的方面的表征。治疗师敦促患者暂停正常的批判性判断，"成为"梦中的对象，然后报告自己的经历。下面的案例说明了这一点。

案例

一位大学教授专注于自己的学术研究和终身教职，却发现自己无法体会到任何快乐。他向一位格式塔治疗师朋友寻求帮助。治疗师让他在脑海中浮现出一个白日梦（不是真正的梦）。自发浮现的白日梦之一是滑雪。治疗师让他去高山上，他开始体验到他在山脚时的温暖，当他靠近山顶时，看起来如此美丽的东西也变得非常寒冷，并且处于冰冻状态。治疗师让教授扮演雪的角色，他体验了自己在接近山顶时是多么坚硬和冰冷。但是在接近底部的时候，人们很容易就从他身上碾过，把他累坏了。当治疗结束时，教授没有想要哭喊的感觉，而是想要滑雪。于是他去了，离开了论文和书籍，在白雪和阳光的照耀下，他意识到生活中的快乐是通过行动，而不是通过言语来体现的。他的治疗获得了成功，他认识到对自己来说最主要的过错是没有积极地活动。

对人本主义经验疗法的评价

许多人本主义经验的概念——每个人的独特性、治疗师真诚的重要性、从实现个体潜能中获得的满足感、寻找意义并实现的重要性、人类的选择能力和自我指导能力等，对我们当代的人性观念和对良好心理治疗本质的理解都产生了重大影响。

然而，人本主义经验疗法由于缺乏治疗程序的一致性以及患者和治疗师之间应该明确的事项的模糊性而受到批评。作为回应，这类方法的支持者反对将人抽象化，因为抽象会降低他们的感知价值，否认他们的独特性。因为人是如此不同，他们认为我们应该期待不同的技术适用于不同的情况。

以往对多种形式的人本主义经验疗法所取得的结果缺乏对照研究，但是这一领域的研究正在增加。有证据表明，这些治疗方法对有抑郁症、焦虑障碍、创伤和婚姻冲突等各种问题的个体有帮助（Elliot et al., 2004），而且正如我们已经注意到的，动机性访谈现在已被确立为促进物质滥用患者行为改变的有效方法（Ball et al., 2007; Jensen et al., 2011）。

16.4.4　心理动力学疗法

心理动力学疗法是一种广泛的治疗方法，主要通过精神分析理论或一些精神分析的衍生观点，关注个体的人格动力。精神分析疗法是最古老的心理疗法，始于西格蒙德·弗洛伊德。该疗法主要有两种基本形式：经典精神分析和心理动力导向的心理治疗。经典精神分析由弗洛伊德和他的追随者创立，是一种密集的（每周至少三次）长期治疗，用以揭示压抑的记忆、思想、恐惧、冲突，这些问题被假定是由早期的性心理发展受阻引起的，治疗将帮助个体在成年的现实生活中接纳这些问题。例如过度井然有序、严肃而缺乏幽默感并专注于严格的自我控制，会被认为可能是源于早期如厕训练的困难所导致的。

在以心理动力学为导向的心理治疗中，治疗方法和指导思想可能与弗洛伊德的理论所规定的原则和程序有很大的不同，但是，这种疗法仍然松散地建立在精神分析概念的基础上。例如许多以心理动力学为导向的治疗师安排较少的疗程（比如，每周一次），与患者面对面坐着，而不是让患者斜靠在沙发上，治疗师坐在其身后看不见的地方。同样，治疗师相对被动的姿态（主要是倾听来访者的“自由联想”，很少提供“解释”）被替换为积极的交谈，治疗师会试图澄清患者扭曲的认知和问题的因果，从而挑战患者的“防御”。人们普遍认为，这种更直接的方法显著缩短了总的治疗时间。接下来，我们会首先考察弗洛伊德的原始治疗方法，部分是由于其历史意义和巨大影响；然后简要地看一下当代心理动力学疗法的一些改进，这些改进主要集中在人际交往过程上。在此之前，我们先来看看凯伦的例子。

案例

如果凯伦的问题得不到解决，她的护理专业课程就要终止了。她一直是个很有能力的学生，似乎与同学和患者相处得都很好。但自从她开始在南区 3 号外科病房轮班以来，她一直饱受头痛和头晕的困扰。更严重的是，她在给患者配药时犯了两个医疗错误。她意识到这些错误可能是致命的，她和她的护理老师一样关心为什么这些问题会在她最后一年的教育中出现。凯伦知道自己对南区 3 号的护士长有很多负面情绪，但她不相信这些情绪能解释她目前的困境。她接受了心理治疗。经过几周的心理治疗，治疗师了解到凯伦的一个重大生活事件——她 12 岁时父亲去世了。凯伦和她母亲一起生活 7 年后，才和父亲住在一起。她记得当她父亲心脏病发作不得不被送往医院时，她有多难过。有一段时间，她的父亲似乎要渡过难关了，凯伦开始享受每天去看父亲的时光。在一次探望中，她的父亲明显地感到胸口疼痛，叫凯伦去找护士来。她记得自己找不到护士时是多么无助，尽管她不记得具体为什么找不到了。她的寻找似乎永无止境，当她终于找到一个护士时，父亲已经去世了。

治疗师问凯伦她父亲去世的那个病房的名字。她停下来想了想，然后脱口而出："南区 3 号!"她终于哭了起来，说她非常困惑，因为很难找到病房里的护士，以致对她们非常愤怒，尽管她明白护士们可能正在抢救别的患者。在哭泣、颤抖和表达了她的不满之后，凯伦几个月来第一次感到平静和放松。她的症状消失了，护理课程中的问题也得到了缓解。

弗洛伊德精神分析

精神分析是弗洛伊德在漫长的职业生涯中经过多年发展而形成的一种治疗体系。在这种治疗形式中，使用了四种基本技术：（1）自由联想；（2）梦的解析；（3）阻抗分析；（4）移情分析。

自由联想　自由联想的基本规则（见第 2 章）是，一个人必须说出自己想到的任何事情，不管它可能多么私密、痛苦或看似无关紧要。通常情况下，一个来访者以舒适的姿势躺在沙发上，在一个想法引出另一个想法时，会对脑海中出现的所有想法、感受和欲望进行详细的描述。治疗师通常站在患者身后，以免以任何方式打断自由流动的联想。

尽管这种对任何事物的连续描述似乎是随机的，但弗洛伊德相信联想就像其他事件一样是确定的。自由联想的目的是彻底探索前意识的内容——它被认为取决于意识，但在很大程度上被忽视。分析性解释包括治疗师将来访者通常不相关的想法、信念和行为联系起来，形成一个有意义的解释，从而帮助他们深入了解适应不良行为与被（无意识地）压抑的事件和幻想之间的关系。

梦的解析　揭示无意识材料的另一个重要过程是对梦的解析。当一个人睡着时，压抑的防御作用被认为是会降低的，被禁止的欲望和感情会在梦中找到一个出口，因此梦被称为“通往无意识的捷径”。但是有些动机对个体来说是如此地不可接受，以至于即使在梦中，它们也没有被直接揭示出来，而是以伪装或象征性的形式表达出来。因此梦有两种内容：（1）显梦，即梦中实际表现的内容；（2）隐梦，由寻求表达的实际动机构成，但由于令人痛苦或不可接受而被伪装。

治疗师的任务是，结合来访者的联想，通过研究出现在来访者显性梦境中的内容和来访者对这些内容的联想，来揭示这些伪装的含义。例如一个来访者梦见自己被海浪吞没，这可能会被解释为：来访者感到自己正处于被不适当的、压抑的恐惧或敌意吞没的危险中。

阻抗分析　在自由联想或与梦相关的联想的过程中，个体可能会遭遇阻抗——不愿意或无法谈论某些想法、动机或经历。例如，一位来访者可能正在谈论一段重要的童年经历，然后突然转换话题，他可能会说“这真的没那么重要”或“这说起来太荒谬了”。来访者对某些关联的解释过于不诚恳（油嘴滑舌），或者赴约迟到甚至完全“忘记”了赴约，也可能是阻抗的表现。阻抗是为了抵抗并阻止痛苦和威胁性的内容进入意识，但是如果一个人要面对问题并学会以现实的方式来处理问题，就必须找到问题来源（Horner, 2005）。

移情分析　随着来访者与治疗师的互动，他们之间的关系可能变得复杂并产生情感。通常来访者会将在此前与关系密切者（比如父母等）的关系中的态度和感受，无意识地应用或“转移”到治疗师身上，这一过程被称为**移情**。因此来访者对治疗师的反应可能和他们对之前对某人的反应一样，来访者也会感受到很久以前的爱、恨或排斥。如果治疗师能够胜任自己的角色，保持一种客观的、超然的、关注的姿态，那么来访者情感化的反应通常可以被解释为一种不适合当前情境的投射，能明确揭示来访者生活中的核心问题。例如，来访者强烈地（但不准确地）指责治疗师对其需求缺乏关心和关注，这将被视为对治疗师的一种“移情”，这种移情作用是在童年与父母等关键人物的互动中获得的态度的转移。

在帮助来访者理解和承认这种移情关系时，治疗师可能会让来访者洞察自己对别人的反应的意义。在这样做的时候，治疗师也可以通过拒绝与来访者建立不适当的治疗关系，引导来访者获得正确的情绪体验。例如，如果来访者希望被拒绝和批评，治疗师会谨慎地保持中立的态度。相反，治疗师可能会在来访者感到特别脆弱的时候表达积极的情绪，从而鼓励来访者重新审视和思考自己对情况的看法。这样来访者就有可能认识到自己的移情，并“克服”与父母的情感冲突，或者克服由于父母早期拒绝而产生的敌意和自我贬低感。本质上，一段不良的早期关系造成的负面影响，可以通过在治疗环境中与治疗师处理类似的情感冲突来抵消。从某种意义上说，个体重新体验一段导致其障碍的过往关系，会在其现实生活中重新产生神经症，这种经历通常被称为“移情神经症”。

我们在这里不能详细探讨移情关系的复杂性，但是来访者对治疗师的态度通常不像我们的例子所显示的那样简单。通常来访者是矛盾的——不信任治疗师，认为其代表权威并怀有敌意，但同时又寻求治疗师的接纳和关爱。此外，移情的问题并不局限于来访者，因为治疗师对来访者也可能产生一种复杂的感受，这种**反移情**是治疗师对来访者的移情做出的不客观反应，必须得到治疗师的正确认识和处理。出于这个原因，治疗师必须对自己的动机、冲突和“弱点”有一个透彻的了解，这一点很重要；事实上，所有精神分析治疗师在开始独立实践之前都要进行自我精神分析。

移情神经症的解决被认为是精神分析治疗“起作用”的关键因素。只有当治疗师成功地避免了反移情陷阱时，才能解决这一情况。也就是说，治疗师需要明白自己对来访者行为的移情或反应。如果做不到这一点，这种治疗关系就只不过是重复来访者成年生活中典型的人际关系问题。对移情和反移情现象的分析也是大多数从经典精神分析衍生出来的心理动力理论的一部分，我们将在下文转向这一领域。

弗洛伊德以来的心理动力学疗法

精神分析的最初版本在今天已经很少被使用了。最初版本的治疗需要时间、金钱和情绪上的大量投入，可能需要几年时间才能令人满意地解决来访者生活中的所有主要问题。为了减轻这些沉重的负担，精神分析师或心理动力治疗师进行了治疗程序的修改，旨在缩短所需的时间和降低治疗的费用。普罗查斯卡和诺克罗斯（2003）对由此形成的新理论进行了很好的回顾。

近几十年来对经典精神分析理论进行的最广泛的修订与客体关系视角有关（在精神分析术语中，“客体”是指他人），与依恋视角和自体心理学观点也有较小的相关性（Prochaska & Norcross, 2003）。无论心理治疗研究者和临床医生是否将他们的方法表述为客体关系（或依恋或自体心理学），越来越多的研究者和医生描述了关注人际关系问题的过程，尤其是当他们竭尽全力地去治疗来访者时。

以人际关系为导向的心理动力治疗师在他们关注的时间点上有很大的不同，有的专注于过去的遥远事件，有的则聚焦于当前的人际关系状况和障碍（包括治疗本身），还有的兼顾两者。大多数人试图揭示并修正来访者当前遇到的困难的远期来源及其影响，以使来访者意识到这一问题，所以这些疗法通常保留了经典精神分析学的目标，即从过去的角度理解现在。但它们抛弃了经典精神分析学的最初观念，即分阶段的性能量的转换和完全内在（和非个人）的驱动力，这些驱动力被引入精神病理学症状的形成过程。

对心理动力学疗法的评价

经典精神分析的实践经常受到批评，因为比较耗时和昂贵，因为它对人性持一种可疑的、有时甚至是邪教式的态度，因为它只在遥远的过去寻找无意识的冲突，而忽视了来访者眼前的问题，也因为没有充分的证据来证明它的普遍有效性。事实上，对经典精神分析还没有严格的、可控的结果研究。考虑到治疗的密集性和长期性，以及测试这种治疗方式所固有的方法学上的困难，这是可以理解的。尽管如此，仍有一些迹象表明，这种治疗方法具有一定的价值（Gabbard et al., 2002）。精神分析学家还认为，手册化的治疗方式过度限制了对障碍的治疗，他们指出，一种治疗方法不能标准化并不意味着它是无效的或无用的。但是，临床上的益处是否能证明精神分析的时间和费用的合理性，目前仍不能确定。

相比之下，对一些新的以心理动力学为导向的方法有更多的研究。有迹象表明，心理动力学方法可能有助于治疗抑郁症、惊恐障碍、创伤后应激障碍和物质使用障碍（Gibbons et al., 2008）。最近的研究也支持这样一种观点，即在长期的临床变化之前，必须先增加自知力（“自知力”是心理动力学理论的一个关键部分，涉及对内部冲突的认知和对情绪的理解）。

以精神分析为导向的治疗在边缘型人格障碍的治疗中也显示出希望，其中一个例子是移情焦点疗法（TFP）。由克恩贝格及其同事（Kernberg, Yeomans, Clarkin, Levy, 2008）开发的这种治疗方法，使用澄清、面质和诠释等技术来帮助来访者理解和纠正自己对他人（包括对治疗师）的看法中的扭曲观念。在一项临床试验中，接受 TFP 治疗的边缘型人格障碍患者与接受辩证行为治疗的患者表现一样好（Clarkin et al., 2007）。诸如此类的发现正在重新引起人们对心理动力学疗法形式的兴趣，并为治疗研究领域注入了活力。

16.4.5　婚姻及家庭治疗

治疗师处理的许多问题都来自人与人之间的关系，比如伴侣或婚姻问题，在这种情况下，适应不良行为存在于关系内的每个个体中。将关注点进一步扩展，家庭系统取向反映了这样一种假设，即任何特定家庭成员的家庭内部行为，都受其他家庭成员的行为和沟通模式的影响。换句话说，所产生的问题是一个“系统”的产物，既可以被理解，也可以被改变。因此解决来自现有系统的问题需要注重人际关系的治疗技巧，这种技巧不仅关注个体，而且关注个体之间的关系。

婚姻治疗

人际关系问题是造成情绪困扰的主要原因。大量在解决人际关系问题方面寻求帮助的夫妻，使婚姻咨询成为一个日益增长的治疗领域。通常夫妻二人会一起前来，寻求治疗的主要原因是沟通困难和感情缺乏（Doss et al., 2004）。因此，提高沟通技巧和开发出更适合解决双方关系问题的方法都是临床关注的主要焦点。尽管在治疗开始时相当常见的是，双方都暗自认为只有另一方必须做出改变，但几乎总是有必要让夫妻双方都做到自我改变，改变其对配偶的回应。

多年来，婚姻治疗的黄金标准一直是**传统夫妻行为疗法**（TBCT; Christensen et al., 2007）。TBCT 基于社会学习模型，从巩固双方关系的角度来对待婚姻满意度和婚姻的困扰。治疗通常是短期的，10~26 个疗程，并按照手册进行。TBCT 的目标是增加夫妻之间的关爱行为，并通过培训提高沟通技巧，发现适合解决问题的方法，教会夫妻双方以更积极的方式解决冲突。

传统夫妻行为疗法是一种经验支持的解决夫妻间令人苦恼的问题的治疗（Snyder et al., 2006）。早期的研究表明，2/3 的夫妻往往在治疗后表现良好，并且在关系满意度方面表现出改善（Jacobson et al., 1987）。然而，人们很快发现这种治疗方式并不适用于所有夫妻（Jacobson & Addis, 1993）。此外，即使是那些关系确实得到改善的夫妻，关系再次恶化的情况也很常见，改善效果很难长久保持（Jacobson et al., 1987）。

TBCT 的这种局限性让研究者得出结论——以寻求改变为目标的治疗方法并不适用于所有夫妻。**整合夫妻行为疗法**由此发展了起来（IBCT; Jacobson et al., 2000; Wheeler et al., 2001）。IBCT 不再单纯强调夫妻关系的改变（强调改变有时会适得其反，让人们反而不想改变），它更关注接纳，包括采用一些策略来帮助夫妻双方互相妥协并接受对方的不足之处。当然，IBCT 也并不反对改变。在 IBCT 中，接纳策略与改变策略相结合，形成了一种更适合个人特征、关系“主题”（长期的冲突模式）和夫妻需求的治疗形式。

虽然 IBCT 在婚姻治疗领域是相对较新的方法，但对它的有效性研究显示了非常乐观的前景。一项早期研究表明，接受 IBCT 治疗的夫妻的改善率为 80%，而接受 TBCT 的改善率为 64%（Jacobson et al., 2000）。在另一项规模更大的研究中，70% 接受 IBCT 治疗的夫妻关系明显改善，而 TBCT 组的明显改善比例为 61%（Christensen et al., 2007）。虽然这在统计学上差异不大，但其他数据显示，在那些治疗后仍然生活在一起的夫妻中，接受 IBCT 治疗的比接受 TBCT 的婚姻满意度得分更高（Atkins et al., 2005）。近来，相关人士开发了 IBCT 的自助形式，有需要的夫妻可以通过网站进行自助治疗（Doss et al., 2013）。

家庭治疗

家庭治疗与婚姻治疗有很多重叠，但其根源却又不同。婚姻治疗是为帮助大量来访者解决夫妻关系问题。而**家庭治疗**的起源是，人们发现很多来访者在个别治疗中得到了明显改善（通常是在咨询机构里），但当他们回到家中时，“老毛病”又常常复发。对心境障碍和精神分裂症情绪表达的研究表明，从家庭取向的观点发展出的治疗方法可以减少家庭中的高度批评和紧张关系，从而降低患者的复发率（Miklowitz & Craighead, 2007; Pfammetter et al., 2006）。

解决家庭问题的一种方法是**结构家庭治疗**（Minuchin, 1974）。这种基于系统理论的方法认为，如果家庭环境可以改变，那么家庭成员在家中的体验也会改善，其行为方式也会根据新家庭环境的要求而做出改变。因此，结构家庭治疗的一个重要目标是改变家庭的组织方式，使家庭成员更好地支持彼此，并且减少那些可能诱发心理问题的不良互动模式。

结构家庭治疗更关注当前的互动模式，需要治疗师采用积极但不是指导性的方法来进行干预。治疗的初期，治疗师会通过扮演家庭成员并参与家庭互动的方式来收集有关的家庭信息——家庭的典型互动模式结构图。通过种方法，治疗师能够发现该家庭系统中的边界是固定不变还是具有弹性的，了解谁在家庭中占据主导地位，而谁又是“被认定的问题成员”（出问题时总被指责的那一位）等等。有了这样的理解之后，治疗师会作为中介来改变家庭成员之间的互动模式，包括成员间的过度影响（过度卷入）、过度保护、刻板甚至糟糕的冲突解决方式。“被认定的问题成员”往往在避免家庭冲突的过程中发挥着重要作用。正如我们在第 9 章介绍过的，结构家庭治疗在神经性厌食症的治疗中取得了成功。

16.4.6　折中与整合

我们刚才所描述的各种“流派”的心理治疗曾经相互对立。如今，临床实践的界限不再那么明显，治疗师愿意尝试更多的方法来进行治疗（Castonguay et al., 2003），这种取向有时被称为“多模式治疗”（Lazarus, 1997）。现在，如果问及心理治疗师的治疗取向，他们多数会表示采用了“折中方案”，这通常意味着他们试图借鉴和整合多个不同流派的概念和技巧，以向来访者提供最佳的治疗。这种整合甚至扩展到将生物学方法、心理社会学方法、个体治疗、家庭治疗四者结合起来的程度。

人际疗法（IPT）是折中观点在临床上应用的一个例子（参见第 7 章），它是科勒曼及其同事（1984）开发的一种针对抑郁症的治疗方法。IPT 关注患者当前（而不是过去）的人际关系问题，试图帮助人们理解和改变适应不良的互动模式，目标是减轻症状和改善功能。它的核心假设是，人们在任何时候，都会不自觉地使用与他人（如父母）最早建立的互动模式，并以此来解释在当前关系中所产生的问题。尽管它经常被视为一种心理动力学疗法，但实际上 IPT 使用了其他几种流派的治疗技术。此外，人际疗法花费的时间较少，治疗的目标也比较明确（Bleiberg & Markowitz, 2008）。

IPT 不但在治疗抑郁症方面显示了有效性（de Mello et al., 2005），而且也适用于治疗其他精神障碍，包括神经性贪食症（Fairburn et al., 1993）、焦虑障碍（Stangier et al., 2011）和边缘型人格障碍（Markowitz et al., 2006）。

16.4.7 心理治疗的新发展

虽然目前许多形式的心理治疗看起来和几十年前非常相似（例如，心理干预的主要形式还是在室内与来访者交谈），但近年来心理治疗的研究领域和实践方面都取得了令人兴奋的进展。卡兹丁和莱斯（2011）将目前（以及未来）的发展趋势称为心理治疗领域的“重启”。他们指出，尽管现有心理治疗十分有效，但却无法满足世界各地对治疗的巨大需求，我们需要利用各个领域中不断涌现的新技术来提高心理评估和治疗的效率，帮助相关人士为公众提供更快、更好的服务。

利用新技术来改善有效心理干预的例子很多。例如：将一些有效疗法重新设计后供人们在互联网上自助使用（Doss et al., 2013），开发出可以在智能手机上使用的供用户记录思维、情感和行为数据的程序（Nock, Prinstein, & Sterba, 2009）和实时提供干预措施的程序（Kaplan & Stone, 2013），用社交辅助机器人来帮助那些有需要的人（Rabbitt et al., 2015）。上述这些内容可能只是不断发展的心理治疗领域的一小部分，对本书的读者——这个领域的学习者或工作者来说，未来大有可为，你们正在进入一个伟大的时代。

16.5 社会文化视角

解释社会价值观和文化在心理治疗中的作用

精神卫生领域的内外都传来了一些批评之声，这些批评指出，心理治疗试图让人们适应这个“病态”的社会，而不是鼓励他们改善这些现状。因此，心理治疗常常被视为社会现状的“守护者”。我们对这一问题的思考，也许放在其他文化的背景之下会显得更加清晰。例如，有人指出，精神病学在有的国家或地区被当成迫害政治对手的手段（Helmchen & Sartorius, 2010）。尽管很少有人承认，但大多数的工业化社会中，精神病学可能被用来控制社会批评，治疗师有时在某种程度上扮演了社会价值观的“守门人”。当然，这样的控诉把我们带回曾经在第1章中所提出的问题：我们所谓“异常”的标准是什么？这个问题只能根据我们现有的价值观来回答。

16.5.1 社会价值观与心理治疗

从更广泛的角度来看，价值观在科学界扮演着复杂而备受争议的角色。然而，心理治疗却不是，或至少不应该是一套道德规范体系，它只是治疗师用来帮助来访者追求个人幸福的工具。因此，精神卫生专业人员面临与其他领域科学家相同的道德拷问。比如一位物理学家在研发毁灭性武器时，是否应该在道义上关注这些武器将如何使用？同理，当一位心理学者或行为学家在开发能有力影响或控制他人行为的技术时，是否也应该考虑这些技术将被如何使用？

很多学者试图回避这个问题，他们坚持认为科学并没有所谓的价值观可言，科学只关心如何收集事实，而不必考虑它们将被如何应用。然而，每当治疗师决定消除某种行为或用一种行为来代替另一种行为时，他们都将面临价值判断。例如，一位年轻女性因遭到其酗酒的丈夫的虐待而抑郁，治疗师是否认为这是一种需要“治疗”的症状？或者，治疗师是否应该超越来访者的病理症状，去帮助这位女性面对异常的婚姻关系？由于心理治疗涉及的价值观不尽相同，因此，治疗师是在来访者亲属、学校、法律机构或其他社会机构的巨大压力之下去帮助来访者适应这个社会的。但与此同时，治疗师还会面对很多相反的压力，尤其是那些寻求支持的年轻来访者，这些年轻人追求个性和自由（有时可能会过度），他们希望按自己的想法成长，而不是盲目服从父母或社会的期望。当代治疗师所面对的两难困境在以下的案例中可见一斑。

案例

一名 15 岁的中学二年级女生被父母送到了心理诊所，因为他们发现女儿与其男友发生了性行为。女孩却告诉治疗师，尽管她的父母强烈反对，但她对自己的行为并不感到内疚或自责。此外，她还报告说，她非常清楚怀孕的风险，并采取了谨慎的避孕措施。

一名 9 岁的男孩被带到一家心理诊所接受治疗，因为他“失控”，“不听父母的话”。当被问到例子时，他的父母报告说，他经常使用错误的清洁剂来清洁浴室，而在倒垃圾时，他往往不按正确的方法捆绑垃圾袋。

16.5.2　心理治疗与文化多样性

在来访者与治疗师之间建立、维持一个心理治疗的“工作同盟”，对治疗是否成功起着关键和不可或缺的作用。可如果来访者与治疗师的生活背景有非常大的不同，那又意味着什么呢？

目前几乎没有可靠的证据表明，心理治疗的效果会因来访者与治疗师的种族差异而降低（Beutler et al., 2004; Chu et al., 2017）。然而，在心理治疗的研究中，少数族裔的参与者很少，这一点，对充分评估他们的需求和治疗效果造成了困难（Miranda et al., 2005; Nagayama Hall, 2001）。此外，少数族裔群体得到的精神卫生服务也比较少（Snowden & Yamada, 2005）。可造成这些现状的原因似乎很复杂，而且也没有找到很好的解决方法。

在美国，一般而言，少数族裔的患者会更倾向于选择相似族裔的治疗师，而很少选择欧美治疗师（Swiftet al., 2015）。可有时候，想找到一位合适的相似族裔的治疗师却有些困难。因为，尽管少数族裔的心理治疗师一直在增加，但近年的数据显示其所占治疗师总数的比例仍只有 16.4%（APA, 2015）。缺乏训练有素和熟悉不同民族文化的治疗师，这是当前治疗行业的一大缺点，因为特殊的群体往往会出现独特的问题。下面案例描述了一位 40 多岁的柬埔寨妇女，她在很多年前作为东南亚难民被美国政府收留。她的经历很好地说明了这一点。

案例

“我失去了我的祖国、丈夫和所有的财产，来到美国后发现，除了不会英语，这里的生活方式也完全不同。我母亲和大儿子都病了，我没有任何办法，什么也做不了。我也无法控制事情的发展，一旦我的公共救助期满，我不知道该怎么办。这里没有战争，没有屠杀和折磨，按理说我应该感到安全。但在内心深处，我依然感觉到恐惧。我很害怕，而且经常感到害怕。”

当社区提供专门的、符合少数族裔本土文化的精神卫生项目时，少数族裔来访者在治疗中的退出率更低，而且表现也往往更好（Snowden & Yamada, 2005）。然而，很多社区仍然缺少这样的项目。而且，对心理治疗中与少数族裔文化相关的调查研究也十分稀少。虽然如此，这一领域还是有令人鼓舞的进展。例如，韦斯曼及其同事（2006）正在为有精神分裂症患者的少数族裔家庭开发适合他们本土文化的治疗方法，这种方法考虑了文化认同以及宗教信仰对治疗的影响。此外，研究者正在积极为罹患抑郁症的西班牙裔患者（Markowitz et al., 2009），以及有自杀倾向和处于虐待关系中的非洲裔女性，开发适合他们文化的特定心理治疗方法（Kaslow et al., 2010）。

16.6 生物治疗方法

描述治疗异常行为的三种生物学方法

在下面的内容中，我们将讨论一些目前用于精神障碍常规治疗的主要药物类型，以及一些其他治疗方法（如电休克疗法）——这些方法的应用虽不那么广泛，但却有效，特别是对于那些常规治疗中临床效果不显著的患者。

常用于治疗精神障碍的药物有时被称为“精神活性药物”，它们主要作用于大脑。在我们讨论这些药物时，有必要记住的是，不同个体代谢药物的速度有差异，也就是说，身体分解药物的速度不同。因此，确定正确的剂量至关重要，因为药物剂量过小可能无效，而过大的剂量会导致毒性增加，甚至可能危及患者生命。剂量要视个体差异及相关药物的情况而定。

16.6.1　抗精神病药物

抗精神病药物被用来治疗精神分裂症谱系障碍和其他精神病性障碍，如精神分裂症（参见第 13 章）。抗精神病药物的主要功效是缓解或减轻患者妄想及幻觉的程度，它们通过阻断多巴胺受体来做到这一点。表 16.1 列出了一些较常用的抗精神病药物以及关于典型剂量范围的信息。

研究发现，在接受传统抗精神病药物治疗的精神分裂症患者中，约 60% 在 6 周内可以消除阳性症状，而在接受安慰剂治疗的患者中，这一比例仅为 20%（Sharif et al., 2007）。这些药物也可用于治疗除精神分裂症之外的其他伴精神病性症状的精神障碍，如躁狂、精神病性抑郁症和分裂情感性障碍。当短暂精神病性症状发生在患有边缘型人格障碍和分裂型人格障碍的人群中时，它们偶尔也被用于治疗这两类患者（Koenigsberg et al., 2007）。最后，抗精神病药物有时用于治疗阿尔茨海默病所引发的妄想、幻觉、偏执和焦虑症状。然而，抗精神病药物对痴呆患者构成了巨大的风险，因为它们与其死亡率增加有关（Sultzer et al., 2008）。正因如此，现在在美国，这些药物会标有一个关于将其用于治疗痴呆患者的“黑框警告”（“黑框警告”是指药物包装上标示的警告，置于黑框内，标注了药物的潜在危险）。

表 16.1　常用抗精神病药物

药物类别	通用名	商品名	剂量范围（mg）
第二代（非典型）	氯氮平	可致律	300~900
	利培酮	维思通	1~8
	奥氮平	再普乐	5~20
	奎硫平	思瑞康	100~750
	齐拉西酮	卓乐定	80~160
	阿立哌唑	安律凡	15~30
	卢拉西酮	拉特达	40~120

（续表）

药物类别	通用名	商品名	剂量范围（mg）
第一代（传统）	氯丙嗪	冬眠灵	75~900
	羟哌氯丙嗪	奋乃静	12~64
	莫林酮	莫班	50~200
	替沃噻吨	纳瓦内	15~60
	三氟拉嗪	司他嗪	6~40
	氟哌啶醇	哈力多	2~100
	羟哌氟丙嗪	氟奋乃静	2~20

注：通用名是指所有药物制造商使用的药物化合物的名称，商品名（或品牌名）是特定药品公司给该化合物的专有名称（和商标名称）。例如，氯氮平是一种抗精神病药物，诺华制药公司将其命名为可致律（这是大多数人从商业广告中知道的名字），其他生产这种化合物的制药公司将其命名为其他名字（例如，氯平、丹氮平等）。

抗精神病药物通常每天口服。但是，有些患者常常忘记吃药，尤其是那些慢性障碍患者。这种情况下，长效抗精神病药是更好的选择，这类神经阻滞剂可采用静脉注射的形式给药，而且药效长久，一次注射的临床疗效可持续 4 周，这对那些需要用药但不愿或不能每天服药的患者来说非常有价值。研究表明，注射长效抗精神病药的精神分裂症患者，比口服用药的患者疗效更好（Tiihonen et al., 2011）。

使用氯丙嗪等传统抗精神病药物治疗可能产生的副作用包括迟发性运动障碍（见第 13 章），这是一种由于服用抗精神病药物而产生的运动异常。非典型抗精神病药物的运动相关副作用比较少见，如氯氮平和奥氮平，现在临床上更多使用这些药物来治疗精神分裂症。氯氮平似乎对自杀风险高的精神障碍患者尤其有帮助（Meltzer et al., 2003）。

但即使是非典型的抗精神病药物，也有副作用，临床主要关注的是体重增加和糖尿病（Sernyak et al., 2002）。而且，氯氮平还有一种更严重的副作用，那就是引发白细胞减少，从而造成粒细胞缺乏症，这一不良反应发生在 1% 的患者中，对患者生命具有潜在威胁（Sharif et al., 2007）。在治疗的前 6 个月，患者必须每周进行一次血液检查，在其后的服药期间，每两周进行一次。正因如此，最好在其他药物（例如，其他非典型抗精神病药物）被证明无效后再考虑氯氮平。目前的方法是，上述非典型抗精神病药物（除氯氮平外）是治疗精神分裂症的首选，而氯氮平和传统的抗精神病药物（如氟哌啶醇）最好被视为第二选择。

16.6.2 抗抑郁药物

抗抑郁药是常见的精神类药物之一，超过 90% 的抑郁症患者接受了这些药物的治疗

（Olfson & Marcus, 2010）。

选择性 5- 羟色胺再摄取抑制剂

和抗精神病药物的情况类似，出现的药物［所谓的经典抗抑郁药物，如单胺氧化酶抑制剂（MAOIs）和三环类抗抑郁药物（TCAs），这两类药物将在接下来的内容中讨论］在目前的常规临床实践中已被诸如 5- 羟色胺再摄取抑制剂（SSRIs）等“第二代”治疗方法所取代。1988 年，氟西汀（百忧解）成为第一个在美国发布的 SSRI 类药物，其药理上的类似物包括舍曲林（左洛复）和帕罗西汀（赛乐特）。SSRI 家族最近增加了用于治疗强迫症的氟伏沙明（兰释），还有西酞普兰（喜普妙）和艾司西酞普兰（百适可），这些药物都同样有效。表 16.2 列出了一些最广泛使用的抗抑郁药物。

SSRI 类在化学上与早期的 TCA 类和 MAOI 类无关。但是，大多数抗抑郁药物是通过增加 5- 羟色胺、去甲肾上腺素或二者的活性来起作用。SSRI 类可以抑制神经递质 5- 羟色胺释放到突触后的再摄取过程，与三环类药物（抑制 5- 羟色胺和去甲肾上腺素的再摄取）不同，SSRI 类选择性地抑制 5- 羟色胺的再摄取（见图 16.2）。它们现在已经成为首选的抗抑郁药物，这在很大程度上是制药公司积极宣传的结果。SSRI 类更容易使用，副作用也更少，而且一般不会像三环类药物那样存在过量服用而致命的问题。但并没有令人信服的证据表明 SSRI 类比其他类型的抗抑郁药更加有效（Sussman, 2009b）。

表 16.2　常用抗抑郁药物

药物类别	通用名	商品名	剂量范围（mg）
SSRI	氟西汀	百忧解	10~80
	舍曲林	左洛复	50~200
	帕罗西汀	赛乐特	10~60
	氟伏沙明	兰释	50~300
	西酞普兰	喜普妙	10~60
	艾司西酞普兰	来士普	10~20
SNRI	文拉法辛	怡诺思	75~375
	度洛西汀	欣百达	40~60
三环类	阿米替林	依拉维	75~300
	氯丙咪嗪	安拿芬尼	75~300
	地昔帕明	诺波明	75~300
	多塞平	神宁健	75~300
	米帕明	托法尼	75~300
	去甲替林	阿维蒂尔	40~200
	三甲丙咪嗪	曲米帕明	75~300

（续表）

药物类别	通用名	商品名	剂量范围（mg）
MAOI	苯乙肼	纳迪尔	45~90
	反苯环丙胺	帕纳特	20~60
	异卡波肼	马普兰	30~50
非典型的	安非他酮	威博隽	225~450
	曲唑酮	德西雷尔	150~600

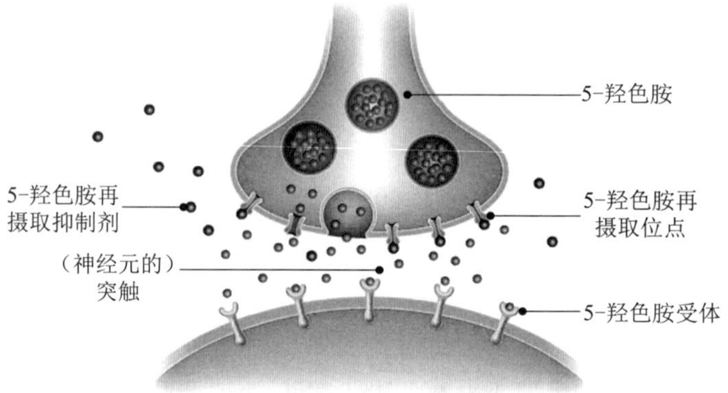

图 16.2　SSRI 类药物

5-羟色胺是由色氨酸合成的，在被释放到突触间隙后，它与突触后神经元上的受体结合。5-羟色胺再摄取转运体之后将其送返突触前神经元。SSRI 类药物阻断了这一再摄取过程，使得更多的 5-羟色胺在突触中可用。

近年来，治疗中又引进了另一类药物——5-羟色胺-去甲肾上腺素再摄取抑制剂（SNRIs；Thase, 2009b）。该药物家族的抗抑郁药物有文拉法辛和度洛西汀。SNRI 类阻断去甲肾上腺素和 5-羟色胺的再摄取，它们与 SSRI 类药物有相似的副作用，而且过量服用时相对安全。SNRI 类似乎可以帮助大量对其他抗抑郁药物反应不佳的患者，而且在治疗抑郁症方面，也比 SSRI 类稍微有效一些（Papakostas et al., 2007）。

2011 年获得 FDA 批准的最新抗抑郁药是维拉唑酮，它是 SSRI 和 5-羟色胺受体激动剂的新组合。研究表明，维拉唑酮是安全的，患者对其耐受性良好（Robinson et al., 2011），对于抑郁症患者，维拉唑酮的疗效优于安慰剂（Khan et al., 2011; Reed et al., 2012）。但是，与广泛使用的其他抗抑郁药物相比，维拉唑酮的疗效还有待进一步了解。

SSRI 类药物的临床试验表明，患者在接受 3~5 周的治疗后，病情往往会有所好转。患者的症状至少有 50% 的改善，被认为是对治疗有积极反应（见图 16.3a）。虽然情况有所改善，但这些患者并没有完全康复。当治疗消除了患者的所有症状时，患者被认为处于缓解期（见图 16.3b），当这种缓解持续了 6~12 个月或更长时间时，才能认为患者已经康复。

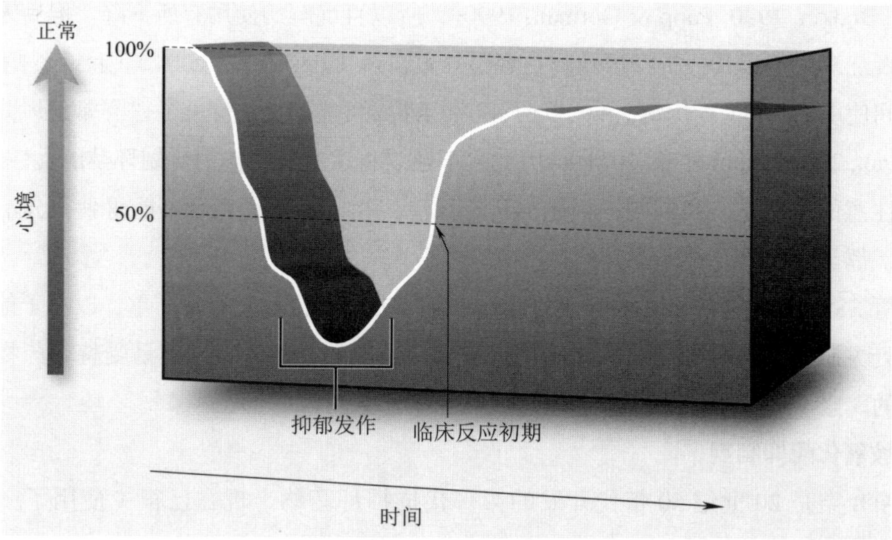

图 16.3a　定义积极反应

当抑郁症的治疗使症状至少有 50% 的改善时，被称为“有反应”。这时的患者已经有了很大改善，但还没有完全恢复。

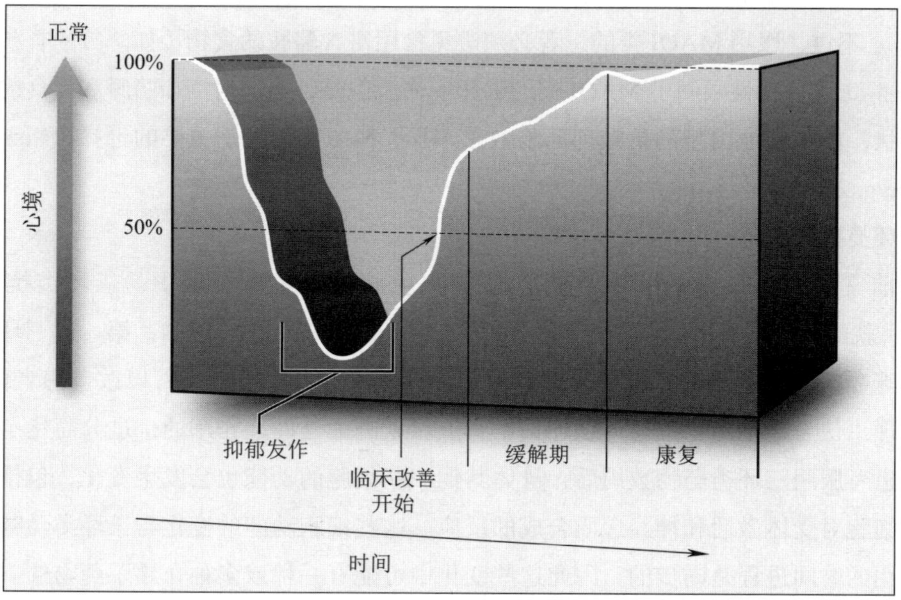

图 16.3b　定义康复

当抑郁症的治疗基本上消除了所有症状时，最初几个月称为“缓解”，如果持续时间超过 6~12 个月，则称为“康复”。这样的情况下可以视为患者完全康复。

SSRI 类的副作用包括恶心、腹泻、紧张、失眠和性问题，例如性欲减退以及性高潮困难（Nemeroff & Schatzberg, 2007）。因为早期的研究将百忧解与自杀风险增加联系了起来（Cole & Bodkin, 1990; Papp & Gorman, 1990），所以百忧解的使用有所下降。但后来的研究表明，百忧解并不比其他抗抑郁药物更容易导致自杀（Jick et al., 2004）。近年来有人担心，怀孕期间使用氟西汀（百忧解）和帕罗西汀（赛乐特）可能会增加婴儿心脏异常的风险（Diav-Citrin et al., 2008; Malm et al., 2011），因此，不建议将这些药物作为计划怀孕的女性的首选。但需要注意的重点是，我们刚才描述的所有风险，相比抑郁症患者不能得到充分治疗的相关风险，都是很小的。

尽管 SSRI 类药物对很多人有帮助，但一部分人的不良反应非常严重，以至于他们无法继续按处方服药。研究者现在正在从基因层面探索导致一些人特别容易受特定药物不良反应影响的因素（Hu et al., 2007）。

单胺氧化酶抑制剂

MAOI 类是 20 世纪 50 年代开发的第一代抗抑郁药物，现在已很少使用了。在研究 MAOI 类对肺结核的疗效时，人们发现这些药物可以提高患者的情绪（Stahl, 2000），后来的研究证明它们对治疗抑郁症很有效。MAOI 类包括异卡波肼（马普兰）、苯乙肼（纳迪尔）、反苯环丙胺（帕纳特）和司来吉兰（咪多吡），它们能抑制单胺氧化酶的活性。单胺氧化酶存在于突触间隙，帮助分解释放到突触间隙的单胺神经递质（如 5-羟色胺和去甲肾上腺素）。不过，服用 MAOI 类的患者必须避免食用富含酪胺的食物（如萨拉米香肠和斯提尔顿奶酪），这一特性限制了 MAOI 类的临床用途。但是，当前对诸如嗜睡和暴食的非典型抑郁症状，由于其他类型的抗抑郁药物效果不佳，MAOI 类仍是主要的选择（Nemeroff & Schatzberg, 2007）。

三环类抗抑郁药

如前文所述，一旦去甲肾上腺素和 5-羟色胺被释放到突触中，三环类抗抑郁药（TCAs）就能抑制其再摄取（在较小程度上）。它们的发现也是偶然的，第一代三环类抗抑郁药丙咪嗪最初是用于治疗精神分裂症的，治疗期间，人们发现它可以改善患者的情绪。以前的理论认为这些药物是通过增加去甲肾上腺素的活性而起作用的，过分简化了实际情况。当患者服用三环类药物数周后，身体其他一些细胞的功能也会发生变化，包括受体的功能、细胞对受体激活和神经递质合成的反应。这些细胞功能的变化与三环类药物发挥抗抑郁作用的时间进程是同步的，因此这些变化中可能有一种或多种介导了药物的抗抑郁作用（参见图 16.3）。

其他抗抑郁药物

曲唑酮（德西雷尔）是美国引进的第一种过量服用不会致命的抗抑郁药，专门抑制 5-

羟色胺的再摄取。曲唑酮具有很强的镇静作用，这限制了它的临床用途。它有时与 SSRI 类药物联合使用，并用于夜间，以帮助对抗 SSRI 类药物对睡眠的不良影响。在极少数的情况下，它可以在男性身上产生一种被称为“阴茎异常勃起”的情况（Nemeroff & Schatzberg, 2007），即在没有任何性刺激的情况下长时间勃起。

安非他酮也是一种抗抑郁药，但在结构上与别的抗抑郁药无相关性，它抑制去甲肾上腺素和多巴胺的再摄取。除了作为抗抑郁药使用，安非他酮还能减少戒烟者对尼古丁的渴望，缓解戒断症状。安非他酮的一个临床优势是，与某些 SSRI 类不同，它不抑制性功能（Nemeroff & Schatzberg, 2007）。

有越来越多的证据表明，一些止痛药（如氯胺酮）和致幻剂（如赛洛西宾、摇头丸）具有抗抑郁作用。研究者在 20 世纪 50 年代和 60 年代测试了致幻剂的潜在治疗效果，直到政府机构出于对这些药物的娱乐性使用或滥用的担忧而停止了这类研究。然而，在过去的几年里，研究者已经恢复了对几种不同致幻剂的测试，并发现了一些证明它们有效的证据。虽然这些药物还没有进入临床实践的主流，但如果研究结果继续显示它们的有效性，它们可能会更频繁地用于抑郁症或其他疾病的治疗。

使用抗抑郁药治疗焦虑障碍、神经性贪食症和人格障碍

抗抑郁药不仅可以有效治疗抑郁症，而且广泛应用于治疗各种其他障碍。例如，SSRI 类通常用于治疗惊恐障碍、社交焦虑障碍、广泛性焦虑障碍和强迫症（Dougherty et al., 2007; Roy-Byrne & Cowley, 2007）。然而，一些惊恐障碍的患者服药后副作用强烈（这些副作用产生了一些令惊恐障碍患者高度敏感的症状），他们会因此中断治疗。SSRI 类和三环类抗抑郁药也用于治疗神经性贪食症。很多研究表明，这些药物能有效减少暴食和腹泻（Wilson & Fairburn, 2007）。B 类人格障碍患者，如边缘型人格障碍患者，服用 SSRI 类药物后，一些症状可能得到缓解，尤其是心境可以变得稳定（Rinne et al., 2002）

16.6.3　抗焦虑药物

抗焦虑药用于缓解各种原因引起的焦虑和紧张症状。虽然这些药物可以控制症状，但它们并不能治愈患者，患者还需要在症状缓解的基础上接受其他有效的心理治疗。而且，由于这些药物具有潜在的成瘾性及镇静作用，所以它们的广泛使用引起了一些医学和精神病学领域权威人士的关注。抗焦虑药在精神障碍的治疗中作用有限，但它们却经常被用作某些神经疾病的辅助治疗，以控制抽搐发作等症状。

苯二氮䓬类药物

苯二氮䓬类药物是目前最重要的抗焦虑药，被广泛应用于临床治疗。巴比妥类（例如苯巴比妥）是另一类抗焦虑药，现在主要用于控制电休克治疗中患者的抽搐，或作为麻醉剂使用，已很少用于精神障碍的临床治疗。第一代苯二氮䓬类药物于 20 世纪 60 年代初问世，目前主要用于治疗急性焦虑障碍和激越，它们能被消化道吸收并迅速起效。低剂量时，它们有助于消除焦虑；较高的剂量则能诱发睡眠，因此用于治疗失眠。但也正因如此，服用了该药的人被警告不可以驾驶或操作机器。

然而，苯二氮䓬类药物存在的主要问题是，患者会在心理和生理上产生药物依赖（Roy-Byrne & Cowley, 2007）。由于骤然停药会有戒断反应，在一些案例中，患者还出现了抽搐发作的症状，因此服用这些药物的患者只能逐渐停药。此外，停药后复发率也极高（Roy-Byrne & Cowley，2007）。例如，多达 60%~80% 的惊恐障碍患者在停止使用阿普唑仑后复发。表 16.3 列出了一些常用的抗焦虑药物。

表 16.3　常用抗焦虑药物

药物类别	通用名	商品名	剂量范围（mg）
苯二氮䓬类	阿普唑仑	佳乐定	0.5~10
	氯硝西泮	克诺平	1~6
	地西泮	安定	4~40
	劳拉西泮	阿蒂凡	1~6
	奥沙西泮	舒宁	30~120
	氯拉䓬酸	赛诺菲	15~60
	氯氮䓬	利眠宁	10~150
其他	丁螺环酮	布斯帕	5~30

苯二氮䓬类药物和相关的抗焦虑药物被研究者认为是通过增强 GABA（γ-氨基丁酸）受体的活性而起作用的（Stahl, 2000）。GABA 是大脑中一种重要的抑制性神经递质，能够抑制应激情境下的焦虑。苯二氮䓬类药物似乎能增强 GABA 在大脑中与焦虑相关的特定部位的活性，如边缘系统。

其他抗焦虑药物

自 20 世纪 60 年代以来，唯一一种新型的抗焦虑药物是丁螺环酮（布斯帕），它与苯二氮䓬类药物完全无关，不作用于 GABA，而是通过影响 5-羟色胺的机能起作用。它已被证明在治疗广泛性焦虑障碍方面与苯二氮䓬类药物一样有效（Roy-Byrne & Cowley, 2007），尽管它对之前服用过苯二氮䓬类药物的患者的疗效，往往比未服用过的患者差。而且，丁螺环酮滥用的可能性很低，可能因为它没有镇静或放松肌肉的特性，对患者而言不那么愉快，因此也不会引起任何戒断反应。使用丁螺环酮的主要缺点是需要 2~4 周的时间才能起效，这使它在紧急情况下不能发挥作用。而且，因为它没有镇静作用，所以不能用来治疗失眠。

16.6.4　锂盐和其他心境稳定剂

20 世纪 40 年代后期，澳大利亚的约翰 · 凯德发现碳酸锂等锂盐对治疗躁狂症有效。凯德（1949）自己经手的一个案例很好地说明了锂盐的治疗作用。

案例

51 岁的 W.B. 先生已经处于慢性躁狂的兴奋状态 5 年了，他的行为是如此令人讨厌和具有破坏性，以至于长期以来他一直被视为医院里最难相处的患者。他开始接受锂盐化合物治疗，3 周内他的行为改善了很多，可以转入康复病房了。他在医院又住了 2 个月，在此期间，他的行为基本上是正常的。出院前，他换了另一种锂盐，因为一直服用的锂盐让他感到胃不舒服。

他很快就重新开始了工作，并开始了幸福而充实的生活。事实上，他自我感觉很好，于是没有按照医嘱继续服药。当他停止服用锂盐之后，他又变得越来越暴躁和古怪。出院后约 6 个月，他不得不停止了工作。又过了 5 周，他在急性躁狂的状态下被送回了医院。

医生立即对他恢复了锂盐治疗，他迅速得到了改善。1 个月后，医生宣布 W.B. 先生可以出院回家了，但前提是他必须继续服用规定剂量的锂盐。

大约 20 年后的 1970 年，锂盐治疗才被引入美国。之所以这么晚引入，至少有两个原因。首先，锂盐在 20 世纪 40 年代和 50 年代被用作高血压患者的食盐替代品，当时人们还不知道其副作用。造成了一些患者死亡的悲剧后，医疗界才开始非常谨慎地使用它。其次，因为锂盐是一种天然化合物，因此不能申请专利，这意味着制药公司无利可图。尽管如此，锂盐被引入后很快被广泛用于双相障碍的治疗，并一直延用至今。虽然人们已经使用锂盐多年，但目前仍不清楚它是如何起效的（Stahl, 2000）。

尽管我们不知道锂盐治疗的作用原理，但其疗效却毋庸置疑，多达 70%~80% 处于明显躁狂状态的患者服用锂盐 2~3 周后获得了明显的改善（Keck & McElroy, 2002），锂盐在对双相障碍和抑郁障碍患者的治疗中都有抗抑郁效果（Young, 2017）。但越来越多的证据表明，在预防未来躁狂发作方面，锂盐的维持治疗可能不如以前预期的那么可靠。例如，对持续服用锂盐 5 年及以上的双相障碍患者的几项研究显示，只有略多于 1/3 的患者始终处于症状缓解期。但是，终止锂盐治疗也存在很大的风险。据估计，患者在停药后复发的概率比其持续用药而复发的概率高 28 倍，其中约 50% 的患者在半年内复发（Keck & McElroy, 2007）。

锂盐的副作用包括口干、肠胃不适、体重增加、震颤和疲劳。此外，当过量服用锂盐或肾脏不能以正常速度进行代谢时，锂盐可能对人产生毒害。锂盐中毒可能导致非常严重的后果，如果不能得到及时且适当的治疗，中毒者会出现神经损伤甚至死亡。

尽管锂盐具有临床益处，但并非所有双相障碍患者都能严格按照处方服药。很多患者似乎会怀念轻躁狂阶段的“兴奋状态”和充沛精力，所以当他们面对令人不快的副作用并失去“兴奋状态”时，可能会停止用药。

尽管锂盐目前仍被广泛使用，但还有其他的药物也被认为是双相障碍的一线治疗用药（见表 16.4），这些药物包括丙戊酸和卡马西平。目前正在研究和临床用于治疗快速循环型双相障碍的其他药物，有加巴喷丁、拉莫三嗪和托吡酯。这些药物大多用于治疗癫痫，并且是抗痉挛的药物（Keck & McElroy, 2007）。卡马西平有很强的副作用，包括引发血液问题、肝炎和严重的皮肤病（Post & Frye, 2009）。与使用锂盐一样，使用卡马西平需要对患者进行密切的血液监测。丙戊酸可能是副作用最少的药物，其副作用包括恶心、腹泻、镇静、震颤和体重增加；阿立哌唑是一种抗精神病药物，目前也用于双相障碍的治疗。

表 16.4　常用心境稳定剂

药物类别	通用名	商品名	剂量范围（mg）
锂盐	锂盐	埃斯卡利思	400~1 200
抗惊厥药	卡马西平	得理多	300~1 600
	丙戊酸	德巴科特	750~3 000
	拉莫三嗪	利必通	100~500
	加巴喷丁	诺立汀	900~3 600
	托吡酯	妥泰	50~1 300

对 DSM-5 的批判性思考

新版的变化有哪些临床意义？

最近出版的 DSM-5 增添了许多新的诊断，也改变了许多已有障碍的诊断标准。当然，作为诊断手册，DSM 没有提供任何关于治疗的信息，也没有就该主题提出建议。然而，DSM 的变化总是会对治疗产生影响，因为 DSM 的诊断确定了纳入保险的临床服务范围。在这里，我们着重看一些可能在未来几年对患病率和药物使用产生影响的变化。

1.DSM-5 的新增诊断是破坏性心境失调障碍。这种障碍的特征是 6 岁以上的儿童乱发脾气。要做出诊断，暴怒必须达到每周至少发生 3 次，并且与儿童的发展水平不一致。有利的一面是，这种诊断可以让脾气非常暴躁的儿童在早期得到专门的帮助。然而，也存在这样的风险：许多儿童的父母可能原本可以通过教养技能的培训帮助孩子，却让孩子在他们年轻的大脑还未发育成熟的时候就服用强效镇静剂。

2. 根据 DSM-IV-TR 的诊断标准，注意缺陷 / 多动障碍（ADHD）的症状在儿童 7 岁之前出现。在 DSM-5 中，发病年龄被提高到 12 岁。许多本来没有资格被诊断为 ADHD 的儿童（因为他们的症状是在 8 岁、9 岁或 10 岁时出现的）现在将被诊断为 ADHD。诊断标准的这一简单改变将显著增加 ADHD 的患病率。而且，尽管它将使更多的儿童得到治疗，但无疑将导致更多的儿童接受药物治疗。

3.DSM-5 提出的另一个重大改变建议是降低广泛性焦虑障碍的诊断标准，但未被接受。除了过度焦虑和担忧，DSM-IV-TR 还要求患者出现另外三种症状。对于 DSM-5，有人建议只需要出现一种症状（肌肉紧张或紧张的感觉）即可。这种变化无疑会导致广泛性焦虑障碍患者人数的大幅增加。如果这一改变得到批准，一些人可能会松一口气，因为他们的担忧反映了一种精神障碍。然而，如果这一改变被接受，这种变化可能会进一步增加依赖抗焦虑药物过日子的人数。

你怎么看待已经做出（或没有做出）的改变？你是否赞成放宽诊断标准，让更多的人满足接受临床治疗的条件？你是否担心我们正处于将正常生活病态化并增加精神类药物不当使用的风险之中？

16.6.5 非药物的生物学治疗

心理疗法试图通过改变患者的环境和经历来改变大脑（通过文字、暴露、角色扮演等），而我们到目前为止讨论的所有生物学治疗都是通过引入化学物质（药物）来改变患者的大脑。还有另一种生物干预方法，采用非药物的生物学方式，通过电活动和/或手术来改变患病个体的大脑。正如前文已经讨论过的，大脑利用电信号工作，在这一事实的指导下，研究者已经开始使用电活动来改变大脑的活动，他们希望通过这种方式来减轻精神障碍。接下来我们将介绍几种类似的方法，以及采用神经外科手术的治疗方式。

电休克疗法

使用惊厥治疗精神障碍可以追溯到瑞士医生兼炼金术士帕拉塞尔苏斯，他诱导一个“精神失常”的患者服用樟脑直至痉挛（Abrams, 2002; Mowbray, 1959）。然而，通常人们认为现代电休克治疗的创始人是匈牙利医生拉迪斯劳·冯·迈杜瑙。冯·迈杜瑙“发现”精神分裂症几乎不会发生在癫痫患者身上，这一错误的观察结果使他推断出精神分裂症和癫痫在某种程度上是不相容的，并推测通过诱导个体产生痉挛也许可以治愈精神分裂症。在早期的治疗中，冯·迈杜瑙使用樟脑诱发精神分裂症患者痉挛，患者在治疗后很快恢复了清醒。不久后，他开始使用一种叫“卡地阿唑”的药物来诱发痉挛，因为它比樟脑起效更快。

另一种早期方法是曼弗雷德·扎克尔在20世纪30年代采用的，他通过给患者注射胰岛素来诱发痉挛（Fink, 2003）。但是，这些化学方法无法让医生精确诱发痉挛或控制痉挛发作的时长。1938年意大利医生乌戈·切莱蒂和卢乔·比尼尝试了一种更简单的方法——让电流通过患者的头部。这种方法后来被称为电休克疗法（ECT），至今仍在使用（参见第7章）。在美国，每年约有10万名患者接受电休克治疗（Prudic, 2009）。

公众通常认为电休克疗法是一种恐怖的原始疗法，这些看法可能是受影视作品中有关电休克疗法片段的影响，如电影《飞越疯人院》。事实上，许多使用ECT的精神科医生被提起医疗事故诉讼，主要是由于他们在没有得到患者同意的情况下便实施了电休克治疗，但患者可能由于自身的病情而被法律视为不具备知情同意的能力（Livingston et al., 2018）。然而，尽管一些患者不喜欢，但电休克治疗仍不失为一种安全有效的治疗方法。事实上，这是治疗一些重度抑郁障碍和有自杀企图的患者的唯一方法，这些患者可能对其他疗法没有反应。此外，对患有重度抑郁障碍的孕妇或老年患者来说，使用抗抑郁药可能会有危害或风险，这种情况下，电休克疗法通常是首选的治疗方法（Pandya et al., 2007）。

评价ECT研究的综述表明，ECT对重度抑郁障碍患者、伴精神病性抑郁障碍患者和部分躁狂患者是一种有效的治疗方法（Prudic, 2009）。如果使用得当，ECT不会像以前认为的那样对大脑造成任何结构上的损伤，但确实会导致大脑的结构变化（Bouckaert et al., 2014）。每种神经递质系统都受到电休克治疗的影响，电休克治疗能降低去甲肾上腺素受体的感受性，从而增加这种神经递质的功能。然而，电休克治疗确切的工作原理目前还没有完全搞清楚（Camprodon et al., 2017）。

电休克治疗有两种方式（见图 16.4）。在双侧 ECT 中，电极被放置在患者头部两侧，从头部的一侧向另一侧传递高强度或低强度的短时恒流电脉冲，持续约 1.5 秒。而单侧电休克疗法是仅施加于大脑一侧的电流，通常是大脑的非支配侧（大多数人为右侧）。全身麻醉可以让患者在手术过程中入睡，肌肉松弛剂被用来防止剧烈的肌肉收缩。早期的电休克治疗没有现在的这些保护措施，剧烈的肌肉收缩甚至可能会导致患者骨折。

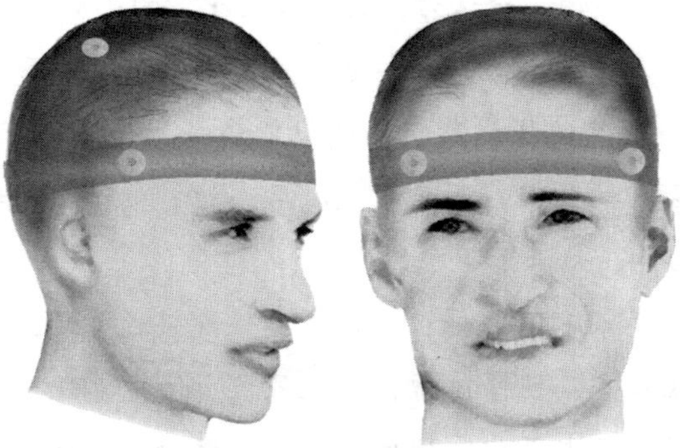

图 16.4　ECT 电极放置

在单侧 ECT 中，电流被限制在头部的一侧。在双侧 ECT 中，电极被放置在头部的两侧。双侧 ECT 更有效，但也与更多的认知副作用和记忆问题有关。

口中咬一个堵塞物可用于避免对牙齿的损伤。今天，如果你观察有人接受电休克治疗，你所能看到的，也许只有痉挛发生时手部的轻微抽搐。

ECT 治疗结束后，患者会失去治疗前的那段时间的记忆，通常在接下来的一个小时左右会有些糊涂。通常，一个疗程包括少于 12 次的治疗（尽管偶尔需要更多的疗程），治疗通常每周进行 2~3 次（Pandya et al., 2007）。

经验证据表明，双侧 ECT 比单侧 ECT 更有效，不幸的是，双侧 ECT 也与更严重的认知副作用和记忆问题相关（Reisner, 2003）。例如，患者在 ECT 结束后的 3 个月内常常难以形成新的记忆（顺行性遗忘）。因此，医生必须权衡双侧 ECT 更多的临床益处与其引起的更大认知副作用之间的利弊。一些临床医生建议从单侧 ECT 开始，如果没有发现改善，则在 5~6 次治疗之后再改用双侧 ECT（Milev et al., 2016）。

莉诺 · 麦考尔在中年时患上了重度抑郁障碍，她的自传（1947/1961）提供了一个电休克治疗的早期案例。

案例

麦考尔接受过良好教育，家境富裕，是三个孩子的母亲。她回忆自己陷入抑郁症前不久的情况，第一个迹象便是持续的疲劳感。然而，当时她由于非常恐惧而无法寻求帮助，起初她试图通过参加更多的活动来对抗自己日益低落的情绪，这是一种防御性的策略。但这么做除了耗尽她剩余的力量与情绪储备，并没有什么效果。

一段时间之后，她注意到自己的精神状态似乎开始恶化——她的记忆力变差了，注意力似乎也很难集中。在情绪上，她感到了巨大的孤独和凄凉，每当回忆自己的过去时，她会感到越来越害怕。她认为，自己过去犯下的那些看起来很小的错误和疏忽，其实都是令人发指的罪过。因此，她越来越远离自己的丈夫和孩子。后来，家人和医生坚持要求她就诊，虽然她强烈反对，但他们还是把她送进了医院，让她住院治疗。她感到自己遭到了家人的背叛，于是不久之后，她打破一个饮料杯，吞下碎片，企图自杀。但令她失望的是，她活了下来。

随后，麦考尔在两家不同的精神病院连续住院将近 4 年，在住院期间，她的病情进一步恶化。她沉默寡言，性格孤僻，举止呆板，体重也惊人地减轻。不但如此，她似乎经历了一个过早的衰老过程。她感到自己散发出一股令人讨厌的味道。就在这个时候，电休克疗法被她所在的医院引入了治疗。

在其后的大约 3 个月时间里，麦考尔接受了一系列电休克治疗。后来的某一天，她早上醒来时的样子完全变了，后来她回忆说："我突然坐了起来，心怦怦直跳，我环顾四周，一种惊奇的感觉油然而生。哦！上帝在天堂。我很好，我是我自己……"在经过一段短暂的康复期之后，她又回到了丈夫和孩子们的身边。

经颅磁刺激

一种新的、更有针对性的方法是经颅磁刺激（TMS），它利用电流改变大脑功能。在 TMS 中，临床医生在患者头皮选择一块区域，然后将一个脉冲磁铁放置到这个位置，并利用它产生一个电场来增加或减少患者大脑中的神经元活动（见图 16.5）。自 19 世纪 30 年代以来，科学家一直在使用磁铁产生电场；然而，直到 1985 年，磁铁才被用于刺激大脑（Barker et al., 1985）。在过去的 30 年里，技术的进步使得人们能够小心地控制电流的位置、强度、频率和流向大脑特定部位的模式。在这一点上，大量的研究表明，TMS 可以有效地治疗重度抑郁障碍，还有证据支持 TMS 也能用于其他情况（George & Post, 2011; Kravitz et al., 2015; Lefaucheur et al., 2014）。

TMS 比外科手术伤害小，副作用也比 ECT 更少更轻。据报告，重复使用 TMS 的最常见副作用是轻度头痛和低风险的痉挛发作。并且，TMS 在记忆力和注意力方面不会造成

ECT 那样的损伤。尽管 TMS 在治疗抑郁症和其他疾病方面显示出了有效性，但它仍然是一种非常新的技术，通常只有在患者进行了几个疗程的心理治疗和抗抑郁药物治疗后仍无改善时，才考虑使用。

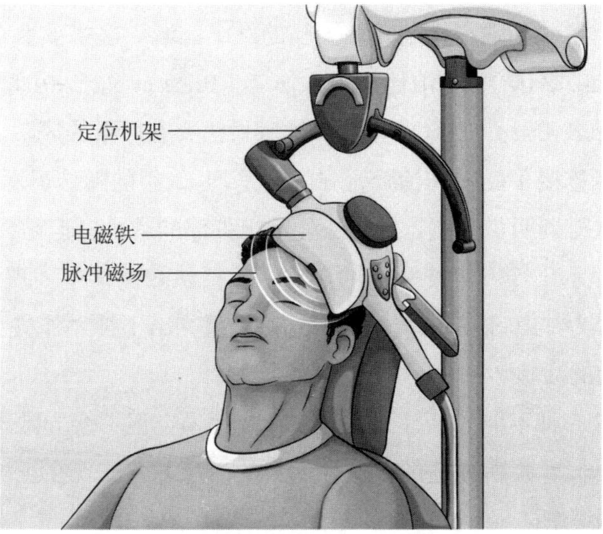

图 16.5　经颅磁刺激

在 TMS 中，脉冲磁线圈被小心地放置在患者的头部，并产生一个电场来增加或减少大脑特定区域或回路的活动。通常每周治疗几天，持续 4~8 周。

神经外科手术

神经外科手术在 19 世纪只是治疗精神障碍时偶尔用来缓解大脑压力的手段（Berrios, 1990）。但到了 20 世纪，神经外科手术已逐渐被人们看作治疗精神障碍的一种正式方法。1935 年，安东尼奥 · 莫尼斯在葡萄牙进行了针对大脑额叶的神经外科手术，他的这种手术最终发展成了所谓的前额叶切除术。专家们在寻找有效治疗精神障碍的方法时有时会走极端，而前额叶切除术就是这种极端的产物。虽然该技术在今天早已臭名昭著，但回顾过去，讽刺的是，这种受到业内许多人士高度批评并造成大量患者永久性脑损伤的手术居然为它的发明人莫尼斯赢得了 1949 年的诺贝尔医学奖。而莫尼斯最终的结局也颇具有讽刺意味：他被一位他曾经的患者所枪杀。

从 1935 年到 1955 年（抗精神病药物问世），全世界有成千上万的精神障碍患者接受了前额叶切除术以及相关的神经外科手术。在某些机构里，每天会有多达 50 名患者接受这种手术（Freeman, 1959）。手术的初步报告往往是积极的，但并发症（其中包括 1%~4% 的死亡率）和副作用却无人在意。不过，人们最终认识到，这种手术的副作用非常糟糕。在一些案例中，副作用包括冲动抑制能力的永久丧失，在另一些案例中，患者会表现出“安静”、非意愿的肤浅或感觉缺乏。

主要抗精神病药物的引进使神经外科手术的使用范围迅速缩小，尤其是前额叶切除术。这类手术在今天已经极为罕见了，只有在其他所有治疗形式在 5 年内都无效的情况下，并且患者有极其严重的致残症状时，才能作为最后的手段使用。

现代神经外科手术包括选择性地破坏大脑的微小区域。这些手术有时用于重度强迫症患者（Dougherty et al., 2007）、难治性严重自伤者（Price et al., 2001），甚至顽固性神经性厌食症患者（Morgan & Crisp, 2000）。但是，这种做法存在严重的风险。在一项研究中，25 名重度强迫症的患者接受了脑损伤治疗，在随后平均 11 年的随访显示，25 名患者中有 12 人在术后强迫症症状得到明显缓解，并且还显示出抑郁的减少。但是，10 名临床表现改善的患者在随访中也显示出额叶功能障碍的迹象，包括认知测试中表现出的执行功能受损、冷漠和不受抑制的行为（Rück et al., 2008）。这些结果突出了神经外科手术的风险，即使它可以有效治疗强迫症的症状。

脑深部电刺激是一种不同的治疗方法，它涉及手术，但不会导致永久性的脑损伤。正如《我们周围的世界》专栏所描述的，这种创新的治疗方式，现在正被用来帮助患者从顽固的抑郁症状中得到缓解。

我们周围的世界

难治性抑郁症的脑深部电刺激治疗

脑深部电刺激是用来治疗严重和慢性精神障碍患者的，它是一次重要的技术进步，该技术涉及在几个月的时间里用电刺激患者的大脑。首先，外科医生在患者的头部钻孔并植入小电极。因为手术是在局部麻醉的情况下进行的，所以患者可以与医生交流自己的情况，告诉医生自己所经历的变化。在一项涉及 6 名患者的早期研究中，尽管并没有提示患者电流何时通过电极以及何时断开，但患者都报告了对电刺激的反应（Mayberg et al., 2005）。当电流进入被认为在抑郁症中代谢过度活跃的大脑区域（扣带区）时，患者报告说他们感觉良好，经历了“突然的平静或轻松”，“连通了”或“空虚消失”。

植入电极后，电流通过电极，患者接受短暂的脑深部电刺激。以患者的报告为据，研究者可以选择在患者出院后通过植入的脉冲装置提供刺激。

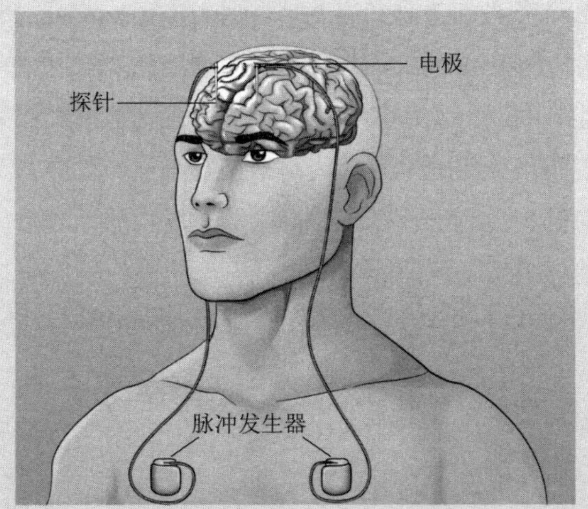

在脑深部电刺激中，电极被植入大脑，并通过植入胸部的脉冲发生器得到刺激

脑深部电刺激治疗对持续性抑郁症的效果如何？共有 20 名患者接受了这种治疗，目前平均随访时间为 3.5 年（Kennedy et al., 2011）。结果表明，这种治疗方法对大约一半的患者有益。许多有疗效的患者也回到了工作岗位或开始在他们的社区做志愿者。50% 的反应率可能不会让你觉得很高，但需要注意，只有长期严重的慢性患者才可以接受这种治疗。尽管脑深部电刺激具有侵入性，但对那些对其他大多数方法都没有反应的患者来说，它可能有帮助。

额叶切除术和脑深部电刺激有什么相似之处和不同之处？为什么脑深部电刺激比额叶切除术争议更小？

未解决的问题

精神病药物有帮助还是有伤害？

尽管有实证研究基础的心理治疗有着明显的益处，但越来越多的门诊患者现在只接受药物治疗。一项最近的美国全国性调查表明，在 1998—2007 年的 10 年间，接受药物和心理治疗的患者的比例从 40% 下降到了 32%，相比之下，仅接受药物治疗的患者比例从 41% 上升到了 51%（Olfson & Marcus, 2010）。这是一个令人惊讶的趋势，因为每年接受治疗的人口比例保持在 3% 左右的稳定水平。

这一趋势可能与制药行业每年花费数十亿美元宣传推广有关。各式各样的广告反复告诉你：去问问你的医生某种药物是否适合你。也许正因如此，现在许多人从他们的初级保健医生那里就可以获得精神类药物的处方，而从来没有被转介到（或寻求过）精神卫生专家的心理治疗。管理式医疗机构也都有财政预算的限制，这让很多患者使用药物来替代心理治疗，因为从短期来看，药物更便宜（Druss, 2010）。

然而，这些现象会不会是人们正在用另一种形式来支付更加高昂的代价呢？这些变化发生的时候，恰恰是需要对精神类药物是否在我们的社会中造成危害提出质疑的时候（Whitaker, 2010）。一些学者认为，制药行业为了最大限度地提高利润，对精神障碍的一些生物学成因提出了可疑的假设（Wyatt & Midkiff, 2006）。虽然这些药物对患者可能确有益处，但精神类药物的实际作用往往比人们想象中的要小。有证据显示，长期服用精神类药物实际上可能让患者的情况变得更糟，有可能造成生化失衡或慢性疾病（Whitaker, 2010）。鉴于这些担忧，对我们所有人来说，尽可能全面了解我们所服用的药物非常重要，尤其是涉及儿童的时候。而保留患者其他的治疗选择，并改善他们获得循证心理治疗的机会，这一点对我们现代人而言，十分重要。

本章小结

16.1 描述哪些人寻求心理治疗，以及最常见的目标

- 人们寻求治疗有很多原因，包括当前的应激环境、长期存在的问题或长期的不快乐，以及对个人成长的探索和对自己生活的洞察。在其他情况下，患者由医生转介或在法院要求下接受治疗。
- 心理治疗的目的是通过心理学方法减少异常行为。心理治疗的目标包括：改变适应不良行为，减少或消除应激环境，减少负面影响，提高人际交往能力，解决个人冲突，改变个体对自己的错误假设，培养更积极的自我意象。

16.2　解释如何衡量心理治疗的成果

- 对治疗有效性的评估可以基于治疗师对患者发生改变的印象、患者的报告、患者的家人或朋友的报告、对特定目标行为变化的测量，或从治疗前到治疗后相关变量或等级分数的变化。
- 已经在对照试验中证明能带来治疗改变的治疗被称为“循证治疗”。

16.3　最佳治疗的一些必要因素

- 我们必须考虑治疗是否基于实证研究或经验支持，药物的使用是否合适，以及联合治疗是否是最佳选择。
- 心理治疗的一个主要社会问题是，确保来访者和治疗师之间建立良好的咨访关系，即使他们在文化、种族和 / 或社会经济背景上存在很大差异。

16.4　列出治疗异常行为最常用的心理学方法

- 行为疗法被广泛用于治疗许多临床问题。行为疗法包括暴露疗法、厌恶疗法、示范疗法和强化疗法。
- 认知或认知行为疗法试图改变个体对自我的看法和对事件的解释，以改变其行为。认知行为疗法已被广泛应用于各种临床问题（从抑郁症到愤怒控制）以及各种临床人群。许多研究证实了这些方法的有效性。
- 其他心理治疗方法包括人本主义经验疗法和格式塔疗法。
- 经典精神分析可以追溯到西格蒙德·弗洛伊德。如今，它很少应用于实践，也很少有实证研究支持其有效性。
- 几种不同的治疗方法已经从精神分析传统中发展出来。在诸如治疗时间和原始的性心理驱力在人格动力中的作用等方面，这些疗法与经典精神分析有所不同。许多较新的心理动力治疗形式强调人际过程是如何受到个体与父母及其他家庭成员的早期互动的影响的。
- 除了治疗个体，一些心理疗法还通过婚姻或家庭治疗应用于不良的关系中。这些疗法通常认为，个体的问题部分在于其与他人的互动。因此，治疗的重点是改变社会单位或家庭成员的互动方式。

16.5　解释社会价值观和文化在心理治疗中的作用

- 心理治疗只是治疗师用来帮助来访者追求个人幸福的工具，并不是一套道德规范体系，但治疗师在治疗的过程中往往面临价值判断。由于价值观的不同，治疗师经常陷入道德困境。
- 目前，精神卫生系统对少数族裔提供的心理服务不足。

16.6 描述治疗异常行为的三种生物学方法

- 药物对许多障碍的治疗很重要。在临床实践中，将药物治疗与心理治疗相结合是很常见的。
- 最常用的抗精神病药物是非典型抗精神病药物。与传统（第一代）抗精神病药物相比，这些药物改善了阳性和阴性症状，且锥体外系不良反应（涉及运动的副作用）更少。
- 一些早期的抗抑郁药物（如三环类药物和 MAOI 类）现在已经被 SSRI 类和 SNRI 类所取代。虽然使用范围更广，但没有令人信服的证据表明这些新药物比旧的抗抑郁药更有效。一般来说，抗抑郁药通过对 5- 羟色胺和去甲肾上腺素神经递质系统的影响发挥作用。
- 抗焦虑药物通过对 GABA 系统的影响发挥作用，它们被广泛使用。
- 锂盐是治疗躁狂的重要药物。一些新的心境稳定剂（也用于治疗癫痫）如今也更频繁地出现在处方中。
- 虽然不经常使用，但电休克疗法是一种安全有效的治疗抑郁症和其他障碍的方法。它会引起一些短期的认知副作用，尤其是在应用于大脑双侧时。
- 神经外科手术是最后的治疗手段。即使患者的临床症状有所改善，也可能有永久性的副作用。

第 17 章

变态心理学中的社会和法律问题

学习目标

17.1 说明预防在精神卫生保健中的重要性和预防的主要方法

17.2 解释住院患者精神卫生设施和出院后护理项目所发挥的作用

17.3 总结非自愿住院所涉及的标准和程序

17.4 讨论塔拉索夫判决对临床医生的影响

17.5 介绍目前赋予精神障碍患者的法律权利

17.6 解释判断一个人是否可以因精神错乱而被判无罪的标准

17.7 介绍促进精神卫生工作的国家和国际组织

17.8 概述当代社会人们在促进精神卫生工作方面所面临的挑战

案例

2003 年母亲节的那个周末，一名来自得克萨斯州的母亲，同时也是一名 39 岁的非常虔诚的教徒——迪安娜·莱尼，开始看到“来自上帝的迹象”，提示她应该对自己的孩子采取一些严厉的措施。当她看到 14 个月大的儿子亚伦在玩长矛时，第一个迹象出现了，告诉她应该杀死自己的孩子。她犹豫了，因为她不确定这个来自上帝的信号到底是什么意思。当亚伦递给她一块他正在玩的石头时，她又发现了一个迹象。她看见亚伦在捏一只青蛙，随后断定她应该用石头砸死她的孩子们，或者掐死他们，或者刺死他们——她相信上帝给了她三种方法来杀死他们。莱尼认为用石头砸死他们要比勒死好，于是她用石头砸死了自己的两个儿子。她的第三个儿子亚伦受了重伤，但幸免于难。莱尼打了 911，报告说她杀了自己的儿子。

被捕后，莱尼显得很困惑，举止极端。在牢房里，她像胎儿一样蜷缩着哭泣。有时候，有人看到她在牢房里走来走去，唱着福音歌曲，经常祈祷和哭泣。监狱长报告说：“当她突然意识到自己做了什么时，她陷入了茫然凝视和沉默寡言的状态。”她被置于监视之下，以防自杀。

莱尼有严重的精神病史，其中包括导致她住院的既往精神病史。当时，她报告说她闻到了硫磺的味道，认为这是上帝警告她魔鬼就在附近的一种方式。她被诊断患有精神分裂症。

在本书的最后一章，我们将探讨我们的社会处理异常行为及其后果或其他难以处理的情况的方法。我们从预防这个话题开始。多年来，我们都是在患者出现严重问题之后，才开始对他们进行精神卫生方面的帮助。但如果目标是减少或消除情绪问题，就需要改变这一思维方式，优先考虑预防。我们需要教育决策者了解贫困、战争和不平等对心理健康的影响（WHO, 2004）。我们还需要通过早期干预加强预防工作（Breitborde et al., 2010; Tortolero, 2010）。可以在国家、地方或个人层面开展上述工作。

在讨论预防的章节之后，我们将介绍住院患者的精神卫生治疗，讨论目前发生的变化以及影响住院患者治疗的一些因素。然后我们将考虑精神卫生和法律之间的相互联系：精神障碍患者有哪些权利？在什么情况下患者会违背自己的意愿被关进精神病院？当精神病患者（如上述例子中的莱尼）犯罪时会发生什么？接下来，我们会简要介绍美国乃至全世界范围内有组织的精神卫生相关工作。最后，我们将思考我们每个人都能做哪些事来促进精神健康。

17.1　针对预防的观点

说明预防在精神卫生保健中的重要性和预防的主要方法

预防工作可分为三类：

1. 普遍性干预：这些措施针对一般公众或整个群体，可能包括对允许购买酒精或香烟的年龄的法律规定、广告宣传活动或旨在教导孩子如何处理冲突的学校课程。此外，也包括以学校教育为基础的旨在预防吸毒的其他措施。

2. 选择性干预：这些措施的目标群体是出现精神问题的风险明显高于平均水平的特定人群，例如某些青少年群体或少数族裔群体（Coie et al., 2000）。针对正在进行不健康节食的年轻女孩的预防措施是选择性干预的另一个例子，在这种情况下，工作重点是降低饮食障碍的患病风险。

3. 指示性干预：这些措施针对高危个人。这些人被确定具有极小但可检测到的精神障碍症状，但尚不符合临床诊断标准。一个例子可能涉及最近经历过创伤事件的个人，例如由于洪水或其他灾难而被迫离开家园的人（Reyes & Jacobs, 2006）。另一个例子是增加对精神分裂症高危青少年的临床支持。

如图 17.1 所示，精神卫生问题的预防措施与治疗和维持措施明显不同。

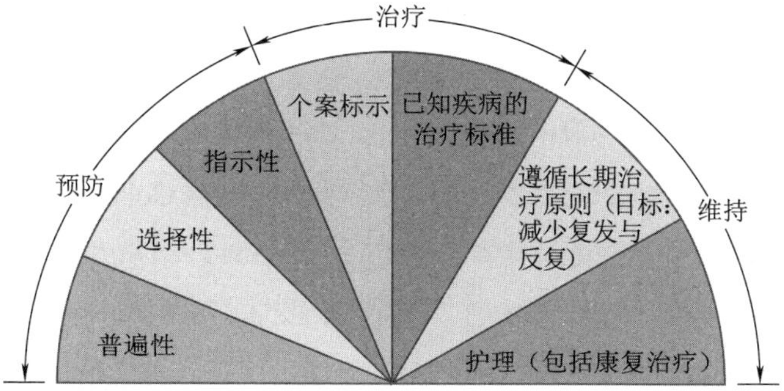

图 17.1　预防、治疗与维持

表 17.1　决定心理健康的社会、环境和经济因素

风险因素	保护因素
获得毒品和酒精	充权
被迫移居他乡	少数民族融合
孤立和疏远	积极的人际互动
缺乏教育、交通工具、住房	社会参与
社区邻里混乱	社会责任感和宽容
同伴拒绝	社会服务
不良的社会环境	社会支持和社区网络
营养不良	
贫困	
种族不公正和歧视	
社会劣势	
城市化	
暴力和犯罪	
战争	
工作压力	
失业	

17.1.1　普遍性干预

普遍干预旨在:（1）改变可能导致或助长精神障碍的条件（风险因素）;（2）建立促进积极精神卫生状况的条件（保护因素）。流行病学研究有助于调查人员获得关于各种适应不良行为发生率和分布情况的信息（见表 17.1; Dozois & Dobson, 2004; Spoth et al., 2014），这些发现可用于指导预防工作。例如，研究表明，某些群体患精神疾病的风险很高，这些群体包括近期离婚的人（Bulloch et al., 2009）、身体残疾的人（Goodheart & Rozensky, 2011）、老年人（Houtjes et al., 2010）、受到身体虐待的人（Panuzio & Dilillo, 2010）、遭受自然灾害或恐吓的儿童（Pfefferbaum et al., 2014）、严重创伤受害者（Jaranson et al., 2004），以及可能成为暴力受害者的青少年（MVPP, 2014）。一方面，这些发现可能成为选择性或指示性的紧急预防措施的基础；另一方面，它们也可以告诉我们寻找什么和从哪里寻找，即将我们

引导到正确的方向上，从而改善普遍预防措施。普遍预防非常广泛，包括生物、社会心理和社会文化方面的措施。实际上，任何旨在改善人类状况的努力都可以被视为对精神障碍的普遍预防措施的一部分。

研究特写

针对高危人群的干预方案

该研究策略包括识别高风险个体并提供特殊的方法来帮助他们规避问题。例如，确定有酗酒或自杀风险的青少年，然后实施预防问题行为的计划。

生物学策略

以生物为基础的普遍预防策略从促进适应性生活方式开始。健康心理学的许多目标可以看作普遍的预防策略。改善饮食，培养运动习惯，养成良好的作息习惯，可以大大改善身体健康（Martins et al., 2010）。身体疾病总是会产生某种心理应激，从而导致抑郁等问题，所以，为了保持良好的心理健康，保持良好的身体健康是一种预防性措施。

心理社会策略

心理社会健康的第一个要求是，一个人必须具备有效解决问题、建设性地表达情绪、与他人建立令人满意的关系所必需的技能。不具备这些保护技能的人，在面临应激时将处于严重不利的地位，并可能增加患精神障碍的风险。

心理社会健康的第二个要求涉及有利于发展一个人身份认同的健康环境。当人们对自己或周围世界的假设不准确时，他们的行为很可能是适应不良的。例如，想象一下，当一个年轻女性认为她必须苗条才能快乐时，或者当青少年认为自己毫无价值、不可爱时，可能会产生的后果。

心理社会健康的第三个要求是，一个人要对其在人生不同阶段可能遇到的各种问题做好准备。例如，想要结婚生子的年轻人必须准备好迎接与建立相互满意的关系以及帮助孩子成长相关的挑战。在晚年，老年人需要为退休和老年时期可能出现的问题做好准备。

近年来，以预防为主的社会心理措施受到了广泛关注。行为医学领域一直很有影响力（Hunter et al., 2009），它致力于改变吸烟、酗酒、缺乏锻炼或不良饮食习惯等不健康习惯背后的心理因素。

社会文化策略

没有一个支持性的社区，个人发展就会受到抑制。与此同时，如果没有负责任的、心理健康的个人，社区就不会繁荣，也就无法提供支持。因为暴露于混乱的社区而造成心理社会障碍的个人，缺乏必要的资本与手段来创建更好的社区。因此，他们也无法培养和维持新入住者的心理健康，最终造成一个长期不具保护性的环境。为实现普遍预防所做的社会文化努力的重点是，尽可能使社区对其内的个人是安全和有吸引力的。其中包括一系列广泛的方法，从公共教育和社会保障，到经济规划、环境保护和旨在确保人人享有充分医疗保健的立法。

17.1.2 选择性干预

通过社会改革来预防精神卫生问题是困难的。虽然整体的心理环境最终可以被一场社会运动改变，例如 20 世纪 60 年代的民权运动，但这种努力的回报通常是在遥远的未来，可能很难或无法预测或衡量。试图实现有利于心理健康的理想社会变革，也可能涉及意识形态和政治问题，这些问题可能会引发强烈的反对，包括来自政府的反对。通过以更小一部分人口为目标来推动变革的努力可以取得更有效的成果。例如，一项关于降低儿童抑郁障碍的研究综述得出结论，选择性干预项目在降低抑郁障碍程度方面比普遍项目更有效（Horowitz & Garber, 2006）。

选择性干预的具体措施虽然难以制定、动员和实施，但可以带来显著改善。在这一部分，我们将特别关注旨在限制或减少青少年酒精和药物滥用的预防资源。广告和营销活动常常使这些物质对年轻人有吸引力。同龄人的影响以及随时可获得的酒精、烟草，甚至许多非法药物，也进一步促使青少年过早使用酒精和药物。

研究表明，随着时间的推移，青少年使用酒精、烟草和处方药等非法物质的比例长期下降（Johnston et al., 2018）。这是令人鼓舞的，然而，问题依然存在，青少年仍然普遍使用酒精。例如，在 2017 年，23% 的八年级学生、42% 的十年级学生和 62% 的十二年级学生报告有饮酒行为。青少年饮酒与许多社会、情绪和行为问题有关（如滥用非法药物、打架、偷窃、酒后驾车、无计划的性行为和遭遇学业问题）。过早饮酒也是终生滥用或依赖酒精的一个强有力的预测因素（Grant & Dawson, 1997）。

这些情况都显示出预防的重要性。从财务角度来说，预防也是一项很好的投资。成瘾障碍很难克服，治疗失败或复发是常态，而非例外。在预防药物滥用上每花费 1 美元，在未来的治疗费用中大约可节省 10 美元（Aos et al., 2001; Jones et al., 2008; Miller & Hendrie,

2009）。但我们如何做到这一点？我们学到了什么？

人们很容易想到，解决办法之一是更有效地限制药物的供应。但是，青少年最常滥用的两种物质——酒精和烟草，在街角的商店有售，在青少年的家中也有。因此，预防的目标是逆转或减少风险因素（如异常的态度和行为），同时增强保护因素，如父母的支持（Hawkins et al., 2002）。父母自己的饮酒行为或对酒精的正面评价，可能会鼓励或允许青少年饮酒。一些研究表明，父母的参与和监控减少了青少年的药物使用（Becerra et al., 2014）。因此，许多注重家庭干预的预防项目都取得了良好的效果。

还需要认识到的是，特定风险和保护因素的潜在影响将随年龄而变化。例如，家庭内部的风险因素（父母饮酒）可能对年幼的孩子产生更大的影响，而吸毒的同龄人可能对青少年影响更大。针对自控能力差或攻击行为等特定风险因素的早期干预，也可能比在儿童的发展轨迹更加稳定时进行的晚期干预更有影响。还必须在儿童所在的地方实施预防工作，例如学校。近期的一个项目就致力于帮助正在上学的无家可归的儿童应对酒精或药物滥用的风险（Sulkowski & Michael, 2014）。

最有希望的预防酒精和药物滥用的课程是基于行为理论的。它们针对与青少年滥用相关的风险因素（如同辈压力、大众媒体信息）和保护因素（如不饮酒的活动、支持禁用规定的各类信息），还包括不断完善的关于酒精和其他药物的信息。这类课程是以技能为基础且具有互动性的，强调规范教育，以增强学生不饮酒、不吸烟、不使用其他药物的意识（Komro & Toomey, 2002）。虽然有几个这样的项目存在，但有些项目得到的评估比其他项目更为广泛。例如，抵制药物滥用教育项目，即 D.A.R.E.（由学区邀请当地警察，在接受特定培训后，与学生讨论和协作的项目）得到了广泛的评估研究。不幸的是，总的结论是，该计划在阻止药物滥用方面收效有限。事实上，一项为期 10 年的随访研究表明，D.A.R.E. 项目没有取得任何成功（Lynam et al., 2009）。目前版本的 D.A.R.E. 项目较少关注药物，更广泛地强调明智的决策。

该领域似乎正在形成一种共识，即预防青少年使用酒精和其他药物的最有效方法是使用多元化的方案（Stigler et al., 2011）。结合两种或两种以上有效方法的预防方案（如基于家庭和学校的项目）可能比单一方法更有效（Hawkins et al., 2009）。通常以学校课程作为核心组成部分，也可以添加其他策略（例如，家长项目、大众媒体、课外活动，以及通过执行饮酒年龄法来减少青少年接触酒精的机会）。旨在改善儿童学业和社会情绪发展的项目非常重要，因为学业失败和辍学是儿童日后出现问题的风险因素。课外活动和青年计划也有可能减少饮酒、吸毒、暴力和青少年犯罪（Scales & Leffert, 1999）。这些项目可能对高危青少年特别有益，如果没有这些项目，他们可能在校外无人监管。

17.1.3 指示性干预

指示性的干预措施强调发现和治疗那些已经可以检测到适应不良的思想、情绪或行为但尚未出现障碍的个体。例如，筛查在校儿童的抑郁和焦虑症状，并为症状明显的儿童提供基于群体的干预项目，教他们减少这些症状的策略，这就是一个指示性干预的例子（Patras et al., 2016）。另一个例子是确定已有问题饮酒行为的高危青少年，并试图避免他们进一步饮酒或转而使用其他潜在危险药物（Hawkins et al., 2004）。换句话说，重点是在青少年的酒精或毒品问题变得根深蒂固之前识别和帮助他们（Foley & Hochman, 2006）。

17.2 住院患者精神卫生治疗

解释住院患者精神卫生设施和出院后护理项目所发挥的作用

精神疾病在美国很常见。尽管大多数有精神卫生问题的人在门诊寻求或获得帮助，但有些人需要在住院环境中接受更为深入的治疗。住院可能是重要的一步，这是提供一个安全的环境让患者康复，从而保护患者或与其关系密切的人免受伤害的一种手段。

17.2.1 作为治疗社区的精神病院

在某些情况下，患者可能被认为对自己或他人有危险，或者他们的症状严重到无法在社区中照顾自己，因此需要接受住院治疗。我们在第 16 章中讨论的大多数传统治疗形式都可以用于家庭或医院环境。此外，在许多精神病院，这些技术得到了完善，使医院环境本身成为一个“治疗社区”（Kennard, 2004）。也就是说，医院这一社会环境是被控制和调解的，以向为患者提供最大的利益。例如，最近的一项研究表明，在精神科病房中，像减少灯光和声音这样的简单操作就可以显著改善患者行为症状加重的情况，从而改善该病房内使用身体约束手段的可能性（Yakov et al., 2018）。

在创建一个治疗社区的过程中，医院所有正在进行的活动都被纳入总体治疗计划，而周围环境或社会背景是治疗的一个关键方面。这种方法通常被称为“环境疗法”（Petti, 2010; Zimmerman, 2004）。这种治疗方法的指导原则有以下三个：

1. 工作人员的期望被清楚地传达给患者。积极和消极的反馈都被用来鼓励患者的适当表达和行动。

2. 鼓励患者参与同他们有关的所有决定和所有行动。一种自我照顾、自力更生的态度占上风。

3. 所有患者都属于本单位的社会群体。由此产生的群体凝聚力给予患者支持和鼓励，而相关的群体应激过程有助于以积极的方式塑造他们的行为。

在治疗社区中，要尽可能少地限制患者的自由。鼓励患者对自己的行为负责并积极参与各种教育和治疗项目。例如，治疗儿童和青少年的单位往往预留几个小时用于学业指导（有患者自己的老师）以及有关心理教育和心理社会技能的小组项目。所有医院工作人员都应该把患者当作应得到体谅和礼貌对待的人。患者之间的互动——无论是在小组治疗、社交活动中，还是在其他活动中——都是以有益于治疗的方式被规划的。事实上，越来越明显的是，治疗社区最有益的方面往往是患者之间的互动。社会角色和背景的差异可能会让医护人员和患者之间难以产生同理心，但其他患者往往会有类似的问题，经历过被贴上“精神病”标签和住院的焦虑和污名化。在支持性、鼓励性的环境中，患者之间经常会发展出积极的关系。

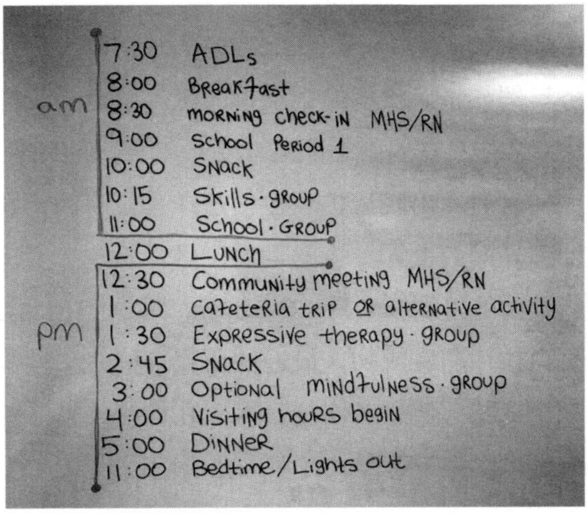

图 17.2 青少年住院部日程示例

虽然使用住院治疗来巩固精神障碍患者的治疗效果是有充分理由的（Glick & Tandon, 2009），但人们对住院治疗始终抱有一个担忧，即精神病院可能成为远离世界的永久避难所。正如第 2 章所指出的，在过去 40 年中，通过关闭医院和把精神障碍患者当作门诊患者来治疗，人们已经做出了相当大的努力来减少住院患者的人数。这项工作，通常被称为“去机构化”，起初是为了防止许多精神病患者长期被限制在精神病院，以及降低医疗保健成本。第 16 章描述的生物疗法的兴起也意味着许多患者可以在几周内或最多几个月内出院。为了让患者再次融入社会并防止他们重返医院，医院工作人员努力与患者家属和社区建立密切联系，并为他们提供对于患者康复的积极期望。

17.2.2 出院后护理项目

即使住院治疗已经成功地改变了患者的适应不良行为，并且患者已经学会了所需的职业和人际交往技能，出院后在社区中的再适应过程可能仍然困难重重（Seidman, 2003; Thornicroft & Tansella, 2000）。许多研究表明，多达 45% 的精神分裂症患者在出院后的一年内再次入院。依托社区的治疗项目（现在被称为“出院后护理项目”），是一种患者出院后的过渡住宿机构，帮助他们恢复社区生活的必要技能。通常，这种机构不是由专业精神卫生人员管理，而是由居民自己管理。出院后护理项目有助于患者顺利从机构生活过渡到社区生活，减少复发次数。然而，有些患者在出院后护理项目中表现不佳。从事非技术性工作、有非精神病性症状、有犯罪行为或病情更不稳定的患者，在出院后护理项目中往往不那么顺从（Owen et al., 1997），这可能是因为许多出院患者无法适应通常提供给他们的服务。例如，症状不那么严重的患者可能会反应不佳，因为他们似乎不需要太多的帮助，而大多数服务都是针对表现出更极端症状的患者的。

有时，出院后护理包括这样一段时间，即出院患者在以前所称的“中途之家”里逐渐回归外面的世界。也就是说，尽管一些患者仍存在精神卫生问题，他们中的许多人难以获得社区的接纳和支持（Seidman, 2003），但治疗社区在治疗严重精神障碍患者方面所做出的努力往往非常成功。最近的研究表明，一种密集的、全面的康复促进方法可以非常有效地减少症状，使患者恢复到可以在机构外生活的水平（Young et al., 2014）。但是，并不是所有的患者都是这样，许多人在出院后并未得到后续护理（Bromley et al., 2014）。

17.3 非自愿住院

总结非自愿住院所涉及的标准和程序

许多精神障碍患者自愿寻求治疗，并在必要时同意住院。在这种情况下，如果愿意，他们可以在得到充分提醒的情况下离开医院。但并不是每个有精神问题的人都愿意接受门诊或住院治疗，在某些情况下，人们无法意识到自己的病情有多严重，在其他情况下，他们对接受任何治疗都不感兴趣。这时会发生什么？有时候，答案是什么也没发生。但是，如果一个人被认为是危险的或不能自理的，就可能需要对其实施非自愿住院治疗。

17.3.1 民事关禁

心理或行为问题极端严重，以至于对自己或他人构成威胁的人，可能需要保护性监禁。对于犯罪者，不论他们是否有心理障碍，主要通过司法系统来处理。他们被逮捕并送往法庭审判，如果罪名成立，可能会被监禁在刑事机构。在美国，没有犯罪，但是由于心理状态被认定有潜在危险的人，经民事关禁程序后，可以收容在精神病院（或者综合医院的精神科）。关禁过程的步骤因各州的法律、当地可获得的社区精神卫生资源、问题的性质以及向法院传达监禁需求的方式的差异而略有不同（Evans & Salekin, 2013）。例如，对智障人士的关禁程序与对有酗酒问题的人的关禁程序是不同的。

患有精神疾病并不足以构成违背患者意愿将其送入精神病院的理由。如前所述，尽管各州的程序有所不同，但在实行正式的非自愿住院之前，通常必须满足患有精神疾病之外的一些条件（Nakic, 2017）。简而言之，拟监禁对象必须被判定为：

- 对自己或他人有危险
- 不能满足自身的基本生理需要
- 无法对住院治疗做出负责任的决定
- 需要在医院治疗或护理

一般来说，在实行非自愿住院的过程中，为关禁听证会提出申请是第一步。这项申请通常是由一个相关的个人，如亲属、医生或精神卫生专业人士提出的。当这样的申请被提交时，法官会指派两名审查员来评估被申请监禁的患者。例如，在明尼苏达州，一位审查员必须是医生（不一定是精神病学家），另一位可以是精神病学家或心理学家。患者被要求在关禁听证会前自愿接受精神病学检查。听证会必须在原申请日的 14 天内举行，如果有充分的理由，可以延长至 30 天。法律要求法庭指定的审查员在开庭前与患者进行面谈。

当一个人被送往精神病院接受治疗时，医院必须在 60 天内向法院报告这个人是否需要被关禁更长时间。如果医院没有报告，患者必须出院。如果医院表示患者需要进一步治疗，那么监禁期就变得不确定，需要定期重新评估。

因为对一个人的关禁决定是基于他人对其能力和潜在危险行为的判断，民事关禁程序为无端侵犯公民权利留下了可能性。因此，美国大多数州都有严格的保障措施，以确保任何作为关禁申请对象的人都能得到正当的程序，包括参加正式听证会的权利和在听证会上获得法律顾问的权利。1976 年，威斯康星州最高法院对梅默尔诉芒迪一案做出裁决后，建立了这一法规。

但是，如果没有时间获得法院的关禁指令，或者有迫在眉睫的危险，法律允许在没有正式关禁听证会的情况下让患者紧急住院。在这种情况下，医生必须签署一份声明，说明存在迫在眉睫的危险。然后，除非在此期间提交了关禁申请书，否则可以将患者（通常由警察）带走并根据“扣留令”拘留的时间通常不能超过 72 小时。如前所述，能否实施非自愿住院在很大程度上取决于一个人是否危险，是否出于其自身或社会安全的需要。一旦被关禁，患者可能会拒绝治疗，这是精神卫生专业人员在精神病院工作时经常面临的情况。

17.3.2 对“危险性”的评估

大多数精神病患者完全不被认为是危险的，也就是说，只有一部分患者是暴力的，需要密切的监督或关禁，直到他们变得不再危险。攻击率因环境而异，但在所有报告的研究中，暴力患者的总数相对较低。正如你可能预料的那样，有暴力行为史的患者将来很可能具有攻击性（Candini et al., 2015）。其他预测未来攻击性的因素包括药物滥用、确诊精神分裂症或其他精神疾病（尤其是如果同时存在药物滥用），以及存在反社会特质（Candini et al., 2017；Fazel et al., 2009）。

医生经常被要求评估患者存在潜在危险性的可能性，有一些证据表明，精神卫生专家可以对这种评估做出贡献（Heilbrun & Holliday, 2013; Monahan, 2013），至少在短期的基础上（Binder, 1999）。确定患者是否有潜在危险性很困难（Bauer et al., 2003），但这是心理学领域专业人员最重要的职责之一（Larou, 2013）。临床医生对未来暴力的评估的准确性是由许多因素决定的，比如评估的环境和预测的暴力发生时间（Scott et al., 2010）。当被要求对患者的危险性进行评估时，临床医生有明确的保护公众免受潜在暴力侵害的责任。

在事后确定一个人是否表现出危险行为通常很容易，但是，精神卫生专家在预测危险行为的发生方面做得如何呢？不如我们希望的那么好（Edens et al., 2005）。暴力行为尤其难以预测，因为它们往往不仅由个人的人格特质或暴力倾向决定，还由环境决定（例如，一个人是否受到酒精的影响）。一个明显且具有显著预测性的风险因素是暴力行为史（Burke, 2010；Megargee, 2009），但临床医生并不总是能够发掘出这类背景信息。

专家证词已成为美国法律体系的重要组成部分，旨在确定犯罪者的危险性或未来暴力行为。然而，对危险性的预测往往是有问题的（Krauss & Lieberman, 2007）。精神卫生专家通常过度预测暴力，认为重罪犯比他们实际更危险，并且通常预测的危险患者比例比实际参与暴力行为的患者比例更大（Megargee, 2009）。当然，从从业者的角度来看，考虑到释放一个有暴力行为的个体可能带来的严重后果，这种倾向是可以理解的。但是，许多无辜的患者很可能因此受到侵犯其公民权利的不公正待遇。鉴于预测暴力的不确定性已经到了不可再降低的程度，目前还不清楚如何才能完全解决这一困境。

17.4 治疗师和警告的责任

讨论塔拉索夫判决对临床医生的影响

治疗师在得知患者计划伤害他人时应该怎么做？治疗师是否可以违反法律认可的对治疗合同的保密，并采取行动防止患者做出这种行为？今天，在美国大多数州，治疗师不仅可以不受惩罚地违反保密规定，而且法律可能要求他们采取行动，保护人们免受迫在眉睫的暴力威胁。在其最初的形式中，这一要求被认为是一种警告潜在受害者的义务。

1976 年，加州法院在塔拉索夫诉加州大学案（Mills et al., 1987）中做出的裁决，大力促成了“有责任警告”的法律原则。在该案中，大学精神卫生中心的心理学家在门诊心理治疗中接诊了普罗森吉特·波达尔。在接受治疗期间，波达尔表示，他打算在前女友塔蒂亚娜·塔拉索夫度假归来时杀死她。出于对这一威胁的担忧，这位心理学家与他的导师们讨论了这个案例，他们一致认为波达尔是危险的，应该接受进一步的观察和治疗。他们通知了校园警察，警察随后将波达尔带走审问，认为他是理性的，并在他答应不打扰塔拉索夫后释放了他。波达尔随后终止了与这位心理学家的治疗。大约两个月后，波达尔将塔拉索夫刺死。塔拉索夫的父母随后起诉了加州大学和参与此案的工作人员，理由是他们没有把波达尔送进医院，也没有警告塔拉索夫她的生命受到了威胁。

加州最高法院于 1974 年裁定，被告无需对未能将波达尔送往医院负责；但是，法院认为被告应为未能警告受害者承担责任。具有讽刺意味的是，波达尔被判入狱 5 年，但因为审判的程序性问题而获释，回到了印度的家中。在后来对案件的分析中，纳普（1980）说，法院裁定，当可以判定存在危险时，判定过程的困难并不能免除心理治疗师保护他人的责任。法院承认保密对治疗关系很重要，但声明保密特权在公共危险发生时终止。

这一被称为“塔拉索夫判决”的警告责任裁定明确规定了在某些特定的人的生命受到明显威胁的情况下，治疗师的责任是什么，但在其他应用领域却不明确。例如，这一裁决是否适用于患者威胁要自杀的情况，以及在这种情况下如何履行治疗师的责任？当暴力目标不明确，比如，当患者威胁的对象是广泛的时（例如，“我要杀人”），治疗师应该做什么？警告义务的裁决在其他州也适用吗？或者，对患者与治疗师关系的有害影响，是否会超过警告义务所带来的任何公共利益？为了应对主要来自专业精神卫生组织的越来越大的压力，加州最高法院于 1976 年发布了一项修订意见，称为“警告义务准则”。在这一意见中，法院认定，这项责任是保护，而不是特别警告潜在的受害者。但它留下了一个模糊的问题，即这项责任可能如何被免除——想必是为了给从业人员在处理对第三方的危险时留有余地。然而，与此同时，美国其他司法管辖区的许多诉讼已经以不一致和令人困惑的方式被提交和裁决（Mills et al., 1987）。

对从业者来说，塔拉索夫一案后留下的许多令人费解的问题在一定程度上得到了解决，至少在加利福尼亚州。加州立法机关在 1985 年通过了一项新的州法，规定如果治疗师做出“合理的努力”，将潜在的威胁告知潜在的受害者和适当的执法机构，保护的义务就尽到了。塔拉索夫判决在 2004 年的埃温诉戈德斯坦因一案中被扩展，当时加州上诉法院裁定，来自患者家属的沟通构成了一种“患者沟通”，可以触发治疗师的保护义务。

但是，在美国其他法院管辖区，塔拉索夫判决的不一致所造成的不良司法影响仍然存在，并且在精神卫生专业人员中引起了许多焦虑和困惑，他们中的许多人仍然相信，从伦理和临床的角度来看，严格的保密是绝对的和不可侵犯的信任。一些州，例如马里兰州、得克萨斯州和宾夕法尼亚州已经确认完全摒弃塔拉索夫判决；33 个司法管辖区强制要求警告，尽管警告的标准通常有所不同（Barbe et al., 2007）；11 个州已经规定治疗师对警告义务有自由裁量权。关于塔拉索夫判决的必要性和实用性，存在相当大的争论，一些当局对其作为一项法律的持续有效性提出了质疑（Bersoff, 2014; Quattrocchi & Schopp, 2005）。

官方职业道德规范，如美国心理协会的职业道德规范（2002），通常强制从业人员遵守相关法律，不管个人喜好如何。然而，如果法律本身是模糊的或模棱两可的，就像在这一领域经常出现的那样，则有很大的空间进行个人解释（Kachigian & Felthous, 2004）。今天，从业人员因为他们所在州对塔拉索夫判决的法规，对自己的责任有相当大的困惑。一项对临床医生的调查发现，76% 的医生未能从多项选择列表中正确识别出他们所在州的保护义务相关法规（Pabian et al., 2009）。治疗师因未能处理一些与来访者的威胁相关的风险，而面临巨大的诉讼风险（Caudill, 2009）。

17.5 患者的权利

介绍目前赋予精神障碍患者的法律权利

1970 年，有 5 200 多名患者住在亚拉巴马州塔斯卡卢萨市的州立精神病院。那里的生活条件很差，简直就是一个“倾倒”严重精神疾病患者和没人愿意照顾的老人的垃圾场，几乎不提供治疗。后来事情变得更糟了，原本用于为精神卫生服务提供资金的州烟草税被削减，结果，这家医院被迫解雇了近 100 名员工。在裁员之后，每 1700 名患者配有一名精神科医生，每 350 名患者配有一名内科医生，每 250 名患者配有一名护士。该州其他医院的人员配备情况也好不到哪里去。亚拉巴马州在资助精神障碍和智力障碍患者方面，在 50 个州中排名第 50（Carr, 2004）。它的公立医院只不过是精神病患者的“仓库”，关押着没有犯罪的患者。

这种情况在 1972 年发生了改变，当时亚拉巴马州的一家地方法院做出了一项具有里程碑意义的裁决，案件是怀亚特诉斯蒂克尼案。该裁决认定，精神疾病患者或智力障碍患者有权接受治疗。第二年，即 1973 年，工作报酬权确立。美国地方法院在苏德诉布伦南（时任劳工部部长）一案中裁定，必须根据《公平劳动标准法》（*Fair Labor Standards Act*）给予在非联邦精神病院工作的患者报酬。尽管最高法院 1978 年的一项裁决废除了下级法院有关公立医院的部分裁决，但这项裁决仍然适用于精神疾病患者和在私立医院接受治疗的智力障碍患者。

在这个时期，其他的法律决策也赋予了患者额外的重要权利。例如，在奥康纳诉唐纳森一案中，美国最高法院于 1975 年维持了一项原则，即患者有权免受监禁。换句话说，如果患者对自己或他人没有危险，如果他们能在监护之外安全生存，就不能违背他们的意愿把他们关在医院里。此外，必须以明确、令人信服的证据表明监禁的必要性。1979 年，美国最高法院在艾丁顿诉得克萨斯州一案中裁定，一个人需要被关在一个机构里的判断，必须基于明确证据。在斯通纳诉米勒案中还规定，从国家精神病院出院的患者有权住在社区里。

但是，正如患者有权接受治疗一样，他们也有权拒绝治疗。如前所述，自愿住院的精神病患者可以发出他/她想离开的通知，并且在 72 小时后，就可以自由离开，即使这是违反医嘱的。非自愿住院的患者也可以拒绝治疗。各州的法律各不相同。如果医院获得法院命令，治疗可以继续。在紧急情况下也可以进行非自愿治疗（例如，当一个高度精神失常的患者被警察带到医院时）。但一些法院的判决提供了判例，一些州也颁布了法律，允许患者在任何情况下拒绝某些生物治疗，比如电休克疗法和精神外科手术。患者也有权接受限制较少的治疗。1975 年，美国地方法院就狄克逊诉温伯格一案做出了具有里程碑意义的裁决，该裁决确立了个人在比精神病院限制更少的机构中接受治疗的权利。

最后，我们注意到，患者拒绝接受精神药物治疗的权利是有限制的。1990 年，美国最高法院在华盛顿诉哈珀案中裁定，华盛顿州的监狱可以推翻精神失常的囚犯拒绝服用精神药物的决定。这个判决是基于一个调查发现，即监狱的审查过程充分保护了患者的权利。我们看到，在这种情况下，国家政治气候的变化可以扭转以往偏向患者权利的趋势。

17.6　精神错乱辩护

解释判断一个人是否可以因精神错乱而被判无罪的标准

在美国的法律体系中有一个基本原则，即不能理解或控制自己犯罪行为的人不应该受到惩罚。这就是为什么我们不监禁那些不小心拿着家里的枪，把射杀兄弟姐妹作为游戏的孩子。这个想法也是精神错乱辩护的核心。从法律技术角度来说，一项行为（即使是一项犯罪行为）如果由于被告在犯罪时没有充分的精神能力且缺乏故意为之的意图，则可能在道德上不受谴责。换句话说，要认定一个人有罪，这个人必须知道他在做什么，并且能意识到他所做的是错误的（犯罪意图）。如果一种精神障碍使这个人不能拥有这种认知，那么他就不能被认为是有罪的。这是辩方就迪安娜·莱尼一案提出的论点，迪安娜·莱尼是一位母亲，她杀死了她的三个孩子，你在本章开头读到过。莱尼以精神错乱为由提出无罪辩护（NGRI）。同时，被告方和检方聘请的精神病学家证实，莱尼在犯罪时精神异常，符合NGRI的标准。他们断定她用石头砸碎了儿子的头骨是因为她患有妄想症，没有预谋，并且在犯罪发生时，莱尼不认为自己做错了。莱尼因精神错乱被判无罪（Associated Press, 2004; Ramsland, 2005）。

17.6.1 著名的精神错乱辩护案例

“精神错乱”是一个法律术语，而不是临床术语，认识到这一点很重要，仅仅有精神障碍并不意味着一个人能够达到“精神错乱”的法律标准。在考虑所使用的不同法律标准之前，让我们思考一些更相关的案例。

案例

1981年3月30日，为了引起女演员朱迪·福斯特的注意，约翰·辛克利给她写了一封信，这显然是为了吸引他所迷恋的人。不久之后，他在一次暗杀行动中向罗纳德·里根总统开了六枪，里根总统和新闻秘书詹姆斯·布拉迪都受了重伤。

亲爱的朱迪：

我很有可能在企图谋杀里根的过程中被杀。因为这个原因，我现在给你写这封信。正如你所知道的，我非常爱你。在过去的七个月里，我给你留下了几十首诗、几封信和几封情书，希望你能对我产生兴趣。虽然我们在电话里谈了几次，但我从来没有勇气接近你并介绍我自己。除了因为我的羞怯，我也不愿意总是打扰你。我知道你很讨厌门口和邮箱里有大量的留言，但我觉得这是我表达对你的爱的最没有痛苦的方式。

你至少知道我的名字和我对你的心意，这让我感觉很好。在你的住所附近闲逛时，我意识到我不仅仅是一个小话题，尽管这个话题中可能充满了嘲笑，至少你知道我会永远爱你。朱迪，如果我能赢得你的心，和你共度余生，不管是默默无闻还是别的什么结果，我都会放弃对里根下手的想法。

我向你承认，我现在进行这项尝试的原因是我等不及要给你留下深刻印象了。我现在必须做些什么，让你明白，毫无疑问，我做这一切都是为了你！我希望通过牺牲我的自由，甚至我的生命，来改变你对我的看法。这封信是在我去希尔顿饭店前一个小时写的。朱迪，我希望你能看穿自己的内心，至少给我一个机会，让我用这个历史性的举动，赢得你的爱和尊重。

永远爱你的约翰·辛克利

1982 年 6 月，在对辛克利的审判中，陪审团认为辛克利的行为“不合情理”，他因精神错乱而被判无罪。这一裁决立即引发了公众的强烈抗议，并引发了广泛的、往往是仓促的法律改革尝试，以使被告及其律师意识到无罪辩护并非一个明智的选择。辛克利被送往华盛顿特区的圣伊丽莎白医院，这是一家由联邦政府运营、戒备森严的精神病院，他被关押在那里，直到他的精神错乱得到充分缓解，释放他不会对他自己或他人构成危险为止。1999 年，在联邦上诉法院的一项裁决之后，辛克利的精神状况似乎有了显著改善，他获准在有人监督的情况下离开医院，也被允许在没有监督的情况下探访他的母亲。然而，当警卫在他的房间里发现一本他偷偷获得的关于朱迪·福斯特的书时，这些许可被撤销了。在圣伊丽莎白医院被关押了 35 年后，辛克利于 2017 年 9 月获释。

正如你所料，一些因谋杀而受审的人利用精神错乱辩护，试图逃避法律后果（Chappell, 2010; Sadoff & Dattilio, 2011）。以精神错乱为由申请无罪辩护的最臭名昭著的案件之一，就是连环杀手杰弗里·达默的案件。达默因在密尔沃基市谋杀并肢解 15 名男子而受审。他诱骗受害者戴上手铐（他们以为这是性游戏的一部分），然后把酸液滴注进他们的肌肉和头骨，试图把他们变成僵尸伴侣。然后他会和他们发生性关系。偶尔他也会食人。达默从来没有幻听，也没有脱离现实。在他的案例中，精神错乱辩护的计划失败了。这是到目前为止通常的结果（Steadman et al., 1993）。

另一个 NGRI 未成功的案件涉及迈克尔·麦克德莫特。麦克德莫特说，2000 年 12 月 26 日，大天使命他在马萨诸塞州枪杀 7 名同事，以阻止大屠杀的发生。麦克德莫特还说，他相信自己是没有灵魂的，通过杀戮他将获得一个灵魂。麦克德莫特声称，他年轻时曾被邻居强奸，曾有妄想症和自杀企图。尽管有人声称他精神错乱，但陪审团还是认定麦克德莫特因枪杀了他的 7 名同事而有罪。检方辩称，麦克德莫特杀人的诱因是他的雇主即将从他的工资中扣除他所欠的税款。从他的电脑中查获的证据表明，麦克德莫特曾研究过如何假装患有精神疾病。麦克德莫特目前因其罪行被判连续 7 次无期徒刑。

近年来，在涉及被告生命安全的审判中使用 NGRI 辩护一直饱受争议，这在很大程度上是由于辛克利案的结果引起的轩然大波（Steadman et al., 1993）。有些人担心，特别是在一些知名度很高的案件中，有罪的被告可能会假装精神失常，从而逃避刑事责任，如达默和麦克德莫特的案件。优秀的辩护律师当然明白公众的这种质疑，陪审团可能也有同感。一方面，他们试图用不同的方式来抵消这种影响，通常是把他们所谓的“行为发生时精神失常”的委托人描绘成在生命早期也是受害者；另一方面，有时甚至在适当的时候也不采用精神错乱辩护。在两个引人注目的案例中——约翰·萨尔维（堕胎诊所杀手）和西奥多·卡钦斯基（炸弹客）——严重的妄想症可能扮演了重要角色。但是，显然两名被告都不希望自己的精神状态成为法律程序的一部分。

尽管一般公众倾向于把精神错乱辩护看作一种有点像免罪金牌的存在，但这并没有得到事实的支持。NGRI 辩护不太可能成功。据估计，只有 0.0005% 的有争议的重罪案件（检察官对精神错乱辩护提出质疑）以 NGRI 辩护成立的判决告终（McClelland, 2017）。只有严重的精神疾病是不够的。美国科罗拉多州奥罗拉市一家电影院曾发生枪击案，造成 12 人死亡、70 人受伤的杀手詹姆斯·霍尔姆斯接受了 4 名精神卫生专家的调查，他们都认为他患有某种精神分裂症，但陪审团驳回了他的精神错乱辩护。

成功的 NGRI 辩护也不一定能让人轻松脱身。在大多数州，NGRI 的判决意味着此人将被交给精神病院。在大多数州（如纽约），NGRI 患者可以被监禁多久是没有限制的，这意味着 NGRI 患者最终可能被监禁的时间，要比他们被判有罪后服刑的时间长得多。没有对这些人的监控，没有任何组织或登记处跟踪这些受限的 NGRI 患者，也没有记录他们被监禁了多长时间。他们可能被有限期或无限期地关起来。虽然确实会进行定期审查，但如果他们仍对公共安全造成威胁，就可以延长监禁时间。如果 NGRI 患者永远无法完全康复，他们可能一直待在法院或相关机构直到死亡。

对一个连环杀手来说，这可能是一个对社会较为有利的结果。但是如果一个患有偏执型精神分裂症的人试图从百货公司偷一件夹克，他应该因犯罪被监禁多久？在迈克尔·琼斯的案件中，结果证明，因 NGRI 辩护成立所带来的刑期远远超过了这一轻罪所对应的 1 年的最高刑罚。8 年后，琼斯的案件上诉至最高法院（琼斯诉美国）。1983 年的裁决是，拘留他仍然是适当的，并且，如果符合公共利益，则自动、无限期地拘留 NGRI 被告并不违反正当程序。对于你们中有打算上法学院的人，你们需要知道，法院认为：

> 由于精神错乱而被判无罪的判决充分证明，现存的精神疾病及其危险性足以证明监禁无罪释放者对治疗和保护社会的目的是合理的。这样的判决确定被告做了一项构成犯罪的行为，并且他的行为是由于精神疾病所致。对精神错乱的无罪释放者的无定期监禁，基于仅以优势证据规则判定成立的可证明精神错乱的证据，符合正当程序。

17.6.2 精神错乱到底是什么意思?

到目前为止，我们已经在相当普遍的情况下使用了“精神错乱辩护”这个术语。但是，如前所述，“精神错乱”是一个法律术语，而不是临床术语。正如你所预料的，其中涉及精确的法律性差异。明确的精神错乱辩护的判例如下：

1. **米克诺滕氏规则**（1843）。这个规则的奇怪名字来自丹尼尔·米克诺滕。1843 年，米克诺滕试图暗杀英国首相罗伯特·皮尔时，射杀了皮尔的秘书爱德华·德拉蒙德。米克诺滕被判无罪的原因是精神错乱，因为他显然经历了迫害妄想。根据这一原则（通常被称为“明辨是非”），除非人们能证明，自己在实施行为时处在（由精神障碍引起的）理智缺陷中，以至于不知道自己行为的性质；或知道自己在做什么，但不知道自己的所作所为是错误的，否则将被认定为神智正常。

2. **不可抗拒冲动规则**（1887）。NGRI 辩护的第二个先例是“不可抗拒”原则。这种观点认为，即使被告知道自己所做的是错误的（根据米克诺滕氏规则），如果他们失去了控制自己行为的权利，他们也可能不用对自己的行为负责。也就是说，他们无法避免做出犯罪行为，因为他们是迫不得已做出该行为的。

3. **德拉姆规则**。1954 年，法官大卫·贝兹伦在美国上诉法院的一项裁决中进一步扩展了精神错乱辩护。根据这条规则，也就是通常所说的“产物测试”，如果被告的违法行为是精神疾病或精神缺陷的产物，被告就不承担刑事责任。正如你可能想象的那样，这是一个非常灵活的定义，在实践中很难应用。从理论上讲，DSM 中的任何障碍都有可能符合标准。因此，德拉姆规则于 1972 年被废除，尽管它仍在新罕布什尔州使用。

4. **美国法律协会（ALI）标准**（1962）。这一测试通常被称为针对精神错乱的“实质能力测试”，结合了米克诺滕氏规则中认知方面的内容和不可抗拒冲动规则中对意志的关注。它认为如果在行为发生时，由于精神疾病或缺陷，缺乏“实质能力”，既不能理解行为的犯罪性质，也不能使其行为符合法律要求，那么犯罪者就不承担法律责任。

5. **联邦精神错乱辩护改革法案**（IDRA）。1984 年，美国国会通过了精神错乱辩护的标准，并将其应用于所有联邦司法管辖区。该法案废除了 ALI 标准中有关意志的内容，修改了认知标准，将其改为“无法理解”，从而使该定义与米克诺滕氏规则十分接近。IDRA 还明确指出，涉案的精神障碍必须是严重的，并将举证责任从控方转移到辩方。也就是说，辩护人必须清楚而令人信服地确定被告的精神错乱。这与先前的要求相反，即控方必须清楚和令人信服地证明被告在实施被禁止的行为时是神志清醒的。顺便提一句，这种精神错乱辩护的举证责任的转移，是在辛克利被判无罪后，由许多州提出的。这项改革的目的是不鼓励使用精神错乱辩护。它被证明在朝着预期的方向改变诉讼实践方面非常有效（Steadman et al., 1993）。

目前，大多数州和哥伦比亚特区都支持 ALI 或更严格的米克诺滕氏规则。爱达荷州、堪萨斯州、蒙大拿州和犹他州已经完全取消了精神错乱辩护。但对其他人来说，如何判定有罪或无罪呢？许多权威人士认为，精神错乱辩护给法院设置了一项不可能完成的任务——根据精神病学证词来判定有罪或无罪。在某些情况下，由于控方和辩方都有自己的精神病学专家证人小组，他们的意见完全不一致，因此会产生相互矛盾的证词（Lareau, 2007）。

最后，各州通过了**有罪但患有精神疾病**（GBMI）的可选辩诉和判决。在这些情况下，被告可能会被判刑，但会被关进治疗机构而不是监狱。这种区分的作用是防止出现这样的情况，即一个实施了谋杀行为的人因精神错乱而被判无罪，被移交到精神卫生机构，在精神卫生机构里被发现是理性的，不需要医院工作人员进一步治疗，于是在最短的监禁期结束后被无条件释放回社区。根据这种判决，这类人将由惩教部门继续羁押，直至刑满为止。马维特（1981）提出，这种方法可能“切实平衡精神病罪犯的权利和社区控制犯罪行为的需要”（p.23）。然而，也有人认为 GBMI 辩护令陪审员感到困惑，应该取消（Melville & Naimark, 2002）。有趣的是，在佐治亚州（采用这一分类的州之一），GBMI 的被告比 NGRI 辩护失败的被告获得的刑期和监禁期都更长。总的来说，尽管经常用于辩诉策略，但 GBMI 标准的使用结果是令人失望的（Steadman et al., 1993）。

17.6.3 受审能力

在英国普通法中，被控犯罪的人必须具备受审的能力（Fogel et al., 2013）。如果某人被指控犯罪，并被认为由于智力缺陷或精神问题而无法理解审判程序，则该人可能入院，直到其精神状态被判定得到充分改善，有能力受审为止。有多种因素可以影响被告出庭受审的能力。认知能力（如决策能力、工作记忆、参加诉讼和成功处理事件的能力）和精神症状（精神质、戒断、抑郁、敌意）都可能是判定一个人能否受审的关键因素。

2011 年 5 月，一名联邦法院法官裁定枪杀国会女议员加布里埃尔 · 吉福兹和另外 6 人的贾里德 · 拉夫纳没有资格出庭受审（Harris, 2011）。法庭的这一判决是基于对拉夫纳进行检查的辩方和控方的精神病学专家证人的意见。被告被关押在伊利诺伊州斯普林菲尔德的一家联邦囚犯医院，直到确定他能够出庭受审为止。2012 年 8 月，在对精神问题进行治疗后，拉夫纳被判定在精神上能够接受审判。他承认了刑事指控（Santos, 2012），作为他认罪的交换，政府同意不寻求死刑判决。

研究强调了认知缺陷或精神问题在决定被告受审能力方面的作用。里巴和察普夫（2011）最近报告，认知能力在所有三种与胜任力相关的能力中所占的分数都高于精神症状，尽管当把这三组变量放在一起考虑时，存在一个相加效应。在最近对已发表的关于受审能力的文献进行的评估中，皮雷利及其同事（2011）得出结论，认为被诊断患有精神病的被告被发现无受审能力的可能性大约是未被诊断患有精神病的被告的 8 倍。此外，他们还发现，与从未住院或失业的被告相比，有过精神病住院经历的被告更有可能被认定为不具备出庭受审的能力。沃伦及其同事（2013）发现，在被评估是否具备受审能力的被告中，大约有一半可能在可预见的未来恢复受审能力。

17.6.4 精神卫生问题和再犯

许多有严重精神卫生问题的人被判入狱，在狱中没有接受任何精神卫生治疗。他们被释放后如何适应社会？被判入狱的有心理障碍的人出狱后是否更容易再次犯罪？对于因精神卫生问题被判刑的囚犯被假释或服刑结束后，或 NGRI 辩护成立并被认为不再对其自身或他人构成威胁而被释放后重返社会的能力，人们提出了一些问题。克洛耶斯及其同事（2010）评估了有严重精神问题的囚犯与没有严重精神问题的囚犯的假释违规率。他们发现，与没有精神问题的囚犯相比，患有严重精神疾病的罪犯在再次入狱率和社区居住权期限方面存在显著差异。更具体地说，在他们的样本中，23% 有严重精神问题的囚犯比没有精神问题的囚犯更早回到监狱。这突出了在监禁期间为精神病囚犯提供更好治疗的重要性。从长远来看，不这样做所付出的代价可能会比不提供这样的服务所节省的社会成本还要高。

17.7 有组织的精神卫生工作

介绍促进精神卫生工作的国家和国际组织

公众对当代精神卫生问题的严重性的认识，以及政府、专业和非专业组织的兴趣，促进了旨在更好了解精神卫生问题、更有效治疗和长期预防精神疾病的项目的发展。改善精神卫生工作的努力不仅在美国社会中是显而易见的，而且在许多其他国家（如稍后在《我们周围的世界》专栏中讨论的那样）也是显而易见的，这些努力涉及国际、国家和地方组织及不同方法。

在 17 世纪和 18 世纪的美国，主要由州和地方机构负责处理精神障碍。然而，在第二次世界大战期间，美国精神疾病的严重程度引起了公众的注意，当时大量的年轻人——2/7 的新兵——因为精神疾病原因被拒绝服兵役。这一发现催生了照顾精神疾病患者的各种有组织的措施。

17.7.1 美国联邦政府与精神卫生工作

1946年，由于意识到在精神卫生领域需要更多的研究、培训和服务，美国国会通过了第一个全面的精神卫生法案——《国家精神卫生法案》。同年，美国国家精神卫生研究所（NIMH）在华盛顿成立，它是美国国家卫生研究院下属的27个独立机构之一，隶属于美国卫生与公众服务部。NIMH是一个中央研究和培训中心，也是一个资助项目的总部，该项目旨在支持全美范围内的研究和培训，帮助州和地方社区扩大和改善他们自己的精神卫生服务。国会授权该研究所资助实验研究、试点项目、调查和一般研究。

今天，NIMH主要从事以下工作：（1）指导和支持关于精神障碍的生物学、心理社会和社会文化方面的研究；（2）支持对精神卫生专业和非专业人员的培训；（3）帮助社区规划、建立和维护更有效的精神卫生项目；（4）向公众和科学界提供有关精神卫生的信息。两个伙伴机构——美国国家防止酒精滥用与酒精中毒研究所（NIAAA）和美国国家药物滥用研究所（NIDA）——在这些较专门的领域发挥了类似的作用。

17.7.2 专业组织与精神卫生工作

在美国的精神卫生领域存在着一些全国性的专业组织，包括美国心理学会（APA）、美国心理科学协会（APS）、美国精神病学协会（APA）、美国医学会（AMA）、行为与认知疗法协会（ABCT）、国际惩教与法医心理学协会（IACFP）和全美社会工作者协会（NASW）。

专业组织的一个关键职能是将见解和方法应用于当代社会问题，例如游说国家和地方政府机构为没有得到充分服务的人提供更多服务。专业精神卫生组织在精神卫生问题和项目咨询方面处于独特的地位。

这些组织的另一项重要职能是，在其特定领域内制定和维持较高的专业和道德标准。该职能可包括：（1）建立和审查专业和非专业人员的培训资格；（2）制定本科、研究生培训项目评审标准和程序；（3）制定诊所、医院或者其他服务机构的执业资格认定标准，并进行检查，确认其执业资格；（4）调查举报的不道德或者不专业行为，必要时给予纪律处分。

17.7.3 志愿组织和机构的作用

尽管职业精神卫生工作人员和组织可以就精神卫生需求和项目提供专业的技术建议，

但知情的公民在规划和实施这些项目时是必不可少的。事实上，正是那些热心的非专业人士在精神卫生领域开辟了道路。

在众多精神卫生的志愿者机构中，最突出的是美国精神卫生组织（前身为美国国家精神卫生协会）。该组织由克利福德 · 比尔斯于 1909 年创建，当时是全国性的精神卫生协会，后来通过各种合并扩大了规模。美国精神卫生组织致力于改善社区诊所和精神病院的服务，它帮助招募、培训和安排志愿者参加治疗和出院后护理项目。它为开明的精神卫生立法工作，提供必要的设施和人员。它还提供特殊的教育项目，旨在促进积极的精神卫生工作，帮助人们了解精神障碍。此外，美国精神卫生组织积极参与了许多影响患者权利的法庭裁决。在若干案件中，该组织发起诉讼或作为法庭之友，努力确立精神疾病患者获得治疗、免于监禁、在社区生活和隐私受保护的权利。

ARC 是美国最大的国家社区组织，致力于为智力和发育障碍者寻找社区和居住治疗中心，为他们提供服务，并开展一项教育项目——该项目旨在增进公众对智力和发育障碍人士的了解，并加大对相关立法的支持力度。ARC 还推动对智力和发育障碍的科学研究，招募和培训志愿工作者，并推动社区行动项目。

这些组织和其他健康志愿组织，如戒酒互助会和全美精神疾病联盟，需依靠广大知识渊博的参与其中的公民的支持，才能取得成功。

17.7.4　私营企业的精神卫生资源

个人问题，如婚姻问题或其他家庭问题、酒精或药物滥用、经济困难以及与工作有关的应激，都会对员工的士气和工作表现产生不利影响。此外，工作场所的暴力已经成为美国社会中常见的问题（Kelloway et al., 2006），这类暴力事件经常需要雇主采取特殊措施来约束与精神问题相关的攻击行为。

员工的心理困境可能会导致大量的问题，如旷工、事故、工作效率低下和工作流动性高等。然而，研究表明，如果使用支持性就业模式来帮助员工参与工作，即使是那些有严重精神卫生问题的员工也可以融入工作环境（Bond et al., 2007）。自《美国残疾人法案》通过以来，有精神问题的人在工作场所不能被歧视。我们鼓励雇主根据需要改变工作地点，以适应精神病患者的需要。尽管雇主经常抗议称雇用或留住精神病患者的成本太高，但实验研究表明，投资于识别和积极治疗精神病员工的项目从长远来看是划算的，并且，不仅在员工健康方面，而且在职位保留和生产力方面（Wang et al., 2007），都会带来显著的改善。

我们周围的世界

精神卫生工作的国际努力

精神卫生在美国乃至全球都是一个重大问题。事实上，美国在治疗精神疾病方面的许多问题在一些较贫穷的国家更为严重。世界卫生组织估计，全世界有2亿多人受到精神疾病的影响，部分原因是世界难民危机（De Jong, 2002; Watters & Ingleby, 2004），这反映了世界精神卫生问题的严重性。认识到这一重大问题是在第二次世界大战结束时几个国际组织建立的原因。在这里，我们将简要讨论世界卫生组织（WHO）和世界精神卫生联合会（WFMH）。

世界卫生组织

WHO始终敏锐地关注着生物、心理社会和文化因素之间的密切关系，例如，快速变化和社会混乱对身心健康的影响；在大部分人口受困于营养不良、寄生虫和疾病的社会中，不可能在精神卫生方面取得重大进展；成功的计划生育和公共卫生项目经常面临的心理和文化障碍（Rutz, 2001）。

作为联合国系统的一部分，WHO在二战后成立，其最初的关注重点是身体疾病，它帮助世界在战胜天花和疟疾等古老疾病方面取得了巨大进展。多年来，精神卫生也日益受到成员国的关注。WHO的目标是整合精神卫生资源，以处理150多个成员国中许多国家面临的卫生和社会经济全面发展的广泛问题（WHO, 2018）。WHO的另一个重要贡献是其国际疾病分类（ICD），它使不同国家的临床医生和研究者能够使用一套统一的诊断标准。如第4章所述，美国精神病学协会的诊断分类系统已调整至与世界卫生组织的ICD-11分类一致。

世界精神卫生联合会

世界精神卫生联合会成立于1948年，是由关注精神卫生的非政府组织和个人组成的国际大会，其目的是促进政府和非政府精神卫生机构之间的国际合作，其成员现已发展到超过94个国家（Brody, 2004）。世界卫生组织聘用该联合会为顾问，该联合会通过收集世界各地精神卫生状况的信息来协助联合国机构（WFMH, 2013）。

20世纪以来，各国之间前所未有地互相开放，以往无法逾越的壁垒有所降低。随着这种思想交流和合作的增加，我们希望看到更广泛的精神卫生合作。至关重要的是，在科学和卫生规划方面继续开展更广泛的国际合作，以及更多地分享关于精神卫生的信息和观点。

世界卫生组织为改善精神卫生服务做出了哪些重大贡献？

目前，还需要进行大量的研究以确定工作环境中特定的精神卫生风险因素。我们已经知道，在工作设计和工作条件的许多领域可能存在严重的、未被认识到的问题（Harder et al., 2014）：

- 工作量和速度。这里的关键因素似乎是工人对工作节奏的控制程度，而不是产出需求。机器节奏的装配工作可能对精神卫生尤其有害。
- 工作安排。轮班和夜班工作与精神障碍的风险增加有关。
- 角色压力。角色模糊（如不确定谁对什么负责）据说在许多工作环境中很常见，这对心理和身体健康都有负面影响，角色冲突（不相容的角色需求）也是如此。
- 职业安全因素。与工作前途或淘汰、职业发展、鼓励提前退休等问题有关的不安全感，对心理和身体健康会产生不利影响。
- 人际关系。同事间不良或非支持性的关系，会显著增加不良心理反应的风险。
- 工作内容。不良的精神卫生状况与某类工作任务有关，这类任务分散、狭窄、一成不变，几乎没有允许创造力发挥的空间，也没有给员工带来对最终产品做出贡献的价值感。

许多公司已经认识到，员工精神卫生和加强工作场所中有利精神健康的因素的重要性，其中一些公司已经根据这一认识采取了行动。一些公司扩大了对员工的“义务”，包括适当的心理服务。员工援助计划是大公司积极为员工及其家庭成员提供精神卫生服务的手段（Finkel & Ryan, 2007; Sledge & Lazar, 2014）。

17.8　未来的挑战

概述当代社会人们在促进精神卫生工作方面所面临的挑战

尽管在努力了解和加强精神卫生工作方面的国际合作令人鼓舞，但媒体每天都使我们面对一个严峻的事实，即我们要实现创造一个更美好的世界的梦想还有很长的路要走。许多人质疑，在我们这个时代，美国或任何其他技术发达的国家能否为其大多数公民在精神卫生方面取得进展。种族主义、贫困、青少年暴力、恐怖主义、发展中国家人口的流离失所，以及其他导致精神障碍的社会问题，有时似乎是无法克服的。

世界其他地方的事件也直接或间接地影响着美国。世界范围内的经济不稳定和资源短缺，以及地球生态可能遭到的破坏，使人们对未来普遍感到焦虑。在过去的半个世纪里，美国在军事项目上耗费了大量的资源来防范美国所感知到的威胁，这些资源本可以用来满足世界各地的个体和社会需求。美国现在愿意分配给精神卫生问题的有限资源阻止了美国解决由药物和酒精滥用、无家可归、家庭破碎和肮脏的生活条件造成的重大问题。

17.8.1 必要的规划

美国医学研究所（2006）报告说，美国的精神卫生保健系统需要全面的改进。报告指出，只有 20% 的药物滥用或依赖者和 40% 的严重精神疾病患者接受了治疗。如果要减少或消除精神卫生问题，就必须在社区、国家和国际上进行更有效的规划。如果我们要为我们自己和后代创造一个更美好的世界，就必须迎接许多挑战。在不减缓满足国内需求的努力的情况下，我们可能会发现，有必要更广泛地参与旨在减少群体紧张局势，改善各国居民的精神卫生状况，建设更美好世界的国际举措。与此同时，我们可以预期，我们为减少国际冲突和改善人类普遍状况所采取的措施，将对本国的社会进步和精神卫生做出重大贡献。这两种措施都需要相关公民的理解和道德承诺。

17.8.2 个人的贡献

历史提供了明确的例子，表明个人的努力对改变我们对精神卫生问题的看法起到了重要作用。请回忆皮内尔解下锁链，多萝西娅 · 迪克斯发起改善精神病院条件的运动，克利福德 · 比尔斯用自传的方式讲述了他自己的精神疾病经历，从而激发了现代精神卫生运动等事件。谁将领导下一场精神卫生革命，我们无法确知。很明显，很多事情都可以通过个人努力来完成。

当学生们意识到国内外精神卫生问题的广泛性，以及应对举措的严重不足时，他们常常会问：“我能做些什么?” 因此，对一些感兴趣的学生，建议他们采取行动似乎是合适的。

精神卫生工作的许多机会，对受过培训的专业人员和非专业人员开放。临床心理学、精神病学和其他精神卫生领域的职业对个人来说是很有成就感的。此外，很多职业，从执法到教学和神职，对许多人的精神健康和福祉都能够并确实发挥了关键作用。所有这些领域的培训通常为个人提供在社区诊所和有关机构工作的机会，以了解处于困境中的个体的需求和问题，并熟悉社区资源。

如果公民熟悉本国和国际上的资源和项目，如果他们投入必要的努力了解社区的特殊需求和问题，他们可以找到许多直接提供服务的方法。无论他们在生活中扮演什么样的角色，是学生、教师、警官、律师、家庭主妇、企业高管或工会会员，他们的利益都直接受到影响，因为，尽管一个国家的精神卫生状况可以在许多方面得到体现——目标、勇气、道德责任、科学和文化成就，以及居民生活质量——但国家的整体精神卫生水平和各类资源最终还是来自其内部的个人。在参与式民主中，计划和实施国家目标的是他们（尽管我们需要如何使用我们所知的精神卫生知识以确保国家安全的明确指导——有关这方面的更多信息，请参见《未解决的问题》专栏）。

除了采取措施以通过个人人际关系的质量对他人的精神卫生承担一定程度的责任，还有一些建设性的行动方案可供每个公民选择，它们包括：（1）在精神病院、社区精神卫生中心或服务机构担任志愿者；（2）支持切实可行的保障各年龄段综合卫生服务的措施；（3）努力改善公共教育，建立负责任的政府，消除偏见，建立一个更加健全、和谐的世界。

我们中的许多人出于个人和利他主义的原因而关注那些我们需要克服的、当代生活中令人心烦的问题，在有意义和充实的生活中找到自己的幸福。为了做到这一点，我们有时可能需要勇气承认我们的问题太多了。当努力似乎是徒劳的或前进变得太困难时，不妨提醒自己注意以下基本事实（这些事实在本书中一直被强调）：有时，我们每个人在处理生活问题上都有严重的困难。在这种危机期间，我们可能需要心理上的和其他相关方面的援助。这样的困难并不可耻，如果压力足够大，任何人都可能出现这种情况。早期发现和治疗适应不良行为，对于预防更严重的问题或慢性疾病的发生，具有重要意义。

未解决的问题

戈德华特守则是什么？

戈德华特守则禁止精神科医生对未在专业背景下接受过检查的人提出诊断意见。这一规定可以追溯到 20 世纪 60 年代中期，当时巴里·戈德华特正在竞选美国总统。《事实》杂志（现已停刊）发行了一期特刊，在封面上宣称：“1 189 名精神病学家认为，戈德华特的心理状况不适合担任总统。”尽管这一说法实际上是正确的，但没有提到的是，在接受询问对戈德华特精神状况看法的人中，这一看似庞大的精神病学家群体所占比例不到10%。在大选中输给林登·B.约翰逊之后，戈德华特成功地以诽谤罪起诉了《事实》杂志（Lilienfeld et al., 2018a；McNally, 2018）。

为了回应戈德华特事件引起的关注，1973年，美国精神病学协会制定了一条规则，现在通俗地称为“戈德华特守则”。它规定，只有当精神病学家已经检查某个人并被授权发表声明时，才能提供专业意见。这项禁令沿用至今。戈德华特守则不适用于心理学家，但是，类似的道德标准也限制了他们的行为。

本章小结

17.1 说明预防在精神卫生保健中的重要性和预防的主要方法

- 许多精神卫生专家不仅试图治疗精神卫生问题，而且还试图防止它们的发生，或至少减少它们的影响。
- 预防工作有三种不同类型：（1）针对一般人口的普遍性干预；（2）选择性干预，其目的是减少患病的可能性，并在被认为具有特殊风险的亚群体中尽可能采取积极的精神卫生措施；（3）指示性干预，其目的是减少已经发生的问题的影响或持续时间。
- 并非所有的预防工作都是成功的，即使这种方法似乎有希望成功。D.A.R.E.项目就是一个例子。
- 多元化方案被认为是最有效的，它们从广泛的不同角度解决这个问题。

17.2 解释住院患者精神卫生设施和出院后护理项目所发挥的作用

- 随着新药物的出现和治疗理念的改变，许多患者可以在社区门诊接受治疗。
- 当患者需要更高水平的护理时，住院治疗可能是必要的。除了提供特定的治疗，医院环境本身也可以作为一个治疗社区。
- 患者有时会从医院转到出院后护理项目。这提供了一个不那么突然的转变，并提供支持性和连续性的治疗。

17.3 总结非自愿住院所涉及的标准和程序

- 患有精神疾病并不是非自愿住院的充分理由。还必须有证据表明，患者对其自身是危险的，或者对社会是危险的。

- 那些不能自理或不能做出负责任决定的人也可能会被关禁。
- 即使对受过训练的专业人士来说，提前判断一个人是否危险并可能伤害他人，也不是一件容易的事。然而，有时专业人士必须做出这样的判断。
- 对一个人实施非自愿住院的决定，是基于对这个人的能力和潜在危险行为的专业意见。这一过程可能会对公民权利造成侵犯。大多数国家都有严格的保障措施，以确保任何作为非自愿住院申请对象的人都能获得正当的程序。
- 如果存在迫在眉睫的危险，法律允许患者在紧急情况下被非自愿地送往精神病院，而无须举行正式的关禁听证会。但是，正式的关禁申请书通常必须在 72 小时内提出。

17.4　讨论塔拉索夫判决对临床医生的影响

- 法院裁定，当接受治疗的患者对他人造成伤害时，专业人员应承担责任。
- 塔拉索夫判决规定，如果患者威胁要杀死潜在的受害者，治疗师有责任保护潜在受害者。
- 治疗师面临的一个挑战是，塔拉索夫判决要求他们打破与患者之间的保密关系，并就患者发出的威胁警告潜在的受害者。这是一个严重的问题，因为它违背了患者对治疗师的信任。

17.5　介绍目前赋予精神障碍患者的法律权利

- 患者有权接受治疗，也有权拒绝治疗。
- 如果患者对自己或他人没有危险，就不能违背他们的意愿把他们关在精神病院。如果以这种方式限制他们，则必须以明确和令人信服的方式说明限制他们的理由。
- 当患者在私人精神病机构工作时，他们有权获得合理的工作报酬。但对联邦和州立机构来说，情况并非如此。
- 患者有权在社区居住。

17.6　解释判断一个人是否可以因精神错乱而被判无罪的标准

- 重罪犯的精神错乱抗辩是法医心理学中的一个重要问题。许多精神卫生和法律专业人士、记者和非专业人士对目前“因精神错乱而无罪”的米克诺滕氏辩护的使用情况提出了质疑。并不是所有的州都接受精神错乱的辩护。
- 米克诺滕氏规则认为，在实施某一行为时，被告一定是缺乏理性的，即不了解该行为的性质、特征，或不知道其所做的行为是错误的，才能被免除法律责任。
- 根据美国法律研究所的标准，最近精神错乱抗辩的范围有所扩大，这就为未被诊断为精神病的人提出有效的 NGRI 辩护留下了可能性。
- 在约翰·辛克利企图刺杀里根总统的案件中，NGRI 辩护的成功使用引发了一场抗议风暴。一项有效且广泛采用的改革是将（精神错乱的）举证责任转移到被告方。

- NGRI 辩护的替代性选择是被告抗辩 GBMI——有罪但患有精神疾病。如果抗辩成功，那么这个人将被关进精神病院而不是监狱。
- 任何被控犯罪的人都必须有能力受审。如果一个人由于智力限制或精神问题而不能理解审判程序，他可被安排入院，直到精神状况改善到被认为有受审能力的时候为止。

17.7 介绍促进精神卫生工作的国家和国际组织

- 美国联邦机构，如美国国家精神卫生研究所（NIMH）、美国国家药物滥用研究所（NIDA）和美国国家防止酒精滥用与酒精中毒研究所（NIAAA），致力于促进精神卫生方面的研究、培训和服务。
- 一些专业的精神卫生组织、公司和志愿者协会也积极参与改善精神卫生的项目。
- 世界卫生组织和世界精神卫生联合会等国际组织为世界范围内的精神卫生规划做出了贡献。

17.8 概述当代社会人们在促进精神卫生工作方面所面临的挑战

- 为了减少或消除精神卫生问题，需要在社区、国家和国际上进行更有效的规划。
- 许多精神卫生工作的机会，包括社会工作、临床心理学工作和精神病学工作，都向受过培训的人员开放。
- 公民可以通过志愿工作，参与帮助社区中的精神疾病患者，支持确保人人享有全面卫生服务的措施，并为改善公共教育、促进负责任的政府的建设和减少偏见而努力。

致谢

作者团队中的每位成员都花费了一年以上的时间集中精力编写本书，牺牲了大量本该用于陪伴家人和朋友的时间。我们知道，几行简短的致谢并不能补偿我们的同事及朋友所付出的辛劳，但是，吉尔·胡利还是要再次感谢基普·舒尔的耐心、热情及他在修订过程中所保持的幽默感。她还要感谢雪莉·王对第9章给出了有价值的评价。感谢帕特里夏·亚历山德拉·卡瑞罗斯·埃文斯对第2章的评价，以及她的研究实验室的其他成员。马修·诺克要感谢他的妻子基莎和他们的孩子小马特、玛雅和乔治娜，感谢他们的耐心与宽容。他还要感谢弗兰切斯卡·拉米雷斯和埃文·克莱曼对本书编写工作的协助。詹姆斯·布彻要感谢他的妻子卡罗琳·L.威廉姆斯，以及他的孩子霍莉·布彻、雪莉·布彻和杰伊·布彻，感谢他们在这段时间里所付出的耐心和支持。

作者谨向本书出色的编辑斯蒂芬妮·文图拉致以我们最诚挚的感谢和敬意。我们赞叹她拥有的专业精神、给予我们的深度建议、优秀的编辑能力以及其他令人敬畏的品质。我们希望在下一版本的修订中能够继续与她合作。非常感谢我们的投资组合经理凯莉·斯特里比对本书的指导、建议和支持。此外，我们还要感谢玛丽塔·瑟莫林斯·布利女士的辛勤工作和支持。另一个需要特别感谢的是莉萨·马弗里奇，我们的内容制作人，感谢她对这个项目多方面的专业协调，以及简·李·卡杜、艾米·吉本斯和麦迪逊·德拉姆对本书做出的贡献。我们还要感谢布鲁克斯·希尔-威尔顿，感谢他为本书的人物资料与照片资料所做的工作。

还有许多的专家、研究者以及本书的使用者为本书的部分章节提供了有价值的评价，在这里非常感谢他们中肯的意见和建议。他们的学识和专业知识帮助我们保持了这些章节的新颖性和准确性。

在本书和以前版本的撰写与修订中，我们也需要特别感谢许多审稿人，感谢他们给予本书的宝贵意见。他们是：

Joe Davis, CSU/SWC; Dan Fox, University of Houston; Marvin Lee, Tennessee State University; Stevie McKenna, Rutgers University; Loreto Prieto, Iowa State University; Hugh

Riley, Baylor University; Edward Selby, Rutgers University; Tasia Smith, University of Florida; Stephanie Stein, Central Washington University; David Topor, Harvard University; Anthony Zoccolillo, Texas A&M; Angela Bragg, Mount Hood Community College; Greg Carey, University of Colorado; Louis Castonguay, Pennsylvania State University; Richard Cavasina, California University of Pennsylvania; Dianne Chambless, University of Pennsylvania; Lee Anna Clark, The University of Iowa; Barbara Cornblatt, Hofstra Northwell School of Medicine; William Paul Deal, University of Mississippi; Raymond L. Eastman, Stephen F. Austin State University; John F. Edens, Sam Houston State University; Colleen Ehrnstrom, University of Colorado at Boulder; William Fals-Stewart, The State University of New York at Buffalo; John P. Forsyth, The State University of New York at Albany; Louis R. Franzini, San Diego State University; David H. Gleaves, Texas A&M University; Michael Green, University of California at Los Angeles; Steven Haynes, University of Hawaii at Manoa; Kathi Heffner, Ohio University; Daniel Holland, University of Arkansas at Little Rock; Steven Hollon, Vanderbilt University; Joanne Hoven Stohs, California State University Fullerton; Robert Howland, University of Pittsburgh, School of Medicine; Jean W. Hunt, Cumberland College; Alexandrea HyeYoung Park, Virginia Tech; William G. Iacono, University of Minnesota; Jessica Jablonski, University of Delaware; Erick Janssen, Indiana University; Sheri Johnson, University of Miami; Ann Kane, Barnstable High; Alan Kazdin, Yale University; Lynne Kemen, Hunter College; Carolin Keutzer, University of Oregon; John F. Kihlstrom, University of California at Berkeley; Gerald Koocher, Simmons College; David Kosson, Chicago Medical School; Marvin Lee, Tennessee State University; Brett Litz, Boston University; Brendan Maher, Harvard University; Richard McNally, Harvard University; Edwin Megargee, Florida State University; William Miller, University of New Mexico; Robin Morgan, Indiana University Southeast; Michael Neboschick, College of Charleston; Chris Patrick, Florida State University; Marcus Patterson, University of Massachusetts; John Daniel Paxton, Lorain County Community College; Walter Penk, Memorial Veterans Hospital, Bedford, MA; Diego Pizzagalli, Harvard University; Lauren Polvere, Concordia University; Andy Pomerantz, Southern Illinois University, Edwardsville; Harvey Richman, Columbus State University; Barry J. Ries, Minnesota State University; Lizabeth Roemer, University of Massachusetts at Boston; Rick Seime, Mayo Clinic; Frances Sessa, Pennsylvania State University, Abington; Brad Schmidt, Ohio State University; Kandy Stahl, Stephen F. Austin State University; Stephanie Stein, Central Washington University; Xuan Stevens, Florida International University; Eric Stice, University of Texas at Austin; Marcus Tye, Dowling College; Beverly Vchulek, Columbia College; Michael E. Walker,

Stephen F. Austin State University; Clifton Watkins, University of North Texas; Nathan Weed, Central Michigan University; Kenneth J. Zucker, Centre for Addiction and Mental Health, Ontario, Canada; Katherine Bonafide, SUNY Cortland; Jessamy Comer, Rochester Institute of Technology; Elizabeth Hood, Nash Community College; Theresa Kay, Weber State University; Don Knox, Wayland Baptist University; Teresa Leyro, Rutgers, The State University of New Jersey; Amanda Morrison, California State University, East Bay; Ava Szeli, Arizona State University; and Thomas Valentine, The Ohio State University.

术语表

年患病率（1-year prevalence）	特定年份内，人群中呈现某种健康相关状态或病情的总数
ABAB 设计（ABAB design）	一种实验设计，通常涉及一个受试者，在基线期限（A）后进行某种治疗（B）。为了确认该治疗是否会引发行为变化，先终止（A）治疗，随后再予以恢复（B）
变态行为（Abnormal behaviour）	对个体或特定群体有害的不良行为
变态心理学（Abnormal psychology）	研究、评估、治疗以及预防变态行为的心理学
戒断（Abstinence）	完全避免使用某种上瘾性物质或避免采取某种行为
调适（Accommodation）	改变现有的认知框架以适应相异信息的认知过程
发泄（Acting out）	表现为不考虑消极后果的反社会或过激行为的自我防御机制，为释放情绪压力的一种方式
激活（唤起）[Activation（arousal）]	有机生物体为追求目标以及满足需要所需的能量调动
统计方法（Actuarial approach）	将概率统计学应用于人类行为研究
统计流程（Actuarial procedures）	通过客观流程或公式，而非主观判断对受试者的相关数据进行分析的方法
急性（Acute）	突发且严重的发病情况
急性应激障碍（Acute stress disorder）	创伤性事件后 4 周内出现的病症，持续至少 2 天，最多 4 周
阿得拉（Adderall）	以右旋苯丙胺和苯丙胺为主要成分的成瘾性药物
成瘾行为（Addictive behavior）	基于对某种物质或活动的病态需要的行为；可能涉及滥用尼古丁、酒精、可卡因等物质，或过度赌博
适应（Adjustment）	个体为了应激或满足自身需要采取行为后所产生的结果
适应障碍（Adjustment disorder）	个体在受到应急源刺激后 3 个月内出现的一种病症，表现为对某种常见应急源的适应不良反应
适应障碍伴抑郁心境（Adjustment disorder with depressed mood）	类似于心境障碍的中度情绪障碍，但它由一个可识别但不严重的心理社会应激源刺激产生，在抑郁发作前 3 个月内出现，持续时间不超过 6 个月
领养研究（Adoption method）	将血缘亲属与领养亲属进行比对，双方中一方有某种特定障碍，而另一方正常，以此评估基因与成长环境对个体的影响
肾上腺皮质（Adrenal cortex）	肾上腺外层，分泌肾上腺类固醇与其他激素
肾上腺（Adrenal glands）	位于肾脏上端的内分泌腺，内为肾上腺髓质，外为肾上腺皮质
肾上腺素（Adrenaline）	情绪强烈时，由肾上腺髓质所分泌出的激素，并引发身体状况的改变，比如血糖升高、血压升高
倡导（Advocacy）	满足精神卫生需要的方法，通常由志愿者团体主导，帮助儿童或其他人获得他们需要但往往无法获得的服务
倡导项目（Advocacy programs）	旨在帮助享受不到充分服务的群体改善其处境的项目
情感（Affect）	情绪或感受
病后护理（Aftercare）	出院后的后续治疗
攻击（Aggression）	旨在伤害某人或摧毁某事物的行为
激越（Agitation）	以不安分及精神运动性兴奋为特点
场所恐怖症（Agoraphobia）	对身处可能发生惊恐发作的地方或情境的恐惧，害怕逃离这些地方或情境会是身体上困难的或心理上尴尬的，或者害怕在发生某些意外的情况下无法立即得到帮助

（续表）

警告与动员（Alarm and mobilization）	对创伤反应的第一阶段，提醒并调动整个人对创伤做出反应
酒精性遗忘障碍（Alcohol amnestic disorder）	此前被称为“科尔萨科夫综合征”，以慢性记忆减退为特点（尤其是对近期发生的事），有时还伴随患者杜撰未曾发生过的事件的症状。该类障碍主要是由营养不良所致，具体而言，是由于缺乏维生素 B_1（硫胺素）所致
酒精使用障碍（Alcohol use disorder）	酒精使用不当，导致临床上显著的损害或痛苦
戒酒性谵妄（Alcohol withdrawal delirium）	与长期饮酒后的戒酒有关的急性谵妄，以剧烈的焦虑、震颤、发烧、出汗、幻觉为特征
述情障碍（Alexithymia）	人格术语，描述个人在识别以及描述个人情感时的障碍
疏离（Alienation）	与他人缺乏交流或完全没有任何交流
非稳态负荷（Allostatic load）	应激所付出的生物学代价。在高应激条件下，我们的非稳态负荷很高。当我们平静下来时，我们的非稳态负荷很低，此时，我们的身体没有任何应激的生理后果（如心跳加速、皮质醇水平升高等）
失语症（Alogia）	描述语言贫乏的术语，是精神分裂症中经常出现的症状
交替身份（Alter identities）	通常出现在患有分离性身份障碍的个体身上，是主人格以外的其他人格
阿尔茨海默病（Alzheimer's disease）	一种渐进式及致命性的神经退行性疾病，其特征是记忆力、认知能力和基本的自我照顾能力下降
遗忘（Amnesia）	记忆的全部或部分丧失
遗忘障碍（Amnesia disorder）	对几分钟前所发生的事件的记忆缺失，或无法回忆起最近发生的事情。如今被归为一个新的诊断类别，即神经认知障碍
羊膜腔穿刺术（Amniocentesis）	一种从孕妇羊膜囊中抽取液体的技术，以便检查脱落的胎儿细胞是否有染色体异常，包括唐氏综合征中的染色体变异
苯丙胺 / 安非他明（Amphetamine）	产生心理刺激和激励作用的药物
杏仁核（Amygdala）	杏仁状的核团，位于大脑边缘系统中海马的前方。它参与情绪的调节，并在特定情况下引发恐惧情绪
淀粉样斑块（Amyloid plaques）	在阿尔茨海默病患者的大脑中发现，这些硅酸铝和异常蛋白（β-淀粉样蛋白）的沉积被认为会导致神经元功能丧失
肛门期（Anal stage）	在精神分析理论中，指性心理发展的一个特定阶段，在该阶段中，个人行为可能集中于肛门快感以及肛门活动
模拟研究（Analogue studies）	研究者试图对假定会导致异常的条件进行研究
雄激素（Androgen）	与男性特征发展和维持相关的激素
麻醉（Anaesthesia）	敏感性的丧失或损害（通常指对触摸，但也常指对疼痛和其他感觉的敏感性）
快感缺失（Anhedonia）	无法感到快感或快乐
神经性厌食症（Anorexia nervosa）	对体重增加或变“胖”的强烈恐惧，伴随对摄入足够营养的排斥以及严重的体重下降
缺氧（Anoxia）	缺乏足够的氧气
安塔布司 / 戒酒硫（Antabuse）	用于治疗酒精中毒的药物
顺行性遗忘（Anterograde amnesia）	对创伤或休克后发生的事件失去记忆
抗焦虑药（Antianxiety drugs）	主要用于缓解焦虑的药物

（续表）

抗体（Antibody）	用于检测特定抗原并与特定抗原结合的循环血液中的物质
抗抑郁药（Antidepressant drugs）	主要用于提升情绪和缓解抑郁的药物，经常也用于治疗某些焦虑障碍、贪食症和某些人格障碍
抗原（Antigen）	能引起免疫反应的异物（如病毒或细菌）或体内威胁（如肿瘤）
抗精神病药［Antipsychotics（neuroleptics）］	缓解或消除如幻觉或妄想等精神病症状的药物
反社会型人格障碍（Antisocial personality disorder）	以欺骗、攻击或其他反社会行为为手段，持续侵犯或漠视他人权利的精神障碍，患者通常没有任何悔恨之意，对任何人也不会表露出任何忠诚之心
焦虑（Anxiety）	对潜在危险的普遍忧虑
焦虑障碍（Anxiety disorder）	一种不切实际的、非理性的致残性的恐惧或焦虑。DSM-5 讲述了 11 种类型的焦虑障碍：特定恐怖症、社交焦虑障碍、惊恐障碍、场所恐怖症、广泛性焦虑障碍、分离焦虑障碍、选择性缄默症、物质 / 药物所致的焦虑障碍、由其他躯体疾病所致的焦虑障碍、其他特定的焦虑障碍，以及未特定的焦虑障碍
焦虑敏感性（Anxiety sensitivity）	一种人格特质，涉及高度相信某些身体症状可能产生有害后果
失语症（Aphasia）	交流和理解语言符号能力的丧失或损害，包括因脑损伤或疾病而丧失言语、文字或符号的表达能力，或丧失理解书面或口头语言的能力
APOE-4 等位基因（APOE-4 allele）	19 号染色体上的一种基因变异，显著增加患晚发型阿尔茨海默病的风险
失用症（Apraxia）	丧失执行有目的的动作的能力
唤起（Arousal）	见“激活”（Activation）
唤起阶段（Arousal stage）	人类性反应的第二阶段，在这一阶段，一般会有一种主观的性快感和生理变化，包括男性阴茎勃起和女性阴道的润滑和扩张
动脉硬化（Arteriosclerosis）	动脉壁退化性增厚和硬化，通常发生在老年
阿斯伯格综合征（Asperger's diorder）	参见孤独症谱系障碍。阿斯伯格综合征已不再收录于 DSM-5 中。在 DSM-IV-TR 中，阿斯伯格综合征指的是儿童期社会关系和特殊行为持续的严重的损害，但没有孤独症患者的语言延迟。在 DSM-5 中，阿斯伯格综合征被归入孤独症谱系障碍
主动性社区服务（Assertive community treatment）	持续和积极地随访并帮助患者处理生活问题
自信心疗法（Assertive therapy）	帮助人们在人际关系中变得更加自信的行为疗法
同化（Assimilation）	在认知过程中，新的经验倾向于融入现有的认知框架，即便新的信息必须被重新解释或扭曲，使其适合现有的认知框架
关联研究（Association studies）	一种基因研究策略，指在有和无特定障碍的两类群体中，比较已知位于特定染色体上的某些遗传标记在各个群体上出现的频率
收容所（Asylums）	历史上指专门用来照顾精神病患者的机构
高危（At risk）	处于容易发展出变态行为的状态

（续表）

萎缩（Atrophy）	身体器官的消瘦或收缩，尤指肌肉组织
依恋理论（Attachment theory）	当代发展和心理动力理论强调个体在早期的依恋关系体验对其未来生活的重要性
注意缺陷 / 多动障碍（Attention-deficit/hyperactivity disorder）	儿童期的一种障碍，其特点是在进行以任务为导向的行为方面有困难，如冲动、过度的运动性活动和难以保持注意力
轻微精神病综合征（Attenuated psychosis syndrome）	以精神病样症状为特征，症状较轻，短暂，低于完全精神病性障碍的阈值
归因（Attribution）	对已发生事件指定原因的过程
孤独症谱系障碍（Autism spectrum disorder）	从婴儿期开始的普遍性发展障碍，涉及广泛的问题行为，包括语言、知觉和运动发展缺陷，现实检验能力缺陷，以及社会退缩
幻想变性性兴奋（Autogynephilia）	男性在幻想成为女性时，以性唤起为特征的性欲倒错
自主神经系统（Autonomic nervous system）	调节内脏器官的神经系统的一部分，主要由与脑干和脊髓相连的神经节组成，可分为交感神经系统和副交感神经系统
自主反应性（Autonomic reactivity）	个体典型的对应激的情绪反应的程度
自主（Autonomy）	依靠自己，作为独立个体的感觉
常染色体（Autosome）	除性染色体以外的其他染色体
厌恶疗法（Aversion therapy）	一种行为疗法，用惩罚或厌恶性刺激来消除不想要的反应
厌恶性刺激（Aversion stimulus）	引起精神或身体疼痛的刺激
回避性学习（Avoidance learning）	条件反射的一种形式，在这种形式下，受试者学会以某种方式行动，以避免不愉快的刺激
回避型人格障碍（Avoidant personality disorder）	极端的社交抑制和内向、对批评和拒绝的高度敏感、有限的社会关系，以及自卑
无意志（Avolition）	指一种心理状态，其特征是缺乏追求有意义目标的动力或动机
DSM 轴（Axes of DSM）	根据五个焦点对个体进行评估，前三个评估个体目前的临床状态或病情，另两个评估个体更广泛的情况
巴比妥类（Barbiturates）	一种合成药类别，是一种令个体镇定并具有催眠功效的抑制剂
基线（Baseline）	有机生物体反应的初始水平
B 细胞（B-cell）	骨髓中产生的一种白细胞，在免疫系统中非常重要（与 T 细胞类似），对特定抗原产生特异性抗体
行为遗传学（Behaviour genetics）	研究精神疾病遗传力和心理功能的其他方面，如人格和智力
行为矫正（Behavioural modification）	通过习得技巧以改变特定行为
行为疗法（Behavioural therapy）	使用主要基于经典条件反射以及操作性条件反射原理的治疗方法
行为激活疗法（Behavioural activation treatment）	抑郁症的一种疗法，即患者和治疗师共同努力，帮助患者变得更加活跃，并更加积极地生活
行为契约（Behavioural contracting）	积极的强化技巧，通常是在家庭成员之间，通过契约来确定要改变的行为并规定权利和责任
行为医学（Behavioural medicine）	运用广泛的跨学科方法治疗某些身体疾病，人们认为，心理因素在这些身体疾病的产生或维持中发挥了重要作用

（续表）

行为视角（Behavioural perspective）	围绕“学习决定人类行为”这一主题的理论观点
行为科学（Behavioural sciences）	各种相互关联的人类行为学科，包括心理学、社会学和人类学
行为主义（Behaviorism）	以前主要局限于外显行为研究的心理学流派
良性（Benign）	轻度自限性的；非恶性
偏差（Bias）	当研究者有先入为主的想法和期望，影响其在研究中的观察结果时，观察者偏差就会发生
暴食（Binge）	不受控制的摄食，比大多数人在同样的时间和环境下吃的食物量要多得多
暴食症（Binge-eating disorder）	有别于非清除型神经性贪食症，在这种情况下，暴食并没有伴随着不适当的补偿行为来限制体重增加
生物反馈（Biofeedback）	一种治疗技术，即个体被教导去影响其自己以前认为是非自愿的生理过程
生物胺（Biogenic amines）	用作神经递质或调节剂的化学物质
生物钟（Biological clocks）	各个物种的有规律的睡眠、活动、激素活动，以及新陈代谢特征
生物学观点（Biological viewpoint）	强调生物学成因的精神障碍研究方法
生物-心理-社会观点（Biopsychosoical viewpoint）	承认生物、心理社会和社会文化因素在精神病理问题的形成过程中相互作用的观点
季节性双相障碍（Bipolar disorder with seasonal pattern）	在一年中的特定季节复发的双相障碍
双相障碍（Bipolar disorders）	一个人同时经历躁狂和抑郁的情绪障碍
双相Ⅰ型障碍（Bipolar Ⅰ disorder）	一种双相障碍，患者经历躁狂（或混合）发作和重性抑郁发作
双相Ⅱ型障碍（Bipolar Ⅱ disorder）	一种双相障碍，患者同时经历轻度躁狂发作和重性抑郁发作
双性恋（Bisexuality）	受男性和女性的性吸引
遮蔽（Blocking）	不自觉地抑制回忆、思维或交流（包括突然停止说话）
血液-注射-损伤型恐怖症（Blood-injection-injury phobia）	对看到血或受伤或可能的注射有持续和不正常的恐惧。患者很可能血压下降，有时会晕倒
情感迟钝（Blunted affect）	情感表达范围缩小，常存在于精神分裂症患者中。情感迟钝与情感淡漠的区别在于程度。当情感范围的缩小更为明显和极端时（这样的人几乎没有表情），可以说患者的情感是淡漠的
躯体变形障碍（Body dysmorphic disorder）	对外表上某些可察觉的缺陷的先占观念
身体质量指数（Body mass index）	以体重（千克）除以身高（米）的平方计算的全身脂肪估值
边缘型人格障碍（Borderline personality disorder）	以人际关系、自我意象和心境中的冲动性和不稳定性为特征的人格障碍
大脑病理（Brain pathology）	大脑的病态或障碍状态
脑电波（Brain waves）	用脑电图仪测量大脑皮层神经元发出的微小电位振荡
简明精神病评定量表（Brief psychiatric rating scale）	一种评价临床症状的客观方法，对 18 个变量进行评分（例如对身体健康的关注、焦虑、退缩、敌意和奇异思维）
短程心理治疗（Brief psychotherapy）	短期治疗，通常为 8~10 个疗程，重点是恢复个人的功能和提供情绪支持

（续表）

短暂性精神病性障碍 （Brief psychotic disorder）	非复杂性妄想思维发作，持续时间短暂（最长为1个月）
神经性贪食症（Bulimia nervosa）	经常发生暴饮暴食的情况，并伴随一种对饮食失去控制的感觉和经常性的不适当行为，如为了防止体重增加而进行的清除或过度运动
咖啡因（Caffeine）	在许多常见饮料和食物中发现的一种依赖性药物
候选基因（Candidate genes）	研究者特别感兴趣的基因，因为它们被认为参与了某种障碍中的已知异常过程（例如抑郁症中的5-羟色胺转运体基因或精神分裂症中的多巴胺受体基因）
心血管（Cardiovascular）	与心脏和血管有关的
个案研究（Case study）	对从诸多数据中提取的个人或家族进行深入调查，包括访谈和心理测试
阉割（Castrating）	指的是任何对生殖器的伤害源，或更广泛地说，是指对个体的男子气概的威胁
阉割焦虑（Castrating anxiety）	弗洛伊德假定，一个小男孩在渴望母亲的同时，也担心自己的父亲会割掉他的阴茎，这种焦虑迫使男孩压抑自己对母亲的性欲和对父亲的敌意
CAT 扫描（CAT scan）	见“计算机轴向断层扫描”
僵住状（Catalepsy）	在一些精神分裂性精神病和一些精神病性情绪障碍中出现的情况，在这种情况下，身体的姿势是蜡质的、半僵硬的，四肢长时间地保持它们所处的任何位置
儿茶酚胺类（Catecholamines）	一类具有相似化学结构的单胺化合物，作为神经递质而广为人知——包括去甲肾上腺素和多巴胺
分类方法（Categorical approach）	对变态行为进行分类的方法，它假设：（1）所有人类行为都可以被分为正常和异常；（2）存在离散的、不重叠的变态行为类型或类别，通常称为“精神疾病”
宣泄（Catharsis）	释放与某事有关的情绪紧张，如谈论过去的创伤
因果模式（Causal pattern）	在因果关系中，一种涉及多个因果因素的情况
因果风险因素（Causal risk factor ）	一个可变的风险因素，该因素发生改变会改变最终结果发生的可能性（例如，如果对抑郁症的有效治疗降低了自杀的风险，我们则称其为因果风险因素）
因果关系（Causation）	前一个变量引起另一个变量变化的关系
中枢神经系统（Central nervous system）	大脑和脊髓
脑动脉硬化（Cerebral arteriosclerosis）	大脑动脉硬化
大脑皮层（Cerebral cortex）	大脑表层
脑溢血（Cerebral haemorrhage）	血管破裂，血液流入脑组织
脑裂伤（Cerebral laceration）	与严重头部损伤相关的脑组织撕裂
脑梅毒（Cerebral syphilis）	脑部梅毒感染
脑血栓形成（Cerebral thrombosis）	在脑血管系统中形成凝块或血栓
脑血管意外事件（Cerebrovascular accident）	脑内大血管阻塞或破裂导致脑功能的局灶性和一般性损害，也称为“中风”
大脑（Cerebrum）	脑部的主要组成部分，分为左脑与右脑

（续表）

儿童虐待（Child abuse）	父母或其他成年人对儿童的身体或心理伤害
儿童倡导（Child advocacy）	保护儿童权利和确保儿童福祉的运动
舞蹈症（Chorea）	由抽搐、不规则、不自主的运动所引起的病理状态。另见“亨廷顿病”（Huntington’s disease）
染色体异常（Chromosomal anomalies）	染色体不规则引起的遗传缺陷或弱点
染色体（Chromosomes）	细胞核内含有基因的链状结构
慢性病（Chronic）	长期的或经常反复出现的疾病，其严重性通常随着时间的推移不断增加
慢性疲劳综合征（Chronic fatigue syndrome）	一种衰弱性疾病，其特征是持续 6 个月或更长时间的致残性疲劳，并伴有其他症状
慢性重性抑郁障碍（Chronic major depressive disorder）	重性抑郁发作是在 2 年内无缓解的疾病
慢性精神分裂症（Chronic schizophrenia）	精神分裂症的临床状况恶化或在很长一段时间（几年）内保持稳定
昼夜节律（Circadian rhythms）	动物睡眠活动和动植物代谢过程中的 24 小时节律波动。另见“生物钟”（Biological clocks）
民事关禁（Civil commitment）	被确诊为精神错乱的人自愿或非自愿住院治疗的程序
经典条件反射（Classical conditioning）	一种基本的学习方式，在这种学习方式中，中性刺激与自然引起无条件反应的无条件刺激反复配对，之后中性刺激变成条件刺激，引起条件反应
幽闭恐怖症（Claustrophobia）	对封闭的狭小空间产生的不正常恐惧
来访者中心（个人中心）疗法 [Client-centered (person-centered) therapy]	主要由卡尔·罗杰斯开发的非指导性心理治疗方法，其重点在于个体自我疗愈的自然能力。一个关键目标是帮助患者接受并成为他们自己
临床诊断（Clinical diagnosis）	临床医生通过遵循一个定义明确的系统，如 DSM-5 或 ICD-11，对患者的症状进行一般性“总结性分类”的过程
临床图像（Clinical picture）	通过观察患者的行为或所有可用的评估数据而形成的诊断图像
临床问题清单（Clinical problem checklist）	计算机管理的心理评估程序，用于调查患者正在经历的心理问题的范围
临床心理专家（Clinical psychologist）	具有临床心理学博士学位或心理学博士学位，有临床评估和心理治疗经验的精神卫生专业人员
临床心理学（Clinical psychology）	心理学的一个领域，涉及对问题行为的理解、评估、治疗和预防
可卡因（Cocaine）	刺激和减轻疼痛的精神活性药物
认知（Cognition）	认识或知觉的行为、过程或产物
认知失调（Cognition dissonance）	个体内部的信念和态度不一致时的紧张状态
认知过程（Cognitive processes）	一个人获得知识、解决问题和制订计划的心理过程，包括知觉、记忆和推理
认知修复（Cognitive remediation）	旨在帮助患者提高神经认知（如记忆、警觉）技能和整体功能水平的培训工作
认知重构（Cognitive restructuring）	认知行为治疗技术，旨在改变一个人的消极或不切实际的想法和归因

（续表）

认知行为视角 （Cognitive-behavioural perspective）	一种关于变态行为的理论，其重点是思想和信息处理如何被扭曲并导致适应不良的情绪和行为
认知行为疗法 （Cognitive-behavioural therapy）	以改变功能失调的思想和认知扭曲为基础的治疗
集体无意识（Collective unconscious）	指的是荣格所提出的全人类的无意识部分，该部分基于先人的智慧
昏迷（Coma）	无意识的深度昏睡
社区精神卫生（Community mental health）	心理社会和社会文化原则在改善特定环境中的应用
社区心理学（Community psychology）	在处理问题行为的过程中使用社区资源。倾向于更多地关注社区干预，而不是个人或单独的改变
共病（Comorbidity）	在一个患有精神障碍的个体身上发生两种或两种以上已确认的精神障碍
对照组或控制组 （Comparison or control group）	一组没有表现出所研究的疾病，但在所有其他方面都可与标准组对照的受试者。或一组没有接受被研究的治疗的受试者
有能力接受审判（Competent to stand trail）	认定被指控的犯罪者在精神层面上能够参与诉讼程序
强迫症（Compulsions）	个体被迫不自觉地重复进行一些行为，包括一些外显行为（如洗手或者检查），或一些内心的隐性行为（如计数、祈祷、内心反复默念一些词语）
强迫性赌博（Compulsive gambling）	见“病态赌博”（Pathological gambling）
计算机断层扫描 （Computed tomography）	临床上常用的一种特殊技术。在实施过程中，患者要求进入特定仪器，然后从不同角度对其进行 X 射线测量，并最终提供比常规 X 射线更详细的信息
计算机评估（Computer assessment）	运用计算机获取或解读评估数据
计算机轴向断层扫描 （Computerized axial tomography scan）	一种放射技术，无须手术就可以定位及评估大脑所受器质性伤害的程度
一致率（Concordance rate）	双生子中共同拥有某种障碍或特征的比例
行为障碍（Conduct diorders）	一种儿童及青少年疾病，可能出现在 9 岁，并以持续的攻击行为或反社会行为为特点，这类行为可能包括违法行为
虚构症（Confabulation）	用错误的、通常不相关的细节来填补记忆空白
保密（Confidentiality）	专业人士承诺对其从患者处获得的信息保密
冲突（Conflict）	对立的冲动、欲望或动机同时被唤起
先天（Congenital）	（某些性状或特点）出生时或出生前就已存在，但不一定是遗传的
先天性缺陷（Congenital defect）	由于遗传缺陷或出生前的环境状况，导致儿童出现生理或心理异常
联合家庭治疗（Conjoint family therapy）	家庭成员直接参与改善成员间的沟通、互动和关系，并培养更好满足每个成员需求的家庭体系
意识（Consciousness）	对内在或外在环境的认识
体质（Constitution）	个体的相对恒定的生物组成，由遗传和环境的相互作用产生
咨询（Consultation）	社区干预，旨在通过照护机构（如警察和教师等）间接帮助有患病风险的个人

（续表）

可能性（Contingency）	两件事之间的关系，通常是因果关系，即一件事接着另一件事发生
连续强化（Continuous reinforcement）	在每一个正确的反应之后有规律地给予奖励或强化
促成因素（Contributory cause）	特指一种条件，在该条件下，发生障碍的可能性增大，但该因素是这种发生的非必要非充分条件
转换障碍（Conversion disorder）	在没有器质性病变的情况下，出现某些身体机能失常的症状。最初称为“癔症”
抽搐（Convulsion）	病理性、非自主性的肌肉收缩
应对策略（Coping strategies）	应对应激的措施
秽语症（Coprolalia）	发声性抽搐，同时大声说脏话
冠心病（Coronary heart disease）	向心肌供血的动脉的潜在致命性阻塞
胼胝体（Corpus callosum）	连接大脑两半球的神经纤维
相关（Correlate）	某些因素与目标结果一起变化或相互关联（如身高和体重）
相关性（Correlation）	两个变量一起变化的趋势。正相关指的是一个变量上升，另一个也随之上升；负相关指的是一个变量上升，另一个则下降
相关系数（Correlation coefficient）	从 +1.0 到 -1.0 的统计数据，反映两个变量之间的关联程度。相关性的大小表明了关联的强度，正负符号表示正相关还是负相关
相关研究（Correlational research）	一种研究策略，在不操纵（改变）任何变量的情况下，研究变量是否以及如何相互作用（共变）
皮层内脏控制机制（Corticovisceral control mechanisms）	调节自主功能和其他身体功能的大脑机制
皮质醇（Cortisol）	肾上腺皮质释放的人类应激激素
咨询心理学（Counseling psychology）	心理学的一个领域，侧重于帮助人们解决与教育、婚姻或职业有关的问题
反移情（Countertransference）	心理动力学的概念，即治疗师由于自己的易感性和个人冲突，将个人问题带入治疗关系中
婚姻治疗（Couple therapy）	处理紊乱的人际关系，包括与关系双方进行会话，并强调彼此的需要满足、社会角色期望、沟通模式和其他类似的人际因素
隐性（Covert）	隐藏的、伪装的、不能直接被观察到的
内隐致敏法（Covert sensitization）	通过将有害的表象与不良行为联系起来以消除不良行为的行为治疗方法
刑事责任（Criminal responsibility）	一个人犯罪后是否应该被允许用精神错乱作为辩护的法律问题
危机（Crisis）	接近或超过个人或群体适应能力的应激情况
危机干预（Crisis intervention）	在严重和特殊的应激情况下，为个人或团体提供的心理上的帮助
标准组（Criterion group）	表现出被研究的障碍的受试组
跨性别身份认同（Cross-gender indentification）	渴望成为异性或坚持自己是异性

（续表）

文化能力（Cultural competence）	指心理医生需要了解多元文化评估中涉及的问题
文化相对主义（Cultural relativsim）	不能将普遍的正常或异常标准应用于所有社会的立场
环性心境障碍（Cyclothymic disorder）	以周期性的躁郁症状为特征的轻度心境障碍
细胞因子（Cytokines）	使大脑和免疫系统相互交流的小蛋白质分子。细胞因子可以增强免疫系统反应或引起免疫抑制，这取决于释放的特定细胞因子
日间医院（Day hospital）	社区精神病院，患者白天在这里接受治疗，晚上回家
汇报治疗（Debreifing sessions）	心理汇报是一种简单且具有指导性的治疗方法，用于帮助经历创伤的人。汇报治疗通常在事故发生后不久与创伤受害者团体一起进行，目的是帮助他们处理事件的情绪残余
防御机制（Defense machnisms）	见“自我防御机制”（Ego-defence mechanisms）
防御性反应（Defense-oriented response）	主要是为了保护自己不受伤害而不是为了解决问题的行为
去机构化（Deinstitutionalization）	旨在关闭精神病院，在社区治疗严重精神障碍患者的运动
延迟射精障碍（Delayed ejaculation disorder）	射精迟缓，或正常性兴奋后不能射精
未成年人犯罪（Delinquency）	未成年人的反社会或非法行为
谵妄（Delirium）	一种精神混乱的状态，主要症状为脑代谢的普遍紊乱引起的高级精神机制的大范围紊乱，可能包括知觉、记忆、思维的受损和异常的精神运动性活动
震颤性谵妄（Delirium tremens）	见“酒精戒断谵妄”
妄想（Delusion）	尽管有确凿的相反证据，但患者对现实的错误信念仍然存在
夸大妄想（Delusion of grandeur）	错误地认为自己是拿破仑或圣母玛利亚这样的名人
迫害妄想（Delusion of persecution）	错误地认为自己受到敌人的虐待或干涉
妄想障碍（Delusion disorder）	培养、表达甚至有时采纳别人认为完全错误的信念，以前称为“偏执”
妄想系统（Delusional system）	内部连贯的、系统化的妄想模式
痴呆症（Dementia）	青春期大脑发育完成后发生的大脑功能的进行性恶化，以记忆、抽象思维、新知识或新技能的获得、视觉空间、理解、运动控制、问题解决和判断等方面的缺陷为特征，现在被称为“重度神经认知障碍”
早发性痴呆（Dementia praecox）	以前被用来指精神分裂症
鬼神论（Demonology）	强调精神障碍产生于超自然因素的观点，尤指被邪恶的灵魂或力量“附体”的观点
否认现实（Denial of reality）	自我防御机制，通过拒绝感知或面对不愉快的现实来保护自己
依赖症（Dependence）	过度依靠他人的倾向
依赖型人格障碍（Dependent personality disorder）	极度依赖他人，特别是需要照顾，导致依附和顺从的行为
因变量（Dependent variable）	在实验中，观察到的且随被操纵的变量（自变量）的变化而变化的因素
人格解体（Depersonalization）	暂时失去对自己和现实的感知

（续表）

人格解体 / 现实解体障碍（Depersonalization/derealisation disorder）	分离性障碍，在这种疾病中，人格解体以及现实解体变得持续和反复
抑郁（Depression）	以极度悲伤和沮丧为特征的情绪状态
抑郁发作（Depression episode）	情绪明显低落或对以前令人愉快的活动失去兴趣（或二者兼有）至少 2 周，并伴有其他症状，如睡眠或食欲改变，或感觉自身无任何价值
抑郁型人格障碍（Depressive personality diorder）	DSM-5 中人格障碍的一个特定类别，包括一种从成年早期开始的、广泛性的、带有贬抑性的认知和行为模式
抑郁图式（Depressogenic schemas）	僵化的、极端的、适得其反的、被认为使人在经历应激时易患抑郁症的功能失调的信念
现实解体（Derealization）	认为外部世界是扭曲的，缺乏稳定和明显的存在性
脱敏（Desensitization）	一种治疗过程，通过在现实中或幻想中反复以温和的形式将人暴露在创伤经历中，从而减少对创伤经历的反应
欲望阶段（Desire phase）	人类性反应的第一阶段，包括对性活动的幻想或对性活动的渴望
震慑（Deterrence）	对犯罪行为的惩罚，被认为可能阻止罪犯和其他人的未来犯罪行为
戒毒中心（Detox center）	接收并治疗酒精或药物中毒者的中心或机构
解毒（Detoxification）	用于清除体内酒精或其他药物的治疗
发育障碍（Development disorder）	源于发育过程本身的偏差，它干扰了技能和适应行为的获得，通常也对向功能良好的成年人过渡造成干扰与阻碍
发展精神病理学（Development psychopathology）	心理学的一个领域，通过与正常的和预期的变化进行比较，来确定在发展过程中的任何一点上，什么是不正常的
发展系统方法（Developmental systems appraoch）	承认遗传活动影响神经活动，或影响行为或影响环境，这些影响是双向的
异常行为（Deviant behaviour）	明显偏离一般或标准行为的行为
诊断（Diagnosis）	确定一种特殊障碍的性质和程度
辩证行为疗法（Dialectical behaviour therapy）	一种独特的认知和行为疗法，特别适用于治疗边缘型人格障碍
素质（Diathesis）	易患某种障碍的倾向或易感性
素质-应激模型（Diathesis-stress model）	对异常行为的一种观点，认为这种行为是由于对有易于形成某种特定障碍的生理、心理或社会文化倾向的个人施加应激而导致的
维度法（Dimensional approach）	对异常行为进行分类的方法，该方法假定一个人的典型行为是特定维度内不同强度行为的产物，如心境、情绪稳定性、攻击性、性别、身份、焦虑、人际信任、思维和沟通的清晰度、社交内向等
直接观察（Direct observation）	收集研究数据的一种方法，在特定的情况下直接观察行为。
效应方向问题（Direction of effect problem）	指在相关研究中无法断定，是变量 A 引起变量 B，还是变量 B 引起变量 A
指导性疗法（Directive therapy）	一种治疗方法，治疗师对问题提供直接的答案，并对治疗的进展承担较大责任

（续表）

灾难综合征（Disaster syndrome）	许多大灾难受害者在创伤事件中的体验以及创伤后的最初和长期反应
不和谐的婚姻（Discordant marriage）	一方或双方不能从婚姻关系中获得满足的婚姻。一方可能会以敌对的方式表达沮丧和幻灭，例如唠叨、轻视和故意做让另一方烦恼的事情
分化（Discrimination）	对两种或两种以上类似刺激有不同解释和反应的能力
解体（Disintegration）	任何有序系统失去组织性或整体性的情况
混乱（Disorganization）	内部整体性严重受损
定向障碍（Disorientation）	对时间、地点或人物的认知紊乱
转移（Displacement）	自我防御机制，对于不那么危险的事物，往往会释放出敌意，而对真正危险的事物，则不会表现出那么强大的敌意
家庭破裂（Disrrupted family）	因死亡、离婚、分居或其他情况导致家庭不完整
分离（Dissociation）	人类大脑在与意识分离或独立于意识的通道中调节复杂精神活动的能力
分离性遗忘症（Dissociative amnesia）	精神病理问题导致的记忆衰竭
分离性障碍（Dissociative disorders）	指个体的意识、记忆或身份的正常综合功能被破坏的情况
分离性漫游（Dissociative fugue）	一种分离性的遗忘状态，在这种状态下，一个人不仅遗忘了其过去的某些或所有方面，而且离开所居住的环境
分离性身份障碍（Dissociative identity disorder）	一个人表现出两个或两个以上不同的身份或人格状态，它们在某种程度上交替控制个体的行为。以前被称为“多重人格障碍”
痛苦（Distress）	负面应激，与疼痛、焦虑或悲伤有关
紊乱的家庭（Disturbed family）	父母中的一方或双方行为极其古怪或不正常，并可能使家庭不断陷入情绪混乱
双卵（异卵）双生子［Dizygotic（fraternal）twins］	由两个独立的卵子发育而成的双生子
DNA	脱氧核糖核酸，基因的主要成分
显性基因（Dominant gene）	一种基因，其遗传特性在后代中优于任何影响同一性状的隐性基因
多巴胺（Dopamine）	儿茶酚胺家族的神经递质，最初由酪氨酸合成，酪氨酸是饮食中常见的一种氨基酸。多巴胺是由多巴胺脱羧酶从左旋多巴中产生的
多巴胺假说（Dopamine hypothesis）	假设精神分裂症是某些突触部位多巴胺活性过度的结果
多巴胺成瘾理论（Dopamine theory of addiction）	认为上瘾是多巴胺奖赏途径功能障碍的结果
双重束缚（Double bind）	不赞成某人做某一行为，同时不赞成其不做该行为
双重约束交流（Double-bind communication）	一种错误的交流方式，即一个人（如父母）向他人（如孩子）表达彼此不相容的思想、感情和要求
双盲研究（Double-blind study）	通常用于检验药物治疗效果的研究，在这种情况下，受试者和实验者都不知道受试者正在接受什么样的实验条件（或药物）

（续表）

双重抑郁（Double depression）	指心境恶劣叠加重性抑郁发作的情况
唐氏综合征（Down syndrome）	一种与染色体异常有关的中重度智力障碍，通常伴有典型的身体特征
梦的解析（Dream analysis）	记录、描述和解释患者梦境的方法
驱力（Drive）	引导生物有机体朝着一个特定目标前进的内部条件，通常涉及生物动机而不是心理动机
药物滥用（Drug abuse）	对健康和 / 或职业或社会适应有干扰的药物使用
药物成瘾（依赖）[Drug addiction（dependence）]	对药物的生理或心理依赖
DSM-5	美国精神医学学会现行的《精神障碍诊断与统计手册》
侏儒症（Dwarfism）	生长停滞和身材矮小的状态
二分法（Dyad）	“全或无”的推理方式
动力学分析程式（Dynamic formulation）	综合评估个体的人格特质、行为模式、环境需要等，以描述个体的现状，并假设是什么驱使他以适应不良的方式行事
功能障碍（Dysfunction）	器官功能或行为上的损害或紊乱
功能失调信念（Dysfunctional beliefs）	僵化、极端和适得其反的消极信念
阅读障碍（Dyslexia）	阅读能力的损害
性交疼痛（Dyspareunia）	男性或女性在性交中的疼痛
节律异常（Dysrhythmia）	异常的脑电波模式
心境恶劣障碍（Dysthymic disorder）	中重度的心境障碍，特征是一天中大部分时间持续抑郁，持续时间至少 2 年。其他症状可能包括食欲差、睡眠障碍、缺乏精力、自卑、注意力不集中和无望感
早发型阿尔茨海默病（Early-onset Alzheimer's disease）	阿尔茨海默病的一种形式，出现在年龄小于 60 岁的人身上，被认为是由罕见的基因突变引起的
未特定的进食障碍（Eating disorder not otherwise specified）	为不符合任何其他特定进食障碍标准的进食障碍保留的诊断类别
进食障碍（Eating disorders）	食物摄入或反流紊乱，或影响健康和幸福的态度，如厌食症、贪食症或暴食症
模仿言语（Echolalia）	像鹦鹉一样喜欢重复几个单词或短语
迷幻剂（Ecstasy）	一种人造药物，口服，既作为兴奋剂又作为致幻剂，药物效应包括精神刺激、情感温暖、感知增强和体力增加
水肿（Edema）	组织肿胀
效果量（Effect size）	指统计总体中两个变量之间的关系强度
疗效（Efficacy）	在理想条件下（通常在对照临床试验中）对治疗进行的测试中，疗效是指与控制或对照条件相比，特定治疗改善临床结果的程度
自我（Ego）	精神分析理论中在本我的要求、超我的限制和外部世界的现实之间起中介作用的人格中的理性部分

（续表）

自我心理学（Ego psychology）	一种心理动力学理论，强调自我（人格的执行分支）在引导正常人格发展中的重要性
自我中心（Egocentric）	专注于自己的事情，对别人的事情相对不敏感
自我防御机制（Ego-defence mechanisms）	释放焦虑情绪或缓解焦虑而非直接面对焦虑的心理机制，通常是无意识和扭曲现实的，也称为“防御机制”
电休克疗法（Electroconvulsive therapy）	用电产生抽搐和无意识，主要用于缓解抑郁和躁狂发作的治疗方法，也被称为“电击疗法”
脑电图（Electroencephalogram）	通过在头皮上放置电极和测量不同脑区的脑电波脉冲而获得的大脑电活动的图像记录
血栓（Embolism）	位于血管中的血凝块
情绪（Emotion）	伴随着生理变化的强烈感觉
情绪失常（Emotional disturbance）	心理障碍
共情（Empathy）	能够理解并在一定程度上共享他人的精神状态
脑炎（Encephalitis）	大脑炎症
遗粪症（Encopresis）	儿童在 4 岁以后还未学会正确的排便方法
会心团体（Encounter group）	旨在提供以感情和团体互动为主的密集型人际体验的小群体，用于治疗或促进个人成长
内分泌腺（Endocrine glands）	向淋巴或血液直接分泌激素的无管腺
内源性因素（Endogenous factors）	起源于有机生物体内、影响行为的因素
内表型（Endophenotypes）	离散的、可测量的特质，被认为与精神分裂症或其他精神障碍中可能重要的特定基因有关
内啡肽（Endorphins）	在大脑和全身产生的阿片类物质，其功能类似于神经递质，能抑制痛感，它们也在身体对某些药物的耐受性的建立中发挥作用
遗尿症（Enuresis）	在达到预期的可以控制大小便的年龄（5 岁）后不能自主控制排尿
环境心理学（Environmental psychology）	心理学的一个领域，主要研究环境对个人感觉和行为的影响
流行病学研究（Epidemiologic studies）	试图建立某些（精神）障碍在不同时间、地点和人群中的发生模型的研究
流行病学（Epidemiology）	对特定人群中疾病、障碍或健康相关行为分布的研究。精神卫生流行病学研究精神障碍的分布情况
癫痫（Epilepsy）	包括短暂的意识丧失和全身抽搐的一组障碍
肾上腺素（Epinephrine）	肾上腺髓质分泌的激素
发作性（Episodic）	用于描述一种倾向于减轻和复发的障碍
平衡（Equilibrium）	稳定的状态，均衡
勃起障碍（Erectile disorder）	性功能障碍。男性不能达到或保持足以获得性满足的勃起，以前称为“阳痿”
色情的（Erotic）	关于性刺激和性满足的

（续表）

避性学习（Escape learning）	一种功能性反应，在这种反应中，受试者学会终止或逃避厌恶性刺激
雌激素（Estrogens）	卵巢产生的雌性激素
少数民族（Ethnic group）	在文化和群体模式方面被认为独特的一群人
病因（Etiology）	与某种障碍的发展（或起因）有关的因素
欣快（Euphoria）	夸大的幸福感和满足感
循证治疗（Evidence-based treatment）	在随机对照试验中被证明优于标准对照治疗或安慰剂的治疗
加剧（Exacerbate）	强化
衰竭（Exhaustion）	应对持续过度创伤的第三个也是最后一个阶段，在这个阶段，一个人的适应性资源被耗尽，在抵抗阶段形成的应对模式失败
露阴障碍（Exhibitionistic disorder）	未经他人同意，在不适当的情况下故意将自己的生殖器暴露给他人
存在性焦虑（Existential anxiety）	指一个人对其找到一种令其满足和满意的生活方式的能力的焦虑
存在性神经症（Existential neurosis）	以疏离感、无意义感和冷漠为特征的障碍
存在主义疗法（Existential psychotherapy）	一种基于存在主义思想的疗法，侧重于个体和治疗师的个体独特性和真实性
存在主义（Existentialism）	强调个人有责任成为其应该成为的那种人的观点
外源性的（Exogenous）	源于或由于外部因素
驱魔（Exorcism）	受宗教启发的治疗程序，旨在驱除“被附体”者身上的邪灵或邪恶力量
实验组（Experimental group）	用于评估自变量影响的受试者组
实验方法（Experimental method）	验证假说的严格科学程序
实验研究（Experimental research）	对一个给定因素或变量进行操纵，而其他一切都保持不变的研究方法
暴露与反应阻止疗法（Exposure and response prevention）	强迫症的一种治疗方法，将患者充分暴露在其恐惧的环境中，然后要求面对其恐惧的刺激不做出反应，即不做出任何平时的仪式性行为
暴露疗法（Exposure therapy）	一种治疗焦虑症的心理治疗技术，将患者暴露在其恐惧的对象或环境中，从而克服焦虑
情绪表露（Expressed emotion）	一种消极的交流方式，主要表现为家庭成员对患者的过度批评和情绪上的过度卷入
外部效度（External validity）	单个研究结果与其他人群、环境或时间的相关程度
外感受性条件反射（Exteroceptive conditioning）	对作用于身体的环境刺激做出知觉上的改变
消退（Extinction）	当不再被强化时条件反应的逐渐消失
外向性（Extraversion）	对人和事物的外部世界感兴趣，而不是对概念和知识问题

（续表）

做作性障碍（Factitious disorder）	假装症状以维持患者角色可能提供的个人利益，包括医务人员或家庭成员的关注和关心
对他人的做作性障碍 （Factitious disorder imposed on another）	当一个人故意伪造另一个成年人、儿童甚至宠物的躯体或心理症状时，就会做出这种诊断。这是在没有任何外部报酬（如保险金）的情况下发生的。方法可能包括制造、夸大现有的问题，或故意创造疾病。被确诊的是主动诱发伤害或疾病的人，而不是被动患病或受损的受害者。这也被称为“代理型做作性障碍或代理型孟乔森综合征”
因子分析（Factor analysis）	一种统计技术，用于将大量相互关联的措施尽可能减少为最少的因子，从而解释观测到的重叠或相互关联
衰退（Fading）	引起某种反应的刺激逐渐被先前的中性刺激所取代，使后者获得产生特定反应的性质
虚假记忆（False memories）	对事实上没有发生的事件的“记忆”，通常是由高度诱导性和暗示性的技术所产生的
家族性的（Familial）	用于描述在整个家族中经常出现的特征，并且该特征在某些家族中的发生率高于正常发生率
家族聚集现象（Family aggregation）	某些特征、行为或障碍在一个给定的家庭中的聚集。由于遗传或环境的相似性，可能会出现家庭聚集现象
家族史研究（Family history method）	行为遗传学研究策略，检查指示病例的亲属中某种障碍的发病率，以确定发病率的增加是否与遗传关系的程度成比例
家庭系统研究法（Family systems approach）	人际治疗的一种形式，侧重于某一特定家庭成员的家庭内行为，并假设它在很大程度上受到其他家庭成员的行为和交流模式的影响
家庭治疗（Family therapy）	针对所有家庭成员的治疗方法，而不仅仅是特定患者
幻想（Fantasy）	白日梦，也是一种自我防御机制，通过这种机制，一个人逃离现实世界，在幻想的成就中满足自己的欲望
恐惧（Fear）	一种基本的情绪，包括交感神经系统“战斗或逃跑”反应的激活
反馈（Feedback）	与内部生理过程或外显行为的社会后果有关的明确信息
女性性高潮障碍 （Female orgasmic disorder）	女性正常性兴奋期后持续性或反复性的高潮延迟或消失
女性性兴趣 / 唤起障碍 （Female sexual interest/arousal disorder）	女性性功能障碍，包括缺乏性唤起，以及对大多数或所有形式的性刺激无反应
胎儿酒精综合征（Fetal alcohol syndrome）	酗酒母亲所生婴儿中所观察到的一种症状，其特征是面部或四肢畸形、体重低和行为异常
恋物障碍（Fetishism）	性兴趣集中于某个无生命物体或非性器官的性偏离
胎儿（Fetus）	妊娠第六周后的胚胎
固着（Fixation）	自我防御机制，包括对某人的不合理或夸张的依恋，或情绪发展停滞在儿童或青少年阶段
固定时距计划表（Fixed-interval schedule）	在固定时间段内，在先前强化反应的基础上进一步强化的计划表

（续表）

固定标记（Fixed marker）	无法在个体内改变的风险因素（例如，种族不能在一个人内部改变，白人种族是自杀死亡风险增加的标志）
固定比例计划表（Fixed-ratio schedule）	固定非强化反应次数后，予以强化，在此强化基础上再强化的计划表
闪回（Flashback）	服药数周或数月后知觉失真或幻觉的非自愿复发；在创伤后应激障碍中的一种分离状态，在这种状态下，患者短暂地被动重温创伤经历
情感淡漠（Flat affect）	缺乏情绪表达
满灌疗法（Flooding）	诱发焦虑的治疗技术，涉及让患者反复体验实际的内部或外部刺激，而这些内外部刺激已被确定会诱发焦虑
二联性精神病（Folie à deux）	见“共有型精神病”
随访研究（Follow-up study）	在一段时间内对人进行研究，或在最初的研究之后再与人联系并进行研究的过程
法庭的（Forensic）	属于或用于法庭的
异卵双生子（Fraternal twins）	由不同的卵细胞受精，因此不具有相同遗传物质的双生子，可能是同一性别，也可能是异性
自由联想（Free association）	通过让患者自由地谈论他们自己、他们的感受和他们的动机来探索无意识的方法
自由浮动性焦虑（Free-floating anxiety）	无任何具体原因的焦虑
前额叶（Frontal lobe）	大脑中在推理和其他高级思维过程中活跃的部分
摩擦障碍（Frotteurism）	为了性满足而对一个非意愿的人进行摩擦的兴趣，通常指用一个人的骨盆或勃起的阴茎进行摩擦
挫折（Frustration）	需要或欲望的挫败
挫折承受力（Frustration tolerance）	在心理上不受损害的情况下承受挫折的能力
漫游症（Fugue）	分离性精神障碍，伴随着对个人信息的记忆丧失，从目前的生活场景到一个新环境或一个威胁较小的前环境的身体上的逃离
功能性精神障碍（Functional mental disorders）	历史上指没有器质性基础的障碍
功能性磁共振成像（Functional MRI）	身体内部扫描技术，测量局部氧合（血流）到大脑组织特定区域的变化，而这些变化又依赖于这些特定区域的神经元活动，从而绘制反映感觉、意象和思想等心理活动的图像
功能性精神障碍（Functional psychoses）	一种严重的精神障碍，其特定的器质性病理情况尚未被证实
赌博（Gambling）	对机会在很大程度上决定结果的游戏或事件下注
性别烦躁（Gender dysphoria）	对自己的生理性别或性别角色不恰当的持续不适
性别认同（Gender identity）	个体对自己作为男性或女性的身份认同
性别认同障碍（Gender identity disorder）	对异性的认同感、对自己的生理性身份的持续不适，以及强烈的向异性转变的欲望
全身适应综合征（General adaptation syndrome）	有助于解释一个人在过度应激下生物性退化过程的模型，包括三个阶段（警觉反应、抵抗阶段和衰竭）
麻痹性痴呆（General paresis）	与大脑梅毒有关的精神障碍

（续表）

可推广性（Generalizability）	单一研究结果可用于对其他样本得出结论的程度
泛化（Generalization）	对一种刺激有条件的反应变得对类似刺激具有同样反应的趋势
广泛性焦虑障碍（Generalized anxiety disorder）	在不存在特定威胁的情况下，长期过度担心一些事件或活动，伴有以下至少三种症状：不安、疲劳、注意力不集中、易激惹、肌肉紧张、睡眠障碍
基因（Genes）	DNA 的长分子，存在于染色体上的不同位置，负责遗传特性的传递
遗传密码（Genetic code）	DNA 控制每个细胞内所制造的蛋白质的序列和结构，并精确复制其自身的手段
遗传咨询（Genetic counseling）	为未来父母提供咨询，以使其了解因遗传缺陷而导致其后代受损的可能性
基因遗传（Genetic inheritance）	卵细胞和精子细胞在受孕时决定发育和行为的潜力
遗传学（Genetics）	研究性状遗传和遗传机制的科学领域
生殖期（Genital stage）	精神分析理论中性心理发展的最后阶段，涉及从自恋到异性兴趣的转变
生殖器-盆腔痛 / 插入障碍（Genito-pelvic pain/penetration disorder）	性交中反复出现的阴道插入困难或盆腔疼痛
全基因组关联研究（Genome-wide association study）	这类研究允许研究者扫描大量个体的整个基因组，以寻找与特定疾病相关的遗传变异。DNA 通常从血液或面颊拭子样本中获得，随后被放在微型芯片上，由高度专业化的自动化机器进行扫描，然后比较有或没有特定疾病或障碍的个体的遗传变异
基因型（Genotype）	一个人的全部遗传禀赋
基因型-环境相关性（Genotype–environment correlation）	可以塑造儿童的环境体验的基因型方面的易感性
基因型-环境相互作用（Genotype–environment interaction）	不同基因型的人对环境的敏感性或易感性不同
老年医学（Geriatrics）	研究老年疾病与治疗的科学
生殖细胞（Germ cells）	能够互相结合进而产生新个体的细胞（女性的卵子和男性的精子）
老年学（Gerontology）	研究老年问题的科学
格式塔心理学（Gestalt psychology）	强调模式而非要素或联系的心理学流派，认为整体大于部分之和
格式塔疗法（Gestalt therapy）	旨在增加思想、情感和行为的整合，并促进自我意识和自我接纳的疗法
胃促生长素（Ghrelin）	是一种由胃产生的、可刺激食欲的激素
糖皮质激素（Glucocorticoids）	肾上腺皮质激素与糖代谢有关，但对损伤修复机制和抗病性也有广泛影响，包括皮质醇
谷氨酸（Glutamate）	一种兴奋性神经递质，广泛存在于大脑中
发病前功能良好型精神分裂症（Good premorbid schizophrenia）	见“反应性精神分裂症”

（续表）

小组治疗（Group therapy）	同时对几个人进行心理治疗
内疚（Guilt）	因违背道德原则的行为或欲望而产生的罪责感，包括自我贬低和因害怕惩罚而产生的恐惧
有罪但患有精神病（Guilty but mentally ill）	一种抗辩和可能的判决，提供了一种替代因精神错乱而无罪（NGRI）的方法，并允许将被告置于治疗机构而非监狱
习惯化（Habituation）	一个人对同一刺激的反应随着该刺激的重复出现而减弱的自动过程
半衰期（Half-life）	一种活性药品或药物在体内的水平降低到初始水平的50%所需的时间
中途之家（Halfway house）	为服刑出狱或出院后的群体提供后续照护服务的机构，旨在帮助个人尽快适应社区生活
幻觉（Hallucinations）	错误的感觉，如所看到或听到的事物不是真实的或现有的
致幻剂（Hallucinosis）	引起幻觉的药物
印度大麻（Hashish）	从大麻植物中提取的药效最强的药物；大麻属植物，通常吸食
健康心理学（Health psychology）	行为医学中的一个分支学科，研究心理学在诊断、治疗和预防生理功能障碍的心理因素方面的贡献
青春型精神分裂症（Hebephrenic schizophrenia）	见"紊乱型精神分裂症"
偏瘫（Hemiplegia）	身体一侧瘫痪
遗传（Heredity）	从父母传递给子女的特性
两性畸形（Hermaphroditism）	一个人同时有两性性器官的解剖性异常
海洛因（Heroin）	强效精神活性药物，吗啡衍生物，能减轻疼痛，但比吗啡更强烈，更容易上瘾
异性恋（Heterosexuality）	对异性的性兴趣
需要层次（Hierarchy of needs）	马斯洛提出的一个概念，即个体需要从最基本的生物需要到与自我实现有关的心理需要，按重要性分布在不同层次
高风险人群（High-risk）	易患身体或精神疾病的人
表演型人格障碍（Histrionic personality disorder）	过度追求别人的注意力，情绪不稳定，自我戏剧化
囤积障碍（Hoarding disorder）	一种新的DSM-5诊断，其特点是长期难以丢弃所有物，包括那些价值很低的东西
稳态（Homeostasis）	有机体维持使生理机能保持恒定水平的状态的倾向
同性恋（Homosexuality）	对同性别的性偏好
激素（Hormones）	内分泌腺分泌的化学信使，调节身体各部分的发育和活动
主身份（人格）[Host identity（personality）]	分离性身份障碍中最常见的身份，并带有患者的真实姓名它通常不是最初的身份，可能是也可能不是调整后的最佳身份
敌意（Hostility）	情绪上的反应，或对被解释为挫折或威胁来源的物体的破坏或损害倾向
人本主义-经验疗法（Humanistic-experiential therapies）	强调个人成长和自我指导的心理治疗

（续表）

人本主义视角（Humanistic perspective）	一种理解异常行为的方法，将基本的人性视为善的，强调人的内在成长能力和自我实现能力
亨廷顿病（Huntington's disease）	罕见而致命的退行性疾病，表现为跳动、抽动和精神衰退，由 4 号染色体上的显性基因引起，以前称为“亨廷顿舞蹈症”
脑积水（Hydrocephaly）	脑脊液在颅腔内异常积聚，导致脑损伤和颅骨增大的罕见情况
水疗（Hydrotherapy）	在治疗中使用热水或冷水浴、冰袋等
多动症（Hyperactivity）	见“注意缺陷 / 多动障碍”
过度肥胖（Hyperobesity）	极度超重，超过正常体重 45 千克或更多
呼吸过度（Hyperventilation）	伴随剧烈焦虑的快速呼吸
感觉减退（Hypesthesia）	敏感性部分丧失
催眠术（Hypnosis）	通过暗示在一个合作对象中引起恍惚的精神状态
催眠疗法（Hypnotherapy）	催眠在心理治疗中的应用
性欲障碍（Hypoactive sexual desire disorder）	指男性或女性很少或没有性冲动或性欲的性功能障碍
疑病妄想症（Hypochondriacal delusions）	关于各种可怕疾病状况的妄想，如认为自己的大脑正在变成尘土
疑病症（Hypochondriasis）	基于对身体症状的曲解，担心自己有严重的疾病
轻躁狂（Hypomania）	轻度躁狂
轻躁狂发作（Hypomanic episode）	情绪异常持续至少 4 天的状态，在这种状态下，一个人的情绪异常高亢、膨胀，或易激惹。同时出现与躁狂发作症状相似的其他 7 种指定症状中的至少 3 种，但程度要比躁狂发作轻
下丘脑-垂体-肾上腺轴轴 / 系统（Hypothalamic-pituitary-adrenal axis/system）	激素反馈系统，被应激激活并导致皮质醇的产生
下丘脑（Hypothalamus）	大脑底部的关键结构，负责调节情绪和动机
假设（Hypothesis）	在实验中被检验的基于观察得出的命题，这种命题可被实验结果驳斥或支持，但永远不能得到确凿的证明
缺氧（Hypoxia）	向器官（特别是大脑）输送的氧气不足
癔症（Hysteria）	以前用来描述转换障碍的术语，指在没有任何相关的器质性病变的情况下出现的躯体症状
本我（Id）	在精神分析理论中指本能驱力的贮存处和婴儿期出现的第一个人格结构
同卵双生子（Identical twins）	单卵双生子，由一个受精卵发育而来
认同（Identification）	一个人把自己和通常具有显赫特性的某个人或机构联系起来的自我防卫机制
意识形态（Ideology）	信仰体系
疾病焦虑障碍（Illness anxiety disorder）	过分关注疾病或害怕生病，即使症状轻微或不存在，焦虑也存在。当症状出现时，对症状的焦虑与所经历的病症的严重程度不成比例
错觉（Illusion）	对感官信息的误解或错误的知觉

（续表）

想象暴露法（Imaginal exposure）	不需要真正刺激的暴露疗法。患者被要求想象其所害怕的刺激或情况
不成熟（Immaturity）	缺乏适应性技能的儿童期的适应不良行为模式
免疫反应（Immune reaction）	一种复杂的防御反应，当身体检测到抗原侵入人体时激活
免疫系统（Immune system）	身体防御外来物质入侵的主要途径
免疫抑制（Immunosuppression）	免疫系统的降低或抑制，可能是短期或长期的，可能由损伤、应激、疾病和其他因素触发
内隐记忆（Implicit memory）	发生在意识水平以下的记忆
内隐知觉（Implicit perception）	发生在意识水平以下的知觉
实地暴露（In vivo exposure）	在现实生活中发生的暴露，而不是在治疗或实验室环境中发生的暴露
激励（Incentive）	某种行为方式的外在诱因
乱伦（Incest）	在文化上被禁止的家庭成员之间的性关系，如兄弟姐妹或父母和孩子
发病率（Incidence）	特定人群中特定疾病的发生率
自变量（Independent variable）	在其他变量保持不变的情况下，其影响正在被检验并以某种方式被操纵的因素
指示病例（Index case）	见“先证者”
指示性干预（Indicated intervention）	及早发现和及时处理个人在家庭和社区环境中的适应不良行为
婴儿孤独症（Infantile autism）	见“孤独症谱系障碍”
抑制（Inhibition）	对冲动或欲望的克制
先天的（Innate）	天生的
精神错乱（Insanity）	描述精神障碍的法律术语，意指对自己的行为无责任，不能管理自己的事务
精神错乱辩护（Insanity defense）	因精神错乱而无罪的申辩，是刑事审判中的合法辩护
顿悟（Insight）	临床上指一个人对其疾病或行为模式背后的动机的理解；在一般心理学中，指在某种情况下对有意义的关系的突然把握或理解
顿悟疗法（Insight therapy）	一种心理疗法，侧重于帮助患者在动机、价值观、应对方式等方面获得更大的自我理解
失眠症（Insomnia）	睡眠困难
本能（Instinct）	未经学习的情况下，在一定条件下表现出特定行为模式的倾向
工具性（操作性）条件反射［Instrumental（operant）conditioning］	旨在建立正确反应的强化，这种反应旨在获得有价值的东西，或逃避不愉快的东西
胰岛素昏迷疗法（Insulin coma therapy）	精神分裂症的生理疗法，目前很少使用，它涉及增加胰岛素的用量直到患者休克
整合夫妻行为治疗（Integrative behavioral couple therapy）	传统的夫妻行为疗法的改进版，重点是接受伴侣，而不是单纯以改变为导向

（续表）

智力障碍（Intellectual disability）	一般智力功能的严重损害，伴随着适应性功能的严重限制，在发育期尤为明显
理智化（Intellectualization）	自我防御机制，指的是一个人通过切断或扭曲通常伴随着伤害的情绪负荷，从而在某种程度上远离情绪伤害的自我防御机制
智力（Intelligence）	学习、推理和适应的能力
智力商数（Intelligence quotient）	智力的测量结果，用数字或级别表示
智力测验（Intelligence test）	用于确定受试者智力水平的测验
重症监护管理（Intensive care management）	使用多学科小组，限制病例负荷，以确保出院患者不会被忽视或在医疗系统中被遗忘
跨学科（多学科）方法[Interdisciplinary（multidisciplinary）approach]	在理解、评估、治疗和预防精神障碍方面整合各学科
间歇强化（Intermittent reinforcement）	强化是间歇性的，而不是在每次反应之后
内部效度（Internal validity）	一项研究在多大程度上没有混淆，在方法上是合理的，并使研究者对研究结果有信心
国际疾病分类（International Classification of Diseases, ICD-11）	世界卫生组织公布的疾病分类系统
内感受性条件反射（Interoceptive conditioning）	指一个类似于经典条件反射的学习过程，包括两个条件刺激和一个非条件反应
内感受性恐惧（Interoceptive fears）	对各种身体内部感觉的恐惧
人际关系调适（Interpersonal accommodation）	两个个体发展交流和互动方式的一种过程，这种过程使他们能够达到共同的目标，满足共同的需要，并建立一种令人满意的关系
人际视角（Interpersonal perspective）	一种理解异常行为的方法，认为大部分精神病理问题源于我们在处理人际环境时形成的不幸的倾向。因此，它关注我们与他人过去的关系和现在的关系
人际疗法（Interpersonal therapy）	一种有时限的心理治疗方法，侧重于人际环境和建立人际技能
评分者间信度（Inter-rater reliability）	对就同一个体进行评估的不同评分者之间的一致性所进行的测量
内心冲突（Intrapsychic conflict）	本我、自我和超我三个子系统在为不同的目标奋斗时相互作用而产生的内在挣扎
心力内投（Introjection）	儿童通过意象和记忆，将重要他人象征性地融入自身生命的内在过程
插入（Intromission）	把阴茎插入阴道或肛门
内省（Introspection）	观察（并经常报告）一个人的内心体验
内向（Introversion）	个人的兴趣方向朝向自身的内在经验世界和观念，而不是外在的事件、物体或人
电离辐射（Ionizing radiation）	辐射的形式，被认为是基因突变的主要原因之一
隔离（Isolation）	自我防御机制，通过这种机制，通常伴随着特定态度出现的矛盾态度或情感被分开，从而防止冲突或伤害

（续表）

幼年轻瘫（Juvenile paresis）	儿童的一般性轻瘫，通常是先天性的
克氏综合征（Klinefelter's syndrome）	与性染色体异常相关的智力障碍
科尔萨科夫综合征（Korsakoff's syndrome）	也称“科尔萨科夫痴呆”“科尔萨科夫精神病”或“遗忘虚构综合征”，是一种由长期酗酒和严重营养不良（维生素 B_1）引起的神经系统疾病
泰然处之（La belle indifférence）	对严重疾病或残疾的漠不关心，有时是转化障碍的特征
标签化（Labeling）	把一个人归入一个特定的诊断类别，如精神分裂症
易变性（Lability）	不稳定性，特别是在感情方面的不稳定性
潜伏期（Latency stage）	在精神分析理论中指性心理发展的一个阶段，在此阶段，性动机的重要性减弱，儿童专注于发展技能和其他活动
潜伏的（Latent）	不活跃的或休眠的
隐性内容（Latent content）	在精神分析理论中指被压抑的实际动机，以梦境的形式存在，个体渴望寻求这种动机的表达，但这种动机非常痛苦或不可接受，所以以梦境的形式予以呈现并掩盖
晚发型阿尔茨海默病（Late-onset Alzheimer's disease）	在比一般阿尔茨海默病患病人群更年长的群体中发生的阿尔茨海默病，被认为与这种阿尔茨海默病有关的基因是 APOE 基因
效果律（Law of effect）	强化有奖赏性结果的反应，削弱或消除有厌恶性结果的反应的原则
习得性无助理论（Learned helplessness）	该理论认为动物和人暴露在不可控制的厌恶性事件中，了解到自己无法控制这些事件，会导致他们以后暴露在潜在的可控事件中时，也会表现出被动和无助。该理论后来扩展为抑郁症的一个理论
学习（Learning）	因经验而引起的行为调适
学习障碍（Learning disorder）	一组反映出学业表现缺陷的疾病
瘦素（Leptin）	一种由脂肪细胞产生的激素，可以减少食物的摄入
女同性恋（Lesbian）	女性同性恋者
病变（Lesion）	解剖学上定位的器官或脑部的组织病理区域
致命性量表（Lethality scale）	用来评估个体自杀的可能性的标准
白细胞（Leukocytes）	见“淋巴细胞”
力比多（Libido）	在精神分析理论中用来描述本我的本能驱力的一个术语，指生命的基本建设性能量，本质上主要是性
生命危机（Life crisis）	应激接近或超过一个人适应能力的情况
生活史研究（Life history method）	心理观察的一种技术，通过对受试者过去或现在行为的记录来追踪特定行为模式的形成
生活方式（Lifestyle）	假设、动机、认知风格和应对技巧的一般模式，这些模式是一个人的行为特征并使其行为具有一致性
终生患病率（Lifetime prevalence）	截至流行病学评估时，总人口中曾患特定障碍的在世人口比例

（续表）

连锁分析（Linkage analysis）	一种遗传研究策略，将一个大家庭中的一种障碍的发生率与一种已知位于特定染色体上的生物学遗传标记的发生率进行比较
锂盐（Lithium）	一种常见的盐，由软质银白色金属形成，尽管它有一些副作用，但人们发现它能减轻双相障碍的症状
脑叶切除术（Lobotomy）	见“前额叶切除术”
运动性共济失调（Locomotor ataxia）	通常由梅毒性脊髓损伤引起的肌肉不协调
纵向研究设计（Longitudinal design）	随着时间的推移随访观察研究对象的研究设计
麦角酸二乙基酰胺（Lysergic acid diethylamide）	简称 LSD，是目前最强效的致幻剂。它是无臭、无色、无味的，比一粒盐还小的量即可使人中毒
淋巴细胞（Lymphocyte）	涉及免疫保护的白细胞的总称
大头畸形（Macrocephaly）	一种罕见的智力障碍，其特征是大脑的大小和重量增加、头颅增大、视力减退、抽搐和其他神经症状，这些症状是由大脑中神经胶质细胞的异常生长引起的
巨噬细胞（Macrophage）	一种以吞噬方式破坏抗原的白细胞
磁共振成像（Magnetic resonance imaging, MRI）	躯体内部扫描技术，涉及测量磁场的变化，使器官（包括中枢神经系统，特别是大脑）的解剖特征可视化
主流化（Mainstreaming）	全天或部分时间将智力障碍儿童安置在普通学校的教室中
重性抑郁障碍（Major depressive disorder）	中度到重度心境障碍，只包括严重的抑郁发作，但没有躁郁、躁狂或混合发作。如果只有一次，则为单次发作；如果是多次，则为反复发作
重性抑郁发作（Major depressive episode）	一种精神状态，在这种状态下，一个人在每天大多数时间内明显地抑郁，并持续至少 2 周。此外，在同一时间段内，至少会出现 9 种指定症状中的 5 种
伴非典型特征的重性抑郁发作（Major depressive episode with atypical features）	一种重性抑郁发作，包括以显著的心境反应为特征的症状，以及至少 2 种的其他指定症状
伴紧张症特征的重性抑郁发作（Major depressive episode with catatonic features）	以运动功能严重紊乱为特征的重性抑郁障碍
伴忧郁特征的重性抑郁发作（Major depressive episode with melancholic features）	一种重性抑郁发作，对几乎所有活动明显失去兴趣或快乐，此外在其他 6 种指定症状中至少出现 3 种
重度神经认知障碍（Major neurocognitive disorder）	一种新的 DSM-5 诊断，涉及严重的认知功能损害，反映为个体认知水平显著下降。认知功能方面的损害会给个体日常活动能力带来问题
强镇静剂药物（Major tranquilizers）	抗精神病药物，如吩噻嗪
适应不良行为［Maladaptive（abnormal）behavior］	损害个人或群体福祉的行为
适应不良（Maladjustment）	调整的持续失败；与自我或环境不和谐
男性性欲障碍（Male hypoactive sexual desire disorder）	男性很少或没有性欲的性功能障碍
诈病（Malingering）	有意识地装病或假装某种残疾的症状以达到某种特定的非医学目的

（续表）

躁狂（mania）	以强烈和不切实际的兴奋和欣快为特征的情绪状态
躁狂发作（Manic episode）	一个人表现出明显的高亢、欣快或膨胀的心境，经常被持续至少一周的强烈易激惹状态甚至暴力打断。此外，还伴随着7种其他指定症状中的至少3种
躁郁（Manic-depressive psychoses）	旧术语，指一组以长时间兴奋和过度活动（躁狂）为特征，或以抑郁和活动不足（抑郁）为特征，或两者交替出现的精神病性障碍，现在被称为“双相障碍”
显性内容（Manifest content）	在精神分析理论中指梦境的明显意义，它会掩盖隐性内容
手册化治疗（Manualized therapy）	心理社会治疗的标准化（如制定手册），以适应随机临床范式
大麻（Marijuana）	从大麻植物中提取的温和的致幻剂，以制成香烟吸食为主
隐匿性障碍（Masked disorder）	通过违法行为或其他看似与基本紊乱无关的模式来“隐匿”潜在的抑郁或其他情绪紊乱
受虐癖（Masochism）	通过与情人有关的痛苦或堕落体验而产生的性刺激和性满足
手淫（Masturbation）	为性满足而自我刺激生殖器
母爱剥夺（Maternal deprivation）	母亲或代孕母亲的照顾和关爱不足
成熟（Maturation）	由遗传而不是学习引起的发育和身体变化的过程
医学模型（Medical model）	将行为紊乱视为疾病过程的症状，而不是代表错误学习或认知的模式
忧郁型（Melancholic type）	重性抑郁障碍的亚型，包括对几乎所有活动的兴趣或快感丧失，以及其他症状，包括早醒、早晨更严重的抑郁、精神运动性激越或迟钝、食欲或体重下降、过度内疚和悲伤，这些症状在性质上不同于丧痛的一般症状
脑膜（Meninges）	包围大脑和脊髓的膜
心理年龄［Mental age（MA）］	表示智力水平与年龄关系的量表单位
精神障碍（Mental disorder）	各种变态行为模式
精神卫生运动（Mental hygiene movement）	倡导某种治疗方法的运动，该治疗方法主要关注住院精神障碍患者的身体健康
精神疾病（Mental illness）	严重的精神障碍
麦司卡林（Mescaline）	提取自佩奥特仙人掌的致幻剂
催眠术（Mesmerism）	安东·梅斯梅尔提出的“动物磁力”催眠理论
中脑-皮层-边缘系统多巴胺途径（Mesocorticolimbic dopamine pathway）	大脑中的精神活性药物激活中心。这个区域参与多巴胺的释放，以及药物的奖赏性性质的介导
元分析（Meta-analysis）	一种统计方法，用于综合许多类似研究的结果。每项研究的数据都被转换成一个称为“效果量”的通用度量，这使得来自不同研究的数据可以组合起来，然后进行分析。你可以把元分析看作你熟悉的研究类型，只是“参与者”是某种研究，而非个人
美沙酮（Methadone）	与海洛因有关的合成麻醉剂，用于治疗海洛因上瘾，因为它满足人们对海洛因的渴求而不产生严重的精神损害
小头畸形（Microcephaly）	由于大脑发育受损而导致的智力残疾，其结果是颅骨不能达到正常大小

（续表）

偏头痛（Migraine）	剧烈、反复的头痛，通常只涉及头部的一侧，并可能伴有恶心和其他症状
轻度障碍（Mild disorder）	严重程度较低的障碍
轻度神经认知障碍（Mild neurocognitive disorder）	一种新的 DSM-5 诊断，其特点是认知功能轻度下降，但不影响患者执行常规任务的能力
环境（Milieu）	直接环境，即物理或社会环境，或两者兼而有之
环境治疗（Milieu therapy）	对住院患者的一般治疗方法，重点是让医院本身成为一个治疗社区
明尼苏达多项人格测验（Minnesota Multiphasic Personality Inventory, MMPI）	一种广泛使用并被证实有效的人格量表
弱镇静剂（Minor tranquilizers）	抗焦虑药物，如苯二氮草类药物
混合发作（Mixed episode）	描述一种状态，在这种状态下，一个人至少有一周的完全躁狂和重度抑郁发作，无论这些症状是混合的，还是每隔几天迅速交替出现的
模型（Model）	帮助科学家发现并梳理研究对象之间重要关系的类比结构
模仿（Modeling）	通过再现他人的行为来学习技能
中度障碍（Moderate disorder）	严重程度中等的障碍
单胺氧化酶抑制剂（Monoamine-oxidase inhibitors, MAOI）	一类抗抑郁药，有时用于治疗抑郁症
单卵双生子（Monozygotic twins）	同卵双生子，由一个受精卵发育而成
心境一致（Mood congruent）	与人的情绪一致的（妄想或幻觉）
心境障碍（Mood disorders）	强烈的、持续的情绪障碍，达到适应不良的程度
心境不一致（Mood incongruent）	与个体主要情绪不一致的（妄想思维）
道德管理（Moral management）	一种广泛的治疗方法，关注患者的社交、个人和职业需要
道德疗法（Moral therapy）	基于善意、理解和良好环境的治疗，盛行于 19 世纪早期
病态（Morbid）	不健康的，有病的
吗啡（Morphine）	从鸦片中提取的成瘾性药物，可作为强镇静剂和止痛药
动力（Motivation）	经常被用作“驱力”或“激活”的同义词，暗示有机体的行为在一定程度上是由其自身的内在性质决定的
动机性访谈（Motivational interviewing）	一种简便的治疗方法，通常用于药物滥用和成瘾领域，允许患者探索他们的愿望、原因、能力和改变的需要
动机（Motive）	将行动指向某一目标的内部条件。这个术语通常包括驱力和它所指向的目标
多发性梗塞性痴呆（Multi-infarct dementia）	见“血管性痴呆”
多重人格障碍（Multiple personality disorder）	见“分离性身份障碍”
突变基因（Mutant gene）	结构发生变化的基因
变异（Mutation）	基因成分的变化，通常导致后代出现有害或异常的特征
缄默症（Mutism）	不愿说话或不能说话
自恋（Narcissism）	对自身的爱

（续表）

自恋型人格障碍（Narcissistic personality disorder）	主要特征是夸大的自我意识，对被崇拜的先占观念，对他人的感受缺乏共情
发作性睡病（Narcolepsy）	以短暂的、强迫性的困倦状态为特征的障碍
麻醉药品（Narcotic drugs）	导致生理依赖和耐受性增强的药物，例如吗啡
自然杀伤细胞（Natural killer cell）	通过化学溶解破坏抗原的白细胞
必要病因（Necessary cause）	疾病发生时必然存在的状态
需要（Need）	一种生理或心理状态，其满足是维持稳态或自我实现所必需的
负性情感（Negative affect）	以负性情绪为特征的情绪状态，这种负性情绪可能包括愤怒、焦虑、易怒和悲伤
消极自动思维（Negative automatic thoughts）	在意识表面之下的想法，包括令人不快的悲观预测
消极认知三角（Negative cognitive triad）	对自我、世界和未来的消极想法
负相关（Negative correlation）	两个变量之间的关系，一个变量的高分与另一个变量的低分相关联
阴性症状型精神分裂症（Negative-symptom schizophrenia）	以缺乏正常行为或在正常行为方面（如情绪表达、交流性言语和对环境事件的反应）存在缺陷为特征的精神分裂症
阴性症状（Negative symptoms）	反映正常功能缺失或缺陷的症状（如情感迟钝、社交退缩）
违拗症（Negativism）	一种攻击性的退缩形式，包括拒绝合作或服从命令，或不服从要求
新作语词（Neologisms）	新创造的词汇，通常是精神分裂症患者语言障碍的特征
赘生物（Neoplasm）	肿瘤
精神崩溃（Nervous breakdown）	广义术语，泛指综合能力降低和不能充分处理自己的生活
神经发育障碍（Neurodevelopmental disorders）	DSM-5 中的一组障碍，在童年早期出现
神经纤维缠结（Neurofibrillary tangles）	阿尔茨海默病患者大脑中扭曲的网状神经纤维
神经系统检查（Neurological examination）	用以确定神经系统器质性损伤的存在和程度的检查
神经病学（Neurology）	研究大脑和神经系统及其障碍的学科
神经生理学（Neurophysiology）	与神经组织和神经系统的功能有关的生物学分支
神经心理学评估（Neuropsychological assessment）	使用心理测试来衡量一个人的认知、知觉和运动能力，以获得有关脑损伤程度和部位的线索
神经心理障碍（Neuropsychological disorders）	当一个正常的青少年或成人大脑有明显的器质性损伤时发生的疾病
神经心理型心境综合征（Neuropsychological mood syndromes）	严重的心境障碍，明显是由于大脑正常生理功能的紊乱所引起的
神经心理型人格综合征（Neuropsychological personality syndromes）	脑损伤后个体的一般人格特质的变化
神经症（Neurosis）	历史上用于描述由内心冲突引起的适应不良行为，以显著使用防御机制为特点
神经外科手术（Neurosurgery）	神经系统的外科手术，尤指大脑手术
神经梅毒（Neurosyphilis）	影响中枢神经系统的梅毒

（续表）

神经症行为（Neurotic behavior）	由焦虑驱动的对回避行为和防御机制的过度使用
神经质（Neuroticism）	一种人格特质，包括体验焦虑、愤怒、敌意、抑郁、自我意识、冲动性和脆弱性的倾向
神经递质（Neurotransmitters）	突触前神经元释放到突触中的化学物质，能将神经脉冲从一个神经元传递到另一个神经元
尼古丁（Nicotine）	成瘾性生物碱，是烟草的主要活性成分，是一种依赖性药物
夜间医院（Night hospital）	允许患者白天从事自己的职业，整晚或晚上部分时间接受治疗的精神病院
虚无妄想（Nihilistic delusion）	认为一切都是虚幻的妄想
非指导性治疗（Nondirective therapy）	心理治疗的一种方法，其中治疗师不提供建议或指导性治疗。详见“来访者中心疗法”
非自杀性自伤（Nonsuicidal self-injury）	在没有任何死亡意图的情况下，直接故意破坏身体组织
去甲肾上腺素（Norepinephrine）	一种儿茶酚胺类神经递质
常模（Norm）	基于大范围群体的衡量标准，用于比较某一个体和特定群体中其他人的得分
正常的（Normal）	符合通常或规范的，健康的
正态分布（Normal distribution）	一个群体中的大多数成员围绕一个给定特征的中心点或平均值聚集的趋势，其余的则以递减的形态扩展到两个极端
非快速眼动睡眠（NREM sleep）	不以快速眼动（伴随做梦）为特征的睡眠阶段
因精神错乱而无罪（Not guilty by reason of insanity）	一种法律抗辩，被告可以因精神错乱而被判无罪
肥胖症（Obesity）	体内脂肪组织增多的状态。肥胖的定义是体重指数（BMI）为 30 或更高
客体关系理论（Object-relations theory）	在精神分析理论中，这一观点集中于婴幼儿与“客体对象”（真实或想象的人）的互动，以及他们如何对生命中的重要他人形成符号表征
客观型人格测验（Objective personality tests）	在心理评估中使用的结构化测验，如问卷、自陈量表或评定量表
观察学习（Observational learning）	仅通过观察学习而不直接体验无条件刺激（对经典条件反射而言）或强化（对工具性条件反射而言）
观察法（Observational method）	训练观察者无偏见地观察和记录行为的系统技术
观察研究（Observational research）	与实验研究（涉及以某种方式操纵变量并观察发生的事情）不同，在观察研究中，研究者只是观察或评估不同群体的特征，了解他们而不操纵他们所处的条件。有时称为“相关研究”，但前者是首选表述
强迫观念（Obsessions）	持续不断的、反复出现的侵入性思维、意象或冲动，个体认为这些思维、意象或冲动令人不安或不适当，但难以抑制
强迫症（Obsessive-compulsive disorder）	以个体不想要的侵入性思维或令人痛苦的意象的持续侵入为特点的焦虑障碍。这些侵入通常伴随着强迫行为，旨在中和强迫思维或意象，或防止一些可怕的事件或情况
强迫型人格障碍（Obsessive-compulsive personality disorder）	完美主义，过分关注维持秩序、控制和遵守规则的人格障碍

（续表）

枕叶（Occipital lobe）	大脑中主要与视觉功能有关的部分
幻嗅（Olfactory hallucinations）	涉及嗅觉的幻觉
操作性（工具性）条件反射 [Operant（instrumental）conditioning]	学习的一种形式，如果某一特定的反应得到加强，在类似的场合，它就更可能被重复
操作定义（Operational definition）	对基于一组可观察和可测量的操作的概念的定义
阿片（Opium）	能够形成生理依赖和耐受性的麻醉药品，衍生物有吗啡、海洛因和可待因
对立违抗性障碍 （Oppositional defiant disorder）	6 岁时出现的儿童疾病，其特征是持续的攻击行为或反社会行为，这些行为可能违法，也可能不违法
口唇期（Oral stage）	弗洛伊德理论中性心理发展的第一阶段，在这个阶段中，嘴或口部活动是快感的主要来源
器质性精神障碍（Organic mental disorders）	历史上指由某些可识别的脑部病理状况引起的障碍
器质性观点（Organic viewpoint）	认为所有精神障碍都有其器质性基础的观点。另见“生物学观点”
性高潮（Orgasm）	人类性反应的第三阶段，在此期间，性紧张情绪得到释放，性快感达到顶峰
结果研究（Outcome research）	治疗效果的研究
门诊患者（Outpatient）	为检查和治疗而去医院或诊所的门诊患者，不同于住院患者
卵巢（Ovaries）	女性性腺
过度焦虑症（Overanxious disorder）	儿童期的一种障碍，特征是过度忧虑和持续的恐惧，与任何特定事件无关，通常包括躯体和睡眠问题
过度补偿（Overcompensation）	一种自我防御机制，表现为一个不受欢迎的特质借有夸大另一个令人满意的特质而被掩盖
超负荷（Overloading）	使个体承受过多的压力，例如，迫使个体处理过多的信息
过度保护（Overprotection）	保护孩子，使其过于依赖父母
外显行为（Overt behavior）	他人可以观察到的活动
卵子（Ovum）	女性配子或生殖细胞
疼痛障碍（Pain disorder）	在无法用躯体病理解释的情况下，个体长时间感受到剧烈疼痛，造成严重的生活瓦解
惊恐（Panic）	一种基本的情绪，涉及激活交感神经系统的“战斗或逃跑”反应，通常以巨大的恐惧或恐怖感为特征
惊恐发作（Panic attack）	一种严重的、强烈的恐惧反应。这种反应似乎是突然出现的，有许多生理和认知症状，如害怕死亡或失去控制
惊恐障碍（Panic disorder）	经常有意外的惊恐发作，通常伴随着对再次发作的强烈焦虑
惊恐诱发程序 （Panic provocation procedures）	一系列的生物诱发程序，在有惊恐障碍的人身上更易出现
范式（Paradigm）	模型或模式，是研究中一种基本的设计，指定了被认为正当的概念，以及在数据收集和解释中使用的程序
偏执狂（Paranoia）	症状包括妄想和与现实的接触受损，没有精神分裂症的奇异性、分裂性和严重的人格紊乱特征

（续表）

偏执型人格障碍（Paranoid personality disorder）	主要表现为对他人的普遍怀疑和不信任的人格障碍
性偏离障碍（Paraphilic disorders）	持续的性行为模式，在这种模式中，不寻常的对象、仪式或情况是完全的性满足所必需的
辅助性专业人员（Paraprofessional）	接受过精神卫生服务培训但未达到专业水平的人
副交感神经系统（Parasympathetic nervous system）	自主神经系统的一个分支，控制着生命所必需的大多数基本代谢功能
轻瘫（Paresis）	见“麻痹性痴呆”
帕金森病（Parkinson’s disease）	一种神经退行性疾病，以运动问题（强直、震颤）为特征，由大脑中多巴胺神经元的受损引起
被动攻击型人格障碍（Passive-aggressive personality disorder）	DSM-IV-TR 中暂时的人格障碍分类，其特征是在社会或工作环境中对要求的被动抵抗，其表现形式可能是对执行日常任务的简单抵抗、闷闷不乐或好争论，或在反抗和顺从之间交替
致病的（Pathogenic）	与导致病理问题的条件相关的
病态赌博（Pathological gambling）	以对赌博失去控制，全神贯注于赌博并为赌博而四处集资且不顾不良后果的不理性赌博行为为特征的渐进性障碍
病态（Pathology）	不正常的身体或精神状况
苯环利定（Phencyclidine）	这种药物起初作为镇静剂而开发，但由于其不可预测性而未上市。它在美国民间被称为“天使粉”，会导致木僵，有时还会导致长期昏迷或精神病
系谱（家族史）研究法［Pedigree（family history）method］	观察每个受试者（或者特定性状或障碍的携带者）的亲属样本
恋童障碍（Pedophilic disorder）	成人的首选或唯一性对象是青春期前儿童的一种性偏离
匹莫林（Pemoline）	药物，类似于利他林，用于治疗多动症
知觉（Perception）	对感官输入的解读
知觉过滤（Perceptual filtering）	对大量不断作用于生物体的刺激进行选择性关注的过程
性能测试（Performance test）	强调知觉-运动内容而非言语内容的测验
完美主义（Perfectionism）	必须把事情做到尽善尽美的倾向。也许是因为完美主义者更可能理想化瘦削身材，这是一种可能增加饮食障碍风险的人格特质
外周神经系统（Peripheral nervous system）	穿过中枢神经系统、感觉器官、肌肉和腺体的神经纤维
持续症（Perseveration）	一条思想或活动线索一旦开始就持续不断地延续，临床上表现为不适当的重复
持续性抑郁障碍（心境恶劣）［Persistent depressive disorder（dysthymic disorder）］	DSM-5 新收录的障碍，表现为长期的抑郁情绪（2 年或更长时间）。该障碍类别包括 DSM-IV-TR 中的心境障碍和慢性重性抑郁障碍
个人中心疗法（Person-centered therapy）	见“来访者中心疗法”
人格（Personality）	个体特有的特质模式
人格障碍（Personality disorder）	逐渐发展的不灵活和扭曲的人格和行为模式，导致个体对世界的持续适应不良的知觉、思考与关联方式
人格或心理代偿失调（Personality or psychological decompensation）	无法适应持续或严重的应激源

（续表）

人格剖面图（Personality profile）	从同一测试组或量表的几个测试或子测试中派生出来的图形化总结，显示一个人或一组人的人格结构
人格测验（Personality tests）	见“客观型人格测验”和“投射型人格测验”
广泛性发育障碍（Pervasive developmental disorders）	严重致残的状态，以语言、知觉和运动发展的缺陷为特征，现实检验能力存在缺陷，个体无法在社会环境中发挥作用
消极归因风格（Pessimistic attributional style）	倾向于对消极生活事件做出内部、稳定和全局的归因的认知风格
PET 扫描（PET scan）	见“正电子发射断层扫描”
吞噬细胞（Phagocyte）	与抗原结合并通过吞噬作用部分破坏抗原的循环性白细胞
性器期（Phallic stage）	精神分析理论中性心理发展的一个阶段，在此阶段中，个体对生殖器官的探索和操纵开始发生
药理学（Pharmacology）	药物科学
药物治疗（Pharmacotherapy）	用药物治疗
现象学的（Phenomenological）	关于个体的直接知觉和体验的
表型（Phenotype）	由基因型和环境相互作用而形成的个体的结构和功能特征
苯丙酮尿症（Phenylketonuria）	由于婴儿缺乏分解苯丙氨酸（一种存在于许多食物中的氨基酸）所需的肝酶而导致的智力障碍
恐怖症（Phobia）	对某一特定的、很少或根本没有实际危险的对象或情况所产生的持续和不相称的恐惧
生理依赖（Physiological dependence）	停药时发生戒断症状的药物依赖类型
皮克病（Pick's disease）	早老性痴呆
松果体（Pineal gland）	位于大脑底部的小腺体，有助于调节身体的生物钟，也可以决定性发育的速度
垂体（Pituitary gland）	与许多调节功能相关的内分泌腺
安慰剂效应（Placebo effect）	非积极治疗后产生的积极效果，因为个体认为自己正在接受积极治疗
安慰剂治疗（Placebo treatment）	一种无作用的药物或其他中性的干预。由于受试者期望看到病情好转，所以可能产生理想的治疗效果
斑块（Plaques）	阿尔茨海默病患者大脑中发现的异常蛋白质积聚
游戏疗法（Play therapy）	对儿童的心理疗法，其中加入游戏活动
快乐原则（Pleasure principle）	要求立即满足本能的需要，而不考虑现实或道德因素
时点患病率（Point prevalence）	在一个给定的时间点上，人群中出现特定情况或疾病的比例
多基因的（Polygenic）	由许多基因以加成或相互作用的方式共同起作用而引起的
发病前功能不良型精神分裂症（Poor premorbid schizophrenia）	见“进行性精神分裂症”
正相关（Positive correlation）	两个变量之间的关系，一个变量的高分与另一个变量的高分相关联
积极心理学（Positive psychology）	一个新的心理学领域，关注对健康和福祉具有潜在重要性的人类特征（如乐观主义）和资源
正强化物（Positive reinforcer）	增加给定反应的发生概率的强化物

（续表）

阳性症状型精神分裂症（Positive-symptom schizophrenia）	一种精神分裂症，特征是正常行为和体验之外的表现，如明显的情绪混乱、精神运动性激越、妄想和幻觉
阳性症状（Positive symptoms）	指在正常行为或体验之外的症状，包括妄想，幻觉、精神运动性激越和明显的情绪混乱
正电子发射断层扫描（Positron emission tomography scan）	测量新陈代谢过程用以评估器官功能的扫描技术
催眠后遗忘症（Posthypnotic amnesia）	主要表现为受试者在被催眠期间记忆功能下降
催眠后暗示（Posthypnotic suggestion）	在催眠期间给出的暗示，由受试者从催眠状态中苏醒后执行
产后抑郁症（Postpartum depression）	生产后的抑郁症，最常见的是轻度和短暂的（产后心绪不良），但也可能发展为严重的抑郁症
创伤后应激障碍（Posttraumatic stress disorder）)	在极端创伤事件后发生的一种障碍，在这种情况下，个体重新体验事件，避免回想起创伤，并表现出持续加强的唤起
（分离性身份障碍的）创伤后理论 [Posttraumatic theory（of DID）]	这一观点的出发点是，儿童在面对反复的创伤性虐待，试图应对一种压倒性的无望和无力感时形成分离性身份障碍（也称为“创伤理论”）
倾向性（Predisposition）	在给定应激条件下出现某些症状的倾向
前额叶切除术（Prefrontal lobotomy）	在抗精神病药物出现之前使用的外科手术，在这种手术中，大脑前额叶被切除，导致大脑永久性的结构改变
偏见（Prejudice）	对某些人、团体或思想有利或不利的情绪化想法，通常存在于没有确凿证据的情况下
早泄（Premature ejaculation）	在性刺激很小时持续和反复的高潮和射精
早产（Prematurity）	婴儿在正常怀孕期结束前出生
发病前（Premorbid）	存在于精神障碍发生前
产前（Prenatal）	分娩前
预备习得（Prepared learning）	认为人类通过进化在生物学上有所准备，更容易对某些可能曾经对我们祖先构成威胁的物体或情况产生恐惧。例如，如果蛇、蜘蛛、刀枪与厌恶性事件配对，人们更容易产生对蛇和蜘蛛的恐惧，而不是对刀枪的恐惧
早老性痴呆（Presenile dementia）	老年前大脑退化引起的精神障碍
表征问题（Presenting problem）	患者出现的主要症状和行为
患病率（Prevalence）	在一个群体中，在给定的时间点或给定的时间段内可以识别出的一种障碍的活跃病例的比例
原发性获益（Primary gain）	心理动力学理论中指转换障碍的症状通过将内在冲突排除在意识之外所实现的目的。现代观点中指允许个体逃避或避免应激性环境的转换障碍症状所实现的目的
一级预防（Primary prevention）	历史上指旨在减少疾病或障碍的发生率和促进健康的预防措施
原发过程思维（Primary process thinking）	以想象或幻想的方式满足本我的要求，而没有能力采取满足这些要求所需的现实行动
先证者（Proband）	在遗传学研究中指最早表现出相关性状的个体，与“指示病例”相同
问题清单（Problem checklist）	行为评估中用来确定个体恐惧、心境和其他问题的清单

（续表）

问题饮酒者（Problem drinker）	指有严重酒精问题的人
进行性精神分裂症（Process schizophrenia）	以与外界隔绝、对周围世界的兴趣逐渐减退、情绪反应性减弱，以及逐渐发展并趋于持久的轻微适应不良反应为特征的精神分裂症模式。或称“发病前功能不良型精神分裂症”“慢性精神分裂症”
前驱期（Prodromal）	被认为是精神分裂症的早期（亚临床）阶段，以非常低水平的症状或行为特异性为特征
预后（Prognosis）	对障碍可能的过程和结果的预测
投射（Projection）	把自己不可接受的动机或特性归因于他人的自我防御机制
投射型人格测验（Projective personality tests）	使用各种模棱两可的刺激物的技巧，鼓励受试者解释这些刺激物，并借此分析受试者的人格特质
延长暴露（Prolonged exposure）	一种行为导向的治疗策略，要求患者反复生动地叙述创伤事件，直到患者的情绪反应减弱
前瞻性研究（Prospective research）	这种方法主要研究那些在出现可观察到的异常行为之前患上心理障碍的可能性高于平均水平的人
保护因素（Protective factors）	改变一个人对环境应激源的反应，使其不太可能遭受应激源的不利影响的因素
原型分析法（Prototypal approach）	对异常行为进行分类的方法，假定存在行为障碍的原型，各类原型并不相互排斥，而可以相互混合，并共享许多相似特征
赛洛西宾（Psilocybin）	从蘑菇中提取的致幻剂
致幻药物（Psychedelic drugs）	能够产生幻觉的药物，如 LSD
精神科护理（Psychiatric nursing）	主要关注精神障碍的护理领域
精神科社工（Psychiatric social worker）	专业人士，在社会工作方面受过精神病专业的研究生培训，通常有硕士学位
精神科医生（Psychiatrist）	专门诊断和治疗精神障碍的医生
精神病学（Psychiatry）	与理解、评估、治疗和预防精神障碍有关的医学领域
精神创伤（Psychic trauma）	对人造成严重心理伤害的任何厌恶性经历
精神活性物质（Psychoactive substance）	影响精神功能的药物
精神活性物质滥用（Psychoactive substance abuse）	病态使用一种物质，导致潜在的危险行为，或尽管存在持续的社会、心理、职业或健康问题，仍继续使用
精神活性物质依赖（Psychoactive substance dependence）	使用一种精神活性物质到一定程度，使用者对于增加物质的量以达到预期的效果有明显的生理需要
精神分析（Psychoanalysis）	弗洛伊德用于研究和治疗患者的方法
精神分析学观点（Psychoanalytic perspective）	精神病理学理论，最初由弗洛伊德建立，强调无意识动机的内在动力
心理剧疗法（Psychodrama）	心理治疗技术，各种角色的扮演是其必要组成部分
心理动力学观点（Psychodynamic perspectives）	基于修正后的弗洛伊德理论的精神病理学理论
心理动力学疗法（Psychodynamic therapy）	以个体人格动力学为中心的心理治疗，通常从心理动力学或心理动力学衍生理论的角度出发
心理性的（Psychogenic）	起源于心理因素的或起源于个人心理机能的
心因性遗忘（Psychogenic amnesia）	精神性失忆，常见于对创伤经历的最初反应

（续表）

心因性疾病（Psychogenic illness）	心理因素引起或维持的疾病
心理史学（Psychohistory）	根据精神分析原理分析历史的研究领域
心理评估（Psychological assessment）	使用行为观察、访谈和心理测试等程序来获得对患者精神症状和人格的认知
心理解剖（Psychological autopsy）	用来确定死亡是否是死者自己造成的，如果是，再分析其原因
心理需要（Psychological need）	从环境互动中产生的需要，例如，社会认可的需要
心理筛查（Psychological screening）	在录用前评估中使用心理程序或测试来检测求职者的心理问题
心理测试（Psychological test）	衡量受试者在特定任务中的表现的标准化程序
精神运动（Psychomotor）	包括心理和身体活动
精神运动迟缓（Psychomotor retardation）	心理和身体活动功能的减缓
心理神经免疫学（Psychoneuroimmunology）	研究免疫系统和神经系统之间的相互作用以及这些因素对行为的影响的学科
病态心理学（Psychopathology）	研究异常行为的学科
精神病态（Psychopathy）	一种包括反社会型人格障碍特征，以及缺乏同情心、自大、油嘴滑舌、肤浅魅力等特质的状态
心理药理学（Psychopharmacology）	确定哪些药物可以缓解哪些疾病以及研究其内在机制的学科
心理生理（心身）障碍 [Psychophysiological（psychosomatic）disorders]	心理因素起主要因果作用的身体疾病
心理生理变量（Psychophysiological variables）	心率、血压、脑电图等生物功能的测量值
性心理发展（Psychosexual development）	弗洛伊德的心理发展观，包括一系列阶段，每个阶段都以达到性快感的主导模式为特征
性心理发展阶段（Psychosexual stages of development）	根据弗洛伊德的理论，性心理发展有五个阶段：口唇期、肛门期、性器期、潜伏期和生殖期，每个阶段的特点是获得性快感的一种主要方式
精神异常（Psychosis）	指辨别现实与非现实的能力严重受损
心理社会剥夺（Psychosocial deprivation）	在生命早期缺乏必要的刺激和互动
心理社会观点（Psychosocial viewpoints）	理解精神障碍的观点之一，该观点强调早期经验的重要性，以及对社会影响和个人心理过程的认识
精神外科手术（Psychosurgery）	治疗功能性精神障碍的脑外科手术，以前过度频繁使用
心理治疗（Psychotherapy）	用心理学方法治疗精神障碍
精神药物（Psychotropic drugs）	主要影响精神或行为的药物
清除（Purge）	指通过自我诱导呕吐，或滥用泻药、利尿剂和灌肠剂等方式将食物从体内排出
Q 分类法（Q-sort）	一种人格测量方式。受试者或临床医生根据对受试者的适用性，将相关陈述分类
种族主义（Racism）	由于种族背景对个人或群体的偏见和歧视
随机分配（Random assignment）	一种用来创建同等组的程序。通过该程序，每个研究参与者都有平等的机会被分配到研究中的任何组
随机抽样（Random sample）	使每一类群体成员都有平等的机会被选中的抽样方式，旨在使样本能充分代表抽中成员所在的群体

（续表）

随机临床试验（Randomized clinical trials）	一项临床试验，参与者被随机分配到不同的治疗组中
随机对照试验 （Randomized controlled trials）	一项随机对照试验包括一个特定的治疗组（研究者最感兴趣的组）和一个对照治疗组（将与特定治疗组进行比较）。由于采取随机分配，参与者被分到两组的机会均等
强奸（Rape）	一个人在被另一个人强迫或威胁做出强迫的情况下与其发生的性行为
快速循环型（Rapid cycling）	一种双相障碍，每年至少有 4 次躁狂或抑郁发作
融洽关系（Rapport）	具有合作、自信和和谐精神的人际关系
评定量表（Rating scales）	一种正式评估结构，用于组织从临床观察和自陈报告中获得的信息，以加强可靠性和客观性
理性情绪行为疗法 （Rational emotive behavior therapy）	心理治疗的一种形式，侧重于改变患者适应不良的思维过程，认为其适应不良的情绪反应和行为取决于上述过程
合理化（Rationalization）	自我防御机制，包括使用精巧的“解释”来隐藏或掩饰个体行为中羞于启齿的动机
反向形成（Reaction formation）	自我防御机制，通过夸张地采用看似相反的行为来防止意识到或表达不可接受的欲望
反应性精神分裂症（Reactive schizophrenia）	以混乱和强烈的情绪动荡为特征的精神分裂症模式，通常突然发生并有可识别的诱发应激源，或称“发病前功能良好型精神分裂症”“Ⅰ型精神分裂症”或“急性精神分裂症”
现实原则（Reality principle）	意识到环境需要，并调整行为以满足这些需要
现实检验（Reality testing）	旨在测试或探索个体的社会和物理环境的性质的行为，通常更具体地指测试社会环境的容忍限度
隐性基因（Recessive gene）	只有与同一基因配对时才有效的基因
再犯（Recidivism）	经过一段时间的治疗或康复后，又故态复萌（通常是犯罪行为）
再代偿（Recompensation）	整合性或内部组织性的增加，与代偿失调相反
复发（Recurrence）	症状缓解后障碍的新发
复发性的（Recurrent）	病情不断消退又复发的障碍特性
季节性重性抑郁发作（Recurrent major depressive episode with a seasonal pattern）	重性抑郁的一种形式，其发作有季节性（秋季 / 冬季），一年中的其他时间不会发作
转介（Referral）	安排或推荐个人或家庭进行心理评估或治疗
退行（Regression）	退回到早期发展水平的自我防御机制，包括不成熟的行为和责任
康复治疗（Rehabilitation）	用再教育而不是惩罚来克服行为缺陷
强化（Reinforcement）	对期望的反应予以奖励的过程
复发（Relapse）	在相当短的一段时间后，一种疾病的症状重现
信度（Reliability）	测量装置每次测量同一事物，或由两个或多个不同的评分者使用时产生一致性结果的程度
快速眼动睡眠（REM sleep）	包括快速眼动（REM）的睡眠阶段，与做梦有关
缓解（Remission）	在精神障碍过程中出现的显著的改善或恢复，可能是永久的，也可能是暂时的
代表性样本（Representative sample）	从较大群体中选出的具有代表性的小群体
压抑（Repression）	防止痛苦或危险的思想进入意识的自我防御机制

（续表）

心理韧性（Resilience）	在极度困难的环境下也能成功适应的能力
抵抗（Resistance）	对持续性创伤做出的反应的第二阶段，包括找到处理和适应创伤的方法。在心理动力学疗法中，指不愿意或不能谈论某些思想、动机或经历
对消退的抗性（Resistance to extinction）	尽管缺乏强化，条件反射仍持续的倾向
消退期（Resolution）	人类性反应的最后阶段，在此期间，个体有一种放松和幸福的感觉
反应塑造（Response shaping）	正强化技术在治疗中的应用，通过逐步近似的方式建立一种最初不在个体的行为范围中的反应
网状激活系统（Reticular activating system）	从网状结构到更高的大脑中心的纤维，可作为一个一般性唤起系统而发挥作用
网状结构（Reticular formation）	脑干中的神经核和神经纤维，显然在唤起和提醒有机体，以及控制注意力方面起着重要作用
逆行性遗忘（Retrograde amnesia）	对在脑损伤或损伤前的一段特定时间内发生的事件丧失记忆
回溯性研究（Retrospective research）	试图追溯受试者生命中早期事件的研究方法
回溯性策略（Retrospective strategy）	以现在为起点开始回溯，试图找出可能导致异常行为的原因的方法
奖赏缺陷综合征（Reward deficiency syndrome）	指的是一种假设，该假设认为，上瘾更可能发生在那些有遗传倾向的人身上，他们对自然奖赏不太满意，这导致他们过度使用药物，以此充分刺激他们的奖赏通路
僵化（Rigidity）	倾向于遵循既定的应对模式，看不到替代方案的可能性，或很难改变既定模式
利他林（Ritalin）	常用于治疗多动症的中枢神经系统兴奋剂
角色扮演（Role-playing）	一种评估形式，指导个体表演一个角色，以便能够直接观察其行为
罗夏墨迹测验（Rorschach inkblot test）	使用 10 张墨迹图，受试者对这些图片做出反应，这些反应与脑海中的联想有关。对这些反应的分析使临床医生能够推断受试者的人格特征
反刍（Rumination）	在头脑中反复思考的过程
样本（Sample）	测量的群体，通常应代表要对其做出推断的群体
取样（Sampling）	从一个确定的感兴趣的群体中选择一个有代表性的子群的过程
迁怒（Scapegoating）	把攻击性转移到某个物体、人或群体上，而不是关注挫败感的来源
强化计划表（Schedule of reinforcement）	奖赏必要行为的方案
图式（Schema）	知识的一种基本表征，指导当前的信息处理，常导致注意力、记忆和理解的扭曲
分裂情感性障碍（Schizoaffective disorder）	一种精神病性障碍，精神分裂症的症状与心境障碍的症状同时出现
分裂样人格障碍（Schizoid personality disorder）	无法建立社会关系或表达感情，而且对这样做也缺乏兴趣

（续表）

精神分裂症（Schizophrenia）	以幻觉、妄想、无条理的言语和行为，以及自理能力和一般功能的受损为特征的障碍
精神分裂症样障碍（Schizophreniform disorder）	持续时间小于 6 个月的精神分裂样精神病
分裂型人格障碍（Schizotypal personality disorder）	以过度内向、普遍的社会人际关系缺陷、认知和知觉扭曲，以及沟通和行为上的古怪为特征的疾病
季节性情感障碍（Seasonal affective disorder）	在过去 2 年中，至少有 2 次抑郁症发作的心境障碍，发作时间都在同一年的同一时间（最常见的是秋季或冬季），缓解也发生在同一年的同一时间（最常见的是春季）
继发性获益（Secondary gain）	有助于维持障碍获益的外部环境
二级预防（Secondary prevention）	旧术语，指通常涉及紧急或危机干预的预防技术，其重点是减少问题的影响、持续时间或蔓延范围。参见“选择性干预”
继发过程思维（Secondary process thinking）	以现实为导向的自我处理外部世界和控制本我需要的理性过程
次级强化物（Secondary reinforcer）	通过与主要强化刺激相联系而获得奖赏价值的刺激所提供的强化
镇静剂（Sedative）	用来缓解紧张，以及引起放松和睡眠的药物
选择性干预（Selective intervention）	调动消除或减少特定类型问题（如少女怀孕、酒精或药物滥用）的预防资源
选择性缄默症（Selective mutism）	指在特定的社会环境中持续不说话，以及妨碍教育或社会适应的情况
选择性 5-羟色胺再摄取抑制剂（Selective serotonin reuptake inhibitors, SSRIs）	一类抑制 5-羟色胺再摄取过程的药物，用于治疗抑郁症
自我［Self（ego）］	在需要和现实之间调控的人格的整合性核心
自我接纳（Self-acceptance）	对自己的属性和品质感到满意，同时又意识到自己的局限性
自我实现（Self-actualizing）	充分发挥个体的潜能
自我概念（Self-concept）	个体对自己的身份、价值、能力和局限性的认知
自尊（Self-esteem）	个人价值感
自我评估（Self-evaluation）	个体在价值、充分性等方面看待自我的方式
自我理想［Self-ideal（ego-ideal）］	个体认为其可以成为而且应该是怎样的个体或“自我”
自我认同（Self-identity）	个体对其作为一个人的持续身份的描述和意识
自我指导训练（Self-instructional training）	认知行为方法，旨在教导个体改变其隐性行为
自我监控（Self-monitoring）	观察和记录自己在各种自然环境中的行为、思想和感情
自我强化（Self-reinforcement）	对自己所期望的或适当的行为的奖赏
自陈数据（Self-report data）	直接从参与者那里收集的数据，通常是通过访谈或问卷调查的方式
自陈量表（Self-report inventory）	要求受试者就其适用性对陈述做出回应的程序
自我图式（Self-schema）	我们对自己是什么样的人，可能成为什么样的人，以及什么对自己重要等事的看法
自我陈述（Self-statements）	一个人对他或她正在经历的事情的隐性描述

（续表）

半结构式访谈 （Semi-structured assessment interview）	在半结构式访谈中，临床医生必须按照特定的顺序和方式提问，根据答案向面试者提出后续问题，以获得更多的信息
老年性痴呆（Senile dementia）	老年阶段的精神障碍，有时伴随大脑退化
感觉焦点训练（Sensate focus learning）	学会从抚摸伴侣和被抚摸中获得快感，这种训练被用于性治疗，以增强性欲和帮助克服性功能障碍
感官剥夺（Sensory deprivation）	限制感觉刺激，使其低于维持中枢神经系统正常功能所需的水平
句子完成测验（Sentence completion test）	利用不完整句子的投射技术，通过对患者所补充的完整句子的分析，临床医生可以推断出其人格动力
分离焦虑障碍（Separation anxiety disorder）	童年时期的疾病，其特点是不切实际的恐惧、过度敏感、自我意识、噩梦和慢性焦虑
分离-个体化（Separation-individuation）	根据马勒的说法，这是儿童获得自我内在表征的发展阶段，这种表征与其他物体的表征不同
后遗症（Sequelae）	一种疾病痊愈后遗留下的症状
血清素（Serotonin）	一种吲哚胺类神经递质，由色氨酸合成，也被称为“5-羟色胺”，被认为与许多精神病理症状有关
设定点（Set point）	我们的身体抵抗体重显著变化（增加或减少）的倾向
重度障碍（Severe disorder）	症状高度恶劣的障碍
伴精神病性特征的重度重性抑郁发作（Severe major depressive episode with psychotic features）	涉及与现实脱节的重度抑郁症，通常表现为妄想或幻觉
性染色体（Sex chromosomes）	决定性别和某些其他特征的一对染色体
性虐待（Sex abuse）	涉及生理或心理强迫的性接触，或至少其中有一个人不能合理同意这种接触时发生的性接触
性侵犯（Sexual assault）	指与强奸不同的行为，包括不必要的性接触，例如未经他人同意而抚摸他人
性厌恶障碍（Sexual aversion disorder）	个体表现出极度厌恶和避免与伴侣发生性接触的性功能障碍
性功能失调（Sexual dysfunction）	对性满足的欲望或达到性满足的能力的损害
性施虐障碍（Sexual sadism disorder）	一个人通过对性伴侣施加肉体或精神上的痛苦或羞辱来获得性满足的障碍
塑造（Shaping）	工具性条件反射的一种形式。起初，所有类似预期反应的反应都被加强，然后只有最近似的反应被加强，直到最终达到预期的反应。也称为“逐次逼近”
共有型精神病性障碍 （Shared psychotic disorder）	两个或两个以上的人产生持续的、连锁的妄想观念的精神病，也被称为“二联性精神病”
庇护工场（Sheltered workshops）	有身体或精神缺陷的个体可以在其中从事建设性工作的工场，设立在社区内
短期危机治疗（Short-term crisis therapy）	针对个人或家庭正在经历的直接问题所给予的简单治疗
兄弟姐妹（Siblings）	同一父母的后代
病人角色（Sick role）	社会通过医学模型为患有严重身心障碍的人提供的受保护的角色
重要他人（Significant others）	在心理发展领域的人际关系理论中，婴儿为满足所有生理和心理需要而依赖的对象——父母或其他人

（续表）

体征（Signs）	诊断专家可客观观察到的患者身体或精神障碍的征候
单纯性恐怖症（Simple phobia）	见“特定恐怖症”
单纯性紧张性头痛 （Simple tension headaches）	常见的头痛。应激导致头骨周围肌肉收缩，这种收缩导致血管收缩，从而引起头痛
个案研究设计（Single-case research design）	只涉及一个受试者的实验研究设计（例如 ABAB 设计）
情境测验（Situational test）	在模拟生活环境中测量表现的测验
梦游障碍（Sleepwalking disorder）	儿童期的一种疾病，包括反复地下床走动而没有意识到或事后回想不起，也称为“梦游”
社交焦虑障碍（社交恐怖症） ［Social anxiety disorder（social phobia）］	个体害怕受到他人的审视，害怕以可耻或尴尬的方式行事
社会交换观（Social exchange view）	人际关系的一种模型，基于“人际关系的形成是为了满足彼此需要”的观点
社交内向（Social introversion）	以害羞、孤僻和抑制行为为特征的特质
社会规范（Social norms）	关于哪些行为被视为可接受，哪些行为被视为不可接受的标准的集合
社会病态（Social pathology）	社会组织、态度或行为的异常模式；不良的社会状况，容易引起个体的病态
社会性恢复（Social recovery）	恢复作为一个经济上有效和人际关系紧密的社会成员，能够独立管理自己的能力
社会角色（Social role）	个体在特定社会位置上被预期的行为
“社交”自我（“Social” self）	个体向他人展示的外表，与私下的自我可能不一致
社会工作（Social work）	社会学的应用分支，分析社会环境并提供服务，以促进患者适应家庭和社区环境
社会工作者（Social worker）	具有社会工作硕士学位并经过临床或社会服务机构监督培训的精神卫生领域专业人员
社会化（Socialization）	儿童获得其文化认为适当的价值观和冲动控制的过程
（分离性身份障碍的）社会认知理论 ［Sociocognitive theory（of DID）］	当一个高度易受暗示的人学会接受和扮演多重身份的角色时，分离性身份障碍就产生了，主要是因为临床医生无意中暗示、合法化和强化了多重身份，而且这些不同的身份是针对个体的自我目标的
社会文化观点（Sociocultural viewpoint）	关注影响个人和群体发展或行为的广泛社会条件的观点
社会经济地位（Socioeconomic status）	在社区社会和总体经济规模中的地位，主要由收入和职业水平决定
社会性的（Sociogenic）	根源于社会文化条件的
反社会型人格（Sociopathic personality）	见“反社会型人格障碍”
硫喷妥钠（Sodium pentothal）	巴比妥类药物，有时用于心理治疗，以产生放松和易受暗示的状态
躯体症状障碍（Somatic symptom disorder）	一种新的 DSM-5 诊断，特征是躯体症状和对这些症状的过度关注（思想、感情或行为上）。许多在 DSM-IV-TR 中被诊断为疑病症的人现在将被诊断为躯体症状障碍
躯体弱点（Somatic weakness）	特定器官系统对应激的特殊脆弱性

（续表）

躯体化障碍（Somatization disorder）	30岁以前发病的一种障碍，表现为很长一段时间内对躯体疾病的过分担忧，躯体疾病或损伤的独立发现并不能充分解释这些担忧，随后患者会接受躯体疾病治疗或出现危及生命的重大损害
躯体形式障碍（Somatoform disorders）	没有任何生理病理学证据可以解释的躯体疾病
梦游（Somnambulism）	详见“梦游障碍”
痉挛（Spasm）	肌肉或肌肉群剧烈的、不自主的、通常是痛苦的收缩
痉挛状态（Spasticity）	显著的肌肉张力过高或持续过度收缩，导致僵硬、笨拙和运动不协调
特定学习障碍（Specific learning disorders）	包括语言、言语、数学或运动技能缺陷的发育障碍
特定恐怖症（Specific phobia）	对各种物体、地点或环境的持续或不相称的恐惧，例如对场所（飞机或电梯）、其他物种（蛇、蜘蛛）或环境方面（高处、水）的恐惧
（心境障碍的）特征 [Specifiers（in mood disorders）]	不同的症状模式，有时以重性抑郁发作为特征，可能对预测病程和首选治疗方法有帮助
精子（Sperm）	雄配子或男性生殖细胞
裂脑研究（Split-brain research）	与裂脑手术相关的研究，裂脑手术通过切断胼胝体，从而中断信息从一个大脑半球到另一个大脑半球的传输
自然恢复（Spontaneous recovery）	在消退发生后的某个时候，习得反应的恢复
衰竭期（Stage of exhaustion）	全身适应综合征的第三阶段，也就是最后一个阶段，有机体不再能够抵抗持续的应激，可能导致死亡
抵抗期（Stage of resistance）	全身适应综合征的第二阶段
标准化（Standardization）	在试验中确定预期表现范围的程序
斯坦福-比奈测验（Stanford-Binet）	儿童标准智力测验
惊吓反应（Startle reaction）	对强烈的意外刺激的突然且不自主的运动性反应。如果一个人过于敏感，可能是由轻微的刺激引起的
统计学意义（Statistical significance）	衡量一项研究结果属于偶然事件的概率
法定强奸罪（Statutory rape）	与未成年人发生性关系
稳定状态（稳态） [Steady states（homeostasis）]	有机体维持使生理机能保持恒定水平的状态的倾向
刻板印象（Stereotyping）	基于文化中存在的（通常是不正确的）对特定群体的信念（例如，法国人粗鲁、同性恋者对衣服有良好的品位，以及精神障碍患者是危险的），草率得出结论（通常是负面的）的倾向
刻板症（Stereotypy）	对措辞、手势或行为的持续和不适当的重复
污名（Stigma）	负面标签
兴奋剂（Stimulants）	使个体提高警觉、减少疲劳并持续保持清醒的药物
刺激泛化（Stimulus generalization）	对与条件刺激相似但不相同的某些刺激形成条件反射
托莫西汀（Strattera）	用于治疗多动症的药物
应激（Stress）	压力在生物体内产生的影响
应激接种疗法（Stress-inoculation therapy）	一种自我教育训练，侧重于改变一个人在应激情况下经常做出的自我陈述

（续表）

应激接种训练（Stress-inoculation training）	通过改变危机中的自我陈述，使自己能够承受预期威胁的预防性策略
应激耐受力（Stress tolerance）	一个人承受应激而不严重受损的能力
应激源（Stressors）	需要个人或群体采取应对行为的调整性要求
中风（Stroke）	见“脑血管意外事件”
结构性家庭治疗（Structural family therapy）	通过分析家庭成员之间的相互作用来对整个家庭实施治疗
结构式访谈（Structured assessment interview）	全程遵循预定程序和问题的访谈
木僵（Stupor）	昏昏欲睡的状态，伴随意识的部分或完全丧失
升华（Sublimation）	自我防御机制，将受挫的性能量表达为替代性活动
物质滥用（Substance abuse）	物质使用的适应不良模式，表现为与物质使用有关的反复和重大的不良后果
物质依赖（Substance dependence）	严重的物质使用障碍，包括对物质的生理依赖、耐受、戒断和强迫性服药
物质相关障碍（Substance-related disorders）	指以药物或酒精等物质的经常使用为主的适应不良行为的模式
替代（Substitution）	接受替代性的目标或满足，代替原来寻求或期望的目标或满足
逐次逼近（Successive approximation）	见“塑造”
充分原因（Sufficient cause）	保证障碍发生的条件
自杀（Suicide）	结束自己的生命
自杀学（Suicidology）	研究自杀原因及预防的学科
超我（Superego）	良心；人格的伦理或道德维度（态度）
压抑（Suppression）	有意识地强迫欲望或思想脱离意识；有意识地抑制欲望或冲动
代理（Surrogate）	代替另一个人，例如父母或配偶
符号（Symbol）	用于表示其他事物的图像、单词、物体或活动
象征主义（Symbolism）	用一种思想或物体代表另一种思想或物体
交感-肾上腺髓质系统（Sympathetic-adrenomedullary system）	为调动资源和准备急性应激反应而设计的系统
交感神经分支（Sympathetic division）	自主神经系统的一个分支，在极度寒冷、剧烈运动和情绪化的紧急情况下活跃
症状（Symptoms）	患者对身体或精神疾病的主观描述
突触（Synapse）	从一个神经元的轴突到另一个神经元的树突或细胞体的通信部位，即神经元之间的微小空间
综合征（Syndrome）	在某种疾病中一起出现的一组或一种症状模式，代表了这种疾病的典型情况
合成大麻素（Synthetic cannabinoids）	一种模拟大麻中四氢大麻酚（THC）的作用的物质，THC 是大麻中的一种活性植物源物质
合成卡西酮（Synthetic cathinones）	通过激活人体的单胺系统来模拟苯丙胺和可卡因的作用的物质
系统（System）	相互依存的（有生命或无生命的）各部分的集合

（续表）

系统性脱敏疗法 （Systematic desensitization）	行为治疗技术，在引发焦虑的刺激下，通过教人以不同于焦虑的其他方式放松或采取行为，来消除适应不良的焦虑反应
心跳过速（Tachycardia）	心跳加快
幻触（Tactual hallucinations）	涉及触觉的幻觉
塔拉索夫判决（Tarasoff decision）	加利福尼亚法院 1974 年的裁决，对于治疗过程中患者提及的明确威胁所涉及的潜在受害者，治疗师有义务予以警告
迟发性运动障碍（Tardive dyskinesia）	因过度使用抗精神病药物而引起的神经系统疾病。副作用可能在治疗开始或停止数月至数年后发生，症状包括舌头、嘴唇、下巴和四肢的不自主运动
任务导向性反应（Task-oriented response）	根据情况改变自己或周围环境，或对两者同时做出改变
泰-萨克斯病（Tay-Sachs disease）	脂代谢的遗传性疾病，通常导致个体在 3 岁前死亡
T 细胞（T-cell）	一种白血球，激活后能识别特定抗原。T 细胞在免疫系统中起着重要作用
心灵感应（Telepathy）	一个人与另一个人的单向交流，不使用任何已知的感觉器官
端粒（Telomere）	染色体的保护端，由重复的 DNA 序列组成。它们的存在保护了与它们相近的基因在细胞分裂过程中不被破坏和截短。端粒随着年龄的增长而缩短。应激也会缩短端粒的长度
气质（Temperament）	情绪和唤起反应的模式和自我调节的特征性方式，被认为主要是遗传所得或体质性的
颞叶（Temporal lobe）	大脑的一部分，位于枕叶的前面，大脑外侧裂将其与额叶和顶叶分隔
紧张（Tension）	动员心理生物学资源以应付威胁时所产生的状态；身体上，主要涉及肌肉张力增加和其他紧急的变化；心理上，其特征是紧张、不安和焦虑的感觉
三级预防（Tertiary prevention）	描述预防技术的旧术语，侧重于减少障碍或严重问题的长期后果
测试效度（Test validity）	评估测试的针对性与准确性
睾丸（Testes）	雄性生殖腺或性腺
睾酮（Testosterone）	男性性激素
测试-再测试信度（Test-retest reliability）	在对给定的受试者重复进行测试时给定特征测量结果的一致性
主题统觉测试 （Thematic apperception test）	使用一系列简单的图片，指导受试者编故事。通过对这些故事的分析，临床医生可获得关于受试者内心冲突、特质、人格动力等的线索
治疗社区（Therapeutic community）	为了达到治疗目的所营造的医院环境
疗法（Therapy）	治疗；各种治疗技术的应用
第三变量问题（Third variable problem）	在相关研究中做出因果推论时的问题，其中两个变量之间的相关性可能是由于它们与未测量的第三个变量的共同相关性
甲状腺（Thyroid）	位于颈部的内分泌腺，影响身体新陈代谢、身体生长速度和智力发育
甲状腺素（Thyroxin）	甲状腺分泌的激素

（续表）

抽动（Tic）	持续的、间歇性的肌肉抽搐或痉挛，通常局限于面部肌肉的局部肌肉群
代币经济（Token economies）	通常用于医院或机构环境中的强化技术，患者因社会建设性行为而获得代币，然后可以用代币交换所需的物品或活动
耐受（Tolerance）	对增加一种物质的量以达到预期效果的需要
妥氏障碍（Tourette's disorder）	又称“抽动秽语综合征”，是一种极度抽动障碍，涉及无法控制的多种运动和发声模式
传统夫妻行为治疗（Traditional behavioral couple therapy）	广泛使用的一种治疗方法，使用行为方法来改变婚姻关系
特质（Trait）	可观察或可测量的个体特征
恍惚（Trance）	一种睡眠状态，在这种状态下意识的范围是有限的，自主活动是暂停的；一种深度催眠状态
镇静剂（Tranquilizers）	用于减轻精神病症状（强镇静剂）或减少焦虑和紧张（弱镇静剂）的药物
经颅磁刺激（Transcranial magnetic stimulation）	一种治疗方法，临床医生将脉冲磁铁放置在患者头部的特定区域，并利用它产生一个电场，增加或减少大脑中的神经元活动
移情（Transference）	心理动力学疗法中的一个过程，患者通过这个过程把对父母或其他重要他人的态度和感觉投射到治疗师身上
易装障碍（Transvestic disorder）	通过穿异性服装来达到性唤起和性满足的障碍
创伤（Trauma）	严重的心理或生理应激源
创伤理论（Trauma theory）	这一观点的出发点是儿童在面对反复的创伤性虐待，试图应对一种压倒性的无望和无力感时，分离性身份障碍产生。也被称为“（分离性身份障碍的）创伤后理论”
创伤性的（Traumatic）	与创伤或精神打击有关的
创伤性脑损伤（Traumatic brain injury）	因机动车碰撞、子弹或其他进入大脑的物体，以及其他严重头部撞击而造成的脑损伤
创伤性童年虐待（Traumatic childhood abuse）	严重到足以造成心理伤害的儿童时期的虐待
治疗契约（Treatment contract）	治疗师和患者之间的明确安排，旨在带来特定的行为改变
震颤（Tremor）	反复的、细微的痉挛性运动
拔毛症（Trichotillomania）	一种持续性的拔头发或其他部位体毛的行为
三环类抗抑郁药（Tricyclic antidepressants）	用于治疗抑郁症，有时用于焦虑障碍：被认为阻止了对突触中去甲肾上腺素和5-羟色胺的再摄取
T分布（T score distribution）	得分的一种标准分布，通过将得分与一组已知值进行比较，对得分进行分析
双生子研究（Twin method）	利用同卵双生子和异卵双生子研究基因对异常行为的影响
A型行为类型（Type A behavior pattern）	过度的好胜心，即使在没有必要的情况下，也要一争高下，此外，还伴随急躁和敌意
D型人格（Type D personality）	D型（忧伤型）人格的特征是高水平的负性情绪和社交焦虑。研究表明D型人格与心脏病发作有关
Ⅰ型精神分裂症（Type Ⅰ schizophrenia）	阳性综合征的精神病性行为，被认为涉及颞叶脑结构异常
Ⅱ型精神分裂症（Type Ⅱ schizophrenia）	阴性综合征的精神病性行为，被认为涉及额叶脑结构异常

（续表）

无意识（Unconscious）	在精神分析理论中指心理的一个主要部分，由隐藏的大量本能、冲动和记忆组成，不易被意识察觉，但在行为中起着重要作用
唤起不足（Underarousal）	对给定刺激的生理反应不足
抵消（Undoing）	弥补或试图驱散不可接受的欲望或行为的自我防御机制
单相抑郁障碍（Unipolar depressive disorder）	只有抑郁发作的心境障碍，不同于躁狂和抑郁同时发生的双相障碍
普遍性干预（Universal intervention）	改变导致精神障碍的条件（风险因素），建立促进积极精神卫生的条件（保护因素）
非结构式访谈（Unstructured assessment interviews）	不遵循预定问题集的典型主观访谈。访谈的开始陈述通常是一般性的，后续问题是为每个来访者量身定做的。访谈问题的内容受提问者的习惯或理论观点的影响
阴道痉挛（Vaginismus）	阴道入口处肌肉的不自主的痉挛，阻止了插入和性交
效度（Validity）	用来评估测量仪器实际测量的针对性与准确度
变量（Variable）	特性或性质，其性质或数量可以是一组值中的任一值
变量标记（Variable marker）	一种可变的风险因素，当发生变化时，它不会影响目标结果（它可以变化，但它仍然是目标结果风险增加的标志）
可变风险因素（Variable risk factor）	个体内部可能改变的风险因素（例如，一个人的抑郁程度可能不同）
血管性痴呆（Vascular dementia）	一种大脑疾病，表现为一系列的小中风破坏神经元，导致大脑萎缩和类似于阿尔茨海默病的行为障碍
血管运动性的（Vasomotor）	关于血管壁的
植物性的（Vegetative）	退化或恶化为一种被动的、类植物的存在
言语测验（Verbal test）	一种测验，测量受试者理解并使用单词和概念的能力
眩晕（Vertigo）	头晕
男性化（Virilism）	由激素失调引起的男性第二性征的加重，尤指发生于女性或男孩身上时
内脏（Viscera）	体内器官
窥阴障碍（Voyeuristic disorder）	通过偷窥来获得性快感的障碍，通常是偷看其他人脱光衣服和/或进行性活动
易感性（Vulnerabilities）	使人易受异常行为影响的因素
韦氏儿童智力量表（Wechsler intelligence scale for children）	一种儿童标准智力测验
退缩（Withdrawal）	智力、情绪或生理上的退却
戒断症状（Withdrawal symptoms）	伴随戒断药物所出现的身体症状，例如出汗、颤抖和紧张
分裂性言语（Word salad）	精神病患者或迷失方向的人混乱或不连贯的字词使用
X 染色体（X chromosome）	决定性别的染色体。所有的雌配子都含有 X 染色体。如果受精卵从父亲那里也得到一个 X 染色体，它将是雌性的
XYY 综合征（XYY syndrome）	男性染色体异常（存在额外的 Y 染色体），可能与冲动行为有关
Y 染色体（Y chromosome）	在雄配子总数的一半中发现的决定性别的染色体，它与由雌性提供的 X 染色体结合，产生雄性后代
合子（Zygote）	雌雄配子结合形成的受精卵细胞